中國科技典籍選刊

第二輯

叢書主編：張柏春 孫顯斌

日本內閣文庫藏

清順治十八年刻康熙元年修補本

SUANHAISHUOXIANG

【上】

【清】李長茂◇撰 高峰◇校注

湖南科學技術出版社

國家重點出版物中長期規劃項目

二〇一一—二〇二〇年國家古籍整理出版規劃項目

國家古籍整理出版專項經費資助項目

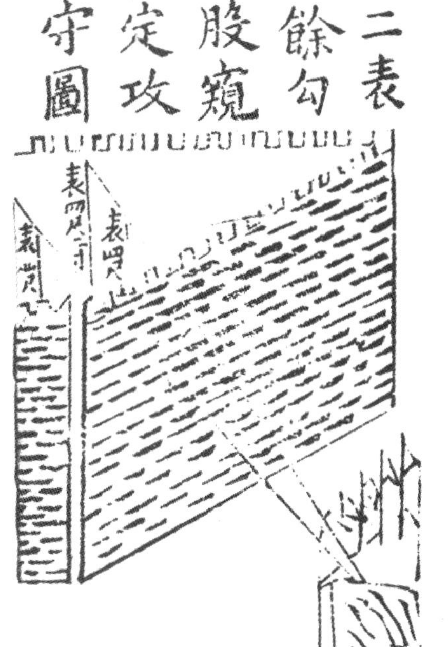

中國科技典籍選刊

中國科學院自然科學史研究所組織整理

《中國科技典籍選刊》總序

我國有浩繁的科學技術文獻，整理這些文獻是科技史研究不可或缺的基礎工作。竺可楨、李儼、錢寶琮、劉仙洲、錢臨照等我國科技史事業開拓者就是從解讀和整理科技文獻開始的。二十世紀五十年代，科技史研究在我國開始建制化，相關文獻整理工作有了突破性進展，涌現出许多作品，如胡道静的力作《夢溪筆談校證》。

改革開放以來，科技文獻的整理再次受到學術界和出版界的重視，這方面的出版物呈現系列化趨勢。巴蜀書社出版《中華文化要籍導讀叢書》（簡稱《導讀叢書》），如聞人軍的《考工記導讀》、傅維康的《黄帝内經導讀》、繆啓愉的《齊民要術導讀》、胡道静的《夢溪筆談導讀》及潘吉星的《天工開物導讀》。上海古籍出版社與科技史專家合作，爲一些科技文獻作注釋并譯成白話文，刊出《中國古代科技名著譯注叢書》（簡稱《譯注叢書》），包括程貞一和聞人軍的《周髀算經譯注》、聞人軍的《考工記譯注》、郭書春的《九章算術譯注》、繆啓愉的《東魯王氏農書譯注》、陸敬嚴和錢學英的《新儀象法要譯注》、潘吉星的《天工開物譯注》、李迪的《康熙幾暇格物編譯注》等。

二十世紀九十年代，中國科學院自然科學史研究所組織上百位專家選擇并整理中國古代主要科技文獻，編成共約四千萬字的《中國科學技術典籍通彙》（簡稱《通彙》）。它共影印五百四十一種書，分爲綜合、數學、天文、物理、化學、地學、生物、農學、醫學、技術、索引等共十一卷（五十册），分别由林文照、郭書春、薄樹人、戴念祖、郭正誼、唐錫仁、苟翠華、范楚玉、余瀛鰲、華覺明等科技史專家主編。編者爲每種古文獻都撰寫了「提要」，概述文獻的作者、主要内容與版本等方面。自一九九三年起，《通彙》由河南教育出版社（今大象出版社）陸續出版，受到國内外中國科技史研究者的歡迎。近些年來，國家立項支持《中華大典》數學典、天文典、理化典、生物典、農業典等類書性質的系列科技文獻整理工作。類書體例容易割裂原著的語境，這對史學研究來説多少有些遺憾。

總的來看，我國學者的工作以校勘、注釋、白話翻譯爲主，也研究文獻的作者、版本和科技内容。例如，潘吉星將《天工開物校注及研究》分爲上篇（研究）和下篇（校注），其中上篇包括時代背景，作者事跡，書的内容、刊行、版本、歷史地位和國際影響等方面。

《導讀叢書》、《譯注叢書》和《通彙》等爲讀者提供了便于利用的經典文獻校注本和研究成果，也爲科技史知識的傳播做出了重要貢獻。不過，可能由於整理目標與出版成本等方面的限制，這些整理成果不同程度地留下了文獻版本方面的缺憾。《導讀叢書》、《譯注叢書》和其他校注本基本上不提供保持原著全貌的高清影印本，并且録文時將繁體字改爲簡體字，改變版式，還存在截圖、拼圖、换圖中漢字等現象。《通彙》的編者們儘量選用文獻的善本，但《通彙》的影印質量尚需提高。

歐美學者在整理和研究科技文獻方面起步早於我國。他們整理的經典文獻爲科技史的各種專題與綜合研究奠定了堅實的基礎。有些科技文獻整理工作被列爲國家工程。例如，萊布尼茲（G. W. Leibniz）的手稿與論著的整理工作於一九〇七年在普魯士科學院與法國科學院聯合支持下展開，文獻内容包括數學、自然科學、技術、醫學、人文與社會科學，萊布尼茲所用語言有拉丁語、法語和其他語種。該項目因第一次世界大戰而失去法國科學院的支持，但在普魯士科學院支持下繼續實施。第二次世界大戰後，項目得到東德政府和西德政府的資助。迄今，這個跨世紀工程已經完成了五十五卷文獻的整理和出版，預計到二〇五五年全部結束。

二十世紀八十年代以來，國際合作促進了中文科技文獻的整理與研究。我國科技史專家與國外同行發揮各自的優勢，合作整理與研究《九章算術》、《黄帝内經素問》等文獻，并嘗試了新的方法。郭書春分别與法國科研中心林力娜（Karine Chemla）、美國紐約市立大學道本周（Joseph W. Dauben）和徐義保合作，先後校注成中法對照本《九章算術》（*Les Neuf Chapters*，二〇〇四）和中英對照本《九章算術》（*Nine Chapters on the Art of Mathematics*，二〇一四）。中科院自然科學史研究所與馬普學會科學史研究所的學者合作校注《遠西奇器圖説録最》，在提供高清影印本的同時，還刊出了相關研究專著《傳播與會通》。

按照傳統的説法，誰占有資料，誰就有學問，我國許多圖書館和檔案館都重「收藏」輕「服務」。在全球化與信息化的時代，國際科技史學者們越來越重視建設文獻平臺，整理、研究、出版與共享寶貴的科技文獻資源。德國馬普學會（Max Planck Gesellschaft）的科技史專家們提出「開放獲取」經典科技文獻整理計劃，以「文獻研究+原始文獻」的模式整理出版重要典籍。編者盡力選擇稀見的手稿和經典文獻的善本，向讀者提供展現原著面貌的複製本和帶有校注的印刷體轉録本，甚至還有與原著對應編排的英語譯文。同時，編者爲每種典籍撰寫導言或獨立的學術專著，包含原著的内容分析、作者生平、成書與境及參考文獻等。

任何文獻校注都有不足，甚至引起對某些内容解讀的争議。真正的史學研究者不會全盤輕信已有的校注本，而是要親自解讀原始文獻，希望看到完整的文獻原貌，并試圖發掘任何細節的學術價值。與國際同行的精品工作相比，我國的科技文獻整理與出版工作還可以精益求精，比如從所選版本截取局部圖文，甚至對所截取的内容加以「改善」，這種做法使文獻整理與研究的質量打了折扣。

實際上，科技文獻的整理和研究是一項難度較大的基礎工作，對整理者的學術功底要求較高。他們須在文字解讀方面下足够的功夫，并且準確地辨析文本的科學技術内涵，瞭解文獻形成的歷史與境。顯然，文獻整理與學術研究相互支撑，研究決定着整理的質量。隨着研究的深入，整理的質量自然不斷完善。整理跨文化的文獻，最好藉助國際合作的優勢。如果翻譯成英文，還須解決語言轉换的難題，找到合適的以英語爲母語的合作者。

在我國，科技文獻整理、研究與出版明顯滯後於其他歷史文獻，這與我國古代悠久燦爛的科技文明傳統不相稱。相對龐大的傳統科技遺産而言，已經系統整理的科技文獻不過是冰山一角。比如《通彙》中的絶大部分文獻尚無校勘與注釋的整理成果，以往的校注工作集中在幾十種文獻，并且没有配套影印高清晰的原著善本，有些整理工作存在重複或雷同的現象。近年來，國家新聞出版廣電總局加大支持古籍整理和出版的力度，鼓勵科技文獻的整理工作。學者和出版家應該通力合作，借鑒國際上的經驗，高質量地推進科技文獻的整理與出版工作。

鑒於學術研究與文化傳承的需要，中科院自然科學史研究所策劃整理中國古代的經典科技文獻，并與湖南科學技術出版社合作出版，向學界奉獻《中國科技典籍選刊》。非常榮幸這一工作得到圖書館界同仁的支持和肯定，他們的慷慨支持使我們倍受鼓舞。國家圖書館、上海圖書館、清華大學圖書館、北京大學圖書館、日本國立公文書館、早稻田大學圖書館、韓國首爾大學奎章閣圖書館等都對「選刊」工作給予了鼎力支持，尤其是國家圖書館陳紅彦主任、上海圖書館黄顯功主任、清華大學圖書館馮立昇先生和劉薔女士以及北京大學圖書館李雲主任還慨允擔任本叢書學術委員會委員。我們有理由相信有科技史、古典文獻與圖書館學界的通力合作，《中國科技典籍選刊》一定能結出碩果。這項工作以科技史學術研究爲基礎，選擇存世善本進行高清影印和録文，加以標點、校勘和注釋，排版採用圖像與録文、校釋文字對照的方式，便於閱讀與研究。另外，在書前撰寫學術性導言，供研究者和讀者參考。受我們學識與客觀條件所限，《中國科技典籍選刊》還有諸多缺憾，甚至存在謬誤，敬請方家不吝賜教。

我們相信，隨着學術研究和文獻出版工作的不斷進步，一定會有更多高水平的科技文獻整理成果問世。

張柏春　孫顯斌

於中關村中國科學院基礎園區

二〇一四年十一月二十八日

目録

導言

一、作者生平考辨

該書撰者爲明末清初山東拔貢李長茂。關於李長茂的生平，史志鮮有記載。較爲完整的傳記，僅見於道光間纂修的《章丘縣志》卷十一《人物志·仕績》，全文如下：

李長茂，字明南，號拙公。拔貢生。幼穎異，淹貫經術，尤精數學。筮仕南皮縣令，游升陝州知州，所至有能名。在京日，有參贊某支軍餉，會計數日不得當，令長茂計之，頃刻立辦。因著有《筭海説詳》十六卷，藏於家。

此傳極其簡略，且頗有傳訛之處。所幸的是，李長茂在《筭海説詳》自序中，以近乎訴苦的口吻，敘述了自己坎坷的仕宦經歷。同時，我們又查考了有關志書，從而可以大致勾勒出李長茂的生平履歷。

關於李長茂的字號。道光《章丘縣志》記載其字號曰「字明南，號拙公」，其字僅見於此，姑從之，需要説明的是李長茂的號。他在《筭海説詳》自序末尾及各卷卷首皆署「拙翁」，順治十八年本的蕭維樞序和康熙元年本的沈世奕序中，亦皆稱呼其爲「拙翁」。可知，其號當作「拙翁」，「拙公」恐是傳寫之誤。又李長茂在該書各卷卷首還署有「強恕居士」，而在自序末尾鈐蓋的印章中有「強恕道人」，「道人」「居士」義同，疑係李長茂南京被貶後隱居時的自號。又各卷卷首還署有「睡足軒」，可能是李長茂隱居小屋之名。宋秦觀有《睡足軒》兩首，內有「終日掩關塵境謝，有時開卷古人遊」之句，「睡足」之意當取於此。

關於李長茂科宦情況。據道光《章丘縣志》卷八《選舉表》，李長茂爲明神宗萬曆間（一五七三—一六二〇）拔貢。拔貢，又稱「選貢」，明清貢士之一種，與一般貢生不同，其選拔途徑，係「不分廩膳、增廣生員，通行考選，務求學行兼優、年富力強、累試優等者，乃以充貢」，因此，「選貢多英才，入監課試輒居上等，撥歷諸司亦有幹局」（《明史·選舉一》）。道光《章丘縣志》記載李長茂在京日會計軍餉的逸事，若屬實，可能在他選貢後入監讀書期間。

由於史料的缺失，李長茂在明代的仕宦經歷不得而知。有確切記載的仕途，始於順治二年。據康熙《宿遷縣志》卷五《秩官》，順治二年，李長茂出任江蘇宿遷縣丞，順治五年卸任，升南皮知縣。又據乾隆《天津府志》卷二四《職官》，順治五年至七年間，任南皮知縣。任南皮知縣之事，李長茂在《筭海説詳》自序中有所述及：「值鼎革，檄就秩。戊子，移令南皮，擬信所欲爲」，戊子即順治五年。時李長茂由縣丞初遷爲知縣，爲一方之長，躊躇滿志，欲一展抱負，無奈事與願違。由於清廷大肆圈地，導致南皮縣民情激憤叛亂蜂起。據民國《南皮縣志》卷一三《故實志·大事記》載，順治三至四年間，連續圈占城北白塔寺、臨河等處地畝，六年，「寇盜蜂起，城門晝閉，焚掠村莊，殺擄無虚日。九月，天津游擊梁桂芳率兵駐防，誣陷良民，死者無數。」面對如此亂局，作爲知縣，李長茂卻無計可施，遂遭貶謫。

此後，放任自流，不復出户。後感於友人之言，於順治十二年二月，南下江寧，「補任白下末級次署職」（《筭海説詳·自序》）。據韓世琦《撫吴疏草》卷一二《覆通查積逋一案各官赦前赦後疏》，知李長茂出任的官職爲江寧府知事。知事，爲府屬吏，乃九品之官，差役繁重，而無實權。李長茂在該書自序中述及此事，頗多牢騷之語。順治十四、十五年，始受重用，並委以實職，先後署理江浦、江寧兩縣印務，即代理知縣。署理江浦縣兩月有餘，署理江寧縣五月有餘。不過，好景不長。在江寧署任上，因挪用官款，又逢屬鎮遭遇官銀被劫之變故，李長茂再次被貶斥，且勒令其補空虧缺之銀。十五年七月，卸任離職。此後，索居南京，再無出仕之記載。

另據乾隆《河南府志》卷一八《職官志》載，順治間，李長茂曾任河南府知事。這裏，没有記載具體時間，推測當在順治七至十二年間，即李長茂南皮被貶後，南下江寧之前。該《職官志》所載順治間出任河南知事者有四人，依次爲沈士英、鄭懋極、周啟泰和李長茂，併於李長茂下注云「以後裁缺」。順治二至七年及十二年二月以後，李長茂仕宦經歷皆有跡可查，惟有七年至十二年間，没有任何記載，據此推知其任河南府知事，當在此期間。

由以上論述，可以大致勾畫出李長茂的仕宦經歷：順治二年，任宿遷縣丞，五年升南皮知縣，七年被貶。之後，閉户讀書，後復出，任河南府知事。順治十二年二月，赴南京，任江寧府知事。十四年署印江浦知縣，約十五年二月署印江寧知縣。十五年七月，卸去職務，從此結束仕途生涯。

最後談一下李長茂的著述情況。除了《筭海説詳》九卷外，並没有發現其他的著述。李長茂在該書自序中，自言喜好《周易》，曾經沉淪其中二十餘年，有心得即隨手著録，未曾中斷。南皮被貶後，閉户讀書，又輯易筮數册，可惜未曾留存下來。

二、《筭海説詳》成書及版本考

順治十五年七月，李長茂卸去職務。大約十月份，老父在山東老家去世的消息傳來，李長茂悲痛欲絶，恨不能縮地而還。無奈官司在身，不能歸鄉守孝。十六年春，變賣家產，四處借貸，勉強償還虧空，而「賠銀之議不歇」。遂幽居南京，在窮途寂寥之際，取諸算家言，詮次成帙，於十六年十月，成《筭海説詳》九卷。

次年五月，李長茂攜帶書稿赴丹徒縣，拜訪知縣蕭維樞。二人相談甚歡，蕭氏深爲折服。遂於順治十八年十月，出資將《筭海説詳》付梓刊行，並撰寫序言，述其刊刻緣起，以冠卷首。蕭維樞，字拱辰。原籍遼東鐵嶺衛，後遷籍山東德州。官監生，明進士蕭時彦子。生於崇禎六年（王日高《槐軒集》卷六《庚戌重五日重遊歷山姓氏録并小序》），較李長茂年少。據韓世琦《撫吴疏草》卷十《覆戴可進等赦前赦後疏》，蕭維樞任丹徒知縣的具體時間爲，順治十七年二月二十日至順治十八年十二月十二日。李長茂拜訪蕭維樞，及蕭維樞刊刻《筭海説詳》，皆在其任丹徒知縣期間。康熙元年十月，李長茂又請吴縣進士沈世奕作序，對順治十八年刻本作了若干修訂，再次刊行。

以上便是《筭海説詳》兩種版本的刊行情況。爲行文方便，前者姑且稱作順治本，後者稱作康熙本。通過比對，二者行款版式一致，可以肯定，後者就是在前者的基礎上，稍作挖改重新刷印而成。這些挖改之處，包括對原書錯誤的修訂，對算法未備的補充，絕大多數是在原有板片上稍作挖改；若有所補充，而原板片空間不足時，便縮小字號，兩行並作一行。只有第八卷新增了兩葉内容，删除了「八倍除本問利」原來的錯誤解法，並增兩種解法，並在「解義」中詳細分析了第二種解法。另外，順治本卷首有蕭維樞序，而康熙本無蕭序，代之以沈世奕序。

這兩個本子，在國内皆有藏。山東省圖書館藏有一部順治本，《續修四庫全書》收入《子部·天文算法類》中，《中國古籍總目》和《中國算學書目彙編》皆誤記爲康熙本。故宫博物院圖書館藏有一部康熙本，書名頁題作「算法説詳大全」，《故宫珍本叢刊》曾據此影印出版。日本早稻田大學圖書館、國立公文書館及前田尊經閣各藏有一部康熙本。

三、《筭海説詳》内容評述

該書凡九卷，卷各一章，凡九章。然與以《九章算術》爲代表的傳統方田、粟米（又作粟布）、衰分、少廣、商功、均輸、盈不足（又作盈朒）、方程、句股九章名目不同，此九章篇目依次爲彙法、軌區、句股、開方、測貯、功程、鏡泉、衰分、匿覆，内容亦有别於傳統九章。其中，句股、衰分仍沿襲舊九章名目；軌區、開方、功程、鏡泉四章，分别相當於舊九章的方田、少廣、商功和粟布章，變更篇目而已。匿覆章，内容涵蓋舊九章中盈朒、方程兩章。測貯章，舊九章並無對應篇目，主要收録倉窖、箭束、堆垛等有關問題，涉及舊九章中粟布、少廣、商功各章的相關内容。彙法章，亦在舊九章名目之外，顧名思義，彙法主要臚列加減乘除等基本算法，及各種雜法。李長茂在卷首「算法九章名義」中，對所設九章解釋如下：

筭法從來分列九章。分九章者，本河、洛九數，而立九因九歸之法。數以九分，故章以九記。但舊多篇章紛錯，今按法釐次，訛誤者正之，雜亂者更之，不備者加增之。彙法章撮總綱目，臚悉諸法，俾令開卷徹明大槩，故首之。軌區章備方、圓、直、斜、勾股、弧矢、圭、梯、欖角等形，及方、圓、圭、角相容，考較隐微，實諸法之原本。故次之勾股，諸法依爲準則。及測高測遠測深，實有用大法也。因軌區亦載勾股田畝，故次及，以便接次考較。開方章，萬法不離方，求諸筭多用開方，故次勾股。測貯章，倉窖堆垛不外立方立圓，故次開方。臺錐等法，有同倉窖；而道里奔馳，以類工作。故次功程，亦便接覽也。粟帛錢刀，度量權衡，公私必需，故鏡泉次之。至推筭諸物，或臚列多等，貴賤輕重，多寡遠近，參差不一，須因數別等，隨差立法，故衰分章次之。若多位參差，等分雜揉，或多或寡，兼盈兼歉，設法問難，彼此互形，區數待推，有同射覆。筭至此，鈎深索隐，研幾通變，至矣盡矣，故以匿覆章終焉。外若諸家難題，多有發明正法未備者，照類分列各章，以便參考，重者不録。別有筭餘雜法，則附録九章之末。

可見，李長茂對九章的重新分類與排次，係以類相從、由易而難、循序漸進，反映了他對各類算題的獨特理解。如倉窖求米問題，原收入「粟布章」，米求倉窖問題，原收入「少廣章」，兩類算題算法互逆，《筭海説詳》統入第五卷「測貯章」。又「軌區章」，按照方田、直田、圓田、弧矢田、梯田、圭田等順序排次，與各類形狀相關的截積問題，亦散入各類之中，不單獨羅列，體現出以類相從的觀念。首章「彙法章」臚列諸法，爲算學基礎，末章「匿覆章」，爲「算家之上術」（《筭海説詳》卷九），係由淺入深，漸次而上。

《筭海説詳》是一部針對明程大位《算法統宗》而撰的珠算著作，其所録算題，多取自《算法統宗》，或據《算法統宗》原題推演抽繹而來，所録算題頗爲精當，一法兩題者，一般僅取其一。所用算法，名目有三，曰舊法，曰更法，曰增法。舊法者，即見諸《算法統宗》之解法；更法係更正《算法統宗》訛誤之解法，而增法則爲新增的《算法統宗》沒有的解法。《筭海説詳》還首創「解義」體，詳細闡釋歌訣、難題及各類算法之涵義，對於我們理解各種解法的意義及古人的數學思想，極有幫助，這也是該書最有價值的地方。這種「解義」體，與經書註疏體極爲相似，可能正是由於這個原因，日本湯淺得之在訓點本《算法統宗》跋尾（一六七五）中，稱該書爲《算法統宗》的註解之作。

《筭海説詳》的價值，還體現在該書所提出的種種創新解法。如在珠算史上占有一席之地的開方捷法和「首位挨乘」速算法，珠算史家華印椿、李培業在其相應著作中皆有所論述[一]。該書對百雞術、方程論、長堤求積、圓垛求積等問題的討論，也頗多創獲[二]，詳參本書各章注釋，限於篇幅，不再贅述。

[一] 华印椿：《中国珠算史稿》，中国财政经济出版社，一九八七；李培业：《中国珠算简史》，中国财政经济出版社，二〇〇七。

[二] 朱一文：《百鸡术的历史研究》，上海交通大学硕士论文，二〇〇八；高峰、馮立昇：《筭海説詳初探》，《自然科學史研究》第三十二卷第二期，二〇一三。

《筭海説詳》雖有刻本流傳，但對後世影響甚微，學者評價亦不甚高。康熙間，梅文鼎在《勿庵曆算書目》「九數存古」條中曰：「李長茂著《筭海説詳》，亦有發明，然不能具九章」〔一〕，在《方程論》中也幾次提及該書，頗多批評。毛宗旦在《九章蠡測·發凡》中批評該書解義「頗未暢達」〔二〕。而後，此書近乎失傳，鮮有人論及，公私目録亦鮮有記載。《疇人傳》雖設李長茂傳，但寥寥數語的傳記完全抄自梅文鼎《勿庵曆算書目》。清末劉鐸《古今算學書録》雖著録該書，卻連卷次都缺載，可知劉鐸亦未見原書，只是抄録他書記載而已。不過，值得注意的是，《筭海説詳》刊行不久，即傳入了日本。如前文所述，一六七五年，湯淺得之在訓點本《算法統宗》跋尾中，便已提及此書。《數學記聞》中亦有「《筭海説詳》渡來」之語。而且，該書的「解義」體被後來的和算家所繼承〔三〕。關於《筭海説詳》對和算的影響，是一個值得深入研究的課題。

四、校注説明

此次影印整理，以日本國立公文書館所藏康熙本爲底本。該本卷首缺兩頁，卷一缺一頁、殘一頁，據早稻田大學圖書館藏本補。以山東圖書館所藏順治本爲參照本，爲清楚地揭示康熙本對順治本的修訂，凡挖改之處，皆在校勘記中一一指出。而將順治本蕭維樞序文，作爲附録，收在本書書末。

本書底本文字多用俗體，且正俗混用，頗爲隨意。如萬，或作「萬」，或作「万」；總，或作「總」，或作「捴」、「総」、「緫」；實，或作「實」，或作「寔」、「实」，在释文中作統一處理，改從正體（正俗字形，參考《正字通》、《宋元以來俗字譜》等字書），詳附表一。另外，如「畆」作「畒」、「梯」作「稊」、「得」作「淂」、「凡」作「几」、第作「苐」之類，字形差異不大的俗體，徑改從正體，表中未悉盡列出。讀者參照底本圖版，自可明了。

本書注釋，一則注重比較該書與《算法統宗》算題、算法的異同，一則側重演繹解題過程、算法原理，並輔以現代數學符號、公式與圖表，以期對讀者理解文本有所幫助。注釋不求巨細無遺，或有失之簡略、避難就易之弊。實因前有梅榮照、李兆華《算法統宗校釋》，其書闡釋《算法統宗》詳矣備矣。若本書注釋纖細畢具，重複之處必不可勝數，難免有抄襲之譏，故本書注釋多有缺略。遇有不明之處，讀者自可參考兩位先生大作。

〔一〕梅文鼎：《勿庵曆算書目》，清康熙刻本，清華大學圖書館藏。

〔二〕毛宗旦：《九章蠡測·發凡》，《上海圖書館未刊古籍稿本》第三十二册影上海圖書館藏稿本，復旦大學出版社，二〇〇八。

〔三〕馮立昇：《中日數學關係史》第八十一頁，山東教育出版社，二〇〇九。

附表一　底本俗字與釋文正字對照表

底本	释文		底本	释文		底本	释文
万	萬		县	縣		俻、僃	備
个	個		犹	猶		斍	覺
屮	草		斈	學		盖、葢	蓋
无	無		拠、擄、據	據		捴、総、緫	總
旧	舊		径	徑		隻、双	雙
処、虜	處		变	變		寔、实	實
訍	議		斉	齊		塩	鹽
边	邊		炉	爐		觧	解
对	對		弯	彎		数	數
臺、台	臺		帰	歸		綉	繡
会	會		称	稱		関	關
尽	盡		难	難		骵	體
糸	絲		继	繼		麫	麵
麦	麥		悬	懸			

《筭海説詳》校注

本書據日本内閣文庫藏清康熙元年刻本影印。原書板框高二一四毫米，半葉寬一二四毫米。

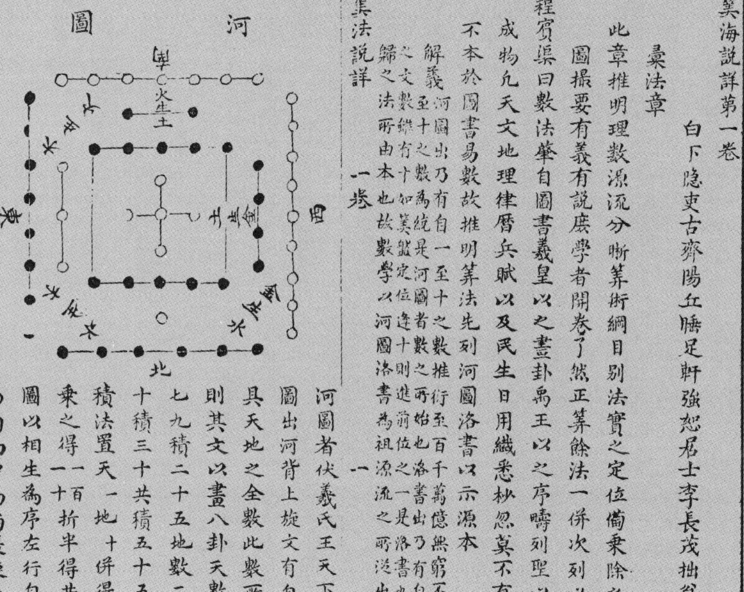

筭海説詳第一卷

白下隱吏古齊陽丘臕足軒強恕居士李長茂拙翁甫輯著

筭法章

此章推明理數源流分晰筭術綱目別法實之定位備乘除之變通立圖撮要有義有説庶學者開卷了然正筭餘法一併次列以備考稽

程賓渠曰數法肇自圖書羲皇以之畫卦禹王以之序疇列聖以之開物成物凡天文地理律曆兵賦以及民生日用纖悉杪忽莫不有數則莫不本於圖書易數故推明筭法先列河圖洛書以示源本

解義 河圖出乃有自一至十之數推衍至百千萬億無窮不外自一至十之數為統是河圖者數之所始也洛書出乃有自一至九之文數雖有十如筭盤定位進十則進前位之一是洛書九數乃九歸之法所由本也故數學以河圖洛書為祖源流之所從出也

筭法説詳 一卷 一

河圖者伏羲氏王天下龍馬負圖出河背上旋文有自一至十具天地之全數此數所自始爰則其文以畫八卦天數一三五七九積二十五地數二四六八十積三十共積五十五數○求積法置天一地十併得一十以十乘之得一百折半得共積○河圖以相生為序左行自北而東而南而中而西復旋於北

一見能

東齊李拙翁輯

算法說詳大全

是集纂舊增新訂訛乱解補從前之未備指後學之入門允爲算法歸宗識者珍之

本衙藏板

一見能解

東齊李拙翁輯

算法説詳大全

是集彙舊增新，訂訛註解，補從前之未備，指後學之入門，允爲算法歸宗，識者珍之。

本衙藏板

筭海說詳序

鶡冠子曰天不離一離一反爲物夫一數之始也數大原出于天陰陽五行應之星辰有纒次山川有向背人事有盈縮規生矩殺衡長權藏皆有數錯綜引繩其間于

筭海説詳序

《鶡冠子》曰：天不離一，離一反爲物[1]。夫一，數之始也。數大原出于天，陰陽五行應之。星辰有纏次[2]，山川有向背，人事有盈縮。規生矩殺，衡長權藏[3]，皆有數錯綜引繩其間，于

1 語出《鶡冠子》卷上《天則第四》，原文作："天之不違，以不離一。天若離一，反還爲物。"物，即有形之物。（黃懷信，鶡冠子彙校集注，中華書局，2004）

2 纏，通"躔"。躔次，日月星辰在運行軌道上的位次。

3 語出《淮南子·天文訓》，原文作："故曰規生矩殺，衡長權藏，繩居中央，爲四時根。"《淮南子·時則訓》云："春爲規，夏爲衡，秋爲矩，冬爲權。……規者，所以員萬物也。衡者，所以平萬物也。矩者，所以方萬物也。權者，所以權萬物也。"（劉文典，淮南鴻烈集解，中華書局，1989）

以程萬物制群品而布指知寸布肘知尋
又可不越一身而得史遷曰曆人取其年
月數家隆于神運尚矣迨宋康節先生以
大衍五十爲數所由肇鈎深極微知來察
往兼理氣爲精切不差之學得其傳者或

以程萬物、制群品[1]。而布指知寸，布肘知尋[2]，又可不越一身而得。史遷曰："曆人取其年月，數家隆于神運"[3]，尚矣。迨宋康節先生以大衍五十爲數所由肇[4]，鉤深極微，知來察往，兼理氣爲精切不差之學，得其傳者或

---

1 群品，萬事萬物。

2 語出《大戴禮記·主言》，原文作："布指知寸，布手知尺，舒肘知尋。"布，敷也。舒，展也。孔廣森《補注》引《小爾雅》云："尋，舒兩肱也。"（清·孔廣森，大戴禮記補注，同治甲戌淮南書局重刊本）

3 語出《史記·十二諸侯年表二》。原文作："儒者斷其義，馳説者騁其辭，不務綜其始終。曆人取其年月，數家隆於神運，譜牒獨記世謚。"此數家，指術數家。（漢·司馬遷，史記，中華書局，1972）

4 康節先生，即邵雍，字堯夫，謚康節。著有《皇極經世》十二卷，以象數論人事興廢。大衍五十，語出《易·系辭上》："大衍之數五十，其用四十有九"。

鮮蓋易逆数也施之日用固不若銖銖而稱寸寸而度者可以順守其法然而起累黍極衡石非沉心研究未可與幾也拙翁擅神異之姿窮天人之奧于服官退食之暇運籌潛確極乎數之始終勒成一書藏

鮮。蓋《易》逆數也，施之日用，固不若銖銖而稱[1]、寸寸而度者，可以順守其法。然而起累黍，極衡石[2]，非沉心研究，未可與幾也。

拙翁擅神異之姿，窮天人之奥，于服官退食之暇，運籌潛確，極乎數之始終，勒成一書。戴

1 稱，“稱”俗體。

2 累，通“絫”。《説文・厽部》：“絫，十黍之重也。”絫黍，指極小之重量。衡石，《吕氏春秋・仲春紀》：“日夜分則同度量，均衡石，角斗桶，正權概。”高誘注：“衡石，稱也。石，百二十斤。”指極大之重量。（許維遹，吕氏春秋集釋，中華書局，2009）

神墨履靈式目上于天耳下于淵一縱一橫纖毫不爽寧僅如曹元禮之箸十餘轉東方生上林之四十九枚戛戛以射覆爲工者哉荆川唐太史勾股推筭一書奥博不勝紀若以入徵出顯窮本極末則不若

神墨，履靈式[1]，目上于天，耳下于淵[2]，一縱一横，纖毫不爽。寧僅如曹元禮之箸十餘轉[3]，東方生上林之四十九枚[4]，戛戛以射覆爲工者哉[5]？荊川唐太史《勾股推筭》一書[6]，奥慱不勝紀[7]，若以入微出顯，窮本極末，則不若

---

1 語出揚雄《太玄》卷二“常”，原文作：“戴神墨，履靈式。以一耦萬，終不稷。”司馬光注：“墨、式，皆法也。神、靈，尊之也。一爲思始而當晝，君子之心執一以爲常法，應萬物之變，終無虧昃也。”（宋・司馬光，太玄集注，中華書局，1998）

2 語出《太玄》卷三“睟”，原文作：“次三目上于天，耳下于淵，恭。”司馬光注：“三爲思終而當晝。君子思慮純粹，則聰明無所不通，故曰：‘目上于天，耳下于淵’。”

3 曹元禮，當作“曹元理”，漢成帝時玄菟郡（郡治在今遼寧）人，善算。晉・葛洪《西京雜記》卷四云：“元理嘗從其友人陳廣漢。廣漢曰：‘吾有二囷米，忘其數，子爲計之。’元理以食筯（同“箸”，筷子。引者注。）十餘轉，曰：‘東囷七百四十九石二升七合。’又十餘轉，曰：‘西囷六百九十七石八斗。’遂大署囷門。後出米，西囷六百九十七石七斗九升，中有一鼠，大堪一升。東囷不差圭合。”（晉・葛洪，西京雜記，中華書局，1985）

4 東方生，即東方朔，漢武帝時人。口諧倡辯，善射覆猜物。《漢書》卷六十五有傳。唐・歐陽詢《藝文類聚》卷八十七《果部下・棗》云：“《東方朔傳》曰：武帝時，上林獻棗。上以枝擊未央前殿檻，呼朔曰：‘叱來叱來，先生知此篋中何物？’朔曰：‘上林獻棗四十九枚。’上曰：‘何以知之？’朔曰：‘呼朔者，上也。以枝擊檻，兩木，林也。曰朔來朔來者，棗也。叱叱者，四十九。’上大笑，賜帛十匹。”《太平廣記》《太平御覽》皆有類似記載。（唐・歐陽詢，藝文類聚，中華書局，1965）

5 射，猜度。射覆，謂以甌盂覆物，衆人通過占卜競猜。

6 荊川唐太史，即唐順之（1507—1560），字應德，號荊川，江蘇武進（今常州）人。嘉靖八年（1529）會試第一，十二年（1533）秋選翰林編修。《明史》卷二〇五有傳。《勾股推算》不知何指。唐荊川論算之書，有《數論六篇》傳世，包括《勾股測望論》、《勾股容方圓論》、《弧矢論》、《分法論》、《元分論》和《勾股六論》六種。該書有單行本，題作《唐荊川數論六篇》。（日本東北大學圖書館藏據嘉靖十二年跋抄本五册，《中國算學書目彙編》第390頁；《中國數學通史・明清卷》第95頁）《荊川先生文集》卷十七收録前五篇，無《勾股六論》一種。（《四部叢刊初編》縮印明刊本《荊川先生文集》十七卷）《四庫全書》本《荊川集》卷十二收録前三篇，無《分法論》、《元分論》、《勾股六論》三種。（文淵閣《四庫全書》第1276册）

7 慱，《正字通・心部》“慱，俗博字。”

是書之可以經緯萬端爾夫六藝之有數也禮樂得之為度數之本射御得之為考工之衡六書畫得之為爻象之配均之不越乎數不然一把筭子五代武臣之言史書以為譏矣豈先王所以教萬世哉讀是

是書之可以經緯萬端。爾夫六藝之有數也[1]，禮樂得之爲度數之本，射御得之爲考工之衡，六書畫得之，爲爻象之配，均之不越乎數。不然一把筭子，五代武臣之言，史書以爲譏矣[2]，豈先王所以教萬世哉？讀是

1 六藝，《周禮・地官・大司馬》："以鄉三物教萬民，而賓興之。……三曰六藝：禮、樂、射、御、書、數。"《地官・保氏》："六藝，一曰五禮，二曰六樂，三曰五射，四曰五御，五曰六書，六曰九數。"

2 筭子，即筭籌。據《舊五代史》卷一〇七記載，五代後漢武臣王章、楊邠不喜儒士，輕視文臣，曾譏諷云："此等若與一把筭子，未知顛倒，何益於事！"

書者當詳其用意之所存

康熙元年孟冬吳門沈世奕題

書者，當詳其用意之所存。

康熙元年孟冬吳門沈世奕題[1]。

【印章】沈世奕印　沈青城

1 沈世奕，民國《吳縣志》卷六十六下《列傳四》："沈世奕，字韓倬。順治乙未進士，官翰林院。請假歸，杜門讀書，嘗識尚書韓菼於未遇，時人服其精鑒。"（《中國地方志集成·江蘇府志輯》第12冊）又朱汝珍《詞林輯略》卷一："沈世奕，字韓倬，號青城，又號竹齋。江南吳縣人。散館，授編修，官至洗馬。"（《清代人物傳記叢刊》第16冊）

筭海說詳自序

數理本末者也家儒說者先理諸數夫形上道也形下器也數僅六藝之一九算又數之一治其遠者大者遺小奚譏然孔子至聖也少也賤故鄙事不辭游心一技以苟免後日之訾聖人學覺之矣余質劣而負且癖

筭海説詳自序

數理相本者也，家儒説者，先理詘數。夫形上道也，形下器也。數僅六藝之一[1]，九筭又數之一，治其遠者、大者，遺小奚譏？然孔子至聖，少也賤，故鄙事不辭[2]，游心一技以苟免[3]，終日之呰聖人，寧賢之矣。余質劣而負思癖，

1 僅，只是。程大位《書直指算法統宗後》作“數居六藝之一”。

2《論語・子罕》：“太宰問於子貢曰：‘夫子聖者與？何其多能也？’子貢曰：‘固天縱之將聖，又多能也。’子聞之，曰：‘太宰知我乎！吾少也賤，故多能鄙事。君子多乎哉？不多也。’”（楊伯峻，論語譯注，中華書局，1980）鄙事，謂小藝。

3 游心，潛心，留心。苟免，苟且免於損害，《禮記・曲禮上》：“臨財毋苟得，臨難毋苟免。”

受書後輒乞悟書理九好周易取諸家論
釋沉覆備閱務析一當凡二十年寢寤于
中間以隨錄此意未中衰也值　鼎革
檄就秩戊子移乞南度讀信所欲為無何
寇熾門戶勢有難施遂閉守經時竊畫
喪亂自幸可告無過而赤洪厓無以供歡

受書後輒乞悟書理。尤好《周易》，取諸家論释，沉覆繙閲，務折一當。凡二十年寢寤于中，有得随録，此意未中衰也。值鼎革[1]，檄就秩[2]。戊子移令南皮[3]，擬信所欲爲。無何，寇熾门户，勢有難施，迨闭守經时，密畫定亂，自幸可告無過。而赤洪厓無以供歡[4]，

1 鼎革，朝廷更替，指清軍入關。

2 就秩，任官。據民國《宿遷縣志》卷十二，順治二年，李長茂出任宿遷縣糧河縣丞。

3 戊子，順治五年。據民國《南皮縣志》卷七，順治五年至七年間，李長茂任南皮知縣。

4 赤洪厓，出自宋丁渭詩“白洪厓打赤洪厓”。據《湘山野録》卷下，丁渭任饒州通判時，同年白稹寫信給丁渭借錢五百，丁渭即“於簡尾立書一闋，戲答曰：‘欺天行當吾何有，立地機關子太乖。五百青蚨兩家闕，白洪厓打赤洪厓。’時已兆朱崖之讖。”（宋・文瑩，湘山野録，中華書局，1984）青蚨，錢。洪崖，黄帝臣伶倫仙號。白洪崖指白稹，赤洪崖指丁渭（丁五行屬火）。後丁渭被貶崖州（即古珠崖郡，今海南）。這裏借“赤洪厓”之典，喻貶謫之意。

遂被倫論爾廼拊膺浩喟肩用世以無用
世遇遂然永作放廢國再自是罷棄詩書
日流覽於六壬顯卷諸家言并彙輯易
筮數冊不復作出戶空容有謂余者曰
先若茲自為乃矣白髮在堂而寸榮未被
於青償何余瞿無以應爰再攘臂于

遂被論謫。爾迺拊膺浩喟，有用世心無用世遇，應永作放廢可耳。自是罷棄詩書，日流覽於六壬，頤养諸家言，并彙輯易筮數册，不復作出户志。客有謂余者曰："久若兹，自爲得矣。白髪在堂[1]，而寸荣未被，如書債何?"余瞿無以應[2]。爰再攘馮臂[3]，于

1 白髮，父母雙親。

2 瞿，驚視貌。

3 再攘馮臂，謂重操舊業。典出《孟子・盡心下》："晉人有馮婦者，善搏虎，卒爲善士。則之野，有眾逐虎，虎負嵎，莫之敢攖。望見馮婦，趨而迎之，馮婦攘臂下車，眾皆悦之，其爲士者笑之。"（清・焦循，孟子正義，中華書局，1987）

未之春仲補任白下末級次署職篆纖掌而時時奔牛馬累糲粥塵緆以蕩破丁酉戊戌衛以克公蒙鑒連有署邑之委然善地則大力負去人畏棄則屬余故每涖增困署江浦二月餘邑小差數寧簡事寡後自守薄澀浦之人至今能言之署江寧

未之春仲[1]，補任白下末級次署職[2]。無織掌[3]，而时时奔牛馬累糰粥，產緣以蕩破[4]。丁酉、戊戌，漸以克公蒙鑒，連有署邑之委[5]。然善地則大力負走，人畏棄則属余，故每往增困。署江浦二月餘，邑小差數，寧簡事豁役，自守薄儋[6]，浦之人至今能言之。署江寧

1 未之春仲，即乙未年（順治十二年）二月。

2 白下，南京舊稱。南京爲江寧府治所在。據韓世琦《撫吴疏草》卷十二《覆通查積逋一案各官赦前赦後疏》，李長茂時任江寧府知事。知事爲府屬小吏，九品，掌勘察刑名。（清・韓世琦，撫吴疏草，四庫未收書輯刊第8輯第5~8冊影康熙刻本）

3 織，通“職”。

4 糰，同“饘”。饘粥，稀飯。

5 丁酉，順治十四年。戊戌，順治十五年。據韓世琦《撫吴疏草》卷十二，李長茂以知事身份，先後署理江浦、江寧兩縣印務。

6 儋，同“贍”，供給，此處指俸祿。

五月餘值使旌絡繹不乃已那項以支揭樑之

嘆方虔無術而邑南之江寧鎮復羅劫鞘

之異鎮設崗汛兵役遠縣之里六十實屬

鞭長難及行且受過地方嚴下賠銀撤矣

戊之七月謝邑務那項尚無款抵未三月而

先嚴見背凶問至縮地無蹤北望哀慟幾欲

三

五月餘，值使旌絡繹，不得已那項[1]，以發捉襟之嘆。方憂無術，而邑南之江寧鎮，復罹刼鞘之異[2]。鎮設耑汛官役[3]，遠縣之里六十，實属鞭長難及。行且受過，地方嚴下賠銀檄矣。戌之七月[4]，謝邑務，那項尚無款扺。未三月，而先嚴見背凶問至[5]。縮地無繇[6]，北望裂慟，幾欲

---

1 那，讀如“挪”。那項，挪用官款。

2 鞘，用於貯銀以便轉運的空心木筒。這裏代指鞘銀，即官銀。

3 耑，同“専”。汛，明清稱軍隊駐防地段。耑汛，指駐守江寧鎮的武官。

4 戌之七月，即戊戌年（順治十五年）七月。

5 見背，去世。李長茂父親在山東章丘老家去世。

6 縮地無繇，喻不能立即達到。“縮地”一詞出自晉・葛洪《神仙傳》卷五“壺公”：“（費長）房有神術，能縮地脉千里，存在目前，宛然放之，復舒如舊也。”（《叢書集成初編》第 3348 冊）

会生越數日大盜次第就縛首贓縷縷哀毀中爲之少慰謂可楚完邑項卜歸奔矣眷初勉竭四貸發易馬匹服器照欠清補而賠銀之議不歇不追盜而追役吏耑汛而哥署吏運坷爲之與他何尤因念鷄肋蟻秩徒以向誤忠與荐與一君叔居人字

無生。越數日，大盜次第就縛，首贓縷縷。哀毀中爲之少慰，謂可楚完邑項，卜歸奔矣。春初，勉竭四貸，變易馬匹服器，照欠清補，而賠銀之議不歇。不追盜而追官，寬耑汛而苛署吏，運坷爲之，与他何尤？因念鷄肋、蟻秩[1]，徒以自誤。忠与孝与，一者安居？人乎

---

1 雞肋，典出《三國志·魏書·武帝紀》，建安二十四年三月，魏武帝親征漢中，軍至陽平，“備因險拒守”，裴松注引《九州春秋》云：“時王欲還，出令曰‘雞肋’，官屬不知所謂。主簿楊脩便自嚴裝，人驚問脩：‘何以知之？’脩曰：‘夫雞肋，棄之如可惜，食之無所得，以比漢中，知王欲還也。’”（晉·陳壽，三國志，中華書局，1959）後楊脩以扰亂軍心被斬。

蟻秩，“秩”通“垤”，蟻冢也。典出明·劉基《郁離子》卷上：“南山之隈有大木，羣蟻萃焉。穿其中而積土其外，於是木朽而蟻日蕃，則分處其南北之柯。蟻之垤，瘯如也。一日野火至，其處南者走而北，處北者走而南，不能走者，漸而遷于火所未至。已而俱爇，無遺者。”（《叢書集成初編》第604冊）

予學兩無比數窶雖一身旅羈千里無閒可閒長晝難消用取算家言詮次成帙頗曰算海說詳或曰算經術數雖句股一法測高御遠攻取守禦大用寓焉且財賦考稽洞了茲冊不開晷曩治不龜手之藥若學不龜手之藥尚可展用易附之筆

子乎，兩無比數。窶然一身[1]，旅羈千里，無間可问，長晝難消。用取筭家言，詮次成帙，額曰《筭海説詳》。或曰筭雖術數，然勾股一法，測高御遠，攻取守禦，大用寓焉。且財賦考稽，洞了兹册。不聞曩治不龜手之藥者乎[2]？不龜手之藥尚可展用，曷眇之[3]？余

---

1 窶，貧也。

2 不龜手之藥，典出《莊子・内篇・逍遥遊》：“宋人有善爲不龜手之藥者，世世以洴澼絖爲事。客聞之，請買其方百金。聚族而謀曰：‘我世世爲洴澼絖，不過數金；今一朝而鬻技百金，請與之。’客得之，以説吴王。越有難，吴王使之將，冬與越人水戰，大敗越人，裂地而封之。”龜，讀若“皸”，手足坼裂。（清・郭慶藩，莊子集釋，中華書局，2013 年）

3 眇，同“眇”，小，輕視。

曰予實命之棄材驗所已事為鬼揶揄
久矣寧幾是嗟是致遠無長借觀小
道庶幾鉅罔裨于公家細或遺于民用
漫自附於窮愁著書悲憤無聊之所為
云爾
時

曰：予實命之棄材，騐所己事，爲鬼揶揄久矣[1]。寧幾是唯是，致遠無長，借觀小道，庶幾鉅罔裨于公家，細或適于民用。漫自附於窮愁著書悲憤無聊之所爲云爾。

　　時

---

1 爲鬼揶揄，喻仕途坎坷。典出《世説新語·任誕》，劉孝標注引《晉陽秋》云："（羅友）始仕荊州，後在温（即桓温，引者注）府，以家貧乞禄。温雖以才學遇之，而謂其誕肆，非治民才，許而不用。後同府人有得郡者，温爲席起别，友至尤晚。問之，友答曰：'民性飲道嗜味，昨奉教旨，乃是首旦出門，於中路逢一鬼，大見揶揄云："我只見汝送人作郡，何以不見人送汝作郡？"民始怖終慚，回還以解，不覺成淹緩之罪。'温雖笑其滑稽，而心頗愧焉。後以爲襄陽太守，累遷廣、益二州刺史。"（余嘉錫，世説新語箋疏，中華書局，2007）

顺治己亥陰至月東齋古陽丘後學李長茂拙翁甫書於道宫之静居

順治己亥陰至月[1]，東齊古陽丘後學李長茂拙翁甫書於道宮之静舍[2]。

【印章】李長茂印　強恕道人[3]

1 己亥，順治十六年。陰至月，當指十月。《西京雜記》卷五："建亥之月爲純陰，……陰氣之極耳。"建亥之月，即十月，是月純陰無陽，是爲陰至月。至，極也。

2 陽丘，即陽丘縣，章丘古稱。西漢文帝時封齊悼惠王子安爲陽丘侯，後置縣，東漢省。拙翁，李長茂自號，道光《章丘縣志》卷十一"人物志下"作"拙公"。

3 強恕道人，本書正文各卷前作"強恕居士"。強恕，勉力於恕道。出自《孟子·盡心上》："反身而誠，樂莫大焉；強恕而行，求仁莫近焉。"

筭法統宗目録

第一卷筭法章

筭法統宗目録

第一卷彙法章

第二卷 軌區章

1 方員，順治本作“方圓”。
2 三十六，順治本作“三十二”。
3 二十二，順治本作“二十一”。
4 九，順治本作“七”。

第三卷 勾股章

第四卷 開方章

1 “測貯章”三字，原刻本無，此係後人手書添加。順治本、故宮藏康熙本皆無。

第六卷功程章

第七卷鏡泉章

1　“鏡泉章”三字，原刻本無，此係後人手書添加。順治本、故宮藏康熙本皆無。

第八卷 衰分章

第九卷　匿覆章

目録畢

目録畢

筭書源流本末

軒后始命隸首作筭法

宋元豐七年刋十書於秘省又刻於汀州學校

黄帝九章　周髀筭法　五經筭法　海島筭經

孫子筭法　張丘建筭法　五曹筭法　緝古筭法

夏侯陽筭法　筭術拾遺

元豐紹興淳熙以來刋刻多家

議古根源　益古筭法　証古筭法　詳古筭法

辨古筭法　明源筭法　金科筭法　指南筭法

應用筭法　曹唐筭法　賈憲九章　通微集

筭書源流本末[1]

軒后始命隸首作筭法[2]。

宋元豐七年刊十書於秘省，又刻於汀州學校：

黄帝九章[3]　周髀筭法　五經筭法　海島筭經

孫子筭法　張丘建筭法　五曹筭法　緝古筭法

夏侯陽筭法　筭術拾遺[4]

元豐、紹興、淳熙以來刊刻多家：

議古根源[5]　益古筭法[6]　証古筭法　明古筭法

辨古筭法　明源筭法　金科筭法　指南筭法[7]

應用筭法[8]　曹唐筭法[9]　賈憲九章[10]　通微集

---

1 此文基本照録《算法統宗》卷十七“算經源流”。惟首句“軒后始命隸首作筭法”和末尾“筭法統宗”條，“算經源流”無。

2《世本・作篇》：“隸首作數”，漢・宋衷引《文選》注：“隸首，黄帝史也。”（清・秦嘉謨等輯，世本八種，商務印書館，1957）軒后，即黄帝。

3 黄帝九章，即《九章算術》。

4 筭術拾遺，書名抄自《算法統宗》（康熙本《算法統宗》“拾”訛作“恰”），當即《數術記遺》。

5 北宋劉益撰。該書已佚，楊輝《田畝比類乘除捷法》引用22道算題。（郭書春主編，中國科學技術史・數學卷，科學出版社，2010，358-359頁）

6 一般認爲，該書即北宋平陽蔣周的《益古集》，是李冶《益古演段》成書的基礎。（中國科學技術史・數學卷，371-372頁。）又尤袤《遂初堂書目》“雜藝類”著録“方圓益古算經”一種，可能正是此書。該書已經佚失。

7 該書已佚，楊輝《算法通變本末》卷上“習算綱目”引作“指南筭”。

8 該書見著於南宋陳振孫《直齋書録解題》卷十四：“《應用算法》一卷　夷門叟郭京元豐三年序稱，平陽奇士蔣舜元撰，凡八篇，曰釋數、田畝、粟米、端匹、斤稱、修築、差分、雜法，總爲百五十七門。”（武英殿聚珍版叢書本，京都大學人文科學研究所藏）已佚。

9 該書已佚。尤袤《遂初堂書目》著録，作“曹唐算經”。

10《崇文總目》卷三“算數類”著有“《九章算草》九卷　賈憲撰”（宋・王堯臣，崇文總目，民國《國學基本叢書》本），即該書。《宋史・藝文志六》作“賈憲《黄帝九章算經細草》九卷”。該書雖無完帙存世，然楊輝《詳解九章算法》多本是書，故賈憲《九章細草》大部分借楊輝書流傳至今。（中國科學技術史・數學卷，354-357頁）

通機集　盤珠集　走盤集　三元化零歌

鈐經　鈐釋

嘉定咸淳德祐等年又刊各書

詳解黄帝九章　詳解日用筭法　乘除通變本末

續古摘奇筭法　以上俱出楊輝摘奇内

詳明筭法　元儒安止齋何平子作有乘除而無九章

九章通明筭法　永樂二十二年臨江劉仕隆作九章而無乘除等法後作雜題二十三款

指明筭法　正統乙未江寧夏源澤作九章不全

九章比類筭法　景泰庚午錢塘吳氏作共八本有乘除分九章每章後有雜題章類繁亂差訛亦多

筭學通衍　成化壬辰京兆劉洪作

通機集　　盤珠集　　走盤集　　三元化零歌[1]

鈐經[2]　　鈐釋

嘉定、咸淳、德祐等年又刊各書[3]：

詳解黄帝九章[4]　　詳解日用筭法[5]　　乘除通變本末

續古摘奇筭法[6]以上俱出楊輝《摘奇》内。

詳明筭法[7]元儒安止齊、何平子作。有乘除而無九章。

九章通明筭法[8]永樂二十二年臨江劉仕隆作。九章而無乘除等法，後作難題(二)[三]十三欵[9]。

指明筭法[10]正統己未江寧夏源澤作。九章不全。

九章比類筭法[11]景泰庚午錢塘吴氏作。共八本。有乘除，分九章，每章後有難題。章類繁乱，差訛亦多。

筭學通衍成化壬辰京兆劉洪作。

1《崇文總目》卷三"算數類"著録"《算法三平化零歌》一卷，張祚注"（《宋史・藝文志六》誤"算法"爲"法算"），恐即此書。書已佚。

2 據祖頤《四元玉鑒後序》，該書爲鹿泉（今河北獲鹿）石信道所撰，内容與天元術有關。《測圓海鏡》有所徵引。

3 嘉定，當爲"景定"之誤。詳郭世榮：《算法統宗・算經源流》及其學術價值，中國科技史料，第17卷第2期，21-27頁。

4 又名《詳解九章算法》，景定二年（1261）南宋楊輝撰，凡十二卷，包括《九章算術》本文、劉徽注、李淳風注釋、賈憲細草及楊輝詳解共五種内容。有《宜稼堂叢書》本存世，係輯自《永樂大典》，卷帙不全。（郭書春，詳解九章算法提要，中國科學技術典籍通彙・數學卷第一册，943-947頁）

5 景定三年（1262）楊輝撰，凡二卷。原書已佚，《諸家算法及序記》存其"稱則"及算題十道，並序言。據序言，該書"首以乘除加減爲法，稱斗尺田爲問，編詩括十有三首，立圖草六十六問。"（諸家算法及序記，中國科學技術典籍通彙・數學卷第一册影李儼藏抄本）

6 以上兩種與《田畝比類乘除捷法》合稱"楊輝算法"。《乘除通變本末》撰於咸淳十年（1274），凡三卷。《續古摘奇筭法》撰於德祐元年（1275），凡二卷。今有《宜稼堂叢書》本存世，缺《續古摘奇筭法》卷上。國家圖書館藏有朝鮮世宗十五年（1433）覆洪武戊午（1378）古杭勤德書堂刊本，爲足本。

7 該書有明洪武癸丑（1373）刻本存世，分上下二卷，卷首有安止齋序。今藏於日本國立公文書館。

8 該書已佚。嘉靖間張爵《九章正明筭法》（即下文《正明筭法》）收録了《九章通明筭法》33條難題，除4條殘缺外，其餘29條尚屬完整。（李兆華，殘本《九章正明筭法》録要，中國科技史料，第22卷第1期，66-76頁）

9 二十三，《算法統宗》作"三十三"。按，張爵《正明算法》卷四收録難題114條，其中"三十三條出劉氏《九章通明》内，其餘八十一條出吴氏《九章比類》等内"。可知，作"三十三"是，據改。

10 該書已佚，後世有若干校改本。詳《中國科學技術史・數學卷》第533頁。

11 又名《九章詳注比類算法大全》，凡十卷，首一卷，吴敬撰。卷首爲乘除開方起例，卷一至卷九爲方田、粟米等九章，每章按古問、比類、詩詞列算題，卷十爲各色開方。書成於景泰庚午（景泰元年，1450），版毁於火，吴氏後人修補，於弘治元年（1488）重刊。今北京大學圖書館、國家圖書館皆有藏。

九章詳註筭法成化戊戌金陵許榮作㨿取吳氏之法

九章詳通筭法成化癸卯鄱陽余進作㨿取詳明通明法

啓蒙發明筭法嘉靖丙戌福山鄭高昇作

馬傑改正筭法河間吳橋人嘉靖戊戌作無乘除只改錢塘吳信民法反正為邪數欵

勾股筭術嘉靖癸巳吳興尚書箬溪顧應祥作無乘除

正明筭法嘉靖己亥金臺張爵作

筭理明解嘉靖庚子江西寧都陳必智作

重明筭法

訂正筭法嘉靖庚子浙東會稽林高作詳解定位

測圓海鏡嘉靖庚戌學士欒城李冶公作無乘除

九章詳註筭法成化戊戌金陵許荣作[1]。採取吴氏之法。

九章詳通筭法成化癸卯鄱陽余進作。採取《詳明》、《通明》法。

啓蒙發明筭法嘉靖丙戌福山鄭高昇作。

馬傑改正筭法河間吴橋人，嘉靖戊戌[2]作。無乘除，只改錢塘吴信民法反正爲邪數欤[3]。

勾股筭術[4]嘉靖癸巳吴興尚書箬溪顧應祥作。無乘除。

正明筭法[5]嘉靖己亥金臺張爵作。

筭理明解嘉靖庚子江西寧都陳必智作。

重明筭法

訂正筭法嘉靖庚子浙東會稽林高作。詳解定位。

測圓海鏡[6]嘉靖庚戌學士栾城李治公作。無乘除。

---

1 明・王文素《算學寶鑒》卷二“掌中定數”云：“金陵許榮字孟仁，成化間重編《九章算法》”（劉五然等，算學寶鑒校注，科學出版社，2008）。該書已佚，詳情不知。

2 戊戌，《古今圖書集成》本《算法統宗》作“丙戌”。《算法統宗校釋》認爲，該書目基本以年代爲序，作“丙戌”（1526）較爲可信（算法統宗校釋，第 301 頁）。按：後文《勾股筭術》作於嘉靖癸巳年（嘉靖十二年，1533），戊戌爲嘉靖十七年（1538），在癸巳之後。

3 據《算法統宗》卷十五“（馬）傑改正數差反爲不正”，此“反正爲邪”即改正爲誤。吴氏書本不誤，馬氏反改爲誤，可見其書水平之一般。

4 凡二卷，嘉靖癸巳（1533）顧應祥撰。是一部勾股學專著。該書有“勾股論説”一篇，被《算法統宗》、《算海説詳》引用。今浙江圖書館藏有明嘉靖癸丑（1553）刻本。

5 又名《九章正明算法》，嘉靖己亥（1539）張爵撰。書凡四卷，今祇有第四卷傳世，爲明萬曆十年（1582）重刊本。（李兆華，殘本《九章正明筭法》録要，中國科技史料，第 22 卷第 1 期，66-76 頁。）

6 測圓海鏡，元李治撰。此處當指顧應祥《測圓海鏡分類釋纂》，書凡十卷，撰於嘉靖庚戌（1550），該書是對《測圓海鏡》的分類注釋之作。浙江省圖書館藏有嘉靖庚戌刻本。

弧矢弦術 嘉靖壬子顧箬溪作無乘除

筭林拔萃 隆慶壬申宛陵太邑楊溥作

一鴻筭法 萬曆甲申銀邑余楷作

庸章筭法 萬曆戊子新安朱元濬作

筭法統宗 萬曆壬辰新安賓渠程大位作

弧矢弦術[1]嘉靖壬子顧箬溪作。無乘除。

箕林拔萃[2]隆慶壬申宛陵太邑楊溥作。

一鴻箕法[3]萬曆甲申銀邑余楷作。

庸章箕法[4]萬曆戊子新安朱元濬作。

箕法統宗[5]萬曆壬辰新安賔渠程大位作。

---

1 今傳本作《弧矢算術》。嘉靖壬子（1552）顧應祥撰。書中的"弧矢論説"、"方圓論説"被《算法統宗》和《算海説詳》引用。浙江省圖書館藏有嘉靖癸丑（1553）刻本。

2 該書已佚。

3 又名《新刻一鴻簡捷便覽算法》，萬曆甲申（1584）余楷撰。凡四卷，明末珠算著作。安徽黄山博物館藏有一套明刻孤本，四冊，略有殘缺。（李迪、王榮彬，明代算書《一鴻算法》研究，自然科學史研究，第12卷2期，112–119頁）

4 該書已佚。

5 又名《新編直指算法統宗》，萬曆壬辰（1592）程大位撰。書凡十七卷，首篇爲河圖、洛書、九宫八卦、黄鐘律吕，卷一至卷二爲算學基礎，包括大數、小數、度、量、衡，箕盤定位，九因九歸歌，加減乘除法，通分、約分、課分等。卷三至卷十二爲方田、粟布、衰分、少廣、商功、均輸、盈朒、方程、勾股九章。卷十三至卷十六爲難題歌，按照九章次序排列。卷十七爲雜法，包括金蟬脱殼、二字訣、縱横圖等内容。該書版本眾多，除十七卷本外，又有十二卷、十三卷本。詳參李兆華:《算法統宗》提要。（中國科學技術典籍通彙·數學卷第二冊，第1213–1215頁）

筭法九章名義

筭法從來分列九章分九章者本河洛九數而立九因九歸之法數以九分故章以九記但舊多篇章紛錯今按法釐次訛誤者正之雜亂者更之不備者加增之彙法章撮總綱目臚悉諸法俾令開卷徹明大槩故首之軌區章脩方圓直斜勾股弧矢圭梯攙角等形及方圓圭角相容考較隱微實諸法之原本故次之勾股諸法依爲準則及測高測遠測深實有用大法也因軌區亦載勾股田畝故次及以便接次考較開方章萬法不離方求諸筭多用開方故次勾股測貯章倉窖堆垛不外立方立圓故次開方臺錐等法有同倉窖而道里奔馳以類工作故次功程亦便接覽也粟帛錢刀度量權衡公私必需故鏡泉次之至推筭諸

筭法九章名義

筭法從來分列九章。分九章者，本河、洛九數，而立九因九歸之法。數以九分，故章以九記。但舊多篇章紛錯，今按法釐次，訛誤者正之，雜亂者更之，不備者加增之。《彙法章》撮總綱目，臚悉諸法，俾令開卷徹明大槩，故首之。《軌區章》備方圓直斜、勾股弧矢、圭梯欖角等形，及方圓圭角相容，考較隐微，實諸法之原本，故次之。《勾股》諸法依爲準則，及測高測遠測深，實有用大法也，因軌區亦載勾股田畆，故次及，以便接次考較。《開方章》，萬法不離方，求諸筭多用開方，故次勾股。《測貯章》，倉窖堆垛不外立方立圓，故次開方。臺錐等法，有同倉窖；而道里奔馳，以類工作，故次《功程》，亦便接覧也。粟帛錢刀，度量權衡，公私必需，故《鏡泉》次之。至推筭諸物或臚列多等貴賤輕重多寡遠近參差不一須因數別等隨差立法故衰分章次之若多位參差等分雜揉或多或寡兼盈兼歉設法間雜彼此互形匿數待推有同射覆算至此鈎深索隱研幾通變至矣盡矣故以匿覆章終焉外若諸家雜題多有發明正法未備者照類分列各章以便參考重者不録别有筭餘雜法則附録九章之末

物，或臚列多等，貴賤輕重，多寡遠近，參差不一，須因數別等，隨差立法，故《衰分章》次之。若多位參差，等分雜揉，或多或寡，兼盈兼歉，設法問難，彼此互形，區數待推，有同射覆。筭至此，鈎深索隐，研幾通變，至矣盡矣，故以《匿覆章》終焉。外若諸家難題，多有發明正法未備者，照類分列各章，以便參考，重者不録。别有筭餘雜法，則附録九章之末。

筭法用字凡例

身本位也　如本身下位　進稍進前一位　退移之後一位　挨隨身變數也

上位之左　下位之右　左上邊大位　右下邊小位　首第一位

尾末一位　呼呼喚其數也　置列也　列位各列位次　以用也

差〻數未定也　得數已成也　原初數也　今問數也　加增添也

減退少也　相減二數以少減多　併二數或三數相合　率齊數也　倍亦乃一倍

折半只減去一　截分也　通會同其數也　差多少不同也　平彼此相適數也

進過有數也　言亦呼也　較相較量也　直長也　縱亦長也

濶橫濶也　廣　橫俱濶也　斜長廣之斜即勾股弦　高上起數

深下入數　面方面也　方四面同數也　廉方直也　隅隅角也

算法用字凡例[1]

身本位也	如本身下位	進移進前一位	退移下後一位	挨隨身變數也
上位之左	下位之右	左上邊大位	右下邊小位	首第一位
尾末一位	呼呼喚其數也	置列也	列位各列位次	以用也
爲數未定也	得數已成也	原初數也	今問數也	加增添也
減退少也	相減二數以少減多	併二數或三數相合	率齊數也	倍再加一倍
折半減去一半	截分也	通會同其數也	差多少不同數也	平彼此相通數也
逢遇有數也	言亦呼也	較相較量也	直長也	縱亦長也
濶橫濶也	廣	橫俱濶也	斜長廣之斜即勾股弦	高上起數
深下入數	面方面也	方四面同數也	廉方直也	隅隅角也

1 底本缺此頁及下頁，據早稻田大學藏康熙本補。該“用字凡例”見《算法統宗》卷一，原七十三項，此處刪改爲四十七項。

徑圜中直如周外圜也

徑路也

徑圓中直如徑路也　周外圍也

筭海說詳第一卷

白下隐吏古齊陽丘䐣足軒強恕居士李長茂拙翁甫輯著

彙法章

此章推明理數源流分晰筭術綱目別法實之定位備乘除之變通立圖撮要有義有說庶學者開卷了然正筭餘法一併次列以備考稽

程賓渠曰數法肇自圖書羲皇以之畫卦禹王以之序疇列聖以之開物成物凡天文地理律曆兵賦以及民生日用纖悉杪忽莫不有數則莫不本於圖書易數故推明筭法先列河圖洛書以示源本

解義　河圖出乃有自一至十之數推衍至百千萬億無窮不外自一至十之數為統是河圖者數之所始也洛書出乃有自一至九乃九之文數雖有十如筭盤定位逢十則進前位之一是洛書九數乃九歸之法所由本也故數學以河圖洛書為祖源流之所從出也

筭海説詳第一卷[1]

白下隐吏古齊陽丘睡足軒強恕居士李長茂拙翁甫輯著

彙法章

此章推明理數源流，分晰筭術綱目。别法實之定位，備乘除之變通。立圖撮要，有義有説，庶學者開卷了然。正筭餘法，一併次列，以備考稽。

程賔渠曰：數法肇自圖、書，羲皇以之畫卦，禹王以之序疇，列聖以之開物成(物)[務][2]。凡天文地理、律曆兵賦，以及民生日用，纖悉杪忽，莫不有數，則莫不本於圖、書易數。故推明筭法，先列河圖、洛書，以示源本[3]。

【解義】河圖出，乃有自一至十之數。推衍至百千萬億無窮，不外自一至十之數爲統。是河圖者，數之所始也。洛書出，乃有自一至九之文。數雖有十，如筭盤定位，逢十則進前位之一。是洛書九數，乃九歸之法所由本也。故數學以河圖、洛書爲祖，源流之所從出也。

---

1 本卷主要彙録各種基本算法，包括《算法統宗》卷首、卷一、卷二的大部分内容，及卷十七“雜法”中有關算法的“金蟬脱殼”、“寫算”、“一筆錦”、“洛書縱横圖”、“一掌金”、“袖中定位”等内容。

2 開物成物，《易・繫辭上》“物”作“務”，《算法統宗》同。此處涉上而訛，據改。

3 此段見於《算法統宗》卷首。原文作：“數何肇？其肇自圖書乎。伏羲得之以畫卦，大禹得之以序疇，列聖得之以開物成務。凡天官地員、律曆兵賦，以及纖悉杪忽，莫不有數，則莫不本於《易》、《範》。故今推明直指算法，輒揭河圖、洛書于首，見數有原本云。”（算法統宗，康熙五十五年刻本）

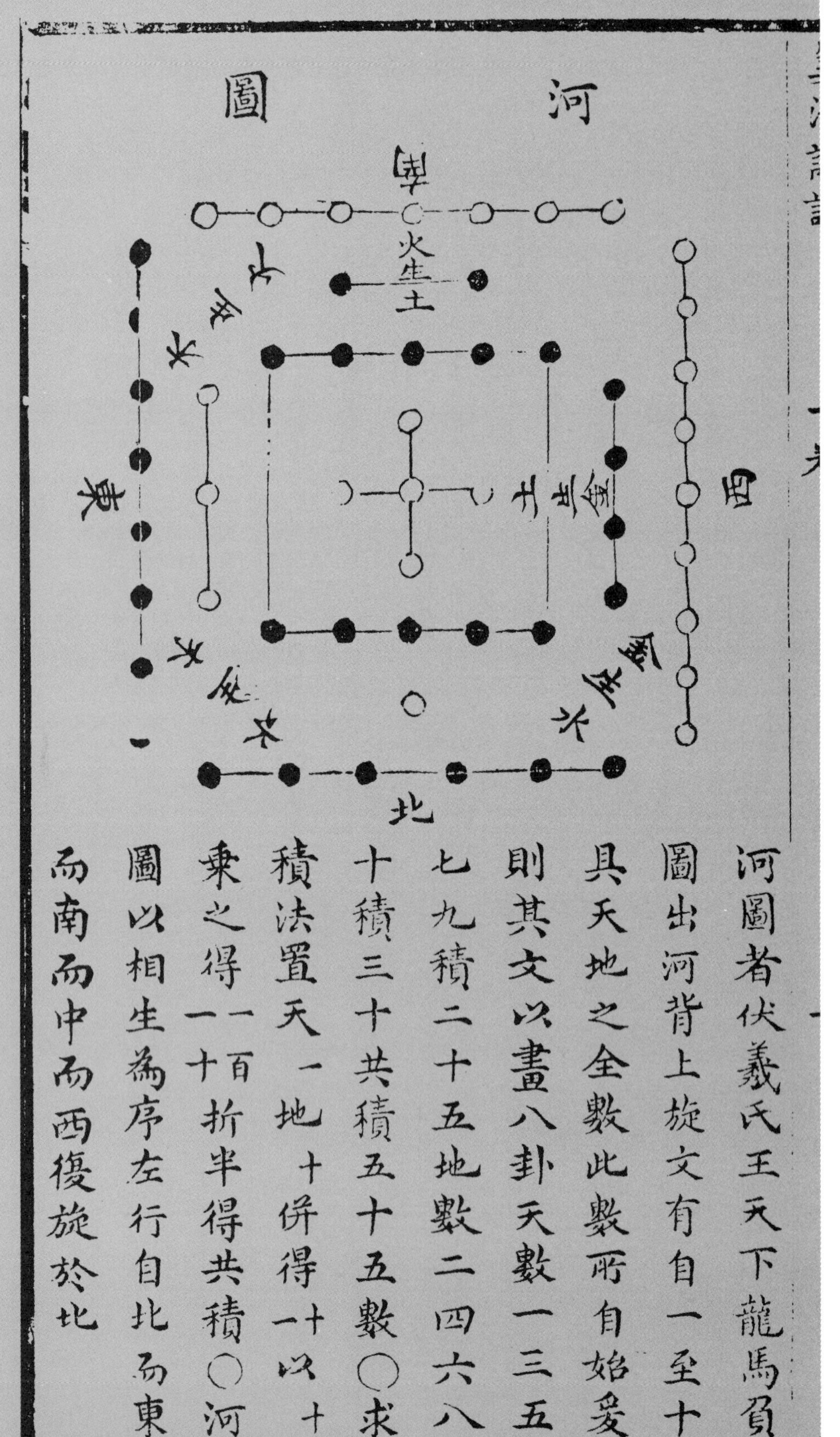

河圖者伏羲氏王天下龍馬負圖出河背上旋文有自一至十具天地之全數此數所自始爰則其文以畫八卦天數一三五七九積二十五地數二四六八十積三十共積五十五數〇求積法置天一地十併得十一以十乘之得一百一十折半得共積〇河圖以相生為序左行自北而東而南而中而西復旋於北

河圖

河圖者，伏羲氏王天下，龍馬負圖出河，背上旋文有自一至十，具天地之全數，此數所自始。爰則其文以畫八卦，天數一、三、五、七、九，積二十五；地數二、四、六、八、十，積三十，共積五十五數。〇求積法：置天一地十，併得十一，以十乘之，得一百一十，折半，得共積。〇河圖以相生爲序，左行，自北而東而南而中而西，復旋於北。

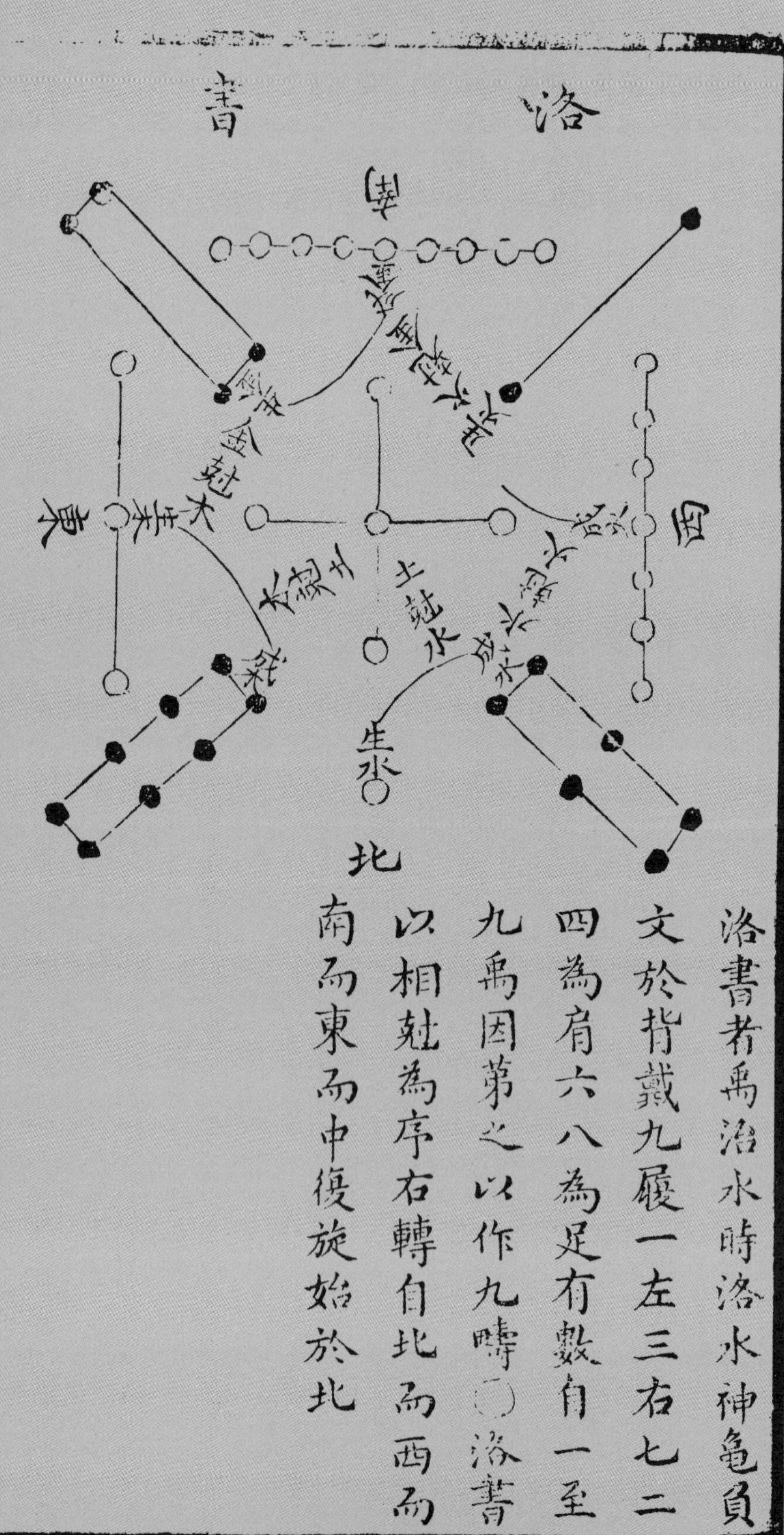

洛書者禹治水時洛水神龜負文於背戴九履一左三右七二四為肩六八為足有數自一至九禹因第之以作九疇〇洛書以相尅為序右轉自北而西而南而東而中復旋始於北

洛書

洛書者，禹治水時，洛水神龟負文於背，戴九履一，左三右七，二四爲肩，六八爲足。有數自一至九，禹因第之以作九疇。〇洛書以相尅爲序，右轉，自北而西而南而東而中，復旋始於北。

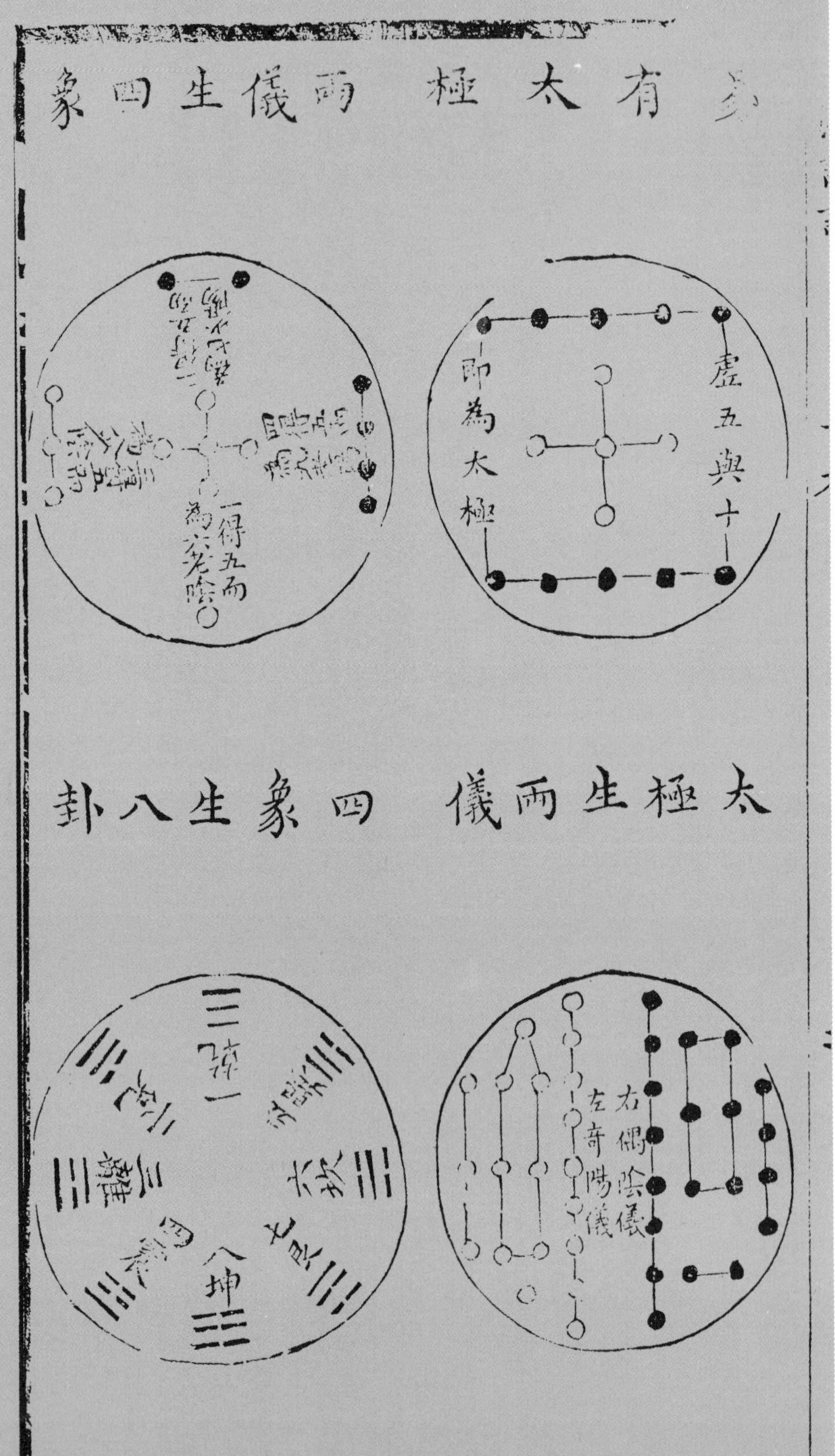
易有太極
兩儀生四象
虛五與十
即為太極
一得五而為六老陰
太極生兩儀
四象生八卦
右偶陰儀
左奇陽儀
一乾
二兌
三離
四震
五巽
六坎
七艮
八坤

易有太極

虛五與十　　即爲太極

太極生兩儀

右偶陰儀　　左奇陽儀

兩儀生四象

一得五而爲六老陰　　二得五而爲七少陽

三得五而爲八少陰　　四得五而爲九老陽

四象生八卦

一乾　　二坤　　三離　　四震

五巽　　六坎　　七艮　　八坤

洛書釋數

九宫八卦圖

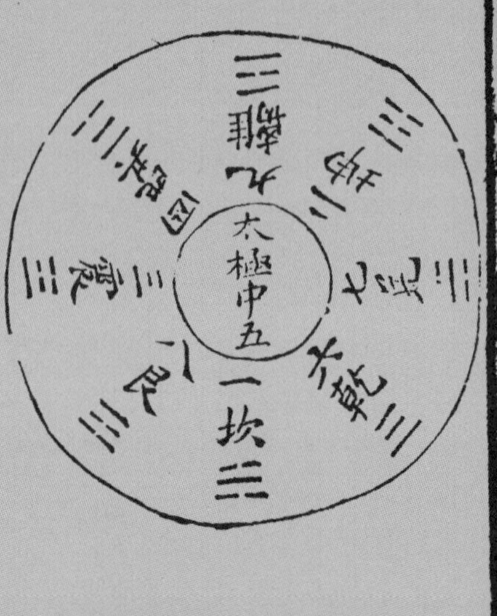

解義

河圖天地之數各五陰陽對待之軆也洛書陽數五陰數四共九流行變化之用也河圖為數軆洛書為數用河圖為靜洛書為動河圖數自一至十數以十為足此萬數歸成之總也若以進退乗除之理推之數成十則進一于前位再成十又進一于前位是一晉本位之一十者前位之一百者又前位之一一位止有九數此洛書之九位所以為數法九九之宗而不可易也太極兩儀四象以理言之太極若陰陽未分也兩儀者一陰一陽也四象者老少四位也以數論之則處五與十即太極一陽内有一三五七九之陽數一陰内有二四六八十之陰數六七八九以分老少不外一二三四得五而成二老六子不外六七八九之老少即不外一二三四得五而成

洛書釋數　　九宫八卦圖

【解義】河圖天地之數各五，陰陽對待之體也。洛書陽數五、陰數四，共九，流行變化之用也。河圖爲數體，洛書爲數用；河圖爲静，洛書爲動。河圖數自一至十，數以十爲足，此萬數歸成之總也。若以進退乘除之理推之，數成十則進一于前位，再成十又進一于前位，是一者本位之一，十者前位之一，百者又前位之一。一位止有九數，此洛書之九位所以爲數法九九之宗而不可易也。太極兩儀四象，以理言之，太極者，陰陽未分也；兩儀者，一陰一陽也；四象者，老少四位也[1]。以數論之，則虛五與十即太極。一陽内有一、三、五、七、九之陽數，一陰内有二、四、六、八、十之陰數。六、七、八、九以分老少，不外一、二、三、四得五而成；二老六子[2]，不外六、七、八、九之老少，即不外一、二、三、四得五而成

1 老少四位，指老陰、老陽、少陰、少陽。以數論之，老陰爲六，老陽爲九，少陰爲八，少陽爲七。沈括《夢溪筆談・象數一》："易象九爲老陽，七爲少；八爲少陰，六爲老。"

2 二老，指乾、坤二卦。六子，指震、巽、坎、離、艮、兑六卦。《易・説卦》："乾，天也，故稱乎父；坤，地也，故稱乎母。震一索而得男，故謂之長男；巽一索而得女，故謂之長女。坎再索而得男，故謂之中男；離再索而得女，故謂之中女。艮三索而得男，故謂之少男；兑三索而得女，故謂之少女。"（清・孫星衍，周易集解卷十，上海書店，1988）

之老少此萬法不出河圖範圍也洛書之數即河圖之數五居中者太極也河圖虛五與十為太極洛書用五而去十者陽以主陰之義也然九位縱橫皆十五削十寓于五所謂陽以統陰十亦在其內也十五者老陽九與老陰六配合得十五少陽七與少陰八配合得十五以縱橫斜角言之一得五而為老陰之六配以老陽之九四得五而為老陽之九配以老陰之六二得五而為少陽之七配以少陰之八三得五而為少陰之八配以少陽之七皆成十五即以四旁言之二四為老陰之六配以老陽之九一八為老陽之九配以老陰之六二六為少陰之八配以少陽之七三四為少陽之七配以少陰之八皆成十五此陰陽玄通之至理也八卦乾一兌二離三震四巽五坎六艮七坤八此先天立卦之序八卦之本數也乾坎艮震巽離坤兌者後天流行之卦序也洛書為動用之數故將後天之卦排入九位增入中五而為九宮坎一坤二震三巽四中五乾六兌七艮八離九者洛書之卦數也五居中為太極太極無為增入八卦為用者所謂靜有太極之動亦有太極也凡此皆洛書數理所具然洛書之九位一本于河圖之數故河圖洛書為九九數法之宗而不能外也

黃鐘萬數根本解

黃鐘生度（ ）黃鐘之管其長積秬黍中者九十粒一粒為一分十分為寸

之老少，此萬法不出河圖範圍也。洛書之數，即河圖之數。五居中者，太極也，河圖虛五與十爲太極，洛書用五而去十者，陽以主陰之義也。然九位縱横皆十五，則十寓于五，所謂陽以統陰，十亦在其内也。十五者，老陽九與老陰六配合得十五，少陽七與少陰八配合得十五。以縱横斜角言之，一得五而爲老陰之六，配以老陽之九；四得五而爲老陽之九，配以老陰之六；二得五而爲少陽之七，配以少陰之八；三得五而爲少陰之八，配以少陽之七，皆成十五。即以四旁言之，二、四爲老陰之六，配以老陽之九；一、八爲老陽之九，配以老陰之六；二、六爲少陰之八，配以少陽之七；三、四爲少陽之七，配以少陰之八，皆成十五，此陰陽玄通之至理也。八卦乾一、兑二、離三、震四、巽五、坎六、艮七、坤八，此先天立卦之序，八卦之本數也；乾、坎、艮、震、巽、離、坤、兑者，後天流行之卦序也。洛書爲動用之數，故將後天之卦排入九位，增入中五，而爲九宫。坎一、坤二、震三、巽四、中五、乾六、兑七、艮八、離九者，洛書之卦數也，五居中爲太極，太極無爲增入八卦爲用者，所謂静有太極，動亦有太極也。凡此皆洛書數理所具，然洛書之九位，一本于河圖之數，故河圖、洛書爲九九數法之宗而不能外也。

黄鍾萬數根本解[1]

黄鍾生度〇黄鍾之管，其長積秬黍中者九十粒。一粒爲一分，十分爲寸，

1 見《算法統宗》卷首。《漢書・律曆志上》云："數者，……本起於黄鐘之數。"（漢・班固，漢書，中華書局，1962）詳參梅榮照、李兆華：《算法統宗校釋》，安徽教育出版社，1990，59-61頁。

十寸為尺十尺為丈十丈為引

黄鍾生量〇黄鍾之管其長廣容秬黍中者一千二百粒為一勺十勺為合十合為升十升為斗十斗為石

黄鍾生衡〇黄鍾所容千二百黍為勺重十二銖兩勺則二十四銖為一两十六两為觔三十觔為鈞四鈞為石

黄鍾生律〇黄鍾之長九寸空圍九分積一百一十分是為律本十一律由是而損益焉

解義　丈尺升斗斤兩皆不外黄鍾所生法有一定但後世時制增減古今不同各因時宜以定算法可耳

大數

一數之始　十十箇一為　百十十為百　千十百為千　萬十千為萬數更成也

十寸爲尺，十尺爲丈，十丈爲引[1]。

黃鍾生量〇黃鍾之管，其長廣容秬黍中者一千二百粒，爲一勺。十勺爲合，十合爲升，十升爲斗，十斗爲石[2]。

黃鍾生衡〇黃鍾所容千二百黍爲勺，重十二銖。兩勺則二十四銖，爲一兩。十六兩爲觔，三十觔爲鈞，四鈞爲石[3]。

黃鍾生律〇黃鍾之長九寸，空圍九分，積一百一十分[4]，是爲律本。十一律由是而損益焉。

【解義】丈、尺、升、斗、斤、兩，皆不外黃鍾所生。法有一定，但後世時制增減，古今不同，各因時宜以定算法可耳。

大數[5]

一數之始　　十十箇一爲十　　百十十爲百　　千十百爲千　　萬十千爲萬，數之成也。

---

1 秬黍，即黑黍。《漢書·律曆志上》："度者，分、寸、尺、丈、引也，所以度長短也。本起黃鐘之長，以子穀秬黍中者，一黍之廣，度之九十分，黃鐘之長。一爲一分，十分爲寸，十寸爲尺，十尺爲丈，十丈爲引，而五度審矣。"顔師古注曰："子穀猶言穀子耳，秬即黑黍……中者，不大不小也。言取黑黍子不大不小者，率爲分寸也。"

2 石，《算法統宗》作"斛"，本《漢書·律曆志上》："量者，龠、合、升、斗、斛也。……合龠爲合，十合爲升，十升爲斗，十斗爲斛。"按：一斛爲十斗，南宋以前量制。南宋時規定，五斗爲一斛，二斛爲一石，明清沿襲。（參郭正忠，三至十四世紀中國的權衡度量，中國社會科學出版社，1993，386-412頁）

3 《漢書·律曆志上》："權者，銖、兩、斤、鈞、石也，所以稱物平施，知輕重也。本起於黃鐘之重。一龠容千二百黍，重十二銖，兩之爲兩。二十四銖爲兩。十六兩爲斤。三十斤爲鈞。四鈞爲石。"

4 一百一十分，當作"八百一十分"。本書卷九附録"黃鍾相生律呂"云："黃鍾空圍九分，律長九寸，以九分因之，得積八百一十分。"

5 以下"大數"、"小數"、"度量衡畝"、"諸物輕重"、"錢鈔名數"等條，皆見於《算法統宗》卷一。

十萬　百萬　千萬　億萬萬　十億

百億　千億　萬億　十萬億　百萬億

千萬億　兆萬萬億　京萬萬兆　垓萬萬京　秭萬萬垓

穰　溝　澗　正　載

極　恒河沙　阿僧秖　那由他　不可思議

無量數自京以後世之罕用姑存之又按萬萬曰億萬萬億曰兆孟子註其麗不億解為十萬誤也

小數

分　釐　毫　絲　忽

微　纖　沙　塵　埃

渺　漠　模糊　逡巡　須臾

十萬[1]　百萬　千萬　億萬萬　十億

百億　千億　萬億　十萬億　百萬億

千萬億　兆萬萬億　京萬萬兆　垓萬萬京　秭萬萬垓

穰　溝　澗　正　載

極　恒河沙　阿僧秖　那由他　不可思議

無量數[2]自京以後，世之罕用，姑存之。又按:“萬萬曰億，萬萬億曰兆”，《孟子註》“其麗不億”解爲“十萬”[3]，誤也。

小數

分　釐　毫　絲　忽

微　纖　沙　塵　埃

渺　漠　糢糊　逡巡　須臾

---

1 底本此頁缺、後頁殘，皆據早稻田大學藏本補。

2 “萬”以上大數進位法，本《孫子算經》，不過“極”以下，《孫子算經》無。較完整的表述，最早見於朱世傑《數學啟蒙》卷首“大數之類”：“一、十、百、千、萬、十萬、百萬、千萬，萬萬曰億，萬萬億曰兆，萬萬兆曰京，萬萬京曰陔，萬萬陔曰秭，萬萬秭曰穰，萬萬穰曰溝，萬萬溝曰澗，萬萬澗曰正，萬萬正曰載，萬萬載曰極，萬萬極曰恒河沙，萬萬恒河沙曰阿僧祇，萬萬阿僧祇曰那由他，萬萬那由他曰不可思議，萬萬不可思議曰無量數。”（中國科學技術典籍通彙·數學卷第一冊影羅士琳揚州刻本）吴敬《九章比類》同。“恒河沙”以下，俱出佛語，形容數量之多，無法計算。

3《孟子·離婁章句上》引《詩·大雅·文王》：“商之孫子，其麗不億”，朱熹注云：“十萬曰億”。（朱熹，四書章句集注，中華書局，1983）

瞬息　彈指　剎那　六德　虛空清淨模糊以下雖有此名而無定公私亦不用

度所以分別長短

丈十尺　尺十寸　寸十分　分十厘　厘毫絲忽同前

量所以分別多寡

石十斗　斗十升　升十合　合十勺　勺十抄

抄十撮　撮十圭　圭十粟　粟即一粒之粟以上是自石而下者

斛古一石今五斗　瓮六斗四升　庾十六斗　秉十六斛以上是自石而上者

衡所以分別輕重

觔十六兩　兩二十四銖　銖十絫　絫十黍　黍禾方得而有准以上是自斤而

瞬息　　弾指　　刹那　　六德　　虚、空、清、净[1]模糊以下，雖有此名而無實，公私亦不用。

度所以分别長短。

丈十尺　　尺十寸　　寸十分　　分十厘　　厘、毫、絲、忽同前[2]。

量所以分别多寡。

石十斗　　斗十升　　升十合　　合十勺　　勺十抄

抄十撮　　撮十圭　　圭(十)[六]粟[3]　粟即一粒之粟。以上是自石而下者。

斛古一石，今五斗。　釜六斗四升　庾十六斗　(乘)[秉][4]十六斛。以上是自石而上者。

衡所以分别輕重。

觔十六兩　　兩二十四銖　　銖十絫　　絫[5]十黍　　黍禾方得而有准。以上是自斤而

---

1 "沙"以上十進，以下萬進。最早見於《算學啟蒙》卷首"小數之類"："一、分、厘、毫、絲、忽、微、纖、沙，萬萬塵曰沙，萬萬埃曰塵，萬萬渺曰埃，萬萬漠曰渺，萬萬模糊曰漠，萬萬逡廵曰模糊，萬萬須臾曰逡廵，萬萬瞬息曰須臾，萬萬彈指曰瞬息，萬萬刹那曰彈指，萬萬六德曰刹那，萬萬虚曰六德，萬萬空曰虚，萬萬清曰空，萬萬淨曰清，千萬淨，百萬淨，十萬淨，萬淨，千淨，百淨，十淨，一淨。"吳敬《九章比類》同。

2《算法統宗》此後有"疋""端"兩數，前注："四丈，今無定則"，後注："五丈，今亦不一"，《筭海説詳》未收録。

3 十粟，《算法統宗》、《孫子算經》、《九章比類》、《算學寶鑒》等，皆作"六粟"，據改。

4 乘，《算法統宗》作"秉"，《集韻·梗韻》："秉，或曰粟十六斛爲秉"，據改。

5 絫，讀 lěi。《説文·厽部》："絫，十黍之重也。"

下者然今兩之下惟用錢分釐毫絲忽其斛絫黍等但不用

秤 原十五斤今二十斤或三十斤不等　鈞 二秤三十斤　石 四鈞

引 二百斤以上是自斤而上者

畝

畝以分別田地

步 方五尺也　分 五寸一尺為二分也　釐 半寸一寸為二釐也　毫絲忽同

畝 橫一步直二百四十步為一畝每步止五尺若以大言即橫一丈長六十丈以尺計長橫計積六千尺

分 二十四步為一分十分為一畝分之下亦有釐毫絲忽然上是步之分釐毫絲分是步十分之一此是畝之釐毫絲忽分是畝十分之一

頃 百畝為頃　角 一畝分為四角每角六十步　里 三百六十步為一里計一百八十丈約人行一千步

諸物輕重數 長濶高皆方一寸為則

金 重十六兩　銀 重十四兩　玉 重十二兩　鉛 重九兩五錢　銅 重七兩五錢

鐵 重六兩　青石 重三兩

下者。然今兩之下，惟用錢、分、厘、毫、絲、忽，其銖、絫、黍等俱不用。

秤原十五斤，今二十斤或三十斤不等。　鈞二秤，三十斤。石四鈞　引二百斤。以上是自斤而上者。

畝所以分别田地。

步方五尺也。　分五寸。一尺爲二分也。　厘半寸。一寸爲二厘也。

毫、絲、忽同。

畝横一步、直二百四十步爲一畝，每步止五尺。若以丈計，即横一丈、長六十丈；以尺計長、横，計積六千尺。

分二十四步爲一分，十分爲一畝，分之下亦有厘、毫、絲、忽。然上是步之分、厘、毫、絲，分是步十分之一；此是畝之厘、毫、絲、忽，分是畝十分之一。

頃百畝爲頃　角一畝分爲四角，每角六十步。　里三百六十步爲一里，計一百八十丈，約人行一千步。

諸物輕重數[1]長、濶、高皆方一寸爲則。

金重十六兩　銀重十四兩　玉重十二兩　鉛重九兩五錢　銅重七兩五錢

鐵重六兩　青石重三兩

---

1 相當於今之物質比重。以下七種物質比重，出自《孫子算經》卷上。

錢鈔名數

錢鈔之法謂之文一文之上有十文百文千文為一貫五貫為一錠文之下亦有分釐毫絲等數

九積數

○一下一	一下五除四	一起九成一十
○二下二	二下五除三	二起八成一十
○三下三	三下五除二	三起七成一十
○四下四	四下五除一	四起六成一十
○五下五	五起五成一十	
○六下六	六下一起五成一十	六起四成一十

錢鈔名數

錢鈔之法謂之文，一文之上有十文、百文，千文爲一貫，五貫爲一錠。[一]文之下亦有分、釐、毫、絲等數[1]。

九積數[2]

〇一下一	一下五除四	一起九成一十
〇二下二	二下五除三	二起八成一十
〇三下三	三下五除二	三起七成一十
〇四下四	四下五除一	四起六成一十
〇五下五	五起五成一十	
〇六下六	六下一起五成一十	六起四成一十

1 一，底本印刷脱落，據順治本補。

2 九積數，即珠算加法口訣。《算法統宗》卷一題作“九九八十一”，凡八十一句。《算海説詳》删去重複者，簡化爲二十七句。

○七下七

○八下八

○九下九

九因數

○一一如一

○一二如二

○一三如三

○一四如四

○一五如五

五五二十五

七起五下二成一十

八起二成一十

九起一成一十

二二如四

二三如六

二四如八

二五得一十

七起三成一十

三三如九

三四一十二

三五一十五

四四一十六

四五得二十

〇七下七　七下二起五成一十　七起三成一十
〇八下八　八起二成一十
〇九下九　九起一成一十

九因數[1]

〇一一如一
〇一二如二　二二如四
〇一三如三　二三如六　三三如九
〇一四如四　二四如八　三四一十二　四四一十六
〇一五如五　二五得一十　三五一十五　四五得二十
五五二十五

1　九因數，《算法統宗》卷一題作“九九合數”。一位數乘法稱作“因”。

〇一六如六　二六一十二　三六一十八　四六二十四

五六得三十　六六三十六

〇一七如七　二七一十四　三七二十一　四七二十八

五七三十五　六七四十二　七七四十九

〇一八如八　二八一十六　三八二十四　四八三十二

五八得四十　六八四十八　七八五十六　八八六十四

〇一九如九　二九一十八　三九二十七　四九三十六

五九四十五　六九五十四　七九六十三　八九七十二

九九八十一

右法遇句內有十字之數就本身位上之遇如字之數下一位上之

〇一六如六　二六一十二　三六一十八　四六二十四
五六得三十　六六三十六
〇一七如七　二七一十四　三七二十一　四七二十八
五七三十五　六七四十二　七七四十九
〇一八如八　二八一十六　三八二十四　四八三十二
五八得四十　六八四十八　七八五十六　八八六十四
〇一九如九　二九一十八　三九二十七　四九三十六
五九四十五　六九五十四　七九六十三　八九七十二
九九八十一

右法遇句内有“十”字之數，就本身位上之；遇“如”字之數，下一位上之。

訣曰遇十挨身上逢如下位加　法皆小數在上大數在次須熟記

九歸歌　歸法用此

○一歸不須歸　其法故不立

○二一添作五　逢二進一十

○三一三十一　三二六十二　逢三進一十

○四一二十二　四二添作五　四三七十二　逢四進一十

○五一倍作二　五二倍作四　五三倍作六　五四倍作八

逢五進一十

○六一下加四　六二三十二　六三添作五　六四六十四

六五八十二　逢六進一十

訣曰：遇十挨身上，逢如下位加。法皆小數在上，大數在次，須熟記。

九歸歌[1]歸法用此

〇一歸不須歸　其法故不立

〇二一添作五　逢二進一十

〇三一三十一　三二六十二　逢三進一十

〇四一二十二　四二添作五　四三七十二　逢四進一十

〇五一倍作二　五二倍作四　五三倍作六　五四倍作八
逢五進一十

〇六一下加四　六二三十二　六三添作五　六四六十四
六五八十二　逢六進一十

1　九歸歌，見於《算法統宗》卷一。一位數除法稱作“歸”。

○七一下加三　七二下加六　七三四十二　七四五十五

七五七十一　七六八十四　逢七進一十

○八一下加二　八二下加四　八三下加六　八四添作五

八五六十二　八六七十四　八七八十六　逢八進一十

○九一下加一　九二下加二　九三下加三　九四下加四

九五下加五　九六下加六　九七下加七　九八下加八

逢九進一十

右法與上九因數易於相混學者須熟讀二法惟辨多數在先少數在次即九歸之句如八六七十四八在先六在次是歸六八四十八六在先八在次是因之類是也

〇七一下加三　七二下加六　七三四十二　七四五十五
七五七十一　七六八十四　逢七進一十
〇八一下加二　八二下加四　八三下加六　八四添作五
八五六十二　八六七十四　八七八十六　逢八進一十
〇九一下加一　九二下加二　九三下加三　九四下加四
九五下加五　九六下加六　九七下加七　九八下加八[1]
逢九進一十

右法與上九因數易於相混，學者須熟讀二法。惟辨多數在先，少數在次，即九歸之句，如"八六七十四"，八在先六在次，是歸；"六八四十八"，六在先八在次，是因之類是也。

---

1 "九一下加一" 至 "九八下加八"，《算法統宗》作 "九歸隨身下"。

法實左右定位

分別法實左右圖

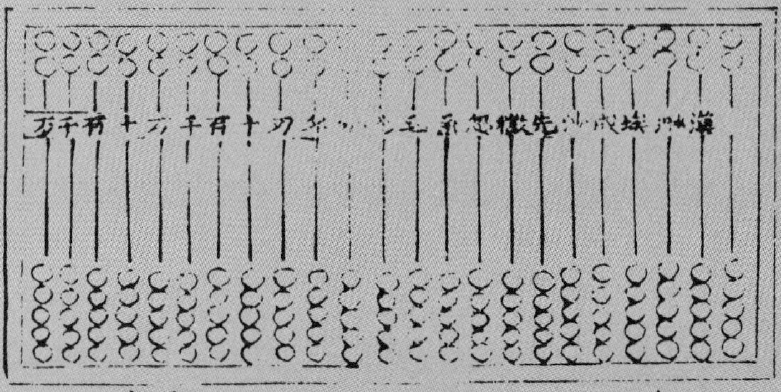

至尾為末位位以次挨下筭為法之首上接寔尾起

法為母

靜

為寔之末位挨下至數尾之首位以次自左起為寔

實為子

動

按洛書數曰左三右七則右者第一之行位也左者第二之行位也又

法實左右定位[1]

分別法實左右圖[2]

自左起爲實之首位，以次挨下，至數尾爲實之末位。	上接實尾起算，爲法之首位，以次挨下，至尾爲末位。
實爲子	法爲母
動	静

按：洛書數曰左三右七，則右者第一之行位也，左者第二之行位也。又

1 法實左右定位，見《算法統宗》卷二。在乘除中，被乘數、被除數稱作實，乘數、除數稱作法。

2《算法統宗》“分別法實左右圖”的算盤圖有 15 檔，而《算海説詳》該算盤圖有 23 檔，自左至右，依次爲萬（萬）、千（萬）、百（萬）、十（萬）、萬、千、百、十、兩、錢、分、釐、毫、絲、忽、微、纖、沙、塵、埃、渺、漠，最右一檔爲空位。這與《算海説詳》計算數位繁多有關係，如卷二“方容八角角面七步圖”，算得方“四步九分四釐九毫七絲四忽七微四纖六沙八塵三埃零五漠八三二六七不盡”。

按大學章句曰別為序次如左則左者以後之事也又曰右傳之某章則右者以前之事也今當以初行為右次行為左以理推之法當從右寔當在左此乃不易之位也

解義 按書文篇章行數俱換次自右而左則右先左後筭盤定位皆自左而右如有數若干萬千百十俱自左行定萬首位一順換次而右則左先右後乃便于右首推算之故耳故筭盤以左為上位右為下位乘法自左退右謂之降位除法自右進左謂之陞位寔具而後法施寔先法後故以寔在左法在右此一定之序也以此論之以寔當為毋法當為子以法求寔乃以子分毋舊以法為毋寔為子以法先寔後為分左分右之義似有未當又以法為靜寔為動者因以法求寔呼法數目到底不易寔則逐位改破動移本數也然寔于盤以法逐位乘除之乃寔位居靜而動用全在法是又寔靜而法動矣似亦不得以法為靜寔為動也

定法實訣〇實者所問之數實也法者推分數實之則法也或以物為實價為法或以價為實物為法或以人為實銀與物為法或以或銀或物

按：《大學章句》曰“別爲序次如左”[1]，則左者以後之事也；又曰“右傳之某章”，則右者以前之事也。今當以初行爲右，次行爲左，以理推之，法當從右，實當在左，此乃不易之位也[2]。

【解義】按書文篇章行數，俱挨次自右而左，則右先左後。筭盤定位皆自左而右，如有數若干，萬、千、百、十，俱自左行定萬首位一，順挨次而右，則左先右後，乃便于右首推算之故耳。故筭盤以左爲上位，右爲下位，乘法自左退右，謂之降位；除法自右進左，謂之陞位。實具而後法施，實先法後，故以實在左、法在右，此一定之序也。以此論之，實當爲母，法當爲子，以法求實，乃以子分母。舊以法爲母、實爲子，以法先實後爲分左分右之義，似有未當。又以法爲静、實爲動者，因以法求實，呼法數目到底不易，實則逐位改破，動移本數也。然定實于盤，以法逐位乘除之，乃實位居静，而動用全在法，是又實静而法動矣，似亦不得以法爲静、實爲動也。

定法實訣[3]○實者，所問之數實也；法者，推分數實之則法也。或以物爲實、價爲法，或以價爲實、物爲法。或以人爲實，銀與物爲法；或以或銀或物

---

1 語見宋・朱熹《大學章句》，下同。

2 這段話見於《算法統宗》卷一“定筭盤位次實左法右論”。

3 定法實訣，即珠算乘除定位法，見《算法統宗》卷一。

為實人為法或以總物總數為實以分物分數為法或以分物分數為
實總物總數為法或一實二法如一實而用一法除之又用一法乘之
是也或二實一法如人物或銀物名實以法除人實得人除物實得物
除銀實得銀除物實得物是也或分實分法如物有貴賤輕重不同兩
邊互乘對減以貴與重為實為法得賤與輕者以賤與輕為實為法得
貴與重者是也或疊實疊法如所問多位參差不齊互乘對減得各物
平法以乘實位又得每物平法以乘物實得物數乘價實得價數是也
各因所問以定法實未可拘一

乘除定位歌○數家定位法為奇○因乘俱向下位齊○歸除另須尋上
位○上下總從本位推○法多原實逆上法○位前得令順下宜○法

爲實，人爲法。或以總物總數爲實，以分物分數爲法；或以分物分數爲實，總物總數爲法。或一實二法，如一實而用一法除之，又用一法乘之是也；或二實一法，如人物或銀物各實，以法除人實得人、除物實得物，除銀實得銀，除物實得物是也。或分實分法，如物有貴賤輕重不同，兩邊互乘對減，以貴與重爲實爲法，得賤與輕者，以賤與輕爲實爲法，得貴與重者是也；或叠實叠法，如所問多位參差不齊，互乘對減，得各物平法，以乘實位，又得每物平法，以乘物實得物數，乘價實得價數是也。各因所問，以定法實，未可拘一。

乘除定位歌〇數家定位法爲奇〇因乘俱向下位齊〇歸除另須尋上位〇上下總從本位推〇法多原實逆上法〇位前得令順下宜〇法

必原實降下數〇法前得令遞上知

又歌〇乘從每下得術〇歸從法前得令

定因乘位〇乘從每下得術術者乃法首位每下該得之名也先將筭盤寫定萬千百十兩錢分厘或頃畝分厘石斗升合之類因乘完從實原首位起往後順數至法首位之數則止却於下位得法首每該之數是兩呼兩是石呼石是錢呼錢巳上十百千萬巳下分厘斗升〇如有田一百四十五畝每畝科糧四升六合即以田為實以每畝四升六合為法乘實此實首是百法首是每畝四升六合即從實首數百順數至畝位就於畝下位得升向上以畝變斗以十變石以百畝變十石句下以分變合以厘變勺之類是也

少原實降下數〇法前得令逆上知[1]

又歌[2]〇乘從每下得術〇歸從法前得令

定因乘位〇乘從每下得術，術者，乃法首位每下該得之名也。先將筭盤寫定萬、千、百、十、兩、錢、分、厘，或頃、畝、分、厘、石、斗、升、合之類。因乘完，從實原首位起，往後順數，至法首位之數則止。却於下位得法首每該之數，是兩呼兩，是石呼石，是錢呼錢，已上十、百、千、萬，已下分、厘、斗、升。〇如有田一百四十五畝，每畝科糧四升六合。即以田爲實，以每畝四升六合爲法乘實。此實首是百，法首是每畝四升六合，即從實首數百順數至畝位，就於畝下位得升。向上以畝變斗，以十變石，以百畝變十石；向下以分變合，以厘變勺之類是也[3]。

---

1 歌訣見《算法統宗》卷一，原題作“定位總歌”，文字略有出入：“數家定位法爲奇，因乘俱向下位推。加減只須認本位，歸與歸除上位施。法多原實逆上法，位前得令順下宜。法少原實降下數，法前得令逆上知。”歌訣包括珠算乘、除法定位方法，其中，除法定位又分爲實多法少、法多實少兩種情況。俱詳後文注釋。

2 又歌，《算法統宗》卷一題作“十二字訣”。

3 因乘定位法如表 1–1 所示：

表 1–1

	百	十	畝		
列實 145 畝	1	4	5		
以法每畝 4 升 6 合乘得	0	6	6	7	0
“乘從每下得術”，此題中，每爲“畝”位，術即法首“升”位。即以“畝”下位定“升”位。“升”以上爲斗、石、十，“升”以下爲合。	十	石	斗	升	合
得 6 石 6 斗 7 升					

定歸除位○歸從法前得令令者觔兩貫個石等數是也亦從實上原首位起數至法首位之數則止却升上一位得法首應得之數已上十百千萬以下釐毫合勺然有二等一等實多法少從實首順數至法首之數則止升上前一位得令一等法多實少亦從實首位起往上逆升數至法首之數則止亦升前一位得令○如有米四百四十二石五斗每銀壹兩糴米三石問共銀若干此是實多法少置米為實以每兩糴米三石為法除之實首數是百法首數是石便從實首位百石起順數至石是法首數也升前一位得令是兩又前一位是十兩以次逆上向下一位是錢以次順下○如有麥四百五十石賣銀三十二兩四錢問每石該銀若干此是法多實少置銀為實以麥為法歸除之得七二法首

定歸除位〇歸從法前得令，令者，觔、兩、貫、個、石等數是也。亦從實上原首位起，數至法首位之數則止，却升上一位得法首應得之數，已上十、百、千、萬，以下厘、毫、合、勺。然有二等：一等實多法少，從實首順數至法首之數則止，升上前一位得令；一等法多實少，亦從實首位起往上逆升，數至法首之數則止，亦升前一位得令。〇如有米四百四十二石五斗，每銀壹兩糴米三石，問共銀若干。此是實多法少。置米爲實，以每兩糴米三石爲法除之。實首數是百，法首數是石，便從實首位百石起，順數至石，是法首數也。升前一位得令是兩，又前一位是十兩，以次逆上；向下一位是錢，以次順下[1]。〇如有麥四百五十石，賣銀三十二兩四錢，問每石該銀若干。此是法多實少。置銀爲實，以麥爲法歸除之，得七二。法首

---

1 歸除定位分爲兩種情況，一爲實多法少，一爲實少法多。此係前者，其定位法如表 1-2 所示：

表 1-2

		百	十	石	斗
列實 442 石 5 斗		4	4	2	5
以法每兩 3 石除之得	1	4	7	5	0
歸從法前得令，法首爲“石”，令即“兩”（每兩糴米若干，即以兩爲令）。則以“石”前“十”位爲“兩”位，以上十、百位，以下錢、分位	百	十	兩	錢	分
得 147 兩 5 錢					

數是百實首數是十即從實首十逆上一位次百　法首數於百前一

位得令是兩降下遁數至實是七分次位即二釐也

解義寔多法少須降至法實少法多逆升至法從之數至法首為止曰術曰令術者求數之法令者數視為令揔皆所求法首之數目也因乘是降位順退故以所問之應得者于下位定之歸除是陞位逆進故以所問之應得者于上位定之然若乘除兼用則又當于本位定之緣用歸法則逆升一位再用乘法又順退一位還還本位故也舊法未備併補列于後

定乘除兼用位○一乘一除相兼○法從本位可定○如有米四百四十二石五斗每銀二兩五錢糴米三石問共銀若干置米為實以糴米三石為法除之再以二兩五錢為法乘之或先乘後除皆是一乘一除得數三六八七五此實首是百法首是石是兩從實首百順數至石本身即是兩身位以次逆上是十是百以次順下是錢是分乃三百六十八

數是百，實首數是十，即從實首十逆上一位是百，爲法首數。於百前一位得令是兩，降下遞數至實，是七分，次位即二厘也[1]。

【解義】實多法少，順降至法；實少法多，逆升至法[2]。總之，數至法首爲止。曰“術”、曰“令”，術者，求數之法；令者，數視爲令，總皆所求法首之數目也。因乘是降位順退，故以所問之應得者，于下位定之；歸除是陞位逆進，故以所問之應得者，于上位定之。然若乘除兼用，則又當于本位定之。緣用歸法，則逆升一位，再用乘法，又順退一位，適還本位故也。舊法未備[3]，併補列于後。

定乘除兼用位〇一乘一除相兼〇法從本位可定〇如有米四百四十二石五斗，每銀二兩五錢糴米三石，問共銀若干。置米爲實，以糴米三石爲法除之，再以二兩五錢爲法乘之。或先乘後除，皆是一乘一除，得數三六八七五。此實首是百，法首是石是兩[4]，從實首百順數至石[5]，本身即是兩身位。以次逆上，是十是百；以次順下，是錢是分，乃三百六十八

1 此係實少法多，其定位法如表 1-3 所示：

表 1-3

		百	十	兩	錢
列實 32 兩 4 錢			3	2	4
以法 450 石除之得			7	2	0
歸從法前得令，法首爲百，令爲兩（問每兩若干，即以兩爲令）。以“百”前一位爲兩位，以下分别爲錢、分、厘。	兩	錢	分	厘	
得 7 分 2 厘					

無論實多法少、法多實少，皆先找到法首位，即以法首前一位爲“令”。所不同者，前者順數至下，後者逆數陞上。

2 “實多法少”至“逆升至法”，順治本作“實多法少，是以每問總，故法少；實少法多，是以總問每，故法多”，該説法不確切。

3 本書中所提到的“舊法”，專就《算法統宗》而言。後文算題解法中，有“舊法”“增法”“更法”之别，“舊法”指《算法統宗》中的解法，“增法”係《算法統宗》所無、《算海説詳》新增的解法，而“更法”則係更正《算法統宗》的解法。

4 石，順治本誤作“䄷”。

5 石，順治本誤作“䄷”。

兩七錢五　也

因歸總歌○歸從頭上起○因從足下生○逢如須次位○言十在本身

因法○單位曰因九九數單位者俱用此

乘法○單位曰因位數多曰乘通而言之乘也置所問為實以所求為法皆從實末位而起呼九九相生之數如法次第乘之呼如須在次位言十就在本身凡因乘不必拘於法實或以法乘實或以實乘法皆可惟歸除不可顛倒錯亂

陞積用乘法○凡以二為法便一倍乘作二倍以三為法便一倍乘作三倍然其數雖陞而位反降必須詳定位之法求之

减積亦用乘法○如十分之八即置原實以八乘得數十分之七即置原

兩七錢五分也[1]。

因歸總歌○歸從頭上起○因從足下生○逢如須次位○言十在本身[2]

因法○單位曰因，九九數單位者俱用此。

乘法○單位曰因，位數多曰乘，通而言之乘也。置所問爲實，以所求爲法，皆從實末位而起，呼九九相生之數，如法次第乘之。呼如須在次位，言十就在本身。凡因乘，不必拘於法實，或以法乘實，或以實乘法，皆可。惟歸除不可顛倒錯亂。

陞積用乘法○凡以二爲法，便一倍乘作二倍；以三爲法，便一倍乘作三倍。然其數雖陞而位反降，必須詳定位之法求之。

減積亦用乘法○如十分之八，即置原實，以八乘得數；十分之七，即置原

---

1 兼有乘除定位法，如表 1-4 所示：

表 1-4

		百	十	石	斗	
列實 442 石 5 斗		4	4	2	5	
以法每兩糴米 3 石除之得	1	4	7	5	0	
歸從法前得令，法首爲石，令即兩。則以“石”前“十”位爲“兩”位，以上十、百位，以下錢、分位	百	十	兩	錢	分	
又以 2 兩 5 錢乘之得	0	3	6	8	7	5
乘從每下得術，每爲“兩“位，術亦爲“兩”位。以“兩”位下一位爲得數之“兩”位，以上十、百，以下錢、分。		百	十	兩	錢	分
得368 兩 7 錢 5 分。此“兩”位即原實“石”位，因一乘一除，一降一陞，故法從本位可定。						

2《算法統宗》卷二作“歸因總歌”，爲珠算乘除總歌。歸除從實首算起，從前向後依次以法除實；因乘則自實尾算起，自後向前依次以法乘實。若乘除口訣中帶“如”字，須在次位寫得數；若帶“十”字，則在本位寫得數。

實以七乘得數又如有八五金十兩求足色金即置十兩以八五為法乘之得八兩五錢是也蓋以八五乘十兩陞積則得八十五兩降積則得八兩五錢可以通用餘可類推

折半用乘法○折半當用五歸而位反陞今變用五因於下位得數而位不陞為便

留頭乘法歌○因乘之法用此真○起手先從二位因○三四相連俱乘遍○後將首位破其身○言留法首一位先將法第二位數順次從實下隔位乘起至尾完畢後將法首位破應乘實身之位也

掉尾乘法○言於應乘實位下按法位數若干從法尾位以次掉捲逆乘至實身止也

實以七乘得數。又如有八五金十兩，求足色金。即置十兩，以八五爲法乘之，得八兩五錢是也。蓋以八五乘十兩，陞積則得八十五兩，降積則得八兩五錢，可以通用。餘可類推。

折半用乘法[1]○折半當用(五)[二]歸[2]，而位反陞。今變用五因，於下位得數，而位不陞爲便。

留頭乘法歌○因乘之法用此真○起手先從二位因○三四相連俱乘遍○後將首位破其身[3]○言留法首一位，先將法第二位數順次從實下隔位乘起，至尾完畢後，將法首位破應乘實身之位也。

掉尾乘法○言於應乘實位下，按法位數若干，從法尾位以次掉捲逆乘，至實身止也。[4]

---

1 折半用乘法，見《算法統宗》卷一。

2 五，當作“二”，據文意改。

3 見《算法統宗》卷二“乘法”，原歌訣云：“下乘之法此爲真，起手先將得二因。三四五來乘遍了，却將本位破其身。”珠算乘法的總體順序，是依次用法各位乘實尾，乘畢，再乘實倒二位，直至實首。留頭乘及以下三種乘法的不同之處，在於法以何種順序與實各位相乘。留頭乘，留出法首一位，先以法第二位至法末位，依次與實尾相乘，再以法首位與實尾相乘。按此順序，依次乘實倒數第二位、第三位，直至實首。今以《算法統宗》例題演示其運算步驟如下。“假如今有豆二十八石六斗，每斗價銀三分四厘五毫。問共該銀若干？”留頭乘步驟如表 1-5 所示：

表 1-5

	①	②	③	④	⑤	⑥	
列實 286，以法 345 乘之	十	石	斗				
	2	8	6				
先以法次位 4 乘實末位 6：4×6=24	2	8	6	2	4		④位作 2，⑤位作 4
以法末位 5 乘實末位 6：5×6=30	2	8	6	2	7	0	⑤位 4 加 3 作 7
以法首位 3 乘實末位 6：3×6=18	2	8	2	0	7	0	④位 2 加 8 作 0，進 1 於前；③位 6 改 1，加進 1 作 2
次以法次位 4 乘實次位 8：4×8=32	2	8	5	2	7	0	④位加 2 作 2，③位加 3 作 5
以法末位 5 乘實次位 8：5×8=40	2	8	5	6	7	0	④位加 4 作 6
以法首位 3 乘實次位 8：3×8=24	2	2	9	6	7	0	③位加 4 作 9，②位 8 改 2
次以法次位 4 乘實首位 2：4×2=8	2	3	7	6	7	0	③位加 8 作 7，進 1 於前；②位加 1 作 3
以法末位 5 乘實首位 2：5×2=10	2	3	8	6	7	0	③位加 1 作 8
以法首位 3 乘實首位 2：3×2=6	0	9	8	6	7	0	②位加 6 作 9，①位 2 改 0
得：9 兩 8 錢 6 分 7 厘	十	兩	錢	分	厘	毫	

留頭乘的優點是，運算過程中，實本位可保留不動，待將實本位用法各位依次乘過之後，才破改本位，操作方便，不易出錯。如上題以法 345 乘末位 6，用 4、5 分别乘 6 時，6 始終保留未動，最後以法首 3 乘過之後，才將 6 破改。留頭乘以其優越性，爲《算法統宗》所推崇。

4 掉尾、隔位與破頭乘，《算法統宗》僅存其名，未詳其法。其卷二“留頭乘”下自注云：“原有破頭乘、掉尾乘、隔位乘，總不如留頭乘之妙，故皆不録。”掉尾乘，從法尾至法首，倒卷向上，依次與實位相乘。其與留頭乘不同在於（以前條注釋所引算題爲例），掉尾乘先以法末位 5 乘實末位 6，又以法次位 4 乘實末位 6，最後以法首位 3 乘實末位 6，再依此順序乘實次位 8、首位 2。雖然掉尾乘也可以保留實本位在計算過程中不動，但需要先留出法末位與實本位相乘得積與實本位之間的空位，若法位數過多，則較爲繁瑣。

隔位乘法○言於應乘實位下以法首從隔位挨次至尾順乘而下乘完除實身一位

破頭乘法○言以法首数將應乘實位破身順乘而下也

解義四法一理留頭乘今皆用此掉尾乘但倒記法位明白以次逆上極為直捷惟法位過多先退數隔實下位次為煩隔位乘退下一位即自法首乘起極順因乘完除身多此一番為煩然三法皆乘完破身法實照對不致錯誤破頭乘先將實位改破恐易忘錯

歸法○單位曰歸凡二歸至九歸法單位者用此

歸除法○單位曰歸位數多曰歸除通而言之曰歸除置所問率為實以所求率為法皆從實首位而起以次而下以法之首位用歸次位下皆用除歸呼九歸之歌除呼九九之數次第除之故曰歸除

降積用除法○凡以二為歸便降作二分之一以三為歸便降作三分之

隔位乘法〇言於應乘實位下，以法首從隔位挨次至尾，順乘而下。乘完，除實身一位[1]。

破頭乘法〇言以法首數，將應乘實位破身，順乘而下也[2]。

【解義】四法一理。留頭乘，今皆用此。掉尾乘但倒記法位明白，以次逆上，極爲直捷。惟法位過多，先退數隔實下位次爲煩。隔位乘退下一位，即自法首乘起，極順。因乘完除身，多此一番爲煩。然三法皆乘完破身，法實照對，不致錯誤。破頭乘先將實位改破，恐易忘錯。

歸法〇单位曰歸。凡二歸至九歸，法单位者用此。

歸除法〇单位曰歸，位數多曰歸除，通而言之曰歸除。置所問率爲實，以所求率爲法，皆從實首位而起，以次而下。以法之首位用歸，次位下皆用除。歸呼九歸之歌，除呼九九之數，次第除之，故曰歸除。

降積用除法〇凡以二爲歸，便降作二分之一；以三爲歸，便降作三分之

---

1 隔位乘次序同破頭乘，惟隔位置積。以前注所引例題爲例，其運算步驟如表 1-6 所示：

表 1-6

	①	②	③	④	⑤	⑥	⑦	
列實 286，以法 345 乘之	十	石	斗					
	2	8	6					
先以法 3 乘實 6：3×6＝18	2	8	6	1	8			④位作 1，⑤作 8
以法 4 乘實 6：4×6＝24	2	8	6	2	0	4		⑥位作 4；⑤位加 2 作 0，進 1 於前；④位加 1 作 2
以法 5 乘實 6：5×6＝30	2	8	6	2	0	7	0	⑥位加 3 作 7
次以法 3 乘實 8：3×8＝24	2	8	2	6	0	7	0	④位加 4 作 6，③位破改作 2
以法 4 乘實 8：4×8＝32	2	8	2	9	2	7	0	⑤位加 2 作 2，④位加 3 作 9
以法 5 乘實 8：5×8＝40	2	8	2	9	6	7	0	⑥位仍作 7，⑤位加 4 作 6，②位破改作 0
次以法 3 乘實 2：3×2＝6	2	0	8	9	6	7	0	③位加 6 作 8
次法 4 乘實 2：4×2＝8	2	0	9	7	6	7	0	④位加 8 作 7，進 1 於前；③位加 1 作 9
次法 5 乘實 2：5×2＝10	0	0	9	8	6	7	0	⑤位仍作 6，④位加 1 作 8，①位破改作 0
得：9 兩 8 錢 6 分 7 厘	百	十	兩	錢	分	厘	毫	據“乘從每下得術”，“斗”下位當爲法首位“分”。此係隔位置積，故還須順數一位，以下二位爲“分”。

隔位乘也可以保證實本位“乘完破身”，但定位時須多順數一位。

2 破頭乘與隔位乘順序相同，運算步驟一致，只是在實本位下置積，非隔位置積。其缺點是，第一步便將實本位破改，在珠算運算過程中，容易忘記實本位之數，甚爲不便。

一其数雖降而位反陞亦須詳定位之法求之

陞積亦用除法○如有足色金銀十两欲銷八色即置十两以八為法歸之得一十二两五錢是也蓋以八為法除十降積則得一两二錢五分陞積則得一十二两五錢可以通用他倶類此

加倍亦用歸法○加倍當用二因而位反降今改用五歸陞上得数而位不降為便

撞歸法歌○歸除之法要周知○数盈進上歸成十○有歸若是無除數○作九下將歸數施○或仍無除再起一○下加歸数以除之

有歸数無除数歌下法

（一歸）見一無除作九一　本位作九　下位作一

（二歸）見二無除作九二　本位作九　下位作二

一。其數雖降，而位反陞，亦須詳定位之法求之。

陞積亦用除法○如有足色金銀十兩，欲銷八色，即置十兩，以八爲法歸之，得一十二兩五錢是也。蓋以八爲法除十，降積則得一兩二錢五分，陞積則得一十二兩五錢，可以通用。他俱類此。

加倍亦用歸法[1]○加倍當用二因，而位反降。今改用五歸，陞上得數，而位不降爲便。

撞歸法歌○歸除之法要周知○數盈進上號成十○有歸若是無除數○作九下將歸數施○或仍無除再起一○下加歸數以除之[2]

有歸數無除數歌下法：

一歸　見一無除作九一本位作九，下位作一　二歸　見二無除作九二本位作九，下位作二

---

1 加倍亦用歸法，見《算法統宗》卷一。

2 撞歸法，見《算法統宗》卷二。原有歸除歌訣八句，云：

惟有歸除法更奇，將身歸了次除之。
有歸若是無除數，起一還將原數施。
或遇本歸歸不得，撞歸之法莫教遲。
若人識得中間意，筭學雖深可盡知。

歸除中，若當法實首位相同，實次位小於法次位，因而無除時，用撞歸法。撞，湊也。即將實首湊成九，次位加餘數也。詳後文。

三歸 見三無除作九三 本位作九 下位作三

五歸 見五無除作九五 本位作九 下位作五

七歸 見七無除作九七 本位作九 下位作七

九歸 見九無除作九九 本位作九 下位作九

已作九又無除歌下法

一歸 無除起一下還一 本位起一 下位還一

三歸 無除起一下還三 本位起一 下位還三

五歸 無除起一下還五 本位起一 下位還五

七歸 無除起一下還七 本位起一 下位還七

九歸 無除起一下還九 本位起一 下位還九

四歸 見四無除作九四 本位作九 下位作四

六歸 見六無除作九六 本位作九 下位作六

八歸 見八無除作九八 本位作九 下位作八

二歸 無除起一下還二 本位起一 下位還二

四歸 無除起一下還四 本位起一 下位還四

六歸 無除起一下還六 本位起一 下位還六

八歸 無除起一下還八 本位起一 下位還八

三歸　見三無除作九三本位作九，下位作三　四歸　見四無除作九四本位作九，下位作四
五歸　見五無除作九五本位作九，下位作五　六歸　見六無除作九六本位作九，下位作六
七歸　見七無除作九七本位作九，下位作七　八歸　見八無除作九八本位作九，下位作八
九歸　見九無除作九九本位作九，下位作九

已作九又無除歌下法：

一歸　無除起一下還一本位起一，下位還一　二歸　無除起一下還二本位起一，下位還二
三歸　無除起一下還三本位起一，下位還三　四歸　無除起一下還四本位起一，下位還四
五歸　無除起一下還五本位起一，下位還五　六歸　無除起一下還六本位起一，下位還六
七歸　無除起一下還七本位起一，下位還七　八歸　無除起一下還八本位起一，下位還八
九歸　無除起一下還九本位起一，下位還九

解義　撞者迎也湊也有歸數無除數故立法以迎湊之也數盈有歸有除則進一或二或三等數于上位成十如每人可分一箇二箇三箇也無除則本位作九如每人分一箇不見再作九分分也又無除再起一存八或又再起一存七存六存五不等如每人分九分又不見再作八分每八又八分又不見再作七分六分不等也無除本位作九及本位起一下位皆加原數者如二歸本位逢二則進一于上三歸本位逢三則進一于上是上位為已歸之數本位為未歸之數二歸則本位二數是上位一數三歸則本位三數是上位一數若無除作九則本位為已歸之數下位為未歸之數係二歸則下位二數為本位一數故本位作九則下還二本位起一亦下還二係三歸則下位三數為本位一數故本位作九則下還三本位起一亦下還三也九歸皆類此今備圖說于後

撞歸法〇如有銀一百八十四兩零五分共四十五人分之問每人該銀若干〇置銀一百八十四兩零五分為實用四歸法以四十五人為法歸除之先呼四一二十二將實首百位一加作二下位加二又呼逢八進二十將次八十并先呼加二數共十內起去八進二於上位共成四本位餘二却於首

【解義】撞者，迎也，凑也。有歸數無除數，故立法以迎凑之也。數盈有歸有除，則進一或二或三等數于上位成十，如每人可分一箇、二箇、三箇也。無除則本位作九，如每人分一箇不足，再作九分分也。又無除，再起一存八，或又再起一存七、存六、存五不等。如每人分九分又不足，再作八分；每人八分又不足，再作七分、六分不等也。無除本位作九及本位起一，下位皆加原數者，如二歸本位，逢二則進一于上；三歸本位，逢三則進一于上。是上位爲已歸之數，本位爲未歸之數，二歸則本位二數，是上位一數；三歸則本位三數，是上位一數。若無除作九，則本位爲已歸之數，下位爲未歸之數，係二歸則下位二數爲本位一數，故本位作九，則下還二，本位起一，亦下還二；係三歸，則下位三數爲本位一數，故本位作九，則下還三，本位起一，亦下還三也。九歸皆類此，今備圖説于後。

撞歸法○如有銀一百八十四兩零五分，共四十五人分之。問每人該銀若干？○置銀一百八十四兩零五分爲實，用四歸法，以四十五人爲法歸除之。先呼“四一二十二”，將實首百位一加作二，下位加二。又呼“逢八進二十”，將次八十併先呼加二數共十，内起去八，進二於上位共成四，本位餘二。却於首

位下隔位呼四五除二十除次位二盡餘第三位四數四位空五位五
數此是見四無除即將第三位四本身作九第四位加四却於第五位
呼五九四十五除實盡實首是百法首四十是十就將實首百順數第
二位是十為法首數却歷前一位百上是兩得每人該分銀四兩零九

分

實尾 五分 此係作九隔位呼五九除四十五上位除 ○

四本位除五除寔恰尽

○ 原空加出四數○下呼除尽 ○

四十 此寔首隔位呼四五除二十上位二尽下 九 寔兩位首位定兩此 九分

空呼見四無除作九四本位作九下加四位便是分

十 首呼加二共成十呼逢八進二十進二千 ○ 寔十位遇法首數十

上位成四本位去八餘二下呼尽除去 ○ 即止前位得令是兩

實首 二百 法首四數呼四一二十二本身加作二下 四 原寔百位呼百順下 四百

位加二○又下位進二作四至法首數止

位下隔位呼“四五除二十”，除次位二盡，餘第三位四數、四位空、五位五數。此是見四無除，即將第三位四本身作九，第四位加四，却於第五位呼“五九四十五”，除實盡。實首是百，法首四十是十，就將實首百順數第二位是十，爲法首數。却陞前一位百上是兩，得每人該分銀四兩零九分[1]。

實首	一百	法首四數，呼四一二十二，本身加作二，下位加二。〇又下位進二作四。	四	原實百位呼百，順下至法首數止。	四兩
	八十	首呼加二共成十。呼逢八進二十，進二于上位成四，本位去八餘二，下呼盡除去。	〇	實十位，遇法首數十即止，前位得令是兩。	
	四兩	此實首隔位呼四五除二十，上位二盡，下空。呼見四無除作九四，本位作九，下加四。	九	實兩位，首位定兩，此位便是分。	九分
	〇	原空，加出四數。〇下呼除盡。	〇		
實尾	五分	此係作九隔位呼五九除四十五，上位除四，本位除五，除實恰盡。	〇		

1 該題運算過程如表 1-7 所示：

表 1-7

置實 18405，以實 45 歸除		①	②	③	④	⑤
		百	十	兩	錢	分
		1	8	4	0	5
四一二十二	①位 1 成 2，②位 8 加 2 成 10	2	10	4	0	5
逢八進二十	②位 10 減 8 成 2，①位 2 加 2 成 4	4	2	4	0	5
四五除二十	②位 2 減 2 盡。	4	0	4	0	5
見四無除作九四	③位 4 變作 9，④位加 4 成 4	4	0	9	4	5
五九四十五	④、⑤兩位俱減盡。	4	0	9	0	0
得 4 兩零 9 分		兩	錢	分	厘	毫

又撞歸法〇如有銀一百八十四两三錢二分共四十八人分之問每人該銀若干〇舊法置銀一百八十四两三錢二分為實用四歸以四十八人為法歸除之先呼四一二十二將實首百位一加作二下位加二又呼逢四進一十將次位十八併先呼加二數共十內起四進一於上位共成三本位餘六却於第三位呼三八二十四第二位除二餘四第三位四除空此是見四無除即將第二位本身作九下位加四八九應除七十二四數仍不敷此是無除除應再將本身九起一存八下位加四亦成八却於第四位呼八八六十四第三位八除去六再除一於第四位加六餘三位一四位九五位二又於三位呼四一二十二本位加一成二四位加二共一十即於四位呼逢八進二十三位共成四四位餘三五位二却於五位呼

又撞歸法○如有銀一百八十四兩三錢二分，共四十八人分之。問每人該銀若干？○舊法置銀一百八十四兩三錢二分爲實，用四歸，以四十八人爲法歸除之。先呼“四一二十二”，將實首百位一加作二，下位加二。又呼“逢四進一十”，將次位八十併先呼加二數共十，内起四，進一於上位共成三，本位餘六。却於第三位呼“三八二十四”，第二位除二餘四，第三位四除空。此是見四無除，即將第二位本身作九，下位加四，八九應除七十二，四數仍不敷。此是無除，應再將本身九起一存八，下位加四亦成八。却於第四位呼“八八六十四”，第三位八除去六，再除一，於第四位加六，餘三位一、四位九、五位二。又於三位呼“四一二十二”，本位加一成二，四位加二共十一。即於四位呼“逢八進二十”，三位共成四，四位餘三，五位二。却於五位呼

四八三十二除實恰盡得（每人該分銀三兩八錢四分）

實尾
（分）呼四八三十二上位除三此位除二除實
恰尽　〇

（豪）呼八八六十四上除六又除一本位加六
又上呼加二共十一呼逢八進二十餘三　〇

（两）呼三八二十四位空二次撞歸成八下呼
共除七餘一呼四一二十二下加二成四　（四）
實兩位首位得兩次
位便是錢此位是分　（兩）

實首
（十）首呼加二成十呼逢四進一去四下呼去
二餘四四呼見四兎除作九兎除起一作八　（八）
實十位遇法首數十
即止前位得令是兩　（分）

（百）法首四數起呼四一二十二本身加作二
下位加二（）又下呼進一成三　（三）
原實百位呼百順下
至法首數止　（錢）

解義
已有歸而無除不止作九後除數不數用之如二歸止有一數
呼二一添作五此有歸也因下無除亦須減一還二各歸做此

因歸還源法（）還源者復還原位也將法實乘除得所問數復將求得之
數照法還源兩下覆對始免差誤之失

先乘後除法〇謂先應除法而後用乘法者其除法時有畸零不盡之數

"四八三十二"，除實恰盡，得每人該分銀三兩八錢四分[1]。

實首	一百	法首四數，起呼四一二十二，本身加作二，下位加二。〇又下呼進一成三。	三	原實百位呼百，順下至法首數止。	三兩
	八十	首呼加二成十，呼逢四進一去四，下呼去二餘四，呼見四無除作九，無除起一作八。	八	實十位遇法首數十即止，前位得令是兩。	八錢
	四兩	呼三八二十四，位空。二次撞歸成八，下呼共除七餘一，呼四一二十二，下加二成四。	四	實兩位，首位得兩，次位便是錢，此位是分。	四分
	二錢	呼八八六十四，上除六，又除一，本位加六。又上呼加二共十一，呼逢八進二十，餘三。	〇		
實尾	二分	呼四八三十二，上位除三，此位除二，除實恰盡。	〇		

【解義】已有歸而無除，不止作九，後除數不敷用之，如二歸止有一數，呼"二一添作五"，此有歸也，因下無除，亦須減一還二。各歸倣此。

因歸還源法〇還源者，復還原位也。將法實乘除得所問數，復將求得之數照法還源，兩下覆對，始免差誤之失。

先乘後除法〇謂先應除法，而後用乘法者，其除法時有畸零不盡之數，

1 該題運算過程如表 1-8 所示：

表 1-8

置實 18432，以法 48 歸除		①	②	③	④	⑤
		百	十	兩	錢	分
		1	8	4	3	2
四一二十二	①位 1 變作 2，②位 8 加 2 成 10	2	10	4	3	2
逢四進一十	②位 10 減 4 餘 6，①位 2 加 1 成 3	3	6	4	3	2
三八二十四	②位 6 減 2 餘 4，③位 4 減 4 盡	3	4	0	3	2
見四無除作九四	②位 4 變作 9，③位加 4 成 4	3	9	4	3	2
起一下還四	②位 9 減 1 餘 8，③位 4 加 4 成 8	3	8	8	3	2
八八六十四	④位 3 減去 4 不足，借前位 1，本位存 9，③8 減 6，又減借後位之 1 得 1	3	8	1	9	2
四一二十二	③位 1 變作 2，④位 9 加 2 成 11	3	8	2	11	2
逢八進二十	④位 11 減 8 餘 3，③位 2 加 2 成 4	3	8	4	3	2
四八三十二	④、⑤兩位俱減盡	3	8	4	0	0
得 3 兩 8 錢 4 分		兩	錢	分	厘	毫

則乘法無由而施故變而先用乘法後用歸除或數有畸零不盡者可
以法命之法有同乘異乘同除異除不等皆用先乘後除
異乘同除法歌○異乘同除法何如○原物原錢作例推○先將原錢乘
今物○却將原物法除之

異乘同除互換揑用圖

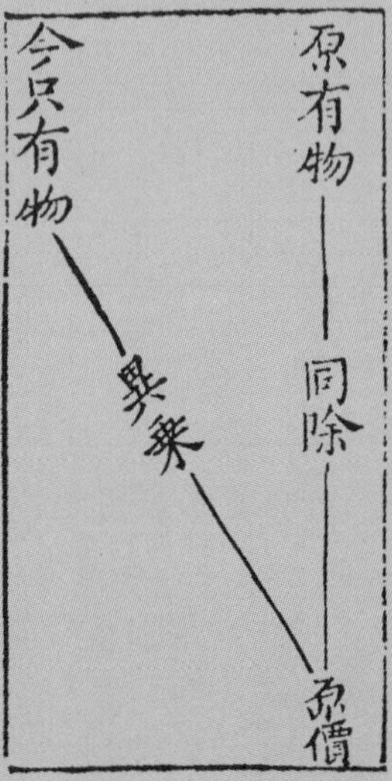

圖歌○此法有四隅○內有一隅空○異名
斜乘訖○同名末後除

如原有米五石八斗四升賣銀四兩三錢八分今只有米一石七斗二升
問該銀若干（術）（法）置今有米一石七斗二升以原賣銀四兩三錢八分乘之得七兩五錢
三分三釐六毫為實却以原有米五石八斗四升為法除之得（該）（價）（銀）（一）（兩）（二）（錢）（九）（分）

則乘法無由而施，故變而先用乘法，後用歸除。或數有畸零不盡者，可以法命之。法有同乘異乘、同除異除不等，皆用先乘後除[1]。

異乘同除法歌○異乘同除法何如○原物原錢作例推○先將原錢乘今物○却將原物法除之[2]

異乘同除互換捷用圖

圖歌○此法有四隅○内有一隅空○異名斜乘訖○同名末後除[3]

如原有米五石八斗四升，賣銀四兩三錢八分。今只有米一石七斗二升，問該銀若干？舊法 置今有米一石七斗二升，以原賣銀四兩三錢八分乘之，得七兩五錢三分三厘六毫爲實。却以原有米五石八斗四升爲法除之，得該價銀一兩二錢九分。

---

1 先乘後除法，見《算法統宗》卷二。包括異乘同除、同乘異除、異乘同乘、異除同除、同乘同除諸法，即今之比例也，《九章算術》稱作今有術。

2 歌見《算法統宗》卷二，原歌訣有八句：

異乘同除法何如，物賣錢來作例推。
先下原錢乘只物，却將原物法除之。
將錢買物互乘取，百里千斤以類推。
筭者留心能善用，一絲一忽不差池。

假如原有物若干，共價若干；今有物若干，問共價若干。其解法爲：

$$今價=\frac{原價}{原物}\times今物=\frac{原價\times今物}{原物}$$

其中：

$$\frac{原價}{原物}$$

爲同除，同名（皆爲原）相除；

$$原價\times今物$$

爲異乘，異名（一爲原、一爲今）相乘。

3《算法統宗》卷二後兩句作：“異名斜乘了，同名兑位除”。

〇本法原應先除後乘先置原價四兩三錢八分以原米五石八斗四升為法除之得每石價銀七錢五分後以今米一石七斗二升乘之此法雖易知但先除恐有畸零不盡須用先乘為妙

解義 先乘後除之法各章皆多用此特為表列明白以便取用不曰先乘後除又曰異乘同除者先後以乘除次序言異同因所問價物分如有原物原價今物今價以原乘除原以今乘除今是同以原乘除今以今乘除原是異大要只是于所問價物應異乘同除則先以異乘應同乘異除則先用同乘不外先乘後除之法耳

又如有小麥八斗六升磨麵六十四觔八兩今有小麥三十五石四斗八升問該麵若干

(術)(法)置共麥三十五石四斗八升以磨麵六十四斤半乘之得二萬二千八百八十四斤六為實以原麥八斗六升為法除之得(今該麵二千六百六十一觔)

解義 上是以多問少此是以少問多二法一理本處特六十四斤半以今米原麥八斗六升除之後用今麥乘之此亦用先乘法上

〇本法原應先除後乘。先置原價四兩三錢八分，以原米五石八斗四升爲法除之，得每石價銀七錢五分，後以今米一石七斗二升乘之。此法雖易知，但先除恐有畸零不盡，須用先乘爲妙。

【解義】先乘後除之法，各章皆多用，此特爲表列明白，以便取用。不曰先乘後除，又曰異乘同除者，先後以乘除次序言，異同因所問價物分。如有原物原價、今物今價，以原乘除原，以今乘除今，是同；以原乘除今，以今乘除原，是異。大要只是于所問價物，應異乘同除，則先以異乘；應同乘異除，則先用同乘，不外先乘後除之法耳。

又如有小麥八斗六升，磨麵六十四觔八兩。今有小麥三十五石四斗八升，問該麵若干？舊法置共麥三十五石四斗八升，以磨麵六十四斤半乘之，得二萬二千八百八十四斤六爲實[1]。以原麥八斗六升爲法除之，得今該麵二千六百六十一觔。

【解義】上是以多問少，此是以少問多，二法一理。本應將六十四斤半［以］原麥八斗六升除之[2]，後用今麥乘之，此亦用先乘法。上以今米

---

1 六，順治本誤作“六兩”。

2 本應將六十四斤半原麥八斗六升除之，順治本作“本應將六十四斤以原麥八斗六升除之”，“六十四斤”下脱一“半”字，康熙本將“以”字挖改作“半”，導致語意不暢。今據文意補出。

乘原價此以原麪乘今麦即是以今麦乘原麪所謂因乘不拘法實以法乘實以實乘法皆一也

又難麪西江月○白麪稱來四觔○使油一斤相和○今来有麪九斤多○六兩五錢不錯○已用香油和合○二斤十二無訛○再添多少麪来和○不會應須問我此言原有麪四斤用油一斤和合今有油二斤十二兩麪九斤六兩五錢問仍該添麪若干

舊法置今有油二斤十二兩先將十二兩化為七五於二斤之次以乘原麪四斤得麪一十一斤為實以原用油一斤為法除之如故仍得麪一十一斤减去已用麪九斤六兩五錢餘得應添麪一觔九兩五錢

解義此與上一法但此又多已用麪九斤六兩五錢問添麪若干

同乘異除歌○同乘異除法可識○原物原價乘為實○今物除實求今價○今價除實求今值

乘原價，此以原麵乘今麥，即是以今麥乘原麵。所謂因乘不拘法實，以法乘實，以實乘法，皆一也。

又難題·西江月〇白麵稱來四觔〇使油一斤相和〇今來有麵九斤多〇六兩五錢不錯〇已用香油和合〇二斤十二無訛〇再添多少麵來和〇不會應須問我[1]。此言原有麵四斤，用油一斤和合。今有油二斤十二兩、麵九斤六兩五錢，問仍該添麵若干？舊法置今有油二斤十二兩，先將十二兩化爲七五於二斤之次，以乘原麵四斤，得麵一十一斤爲實。以原用油一斤爲法，除之如故，仍得麵一十一斤。減去已用麵九斤六兩五錢，餘得應添麵一觔九兩五錢。

【解義】此與上一法，但此又多已用麵九斤六兩五錢，問添麵若干。

同乘異除歌〇同乘異除法可識〇原物原價乘爲實〇今物除實求今價〇今價除實求今值[2]

---

1 此難題爲《算法統宗》卷十三“難題粟布二”第三題。設今共用麵 x 斤，根據題意得：

$$\frac{4}{1} = \frac{x}{2.75}$$

解得今麵：

$$x = \frac{4 \times 2.75}{1} = 11$$

減去已用麵，即得應添麵。

2 歌訣見《算法統宗》卷二。文字略有出入，末句“今值”，《算法統宗》作“今物”，《算海説詳》爲求押韻，將“物”改作“值”，然語義反不如《算法統宗》明確。同乘異除，即今之反比例。

如原有小珍珠五十顆重一两價銀一十二两今有大珍珠三十顆重一两問該價銀若干（舊）（法）置原有珎珠五十顆以原價十二两乘之得六百两為實以今珎珠三十顆除之得（該價銀二十两）

解義 此即以價十二两用五因三歸之法猶同小珎珠一顆得大珎珠五分之三將大珠價二十两三因五帰得小珠價將小珠價五因三歸得大珠價皆是先同乘後異除他可類推

通乘法（○）謂如應四乘之又應五乘之再又應七乘之者却變法以四乘五得二十再以七乘之得一百四十就以一百四十為法乘之以免三次相乘之煩此約繁歸簡之法無論同乘異乘皆相通為法乘之後圖堆半堆等用三十六率十八率等類皆此法也

通除法（○）謂如應四歸之又應五歸之又應十二除之者却變法以四乘

如原有小珍珠五十顆重一兩，價銀一十二兩。今有大珍珠，三十顆重一兩。問該價銀若干[1]？舊法置原有珍珠五十顆，以原價十二兩乘之，得六百兩爲實。以今珍珠三十顆除之，得該價銀二十兩。

【解義】此即以價十二兩用五因三歸之法，猶同小珍珠一顆得大珍珠五分之三。將大珠價二十兩三因五歸，得小珠價；將小珠價五因三歸，得大珠價，皆是先同乘後異除。他可類推。

通乘法〇謂如應四乘之，又應五乘之，再又應七乘之者，却變法以四乘五得二十，再以七乘之得一百四十。就以一百四十爲法乘之，以免三次相乘之煩。此約繁歸簡之法，無論同乘異乘，皆相通爲法乘之。後圓堆、半堆等用三十六率、十八率等類，皆此法也。

通除法〇謂如應四歸之，又應五歸之，又應十二除之者，却變法以四乘

1 題見《算法統宗》卷二“同乘異除”下。

五得二十再以一十二乘之得二百四十就置實用二歸四除以代三

次歸除

異乘同乘法○如原每人一日織錦八尺二寸五分今有五十六人共織二十七日問共織錦若干　舊法　置五十六人乘二十七日得一千五百一十二工再以日織錦八尺二寸五分乘之得共織錦一萬二千四百七十四尺

解義　此即通乘法又以共同言者原人今人原日今日原錦今錦為異原人原日原錦為同今人今日今錦為同以今五十六人乘今二十七日是同乘以乘原日織錦八尺二寸五分是異乘故曰異乘同乘也若以原五十六人織錦二十七日共織一萬二千四百七十四尺問每人每日織錦若干則當置共錦以五十六人二十七日相乘為法除之又即通除法矣

異除同除法○如有客一十五人住一十二日共用米三石六斗問每日每人用米若干　舊法　置米三石六斗為實另以一十五人乘一十二日得一百八十人為

五得二十，再以一十二乘之得二百四十，就置實。用二歸四除，以代三次歸除。

異乘同乘法[1]〇如原每人一日織錦八尺二寸五分，今有五十六人共織二十七日。問共織錦若干？舊法置五十六人乘二十七日，得一千五百一十二工。再以日織錦八尺二寸五分乘之，得共織錦一萬二千四百七十四尺。

【解義】此即通乘法。又以異同言者，原人今人、原日今日、原錦今錦爲異，原人原日原錦爲同，今人今日今錦爲同。以今五十六人乘今二十七日是同乘，以乘原日織錦八尺二寸五分是異乘，故曰異乘同乘也。若以原五十六人織錦二十七日，共織一萬二千四百七十四尺，問每人每日織錦若干？則當置共錦，以五十六人、二十七日相乘爲法除之，又即通除法矣。

異除同除法[2]〇如有客一十五人住一十二日，共用米三石六斗。問每日每人用米若干？舊法置米三石六斗爲實。另以一十五人乘一十二日，得一百八十人爲

---

1 異乘同乘法，即前文通乘法，見《算法統宗》卷二。屬今之複比例。

2 異除同除法，即前文通除法，見《算法統宗》卷二。屬今之複比例。

法除實得每日每人用米二升

解義本應用遞除法置共米三石六斗以一十五人除之得二斗四升為每人所用之米再以一十二日除之得二升為每人一日所用之米以十五人十二日相乘為除法此通除法也若以每人每日用米二升共一十五人住一卜二日問共用米若干則以十五人乘十二日得一百八十人以乘二升得共米三石六斗又即通乘法矣此與上法可以互叅

同異通乘通除法○難題歌○三人二日四升七○一十三口要糧喫○一年三百六十日○借問該食幾多粟此言原三人每二日食粮四升七合今有一十三口共食三百六十日問共食粮若干

舊法置今喫糧三百六十日以十三口乘之得四千六百八十口又以四升七合乘之得二百一十九石九斗六升為實以原三人乘二日得六為法除實得共食糧三十六石六斗六升

解義此應以三除一十三口以二日除三百六十日得數相乘再以四升七合乘之因一十三口三百六十日四升七合都是乘三

法，除實得每日每人用米二升。

【解義】本應用遞除法，置共米三石六斗，以一十五人除之得二斗四升，爲每人所用之米；再以一十二日除之得二升，爲每人一日所用之米。以十五人、十二日相乘爲除法，此通除法也。若以每人每日用米二升，共一十五人住一十二日，問共用米若干？則以十五人乘十二日得一百八十人，以乘二升，得共米三石六斗，又即通乘法矣。此與上法可以互參。

同異通乘通除法○難題歌○三人二日四升七○一十三口要糧喫○一年三百六十日○借問該食幾多粟[1]？此言原三人每二日食糧四升七合，今有一十三口共食三百六十日，問共食糧若干？舊法置今喫糧三百六十日，以十三口乘之，得四千六百八十口。又以四升七合乘之，得二百一十九石九斗六升爲實。以原三人乘二日得六爲法，除實得共食糧三十六石六斗六升。

【解義】此應以三除一十三口，以二日除三百六十日，得數相乘，再以四升七合乘之。因一十三口、三百六十日、四升七合都是乘，三

1 此難題爲《算法統宗》卷十五“難題均輸六”第十二題。

八二日說是除故將應乘者先遞乘之應除者相乘為法除之內以十三口乘三百六十是同乘又以四升七合乘是異乘以三人乘二日是同乘為法除實除四升七是同除除一十三口三百六十日是異除

同異互乘互除法○如有夏布四十五疋欲換棉布只云夏布三疋共價二錢棉布七疋共價七錢五分問換棉布若干（舊）（法）置今有夏布四十五疋以原布價二錢因之得九兩又以棉布七疋因之得六十三疋為實另以夏布三疋因棉布價七錢五分得二兩二錢五分為法除實得（應換棉布二十八疋）

解義此應將夏布四十五疋以三疋歸之得一十五疋以價二錢因之得夏布值價銀三十兩却以棉布價七錢五分除之得四是四個七兩九錢便該四個七疋布故以棉布七疋乘四得換棉布二十八疋因夏布價二錢是乘棉布七疋是乘夏布三疋是除棉布價七錢五分是除應用乘者總乘之應用除者相乘為法總除之化煩為簡總不外先乘後除內價二錢乘夏布是同乘又以棉布七疋乘是與異互乘夏布三疋因棉布價是與異互乘以此為除法兩边互有所除故曰互乘互除

人、二日該是除，故將應乘者先遞乘之，應除者相乘爲法除之。內以十三口乘三百六十是同乘，又以四升七合乘是異乘。以三人乘三日是同乘，爲法除實，除四升七是同除，除一十三口、三百六十日是異除。

同異互乘互除法○如有夏布四十五疋，欲換棉布。只云夏布三疋共價二錢，棉布七疋共價七錢五分。問換棉布若干[1]？舊法置今有夏布四十五疋，以原布價二錢因之得九兩。又以棉布七疋因之，得六十三疋爲實。另以夏布三疋因棉布價七錢五分，得二兩二錢五分爲法，除實得應換棉布二十八疋[2]。

【解義】此應將夏布四十五疋以三疋歸之，得一十五疋，以價二錢因之，得夏布值價銀三十兩。却以棉布價七錢五分除之得四，是四個七兩五錢，便該四個七疋布，故以棉布七疋乘四，得換棉布二十八疋。因夏布價二錢是乘，棉布七疋是乘，夏布三疋是除，棉布價七錢五分是除。應用乘者總乘之，應用除者相乘爲法總除之。化煩爲簡，總不外先乘後除。內價二錢乘夏布是同乘，又以棉布七疋乘，是與異互乘。夏布三疋因棉布價，是與異互乘，以此爲除法，兩邊互有所除，故曰互乘互除。

---

1 題見《算法統宗》卷二“異乘同除”下。

2 設換棉布 x 疋，據題意得：

$$x \times \frac{7.5}{7} = 45 \times \frac{2}{3}$$

解得：

$$x = 45 \times \frac{2}{3} \times \frac{7}{7.5} = \frac{45 \times 2 \times 7}{3 \times 7.5} = 28$$

同通乘同通除法○雜題梅氣清○三石五斗粟○曾換芝蔴三石足○又有五斗五升蔴○換來小麥量八斗○今有小麥換粟米○九石六斗無零数此言有粟米三石五斗換芝蔴三石有芝蔴五斗五升換小麥八斗今有小麥九石六斗問換粟米若干舊法置今有小麥九石六斗以芝蔴五斗五升乘之得五石二斗八升再以粟米三石五斗乘之得一十八石四斗八升為實另置所換芝蔴三石以所換小麥八斗乘之得二石四斗為法除之得該換粟米七石七斗

又如原每鵞八隻換鷄二十隻每鷄三十隻換鴨九十隻每鴨六十隻換羊二隻今有羊五隻換鵝問該換若干舊法置原鵝八隻以原鷄三十隻乘之得二百四十隻又以原鴨六十隻乘之得一萬四千四百隻再以今有羊五隻乘之得七萬二千隻為實另以所換鷄二十隻以所換鴨九十隻乘之得一千八百隻再以

同通乘同通除法[1]○難題·梅氣清○三石五斗粟○曾换芝蔴三石足○又有五斗五升蔴○换來小麥量八斗○今有小麥换粟米○九石六斗無零數[2]。此言有粟米三石五斗，换芝蔴三石；有芝蔴五斗五升，换小麥八斗。今有小麥九石六斗，問换粟米若干？舊法置今有小麥九石六斗，以芝蔴五斗五升乘之，得五石二斗八升。再以(乘)[粟]米[3]三石五斗乘之，得一十八石四斗八升爲實。另置所换芝蔴三石，以所换小麥八斗乘之，得二石四斗爲法，除之得該换粟米七石七斗。

又如原每鵝八隻，换鷄二十隻；每鷄三十隻，换鴨九十隻；每鴨六十隻，换羊二隻。今有羊五隻换鵝，問該换若干[4]？舊法置原鵝八隻，以原鷄三十隻乘之，得二百四十隻。又以原鴨六十隻乘之，得一萬四千四百隻。再以今有羊五隻乘之，得七萬二千隻爲實。另以所换鷄二十隻，以所换鴨九十隻乘之，得一千八百隻。再以

---

1 同通乘同通除法，《算法統宗》卷二作“同乘同除法”，即今之連比例。

2 此難題爲《算法統宗》卷十三“難題粟布二”第四題。

3 乘米，“乘”當作“粟”，據文意改。

4 題見《算法統宗》卷二“同乘同除法”下。

两換羊二隻乘之得三千六百隻為法除實得該換鵝二十隻

解義

二法一義前是三位後是四位前置今变以蔴乘自下而上後將原鵝以原鷄乘自上而下乘法不拘法寔應用乘者或自上乘或自下乘一也正法原應一除一乘如置鵝八隻以鷄二十隻除之得四乃每隻鷄應換四分鵝將四分鵝以三十隻鷄乘之得一十二乃三十隻鷄該換十二隻鵝將十二隻以九十隻鴨除之得一三三不尽乃每隻鴨應換鵝一分三釐三毫不尽將一三三不尽以鴨六十隻乘之得八乃六十隻鴨應換八隻鵝將八隻鵝以二羊除之得四乃一隻羊該換四隻鵝將四隻鵝以羊五隻乘之得二十即五隻羊該換二十隻鵝若將羊五隻為寔以羊二隻除之得二五乃是一隻羊作二隻半將二隻半羊以鴨六十隻乘之得一五是將六十隻鴨鄰加作二隻半得一百五十隻乃五隻羊應換一百五十隻鴨也將一百五十隻鴨以九十隻鴨除之得一六六不尽乃每一隻鴨加作一隻六六不尽也將一六六不尽以鷄三十隻乘之得五乃將三十隻鷄每隻加作一六六不尽共得五十乃五隻羊該換五十隻鷄也將五十隻鷄以二十隻鷄除之得二五乃是剪一隻鷄作二隻半將二隻半以八隻鵝乘之得二十乃將八隻鵝各加作二隻半共得二十隻正五隻羊該換二十隻鵝也從八隻鵝乘除起到底是乘除個鵝數從五隻羊乘除起徵首是五隻羊應換之鴨鷄鵝數顛倒

所换羊二隻乘之，得三千六百隻爲法，除實得該換鵝二十隻。

【解義】二法一義。前是三位，後是四位。前置今麥，以蔴乘，自下而上；後將原鵝以原鷄乘，自上而下。乘法不拘法實，應用乘者，或自上乘，或自下乘，一也。正法原應一除一乘，如置鵝八隻，以鷄二十隻除之得四，乃每隻鷄應換四分鵝。將四分鵝以三十隻鷄乘之得一十二，乃三十隻鷄該換十二隻鵝。將十二隻以九十隻鴨除之，得一三三不盡，乃每隻鴨應換鵝一分三厘三毫不盡。將一三三不盡以鴨六十隻乘之得八，乃六十隻鴨應換八隻鵝。將八隻鵝以二羊除之得四，乃一隻羊該換四隻鵝。將四隻鵝以羊五隻乘之得二十，即五隻羊該換二十隻鵝。若將羊五隻爲實，以羊二隻除之得二五，乃是一隻羊作二隻半；將二隻半羊以鴨六十隻乘之得一五，是將六十隻鴨都加作二隻半，得一百五十隻，乃五隻羊應換一百五十隻鴨也。將一百五十隻鴨以九十隻鴨除之，得一六六不盡，乃每一隻鴨加作一隻六六不盡也；將一六六不盡以鷄三十隻乘之得五，乃將三十隻鷄每隻加作一六六不盡，共得五十，乃五隻羊該換五十隻鷄也。將五十隻鷄以二十隻鷄除之得二五，乃是每一隻鷄作二隻半；將二隻半以八隻鵝乘之得二十，乃將八隻鵝各加作二隻半，共得二十隻，正五隻羊該換二十隻鵝也。從八隻鵝乘除起，到底是乘除個鵝數；從五隻羊乘除起，徹首是五隻羊應換之鴨、鷄、鵝數。顛倒筭来都是一除一乗都是鷄八隻鷄三十隻鴨六十隻羊五隻是乗都是鷄二十隻鴨九十隻羊二隻是除謂乗者揔共乗之謂除者揔乗為法除之真通変大法也原每今有俱是同所換俱是同以同者通乗為寔以同者通乗為法除寔故曰同通乗同通除

相乗自乗法（　）謂法實不同以法乗實曰相法實同数猶以實乗實曰自

拙翁論曰自乗不特方田用之凡推求諸数多用自乗一法須從此研究洞徹如一自乗得一二自乗比一自乗多三三自乗比二自乗多五四自乗比三自乗多七每加一数所多漸加二数者每加一位開方多二廉一隅如二自乗比一自乗多二廉兩箇一一隅一箇一共三一自乗比二多二廉兩箇二一隅一箇一共丑每一一位兩廉共多二数二比一係連隅多故三三以上一隅一箇俱相同止多二廉故遞位多二也至萬数始於一一自乗得一將一加作二倍則乗数得四倍二二得四也加作三倍則乗数得九倍三三得九也加作四倍則乗数得十六倍四四一

筭來，都是一除一乘，都是鵝八隻、鷄三十隻、鴨六十隻、羊五隻是乘，都是鷄二十隻、鴨九十隻、羊二隻是除。該乘者總共乘之，該除者總乘爲法除之，真通變大法也。原每、今有俱是同，所换俱是同。以同者通乘爲實，以同者通乘爲法除實，故曰“同通乘同通除”。

相乘自乘法[1]〇謂法實不同，以法乘實曰相；法實同數，猶以實乘實，曰自。

拙翁論曰：自乘不特方田用之，凡推求諸數，多用自乘一法，須從此研究洞徹。如一自乘得一，二自乘比一自乘多三，三自乘比二自乘多五，四自乘比三自乘多七。每加一數，所多漸加二數者，每加一位，開方多二廉一隅。如二自乘比一自乘多二廉兩箇一、一隅一箇一，共三；三自乘比二［自乘］多二廉兩箇二[2]、一隅一箇一，共(丑)［五］[3]。每加一位，兩廉共多二數，二比一係連隅多，故三；三以上，一隅一箇俱相同，止多二廉，故遞位多二也[4]。至萬數始於一，一自乘得一，將一加作二倍，則乘數得四倍，二二得四也；加作三倍，則乘數得九倍，三三得九也；加作四倍，則乘數得十六倍，四四一

1“相乘自乘”及以下“再乘”、“互乘”、“對減”、“合併”、“維乘”諸法，俱見《算法統宗》卷一“用字凡例”。相乘，《算法統宗》釋曰“長闊或銀貨等”。自乘，《算法統宗》釋曰“法實數同相乘”，即平方也。

2 三自乘比二多二廉，前“二”當作“二自乘”。前文言“某數自乘”，無有省言“某數”者。此處省作“二”，因此處文字係康熙本挖改順治本所補，限於板片空間，不得已而省言。今據文意補出。

3 丑，當作“五”，形近而訛，據文意改。

4“每加一位，開方多二廉一隅”以下，順治本作“各數内多出一個一自乘得一相同，如三自乘，又多兩個一乘三，比二自乘兩個一乘二多二數；四自乘，兩個一乘四，比三自乘兩個一乘三，又多二數也”。康熙本可作如下理解：

$$1^2 = 1$$
$$2^2 = (1+1)^2 = 1^2 + 2\times 1 + 1 = 4$$
$$3^2 = (2+1)^2 = 2^2 + 2\times 2 + 1 = 9$$
$$4^2 = (3+1)^2 = 3^2 + 2\times 3 + 1 = 16$$
……

以上諸式中，2×1、2×2、2×3 等爲廉，末尾 1 爲隅。故每加一數自乘，多出兩廉一隅；每廉遞多一個一，故每加一數自乘，遞多二也。顯然，順治本表述得不如康熙本準確。

十六也由此而推如一個二自乘得四加倍四自乘得十六是四個四
三倍六自乘得三十六是九個四四倍八自乘得六十四是十六個四
漸加以上皆然若加半倍自乘則乘数得多九分之五如二自乘得四
加半倍三自乘得九乘数多出九分之五四自乘得一十六加半倍六
自乘得三十六十六是四個四三十六是九個四亦多九分之五也若
一邊加倍一邊本數相乘則乘数加倍如二二得四二四則得八四四
一十六四八得三十二是也大抵数始於一自二以上以至無窮莫不
由一為本欲推無窮之數亦莫不由一為本如後圓内除方以一步立
内方之法則圓周方周可推等類是也再若推求各数各有本位如問
步則以步為本位問尺則以尺為本位本位者数之一也自一以上至

十六也。由此而推，如一個二自乘得四，加倍四自乘得十六，是四個四；三倍六自乘得三十六，是九個四；四倍八自乘得六十四，是十六個四。漸加以上皆然。若加半倍自乘，則乘數得多九分之五[1]，如二自乘得四，加半倍三自乘得九，乘數多出九分之五；四自乘得一十六，加半倍六自乘得三十六，十六是四個四，三十六是九個四，亦多九分之五也。若一邊加倍、一邊本數相乘，則乘數加倍[2]。如二二得四，二四則得八；四四一十六，四八得三十二是也。大抵數始於一，自二以上，以至無窮，莫不由一爲本，欲推無窮之數，亦莫不由一爲本。如後圓内除方，以一步立内方之法，則圓周、方周可推等類是也。再若推求各數，各有本位，如問步則以步爲本位，問尺則以尺爲本位。本位者，數之一也。自一以上至

---

1 九分之五，當作“四分之五”。設原數爲 a，則加半倍自乘爲：

$$\left(a+\frac{1}{2}a\right)^2=\frac{9}{4}a^2$$

與 a^2 相比：

$$\frac{9}{4}a^2-a^2=\frac{5}{4}a^2$$

是多出四分之五，非“九分之五”。

2 設本數爲 a，加倍相乘：

$$a\cdot 2a=2a^2$$

係本數自乘二倍。

九皆一之屬九以上乃另進十一位一以下亦另降分一位本位自乘遞得本位數進則乘數加倍退則乘數遞減如一步自乘止得一步一尺自乘止得一尺仍本位數本位而上十自乘則前十數一位得一百百自乘則前百數二位得一萬千自乘則前千數三位得百萬每進前一位則乘出之數加進一位以上皆然本位而下如一分自乘則後分數一位得一釐一釐自乘則後釐數二位得一絲一毫自乘則後毫數三位得一微一絲自乘則後絲數四位得一沙以下皆然緣自乘者四面之數也一自乘四面仍是一十自乘四面成十個十十為一之次位故乘出之數亦十倍得十次位之百百自乘四面成百個百百為一上之二位故乘出之數亦百倍得百二位之萬千自乘四面成千個千千

九，皆一之屬；九以上乃另進十一位，一以下亦另降分一位。本位自乘，適得本位，數進則乘數加升，退則乘數遞減。如一步自乘止得一步，一尺自乘止得一尺，仍本位數。本位而上，十自乘，則前十數一位得一百；百自乘，則前百數二位得一萬；千自乘，則前千數三位得百萬，每進前一位，則乘出之數加進一位。以上皆然。本位而下，如一分自乘，則後分數一位，得一釐；一釐自乘，則後釐數二位，得一絲；一毫自乘，則後毫數三位，得一微；一絲自乘，則後絲數四位，得一沙。以下皆然。緣自乘者，四面之數也。一自乘，四面仍是一；十自乘，四面成十個十，十爲一之次位，故乘出之數亦十倍，得十次位之百；百自乘，四面成百個百，百爲一上之二位，故乘出之數亦百倍，得百二位之萬；千自乘，四面成千個千，千為一上之三位故乘出之数一千倍得千三位之百萬至一数下四面皆十分乃成整一長十分濶一分是為一分若一分自乘則四面皆一分止得一分中十之一即十分中百之一故得一釐長十分濶一釐是為一釐若一釐自乘則四面皆一釐止得一分釐中百之一即十分釐中千之一故得一絲以下推之皆然然自一至九皆一之等位其乘数又有不同如一自乘得一二自乘得四三自乘得九皆不越本位数四自乘得十六上至九自乘皆進十数一位三十自乘得九百仍不越百数四十自乘得一千六百亦進千数一位凡係四数自乘無論十百千萬與分釐毫絲皆比三数自乘進位一等数之積漸然也又若相乘数内實定若干以二乘則得二倍三乘則得三倍以二十乘則得二十倍

爲一上之三位，故乘出之數一千倍，得千三位之百萬。至一數下，四面皆十分，乃成整一。長十分、濶一分是爲一分，若一分自乘，則四面皆一分，止得一分中十之一，即十分中百之一，故得一釐；長十分、濶一釐是爲一釐，若一釐自乘，則四面皆一釐，止得一分釐中百之一，即十分釐中千之一，故得一絲[1]。以下推之皆然。然自一至九，皆一之等位，其乘數又有不同。如一自乘得一，二自乘得四，三自乘得九，皆不越本位數；四自乘得十六，上至九自乘，皆進十數一位。三十自乘得九百，仍不越百數；四十自乘得一千六百，亦進千數一位。凡係四數自乘，無論十、百、千、萬，與分、釐、毫、絲，皆比三數自乘進位一等，數之積漸然也。又若相乘數内實定若干，以二乘則得二倍，三乘則得三倍，以二十乘則得二十倍，

---

1 一分爲十分之一，故一分自乘：

$$\left(\frac{1}{10}\right)^2=\frac{1}{100}$$

爲一釐也。一釐爲百分之一，故一釐自乘：

$$\left(\frac{1}{100}\right)^2=\frac{1}{10000}$$

爲一絲也。

二分乘則得十分之二二疊乘則百分之二又不可不明也

自乘再乘法○謂法實数同相乘得数再以原数乘之凡取方則用自乘

立方則用再乘或三乘四乘以次求高皆可漸加

互乘法○謂如多位參差不齊則分列行位彼此遍乘交互取齊或得一

物本数或得差数平数乃互徹取平之法也

對減法○謂如貴賤輕重多寡各類參差不等或單乘或互乘所得之数

或與原数對減或兩数互減俱用減去一宗乃可求出一宗是也

合併法○謂如自乘互乘得数兩邉不一應對減則以一数減一数應合

併則二数合用各因所問立法以合本数

維乘法○維乘者相維互乘謂如位列多等各異不齊如有四有五有六

二分乘則得十分之二，二釐乘則百分之二，又不可不明也。

自乘再乘法〇謂法實數同，相乘得數，再以原數乘之。凡取方則用自乘，立方則用再乘，或三乘、四乘，以次求高，皆可漸加[1]。

互乘法〇謂如多位參差不齊，則分列行位，彼此遍乘，交互取齊。或得一物本數，或得差數平數，乃互徹取平之法也[2]。

對減法〇謂如貴賤、輕重、多寡，各類參差不等，或单乘，或互乘。所得之數或與原數對減，或兩數互減，俱用減去一宗，乃可求出一宗是也[3]。

合併法〇謂如自乘互乘得數，兩邊不一，應對減則以一數減一數，應合併則二數合用。各因所問立法，以合本數[4]。

維乘法〇維乘者，相維互乘。謂如位列多等，各異不齊，如有四有五有六，

---

1 再乘，《算法統宗》卷一“用字凡例”釋曰“自乘之而又乘”。即立方也。

2 互乘，《算法統宗》卷一“用字凡例”釋曰：“如四處數目上下斜角相乘”。

3 對減，《算法統宗》卷一“用字凡例”作“相減”，釋曰“如二數以少減多，餘曰較”。

4 合併，《算法統宗》卷一“用字凡例”作“合得”，釋曰“筭數定奪”。

則以五乘四得二十再以六乘得一百二十以此為三位會通就齊之
数也四位五位皆準此
分率法○謂如各位應得有多有寡難於齊一即各列應得分数合併推
求以合本等如後二八三七等分率是也
併除分乘法○謂如各率分数不同即併諸率分数以除総数求出一物
通率仍以各率分乘以得各数
分乘併除又分乘法○即係上法但各率有紛多頭緒零雜不齊須各乘
併歸一各併成一率分数合作除法再用分率乘之以得本数
併折法○謂如位数挨次増減即以少多二数合併作一折半督数以得
本数如三角環田内外周皆此等類

則以五乘四得二十，再以六乘得一百二十，以此爲三位會通就齊之數也。四位、五位皆準此。[1]

分率法○謂如各位應得有多有寡，難於齊一，即各列應得分數，合併推求，以合本等。如後二八、三七等分率是也。

併除分乘法○謂如各率分數不同，即併諸率分數，以除總數，求出一物通率。仍以各率分乘，以得各數。

分乘併除又分乘法○即係上法，但各率有紛多頭緒，零雜不齊。須各乘併歸一，各併成一率分數，合作除法，再用分率乘之，以得本數。

併折法○謂如位數挨次增減，即以少多二數合併，作一折半層數，以得本數。如三角、環田内外周[2]，皆此等類。

---

1 維乘，明本《算法統宗》無。康熙本《算法統宗》卷一“用字凡例”釋曰“四處顛倒相乘”。

2 三角田，即等邊三角形，見本書卷二“軌區章”。設三角田面長爲 a、通徑 h（三角田高），則三角田積：

$$S = \frac{ah}{2}$$

環田，即兩個同心圓之間的部分，見卷二“軌區章”。設環田外圓周爲 C_1、内圓周爲 C_2，環田徑爲 d，則環田面積爲：

$$S = \frac{C_1 + C_2}{2} \cdot d$$

倍乘法〇数須本方推求如物積止方一半須加倍為實開方以得本数
如勾股圭斜求長求濶法是也
加倍再加倍法〇如後折半差分各数加倍不等合諸数除総得其最少
数以漸加倍得其倍数是也
折半再折半法〇即同上法先得多数以次折半而得少数
自乘再自乘法〇凡原法自乘之数再以原法乘之為再乘法自乘之数
再用自乘所得之数與三乘之数同如二自乘得四四自乘得十六此
是自乘再自乘二自乘得四二再乘四得八二又乘八得十六此是三
乘二数相同後法錢一文日增一倍倍至三十日問本利共法以六度
三十二乘得本利数用三度三十二乘得数自乘亦得正以自乘之数

倍乘法〇數須本方推求，如物積止方一半，須加倍爲實，開方以得本數。如勾股、圭、斜求長求濶法是也[1]。

加倍再加倍法〇如後折半差分[2]，各數加倍不等，合諸數除總，得其最少數，以漸加倍，得其倍數是也。

折半再折半法〇即同上法，先得多數，以次折半而得少數。

自乘再自乘法〇凡原法自乘之數，再以原法乘之，爲再乘。法自乘之數，再用自乘，所得之數與三乘之數同。如二自乘得四，四自乘得十六，此是自乘再自乘；二自乘得四，二再乘四得八，二又乘八得十六，此是三乘，二數相同。後法：錢一文，日增一倍，倍至三十日，問本利。其法以六度三十二乘，得本利數；用三度三十二乘，得數自乘，亦得。正以自乘之數

---

1 勾股，即直角三角形；圭田，即等腰三角形；斜田，即直角梯形。見本書卷二"軌區章"。其求長求闊，皆倍積求之。

2 折半差分，即相鄰兩衰比爲 2∶1，見本書卷七"衰分章"。

適抵三乘之數也
自乘互乘折平法○謂如本數不能折平須用積數折平即將各數自乘
又彼此互乘合併三折以合本數如窖臺皆用此法
互乘再互乘法○謂如各數多位相牽互乘取平減除一宗尚有餘宗未
分又將減餘之數再用互乘對減以求一物之數
正負層疊互乘法○正正數也負虛數也謂如位數過多互相聯絡牽帶
減除一數又粘連未分一數即將未分一數重設虛位再與他數乘減
參求以次遞推以得一數方程等法是也
子母乘除法○謂如各位分數零餘如其位其分之幾即以其分為母以
之幾為子交互推求子乘母除以求一數○又或二位相乘為母以二

適抵三乘之數也。

自乘互乘折平法〇謂如本數不能折平，須用積數折平。即將各數自乘，又彼此互乘，合併三折，以合本數。如窖、臺皆用此法[1]。

互乘再互乘法〇謂如各數多位相牽，互乘取平，減除一宗，尚有餘宗未分。又將減餘之數，再用互乘對減，以求一物之數。

正負層疊互乘法〇正，正數也。負，虛數也。謂如位數過多，互相聯絡牽帶，減除一數，又粘連未分一數。即將未分一數重設虛位，再與他數乘減參求，以次遞推，以得一數。方程等法是也[2]。

子母乘除法〇謂如各位分數零餘，如某位某分之幾，即以"某分"爲母，以"之幾"爲子，交互推求，子乘母除，以求一數。〇又或二位相乘爲母，以二

---

1 窖臺，指方窖、方臺與圓窖、圓臺。方窖、圓窖，見本書卷五"測貯章"。設方窖上方 a，下方 b，高 h，求積公式爲：

$$V = \frac{(a^2 + b^2 + ab)h}{3}$$

設圓窖上圓周 C_1，下圓周 C_2，高 h，求積公式爲：

$$V = \frac{(C_1^2 + C_2^2 + C_1C_2)h}{36}$$

方臺、圓臺見本書卷六"功程章"，求積公式分別同方窖、圓窖。

2 方程術，見本書卷九"匿覆章"。

位本数為子合併為法以除毋数

子毋維乘乘相乘除法〇二位則以相乘之数為毋本位為子三位四位則以維乘之数為毋以每两位連環相乘合併為子以除毋数因数立法難以槩盡

子毋維乘乘維乘除法〇如有本銀六十两為商初次每銀二两連利得三两二次每銀三两連利得四两三次每銀四两連利得五两問三次連本利共得銀若干

舊法置原本六十两以連利三两乘連利四两得一十二两再以連利五两乘之得六十两為法乘之得三千六百两為實另以每銀二两乘每銀三两得六两再以每銀四两乘之得二十四两為法除實得三次連本利共得銀一百五十两〇如以総問原本即置総銀一百五十两以每銀維乘乘為實

位本數爲子，合併爲法，以除母數。

子母維乘乘相乘除法〇二位則以相乘之數爲母，本位爲子。三位、四位則以維乘之數爲母，以每兩位連環相乘，合併爲子，以除母數。因數立法，難以槩盡。

子母維乘乘維乘除法〇如有本銀六十兩爲商，初次每銀二兩連利得三兩，二次每銀三兩連利得四兩，三次每銀四兩連利得五兩。問三次連本利共得銀若干？舊法置原本六十兩，以連利三兩乘連利四兩得一十二兩，再以連利五兩乘之得六十兩爲法，乘之得三千六百兩爲實。另以每銀二兩乘每銀三兩得六兩，再以每銀四兩乘之得二十四兩爲法，除實得三次連本利共得銀一百五十兩[1]。〇如以總問原本，即置總銀一百五十兩，以每銀維乘乘爲實，

---

1 設共得銀 x，據題意得：

$$x = 60 \times \frac{3}{2} \times \frac{4}{3} \times \frac{5}{4} = \frac{60 \times (3 \times 4 \times 5)}{2 \times 3 \times 4} = 150$$

以連利維乘為法除之○若問每次損折如云初次每三兩除用止存二兩二次每四兩除用止存三兩三次每五兩除用止存四兩以原銀問現存銀即置原銀六十兩以止存二兩三兩四兩維乘乘之得一千四百四十兩為實以每銀三兩四兩五兩維乘得六十兩為法除實得現存銀二十四兩後鎔鐵三次入爐即此法

解義　問連利本法應置本銀六十兩以初次每銀二兩除之得三十兩以連利三兩乘之得初次本利銀九十兩二次以每銀三兩除九十兩得三十兩以連利四兩乘之得二次本利銀一百二十兩三次以每銀四兩除一百二十兩得三十兩以連利五兩乘之得三次本利銀一百五十兩亦是一除一乘先除後乘維乘維除與前通乘通除皆偽一理不外先乘後除問利每銀是母連利是子問折每銀是母止存是子皆是子乘母除

子母通分乘除法○謂如數有畸零即以畸零分總數通徹乘除此為以

以連利維乘爲法除之。〇若問每次損折，如云初次每三兩除用止存二兩，二次每四兩除用止存三兩，三次每五兩除用止存四兩，以原銀問現存銀。即置原銀六十兩，以止存二兩、三兩、四兩維乘乘之，得一千四百四十兩爲實。以每銀三兩、四兩、五兩維乘，得六十兩爲法，除實得現存銀二十四兩[1]。後鎔鐵三次入爐即此法[2]。

【解義】問連利本法，應置本銀六十兩，以初次每銀二兩除之，得三十兩，以連利三兩乘之，得初次本利銀九十兩；二次以每銀三兩除九十兩，得三十兩，以連利四兩乘之，得二次本利銀一百二十兩；三次以每銀四兩除一百二十兩，得三十兩，以連利五兩乘之，得三次本利銀一百五十兩。亦是一除一乘、先除後乘、維乘維除，與前通乘通除皆屬一理，不外先乘後除。問利每銀是母，連利是子；問折每銀是母，止存是子，皆是子乘母除。

子母通分乘除法〇謂如數有畸零，即以畸零分總數，通徹乘除，此爲以

---

1 設現存銀爲 x，據題意得：

$$x = 60 \times \frac{2}{3} \times \frac{3}{4} \times \frac{4}{5} = \frac{60 \times (2 \times 3 \times 4)}{3 \times 4 \times 5} = 24$$

2 見卷七“鏡泉章”鍊鎔銅鐵礦問今斤兩法。

子分母以母就子

子母約分命法〇謂如数有畸零難盡則以子母對互除至子母数同就此数除積得若干分之幾以此命之

帶縱除法〇縱者長也如長濶不等止言長々若干共積若干問長問濶即置積為實用開方法帶入縱長以合本数

减積除法〇即上帶縱法但帶縱是帶入法位隨法呼除减積是將多若干数於法外另置位每呼除則以實先除多数於積内後法實相呼另除

减縱除法〇如長濶不等不言長多濶若干止言共積若干長濶共若干問長問濶此無多若干可帶除故用减縱法酌量减除至於恰盡以得

子分母，以母就子[1]。

子母約分命法○謂如數有畸零難盡，則以子母對減互除，至子母數同。就以此數除積，得若干分之幾，以此命之[2]。

帶縱除法○縱者，長也。如長、濶不等，止言長多濶若干，共積若干，問長問濶。即置積爲實，用開方法帶入縱長，以合本數[3]。

減積除法○即上帶縱法。但帶縱是帶入法位，随法呼除；減積是將多若干數，於法外另置位，每呼除，則以實先除多數於積内，後法實相呼另除[4]。

減縱除法○如長濶不等，不言長多濶若干，止言共積若干，長濶共若干，問長問濶。此無多若干可帶除，故用減縱法酌量減除，至於恰盡，以得

---

1 子母通分乘除法，即通分法，詳本書卷八“衰分章”。

2 子母約分命法，即約分法，詳本書卷八“衰分章”。

3 帶縱除法，即帶縱開方法。用於解決如下問題：已知直田積 S，長闊差 t，求闊 x：

$$x(x+t)=S$$

詳本書卷四“開方章”。

4 減積除法，即減積開方法，同帶縱開方，惟運算步驟略有不同。詳本書卷四“開方章”。

長濶

加數乘除法○如原濶原長為法乘除以求本積或有餘或不足即就本數尋出加添法或加入後乘或乘完另加以合本數堆垜法多用此然皆因法以加非臆造也

商除法○謂酌量積實多寡心意相商而除之開方法用此

矢徑弦較法○謂如圓田截作弧矢用矢徑相乘半弦自乘較量分數

勾股弦法○勾股法無數不可推求勾自乘股自乘合併與弦自乘同積求直求方求斜須以此為準

加法歌○加法仍從下位先○法首不動次位添○得數便須在本位○不用法前法後參凡法首有一數者置所有物為實以所求價為法本身不動只將零數于次位挨次加之亦從末位加起

長濶[1]。

加數乘除法〇如原濶原長爲法乘除，以求本積，或有餘或不足，即就本數尋出加添法。或加入後乘，或乘完另加，以合本數。堆垛法多用此[2]，然皆因法以加，非臆造也。

商除法〇謂酌量積實多寡，心意相商而除之。開方法用此[3]。

矢徑弦較法〇謂如圓田截作弧矢，用矢徑相乘，半弦自乘，較量分數[4]。

勾股弦法〇勾股法無數不可推求，勾自乘、股自乘合併，與弦自乘同積[5]。求直、求方、求斜，須以此爲準。

加法歌〇加法仍從下位先〇法首不動次位添〇得數便須在本位〇不用法前法後參[6]。凡法首有一數者，置所有物爲實，以所求價爲法，本身不動，只將零數于次位挨次加之，亦從末位加起。

---

1 減縱除法，即減縱開方法。用於解決如下問題：已知直田積 S，長、闊共和 t，求闊 x：

$$x(t-x)=S$$

詳本書卷四“開方章”。

2 堆垛，見本書卷五“測貯章”。

3《算法統宗》卷一、卷二皆有“商除法”，較此論述詳細，併有歌訣。歌曰：

數中有術號商除，商總分排兩位推。

惟有開方須用此，續商不盡命其餘。

商除開方，見本書卷四“開方章”。

4 設圓徑爲 r，弧矢闊爲 v，弧弦爲 c，則有：

$$\left(\frac{c}{2}\right)^2=v(d-v)$$

詳本書卷二“軌區章”。

5 設勾 a、股 b、弦 c，得：

$$a^2+b^2=c^2$$

詳本書卷三“勾股章”。

6 加法，即定身乘，凡乘數首位爲一者，可用此法。歌訣見《算法統宗》卷二，原歌作：

加法仍從下位先，如因位數或多焉。

十歸本位零居次，一外添如法更玄。

如有琢珠二百六十八顆每顆價銀一两一錢問價若干（舊法）置琢珠二百六十八顆為實除價首一两只以一錢為法從末於次位加起八下位加八六下位加六二下位加二得（該價二百九十四两八錢〇）只認本位定两十顆上定十两百顆上定百两所謂加減只須認本位也

解義加法首位不動即將首位作法首位乘法自本身下位起故從每下得術除法自本身上位起故從法前得令加法是從本身起故即就本位得數大約加法減法唯價係一數則物數即是價數故本身可以不動價首非一數便用加不得

又如有羅二百四十六疋每疋價銀一两二錢七分五厘問共該銀若干

（舊法）置羅二百四十六疋為實以每疋價除價首一两不動只以二錢七分五厘為法加之從末位六疋加起六七加四十二五六加三十二六加一十二又四七加二十八四五加二十四二加如八又二七加一十四二五加一十

如有珍珠二百六十八顆，每顆價銀一兩一錢。問價若干[1]？舊法置珍珠二百六十八顆爲實，除價首一兩，只以一錢爲法，從末於次位加起。八下位加八，六下位加六，二下位加二，得該價二百九十四兩八錢。〇只認本位定兩，十顆上定十兩，百顆上定百兩。所謂加減，只須認本位也。

【解義】加法首位不動，即將首位作法首位。乘法自本身下位起，故從每下得術；除法自本身上位起，故從法前得令；加法是從本身起，故即就本位得數。大約加法、減法，唯價係一數，則物數即是價數，故本身可以不動。價首非一數，便用加不得。

又如有羅二百四十六疋，每疋價銀一兩二錢七分五厘。問共該銀若干[2]？舊法置羅二百四十六疋爲實，以每疋價除價首一兩不動，只以二錢七分五厘爲法加之。從末位六疋加起，六七加四十二，五六加三十，二六加一十二；又四七加二十八，四五加二十，四二加如八；又二七加一十四，二五加一十，

---

1 此題爲《算法統宗》卷二“加法”第一題。

2 此題爲《算法統宗》卷二“加法”第三題。

二二加如四得該銀三百一十三兩六錢五分定位只認定位上定両依次逆陞

解義前法除法首一位止以一錢為法加之此除法首一位尚有二錢七分五厘三位不論位多位少只首位不動以下挨次加之

又如有米四萬六千七百五十一石每石加耗七升問連耗共米若干

舊法置正米為實以耗米七升為法隔位加之得共米五萬零二十三石五斗七升

解義上二法連位加此是隔位加須勿忤誤

減法歌○減法須知先定身○得其身数始為真○法中有一置不用○身外除零妙入神凡遇法首有一数者用此所謂定身除者先定本身之位而後減除也置所有物為真以所求價為法與身数相呼九九之数言十就身言如次位次第如法減而除之先從定首位起

如有銀二百九十四兩八錢買絹每疋價銀一兩一錢問該絹若干舊

二二加如四，得該銀三百一十三兩六錢五分[1]。定位只認疋位上定兩，依次逆陞。

【解義】前法除法首一位，止以一錢爲法加之。此除法首一位，尚有二錢七分五厘三位，不論位多位少，只首位不動，以下挨次加之。

又如有米四萬六千七百五十一石，每石加耗七升。問連耗共米若干[2]？舊法置正米爲實，以耗米七升爲法，隔位加之，得共米五萬零二十三石五斗七升。

【解義】上二法連位加，此是隔位加，須勿舛誤。

減法歌○減法須知先定身○得其身數始爲真○法中有一置不用○身外除零妙入神[3]。凡遇法首有一數者用此，所謂定身除者。先定本身之位，而後減除也。置所有物爲實，以所求價爲法，與身數相呼九九之數，言十就身，言如次位，次第如法減而除之，先從實首位起。

如有銀二百九十四兩八錢買絹，每疋價銀一兩一錢。問該絹若干[4]？舊

---

1 該題用加法算之，步驟如表 1-9 所示：

表 1-9

置實 246，除去法首 1，用留頭乘以餘三位 275 乘實	①	②	③	④	⑤	⑥	
	百	十	疋				
	2	4	6				
法 7 乘實 6：7×6＝42	2	4	6	4	2		④位作 4，⑤位作 2
法 5 乘實 6：5×6＝30	2	4	6	4	5	0	⑤位加 3 作 5，⑥位仍作 0，不動
法 2 乘實 6：2×6＝12	2	4	7	6	5	0	④位加 2 作 6，③位加 1 作 7
法 7 乘實 4：7×4＝28	2	5	0	4	5	0	④位加 8 作 4，進 1 於前； ③位加 2 加進 1 作 0，進 1 於前； ②位加 1 作 5
法 5 乘實 4：5×4＝20	2	5	0	6	5	0	④位加 2 作 6，⑤位仍作 5，不動
法 2 乘實 4：2×4＝8	2	5	8	6	5	0	③位加 8 作 8
法 7 乘實 2：7×2＝14	2	7	2	6	5	0	③位加 4 作 2，進 1 於前； ②位加 1 加進 1 作 7
法 5 乘實 2：5×2＝10	2	7	3	6	5	0	③位加 1 作 3，④位仍作 6，不動
法 2 乘實 2：2×2＝4	3	1	3	6	5	0	②位加 4 作 1，進 1 於前； ①位加 1 作 3
得 313 兩 6 錢 5 分	百	十	兩	錢	分	厘	以疋定兩位

2 此題爲《算法統宗》卷二“加法”第四題。

3 減法，即定身除，凡除數首位爲一者，可用此法。歌訣見《算法統宗》卷二。

4 此題爲《算法統宗》卷二“減法”第一題。

法置銀二百九十四兩八錢為實以每疋一兩一錢除價首一兩不用只以次位一錢定身減除實首二百即於次位十九除二餘七又次位四無七可減即於七位去一存六下位加十減六存八又於末位除八恰盡得該絹二百六十八疋

解義 除法陞上一位故于法前定位減法本身定法首之位故于本身定數

又如有米一千零三十八石共一百七十三人分之問每人該米若干

舊法置米一千零三十八石為實以人數一百七十三除去首位一百不用只用七十三人為法定身除之實首一千下位空無除即將一千退下位作十本身留六下以七三除之六七除四二十三六除一八十除恰盡得每人該米六石

解義 除法十是進故凡除皆于隔位減法定于本身故即于本身挨位除不得誤差隔位

法置銀二百九十四兩八錢爲實，以每疋一兩一錢除價首一兩不用，只以次位一錢定身減除。實首二百，即於次位九十除二餘七，又次位四無七可減，即於七位去一存六，下位加十減六存八，又於末位除八恰盡，得該絹二百六十八疋。

【解義】除法陞上一位，故于法前定位。減法本身定法首之位，故于本身定數。

又如有米一千零三十八石，共一百七十三人分之。問每人該米若干[1]？舊法置米一千零三十八石爲實，以人數一百七十三除去首位一百不用，只用七十三人爲法，定身除之。實首一千，下位空無除，即將一千退下位作十，本身留六，下以七三除之，六七除四十二，三六除一十八，除恰盡，得每人該米六石。

【解義】除法十是進，故凡除皆于隔位減法，定于本身。故即于本身挨位除，不得誤差隔位。

1 此題爲《算法統宗》卷二“減法”第二題。

又如有金八十九两三錢八分令金户一百零九人辨納問每人各該納若干　舊法置金八十九两三錢八分為實以金户一百零九人除首位一不用只以九人為法定身隔位除之實首是八隔位八九除七十二次位九除七餘二又次位三除二餘一末位八再将次位身二不動隔位除二九一十八除實恰盡得每户該納金八錢二分

解義上挨身减此隔位减除法遇隔位在本身第四位减法在第三位各有不同减法雖云本身不動若减除不足又須破身就减如絹法二位除二餘七下位四無七可除又将本身七去一餘六下位除六来法是首一千下位空無除将一退下作十留六下位除六七四十二頭緒多紛不如除法之便

附金蟬脫殼訣歌（）起雙下加倍（）見一只還原（）倍一挨身下◯餘皆隔位遷此法不用衆除只以此歌二十字代之

又如有金八十九兩三錢八分，令金户一百零九人辦納。問每人各該納若干[1]？

舊法 置金八十九兩三錢八分爲實，以金户一百零九人除首位一不用，只以九人爲法，定身隔位除之。實首是八，隔位八九除七十二，次位九除七餘二，又次位三除二餘一，末位八。再將次位身二不動，隔位除二九一十八，除實恰盡，得每户該納金八錢二分。

【解義】上挨身減，此隔位減。除法遇隔位，在本身第四位，減法在第三位，各有不同。減法雖云本身不動，若減除不足，又須破身就減。如絹法二位除二餘七，下位四無七可除，又將本身七去一餘六，下位除六。米法實首一千，下位空無除，將一退下，作十留六，下位除六七四十二。頭緒多紛，不如除法之便。

附金蟬脱殼訣歌○起雙下加倍○見一只還原○倍一挨身下○餘皆隔位遷[2]。此法不用乘除，只以此歌二十字代之。

---

1 此題爲《算法統宗》卷二“減法”第三題。

2 歌訣見《算法統宗》卷十七“雜法”。金蟬脱殼，是一種以加減代乘除的簡便算法，《九章比類》卷首題作“乘除易會筭訣”。此爲因乘歌。

如有米三石五斗每斗價銀七分問該共銀若干　（舊法）置米三石五斗為實將斗價七分為原法另將七分倍之得一錢四分為倍法先於實末位五斗上呼起雙下加倍起了二斗挨身下一錢一次位下四分再起二斗又下一錢四分卻呼見一只還原起了一斗隔位下七分次於三石上呼起雙下加倍起了二石挨身下一兩一次位下四錢卻呼見一只還原起了一石隔位下七錢得（共銀二兩四錢五分）

又如有棉布五十七疋每疋價銀二錢五分問共該銀若干　（舊法）置布五十七疋為實以疋價二錢五分為原法另以二錢五分倍作五錢為倍法先於末位七疋起了三個雙共六疋挨身下三個五錢又起了一疋又挨身下二錢次位下五分次於首位五十起二個雙共四十疋挨身下二個五兩起一個十疋挨身下二兩次位下五錢得（共價一十四兩二錢五分）　前法原價是分倍是錢則倍數

如有米三石五斗，每斗價銀七分。問該共銀若干[1]？舊法 置米三石五斗爲實，將斗價七分爲原法，另將七分倍之得一錢四分，爲倍法。先於實末位五斗上呼“起雙下加倍”，起了二斗，挨身下一錢，次位下四分；再起二斗，又下一錢四分。却呼“見一只還原”，起了一斗，隔位下七分。次於三石上呼“起雙下加倍”，起了二石，挨身下一兩，次位下四錢。却呼“見一只還原”，起了一石，隔位下七錢，得共銀二兩四錢五分[2]。

又如有棉布五十七疋，每疋價銀二錢五分。問共該銀若干[3]？舊法 置布五十七疋爲實，以疋價二錢五分爲原法，另以二錢五分倍作五錢，爲倍法。先於末位七疋起了三個雙，共六疋，挨身下三個五錢；又起了一疋，又挨身下二錢，次位下五分。次於首位五十起二個雙，共四十疋，挨身下二個五兩；起一個十疋，挨身下二兩，次位下五錢，得共價一十四兩二錢五分。前法原價是分，倍是錢，則倍數

---

1 此題爲《算法統宗》卷十七“金蟬脱殼”因乘第一題。

2 該題運算步驟如表 1-10 所示：

表 1-10

	①	②	③	④	
置實 35，以 7 爲法，以 14 爲倍法	石	斗			
	3	5			
於斗位呼“起雙下加倍”，減去 2 斗；次位起 1，隔位起 4	3	3	1	4	②位減 2 餘 3；③位加 1 作 1；④位加 4 作 4
於斗位呼“起雙下加倍”，減去 2 斗；次位起 1，隔位起 4	3	1	2	8	②位減 2 餘 1；③位加 1 作 2；④位加 4 作 8
於斗位呼“見一只還原”，減去 1 斗；隔位起 7	3	0	3	5	②位減 1 餘 0；④位加 7 作 5，進 1 於前；③位加進 1 作 3
於石位呼“起雙下加倍”，減去 2 石；次位起 1，隔位起 4	1	1	7	5	①位減 2 餘 1；③位加 4 作 7；②位加 1 作 1
於石位呼“見一只還原”，減去 1 石；隔位起 7	0	2	4	5	①位減 1 餘 0；③位加 7 作 4，進 1 於前；②加進 1 作 2
得 2 兩 4 錢 5 分	十	兩	錢	分	

3 此題爲《算法統宗》卷十七“金蟬脱殼”因乘第二題。

挨身下原數隔位下此法原價是錢倍亦是錢則倍數原數俱挨身下

他倣此

九歸併除歌○加雙下除倍○加一下除原○倍一挨身除○餘皆隔位

遷

如有錢二千二百五十文給軍九十名問每名該若干（舊法）置錢二千二百五十文為實以軍九十名為原數另以九十倍之得一百八十名為倍數從實首起先於二千前挨身呼加雙下除倍身前加二身位除一千次位除八百退首位一次位加二共餘實四百五十次於餘實四百前呼加雙下除倍再呼加雙下除倍共除實三百六十餘實九十却再呼加一下除原除恰盡得（每名錢二十五文）

挨身下，原數隔位下。此法原價是錢，倍亦是錢，則倍數、原數俱挨身下。他倣此。

九歸併除歌〇加雙下除倍〇加一下除原〇倍一挨身除〇餘皆隔位還[1]

如有錢二千二百五十文，給軍九十名，問每名該若干[2]？舊法 置錢二千二百五十文爲實，以軍九十名爲原數，另以九十倍之得一百八十名，爲倍數。從實首起，先於二千前挨身呼“加雙下除倍”，身前加二，身位除一千，次位除八百，退首位一，次位加二，共餘實四百五十。次於餘實四百前呼“加雙下除倍”，再呼“加雙下除倍”，共除實三百六十，餘實九十。却再呼“加一下除原”，除恰盡，得每名錢二十五文[3]。

---

1 歌訣見《算法統宗》卷十七，即“金蟬脱殻”歸除歌。

2 該題爲《算法統宗》卷十七“金蟬脱殻”歸除第一題。

3 該題運算過程如表 1-11 所示：

表 1-11

	①	②	③	④	⑤	
置實 2250，以 90 爲法，以 180 爲倍法		千	百	十	文	
		2	2	5	0	
於千前位呼“加雙下除倍”，本位加 2，次位減 1，隔位減 8	2	0	4	5	0	①位加 2 作 2；③位減 8 餘 4，前位退 1；②位減 1 減退 1 餘 0
於千位呼兩次“加雙下除倍”，千位加 4，次位減 3，隔位減 6	2	4	0	9	0	②位加 4 作 2；④位減 6 餘 9，前位退 1；③位減 3 減退 1 餘 0
於千位呼“加一下除原”，千位加 1，隔位減 9	2	5	0	0	0	②位加 1 作 5；④位減 9 餘 0
得 25 文	十	文				

二字句訣歌○有除隔位進○無除挨身進

凡因乘從實尾位起除去一隔一位而加原數凡歸除從實首起除去一亦隔前一位而加原數只用一原法而無倍數除盡則挨身進一位再加除唯除實盡以得本數

解義 起双加倍是應以七分乘實故用减實增法猶乘法也所以從尾位起加双除倍是應以九十八除實故以法减實猶除法也所以從首位起二句字訣仍是上法又止用原數無加双除倍法耳然亦皆小智之術不如乘除之便

袖中定位訣歌○掌中定位法為奇○從實為主是根基○因乘順從尾位起○歸除還從上位施○法多原實逆上數○法少原實降下知○乘除大小從術化○厘毫絲忽不差池 此法從實位為首以次順下或步尺貫個之類俱將大數自實上起頭因乘亦從末位歸除亦從首位記定位數因從每下得術帰從法前得令一如筭盤定位

二(字句)[句字]訣歌○有除隔位進○無除挨身進[1]

凡因乘，從實尾位起除去一，隔一位而加原數。凡歸除，從實首起除去一，亦隔前一位而加原數。只用一原法，而無倍數。除盡，則挨身進一位，再加除。唯除實盡，以得本數。

【解義】起雙加倍，是應以七分乘實，故用減實增法，猶乘法也，所以從尾位起。加雙除倍，是應以九十人除實，故以法減實，猶除法也，所以從首位起。二句字訣仍是上法，又止用原數，無加雙除倍法耳。然亦皆小智之術，不如乘除之便[2]。

袖中定位訣歌○掌中定位法爲奇○從寅爲主是根基○因乘順從尾位起○歸除還從上位施○法多原實逆上數○法少原實降下知○乘除大小從術化○厘毫絲忽不差池[3]。此法從寅位爲首，以次順下，或步、尺、貫、個之類，俱將大數自寅上起頭，因乘亦從末位，歸除亦從首位。記定位數，因從每下得術，歸從法前得令，一如筭盤定位。

---

1 歌訣見《算法統宗》卷十七。"二字句訣"，《算法統宗》作"二句字訣"，因歌訣僅有兩句，故名。又下文"解義"亦作"二句字訣"，知"字句"當爲"句字"倒乙。據改。

2《算法統宗》卷十七云："金蟬脱殼併此二句字訣，布筭繁疊，只是小智之術，蠢子頑兒之數。若遇開方等法，則不能施，又不如乘除簡易。此小智之術，不學可也。"

3 袖中定位，即掌中定位，見《算法統宗》卷十七。

掌上定位圖

解義掌上定位之法筭家所不可廢如偶得數無筭盤可用即于掌上定位求之但或位數過多歸除法從寔前以次歸除猶易若乘法從尾位逆乘大數在前數無頭緒易于忘失今立自首位挨乘之法寔首一位乘完再挨次乘下既乘完一位記明一位之數不至舛錯遺記然有相乘自乘二等今各列增法于後

新增掌上相乘歌○相乘掌上法宜明○法首實首一順行○法首挨身逐位下○次位又向身前乘○三位四位以次逆○得數俱向本位增

掌上定位圖[1]

【解義】掌上定位之法，筭家所不可廢。如偶得數，無筭盤可用，即于掌上定位求之。但或位數過多，歸除法從實前以次歸除猶易；若乘法從尾位逆乘，大數在前，數無頭緒，易于忘失。今立自首位挨乘之法，實首一位乘完，再挨次乘下，庶乘完一位，記明一位之數，不至舛錯遺記。然有相乘、自乘二等，今各列增法于後。

新增掌上相乘歌〇相乘掌上法宜明〇法首實首一順行〇法首挨身逐位下〇次位又向身前乘〇三位四位以次逆〇得數俱向本位增

---

1 掌上定位圖，《算法統宗》卷十七題作“定位掌圖”，凡十二位。左手食指根定寅（萬），兩關節與食指尖依次定卯（千）、辰（百）、巳（十），中指指尖定午（兩、石），無名指尖定未（錢、斗），小指尖、兩關節和指根依次定申（分、升）、酉（厘、合）、戌（毫、勺）、亥（絲、抄），無名指根定子（忽、撮），中指根定丑（微、圭）。計算至何位，則用左手拇指尖扣在相應位置處。算完一位，記下該位數，再計算下一位。

○若逢隔位須隔位○一位乘完一數成

如有田長六十五步六分二釐五毫濶二十步零二分八釐八毫問積數若干

(增法)置長六十五步六分二釐五毫自手上寅位定實首六十以次定卯五步辰六分巳二釐午五毫以濶二十步零二分八釐八毫為法從實首起逐位挨乘先以手指指在卯位呼法首實首數二六一十二即於寅位定一卯位定二起次以手指指辰位上以法首數與實二位相呼二五成一十再應以法第二位與實首相呼因法二位空無呼即於卯位二數加一成三又以指指巳位上以法首數與實辰位六相呼二六一十二再以法二位空無呼隔辰前卯一位却以法第三位二與辰前三位即實首寅位相呼二六一十二併二呼共二十四就於辰位上定二巳位上定四又以指指午位

〇若逢隔位須隔位〇一位乘完一數成[1]

如有田長六十五步六分二釐五毫，濶二十步零二分八釐八毫。問積數若干？增法 置長六十五步六分二厘五毫，自手上寅位定實首六十，以次定卯五步、辰六分、巳二厘、午五毫。以濶二十步零二分八厘八毫爲法，從實首起，逐位挨乘。先以手指掐在卯位[2]，呼法首、實首數"二六一十二"，即於寅位定一，卯位定二。起次以手指掐辰位上，以法首數與實二位相呼"二五成一十"，再應以法第二位與實首相呼，因法二位空無呼，即於卯位二數加一成三。又以指掐巳位上，以法首數與實辰位六相呼"二六一十二"，再以法二位空無呼，隔辰前卯一位，却以法第三位二與辰前三位即實首寅位相呼"二六一十二"。併二呼共二十四，就於辰位上定二，巳位上定四。又以指掐午位，

1 "掌上相乘"與下文"掌上自乘"歌訣，《算法統宗》無，爲《算海説詳》新創。因舊"掌上定位"乘法從實末位乘起，若位數過多，易於忘記，故李長茂改作從實首位乘起。具體步驟詳例題與解義。

2 掐，扣。

以法首數與實巳位二數相呼二二如四法次位空隔辰位法三位數二
與夘位數五相呼二五成一十法四位八與寅位六相呼六八四十八併
三呼共二六十就於巳位上起四成十加一於辰位數二成三於午位上定
二又以指摀未位以法首二與午位數五相呼二五成一十法次位空隔
巳位法三位二與辰位六相呼二六一十二法四位八與夘位五相呼
五八得四十法五位八與寅位六相呼六八四十八併四呼共一百一十就
於未前隔位巳上定一午二加一成三又以指摀申位申前未上實位
畫法首無呼法二位空隔午位法三位二與實巳位二相呼二二如四
法四位八與實辰位六相呼六八四十八法五位八與實夘位五相呼
五八得四十併三呼共二九十就於未位上定九申位上定二又以指摀

以法首數與實巳位二數相呼“二二如四”，法次位空，隔辰位，法三位二數與卯位五數相呼“二五成一十”，法四位八與寅位六相呼“六八四十八”。併三呼共六十二，就於巳位上起四成十，加一於辰位二數成三，於午位上定二。又以指搯未位，以法首二與午位五數相呼“二五成一十”，法次位空，隔巳位，法三位二與辰位六相呼“二六一十二”，法四位八與卯位五相呼“五八得四十”，法五位八與寅位六相呼“六八四十八”。併四呼共一百一十，就於未前隔位巳上定一，午二加一成三。又以指搯申位，申前未上實位盡，法首無呼，法二位空，隔午位，法三位二與實巳位二相呼“二二如四”，法四位八與實辰位六相呼“六八四十八”，法五位八與實卯位五相呼“五八得四十”。併三呼共九十二，就於未位上定九，申位上定二。又以指搯酉位酉前申位未位俱無實法首位併次空位無呼法三位二與實午位五相呼二五成一十法四位八與實巳位二相呼二八一十六法五位八與實辰位六相呼六八四十八併三呼共七四十就於申位二加七成九酉位定四又以指掐戌位戌前酉申未三位無實法首次三位無呼法四位八與實午位五相呼五八得四十法五位八與實巳位二相呼二八一十六併二呼共五六十就於酉位四加五成九戌位定六又以指掐亥位亥前戌酉申未無實法首二三四位無呼法五位八與實午位五相呼五八得四十就於戌六加四成十除訖歸一於酉位九成十歸一於申位九又成十歸一於未位九亦成十歸一於午位三成四得

共積一千三百三十一步四分

酉位，酉前申位、未位俱無實，法首位併次空位無呼，法三位二與實午位五相呼“二五成一十”，法四位八與實巳位二相呼“二八一十六”，法五位八與實辰位六相呼“六八四十八”。併三呼共七十四，就於申位二加七成九，酉位定四。又以指招戌位，戌前酉、申、未三位無實，法首次三位無呼，法四位八與實午位五相呼“五八得四十”，法五位八與實巳位二相呼“二八一十六”。併二呼共五十六，就於酉位四加五成九，戌位定六。又以指招亥位，亥前戌、酉、申、未無實，法首二三四位無呼，法五位八與實午位五相呼“五八得四十”，就於戌六加四成十。除訖，歸一於酉位九成十，歸一於申位九又成十，歸一於未位九亦成十，歸一於午位三成四，得共積一千三百三十一步四分[1]。

---

1 該題運算步驟如表 1-12：

表 1-12

	寅	卯	辰	巳	午	未	申	酉	戌	亥
實	十	步	分	厘	毫					
	6	5	6	2	5					
法	首	次	三	四	五					
	2	0	2	8	8					
指招卯位：法首與寅相對 2×6＝12	1	2								
指招辰位：法首與卯相對 2×5＝10；法次與寅相對，無乘。		1	0							
指招巳位：法首與辰相對 2×6＝12；法次與卯相對，無乘；法三與寅相對 2×6＝12。12+12＝24。			2	4						
指招午位：法首與巳相對 2×2＝4；法次與辰相對，無乘；法三與卯相對 2×5＝10；法四與寅相對 8×6＝48。4+10+48＝62。				6	2					
指招未位：法首與午相對 2×5＝10；法次與巳相對，無乘；法三與辰相對 2×6＝12；法四與卯相對 8×5＝40；法五與寅相對 8×6＝48。10+12+40+48＝110				1	1	0				
指招申位：法首與未相對，法次與午相對，俱無乘；法三與巳相對 2×2＝4；法四與辰相對 8×6＝48；法五與卯相對 8×5＝40。4+48+40＝92						9	2			
指招酉位：法首與申相對，法次與未相對，俱無乘；法三與午相對 2×5＝10；法四與巳相對 8×2＝16；法五與辰相對 8×6＝48。10+16+48＝74							7	4		
指招戌位：法首、次、三位，俱無乘；法四與午相對 8×5＝40；法五與巳相對 8×2＝16。40+16＝56								5	6	
指招亥位：法首、次、三、四位，俱無乘；法五與午相對 8×5＝40									4	0
得 1331 步 4 分	1	3	3	1	4	0	0	0	0	0
	千	百	十	步	分	厘	毫	絲	忽	微

解義凡乘法以法乘寔自寔尾逆乘至寔首位止寔首位止有法首位相乘寔二位止有法首位二位相乘寔三位止有法首二三位相乘令改從首位挨乘仍與從尾位相乘無異第彼是分次遞呈此是一次總乘內從尾遞乘大數無定雖千逆記故改從寔首乘起先乘寔首該千記千該百記百該十記十乘完一位記明數目再乘一位庶可順次無誤

增掌上自乘法歌○自乘掌上法不同○法位實位一般名○實身實首挨次對○雙搀向中以次行○有對須宜加雙數○無對一位单自乘○若逢空位須隔位○乘完一位一位從

如有方田一段長濶各三十五步零八𡉏二毫問積數若干（增）（法）置長濶三十五步零八𡉏二毫自手上寅位定十三卯位五辰位空巳位八午位二此是法實同名先從寅首位乘起先以指搯卯位呼法首實首同名三三得九實首前無位此是單位自乘即於卯位定九又以指搯辰位以前卯

【解義】凡乘法，以法乘實，自實尾逆乘至實首位止。實首位止有法首位相乘，實二位止有法首位、二位相乘，實三位止有法首、二、三位相乘。今改從首位挨乘，仍與從尾位相乘無異。第彼是分次遞（呈）[乘][1]，此是一次總乘。因從尾遞乘，大數無定，難于逆記，故改從實首乘起。先乘實首，該千記千，該百記百，該十記十。乘完一位，記明數目，再乘一位，庶可順次無誤。

增掌上自乘法歌〇自乘掌上法不同〇法位實位一般名〇實身實首挨次對〇雙捲向中以次行〇有對須宜加雙數〇無對一位单自乘〇若逢空位須隔位〇乘完一位一位從

如有方田一段，長濶各三十五步零八厘二毫。問積數若干？增法置長濶三十五步零八厘二毫，自手上寅位定三十、卯位五、辰位空、巳位八、午位二。此是法實同名，先從寅首位乘起。先以指掐卯位，呼法首實首同名“三三得九”，實首前無位，此是“单位自乘”，即於卯位定九。又以指掐辰位，以前卯

1 呈，當作“乘”，據文意改。

位寅位相對寅三夘五此是有對加雙呼三五一十五再呼三五一十五共成三十就於夘位九加三起十進一於寅位夘位存二又以指揥巳位以前寅位辰位相對辰空寅無對呼中夘单位五自乘呼五五二十五即於辰位定二巳位定五又以指揥午位以前巳位與寅位相對寅三巳八此是有對加雙呼三八二十四再呼三八二十四共四十八次中辰位夘位相對辰位空夘無對呼就於巳位五加四成九午位定八又以指揥未位以前午位與寅位相對寅三午二此是有對加雙呼二三如六再呼二三如六共十二次中巳位與夘位相對夘五巳八此是有對加雙呼五八四十再呼五八四十共八十次中辰位空無呼併十二八十兩数共九十二就於午位八加九除十進一於巳位九亦成十進一於辰位二

位寅位相對，寅三卯五，此是“有對加雙”，呼“三五一十五”，再呼“三五一十五”，共成三十，就於卯位九加三起十，進一於寅位，卯位存二。又以指招巳位，以前寅位辰位相對，辰空，寅無對呼；中卯单位五自乘，呼“五五二十五”，即於辰位定二，巳位定五。又以指招午位，以前巳位與寅位相對，寅三巳八，此是“有對加雙”，呼“三八二十四”，再呼“三八二十四”，共四十八；次中辰位、卯位相對，辰位空，卯無對呼，就於巳位五加四成九，午位定八。又以指招未位，以前午位與寅位相對，寅三午二，此是“有對加雙”，呼“二三如六”，再呼“二三如六”，共十二；次中巳位與卯位相對，卯五巳八，此是“有對加雙”，呼“五八四十”，再呼“五八四十”，共八十；次中辰位空無呼，併十二、八十兩數，共九十二，就於午位八加九除十，進一於巳位九亦成十，進一於辰位二成三巳位空午位存七未位定二又以指掐申位以前未位與寅位相對未實盡空位寅無對呼次中午位與夘位相對夘五午二此是有對加雙呼二五一十再呼二五一十共十二又次中巳位與辰位相對辰位空巳無對呼就於未位二加二成四又以指掐酉位以前申與寅對未與夘對未申俱實盡空位寅夘無對呼次中午與辰對辰位空午無對呼次中巳單位八自乘呼八八六十四就於申位定六酉位定四又以指掐戌位以前酉與寅對申與夘對俱實盡無呼未與辰對一實盡一位空無呼次中午位與巳位相對巳八午二此是有對加雙呼二八一十六再呼二八一十六共三十二就於酉位四加三成七戌位定二又以指掐亥位以前戌與寅對酉與夘對申與辰對未與巳對俱實盡無對

成三，巳位空，午位存七，未位定二。又以指招申位，以前未位與寅位相對，未實盡空位，寅無對呼；次中午位與卯位相對，卯五午二，此是“有對加雙”，呼“二五一十”，再呼“二五一十”，共二十；又次中巳位與辰位相對，辰位空，巳無對呼，就於未位二加二成四。又以指招酉位，以前申與寅對，未與卯對，未、申俱實盡空位，寅、卯無對呼；次中午與辰對，辰位空，午無對呼；次中巳单位八自乘，呼“八八六十四”，就於申位定六，酉位定四。又以指招戌位，以前酉與寅對，申與卯對，俱實盡無呼；未與辰對，一實盡一位空無呼。次中午位與巳位相對，巳八午二，此是“有對加雙”，呼“二八一十六”，再呼“二八一十六”，共三十二，就於酉位四加三成七，戌位定二。又以指招亥位，以前戌與寅對，酉與卯對，申與辰對，未與巳對，俱實盡無對

呼次中午单位二自乘呼二二如四就於亥位定四得共積一千二百三十歩零七分四厘六毫七絲二忽四微

解義 凡自乘法首位即是寔首位法次位即是寔次位各位俱同以寔首與寔各位相對加乘即是以法首乘寔各位故就將寔首與各位對照有對無對有空無空了然有把庶無差誤有對加双者有對是二位彼此相乘應二次如指掐午位巳與寅对两呼三八二十四若用因乘將法首三于卯位乘起辰位五巳位空午位三八二十四法首自已位乘起午位亦呼三八二十四午位上原訣兩個三八二十四也無對单自乘如于諭前位寅申相對起兩搭至中巳位逢单自乘以法乘寔至酉位止一巳位八自乘數皆爲一定之位無可易者除法是從首位起先得大數乘法是從尾位起大數未得易亦故立此二法從從首起而大數先了与除法無異矣

附鋪地錦寫筭法歌〇寫筭鋪地錦為奇〇不用筭盤數可知〇實位橫列直法位〇照行呼寫莫差池〇大數左上實首起〇小數右下法尾齊〇格圖斜界分等第〇萬千百十不須疑

呼。次中午单位二自乘，呼“二二如四”，就於亥位定四，得共積一千二百三十步零七分四厘六毫七絲二忽四微[1]。

【解義】凡自乘，法首位即是實首位，法次位即是實次位，各位俱同。以實首與實各位相對加乘，即是以法首乘實各位，故就將實首與各位對照，有對無對，有空無空，了然有據，庶無差誤。有對加雙者，有對是二位，彼此相乘應二次。如指搯午位，巳與寅對，兩呼“三八二十四”。若用因乘，將法首三于卯位乘起，辰位五，巳位空，午位三八二十四，法首自巳位乘起，午位亦呼三八二十四，午位上原該兩個三八二十四也。無對单自乘，如手搯酉位，寅、申相對，起兩捲至中巳位，逢单自乘，以法乘實，至酉位止一巳位八自乘數，皆属一定之位，無可易者。除法是從首位起，先得大數。乘法是從尾位起，大數未得易忘，故立此二法，從實首起，而大數先了，与除法無異矣。

附鋪地錦寫箅法歌○寫箅鋪地錦爲奇○不用箅盤數可知○實位横列直法位○照行呼寫莫差池○大數左上實首起○小數右下法尾齊○格圖斜界分等第○萬千百十不須疑[2]

---

1 該題運算步驟如表 1-13 所示：

表 1-13

	寅	卯	辰	巳	午	未	申	酉	戌	亥
	十	步	分	厘	毫					
實	3	5	0	8	2					
法	3	5	0	8	2					
指搯卯位：寅單位自乘 3×3=9		9								
指搯辰位：寅卯相對互乘 2×(3×5)= 30		3	0							
指搯巳位：寅辰相對，辰空，無乘；卯單位自乘 5×5=25			2	5						
指搯午位：寅巳相對互乘 2×(3×8)= 48；卯辰相對，辰空，無乘。				4	8					
指搯未位：寅午相對互乘 2×(3×2)= 12；卯巳相對互乘 2×(5×8)= 80；辰空，無乘。12+80=92					9	2				
指搯申位：寅未相對，未空，無乘；卯未相對互乘 2×(5×2)= 20；辰巳相對，巳空，無乘。						2	0			
指搯酉位：寅申、卯未、辰午俱無乘；巳單位自乘 8×8=64							6	4		
指搯戌位：寅酉、卯申、辰未俱無乘；巳午相對互乘 2×(8×2)= 32								3	2	
指 搯亥位：寅戌、卯酉、辰申、巳未俱無乘；午單位自乘 2×2=4										4
得 1230 步 7 分 4 厘 6 毫 7 絲 2 忽 4 微	1	2	3	0	7	4	6	7	2	4
	千	百	十	步	分	厘	毫	絲	忽	微

2 鋪地錦箅法，見《算法統宗》卷十七。《算法統宗》原歌作：“寫算鋪地錦爲奇，不用箅盤數可知。法實相呼小九數，格行寫數莫差池。記零十進於前位，逐位數上亦如之。照式畫圖代乘法，厘毫絲忽不須疑。”

因乘圖

(法)五千六百七十八文

(實)四百三十五疋

四百	三十	五疋	
二 /	一 / 五	二 / 五	五千
二 / 四	一 / 八	三 /	六百
二 / 八	二 / 一	三 / 五	七十
三 / 二	二 / 四	四 /	八文

先以法與五疋位相呼五五二十五五六三十五七三十五五八四十填寫格內

次以法與三十相呼三五一十五三六一十八三七二十一三八二十四亦填寫格內

又以法與四百相呼四五二十四六二十四四七二十八四八三十二併寫格內

如有絹四百三十五疋每疋價五千六百七十八文問共錢若干

(籌)(法)照上格眼圖置絹四百三十五疋横寫圖上為實另以每疋錢五千六百七十八文直寫圖右為法從末行起法實相呼填寫格內却從右下角斜遡上下角空二層共三十即進一於上本位三三層共八加進一共九四層共二十九進二於上本位九五層共四十加進二共六十進一於上本位六六層共三加進一共四七層二得(共)(該)(錢)(二)(百)(四)(十)(六)(萬)(九)(千)(九)(百)(三)(十)(文)

因乘圖

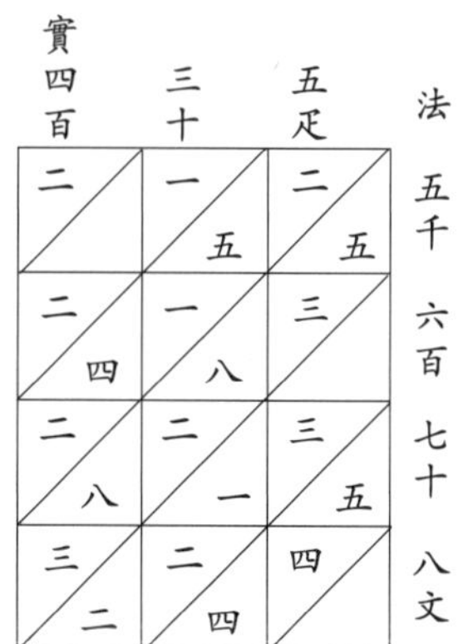

先以法與五疋位相呼“五五二十五”、“五六三十”、“五七三十五”、“五八四十”，填寫格内。

次以法與三十相呼“三五一十五”、“三六一十八”、“三七二十一”、“三八二十四”，亦填寫格内。

又以法與四百相呼“四五二十”、“四六二十四”、“四七二十八”、“四八三十二”，併寫格内。

如有絹四百三十五疋，每疋價五千六百七十八文。問共錢若干[1]？舊法照上格眼圖，置絹四百三十五疋，横寫圖上爲實。另以每疋錢五千六百七十八文，直寫圖右爲法。從末行起，法實相呼，填寫格内。却從右下角斜逆上，下角空；二層共十三，即進一於上，本位三；三層共八，加進一共九；四層共二十九，進二於上，本位九；五層共十四，加進二共十六，進一於上，本位六；六層共三，加進一共四；七層二。得共該錢二百四十六萬九千九百三十文。

---

1 此題爲《算法統宗》卷十七“寫算”第三題。

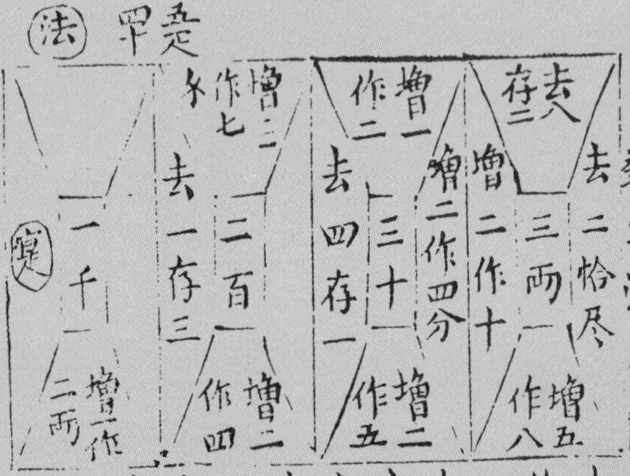

解義法寔相呼是直行寫下垜筭積數是斜行逆上自寔首角是大數至法尾角是小數照斜界畫萬千百十每一層為一等

歸除圖

(法) 罕丟

去二恰尽　去八存二　三兩一　增五作八　增二作十　增二作四分　增一作二　三十一　去四存一　增二作五　增三作七　二百一　去一存三　增二作四　(寔) 一千一　增一作二兩

本位原三前位呼增五作八寫下〇前位呼增二作十寫左〇呼逆八進二十去八存二寫上〇呼四五除二十去二恰尽寫右本位原三前位呼增二作五寫下〇呼除五七三十五除四存一寫左下位增五〇又呼帰四一二十二加一作二寫上〇又下位進二作四寫右本位原二前位帰呼增二作四寫下〇次呼二五除一十将四去一存三寫左〇又呼四三七十二本位增三作七寫上〇下位增二先逆寔首起呼四一二十二〇本位原一增一作二更于下位增二

如有銀一千二百三十三兩買綾四十五疋問每疋價若干(舊)(法)照實位數畫上格眼圖置銀一千二百三十三兩於圖各位中心為實以綾四十五疋為法除之每圖歸除俱自下旋左而上至右止各照圖位呼除寫完止看各

【解義】法實相呼，是直行寫下；垛筭積數，是斜行逆上。自實首角是大數，至法尾角是小數，照斜界畫萬、千、百、十，每一層爲一等。

歸除圖

法　四十五疋

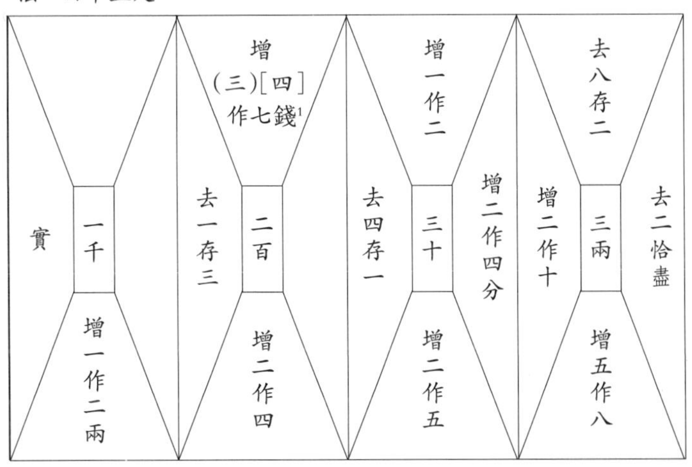

先從實首起呼“四一二十二”。〇本位原一，增一作二，更于下位增二。

本位原二，前位歸呼增二作四，寫下。〇次呼“二五除一十”，將四去一存三，寫左。〇又呼“四三七十二”，本位增(三)[四]作七[2]，寫上。〇下位增二。

本位原三，前位呼增二作五，寫下。〇呼除“五七三十五”，除四存一，寫左，下位增五。〇又呼歸“四一二十二”，加一作二，寫上。〇又下位進二作四，寫右。

本位原三，前位呼增五作八，寫下。〇前位呼增二作十，寫左。〇呼“逢八進二十”，去八存二，寫上。〇呼“四五除二十”，去二恰盡，寫右。

如有銀一千二百三十三兩，買綾四十五疋。問每疋價若干[3]？舊法 照實位數，畫上格眼圖。置銀一千二百三十三兩於圖各位中心爲實，以綾四十五疋爲法除之。每圖歸除，俱自下旋左而上，至右止。各照圖位呼除寫完，止看各

1　三，順治本作“四”。作“四”是，康熙本誤改。

2　三，當作“四”，據文意改。

3　此題爲《算法統宗》卷十七“寫算”第四題。

格式寫一行右行下二二行上七三行右四得每定銀二兩七錢四分

解義　上因乘圖易曉歸除圖自下向左旋上而右得數或在下或在左上右參差不一今更圖以寔列上歸除數居中以次挨排每格看其式行得數在下較為直捷不至差誤

更定歸除圖

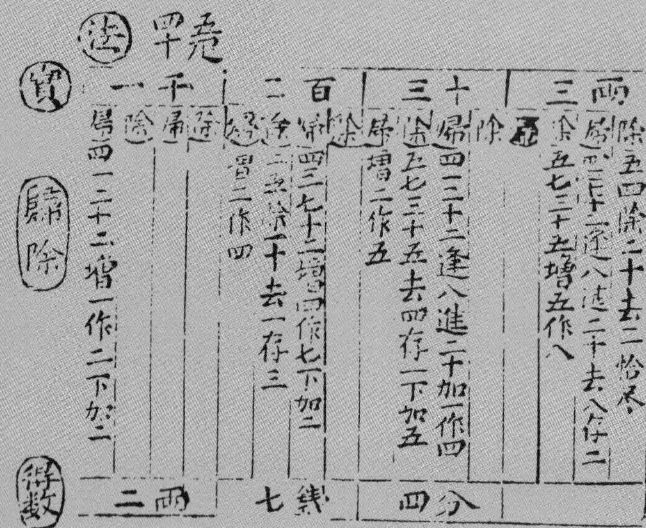

實　法

	兩	十	百	千
實	三	三	二	一
歸除	除五四除二十去二恰盡 歸四三十二逢八進二十去八存二 除五七三十五增五作八	歸四二十二逢八進二十加一作四 除五七三十五去四存一下加五 歸增二作五	歸四三七十二增四作七下加二 除二五二十除一十去一存三 歸置二作四	歸四一二十二增一作二下加二
得數		四分	七錢	二兩

此圖以實位原數在上得數寫下歸除法數居中每圖分列四行間寫歸除於上歸增歸減者寫歸行下除減除增者寫除行下各圖俱自左而右至寫行盡處即得數本位順序不亂庶便稽考

格末寫一行，右行下二，二行上七，三行右四，得每疋銀二兩七錢四分。

【解義】上因乘圖易曉，歸除圖自下向左，旋上而右，得數或在下，或在左、上、右，參差不一。今更圖，以實列上，歸除數居中，以次挨排。每格看其末行，得數在下，較爲直捷，不至差誤。

更定歸除圖

法四十五疋

	一千				二百				三十				三兩			
實	一千				二百				三十				三兩			
	歸	除	歸	除	歸	除	歸	除	歸	除	歸	除	歸	除	歸	除
歸除	四一二十二，增一作二，下加二。				增二作四。	二五除一十，去一存三。	四三七十二，增四作七，下加二。		增二作五。	五七三十五，去四存一，下加五。	四一二十二，逢八進二十，加一作四。			五七三十五，增五作八。	四三七十二[1]，逢八進二十，去八存二。	五四除二十，去二恰盡。
得數	二兩				七錢				四分							

此圖以實位原數在上，得數寫下，歸除活數居中。每圖分列四行，間寫歸、除於上，歸增、歸減者，寫歸行下；除減、除增者，寫除行下。各圖俱自左而右，至寫行盡處，即得數。本位順序不亂，庶便稽考。

1 四三七十二，順治本誤作“四一二十二”。

附暗馬式

㊀〡㊁〢㊂〣㊃〤㊄〥㊅〦㊆〧㊇〨㊈〩內一二三如重用不拘横直如十一則用卜丨二則用卜二十三則用〢三是也

附一筆錦攢積合總歌〇巧筭一筆錦為奇〇攢積合總數可知〇但看各行末後数〇任乘任除不須疑右法照筭盤定位布列行数用暗馬直下但〡〢〦〧可加一畫者加之如〤〥〨〩不能加者另馬若本行退尽死存者用一小圈隔之以别洄数如倶完畢只看各行末下之数為憑

如有銀一兩二錢三分又二兩六錢四分又三兩八錢五分又四兩九錢二分問四共若干〔術法〕先以一兩二錢三分自左而右列作三行開寫暗馬〡〢〣照行加二兩六錢四分改馬作〣〨〧又加三兩八錢五分改馬作〧〧〢又加四兩九錢二分改馬作〡〢〦〤得共銀一十二兩六錢四分

附暗馬式[1]

㊀〡、㊁〢、㊂〣、㊃〤、㊄〥、㊅〦、㊆〧、㊇〨、㊈文。内一、二、三如重用，不拘横直。如十一則用⊢，十二則用⊧，二十三則用〢⊫是也。

附一筆錦垜積合總歌○巧筭一筆錦爲奇○垜積合總數可知○但看各行末後數○任乘任除不須疑[2]。右法照筭盤定位，布列行數，用暗馬直下。但〡、〢、〦、〧，可加一畫者加之；如〤、〥、〨、文，不能加者，另馬。若本行退盡无存者，用一小圈隔之，以别溷數。如俱完畢，只看各行末下之數爲凴。

如有銀一兩二錢三分，又二兩六錢四分，又三兩八錢五分，又四兩九錢二分。問四共若干[3]？舊法先以一兩二錢三分，自左而右列作三行，開寫暗馬〡〢〣。照行加二兩六錢四分，改馬作〣〨〧。又加三兩八錢五分，改馬作〧〧〢。又加四兩九錢二分，改馬作〡〢〦〤，得共銀一十二兩六錢四分。

1　暗馬式，見《算法統宗》卷一“數”。《算法統宗》暗馬“九”後面有一個圓圈“○”，表示零，《算海説詳》無。暗馬，通常稱作“中國數碼”，與阿拉伯數字意義相當，由算籌發展而來。詳《算法統宗校釋》，第103–104頁。

2　一筆錦垜積合總歌，見《算法統宗》卷十七。原歌訣有八句：

巧筭一筆錦爲奇，不用筭盤數可知。
垜積合總乘除法，各行寫數莫差池。
但看直行末後數，逐位合數似走之。
照式用心明其理，厘毫絲忽不須疑。

與“鋪地錦”歌多有重複，《算海説詳》遂刪改爲四句。《算法統宗》卷十七“一筆錦”有“垜積合總”、“因法”“乘法”“歸法”和“除法”四式，“垜積合總”即加法，“因法”“乘法”統稱因乘，“歸法”“除法”統稱歸除。

3　題見《算法統宗》卷十七“一筆錦”垜積合總。

圖式

〣分〣又加四分作〧進一于前位又加五分五去五存〢二分又加二分連原存作〤

〢錢〢又加六錢作〨進一又加八錢八退二如下位進一作〦又加九錢九退一進一于前存〦

兩〡又加二兩作〣位進一又加三兩又加下作〦進一又加四兩四退六下進一作〢又加下下位進一作〡

左起

合得 (下)

暗馬因乘法○如有米五十三石二斗每石銀六錢四分問該共銀若干

(舊)(法)置米五十三石二斗自左而右橫列為實以價六錢四分為法乘之左行〣二行〤三行空四行〤五行〨得(共價銀三十四兩零四分八釐)

(法)六錢四分

○起呼二四如八作〨

○呼二六一十二上本位作〢呼三四一十二前位加一本位作〤位變二作〡

(分)(錢)(兩)(金)(零)

圖式

三分　〣	又加四分	作〧	又加五分，五去五進一于前位	存〢	又加二分，連原存二分	作〤	合得	四分
二錢　〢	又加六錢	作〨	又加八錢，八退二進一，加下位進一	作〧	又加九錢，九退一進一于前	存〦		六錢
一兩　〡	又加二兩	作〣	又加三兩，又加下位進一	作〧	又加四兩，四退六進一，又加下進一	作〢		三兩
左起					下位進一	作〡		一十

暗馬因乘法○如有米五十三石二斗，每石銀六錢四分。問該共銀若干[1]？［舊法］置米五十二石二斗，自左而右橫列爲實，以價六錢四分爲法乘之。左行〣、二行〤、三行空、四行〤、五行〨，得共價銀三十四兩零四分八釐。

1 題見《算法統宗》卷十七“一筆錦”乘法式。

二千 下呼二六一十二 本位作丨 下呼三四一十二 加作川 呼三六一十八上加一 本位八退二除尽 零

三百 下呼三六一十八 變三作丨 加下進一作川 下呼四五二十 加二作乂 四

實 五十 下呼五六三十 變五作川 合得 三十

暗馬歸除法◯如有銀一十二両九錢九分五厘買布二十三疋問每疋

價若干 舊法 置銀為實以布為法篇除得每疋價五錢六分五釐

法 二十三 呼三五一十五除 除恰盡

三疋 九分 呼三六一十八除 去八作丨 下呼二五一十五除 本位去丨盡

錢 呼五三一十五除 上位除一一十 本位存乂 進一 呼除二作川 除一 下呼作丨 添呼二一作五 作幺 釐

両 下呼五三除一一存丨 十五除一 呼二一添作五 進二 進一十 下作上 六分

實 千 起 呼二一 添作五 變一作幺 合得 錢

法 六錢四分

	〇	起呼二四如八	作三					合得	八厘[1]
	〇	呼二六一十二，上位變二作〡	本位作〢	呼三四一十二，前位加一	本位作〤				四分
	二斗	下呼二六一十二	本位作〡	下呼三四一十二	加作〢	呼三六一十八，上加一，本位八退二除盡			零
	三石	下呼三六一十八	變三作〡	加下進一	作〢	下呼四五二十	加二作〤		四兩
實	五十	下呼五六三十	變五作〣						三十

暗馬歸除法〇如有銀一十二兩九錢九分五厘，買布二十三疋。問每疋價若干[2]？舊法置銀爲實，以布爲法，寫除得每疋價五錢六分五厘。

實	一十	起呼二一添作五	變一作〨							合得	五錢
	二兩	下呼五三一十五，除一	存〡	呼二一添作五，下呼逢二進一十	作〦						六分
	九錢	呼五三除一十五，上位除一	本位存〤	呼除二進一	作〢	下呼除一	作〡	呼二一添作五	作〨		五厘
二十三疋	九分	呼三六除一十八	去八作〡	下呼三五除一十五	本位去〡盡						
法	五厘	呼三五除一十五	除恰盡								

1 以上兩行本在前頁，爲閲覽方便，移至此頁。

2 此題據《算法統宗》卷十七“寫算”因乘第一題改編。原題以布二十三疋、價銀五錢六分五厘問總銀，爲乘法，此處改作除法。

附河圖縱横九位乘除法歌◯縱横十五分九位◯八卦連中九位叅◯自一至九一圖轉◯成十陞進九圖看◯萬中千坎百歸艮◯十震兩巽錢離安◯分坤厘兑毫乾上◯河圖掌上再重觀

自古洛書有自一至九之文計數則縱横十五論位則八卦九宫今以此數九位爲筭先熟計其位數坎一坤二震三巽四中五乾六兑七艮八離九依圖書排列九圖每圖排列九位九圖分萬千百十兩錢分厘毫由中宫起萬次坎起千由左而上旋右以次由大至小筭時用錢九文若遇兩只動兩圖上一個錢應若干數即將錢安於數上即是若干兩遇錢於錢圖上遇分於分圖上九則加離一則加坎遇加二成五則移坤安中遇退九存一則移離安坎他類此

附河圖縱橫九位乘除法歌○縱橫十五分九位○八卦連中九位參○自一至九一圖轉○成十陞進九圖看○萬中千坎百歸艮○十震兩巽錢離安○分坤厘兑毫乾上○河圖掌上再重觀[1]

自古洛書有自一至九之文，計數則縱橫十五，論位則八卦九宫。今以此數九位爲筭，先熟計其位數，坎一、坤二、震三、巽四、中五、乾六、兑七、艮八、離九。依圖、書排列九圖，每圖排列九位，九圖分萬、千、百、十、兩、錢、分、厘、毫。由中宫起萬，次坎起千，由左而上旋右，以次由大至小。筭時用錢九文，若遇兩，只動兩圖上一個錢，應若干數，即將錢安於數上，即是若干兩，遇錢於錢圖上，遇分於分圖上[2]。九則加離，一則加坎，遇加二成五，則移坤安中；遇退九存一，則移離安坎。他類此。

---

1 歌訣見《算法統宗》卷十七，原歌作：

縱橫十五人能曉，天下科差掌上觀。
萬中千坎百歸艮，十震兩巽錢離安。
分坤厘兑毫乾上，河圖千載再重看。
免用筭盤併筭子，乘除加減總不難。

2 錢九文，即九枚錢幣。每圖用一枚錢幣放在相應位置，表示數字。若表示八兩，則將兩圖上的錢幣放在艮位上；若表示九錢，則將錢圖上的錢幣放在離位上。表示分、厘、毫等，皆依此類推。

河圖縱横圖

巽 四	離 九	坤 二
震 三	中 五	兌 七
艮 八	坎 一	乾 六

本上一圖相生為九圖每圖備九數自一至九不外本圖之數成十則進前位

縱横定位分別九圖

升	分	十
巽	離	坤
震	中	兌
艮	坎	乾

斗	錢	百
巽	離	坤
震	中	兌
艮	坎	乾

石	兩	貫
巽	離	坤
震	中	兌
艮	坎	乾

合	里	文
巽	離	坤
震	中	兌
艮	坎	乾

○	萬	○
巽	離	坤
震	中	兌
艮	坎	乾

○	十	○
巽	離	坤
震	中	兌
艮	坎	乾

勺	毫	分
巽	離	坤
震	中	兌
艮	坎	乾

○	千	○
巽	離	坤
震	中	兌
艮	坎	乾

○	百	○
巽	離	坤
震	中	兌
艮	坎	乾

解義 九圖各立九位每圖止用一馬轉移亦省便之法也但九數互錯上寫卦名恐錯記易誤今照前圖改列直行較便

河圖縱橫圖[1]

巽四	離九	坤二
震三	中五	兑七
艮八	坎一	乾六

本上一圖相生爲九圖，每圖備九數。自一至九，不外本圖之數，成十則進前位。

縱橫定位分別九圖

石	兩	貫
巽	離	坤
震	中	兑
艮	坎	乾

斗	錢	百
巽	離	坤
震	中	兑
艮	坎	乾

升	分	十
巽	離	坤
震	中	兑
艮	坎	乾

	十	
巽	離	坤
震	中	兑
艮	坎	乾

	萬	
巽	離	坤
震	中	兑
艮	坎	乾

合	厘	文
巽	離	坤
震	中	兑
艮	坎	乾

	百	
巽	離	坤
震	中	兑
艮	坎	乾

	千	
巽	離	坤
震	中	兑
艮	坎	乾

勺	毫	分
巽	離	坤
震	中	兑
艮	坎	乾

【解義】九圖各立九位，每圖止用一馬轉移，亦省便之法也。但九數互錯，止寫卦名，恐錯記易誤。今照前圖，改列直行較便。

1《算法統宗》卷十七作“洛書縱橫圖”。此圖即洛書“戴九履一，左三右七，二四爲肩，六八爲足”圖，作“洛書”是，前文“河圖縱橫九位乘除法歌”，“河圖”亦應作“洛書”。

排九圖

分毫勺	文釐合	十分升	百錢斗	貫兩石	十	百	千	萬
九	九	九	九	九	九	九	九	九
八	八	八	八	八	八	八	八	八
七	七	七	七	七	七	七	七	七
六	六	六	六	六	六	六	六	六
五	五	五	五	五	五	五	五	五
四	四	四	四	四	四	四	四	四
三	三	三	三	三	三	三	三	三
二	二	二	二	二	二	二	二	二
一	一	一	一	一	一	一	一	一

此即九圖法同但改為直行易曉法用長油粉牌一面橫開萬千百十等位行下由下逆上各列九數每行止用一錢作馬數升數退上下推移成十有餘則加前位數退本位數無餘則加前位數去本位錢馬不用若位數加多或再添九行又添九行如筭盤位數儘可加多

附一掌金定位圖

排九圖[1]

萬	千	百	十	石 兩 貫	斗 錢 百	升 分 十	合 厘 文	勺 毫 分
九	九	九	九	九	九	九	九	九
八	八	八	八	八	八	八	八	八
七	七	七	七	七	七	七	七	七
六	六	六	六	六	六	六	六	六
五	五	五	五	五	五	五	五	五
四	四	四	四	四	四	四	四	四
三	三	三	三	三	三	三	三	三
二	二	二	二	二	二	二	二	二
一	一	一	一	一	一	一	一	一

此即九圖法同，但改爲直行，易曉。法用長油粉牌一面，横開萬、千、百、十等位，行下由下逆上，各列九數。每行止用一錢作馬，數升數退，上下推移。成十有餘，則加前位數，退本位數；無餘，則加前位數，去本位錢馬不用。若位數加多，或再添九行，又添九行，如筭盤位數，儘可加多。

附一掌金定位圖

1 此圖係《筭海説詳》倣“縱横定位分别九圖”所改。法同前，而操作更便捷，記憶更容易。

一掌金

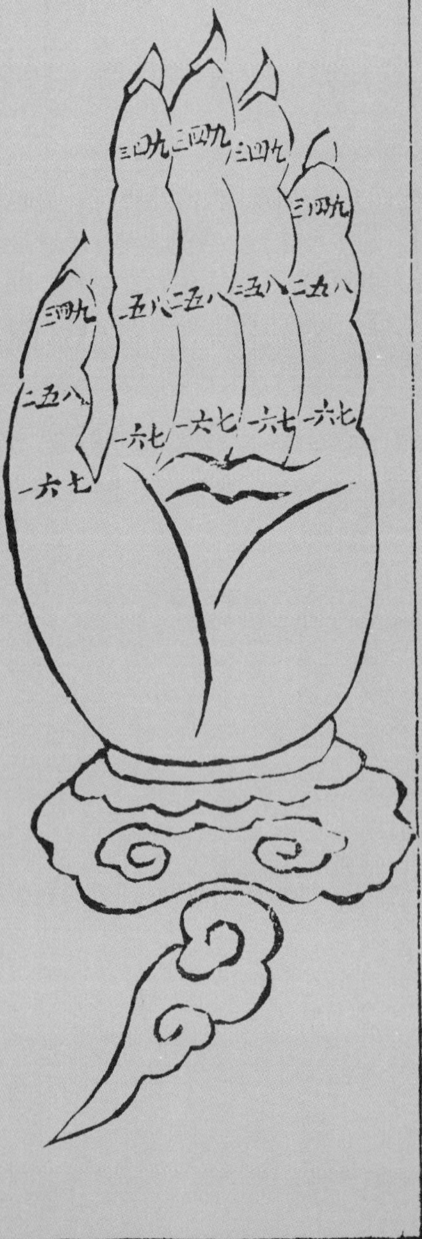

右圖以九數置於左手各指各分三行脩列九數從大指起為百二指為十以次挨下用時於袖中用左右兩手五指各相配合對照每指上定數一二三右指尖在左指左旁四五六右指尖在左指中行七八九右指尖在左指右旁五指皆同如遇位數多二足底亦當二位平立為五平指欹前為四平踉欹後為六側於東南為三側於西南為九欹於東

一掌金[1]

右圖以九數置於左手，各指各分三行，備列九數。從大指起爲百，二指爲十，以次挨下。用時於袖中用左右兩手，五指各相配合，對照每指上定數，一、二、三右指尖在左指左旁，四、五、六右指尖在左指中行，七、八、九右指尖在左指右旁，五指皆同。如遇位數多，二足底亦當二位，平立爲五，平指欹前爲四，平跟欹後爲六，側於東南爲三，側於西南爲九，欹於東

1 一掌金，見《算法統宗》卷十七。這是用手掌記數，並與心算相配合的一種算法。以五指定位，拇指爲百，食指爲十，以次挨下。每指分作左、中、右三行，左行定三、二、一，中行定四、五、六，右行定九、八、七。計算時，用右手五指相互配合，以右指尖指出左指所記之數。如計算結果爲三百一十五，用右手大拇指尖指在左手大拇指左上位置，表示三百；右手食指尖指在左手食指左下位置，表示一十；右手食指尖定指在手中指居中位置，表示五。若位數多於五位，也可以用雙足底當兩位來使用。

北為一畝於西北為七畝東為二畝西為八須熟讀暗記乃不誤用

觧義手上定位只㸔前寅卯辰巳等十二位分萬千百十等位歸乘為便此圖每指各列九數左手五指止于五位不足又以尺益法過繁碎此小術無用

筭海説詳第一卷終

北爲一，欹於西北爲七，欹東爲二，欹西爲八，須熟讀暗記，乃不誤用。

【解義】手上定位，只炤前寅、卯、辰、巳等十二位，分萬、千、百、十等位，歸乘爲便[1]。此圖每指各列九數，左手五指止于五位，不足又以足益。法過繁碎，此小術無用。

筭海説詳第一卷終

1 即前文“掌上定位”法。

筭海說詳第二卷

白下隐吏古齊陽丘瞻足軒強恕居士李長茂拙翁甫輯著

軓區章

此章條田疇之形狀極積實之推尋廣縱截割互明折併减增各異以互容較其分數以毫釐分其細微區畝詳盡斯篇諸法由此原本

丈量田畝總歌

方田自乘積步明　直田長闊以相乘　圓田乘求有便法
周徑各半遞其中　徑乘七五乘再加　三因四歸法一同
周徑相乘四歸得　乘歸同法碗丘名　環田內外周相併
折半乘以徑步行　弧矢弦長加矢步　折半矢乘積實呈

筭海説詳第二卷

白下隐吏古齊陽丘睡足軒強恕居士李長茂拙翁甫輯著

軌區章[1]

此章備田疇之形狀，極積實之推尋。廣縱截割互明，折併減增各異。以互容較其分數，以毫釐分其細微。區畆詳盡斯篇，諸法由此原本。

丈量田畆總歌[2]

方田自乘積步明　直田長濶以相乘　圓田乘求有便法
周徑各半適其中　徑乘七五乘再加　三因四歸法一同
周徑相乘四歸得[3]　乘歸同法碗丘名[4]　環田内外周相併
折半乘以徑步行[5]　弧矢弦長加矢步　折半矢乘積實呈[6]

---

1 本章包括《算法統宗》卷三“方田”、卷七“分田截積”兩卷，及卷六“少廣”中的“長闊相和”、“長闊相差”、“平圓”，卷十二“勾股”中的“勾股容方容圓”等内容。

2 《算法統宗》卷三“方田章”有“丈量田地總歌”八句、“又歌”二十六句。其“丈量田地總歌”云：

> 古者量田較濶長，全憑繩尺以牽量。一形雖有一般法，惟有方田法易詳。
> 若見喎斜併凹曲，直須俾補取其方。却將乘實爲田積，二四除之畆數明。

“又歌”云：

> 方自乘之積步明，直田長闊互相乘。勾股圭梭乘折半，圓田周徑折半乘。
> 周自乘之十二約，徑自乘之七五乘。周徑相乘四歸是，碗田丘田同上乘。
> 環田内外周相併，折半須將徑步乘。梯斜兩頭相併折，長乘便見積分明。
> 三廣倍中加二濶，四歸得步以長乘。弧矢弦長併矢步，半之又用矢相乘。
> 牛角眉田長步併，折半還將半徑乘。二不等併東西步，折半仍將濶步乘。
> 蛇船三闊同相併，三歸得步以長乘。四不等田分兩段，一爲勾股一斜形。
> 田形不一須推類，二四除之畆數明。

《筭海説詳》此歌係據《算法統宗》“又歌”改編。

3 以上五句爲圓田求積，已知圓田徑 d 、周 C ，圓田積：

$$S=\frac{d}{2}\cdot\frac{C}{2}=\frac{dC}{4}$$

$$S=0.75\,d^2=\frac{3}{4}d^2$$

《算法統宗》另有“周自乘之十二約”，即以周求徑法：

$$S=\frac{C^2}{12}$$

4 《算法統宗》作“碗田丘田同上乘”。碗田，“碗”又作“宛”，始見於《九章算術》方田章，求積術爲“以徑乘周，四而一”。丘田，始見於《五曹算經》卷一，求積術同碗田。一般認爲，碗田即形如圓碗内曲面的凹面田，丘田即形如圓丘的凸面田。

5 環田，即兩同心圓之間的部分。設外周爲 C_1 ，内周爲 C_2 ，環徑爲 d ，求積公式爲：

$$S=\frac{C_1+C_2}{2}\cdot d$$

6 弧矢田，即弓形田。設弦長爲 c 、矢闊爲 v ，其求積公式爲：

$$S=\frac{c+v}{2}\cdot v$$

該公式出自《九章算術》方田章，爲近似公式。

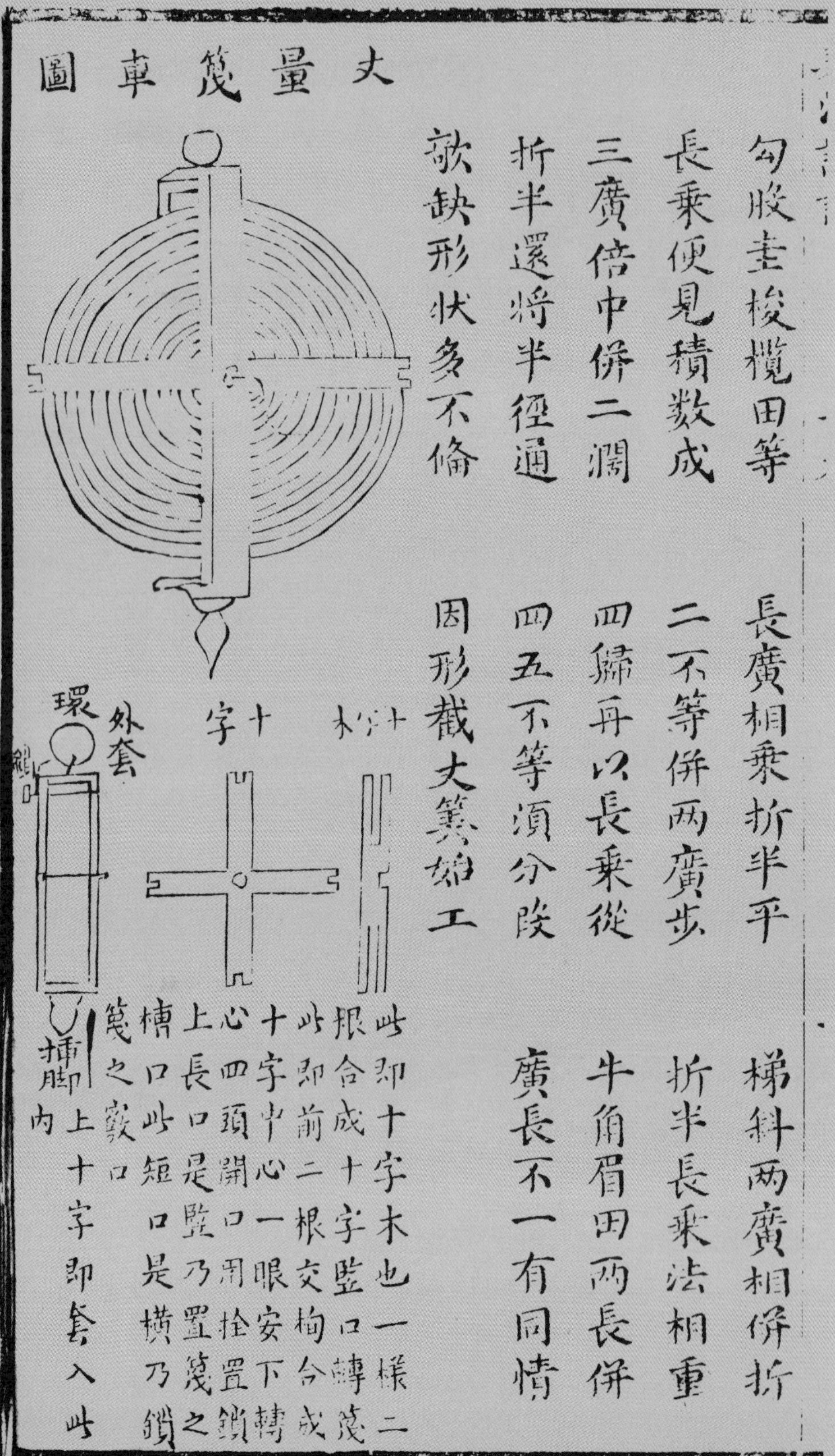

丈量篾車圖

勾股圭梭欖田等
長廣相乘折半平
梯斜兩廣相併折
長乘便見積数成
二不等併兩廣步
折半長乘法相重
三廣倍中併二闊
四歸再以長乘從
牛角眉田兩長併
折半還將半徑通
四五不等須分段
廣長不一有同情
歃缺形狀多不倫
因形截丈箕始工

此即十字木也一樣二
根合成十字監口轉篾
此即前二根交构合成
十字中心一眼安下轉
心四頭開口用拴置鎖
上長口是豎乃置篾之
槽口此短口是横乃鎖
篾之數口
上十字即套入此
内

勾股圭梭欖田等　長廣相乘折半平[1]　梯斜兩廣相併折
長乘便見積數成[2]　二不等併兩廣步　折半長乘法相重[3]
三廣倍中併二濶　四歸再以長乘從[4]　牛角眉田兩長併
折半還將半徑通[5]　四五不等須分段　廣長不一有同情[6]
欹缺形狀多不備　因形截丈筭始工

丈量篋車圖[7]

十字木　此即十字木也，一樣二根，合成十字，豎口轉篋。

十字　此即前二根交構合成十字，中心一眼，安下轉心，四頭開口，用拴置鎖上。長口是豎，乃置篋之槽口；此短口是横，乃鎖篋之竅口。

外套　上十字即套入此内。

---

1 勾股田，即直角三角形。圭田，即等腰三角形。梭田，即菱形。三者皆以長闊相乘折半求積。欖田，即橄欖形田，中分即兩弧矢田。求積以長加半闊，乘半闊，與上述三者不同，详本卷後文。

2 梯田，即等腰梯形。斜田，即直角梯形。

3 《算法統宗》作“二不等併東西步，折半仍將濶步乘”。二不等田，見《九章比類》卷一，實爲直角梯形，東西廣平行，長即梯形高。

4 三廣田，爲兩個等高且有共同底的等腰梯形構成的圖形。詳見本卷“三廣田形圖”。設三廣田中闊爲 a 、上下兩闊爲 b 、c ，中長爲 h ，則積：

$$S = \frac{(2a + b + c)}{4} \cdot h$$

5 眉田，如新月形，狀似眉毛。牛角田，爲眉田之半，狀似牛角。詳見本卷“眉形田積圖”、“牛角田圖”。

6 四不等、五不等田，無直接計算公式，須截割後分段計算。見本卷“長闊四不等圖”、“五步等分四角、三角圖”等。

7 此圖即《算法統宗》卷三“新制丈量步車圖”，該丈量步車爲程大位所創，類似於捲尺，用於丈量田畝。

[illegible]法擇嫩竹節平直者作篾接頭處用銅絲札住篾上寫明步尺字樣用明油油之却用前車疏貯卓外套似無盖底小墨匣内空僅容十字轉動下底鑿一區眼後高前低出篾頂上釘環以便抬運下釘尖脚以便插立内十字木各長一尺三寸方九分四頭監開長槽口四道濶三分長四寸貯轉竹篾橫開四小口用拴置鎖每出篾丈量引篾到界篾車内遇其頭小口湊着外套鎖眼即用拴拴之置鎖十字中心鑿方眼安三折曲尺樣轉心一根外套中心鑿圓孔以便攪轉猶同紡車之形用則由底眼出篾丈量用完則轉心攪回車内

求畝法○丈量之法以五尺為一步乃長濶計方五尺積方二十五尺為一步步下五寸為一分一尺為二分一寸為二釐積步開畝二四歸除

[右][1]法：擇嫩竹節平直者作篾[2]，接頭處用銅絲札住，篾上寫明步尺字樣[3]，用明油油之。却用前車盛貯，車外套似無蓋底小墨匣，内空，僅容十字轉動，下底鑿一匾眼，後高前低出篾。頂上釘環，以便抬運，下釘尖脚，以便插立。内十字木各長一尺三寸，方九分。四頭竪開長槽口四道，濶三分，長四寸，貯轉竹篾；横開四小口，用拴置鎖。每出篾丈量，引篾到界，篾車内遇某頭小口湊着外套鎖眼，即用拴拴之置鎖。十字中心鑿方眼，安三折曲尺樣轉心一根，外套中心鑿圓孔，以便攪轉，猶同紡車之形。用則由底眼出篾丈量，用完則轉心攪回車内。

求畝法〇丈量之法，以五尺爲一步，乃長濶計方五尺，積方二十五尺爲一步。步下五寸爲一分，一尺爲二分，一寸爲二厘[4]。積步問畝，二四歸除；

---

1 右，底本殘損，據文意補。

2 《算法統宗》作“其篾擇嫩竹，竹節平直者”，此句似脱一“竹”字。

3 《算法統宗》云：“篾上逐寸寫字，每寸爲二厘，二寸爲四，三寸爲六，四寸爲八，不必‘厘’字。五寸爲一分，自一分至九分，俱用‘分’字。五尺爲一步，依次而增，至三十步以上，或四十步以下可止。”

4 此處給出兩種單位制：

1 步 = 10 分 = 100 厘

1 步 = 5 尺 = 50 寸

故：5 寸 = 1 分，1 尺 = 2 分，1 寸 = 2 厘。

畝問積步二四因乘

解義 數以十為準因一步止五尺故一尺作二分一寸作二厘分五尺共作十分以便因歸定位問畝二四歸除此正法也又有飛歸法或用四歸二歸兩次歸法求之問積用飛還法總不外二四歸除之意并列于後

飛歸法曰一作五下除二見一無除作四隔位生四進一除二四見二無除作八隔位生八進二除四八進三除七二進四除九六 以上積步問畝

飛還法曰一退二四二退四八三退七二四退九六五留一二六留一四四七留一六八八留一九二九留二一六 以上畝問積步

解義 一作五下除二即二一添作五五四下位除二也一無除隔位生四即二一添作五無除借一下還二四四除一十六下位除二隔位還四也進一除二四即逢二進一下一四隔位除四也見二無除作八隔位生八即見二無除作九二無除借一下還二本位留八下位作四四八除三十二下位除三又去一隔位還八也進二除四八即逢四進二十二四除八也進三除七二即逢六進三十三四

畝問積步，二四因乘[1]。

【解義】數以十爲準，因一步止五尺，故一尺作二分，一寸作二厘，合五尺共作十分，以便因歸定位。問畝二四歸除，此正法也。又有飛歸法，或用四歸二歸兩次歸法求之。問積用飛還法，總不外二四歸除之意，并列于後。

飛歸法曰：一作五下除二；見一無除作四，隔位生四。進一除二四；見二無除作八，隔位生八。進二除四八，進三除七二，進四除九六。以上積步問畝。

飛還法曰：一退二四，二退四八，三退七二，四退九六，五留一二，六留一四四，七留一六八，八留一九二，九留二一六[2]。以上畝問積步。

【解義】一作五下除二，即二一添作五，五四下位除二也。一無除隔位生四，即二一添作五，無除借一，下還二，四四除一十六，下位除二，隔位還四也。進一除二四，即逢二進一十，一四隔位除四也。見二無除作八，隔位生八，即見二無除作九二，無除借一，下還二，本位留八，下位作四，四八除三十二，下位除三，又去一，隔位還八也。進二除四八，即逢四進二十，二四除八也。進三除七二，即逢六進三十，三四

---

1 求畝法，見《算法統宗》卷三“丈量田地總歌”後。1 畝 = 240 平方步，步求畝，以 240 乘；畝求步，以 240 除。

2 飛歸法與飛還法，是珠算兩位數乘除法。以步求畝，用飛歸；以畝求步，用飛還。《算法統宗》未載。今以具體算題予以説明。今有田四十四萬三千五百五十六步，用飛歸求畝若干？（原題見於方中通《數度衍》卷十五，華印椿《中國珠算史稿》第 259－260 頁引录）運算過程如表 2－1 所示：

表 2－1

	①	②	③	④	⑤	⑥	
	4	4	3	5	5	6	
1	2	0	3	5	5	6	①位 4，②位 4，呼“進一除二四”。進 1 於前位；①位 4 減 2 作 2，②位 4 減 4 作 0。
1	8	1	1	5	5	6	①位 2，②位 0，呼“見二無除作八，隔位生八”。①位 2 作 8，③位 3 加 8 成 11，進 1 於②位，③位作 1。
1	8	4	1	9	5	6	②位 1，③位 1，呼“見一無除作四，隔位生四”。②位作 4，④位 5 加 4 作 9。
1	8	4	5	7	5	6	③位 1，④位 9，呼“一作五下除二”。③位作 5，④位減 2 餘 7。
1	8	4	8	0	3	6	④位 7，⑤位 5，呼“進三除七二”。③位 5 加 3 作 8，④位 7 減 7 作 0，⑤位 5 減 2 作 3。
1	8	4	8	1	1	2	⑤位 3，⑥位 6，呼“進一除二四”。進 1 於④位，⑤位 3 減 2 作 1，⑥位 6 減 4 作 2。
1	8	4	8	1	5	0	⑤位 1，⑥位 2，呼“一作五下除二”。⑤位 1 作 5，⑥位 2 減 2 作 0。
							得 18481. 5 畝

若用飛還法還原，運算過程如表 2－2 所示：

表 2－2

①	②	③	④	⑤	⑥	⑦	
1	8	4	8	1	5		
1	8	4	8	1	1	2	⑥位 5，呼“五留一二”。⑦位作 2，⑥位作 1，
1	8	4	8	0	3	6	⑤位 1，呼“一退二四”。⑦位 2 加 4 作 6，⑥位 1 加 2 作 3，⑤位作 0。
1	8	4	1	9	5	6	④位 8，呼“八留一九二”。⑥位 3 加 2 作 5，⑤位 0 加 9 作 9，④位作 1。
1	8	1	1	5	5	6	③位 4，呼“四退九六”。⑤位 9 加 6 成 15，本位作 5，進 1 於④位；④位 1 加 9 加進 1 成 11，本位作 1，進 1 於③位；③位作 0，加進 1 作 1。
1	2	0	3	5	5	6	②位 8，呼“八留一九二”，④位 1 加 2 作 3；③位 1 加 9 成 10，本位作 0，進 1 於二位；②位作 1，加進 1 作 2。
	4	4	3	5	5	6	①位 1，呼“一退二四”，③位 0 加 4 作 4，②位 2 加 2 作 4，①位空。
							得 443556 步

除一十二下位除六進三于前又除一共七隔位除二也進四除九六即九去八進四十四四除一十六也四是二四歸除之法四歸六歸四六亦是二十四特飛歸法又按二四歸除立為成法変撿直捷耳法雖徑省而數以遞加屢易不如四歸六歸雖歸二次然一子直呼到底簡直了快萬無差誤至飛還法又不如直用二四因乘為爽便無差

方田求積求方面歌○方田積易明○方面自相乘○因積求方面○開方得其平

方田求積

	五十步	
五十步		五十步
	五十步	

今有方田一段四面各五十步問積步及田若干（纏法）

置長五十步以濶五十步乘之得積二千五百步以畆法二四除之得田一畆零四厘一毫六絲六忽　定位法先從原實首位数十钱起順下至钱步止下一位定法首十数逆數陞上至實首位合得二千順下位即是五百也餘皆倣此

積求方面置積二千五百步用開平方法

除一十二，下位除六，進三于前，又除一共七，隔位除二也。進四除九六，即九去八進四十，四四除一十六也。仍是二四歸除之法，四歸六歸，四六亦是二十四，特飛歸法。又按：二四歸除立爲成法，變换直捷耳，法雖徑省，而數以遞加屢易，不如四歸六歸，雖歸二次，然一字直呼到底，簡直了快，萬無差誤。至飛還法，又不如直用二四因乘，爲爽便無差。

方田求積求方面歌○方田積易明○方面自相乘○因積求方面○開方得其平

方田求積

今有方田一段，四面各五十步。問積步及田若干[1]？舊法 置長五十步，以濶五十步乘之，得積二千五百步。以畝法二四除之，得田（一）[十][2]畝零四厘一毫六絲六忽[3]。定位法：先從原實首位數幾十起，順下至幾步止，下一位定法首十數，逆數陞上至實首位，合得二千，順下位即是五百也。餘皆倣此。 積求方面：置積二千五百步，用開平方法

1 此題爲《算法統宗》卷三方田算題。原題“問積稅”，積即積步，稅即畝數。

2 一，順治本作“十”，作“十”是，據改。

3 此題不能除盡，結果當作“十畝零四厘一毫六絲六忽六六不盡”。

除之得（每方五十步）

增法以周求積周自乘以十六除得積解見後方束下

解義方田之積由方面自乘而得故因積求方即將積步以開方法除之此即還源法也無論圓直弧角等形因積求長求濶求弦矢勾股等皆同此定位法從寔首順數至步位止于步下一位定十數如前方田止五十步一位下位是步位再下一位定十逆上至五十原位即于蓋乘法數本上升而位則下減一壁一減湊合本位上當壁起二數如寔首十則乘數為千位寔首百則乘數為萬位但詳寔首數明按數壁起即不必順數至下再逆壁至上可也

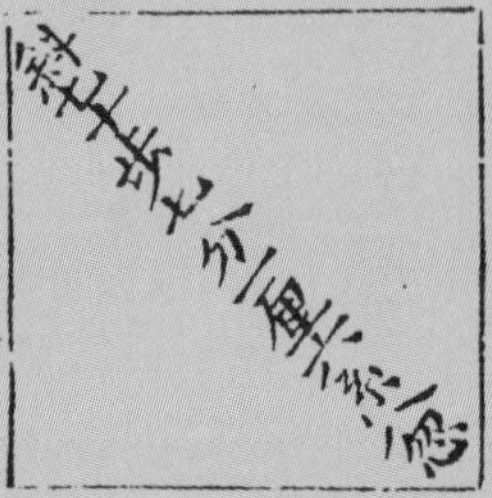

今有方田一段斜長七十步零七分一釐零六絲捌忽問積步若干

增法置斜長七十步零七分一釐零六系八忽自乘得五千步折半得（積二千五百步）

方形斜量

斜七十步零七分一釐零六系八忽

解義方田之斜即勾股之弦斜自乘數內包兩個方自乘數舊法方五十步斜七十步自乘止得四千九百步不足方自乘加倍之數今改正方五十步斜應得七十步零七分一釐零六系七忽不盡以八忽筭者數分不盡截筭作法也解說見後方斜下

除之，得每方五十步。增法以周求積，周自乘，以十六除，得積。解見後“方束”下。

【解義】方田之積，由方面自乘而得。故因積求方，即將積步以開方法除之，此即還源法也。無論圓、直、弧、角等形，因積求長，求濶，求弦、矢、勾、股等，皆同此。定位法，從實首順數，至步位止，于步下一位定十數。如前方田，止五十步一位，下位是步位，再下一位定十，逆上至五十原位，即千。蓋乘法數本上升，而位則下減，一陞一減，凑合本位。上當陞起二數，如實首十，則乘數爲千位；實首百，則乘數爲萬位。但詳實首數明，按數陞起，即不必順數至下，再逆陞至上可也。

方形斜量

今有方田一段，斜長七十步零七分一厘零六絲捌忽。問積步若干[1]？增法置斜長七十步零七分一厘零六絲八忽，自乘得五千步，折半得積二千五百步。

【解義】方田之斜，即勾股之弦。斜自乘數内，包兩個方自乘數。“舊法”方五十步，斜七十步，自乘止得四千九百步，不足方自乘加倍之數，今改正。方五十步，斜應得七十步零七分一厘零六絲七忽不盡[2]。以八忽筭者，數分不盡，截筭作法也。解説見後“方斜”下。

---

1 此題據《算法統宗》卷三“方形斜量”算題改編。原題作“斜七十步”，求得田積二千四百五十步。此處以七十步零入算，以合方五十之數。

2 以勾股法求斜長爲：

$$\sqrt{50^2 + 50^2} \cong 70.71068$$

方田截積

方十五步
截直 八步
截勾股

今有方田四面各十五步從一邊截一直形積三十二步計截濶四步問截長若干

舊法 置截積三十二步為實以濶四步為法除之得 截長八步

如以長問濶即以長除積得濶

舊法 前田從一角斜截勾股形積三十步問截濶即置截積三十步加倍得六十步為實以方面十五步為法除之得 濶四步

解義 方田直田截積易曉截直形則以長得濶以濶得長截勾股圭角芇形則倍積求之因勾股芇田皆本直積折半故亦以倍積還源稊斜芇田皆大小二濶折平求積截此芇形將原積以長乘之得平濶或以小濶問大大濶問小將平濶加減可得

方田截環

五十步
十步

今有方田一坵從四圍截田十畝四面濶各十步問外方内方及原田各若干

增法 置截田十畝以畝法二百四十通之得截積二千四百步以濶十步為法除之得二百四十步内方減退四十步

方田截積

今有方田四面各十五步，從一邊截一直形積三十二步，計截濶四步。問截長若干[1]？舊法置截積三十二步爲實，以濶四步爲法除之，得截長八步。如以長問濶，即以長除積得濶。舊法前田從一角斜截勾股形積三十步，問截濶[2]。即置截積三十步，加倍得六十步爲實，以方面十五步爲法除之，得濶四步。

【解義】方田直田截積易曉，截直形，則以長得濶、以濶得長。截勾股、圭、角等形，則倍積求之，因勾股等田皆本直積折半，故亦以倍積還源。梯斜等田，皆大小二濶折平求積。截此等形，將原積以長乘之，得平濶。或以小濶問大、大濶問小，將平濶加減可得。

方田截環[3]

今有方田一坵，從四圍截田十畆，四面濶各十步。問外方、內方及原田各若干？增法置截田十畆，以畆法二四通之，得截積二千四百步。以濶十步爲法，除之得二百四十步。內方減退四十步，

---

1 此問據《算法統宗》卷七“方内截直”算題改編。

2 此問據《算法統宗》卷七“直截勾股”算題改編。

3 方田截環，即方環。《算法統宗》卷三有方環求積術，云：“方環者，謂如方田中央有方池。方環求積法曰：以（内）［外］方自乘得全積，另以内方自乘得内積，以減全積，餘得方環積。”如圖 2 - 1 所示：

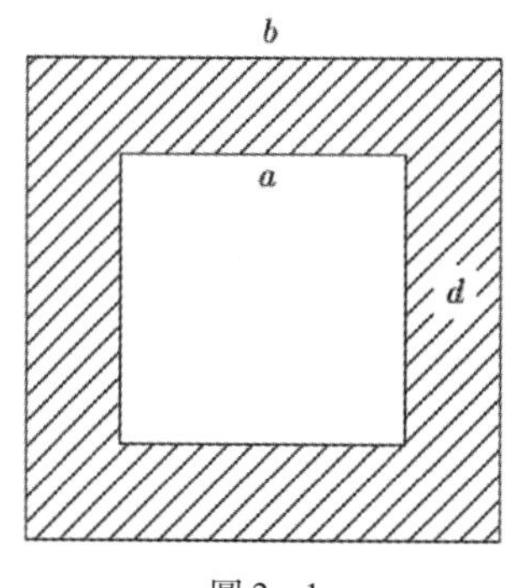

圖 2 - 1

已知内方 a 、外方 b ，方環積：

$$S = b^2 - a^2$$

此外，《算法統宗》又給出另一解法：“以外方併入内方，倍之爲長，以徑濶乘之，得方環積。”設方環徑爲 d ，則方環積：

$$S = 2(a + b) \cdot d$$

《算法統宗》有術無題，以下三題皆《算海説詳》新增。

餘二百歩以四歸之得內方五十步外方加入四十歩得二百八十歩以四歸之

得外方七十步將外方自乘得原田四千九百步除存內方五十歩自乘

二千五百歩計截外圍二千四百步

又方田截環以濶問內方及積法○今有方田外方六十步從四圍截濶

三尺六寸問內方及內外積各若干　增法置方面六十歩四因得外周

二百四十歩另置截濶三尺六寸以每尺二分通之得七分二釐以八因之得五步七分六釐以

減二百四十歩餘二百三十四歩二分四釐以四歸之得內方面五十八步五分六釐自

乘得積三千四百二十九歩二分七釐三毫六絲以二四除之得該田一十四畝二分八釐八

毫六絲四忽另將外周二百四十步併內周二百三十四步二分四釐折半得二百三十七步一分

二釐以七分二釐乘得一百七十步零七分二釐六毫四絲該田七分一釐一毫三絲六忽

餘二百步，以四歸之，得内方五十步；外方加入四十步，得二百八十步，以四歸之，得外方七十步。將外方自乘，得原田四千九百步，除存内方五十步自乘二千五百步，計截外圍二千四百步[1]。

又方田截環以濶問内方及積法〇今有方田，外方六十步，從四圍截濶三尺六寸。問内方及内外積各若干？增法置方面六十步，四因得外周二百四十步。另置截濶三尺六寸，以每尺二分通之，得七分二厘。以八因之，得五步七分六厘。以減二百四十步，餘二百三十四步二分四厘。以四歸之，得内方面五十八步五分六厘。自乘得積三千四百二十九步二分七厘三毫六絲，以二四除之，得該田一十四畝二分八厘八毫六絲四忽。另將外周二百四十步併内周二百三十四步二分四厘，折半得二百三十七步一分二厘。以七分二厘乘，得一百七十步零七分二厘六毫四絲，該田七分一厘一毫三絲六忽[2]。

1　方環積：

$$S = 2(a + b) \cdot d = \frac{4a + 4b}{2} \cdot d$$

又 $b = a + 2d$，代入方環求積公式，得：

$$S = (4a + 4d) \cdot d$$

求得内方：

$$a = \frac{1}{4}\left(\frac{S}{d} - 4d\right) = \frac{1}{4}\left(\frac{2400}{10} - 4 \times 10\right) = 50$$

同理，求得外方：

$$b = \frac{1}{4}\left(\frac{S}{d} + 4d\right) = \frac{1}{4}\left(\frac{2400}{10} - 4 \times 10\right) = 70$$

方環積：

$$S = b^2 - a^2 = 70^2 - 50^2 = 2400$$

2　此題已知外方 b、環徑（截闊）d，求内方等項。先求内方：

$$a = \frac{1}{4}(4b - 8d)$$

再以方環求積公式：

$$S = \frac{4a + 4b}{2} \cdot d$$

求環積。

又方田截環以外方問截濶法（　）今有方田從四圍截一十二畝四分七釐四毫外方七十二步問截濶若干

增法 置截田以二四通之得二千九百九十三步七分六釐為實另將外方四因得外周二百八十八步以每周一步應減四步約十步應減四十步餘二百四十八步除實不盡即約定十二步以四因得四十八步以減外周餘二百四十步以乘十二步得二千八百八十步除實訖餘實一百一十三步七分六釐另將一十二步以八因得九十六步以減外周二百八十八步餘一百九十二步以約餘實再定六分以四因得二步四分以減一百九十二步餘一百八十九步六分以六分乘之得一百一十三步七分六釐除實恰盡得截濶一十二步六分

又法置外方自乘得全積內減截積餘積用開平方法除之得內方併外方折平以除截積得截濶亦得

解義 外周內周每步減八步折平減四步無論截濶若干只四因以減外周即內外周折平數舊方田內方池法無謂令改增

又方田截環以外方問截濶法○今有方田，從四圍截一十二畝四分七厘四毫，外方七十二步。問截濶若干？增法置截田，二四通之，得二千九百九十三步七分六厘爲實。另將外方四因，得外周二百八十八步。以每周一步應減四步，約十步應減四十步，餘二百四十八步[1]，除實不盡。即約定十二步，以四因，得四十八步，以減外周，餘二百四十步，以十二步乘，得二千八百八十步，除實訖，餘實一百一十三步七分六厘。另將一十二步以八因，得九十六步，以減外周二百八十八步，餘一百九十二步。以約餘實，再定六分，以四因，得二步四分，以減一百九十二步，餘一百八十九步六分，以六分乘之，得一百一十三步七分六厘。除實恰盡，得截濶一十二步六分[2]。又法：置外方自乘得全積，内減截積，餘積用開平方法除之，得内方。併外方折平，以除截積，得截濶，亦得。

【解義】外周問内周，每步減八步，折平減四步。無論截濶若干，只四因，以減外周，即内外周折平數。舊方田内方池法無謂[3]，今改增。

---

1 “以每周”句意思爲，環徑 1 步，則環田周較外方周少 4 步。若環徑約 10 步，則少 40 步，得環周爲 288-40 =248 步。因環田周 C 等於内外周（C_1、C_2）折平：

$$C = \frac{C_1 + C_2}{2} = \frac{4a + 4b}{2}$$

又 $a = b - 2d$，故得：

$$C = 4b - 4d = C_2 - 4d$$

故環田徑 d=1 步，環田周較外方周少 4 步。

2 此題已知方環積 S、外方 b，求環徑（截闊）d。據題意列：

$$(b - d)d = \frac{1}{4}S$$

用減縱開方法求之爲正法。此處係用試商法求。環田周：

$$C = C_2 - 4d = 288 - 4d$$

若環徑 $d' = 10$，得環周 $C' = 248$，則環積：

$$S' = C' \cdot d' = 248 \times 10 = 2480$$

不足原環積 2993.76 之數。再約環徑 $d' = 12$，環周 $C' = 240$，則環積：

$$S' = C' \cdot d' = 240 \times 12 = 2880$$

仍不足原環積，差積：

$$S'' = S - S' = 2993.76 - 2880 = 113.76$$

如圖 2-2，將原方環截作 A、B 兩個方環，A 環徑 d'=12，環積 S'=2880，外周 C_1=288，求得 A 環内周：

$$C_1' = C_1 - 8d' = 192$$

餘下 B 環積 S''=113.76，外周即 A 環内周 C_1'=192，求 B 環徑 d''。列：

$$S'' = (C_1' - 4d'') \cdot d''$$

$$113.76 = (192 - 4d'')d''$$

約 d''=0.6，除積恰盡。得原方環徑：

$$d = d' + d'' = 12.6$$

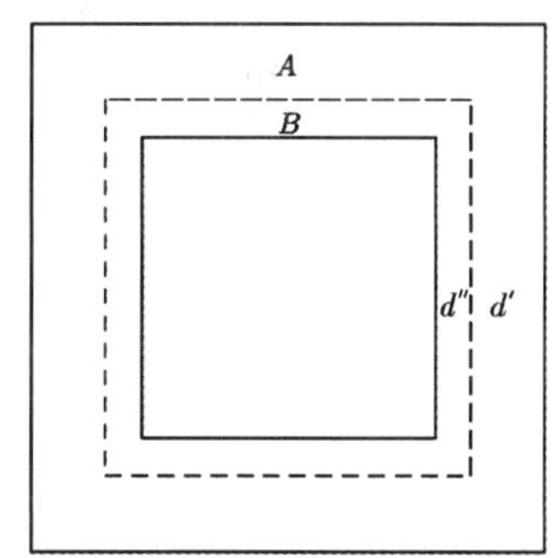

圖 2-2

3 見《算法統宗》卷三“平方環積之圖”。

方内截圓

徑四十步

徑四十步

徑五十步

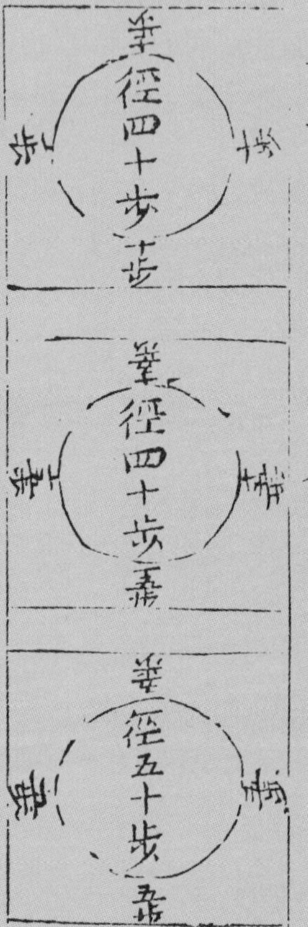

今有方田一段從中心截一圓田作塘塘外四面濶各十步方周比圓周二倍問外方圓徑及内外田各若干

增法置兩面外方内餘濶二十步倍之得内徑四十步加外濶二十步得外方面六十步内圓徑四十步自乘得一千六百步三因四歸得内圓積一千二百步外方六十步自乘得共田積三千六百步除内圓一千二百步得餘方積二千四百步

增法圓外濶各十五步方周比圓周兩倍除四十步問方徑田　置兩面濶共三十步倍之得六十步另置餘四十步折半得二十步以減倍濶六十步得内圓徑四十步加兩濶三十步得外方面七十步照上除内圓積得餘方積

增法圓外各濶五步方周比圓

方内截圓[1]

今有方田一段，從中心截一圓田作塘，塘外四面濶各十步，方周比圓周二倍。問外方、圓徑及内外田各若干？增法置兩面外方内餘濶二十步，倍之得内徑四十步。加外濶二十步，得外方面六十步。内圓徑四十步自乘，得一千六百步，三因四歸，得内圓積一千二百步。外方六十步自乘，得共田積三千六百步。除内圓一千二百步，得餘方積二千四百步[2]。增法 圓外濶各十五步，方周比圓周兩倍餘四十步。問方、徑、田。 置兩面濶共三十步，倍之得六十步。另置餘四十步，折半得二十步，以減倍濶六十步，得内圓徑四十步。加兩濶三十步，得外方面七十步。照上除内圓積，得餘方積[3]。增法 圓外各濶五步，方周比圓

---

1 《算法統宗》卷三有"方内容圓圓内減圓爲圓環圖"，云："方田中央内減圓池，即是火爐形也。故不重述。"火爐形，《九章比類》卷一作"火塘田"，即此方内截圓之形。以下算題，皆係《算海説詳》新增。

2 如圖 2－3，已知截田闊 h，方周爲圓周二倍：$C_2 = 2C_1$，求外方 a、圓徑 d 等項。由 $C_2 = 2C_1$ 得（圓周率取 3，下同）：

$$4a = 6d$$

又 $a = d + 2h$，則圓徑：

$$d = 4h = 4 \times 10 = 40$$

外方：

$$a = d + 2h = 40 + 20 = 60$$

依次可求方積、圓積、方内截圓積。

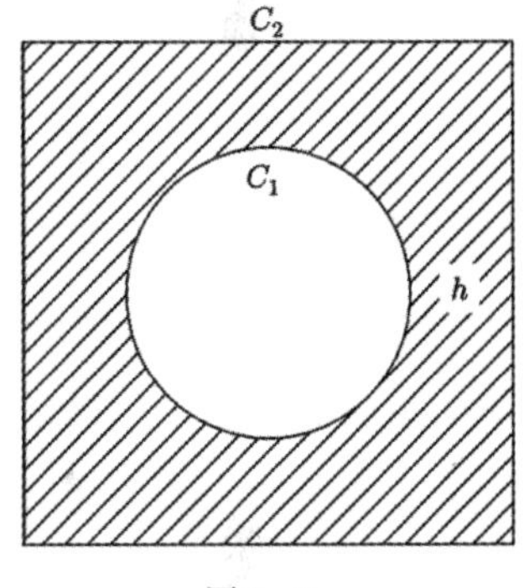

圖 2－3

3 此係已知截田闊 h，方周爲圓周二倍有餘：$C_2 = 2C_1 + t$，求外方、圓徑等項。由題意得：

$$4a = 6d + t$$

求得圓徑：

$$d = 4h - \frac{t}{2} = 4 \times 15 - \frac{40}{2} = 40$$

外方：

$$a = d + 2h = 40 + 2 \times 15 = 70$$

周兩倍不足六十步闊方徑田　置兩面濶共十步加倍得二十步另置不足六十步折半得三十步加入倍濶二十步得內圓徑五十步加兩面濶十步得外方面六十步照上除內圓積得餘方積

方內除圓

徑一百零九步
五分
徑十七步三分
五厘
徑九步三分三厘
三分七厘

今有方田一段從中心截作圓塘餘外四面各濶五分方周比圓周兩倍不足二百一十四步問外方內徑及內外田各若干

增法　置兩面濶共一步加倍得二步另置不足二百一十四步折半得一百零七步加入倍濶二步得內圓徑一百零九步加入兩面濶一步得外方面一百一十步內徑自乘得一萬一千八百八十一步三因四歸得圓塘積八千九百十步零七分五厘外方自乘得共一萬二千一

周兩倍不足六十步。問方、徑、田。 置兩面濶共十步，加倍得二十步。另置不足六十步，折半得三十步，加入倍濶二十步，得内圓徑五十步。加兩面濶十步，得外方面六十步。照上除内圓積，得餘方積[1]。

方内除圓[2]

今有方田一段，從中心截作圓塘，餘外四面各濶五分，方周比圓周兩倍不足二百一十四步。問外方、内徑及内外田各若干？ 增法 置兩面濶共一步，加倍得二步。另置不足二百一十四步，折半得一百零七步。加入倍濶二步，得内圓徑一百零九步。加入兩面濶一步，得外方面一百一十步。内徑自乘，得一萬一千八百八十一步，三因四歸，得圓塘積八千九百十步零七分五厘。外方自乘，得共一萬二千一

---

1 此係已知截田闊 h，方周爲圓周二倍不足：$C_2 = 2C_1 - t$，求外方、圓徑等項。由題意得：

$$4a = 6d - t$$

求得圓徑：

$$d = 4h + \frac{t}{2} = 4 \times 5 + \frac{60}{2} = 50$$

外方：

$$a = d + 2h = 50 + 2 \times 5 = 60$$

2 方内除圓，解法同前“方内截圓”。以下各問，皆《算海説詳》新增。

百步除內圓得外餘方積三千一百八十九步零二分五厘　增法　圓外濶各五厘方周比圓周多一十七步六分問方徑田　置两面濶共一分以四因之得四分以減多一十七步六分得內圓徑一十七步二分加两濶一分得外方面一十七步三分照上法得積　增法　塘外各濶三分七厘方周比圓周多一十二步一分九厘問方徑田　置两面濶共七分四厘以四因之得二步九分六厘以減多一十二步一分九厘得內圓徑九步二分三厘加两濶七分四厘得外方面九步九分七厘照上法除得積

解義　凡方內除圓內圓徑以圓外餘濶二倍則外方周適得內圓周二倍首法正方周得圓周二倍故第二倍濶得內圓徑若方周比圓周出二倍之外必方濶較圓徑有溢于半倍之外或二倍不足若于即方濶較圓徑不足于半倍之數故即餘數不足數加減濶数乃得圓徑数共濶数必加倍者因本外方周比內圓周二倍故法綫須加倍以合之也餘不足數必折半者方周四分圓周三分是方周比

百步。除内圓，得外餘方積三千一百八十九步零二分五厘[1]。增法 圓外濶各五厘，方周比圓周多一十七步六分。問方、徑、田。 置兩面濶共一分，以四因之，得四分。以減多一十七步六分，得内圓徑一十七步二分。加兩濶一分，得外方面一十七步三分[2]。照上法得積。增法 塘外各濶三分七厘，方周比圓周多一十二步一分九厘。問方、徑、田。置兩面濶共七分四厘，以四因之，得二步九分六厘。以減多一十二步一分九厘，得内圓徑九步二分三厘。加兩濶七分四厘，得外方面九步九分七厘[3]。照上法除得積。

【解義】凡方内除圓，内圓徑比圓外餘濶二倍，則外方周適得内圓周二倍。首法正方周得圓周二倍，故第倍濶得内圓徑。若方周比圓周出二倍之外，必方濶較圓徑有溢于半倍之外；或二倍不足若干，即方濶較圓徑不足于半倍之數，故即餘數不足數加減濶數，乃得圓徑數。其濶數必加倍者，因本外方周比内圓周二倍立法，故須加倍以合之也。餘不足數必折半者，方周四分，圓周三分，是方周比

1 此同前“方内截圓”第三問。如圖 2-4，已知截濶（圓外餘濶）h，方周比圓周二倍不足 t，即：$C_2 = 2C_1 - t$，求外方 a、圓徑 d 等項。解得：

$$d = 4h + \frac{t}{2} = 4 \times 0.5 + \frac{214}{2} = 109$$

$$a = d + 2h = 109 + 2 \times 0.5 = 110$$

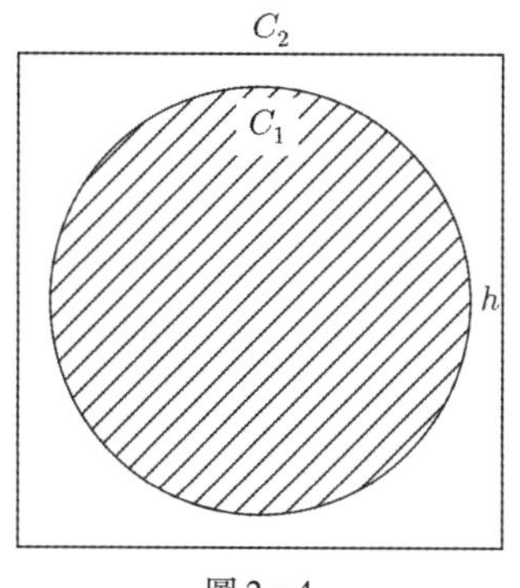

圖 2-4

2 此已知 h、$C_2 = C_1 + t$，求 a、d 等項。解法如下，據題意得：

$$4a = 3d + t$$

又 $a = d + 2h$，求得圓徑：

$$d = t - 8h = 17.6 - 8 \times 0.05 = 17.2$$

外方：

$$a = d + 2h = 17.2 + 2 \times 0.05 = 17.3$$

3 此問解法同前問。已知 h、$C_2 = C_1 + t$，解得：

$$d = t - 8h = 12.19 - 8 \times 0.37 = 9.23$$

$$a = d + 2h = 9.23 + 2 \times 0.37 = 9.97$$

圓周多一分方周加倍比圓周便多二分餘出之數與不足之數皆是二倍故必折半始合本數也末二法不用將餘濶加倍亦不用以圓周二倍較量昔乃即以方周多圓周之本數求也方周本數四分多圓周一分其多出之數除去分外多數止存淨多一分之數故四因濶多之數以減周多之數餘將徑數也濶多前法用加倍合圓周二倍之法也此用四因者合方面四面之因也二法總一理因內圓數少外周數過多故加倍求之外周多內周數無幾遠不足圓周两倍之數故只以本數求之其寔二法可互用也

方圜求積

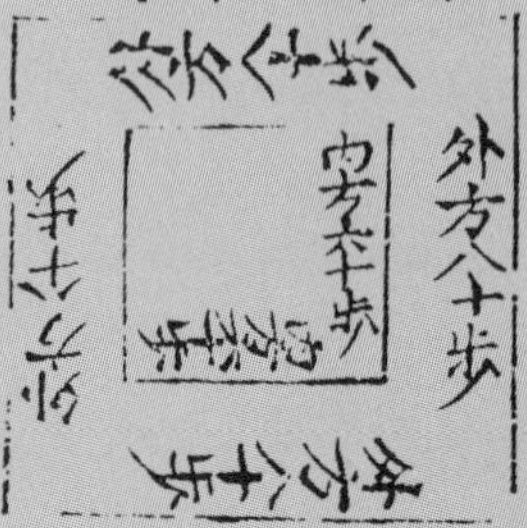

外方八十步
內方六十步

今有方圜田一段外方八十步內方六十步濶十步問積田若干

舊法置外方八十步內方六十步併之共一百四十步折半得七十步以四因之得二百八十步為實以濶十步因之得積二千八百步以畝法二四通之得田一十一畝六分六釐六毫六六不盡

直田求積求長濶歌○直田長濶不相同○長濶相乘積數成○積濶問長濶除積○問濶長除濶亦明

圓周多一分，方周加倍比圓周便多二分，餘出之數與不足之數，皆是二倍，故必折半，始合本數也。末二法不用將餘濶加倍，亦不用以圓周二倍較量者，乃即以方周多圓周之本數求也。方周本數四分，多圓周一分，其多出之數除去分外多數，止存净多一分之數，故四因濶多之數，以減周多之數，餘得徑數也。濶多前法用加倍，合圓周二倍之法也，此用四因者，合方面四面之因也。二法總一理，因内圓數少，外周數過多，故加倍求之；外周多内周數無幾，遠不足圓周兩倍之數，故只以本數求之。其實二法可互用也。

方圜求積[1]

今有方圜田一段，外方八十步，内方六十步，濶十步。問積田若干？舊法置外方八十步、内方六十步，併之共一百四十步。折半得七十步，以四因之，得二百八十步爲實。以濶十步因之，得積二千八百步。以畝法二四通之，得田一十一畝六分六厘六毫六六不盡。

直田求積求長濶歌○直田長濶不相同○長濶相乘積數成○積濶問長濶除積○問濶長除濶亦明[2]

---

1 方環求積，見《算法統宗》卷三“平方環積之圖”，即方田截環。詳本卷“方田截環”注釋。

2 此歌訣不見於《算法統宗》。直田，即長方田。設闊 a 、長 b ，直田積爲：

$$S = ab$$

今有直田一段長六十步濶三十二步問積步及田若干
舊法置長六十步以濶三十二步乘之得積一千九百二十步以畆法二百四十除之得田八畆 若問長以濶除積得長問濶以長除積得濶

直田問積

長六十步
濶卅二步
長六十步
濶卅二步

今有直田一段只云斜長六十八步長多濶二十八步問積步若干

斜問積

長多濶二十八步
斜六十八步

舊法置斜長六十八步自乘得四千六百二十四步另以長多濶二十八步自乘得七百八十四步以減斜積餘三千八百四十步折半得積一千九百二十步

解義 斜問積以長多濶步自乘減斜自乘折半合積者長濶相乘得原積斜自乘數內包一個長自乘一個濶自乘數共長自乘三千六百步較原積多一個二十八步乘六十步訣積一千六百八十步濶自乘一千零二十四步較原積少一個二十八步乘三十二步訣積八百九十六步以長自乘內多二十八乘六十八步數內除二十八乘三十二數補濶自乘不足之數合成兩個原積數止餘一個二

直田問積

今有直田一段，長六十步，濶三十二步。問積步及田若干[1]？舊法置長六十步，以濶三十二步乘之，得積一千九百二十步。以畝法二四除之，得田八畝。若問長，以濶除積得長；問濶，以長除積得濶。

斜問積

今有直田一段，只云斜長六十八步，長多濶二十八步。問積步若干[2]？舊法置斜長六十八步，自乘得四千六百二十四步。另以長多濶二十八步自乘，得七百八十四步。以減斜積，餘三千八百四十步，折半得積一千九百二十步[3]。

【解義】斜問積，以長多濶步自乘減斜自乘，折半合積者。長濶相乘得原積，斜自乘數内包一個長自乘、一個濶自乘數。其長自乘三千六百步，較原積多一個二十八步乘六十步，該積一千六百八十步；濶自乘一千零二十四步，較原積少一個二十八步乘三十二步，該積八百九十六步。以長自乘内多二十八乘六十步數内，除二十八乘三十二數，補濶自乘不足之數，合成兩個原積數，止餘一個二

---

1 題見《算法統宗》卷三“直田”下。

2 題見《算法統宗》卷三“直如勾股相差”下。

3 此已知直田斜長 c 、長闊差（$b-a$），求積。解法如下：

$$S=\frac{c^2-(b-a)^2}{2}$$

十八乘二十八自乘之數故以多步自乘減斜自乘數折半得合原積也

難題問積歌○三十八萬四千步正長端的無差誤六絲二忽五微濶不知共該多少畝

舊法置長三十八萬四千步為實以濶六系二忽五微為法乘之得積二百四十步以畝法二百四十除之得田一畝

解義此即以長乘濶求直田法無異也第加縱太長縮廣太細以起人着忍耳

難題問長濶歌○直田七畝半長濶爭一半今特問高明此法如何算

舊法置田七畝五分以畝法二四通之得積一千八百步折半得九百步用開方法除之得濶三十步再加一倍得長六十步

解義因長是濶兩倍將積折半便是長一半與濶相同之方積故用開平方法除之得濶再加倍得長也

難題濶斜和問積歌○昨日丈量田地回記得長步整三十廣斜相併五

十八乘二十八自乘之數。故以多步自乘減斜自乘數，折半，得合原積也。

難題·問積歌〇三十八萬四千步，正長端的無差誤。六絲二忽五微濶，不知共該多少畆[1]？舊法置長三十八萬四千步爲實，以濶六絲二忽五微爲法乘之，得積二百四十步。以畆法二四除之，得田一畆。

【解義】此即以長乘濶求直田法，無異也。第加縱太長，縮廣太細，以起人着思耳。

難題·問長濶歌〇直田七畆半，長濶争一半。今特問高明，此法如何筭[2]？舊法置田七畆五分，以畆法二四通之，得積一千八百步，折半得九百步。用開方法除之，得濶三十步。再加一倍，得長六十步。

【解義】因長是濶兩倍，將積折半，便是長一半與濶相同之方積。故用開平方法除之得濶，再加倍得長也。

難題·濶斜和問積歌〇昨日丈量田地回，記得長步整三十。廣斜相併五

---

1 此難題爲《算法統宗》卷十三“難題方田一”第二題。已知直田長、闊，問直田積。

2 此難題爲《算法統宗》卷十五“難題少廣四”第一題，原歌六句。首句下有“忘了長和短，記得立契時”兩句，《算海説詳》以其無關題旨，刪去。此已知直田積 S，闊爲長一半：$b = 2a$，求長闊。

由題意得：

$$S = ab = a \cdot 2a$$

求得闊：

$$a = \sqrt{\frac{S}{2}} = \sqrt{\frac{1800}{2}} = 30$$

加倍得長。

十步不知幾畝及分釐 舊法置廣斜相併五十步自乘得二千五百步另以長三十步自乘得九百步以少減多餘一千六百步折半得八百步為實以廣斜五十步為法除之得闊一十六步以乘長三十步得積四百八十步以畝法二四除之得田二畝

解義此即勾弦和求勾法解見勾股章

雜題長闊差步問長闊西江月○假有披地一段中間一賣安塋總皆一畝二分平更有八釐相應只要縱多二堵每堵八尺無零築墻還日僱工與幾許封堆可定此言有地一段計一畝二分八釐周圍築墻每堵八尺長比闊多墻二堵問長闊各若干墻若干堵

舊法置田一畝二分八釐以畝法二四通之得積三百零七步二分為實另置縱多墻二堵以八尺乘之得一十六尺以步法五尺歸之得三步二分為縱方以開平方帶縱法

十步，不知幾畝及分釐[1]？舊法置廣斜相併五十步，自乘得二千五百步；另以長三十步自乘，得九百步。以少減多，餘一千六百步，折半得八百步爲實。以廣斜五十步爲法除之，得濶一十六步。以乘長三十步，得積四百八十步。以畝法二四除之，得田二畝。

【解義】此即勾弦和求勾法，解見“勾股章”。

難題·長濶差步問長濶·西江月○假有坡地一段，中間一賣安茔。總皆一畝二分平，更有八厘相應。只要縱多二堵，每堵八尺無零。築墻選日僱工興，幾許封堆可定[2]？此言有地一段，計一畝二分八厘。周圍築墻，每堵八尺，長比濶多墻二堵。問長濶各若干，墻若干堵。舊法置田一畝二分八厘，以畝法二四通之，得積三百零七步二分爲實。另置縱多墻二堵，以八尺乘之，得一十六尺，以步法五尺歸之，得三步二分爲縱方。以開平方帶縱法

---

1 此難題爲《算法統宗》卷十三“難題方田一”第一題。此已知直田長 b、斜與闊和（$a+c$），求直田積。解法如下：

$$S = ab = \frac{(a+c)^2 - b^2}{2(a+c)} \cdot b = \frac{50^2 - 30^2}{2 \times 50} \times 30 = 480$$

2 此難題爲《算法統宗》卷十五“難題少廣四”第十二題。已知直田積 S，長闊差：$b - a = t$，求長闊。解法如下：

$$S = ab = a(a+t)$$

以 t 爲縱方，用帶縱開方法求得闊 a，加 t 得長 b。

除之得闊一十六步加入多墻三步二分得長一十九步二分另將每堵八尺以步法五尺歸之得一步六分為法除闊得該墻十堵除長得該墻一十二墻

解義即以積問長闊法又多入畆數及墻尺数待通求耳多墻二堵即勾股較解詳勾股章

雜題長闊和並差步問長闊積歌〇今有直田用較除一百二十步無餘長闊相和該一百問公三事幾何如

更法置較二十步以减相和一百步餘八十步折半得闊四十步加較二十步得長六十步以長乘闊得積二百四十步

解義長闊一百即勾股和較除二十即勾股較或言斜若干或言積若干俱可以較與斜數積數相求因不言斜與積故以較和并言之歟內一百二十步無餘一百即相和一百步言一百步內差二十步舊法又增出一百二十步為較除却以相和一百步减之餘二十為較此無所本今更正三事即長闊與積三件事也

除之，得濶一十六步。加入多墻三步二分，得長一十九步二分。另將每堵八尺，以步法五尺歸之，得一步六分爲法，除濶得該墻十堵，除長得該墻一十二堵。

【解義】即以積問長濶法，又多入畝數及墻尺數待通求耳。多墻二堵，即勾股較，解詳“勾股章”。

難題·長濶和並差步問長濶積歌〇今有直田用較除，一百二十步無餘。長濶相和該一百，問公三事幾何如[1]？更法置較二十步，以減相和一百步，餘八十步，折半得濶四十步。加較二十步，得長六十步。以長乘濶，得積二百四十步[2]。

【解義】長濶一百，即勾股和；較除二十，即勾股較。或言斜若干，或言積若干，俱可以較與斜數積數相求，因不言斜與積，故以較和并言之。歌內“一百二十步無餘”，一百即相和一百步，言一百步内差二十步。“舊法”又增出一百二十步爲較除，却以相和一百步減之，餘二十爲較，此無所本，今更正。三事，即長、濶與積三件事也。

---

1 此難題爲《算法統宗》卷十三“難題方田一”第八題。

2 此歌訣中，“今有直田用較除，一百二十步無餘”頗難理解，《算法統宗》似將其理解爲勾股較（$b-a$）與勾股和（$b+a$）之和（參《算法統宗校釋》第 826－827 頁），即：

$$(b-a)+(b+a)=120$$

又“長闊相和該一百”，即：

$$a+b=100$$

則求得勾股較：

$$b-a=120-100=20$$

進而求得勾、股：

$$\begin{cases} a=40 \\ b=60 \end{cases}$$

《筭海説詳》則將“一百二十步無餘”解讀爲“一百即相和一百步，言一百步内差二十步”，一百爲勾股和，二十爲勾股較，運算結果與《算法統宗》無異。

難題長濶和並差歩問積歌◯今有直田不知畝長濶相和十七歩濶不及長廿五尺請問田該多少數

更法置相和一十七歩減不及長二十五尺以歩法五尺歸之得五歩餘二十一歩折半得六歩為濶加不及五歩得十一歩為長相乘得積六十六歩以畝法二四除之得該田二分七厘五毫

解義此與上法同第加入不及廿五尺改歩言尺示人知除筭耳長十一歩濶係六歩乃得不及五歩舊法以相和十七歩減不及五歩為濶十二歩為長相乘淂積六十歩淂田二分五厘舛矣今更正前法

今有直田一段積一千九百二十歩長多濶二十八歩問原田長濶各若干

舊法置積一千九百二十歩以四因之得七千六百八十歩另以相差二十八歩自乘得七百八十四歩併二數共八千四百六十四歩為實用開平方法除之得長濶相和共九十二歩減相差二十八歩餘六十四歩折

難題·長濶和並差步問積歌○今有直田不知畝，長濶相和十七步。濶不及長廿五尺，請問田該多少數[1]？更法置相和一十七步，減不及長二十五尺，以步法五尺歸之得五步，餘一十二步，折半得六步爲濶。加不及五步，得十一步爲長。相乘，得積六十六步。以畝法二四除之，得該田二分七厘五毫。

【解義】此與上法同，第加入不及廿五尺，改步言尺，示人知除算耳。長十一步，濶係六步[2]，乃得不及五步。舊法以相和十七步減不及五步爲濶，十二步爲長，相乘得積六十步，得田二分五厘。舛矣，今更正前法。

積與差共數問長濶

今有直田一段，積一千九百二十步，長多濶二十八步。問原田長濶各若干[3]？舊法置積一千九百二十步，以四因之，得七千六百八十步。另以相差二十八步自乘，得七百八十四步。併二數，共八千四百六十四步爲實，用開平方法除之，得長濶相和共九十二步。減相差二十八步，餘六十四步，折

---

1 此難題爲《算法統宗》卷十三“難題方田一”第七題。第三句“濶不及長”，《算法統宗》“闊”原作“平”，并將此句理解爲闊廿五尺，隱晦難解，《筭海説詳》改“平”作“濶”，係已知（$b-a$）與（$b+a$），求直田長闊積，與前題同。

2 濶係六步，順治本誤作“濶十二步”。

3 此題爲《算法統宗》卷六“長闊相差歌”第一題。此已知直田積S、長闊差（$b-a$），求長、闊。先求長闊和，由：

$$(a+b)^2 = (b-a)^2 + 4ab$$

得：

$$a+b = \sqrt{(b-a)^2+4ab} = \sqrt{(b-a)^2+4S}$$

長闊依次可求。

半得闊三十二步加入相差二十八步得長六十步

今有直田一段積一千九百二十步長闊共九十二步問長闊各若干

舊法 置積一千九百二十步四因得七千六百八十步另以長闊共九十二步自乘得八千四百六十四步內減四因積七千六百八十步餘七百八十四步為實用開平方除之得長闊相差二十八步以減長闊共九十二步餘六十四步折半得闊三十二步加相差二十八步得長六十步

解義 以積與差別長濶將積用四因又加差自乘積者一個積數係一個長濶相乘數每一積數長多濶二十八步因作四個積數如前圖四面亞頂每一面一個長頂一個濶四圖頂合內中四面正訣二十八步一小方故加入二十八步自乘補寔却用開平方法除之得九十二步為長濶共數也就九十二步除去相差二十八步是長多之數餘六十四步是長濶兩平之數故除差數折平得濶加入差數得長最直捷舊法將二十八加入九十二折半得長竟煩贅至以積數并長濶共數問長濶將共數自乘減除四因積數餘數開方

半，得濶三十二步；加入相差二十八步，得長六十步。

今有直田一段，積一千九百二十步，長濶共九十二步。問長濶各若干[1]？舊法置積一千九百二十步，四因得七千六百八十步。另以長濶共九十二步自乘，得八千四百六十四步。内減四因積七千六百八十步，餘七百八十四步爲實。用開平方除之，得長濶相差二十八步。以減長濶共九十二步，餘六十四步，折半得濶三十二步；加相差二十八步，得長六十步。

【解義】以積與差問長濶，將積用四因，又加差自乘積者，一個積數係一個長濶相乘數，每一積數長多濶二十八步，因作四個積數，如前圖，四面互頂，每一面一個長頂一個濶，四圍頂合内中四面，正缺二十八步一小方，故加入二十八步自乘補實。却用開平方法除之，得九十二步，爲長濶共數也。就九十二步除去相差二十八步，是長多之數；餘六十四步，是長濶兩平之數。故除差數折平得濶，加入差數得長，最直捷。舊法將二十八加入九十二，折半得長，覺煩贅。至以積數并長濶共數問長濶，將共數自乘減除四因積數，餘數開方

---

1 此題爲《算法統宗》卷六“長闊相和歌”第一題。此已知直田積 S 、長闊和（$b+a$），求長闊。解法與前題相似，先求長闊差：

$$b-a=\sqrt{(b+a)^2-4S}$$

依次求長求闊。

得差数二十八步者共数自乘内有四個積数一個差自乘数除四個積数上存一差自乘数故開方得差数即上法還源一理也

直田截積

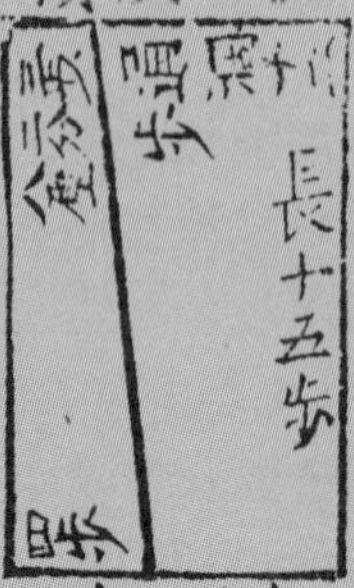

長十五步

今有直田長一十五步濶一十二步從一邊截積五十四步六分大濶截四步問截小濶若干　㊀舊㊀法置截積五十四步六分為實以原長十五步為法除之得三步六分四厘加倍得七步二分八厘以大濶四步減之餘得㊀小㊀濶㊀三㊀步㊀二㊀分㊀八㊀厘　又法倍截積得一百零九步二分為實以原長一十五步為法除之得七步二分八厘減去大濶四步得㊀小㊀濶㊀三㊀步㊀二㊀分㊀八㊀厘亦得

解義　直田截積或以濶除積得長以長除積得濶皆径直易曉無俟多贅故第載此截斜一法為例餘皆可以類推

雜題截積瓆搗練（）長十六濶十五不多不少恰一畝内有八個古墳墓更有一條十字路每個墓周六步十字路濶一步每畝價銀二兩五除了墓除了路問君該剩多少数　㊀舊㊀法置田一畝以畝法通之得二百四十

得差數二十八步者，共數自乘内有四個積數、一個差自乘數，除四因積數，止存一差自乘數，故開方得差數。即上法還源，一理也。

直田截積

今有直田長一十五步，濶一十二步，從一邊截積五十四步六分，大濶截四步。問截小濶若干[1]？舊法置截積五十四步六分爲實，以原長十五步爲法除之，得三步六分四厘，加倍得七步二分八厘。以大濶四步減之，餘得小濶三步二分八厘。又法：倍截積，得一百零九步二分爲實。以原長一十五步爲法除之，得七步二分八厘。減去大濶四步，得小濶三步二分八厘，亦得。

【解義】直田截積，或以濶除積得長，以長除積得濶，皆徑直易曉，無俟多贅。故第載此截斜一法爲例，餘皆可以類推。

難題·截積·雙搗練○長十六，濶十五，不多不少恰一畝。内有八個古墳墓，更有一條十字路。每個墓，周六步。十字路，濶一步。每畝價銀二兩五。除了墓，除了路，問君該剩多少數[2]？舊法置田一畝，以畝法通之，得二百四十

1 題見《算法統宗》卷七"直田截斜"下。原題直田長一十五步，而解法則以"一十五步六分"入算，得小闊三步。圖亦注"長十五步六分"，知《算法統宗》原題脱"六分"二字。此本《算法統宗》原題，以長一十五步入算，得數與《算法統宗》互異。此係直田截斜田（即直角梯形），已知斜田長 h 、大闊 b 、斜田積 S ，求斜田小闊 a 。用斜田求積公式：

$$S = \frac{(a + b) \cdot h}{2}$$

求之。

2 此難題爲《算法統宗》卷十三"難題方田一"第五題。

步另置墓周六步自乘得三十六步以十二除之得三步以八乘之得二十四步又十字路潤一步直長一十六步横長一十五步內除中心一步共三十步加八墓二十四步得五十四步以畝法二四除之得截去占地二分二釐五毫以減田一畝得實存田七分七釐五毫以每畝價二兩五錢乘之得該價銀一兩九錢三分七釐五毫

觧義墓以周自乘用十二除之者以圓周求積用十二除之也法見圓田下

圓田求積求徑歌〇圓徑自乘法有因〇三因四歸得積真〇積加四因三歸法〇開方求之徑可尋

今有圓田徑五十六步周一百六十八步問積步及田若干

舊法置徑五十六步自乘得三千一百三十六步三因四歸得積二千三百五十二步以畝法二四除之得田九畝八分

又法

圓田求積

周一百六十八步

中徑五十六步

步。另置墓周六步，自乘得三十六步，以十二除之，得三步；以八墓乘之，得二十四步。又十字路濶一步，直長一十六步，横長一十五步，内除中心一步，共三十步。加八墓二十四步，得五十四步，以畝法二四除之，得截去占地二分二厘五毫。以減田一畝，得實存田七分七厘五毫。以每畝價二兩五錢乘之，得該價銀一兩九錢三分七厘五毫[1]。

【解義】墓以周自乘，用十二除之者，以圓周求積，用十二除之也。法見"圓田"下。

圓田求積求徑歌○圓徑自乘法有因○三因四歸得積真○積加四因三歸法○開方求之徑可尋[2]

圓田求積

今有圓田徑五十六步，周一百六十八步。問積步及田若干[3]？舊法置徑五十六步，自乘得三千一百三十六步，三因四歸，得積二千三百五十二步。以畝法二四除之，得田九畝八分。又法

---

1 如圖 2-5，直田闊 $a=15$、長 $b=16$，内有十字路一條，闊 $h=1$；圓墓八座，圓周 $C=6$。求餘田積 S。根據題意：

$$S = ab - 8 \times \frac{C^2}{12} - [(a+b)h - h^2]$$

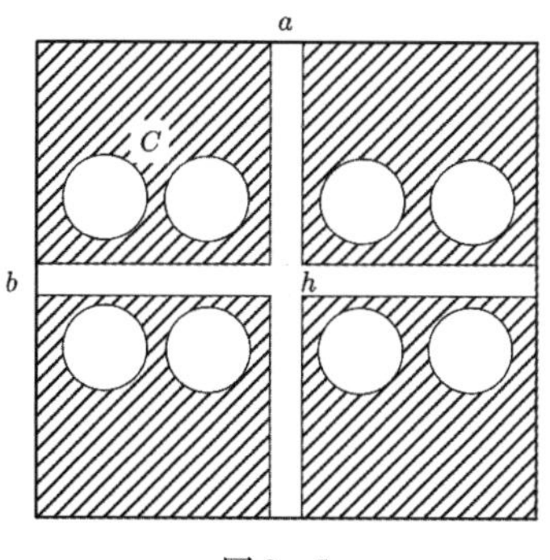

圖 2-5

2 此歌訣《算法統宗》無。取圓周率爲 3，以直徑求圓積：

$$S = \frac{3}{4}d^2$$

以圓積求直徑：

$$d = \sqrt{\frac{4}{3}S}$$

3 題見《算法統宗》卷三"圓田"下。

置徑自乘積以七五乘之得本積 又法 置周一百六十八步折半得八十四步又置徑五十六步折半得二十八步以乘八十四步得本積此半周半徑問積 又法全周徑問積 置周一百六十八步以徑五十六步乘之再以四歸之亦得 又法以周問積 置周一百六十八步自乘得二萬八千二百二十四步以十二歸除之亦得 又法半周問積 置半周八十四步自乘得七千零五十六步以三歸之亦得 又法半徑問積 置半徑二十八步自乘得七百八十四步以三因之亦得

解義

圓田徑即方田面方面自乘合一方田積圓得方積四分之三故用三因四歸合圓積其用七五乘者四分之三得十分中七分五厘也半徑乘半周因半周是全徑有半以半徑乘之是一個半徑乘全徑得方積四分之二一個半徑乘半徑得方積四分之一合之得方積四分之三也全徑乘全周是一個徑乘三個徑得三個方積即四個圓積故用四歸得積全周自乘是三個徑互乘三個徑共九個徑自乘得九個方積即十二個圓積故用十二歸除得積半周自乘是一個半徑自乘一個徑自乘是四分加一半自乘積數多出

置徑自乘積，以七五乘之，得本積[1]。又法置周一百六十八步，折半得八十四步。又置徑五十六步，折半得二十八步。以乘八十四步，得本積[2]。此半周半徑問積。又法全周徑問積。置周一百六十八步，以徑五十六步乘之，再以四歸之，亦得[3]。又法以周問積。置周一百六十八步，自乘得二萬八千二百二十四步，以十二歸除之，亦得[4]。又法半周問積。置半周八十四步，自乘得七千零五十六步，以三歸之，亦得[5]。又法半徑問積。置半徑二十八步，自乘得七百八十四步，以三因之，亦得[6]。

【解義】圓田徑即方田面，方面自乘合一方田積，圓得方積四分之三，故用三因四歸，合圓積。其用七五乘者，四分之三得十分中七分五厘也。半徑乘半周，因半周是全徑有半，以半徑乘之，是一個半徑乘全徑，得方積四分之二；一個半徑乘半徑，得方積四分之一，合之，得方積四分之三也。全徑乘全周，是一個徑乘三個徑，得三個方積，即四個圓積，故用四歸得積。全周自乘，是三個徑互乘三個徑，共九個徑，自乘得九個方積，即十二個圓積，故用十二歸除得積。半周自乘，是一個半徑自乘[7]，一個徑自乘是四分，加一半自乘積數，多出

1 此法已見本卷“丈量田畝總歌”：

$$S = 0.75d^2$$

2 此法已見本卷“丈量田畝總歌”：

$$S = \frac{d}{2} \cdot \frac{C}{2}$$

3 此法同上，已見本卷“丈量田畝總歌”：

$$S = \frac{dC}{4}$$

4 此係以周求積：

$$S = \frac{C^2}{12}$$

5 此法可表示爲：

$$S = \frac{1}{3}\left(\frac{C}{2}\right)^2$$

6 此法可表示爲：

$$S = 3\left(\frac{d}{2}\right)^2$$

7 一個半徑，即“一個半全徑”。由 $C = 3d$，得

$$\frac{C}{2} = \frac{3d}{2}$$

故半周即一個半全徑。

九分之五共得九分計三個圓積故用三歸得積半半徑自乘止得方積四分之一故用三因得積若將徑三因四歸得四十二步以乘徑五十六步亦正得圓田本積大抵圓内方求以徑自乘三因四歸此正法也凡自乘數一边減半一边增半積數較原自乘數得四分之三半徑乘半周是也一边不加一边加作三倍積數較原積亦三倍徑乘周是也兩边各加作三倍則積數得九倍三三成九用自乘是也各加半倍則積數較原積得二倍零二分半半周自乘是也各減一半則積數得四分之一半徑自乘是也斈者須推明自乘數理則大槩瞭然矣

積求圓徑○今有圓田積二千三百五十二步問圓徑若干

舊法置積二千三百五十二步四因三歸得積三千一百三十六步為實用開平方法除之得圓徑五十六步

解義圓田徑即方田面其積數原本方積三因四歸而得故以積問徑仍將圓積四因三歸還原復合方積用開方得徑

雜題問半徑歌○曠野之地有個樁樁上繫着一羫羊團團踏遍三畝二試問羊繩幾丈長此借物比喻言圓田三畝二分問周至中心半徑若干

舊法置田三畝二分以畝

九分之五，共得九分，計三個圓積，故用三歸得積。半徑自乘，止得方積四分之一，故用三因得積。若將徑三因四歸得四十二步，以乘徑五十六步，亦正得圓田本積。大抵圓因方求，以徑自乘，三因四歸，此正法也。凡自乘數一邊減半，一邊增半，積數較原自乘數得四分之三，半徑乘半周是也。一邊不加，一邊加作三倍，積數較原積亦三倍，徑乘周是也。兩邊各加作三倍，則積數得九倍，三三成九，周自乘是也。各加半倍，則積數較原積得二倍零二分半，半周自乘是也。各減一半，則積數得四分之一，半徑自乘是也。學者須推明自乘數理，則大槩瞭然矣。

積求圓徑○今有圓田積二千三百五十二步，問圓徑若干[1]？舊法置積二千三百五十二步，四因三歸，得積三千一百三十六步爲實。用開平方法除之，得圓徑五十六步。

【解義】圓田徑即方田面，其積數原本方積三因四歸而得，故以積問徑，仍將圓積四因三歸還原，復合方積，用開方得徑。

難題·問半徑歌○曠野之地有個樁，樁上繫着一羫羊[2]。團團踏遍三畆二，試問羊繩幾丈長[3]？此借物比喻。言圓田三畆二分，問周至中心半徑若干？舊法置田三畆二分，以畆

1 此題爲《算法統宗》卷六“平圓法歌”第二題。

2 羫，同“腔”，量詞，一腔即一隻。

3 此難題爲《算法統宗》卷十五“難題少廣四”第十三題。已知圓積求圓徑，用開平方法。

法二四通之得積七百六十八步四因三歸得一千零二十四步為實以開平方法除之

得三十二步為圓之全徑折半得繫羊中處(半徑一十六步)以每步五尺乘之

得(羊繩長八十尺)

圓田截積

積矢問截弦○今有圓田從一邊截濶八步計積一百二

十八步問截長若干(舊法)置積一百二十八步倍之得二百五十六步

為實以濶八步為法除之得三十二步減去濶八步得(截長二十四)

(增法)置積一百二十八步為實以截濶八步為法除之得一十六步另將截濶八步

(步)折半得四步以減一十六步餘一十二步倍之得(截長二十四步)

解義 圓田截積即弧矢田積以濶除又減濶得長者因弧矢以矢加弦折半以矢乘之得本積將積加倍以矢除之乃得弦加矢本數故減去矢步得弦步也不倍積以矢除之又減半矢加倍得弦者以本積原是以矢乘半矢半弦將本積以矢除之得半矢半弦數

法二四通之，得積七百六十八步，四因三歸，得一千零二十四步爲實。以開平方法除之， 得三十二步，爲圓之全徑。折半，得繫羊中處半徑一十六步。以每步五尺乘之，得羊繩長八十尺[1]。

圓田截積

積矢問截弦[2] ○今有圓田，從一邊截濶八步，計積一百二十八步。問截長若干？舊法置積一百二十八步，倍之得二百五十六步爲實。以濶八步爲法除之，得三十二步。減去濶八步，得截長二十四步。增法置積一百二十八步爲實，以截濶八步爲法除之，得一十六步。另將截濶八步折半得四步，以減一十六步，餘一十二步，倍之得截長二十四步[3]。

【解義】圓田截積即弧矢田。倍積以濶除，又減濶得長者，因弧矢以矢加弦折半、以矢乘之得本積，將積加倍以矢除之，乃得弦加矢本數，故減去矢步，得弦步也。不倍積以矢除之，又減半矢、加倍得弦者，以本積原是以矢乘半矢、半弦，將本積以矢除之，得半矢、半弦數，

---

1 尺，順治本誤作“丈”。

2 此即弧矢積求弧弦。已知弧矢積 S 、矢闊 v ，求弧弦（截長）c ，根據弧矢求積公式：

$$S = \frac{v(v + c)}{2}$$

得：

$$c = \frac{2S}{v} - v$$

3 “增法”用倍法解之：

$$c = 2\left(\frac{S}{v} - \frac{v}{2}\right)$$

減去半矢止存半弦故加倍得全弦一理也法倶本弧矢即弧矢還源法也

圓田以積與截長問截濶法○今有圓田從一邊截弦長二十四步計截積一百二十八步問截矢濶若干

舊法置積一百二十八步加倍得二百五十六步為實用帶縱開平方法以弦長二十四步置於右為縱方約商八步於左亦置八步於右縱方二十四步之下位共三十二步皆與左商八相呼三八除實二百四十二八除實一十六步除實恰盡得截矢濶八步

增法置積一百二十八步為實另將弦長二十四步折半得一十二步為縱方約商八步於左卻亦折半加四步於縱方之下位共一十六步皆與左商八相呼一八除實八十六八除實四十八步除實恰盡亦得截矢八步

解義倍積用帶縱開方法求之得矢者原積係以矢乘半矢半徑倍積便是矢乘全矢全徑之數開方法係自乘之數帶入弦長為

減去半矢，止存半弦，故加倍得全弦，一理也。法俱本弧矢，即弧矢還源法也。

圓田以積與截長問截濶法[1] ○今有圓田，從一邊截弦長二十四步，計截積一百二十八步。問截矢濶若干？舊法置積一百二十八步，加倍得二百五十六步爲實。用帶縱開平方法，以弦長二十四步置於右爲縱方。約商八步於左，亦置八步於右縱方二十四步之下位，共三十二步，皆與左商八相呼。三八除實二百四十，二八除實一十六步，除實恰盡，得截矢濶八步。增法置積一百二十八步爲實，另將弦長二十四步折半，得一十二步爲縱方。約商八步於左，却亦折半，加四步於縱方之下位，共一十六步，皆與左商八相呼。一八除實八十，六八除實四十八步，除實恰盡，亦得截矢八步[2]。

【解義】倍積用帶縱開方法求之得矢者，原積係以矢乘半矢、半徑，倍積便是矢乘全矢、全徑之數，開方法係自乘之數，帶入弦長爲

---

1 此即弧矢田求矢闊。已知弧矢積 S、弧弦 c，求矢闊 v：

$$v(c+v) = 2S$$

以 c 爲縱方，用帶縱開平方法解之。

2 “增法”用倍法：

$$v\left(\frac{c}{2}+\frac{v}{2}\right) = S$$

以 $\frac{c}{2}$ 爲縱方，亦用帶縱開平方法解，較“舊法”繁瑣。

縱方便是以矢乘全弦矢自乘便是以矢乘全矢故除寔得盡可得矢也不信積以弦折半為縱方是個半弦將高步亦折半加縱方是個半矢除寔得盡正是全矢乘半矢半弦之數故亦可以得矢

圓田徑矢求截弦歌○圓徑與矢求弧弦○半徑自乘得積先○另置半徑減去矢○餘徑自乘減其前○剩積再用開方法○得數加倍弧弦全

今有圓田不言截積步若干止言中徑二十六步從一邊截矢八步問截弦若干

（舊法）置中徑二十六步折半得一十三步自乘得一百六十九步為實另以半徑減去矢八步餘五步自乘得二十五步以減一百六十九步餘一百四十四步用開平方法除之得一十二步倍之得（截弦二十四步）

（又法）置全徑自乘得六百七十六步另置矢八步加倍得一十六步以減徑二十六步餘十步自乘得一百步以減六百七十六步餘五百七十六步用開平方法除之得（截弦二十四步）

縱方，便是以矢乘全弦；矢自乘便是以矢乘全矢。故除實得盡，可得矢也。不倍積，以弦折半爲縱方，是個半弦；將商步亦折半加縱方，是個半矢。除實得盡，正是全矢乘半矢、半弦之數，故亦可以得矢。

圓田徑矢求截弦歌〇圓徑與矢求弧弦〇半徑自乘得積先〇另置半徑減去矢〇餘徑自乘減其前〇剩積再用開方法〇得數加倍弧弦全[1]　今有圓田，不言截積步若干，止言中徑二十六步，從一邊截矢八步。問截弦若干？舊法置中徑二十六步，折半得一十三步，自乘得一百六十九步爲實。另以半徑減去矢八步，餘五步，自乘得二十五步。以減一百六十九步，餘一百四十四步。用開平方法除之，得一十二步。倍之，得截弦二十四步。又法置全徑自乘，得六百七十六步。另置矢八步，加倍得一十六步，以減徑二十六步，餘十步，自乘得一百步。以減六百七十六步，餘五百七十六步。用開平方法除之，得截弦二十四步[2]。

1　歌訣見《算法統宗》卷七“圓徑與截矢求截弦歌”，原歌作：

圓徑與矢求弧弦，半徑自乘立一邊。
另以半徑減去矢，餘亦自乘減却前。
又餘平方開見數，倍之名即是弧弦。

已知圓半徑 r、弧矢闊 v，求弧矢弦 c。如圖 2－6，由勾股定理得：

$$\left(\frac{c}{2}\right)^2 + (r - v)^2 = r^2$$

解得弧弦：

$$c = 2\sqrt{r^2 - (r - v)^2}$$

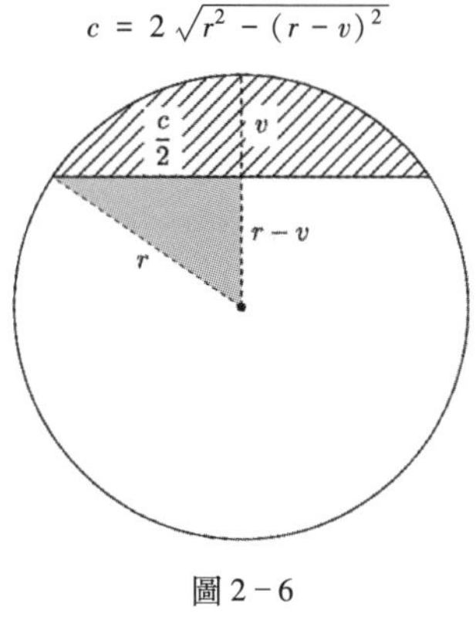

圖 2－6

2　“又法”可用公式表示爲：

$$c = \sqrt{d^2 - (d - 2v)^2}$$

其中，d 爲圓田直徑。

解義此明勾股法也半徑即弦半徑減矢得餘徑即股半弧弦即勾以半徑減去矢自乘得積以減半徑自乘之積餘積開方得勾乃以股積減弦積止存一勾積故開方得勾詳勾股章　又法乃加倍法全徑是半徑兩倍全徑減倍矢餘十步亦股兩倍餘積開方得全弦亦即勾兩倍一理也

又圓田徑矢求截弦歌〇徑矢求弦法最良〇以矢減徑存餘長〇復用矢濶乘爲實〇開方倍之弦可詳

今有圓田不言截積步若干止言中徑二十六步從一邊截矢八步問截弦若干

舊法置圓徑二十六步減矢八步餘一十八步以矢八步乘之得一百四十四步以開平方法除之得一十二步倍之得弧弦二十四步

解義矢乘餘徑與半弦自乘之數相合故以矢減徑後以矢乘之開方得半弦加倍即全弦也

圓田徑弦求截矢歌〇圓徑與弦求截矢〇半徑自乘積數推〇弧弦折

【解義】此用勾股法也。半徑即弦，半徑減矢得餘徑，即股，半弧弦即勾。以半徑減去矢，自乘得積以減半徑自乘之積，餘積開方得勾。乃以股積減弦積，止存一勾積，故開方得勾。解詳“勾股章”。“又法”乃加倍法。全徑是半徑兩倍，全徑減倍矢餘十步，亦股兩倍，餘積開方得全弦，亦即勾兩倍，一理也。

又圓田徑矢求截弦歌○徑矢求弦法最良○以矢減徑存餘長○復用矢濶乘爲實○開方倍之弦可詳[1]　今有圓田，不言截積步若干，止言中徑二十六步，從一邊截矢八步。問截弦若干？舊法置圓徑二十六步，減矢八步，餘一十八步，以矢八步乘之，得一百四十四步。以開平方法除之，得一十二步。倍之，得弧弦二十四步。

【解義】矢乘餘徑與半弦自乘之數相合，故以矢減徑，復以矢乘之，開方得半弦，加倍即全弦也。

圓田徑弦求截矢歌○圓徑與弦求截矢○半徑自乘積數推○弧弦折

1 歌訣見《算法統宗》卷七，原作“圓徑及矢闊求弧弦歌”：

圓徑矢濶求弧弦，圓徑矢濶減餘存。

復以矢濶乘爲實，開方倍之得弧弦。

前題以半徑求，此係以全徑求，已知圓徑 d 、弧矢闊 v ，求弧矢弦 c ，如圖 2-7，由：

$$\left(\frac{c}{2}\right)^2 = (d - v)v$$

得：

$$c = 2\sqrt{(d - v)v}$$

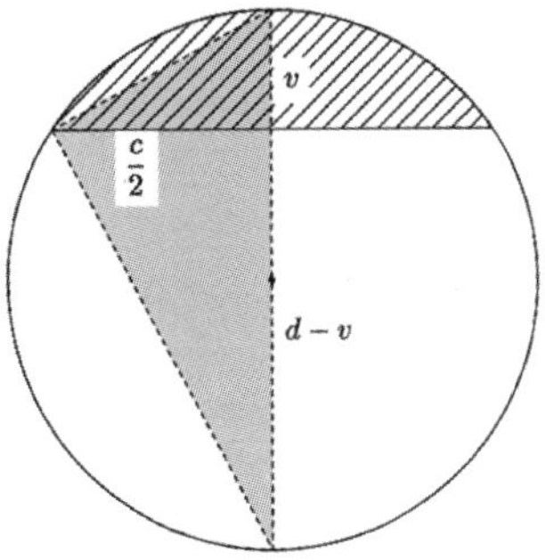

圖 2-7

半亦自乘〇得數用減半徑積〇剩積開方見餘徑〇以減半徑餘即矢

今有圓田不言截積步若干止言中徑二十六步從一邊截弦長二十四步問截矢濶若干

（舊法）置中徑二十六步折半得一十三步自乘得一百六十九步為實另以弦二十四步折半得一十二步自乘得一百四十四步以減實一百六十九步餘二十五步為實用開平方法除之得五步以減半徑一十三步餘得（截矢八步）

（又法）置全徑自乘得六百七十六步為實另以全弦自乘得五百七十六步以減之餘一百步用開平方法除之得一十步以減全徑二十六步餘一十六步折半得（截矢八步）

解義 前徑矢求弦是以股積減弦積餘得句此徑弦求矢是以句積減弦積餘得股股乃半徑減去矢之餘徑即下法所云离徑也又以徑與弧弦問矢离中徑若干即餘積開方所得者是舊法復列求离徑法即上求矢之法故不複贅

圓田弦矢求圓徑併離徑歌〇弦矢可將圓徑推〇半弦自乘矢除之〇

半亦自乘○得數用減半徑積○剩積開方見餘徑○以減半徑餘即矢[1]　今有圓田，不言截積步若干，止言中徑二十六步，從一邊截弦長二十四步。問截矢濶若干？舊法置中徑二十六步，折半得一十三步，自乘得一百六十九步爲實。另以弦二十四步折半，得一十二步，自乘得一百四十四步。以減實一百六十九步，餘實二十五步。用開平方法除之，得五步。以減半徑一十三步，餘得截矢八步。又法置全徑自乘，得六百七十六步爲實。另以全弦自乘得五百七十六步減之，餘一百步。用開平方法除之，得十步。以減全徑二十六步，餘一十六步，折半得截矢八步[2]。

【解義】前徑矢求弦，是以股積減弦積，餘得勾。此徑弦求矢，是以勾積減弦積，餘得股。股乃半徑減去矢之餘徑，即下法所云“离徑”也。如以徑與弧弦問矢离中徑若干，即餘積開方所得者。是“舊法”復列求离徑法[3]，即上求矢之法，故不複贅。

圓田弦矢求圓徑併離徑歌○弦矢可將圓徑推○半弦自乘矢除之○

1　歌訣見《算法統宗》卷七“圓徑與截弦求截矢歌”，原歌作：

圓徑與弦求截矢，半徑爲弦自乘是。
弧弦折半名爲勾，亦自乘之相減矣。
餘用開方得股數，半徑減股餘者矢。

此已知圓半徑 r、弧矢弦 c，求弧矢闊 v。其公式爲：

$$v = r - \sqrt{r^2 - \left(\frac{c}{2}\right)^2}$$

2　“又法”可用公式表示爲：

$$v = \frac{d - \sqrt{d^2 - c^2}}{2}$$

3　《算法統宗》卷七有“圓徑及弧徑求離徑併矢濶歌”，歌云：

徑弦求離徑矢濶，圓徑弧弦各折半。
各自乘減餘開方，離徑圓徑弧矢辦。

弧徑即弧弦 c，設離徑爲 b，其求解公式爲：

$$b = r - v = \sqrt{r^2 - \left(\frac{c}{2}\right)^2}$$

再加矢濶為圓徑○半徑減矢離無疑　今有圓田截矢八步弦二十四步問圓徑及矢離徑各若干　舊法置弦二十四步折半得一十二步自乘得一百四十四步為實以矢八步為法除之得一十八步再加矢濶八步得圓徑二十六步將徑折半得一十三步減矢八步餘得矢離徑五步

圓田弧弦及離徑求圓徑歌○弧弦離徑求圓徑○弧弦折半自相乘○離徑自乘併為實○開方加倍為圓徑　今有圓田截弧弦二十四步矢離圓徑五步問圓徑及矢若干　舊法置弦二十四步折半得一十二步自乘得一百四十四步再以離徑五步自乘得二十五步相併得一百六十九步為實以開平方法除之得一十三步倍之得圓徑二十六步將半徑一十三步減離徑五步得矢八步

解義　上法半弦自乘即矢乘餘徑數故以矢除得餘徑加矢即全徑　下法併二自乘數開方得半徑即併勾股數開方得弦也

再加矢濶爲圓徑○半徑減矢離無疑[1]　今有圓田，截矢八步，弦二十四步。問圓徑及矢離徑各若干？舊法置弦二十四步，折半得一十二步，自乘得一百四十四步爲實。以矢八步爲法除之，得一十八步，再加矢濶八步，得圓徑二十六步。將徑折半，得一十三步，減矢八步，餘得矢離徑五步。

圓田弧弦及離徑求圓徑歌○弧弦離徑求圓徑○弧弦折半自相乘○離徑自乘併爲實○開方加倍爲圓徑[2]　今有圓田，截弧弦二十四步，矢離圓徑五步。問圓徑及矢若干？舊法置弦二十四步，折半得一十二步，自乘得一百四十四步；再以離徑五步自乘得二十五步，相併得一百六十九步爲實。以開平方法除之，得一十三步，倍之得圓徑二十六步。將半徑一十三步減離徑五步，得矢八步。

【解義】上法半弦自乘，即矢乘餘徑數，故以矢除得餘徑，加矢即全徑。下法併二自乘數，開方得半徑，即併勾股數，開方得弦也。

---

1 歌訣見《算法統宗》卷七“弦矢求圓徑併離徑歌”。已知矢濶 v 、弧弦 c ，求圓徑 d 、離徑 b 。用公式表示爲：

$$d = \frac{\left(\frac{c}{2}\right)^2}{v} + v$$

離徑：

$$b = r - v$$

2 歌訣見《算法統宗》卷七“弧弦及離徑求圓徑歌”。已知弧弦 c 、離徑 b ，求圓徑 d 。用公式表示爲：

$$d = 2\sqrt{b^2 + \left(\frac{c}{2}\right)^2}$$

圓田積徑問矢弦法〇今有圓田中徑二十六步從一邊截積一百二十八步問截矢截弦各若干

(舊法)置積一百二十八步自乘得一萬六千三百八十四步為實另以原積一百二十八步為上廉以徑二十六步為下廉以一二五為虛隅法約商八步於左上為法以乘上廉得一千零二十四步又以商八乘虛隅一二五得十步以減下廉二十六步餘一十六步却將商八自乘得六十四步以乘餘下廉一十六步得一千零二十四步併上廉共二千零四十八步又為法除實一萬六千三百八十四步得截矢八步另置積倍之以矢八步除之得三十六步減矢八步得截弦二十四步

(又法)倍積得二百五十六步自乘得六萬五千五百三十六步為實另以四因原積得五百一十二步為上廉又以四因徑得一百零四步為下廉以五為虛隅法約商八步於左上為法以乘上廉得四千零九十六步又以商八乘隅五得四十步以減下廉一百零四步餘六十四步

圓田積徑問矢弦法○今有圓田，中徑二十六步，從一邊截積一百二十八步。問截矢、截弦各若干？[1] 舊法 置積一百二十八步，自乘得一萬六千三百八十四步爲實。另以原積一百二十八步爲上廉，以徑二十六步爲下廉，以一二五爲虚隅法。約商八步於左上爲法，以乘上廉，得一千零二十四步；又以商八乘虚隅一二五，得十步，以減下廉二十六步，餘一十六步；却將商八自乘，得六十四步，以乘餘下廉一十六步，得一千零二十四步。併上廉共二千零四十八步，又爲法，除實一萬六千三百八十四步，得截矢八步。另置積倍之，以矢八步除之，得三十六步。減矢八步，得截弦二十四步。又法 倍積得二百五十六步，自乘得六萬五千五百三十六步爲實。另以四因原積得五百一十二步爲上廉，又以四因徑得一百零四步爲下廉，以五爲虚隅法。約商八步於左上爲法，以乘上廉得四千零九十六步；又以商八乘隅五得四十步，以減下廉一百零四步，餘六十四步；

---

1 此題爲《算法統宗》卷七“圓田截積”第二題。已知圓徑 d、弧矢積 S，求矢闊 v、弧弦 c。由：

$$\begin{cases} S = \dfrac{(v+c)v}{2} \\ \left(\dfrac{c}{2}\right)^2 = (d-v)v \end{cases}$$

消去 c，得：

$$-5v^4 + 4dv^3 + 4Sv^2 = 4S^2$$

以 $4S$ 爲上廉，$4d$ 爲下廉，5 爲虚隅法，用帶縱開方法求之。此即“又法”。各項以 4 除之，得：

$$-1.25v^4 + dv^3 + Sv^2 = S^2$$

以 S 爲上廉，d 爲下廉，1.25 爲虚隅法，用帶縱開方法求之。此即“舊法”。

另以商八自乘得六十四步以乘餘下廉六十四步得四千零九十六步併上廉共八千一百九十二步又為法除實六萬五千五百三十六步得矢八步另置倍積照上法得弦

解義

以積自乘為寔者將積開方後可以數求也以矢乘積者本積係以矢乘得數又以矢乘積即一乘再乘法也又以矢乘一二五廉隅除徑却以矢自乘々餘徑者即以矢乘餘徑再以矢乘餘徑亦一乘再乘法也凡自乘再自乘得數另將原數一乘再乘三乘數即相同如四自乘得十六再將十六自乘得二百五十六另以四乘四得十六再以四乘十六得六十四又以四乘六十四即得二百五十六又如五自乘得二十五再用二十五自乘得六百二十五另以五乘五得二十五再以五乘二十五得一百二十五又以五乘一百二十五亦得六百二十五此是方自乘兩边數合一故無參差若以短長不等相乘如四乘六得二十四再用二十四自乘又得五百七十六另以四乘六得二十四再以四乘二十四得九十六又再以六乘九十六即得五百七十六皆是以三乘積合一乘再自乘積商八即所商之矢係以矢乘得積又再以矢乘積又以矢乘餘徑再以矢乘餘徑俱是再乘法尚少一個矢乘合乘積自乘之數故以之為法除寔可得矢也其以一二五為虚隅法何也圓得方四分之三即得方七分五厘四隅虚二分五厘弧矢係半圓止二虚隅應得一分二厘

另以商八自乘得六十四步，以乘餘下廉六十四步，得四千零九十六步。併上廉共八千一百九十二步，又爲法，除實六萬五千五百三十六步，得矢八步。另置倍積，照上法得弦。

【解義】以積自乘爲實者，將積開方後，可以數求也。以矢乘積者，本積係以矢乘得數，又以矢乘積，即一乘再乘法也。又以矢乘一二五虛隅除徑，却以矢自乘乘餘徑者，即以矢乘餘徑，再以矢乘餘徑，亦一乘再乘法也。凡自乘再自乘得數，另將原數一乘再乘三乘數即相同。如四自乘得十六，再將十六自乘得二百五十六；另以四乘四得十六，再以四乘十六得六十四，又以四乘六十四，即得二百五十六。又如五自乘得二十五，再用二十五自乘得六百二十五；另以五乘五得二十五，再以五乘二十五得一百二十五，又以五乘一百二十五，亦得六百二十五。此是方自乘，兩邊數合一，故無參差。若以短長不等相乘，如四乘六得二十四，再用二十四自乘得五百七十六；另以四乘六得二十四，再以四乘二十四得九十六，又再以六乘九十六，即得五百七十六。皆是以三乘積，合一乘再自乘積。商八即所商之矢，原以矢乘得積，又再以矢乘積；又以矢乘餘徑，再以矢乘餘徑，俱是再乘法，尚少一個矢乘，合原積自乘之數，故以之爲法除實，可得矢也。其以一二五爲虛隅法，何也？圓得方四分之三，即得方七分五厘，四隅虛二分五厘。弧矢係半圓，止二虛隅，應得一分二厘五毫加入商矢以減原徑乃減去矢八步之二虛隅以合圓法也本法以一二五虛隅乘矢以減圓徑餘十六步遶与矢乘弦〻加矢折半之數合一边矢乘積是以八乘一百二十八一边矢自乘〻餘徑是以六十四与十六相乘八得十六一半一百二十八得六十四二倍故乘出之數遶同至圓有大小截矢弦有長短或矢過短弦過長以矢乘積所得之數不足一半以虛隅乘矢減徑所餘之徑見多以矢自乘〻餘徑所得之數必一半有餘多少湊合遶符一再乘之數此則數理夭然符合之妙也但矢係八步無零猶易約商如矢步有零餘則勢費商求且商者不過約畧商求如商八步又不如直以八除原積或倍積用前積矢求弦法驗其合否之為捷矣　又法將原積加倍自乘之數較原積自乘得四倍故亦四因原積四因徑以就之其以五為虛隅亦四倍一二五得五分與上同一法也

圓截二弧矢圖

河闊二十四步

步間中與二弧矢各若下

難題西江月○今有圓田一所不知頃畝端的直河一道正中穿圓分弧矢兩段通田七十四步二十四步河寬除河見在幾多田水占如何得見此言圓徑七十四步中去河二十四

舊法置圓徑七十四步自乘得五千四百七十六步三因四歸得圓積

五毫。加入商矢，以減原徑，乃減去矢八步之二虚隅，以合圓法也。本法以一二五虚隅乘矢，以減圓徑，餘十六步，適与矢乘弦加矢折半之數合[1]。一邊矢乘積，是以八乘一百二十八；一邊矢自乘乘餘徑，是以六十四与十六相乘，八得十六一半，一百二十八得六十四二倍，故乘出之數適同。至圓有大小，截矢弦有長短，或矢過短弦過長，以矢乘積，所得之數不足一半，以虚隅乘矢減徑，所餘之徑必多；以矢自乘乘餘徑，所得之數必一半有餘，多少湊合，適符一再乘之數，此則數理天然符合之妙也。但矢係八步無零，猶易約商，如矢步有零餘，則勢費商求。且商者不過約畧商求，如商八步，又不如直以八除原積或倍積，用前積矢求弦法驗其合否之爲捷矣。又法將原積加倍，自乘之數較原積自乘得四倍，故亦四因原積、四因徑以就之。其以五爲虚隅，亦四倍一二五得五分，與上同一法也。

圓截二弧矢圖

難題·西江月〇今有圓田一所，不知頃畆端的。直河一道正中穿，圓分弧矢兩段。通田七十四步，二十四步河寬。除河見在幾多田，水占如何得見[2]？此言圓徑七十四步，中去河二十四步，問中與二弧矢各若干？舊法置圓徑七十四步，自乘得五千四百七十六步，三因四歸，得圓積

---

1 矢乘弦加矢折半之數，即弧矢積：

$$S = \frac{v(v + c)}{2}$$

2 此難題爲《算法統宗》卷十五“難題少廣四”第五題。如圖 2－8，圓徑 $d = 74$，中間河寬 $l = 24$，求兩段弧矢積 S_1 及中段河積 S_2。首先求得矢闊：

$$v = \frac{d - l}{2} = \frac{74 - 24}{2} = 25$$

次由圓徑 d、矢闊 v，求得弧弦：

$$c = 2\sqrt{\left(\frac{d}{2}\right)^2 - \left(\frac{d}{2} - v\right)^2} = 2\sqrt{\left(\frac{74}{2}\right)^2 - \left(\frac{74}{2} - 25\right)^2} = 70$$

由弧矢求積公式求得兩段弧矢積：

$$S_1 = 2 \times \frac{v(v + c)}{2} = 2 \times \frac{25 \times (25 + 70)}{2} = 2375$$

減圓積 S，得中段河積：

$$S_2 = S - S_1 = \frac{3}{4}d^2 - S_1 = \frac{3}{4} \times 74^2 - 2375 = 1732$$

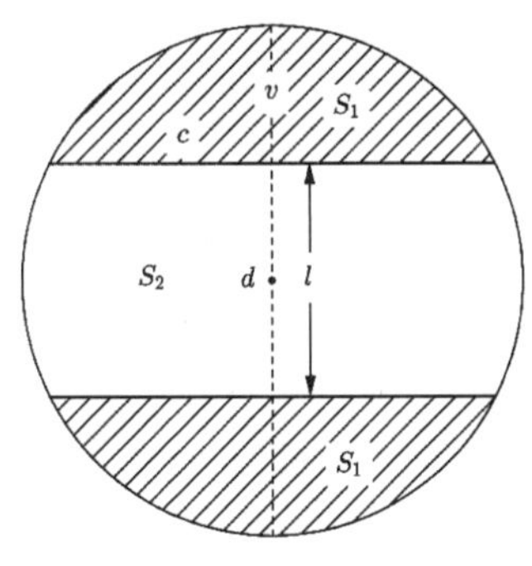

圖 2－8

四千一百零七步再以徑七十四步減去中濶二十四步二弧矢各得二十五步另以勾股法置全徑折半得三十七步為斜弦自乘得一千三百六十九步又以半徑三十七步減去矢二十五步餘一十二步為股自乘得一百四十四步減半徑自乘數餘一千二百二十五步以開平方法求之得半弦即勾三十五步加倍得截弦七十步加矢折半以矢乘之得一弧矢積一千一百八十七步五分併二弧矢共積二千三百七十五步以減圓田全積餘得中河積一千七百三十二步

圓截中段圖　今有圓田外截二弧矢中餘濶二十四步中徑長七十四步兩弧弦各七十步問存積若干

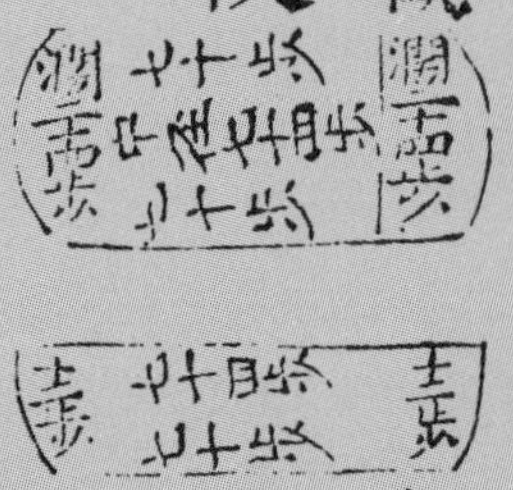

增法置中徑七十四步併加弧弦七十步共一百四十四步折半得七十二步以濶二十四步為法乘之得一千七百二十八步另置七十四步以七十步對減餘四步折半得二步自乘得四步併入

四千一百零七步。再以徑七十四步減去中濶二十四步，二弧矢各得二十五步。另以勾股法，置全徑折半，得三十七步爲斜弦，自乘得一千三百六十九步。又以半徑三十七步減去矢二十五步，餘一十二步爲股，自乘得一百四十四步。減半徑自乘數，餘一千二百二十五步。以開平方法求之，得半弦即勾三十五步，加倍得截弦七十步。加矢折半，以矢乘之，得一弧矢積一千一百八十七步五分。併二弧矢，共積二千三百七十五步。以減圓田全積，餘得中河積一千七百三十二步。

圓截中段圖[1]

今有圓田，外截二弧矢，中餘濶二十四步，中徑長七十四步，兩面弧弦各七十步。問存積若干？增法置中徑七十四步，併加弧弦七十步，共一百四十四步，折半得七十二步，以濶二十四步爲法乘之，得一千七百二十八步。另置七十四步，以七十步對減，餘四步，折半得二步，自乘得四步，併入

1 此圖《算法統宗》無。此圖下兩道算題，皆《筭海説詳》新增。

一千七百二十八步得積一千七百三十二步今有圓田從中心向一邊截一
十二步中徑七十四步截弦七十步問積若干增法置中徑七十四步加
截弦七十步共一百四十四步折半得七十二步以截濶一十二步為法乘之得八百六十四步另
置徑七十四步以弦七十步對減餘四步折半得二步自乘得四步再折半得二步加入
八百六十四步得積八百六十六步

解義圓田截中段將中徑外弦折平以濶乘之另將弦長减徑長餘
步折半自乘加入合積截中心一边中段將徑長弦長折平以
濶乘之另將弦長减徑長餘步折半自乘再折半加入合積其用餘
步折半加之者以補弧背之餘也截中心一边則折半自乘又折半
者偏中係正中一半添積亦應一半故再折半以合之也再如圓徑
二十六步圓積得五百零七步設如兩面各截矢一步弦得十步中
濶二十四步將徑二十六步與弦十步折平得十八步以濶二十四
步乘之得四百三十二步另將弦十步减二十六步餘折半八步自
乘得六十四步併之得積四百九十六步再加每弧矢五步五分二
弧矢共積十一步合圓積五百零七步若截中心一边濶一十二步

一千七百二十八步，得積一千七百三十二步[1]。　今有圓田，從中心向一邊截一十二步，中徑七十四步，截弦七十步。問積若干？增法置中徑七十四步，加截弦七十步，共一百四十四步，折半得七十二步，以截濶一十二步爲法乘之，得八百六十四步。另置徑七十四步，以弦七十步對減，餘四步，折半得二步，自乘得四步，再折半得二步，加入八百六十四步，得積八百六十六步[2]。

【解義】圓田截中段，將中徑、外弦折平，以濶乘之，另將弦長減徑長，餘步折半自乘，加入合積。截中心一邊中段，將徑長、弦長折平，以濶乘之，另將弦長減徑長，餘步折半自乘，再折半，加入合積。其用餘步折半加之者，以補弧背之餘也。截中心一邊，則折半自乘又折半者，偏中係正中一半，添積亦應一半，故再折半，以合之也。再如圓徑二十六步，圓積得五百零七步。設如兩面各截矢一步，弦得十步，中濶二十四步。將徑二十六步與弦十步折平，得十八步，以濶二十四步乘之，得四百三十二步。另將弦十步減二十六步，餘折半八步，自乘得六十四步，併之得積四百九十六步。再加每弧矢五步五分，二弧矢共積十一步，合圓積五百零七步。若截中心一邊，濶一十二步

1　此題圓内所截中段，即前題中段河積。解法不同於前題，其解法用公式表示爲：

$$S=\left(\frac{d+c}{2}\right)l+\left(\frac{d-c}{2}\right)^2=\left(\frac{74+70}{2}\right)\times 25+\left(\frac{74-70}{2}\right)^2=1732$$

該公式推演過程如下：如圖 2－9，中段可分割成爲一個方田（S_1）和兩個弧矢田（S_2），方田積：

$$S_1=cl$$

兩段小弧矢弧弦爲 l，弧矢：

$$v'=\frac{d-c}{2}$$

則小弧矢積：

$$S_2=2\left[\frac{(l+v')\,v'}{2}\right]=\left(l+\frac{d-c}{2}\right)\left(\frac{d-c}{2}\right)$$

中段積：

$$S=S_1+S_2=cl+\left(l+\frac{d-c}{2}\right)\left(\frac{d-c}{2}\right)=\left(\frac{d+c}{2}\right)l+\left(\frac{d-c}{2}\right)^2$$

2　該題截積爲前題截積一半，如圖 2－10 所示。解法用公式表示爲：

$$S=\left(\frac{d+c}{2}\right)l'+\frac{1}{2}\left(\frac{d-c}{2}\right)^2=\left(\frac{74+70}{2}\right)\times 12+\frac{1}{2}\times\left(\frac{74-70}{2}\right)^2=868$$

公式推導方法與前題同。

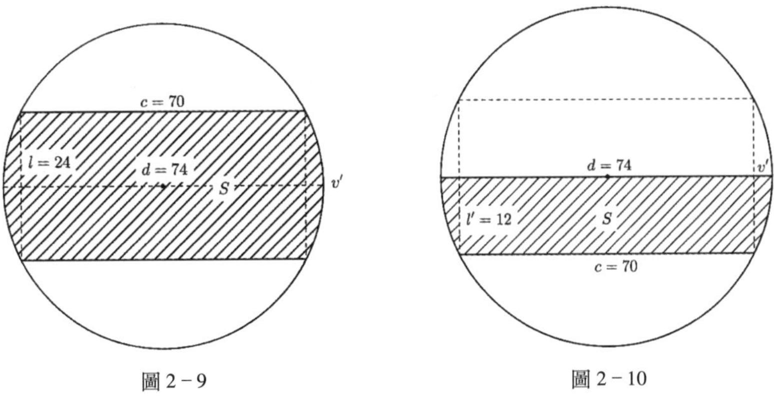

圖 2－9　　圖 2－10

將徑弦折半十八步以濶一十二步乘之得二百一十六步另將弦減徑餘一十六步折半得八步自乘得六十四步折半得三十二步加入共(二百四十八步)得截中段一半之積無不皆合此物理有一形狀即有一數具內可測乃數法天然之妙也

圓田截內方圖

外周二十七步
周十二
方面三步
徑三步

今有圓田內截方田一段外圓周二十七步內方周一十二步問截方餘圓積各若干

(增)(法)置圓周二十七步自乘得七百二十九步以圓法十二除之得通圓積六十步零七分五厘另置內方周一十二步自乘得一百四十四步以方周法十六除之得(內方積九步)以減通圓積餘得(剩圓積五十一步七分五厘)

解義　圓周自乘用十二歸除得積者圓法徑一周三一自乘得一三自乘得九將九四因三歸得十二是每圓周自乘比圓徑自乘得九倍該圓積十二倍故用十二為圓周法得本積方周自乘用十六歸除得積者方面是一面方周是四面一自乘得一四自乘得十六是方周自乘得方面自乘十六倍故用十六為方周法得本積焉傑筭內方作積十六步將外周每面三步連角作四步此筭方東法

將徑弦折半十八步，以濶一十二步乘之，得二百一十六步。另將弦減徑餘一十六步，折半得八步，自乘得六十四步，折半得三十二步加入，共二百四十八步，得截中段一半之積，無不皆合。此物理有一形狀，即有一數具內可測，乃數法天然之妙也。

圓田截內方圖

今有圓田，內截方田一段，外圓周二十七步，內方周一十二步。問截方、餘圓積各若干[1]？增法置圓周二十七步，自乘得七百二十九步，以圓法十二除之，得通圓積六十步零七分五厘。另置內方周一十二步，自乘得一百四十四步，以方周法十六除之，得內方積九步。以減通圓積，餘得剩圓積五十一步七分五厘。

【解義】圓周自乘用十二歸除得積者，圓法徑一周三，一自乘得一，三自乘得九，將九四因三歸得十二，是每圓周自乘比圓徑自乘得九倍，該圓積十二倍，故用十二爲圓周法得本積。方周自乘，用十六歸除得積者，方面是一面，方周是四面，一自乘得一，四自乘得十六，是方周自乘得方面自乘十六倍，故用十六爲方周法得本積。馬傑筭內方作積十六步，將外周每面三步連角作四步，此筭方束法，

1 此題見《算法統宗》卷三。圓內截方，即錢田。如圖 2－11，內方周爲 C_1 、外圓周爲 C_2 ，錢田面積爲：

$$S = \frac{C_2{}^2}{12} - \frac{C_1{}^2}{16}$$

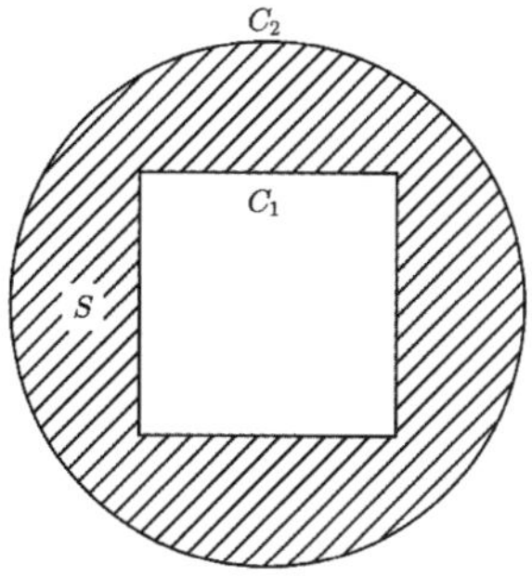

C_2

C_1

S

圖 2－11

非是方束是論個數周十二則寔有十二個若以每面計之則各面得四個非三個方田正面數寔四角數虛每角兩面作數周十二步寔止八步何得將方束作十二寔步筭此程賓渠所以詳駁其非也

圓田截方餘徑并二周相較求內方餘圓歌○圓內截方法可推○內方一步問因依○餘徑相較分盈縮○較取二周有參差○就以差步立為法○見在周差以法歸○得數即為內方面○若有分釐各除之○外三內四相除減○得方仍將本數施

解義 舊法有雜題截圓田方池一問然無所求之法今併立法考較大凡內方餘徑盈縮不同方周圓周亦參差不等其倶以內方一步立法方一步餘徑比方一步或多或少即得圓周所多方周之數若干加至二步三步以至無窮方步加多圓周亦逐步加多故以方一步得圓周所多之數為法以除除當下外圓周所多之數即可得內方步數至內方餘徑差多有分釐分數則先除去者數以步為準分釐皆步下零數故須除去外除以三者圓徑一周三因得三故以三除內除以四者方周四故以四除以差步歸除得方再將所多分

非是。方束是論個數，周十二則實有十二個，若以每面計之，則各面得四個，非三個。方田正面數實，四角數虛，每角兩面作數，周十二步實止八步，何得炤方束作十二實步筭？此程賓渠所以詳駁其非也[1]。

圓田截方餘徑并二周相較求内方餘圓歌〇圓内截方法可推〇内方一步問因依〇餘徑相較分盈縮〇較取二周有參差〇就以差步立爲法〇見在周差以法歸〇得數即爲内方面〇若有分厘各除之〇外三内四相除減〇得方仍將本數施[2]

【解義】舊法有“難題”載圓田方池一問[3]，然無所求之法，今併立法考較。大凡内方、餘徑盈縮不同，方周、圓周亦參差不等，其俱以内方一步立法。方一步，餘徑比方一步或多或少，即得圓周所多方周之數若干。加至二步、三步，以至無窮，方步加多，圓周亦逐步加多。故以方一步得圓周所多之數爲法，以除當下外圓周所多之數，即可得内方步數。至内方、餘徑差多有分厘，分數則先除去者，數以步爲準，分厘皆步下零數，故須除去。外除以三者，圓徑一，周三因得三，故以三除；内除以四者，方周四，故以四除。以差步歸除得方，再將所多分

---

1 馬傑，明河間吴橋人，嘉靖間作《馬傑改正算法》，改吴敬《九章比類》“反正爲邪數欵”，書已佚失。參本書卷前“算書源流本末”。馬傑將方田混作方束，解得方田積爲十六，顯誤。程大位詳論之，見《算法統宗》卷三。

2 該歌訣順治本作“内方差數用爲實〇徑方約量十分數〇一倍定位作一步〇較減餘數即爲法〇除實徑方皆可察〇徑倍除實先得方〇方陪除實徑亦彰〇倍數内外有盈欠〇加實減實分别筭”。如圖 2-12，已知圓周 C_2 與方周 C_1 差，内方 a 與餘徑 h（$h = d - a$）倍積關係，求内方 a、餘徑 h、圓徑 d 各項。解法詳後算題。

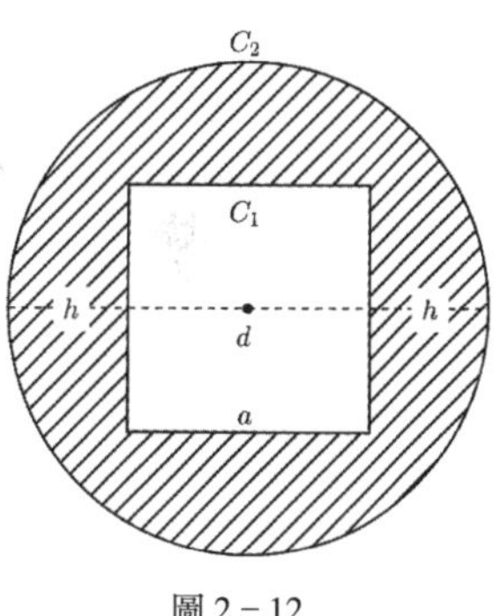

圖 2-12

3 此難題爲《算法統宗》卷十五“難題少廣四”第三題。原題云：“今有圓田一段，中間有箇方池。丈量田地待耕犁，恰好三分在記。池面至周有數，每邊三步無疑。内方圓徑若能知，堪作筭中第一。”如圖 2-13，已知錢田積 S、方外一面餘闊 h'，求圓徑 d、内方 a。由題意得：

$$\begin{cases} d - a = 2h' \\ \frac{3}{4}d^2 - a^2 = S \end{cases}$$

解得：

$$-\frac{1}{4}d^2 + 4hd = S + 4h^2$$

又：

$$d = 2r$$

得：

$$-r^2 + 8hr = S + 4h^2$$

以 $8h$ 爲縱方，用減縱開方除之，得半徑 r，加倍得全徑 d。《算法統宗》列“古法”“又法”兩種解法，其“古法”云：“通田三分得七十二步，以每邊三步［加倍得六步］約之，得圓徑一十二步”，此解法僅當 $d=2a$ 時方成立，非通法。“又法”則以 $2S + 4h^2$ 爲實，用帶縱開方求，結果雖不誤，但殊無道理。

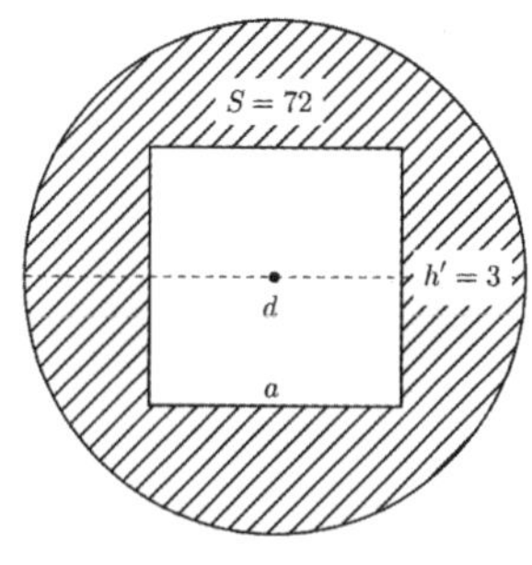

圖 2-13

得三也若内方倍於餘徑若干倍内有盈不足上用本數加減另解在後

方徑均平加倍圖

今有圓田内截一方塘塘外餘田三分内方餘徑步均平圓周多方周一十二步問内方餘徑通徑各若干

增法置圓周多一十二步為實另置方一步以周四因之得四步又置餘徑均平一步連内方一步共二步以圓周三因之得六步两數相減餘二步為法除實一十二步得内方六步外餘徑均平六步折半得每面餘徑各三步加内方六步得通徑一十二步自乘得一百四十四步三因四歸得圓田一百零八步減去内方六步自乘三十六步得方外餘積七十二步以畝法二四通之得方外餘田三分

增法餘徑得内方三倍圓周多方周二十四步問内方餘徑通徑

置圓周多二十四步為實另置

得三也[1]。若内方倍於餘徑若干，倍内有盈不足，(上)[止]用本數加減[2]，另解在後。

方徑均平加倍圖

今有圓田内截一方塘，塘外餘田三分，内方、餘徑步均平，圓周多方周一十二步。問内方、餘徑、通徑各若干[3]? 增法 置圓周多一十二步爲實。另置方一步，以周四因之得四步；又置餘徑均平一步，連内方一步共二步，以圓周三因之得六步。兩數相減，餘二步爲法，除實一十二步，得内方六步。外餘徑均平六步，折半得每面餘徑各三步。加内方六步，得通徑一十二步。自乘得一百四十四步，三因四歸，得圓田一百零八步，減去内方六步自乘三十六步，得方外餘積七十二步。以畝法二四通之，得方外餘田三分。增法 餘徑得内方三倍，圓周多方周二十四步。問内方、餘徑、通徑。置圓周多二十四步爲實。另置

1 “舊法有難題”至“再將所多分得三也”，順治本作：“舊法載圓田方池一問，然無所求之法，今併立法考較。大凡餘徑、内方盈縮不同，圓周、方周亦參差不等。將餘徑、内方俱以十分爲率，每一分作一步立法，加至一倍、半倍、二三倍不等，或餘徑或内方面多若干倍分數，圓周多内方周不齊之數，必係若干分數之積數，故以餘徑、内方減餘之分數爲法，以除外圓周所多内周之數，即可得徑方步數。至或餘徑或内方多若干倍，内有或盈或不足，須用加減圓周所多之數爲實者，數以十分爲准，盈不足皆零餘不齊，不合□（注者按：原書模糊，未能識讀）倍之數，故須加減乃合也。其盈不足皆用三因者，徑一圓周得三也。”

2 上，順治本作“止”，據改。

3 此已知 $C_2 - C_1 = t$，$h = ma$，内方周：

$$C_1 = 4a$$

外圓周：

$$C_2 = 3d = 3(a + h) = 3(a + ma)$$

代入 $C_2 - C_1 = t$，得：

$$3(a + ma) - 4a = t$$

求得内方：

$$a = \frac{t}{3(1 + m) - 4} = \frac{12}{3 \times (1 + 1) - 4} = 6$$

餘徑、圓徑、田積依法可求。

方一步周得四步又置餘徑三倍得三步連內方共四步周得一十二步兩數相減餘八步為法除實二十四步得內方三步外餘徑三倍得九步折半得每面餘徑四步五分加內方三步得通徑一十二步

解義首圖即舊維題所載分數也第舊未立內方餘徑較周法小言方外餘田三分餘徑各三步解法以每面三步約圓徑一十二步設如次圖每面餘徑四步五分依然前圖分數又作何約法故立二圖考較其首圖內方餘徑均平每內方一步圓周多方周二步者內方一步餘徑亦一步連內方一步則二步方周一四得四圓周二三得六故多二步次圖餘徑得內方三倍圓周多方周八步者內方餘徑均平圓徑係餘徑連方寔得二倍餘徑再加一倍圓徑一圓三則圓周加得三步再加一倍則圓周多六步次圖係餘徑得內方三倍故較內方餘徑均平圓周多二步又加兩個三步共多八步以至四倍五倍皆可類推至內方余徑盈縮無定或餘徑多內方若干步有半或餘徑少內方若干或餘徑多內方若干倍零若干分厘或餘徑多內方若干倍不足若干分厘或餘徑少內方若下步零若干分厘或餘徑少內方若干步不足若干分厘數有不齊各因內外圓方減除并分晰立圖備考

方一步，周得四步；又置餘徑，三倍得三步，連内方共四步，周得一十二步。兩數相減，餘八步爲法，除實二十四步，得内方三步。外餘徑三倍得九步，折半得每面餘徑四步五分。加内方三步，得通徑一十二步[1]。

【解義】首圖即舊“難題”所載分數也[2]，第舊未立内方餘徑較周法，止言方外餘田三分，餘徑各三步，解法以每面三步約圓徑一十二步。設如次圖每面餘徑四步五分，依然前圓分數，又作何約法？故立二圖考較。其首圖内方、餘徑均平，每内方一步，圓周多方周二步者，内方一步，餘徑亦一步，連内方一步則二步，方周一四得四，圓周二三得六，故多二步。次圖餘徑得内方三倍，圓周多方周八步者，内方、餘徑均平，圓徑係餘徑連方，實得二倍餘徑，再加一倍，圓徑一圍三，則圓周加得三步；再加一倍，則圓周多六步。次圖係餘徑得内方三倍，故較内方、餘徑均平圓周多二步，又加兩個三步，共多八步。以至四倍、五倍，皆可類推。至内方、餘徑盈縮無定，或餘徑多内方若干步有半，或餘徑少内方若干，或餘徑多内方若干倍零若干分厘，或餘徑多内方若干倍不足若干分厘，或餘徑少内方若干步零若干分厘，或餘徑少内方若干步不足若干分厘，數有不齊，各因内外圓方減除，并分晰立圖備考。

---

1 在此題中，$t = 24$，$m = 3$，則内方：

$$a = \frac{t}{3(1+m)-4} = \frac{24}{3\times(1+3)-4} = 3$$

2 即《算法統宗》卷十五“難題少廣四”第三題，詳前文注釋。

徑倍方盈不足帶分蹙圖

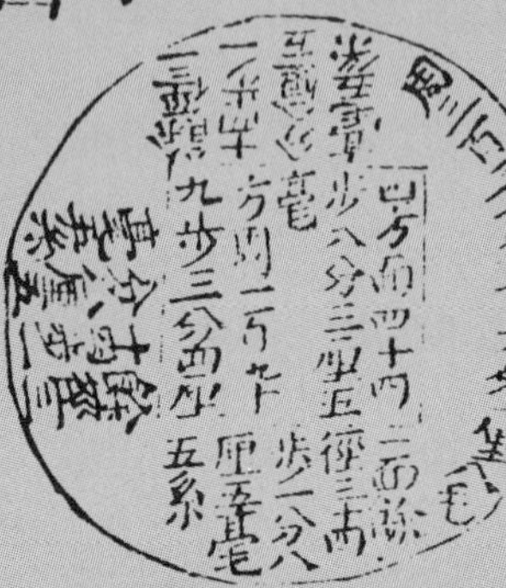

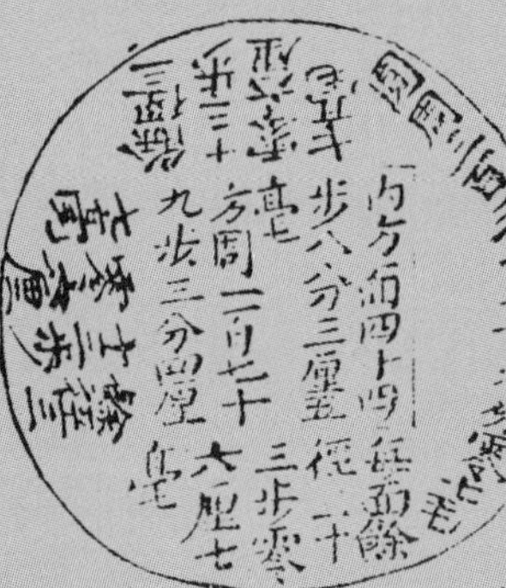

今有圓田内截方塘餘徑得内方面一倍有半多一步一分一釐八毫五絲圓周多方周一百六十步零二分七釐八毫問内方餘徑各若干 ㊟答

法置餘徑多一步一分一釐八毫五絲以圓周三因之得三步三分五釐五毫五絲以減圓周多一百六十步零二分七釐八毫餘一百五十六步九分二釐二毫五絲為實另將内方一倍以方周四因得四步餘徑一倍有半該一步五分連内方共二步五分以圓周三因得七步五分與内方四步對減餘三步五分為法除實一百五十六步九分二釐二毫五絲得内方面四十四步八分三釐五毫外餘徑倍半該六十七步二分五釐二毫五絲加入多一步一分一釐八毫五絲得餘徑六十八步三分七釐一毫折半得每面餘徑三十四步一分八釐五毫五絲共

徑倍方盈不足帶分釐圖

今有圓田内截方塘，餘徑得内方面一倍有半，多一步一分一釐八毫五絲，圓周多方周一百六十步零二分七釐八毫。問内方、餘徑各若干[1]？增法置餘徑多一步一分一釐八毫五絲，以圓周三因之，得三步三分五釐五毫五絲，以減圓周多一百六十步零二分七釐八毫，餘一百五十六步九分二釐二毫五絲爲實。另將内方一倍以方周四因得四步，餘徑一倍有半，該一步五分，連内方共二步五分，以圓周三因，得七步五分，與内方四步對減，餘三步五分爲法。除實一百五十六步九分二厘二毫五絲，得内方面四十四步八分三釐五毫。外餘徑倍半，該六十七步二分五釐二毫五絲，加入多一步一分一釐八毫五絲，得餘徑六十八步三分七釐一毫，折半得每面餘徑三十四步一分八釐五毫五絲。共

---

1 此已知 $C_2 - C_1 = t$，$h = ma + p$，内方周：

$$C_1 = 4a$$

外圓周：

$$C_2 = 3d = 3(a + h) = 3(a + ma + p)$$

代入 $C_2 - C_1 = t$，得：

$$3(a + ma + p) - 4a = t$$

求得内方：

$$a = \frac{t - 3p}{3(1 + m) - 4} = \frac{160.278 - 3 \times 1.1185}{3 \times (1 + 1.5) - 4} = 44.835$$

餘徑、圓徑、田積依法可求。

餘徑加內方得通徑一百一十三步二分零六毫　又今有餘徑得內
方倍半不足一步一分一釐八毫五絲圓周多方周一百五十三步五
分六釐七毫問方面餘徑　增法照前三因不足共三步三分五釐五毫五絲加入
圓周多一百五十三步五分六釐七毫共一百五十六步九分二釐二毫五絲為實亦將前法三步五分除實
得內方同前外餘徑倍半該六十七步二分五釐二毫五絲內減不足一步一分一釐八毫五絲得餘
徑共六十六步一分三釐四毫折半得每面餘徑三十三步零六釐七
毫共餘徑連內方得通徑一百一十步零九分六釐九毫

解義
以徑方相減餘數除圓周多數即物價貴賤相減相併同法內
方用四因方周四也餘徑用三因圓周三也至絲不足皆用三
因者盈不足在餘徑徑一周三徑比內方幾倍外多若干圓周所多
之數必比徑多出三倍幾倍內少若干圓周所多之數必比徑少欠
三倍故俱用三因多者減去少者
加入為實以法除乃合內方數也

餘徑加内方，得通徑一百一十三步二分零六毫。 又今有餘徑得内方倍半，不足一步一分一釐八毫五絲，圓周多方周一百五十三步五分六釐七毫。問方面、餘徑[1]。增法照前三因不足，共三步三分五釐五毫五絲，加入圓周多一百五十三步五分六釐七毫，共一百五十六步九分二釐二毫五絲爲實。亦將前法三步五分除實，得内方同前外餘徑倍半，該六十七步二分五釐二毫五絲，内減不足一步一分一釐八毫五絲，得餘徑共六十六步一分三釐四毫，折半得每面餘徑三十三步零六釐七毫。共餘徑連内方，得通圓徑一百一十步零九分六釐九毫。

【解義】以徑方相減餘數，除圓周多數，即物價貴賤相減相併同法。内方用四因，方周四也；餘徑用三因，圓周三也。至盈不足皆用三因者，盈不足在餘徑，徑一周三，徑比内方幾倍外多若干，圓周所多之數，必比徑多出三倍；幾倍内少若干，圓周所多之數必比徑少欠三倍，故俱用三因。多者減去、少者加入爲實，以法除，乃合内方數也。

---

1 此已知 $C_2 - C_1 = t$，$h = ma - p$，則内方：

$$a = \frac{t + 3p}{3(1 + m) - 4} = \frac{153.567 + 3 \times 1.1185}{3 \times (1 + 1.5) - 4} = 67.2525$$

餘徑、圓徑、田積依法可求。

方倍徑盈不足帶分釐圖

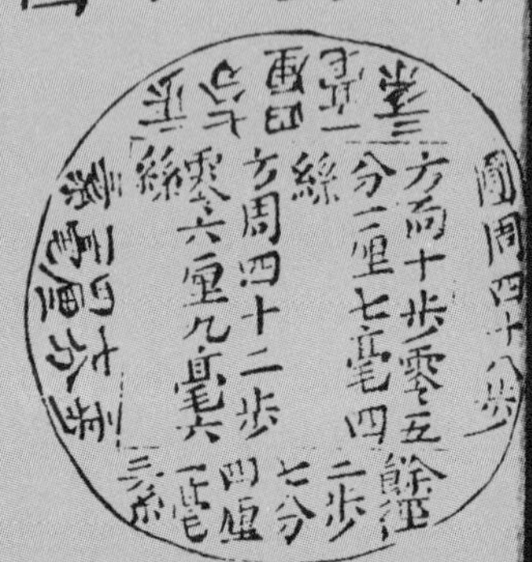

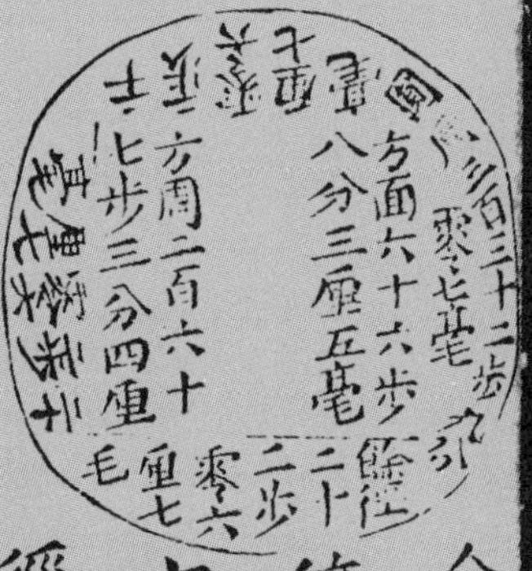

今有圓田內栽方塘內方得餘徑二倍不足四分四釐七毫八絲圓周多內方周五步九分三釐零四絲問餘徑內方通徑各若干

增法置圓周多五步九分三釐零四絲以內方不足四分四釐七毫八絲減之餘五步四分八釐二毫六絲為實另將內方二倍作二步以四因得八步餘徑一倍連內方二倍共三步以三因得九步與方八步對減餘一步為法除實如故得餘徑共五步四分八釐二毫六絲折半得每面餘徑二步七分四釐一毫三絲共餘徑加倍得十步零九分六釐五毫二絲內減不足四分四釐七毫八絲得內方面十步零五分一釐七毫四絲連共餘徑得通圓徑一十六步

又今有內方得餘徑一倍有半多六分三釐四毫

方倍徑盈不足帶分釐圖

今有圓田内截方塘，内方得餘徑二倍，不足四分四釐七毫八絲，圓周多内方周五步九分三釐零四絲。問餘徑、内方、通徑各若干[1]？增法置圓周多五步九分三釐零四絲，以内方不足四分四釐七毫八絲減之，餘五步四分八釐二毫六絲爲實。另將内方二倍作二步，以四因得八步，餘徑一倍連内方二倍共三步，以三因得九步，與方八步對減，餘一步爲法，除實如故，得餘徑共五步四分八釐二毫六絲，折半得每面餘徑二步七分四釐一毫三絲。共餘徑加倍得十步零九分六釐五毫二絲，内減不足四分四釐七毫八絲，得内方面十步零五分一釐七毫四絲。連共餘徑，得通圓徑一十六步。又今有内方，得餘徑一倍有半，多六分三釐四毫

---

1 此已知 $C_2 - C_1 = t$，$a = mh - p$，則内方周：

$$C_1 = 4a = 4(mh - p)$$

外圓周：

$$C_2 = 3d = 3(a + h) = 3(mh - p + h)$$

代入 $C_2 - C_1 = t$，得：

$$3(mh - p + h) - 4(mh - p) = t$$

求得餘徑：

$$h = \frac{t - p}{3(m + 1) - 4m} = \frac{5.9304 - 0.4478}{3 \times (2 + 1) - 4 \times 2} = 5.4826$$

圓周多方周六十五步五分六釐七毫問餘徑內方通徑　通法置圓

周多六十五步五分六釐七毫加入內方多六分三釐四毫共六十六步二分零一毫為實另將內方

倍作一步半作五分以四因得六步餘徑連內方二倍作二步有半作五分以三因得七步五分對減

餘一步五分為法除實六十六步二分零一毫得餘徑共四十四步一分三釐四毫折

半得每面餘徑二十二步零六釐七毫共餘徑加半倍得六十六步二分零一毫

加入多六分三釐四毫得內方面六十六步八分三釐五毫連共餘徑得通圓

徑一百一十步零九分六釐九毫

解義

前圖俱是餘徑多內方不足今圖是內方多餘徑不足餘徑多以法除實得內方面內方多以法除實得餘徑前圖餘徑多則減去不足則加入且各三因加減今圖內方多反加入不足反減去且止本數加減者餘徑多與不足是在內方外餘徑獨多之數故多須減去不足須加入圓周三故須三因加減以法除之始合內方之數內方多與不足是內方多徑連方在內亦多內方不足徑連方在

圓周多方周六十五步五分六釐七毫。問餘徑、内方、通徑[1]。增法置圓周多六十五步五分六釐七毫，加入内方多六分三厘四毫，共六十六步二分零一毫爲實。另將内方倍半，作一步五分，以四因，得六步；餘徑連内方二倍有半，作二步五分，以三因，得七步五分，對減，餘一步五分爲法，除實六十六步二分零一毫，得餘徑共四十四步一分三釐四毫，折半得每面餘徑二十二步零六釐七毫。共餘徑加半倍得六十六步二分零一毫，加入多六分三釐四毫，得内方面六十六步八分三釐五毫。連共餘徑，得通圓徑一百一十步零九分六釐九毫。

【解義】前圖俱是餘徑多内方不足，今圖是内方多餘徑不足。餘徑多，以法除實得内方面；内方多，以法除實得餘徑。前圖餘徑多則減去，不足則加入，且各三因加減；今圖内方多反加入，不足反減去，且止本數加減者，餘徑多與不足，是在内方外餘徑獨多之數，故多須減去，不足須加入。圓周三，故須三因加減，以法除之，始合内方之數。内方多與不足，是内方多，徑連方在内亦多；内方不足，徑連方在

1 此已知 $C_2 - C_1 = t$，$a = mh + p$，解得餘徑：

$$h = \frac{t + p}{3(m + 1) - 4m} = \frac{65.567 + 0.634}{3 \times (1.5 + 1) - 4 \times 1.5} = 44.134$$

內亦不足內方周四多四圓徑周三多三是圓周反不足一數內方周少四圓周少三是圓周反多出一數故多須加入不足須減去且止以本數加減以法除之始合餘徑之數

徑方納法相求圖

圓周四百六十三步零五釐

方面四十一步六分五釐

方周一百六十六步六分

餘徑五十六步三分五釐

圓周四十五步

方面十步零四分二釐

方周四十一步六分八釐

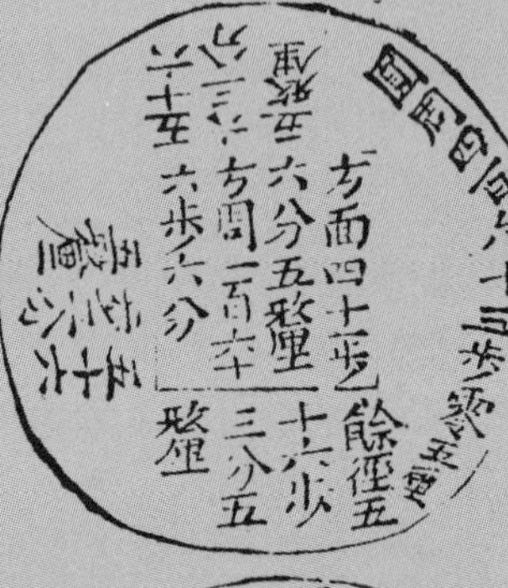

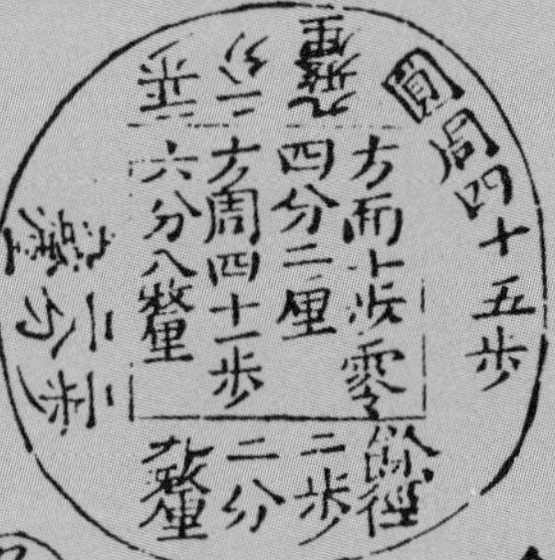

今有圓田內截方塘內方得餘徑四十六分步之一十七圓周多方周二百九十六步四分五釐問內方餘徑通徑

增法置圓周多二百九十六步四分五釐為實另將內方一十七步以四因得六十八步餘徑四十六步連內方一十七步共六十三步以三因得一百八十九步與方六十八步對減餘一百二十一步為法除實二百九十六步四分五釐得二步四分五釐為平法以因十七步得內方面四十一步六分五釐以因四十六步得餘徑共一百一十二步七分折半得每面餘徑五十六步三分五釐連餘徑內方得

内亦不足。内方周四多四，圓徑周三多三，是圓周反不足。一數内，方周少四，圓周少三，是圓周反多出一數，故多須加入，不足須減去。且止以本數加減，以法除之，始合餘徑之數。

徑方約法相求圖

今有圓田内截方塘，内方得餘徑四十六分步之一十七，圓周多方周二百九十六步四分五釐。問内方、餘徑、通徑[1]。增法置圓周多二百九十六步四分五釐爲實。另將内方一十七步以四因，得六十八步；餘徑四十六步連内方一十七步共六十三步，以三因得一百八十九步。與方六十八步對減，餘一百二十一步爲法，除實二百九十六步四分五釐，得二步四分五釐爲平法。以因十七步，得内方面四十一步六分五釐。以因四十六步，得餘徑共一百一十二步七分，折半得每面餘徑五十六步三分五釐。連餘徑、内方，得

---

1 此已知 $C_2 - C_1 = t$，又：

$$\frac{a}{h} = \frac{m}{n}$$

由題意得：

$$3(a + h) - 4a = t \qquad ①$$

將 $h = \frac{an}{m}$ 代入①，求得内方：

$$a = \frac{t}{3(n + m) - 4m} \cdot m = \frac{296.45}{3 \times (46 + 17) - 4 \times 17} \times 17 = 41.65$$

將 $a = \frac{hm}{n}$ 代入①，求得餘徑：

$$h = \frac{t}{3(n + m) - 4m} \cdot n = \frac{296.45}{3 \times (46 + 17) - 4 \times 17} \times 46 = 112.7$$

通圓徑一百五十四步三分五釐　又今有餘徑得內方五百二十一分釐之二百二十九圓周多方周三步三分二釐問內方餘徑通徑

增法置圓周多三步三分二釐以釐通之得三百三十二釐為實另將內方五百二十一釐以四因得二千零八十四釐又將餘徑二百二十九厘連內方五百二十一釐共七百五十釐以三因得二千二百五十釐與方二千零八十四釐對減餘一百六十六釐為法除實三百三十二釐得二釐為平法以因五百二十一釐得一千零四十二釐每百釐一步得內方面一十步零四分二釐以因二百二十九釐得四百五十八釐每百釐一步得餘徑共四步五分八釐折半得每面餘徑二步二分九釐合餘徑內方得通圓徑一十五步

解義　內方餘徑數各參差多少不可以一等倍計須用約法較分可以步分者以步分之步不可分則以分釐毫分之皆可立法相求此數理之無不可通也故又列二圖以備伸悟

通圓徑一百五十四步三分五釐。 又今有餘徑得内方五百二十一分釐之二百二十九，圓周多方周三步三分二釐。問内方、餘徑、通徑[1]。增法置圓周多三步三分二釐，以釐通之得三百三十二釐爲實。另將内方五百二十一釐以四因，得二千零八十四釐；又將餘徑二百二十九厘連内方五百二十一釐共七百五十釐以三因，得二千二百五十釐。與方二千零八十四釐對減，餘一百六十六釐爲法，除實三百三十二釐，得二釐爲平法。以因五百二十一釐，得一千零四十二釐，每百釐一步，得内方面一十步零四分二釐。以因二百二十九釐，得四百五十八釐，每百釐一步，得餘徑共四步五分八釐，折半得每面餘徑二步二分九釐。合餘徑、内方，得通圓徑一十五步。

【解義】内方、餘徑，數各參差，多少不可以一［二］等倍計，須用約法較分。可以步分者，以步分之；步不可分，則以分釐毫分之，皆可立法相求，此數理之無不可通也。故又列二圖，以備伸悟。

1 此題解法同前題。解得内方：

$$a = \frac{t}{3(n+m)-4m} \cdot m = \frac{332}{3\times(229+521)-4\times521} \times 521 = 1042$$

餘徑：

$$h = \frac{t}{3(n+m)-4m} \cdot n = \frac{332}{3\times(229+521)-4\times521} \times 229 = 458$$

圓環田求積圖

今有圓田中心除去圓池外餘環田外周四十八步內周二十四步環徑四步問積若干

舊法置外周四十八步併內周二十四步共七十二步折半得三十六步為實以徑四步為法乘之得環積一百四十四步

又法置環徑四步以三因之得一十二步以減外周四十八步餘三十六步以徑四步乘之或將一十二步加入內周二十四步共三十六步以徑乘之俱得

又法置外周四十八步自乘得二千三百零四步另以內周二十四步自乘得五百七十六步二數相減餘一千七百二十八步以圓周法十二除之亦得或以通徑十六步自乘三因四歸得圓田積另以內徑八步自乘三因四歸減內圓積得外環積亦得

解義　外周內周折平以徑乘即斜田二長折平以闊乘之同理又法三因環徑以減外周或加內周因圓法以六圓一每徑一步外

圓環田求積圖[1]

今有圓田，中心除去圓池，外餘環田。外周四十八步，内周二十四步，環徑四步。問積若干？舊法置外周四十八步，併内周二十四步，共七十二步，折半得三十六步爲實。以徑四步爲法乘之，得環積一百四十四步[2]。又法置環徑四步，以三因之，得一十二步，以減外周四十八步，餘三十六步，以徑四步乘之。或將一十二步加入内周二十四步，共三十六步，以徑乘之俱得[3]。又法置外周四十八步，自乘得二千三百零四步；另以内周二十四步自乘，得五百七十六步。二數相減，餘一千七百二十八步，以圓周法十二除之，亦得。或以通徑十六步自乘，三因四歸，得圓田積；另以内徑八步自乘，三因四歸，減内圓積，得外環積，亦得[4]。

【解義】外周内周折平，以徑乘，即斜田二長折平，以濶乘之同理。又法三因環徑，以減外周，或加内周，因圓法以六圍一，每徑一步，外

1 圓環求積，見《算法統宗》卷三“方内容圓圓内減圓爲環圖”。

2 如圖 2－14，圓環内周爲 C_1 、外周爲 C_2 ，環徑爲 h ，則“舊法”用公式表示爲：

$$S=\frac{C_1+C_2}{2}\cdot h$$

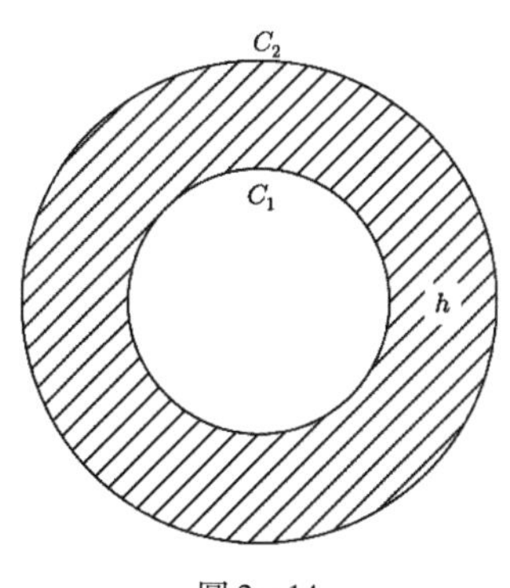

圖 2－14

3 此“又法”用公式表示爲：

$$S=(C_2-3h)\cdot h=(C_1+3h)\cdot h$$

4 此“又法”係用外圓積減去内圓積，得環徑積，用公式表示爲：

$$S=\frac{{C_2}^2-{C_1}^2}{12}$$

即：

$$S=\frac{3}{4}{d_2}^2-\frac{3}{4}{d_1}^2$$

其中，d_1 爲内圓徑，d_2 爲外圓徑。

周多六步環徑四步外周多內周四六二十四步將徑用六數之半以三因之適得多數一半以減外周便減去所多一半以加內周便補入所少一半亦內外折平之法也又法外周自乘減去內周自乘以十二除之者圓田外周自乘以十二除之可得全積減去內周自乘即減內圓止剩外環數故以十二除之適得環積即圓田以周問積法也

環田周徑相求法〇以周問徑〇今有環田外周四十八步內周二十四步問徑若干（舊法）置外周（四十八步）以內周（二十四步）減之餘（二十四步）以圓法六除之得（徑四步）〇以徑與內周問外周（舊法）置徑（四步）以六因之得（二十四步）加入內周得（外周四十八步）〇以徑與外周問內周〇置徑以六因之得（二十四步）以減外周餘得（內周二十四步）

難題二周相和併積問徑周歌〇一段環田徑不知二周相併事幽微共計一百六十步田積一畝無零餘三般可以見端的二周一徑莫差池

周多六步，環徑四步，外周多内周四六二十四步。將徑用六數之半，以三因之，適得多數一半。以減外周，便減去所多一半；以加内周，便補入所少一半，亦内外折平之法也。又法外周自乘減去内周自乘，以十二除之者，圓田外周自乘，以十二除之，可得全積，減去内周自乘，即減内圓，止剩外環數，故以十二除之，適得環積，即圓田以周問積法也。

環田周徑相求法〇以周問徑〇今有環田，外周四十八步，内周二十四步。問徑若干？舊法置外周四十八步，以内周二十四步減之，餘二十四步，以圓法六除之，得徑四步。〇以徑與内周問外周。舊法置徑四步，以六因之得二十四步，加入内周，得外周四十八步。〇以徑與外周問内周。〇置徑以六因之，得二十四步，以減外周，餘得内周二十四步[1]。

難題·二周相和併積問徑周歌〇一段環田徑不知，二周相併事幽微。共計一百六十步，田積一畝無零餘。三般可以見端的，二周一徑莫差池[2]。

1　設環徑爲 h，内圓徑爲 d_1，外圓徑爲 d_2，内圓周爲 C_1，外圓周爲 C_2，由：

$$h = \frac{d_2 - d_1}{2}$$

推得：

$$h = \frac{3d_2 - 3d_1}{6} = \frac{C_2 - C_1}{6}$$

2　此難題爲《算法統宗》卷十三“難題方田一”第三題，文字略有差異。此已知環田積 $S = 240$，内外周和 $t = C_1 + C_2 = 160$，求環田徑 h 及内外周。解法如下：

$$h = \frac{S}{\frac{t}{2}} = \frac{240}{80} = 3$$

$$C_1 = \frac{t}{2} - 3h = 71$$

$$C_2 = \frac{t}{2} + 3h = 89$$

此言環田計一畝內外周共一百六十步問徑及內外周各若干舊法置田一畝以畝法通之得二百四十步為實另置二周共和一百六十步折半得八十步為法除實得圜徑三步又另以三乘三步得九步以減八十步餘得內周七十一步以減總共和一百六十步餘得外周八十九步

解義 環積係內外周折平以徑乘之以共步折半即兩周折平法故為法除積可得徑也

雜題 二周差步併積問徑周鳳棲梧〇一段環田余久慮衆說分明亦有誰人悟忘了二周併徑步人道二周不及為差處七十有餘单二步三事通知答曰分明註五畝二分無零數玄機奥妙堪思慕此言環田五畝二分內周不及外周七十二步問徑與內外周各若干舊法置田五畝二分以畝法通之得一千二百四十八步倍之得二千四百九十六步為實另置不及七十二步以六除之得徑一十二步就以為

此言環田計一畒，内外周共一百六十步，問徑及内外周各若干？舊法置田一畒，以畒法通之，得二百四十步爲實。另置二周共和一百六十步，折半得八十步爲法，除實得圜徑三步。又另以三乘三步得九步，以減八十步，餘得内周七十一步。以減總共和一百六十步，餘得外周八十九步。

【解義】環積係内外周折平，以徑乘之。以共步折半，即兩周折平法，故爲法除積，可得徑也。

難題·二周差步併積問徑周·鳳棲梧○一段環田余久慮，衆説分明，亦有誰人悟？忘了二周併徑步，人道二周不及爲差處。七十有餘单二步，三事通知，荅曰分明註。五畒二分無零數，玄機奥妙堪思慕[1]。此言環田五畒二分，内周不及外周七十二步。問徑與内外周各若干？舊法置田五畒二分，以畒法通之，得一千二百四十八步，倍之得二千四百九十六步爲實。另置不及七十二步，以六除之，得徑一十二步。就以爲

1 此難題爲《算法統宗》卷十三“難題方田一”第四題。此已知環田積 $S = 1248$，内外周之差 $t = C_2 - C_1 = 72$，求環徑 h、内外周。解法如下：

$$h = \frac{t}{6} = 12$$

$$C_1 = \frac{1}{2}\left[\frac{2S}{h} - t\right] = \frac{S}{h} - \frac{t}{2} = 68$$

$$C_2 = C_1 + t = 140$$

法除實得二百零八步內減不及七十二步餘一百三十六步折半得(內周六十八步)加不及七十二步得(外周一百四十步)

【增法】置通積一千二百四十八步為實另置不及七十二步以六除之得(徑一十二步)以除實得一百零四步將七十二步折半得三十六步以減一百零四步得(內周六十八步)以增一百零四步得(外周一百四十步)

解義 倍積即後法加倍故後法以十二除積減除不及一半即得內周前法以十二除倍積減除不及全步又折半乃得內周一也

環田截外歌 ○環田截外積倍重○差乘倍積徑除行○以減外周自乘積○餘實開方截周明○截周外周餘零數○以六除之徑可憑

圜田截內截外圖

今有圜田外周七十二步內周二十四步徑八步從外周截積二百八十五步問截中周併徑若干

【草法】置截積二百八十五步倍之得五百七十步卻以外周減內周二十四步餘

法，除實得二百零八步。内減不及七十二步，餘一百三十六步，折半得内周六十八步。加不及七十二步，得外周一百四十步。增法置通積一千二百四十八步爲實。另置不及七十二步，以六除之，得徑一十二步。以除實，得一百零四步。將七十二步折半，得三十六步，以減一百零四步，得内周六十八步。以增一百零四步，得外周一百四十步。

【解義】倍積即後法加倍，故後法以十二除積，減除不及一半，即得内周。前法以十二除倍積，減除不及全步，又折半，乃得内周，一也。

環田截外歌○環田截外積倍重○差乘倍積徑除行○以減外周自乘積○餘實開方截周明○截周外周餘零數○以六除之徑可憑[1]

圜田截内截外圖

今有圜田，外周七十二步，内周二十四步，徑八步。從外周截積二百八十五步，問截中周併徑若干[2]？舊法置截積二百八十五步，倍之得五百七十步。却以外周減内周二十四步，餘

---

1 歌訣見《算法統宗》卷七。原歌訣凡八句，題作“環田截積歌”：

環田要截外周積，倍積二周差步乘。
原徑爲法除見數，另以外周周自乘。
以少減多餘作實，開方便得内周成。
二周相減餘零數，六而取一徑分明。

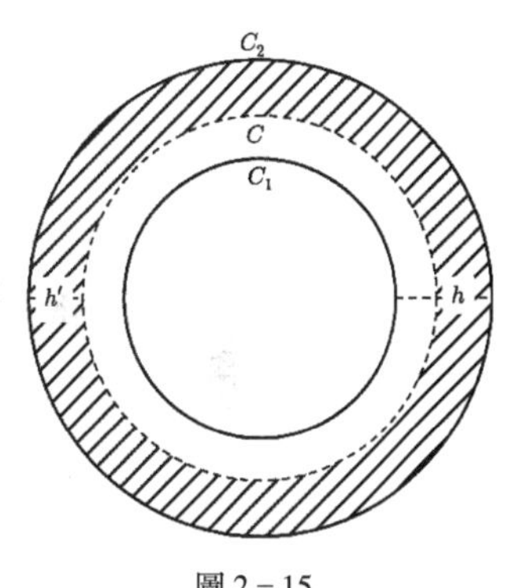

圖 2－15

如圖 2－15，環田截外，内周爲 C_1、外周爲 C_2，環徑爲 h，截積爲 S，求截周 C、截徑 h'。歌訣解法用公式表示爲：

$$C = \sqrt{{C_2}^2 - \frac{2S(C_2 - C_1)}{h}}$$

$$h' = \frac{C_2 - C}{6}$$

上述公式可由以下方法推導得出：由

$$h = \frac{C_2 - C_1}{6},\ h' = \frac{C_2 - C}{6}$$

得：

$$\frac{C_2 - C_1}{C_2 - C} = \frac{h}{h'} \quad ①$$

又由環積公式得：

$$S = h' \cdot \left(\frac{C_2 + C}{2}\right)$$

則：

$$h' = \frac{2S}{C_2 + C}$$

代入①式，得：

$$\frac{C_2 - C_1}{C_2 - C} = \frac{(C_2 + C)h}{2S}$$

整理得截周：

$$C = \sqrt{{C_2}^2 - \frac{2S(C_2 - C_1)}{h}}$$

2 此題爲《算法統宗》卷七“環田截積”第一題。

四十八步為差步以乘倍積五百七十步得二萬七千三百六十步以原徑八步除之得三千四百二十步另置外周七十二步自乘得五千一百八十四步以少減多餘一千七百六十四步為實以開平方法除之得截中周四十二步以減外周七十二步餘三十步以六除之得截徑五步

圜田截内歌○圜田截内倍積先○差乘倍積徑除焉○加併内周自乘積○開方截周指掌看○截周内周相減餘○六除得徑法同然

会有圜田外周七十二步内周二十四步徑八步從内截積九十九步問截中周併徑若干

舊法置截積九十九步倍之得一百九十八步却以外周内周相減餘四十八步為差步以乘倍積一百九十八步得九千五百零四步以原徑八步除之得一千一百八十八步另置内周二十四步自乘得五百七十六步併二数得一千七百六十四步以開平

四十八步爲差步，以乘倍積五百七十步，得二萬七千三百六十步，以原徑八步除之，得三千四百二十步。另置外周七十二步，自乘得五千一百八十四步。以少減多，餘一千七百六十四步爲實，以開平方法除之，得截中周四十二步。以減外周七十二步，餘三十步，以六除之，得截徑五步。

圜田截内歌○圜田截内倍積先○差乘倍積徑除焉○加併内周自乘積○開方截周指掌看○截周内周相減餘○六除得徑法同然[1]　今有圜田，外周七十二步，内周二十四步，徑八步，從内截積九十九步。問截中周併徑若干[2]？舊法置截積九十九步，倍之得一百九十八步。却以外周、内周相減餘四十八步爲差步，以乘倍積一百九十八步，得九千五百零四步。以原徑八步除之，得一千一百八十八步。另置内周二十四步，自乘得五百七十六步，併二數，得一千七百六十四步。以開平

1　此歌訣《算法統宗》無。如圖 2－16，環田截内，内周爲 C_1、外周爲 C_2，環徑爲 h，截積爲 S，求截周 C、截徑 h'。歌訣解法用公式表示爲：

$$C = \sqrt{C_1{}^2 + \frac{2S(C_2 - C_1)}{h}}$$

$$h = \frac{C - C_1}{6}$$

推導方法詳環田截外注釋。

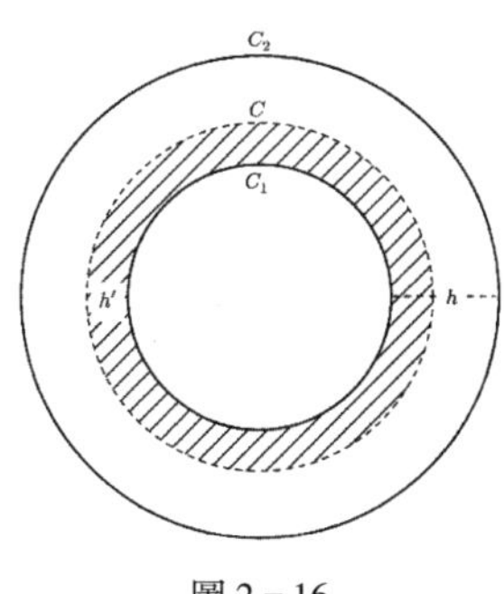

圖 2－16

2　此題爲《算法統宗》卷七“環田截積”第二題。

方法除之得截中周四十二步以内周二十四步減之餘一十八步以六除之得

截徑三步

解義 環田外周内周折平以徑乘得積𠍴梯田大濶小濶折平以長乘之得積故環田截外截内與梯田截大濶小濶同法解俱詳梯田截積下

弧矢田求積求矢弦歟○弧矢求積矢加弦○折半矢乘得積全○積矢求弦倍田積○矢除減矢弧弦䌓○積弦求矢積亦倍○帶弦置縱開方宜

弧矢 今有弧矢田弦長一十三步矢長六步五分問積步若干

求積圖

矢六步五分

弦一十三步

解法 置弧弦一十三步加矢六步五分共一十九步五分折半得九步七分五厘以矢乘之得積六十三步三分七厘五毫

又法 置弦一十三步以矢

方法除之，得截中周四十二步。以内周二十四步減之，餘一十八步，以六除之，得截徑三步。

【解義】環田外周、内周折平，以徑乘得積，猶梯田大濶、小濶折平，以長乘之得積。故環田截外、截内，與梯田截大濶、小濶同法。解俱詳“梯田截積”下。

弧矢田求積求矢弦歌○弧矢求積矢加弦○折半矢乘得積全○積矢求弦倍田積○矢除減矢弧弦然○積弦求矢積亦倍○帶弦置縱開方宜[1]

弧矢求積圖

今有弧矢田，弦長一十三步，矢長六步五分。問積步若干？舊法置弧弦一十三步，加矢六步五分，共一十九步五分，折半得九步七分五厘。以矢乘之，得積六十三步三分七厘五毫。又法置弦一十三步，以矢

---

1 《算法統宗》卷七有“弧矢求積”、“積求弧弦”、“積求矢濶”三訣。“弧矢截積”歌云：

弧矢求積弧矢形，丈量之法註分明。
弧矢弦長併矢步，半之又用矢相乘。

“積求弧弦”歌云：

弧矢之積求弧弦，倍積以矢除爲先。
除求之數減去矢，餘存此即是弧弦。

“積求矢濶”歌云：

積求矢濶倍爲實，弦爲縱方莫教遲。
商於左位右併縱，前後呼除矢得宜。

如圖 2－17，弧弦爲 c，矢闊爲 v，弧矢積爲 S，其求積公式爲：

$$S = \frac{(c+v)}{2}v$$

求弧弦：

$$c = \frac{2S}{v} - v$$

求矢闊：

$$v(v+c) = 2S$$

用帶縱開方法求之。

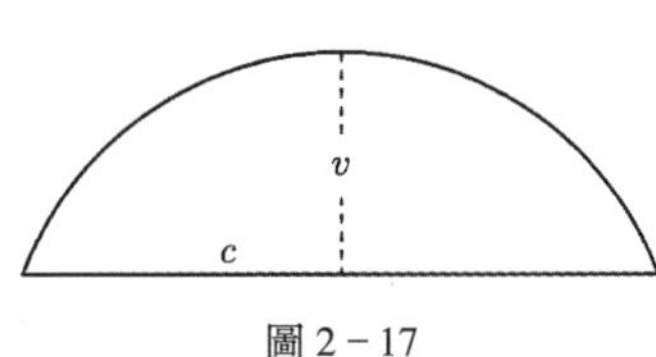

圖 2－17

六步五分乘之得八十四步五分另以矢六步五分自乘得四十二步二分五厘併二數共一百二十六步七分五厘折半得積六十三步三分七厘五毫

解義　以矢乘弦又以矢自乘併二數折半得積者正法弦加矢折半是以矢乘半矢半弦以矢乘弦是矢乘兩半弦矢自乘是矢乘兩半矢合得兩個積數故併二數折半得積積矢求弦積弦求矢二法已載圓田截積下故不複贅

弧矢截積歌○整半弧矢截細半○細半弧矢法不變○截餘二長相折平○以潤乘之數可驗○另將二長差步求○折半自乘再折半○二數相併即餘積○整半弧矢任合筭

弧矢截積圖

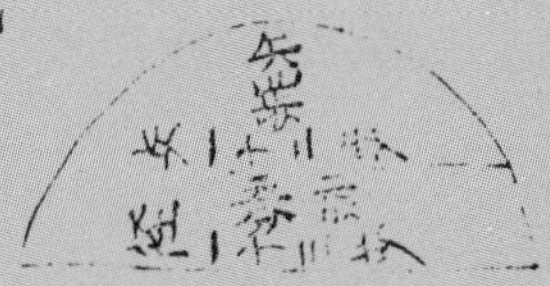

今有弧矢田弦長一十三步矢長六步五分從弧背截矢四步問截弦截積餘積各若干

術法　置弦一十三步減去截矢四步餘九步以截矢乘之得三十六步用開平方法除之得六步加倍得截

六步五分乘之，得八十四步五分；另以矢六步五分自乘，得四十二步二分五厘。併二數，共一百二十六步七分五厘，折半得積六十三步三分七厘五毫[1]。

【解義】*以矢乘弦，又以矢自乘，併二數折半得積者，正法弦加矢折半，是以矢乘半矢、半弦。以矢乘弦是矢乘兩半弦，矢自乘是矢乘兩半矢，合得兩個積數，故併二數折半得積。積矢求弦、積弦求矢二法，已載"圓田截積"下，故不複贅。*

弧矢截積歌○整半弧矢截細半○細半弧矢法不變○截餘二長相折平○以濶乘之數可驗○另將二長差步求○折半自乘再折半○二數相併即餘積○整半弧矢任合筭[2]

弧矢截積圖

今有弧矢田，弦長一十三步，矢長六步五分，從弧背截矢四步。問截弦、截積、餘積各若干？增法置弦一十三步，減去截矢四步，餘九步，以截矢乘之，得三十六步。用開平方法除之，得六步，加倍得截

---

1 "舊法"同歌訣，"又法"用公式表示爲：

$$S=\frac{vc+v^2}{2}$$

2 此歌訣《算法統宗》無。整半弧矢，實即半圓。如圖 2－18，設整半弧弦（即圓徑）爲 d，細半弧弦爲 c，細半矢闊爲 v，餘闊爲 $l(l=d-v)$，所截細半弧矢積：

$$S=\frac{(c+v)v}{2}$$

餘積：

$$S'=\frac{(d+c)l}{2}+\frac{1}{2}\left(\frac{d-c}{2}\right)^2$$

該公式推導方法，詳本卷"圓截中段圖"注釋。

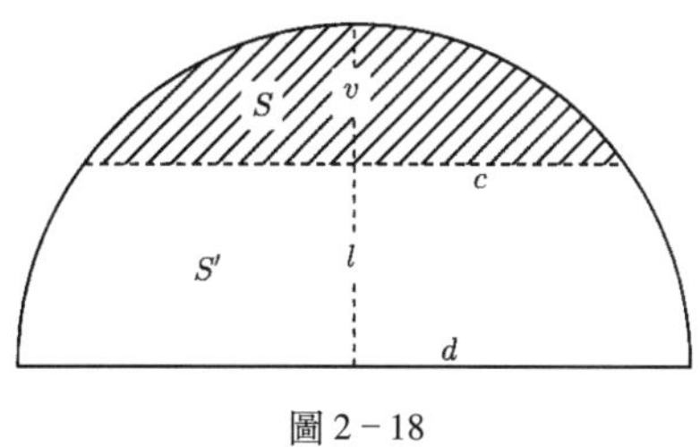

圖 2－18

弦一十二步照弧矢法矢加弦折半得八步以矢四步乘之得截弧矢積三十二步另將原弦一十三步加截弦一十二步共二十五步折半得一十二步五分為長將原矢六步五分減截矢四步餘二步五分以乘長一十二步五分得三十一步二分五釐再將原弦截弦對減餘一步折半得五分自乘得二分五釐折半得一分二釐五毫加入三十一步二分五釐得截餘積三十一步三分七釐五毫併截弧矢積共合整半弧矢積六十三步三分七釐五毫

解義集截餘積即圓田從中截半段法以此考較細半整半弧矢理同舊謂細半弧矢數虛誤矣解詳後外圖內方容弧矢下

截積問矢弦圓

難題積求截矢弦西江月◯一段田禾之外臨邊近有荒𡍲離田五步繫頭牛只為繩長遊走吃殘五分八步如同矢弦彎周索長多少是根由演立妙源窮究

舊法置田五分以乾

弦一十二步。照弧矢法，矢加弦折半得八步，以矢四步乘之，得截弧矢積三十二步。另將原弦一十三步加截弦一十二步共二十五步，折半得一十二步五分爲長。將原矢六步五分減截矢四步，餘二步五分，以乘長一十二步五分，得三十一步二分五厘。再將原弦、截弦對減餘一步，折半得五分，自乘得二分五厘，折半得一分二厘五毫，加入三十一步二分五厘，得截餘積三十一步三分七厘五毫。併截弧矢積，共合整半弧矢積六十三步三分七厘五毫。

【解義】筭截餘積，即圓田從中截半段法，以此考較細半、整半弧矢，理同。舊謂細半弧矢數虚[1]，誤矣，解詳後“外圓内方容弧矢”下。

截積問矢弦圖

難題·積求截矢弦·西江月〇一段田禾之外，臨邊近有荒疇。離田五步繫頭牛，只爲繩長遊走。吃殘五分八步，如同矢弦彎周。索長多少是根由，演立妙源窮究[2]。

舊法置田五分，以亖

1 此説見《算法統宗》卷三“弧矢田”下。《算法統宗》認爲，弧矢爲細半個圓田，“因弦長而矢短，故虚，數差不准”。

2 此難題見《算法統宗》卷七“圓田截積”下。

法通之得一百二十步連八步共一百二十八步為實另倍積得二百五十六步以開平方法
除之得一十六步為法除寔得矢八步加法十六得弦長二十四步將矢八步加
離田五步得索長一十三步加倍即圓徑
解義倍積開方得十六步適合弦矢田以矢乘半弦半矢之數此惟弦得矢三倍半弦半矢合矢二倍乃倍積可求若弦長參差不
等明倍積開方難以合數此等法須言索長若干與離田五步用弦股測勾法求之為正不言索長則無擬也故存解明白恐誤后人

難題積并矢弦差步求矢弦歌○弦矢一畝積一段更加九十七步半矢
不及弦十五步弦矢各長怎的筭　舊法置田一畝以畝法通之得二百四十
步再加九十七步半得田積共三百三十七步半四因三歸得四百五十步為寔以不及
弦一十五步為縱方用帶縱開平方法除之○商十步於左亦置十步於右縱方
一十五步之位共二十五步皆與上商十步相呼十與二十相呼除二百又與五相呼除

法通之，得一百二十步，連八步共一百二十八步爲實。另倍積得二百五十六步，以開平方法除之，得一十六步爲法，除實得矢八步。加法十六，得弦長二十四步。將矢八步加離田五步，得索長一十三步。加倍即圓徑[1]。

【解義】倍積開方得十六步，適合弧矢田以矢乘半弦、半矢之數。此惟弦得矢三倍，半弦半矢合矢二倍，乃倍積可求。若弦長參差不等，則倍積開方，難以合數。此等法須言索長若干，與離田五步，用弦股測勾法求之爲正。不言索長，則無據也。故存解明白，恐誤后人。

難題·積并矢弦差步求矢弦歌〇弦矢一畝積一段，更加九十七步半。矢不及弦十五步，弦矢各長怎的筭[2]？ 舊法 置田一畝，以畝法通之，得二百四十步。再加九十七步半，得田積共三百三十七步半。四因三歸，得四百五十步爲實。以不及弦一十五步爲縱方，用帶縱開平方法除之〇商十步於左，亦置十步於右縱方一十五步之位，共二十五步，皆與上商十步相呼：十與二十相呼，除二百；又與五相呼，除

---

1 如圖 2－19，已知弧矢積 S，離徑 b，求索長（即半徑）r。“舊法”先求弧矢闊：

$$v = \frac{S}{\sqrt{2S}} = \frac{\sqrt{2S}}{2} = 8$$

則求得索長：

$$r = v + b = 13$$

此非通法，僅當 $c=3v$ 時方成立。該題正確解法如下，將：

$$\begin{cases} r = b + v \\ c = \dfrac{2S}{v} - v \end{cases}$$

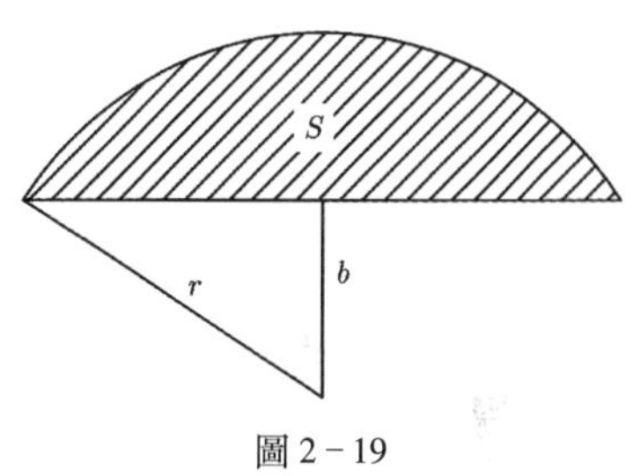

圖 2－19

代入 $r^2 = b^2 + \left(\dfrac{c}{2}\right)^2$，得：

$$3v^4 + 8bv^3 + 4Sv^2 = 4S^2$$

用開帶縱四次方解。

2 此難題爲《算法統宗》卷十五“難題少廣四”第七題。

五十餘實二百步另以下法初商十一倍之得三十五步次商五步於左下法亦置五十步
加於縱方之位併倍初商共得四十步與上再商五相呼四五除實二百恰盡
得矢一十五步加不及十五步得弦長三十步

解義以不及十五步帶縱積用四因三歸者矢十五步弦三十步矢合弦一平半矢加弦折半得二十二步五分較弦三十步止四分之三將積四因三歸三分歸作四分乃合矢乘全弦之積故以不及帶縱開方可得矢此猶求圓徑法全圓得方田四分之三弧矢即半圓亦是半方四分之三故皆用四因三歸法還源此惟整半弧矢得弦一半乃合以求細半弧矢弦矢參差不齊則不合矣

梯田求積圖

小廣廿步
長九十步
大廣卅八步

截右斜倒補左缺兩廣折平圖

今有梯田長九十步小廣二十步大廣三十八步問積若干

舊法置大廣小廣共五十八步折半得二十九步以乘長九十步得積二千六百一十步

五十，餘實二百步。另以下法初商一十，倍之得(三十五步)[二十步][1]。次商五步於左，下法亦置五步，加於縱方之位，併倍初商，共得四十步。與上再商五相呼，五四除實二百恰盡，得矢一十五步。加不及十五步，得弦長三十步[2]。

【解義】以不及十五步帶縱，積用四因三歸者，矢十五步，弦三十步，矢合弦一平半，矢加弦折半得二十二步五分，較弦三十步止四分之三。將積四因三歸，三分歸作四分，乃合矢乘全弦之積，故以不及帶縱，開方可得矢。此猶求圓徑法，全圓得方田四分之三，弧矢即半圓，亦是半方四分之三，故皆用四因三歸法還源。此惟整半弧矢，矢得弦一半乃合，以求細半弧矢，弦矢參差不齊，則不合矣。

梯田求積圖[3]

今有梯田，長九十步，小廣二十步，大廣三十八步。問積若干？舊法置大廣、小廣共五十八步，折半得二十九步。以乘長九十步，得積二千六百一十步。

---

1 三十五步，當作“二十步”，據文意改。

2 此題已知弧矢積 S，矢、弦差 $c - v = 15$，求矢闊、弧弦。將 $c = v + 15$ 代入弧矢求積公式，得：

$$v(v + 7.5) = S$$

以 7.5 爲縱方，帶縱開方求得矢闊。“舊法”以 $v(v + 15) = \frac{4}{3}S$ 求，該式僅當 $c = 2v$ 時成立，非通法，只能解半圓，不能用來求一般弧矢。本題“解義”已明言之。

3 梯田，即等腰梯形。設梯田大廣 a、小廣 b，長 h，則梯田積：

$$S = \left(\frac{a + b}{2}\right) h$$

梯田截積歌○梯田倍積截可齊○差乘長除法爲宜○截大減大自乘數○截小自乘併爲實○開方俱可見截廣○折廣除積長無疑

梯田截大截小圖

通長九十步

截長三十五

今有梯田長九十步小廣二十步大廣三十八步從小頭截積八百二十二步五分問截長截廣各若干

舊法置截積八百二十二步五分倍之得一千六百四十五步以二廣相減餘一十八步為濶差以乘倍積得二萬九千六百一十步以原長九十步除之得三百二十九步另以小廣二十步自乘得四百步二數相併共得七百二十九步為寔以開平方法除之得截中廣二十七步就以截廣二十七步併小頭原濶二十步共四十七步折半得二十三步五分為法以除截積八百二十二步五分得截長三十五步

梯截大頭法○今有梯田長九十步大廣三十八步小廣二十步從大頭

梯田截積歌○梯田倍積截可齊○差乘長除法爲宜○截大減大自乘數○截小自乘併爲實○開方俱可見截廣○折廣除積長無疑[1]

梯田截大截小圖

今有梯田，長九十步，小廣二十步，大廣三十八步，從小頭截積八百二十二步五分。問截長、截廣各若干[2]? 舊法置截積八百二十二步五分，倍之得一千六百四十五步。以二廣相減餘一十八步爲濶差，以乘倍積，得二萬九千六百一十步。以原長九十步除之，得三百二十九步。另以小廣二十步自乘，得四百步，二數相併，共得七百二十九步爲實。以開平方法除之，得截中廣二十七步。就以截廣二十七步併小頭原濶二十步，共四十七步，折半得二十三步五分爲法，以除截積八百二十二步五分，得截長三十五步。

梯截大頭法○今有梯田，長九十步，大廣三十八步，小廣二十步，從大頭

---

1 歌訣見《算法統宗》卷七。原十六句："梯田截積細端詳，倍積濶差乘最良。却用原長爲法則，歸除乘數實之行。若截大頭田積步，大濶自乘減減實當。若截小頭田積步，小濶自乘併實傍。俱用開方爲截濶，兩廣併來折半强。折半數來爲法則，法除截積便知長。"該歌訣包括截大頭與截小頭兩種情況。如圖 2－20，此係從小頭截積。已知梯田小廣 a、大廣 b、長 h 及小頭截積 S'，求截廣 c。解法用公式表示爲：

$$c = \sqrt{\frac{2S' \cdot (b-a)}{h} + a^2}$$

該式推導如下，由：

$$\begin{cases} \dfrac{c-a}{b-a} = \dfrac{h'}{h} \\ h' = \dfrac{2S'}{c+a} \end{cases}$$

得：

$$\frac{c-a}{b-a} = \frac{2S' \cdot h}{c+a}$$

整理即得上述公式。若從大頭截積，如圖 2－21，求截廣公式爲：

$$c = \sqrt{b^2 - \frac{2S' \cdot (b-a)}{h}}$$

推導過程同小頭截積。

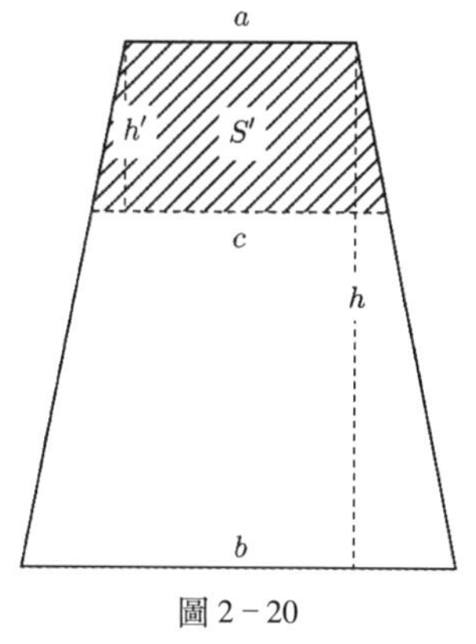

圖 2－20

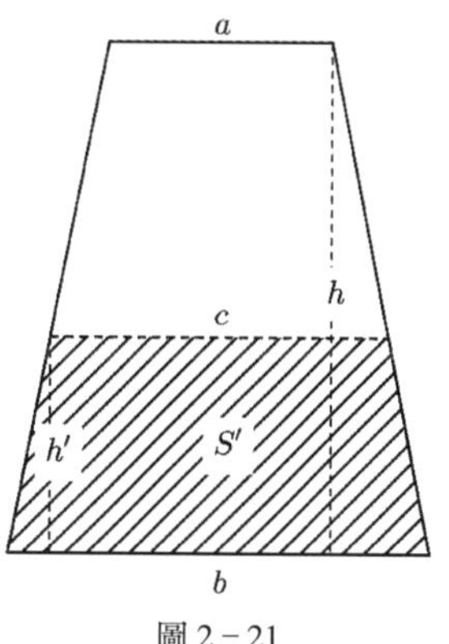

圖 2－21

2 此題爲《算法統宗》卷七"梯田截積"第一題。

截積一千七百八十七步五分問截長截濶各若干　舊法置截積加倍得三千五百七十五步以大小二濶相減餘一十八步乘之得六萬四千三百五十步　以原長九十除之得七百一十五步另以大濶三十八步自乘得一千四百四十四步減去七百一十五步餘七百二十九步為實以開平方除之得截中濶二十七步就以截濶二十七步併大頭原濶三十八步共得六十五步折半得三十二步五分為法以除截積一千七百八十七步五分得截長五十五步　若截作三段先截大小二頭餘即中段四段五段從兩頭以次筭入

梯田以積併截長問截濶法○前田小廣二十步大廣三十八步從小頭截長三十五步截積八百二十二步五分問截中濶若干　舊法置截積八百二十二步五分倍之得一千六百四十五步為實以截長三十五步為法除之得四十七步内

截積一千七百八十七步五分。問截長、截濶各若干[1]？舊法置截積，加倍得三千五百七十五步，以大小二濶相減餘一十八步乘之，得六萬四千三百五十步。以原長九十步除之，得七百一十五步。另以大濶三十八步自乘，得一千四百四十四步，減去七百一十五步，餘七百二十九步爲實。以開平方除之，得截中濶二十七步。就以截濶二十七步併大頭原濶三十八步，共得六十五步，折半得三十二步五分爲法，以除截積一千七百八十七步五分，得截長五十五步。 若截作三段，先截大、小二頭，餘即中段。四段、五段從兩頭以次筭入。

梯田以積併截長問截濶法[2]〇前田小廣二十步，大廣三十八步，從小頭截長三十五步，截積八百二十二步五分。問截中濶若干？舊法置截積八百二十二步五分，倍之得一千六百四十五步爲實。以截長三十五步爲法，除之得四十七步。內

1 此題爲《算法統宗》卷七“梯田截積”第二題。

2 以下梯田截算題，皆《筭海説詳》新增，《算法統宗》無。

減原小廣得截廣二十七步　增法　置截本積以原差十八步乘得一萬四千八百零五步原長九十步除得一百六十四步五分為實另置截長以十除得三步五分為法除實一百六十四步五分得四十七步內減原小廣得截廣二十七步截大頭法俱同

梯田截廣問截長法〇前田小廣二十步大廣三十八步長九十步從大頭截中廣二十七步問截長若干　舊法　置大廣三十八步以截廣二十七步減之餘一十一步以原差九十步乘之得九百九十步為實以原小廣大廣對減餘十一八步為法除之得截長五十五步截小頭法同

梯田截長問截廣法〇前田小廣二十步大廣三十八步長九十步從大頭截長五十五步問截中濶若干　舊法　置截長五十五步以原大小廣濶差一十八步乘之得九百九十步為實以原長九十步為法除之得濶差一十一步以減

減原小廣，得截廣二十七步[1]。增法置截本積，以原差十八步乘，得一萬四千八百零五步；原長九十步除，得一百六十四步五分爲實。另置截長，以十除，得三步五分爲法。除實一百六十四步五分，得四十七步。内減原小廣，得截廣二十七步[2]。截大頭法俱同。

梯田截廣問截長法〇前田小廣二十步，大廣三十八步，長九十步，從大頭截中廣二十七步。問截長若干？舊法置大廣三十八步，以截廣二十七步減之，餘一十一步。以原(差)[長]九十步乘之[3]，得九百九十步爲實。以原小廣、大廣對減，餘一十八步爲法。除之，得截長五十五步。截小頭法同[4]。

梯田截長問截廣法〇前田小廣二十步，大廣三十八步，長九十步，從大頭截長五十五步。問截中濶若干？舊法置截長五十五步，以原大、小廣濶差一十八步乘之，得九百九十步爲實，以原長九十步爲法，除之得濶差一十一步。以減

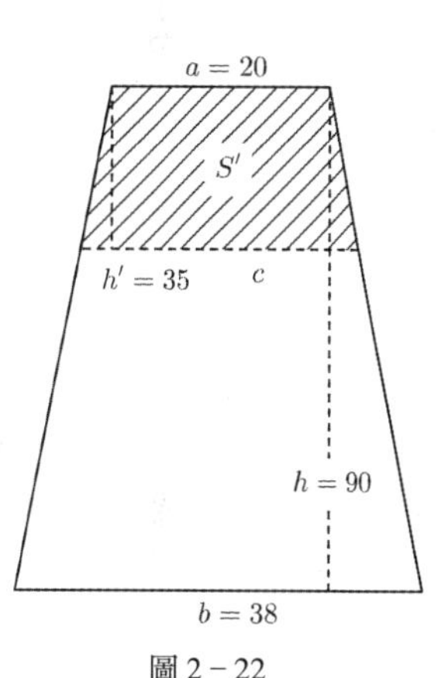

圖 2－22

1 如圖 2－22，此係從小頭截積，已知梯田大廣 b 、小廣 a ，截積 S' 、截長 h' ，求截廣 c 。“舊法”用公式表示爲：

$$c = \frac{2S'}{h'} - a$$

2 “增法”用公式表示爲：

$$c = \left[\frac{(b-a)S'}{h} \div \frac{h'}{10}\right] - a$$

此解法推導如下，據題意，得：

$$\frac{h}{b-a} = \frac{90}{18} = \frac{10}{2}$$

則：

$$\frac{h'}{c-a} = \frac{h}{b-a} = \frac{10}{2}$$

即：

$$\frac{h'}{10} = \frac{c-a}{2} \quad ①$$

又據小頭截積求截廣公式：

$$c = \sqrt{\frac{2S' \cdot (b-a)}{h} + a^2}$$

得：

$$\frac{(b-a)S'}{h} = \frac{c^2 - a^2}{2} \quad ②$$

②÷①得：

$$\frac{(b-a)S'}{h} \div \frac{h'}{10} = \frac{c^2 - a^2}{2} \div \frac{c-a}{2} = c + a$$

故：

$$c = \frac{(b-a)S'}{h} \div \frac{h'}{10} - a$$

然題設當給出原長 h 數值，方可用此法。且此法僅適用於該題，並非通解。

3 差，當作“長”，據文意改。

4 此已知梯田大廣 b 、小廣 a ，原長 h ，截廣 c ，求截長 h' 。若從大頭截積，則截長：

$$h' = \frac{(b-c)h}{b-a}$$

若從小頭截積，則截長：

$$h' = \frac{(c-a)\,h}{b-a}$$

大廣三十八步餘得截中廣二十七步截小頭以濶差若干加小廣得截廣

鮮義

長九十步濶差一十八步將十八以九十除得二乃長十步濶差二步將九十以十八除得五乃濶差一步長高五步故求濶以濶差求原長除得截濶差乃十分減作二分得九十分之十八求長以原長乘濶差除得截長乃一分增作五分得十八分之九十循方圓三因四歸得四分之三四因三歸成三分之四一理如截小頭長三十五步以二乘得差七步將差七步以五乘得截長三十五步是也首二法止言原廣長截積開截廣截長乃先倍積者求截積之差數也差數只在本積用倍積何也積由兩廣折平得數差由兩廣不等生出數理循環互倚故兩廣各分乘長與長自乘數相通本積濶差二數與兩廣自乘數相通如小頭小廣自乘四百步截廣自乘七百二十九步對減餘三百二十九步折半得一百六十四步五分將截積八百二十二步五分以濶差十八乘長九十除正得一百六十四步五分大頭大廣自乘一千四百四十四步截廣自乘七百二十九步對減餘七百一十五步折半得三百五十七步五分將截積一千七百八十七步五分以濶差乘原長除亦正得三百五十七步五分是大廣　小廣多兩個差數故須用倍積乃合或止用木積求差加倍亦得然大廣多二差數何也本積內一個差數乃兩廣折平相差本數若兩廣自乘數方大多出一差數小以去一差數故大廣

大廣三十八步，餘得截中廣二十七步。截小頭，以濶差若干加小廣得截廣[1]。

【解義】長九十步，濶差一十八步，將十八以九十除得二，乃長十步、濶差二步；將九十以十八除得五，乃濶差一步，長高五步。故求濶，以濶差乘、原長除，得截濶差，乃十分減作二分，得九十分之十八；求長以原長乘、濶差除，得截長，乃一分增作五分，得十八分之九十。猶方圓三因四歸得四分之三，四因三歸成三分之四，一理。如截小頭，長三十五步，以二乘得差七步，將差七步以五乘，得截長三十五步是也。首二法止言原廣、長、截積，問截廣、截長。乃先倍積者，求截積之差數也。差數只在本積，用倍積何也？積由兩廣折平得數，差由兩廣不等生出，數理循環互倚，故兩廣各分乘長，與長自乘數相通。本積、濶差二數與兩廣自乘數相通，如小頭小廣自乘四百步，截廣自乘七百二十九步，對減餘三百二十九步，折半得一百六十四步五分；將截積八百二十二步五分以濶差十八乘、長九十除，正得一百六十四步五分。大頭大廣自乘一千四百四十四步，截廣自乘七百二十九步，對減餘七百一十五步，折半得三百五十七步五分；將截積一千七百八十七步五分以濶差乘、原長除，亦正得三百五十七步五分。是大廣、小廣多兩個差數，故須用倍積乃合，或止用本積求差，加倍亦得。然大廣多二差數，何也？本積內一個差數，乃兩廣折平相差本數，若兩廣自乘，駁方大多出一差數，小少去一差數，故大廣

---

1 此已知梯田大廣 b、小廣 a，原長 h，截長 h'，求截廣 c。從大頭截積，則截廣：

$$c = b - \frac{h'(b-a)}{h}$$

從小頭截積，則截廣：

$$c = \frac{h'(b-a)}{h} + a$$

應多兩箇差數猶之小頭截長三十五步以小廣乘長得七百步比截積不足一百二十二步五分截廣乘長得九百四十五步多一百二十二步五分對減則小廣乘長比截廣乘長正不足兩个一百二十二步五分共二百四十五步大頭截長五十五步以大廣乘長得二千零九十步比截積多三百零二步五分截廣乘長得一千四百八十五步不足三百零二步五分對減則大廣乘長比截廣乘長正多兩箇三百零二步五分一理也且小頭差數一百六十四步五分合小廣乘長截廣乘長二數共得一千六百四十五步大頭差數三百五十七步五分合大廣乘長截廣乘長二數共得三千五百七十五步是差數得二廣乘長之數十分之一小頭兩廣乘長比本積多少一百二十二步五分截長三十五步自乘得一千二百二十五步大頭兩廣乘長多少三百零二百五分截長五十五步自乘得三千零二十五步是兩廣乘長餘不足之數得截長自乘十分之一此皆數理妙合莫可思議知此則不言二廣但言截長截積亦可得截廣原廣至以截積截長問截廣亦用倍積者將二積顛倒相配每面各有一小廣一大廣故以長除得二廣共數減原廣得截廣增法以截長十分之一為法若積由長乘兩廣而得差數是積十分之二以長十分之一除差數將一分伸作二分便是二廣共數故亦減一廣得一廣後二法因廣求長用長乘差除緣已有截廣差步故用本差除因長求廣用原差乘原長除即得本差

應多兩箇差數。猶之小頭截長三十五步，以小廣乘長得七百步，比截積不足一百二十二步五分，截廣乘長得九百四十五步，多一百二十二步五分，對減，則小廣乘長比截廣乘長正不足兩個一百二十二步五分，共二百四十五步。大頭截長五十五步，以大廣乘長得二千零九十步，比截積多三百零二步五分，截廣乘長得一千四百八十五步，不足三百零二步五分，對減，則大廣乘長比截廣乘長正多兩箇三百零二步五分，一理也。且小頭差數一百六十四步五分，合小廣乘長、截廣乘長二數，共得一千六百四十五步；大頭差數三百五十七步五分，合大廣乘長、截廣乘長二數，共得三千五百七十五步，是差數得二廣乘長之數十分之一。小頭兩廣乘長比本積多少一百二十二步五分，截長三十五步自乘，得一千二百二十五步；大頭兩廣乘長多少三百零二百五分，截長五十五步自乘，得三千零二十五步，是兩廣乘長餘不足之數，得截長自乘十分之一。此皆數理妙合，莫可思議。知此則不言二廣，但言截長、截積，亦可得截廣、原廣。至以截積、截長問截廣，亦用倍積者，將二積顛倒相配，每面各有一小廣、一大廣，故以長除，得二廣共數，減原廣得截廣。“增法”以截長十分之一爲法者，積由長乘兩廣而得，差數是積十分之二，以長十分之一除差數，將一分伸作二分，便是二廣共數，故亦減一廣得一廣。後二法因廣求長，用長乘差除，緣已有截廣差步，故用本差除；因長求廣，用原差乘、原長除，即得本差。

積田以截長截積問截廣原大小廣法〇前田長九十步從小頭截長三十五步積八百二十二步五分問截廣原大小廣各若干

增法置截積八百二十二步五分以截長三十五步除之得二十三步五分加倍得四十七步為實另置長三十五步自乘得一千二百二十五步以十除之得一百二十二步五分併入截積八百二十二步五分共九百四十五步以長三十五步除之得截中廣二十七步以減實四十七步得原小廣二十步就將原共長九十步內減截長三十五步餘五十五步為實另將二廣對減餘七步為法乘實五十五步得三百八十五步以截長三十五步除之得一十一步加入截廣二十七步得原大廣三十八步或將一百二十二步五分以減截積即先得原小廣截大頭同

解義以長除積得二十三步五分即原積而廣折平之數加倍即兩廣共數故減一廣得一廣截長自乘數以十除者大小廣各乘截長一多一少之數得長自乘十分之一故以此加入截積以長除得大廣減退截積以長除得小廣前解已明

梯田以截長截積問截廣原大小廣法○前田長九十步，從小頭截長三十五步，積八百二十二步五分。問截廣、原大小廣各若干？增法置截積八百二十二步五分，以截長三十五步除之，得二十三步五分，加倍得四十七步爲實。另置長三十五步，自乘得一千二百二十五步，以十除之，得一百二十二步五分。併入截積八百二十二步五分，共九百四十五步。以長三十五步除之，得截中廣二十七步。以減實四十七步，得原小廣二十步。就將原共長九十步，内減截長三十五步，餘五十五步爲實。另將二廣對減，餘七步爲法，乘實五十五步，得三百八十五步。以截長三十五步除之，得一十一步，加入截廣二十七步，得原大廣三十八步。或將一百二十二步五分以減截積，即先得原小廣。截大頭同。

【解義】以長除積，得二十三步五分，即原積兩廣折平之數。加倍即兩廣共數，故減一廣得一廣。截長自乘數以十除者，大小廣各乘截長，一多一少之數，得長自乘十分之一。故以此加入截積，以長除得大廣；減退截積，以長除得小廣。前解已明。

---

1 如圖2－23，梯田從小頭截積，已知原長h，截長h'，截積S'，求三廣a、b、c。“增法”求截廣c用公式表示爲：

$$c=\left(\frac{h'^2}{10}+S'\right)\div h'$$

此解法可參考前文“梯田以積併截長問截濶法”注釋，由題意得：

$$\frac{h'}{c-a}=\frac{h}{b-a}=\frac{90}{18}=\frac{10}{2}$$

故：

$$\frac{h'}{10}=\frac{c-a}{2}$$

又：

$$S'=\frac{(a+c)h'}{2}$$

則：

$$\frac{\frac{h'^2}{10}+S'}{h'}=\frac{\frac{(c-a)\,h'}{2}+\frac{(a+c)h'}{2}}{h'}=c$$

此法只適用於該題，並非通解。

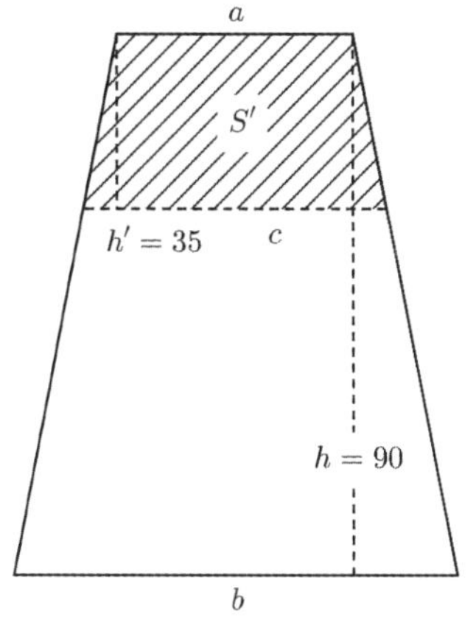

圖2－23

梯截勾股圖

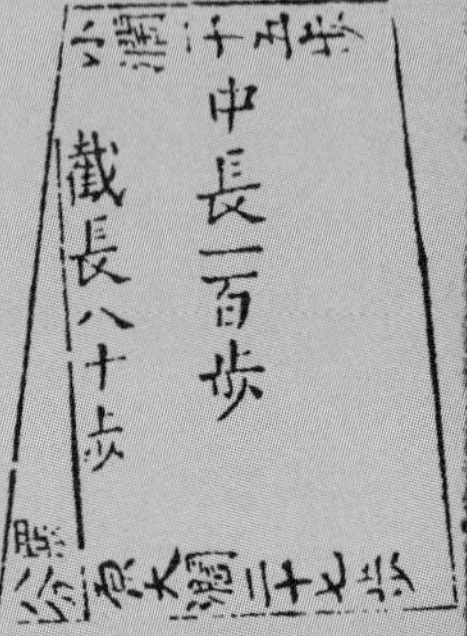

中長一百步

截長八十步

難題積併原長濶閒截長截濶歌○今有梯田長一百小頭十五大廿七截賣一百九十二欲從一邊截去積 舊法 置截積一百九十二步倍之得三百八十四步以原長一百步乘之得三萬八千四百步為實以大濶二十七步減小濶一十五步餘一十二步折半得六步為法除之得六千四百步以開平方法除之得截長八十步又以法六步乘之得四百八十步以原長一百步除之得截濶四步八分 增法 如先求截濶即置倍積三百八十四步以折半濶差六步乘之得二千三百零四步以原長一百步除之得二十三步零四釐以開平方法除之得截濶四步八分另將四步八分以原長乘半濶差除得長○若不倍積求截長將原長加倍求截濶將半差加倍法見圭田下

解義 此與上同法橫截全用十八步濶差為法竪截濶差十二步止用一半六步者梯差在兩面今從一邊截積止用一面濶差得

梯截勾股圖

難題·積併原長濶問截長截濶歌○今有梯田長一百，小頭十五大廿七。截賣一百九十二，欲從一邊截去積[1]。舊法置截積一百九十二步，倍之得三百八十四步，以原長一百步乘之，得三萬八千四百步爲實。以大濶二十七步減小濶一十五步，餘一十二步，折半得六步爲法，除之得六千四百步。以開平方法除之，得截長八十步。又以法六步乘之，得四百八十步，以原長一百步除之，得截濶四步八分。增法如先求截濶，即置倍積三百八十四步，以折半濶差六步乘之，得二千三百零四步，以原長一百步除之，得二十三步零四厘，以開平方法除之，得截濶四步八分。另將四步八分以原長乘、半濶差除，得長。○若不倍積求截長，將原長加倍求截濶。將半差加倍法，見“圭田”下。

【解義】此與上同法。橫截全用十八步濶差爲法，竪截濶差十二步，止用一半六步者，梯差在兩面，今從一邊截積，止用一面，濶差得

---

1 此難題爲《算法統宗》卷十五“難題少廣四”第六題。如圖 2－24，已知梯田小廣 a 、大廣 b 、長 h ，從一邊截勾股積 S' ，求截長 h' 及截闊 c 。“舊法”先求截長：

$$h' = \sqrt{\frac{2S'h}{\frac{1}{2}(b-a)}}$$

“增法”先求截闊：

$$c = \sqrt{\frac{2S' \cdot \frac{(b-a)}{2}}{h}}$$

上述公式推導如下，如圖 2－24，由三角形相似可得：

$$\frac{S}{S'} = \frac{h^2}{h'^2} \quad ①$$

由直角三角形求積公式得：

$$S_1 = \frac{\left(\frac{b-a}{2}\right)h}{2} \quad ②$$

由①②得上述求截長公式。截闊公式同理可求。

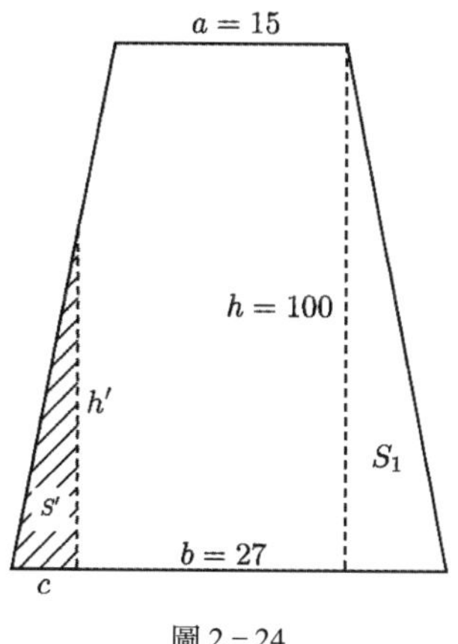

圖 2－24

一半也增法亦即前截大頭小頭法但横截是分為二梯仍有兩頭大小二濶自乘相減余數以長乘差除得倍積故用梯還源法求之竪截有下濶死上濶即以濶自乘再用長乘差除亦得倍積故將倍積以差乘長除餘數開方即濶即用圭勾股還源法也法見圭田下

斜田求積圖

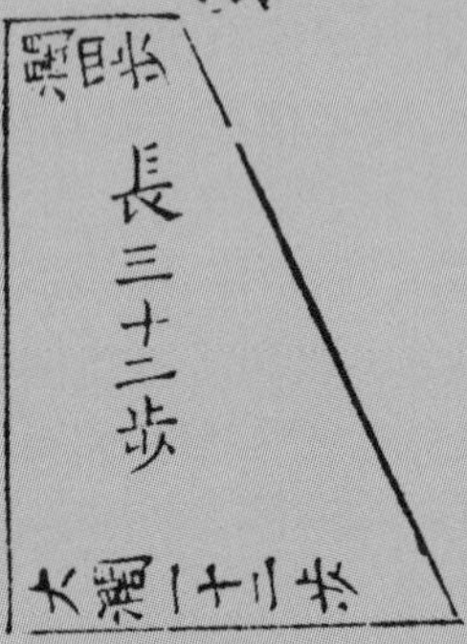

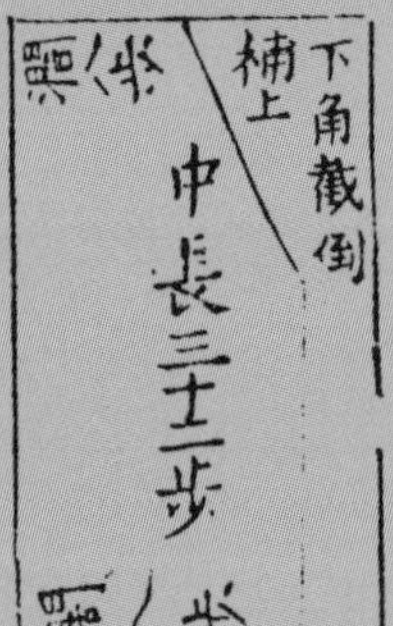

小濶四步
長三十二步
大濶一十二步

小濶四步
下角截倒補上
中長三十二步
小濶

今有斜田長三十二步大濶一十二步小濶四步問積若干

舊法置長三十二步為實以二濶相併折半八步為法除之得積二百五十六步

增法置大濶一十二步自乘得一百四十四步又置小濶四步自乘得一十六步二數相減餘一百二十八步折半得六十四步為實另將長三十二步以大濶小濶相減餘八步為濶差除之得四步以乘實六十四步得積二百五十六步

解義　斜田梯田同理增法大濶小濶各自乘相減餘數折半用濶差除長得四步乘之得積即將折半餘數以長乘以濶差除得積

一半也。增法亦即前截大頭、小頭法，但橫截是分爲二梯，仍有兩頭，大小二濶自乘相減餘數，以長乘差除得倍積，故用梯還源法求之。竪截有下濶無上濶，即以濶自乘，再用長乘差除，亦得倍積。故將倍積以差乘長除，餘數開方即濶，即用圭勾股還源法也。法見“圭田”下。

斜田 求積圖[1]

今有斜田，長三十二步，大濶一十二步，小濶四步。問積若干？舊法置長三十二步爲實，以二濶相併折半八步爲法，除之得積二百五十六步。增法置大濶一十二步，自乘得一百四十四步；又置小濶四步，自乘得一十六步。二數相減，餘一百二十八步，折半得六十四步爲實。另將長三十二步，以大濶小濶相減餘八步爲濶差，除之得四步。以乘實六十四步，得積二百五十六步[2]。

【解義】斜田、梯田同理。“增法”大濶小濶各自乘，相減餘數折半，用濶差除長得四步乘之得積，即將折半餘數以長乘、以濶差除得積。

---

1 斜田，即直角梯形。

2 設斜田大闊爲 b 、小闊爲 a 、長爲 h ，積爲 S ，“增法”用公式表示爲：

$$S = \frac{b^2 - a^2}{2} \cdot \frac{h}{b - a}$$

若餘数不折半即得倍積梯田下倍積求長濶之法本此求斜田亦同

斜截勾股圖

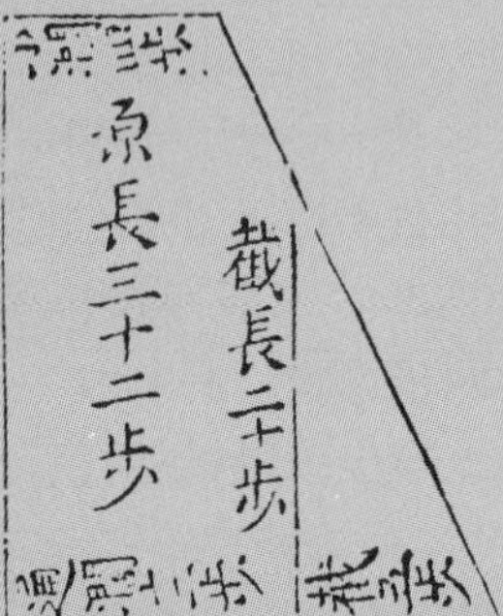

今有斜田長三十二步小廣四步大廣一十二步從斜邊截積五十步問截長截濶各若干

(舊)(法)置截積加倍得一百步以原長三十二步乘之得三千二百步為實以大濶減小濶餘八步為法除之得四百步用開平方法除之得(截長二十步)

(增)(法)如又以濶差八步乘之得一百六十步以原長三十二步除之得(截濶五步)

先求濶即置倍積一百步另將濶差八步以原長三十二步除之得二分五厘以乘倍積一百步得二十五步用開平方法除之得(截濶五步)將五步以濶差除原長得四步乘之得(截長二十步)

解義 梯截勾股濶差用半斜截勾股用全若梯差在二面斜差在一面也横截式大頭小頭皆同梯法故不再贅

若餘數不折半，即得倍積。“梯田”下倍積求長濶之法本此。求斜田亦同。

斜截勾股圖

今有斜田，長三十二步，小廣四步，大廣一十二步，從斜邊截積五十步。問截長、截濶各若干[1]？舊法置截積，加倍得一百步，以原長三十二步乘之，得三千二百步爲實。以大濶減小濶餘八步爲法，除之得四百步。用開平方法除之，得截長二十步。又以濶差八步乘之，得一百六十步，以原長三十二步除之，得截濶五步。增法如先求濶，即置倍積一百步，另將濶差八步以原長三十二步除之，得二分五厘，以乘倍積一百步，得二十五步。用開平方法除之，得截濶五步。將五步以濶差除原長得四步乘之，得截長二十步[2]。

【解義】梯截勾股濶差用半、斜截勾股用全者，梯差在二面，斜差在一面也。横截或大頭、小頭，皆同梯法，故不再贅。

---

1 此題據《算法統宗》卷七“斜田截積”算題改編。原題兩問，皆係從中横截，或求截長，或求截廣，此改作從旁側直截。

2 如圖 2－25，已知斜田大廣 b、小廣 a、長 h，從斜邊截積 S'，求截廣 c、截長 h'。“舊法”先求截長：

$$h' = \sqrt{\frac{2S'h}{b-a}}$$

“增法”先求截闊：

$$c = \sqrt{\frac{2S'(b-a)}{h}}$$

推導同前“梯截勾股”。

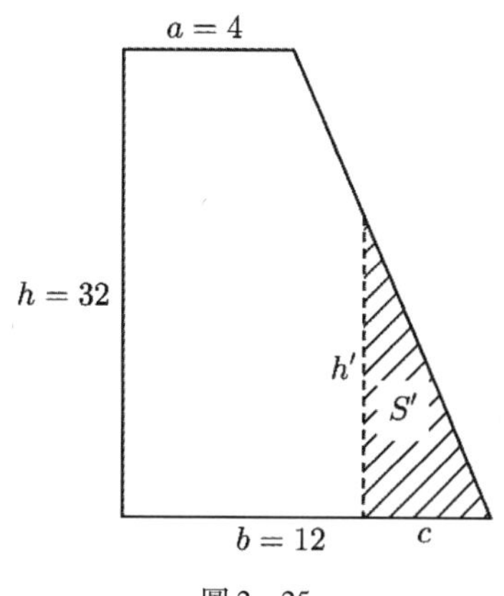

圖 2－25

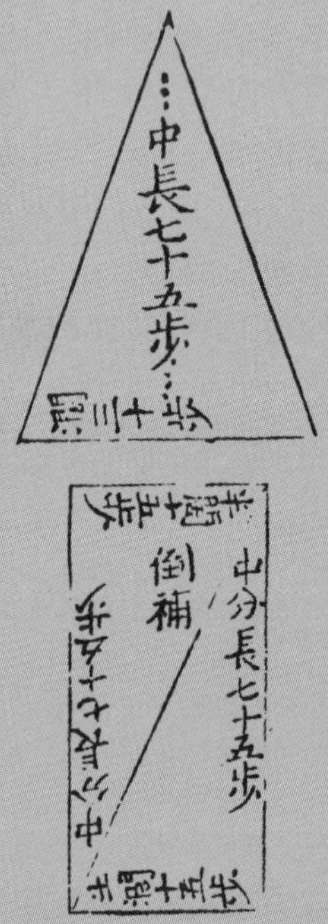

今有圭田長七十五步闊三十步問積若干　置長(七十五步)為實以闊(三十步)乘之得(二千二百五十步)　折半得積一千一百二十五步

增法　置闊(三十步)自乘得(九百步)以長(七十五步)乘之得(六萬七千五百步)以闊(三十步)除之得(二千二百五十步)　折半得積一千一百二十五步

增法　置長(七十五步)自乘得(五千六百二十五步)以闊(三十步)乘之得(一十六萬八千七百五十步)　以長(七十五步)除之得(二千二百五十步)　折半得積一千一百二十五步

圭田折半圖

中長七十五步

闊三十步

中分長七十五步

半闊十五步

倒補

解義　闊縮長盈以縮乘盈折半得本積以之十五步自乘須減損至七十五分之三十分合積故以三十乘以七十五步除始合七十五分之三十以三十步自乘須增加至三十分之七十五分合積故以七十五乘以三十除始合三十分之七十五分猶方圓三因四歸四因三歸一說也截圭小頭求截長截闊之法皆本此

圭田折半圖[1]

今有圭田，長七十五步，濶三十步。問積若干？ 置長七十五步爲實[2]，以濶三十步乘之，得二千二百五十步，折半得積一千一百二十五步。增法置濶三十步，自乘得九百步，以長七十五步乘之，得六萬七千五百步，以濶三十步除之，得二千二百五十步，折半得積一千一百二十五步。增法置長七十五步，自乘得五千六百二十五步，以濶三十步乘之，得一十六萬八千七百五十步，以長七十五步除之，得二千二百五十步，折半得積一千一百二十五步[3]。

【解義】濶縮長盈，以縮乘盈，折半得本積。以七十五步自乘，須減損至七十五分之三十分合積，故以三十乘、以七十五步除，始合七十五分之三十。以三十步自乘，須增加至三十分之七十五分合積，故以七十五乘、以三十除，始合三十分之七十五分。猶方圓三因四歸、四因三歸，一説也。截圭小頭求截長、截濶之法，皆本此。

---

1 圭田，即等腰三角形。

2 據該書體例，“置長七十五步爲實”前當有“舊法”二字。

3 設圭田濶爲 a 、長爲 h ，積爲 S 。“舊法”可表示爲：

$$S = \frac{ah}{2}$$

兩個“增法”可分別表示爲：

$$S = \frac{1}{2} \cdot \frac{a^2 h}{a}$$

$$S = \frac{1}{2} \cdot \frac{ah^2}{h}$$

圭田截小頭大頭歌○圭尖倍積求截長○長乘濶除開方詳○截濶倍積亦可索○濶乘長除開方得○截大亦用倍積求○濶乘長除為因由○以减原濶自乘積○開方截濶得見矣○截濶减濶長乘之○濶除截長亦在茲

圭田截小截大圖

截長四十五步
截濶十八步
截長卅步
濶三十步

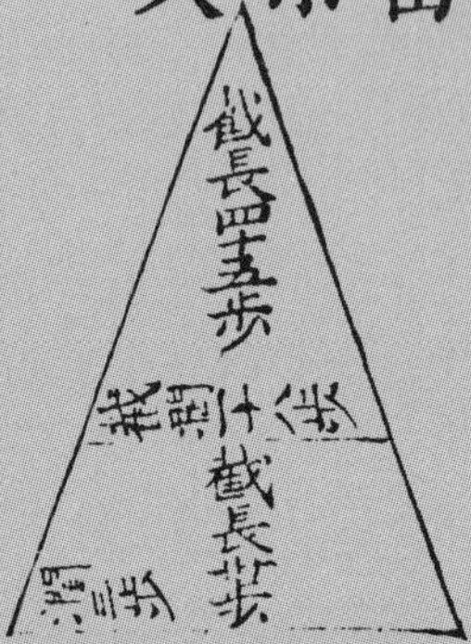

圭截小頭法○今有圭田長七十五步濶三十步自尖頭截積四百零五步問截長截濶各若干

舊法置截積加倍得八百十步以原長七十五步乘之得六萬零七百五十步以濶三十步除之得二千零二十五步為實以開平方法除之得截長四十五步就將截長以原濶三十步乘之得一千三百五十步為實以原長七十五步為法除之得截濶一十八步

增法置倍積八百一十步以原濶三十步乘之得二萬四千

圭田截小頭大頭歌○圭尖倍積求截長○長乘濶除開方詳○截濶倍積亦可索○濶乘長除開方得○截大亦用倍積求○濶乘長除爲因由○以減原濶自乘積○開方截濶得見矣○截濶減濶長乘之○濶除截長亦在茲[1]

圭田截小截大圖

圭截小頭法○今有圭田，長七十五步，濶三十步，自尖頭截積四百零五步。問截長、截濶各若干[2]？舊法置截積，加倍得八百十步，以原長七十五步乘之，得六萬零七百五十步，以濶三十步除之，得二千零二十五步爲實。以開平方法除之，得截長四十五步。就將截長以原濶三十步乘之，得一千三百五十步爲實。以原長七十五步爲法除之，得截濶一十八步。增法置倍積八百一十步，以原濶三十步乘之，得二萬四千

---

1 《算法統宗》卷七有“圭田截積歌”，凡八句：

圭田截積小頭知，倍積原長以乘之。
原濶歸除爲實積，開方便見截長宜。
仍以截長乘原濶，原長爲法以除之。
除來便見截濶數，法明簡易不須疑。

只有圭田截小頭歌，無截大頭歌。《筭海説詳》增爲十句，包括圭田截大頭、截小頭兩種情形。圭田從小頭截積，如圖 2－26，已知圭田濶 a、長 h，截積 S'，求截長 h'、截闊 c。求解公式爲：

$$h' = \sqrt{\frac{2S'h}{a}}$$

$$c = \sqrt{\frac{2S'a}{h}}$$

圭田從大頭截積，如圖 2－27，已知圭田濶 a、長 h，截積 S'，求截長 h'、截闊 c。求解公式爲：

$$c = \sqrt{a^2 - \frac{2S'a}{h}}$$

$$h' = \frac{(a-c)h}{a}$$

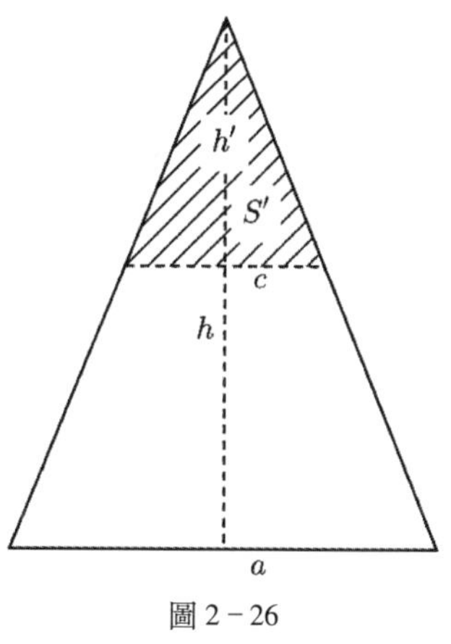

圖 2－26

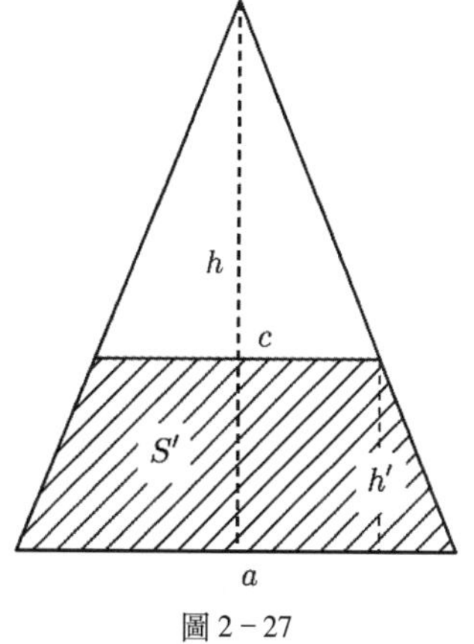

圖 2－27

2 此題見《算法統宗》卷七“圭田截積歌”下。

三百步以原長七十五步除之得三百二十四步以開平方法除之得截濶一十八步

將截濶以原長乘原濶除得截長

解義二法皆圭圖還源法也可以叅悟

圭田截大頭法〇今有圭田長七十五步濶三十步從大頭截積七百二十步問截長截濶各若干　舊法置截積加倍得一千四百四十步以原濶三十步乘之得四萬三千二百步為實以原長七十五步為法除之得五百七十六步再以濶三十步自乘得九百步以少減多餘三百二十四步為實以開平方法除之得截濶一十八步併原濶三十步共四十八步折半得二十四步為法除截積七百二十步得截長三十步　又法照前法得濶一十八步以減原濶三十步餘一十二步以原長七十五步乘之得九百步以原濶三十步除之得截長三十步

三百步，以原長七十五步除之，得三百二十四步。以開平方法除之，得截濶一十八步。將截濶以原長乘、原濶除，得截長[1]。

【解義】二法皆圭圖還源法也，可以參悟。

圭田截大頭法○今有圭田，長七十五步，濶三十步，從大頭截積七百二十步。問截長、截濶各若干[2]？舊法置截積，加倍得一千四百四十步，以原濶三十步乘之，得四萬三千二百步爲實，以原長七十五步爲法，除之得五百七十六步。再以濶三十步自乘得九百步，以少減多，餘三百二十四步爲實。以開平方法除之，得截濶一十八步。併原濶三十步，共四十八步，折半得二十四步爲法，除截積七百二十步，得截長三十步。又法照前法得濶一十八步，以減原濶三十步，餘一十二步，以原長七十五步乘之，得九百步，以原濶三十步除之，得截長三十步[3]。

---

1 “舊法”先求截長：

$$h' = \sqrt{\frac{2S'h}{a}} = \sqrt{\frac{2 \times 405 \times 75}{30}} = 45$$

次據截長求截闊：

$$c = \frac{ah'}{h} = \frac{30 \times 45}{75} = 18$$

“增法”先求截闊：

$$c = \sqrt{\frac{2S'a}{h}} = \sqrt{\frac{2 \times 405 \times 30}{75}} = 18$$

次據截闊求截長：

$$h' = \frac{ch}{a} = \frac{18 \times 75}{30} = 45$$

“增法”求截闊公式不見於《算法統宗》“圭田截積歌”，故云“增法”。

2 此題見《算法統宗》卷七“圭田截積歌”下。

3 “舊法”先求截闊：

$$c = \sqrt{a^2 - \frac{2S'a}{h}} = \sqrt{30^2 - \frac{2 \times 720 \times 30}{75}} = 18$$

次據梯田公式求截長：

$$h' = \frac{2S'}{c + a} = \frac{2 \times 720}{18 + 30} = 30$$

“又法”求截闊同“舊法”，求截長據歌訣公式：

$$h' = \frac{(a - c)h}{a} = \frac{(30 - 18) \times 75}{30} = 30$$

解義圭田梯田相表裏梯田大小有二闊用相减餘步為闊差圭田止一闊上尖無闊如長七十五步將闊三十步减尽則原闊便是闊差故以原長原闊相乘除即同以相减闊差相乘除一理也圭田截尖仍是圭法故將倍積闊長反復乘除開方得長得闊截大頭即係梯田將倍積闊乘長除减闊自乘積開方得截闊仍是梯田截大頭得闊要求截長須得從截闊原闊求出闊差乃可得故与截上尖因長得闊因闊得長俱用原闊原長乘除之法不同看魯法相减闊差之說理自明矣○大抵截圭上尖仍是截長截闊本數相乘折半得本積故倍積以原長原闊乘除開方俱可得截長截闊截大頭則係大小闊折平以截長得積故必求出闊差乃可得截長

圭梯互求廣縱歌○圭求中廣要思量○廣乘長除在尖長○梯求尖長在上廣○梯長乘之差除想○圭問梯長减廣餘○尖長乘之上廣除○通長可問梯下濶○上廣乘之尖除約

上圭下梯圖

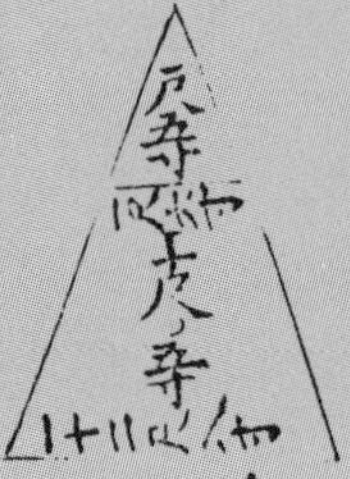

今有上圭下梯通長一十二尺廣一十二尺八十寸上截圭尖長一尺五寸問截中廣若干

舊法置尖（一尺五寸）以下廣（一十二尺）

【解義】圭田、梯田相表裏。梯田大小有二濶，用相減餘步爲濶差；圭田止一濶，上尖無濶，如長七十五步，將濶三十步減盡，則原濶便是濶差。故以原長、原濶相乘除，即同以相減濶差相乘除，一理也。圭田截尖仍是圭法，故將倍積濶長反復乘除，開方得長、得濶。截大頭即係梯田，將倍積濶乘長除，減濶自乘積，開方得截濶，仍是梯田截大頭得濶。要求截長，須得從截濶原濶求出濶差乃可得，故与截上尖因長得濶、因濶得長，俱用原濶原長乘除之法不同，看"增法"相減濶差之説，理自明矣。〇大抵截圭上尖，仍是截長截濶本數相乘，折半得本積，故倍積以原長、原濶乘除開方，俱可得截長、截濶。截大頭則係大小濶折平，以截長得積，故必求出濶差，乃可得截長。

圭梯互求廣縱歌〇圭求中廣要思量〇廣乘長除在尖長〇梯求尖長在上廣〇梯長乘之差除想[1]〇圭問梯長減廣餘〇尖長乘之上廣除〇通長可問梯下濶〇上廣乘之尖除約[2]

上圭下梯圖

今有上圭下梯，通長一十二尺，廣一十二尺八寸。上截圭尖，長一尺五寸。問截中廣若干？舊法置尖一尺五寸，以下廣一十二尺

---

1 長，順治本誤作"上"。

2 歌訣見《算法統宗》卷七"圭求廣縱歌"。原有歌訣四首，每首四句。一云：

梯求上廣出尖長，上廣乘縱法最良。
却將上下廣相減，餘法除之免思量。

二"圭求下廣歌"云：

圭田若問梯下廣，圭梯併長不必想。
上廣乘長爲實則，尖長法除即下廣。

三"圭求外梯長歌"云：

圭田欲問外梯長，下廣減去上廣良。
餘以圭長乘爲實，上廣法除是梯長。

四"圭求中廣歌"云：

圭求中廣要思量，却用下廣乘尖長。
正縱加入尖長數，爲法除之中廣良。

《算海説詳》刪改成八句，首聯相當於《算法統宗》第四首"圭求中廣歌"，如圖 2－28，已知通長 h，下廣 a，圭尖長 h_1，求圭田中廣：

$$b = \frac{h_1 a}{h}$$

頷聯相當於《算法統宗》第一首歌訣，已知圭田中廣 b，下廣 a，梯田長 h_2，求圭尖長：

$$h_1 = \frac{b h_2}{a - b}$$

頸聯相當於《算法統宗》第三首"圭求外梯長歌"，已知圭尖長 h_1，中廣 b，下廣 a，求梯田長：

$$h_2 = \frac{(a - b) h_1}{b}$$

尾聯相當於《算法統宗》第二首"圭求下廣歌"，已知通長 h，圭尖長 h_1，中廣 b，求下廣：

$$a = \frac{hb}{h_1}$$

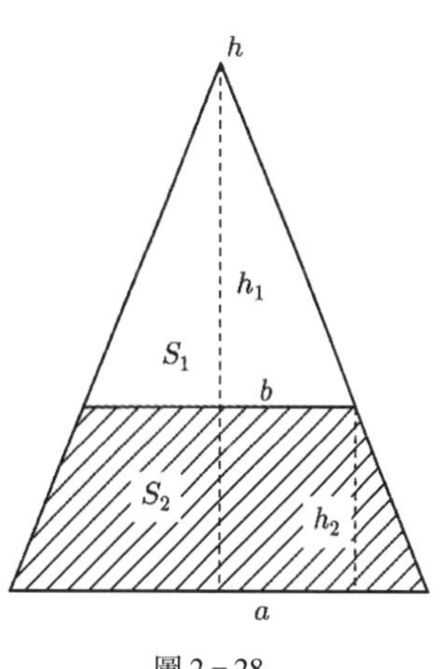

圖 2－28

八寸乘之得一十九尺二寸為實以通長一十二尺為法除之得中廣一尺六寸

梯求圭尖法○前圭梯上廣一尺六寸下廣一十二尺八寸梯長十尺零五寸問圭尖長若干　舊法置上廣一尺六寸以梯長十尺零五寸乘之得一十六尺八寸為實另將下廣一十二尺八寸減上廣一尺六寸餘差一十一尺二寸為法除之得圭尖長一尺五寸

圭求梯長法○前圭梯尖長一尺五寸中廣一尺六寸下廣一十二尺八寸問梯長若干　舊法置下廣一十二尺八寸減去上廣一尺六寸餘一十一尺二寸以圭長一尺五寸乘之得一十六尺八寸為實以上廣一尺六寸為法除之得梯長十尺五寸

圭求梯下廣法○前圭梯通長一十二尺圭尖長一尺五寸上廣一尺六寸問梯下廣若干　舊法置通長一十二尺以上廣一尺六寸乘之得一十九尺二寸為

八寸乘之，得一十九尺二寸爲實，以通長一十二尺爲法，除之得中廣一尺六寸[1]。

梯求圭尖法〇前圭梯上廣一尺六寸，下廣一十二尺八寸，梯長十尺零五寸。問圭尖長若干？舊法置上廣一尺六寸，以梯長十尺零五寸乘之，得一十六尺八寸爲實。另將下廣一十二尺八寸減上廣一尺六寸，餘差一十一尺二寸爲法，除之得圭尖長一尺五寸[2]。

圭求梯長法〇前圭梯尖長一尺五寸，中廣一尺六寸，下廣一十二尺八寸。問梯長若干？舊法置下廣一十二尺八寸，減去上廣一尺六寸，餘一十一尺二寸，以圭長一尺五寸乘之，得一十六尺八寸爲實。以上廣一尺六寸爲法，除之得梯長十尺五寸[3]。

圭求梯下廣法〇前圭梯通長一十二尺，圭尖長一尺五寸，上廣一尺六寸。問梯下廣若干？舊法置通長一十二尺，以上廣一尺六寸乘之，得一十九尺二寸爲

---

1 此題已知通長 $h = 12$，圭尖長 $h_1 = 1.5$，求圭田中廣 b，解法如下：

$$b = \frac{h_1 a}{h} = \frac{1.5 \times 12.8}{12} = 1.6$$

2 此題已知中廣（梯田上廣）$b = 1.6$，下廣 $a = 12.8$，梯田長 $h_2 = 10.5$，求圭尖長 h_1，解法如下：

$$h_1 = \frac{bh_2}{a - b} = \frac{1.6 \times 1.05}{12.8 - 1.6} = 1.5$$

3 此題已知圭尖長 $h_1 = 1.5$，中廣 $b = 1.6$，下廣 $a = 12.8$，求梯田長 h_2，解法如下：

$$h_2 = \frac{(a - b)h_1}{b} = \frac{(12.8 - 1.6) \times 1.5}{1.6} = 10.5$$

實以尖長一尺五寸為法除之得梯下廣一十二尺八寸增法置梯長十尺零五寸以上廣一尺六寸乘之得一十六尺八寸以尖長一尺五寸除之得一十一尺二寸加入上廣一尺六寸得梯下廣一十二尺八寸

解義圭求梯不外尖長中廣仍以圭法求梯求圭必二廣相減仍以梯法測

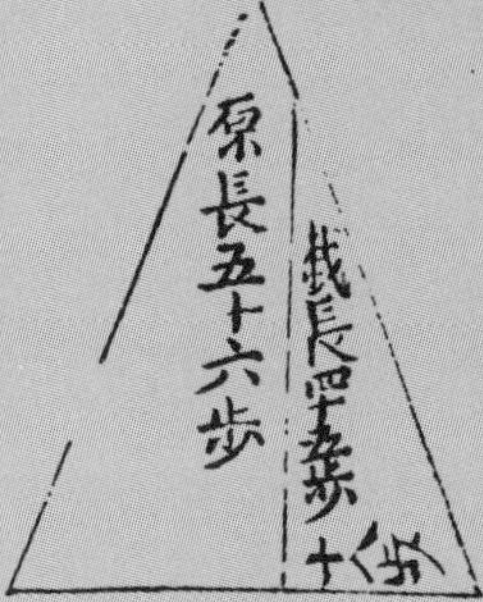

今有圭田長五十六步下廣四十四步八分從一邊截積四百零五步問截長截濶各若干增法置截積四百零五步以原長五十六步加倍得一百一十二步乘之得四萬五千三百六十步為實以原濶四十四步八分折半得二十二步四分為法除之得二千零二十五步以開平方法除之得截長四十五步就將長四十五步以折半二十二步四分乘之得一千零八步以原長五十六步除之得截濶一十八步增法置截積四百零五步以

圭截勾股圖

截長四十五步

原長五十六步

十八步

實，以尖長一尺五寸爲法，除之得梯下廣一十二尺八寸。增法置梯長十尺零五寸，以上廣一尺六寸乘之，得一十六尺八寸，以尖長一尺五寸除之，得一十一尺二寸，加入上廣一尺六寸，得梯下廣一十二尺八寸[1]。

【解義】圭求梯，不外尖長、中廣，仍以圭法求。梯求圭，必二廣相減，仍以梯法測。

圭截勾股圖

今有圭田，長五十六步，下廣四十四步八分，從一邊截積四百零五步。問截長、截濶各若干？增法置截積四百零五步，以原長五十六步加倍，得一百一十二步乘之，得四萬五千三百六十十步爲實。以原濶四十四步八分折半，得二十二步四分爲法，除之得二千零二十五步。以開平方法除之，得截長四十五步。就將長四十五步以折半二十二步四分乘之，得一千零八步，以原長五十六步除之，得截濶一十八步。增法置截積四百零五步，以

1 此題已知通長 $h = 12$，圭尖長 $h_1 = 1.5$，中廣 $b = 1.6$，求下廣 a。“舊法”係歌訣解法：

$$a = \frac{hb}{h_1} = \frac{12 \times 1.6}{1.5} = 12.8$$

“增法”先求梯長：

$$h_2 = h - h_1 = 12 - 1.5 = 10.5$$

再用公式：

$$a = \frac{h_2 b}{h_1} + b = \frac{10.5 \times 1.6}{1.5} + 1.6 = 12.8$$

原濶四十四步八分乘之得一萬八千一百四十四步為實以原長五十六步為法除之得三百二十四步以開平方除之得截濶一十八步將截濶一十八步以原長五十六步乘之得一千零八步以半濶二十二步四分除之得截長四十五步

解義此與梯截一边同理梯二濶以相减差步折半圭一濶以原濶折半為法即是半差求截長濶用折半原長加倍以合原積求截濶用原長亦用原濶即半濶加倍以合原積故皆不倍積

勾股折半圖

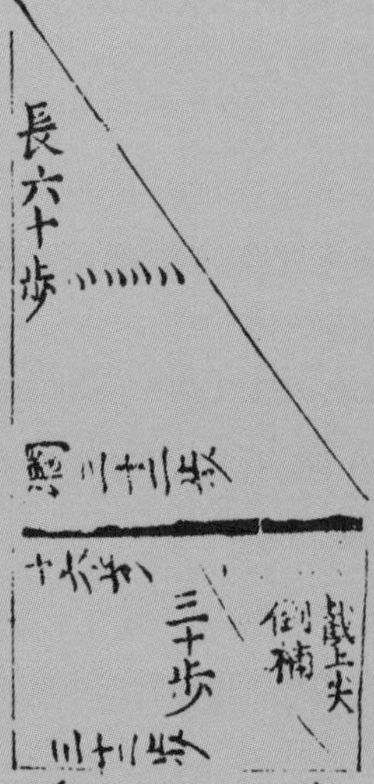

長六十步

三十步

截出倒補

今有勾股田長六十步濶三十二步問積若干

舊法置長六十步以濶三十二步折半得一十六步乘之得積九百六十步或長折半以濶乘亦得

解義先將濶折半或將長折半與原長濶相乘折半一也視圭田圖直分顛倒相補勾股橫截顛倒相補或直或横都成一半故筭法或長折半或濶折半皆可合也

原濶四十四步八分乘之，得一萬八千一百四十四步爲實。以原長五十六步爲法除之，得三百二十四步，以開平方除之，得截濶一十八步。將截濶一十八步，以原長五十六步乘之，得一千零八步，以半濶二十二步四分除之，得截長四十五步。[1]

【解義】此與梯截一邊同理。梯二濶，以相減差步折半；圭一濶，以原濶折半爲法。即是半差求截長，濶用折半，原長加倍，以合原積；求截濶，用原長，亦用原濶，即半濶加倍，以合原積，故皆不倍積。

勾股折半圖

今有勾股田，長六十步，濶三十二步。問積若干？舊法置長六十步，以濶三十二步折半得一十六步乘之，得積九百六十步[2]。或長折半，以濶乘，亦得。

【解義】先將濶折半，或將長折半，與原長濶相乘折半，一也。視圭田圖，直分顛倒相補，勾股横截顛倒相補，或直或横，都成一半。故算法或長折半，或濶折半，皆可合也。

---

1 《算法統宗》無此題。如圖 2－29，已知圭田下廣 a、長 h，從一邊截積 S'，求截長 h'、截闊 c。“增法”一先求截長：

$$h' = \sqrt{\frac{2hS'}{\frac{a}{2}}} = \sqrt{\frac{2 \times 56 \times 405}{\frac{44.8}{2}}} = 45$$

次求截闊：

$$c = \frac{\frac{1}{2}ah'}{h} = \frac{\frac{1}{2} \times 44.8 \times 45}{56} = 18$$

“增法”二先求截闊：

$$c = \sqrt{\frac{aS'}{h}} = \sqrt{\frac{44.8 \times 405}{56}} = 18$$

次求截長：

$$h' = \frac{ch}{\frac{1}{2}a} = \frac{18 \times 56}{\frac{1}{2} \times 44.8} = 45$$

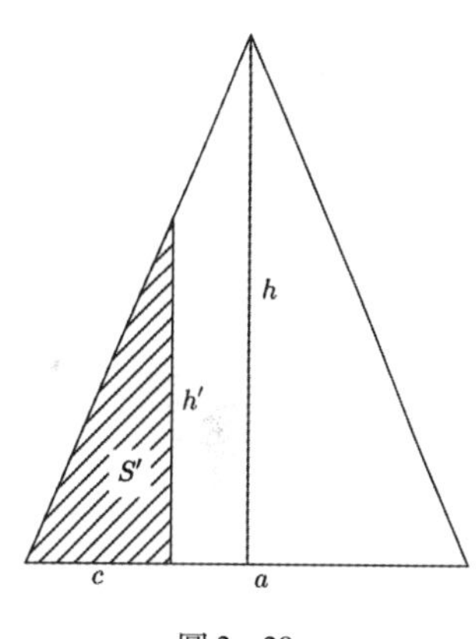

圖 2－29

2 九百六十步，順治本誤作“九十六步”。

勾股直截圖

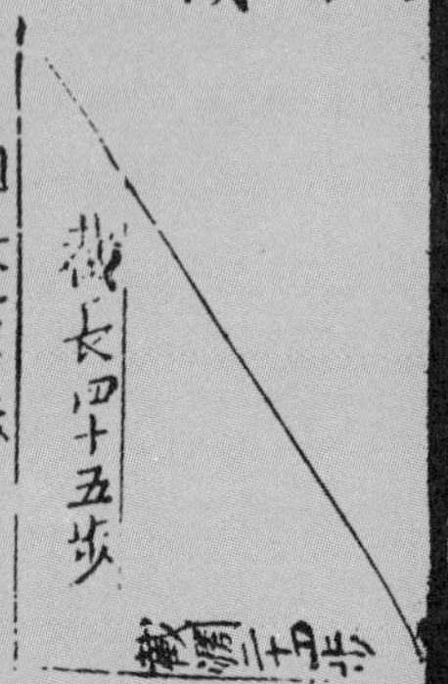

截長四十五步

通長六十步

今有勾股田長六十步濶三十二步從一邊截積五百四十步問截長截濶各若干

(術)(法)置截積五百四十步以原長六十步加倍得一百二十步乘之得六萬四千八百步以原濶三十二步除之得二千零二十五步為實以開平方法除之得(截長四十五步)

另將截積以原濶三十二步加倍得六十四步乘之得三萬四千五百六十步以原長六十步除之得五百七十六步為實以開平方法除之得(截濶二十四步)

解義 此與圭田截勾股同法第圭濶折半即勾股斜差在一面濶不折半求截長倍原長求截濶倍截濶皆是倍用乘法本積止倍積一半倍長濶乘之仍同原長濶乘倍積一理也

上勾股下斜圖

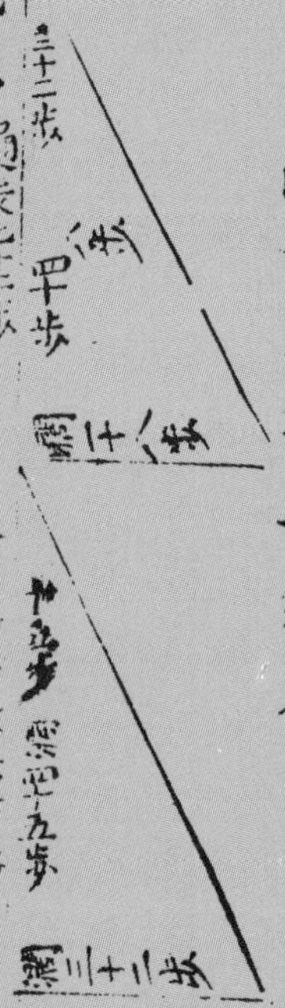

上圖以斜問勾股〇今有斜田上廣八步下廣一十八步長四十步問上

勾股直截圖

今有勾股田，長六十步，濶三十二步，從一邊截積五百四十步。問截長、截濶各若干[1]？增法置截積五百四十步，以原長六十步加倍得一百二十步乘之，得六萬四千八百步，以原濶三十二步除之，得二千零二十五步爲實。以開平方法除之，得截長四十五步。另將截積以原濶三十二步加倍得六十四步乘之，得三萬四千五百六十步，以原長六十步除之，得五百七十六步爲實。以開平方法除之，得截濶二十四步。

【解義】此與“圭田截勾股”同法，第圭濶折半，即勾股斜差在一面，濶不折半，求截長倍原長，求截濶倍截濶，皆是倍用乘法。本積止倍積一半，倍長濶乘之，仍同原長濶乘倍積，一理也。

上勾股下斜圖

上圖以斜問勾股○今有斜田，上廣八步，下廣一十八步，長四十步。問上

1 《算法統宗》無此題。如圖 2－30，已知勾股闊 a 、長 h ，從斜邊截積 S' ，求截長 h' 、截闊 c 。截長：

$$h' = \sqrt{\frac{S' \cdot 2h}{a}} = \sqrt{\frac{540 \times 2 \times 60}{32}} = 45$$

截闊：

$$c = \sqrt{\frac{S' \cdot 2a}{h}} = \sqrt{\frac{540 \times 2 \times 32}{60}} = 24$$

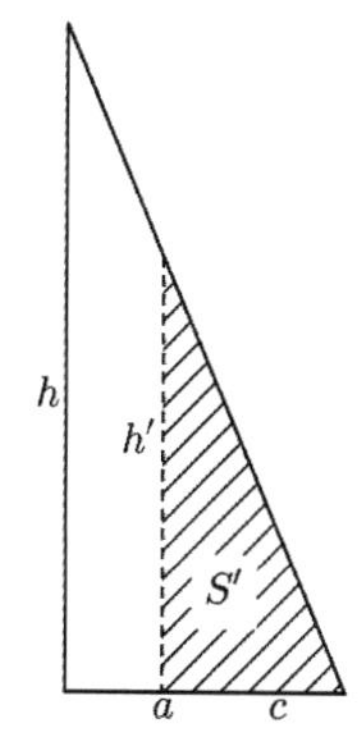

圖 2－30

接勾股長若干　增法置上廣下廣對减餘十步以除斜長四十步得四步以乘上濶八步得勾股尖長三十二步　如以通長下濶從上尖截三十二步問上廣即置下廣一十八步以通長七十二步除之得二分五厘為法乘上尖三十二步得中廣八步　如以尖長中廣問下斜田長及下廣即置中廣八步以尖長三十二步除之得二分五厘置尖長三十二步以中廣八步除之得四步為法以尖長中廣并下廣問斜長即將下廣一十八步減上廣餘十步以四因之得斜長四十步問下廣將斜長四十步以二分五厘乘之得十步加中廣八步得下廣一十八步　下圖問尖長中廣斜長下廣將通長六十步以下廣三十二步除之得一步八分七厘五毫以四乘之得七步五分是濶差四步長七步五分又將濶三十二步以六十步除之得五分三厘二毫不尽以三通之得一步六分是長三步濶差一步六分問尖長則將中廣八步以七步五分

接勾股長若干？增法置上廣下廣，對減餘十步，以除斜長四十步，得四步，以乘上濶八步，得勾股尖長三十二步[1]。 如以通長、下濶，從上尖截三十二步，問上廣。即置下廣一十八步，以通長七十二步除之，得二分五厘爲法，乘上尖三十二步，得中廣八步[2]。 如以尖長、中廣，問下斜田長及下廣。即置中廣八步，以尖長三十二步除之，得二分五厘，置尖長三十二步，以中廣八步除之，得四步爲法。 以尖長、中廣并下廣，問斜長。即將下廣一十八步減上廣，餘十步，以四因之，得斜長四十步。 問下廣，將斜長四十步以二分五厘乘之，得十步，加中廣八步，得下廣一十八步[3]。 下圖問尖長、中廣、斜長、下廣。將通長六十步以下廣三十二步除之，得一步八分七厘五毫，以四乘之，得七步五分，是濶差四步，長七步五分。又將濶三十二步以六十步除之，得五分三厘三毫不盡，以三通之，得一步六分，是長三步，濶差一步六分。 問尖長，則將中廣八步以七步五分

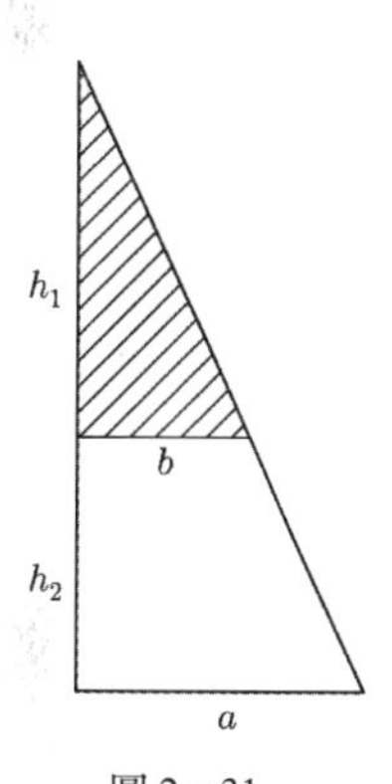

圖 2－31

1 《算法統宗》卷七有“斜增爲勾股”題，原題云：“原有斜田，南廣四步，北廣十步，長一十二步。今欲增作勾股樣式，問股長出若干？”與此題類型相同，解法亦同。如圖 2－31，已知斜田中廣（南廣）b，下廣（北廣）a，長 h_2，求上接勾股尖長：

$$h_1 = \frac{b h_2}{a - b}$$

2 《算法統宗》卷七有“勾股截積”題，原題云：“今有勾股田，長三十步。闊一十五步。今從尖截長一十二步，問中廣若干？”與此題類型相同，解法亦同。已知勾股通長 h，下廣（闊）a，勾股尖長 h_1，求中廣：

$$b = \frac{h_1 a}{h}$$

3 以上二問，《算法統宗》無。第一問已知勾股尖長 h_1，下廣 a，中廣 b，求斜田長 h_2：

$$h_2 = (a - b)\frac{h_1}{b}$$

第二問已知勾股尖長 h_1，斜田長 h_2，中廣 b，求下廣 a：

$$a = h_2 \cdot \frac{b}{h_1} + b$$

乘之得六十步以四步除之得尖長一十五步問中廣則將尖長一十五步以一步六分乘之得二十四步以三步歸之得中廣八步問下廣則將斜長四十五步以一步六分乘之以三步除之得二十四步加中廣八步得下廣三十二步問斜長則將下廣減中廣餘二十四步以七步五分乘之以四步除之得斜長四十五步

解義 此與梯求尖長中廣梯長下廣皆同法可求因凡用長除濶乘長乘濶除皆是長得濶若干濶得長若干交互乘除以合其數故復列此二圖互明使人曉徹卽解前法註脚也問下廣將斜長乘除得數復加中廣者以斜長截去上尖已減去中廣差數故加八始合下廣以積求截長截濶皆同圭法故不再贅

斜尖折半圖

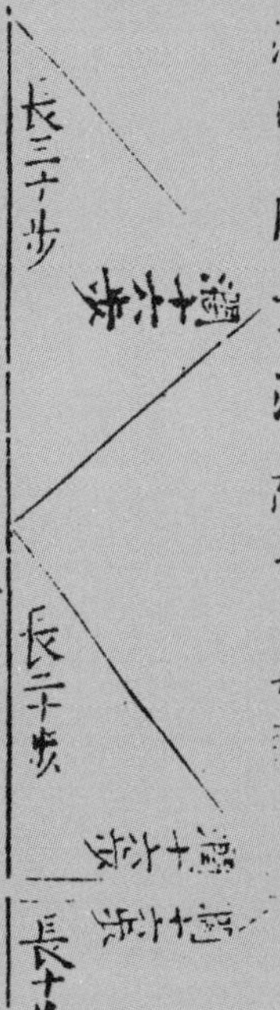

長三十步

長二十步

長十步

今有斜尖田長三十步尖濶一十六步問積若干

術法 置長三十步以濶一十六步乘之得四百八十步折半得積二百四十步

乘之，得六十步，以四步除之，得尖長一十五步。問中廣，則將尖長一十五步以一步六分乘之，得二十四步，以三步歸之，得中廣八步。問下廣，則將斜長四十五步以一步六分乘之，以三步除之，得二十四步，加中廣八步，得下廣三十二步。問斜長，則將下廣減中廣，餘二十四步，以七步五分乘之，以四步除之，得斜長四十五步[1]。

【解義】此與圭梯求尖長、中廣、梯長、下廣，皆同法可求。因凡用長除濶乘、長乘濶除，皆是長得濶若干，濶得長若干，交互乘除以合其數，故復列此二圖互明，使人曉徹，即解前法註脚也。問下廣，將斜長乘除得數復加中廣者，以斜長截去上尖，已減去中廣差數，故加入始合下廣。以積求截長截濶，皆同圭法，故不再贅。

斜尖折半圖[2]

今有斜尖田長三十步，尖濶一十六步。問積若干？舊法置長三十步，以濶一十六步乘之，得四百八十步，折半得積二百四十步。

---

1 以上四問，《算法統宗》無。如圖 2－32，勾股通長 $h = 60$，下廣 $a = 32$，則：

$$\begin{cases} \dfrac{h}{a} = \dfrac{60}{32} = \dfrac{7.5}{4} \\ \dfrac{a}{h} = \dfrac{32}{60} = \dfrac{1.6}{3} \end{cases}$$

即闊差四步，通長七步五分；通長三步，闊差一步六分。第一問已知中廣 $b = 8$，求勾股尖長 h_1，由

$$\frac{h_1}{b} = \frac{h}{a}$$

得：

$$h_1 = \frac{h}{a} \cdot b = \frac{7.5}{4} \times 8 = 15$$

第二問已知尖長 $h_1 = 15$，求中廣：

$$b = \frac{a}{h} \cdot h_1 = \frac{1.6}{3} \times 15 = 8$$

第三問已知斜長 $h_2 = 45$，求下廣 a，由

$$\frac{a - b}{h_2} = \frac{a}{h}$$

得：

$$a = \frac{a}{h} \cdot h_2 + b = \frac{1.6}{3} \times 45 + 8 = 32$$

第四問已知中廣 $b = 8$，求斜長：

$$h_2 = \frac{h}{a} \cdot (a - b) = \frac{7.5}{4} \times 45 \times (32 - 8) = 45$$

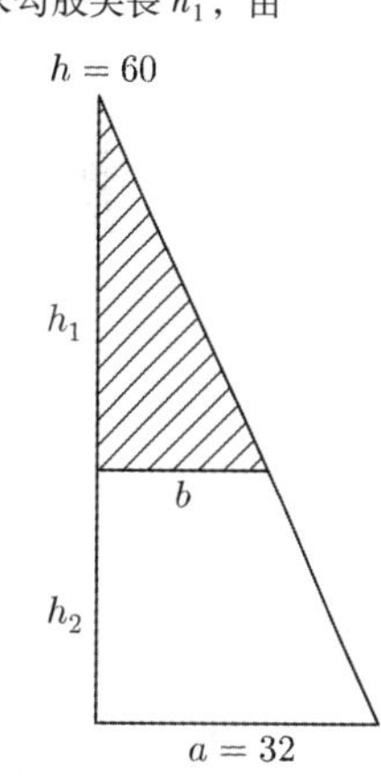

圖 2－32

2 斜尖田，即斜三角形，《算法統宗》卷三稱作“斜圭田”。

解義斜尖田雖尖偏兩边長短不一然以濶為主長與長折半短與短折半數自无差今分作二段以濶乘二十步折半得一百六十步以濶乘十步折半得八十步仍合原田積也

三角問徑積圖

中徑十二步
十四步
十四步
十四步

今有三角田每面一十四步問中徑及積若干

舊法三角徑得面七分之六以面求徑六因七歸以徑求面七因六歸置面一十四步以六因之得八十四步以七歸之得面徑一十二步以乘面一十四步得一百六十八步折半得積八十四步

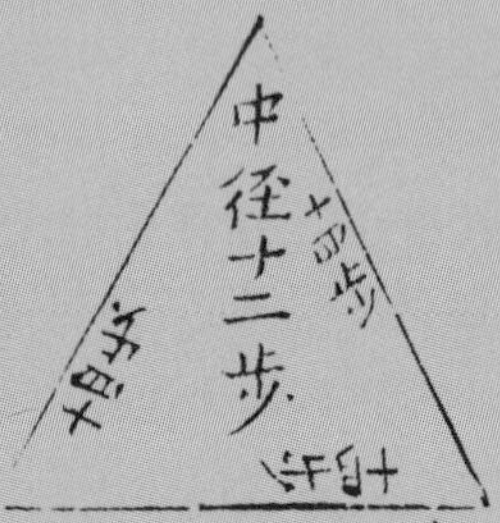

解義三角田將六因七歸得徑面得七步徑得六步然以勾股法求之則面七步徑六步零六厘不尽徑六步面六步九分有零以圓容三角考之則又面七徑六為準解詳後圓容三角下

梭形田圖

中長五十二步
中廣一十二步

今有梭田中長五十二步中廣一十二步問積若干

舊法置中長五十二步以中廣一十二步乘之得六百二十四步折半得

【解義】斜尖田雖尖偏，兩邊長短不一，然以濶爲主，長與長折半，短與短折半，數自無差。今分作二段，以濶乘二十步，折半得一百六十步；以濶乘十步，折半得八十步，仍合原田積也。

三角問徑積圖[1]

今有三角田，每面一十四步。問中徑及積若干？舊法三角徑得面七分之六，以面求徑，六因七歸；以徑求面，七因六歸。置面一十四步，以六因之，得八十四步，以七歸之，得中徑一十二步。以乘面一十四步，得一百六十八步，折半得積八十四步。

【解義】三角田將六因七歸得徑，面得七步，徑得六步。然以勾股法求之，則面七步，徑六步零六厘不盡；徑六步，面六步九分有零。以圓容三角考之，則又面七徑六爲準，解詳後“圓容三角”下。

梭形田圖[2]

今有梭田，中長五十二步，中廣一十二步。問積若干？舊法置中長五十二步，以中廣一十二步乘之，得六百二十四步，折半得

1 三角田，即等邊三角形。見《算法統宗》卷三。

2 梭田，即菱形。見《算法統宗》卷三。

積三百一十二步

解義梭形将中十字分之便是四小勾股翻轉方配成一直田故用折半法與勾股等田同

今有欖形田中長四十步中濶一十六步問積若干

舊法置中長四十步另將濶一十六步折半得八步併之得四十八步

橄欖形田圖

以半濶八步乘之得積三百八十四步

解義欖田形中分即二細半弧矢其以半濶加長以半濶乘猶以矢加弦以矢乘即弧矢法弧矢弦加矢折半以矢乘是一弧矢積不折半以矢乘得二弧矢即欖田全積也

眉形田積圖

今有眉形田上周四十步下周三十步中徑八步問積若干

舊法置上下二周相併得七十步折半得三十五步為實另置中徑八步折半得四步為法除之得積一百四十步

積三百一十二步。

【解義】梭形將中十字分之，便是四小勾股，翻轉方配成一直田，故用折半法，與勾股等田同。

橄欖形田圖[1]

今有欖形田，中長四十步，中濶一十六步。問積若干？舊法置中長四十步，另將濶一十六步折半得八步，併之得四十八步，以半濶八步乘之，得積三百八十四步。

【解義】欖田形中分，即二細半弧矢。其以半濶加長以半濶乘，猶以矢加弦以矢乘，即弧矢法。弧矢弦加矢折半以矢乘，是一弧矢積；不折半以矢乘，得二弧矢，即欖田全積也。

眉形田積圖[2]

今有眉形田，上周四十步，下周三十步，中徑八步。問積若干？舊法置上下二周，相併得七十步，折半得三十五步爲實；另置中徑八步，折半得四步爲法，(除)[乘]之得積一百四十步[3]。

---

1 欖形田，見《算法統宗》卷三。欖形田由兩個對稱的弧矢田構成，故其求積方法由弧矢求積公式而得。如圖 2－33，欖形田横闊爲 a、直長爲 b，以 b 爲弧弦、$\frac{a}{2}$ 爲矢闊，用弧矢求積公式求得欖形田積：

$$S = 2S_1 = 2 \times \frac{\left(b + \frac{a}{2}\right) \cdot \frac{a}{2}}{2} = \left(b + \frac{a}{2}\right) \cdot \frac{a}{2}$$

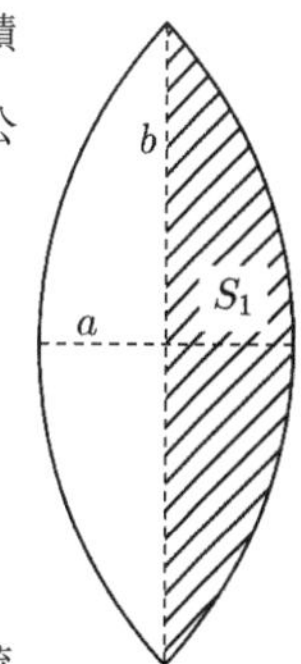

圖 2－33

2 眉田，見《算法統宗》卷三。眉田内周 C_1、外周 C_2，中徑爲 d，眉田積：

$$S = \frac{C_1 + C_2}{2} \cdot \frac{d}{2}$$

該公式早在《算法全能集》、《詳明算法》、《九章比類》中便已出現，但來源不明。《算法統宗》指出該式爲近似公式，其眉田積當"借下弧而作圭，併左右弧而減下弧"。如圖 2－34，眉田面積相當於圖中虚線等腰三角形面積(S_A)加眉形内左右兩弓形面積($S_C + S_D$)，再減去眉形内弓形面積(S_B)，即：$S = S_A + S_C + S_D - S_B$(《算法統宗校釋》，第 297－298 頁)

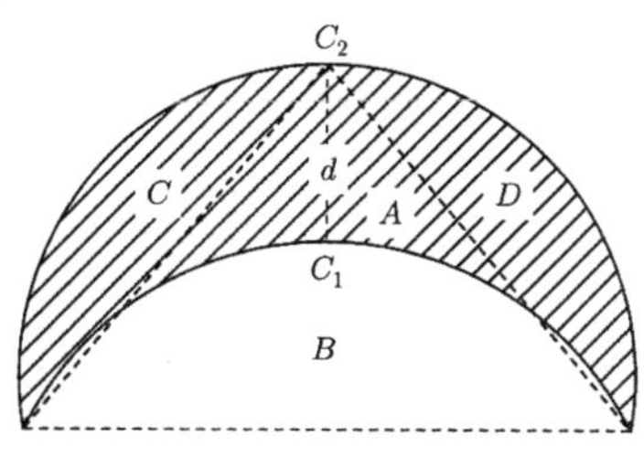

圖 2－34

3 除，當作"乘"，據題意及《算法統宗》改。

解義眉田雖有弯背如弦矢形而內周亦弯內外周折平如同伸直成二圭大頭相順故用中徑折半乘之

牛角田圖

今有牛角田自尖至下濶中心依弯長十七步五分濶八步問積若干　舊法置中長一十七步五分以濶八步折半得四步乘之得積七十步

中弯長十七步五分
濶八步

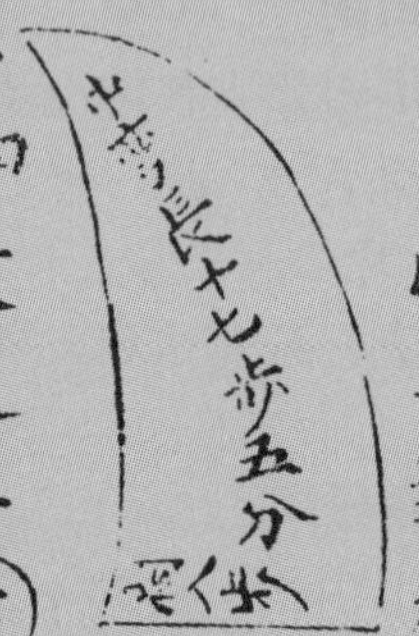

解義牛角田如眉田之半取中弯一長然同內外弯長合併折平一也

車輞田形圖

今有車輞形田外弯長四十五步內弯長三十六步濶六步問積若干　舊法置外長內長併之得八十一步折半得四十步零五分以徑六步乘之得積二百四十三步

外弯四十五步
徑六步
內弯三十六步

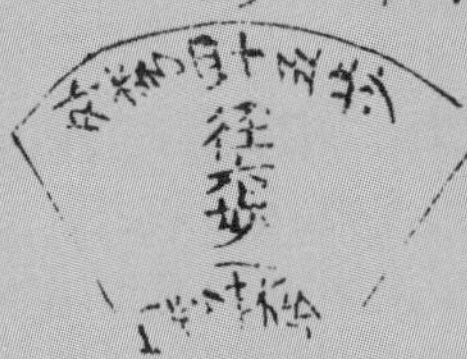

解義車輞田如同割截圓田或割三分四分之一或割五分六分之一皆照圓田內周外周折平之法以徑乘之圓田徑一步外周比內周多六步前圓田如四分圓田徑一步外周多一步五分徑短則為車輞徑長則為扇面一也

【解義】眉田雖有彎背如弧矢形，而内周亦彎，内外周折平，如同伸直成二圭，大頭相頂，故用中徑折半乘之。

牛角田圖[1]

今有牛角田，自尖至下濶中心，依彎長十七步五分，濶八步。問積若干？舊法置中長一十七步五分，以濶八步折半得四步乘之，得積七十步。

【解義】牛角田如眉田之半。取中彎一長，猶同内、外彎長合併折平，一也。

車輞田形圖[2]

今有車輞形田，外彎長四十五步，内彎長三十六步，濶六步。問積若干？舊法置外長、内長，併之得八十一步，折半得四十步零五分，以徑六步乘之，得積二百四十三步。

【解義】車輞田如同割截圜田，或割三分、四分之一，或割五分、六分之一，皆炤圜田内周、外周折平之法，以徑乘之，圜田徑一步，外周比内周多六步。前圖如四分圜田，徑一步，外周多一步五分，徑短則爲車輞，徑長則爲扇面，一也。

---

1 牛角田，即眉田一半，見《算法統宗》卷三。設牛角田中長爲 l 、闊爲 d ，則田積 S 爲：

$$S = \frac{1}{2}dl$$

該式來自眉田求積術，亦近似求法。《算法統宗》指出牛角田積應"借内灣而作斜圭，併外弧而減内弧"而求，如圖 2 - 35，牛角田積由斜三角 A 併上外周弧矢 C ，減去内周弧矢 B 而得，即：

$$S = S_A + S_C - S_B$$

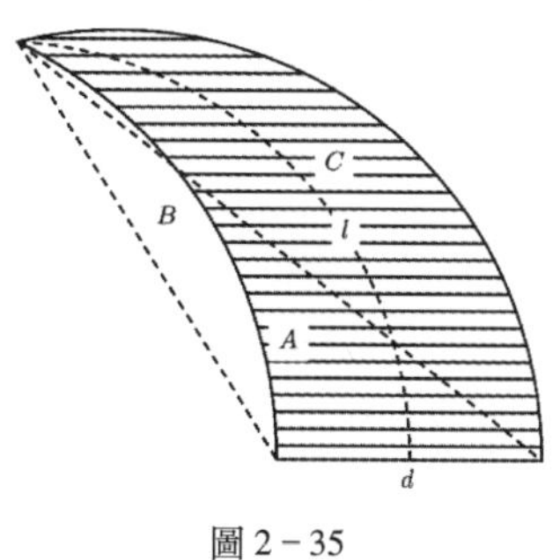

圖 2 - 35

2 車輞形田，《算法統宗》無，見於《九章比類》卷一"方田"。輞，讀 wǎng，車輪外周。

今有扇形田兩斜直各十三步問積若干　(增)(法)置斜長一十三步另將斜長折半得六步五分相併共一十九步五分為實以折半六步五分為法乘之得(積)(一)(百)(二)(十)(六)(步)(七)(分)(五)(厘)

全扇形田圖

長十三步
長十三步

解義　扇形田乃圓四分之一即整半圓弧矢之半求積亦即弧矢法如弧矢全弦二十六步加矢十三步共三十九步折半得半矢半弦一十九步五分以半長加全長亦一十九步五分合弧矢半弦半矢以全矢十三步乘得弧矢積以半矢六步五分乘得扇田積

三廣田形圖

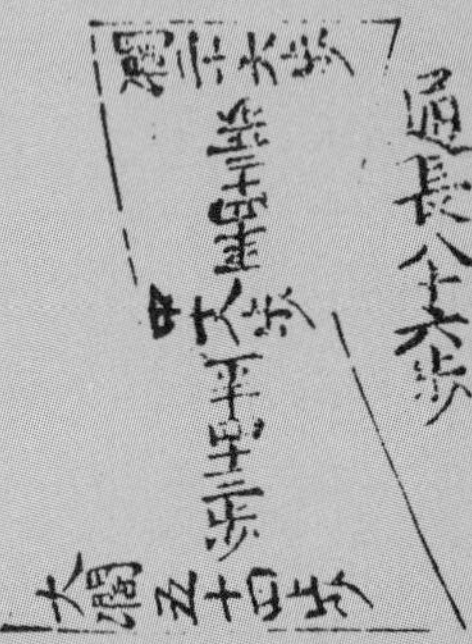

通長八十六步

今有三廣田南廣二十六步北廣五十四步中廣一十八步正長八十六步問積若干　(舊)(法)置南北二廣共八十步折半得四十步加中廣一十八步共五十八步再折半得二十九步以乘長八十六步得(積)(二)(千)(四)(百)(九)(十)(四)(步)　(又)(法)倍中廣得三十六步加南北二廣共一百一十六步以四歸之得二十九步以乘長八十六步亦得

全扇形田圖[1]

今有扇形田，兩斜直各十三步。問積若干？增法置斜長一十三步，另將斜長折半，得六步五分，相併共一十九步五分爲實，以折半六步五分爲法，乘之得積一百二十六步七分五厘。

【解義】扇形田乃圓四分之一，即整半圓弧矢之半，求積亦即弧矢法。如弧矢全弦得二十六步，加矢十三步，共三十九步，折半得半矢半弦一十九步五分。以半長加全長，亦一十九步五分，合弧矢半弦、半矢，以全矢十三步乘，得弧矢積。以半矢六步五分乘，得扇田積。

三廣田形圖[2]

今有三廣田，南廣二十六步，北廣五十四步，中廣一十八步，正長八十六步。問積若干？舊法置南北二廣共八十步，折半得四十步，加中廣一十八步，共五十八步，再折半得二十九步，以乘長八十六步，得積二千四百九十四步。又法倍中廣得三十六步，加南北二廣，共一百一十六步，以四歸之，得二十九步，以乘長八十六步，亦得。

---

1 扇形田，《算法統宗》無。此扇形田爲圓田四分之一，即整半弧矢（半圓）一半。設扇形邊長爲 a，根據整半弧矢求積術得扇形積：

$$S = \frac{1}{2}\left(\frac{2a+a}{2}\cdot a\right) = \frac{1}{2}\left(a+\frac{a}{2}\right)$$

2 三廣田，由兩個等高且有共同底的等腰梯形構成。見《算法統宗》卷三。如圖 2－36，三廣田小頭廣 a、大頭廣 b、中廣爲 c、通長爲 h，田積 S 爲：

$$S = S_1 + S_2 = \frac{1}{2}h\cdot\frac{a+c}{2} + \frac{1}{2}h\cdot\frac{b+c}{2} = \frac{h}{4}(a+b+2c)$$

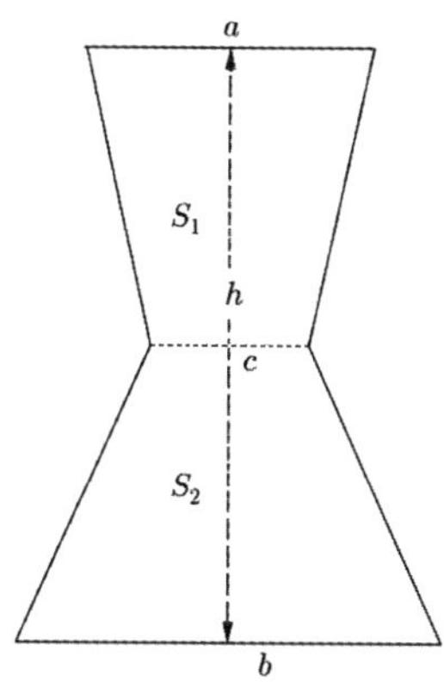

圖 2－36

解義三廣田或大廣居中如南廣二十六步北廣一十八步中廣五十四步與前法同筭然須中闊居正長之中兩頭相去均停乃可以三廣法筭蓋兩頭廣雖大小不一而去中均停則可以三廣徹平或大廣長小廣短則積差少大廣短小廣長則積差多須截二段作二梯田筭為得

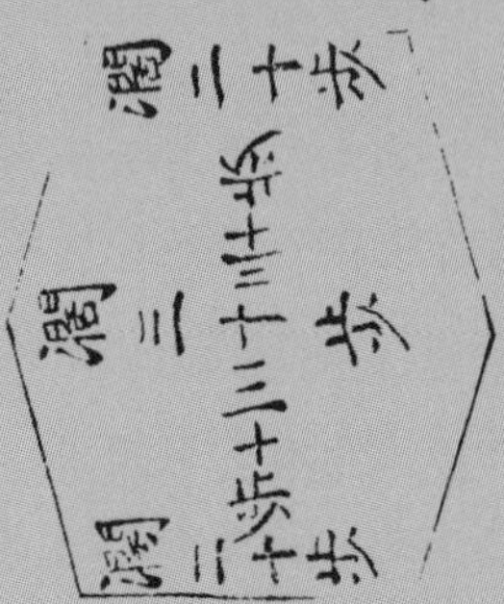

通長六十步

二梯均平圖

積一千五百步

通長六十步

長廣各異二梯圖

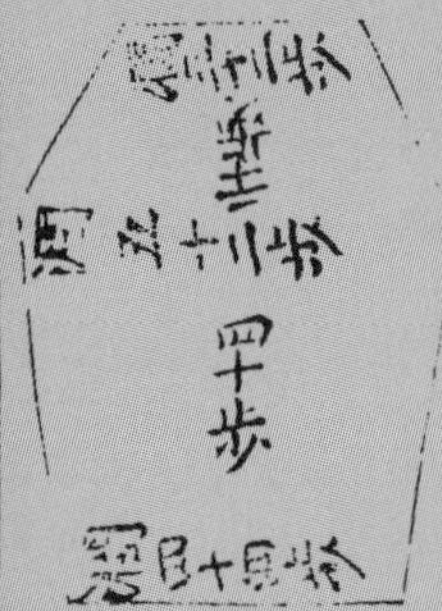

四十步

今有並梯田中闊三十步兩頭去中均停廣各二十步問積若干

增法置長六十步另以中廣三十步加兩頭廣同此作二十步共五十步折半得二十五步乘長六十步得

解義此兩頭廣同不用再折故只用二廣與四廣用四帰同无論兩長同與不同皆可用此

今有長廣各異並梯田南廣三十二步北廣四十四步中廣五十二步通長六十步內中闊至南廣二十步中廣至北廣四十步問積若干

增法置南闊十三

【解義】三廣田或大廣居中，如南廣二十六步，北廣一十八步，中廣五十四步，與前法同筭。然須中濶居正長之中，兩頭相去均停，乃可以三廣法筭。蓋兩頭廣雖大小不一，而去中均停，則可以三廣徹平。或大廣長小廣短，則積差少；大廣短小廣長，則積差多，須截二段作二梯田筭爲得。

二梯均平圖[1]

今有並梯田，中濶三十步，兩頭去中均停，廣各二十步。問積若干？增法置長六十步，另以中廣三十步，加兩頭廣同止作二十步，共五十步，折半得二十五步，乘長六十步，得積一千五百步。

【解義】此兩頭廣同，不用再折，故只用二廣，與四廣用四歸同。無論兩長同與不同，皆可用此。

長廣各異二梯圖[2]

今有長廣各異並梯田，南廣三十二步，北廣四十四步，中廣五十二步，通長六十步。內中濶至南廣二十步，中廣至北廣四十步。問積若干？舊法置南濶三十

1 《算法統宗》有“二梯相併”圖，有圖無題。《九章比類》卷一方田章作“鼓田”。
2 《算法統宗》無此圖。

二步加中濶五十二步共八十四步折半得四十二步以中濶至南濶二十步乘之得八百四十步又將中濶五十二步加北濶四十四步共九十六步折半得四十八步以中濶至北濶四十步乘之得一千九百二十步合二段共得積二千七百六十步

解義此即二頭濶既不同長又不一若作三廣筭則折濶得四十五步以長六十步乘之得二千七百步比原積少六十步乃小濶短大濶長之故也若大濶短小濶長則積又差多恐用者差誤姘錯必多故淩圖此

長濶四不等圖

通長五十步
截直長四十步
勾十步
股四十步

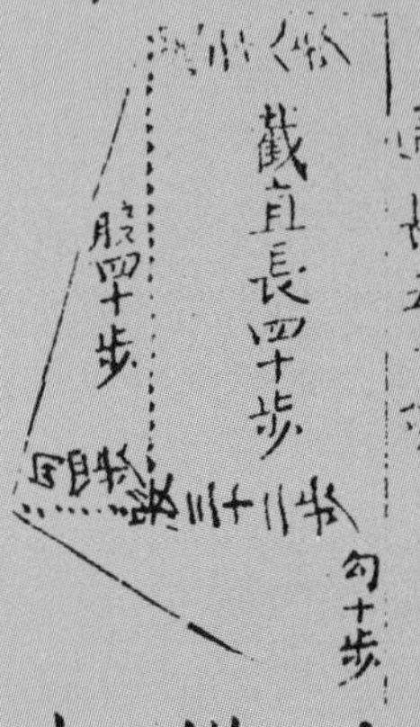

今有四面長濶各不等田右正長五十步左斜尖橫直截直長四十步下截勾股濶十步長三十二步上正濶二十八步豎直截下右勾股長四十步濶四步問共積若干

舊法先置截直田濶二十八步乘長四十步得積一千一百二十步又置左勾股長四十步以勾四步折半二步乘之得積八十步再置下勾股

二步，加中濶五十二步，共八十四步，折半得四十二步，以中濶至南濶二十步乘之，得八百四十步。又將中濶五十二步加北濶四十四步，共九十六步，折半得四十八步，以中濶至北濶四十步乘之，得一千九百二十步。合二段，共得積二千七百六十步。

【解義】此即二頭濶既不同，長又不一。若作三廣筭，則折濶得四十五步，以長六十步乘之，得二千七百步，比原積少六十步，乃小濶短、大濶長之故也。若大濶短、小濶長，則積又差多。恐用者差誤，舛錯必多，故復圖此。

長闊四不等圖[1]

今有四面長濶各不等田，右正長五十步，左斜尖横直截直長四十步，下截勾股濶十步、長三十二步，上正濶二十八步，竪直截下右勾股長四十步、濶四步。問共積若干？舊法先置截直田濶二十八步，乘長四十步，得積一千一百二十步。又置左勾股長四十步，以勾四步折半二步乘之，得積八十步。再置下勾股

1 《算法統宗》卷三作“四不等形”。

長三十二步以勾濶十步折半五步乘之得積一百六十步三共併積一千三百六十步或截一勾睒餘以截斜田筭亦得古法以斜弦丈量差積必多凡遇歪斜不等須截量為正

今有彎斜五面各不等截分二段四角斜長三十六、步徑上十二步八分下十五步二分三角長二十二步徑一十二步問積若干

五不等分四角三角圖

舊法先置四角斜長三十六步以併二徑共二十八步折半得一十四步乘之得積五百零四步又置三角長二十二步以徑一十二步乘之折半得積一百三十二步二段共得積六百三十六步

解義田以斜量多差今四角以斜長斜徑量者四角之形与梭田等如二圭相併二徑準長短不一相併折半即是長亦得半短亦得半以長乘之即是以長各乘二半徑分數毛差了田坐山曲江淮河岸及崖坡過亥等處必多彎缺歪斜難取方直須個察形勢以

長三十二步，以勾濶十步折半五步乘之，得積一百六十步。三共併積一千三百六十步。或截一勾股，餘以截斜田筭，亦得。古法以斜弦丈量，差積必多。凡遇歪斜不等，須截量爲正。

五不等分四角三角圖[1]

今有彎斜，五面各不等，截分二段：四角斜長三十六步，徑至斜中上十二步八分、下十五步二分；三角長二十二步，徑一十二步。問積若干？舊法先置四角斜長三十六步，併二徑共二十八步，折半得一十四步，乘之得積五百零四步。又置三角長二十二步，以徑一十二步乘之，折半得積一百三十二步。二段共得積六百三十六步。

【解義】田以斜量多差，今四角以斜長斜徑量者，四角之形与梭田等，如二圭相併，二徑雖長短不一，相併折半，即是長亦得半，短亦得半，以長乘之，即是以長各乘二圭半徑，分數無差。〇田坐山曲江灘河岸，及崖坡逼亥等處，必多彎缺歪斜，難取方直。須相察形勢，以

1 圖及算題見《算法統宗》卷三。

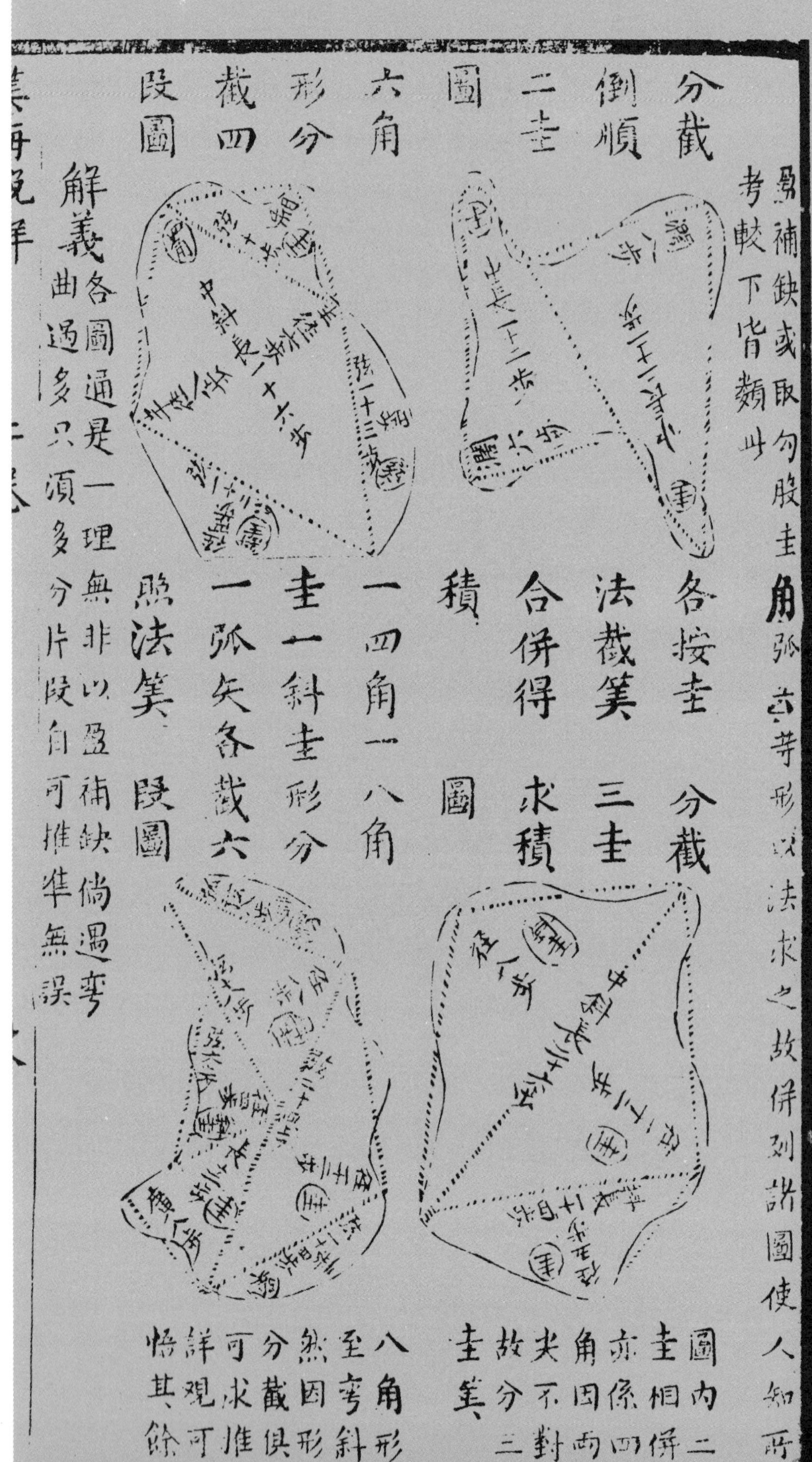

愚補鈌或取勾股圭角弧矢等形以法求之故併列諸圖使人知所考較下皆類此

分截倒順二圭圖

六角形分截四段圖

解義各圖通是一理無非以盈補缺倘遇弯曲過多只須多分片段自可推準無誤

各按圭法截筭合併得積

分截三圭求積圖

一四角一八角圭一斜圭形分一弧矢各截六段圖

照法筭

圖内二圭相併亦係四角因兩尖不對故分三圭筭

八角形至弯斜然因形分截俱可求推詳覌可悟其餘

盈補缺。或取勾股、圭角、弧矢等形，以法求之，故併列諸圖，使人知所考較。下皆類此。

分截倒順二圭圖[1]

各按圭法截筭，合併得積。

分截三圭求積圖

圖内二圭相併，亦係四角，因兩尖不對，故分三圭筭。

六角形分截四段圖

一四角，一圭，一斜圭，一弧矢，各照法筭。

八角形分截六段圖

八角形至彎斜，然因形分截，俱可求推，詳观可悟其餘。

【解義】各圖通是一理，無非以盈補缺。倘遇彎曲過多，只須多分片段，自可推準無誤。

---

1 以下四圖皆見《算法統宗》卷三。

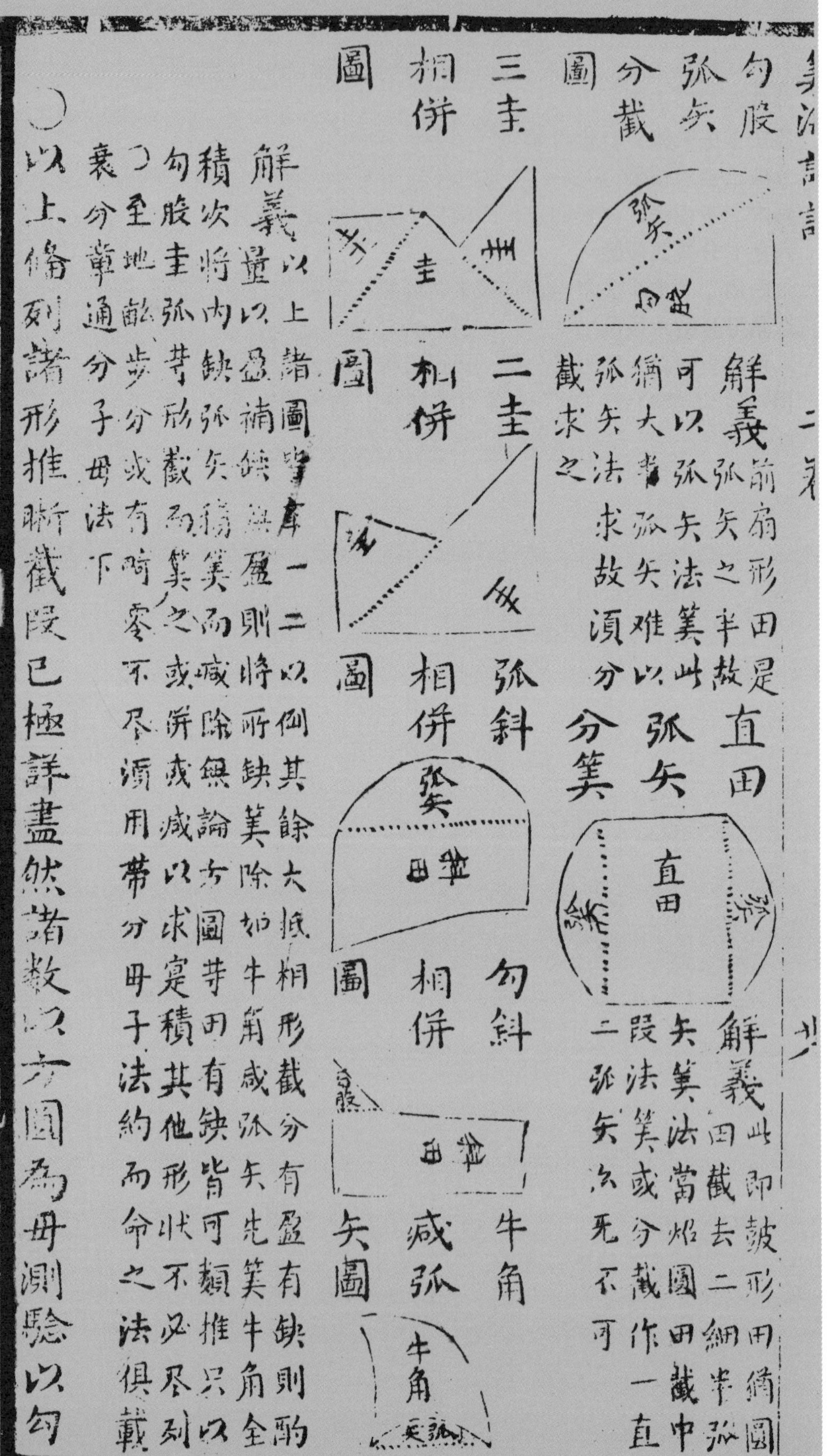

勾股弧矢分截圖

三圭相併圖

解義　前扇形田是弧矢之半故可以弧矢法筭此循大者弧矢难以弧矢法求故須分截求之

二圭相併圖

直田弧矢分筭

弧斜相併圖

勾斜相併圖

解義　此即鼓形田循圓田截去二細半弧矢筭法當炤圓田截中段法筭或分截作一直二弧矢亦無不可

牛角减弧矢圖

解義　以上諸圖畧舉一二以例其餘大抵相形截分有盈有缺則酌量以盈補缺無盈則將所缺筭除如牛角減弧矢先筭牛角全積次將內缺弧矢積筭而減除無論方圓等田有缺皆可類推只以勾股圭弧等形截為筭之或併或減以求實積其他形狀不必盡列乃至地畝步分或有畸零不盡須用帶分母子法約而命之法俱載衰分章通分子母法下

〇以上備列諸形推晰截段已極詳盡然諸數以方圓為母測驗以勾

勾股弧矢分截圖

【解義】前扇形田是弧矢之半，故可以弧矢法筭。此猶大半弧矢，難以弧矢法求，故須分截求之。

直田弧矢分筭

【解義】此即皷形田，猶圓田截去二細半弧矢。筭法當炤圓田截中段法筭，或分截作一直、二弧矢，亦無不可。

三圭相併圖

二圭相併圖

弧斜相併圖

勾斜相併圖

牛角減弧矢圖

【解義】以上諸圖，皆舉一二，以例其餘。大抵相形截分，有盈有缺，則酌量以盈補缺。無盈則將所缺筭除，如“牛角減弧矢”，先筭牛角全積，次將内缺弧矢積筭而減除。無論方圓等田，有缺皆可類推。只以勾股、圭、弧等形截而筭之，或併或減，以求實積，其他形狀不必盡列。〇至地畆步分，或有畸零不盡，須用帶分母子法約而命之。法俱載衰分章“通分子母法”下。

〇以上備列諸形，推晰截段，已極詳盡。然諸數以方圓爲母，測驗以勾

股為定須考稽相容之數後可研索幾微免於舛誤故彙圖於後

方圓說○問方問斜古法用方五斜七然以方五求斜則斜七有餘以斜七求方則方五不足此楊輝用開方法求方求斜理明以合本積張丘建用方五斜七雖以合數○問圓古法圓徑一尺周圓三尺㊀徽術圓周一百五十七尺徑五十尺周求徑以五十因周用一百五十七除之徑求周以一百五十七乘徑以五十除之（密術）周二十二尺徑七尺（智術）周百尺徑三十二尺

程賓渠總論曰習筭者咸以方五斜七徑一圍三為準殊不知方五則斜七有奇徑一則圍三有奇故古人立法有勾三股四弦五之論而不能使方斜為一定之法有割圓矢弦之論而不能使方圓為一定之法凡

股爲定，須考稽相容之數，後可研索幾微，免於舛誤，故彙圖於後。

方圓説〇問方問斜，古法用方五斜七，然以方五求斜，則斜七有餘；以斜七求方，則方五不足。此楊輝用開方法求方求斜，理明以合本積；張丘建用方五斜七，難以合數。〇問圓，古法圓徑一尺，周圍三尺。徽術圓周一百五十七尺，徑五十尺[1]。周求徑，以五十因周，用一百五十七除之；徑求周，以一百五十七乘徑，以五十除之。密術周二十二尺，徑七尺[2]。智術周百尺，徑三十二尺[3]。

程賓渠總論曰[4]：習筭者咸以方五斜七、徑一圍三爲准，殊不知方五則斜七有奇，徑一則圍三有奇。故古人立法有勾三、股四、弦五之論，而不能使方斜爲一定之法；有割圓矢弦之論，而不能使方圓爲一定之法。凡

---

1 徽術，見劉徽《九章算術·方田章》注。《算法統宗》誤作“周百尺徑三十一尺四(尺)[寸]”。

2 密術，爲南朝宋祖沖之所創。《隋書·律曆志上》：“密率，圓徑一百一十三，圓周三百五十五。約率，圓徑七，周二十二。”而唐李淳風在《九章算術》注中以約率爲密率，後世多從之。（《算法統宗校釋》，第302頁）

3 智術，《算法統宗》同，王文素《算學寶鑑》卷八有“璇璣周二十五徑八”，與此圓周率相同。來源暫不可考。

4 見《算法統宗》卷三“方圓論説”，有刪節。該段文字原出顧應祥《弧矢算術》。

平圓一十二立圓三十六皆不過取其大較耳或曰密率徑七圓二十二微率徑五十周一百五十七何不取二術酌之以立一定之法曰二術以圓為方以方為圓非不可但其還源與原數不同數多則散漫難收故筭曆者止用徑一圍三亦勢之不得已也或曰曆家以徑一圍三之說立法數似未精然郭守敬之法至今行之無弊何也曰曆家以萬分為度杪以下皆不録縱有小差不出於一度之中况所謂黃赤道弧背度乃測驗而得止以徑一圍三定其平差立差耳雖然行之日久安保其不差也竊嘗思之天地之道陰陽而已方圓天地也方象法地靜而有質故可以象數求圓象法天動而無形故不可以象數求方體本靜而中斜者乃動而生陽圓體本動而中心之徑乃靜而根陰天外陽

平圓一十二，立圓三十六，皆不過取其大較耳。或曰：密率徑七圍二十二，徽率徑五十周一百五十七，何不取二術酌之，以立一定之法？曰：二術以圓爲方，以方爲圓，非不可。但其還源與原數不同，數多則散漫難收，故筭曆者止用徑一圍三，亦勢之不得已也。或曰：曆家以徑一圍三之説立法，數似未精。然郭守敬之法，至今行之無弊，何也？曰：曆家以萬分爲度，杪以下皆不録，縱有小差，不出於一度之中。況所謂黄赤道弧背度，乃測驗而得，止以徑一圍三定其平差立差耳。雖然，行之日久，安保其不差也？竊嘗思之，天地之道，陰陽而已，方圓天地也。方象法地，静而有質，故可以象數求；圓象法天，動而無形，故不可以象數求。方體本静，而中斜者，乃動而生陽；圓體本動，而中心之徑，乃静而根陰。天外陽而内陰地外陰而内陽陰陽交錯而萬物化生其機正合於畸零不齊之處上智不能測巧曆不能盡者也向使天地之道俱可以限量求之則化機有盡而不能生萬物矣

拙翁論曰方中之斜為陰中包陽圓中之徑為陽中包陰以五七一三為法方與徑不足斜與周有餘陰常處縮陽常處盈此天地至理也化無方體惟有畸零天地之數所以不測若簡直可了則天地亦易窮矣惟是天地之數無盡古人立法以盡之非真能盡之也可盡者以可盡〻之不可盡者立法以盡其無盡則不可盡者亦盡是數法之多畸零亦勢之不得不然也蓋數至畸零難齊雖推索至終究難窮盡如歷年之有歲差巧筭亦難齊一但相差微者立法以滅其差如後圖斜七方四

而内陰，地外陰而内陽，陰陽交錯而萬物化生。其機正合於畸零不齊之處，上智不能測，巧曆不能盡者也。向使天地之道，俱可以限量求之，則化機有盡，而不能生萬物矣。

拙翁論曰：方中之斜[1]，爲陰中包陽；圓中之徑，爲陽中包陰。以五七、一三爲法，方與徑不足，斜與周有餘，陰常處縮，陽常處盈，此天地至理也。化無方體，惟有畸零，天地之數，所以不測；若簡直可了，則天地亦易窮矣。惟是天地之數無盡，古人立法以盡之，非真能盡之也，可盡者以可盡盡之，不可盡者立法以盡其無盡，則不可盡者亦盡。是數法之多畸零，亦勢之不得不然也。蓋數至畸零難齊，雖推索至終，究難窮盡。如歷年之有歲差，巧筭亦難齊一，但相差微者，立法以減其差。如後圖斜七方四

1 斜，順治本誤作“徑”。

步九分五厘積數仍多二毫五絲即以此為法減自乘積差以合原積等類是也相差遠者加位以求其合縱分晰難盡務減損至微期與本數不謬循曆家萬分為度雖有小差不出一度之中如圓容六角六角容圓七分之六不合則加分厘毫絲以合之是也若必以數多散漫為疑一槩拘以成格是強數就法非以法推數究之舛錯已甚又何以為數之準乎且筭家設絲忽微纖等位正以推究無盡之數使數位不宜多加則絲忽等可不立矣至圓法徑一周三雖云周三有奇然以之求圓數無差失易曰天圓圍三三天數也故筭曆不外一三為則此無俟紛鑿以滋煩碎故仍以古法為正盖差必不合合則無差圓法徑周縱有微差亦同圓與六角雖微差難盡究與本積無戾也

步九分五厘，積數仍多二毫五絲，即以此爲法，減自乘積差，以合原積等類是也。相差遠者，加位以求其合，縱分晰難盡，務減損至微，期與本數不謬。猶曆家萬分爲度，雖有小差，不出一度之中。如圓容六角，六角容圓，七分之六不合，則加分厘毫絲以合之是也。若必以數多散漫爲疑，一槩拘以成格，是強數就法，非以法推數。究之舛錯已甚，又何以爲數之準乎？且筭家設絲忽微纖等位，正以推究無盡之數。使數位不宜多加，則絲忽等可不立矣。至圓法徑一周三，雖云周三有奇，然以之求圓，數無差失。易曰天圓圍三，三，天數也，故筭曆不外一三爲則，此無俟紛鑿，以滋煩碎，故仍以古法爲正。蓋差必不合，合則無差。圓法徑周縱有微差，亦同圓與六角，雖微差難盡，究與本積無戾也。

大方容小方圖

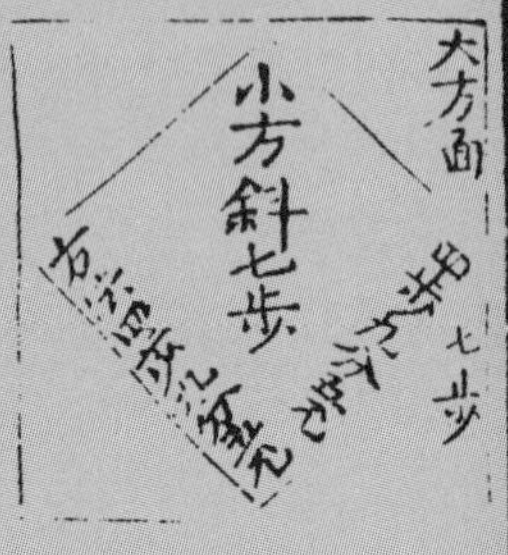

大方面七步

小方斜七步

今有大方面七步内容斜小方問積得大方若干（舊）

法置大方面七步自乘得大方積四十九步另置小方斜即大方面七步自乘得四十九步折半得小方積二十四步五分（小方積得大方積二分之一）

解義内容一小斜方外四角湊合幺成一小方内方得大方一半外四角一半顯而易明外方自乘得積内方斜自乘折半得小方積毫忽無差然若以小方面四步九分五厘自乘得二十四步五分零二毫五系比原積仍多二毫五系是斜七步方仍不足四步九分五厘若再加位求合則數位繁多且維分斷至忝窮豈思之數以一為源如一個斜七步一個方四步九分五厘積差二毫五系即以所差為法先論方面若干步自乘之積每二十四步五分内多二毫五系以所差照步減除以合正積另以正積開方得方面細微分數棄無差咸之失〇如以斜七求方斜七步方四步九分五厘七步自乘得四十九步方四步九分五厘自乘得二十四步五分合斜積半外多二毫五系就將方自乘積以二十四步五分除之以二毫五系乘之得數以減乘積得正積另將正積開方得方面〇如以方五求斜方

大方容小方圖[1]

今有大方，面七步，内容斜小方。問積得大方若干？舊法置大方面七步，自乘得大方積四十九步。另置小方斜即大方面七步，自乘得四十九步，折半得小方積二十四步五分，小方積得大方積二分之一。

【解義】内容一小斜方，外四角湊合，亦成一小方。内方得大方一半，外四角一半，顯而易明。外方自乘得積，内方斜自乘折半得小方積，毫忽無差。然若以小方面四步九分五厘自乘，得二十四步五分零二毫五絲，比原積仍多二毫五絲，是斜七步方仍不足四步九分五厘。若再加位求合，則數位繁多，且難分晰至盡。竊嘗思之，數以一爲源，如一個斜七步，一個方四步九分五厘，積差二毫五絲。即以所差爲法，無論方面若干步，自乘之積每二十四步五分内多二毫五絲。以所差照步減除，以合正積。另以正積開方得方面，細微分數，庶無差忒之失。〇如以斜七求方，斜七步，方四步九分五厘。七步自乘得四十九步，方四步九分五厘自乘得二十四步五分，合斜積[一]半，外多二毫五絲。就將方自乘積以二十四步五分除之[2]，以二毫五絲乘之，得數以減乘積，得正積。另將正積開方，得方面。〇如以方五求斜，方

---

1 《算法統宗》卷三有“方五斜七圖”，注云：“方五斜七者，此乃言其大略矣。内方五尺，外方七尺有奇。”
2 二十四步五分，順治本脱落“五分”二字。

五步斜七步零七釐一毫一系方九自乘得二十五步斜加倍應得五十步以七步零七釐一毫一系自乘得五十步零四系五忽五微一二纖一沙就將斜自乘積以五十步除之以四系五忽五微一纖一沙乘之以減乘積得正積另將正積開方得斜長各具圖解于後

今有方田斜長四十二步問積及方面各若干

以斜較　置斜長四十二步自乘得一千七百六十四步折半得積八百八十二步以開方法求之得方面二十九步六分九[illegible][illegible]絲八忽四微八纖不盡

以方較　置斜長四十二步以方法四步九分五厘乘之得二百零七步九分以斜長七步除之得方法二十九步七分自乘得八百八十二步零九厘却以二十四步五分除之得三十六步以二毫五系乘之得九厘以減自乘積得方田正積八百八十二步合斜自乘一半之積

解義斜七步方得四步九分四厘九毫七系四忽七微四纖六沙八塵三埃零五漠不盡求積以方法求開減六分積無差若求方

斜七方較圖

五步，斜七步零七厘一毫一絲。方五自乘得二十五步，斜加倍應得五十步，以七步零七厘一毫一絲自乘，得五十步零四絲五忽五微二纖一沙。就將斜自乘積以五十步除之，以四絲五忽五微二纖一沙乘之，以減乘積，得正積。另將正積開方，得斜長。各具圖釋于後。

斜七較方圖

今有方田，斜長四十二步。問積及方面各若干？增法以斜較。置斜長四十二步，自乘得一千七百六十四步，折半得積八百八十二步。以開方法求之，得方面二十九步六分九厘八毫四絲八忽四微八纖不盡。以方較。置斜長四十二步，以方法四步九分五厘乘之，得二百零七步九分；以斜長七步除之，得方法二十九步七分。自乘得八百八十二步零九厘，却以二十四步五分除之，得三十六步；以二毫五絲乘之，得九厘。以減自乘積，得方田正積八百八十二步，合斜自乘一半之積[1]。

【解義】斜七步，方得四步九分四厘九毫七絲四忽七微四纖六沙八塵三埃零五漠不盡，求積以方法求，用減法合積無差。若求方

1 設方田斜長爲 c 、方面爲 a 、方田積爲 S，先以斜長求方面近似值（即方法）：

$$a' = \frac{4.95}{7}c = \frac{4.95}{7} \times 42 = 29.7$$

再以方法 a' 求方面：

$$a = \sqrt{S} = \sqrt{a'^2 - \frac{0.0025}{24.5}a'^2}$$

$$= \sqrt{29.7^2 - \frac{0.0025}{24.5} \times 29.7^2}$$

$$= \sqrt{882} \cong 29.6984848$$

面當以斜積減半開方求之為的不然不特以五步為則差失懸絶即以四步九分五厘求之方面步多則積微成多亦外試不可為準

方五較斜圖

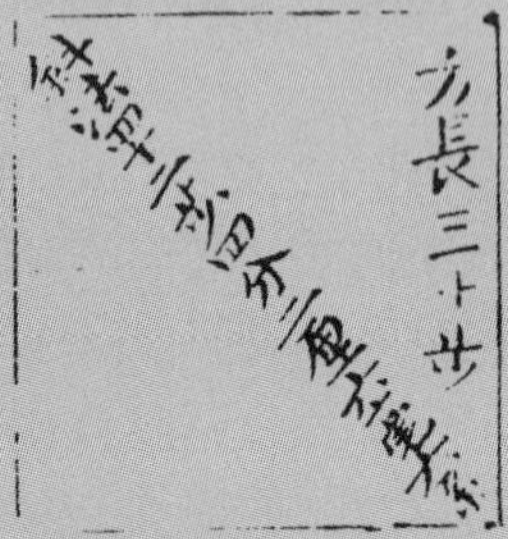

方長三十步

今有方田每面長三十步問斜長并積若干　瑨法方自乘得本積加倍得斜積開方得斜長此正法也如以斜較積置方田三十步以斜法七步零七厘一毫一系乘之得二百一十二步一分三厘三毫以方五步歸之得斜法四十二步四分二厘六毫六系自乘得一千八百步零一厘六毫三系八忽七微五纖六沙却將積一千八百步以五十步除之得三十六步以四系五忽五微二纖一沙乘之即得所多一厘六毫二系八忽七微五纖六沙之數以減自乘之積得斜本積一千八百步以開方法求之得斜長四十二步四分二厘六毫四絲零六微八纖七沙不盡

解義　每方五步斜得七步零七厘一毫零六忽七微八纖一沙一塵八埃六渺五漠四七五二四四不盡細數終難歸奇故以七步

面，當以斜積減半開方求之爲的。不然，不特以五步爲則，差失懸絶，即以四步九分五厘求之，方面步多，則積微成多，亦舛忒不可爲準。

方五較斜圖

今有方田，每面長三十步。問斜長并積若干？[增法]方自乘得本積，加倍得斜積，開方得斜長，此正法也。如以斜較積。置方田三十步，以斜法七步零七厘一毫一絲乘之，得二百一十二步一分三厘三毫；以方五步歸之，得斜法四十二步四分二厘六毫六絲，自乘得一千八百步零一厘六毫三絲八忽七微五纖六沙。却將積一千八百步以五十步除之，得三十六步；以四絲五忽五微二纖一沙乘之，即得所多一厘六毫三絲八忽七微五纖六沙之數。以減自乘之積，得斜本積一千八百步。以開方法求之，得斜長四十二步四分二厘六毫四絲零六微八纖七沙不盡。

【解義】每方五步，斜得七步零七厘一毫零六忽七微八纖一沙一塵八埃六渺五漠四七五二四四不盡[2]，細數終雖歸齊，故以七步

---

1 設方面 a 、斜長爲 c 、方田積爲 S 。先以方面 a 求斜長近似值（即斜法）：

$$c' = \frac{7.0711}{5}a = \frac{7.0711}{5} \times 30 = 42.4266$$

再以斜法 c' 求斜長：

$$\begin{aligned} c &= \sqrt{2S} = \sqrt{c'^2 - \frac{0.00045521}{50} \cdot 2a^2} \\ &= \sqrt{42.4266^2 - \frac{0.00045521}{50} \times 2 \times 30^2} \\ &= \sqrt{1800} \cong 42.42640687 \end{aligned}$$

2 四七五二四四不盡，“七”順治本誤作“六”。

零七釐一毫一系約畧為法求
用減法合積仍用開方見斜長

方五
斜七
較減
圖

方法六五三十步

斜法七七四十九步

增法方五自乘二十五步加倍得斜積該五十步以斜七自乘
止四十九步是每四十九步少一步加以方求斜將方三十步自乘
得九百步加倍斜該一千八百步以斜四十二步自乘得一千七百六十四步
就將積以四十九步歸之得三十六步併入一千七百六十四步得斜積一千八百步〇斜
七步自乘得四十九步折半得方積該二十四步五分以方五步自乘得二十五步是每二十五步
多五分照上圖以斜求方置斜四十二步自乘得一千七百六十四步折半該方積八百八十
二步以方三十步自乘得九百步就將積以二十五步除之得三十六步以每多五分乘之
得一十八步以減九百步得方積八百八十二步

解義方五斜七古人皆舉其大槩而言俾後人變通測驗學者往〻不察數之合否膠柱成說遂至失之毫釐謬千里故反覆推

零七厘一毫一絲約畧爲法求。用減法合積，仍用開方見斜長。

方五斜七較減圖

增法方五自乘二十五步，加倍得斜積該五十步。以斜七自乘，止四十九步，是每四十九步少一步。如以方求斜。將方三十步自乘，得九百步，加倍，斜[積]該一千八百步[1]。以斜四十二步自乘，得一千七百六十四步；就將積以四十九步歸之，得三十六步，併入一千七百六十四步，得斜積一千八百步[2]。○斜七步自乘得四十九步，折半得方積該二十四步五分。以方五步自乘，得二十五步，是每二十五步多五分。照上圖，以斜求方。置斜四十二步，自乘得一千七百六十四步，折半，該方積八百八十二步。以方三十步自乘得九百步，就將積以二十五步除之，得三十六步，以每多五分乘之，得一十八步。以減九百步，得方積八百八十二步[3]。

【解義】方五斜七，古人皆舉其大槩而言，俾後人變通測驗。學者往往不察數之合否，膠柱成説，遂至失之毫厘，積謬千里。故反覆推

---

1 斜，當作“斜積”，“積”字脱落，據文意補。

2 以方五斜七入算，先求得斜法：

$$c' = \frac{7}{5}a = \frac{7}{5} \times 30 = 42$$

斜積每 49 步少 1 步，故斜本積爲：

$$c^2 = c'^2 + \frac{1}{49}c'^2 = 42^2 + \frac{1}{49} \times 42^2 = 1800$$

3 以方五斜七入算，先求得方法：

$$a' = \frac{5}{7}c = \frac{5}{7} \times 42 = 30$$

方積每 25 步多 5 分，故方本積爲：

$$a^2 = a'^2 - \frac{0.5}{25}a'^2 = 30^2 - \frac{0.5}{25} \times 30^2 = 882$$

方內容圓圖

方面
圓徑十步
同

消倂人
共曉

今有方內容圓方長十步問圓積四隅積各若干

（舊）法置方十步自乘得方積一百步三因四歸得圓積七十五步四隅長各五步折半得二步五分自乘得一隅積六步二分五厘四隅共積二十五步圓得方四分之三四隅得圓三分之一

解義以十分為圓圓七分五厘四隅二分五厘列悉四分之三倂人易曉

方圓弧隅容較圖

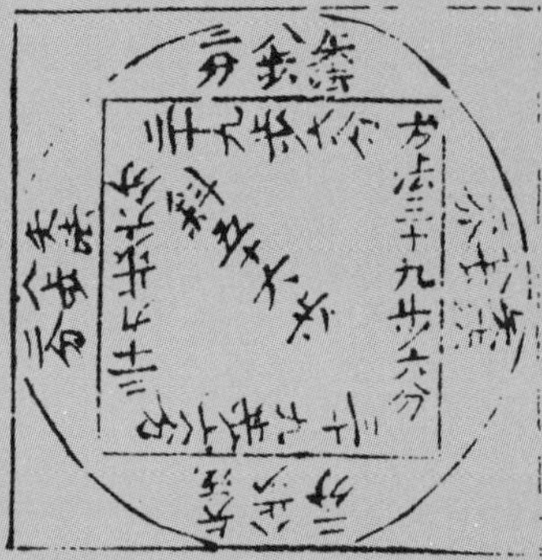

此圖方內容圓圓內又容方圓內方外容弧矢方內圓外容四隅以法互相考較庶無差誤

求方內容圓法○今有方面五十六步問內圓及四隅積各若干

（舊法）置方面五十六步自乘得方積

明，俾人共曉。

方内容圓圖

今有方内容圓，方長十步。問圓積、四隅積各若干？舊法置方十步，自乘得方積一百步。三因四歸，得圓積七十五步。四隅長各五步，折半得二步五分，自乘得一隅積六步二分五厘，四隅共積二十五步。圓得方四分之三，四隅得圓三分之一。

【解義】以十分爲圖，圓七分五厘，四隅二分五厘[1]。列悉四分之三，俾人易曉。

方圓弧隅容較圖[2]

此圖方内容圓，圓内又容方，圓内方外容弧矢，方内圓外容四隅。以法互相考較，庶無差誤。

求方内容圓法〇今有方面五十六步，問内圓及四隅積各若干？舊法置方面五十六步，自乘得方積

---

1 《算法統宗》卷三有“隅虚圓實變四之圖”，注云：“方圓徑十尺，平方百尺，内平圓七十五尺，外四角虚隅二十五尺”。

2 《算法統宗》卷三有“方内容圓圓内容方”圖。原圖外方十四步，此處改作五十六步。

三千一百三十六步三因四歸得圓積二千三百五十二步四隅每隅兩面長俱二十八步俱折半得一十四步自乘得一隅積一百九十六步以四隅因之得共隅積七百八十四步併圓積共合方積

解義 凡斜尖勾股等形俱以兩面長濶相乘折半得積或以一面折半一面不折半相乘亦合折半之積圭田中徑下廣相乘折半亦同中分作二勾股以長濶相乘折半同間隅內虛兩面俱折半自乘乃是斜尖形之半試將內方濶移作大方內斜方隅內即與弧矢相對一弧矢得一百九十六步一隅亦一百九十六步小將斜尖一半比毫忽無差也

求圓內容方法（　）今有圓徑五十六步積二千三百五十二步濶內容方面及積各若干

增法 置圓徑即內方斜長五十六步以方法四步九分五釐乘之得二千七百七十二步以斜法七步除之得內方面法三十九步六分自乘得一千五百六十八步一分六釐以二十四步五分除之得六十四步以二毫五絲乘之得一分六釐以減自乘積得內方正

三千一百三十六步。三因四歸，得圓積二千三百五十二步。四隅每隅兩面，長俱二十八步，俱折半，得一十四步，自乘得一隅積一百九十六步。以四隅因之，得共隅積七百八十四步。併圓積，共合方積。

【解義】凡斜尖勾股等形，俱以兩面長濶相乘折半得積。或以一面折半、一面不折半相乘，亦合折半之積。圭田中徑、下廣相乘折半亦同，中分作二勾股，以長濶相乘折半同。圓隅內虛，兩面俱折半自乘，乃是斜尖形之半。試將內方調移，作大方內斜方，隅內即與弧矢相對。一弧矢得一百九十六步，一隅亦一百九十六步，止得斜尖一半，此毫忽無差也[1]。

求圓內容方法〇今有圓徑五十六步，積二千三百五十二步。問內容方面及積各若干？增法置圓徑即內方斜長五十六步，以方法四步九分五厘乘之，得(二千七百七十二步)[二百七十七步二分][2]。以斜法七步除之，得內方面法三十九步六分，自乘得一千五百六十八步一分六厘。以二十四步五分除之[3]，得六十四步，以二毫五絲乘之，得一分六厘。以減自乘積，得內方正

1 如圖 2－37，內方旋转，內方外一弧矢積 S_B 等於圓外一隅積 S_A，係方外一斜尖積（勾股積）一半，即：

$$S_A = S_B = \frac{1}{2} \cdot \frac{1}{2}\left(\frac{a}{2}\right)^2 = \frac{a^2}{16}$$

則：

$$4S_A = \frac{a^2}{4}$$

故四隅積爲方積四分之一，圓積爲方積四分之三。

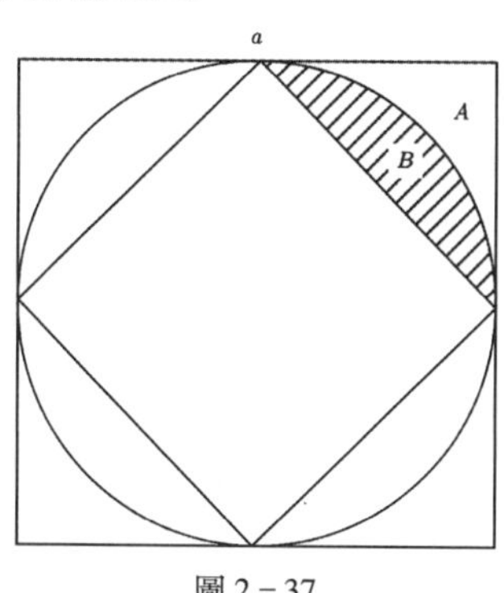

圖 2－37

2 二千七百七十二步，當作“二百七十七步二分”，據演算改。
3 五分，順治本誤作“三分”。

積一千五百六十八步合圓田三分之二另將積開方得內方面三十九步五分九厘七毫九絲七忽不盡　或以斜自乘折半得積開方求方面亦便

求圓內方外容弧矢法〇今有圓徑五十六步內容小方問圓內方外四弧矢積及矢弦各若干

㊔法用前斜求內方面法得弦長法三十九步六分折半得一十九步八分自乘得三百九十二步零四厘以二十四步五分除之二毫五絲乘之得多四厘另置圓徑五十六步減弦長法三十九步六分餘一十六步四分折半得矢法八步二分以乘弦長併一矢長餘徑四十七步八分得三百九十一步九分六厘加入半弦自乘所多四厘共三百九十二步與半徑自乘同卻置弦長法三十九步六分加矢長法八步二分共四十七步八分折半得二十二步九分以矢法八步二分乘之得一百九十五步九分八厘另將半徑所多四厘折半

積一千五百六十八步，合圓田三分之二。另將積開方，得内方面三十九步五分九厘七毫九絲七忽不盡。 或以斜自乘折半得積開方，求方面亦便。

求圓内方外容弧矢法〇今有圓徑五十六步，内容小方。問圓内方外四弧矢積及矢弦各若干？增法用前斜求内方面法，得弦長法三十九步六分，折半得一十九步八分，自乘得三百九十二步零四厘。以二十四步五分除之、二毫五絲乘之，得多四厘。另置圓徑五十六步，減弦長法三十九步六分，餘一十六步四分，折半得矢法八步二分。以乘弦長併一矢長餘徑四十七步八分，得三百九十一步九分六厘。加入半弦自乘所多四厘，共三百九十二步，與半徑自乘同。却置弦長法三十九步六分，加矢長法八步二分，共四十七步八分，折半得二十三步九分，以矢法八步二分乘之，得一百九十五步九分八厘。另將半徑所多四厘折半，得二釐加入得一弧矢積一百九十六步以四弧矢因之得共積七百八十四步合內方二分之一若求弦長將內方積開方得弦三十九步五分九釐七毫九絲七忽不盡將圓徑減弦長餘折半得矢闊八步二分零一毫零一忽不盡弧矢積併內方積合圓積

解義　將大方分作四分四隅弧矢各淂四分之一圓淂四分之三內方淂四分之二圓內正方同方內斜方淂大方一半如此互相考較毫忽無差方長斜長弦長矢濶洪言法者因數有時零雜參差多則補減法繁故約畧大槩無差之數立為求法或減或補以合乘積至求方求斜求弦求矢孰法作寔恐步數加多積差亦多故俱用開方為準舊泥方五斜七作美舛錯殊甚今并列于後免悞後學

方五斜七差誤圖

舊法截圓徑五十六步內容方面四十步自乘得一千六百步弦四十步加矢折半得二十四步以矢八步乘之得一百九十二步四弧矢共積七百六十八步併內方合圓田積二千三百五十二步多一十六步共多

得二厘，加入得一弧矢積一百九十六步。以四弧矢因之，得共積七百八十四步，合内方二分之一。若求弦長，將内方積開方，得弦三十九步五分九厘七毫九絲七忽不盡。將圓徑減弦長，餘折半，得矢濶八步二分零一毫零一忽不盡。弧矢積併内方積，合圓積[1]。

【解義】將大方分作四分，四隅弧矢各得四分之一，圓得四分之三，内方得四分之二，圓内正方同方内斜方，得大方一半。如此互相考較，毫忽無差。方長、斜長、弦長、矢濶俱言法者，因數有畸零難盡，位多則補減法繁，故約畧大槩無差之數，立爲求法，或減或補，以合原積。至求方、求斜、求弦、求矢，執法作實，恐步數加多，積差亦多，故俱用開方爲確。舊泥方五斜七作算，舛錯殊甚，今并列于後，免悞後學。

方五斜七差誤圖

舊法載圓徑五十六步，内容方面四十步，自乘得一千六百步。弧弦四十步，加矢，折半得二十四步，以矢八步乘之，得一百九十二步，四弧矢共積七百六十八步。併内方，合圓田積二千三百五十二步，多一十六步。其多

1 如圖 2－38，圓内容方，已知圓徑 $d=56$，求方外弧矢積 S 及矢闊 v、弧弦 c。圓徑 d 即内方斜，由斜求方，得内方法（即弧弦法）：

$$c'=\frac{4.95}{7}d=\frac{4.95}{7}\times 56=39.6$$

又 $2v+c=d$，故矢闊法：

$$v'=\frac{d-c'}{2}=\frac{56-39.6}{2}=8.2$$

據弧矢求積公式，求得弧矢積法：

$$S'=\frac{(c'+v')v'}{2}=\frac{(39.6+8.2)\times 8.2}{2}=195.98$$

弧矢本積：

$$S=S'+\frac{1}{2}\cdot\frac{0.0025}{24.5}\left(\frac{c'}{2}\right)^2=195.98+0.02=196$$

求得弧弦：

$$c=\sqrt{\frac{d^2}{2}}=\sqrt{\frac{56^2}{2}}=\sqrt{1568}\cong 39.5979797$$

求得矢闊：

$$v=\frac{d-c}{2}\cong 8.2010101$$

以弧弦 c、矢闊 v 求弧矢積，與前法求弧矢積同。

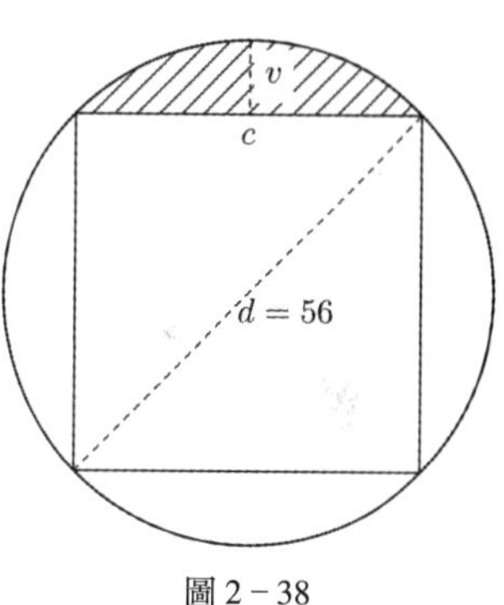

圖 2－38

者何也是弦自乘得一千六百步每百步中多一步該多一十六步或每弧
矢内減去四步只該一百八十八步因是細半箇圓田弦長矢短故虛
數多不准
拙翁辨曰此即前圖步數也圓容方内方得圓三分之二圓積二千三百
五十二步二因三歸方積該一千五百六十八步以四十步自乘得一
千六百步多三十二步四弧矢得圓三分之一應内方二分之一該七
百八十四步今四弧矢共七百六十八步少一十六步其多少者何也
正泯方五斜七之差也斜五十六步是八個七以八乘五故得方四十
步斜七自乘四十九步折半得方積該二十四步五分方五自乘得二
十五步正前所云二十五步内差多五分之說也將一千六百步以二

者何也？是弦自乘得一千六百步，每百步中多一步，該多一十六步。或每弧矢内減去四步，只該一百八十八步，因是細半箇圓田，弦長矢短，故虛數多不准。

拙翁辨曰：此即前圖步數也。圓容方，内方得圓三分之二，圓積二千三百五十二步，二因三歸，方積該一千五百六十八步，以四十步自乘得一千六百步，多三十二步。四弧矢得圓三分之一，應内方二分之一，該七百八十四步。今四弧矢共七百六十八步，少一十六步，其多少者何也？正泥方五斜七之差也。斜五十六步，是八個七，以八乘五，故得方四十步。斜七自乘四十九步，折半得方積該二十四步五分，方五自乘得二十五步，正前所云“二十五步内差多五分”之説也。將一千六百步以二十五步除之得六十四步以五分乘之得三十二步此即方自乘多数也弦差長則矢差短故每弧矢少四步四弧矢共少一十六步將内方所多三十二步折半得一十六步以四弧矢歸之每弧矢加補四步乃合正積猶前法半弦自乘所多之数折半補一弧矢合積全弦自乘所多之数折半補四弧矢合積一理也舊法謂多十六步乃内方及弧矢合筭此圓田積多十六步其寔方積差多三十二步不止十六步也弧矢積尚少十六步乃欲于每弧矢丹去四步合數豈不悞後學哉以此思之知方五斜七乃古人立法之大槩膠柱刻舟失不攻自破矣又謂細半弧矢〻短弦長數虛不准將弧矢一法止可筭半圓過此則無用矣又何用立弧矢法乎

十五步除之，得六十四步，以五分乘之，得三十二步，此即方自乘多數也。弦差長則矢差短，故每弧矢少四步，四弧矢共少一十六步。將内方所多三十二步折半，得一十六步，以四弧矢歸之，每弧矢加補四步，乃合正積。猶前法半弦自乘所多之數折半，補一弧矢合積，全弦自乘所多之數折半，補四弧矢合積，一理也。舊法謂多十六步，乃内方及弧矢合筭，比圓田積多十六步[1]。其實方積差多三十二步，不止十六步也；弧矢積尚少十六步，乃欲于每弧矢再去四步合數，豈不悮後學哉？以此思之，知方五斜七乃古人立法之大槩，膠柱刻舟，失不攻自破矣。又謂細半弧矢矢短弦長，數虚不准。將弧矢一法止可筭半圓，過此則無用矣，又何用立弧矢法乎？

---

1 多，順治本誤作“少”。舊法，見《算法統宗》卷三“考矢較圓圖”。

方容圓錠二欖圖

今有方十四步內容圓，圓內容一錠二欖，問各積若干。

增法置方自乘得方積一百九十六步三因四歸得圓積一百四十七步另置錠一十四步再以長折半七步乘之以七步除得錠積九十八步又以錠長一十四步用斜求方法以四步九分五釐乘之以七步除之得錠長闊各九步九分以減一十四步餘得欖闊四步一分置錠尖長即欖長九步九分加欖闊一半二步零五釐共一十一步九分五釐以半闊二步零五釐乘之得一欖積二十四步四分九釐七毫五絲另將錠尖長闊九步九分自乘得九十八步零一釐以二十四步五分除之二毫五絲乘之得多一釐就將一釐以四歸之得二毫五絲加入欖積得正欖積二十四步五分以二欖因之得共積四十九步併錠積合圓積錠積得圓三分之二得外方二分之一二欖積得圓三分之一得錠二分之一

方容圓錠二欖圖[1]

今有方十四步，内容圓，圓内容一錠二欖。問各積若干？增法置方自乘，得方積一百九十六步，三因四歸，得圓積一百四十七步。另置錠一十四步，再以長折半七步乘之，得錠積九十八步。又以錠長一十四步，用斜求方法，以四步九分五厘乘之，以七步除之，得錠長濶各九步九分，以減一十四步，餘得欖濶四步一分。置錠尖長即欖長九步九分，加欖濶一半二步零五厘，共一十一步九分五厘，以半濶二步零五厘乘之，得一欖積二十四步四分九厘七毫五絲。另將錠尖長濶九步九分自乘，得九十八步零一厘，以二十四步五分除之、二毫五絲乘之，得多一厘。就將一厘以四歸之，得二毫五絲，加入欖積，得正欖積二十四步五分。以二欖因之，得共積四十九步。併錠積，合圓積。錠積得圓三分之二，得外方二分之一。二欖積得圓三分之一，得錠二分之一[2]。

---

1 圖見《算法統宗》卷三“方内容錠圖”。《算法統宗》以“方五斜七”入算，得錠積一百步，欖積四十八步。

2 如圖 2－39，外方面 $a = 14$，求内容錠積 S_1 、欖積 S_2 。由圖易知，錠積與圓内容方積相等，故求得錠積：

$$S_1 = \frac{1}{2}a^2 = 98$$

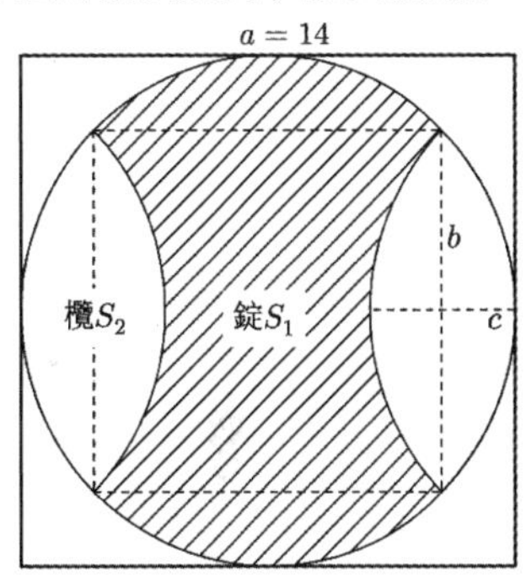

圖 2－39

内方斜即外方面，由斜求方，求得内方法：

$$b' = \frac{4.95}{7}a = 9.9$$

又 $c = a - b$，求得欖闊法：

$$c' = a - b' = 14 - 9.9 = 4.1$$

則一個欖積法：

$$S_2' = \left(b' + \frac{c'}{2}\right)\frac{c'}{2} = 24.4975$$

求得一個欖本積：

$$S_2 = S_2' + \frac{0.0025}{24.5}\left(\frac{b'}{2}\right)^2 = 24.4975 + 0.0025 = 24.5$$

解義以錠上下二弧矢補腰缺二弧矢適合圓内所容之方用錠長以半長乘之得積作斜自乘折半即以斜求方之法也此至准無差攬積又用方法自乘多數補之昔方法自乘每二十四歩五分多二毫五系四弧矢少多數之一半故前圓内容方容弧將方法自乘多積折半分補四弧矢攬田係二弧矢相併故不折以四歸之以補一攬之積此公至准無差舊圖用方五斜七將十四歩五因七歸得錠尖長十歩以上下二弧補腰缺用方法十歩自乘得一百歩多積二歩攬田長十歩加半闊二歩以闊四歩乘之得二攬積四十八歩少積一歩倶不合三分之二之一本積乃以捻箕比圓積歩謂係十歩自乘得百歩多一歩豈不相差懸絶今併改正

方容八角圖

今有方一十六歩九分内容八角問八角面餘方八角積餘積各若干

增法置方面一十六歩九分另置方法四歩九分五釐以通二角得九歩九分置斜七歩以通正面得七歩是通長餘方九歩九分六角面七歩即置六角中段正長一十六歩九分以角面七歩乘之得一百一十八歩三分又置角長一十六歩九分加旁角面七歩共二十三歩九分折半得一十一歩九分五釐却以

【解義】以錠上下二弧矢補腰缺，二弧矢適合圓内所容之方。用錠長以半長乘之得積，猶斜自乘折半，即以斜求方之法也，此至准無差。欖積又用方法自乘多數補之者，方法自乘，每二十四步五分多二毫五絲，四弧矢少多數之一半，故前圓内容方容弧，將方法自乘，多積折半分補四弧矢。欖田係二弧矢相併，故不折，以四歸之，以補一欖之積，此亦至准無差。舊圖用方五斜七，將十四步五因七歸，得錠尖長十步，以上下二弧補腰缺，用方法十步自乘得一百步，多積二步。欖田長十步加半濶二步，以濶四步乘之，得二欖積四十八步，少積一步，俱不合三分之二、之一本積。乃以總筭，比圓積步謂係十步自乘得百步多一步[1]，豈不相差懸絶？今併改正。

方容八角圖[2]

今有方一十六步九分，内容八角。問八角面、餘方、八角積、餘積各若干？增法 置方面一十六步九分，另置方法四步九分五厘，以通二角，得九步九分；置斜七步，以通正面，得七步。是通長餘方九步九分，(六)[八]角面七步[3]。即置(六)[八]角中段正長一十六步九分，以角面七步乘之，得一百一十八步三分。又置角長一十六步九分，加旁角面七步，共二十三步九分，折半得一十一步九分五厘，却以

1 據《算法統宗》“舊法”所解，錠積一百步，欖積四十八步，總積一百四十八步，較《筭海説詳》所求得圓積一百四十七步多一步。此處“圓積步謂係十步自乘得百步”當作“圓積步一百四十七步”，一百步爲圓内方積，即錠積，非圓積。

2 見《算法統宗》卷三“方容八角圖”。《算法統宗》以“方五斜七”入算，題設外方爲十七步，内容八角面得七步。

3 六，當作“八”，據文意改。後文同。

餘方面四步九分五厘乘之得五十九步一分五厘二毫五絲加倍得二面積共一百十八步三分零五毫

併中段積得六角積二百三十六步六分零五毫又置餘方隅荅四步九分五厘自乘得二十四步五分零二毫五絲折半得一隅積一十二步二分五厘一毫二絲五忽以四因之

得四隅共積四十九步零五毫併六角積共二百八十五步六分一厘另置通方一十六步九分自乘得方積二百八千五步六分一釐合六角四隅積

解義舊圖方面十七步角面七步仍以方五斜七作筭通方積與八角四隅併積俱二百八十九步筭積亦合其今首係也角隅分數總從方面共數分定通筭分筭自皆符合但方十七步以七因五歸得斜長二十三步八分自乘得五百六十六步四分四厘折半得二百八十三步二分二厘每一半較方自乘二百八十九步少五步七分八厘相差已過今改正以斜七步方四步九分五厘圭法筭積亦合然斜七步方四步九分五厘筭積每二十四步五分內仍多二毫五絲令隅自乘得二十四步五分零二毫五絲零數自宜除去第二除去又與方積不合且隅面差多角面亦有多數在內以此算積仍差今更立圖較減于后須知止于方斜相較猶可以四步九分五釐

餘方面四步九分五厘乘之，得五十九步一分五厘二毫五絲，加倍得二面積共一百十八步三分零五毫。併中段積，得(六)[八]角積二百三十六步六分零五毫。又置餘方隅(答)[面]四步九分五厘[1]，自乘得二十四步五分零二毫五絲，折半得一隅積一十二步二分五厘一毫二絲五忽。以四因之，得四隅共積四十九步零五毫。併(六)[八]角積，共二百八十五步六分一厘。另置通方一十六步九分，自乘得方積二百八十五步六分一釐，合(六)[八]角、四隅積[2]。

【解義】舊圖方面十七步，角面七步，仍以方五斜七作筭。通方積與八角、四隅併積，俱二百八十九步，筭積亦合。其合者何也？角隅分數總從方面共數分定，通筭、分筭自皆符合。但方十七步，以七因五歸，得斜長二十三步八分，自乘得五百六十六步四分四釐，折半得二百八十三步二分二釐。每一半較方自乘二百八十九步，少五步七分八厘，相差已遠，今改正。以斜七步、方四步九分五厘立法，筭積亦合。然斜七步方四步九分五釐，筭積每二十四步五分内仍多二毫五絲。今隅自乘得二十四步五分零二毫五絲，零數自宜除去，第除去又與方積不合，且隅面差多，角面亦有多數在内，以此算積仍差。今更立圖，較減于后，須知止于方斜相較，猶可以四步九分五釐

1 答，當作“面”，據文意改。

2 如圖2－40，已知方面 $a=16.9$，求八角積 S。設八角面爲 b、餘方爲 c，由題意得：

$$b+2c=a$$

又：

$$\frac{c}{b}=\frac{4.95}{7}$$

整理得：

$$b+2\times\frac{4.95}{7}b=16.9$$

解得：

$$\begin{cases}b=7\\c=4.95\end{cases}$$

求得八角積：

$$S=S_A+S_B+S_C=ab+2\left(\frac{a+b}{2}\cdot c\right)=118.3+118.305=236.605$$

實際上，$S_A=S_B+S_C$，但此題以 $\frac{c}{b}=\frac{4.95}{7}$ 入算，係約略之數，故二者數值略有差異。

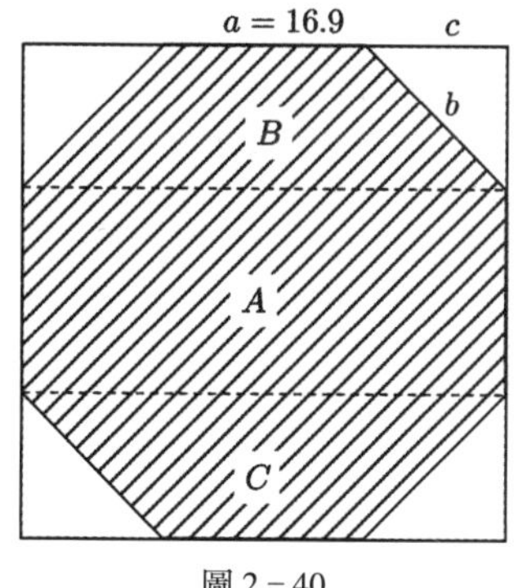

圖2－40

右法另將積每二十四步五分內減除二毫五絲以合本積若方容八角餘方差角面亦差此不可以方斜之法減除故再加較減使知方容八角在較筭方面角面不在積之相合遂為准定庶不貽誤後人

方容八角角面七步圖

今有方容八角計角面七步問通方長斜長餘方長各若干方積餘方隅積斜積各若干（增）

（法）置八角斜面正面同即隅小方之斜七步自乘得四十九步折半得二十四步五分以開平方法除之得（餘）（方）（長）（四）（步）（九）（分）（四）（釐）（九）（毫）（七）（絲）（四）（忽）（七）（微）（四）（纖）（六）（沙）（八）（塵）（三）（埃）（零）（五）（漠）（八）（三）（二）（六）（七）不盡截作（七）（一）併二餘方加角面七步得（方）（面）（長）（一）（十）（六）（步）（八）（分）（九）（釐）（九）（毫）（四）（絲）（九）（忽）（四）（微）（九）（纖）（三）（沙）（六）（塵）（六）（埃）（一）（渺）（一）（漠）（六）（六）（五）（三）（四）（約）（二）即置方面自乘得（方）（積）（二）（百）（八）（十）（五）

立法，另將積每二十四步五分内減除二毫五絲，以合本積。若方容八角，餘方差，角面亦差，此不可以方斜之法減除。故再加較減，使知方容八角在較筭方面、角面，不在積之相合。遂爲准定，庶不貽誤後人。

方容八角角面七步圖

今有方容八角，計角面七步。問通方長、斜長、餘方長各若干？方積、餘方隅積、斜積各若干？增法置八角斜面正面同，即隅小方之斜七步，自乘得四十九步，折半得二十四步五分，以開平方法除之，得餘方長四步九分四釐九毫七絲四忽七微四纖六沙八塵三埃零五漠八三二六七不盡，截作七一。併二餘方，加角面七步，得方面長一十六步八分九釐九毫四絲九忽四微九纖三沙六塵六埃一渺一漠六六五三四約二。即置方面自乘，得方積二百八十五併五分九釐二毫九絲二忽九微一纖一沙二塵五埃六渺一漠三二四七不盡另置角中段長一十六步八分九釐九毫有零以角面七步乘之得一百一十八步一分九釐六毫四絲六忽四微五纖五沙六塵二埃八渺一漠六五七三九不盡又置角中長併加旁長即旁角面七步共二十三步八分九釐九毫四絲九忽四微九纖三沙六塵六埃一渺一漠六六五三四約二以餘方四步九分四釐九毫七絲四忽七微四纖有零乘之得一百一十八步二分九釐六毫四絲六忽四微五纖五沙六塵二埃八渺一漠六五七三九不盡即兩旁二段共積併角中段共得八角積二百三十六步五分九釐二毫九絲二忽九微一纖一沙二塵五埃六渺三漠三一兩七不盡又置餘方長四步九分四釐九毫七絲四忽七微四纖有零自乘得二十四步五分析半得餘方積一十二步二分五釐以四因之得四隅共餘方積四十九步併八角積合方積又將方面一十六步有零以七步因之以四步九分四釐九毫七絲四忽七微四纖六沙八塵三埃零五漠八三二六七約一除之

步五分九釐二毫九絲二忽九微一纖一沙二塵五埃六渺三漠三一四七不盡。另置角中段長一十六步八分九釐九毫有零，以角面七步乘之，得一百一十八步二分九釐六毫四絲六忽四微五纖五沙六塵二埃八渺一漠六五七三九不盡。又置角中長，併加旁長即旁角面七步，共二十三步八分九釐九毫四絲九忽四微九纖三沙六塵六埃一渺一漠六六五三四約二，以餘方四步九分四厘九毫七絲四忽七微四纖有零乘之，得一百一十八步二分九釐六毫四絲六忽四微五纖五沙六塵二埃八渺一漠六五七三九不盡，即兩旁二段共積。併角中段，共得八角積二百三十六步五分九厘二毫九絲二忽九微一纖一沙二塵五埃六渺三漠三一四七不盡。又置餘方長四步九分四厘九毫七絲四忽七微四纖有零，自乘得二十四步五分，折半得餘方積一十二步二分五釐。以四因之，得四隅共餘方積四十九步。併八角積，合方積。又將方面一十六步有零，以七步因之，以四步九分四厘九毫七絲四忽七微四纖六沙八塵三埃零五漠八三二六七約一除之，得隅斜二十三步八分九釐九毫四絲九忽四微九纖二沙六塵六埃一渺一漠六六五三四二自乘得斜積五百七十一步一分八釐五毫八絲五忽八微二纖二沙五塵一埃二渺六漠六二不盡合方二倍積

解義

前較方斜方用四步九分五釐立法將方積以二毫五絲乘之二十四步五分除之得積正數此又捷損分數加位筭者前係整方整斜可以法減方容八角四隅即係小方中尚有角面七步多數不可以前法減退且以求方面餘方面俱差也方比斜多二毫五綜數者即開方兩廉一隅多出之數如餘方自乘該積二十四步五分除四步自乘得一十六步餘外二廉一隅比該九分四釐九毫七絲四忽七微四纖六沙八塵三埃零五漠八三二六七一一隅自乘得九分零二毫零二忽零二纖五沙三塵五埃五渺三漠二七六五七不盡以九分五釐自乘得九分零二毫五絲多四絲七忽九微七纖四沙六塵四埃四渺六漠七二三四一不盡兩廉較九分五釐每步多二絲五忽二微五纖三沙一塵六埃九渺四漠二一六七三不盡以兩面各四步共八步乘之多一毫零二忽零二纖五沙三塵五埃五渺三漠七三三八六不盡合前一隅所多共二毫五絲也餘方雖係半分兩廉一隅湊全每隅多二毫五絲四隅共多一釐方面每面

得通斜二十三步八分九釐九毫四絲九忽四微九纖三沙六塵六埃一渺一漠六六五三四二，自乘得斜積五百七十一步一分八釐五毫八絲五忽八微二纖二沙五塵一埃二渺六漠六二不盡，合方二倍積[1]。

【解義】前較方斜方用四步九分五厘立法，將方積以二毫五絲乘之、二十四步五分除之，得積正數。此又減損分數加位算者，前係整方整斜，可以法減。方容八角，四隅即係小方中尚有角面七步，多數不可以前法減退。且以求方面、餘方面，俱差也。方比斜多二毫五絲者，即開方兩廉一隅多出之數。如餘方自乘，該積二十四步五分，除四步自乘得一十六步，餘外二廉一隅，止該九分四釐九毫七絲四忽七微四纖六沙八塵三埃零五漠八三二六七一。一隅自乘得九分零二毫零二忽零二纖五沙三塵五埃五渺三漠二七六五七不盡，以九分五釐自乘，得九分零二毫五絲，多四絲七忽九微七纖四沙六塵四埃四渺六漠七二三四二不盡。兩廉較九分五厘，每步多二絲五忽二微五纖三沙一塵六埃九渺四漠二一六七三不盡，以兩面各四步共八步乘之，多二毫零二忽零二纖五沙三塵五埃五渺三漠七三三八六不盡。合前一隅所多，共二毫五絲也。餘方雖係半方，兩廉一隅俱全，每隅多二毫五絲，四隅共多一釐。方面每面

1　如圖 2－41，已知八角面 $b=7$，以勾股術求得餘方：

$$c=\sqrt{\frac{b^2}{2}}=\sqrt{24.5}\cong 4.949747468305832671$$

則方面：

$$a=b+2c\cong 16.899494936611665342$$

方積：

$$S_1=a^2\cong 285.5929291125633147$$

四隅積：

$$S_2=4\times\frac{c^2}{2}\cong 49$$

八角積：

$$S=S_A+S_B+S_C=ab+(a+b)c\cong 236.5929291125633147$$

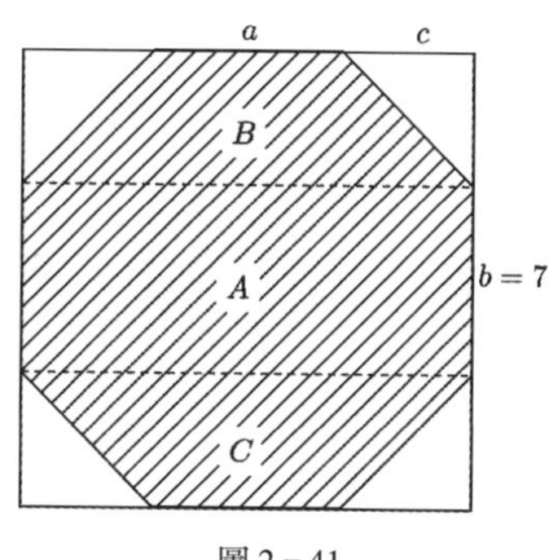

圖 2－41

係二餘方四面俱有多數將每步多數以角面七步四面共二十八步乘之共多七毫零七忽零八纖八沙七塵四埃三渺八漠零六八四四不零故須減損加位乃合本數且此加位減損之數乃開方應得之正數開方不足自應減損加位以此知散漫無歸難于還源之疑未為是也至損之又損終於雖盡乃數之微茫終無可盡第算位至渺漠已在希微有無之間下此雖有各目世多不用今於漠後更加四五位乃截止推算雖積木纖多增歸不至漠位亦可以的准無併共角兩邊正長加旁長折半以餘方乘得一邊積不折半以餘方乘即兩邊共積八角中段積與兩邊積均平無多少者中段長是兩個餘方一個角面以角面乘是兩個餘方角面相乘一個角兩自乘兩邊長角長加一角面是兩個角面兩個餘方面以餘方乘亦是兩個餘方角面相乘與中從同又有兩個餘方自乘合中段一角面自乘循二方積合一斜積試將八角并字分段正段中心方七歩自乘得四十九歩如一斜積上下各餘角面長餘方面濶二段四隅四半方合成二小方每方自乘得二十四歩五分合斜積一半二方共得四十九歩兩旁亦係角面長餘方面濶二段合一無差適斜長二十三步八分北廉九毫有零比適方長整多七歩無零餘者八角八面皆與適方同長以斜計兩尖各多一小方之半斜三歩五分兩尖共多一小方之整斜共得七歩也大抵方斜循環相倚斜七歩方得四歩九分有零若以斜作方七步則七歩方之斜得二個小方之長如

係二餘方，四面俱有多數，將每步多數以角面七步四面共二十八步乘之，共多七毫零七忽零八纖八沙七塵四埃三渺八漠零六八四四不盡，故須減損加位，乃合本數。且此加位減損之數，乃開方應得之正數，開方不足，自應減損加位。以此知散漫無歸，難于還源之疑，未爲是也。至損之又損，終於難盡，乃數之微茫，終無可盡。第算位至渺、漠，已在希微有無之間，下此雖有名目，世多不用。今於漠後更加四五位，乃截止推算，雖積末微多，增歸不至漠位，亦可以的准無舛矣。角兩邊正長加旁長，折半以餘方乘，得一邊積，不折半以餘方乘，即兩邊共積。八角中段積與兩邊積均平無多少者，中段長是兩個餘方、一個角面，以角面乘，是兩個餘方角面相乘、一個角面自乘；兩邊長角長加一角面，是兩個角面兩個餘方面以餘方乘，亦是兩個餘方角面相乘，與中段同，又有兩個餘方自乘，合中段一角面自乘，猶二方積合一斜積。試將八角井字分段，正段中心方七步，自乘得四十九步，如一斜積；上下各餘角面長、餘方面濶二段；四隅四半方，合成二小方，每方自乘得二十四步五分，合斜積一半，二方共得四十九步；兩旁亦係角面長、餘方面濶二段，合一無差[1]。通斜長二十三步八分九厘九毫有零，比通方長整多七步無零餘者，八角八面皆與通方同長，以斜計兩尖，各多一小方之半斜三步五分，兩尖共多一小方之整斜共得七步也。大抵方斜循環相倚，斜七步方得四步九分有零；若以斜作方七步，則七步方之斜得二個小方之長。如

1 如圖 2－42，八角井字分段，中段積：

$$S_A = b^2 + 2bc$$

兩邊積：

$$S_B + S_C = 2c^2 + 2bc$$

因 $b^2 = 2c^2$，故：

$$S_A = S_B + S_C$$

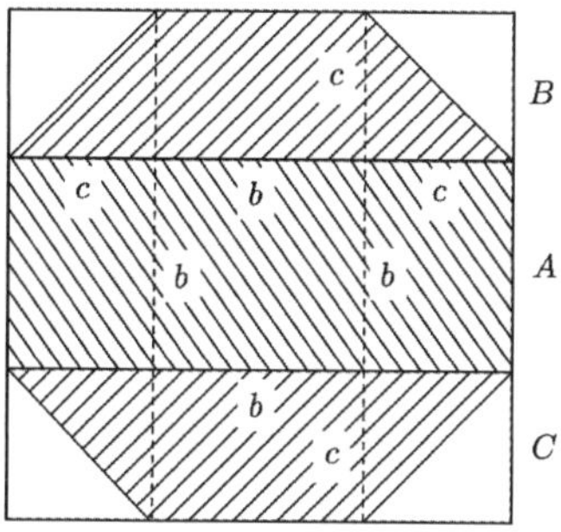

圖 2－42

將兩尖作二小方各斜七步共一十四步中心方七步斜該二個小方長九步八分九釐九毫四絲九忽四微九纖三沙六塵六埃一渺一漠六六五四三二合併即通斜之長無差斜自乘得方二倍積乃此方多方外之二廉一隅將方長以二廉共步乘之又將一隅自乘合二數併方自乘數即斜自乘之積無二此即前方內容小斜方得大方一半小方斜即大方面自乘得小方二倍明白易曉

方容八角餘方面五步圖

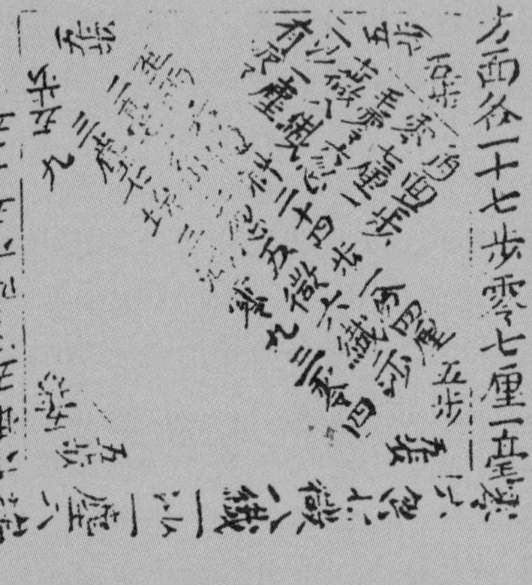

令有方容八角四隅餘方各五步間角面長方面長斜長各若干方積角積餘方隅積斜積各若干

增法置餘方五步即小方面八角斜面即小方之斜得角面七步零七釐一毫零六忽七微八纖一沙一塵八埃六渺五漠四六五二四

四不蓋截作二五併加二餘方共十步得方面一十七步零七釐一毫零六忽七微八纖一沙一塵八埃六渺五漠四六五二約五自乘得方積

將兩尖作二小方，各斜七步，共一十四步；中心方七步，斜該二個小方，長九步八分九釐九毫四絲九忽四微九纖三沙六塵六埃一渺一漠六六五四三二。合併，即通斜之長無差。斜自乘得方二倍積，乃比方多方外之二廉一隅，將方長以二廉共步乘之，又將一隅自乘，合二數併方自乘數，即斜自乘之積無二。此即前方內容小斜，方得大方一半，小方斜即大方面，自乘得小方二倍，明白易曉。

方容八角餘方面五步圖

今有方容八角，四隅、餘方各五步。問角面長、方面長、斜長各若干？方積、角積、餘方隅積、斜積各若干？增法置餘方五步，即小方面，八角斜面即小方之斜，得角面七步零七釐一毫零六忽七微八纖一沙一塵八埃六渺五漠四六五二四四不盡[1]，截作二五。併加二餘方共十步，得方面一十七步零七釐一毫零六忽七微八纖一沙一塵八埃六渺五漠四六五二約五，自乘得方積

---

1 據題意，解得角面：

$$b = \sqrt{2c^2} = \sqrt{2 \times 5^2} \cong 7.071067811865475244$$

四六五二四四，“六”當作“七”，後文結果皆據此計算，略有差誤，不一一指出。

二百九十一步四分二釐一毫三絲五忽六微二纖三沙七塵三埃零九漠不盡另置角中長一十七步零七釐一毫有零以角面七步零七釐有零乘之得一百二十步零七分一釐零六絲七忽八微一纖一沙八塵六埃五渺四漠五一一六不盡又置中長加旁角面長得二十四步一分四釐二毫一絲三忽五微六纖二沙三塵七埃三渺零九三零五以餘方五步乘之得兩旁積一百二十步零七分一釐零六絲七忽八微一纖一沙八塵六埃五渺四漠六五二五併角中段得八角積二百四十一步四分二釐一毫三絲五忽六微二纖三沙七塵三埃零九漠不盡

餘方五步自乘得二十五步折半得一餘方積一十二步五分四因得四隅共五十步併入八角積與通方積合另將方面以角面七步有零乘之五步歸之得通斜長二十四步一分四厘二毫一絲三忽五微六纖二沙三塵七埃三渺零九三零五自乘得斜積五百八十二步八分四釐二毫七絲一

二百九十一步四分二釐一毫三絲五忽六微二纖三沙七塵三埃零九漠不盡。另置角中長一十七步零七釐一毫有零，以角面七步零七釐有零乘之，得一百二十步零七分一釐零六絲七忽八微一纖一沙八塵六埃五渺四漠五一一一六不盡。又置中長加旁角面長，得二十四步一分四釐二毫一絲三忽五微六纖二沙三塵七埃三渺零九三零五，以餘方五步乘之，得兩旁積一百二十步零七分一釐零六絲七忽八微一纖一沙八塵六埃五渺四漠六五二五。併角中段，得八角積二百四十一步四分二釐一毫三絲五忽六微二纖三沙七塵三埃零九漠不盡。餘方五步自乘，得二十五步，折半得一餘方積一十二步五分，四因得四隅共五十步。併入八角積，與通方積合。另將方面以角面七步有零乘之、五步歸之，得通斜長二十四步一分四厘二毫一絲三忽五微六纖二沙三塵七埃三渺零九三零五，自乘得斜積五百八十二步八分四釐二毫七絲一

忽二微四纖七沙四塵六埃一渺八漠不盡

觧義 上是以角面七步求餘方通方不足十七步此是以餘方五步求角面通方十七步有零上圖八角中段積與兩旁共積均平此漠位以下兩旁積較中段微多者乃角面求位二四四截作二五中旁角面餘方各乘截就多數微有參差也然所差俱在漠位以下此無病相較大數漠後仍加四五位圭筭者以此故也

圓方容圭斜圖

方四較方

今有圓內容方方內容四圭圓徑五十六步問圭長及中徑并積若干

增法 置方斜即圓徑五十六步折半得圭斜二十八步自乘得七百八十四步折半得三百九十二步以開平方法求之得圭徑法一十九步八分加倍得圭濶法三十九步六分相乘得七百八十四步零八釐仍用二十四步五分除之二毫五絲乘之減去差多八釐餘折半得一圭積三百九十二步每一圭得內方四分之一得圓六分之一得一抓埃三

忽二微四纖七沙四塵六埃一渺八漠不盡[1]。

【解義】上是以角面七步求餘方，通方不足十七步；此是以餘方五步求角面，通方十七步有零。上圖八角中段積與兩旁共積均平，此漠位以下兩旁積較中段微多者，乃角面末位二四四截作二五，中旁角面餘方各乘，截就多數，微有參差也。然所差俱在漠位以下，此無病相較大數，漠後仍加四五位立筭者，以此故也。

圓[容]方方容四圭較斜方圖[2]

今有圓内容方，方内容四圭，圓徑五十六步。問圭長及中徑并積若干？增法置方斜即圓徑五十六步，折半得圭斜二十八步。自乘得七百八十四步，折半得三百九十二步。以開平方法求之，得圭徑法一十九步八分，加倍得圭濶法三十九步六分[3]，相乘得七百八十四步零八釐。仍用二十四步五分除之、二毫五絲乘之，減去差多八釐，餘折半，得一圭積三百九十二步。每一圭得内方四分之一，得圓六分之一，得一(孤烄)[弧矢]三

---

1 已知餘方 $c = 5$，以勾股術求得八角面：

$$b = \sqrt{2c^2} \cong 7.07106781186547525$$

則方面：

$$a = b + 2c = 17.07106781186547525$$

由此依次可求方積、八角積、隅積各項。

2 容，原文脱落，據文意補。

3 此處求圭闊法、圭徑法表述有誤。圭斜自乘折半開方，當得：

$$\sqrt{\frac{28^2}{2}} \cong 19.7989898732$$

所求係圭徑，加倍得圭闊，非圭徑法、圭闊法。依據前文，圭徑法、圭闊法求法如下：如圖2－43，圓徑 $d = 56$，内容四圭田，圭闊爲 a、圭斜爲 c、圭徑爲 h。由圭斜 c，求得圭徑法：

$$h' = \frac{4.95}{7}c = \frac{4.95}{7} \cdot \frac{d}{2} = 19.8$$

加倍得圭闊法：

$$a' = 2h' = 39.6$$

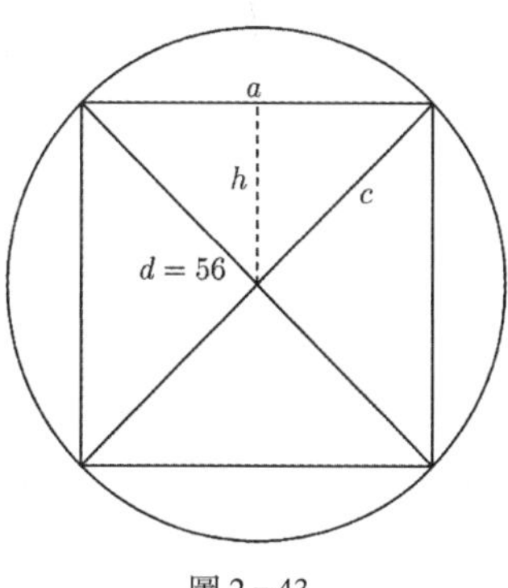

圖2－43

解義內方容圭即將圓田十字分劈角兩尖對處得圭長即是方面中心為圭尖得斜長一半自乘折半用開方得圭徑即半方面此以圭斜為弦半面及径為勾股測之也數以勾股為準故復列此圖反覆推驗庶可洞了無惑

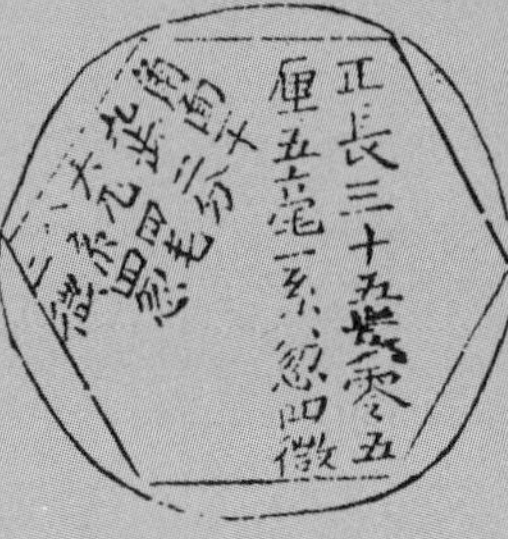

今有圓徑四十步內容六角問六角面及長併六角積六弧矢積各若干

圓容六角圖

正長三十五步零五厘五毫一系八忽四微

增法置圓徑長四十步以六角正長得圓徑八分七厘六毫三系七忽九微六纖截就法乘之得內六角正長三十五步零五厘五毫一絲八忽四微另置圓周一百二十步以六歸之得六角面弧背二十步以六角面即弧弦得弧背九分六厘三毫二系四忽二微一纖截就法乘之得六角面即弧弦一十九步二分六厘四毫八絲四忽二微卻將六角尖長即圓徑四十步減角面濶一十九步二分六厘四毫八系四忽二微餘二十步零七分三厘

分之二[1]。

【解義】内方容圭，即將圓田十字分劈，每兩尖對處得圭長，即是方面。中心爲圭尖，得斜長一半，自乘折半用開方得圭徑，即半方面。此以圭斜爲弦，半面及徑爲勾股測之也。數以勾股爲準，故復列此圖，反覆推驗，庶可洞了無惑。

圓容六角圖[2]

今有圓徑四十步，内容六角。問六角面及長，併六角積、六弧矢積各若干？增法 置圓徑長四十步，以六角正長得圓徑八分七厘六毫三絲七忽九微六纖，截就法乘之，得内六角正長三十五步零五厘五毫一絲八忽四微。另置圓周一百二十步，以六歸之，得六角一面弧背二十步，以六角面即弧弦得弧背九分六厘三毫二絲四忽二微一纖，截就法乘之，得六角面即弧弦一十九步二分六厘四毫八絲四忽二微。却將六角尖長即圓徑四十步，減角面濶一十九步二分六厘四毫八絲四忽二微，餘二十步零七分三厘

---

1 孤疾，當作“弧矢”，據文意改。

2 圓容六角圖，見《算法統宗》卷三。原有圖無題，圖注云：“圓容六角，七分之六”，即六角積得圓積七分之六。如圖 2－44，設圓徑 $d = 14$，則六角面 $a = 7$，由古法三角“面七徑六”説，d 爲三角面，l 爲三角徑，則：

$$\frac{d}{l} = \frac{7}{6}$$

得六角正長 $l = 12$，從而求得六角積 $S_1 = 126$，圓積 $S_2 = 147$，故：

$$\frac{S_1}{S_2} = \frac{126}{147} = \frac{6}{7}$$

此爲舊法。《算海説詳》認爲舊法失於粗略，故設“增法”解之，以勾股術求出新的三角面、徑比值，以之入算，雖較舊法略精確，然由於求圓積仍以圓率三入算，所求圓積仍不夠精確。

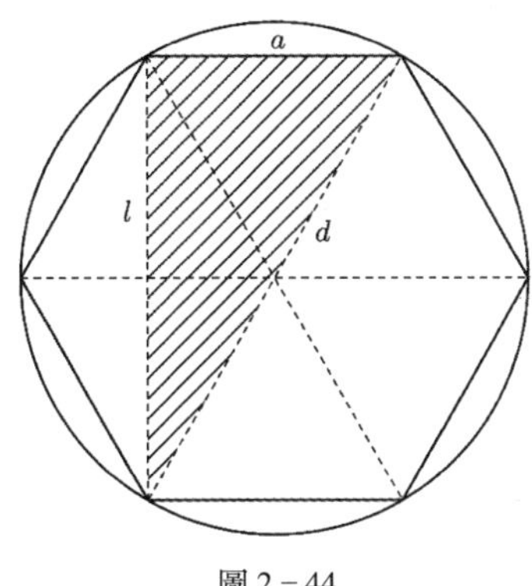

圖 2－44

五毫一系五忽八微折半得十步零三分六厘七毫五系七忽九微加入角面一十九步二分六厘四毫八系四忽二微得二十九步六分三厘二毫四絲二忽一微以正長三十五步零五厘五毫一系八忽四微乘之得六角積一千零三十八步七分六厘九毫九絲七忽零另將圓徑四十步减正長三十五步零五厘五毫一系八忽四微餘四步九分四厘四毫八系一忽六微折半得弧矢二步四分七厘二毫四系零八微加弦即角面折半得十步零八分六厘八毫六系二忽五微以矢乘之得一弧矢積二十六步八分七厘一毫六絲七忽五微三纖九沙九塵以六弧矢因之得六弧矢共積一百六十一步二分三厘零五忽二微三纖九沙四塵併六角積合圓田積外多二忽零六角得圓積七分之六零五九四九一三約五

解義因徑求角長因弧背求弧弦俱言截就法者因各有不尽之數故于沙塵微數不復再推截而就法以求大數無誤則相差忽微無碍分數亦數處雖尽立法尽數之意六角得圓七分之六不尽後云約五因不尽故約畧截止以便測驗也舊法外差甚遠覌微辨

五毫一絲五忽八微，折半得十步零三分六厘七毫五絲七忽九微。加入角面一十九步二分六厘四毫八絲四忽二微，得二十九步六分三厘二毫四絲二忽一微。以正長三十五步零五厘五毫一絲八忽四微乘之，得六角積一千零三十八步七分六厘九毫九絲七忽零。另將圓徑四十步減正長三十五步零五厘五毫一絲八忽四微，餘四步九分四厘四毫八絲一忽六微，折半得弧矢二步四分七厘二毫四絲零八微。加弦即角面，折半得十步零八分六厘八毫六絲二忽五微，以矢乘之，得一弧矢積二十六步八分七厘一毫六絲七忽五微三纖九沙九塵。以六弧矢因之，得六弧矢共積一百六十一步二分三厘零五忽二微三纖九沙四塵[2]。併六角積，合圓田積，外多二忽零，六角得圓積七分之六零五九四九一三約五[3]。

【解義】因徑求角長，因弧背求弧弦，俱言截就法者，因各有不盡之數，故于沙、塵微數，不復再推，截而就法，以求大數無誤，則相差忽、微，無碍分數，亦數處難盡，立法盡數之意。六角得圓七分之六不盡，後云約五，因不盡，故約畧截止，以便測驗也。舊法外差甚遠，見後辨。

---

1 七忽五微，顺治本誤作“七忽”。

2 三纖九沙，顺治本誤作“三纖”。

3 如圖2－45，圓徑 $d=40$，求六角積 S_1、弧矢積 S_2。設六角正長爲 l、六角面爲 a，弧背爲 c。“增法”解法如下，

$$l = 0.8763796d = 35.055184$$

$$a = 0.9632421c = 0.9632421 \times \frac{3d}{6} = 0.48162105 \cdot d = 19.264842$$

求得六角積：

$$S_1 = S_A + S_B + S_C = \frac{1}{2}hl + al + \frac{1}{2}hl = (h+a)l = \left(\frac{d-a}{2} + a\right) l \cong 1038.76997$$

弧矢弦長爲角面 a，矢闊爲：

$$v = \frac{d-l}{2} = 2.472408$$

求得角外六個弧矢積：

$$S_2 = 6 \times \frac{1}{2}\left(\frac{d-l}{2}\right)\left(\frac{d-l}{2} + a\right) \cong 161.23052394$$

按：因 $a=\frac{1}{2}d$，由勾股術求得：

$$l \cong 0.8660254d$$

上述解法中，$l = 0.8763796d$、$a = 0.9632421c = 0.48162105d$，不知從何得來。

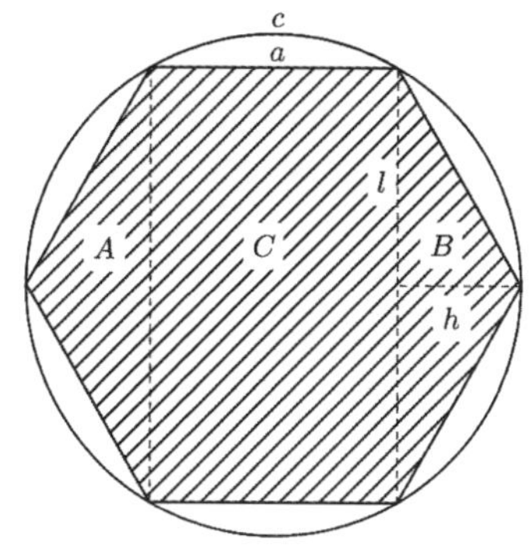

圖2－45

以勾股弦徑五較圖

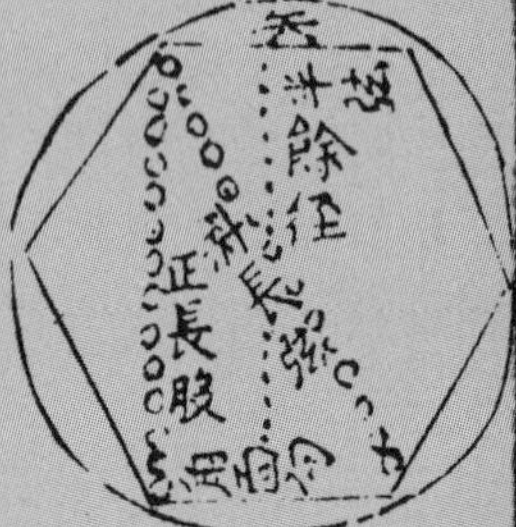

增法 此以角面角長斜長用勾股法考較置斜長四十步如弦自乘得一千六百步另置角正長三十五步零五厘五毫一系八忽四微自乘得一千二百二十八步八分六厘五毫九系零又置角面即弧弦一十九步二分六厘四毫八系四忽二微自乘得三百七十一步一分三厘四毫一系零併二數合斜自乘一千六百步外多六忽不盡

增法 此以弧矢法用矢乘餘徑與半弦自乘考較置弧弦折半得九步六分三厘二毫四系二忽一微自乘得九十二步七分八厘三毫五系三忽四微零另置圓徑四十步減矢二步四分七厘二毫四系零八微得餘徑三十七步五分二厘七毫五系九忽二微以矢乘之得九十二步七分八厘三毫五系一忽八微零

解義

截六角中長方一段如一直田用角長如股面長如勾斜長如弦較之再以六面一面弧矢半弦自乘矢乘餘徑較之二法互較合齊乃可得角長角面清數其仍有零餘微差則截就法內各有多截之纖沙在內也若如蕉法謂六角得圓七分之六則弧矢應得圓七分之一將圓積以七帰之六弧矢應得一百七十一步四分有零今六弧矢積寔止一百六十一步有零寔不相差遠甚

以勾股弦徑互較圖

增法此以角面、角長、斜長，用勾股法考較。置斜長四十步如弦，自乘得一千六百步。另置角正長三十五步零五厘五毫一絲八忽四微，自乘得一千二百二十八步八分六厘五毫九絲零。又置角面即弧弦一十九步二分六厘四毫八絲四忽二微，自乘得三百七十一步一分三厘四毫一絲零。併二數，合斜自乘一千六百步[1]。外多六忽不盡。增法此以弧矢法，用矢乘餘徑與半弦自乘考較。置弧弦，折半得九步六分三厘二毫四絲三忽一微，自乘得九十二步七分八厘三毫五絲三忽四微零。另置圓徑四十步，減矢二步四分七厘二毫四絲零八微，得餘徑三十七步五分二厘七毫五絲九忽二微，以矢乘之，得九十二步七分八厘三毫五絲一忽八微零[2]。

【解義】截六角中長方一段，如一直田，用角長如股、面長如勾、斜長如弦較之，再以六面一面弧矢半弦自乘、矢乘餘徑較之，二法互較合齊，乃可得角長、角面清數。其仍有零餘微差，則截就法内各有多截之纖、沙在内也。若如舊法謂六角得圓七分之六，則六弧矢應得圓七分之一，將圓積以七歸之，六弧矢應得一百七十一步四分有零。今六弧矢積實止一百六十一步有零，豈不相差遠甚？

1　如圖 2－46，在勾股形 A 中，圓徑 d 爲弦，六角正長 l 爲股，六角面 a 爲勾，根據勾股定理：

$$d^2 = l^2 + a^2$$

即：

$$40^2 = 35.055184^2 + 19.264842^2$$

2　如圖 2－47，v 爲弧矢闊，$d-v$ 爲餘徑，$\frac{a}{2}$ 爲半弧弦，在勾股形 B 中：

$$\left(\frac{a}{2}\right)^2 = (d-v)v$$

即：

$$\left(\frac{19.264842}{2}\right)^2 = (40 - 2.472408) \times 2.472408$$

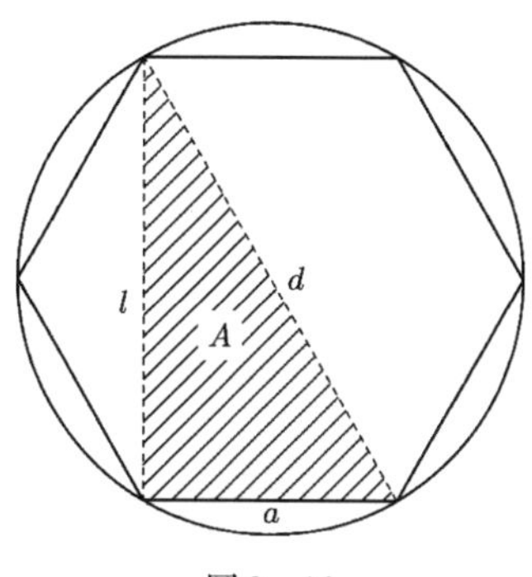

圖 2－46

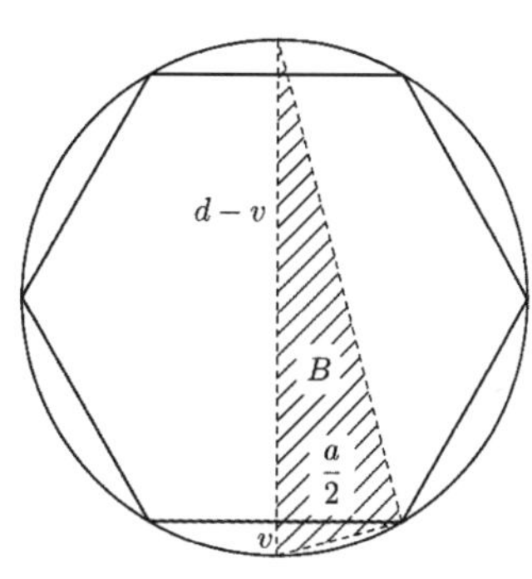

圖 2－47

六角容圓圖

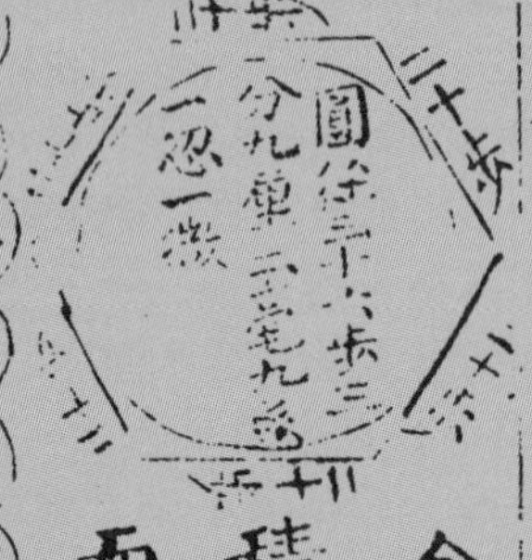

今有六角面各二十步問角正長斜長并容圓積餘角積各若干

增法六角面得六角斜長四分八厘一毫六系二忽一微零五沙置角面二十步以四分八厘一毫六係二忽一微零五沙為法除之得斜長四十一步五分二厘六毫四絲二忽四微二纖另置斜長四十一步五分二厘六毫四系二忽四微二纖以角正長得斜長八分七厘六毫三系七忽九微六纖乘之得角正長三十六步三分九厘二毫九絲一忽一微却置斜長四十一步五分二厘六毫四系二忽四微二纖減角面二十步餘折半加入面長共三十步零七分六厘三毫二系一忽二微一先以角正長三十六步三分九厘二毫九系一忽一微乘之得六角積一千一百一十九步五分六厘二毫八絲四忽另置斜長減圓徑即角正長三十六步三分九厘二毫九系一忽一微餘五步一分三厘三毫五系一忽三微二纖折半得餘角尖長二步五分六厘六毫七系五忽六微六纖再置圓徑即角正長

六角容圓圖[1]

今有六角面各二十步，問角正長、斜長，併容圓積、餘角積各若干？增法六角面得六角斜長四分八厘一毫六絲二忽一微零五沙。置角面二十步，以四分八厘一毫六絲二忽一微零五沙爲法，除之得斜長四十一步五分二厘六毫四絲二忽四微二纖。另置斜長四十一步五分二厘六毫四絲二忽四微二纖，以角正長得斜長八分七厘六毫三絲七忽九微六纖乘之[2]，得角正長三十六步三分九厘二毫九絲一忽一微。却置斜長四十一步五分二厘六毫四絲二忽四微二纖，減角面二十步，餘折半，加入面長，共三十步零七分六厘三毫二絲一忽二微一(先)[纖][3]，以角正長三十六步三分九厘二毫九絲一忽一微乘之，得六角積一千一百一十九步五分六厘二毫八絲四忽。另置斜長，減圓徑即角正長三十六步三分九厘二毫九絲一忽一微，餘五步一分三厘三毫五絲一忽三微一纖，折半得餘角尖長二步五分六厘六毫七絲五忽六微六纖。再置圓徑即角正長

---

1 六角容圓圖，見《算法統宗》卷三，亦有圖無題。原圖注云："六角容圓，七分之六"，即圓積爲六角積七分之六，解法同圓容六角同法，不復贅。

2 六纖，順治本原作"爲法"二大字，康熙本挖改爲小字"六纖"。

3 先，"纖"之訛字，據文意改。後文徑改，不復出注。

三十六步三分九釐二毫九系一忽一微減角面二十步餘折半得八步一分九釐六毫四系五忽五微五先却以餘角尖長乘之得每餘角積二十一步零三釐八毫三絲零六微二纖五沙零以六餘角因之得六餘角積一百二十六步二分二釐九毫八絲三忽七微五纖零併圓積九百九十三步三分三釐二毫九絲七忽八微二纖零合六角全積差二忽零六角容圓八分之七零九八不盡

[illegible][illegible]餘角將圓徑減角面餘折半者乃中減角正長一面之餘徑角羕也以餘角長乘猶圓田以弧矢乘餘徑乃一形自具一數此自然之可測也然餘角并圓積比六角積仍少二忽零者則截就之法原有截加微差在內也

舊法差誤圖

圓容六角六角得圓七分之六

六角容圓得六角七分之六

舊法圓容六角與六角容圓一例凡求積俱用六因七歸然止立圖說無所立之法及立步推驗皆不合故立前法附辨於後

三十六步三分九厘二毫九絲一忽一微，減角面二十步，餘折半得八步一分九厘六毫四絲五忽五微五(先)[纖]。却以餘角尖長乘之，得每餘角積二十一步零三厘八毫三絲零六微二纖五沙零。以六餘角因之，得六餘角積一百二十六步二分二厘九毫八絲三忽七微五纖零。併圓積九百九十三步三分三釐二毫九絲七忽八微二纖零，合六角全積。差二忽零。六角容圓八分之七零九八不盡[1]。

【解義】求餘角，將圓徑減角面餘折半者，乃中減角正長一面之餘徑也。以餘角長乘，猶圓田以弧矢乘餘徑。乃一形自具一數，此自然之可測也。然餘角并圓積，比六角積仍少二忽零者，則截就之法原有截加微差在内也。

舊法差誤圖

舊法圓容六角與六角容圓一例，凡求積，俱用六因七歸。然止立圖説，無所立之法。及立步推驗，皆不合。故立前法，附辨於後。

---

1 如圖 2－48，六角正長（即圓徑）爲 d，六角斜長爲 l，六角面爲 a，由角面、斜長比例求得斜長：

$$l = \frac{a}{0.48162105} \cong 41.5264242$$

由斜長、正長比例求得六角正長：

$$d = 0.8763796l \cong 36.392911$$

則六角積：

$$S = \left(\frac{l-d}{2} + a\right) \cdot d \cong \left(\frac{41.5264242 - 20}{2} + 20\right) \times 36.392911 \cong 1119.56284$$

圓外餘積：

$$S_2 = 6 \times \left(\frac{l-d}{2}\right)\left(\frac{d-a}{2}\right) \cong 6 \times \left(\frac{41.5264242 - 36.392911}{2}\right) \times \left(\frac{36.392911 - 20}{2}\right)$$
$$\cong 126.2298375$$

圓積：

$$S_1 = \frac{3}{4}d^2 \cong \frac{3}{4} \times 36.392911^2 \cong 993.3329782$$

圓積與圓外餘積相併：

$$S_1 + S_2 \cong 993.3329782 + 126.2298375 = 1119.5628157$$

與六角積 1119.56284 相差二忽零。

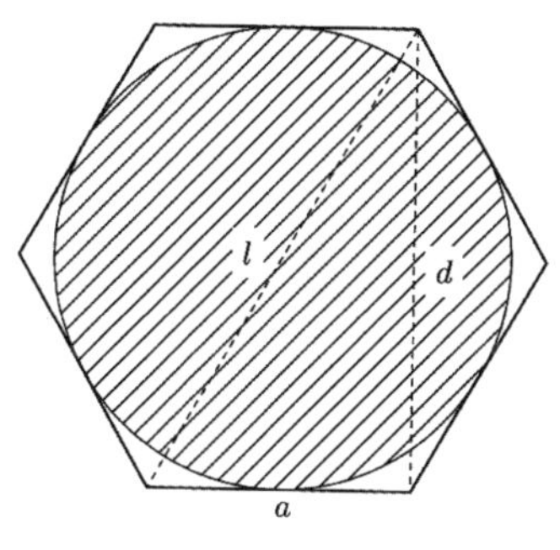

圖 2－48

拙翁辨曰圓容六角角外六弧矢弦平得步多六角容圓圓外六餘角圓背彎數虛得步少此觀其圖形可辨今立法互較圓容六角七分之六有零六角容圓八分之七有零此確數也舊法通作七分之六與六角容圓相差固屬天淵即於圓容六角亦懸絲難合如前圖圓徑四十步圓積一千二百步以七分圓積畸零雜盡設如圓徑八七五十六步自乘再三因四歸得圓積二千三百五十二步用六因七歸六角應得二千零一十六步六弧矢七分之一應得三百三十六步反覆推驗寔無合處用增法考求六角得二千零三十五步九分八厘九毫有零六弧矢三百一十六步零一厘不盡較七分之六六角少一十九步有零六弧矢多一十九步有零差誤豈不遠甚哉或以零餘不便爲疑不知著

拙翁辨曰：圓容六角，角外六弧矢，弦平，得步多；六角容圓，圓外六餘角，圓背彎數虚，得步少。此觀其圖形可辨。今立法互較，圓容六角，七分之六有零；六角容圓，八分之七有零，此確數也。舊法通作七分之六，與六角容圓相差固屬天淵，即於圓容六角亦懸舛難合。如前圖，圓徑四十步，圓積一千二百步，以七分圓積，畸零難盡。設如圓徑八七五十六步，自乘，再三因四歸，得圓積二千三百五十二步。用六因七歸，六角應得二千零一十六步；六弧矢七分之一，應得三百三十六步。反覆推驗，究無合處。用增法考求，六角得二千零三十五步九分八厘九毫有零，六弧矢三百一十六步零一厘不盡。較七分之六，六角少一十九步有零，六弧矢多一十九步有零，差誤豈不遠甚哉？或以零餘不便爲疑，不知著筭期於便用立法所以推數法可就數而數雖就法數多畸零矣而必以無畸零之法縣之其實推驗不合又奚用斯法爲乎或曰就增立之法其間忽微亦有相差未遂足爲準也愚曰數至忽微所差已細正猶曆家萬分爲度雖有小差不出一度之中此無誤于大數者也且差者乃所立截就之法恐位過多不便立筭故于細微小數量加截就法內有截加之數則積數自微有參差非真數之差也若圓角步數過多不妨再加位損减以求有合與方斜同一理也或曰何不再加位以務求歸盡無纖差乎曰凡數之無畸零者可盡有畸零者終不可盡如三歸七歸之類終不可盡且柰何譬諸天地之大有可見可知亦有不論不議此天地之所以爲大也數有可盡亦有畸零不可盡此數之所以爲

筭期於便用，立法所以推數，法可就數，而數難就法。數多畸零矣，而必以無畸零之法槩之，其實推驗不合，又奚用斯法爲乎？或曰：就增立之法，其間忽、微，亦有相差，未遂足爲準也。愚曰：數至忽、微，所差已細，正猶曆家萬分爲度，雖有小差，不出一度之中，此無誤于大數者也。且差者乃所立截就之法，恐位過多，不便立筭，故于細微小數，量加截就法，内有截加之數，則積數自微有參差，非真數之差也。若圓角步數過多，不妨再加位損減，以求有合，與方斜同一理也。或曰：何不再加位，以務求歸盡無纖差乎？曰：凡數之無畸零者可盡，有畸零者終不可盡，如三歸七歸之類，終不可盡。且奈何譬諸天地之大，有可見可知，亦有不論不議，此天地之所以爲大也。數有可盡，亦有畸零不可盡，此數之所以爲

大也知乎此者可與言数學矣

圓容　今有圓徑八步内容三角問三角及弧矢各積若干

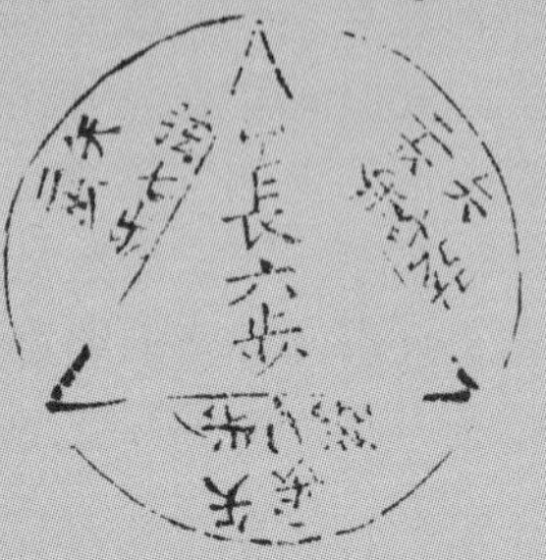

三角圖　舊法圓徑八步三角面得七步三角正長六步置角面七步以正長六步乘之得四十二步折半得三角積二十一步另置角面即弧弦七步將圓徑八步减三角正長六步餘二步為弧矢併入弧弦折半以矢乘之得弧矢積九步三弧矢共積二十七步併三角積共四十八步合圓積三角得圓十六分之七圓求三角七因十六除三角求圓十六乘七歸

解義三角得圓十六分之七者三弧矢二十七步是三個九步三角二十一步是三個七步以三歸圓積得十六三角得七個三故曰十六分之七以此莫弧矢三角積與圓積无差然以勾股法較之角面七步中長六步有零中長作六步用除径與斜求半弦不合用

大也。知乎此者，可與言數學矣。

圓容三角圖[1]

今有圓徑八步，内容三角。問三角及弧矢各積若干？舊法 圓徑八步，三角面得七步，三角正長六步。置角面七步，以正長六步乘之，得四十二步，折半得三角積二十一步。另置角面即弧弦七步，將圓徑八步減三角正長六步，餘二步爲弧矢，併入弧弦，折半，以矢乘之，得弧矢積九步，三弧矢共積二十七步。併三角積，共四十八步，合圓積。三角得圓十六分之七。圓求三角，七因十六除；三角求圓，十六乘七歸。

【解義】三角得圓十六分之七者，三弧矢二十七步，是三個九步；三角二十一步，是三個七步。以三歸圓積得十六，三角得七個三，故曰"十六分之七"。以此筭弧矢、三角積，與圓積無差。然以勾股法較之，角面七步，中長六步有零。中長作六步，用餘徑與斜求半弦不合；用

---

1 圖見《算法統宗》卷三，有圖無題，圖注云："圓容三角，十六分之七"，即三角積得圓積十六分之七。如圖 2-49，設三角面爲 a、中徑爲 h，據古法"面七徑六"，得：

$$\frac{h}{a}=\frac{6}{7}$$

又：

$$r=\frac{2}{3}h$$

求得圓積：

$$S=\frac{3}{4}d^2=\frac{3}{4}\cdot\left(\frac{4}{3}h\right)^2=\frac{4}{3}h^2$$

三角積：

$$S_1=\frac{1}{2}ah=\frac{1}{2}\cdot\frac{7h}{6}\cdot h=\frac{7}{12}h^2$$

故：

$$\frac{S_1}{S}=\frac{\frac{7}{12}h^2}{\frac{4}{3}h^2}=\frac{7}{16}$$

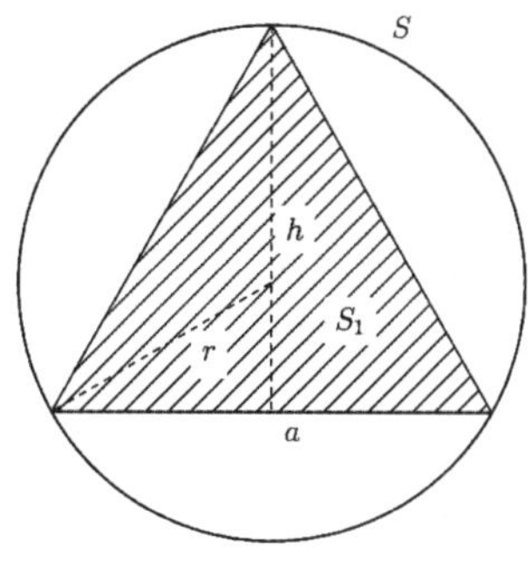

圖 2-49

矢乘餘径與半弦自乘㸃不合如前圖角面正七歩以勾股弦求之七歩自乘得四十九歩正長即股自乘得三十六歩半弦即勾自乘得一十二歩二分五厘合二長数比角面即弦自乘数少七分五厘若歩数增多如圖径八七五十六歩三角面該七七四十九歩中長該六七四十二歩以此算積㸃合然以四十九歩為弦自乘得二千四百零一歩半面如勾以二十四歩五分自乘得六百歩零二分五厘中長四十二歩即股自乘得一千七百六十四歩合二数共二千三百六十四歩二分五厘比弦積少三十六歩七分五厘其差少者何也三角之整面半面無可疑自係中長不足故也如一個七歩自乘中長六歩自乘得三十六歩半面数較斜一面少七分五厘是每三十六歩少七分五厘也將四十二歩自乘之一千七百六十四歩以三十六歩除之得四十九以七分五厘乘之即得三十六歩七分五厘可見数始于一積而至多所差必遠以此知三角弧矢之数未可為準也且以前截圖中半法求之一面弧矢二歩弦七歩正对再截弧矢二歩中餘四歩將弦七歩併中径八歩折半得七歩五分以四歩乘之得三十歩另將中径八歩減弦七歩餘一歩折半得五分自乘得二分五厘共該積三十歩零二分五厘併二弧矢十八歩比圓積多二分五厘則弧矢之数必多三角之数必少可知也然而以求諸圓皆合者何也曰圓容三角將圓以十六分之弧矢得九分三角得七分以施之諸圓皆可以十六分分之而合故㸃無不合也其定

矢乘餘徑，與半弦自乘亦不合。如前圖，角面正七步，以勾股弦求之，七步自乘得四十九步，正長即股自乘得三十六步，半弦即勾自乘得一十二步二分五厘，合二數，比角面即弦自乘數少七分五厘。若步數增多，如圓徑八七五十六步，三角面該七七四十九步，中長該六七四十二步，以此筭積亦合。然以四十九步爲弦，自乘得二千四百零一步；半面如勾，以二十四步五分自乘，得六百步零二分五厘；中長四十二步即股，自乘得一千七百六十四步。合二數，共二千三百六十四步二分五厘，比弦積少三十六步七分五厘。其差少者何也？三角之整面、半面無可疑，自係中長不足故也。如一個七步自乘，中長六步自乘得三十六步，併半面數，較斜面少七分五厘，是每三十六步少七分五厘也。將四十二步自乘之一千七百六十四步，以三十六步除之得四十九，以七分五厘乘之，即得三十六步七分五厘。可見數始于一，積而至多，所差必遠。以此知三角弧矢之數，未可爲準也。且以前“截圓中半”法求之[1]，一面弧矢二步，弦七步正對，再截弧矢二步，中餘四步，將弦七步併中徑八步，折半得七步五分，以四步乘之，得三十步。另將中徑八步減弦七步，餘一步，折半得五分，自乘得二分五厘，共該積三十步零二分五厘。併二弧矢十八步，比圓積多二分五厘。則弧矢之數必多，三角之數必少，可知也。然而以求諸圓皆合者，何也？曰圓容三角，將圓以十六分之，弧矢得九分，三角得七分，以施之諸圓，皆可以十六分分之而合，故亦無不合也。其實

1 參本卷“圓截中段圖”。

弧矢不足二十七步三角二十一步有餘何也三角中長短則積數稍盡也

三角容圓圖

今有三角容圓角面七步問圓積餘積各若干　增因

置三角面七步六因七歸得中長六步以乘面七步得二十四步折半得角通積二十一步另以角中心離尖三分之二將中長六步二因三歸得中心離角尖四步以減長六步得離面二步倍之得圓徑四步自乘得一十六步三因四歸得圓積一十二步再置中長六步減圓徑四步餘得尖長二步又置一角餘面各三步五分六因七歸得中長三步折半得一步五分以尖長二步乘之得餘角積三步三角得共積九步併圓積合三角積圓得三角七分之四

解義　求餘角用角面半長三步五分者一角容圓叚至面中心自中心以上皆有空餘數也角面三步五分橫闊亦三步五分乃不

弧矢不足二十七步，三角二十一步有餘，何也？三角中長短，則積數稍虚也。

三角容圓圖[1]

今有三角容圓，角面七步。問圓積、餘積各若干？增法置三角面七步，六因七歸，得中長六步，以乘面七步，得四十二步，折半得角通積二十一步。另以角中心離尖三分之二，將中長六步二因三歸，得中心離角尖四步；以減長六步，得離面二步。倍之得圓徑四步，自乘得一十六步，三因四歸，得圓積一十二步。再置中長六步，減圓徑四步，餘得尖長二步。又置一角餘面各三步五分，六因七歸，得中長三步，折半得一步五分，以尖長二步乘之，得餘角積三步。三角得共積九步，併圓積，合三角積。圓得三角七分之四。

【解義】求餘角用角面半長三步五分者，一角容圓處至面中心，自中心以上皆有空餘數也。角面三步五分，横濶亦三步五分，乃不

1 圖見《算法統宗》卷三，原亦有圖無題，圖注云：“三角容圓，七分之四”，即圓積得三角積七分之四。如圖2－50，設三角面爲 a，三角中徑爲 h，圓半徑爲 r，據古法“面七徑六”得：

$$\frac{h}{a} = \frac{6}{7}$$

又：

$$r = \frac{1}{3}h$$

求得圓積：

$$S_1 = \frac{4}{3}d^2 = \frac{4}{3}\cdot\left(\frac{2}{3}h\right)^2 = \frac{1}{3}h^2$$

三角積：

$$S = \frac{1}{2}ah = \frac{1}{2}\cdot\frac{7}{6}h\cdot h = \frac{7}{12}h^2$$

故：

$$\frac{S_1}{S} = \frac{\frac{1}{3}h^2}{\frac{7}{12}h^2} = \frac{4}{7}$$

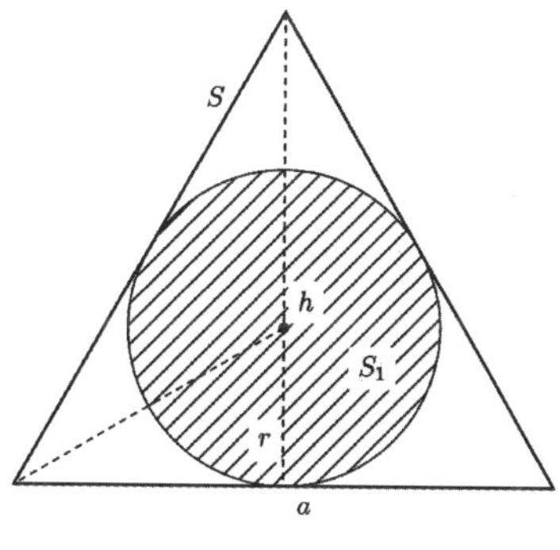

圖 2－50

用横濶而因偏用中長者三角數寔即用中長乘下濶容圖數虛寔則寔用之虛則虛就之圖外餘長二步此寔步也故仍用二步容圖之面虛故不用横濶用中長以就内虛之數也凡有一形必具一數皆天造地設不可人力為者又用折半者求角求圭皆然與乘後折半一也○角面七步中長六步零六厘有零不止六步然圖中心消角尖三分之一則確不可移因加入餘零數多零星不便覽悟故仍就舊法立圖在學者會悟酌用之可耳

三角容四三角圖

七步 七步 長六步 七步 六步 六步 七步

今有三角内容四三角大三角面一十四步問每角各積若干

舊法置大三角面一十四步六因七歸得中長一十二步乘面得一百六十八步折半得大三角積八十四步另將每面折半得七步以中長一十二步折半得六步乘之得四十二步折半得積二十一步合四小角共得八十四步合大三角積

解義以勾股法準之三角面七步中長六步零六厘二毫一系七忽七徵有零中長六步面六步九分二厘八毫二系零三微不盡

用横濶，而因歸用中長者，三角數實，即用中長乘下濶，容圓數虚，實則實用之，虚則虚就之。圓外餘長二步，此實步也，故仍用二步；容圓之面虚，故不用横濶，用中長以就内虚之數也。凡有一形，必具一數，皆天造地設，不可人力爲者。又用折半者，求角、求圭皆然，與乘後折半一也。〇角面七步，中長六步零六厘有零，不止六步。然圓中心得角尖三分之一，則確不可移，因加入餘零。數多零星，不便覽悟，故仍就舊法立圖，在學者會悟酌用之可耳。

三角容四三角圖[1]

今有三角内容四三角，大三角面一十四步。問每角各積若干？舊法置大三角面一十四步，六因七歸，得中長一十二步，乘面得一百六十八步，折半得大三角積八十四步。另將每面折半得七步，以中長十二步折半得六步乘之，得四十二步，折半得積二十一步。合四小角，共得八十四步，合大三角積。

【解義】以勾股法準之，三角面七步，中長六步零六厘二毫一絲七忽七微有零。中長六步，面六步九分二厘八毫二絲零三微不盡。

---

1 《算法統宗》無。

若求三角仍以此為準第其中心求容角分数俱無差故仍就七步六步大槼較之使人易曉下倣此

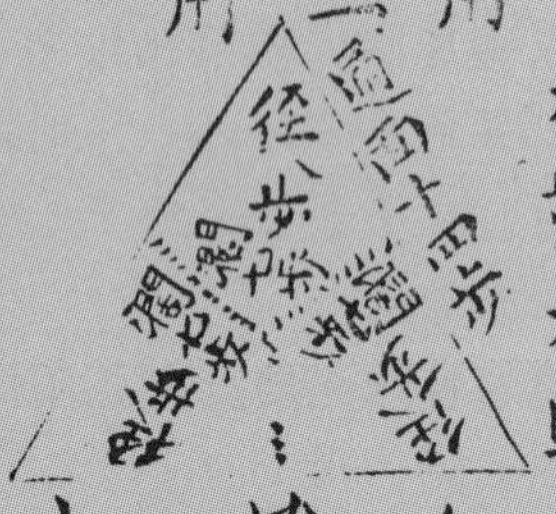

今有三角内容三四角大三角面一十四步問每四角積若干　舊法置每面一十四步六因七歸得中長一十二步相乘得一百六十八步折半得積八十四步另以小角中長八步以濶七步乘之得五十六步折半得一四角積二十八步併三小四角合大角積

三角容三四角圖

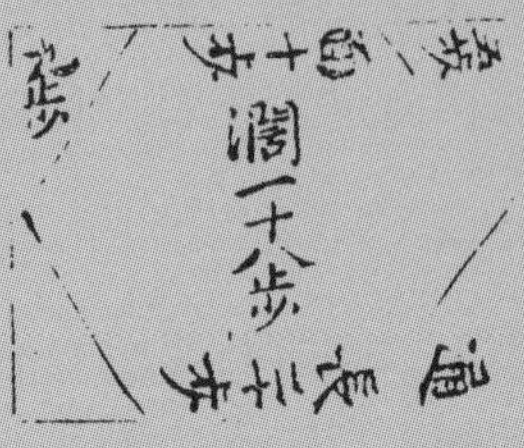

今有直田長二十步濶十八步内容六角每角面十步問六角積及餘積若干　舊法置通長二十步以濶十八步乘之得直積三百六十步另置中長二十步減去半面濶五步餘長一十五步以濶十八步乘之得六角積二百七十步又置角外餘長九步以餘濶折半二步五分乘之得一角餘積二十二步五分四角共餘積九十步併六角積

直田容六角差誤圖

若求三角，仍以此爲準。第其中心及容角分數俱無差，故仍就七步、六步大槩較之，使人易曉。下做此。

三角容三四角圖[1]

今有三角内容三四角，大三角面一十四步。問每四角積若干？舊法置每面一十四步，六因七歸，得中長一十二步，相乘得一百六十八步，折半得積八十四步。另以小角中長八步，以濶七步乘之得五十六步，折半得一四角積二十八步。併三小四角，合大角積。

直田容六角差誤圖[2]

今有直田，長二十步，濶十八步，内容六角，每角面十步。問六角積及餘積若干？舊法置通長二十步，以濶十八步乘之，得直積三百六十步。另置中長二十步，減去半面濶五步，餘長一十五步，以濶十八步乘之，得六角積二百七十步。又置角外餘長九步，以餘濶折半二步五分乘之，得一角餘積二十二步五分，四角共餘積九十步。併六角積，

1　圖見《算法統宗》卷七“三角截四角圖”。

2　圖見《算法統宗》卷三“直容六角圖”。如圖2－51，根據題意，六角面 $a=10$，餘角兩直邊分别爲：$c=5$、$b=9$，由圖易知：

$$S_A=S_B=S_C=S_D$$

則六角面積即圖中陰影所示直田面積：

$$S=(20-5)\times 18=270$$

按：此題題設有誤，該直田内不能内接六角，所接六邊形非正六邊形。詳《筭海説詳》該題解義。

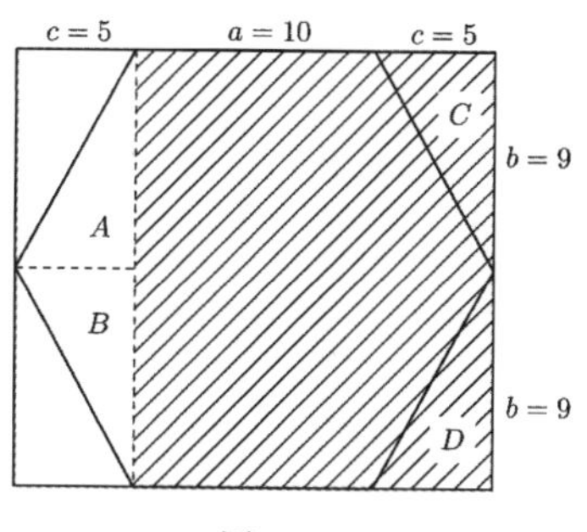

圖2－51

合直田積

解義以中長二十步減五步即中長典角面折平也六角上下二面各十步四斜面以勾股法求之外餘角長九步為股自乘得八十一步潤五步為勾自乘得二十五步二共一百零六步以開平方法求之得斜面弦十步零二分九厘五毫六系三忽零今以平面十步兩旁五步筭積不差若以此定六角面則差遠矣蓋數有長短竅成六角其面潤尖長皆有一定多一分不得少一分不得舊法皆泥執方五斜七立說故皆差誤不知六角尖長二十步則面正長十七步五分有零不足十八步角面九步六分有零不足十步若六角每面十步則尖長二十步七分有零正潤十八步一分有零不止長二十步潤十八步今併較正于後

今有直田長二十步內容六角尖長與直長齊問直潤角面及角積餘積各若干

通長二十步圖

潤十七步五分零

增法將通長二十步用六角法正長得尖長八分七厘六毫三系七忽九微六纖乘之得直潤即角正長十七[illegible]二厘七毫五絲九忽二微又將通長二十步用六角法角面得尖

合直田積。

【解義】以中長二十步減五步，即中長與角面折平也。六角上下二面各十步，四斜面以勾股法求之，外餘角長九步爲股，自乘得八十一步；濶五步爲勾，自乘得二十五步。二共一百零六步，以開平方法求之，得斜面弦十步零二分九厘五毫六絲三忽零。今以平面十步、兩旁五步，筭積不差，若以此定六角面，則差遠矣。蓋數有長短，湊成六角，其面濶尖長皆有一定，多一分不得，少一分不得。舊法皆泥執“方五斜七”立説，故皆差誤。不知六角尖長二十步，則面正長十七步五分有零，不足十八步；角面九步六分有零，不足十步。若六角每面十步，則尖長二十步七分有零，正濶十八步一分有零，不止長二十步、濶十八步。今併較正于後。

通長二十步圖

今有直田，長二十步，内容六角，尖長與直長齊。問直濶角面及角積、餘積各若干？增法將通長二十步，用六角法正長得尖長八分七厘六毫三絲七忽九微六纖乘之，得直濶即角正長十七步五分二厘七毫五絲九忽二微。又將通長二十步，用六角法角面得尖長四分八厘一毫六系二忽一微零五沙乘之得角面九步六分三厘二毫四絲二忽一微卻置通長二十步以潤十七步五分二厘七毫五系九忽二微乘之得直田積三百五十步零五分五厘一毫八絲四忽另將通長加面長折半得一十四步八分一厘六毫二系一忽零五纖以通潤乘之得六角積二百五十九步六分九厘二毫四絲九忽二微六纖三沙零一埃一渺六漠又置角外餘長得通潤一半八步七分六厘三毫七系九忽六微以角面一角餘潤五步一分八厘三毫七系八忽九微五纖乘之得積折半得一角餘積二十二步七分一厘四毫八絲三忽六微八纖四沙二塵四埃七渺一漠四角共得餘積九十步零八分五厘九毫三絲四忽七微三纖六沙九塵八埃八渺四漠併六角積合直田積

解義以長求面用四分八厘一毫六系二忽一微零五沙即前圓容六角以弧背求弧弦法也六角弧背得徑一半故弦得背九分

長四分八厘一毫六絲二忽一微零五沙乘之，得角面九步六分三厘二毫四絲二忽一微。却置通長二十步，以濶十七步五分二厘七毫五絲九忽二微乘之，得直田積三百五十步零五分五厘一毫八絲四忽。另將通長加面長折半，得一十四步八分一厘六毫二絲一忽零五纖，以通濶乘之，得六角積二百五十九步六分九厘二毫四絲九忽二微六纖三沙零一埃一渺六漠。又置角外餘長，得通濶一半八步七分六厘三毫七絲九忽六微，以角面一角餘濶五步一分八厘三毫七絲八忽九微五纖乘之，得積折半，得一角餘積二十二步七分一厘四毫八絲三忽六微八纖四沙二塵四埃七渺一漠，四角共得餘積九十步零八分五厘九毫三絲四忽七微三纖六沙九塵八埃八渺四漠。併六角積，合直田積。

【解義】以長求面，用四分八厘一毫六絲二忽一微零五沙，即前圓容六角以弧背求弧弦法也。六角弧背得徑一半，故弦得背九分

---

1 如圖 2－52，已知六角尖長 $d = 20$，先求正長：

$$l = 0.8763796d = 17.527592$$

角面：

$$a = 0.48162105d = 9.632421$$

則直田積：

$$S = dl \cong 350.55184$$

六角積：

$$S_1 = 2 \cdot \frac{(d+a)b}{2} = \left(\frac{d+a}{2}\right) \cdot l \cong 259.692492630116$$

四隅積：

$$S_2 = 4 \cdot \frac{bc}{2} = 4 \cdot \frac{\frac{1}{2} \cdot \left(\frac{d-a}{2}\right)}{2} \cong 90.859347369884$$

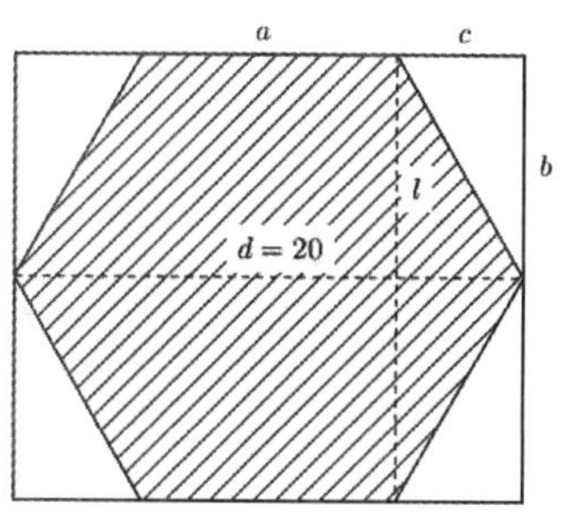

圖 2－52

角面十步圖

六厘二毫二系四忽二微一纖通長即圓全徑故用折半一理也

今有直田內容六角面各十步問直田長濶及角積餘積各若干

增法置角面十步用六角法角面得尖長四分八厘一毫六系二忽一微零五沙除之得尖長即直長二十步零七分六厘三毫二絲一忽二微一纖又以六角法正長得尖長八分七厘六毫三系七忽九微六纖乘之得角正長即直濶一十八步一分九厘六毫四絲五忽五微五纖却置直長以濶乘之得直田積三百七十七步八分一厘六毫八絲六忽五微零一沙四塵七埃一渺一漠五五另將尖長加面長折半得一十五步三分八厘一毫六系零六微零五沙以角正長即直濶乘之得六角積二百七十九步八分九厘零七絲一忽零七塵三埃五渺五漠七七五又置角外餘長得

六厘二毫二絲四忽二微一纖。通長即圓全徑，故用折半，一理也。

角面十步圖

今有直田，内容六角面各十步。問直田長濶及角積、餘積各若干[1]？增法置角面十步，用六角法角面得尖長四分八厘一毫六絲二忽一微零五沙除之，得尖長即直長二十步零七分六厘三毫二絲一忽二微一纖。又以六角法正長得尖長八分七厘六毫三絲七忽九微六纖乘之，得角正長即直濶一十八步一分九厘六毫四絲五忽五微五纖。却置直長，以濶乘之，得直田積三百七十七步八分一厘六毫八絲六忽五微零一沙四塵七埃一渺一漠五五。另將尖長加面長，折半得一十五步三分八厘一毫六絲零六微零五沙，以角正長即直濶乘之，得六角積二百七十九步八分九厘零七絲一忽零七塵三埃五渺五漠七七五。又置角外餘長，得

1 如圖 2－53，已知六角面 $a = 10$，求得六角尖長：

$$d = \frac{a}{0.48162105} \cong 20.763212$$

由尖長求得六角正長：

$$l = 0.8763796d \cong 18.1964555$$

依前法，可求直田積、六角積、四隅積各項，不復贅。

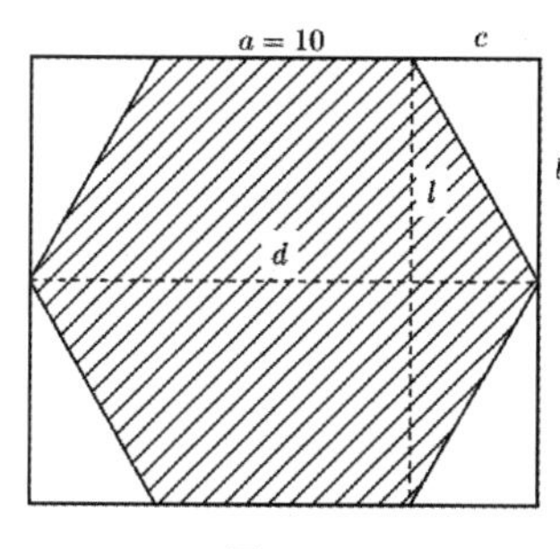

圖 2－53

直濶一半九步零九厘八毫二系二忽七微七纖五沙以角面一邊餘角濶五步三分八厘一毫六系零六微零五沙乘之得三角積四十八步九分六厘三毫零七忽七微五纖零三塵六埃七渺七漠八八七五加倍得四角餘積九十七步九分二厘六毫一絲五忽五微零七塵三埃五渺五漠七七五併六角積合直田積

解義詳前二圖則舊法之差可知若作濶十八步亦可用六角法求長求面長亦不止二十步面又不足十步矣

拙翁復論曰余立此截就法考究圓容六角六角容圓與直容六角庶幾有合無誤矣其中雖仍有忽微不齊皆因細微不差大數姑截而就之以便布筭如直容六角以角面用法求得矢長數已多零又用法以長求濶未免零餘愈多但至忽微纖沙之外細微無關大數亦可截而就之庶不為法所窮則法原甚活變也倘或圓或直或六角加至千百步

直濶一半九步零九厘八毫二絲二忽七微七纖五沙，以角面一邊餘角濶五步三分八厘一毫六絲零六微零五沙乘之，得二角積四十八步九分六厘三毫零七忽七微五纖零三塵六埃七渺七漠八八七五。加倍得四角餘積九十七步九分二厘六毫一絲五忽五微零七塵三埃五渺五漠七七五。併六角積，合直田積。

【解義】詳前二圖，則舊法之差可知。若作濶十八步亦可，用六角法求長、求面，長亦不止二十步，面又不足十步矣[1]。

拙翁復論曰：余立此截就法，考究圓容六角、六角容圓，與直容六角庶幾有合無誤矣。其中雖仍有忽微不齊，皆因細微，不差大數，姑截而就之，以便布筭。如直容六角，以角面用法求得尖長數已多零，又用法以長求濶，未免零餘愈多。但至忽、微、纖、沙之外，細微無關大數，亦可截而就之，庶不爲法所窮，則法原甚活變也。倘或圓或直或六角，加至千百步

---

1 若已知直田闊（即六角正長）$l = 18$，則求得六角尖長：

$$d = \frac{l}{0.8763796} \cong 20.5292907$$

六角面：

$$a = 0.48162105d \cong 9.8873386$$

之多則所差忽微必積少成著便將前法再為藏積推合加位布筭如角正長得尖長八分七厘六毫三絲七忽九微五纖九沙一塵五埃五渺六漠二九角面得弧背九分六厘三毫二絲四忽二微零四沙九塵五埃四渺六漠二八則步數雖長所差止在微細終無差於大數此在因步多寡而約量裁就用之耳乃不悟者或以數零位多不便為疑試思筭位設至塵埃渺忽以至虛空清淨夫何為乎政因數多零餘立此多位推晰思及此亦可豁然無疑於其說矣

直容弧矢圖

矢二十八步

弦五十六步

今有直田長五十六步濶二十八步内容弧矢問弧矢積餘積各若干

〔舊〕〔法〕置直田長濶相乘得積一千五百六十八步另置弦加矢折半以矢乘之得〔弧〕〔矢〕〔積〕〔一〕〔千〕〔一〕〔百〕〔七〕〔十〕〔六〕

之多，則所差忽微必積少成著，便將前法再爲減損推合，加位布筭。如角正長得尖長八分七厘六毫三絲七忽九微五纖九沙一塵五埃五渺六漠二九，角面得弧背九分六厘三毫二絲四忽二微零四沙九塵五埃四渺六漠二八。則步數雖長，所差止在微細，終無差於大數，此在因步多寡，而約量截就用之耳。乃不悟者，或以數零位多不便爲疑，試思筭位設至塵、埃、渺、忽，以至虚、空、清、净，夫何爲乎？政因數多零餘，立此多位推晰。思及此，亦可豁然無疑於其説矣。

直容弧矢圖[1]

今有直田，長五十六步，濶二十八步，内容弧矢。問弧矢積、餘積各若干？舊法置直田長濶相乘，得積一千五百六十八步。另置弦加矢，折半，以矢乘之，得弧矢積一千一百七十六

1 圖見《算法統宗》卷三"直内容弧矢"，數值略有不同，原直長十四步、闊七步。

步再置餘角兩面各二十八步折半得一十四步自乘得一角積一百九十六步

二角共三百九十二步弧矢得長四分之三

解義弧矢即半圓直田即半方故弧矢亦得直四分之三然在整半弧矢明合若細半弧矢即不合矣切勿誤也

勾股容方容圓歌○勾股容方法最良○以勾乘股積實詳○合併勾股為除法○得數便為方面長○容圓勾股乘為積○勾股併弦合法除○得數加倍知圓徑○求方求圓兩無疑

勾股容方圖

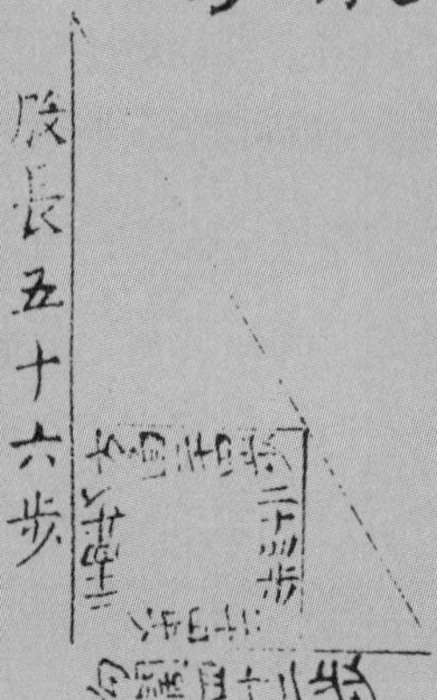

股長五十六步

今有勾股內容方勾四十二步股五十六步問中容方面若干

舊法置勾四十二步乘股五十六步得二千三百五十二步為實以勾股併得九十八步為法除之得中容方面二十四步

增求方外餘積法置勾股相乘二千三百五十二步折半得勾股

步。再置餘角兩面各二十八步，折半得一十四步，自乘得一角積一百九十六步，二角共三百九十二步。弧矢得長四分之三。

【解義】弧矢即半圓，直田即半方，故弧矢亦得直四分之三。然在整半弧矢則合，若細半弧矢即不合矣，切勿誤也。

勾股容方容圓歌○勾股容方法最良○以勾乘股積實詳○合併勾股爲除法○得數便爲方面長○容圓勾股乘爲積○勾股併弦合法除○得數加倍知圓徑○求方求圓兩無疑[1]

勾股容方圖

今有勾股内容方，勾四十二步，股五十六步。問中容方面若干[2]？舊法 置勾四十二步，乘股五十六步，得二千三百五十二步爲實。以勾股併得九十八步爲法除之，得中容方面二十四步。增求方外餘積法置勾股相乘二千二百五十二步，折半得勾股

---

1 歌訣見《算法統宗》卷十二，原題作："勾股容方容圓共歌"，其中容方歌四句：

勾股容方法最良，以勾乘股實相當。
併之勾股數爲法，以法除實便知方。

容圓歌六句：

勾股容圓法可知，勾弦股數併爲奇。
三數併來爲法則，勾股相乘倍實宜。
法除倍實爲圓數，算者詳之不用疑。

如圖 2－54，勾股容方，求内容方面 x，歌訣解法用公式表示爲：

$$x = \frac{ab}{a+b}$$

如圖 2－55，勾股容圓，求内容圓徑 d，歌訣解法用公式表示爲：

$$d = 2 \cdot \frac{ab}{a+b+c}$$

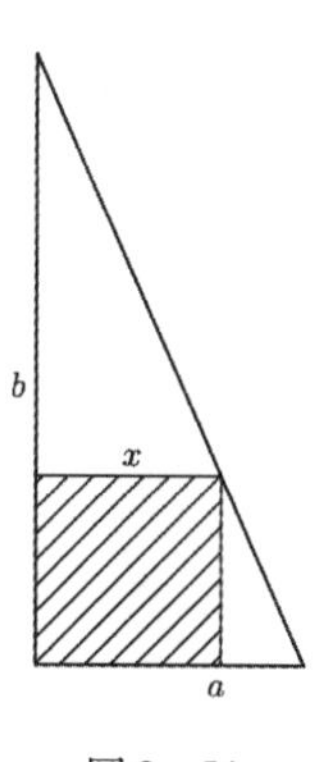

圖 2－54

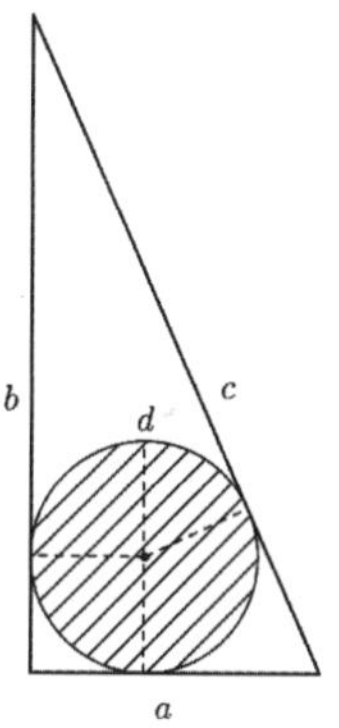

圖 2－55

2 《算法統宗》勾股容方原題勾二十七尺、股三十六尺，求得方面十五尺有奇，《算海説詳》改動數值，求得方面爲整數。

本積（一千一百七十六步）另置內方面（二十四步）自乘得內方積五百七十六步又置勾（四十二步）減內方（二十四步）得餘勾（一十八步）置股（五十六步）減內方（二十四步）餘（三十二步）併二數共（五十步）折半得（二十五步）以內方面（二十四步）乘之得餘勾股積六百步併內方積合全勾股積

解義以勾股相乘之數用勾股合併除之者乃將乘數用勾股平分也以勾股合除得二十四步勾是二十四個四十二步股是二十四個五十六步如勾股相乘得二千三百五十二步置四十二步以二十四步乘之得一千零八步置五十六步以二十四步乘之得一千三百四十四步合併正合相乘之數四十二五十六者勾股不同之數也二十四者勾股合同之數也合同處正是湊合成方處蓋以勾四十二步除股五十六步勾一步股一步三分三厘不尽以三乘之股得四步勾一步亦以三因之得三步是勾三步股該四步即勾股斜弦之數也股自下而上四六二十四步勾自尖而內應去三六一十八步以减三十二步点餘二十四步勾上下二面背二十四股左右二面亦二十四湊成內方試將餘勾一十八步以二十四步乘之得四百三十二步折半得二百一十六步此勾餘積也除餘股

本積一千一百七十六步。另置内方面二十四步自乘，得内方積五百七十六步。又置勾四十二步，減内方二十四步，得餘勾一十八步；置股五十六步，減内方二十四步，餘三十二步。併二數共五十步，折半得二十五步，以内方面二十四步乘之，得餘勾股積六百步[1]。併内方積，合全勾股積。

【解義】以勾股相乘之數，用勾股合併除之者，乃將乘數用勾股平分也。以勾股合除得二十四步，勾是二十四個四十二步，股是二十四個五十六步，如勾股相乘得二千三百五十二步。置四十二步，以二十四步乘之，得一千零八步；置五十六步，以二十四步乘之，得一千三百四十四步，合併，正合相乘之數。四十二、五十六者，勾股不同之數也；二十四者，勾股合同之數也，合同處正是湊合成方處。蓋以勾四十二步除股五十六步，勾一步股一步三分三厘不盡，以三乘之，股得四步，勾一步亦以三因之，得三步，是勾三步股該四步，即勾股斜弦之數也。股自下而上，四六二十四步；勾自尖而内，應去三六一十八步，以減三十二步，亦餘二十四步。勾上下二面皆二十四，股左右二面亦二十四，湊成内方。試將餘勾一十八步以二十四步乘之，得四百三十二步，折半得二百一十六步，此勾餘積也。將餘股

---

1 如前圖 2－54，求餘勾股積的方法爲：

$$S_2 = \frac{(a-x)(b-x)}{2} \cdot x = \frac{(42-24)\times(56-24)}{2} \times 24 = 600$$

三十二步以二十四步乘之得七百二十八步折半得三百八十四步此股餘積也再將內方積五百七十六步折半平分之得二百八十八步併入餘勾積二百一十六步倍之得一千零八步正合二十四乘四十二之積併入餘股積三百八十四步加倍得一千三百四十四步正合二十四乘五十六之積此數之瞭然可驗者也論積內方得勾股四十九分之二十四然勾有闊狹不同股有長短不一只以方面為定加此圖內方是以二十四乘二十四餘勾是以二十四乘二十五便是方二十四分餘勾股二十五分合成四十九分是也求餘勾股積將餘勾餘股合併折半以二十四步乘之即分勾股以二十四步乘之折半一法也

勾股容圓圖

股五十六步

今有勾股內容圓勾四十二步股五十六步弦七十步問中容圓徑若干

增法置勾股相乘得二千三百五十二步為實併勾四十二步股五十六步弦七十步共一百六十八步為法除之得三面至圓心各一十四步加倍得圓徑二十八步另置勾股相乘折半得勾股積一千一百七十六步置圓徑二十八步自乘得七百八十四步三因四

三十二步以二十四步乘之，得七百二十八步，折半得三百八十四步，此股餘積也。再將内方積五百七十六步折半平分之，得二百八十八步。併入餘勾積二百一十六步，倍之得一千零八步，正合二十四乘四十二之積；併入餘股積三百八十四步，加倍得一千三百四十四步，正合二十四乘五十六之積，此數之瞭然可驗者也。論積，内方得勾股四十九分之二十四，然勾有濶狭不同，股有長短不一，只以方面爲定。如此圖，内方是以二十四乘二十四，餘勾股是以二十四乘二十五，便是方二十四分，餘勾股二十五分，合成四十九分是也。求餘勾股積，將餘勾、餘股合併折半，以二十四步乘之，即分勾股以二十四步乘之折半，一法也。

勾股容圓圖

今有勾股内容圓，勾四十二步，股五十六步，弦七十步。問中容圓徑若干？增法 置勾股相乘，得二千三百五十二步爲實。併勾四十二步、股五十六步、弦七十步，共一百六十八步爲法，除之得三面至圓心各一十四步，加倍得圓徑二十八步。另置勾股相乘，折半得勾股積一千一百七十六步。置圓徑二十八步自乘，得七百八十四步，三因四歸得內圓積五百八十八步又置勾四十二步減圓徑二十八步餘一十四步置股五十六步減圓徑二十八步餘二十八步併二餘數共四十二步折半得二十一步以圓徑二十八步乘之得餘勾股積五百八十八步併內圓積共一千一百七十六步合全勾股積

解義

容方合併勾股為除法容圓又加弦者方圜四止勾股各二面湊合成方圓圜三必三面湊合成圓也共併勾股弦為除法亦即將勾股相乘數用勾股弦平分也以勾股弦除積得十四步勾是十四個四十二步股是十四個五十六步弦是十四個七十步置四十二步以十四步乘之得五百八十八步置五十六步以十四步乘之得七百八十四步置弦七十步以十四步乘之得九百八十步併三數共二千三百五十二步合勾股相乘之積四十二五十六七十者勾股弦不齊之數也十四者勾股弦會同之數也會同處正是湊合成圓処然容方併勾股為除法即得方面容圓勾股弦為除法止得圓半徑何也容方勾与股是二面合在角故得一面全數容圓是三面合在心十四步者乃三面湊合圓中心處各十四步也每面斜合中心處止半徑加倍乃得全徑故用加倍法得全徑二十八步舊將積加倍以勾股弦除之得全徑亦合然特倍數以統全徑耳立法之原令人雖于擬索故改正之論積圓得勾股二分之一然勾股有

歸，得内圓積五百八十八步。又置勾四十二步，減圓徑二十八步，餘二十四步；置股五十六步，減圓徑二十八步，餘二十八步。併二餘數共四十二步，折半得二十一步，以圓徑二十八步乘之，得餘勾股積五百八十八步。併内圓積，共一千一百七十六步，合全勾股積[1]。

【解義】容方合併勾股爲除法，容圓又加弦者，方圍四，止勾股各二面湊合成方；圓圍三，必三面湊合成圓也。其併勾股弦爲除法，亦即將勾股相乘數，用勾股弦平分也。以勾股弦除積得十四步，勾是十四個四十二步，股是十四個五十六步，弦是十四個七十步。置四十二步，以十四步乘之，得五百八十八步；置五十六步，以十四步乘之，得七百八十四步；置弦七十步，以十四步乘之，得九百八十步。併三數，共二千三百五十二步，合勾股相乘之積。四十二、五十六、七十者，勾股弦不齊之數也；十四者，勾股弦會同之數也，會同處正是湊合成圓處。然容方併勾股爲除法，即得方面；容圓勾股弦爲除法，止得圓半徑，何也？容方勾与股是二面合在角，故得一面全數；容圓是三面合在心，十四步者，乃三面湊合圓中心處各十四步也。每面斜合中心處止半徑，加倍乃得全徑，故用加倍法得全徑二十八步。舊將積加倍，以勾股弦除之得全徑亦合，然特倍數以就全徑耳，立法之原令人難于捉索，故改正之。論積，圓得勾股二分之一，然勾股有

1 勾股容圓求餘積法，《算法統宗》無。這裏所用的求餘積公式爲：

$$S_2 = \frac{(a-d)+(b-d)}{2}\cdot d = \frac{(42-28)+(56-28)}{2}\times 28 = 588$$

濶狹長短不一亦未可以為定只以圓徑為準其亦以圓徑為準者何也如此圖圓徑二十八步將徑三因四歸得二十一步以二十八步乘之即得圓積餘勾股亦是以二十八乘二十一故兩下得積皆同是也求餘勾股積亦用餘勾餘股折半以圓徑乘之與方同者何也方面寬面以外皆餘積易見也容圓如餘股二十八步橫濶止二十一步餘勾一十四步直長止十八步六分六厘不尽皆用圓徑二十八步乘之者有圓外三隅零以補之共數適合此則數理天然之妙驗之不差絫黍者也

又勾股容圓法（一）今有勾股内容圓勾三十二步股六十步弦六十八步問容圓徑積各若干

增法置勾股相乘得一千九百二十步以勾股弦共一百六十步除之得圓半徑一十二步加倍得全徑二十四步將二十四步三因四歸得一十八步以圓徑二十四步乘之得内圓積四百三十二步另將勾三十二步減圓徑二十四步餘八步股六十步減圓徑二十四步餘三十六步併二數共四十四步折半得二十二步以圓徑二十四步乘之得餘勾股積五百二十八步併内圓積共九百六十步合勾

濶狭長短不一，亦未可以爲定，只以圓徑爲準。其亦以圓徑爲準者，何也？如此圖，圓徑二十八步，將徑三因四歸，得二十一步，以二十八步乘之，即得圓積；餘勾股亦是以二十八乘二十一，故兩下得積皆同是也。求餘勾股積亦用餘勾餘股折半，以圓徑乘之，與方同者，何也？方面實，面以外皆餘積，易見也。容圓如餘股二十八步，横濶止二十一步，餘勾一十四步，直長止十八步六分六厘不盡。皆用圓徑二十八步乘之者，有圓外三隅零以補之，其數適合。此則數理天然之妙，驗之不差絫黍者也。

又勾股容圓法〇今有勾股内容圓，勾三十二步，股六十步，弦六十八步。問容圓徑、積各若干？增法置勾股相乘，得一千九百二十步。以勾股弦共一百六十步除之，得圓半徑一十二步，加倍得全徑二十四步。將二十四步三因四歸，得一十八步，以圓徑二十四步乘之，得内圓積四百三十二步。另將勾三十二步減圓徑二十四步，餘八步；股六十步減圓徑二十四步，餘三十六步。併二數共四十四步，折半得二十二步，以圓徑二十四步乘之，得餘勾股積五百二十八步。併内圓積，共九百六十步，合勾

股相乘一半爲全勾股本積

解義併圓積是以二十四乘一十八餘勾股積是以二十四乘二十二餘一十八

勾股積得四十八與二十二共四十即圓得勾股四十分之一

勾股積得四十分之二十二因上是圓積得勾股積

平半恐人誤認爲定則故復列此互明容方亦倣此

算海說詳第二卷終

股相乘一半，爲全勾股本積。

【解義】圓積是以二十四乘一十八，餘勾股積是以二十四乘二十二，併一十八與二十二共四十，即圓得勾股四十分之一十八，餘勾股積得四十分之二十二。因上是圓積得勾股積平半，恐人誤認爲定則，故復列此互明。容方亦倣此。

筭海説詳第二卷終

圖書在版編目（CIP）數據

筭海説詳（上、中、下册）/[清]李長茂撰；高峰校注.
—— 長沙：湖南科學技術出版社，2017.7
（中國科技典籍選刊. 第二輯）
ISBN 978-7-5357-9017-0

Ⅰ. ①筭… Ⅱ. ①李… ②高… Ⅲ. ①古算經－中國 Ⅳ. ①0112

中國版本圖書館 CIP 數據核字（2016）第 203716 號

中國科技典籍選刊（第二輯）

SuanHai ShuoXiang
筭海説詳（上、中、下册）
撰　　者：[清]李長茂
校　　注：高　峰
責任編輯：楊　林
出版發行：湖南科學技術出版社
社　　址：長沙市湘雅路 276 號
　　　　　http://www.hnstp.com
郵購聯係：本社直銷科 0731-84375808
印　　刷：長沙鴻和印務有限公司
　　　　　（印裝質量問題請直接與本廠聯係）
廠　　址：長沙市望城區金山橋街道
郵　　編：410200
版　　次：2017 年 7 月第 1 版第 1 次
開　　本：787mm×1096mm　1/16
印　　張：83.25
字　　數：1730000
書　　號：ISBN 978-7-5357-9017-0
套　　價：298.00 元（上、中、下）

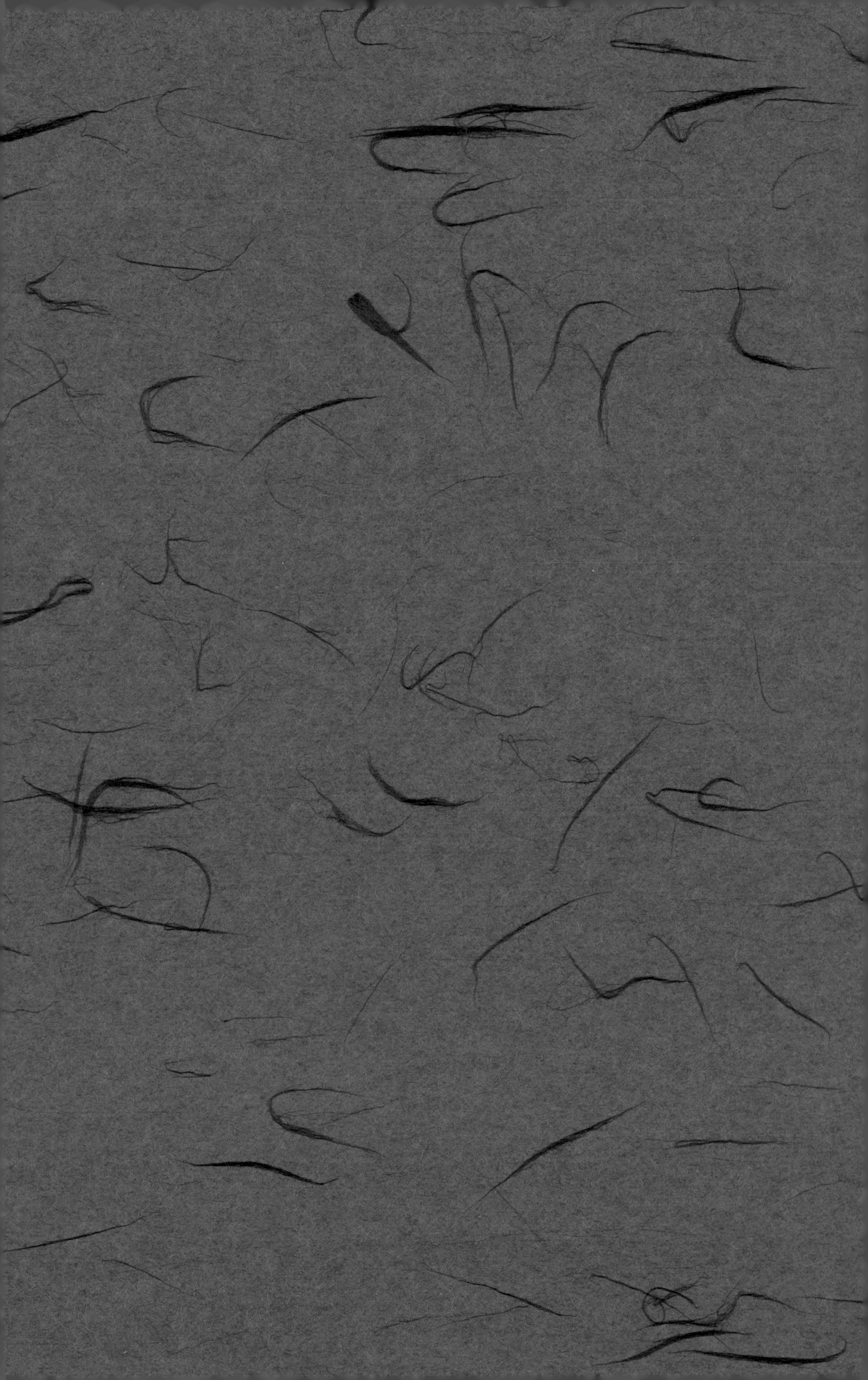

中國科技典籍選刊

第二輯

叢書主編：張柏春 孫顯斌

日本內閣文庫藏
清順治十八年刻康熙元年修補本

筭海說詳

SUANHAISHUOXIANG

【中】

【清】李長茂◇撰 高峰◇校注

湖南科學技術出版社

國家重點出版物中長期規劃項目
二〇一一—二〇二〇年國家古籍整理出版規劃項目
國家古籍整理出版專項經費資助項目

中國科技典籍選刊

中國科學院自然科學史研究所組織整理

目録

筭海説詳第三卷

白下隱吏古齊陽丘睡足軒强恕居士李長茂拙翁甫輯着

勾股章

此章以勾股求弦之斜勾弦求股之長股弦求勾之濶三數互根推此彼應凡望高測深索廣驗遠較圓度方皆本乎此乃諸法之準要實萬筭之綱維

勾股弦名義(○)横濶謂之勾直長謂之股斜長謂之弦猶今木匠曲尺勾是尺股是尺稍自尺頭至尺尾斜去是弦也勾股弦循環相求其名有十與列于後

一曰勾股較(○)謂勾股相減也如後勾三十二步股六十步弦六十八步勾股相較減餘二十八步

曰勾股較

筭海説詳第三卷

白下隐吏古齊陽丘睡足軒強恕居士李長茂拙翁甫輯著

勾股章[1]

此章以勾股求弦之斜，勾弦求股之長，股弦求勾之濶，三數互根，推此彼應。凡望高測深，索廣驗遠，較圓度方，皆本乎此。乃諸法之準要，實萬筭之綱維。

勾股弦名義[2]〇横濶謂之勾，直長謂之股，斜長謂之弦。猶今木匠曲尺，勾是尺，股是尺稍，自尺頭至稍尾斜去，是弦也。勾股弦循環相求，其名有十，具列于後。

一曰勾股較〇謂勾股相減也。如後，勾三十二步，股六十步，弦六十八步，勾股相較減餘二十八步，曰勾股較。

---

1 此章與《算法統宗》卷十二“勾股章”内容相當。

2 見《算法統宗》卷十二“勾股名義”。

一曰勾弦較（）謂勾弦相減也　如勾三十二步弦六十八步相較減餘三十六步曰勾弦較

一曰股弦較（）謂股弦相減也　如股六十步弦六十八步相較減餘八步曰股弦較

一曰勾股和（）謂勾股相併也　如勾三十二步股六十步和同為一得九十二步曰勾股和

一曰勾弦和（）謂勾弦相併也　如勾三十二步弦六十八步和同為一得一百步曰勾弦和

一曰股弦和（）謂股弦相併也　如股六十步弦六十八步和同為一得一百二十八步曰股弦和

一曰弦較和（）謂弦與勾股較相併也　如勾股相減餘差二十八步併弦六十八步共九十六步曰弦較和

一曰弦和較（）謂弦與勾股併數相減也　如勾股相和共九十二步以弦六十八步相減餘二十四步曰弦和較

一曰勾弦較〇謂勾弦相減也。如勾三十二步，弦六十八步，相較減餘三十六步，曰勾弦較。

一曰股弦較〇謂股弦相減也。如股六十步，弦六十八步，相較減餘八步，曰股弦較。

一曰勾股和〇謂勾股相併也。如勾三十二步，股六十步，和同爲一，得九十二步，曰勾股和。

一曰勾弦和〇謂勾弦相併也。如勾三十二步，弦六十八步，和同爲一，得一百步，曰勾弦和。

一曰股弦和〇謂股弦相併也。如股六十步，弦六十八步，和同爲一，得一百二十八步，曰股弦和。

一曰弦較和〇謂弦與勾股較相併也[1]。如勾股相減餘差二十八步，併弦六十八步，共九十六步，曰弦較和。

一曰弦和較〇謂弦與勾股併數相減也[2]。如勾股相和共九十二步，以弦六十相減，餘二十四步，曰弦和較。

---

1 弦較和，用公式表示爲：

$$(b-a)+c$$

2 弦和較，用公式表示爲：

$$(b+a)-c$$

一曰弦和和○謂弦與勾股和相併也如勾三十二步股六十步弦六十八步合併得一百六十步為弦和和

一曰弦較較○謂弦與勾股較相減也如勾三十二步股六十步相減餘二十八步以減弦六十八步餘四十步曰弦較較

勾股較和相求通義

一用勾股較為法得勾股和○如弦六十八步自乘得四千六百二十四步加倍得九千二百四十八步減勾股較二十八步自乘七百八十四步餘八千四百六十四步平方開之得勾股和九十二步

一用勾股和為法得勾股較○如前倍弦實九千二百四十八步減勾股和自乘八千四百六十四步餘七百八十四步平方開之得勾股較二十八步

一曰弦和和〇謂弦與勾股和相併也[1]。如勾三十二步，股六十步，弦六十八步，合併得一百六十步，爲弦和和。

一曰弦較較〇謂弦與勾股較相減也[2]。如勾三十二步，股六十步，相減餘二十八步，以減弦六十八步，餘四十步，曰弦較較。

勾股較和相求通義[3]

一用勾股較爲法得勾股和〇如弦六十八步，自乘得四千六百二十四步，加倍得九千二百四十八步，減勾股較二十八步自乘七百八十四步，餘八千四百六十四步，平方開之，得勾股和九十二步[4]。

一用勾股和爲法得勾股較〇如前倍弦實九千二百四十八步，減勾股和自乘八千四百六十四步，餘七百八十四步，平方開之，得勾股較二十八步[5]。

---

1 弦和和，用公式表示爲：

$$(b+a)+c$$

2 弦較較，用公式表示爲：

$$c-(b-a)$$

3 見《算法統宗》卷十二“勾股論説釋義”。

4 即：

$$b+a=\sqrt{2c^2-(b-a)^2}$$

5 即：

$$b-a=\sqrt{2c^2-(b+a)^2}$$

一用勾弦較得勾弦和○如勾弦較三十六步除股自乘三千六百步即得勾弦
一百步

一用勾弦和得勾弦較○如勾弦和一百步除股自乘三千六百步即得勾弦較
三十六步

一用股弦較得股弦和○如股弦較八步除勾自乘一千零二十四步即得股弦
和一百二十八步

一用股弦和得股弦較○如股弦和一百二十八步除勾自乘一千零二十四步即得
股弦較八步

一弦較和弦較較相通○如勾股和九十二步自乘得八千四百六十四步減弦自乘
四千六百二十四步餘三千八百四十步以弦較較四十步除之得九十六步為弦較和○若

一用勾弦較得勾弦和〇如勾弦較三十六步，除股自乘三千六百步，即得勾弦一百步[1]。

一用勾弦和得勾弦較〇如勾弦一百步，除股自乘三千六百步，即得勾弦較三十六步[2]。

一用股弦較得股弦和〇如股弦較八步，除勾自乘一千零二十四步，即得股弦和一百二十八步[3]。

一用股弦和得股弦較〇如股弦和一百二十八步，除勾自乘一千零二十四步，即得股弦較八步[4]。

一弦較和弦較較相通〇如勾股和九十二步，自乘得八千四百六十四步，減弦自乘四千六百二十四步，餘三千八百四十步。以弦較較四十步除之，得九十六步，爲弦較和[5]。〇若

---

1 即：

$$c + a = \frac{b^2}{c - a}$$

2 即：

$$c - a = \frac{b^2}{c + a}$$

3 即：

$$c + b = \frac{a^2}{c - b}$$

4 即：

$$c - b = \frac{a^2}{c + b}$$

5 即：

$$(b - a) + c = \frac{(a + b)^2 - c^2}{c - (b - a)}$$

用弦較和九十六步除前實即得弦較較

一弦和和弦和較相通〇如勾股之差二十八步自乘得七百八十四步以減弦自乘四千六百二十四步餘三千八百四十步以弦和和一百六十步除之得二十四步為弦和較〇若用弦和較二十四步除前實即得一百六十步為弦和和

再若勾三十二步加股弦較八步即弦較較〇勾三十二步減股弦較八步即弦和較〇勾加弦較和九十六步共一百二十八步即股弦和〇股六十加勾弦較三十六步共九十六步即弦較和〇股減勾弦較三十六步餘二十四步即弦和較〇股加弦較較四十步共一百步即勾弦和〇勾股較加股弦較共三十六步即勾弦較〇股弦和一百二十八步減勾股較二十八步餘一百即勾弦和〇勾股和九十二步加股弦較共一百亦即勾弦和〇股弦和一百二十八步減勾股和九十二步餘三十六步即

用弦較和九十六步除前實，即得弦較較。

一弦和和弦和較相通〇如勾股之差二十八步，自乘得七百八十四步，以減弦自乘四千六百二十四步，餘三千八百四十步。以弦和和一百六十步除之，得二十四步，爲弦和較[1]。〇若用弦和較二十四步除前實，即得一百六十步，爲弦和和。

再若勾三十二步加股弦較八步，即弦較較[2]。〇勾三十二步減股弦較八步，即弦和較[3]。〇勾加弦較和九十六步，共一百二十八步，即股弦和[4]。〇股六十加勾弦較三十六步，共九十六步，即弦較和[5]。〇股減勾弦較三十六步，餘二十四步，即弦和較[6]。〇股加弦較較四十步，共一百步，即勾弦和[7]。〇勾股較加股弦較，共三十六步，即勾弦較[8]。〇股弦和一百二十八步減勾股較二十八步，餘一百，即勾弦和[9]。〇勾股和九十二步加股弦較，共一百，亦即勾弦和[10]。〇股弦和一百二十八步減勾股和九十二步，餘三十六步，即

---

1 即：

$$(b+a)-c=\frac{c^2-(b-a)^2}{(b+a)+c}$$

2 即：

$$a+(c-b)=c-(b-a)$$

3 即：

$$a-(c-b)=(b+a)-c$$

4 即：

$$a+[(b-a)+c]=b+c$$

5 即：

$$b+(c-a)=(b-a)+c$$

6 即：

$$b-(c-a)=(b+a)-c$$

7 即：

$$b+[c-(b-a)]=a+c$$

8 即：

$$(b-a)+(c-b)=c-a$$

9 即：

$$(b+c)-(b-a)=c+a$$

10 即：

$$(b+a)+(c-b)=a+c$$

勾弦較○勾股較二十八步加勾股和九十二步共一百二十折半即股○勾股和九十二步減勾股較二十八步餘六十四步折半即勾○股弦較八步加股弦和一百二十八步共一百三十六步折半即弦○股弦和一百二十八步減股弦較八步半之即股○勾弦和一百步減勾弦較三十六步半之即勾○勾弦較三十六步加勾弦和一百半之即弦○弦和和一百六十減弦和較二十四步餘一百三十六步弦較較四十加弦較和九十六步亦一百三十六步皆半之即弦○弦和較二十四步加弦和和一百六十共一百八十四步半之為勾股和○弦較和九十六步減弦較較四十餘五十六步半之為勾股較反覆相通此數之可以法求也

勾股求弦求股求勾歌○勾股求弦各自乘○相併開方弦見成○勾弦求股自乘取○以少減多開方主○股弦求勾法相同○相減開方見

勾弦較[1]。○勾股較二十八步加勾股和九十二步，共一百二十，折半即股[2]。○勾股和九十二步減勾股較二十八步，餘六十四步，折半即勾[3]。○股弦較八步加股弦和一百二十八步，共一百三十六步，折半即弦[4]。○股弦和一百二十八步減股弦較八步，半之即股[5]。○勾弦和一百步減勾弦較三十六步，半之即勾[6]。○勾弦較三十六步加勾弦和一百，半之即弦。弦和和一百六十減弦和較二十四步，餘一百三十六步。弦較較四十加弦較和九十六步，亦一百三十六步，皆半之即弦[7]。○弦和較二十四步加弦和和一百六十，共一百八十四步，半之爲勾股和[8]。○弦較和九十六步減弦較較四十，餘五十六步，半之爲勾股較[9]。反覆相通，此數之可以法求也。

勾股求弦求股求勾歌○勾股求弦各自乘○相併開方弦見成○勾弦求股自乘取○以少減多開方主○股弦求勾法相同○相減開方見

---

1 即：

$$(b+c)-(a+b)=c-a$$

2 即：

$$\frac{(b-a)+(a+b)}{2}=b$$

3 即：

$$\frac{(a+b)-(b-a)}{2}=a$$

4 即：

$$\frac{(c-b)+(b+c)}{2}=c$$

5 即：

$$\frac{(b+c)-(c-b)}{2}=b$$

6 即：

$$\frac{(a+c)-(c-a)}{2}=a$$

7 即：

$$\frac{(c-a)+(a+c)}{2}=c$$

$$\frac{[(b+a)+c]-[(b+a)-c]}{2}=c$$

$$\frac{[c-(b-a)]+[(b-a)+c]}{2}=c$$

8 即：

$$\frac{[(b+a)-c]+[(b+a)+c]}{2}=b+a$$

9 即：

$$\frac{[(b-a)+c]-[c-(b-a)]}{2}=b+a$$

分明

勾股求弦勾股圖

弦四十五尺
股三十六尺
勾二十七尺

今有勾股勾二十七尺股三十五尺問斜弦若干

舊法置勾二十七尺自乘得七百二十九尺另以股三十六尺自乘得一千二百九十六尺併二數共二千零二十五尺以開平方法除之得弦四十五尺

解義弦自乘數內有一個勾自乘數一個股自乘數故合二數開方得弦〇勾股數勾三股四弦五如勾三步自乘得九步股四步自乘一十六步二共二十五步弦五步自乘亦二十五步弦自乘數爲勾自乘股自乘數前圖勾三九二十七尺股四九三十六尺弦五九四十五尺循是勾三股四弦五也然勾股有長短不一隨長短皆弦數兼勾股自乘數故後復用股六十勾三十二一圖發明

勾股求弦難題西江月〇田中有一枯樁丈六全沒根稍尖頭一馬繫難牢吃盡田中禾稻四分五厘田地團團吃一周遭索長幾許算償招不

分明[1]。

勾股求弦勾股圖

今有勾股，勾二十七尺，股三十(五)[六]尺[2]。問斜弦若干[3]？舊法置勾二十七尺自乘，得七百二十九尺，另以股三十六尺自乘，得一千二百九十六尺，併二數，共二千零二十五尺，以開平方法除之，得弦四十五尺。

【解義】弦自乘數内有一個勾自乘數、一個股自乘數，故合二數開方得弦。○勾股數勾三股四弦五，如勾三步，自乘得九步，股四步自乘一十六步，二共二十五步；弦五步自乘亦二十五步，弦自乘數兼勾自乘、股自乘數。前圖勾三九二十七尺，股四九三十六尺，弦五九四十五尺，猶是勾三股四弦五也。然勾股有長短不一，随長随短，皆弦數兼勾股自乘數，故後復用“股六十勾三十二”一圖發明。

勾股求弦難題·西江月○田中有一枯柱，丈六全没根稍。尖頭一馬繫難牢，吃盡田中禾稻。四分五厘田地，團團吃一周遭。索長幾許筭償招，不

---

1 歌見《算法統宗》卷十二。原題作“勾股求弦、勾弦求股、股弦求勾共歌”，凡十句：

勾股求弦各自乘，乘來相併要分明。
開方便見弦之數，法術從來有見成。
勾弦求股要推詳，各自乘來各一張。
以少減多餘作實，實求股數要開方。
弦股求勾皆一例，算師熟記莫相忘。

勾股求弦，用公式可表示爲：

$$c = \sqrt{a^2 + b^2}$$

勾弦求股、股弦求勾分别可表示爲：

$$b = \sqrt{c^2 - a^2}$$
$$a = \sqrt{c^2 - b^2}$$

2 五，當作“六”，據《算法統宗》及後文改。

3 此題爲《算法統宗》卷十二“勾股求弦、勾弦求股、股弦求勾共歌”下第一題。

筭不知多少 舊法置田四分五釐以畝法二四通之得一百零八步四因三歸得一百四十四步為實以開平方法除之得一十二步為圓田全徑折半得六步乃枯桩

繫馬之處以每步五尺乘之得三十尺為股自乘得九百尺另以桩一十六尺為勾

自乘得二百五十六尺併二數得一千一百五十六尺為實以開平方法除之得索長三

十四尺

又勾股求弦難題歌〇二丈木長三尺圍葛生其下繞纏之徐徐纏繞七

週遍葛稍却與木稍齊試問先生能筭者葛長多少請君題此言有木長二丈圍

三尺葛由下斜纏七遭至頂問葛長若干 舊法置木圍三尺與週七相乘得二十一尺為股自乘

得四百四十一尺以木長二十尺為勾自乘得四百尺併二數得八百四十一尺為實用開

平方法除之得葛長二十九尺

筭不知多少[1]。舊法置田四分五厘，以畝法二四通之，得一百零八步，四因三歸，得一百四十四步爲實。以開平方法除之，得一十二步，爲圓田全徑。折半得六步，乃枯柱繫馬之處。以每步五尺乘之，得三十尺爲股，自乘得九百尺；另以柱一十六尺爲勾，自乘得二百五十六尺，併二數，得一千一百五十六尺爲實。以開平方法除之，得索長三十四尺[2]。

又勾股求弦難題歌〇二丈木長三尺圍，葛生其下繞纏之。徐徐纏繞七週遍，葛稍却與木稍齊。試問先生能筭者，葛長多少請君題[3]。此言有木長二丈，圍三尺，葛由下斜纏七遭至頂，問葛長若干？舊法置木圍三尺，與週七相乘，得二十一尺爲股，自乘得四百四十一尺；以木長二十尺爲勾，自乘得四百尺。併二數，得八百四十一尺爲實。用開平方法除之，得葛長二十九尺[4]。

---

1 此難題爲《算法統宗》卷十六“勾股難題九”第一題。

2 如圖 3－1，圓 O 爲馬所吃圓田，OP 爲枯柱，PH 爲繩索。由圓田積 S，求得圓田半徑 $b=30$。即以柱高 a 爲勾、圓田半徑 b 爲股，以索長 c 爲弦，用勾股法求得索長：

$$c = \sqrt{a^2 + b^2} = \sqrt{16^2 + 30^2} = 34$$

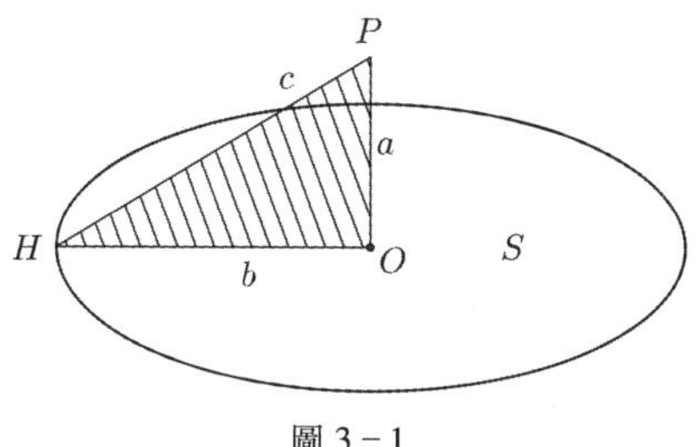

圖 3－1

3 此難題爲《算法統宗》卷十六“勾股難題九”第二題。

4 如圖 3－2，勾 a 爲木長，股 b 爲七個木圍，弦 c 爲葛長。用勾股法求得葛長：

$$c = \sqrt{a^2 + b^2} = \sqrt{20^2 + 21^2} = 29$$

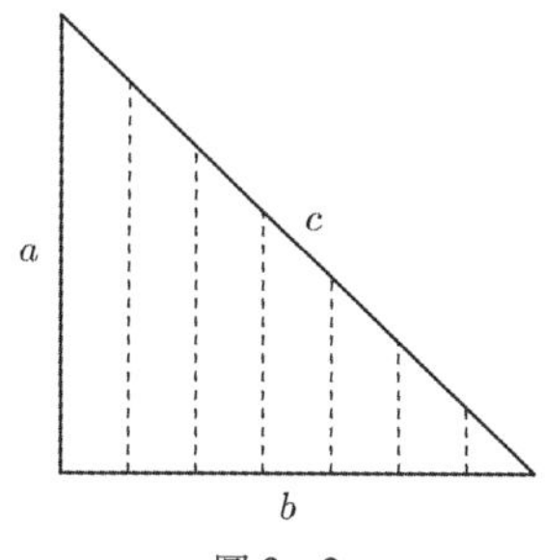

圖 3－2

解義杉圍圍三尺圍圍七遭皆以三尺乘之得二十一尺乃直圍數也葛纏七遭乃斜纏至稍每直圍一遭有一個斜數在內故將斜纏七遭伸直下根即遠木二十一尺如直圍七遭之數驗之不差絫黍此皆數理天成之妙也

勾弦求股法〇今有勾股勾長二十七尺弦長四十五尺問股長若干

舊法置弦四十五尺自乘得二千零二十五尺另置勾二十七尺自乘得七百二十九尺以減弦自乘餘一千二百九十六尺以開平方法除之得股三十六尺

解義弦自乘數兼勾自乘股自乘數減去勾自乘數止存股自乘數故開方得股

又勾弦求股難題西江月〇今有坡田一段西高東下曾量十步五寸足斜長南北均長六丈欲要脩為平壤東增一丈新墻不知幾許請推詳須要算分停當

舊法置斜長十步以每步五尺乘之併加零五寸得五十尺零五寸自乘得二千五百五十尺零二十五分另以新墻十尺如勾自乘得一百尺相減餘二千四百五十

【解義】木圍圓三尺，圍七遭，皆以三尺乘之，得二十一尺，乃直圍數也。葛纏七遭，乃斜纏至稍，每直圍一遭有一個斜數在内，故將斜纏七遭伸直，下根即遠木二十一尺，如直圍七遭之數。驗之不差絫黍，此皆數理天成之妙也。

勾弦求股法〇今有勾股，勾長二十七尺，弦長四十五尺。問股長若干[1]？舊法 置弦四十五尺自乘，得二千零二十五尺；另置勾二十七尺自乘，得七百二十九尺。以減弦自乘，餘一千二百九十六尺。以開平方法除之，得股三十六尺。

【解義】弦自乘數兼勾自乘、股自乘數，減去勾自乘數，止存股自乘數，故開方得股。

又勾弦求股難題·西江月〇今有坡田一段，西高東下曾量。十步五寸是斜長，南北均長六丈。欲要脩爲平壤，東增一丈新墻。不知幾許請推詳，須要筭分停當[2]。舊法 置斜長十步，以每步五尺乘之，併加零五寸，得五十尺零五寸，自乘得二千五百五十尺零二寸五分，另以新墻十尺如勾自乘得一百尺，相減餘二千四百五十

1 此題爲《算法統宗》卷十二“勾股求弦、勾弦求股、股弦求勾共歌”下第二題。

2 此難題爲《算法統宗》卷十六“勾股難題九”第五題。

尺零二寸五分為實以開平方法除之得平壞東西如股長四十九尺五寸以步法五尺
除之得(田九步九分)以乘南北均長六十二丈即步得(平田一百一十八步)
(八分)以畝法二四除之得(田四分九釐五毫)
解義東增新墻一丈乃取坡西高一丈今東脩墻一丈邊與西平故以墻高一丈為勾
股弦求勾法〇今有勾股股長三十六尺弦長四十五尺問勾濶若干
(術)(法)置股長三十六尺自乘得一千二百九十六尺另置弦四十五尺自乘得二千零二十五尺二
數相減餘七百二十九尺以開平方法除之得(勾濶二十七尺)
解義弦自乘積兼勾自乘股自乘數減去股自乘止存勾自乘數故開方得勾
又股弦求勾雜題西江月〇三月清明氣象蒙童鬪放風箏托量九十五
尺繩被風括起空中望得上下相應七十六尺無零縱橫甚法問先生

尺零二寸五分爲實。以開平方法除之，得平壤東西如股長四十九尺五寸。以步法五尺除之，得田九步九分。以乘南北均長六丈即十二步，得平田一百一十八步八分。以畝法二四除之，得田四分九厘五毫[1]。

【解義】東增新墻一丈，乃原坡西高一丈，今東脩墻一丈，適與西平，故以墻高一丈爲勾。

股弦求勾法〇今有勾股，股長三十六尺，弦長四十五尺。問勾濶若干[2]？舊法置股長三十六尺，自乘得一千二百九十六尺；另置弦四十五尺，自乘得二千零十五尺。二數相減，餘七百二十九尺。以開平方法除之，得勾濶二十七尺。

【解義】弦自乘數兼勾自乘、股自乘數，減去股自乘，止存勾自乘數，故開方得勾。

又股弦求勾難題·西江月〇三月清明氣象，蒙童鬬放風箏。托量九十五尺繩，被風括起空中。望得上下相應，七十六尺無零。縱横甚法問先生，

---

1 如圖 3－3，已知墻高 a、原田斜長 c，以勾股開方法，求得平田東西廣：

$$b = \sqrt{c^2 - a^2} = \sqrt{50.5^2 - 10^2} = 49.5 \text{ 尺} = 9.9 \text{ 步}$$

平田積：

$$S = bl = 12 \times 9.9 = 118.5 \text{ 平方步}$$

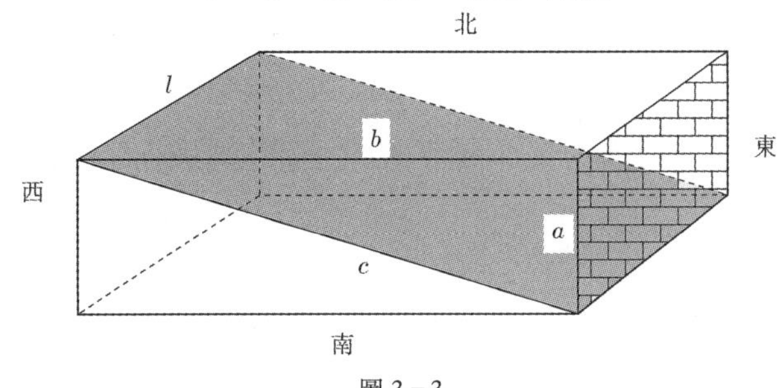

圖 3－3

2 此題爲《算法統宗》卷十二“勾股求弦、勾弦求股、股弦求勾共歌”下第三題。

筭之多少為平【舊法】置繩斜長九十五尺如弦自乘得九千零二十五尺又繩頭量至上下相應七十六尺如股自乘得五千七百七十六尺以減弦積餘三千二百四十九尺為寔以開平方法除之得高五十七尺

又股弦求勾雜題歌○圓池八分下釣鉤魚吞中底是根由勾繩五十岸齊並使盡機關無法籌縱橫源流雖辨認水深幾尺數難求【舊法】置圓池八分以畝法二四通之得一百九十二步四因三歸得二百五十六步以開平方法除之得池徑一十六步折半得八步以每步五尺乘之得池半面如股四十尺自乘得一千六百尺鉤繩五十尺如弦自乘得二千五百尺相減餘九百尺為實以開平方法除之得水深三十尺

解義雜題諸法不過即求弦求股求勾正法但皆借事設喻故備列以助思悟

筭之多少爲平[1]？ 舊法 置繩斜長九十五尺如弦自乘，得九千零二十五尺；又繩頭量至上下相應七十六尺如股，自乘得五千七百七十六尺。以減弦積，餘三千二百四十九尺爲實。以開平方法除之，得高五十七尺。

又股弦求勾難題歌○圓池八分下釣鉤[2]，魚吞中底是根由。勾繩五十岸齊並，使盡機關無法籌。縱橫源流雖辨認，水深幾尺數難求[3]。 舊法 置圓池八分，以畝法二四通之，得一百九十二步，四因三歸，得二百五十六步。以開平方法除之，得池徑一十六步。折半得八步，以每步五尺乘之，得池半面如股四十尺，自乘得一千六百尺；鉤繩五十尺如弦，自乘得二千五百尺，相減餘九百尺爲實。以開平方法除之，得水深三十尺[4]。

【解義】難題諸法，不過即求弦、求股、求勾正法，但皆借事設喻，故備列以助思悟。

---

1 此難題爲《算法統宗》卷十六"勾股難題九"第三題。

2 圓池，順治本據《算法統宗》作"池河"。因池河形狀不明，故康熙本改作"圓池"，以切合題意。

3 此難題爲《算法統宗》卷十六"勾股難題九"第四題。

4 如圖 3－4，股 b 爲圓池半徑，勾 a 爲水深，弦 c 爲繩長。根據題意，解得股 b = 40 尺，又 c = 50 尺，由勾股術求得水深：

$$a = \sqrt{c^2 - b^2} = 30 \text{ 尺}$$

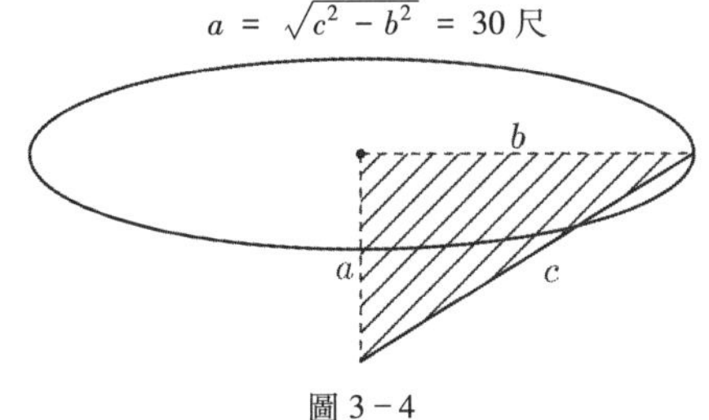

圖 3－4

較求勾股弦歌○勾股較求勾股宜○弦自乘之倍為實○較亦自乘相對减○勾股共数開方齊○减較折半是為勾○加較折半股無疑○勾弦股弦較另言○或勾或股自乘先○不用對减開方法○以較除之共數全○减較折半為勾股○加較折半即為弦

較求勾股

勾股較求勾股法○今有勾股不言勾股若干止言弦六十八尺股多勾二十八尺問勾股長濶各若干

弦圖

舊法置弦六十八尺自乘得四千六百二十四尺加倍得九千二百四十八尺另以勾股較二十八尺自乘得七百八十四尺以少减多餘八千四百六十四尺以開平方法除之得九十二尺减較二十八尺餘六十四尺折半得勾濶三十二尺加較二十八尺得股長六十尺

又法置弦六十八尺自乘得四千六百二十四尺另以股多

較求勾股弦歌○勾股較求勾股宜○弦自乘之倍爲實○較亦自乘相對減○勾股共數開方齊○減較折半是爲勾○加較折半股無疑○勾弦股弦較另言○或勾或股自乘先○不用對減開方法○以較除之共數全○減較折半爲勾股○加較折半即爲弦[1]

較求勾股弦圖

勾股較求勾股法○今有勾股，不言勾股若干，止言弦六十八尺，股多勾二十八尺。問勾股長澗各若干[2]? 舊法置弦六十八尺，自乘得四千六百二十四尺，加倍得九千二百四十八尺；另以勾股較二十八尺，自乘得七百八十四尺。以少減多，餘八千四百六十四尺。以開平方法除之，得九十二尺。減較二十八尺，餘六十四尺，折半得勾澗三十二尺。加較[差]二十八尺，得股長六十尺。又法置弦六十八尺，自乘得四千六百二十四尺；另以股多

---

1 歌訣見《算法統宗》卷十二，原題作“較求勾股弦共歌”，凡十句：

股較求股勾自乘，股較自乘減勾盈。
減除勾股爲實數，股較倍之爲法行。
法實相除爲股數，勾較求勾一樣成。
弦較求弦勾自乘，弦較除之爲實情。
仍加弦較須折半，就得弦長數即成。

《筭海説詳》增改爲十二句，前六句係“勾股較求勾股”法，已知勾股較 $b-a$ 與弦 c，求勾、股：

$$a=\frac{\sqrt{2c^2-(b-a)^2}-(b-a)}{2}$$

$$b=\frac{\sqrt{2c^2-(b-a)^2}+(b-a)}{2}$$

後六句係“股弦較求股弦”及“勾弦較求勾弦”法。二法相同，以前者爲例，已知股弦較 $c-b$ 與勾 a，求股、弦：

$$b=\frac{1}{2}\left[\frac{a^2}{c-b}-(c-b)\right]$$

$$c=\frac{1}{2}\left[\frac{a^2}{c-b}+(c-b)\right]$$

2 《算法統宗》卷十二“較求勾股弦共歌”下第十一題與此題類型相同。原題云：“今有弦長四十五步，只云股多勾九步，問勾、股各若干?”已知勾股較 $b-a$ 、弦 c，求勾、股。先求勾股和：

$$a+b=\sqrt{2c^2-(b-a)^2}$$

再分別求勾、股：

$$a=\frac{(a+b)-(b-a)}{2}$$

$$b=\frac{(a+b)+(b-a)}{2}$$

勾二十八尺自乘得七百八十四尺相減餘三千八百四十尺折半得一千九百二十尺為實以較差二十八尺用帶縱開平方法除之得勾三十二尺加入差二十八尺得股六十尺

解義

較與和循環相通以較除得和以和除得較前法開方得九十二尺乃勾與股共數減去較差數〻餘兩個勾數故折半得勾加入較差數即兩個股數故折半得股其開方得勾股共數者何也以勾三十二尺乘股六十尺是三十二個六十尺即是六十個三十二尺計得積一千九百二十尺若勾三十二尺自乘得一千零二十四尺是三十二個三十二尺較本積少二十八個三十二尺以股六十尺自乘得三千六百尺是六十個六十尺較本積多二十八個六十尺二數合併湊補得兩個本積數仍多一個二十八乘二十八差數弦自乘內包勾自乘股自乘數即是兩個本積數一個差數加倍是兩個差數四個本積數以較自乘減去一個差數止存四個本積數一個差數四積數四面互須中填補一個差數長濶皆九十二尺故開方得九十二為勾股共數也後法將弦自乘減去一差自乘止存兩個本積數折半適得勾股相乘原積故以差尺用帶縱法求之所勾也○前法即前直田四因積又併入多差積步之法也

勾二十八尺自乘[1]，得七百八十四尺。相減餘三千八百四十尺，折半得一千九百二十尺爲實。以較差二十八尺用帶縱開平方法除之，得勾三十二尺。加入差二十八尺，得股六十尺[2]。

【解義】較與和循環相通，以較除得和，以和除得較。前法開方得九十二尺，乃勾與股共數，減去較差數，止餘兩個勾數，故折半得勾；加入較差數，即兩個股數，故折半得股。其開方得勾股共數者，何也？以勾三十二尺乘股六十尺，是三十二個六十尺，即是六十個三十二尺，計得積一千九百二十尺。若勾三十二尺自乘，得一千零二十四尺，是三十二個三十二尺，較本積少二十八個三十二尺。以股六十尺自乘，得三千六百尺，是六十個六十尺，較本積多二十八個六十尺。二數合併湊補，得兩個本積數，仍多一個二十八乘二十八差數。弦自乘内包勾自乘、股自乘數，即是兩個本積數、一個差數，加倍是兩個差數、四個本積數。以較自乘，減去一個差數，止存四個本積數、一個差數。四積數四面互頂，中填補一個差數，長濶皆九十二尺，故開方得九十二，爲勾股共數也。後法將弦自乘減去一差自乘，止存兩個本積數，折半適得勾股相乘原積，故以差尺用帶縱法求之得勾也[3]。〇前法即前直田四因積，又併入多差積步之法也。

---

1 股多勾，順治本誤作“股多弦”。

2 “舊法”同《算法統宗》。“又法”解法如下：設勾爲 x，根據題意列：

$$x(x+28)=\frac{c^2-(b-a)^2}{2}=1920$$

帶縱開方，解得勾：

$$x=32$$

3 差尺，順治本誤作“差步”。

勾弦較求勾弦法〇前数止言股六十尺弦多勾三十六尺問勾弦各若干

舊法置股（六十尺）自乘得（三千六百尺）為寔以弦多勾（三十六尺）為法除之得（一百尺）減較差（三十六尺）餘（六十四尺）折半得勾濶三十二尺加差（三十六尺）得弦長六十八尺

又法置股自乘（二千六百尺）另以多勾（三十六尺）自乘得（一千二百九十六尺）相減餘（二千三百零四尺）為實以多勾（三十六尺）為法除之亦得（六十四尺）折半得勾加較得弦或將差加倍（七十二尺）為法除餘積正得勾（三十二尺）

股弦較求股弦法〇前数止言勾三十二尺弦多股八尺問股弦各若干

舊法置勾（三十二尺）自乘得（一千零二十四尺）為實以弦多股（八尺）為法除之得股弦共数（一百二十八尺）加差（八尺）共（一百三十六尺）折半得弦六十八尺内減差（八尺）得股六十尺

勾弦較求勾弦法〇前數止言股六十尺，弦多勾三十六尺。問勾弦各若干[1]？舊法置股六十尺，自乘得三千六百尺爲實，以弦多勾三十六尺爲法，除之得一百尺。減較差三十六尺，餘六十四尺，折半得勾濶三十二尺。加差三十六尺，得弦長六十八尺。又法置股自乘三千六百尺，另以多勾三十六尺自乘，得一千二百九十六尺，相減餘二千三百零四尺爲實。以多勾三十六尺爲法除之，亦得六十四尺，折半得勾，加較得弦。或將差加倍七十二尺爲法除餘積，正得勾三十二尺[2]。

股弦較求股弦法〇前數止言勾三十二尺，弦多股八尺。問股弦各若干[3]？舊法置勾三十二尺，自乘得一千零二十四尺爲實。以弦多股八尺爲法，除之得股弦共數一百二十八尺。加差八尺，共一百三十六尺，折半得弦六十八尺。内減差八尺，得股六十尺。

---

1 《算法統宗》卷十二“較求勾股弦共歌”下第十題與此題類型相同。原題云：“今有股長三十六步，只云弦多勾十八步，問勾、弦各若干？”已知勾弦較 $c-a$ 與股 b，求勾、弦，《算法統宗》列出兩種解法，一法如下：

$$a=\frac{b^2-(c-a)^2}{2(c-a)}$$

$$c=a+(c-a)$$

一法先求勾弦和：

$$a+c=\frac{b^2}{c-a}$$

再與勾弦較 $c-a$ 相加減折半，分別求勾、弦。

2 “舊法”先求勾弦和，與《算法統宗》第二種解法同。“又法”如下所示：

$$a=\frac{1}{2}\cdot\frac{b^2-(c-a)^2}{(c-a)}$$

3 《算法統宗》卷十二“較求勾股弦共歌”下第一題與此題類型相同。原題云：“今有勾闊二十七步，只云弦多股九步，問股弦各若干？”已知股弦較 $c-b$ 與勾 c，求股、弦。與前題解法同，不復贅。

解義以勾弦較除股自乘得勾弦和以較減和折半得勾加較折半得弦股弦較同

勾弦較股弦較求勾股弦法〇前数不言勾股弦若干止言弦多勾三十六尺多股八尺問勾股弦各若干

舊法置弦多勾三十六尺以弦多股八尺乘之得二百八十八尺加倍得五百七十六步以開平方法除之得二十四尺為實加弦多股八尺得勾濶三十二尺加弦多勾三十六尺得股長六十尺全加弦多股八尺多勾三十六尺得弦長六十八尺

增法置弦多勾三十六尺多股八尺併之共四十四尺自乘得一千九百三十六尺另置三十六尺自乘得一千二百九十六尺又置八尺自乘得六十四尺二共一千三百六十尺以減一千九百三十六尺餘五百七十六尺以開平方法除之得二十四尺加八尺得勾加三十六尺得股加四十四尺得弦

解義弦多八多三十六者参差不齊之數也以八與三十六相乘又加倍者多少互剩取平之法也乘數加倍即是將八尺以三十

【解義】以勾弦較除股自乘，得勾弦和，以較減和折半得勾，加較折半得弦。股弦較同。

勾弦較股弦較求勾股弦法[1]○前數不言勾股弦若干，止言弦多勾三十六尺，多股八尺。問勾股弦各若干？舊法置弦多勾三十六尺，以弦多股八尺乘之，得二百八十八尺。加倍得五百七十六(步)[尺][2]，以開平方法除之，得二十四尺爲實，加弦多股八尺，得勾濶三十二尺。加弦多勾三十六尺，得股長六十尺。全加弦多股八尺、多勾三十六尺，得弦長六十八尺。增法置弦多勾三十六尺、多股八尺，併之共四十四尺，自乘得一千九百三十六尺。另置三十六尺，自乘得一千二百九十六尺；又置八尺，自乘得六十四尺，二共一千三百六十尺。以減一千九百三十六尺，餘五百七十六尺。以開平方法除之，得二十四尺，加八尺得勾，加三十六尺得股，加四十四尺得弦[3]。

【解義】弦多八、多三十六者，參差不齊之數也。以八與三十六相乘又加倍者，多少互削取平之法也。乘數加倍，即是將八尺以三十

---

1 《算法統宗》卷十二有“勾弦較股弦較歌”，歌云：

勾弦股較法尤精，勾乘股較二來因。
平方開見弦和數，和加勾較股分明。
股較加和勾可見，筭師熟記看靈扃。

已知勾弦較 $c-a$、股弦較 $c-b$，求勾股弦。先求弦和較：

$$(a+b)-c=\sqrt{2(c-a)(c-b)}$$

再分别求勾股弦：

$$a=[(a+b)-c]+(c-b)$$
$$b=[(a+b)-c]+(c-a)$$
$$c=[(a+b)-c]+(c-b)+(c-a)$$

2 步，當作“尺”，據文意改。

3 “舊法”同《算法統宗》歌訣。“增法”求弦和較方法如下：

$$(a+b)-c=\sqrt{[(c-a)+(c-b)]^2-[(c-a)^2+(c-b)^2]}$$

再據“舊法”，分别求勾股弦。

六尺乘之成三十六個八尺又將三十六尺以八尺乘之成八個三十六尺兩下皆滑積二百八十八尺合併滑五百七十六尺乃兩下通平之數故開方滑二十四尺此二十四尺即是勾股弦均平之數三下皆由此適而以加多股六八滑勾加多勾之三十六滑股全加滑弦增法而多數合併自乘又以兩多各自乘減之者兩多各自乘是兩下多少本并不齊之數也八乘三十六三十六乘八兩下適中取平之數也二數合併滑四十四尺自乘數內有一個八尺自乘數一個三十六尺自乘數兩個八與三十六相乘數減去兩個自乘數止存兩個相乘適中之數計五百七十六尺與舊法同一理也如以股少弦八尺多勾二十八尺為問則將二十八尺加弦多股八尺共三十六尺以八尺乘之或以勾少弦三十六尺少股二十八尺為問則將三十六尺以二十八尺對減餘八尺與三十六尺相乘總以弦多股多勾之數為準益弦從勾股滑弦乃勾股聯絡之數入勾股差二十八尺美則雖合矣

勾弦較股弦較求勾股弦雜題西江月◯今有門廳一座不知門廣高低表竿橫進使歸室爭奈門狹四尺隨即豎竿過去亦長二尺無疑兩隅斜去恰方齊請問三色各幾

(舊)(法)置門廣如勾以多四尺為勾弦較門

六尺乘之，成三十六個八尺，又將三十六尺以八尺乘之，成八個三十六尺，兩下皆得積二百八十八尺，合併得五百七十六尺，乃兩下通平之數，故開方得二十四尺。此二十四尺即是勾股弦均平之數，三下皆由此通，所以加多股之八得勾，加多勾之三十六得股，全加得弦。增法兩多數合併自乘，又以兩多各自乘減之者，兩多各自乘，是兩下多少本等不齊之數也，八乘三十六、三十六乘八，兩下適中取平之數也，二數合併得四十四尺，自乘數内有一個八尺自乘數、一個三十六尺自乘數、兩個八與三十六相乘數，減去兩個自乘數，止存兩個相乘適中之數，計五百七十六尺，與舊法同一理也。如以股少弦八尺、多勾二十八尺爲問，則將二十八尺加弦多股八尺，共三十六尺，以八尺乘之。或以勾少弦三十六尺、少股二十八尺爲問，則將三十六尺以二十八尺對減，餘八尺，與三十六尺相乘。總以弦多股、多勾之數爲準，蓋弦從勾股得，弦乃勾股聯絡之數，入勾股差二十八尺，筭則難合矣。

勾弦較股弦較求勾股弦難題·西江月〇今有門廳一座，不知門廣高低。表竿横進使歸室，争奈門狭四尺。随即竪竿過去，亦長二尺無疑。兩隅斜去恰方齊，請問三色各幾[1]。舊法置門廣如勾，以多四尺爲勾弦較；門

1 此難題爲《算法統宗》卷十六"難題勾股九"第十題。此係已知勾弦較 $c-a=4$、股弦較 $c-b=2$，求勾股弦。

高如股以多二尺為股弦較二數相乘得八尺倍之得一十六尺以開平方法除之得四尺即弦和較加多監之二尺得門廣六尺加多廣之四尺得門高八尺全加多廣多監共六尺得竿長即門斜十尺

餘股求股弦歌○餘股之法理宜明○勾自乘之除法行○餘股即為股弦較○加減折半總相同

餘股求股長弦長圖

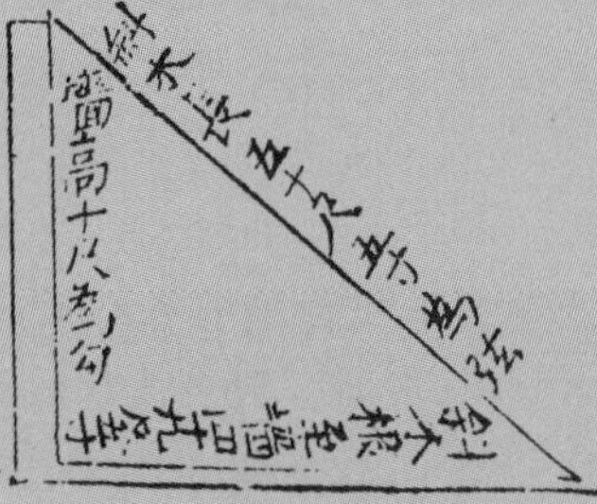

今有墻高一丈有二木齊長斜倚一木于墻木杪與墻頭齊却將木一根平卧於地木根抵墻根脚木杪則過斜木一尺問木長并去墻若干

舊法置墻高十尺為勾自乘得一百尺以過斜木根一尺為股弦較除之如故得一百尺加較一尺共得一百零一尺折半得斜木如弦長五十尺零五寸減卧木過

高如股，以多二尺爲股弦較。二數相乘得八尺，倍之得一十六尺，以開平方法除之，得四尺，即弦和較。加多竪之二尺，得門廣六尺；加多廣之四尺，得門高八尺。全加多廣、多竪共六尺，得竿長即門斜十尺。

餘股求股弦歌〇餘股之法理宜明〇勾自乘之除法行〇餘股即爲股弦較〇加減折半總相同[1]

餘股求股長弦長圖

今有墻高一丈，有二木齊長，斜倚一木于墻，木杪與墻頭齊。却將木一根平卧於地，木根抵墻根脚，木杪則過斜木一尺。問木長并去墻若干[2]？舊法置墻高十尺爲勾，自乘得一百尺。以過斜木根一尺爲股弦較，除之如故，得一百尺。加較一尺，共得一百零一尺，折半得斜木如弦長五十尺零五寸。減卧木過

---

1 《算法統宗》無此歌。餘股，即股弦較 $c-b$。此已知勾 a 與股弦較 $c-b$，求股弦。解法同股弦較求股弦法，用公式可表示爲：

$$b=\frac{1}{2}\left[\frac{a^2}{c-b}-(c-b)\right]$$

$$c=\frac{1}{2}\left[\frac{a^2}{c-b}+(c-b)\right]$$

2 此題爲《算法統宗》卷十二“較求勾股弦共歌”下第七題。

斜木一尺得至墻如股四十九尺五寸

弦多股求股弦圖

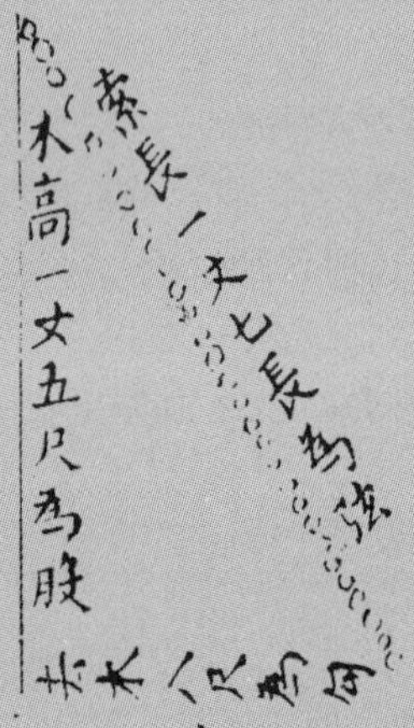

今有木末垂索委地餘二尺引索去木八尺其索斜拄地適盡問木高索長各若干　舊法置去木八尺為勾自乘得六十四尺以委地二尺為股弦較自乘得四尺以減六十四尺餘六十尺為實以較二尺為法除之得三十尺折半得木高一丈五尺加委地二尺得索長一丈七尺

餘股求股弦圖

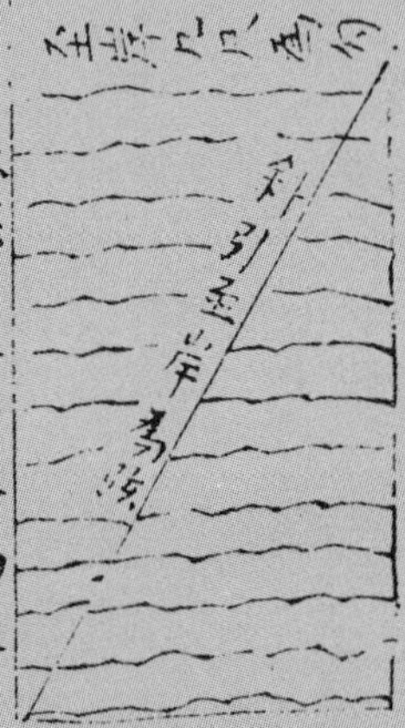

今有葭二莖生池中根並杪齊出水三尺引葭至岸一莖斜去立葭九尺與水適平問水深葭長各若干　舊法置至岸九尺為勾自乘得八十一尺以出水三尺為股弦較自乘得九尺以減八十一尺餘七十二尺為實以較三尺倍作六尺

斜木一尺，得至墻如股四十九尺五寸。

弦多股求股弦圖

今有木末垂索委地餘二尺，引索去木八尺，其索斜拄地適盡。問木高、索長各若干[1]？舊法置去木八尺爲勾，自乘得六十四尺。以委地二尺爲股弦較，自乘得四尺，以減六十四尺，餘六十尺爲實。以較二尺爲法除之，得三十尺，折半得木高一丈五尺。加委地二尺，得索長一丈七尺[2]。

餘股求股弦圖

今有葭二莖生池中，根並杪齊，出水三尺。引葭至岸，一莖斜去立葭九尺，與水適平。問水深、葭長各若干[3]？舊法置至岸九尺爲勾，自乘得八十一尺。以出水三尺爲股弦較，自乘得九尺，以減八十一尺，餘七十二尺爲實。以較三尺倍作六尺

---

1 此題爲《算法統宗》卷十二“較求勾股弦共歌”下第四題。

2 該題解法用公式表示爲：

$$b=\frac{1}{2}\left[\frac{a^2-(c-b)^2}{c-b}\right]$$

3 此題爲《算法統宗》卷十二“較求勾股弦共歌”下第二題。

為法除之得水深一丈二尺加出水三尺得葭長一丈五尺

解義　三法一例斜木二葭皆餘股木索即弦多股二尺并列于此以備互參木索二葭又用對減法者亦拈出備參也

餘股求股弦圖

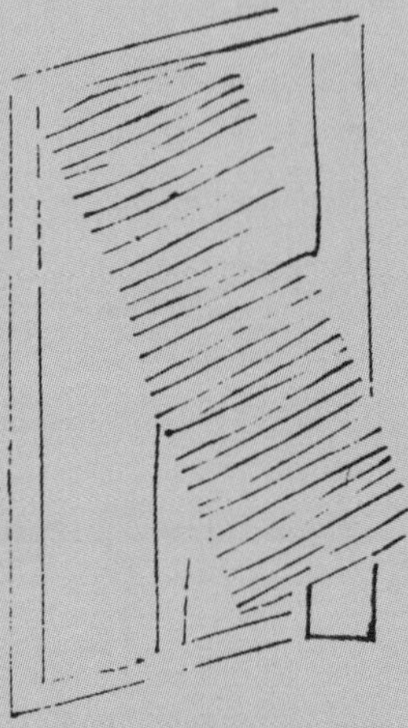

今有廳門外懸簾下垂離地五寸引簾離閾六尺離地二尺五寸問簾高若干　舊法置去閾六尺為勾自乘得三十六尺以離地二尺五寸減去原離地五寸餘二尺為法除之得一十八尺加股弦較二尺共二十尺折半得簾高一丈

尺餘股求股弦難題西江月〇平地鞦韆未起板繩離地一尺送行二步恰竿齊五尺板高離地仕女佳人爭蹴終朝語笑歡戲良工高士請言知借問索長有幾　舊法置送行二步得十尺如勾自乘得一百尺為實以股弦較五尺減原離地一尺餘四尺為法除之得二十五尺加較四尺共得如圖徑二十九尺

爲法，除之得水深一丈二尺。加出水三尺，得葭長一丈五尺。

【解義】三法一例，斜木、二葭皆餘股，木索即弦多股二尺，并列于此，以備互參。木索、二葭又用對減法者，亦拈出備參也。

餘股求股弦圖

今有廳門外懸簾，下垂離地五寸，引簾離閾六尺[1]，離地二尺五寸。問簾高若干[2]？

舊法置去閾六尺爲勾，自乘得三十六尺。以離地二尺五寸減去原離地五寸，餘二尺爲法，除之得一十八尺。加股弦較二尺，共二十尺，折半得簾高一丈。

又餘股求股弦難題·西江月〇平地鞦韆未起，板繩離地一尺。送行二步恰竿齊，五尺板高離地。仕女佳人争蹴，終朝語笑歡戲。良工高士請言知，借問索長有幾？[3]

舊法置送行二步得十尺如勾，自乘得一百尺爲實。以股弦較五尺減原離地一尺，餘四尺爲法，除之得二十五尺，加較四尺，共得如圓徑二十九尺，

1 閾，門限，即門檻。

2 此題爲《算法統宗》卷十二“較求勾股弦共歌”下第五題。如圖 3－5，已知勾 $a = 6$，股弦較 $c - b = 2$，求股弦。法同前，不復贅。

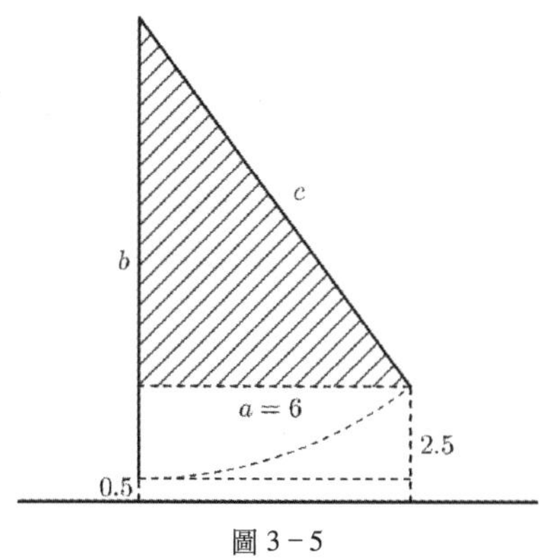

圖 3－5

3 此難題爲《算法統宗》卷十六“難題勾股九”第八題。與懸簾題同。

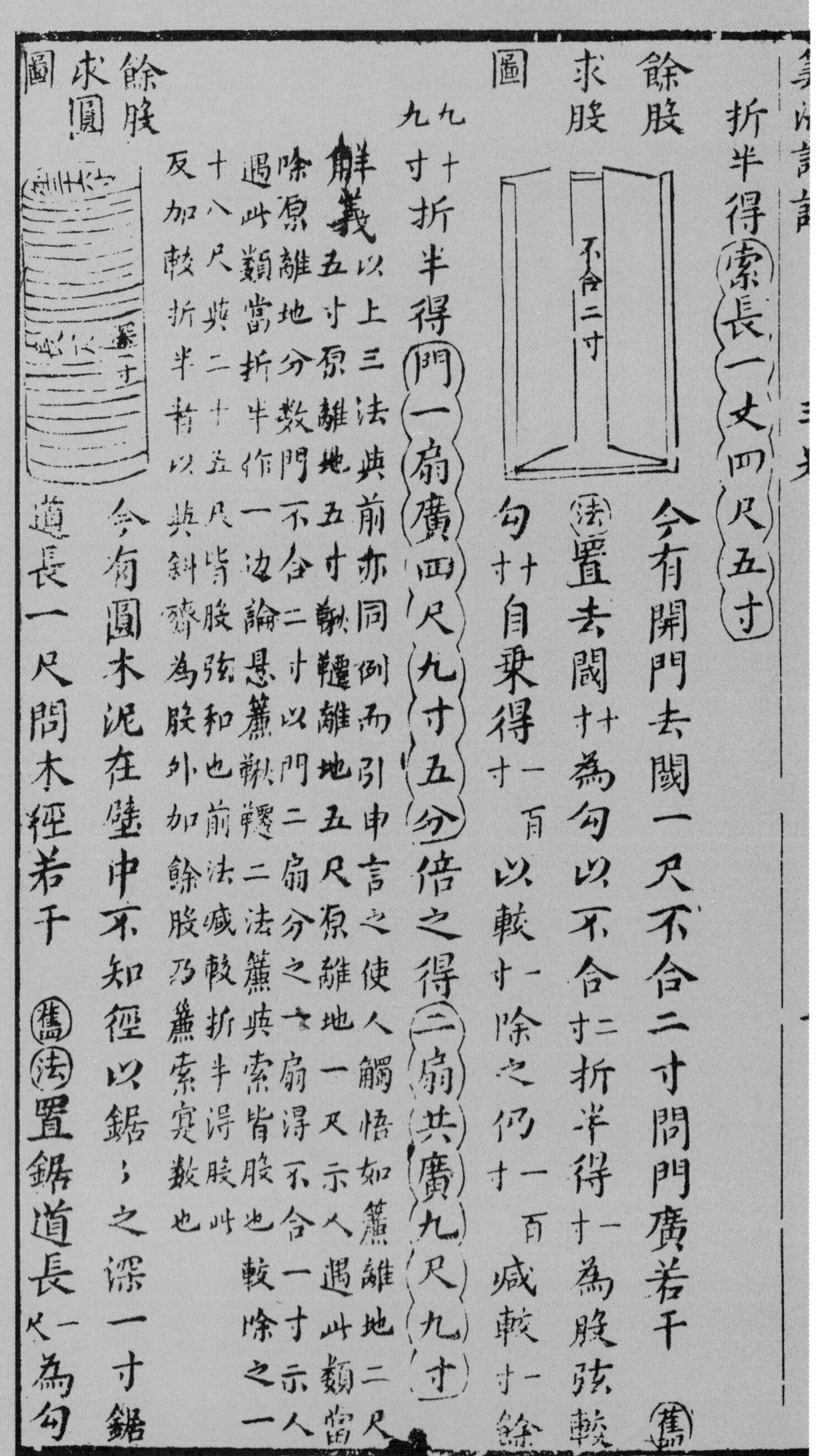

折半得索長一丈四尺五寸

今有開門去閫一尺不合二寸問門廣若干

舊法　置去閫十寸為勾以不合二寸折半得一寸為股弦較勾十寸自乘得一百寸以較一寸除之仍一百寸減較一寸餘九十九寸折半得門一扇廣四尺九寸五分倍之得二扇共廣九尺九寸

解義　以上三法與前亦同例而引申言之使人觸悟如簾離地二尺五寸原離地五寸欹體離地五尺原離地一尺示人遇此類當除原離地分數門不合二寸以門二扇分之一扇得不合一寸示人遇此類當折半作一边論懸簾欹體二法簾與索皆股也較除之一十八尺與二十五尺皆股弦和也前法減較折半得股此反加較折半者以與斜齊為股外加餘股乃簾索寔數也

今有圓木泥在壁中不知徑以鋸鋸之深一寸鋸道長一尺問木徑若干

舊法　置鋸道長一尺為勾

折半得索長一丈四尺五寸。

餘股求股圖

今有開門去閾一尺，不合二寸。問門廣若干[1]？舊法置去閾十寸爲勾，以不合二寸折半得一寸爲股弦較。勾十寸自乘得一百寸，以較一寸除之，仍一百寸。減較一寸，餘九十九寸。折半得門一扇廣四尺九寸五分，倍之得二扇共廣九尺九寸。

【解義】以上三法與前亦同例，而引申言之，使人觸悟。如簾離地二尺五寸，原離地五寸，鞦韆離地五尺，原離地一尺，示人遇此類當除原離地分數。門不合二寸，以門二扇分之，一扇得不合一寸，示人遇此類當折半作一邊論。懸簾、鞦韆二法，簾與索皆股也，較除之一十八尺與二十五尺皆股弦和也。前法減較折半得股，此反加較折半者，以與斜齊爲股，外加餘股，乃簾索實數也。

餘股求圓圖

今有圓木泥在壁中不知徑，以鋸鋸之，深一寸，鋸道長一尺。問木徑若干[2]？舊法置鋸道長一尺爲勾

1 此題爲《算法統宗》卷十二“較求勾股弦共歌”下第六題。如圖 3－6，已知勾 $a=10$，股弦較 $c-b=1$，求股弦。法同前，不復贅。

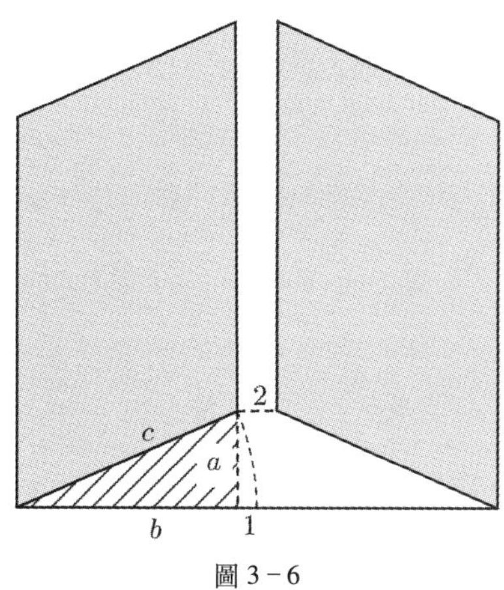

圖 3－6

2 此題爲《算法統宗》卷十二“較求勾股弦共歌”下第八題。如圖 3－7，已知勾 $a=5$，股弦較 $c-b=1$，求股弦。法同前，不復贅。

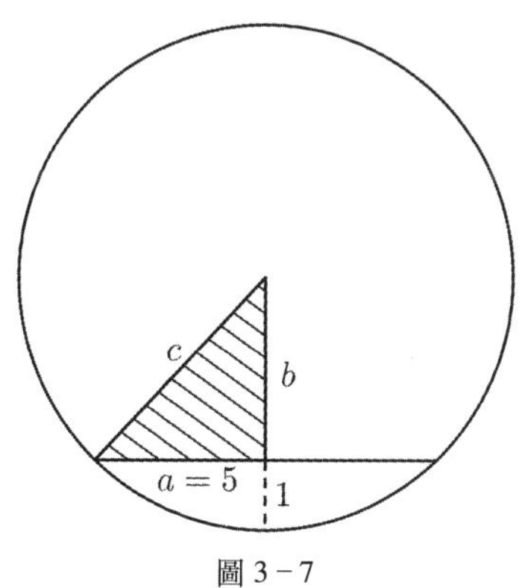

圖 3－7

倍数折半得五寸自乘得二十五寸為實以深一寸為股弦較除之如故得二十五寸為股加深一寸共得木徑二尺六寸

解義 此與圓田以弧弦問餘径同法半弦自乘即矢乘餘径之數故以矢除半弦積得餘径加矢得全径以深一寸為餘股較以除二十五寸仍得二十五寸此乃股長共數也圓形勾股從中心起將二十五寸減餘股一寸折半得一十二寸即半圓之股加餘径折半得一十三寸即半圓之弦全圓係二倍故不折半加餘股一寸即得全径二尺六寸也弧矢法亦本此故法相同○凡自乘開方四面皆同如五寸自乘得二十五寸乃四面皆五寸每長闊皆一寸共得二十五寸若以尺求則四面皆當一尺將五寸自乘止得二分五厘矣故知此圖止以寸論不可以尺論也

餘勾餘股求方圖

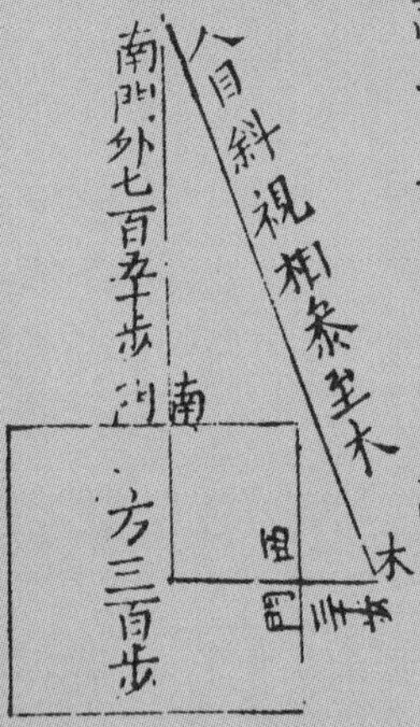

自木斜視相參至木
南門外七百五十步
南
西
方三百步
木

今有邑不知大小四面居中開門西門外三十步有木一根出南門外七百五十步見木問邑方若干

舊法置出西門步三十為餘勾出南門

倍數，折半得五寸，自乘得二十五寸爲實。以深一寸爲股弦較，除之如故，得二十五寸爲股[1]，加深一寸，共得木徑二尺六寸。

【解義】此與圓田以弧弦問餘徑同法，半弦自乘，即矢乘餘徑之數，故以矢除半弦積得餘徑，加矢得全徑。以深一寸爲餘股較，以除二十五寸，仍得二十五寸，此乃股長共數也[2]。圓形勾股從中心起，將二十五寸減餘股一寸，折半得一十二寸，即半圓之股。加餘股，折半得一十三尺，即半圓之弦。全圓係二倍，故不折半，加餘股一寸，即得全徑二尺六寸也。弧矢法亦本此，故法相同。〇凡自乘開方，四面皆同。如五寸自乘得二十五寸，乃四面皆五寸，每長濶皆一寸，共得二十五寸。若以尺求，則四面皆當一尺，將五寸自乘，止得二分五厘矣。故知此圖止以寸論，不可以尺論也。

餘勾餘股求方圖

今有邑不知大小，四面居中開門，西門外三十步有木一根，出南門外七百五十步見木。問邑方若干[3]？舊法置出西門三十步爲餘勾，出南門

---

1 股，當作“股弦和”，此本《算法統宗》而誤。

2 長，順治本作“弦”。按：作“弦”是，此“弦”指句股中的斜邊“弦”，即圓半徑，非弧矢之“弦”。康熙本誤改。

3 此題爲《算法統宗》卷十二“餘勾餘股求容方”算題。如圖 3－8，設方面一半爲 x，易知：

$$\frac{750}{x} = \frac{x}{30}$$

解得：

$$x = \sqrt{750 \times 30} = 150$$

加倍得邑方。前文餘股指股弦較 $c-b$，此題及後文餘勾、餘股似無特指，可以理解爲正勾、正股之外（餘下）的部分。

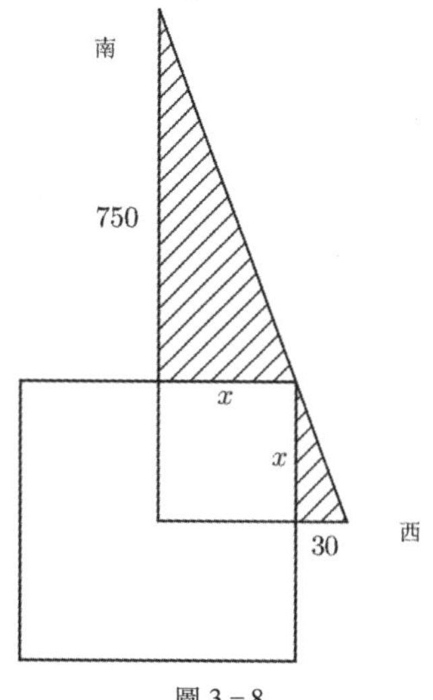

圖 3－8

七百五十步為餘股相乘得二萬二千五百步以開平方法除之得一百五十步為一隅方得方面一半倍之得全邑方三百步又方求餘勾股法止言方一百五十步方外餘勾三十步問餘股若干　即置方一百五十步自乘得二萬二千五百步以餘勾三十步除之得餘股七百五十步求餘勾即以餘股除得餘勾

解義　此亦即容方法也前容方是以全勾股求此是以餘勾餘股求餘勾餘股所剩之積較容方二倍有餘但以餘勾與餘股相乘得積與內方相同故開方可得容方之面此數理互根无物不可測驗也

表竿求高深遠歌○高深與遠測表竿○正勾正股表末參○竿至人目勾股餘○橫直容積同無疑○求股餘股乘正勾○餘勾除併表竿收○餘勾乘股餘股除○得勾併加退步宜

七百五十步爲餘股，相乘得二萬二千五百步。以開平方法除之，得一百五十步爲一隅方，得方面一半，倍之得全邑方三百步。又方求餘勾股法止言方一百五十步，方外餘勾三十步。問餘股若干[1]？即置方一百五十步自乘，得二萬二千五百步，以餘勾三十步除之，得餘股七百五十步。求餘勾，即以餘股除得餘勾。

【解義】此亦即容方法也。前容方是以全勾股求，此是以餘勾、餘股求。餘勾、餘股所剩之積，較容方二倍有餘[2]，但以餘勾與餘股相乘，得積與內方相同，故開方可得容方之面。此數理互根，無物不可測驗也。

表竿求高深遠歌○高深與遠測表竿○正勾正股表末參○竿至人目勾股餘○橫直容積同無疑○求股餘股乘正勾○餘勾除併表竿收○餘勾乘股餘股除○得勾併加退步宜[3]

1《算法統宗》卷十二有“容方餘勾求餘股”題，與此數值略有不同。原題出自《九章算術》勾股章：“今有邑方二百步，四面居中開門，東門外一十五步有木一株，問出南門若干？”解得六百六十六步六分步之一。

2 二倍，順治本誤作“四倍”。

3《算法統宗》卷十二有“遙望木竿歌”：

望木須知立表竿，表離木處幾多寬。
退行表後參睟望，望表斜平木與竿。
表數減除人目數，餘表乘遠實相看。
退行之數爲法則，法實相除加一竿。

與此歌同法。如圖 3－9：AB 爲木高，DE 爲表竿，CF 爲人目。由：

$$S_N + S_{V_1} + S_{W_1} = S_M + S_{V_2} + S_{VW_2}$$

$$S_{V_1} = S_{V_2},\ S_{W_1} = S_{W_2}$$

得：

$$S_N = S_M$$

即：

$$a_1 b_2 = a_2 b_1$$

此即歌訣“橫直容積同無疑”，S_N 爲橫積，S_M 爲直積，二者相等。a_1 爲正勾、b_1 爲正股，a_2 爲餘勾、b_2 爲餘股。由高求遠，已知木高 $AB=h$，表高 $DE=m$、人目高 $CF=n$，表去人目距離 $DC=a_2$，求木去人目距離 BC：

$$a = a_1 + a_2 = \frac{a_2 b_2}{b_2} + a_2 = \frac{a_2(h-m)}{m-n} + a_2$$

若已知木遠 a，求木高 h，解法爲：

$$h = b_1 + m = \frac{a_1 b_2}{a_2} + m = \frac{(a-a_2)(m-n)}{a_2} + m$$

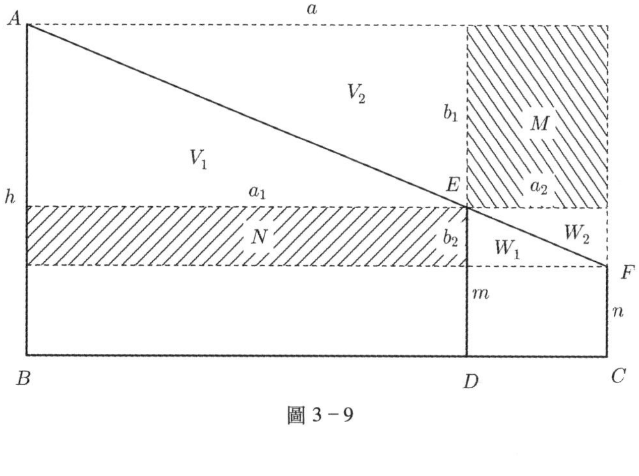

圖 3－9

表竿外餘勾餘股求正股通高圖

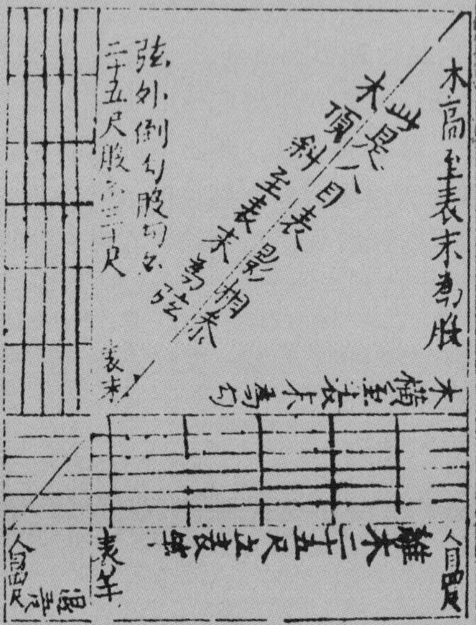

木高至表末爲股
木頂斜至表末爲弦
木横至表末爲勾
弦外倒勾股
表末
人目
表竿
離木二十五尺立表竿

今有木不知高從木根量遠二十五尺立表竿一丈表後退行五尺用窺穴望表末與木末斜平人窺穴高四尺問木高若干

(舊)(法)置表竿去木二十五尺為勾以表高十尺減去人目四尺餘六尺為餘股乘之得一百五十尺以退行五尺為餘勾除之得三十尺加表高十尺得(木高四十尺)

(又)(法)置表竿去木二十五尺加退後五尺共三十尺以表高十尺減人目四尺餘六尺乘之得一百八十尺以退後五尺除之得人目以上木高三十六尺加人目四尺得(木高四十尺)

解義　用表竿測高測深測遠總不外餘勾餘股如前面引葭至岸引蘸過閾等類雖未知弦長股長皆是引股作弦驗得股餘若干即是弦多股若干故即可以較求此則并未知弦多股若干故立表竿測餘勾餘股以得正勾正股入表竿退步得通勾通股其餘股容

表竿外餘勾餘股求正股通高圖

今有木不知高，從木根量遠二十五尺，立表竿一丈，表後退行五尺，用窺穴望表末與木末斜平，人窺穴高四尺。問木高若干[1]？舊法置表竿去木二十五尺爲勾，以表高十尺減去人目四尺，餘六尺爲餘股，乘之得一百五十尺。以退行五尺爲餘勾，除之得三十尺，加表高十尺，得木高四十尺。又法置表竿去木二十五尺，加退後五尺共三十尺，以表高十尺減人目四尺餘六尺，乘之得一百八十尺，以退後五尺除之，得人目以上木高三十六尺，加人目四尺，得木高四十尺[2]。

【解義】用表竿測高、測深、測遠，總不外餘勾、餘股，如前面引葭至岸、引簾過閾等類，雖未知弦長、股長，皆是引股作弦，驗得股餘若干，即是弦多股若干，故即可以較求。此則并未知弦多股若干，故立表竿測餘勾、餘股，以得正勾、正股，入表竿退步，得通勾、通股。其餘股容

---

1 此題爲《算法統宗》卷十二“海島算題”第三題。

2 已知海島遠，求海島高。“舊法”同歌訣：

$$h = b_1 + m = \frac{a_1 b_2}{a_2} + m = \frac{25 \times (10 - 4)}{5} + 10 = 40$$

“又法”如圖 3－10，$A'F=b$，由於：

$$S_{M'} = S_{N'}$$

故：

$$ab_2 = a_2 b$$

解得：

$$b = \frac{ab_2}{a_2} = \frac{(a_1 + a_2)b_2}{a_2} = \frac{(25 + 5) \times (10 - 4)}{5} = 36$$

則木高：

$$h = b + n = 36 + 4 = 40$$

其中，a 稱作通勾，b 稱作通股。

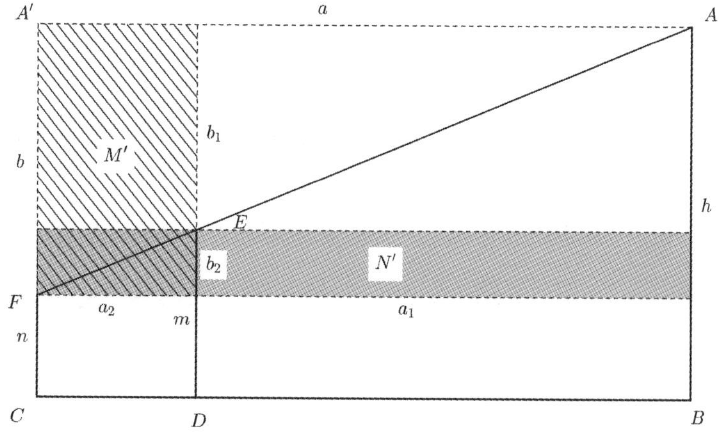

圖 3－10

横餘勾容直二積皆同一百五十尺以餘股乘正勾二十五尺得一百五十尺此横積也以餘勾除之得直長三十尺以餘勾乘正股三十尺亦得一百五十尺此直積也以餘股除之得横濶二十五尺其二積皆同者何也蓋勾股長短不齊斜弦所界無論通長通濶截長截濶勾股皆長短不齊如表竿十尺去人目四尺餘六尺人目在表竿退後五尺便驗得每直得六尺濶得五尺一隅如此通長通濶亦是如此即如一直田濶二十五步是五五二十五長三十步是六五三十每長六步濶得五步將直田横截六步六個二十五步得一百五十步直截五步五個三十步亦得一百五十步勾股之不齊在直六尺横止五尺以六加横以五加直則兩边俱平故得積皆同除餘勾餘股羃與連餘勾餘股羃揔同一理

前表外餘勾求股勾正高過圖

高一丈一尺一寸

表三尺六寸

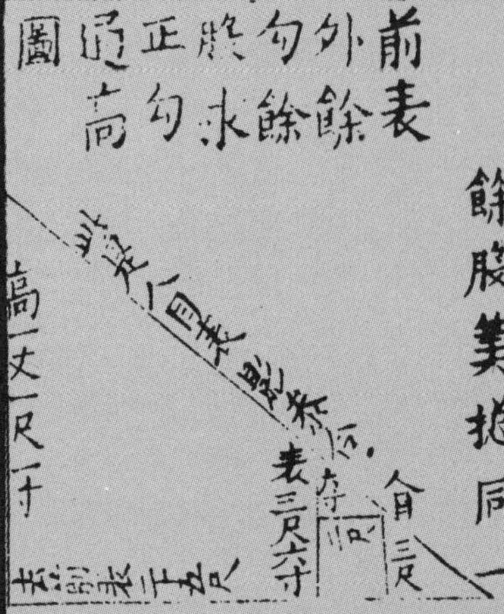

今有因遠求高離高二丈五尺立表竿三尺六寸退行二尺又立表竿三尺人目望其高處俱與叅合問高若干

舊法 置遠二十五尺加入退行二尺共二十七尺以二表相減餘六寸乘之得一十六尺二寸為實却以退行二尺為法

橫、餘勾容直二積，皆同一百五十尺。以餘股乘正勾二十五尺，得一百五十尺，此橫積也，以餘勾除之，得直長三十尺；以餘勾乘正股三十尺，亦得一百五十尺，此直積也，以餘股除之，得橫濶二十五尺。其二積皆同者，何也？蓋勾股長短不齊，斜弦所界，無論通長通濶、截長截濶，勾股皆長短不齊。如表竿十尺，去人目四尺，餘六尺，人目在表竿退後五尺，便驗得每直得六尺，濶得五尺。一隅如此，通長、通濶亦是如此。即如一直田濶二十五步，是五五二十五，長三十步，是六五三十，每長六步，濶得五步。將直田橫截六步，六個二十五步得一百五十步，直截五步，五個三十步亦得一百五十步。勾股之不齊，在直六尺橫止五尺，以六加橫，以五加直，則兩邊俱平，故得積皆同。除餘勾餘股筭，與連餘勾餘股筭，總同一理。

前表外餘勾餘股求正勾通高圖

今有因遠求高，離高二丈五尺，立表竿三尺六寸，退行二尺，又立表竿三尺，人目望其高處，俱與參合。問高若干[1]？舊法置遠二十五尺，加入退行二尺，共二十七尺，以二表相減餘六寸乘之，得一十六尺二寸爲實。却以退行二尺爲法

1　此題爲《算法統宗》卷十二“海島算題”第四題。後表即人目望處，該題“舊法”同前題“又法”：

$$h = b + n = \frac{ab_2}{a_2} + n = \frac{(a_1 + a_2)b_2}{a_2} + n$$

$$= \frac{(25 + 2) \times (3.6 - 3)}{2} + 3 = 11.1\text{尺}$$

除之得八尺一寸加入後表竿三尺得高一丈一尺一寸

觧義 此與前圖同法其併退行二尺作實者即前又法加退後五尺共三十尺以六尺乘之一也前表三尺六寸即前圖表竿後表三尺即前圖人目處四尺前圖遠二十五尺是正勾退後五尺是餘勾併之是通勾高三十尺是正股表竿除人目餘六尺是餘股連人目併之是通股此圖前表離高二十五尺是正股退行二尺是餘股併之是通股高八尺一寸是正勾前表減後表三尺餘六寸是餘勾併之加後表三尺是通勾前求股高此求勾高通一理也

表外餘勾餘股求股遠圖

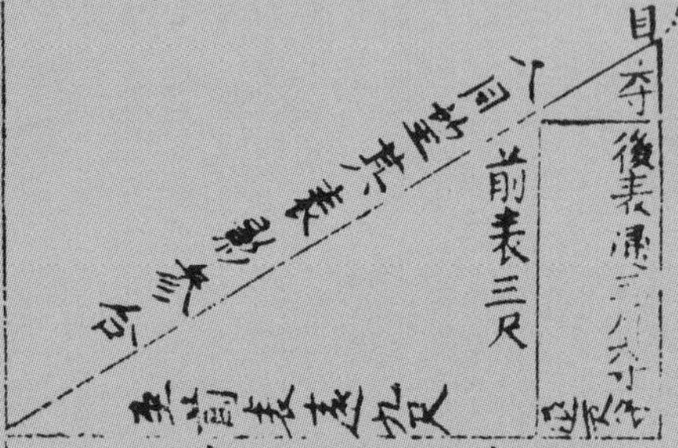

今有立竿求遠前立表竿三尺退行一尺八寸又立表竿三尺六寸人目望其二表俱對遠處參合問遠若干

舊法 置後表竿三尺六寸以退行一尺八寸乘之得六十四寸八分為實却以二表相減餘六寸為法除之得遠一十尺零八寸

又法 置前表竿三尺以退行一尺八寸乘之得五尺四寸為實却

除之，得八尺一寸。加入後表竿三尺，得高一丈一尺一寸。

【解義】此與前圖同法。其併退行二尺作算者，即前“又法”加退後五尺共三十尺，以六尺乘之，一也。前表三尺六寸，即前圖表竿，後表三尺，即前圖人目處四尺。前圖遠二十五尺是正勾，退後五尺是餘勾，併之是通勾；高三十尺是正股，表竿除人目餘六尺是餘股，連人目併之是通股。此圖前表離高二十五尺是正股，退行二尺是餘股，併之是通股；高八尺一寸是正勾，前表減後表三尺餘六寸是餘勾，併之加後表三尺是通勾。前求股高，此求勾高，通一理也。

表外餘勾餘股求股遠圖

今有立竿求遠，前立表竿三尺，退行一尺八寸，又立表竿三尺六寸。人目望其二表，俱對遠處參合。問遠若干[1]？舊法置後表竿三尺六寸，以退行一尺八寸乘之，得六十四寸八分爲實[2]。却以二表相減餘六寸爲法，除之得遠一十尺零八寸。又法置前表竿三尺，以退行一尺八寸乘之，得五尺四寸爲實。却

---

1 此題爲《算法統宗》卷十二“海島算題”第五題。如圖 3－11，CD 爲前表竿 $a_1=30$，AB 爲后表竿 $a=36$，BD 为表間距 $b_2=18$，OB 爲所求之遠 b。“舊法”以通勾通股求：

$$b=\frac{ab_2}{a_2}=\frac{ab_2}{a-a_1}=\frac{36\times 18}{36-30}=108$$

“又法”以正勾正股求：

$$b=b_1+b_2=\frac{a_1b_2}{a_2}+b_2=\frac{a_1b_2}{a-a_1}+b_2=\frac{30\times 18}{36-30}+18=108$$

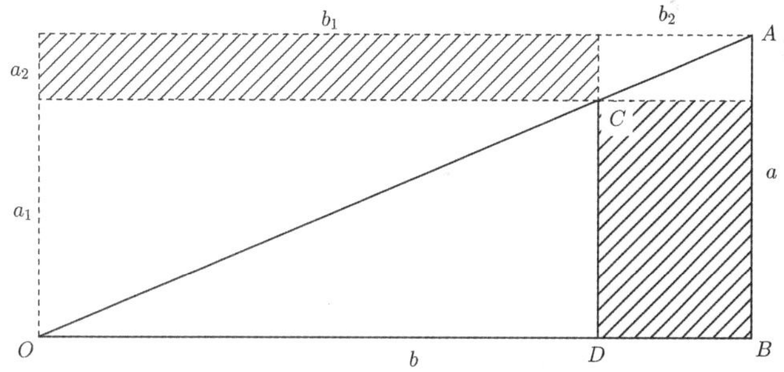

圖 3－11

2 六十四寸八分，經演算，當作“六百四十八寸”，此處誤本《算法統宗》。

以二表相減餘六寸為法除之得前表相去遠九尺加退行一尺八寸得通遠一十尺零八寸

解義　此以前表竿為正勾後表竿為通勾二竿相減餘六寸為餘勾乘之即連小勾股羃容直餘股容横之理其將後竿以退行一尺八寸至盡边與前法一也

今有井不知其深井徑五尺從邊立直木五尺於井上從木末望至井下水邊人目入徑四寸問井深若干

舊法　置井徑五尺減入目四寸餘四十六寸與木高五十寸相乘得二千三百寸以餘勾四寸為法除之得井深五丈七尺五寸

餘勾餘股求深圖

解義　此以井徑為勾以井深為股以人目斜望下為弦井徑五尺即前表竿也立木五尺即餘股也木杪人目望處横計亦是五尺然後表竿也人目至井口入徑四寸即前竿四十六寸後竿五十寸也井徑入目之四寸即餘勾也以立木五十寸乘餘徑四十六寸得

以二表相減餘六寸爲法，除之得前表相去遠九尺。加退行一尺八寸，得通遠一十尺零八寸。

【解義】此以前表竿爲正勾，後表竿爲通勾，二竿相減，餘六寸爲餘勾，總不外餘勾容直、餘股容横之理。其將後竿以退行一尺八寸乘之，即連小勾股筭至盡邊，與前法一也。

餘勾餘股求股深圖

今有井不知其深，井徑五尺，從邊立直木五尺於井上，從木末望至井下水邊，人目入徑四寸。問井深若干[1]？舊法置井徑五尺，減入目四寸，餘四十六寸，與木高五十寸相乘，得二千三百寸。以餘勾四寸爲法，除之得井深五丈七尺五寸。

【解義】此以井徑爲勾，以井深爲股，以人目斜望下爲弦。井徑五尺，即前表竿也。立木五尺，即餘股也。木杪人目望處横計亦是五尺，猶後表竿也。人目至井口入徑四寸，即前竿四十六寸、後竿五十寸也。井徑入目之四寸，即餘勾也。以立木五十寸乘餘徑四十六寸，得

---

1 此題爲《算法統宗》卷十二“勾弦較股弦較歌”下第五題。如圖 3－12，*AB* 爲井徑 $a=50$，*OD* 爲直木 $b_2=50$，*CD* 爲人目入徑 $a_2=4$，*BD* 爲所求井深 b_1。“舊法”以正勾正股求：

$$b_1=\frac{a_1b_2}{a_2}=\frac{(a-a_2)b_2}{a_2}=\frac{(50-4)\times 50}{4}=575$$

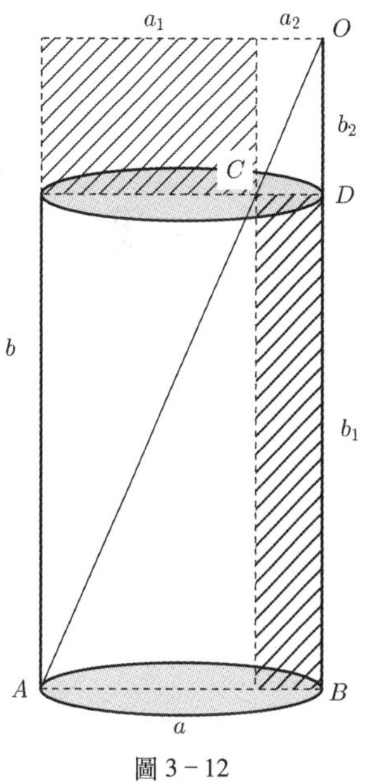

圖 3－12

二千三百寸即餘股立木五尺橫容之積也以餘句四寸容直該四疊共容二千三百寸故以四寸除得五百七十五寸即水深也

二表求高遠歌○測高測遠兩竿竒○兩竿長短一般齊○相去若干前後立○退望遠近有差池○竿減人目餘勾股○用乘表間得積實○前望後望相對減○除實加竿高無疑○另將前望乘表間○後望減餘法除焉○求得前表至高遠○加後表望遠亦全

二表餘勾餘股求高遠圖

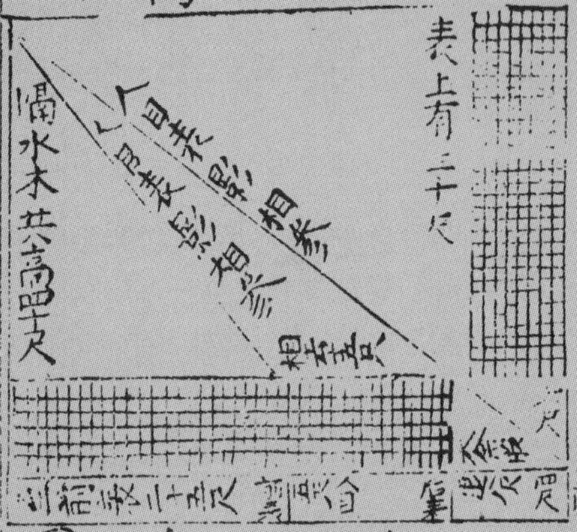

表上有二十尺
人目表末影相參
人目表影相參
隔水木共高四十尺

今有隔水望木竿不知高立二表各長一丈前後對直相去一十五尺從前表退行五尺人目窺高四尺望表末與木杪斜平從後表退行八尺窺望表末亦與木杪斜平問竿高並至竿遠若干(答)

(法)置兩表相去一十五尺以表高一十尺減人目四尺餘六尺為

二千三百寸，即餘股立木五尺橫容之積也。以餘勾四寸容直，該四疊共容二千三百寸，故以四寸除，得五百七十五寸，即水深也。

二表求高遠歌○測高測遠兩竿奇○兩竿長短一般齊○相去若干前後立○退望遠近有差池○竿減人目餘勾股○用乘表間得積實○前望後望相對減○除實加竿高無疑○另將前望乘表間○後望減餘法除焉○求得前表至高遠○加後表望遠亦全[1]

二表餘勾餘股求高遠圖

今有隔水望木竿不知高，立二表各長一丈，前後對直，相去一十五尺。從前表退行五尺，人目窺高四尺，望表末與木杪斜平；從後表退行八尺，窺望表末亦與木杪斜平。問竿高並至竿遠若干[2]？ 舊法 置兩表相去一十五尺，以表高十尺減人目四尺餘六尺爲

1 《算法統宗》卷十二作“窺望海島歌”：“望島知高法術奇，立來二表並高低。表間尺數乘高數，以作實情更不疑。二表退行相減較，減餘爲法以除之。更將一表相加併，海島巔高盡可知。另置表間之尺數，以乘前表退行宜。前法除之知隔水，水程遠近不差池。”此即《海島算經》之重差術。隔水望海島，海島高、遠俱不知，可用此術，立兩表重測。如圖 3－13，海島 AB 不知高遠，立前後兩表，已知表高 $CD=C'D'=m$，表間距 $DD'=k$，各退行立望竿 $EF=E'F'=n$，前表退行 $DF=p$，后表退行 $D'F'=q$。求海島高 AB、海島遠 BF'。由 $S_M=S_N$ 得：

$$b_1p=b_2a_1$$

又由 $S_{M_1}=S_{N_1}$ 得：

$$b_1q=b_2(a_1+k)$$

解得：

$$\begin{cases}b_1=\dfrac{b_2k}{q-p}\\[2ex]a_1=\dfrac{pk}{q-p}\end{cases}$$

則海島高：

$$h=b_1+m=\frac{b_2k}{q-p}+m=\frac{(m-n)k}{q-p}+m$$

海島遠：

$$l=a_1+k+q=\frac{pk}{q-p}+k+q$$

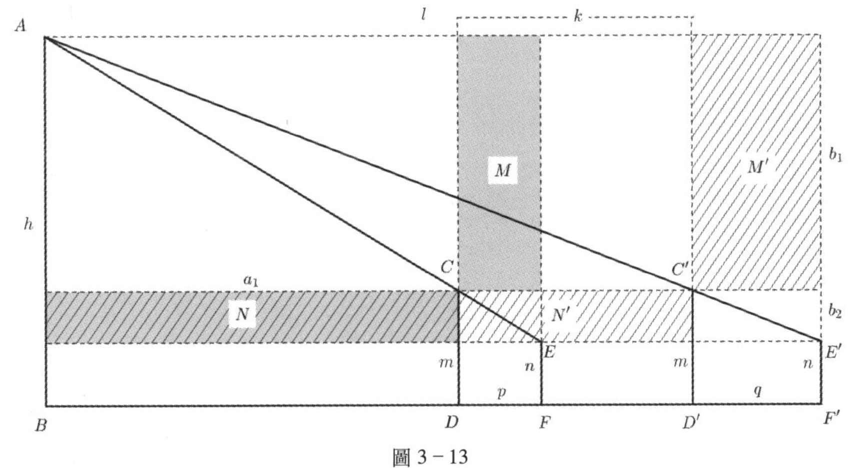

圖 3－13

2 此題爲《算法統宗》卷十二“海島算題”第六題。

餘勾乘之得九十尺為實另以後表退行八尺減前表退行五尺餘三尺為法除實得表上木高三十尺加表竿十尺得木竿通高四十尺另置相去一十五尺以前表退行五尺乘之得七十五尺仍以前法三尺除之得前表至隔水木遠二十五尺加後表至前一十五尺并退行八尺得至木竿共遠四十八尺

解義 此仍上餘勾容直餘股容橫之理前圖亦立二表竿其後表竿與前表竿不一後表即人目處循一表竿法也緣知到高遠若干故止一竿可測此立二表竿相同二表各有退行人目望處因并四不知到木遠若干故立二表就表中間尺數求之人目窺望處皆四尺故前後表餘勾皆六尺至前表退五尺後表則退八尺是退後一十五尺遂比前表竿多退三尺此三尺是從十五步多出的前五後加成八五尺是前表巳有的三尺是後表加出的前表以前餘勾所容橫積屬前表竿前表至後表十五尺所容橫積屬後表竿以前表退五尺論之前表至木二十五尺高長遠短前表前是正勾退五尺是餘勾以餘股六尺乘正勾二十五尺得一百五十尺以餘勾五尺除得表上之高三十尺以後表退八尺論之前表至木又加至後表十五尺共四十尺高短遠長後表前四十尺是正股退八尺是餘股

餘勾乘之，得九十尺爲實。另以後表退行八尺減前表退行五尺，餘三尺爲法除實，得表上木高三十尺，加表竿十尺，得木竿通高四十尺。置相去一十五尺，以前表退行五尺乘之，得七十五尺，仍以前法三尺除之，得前表至隔水木遠二十五尺。加後表至前一十五尺，并退行八尺，得至木竿共遠四十八尺[1]。

【解義】此仍上餘勾容直、餘股容横之理。前圖亦立二表竿，其後表竿與前表竿不一，後表即人目處，猶一表竿法也。緣知到高遠若干，故止一竿可測。此立二表竿相同，二表各有退行人目望處，因并不知到木遠若干，故立二表，就表中間尺數求之。人目窺望處皆四尺，故前後表餘勾皆六尺。至前表退五尺，後表則退八尺，是退後一十五尺，遂比前表竿多退三尺。此三尺是從十五步多出的，前五後加成八，五尺是前表已有的，三尺是後表加出的。前表以前餘勾所容横積，屬前表竿；前表至後表十五尺所容横積，屬後表竿。以前表退五尺論之，前表至木二十五尺，高長遠短，前表前是正勾，退五尺是餘勾。以餘股六尺乘正勾二十五尺，得一百五十尺，以餘勾五尺除，得表上之高三十尺。以後表退八尺論之，前表至木又加至後表十五尺共四十尺，高短遠長，後表前四十尺是正股，退八尺是餘股。

---

1 在此題中，表高 $m = 10$、表間距 $k = 15$、望竿高 $n = 4$、前表退行 $p = 5$、後表退行 $q = 8$，由歌訣公式求得木竿高：

$$h = \frac{(m-n)k}{q-p} + m = \frac{(10-4)\times 15}{8-5} + 10 = 40$$

後望竿至木竿遠：

$$l = \frac{pk}{q-p} + k + q = \frac{5\times 15}{8-5} + 15 + 8 = 48$$

以餘勾六尺乘正股四十尺得二百四十尺以餘股八尺除之亦得表上之高三十尺以表間論之前表至後表十五尺表上高三十尺亦高長遠短表間十五尺是正勾後表退行減前表退行餘三尺是餘勾此乃就前表以後求高股三十尺勾一十五尺勾得股二分之一故餘勾三尺餘股六尺將十五尺以六尺乘以三尺除亦得表上之高三十尺此數理之條之可驗者也然又將十五尺以退五尺乘以三尺除得前表至木之遠者何也前表至木二十五尺是五個五尺以後表至前表一十五尺是三個五尺後表得前表八分之三前表得五分後表得三分將表間十五尺五因三歸即將三分因歸作五分故進得前表至木之數

二表餘勾股覘望海島圖

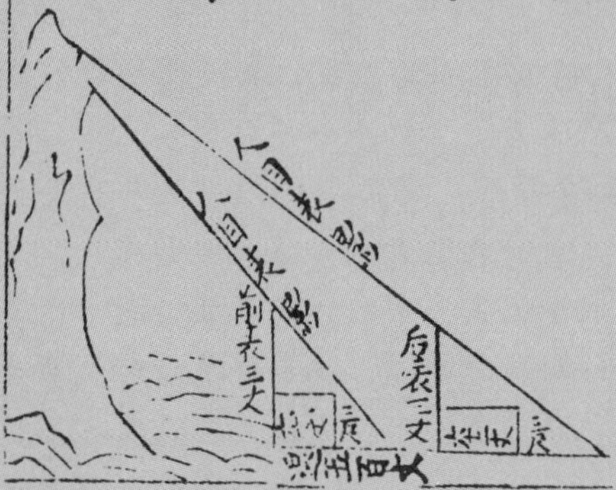

今有海島不知高遠立表竿三丈退行六十丈又立短竿三尺人目望二竿末與島峰頂參合復却退行五百丈又立表竿三丈退行六十二丈又立短竿三尺人目望二竿末俱與島峰頂參合問海島高遠各若干

舊法 置表間相去五百丈以表竿三丈減去短竿

以餘勾六尺乘正股四十尺，得二百四十尺，以餘股八尺除之，亦得表上之高三十尺。以表間論之，前表至後表十五尺，表上高三十尺，亦高長遠短，表間十五尺是正勾，後表退行減前表退行餘三尺是餘勾。此乃就前表以後求高，股三十尺，勾一十五尺，勾得股二分之一，故餘勾三尺，餘股六尺，將十五尺以六尺乘、以三尺除，亦得表上之高三十尺。此數理之條條可驗者也。然又將十五尺以退五尺乘、以三尺除，得前表至木之遠者，何也？前表至木二十五尺，是五個五尺，後表至前表一十五尺，是三個五尺，後表得前表八分之三，前表得五分，後表得三分。將表間十五尺五因三歸，即將三分因歸作五分，故適得前表至木之數。

二表餘勾股窺望海島圖

今有海島不知高遠，立表竿三丈，退行六十丈，又立短竿三尺，人目望二竿末與島峰頂參合。復却退行五百丈[1]，又立表竿三丈，退行六十二丈，又立短竿三尺，人目望二竿末俱與島峰頂參合。問海島高、遠各若干[2]？舊法置表間相去五百丈，以表竿三丈減去短竿

1 復却退行五百丈，指自前表竿退行五百丈，非自望竿退行五百丈。即表間距爲五百丈。

2 此題爲《算法統宗》卷十二"海島算題"第七題。

三尺餘二丈七尺乘之得一千三百五十丈為實另置後表退行六十二丈減去前表退行六十丈餘二丈為法除之得六百七十五丈加入表高三丈共六百七十八丈以里法一百八十丈為法除之得島高三里一百三十八丈另置表閒五百丈以前表退行六十丈乘之得三萬丈為實亦以減餘二丈為法除之得一萬五千丈以里法一百八十丈為法除之得前表至島遠八十三里六十丈

解義此與望木同法雖立四竿二短竿即人目處猶二表法也前後表得八分之三此得六十二分之二前六十分後二分

二表餘勾股窺定攻守圖

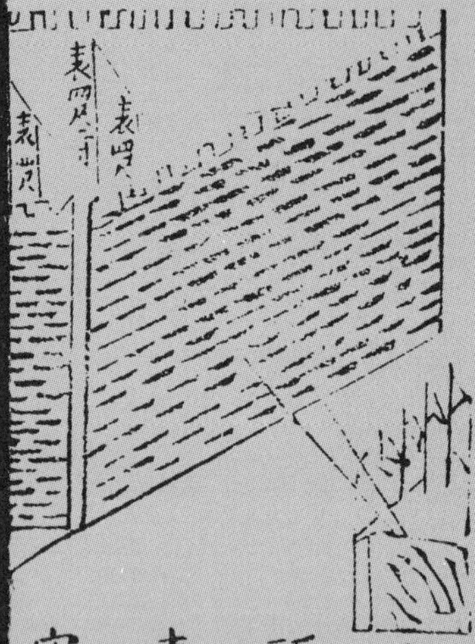

今有城頭禦寇欲求寇營遠近未知城高計城頭垛口高三尺三寸於中口處垛牆一尺內立表竿四尺退行八尺又立望竿四尺二寸人目窺望二竿末正與寇營斜對另退却一十七尺

三尺餘二丈七尺乘之，得一千三百五十丈爲實。另置後表退行六十二丈，減去前表退行六十丈，餘二丈爲法，除之得六百七十五丈。加入表高三丈，共六百七十八丈。以里法一百八十丈爲法，除之得島高三里一百三十八丈。另置表間五百丈，以前表退行六十丈乘之，得三萬丈爲實，亦以減餘二丈爲法，除之得一萬五千丈。以里法一百八十丈爲法，除之得前表至島遠八十三里六十丈[1]。

【解義】此與望木同法，雖立四竿，二短竿即人目處，猶二表法也。前後表得八分之三，此得六十二分之二，前六十分，後二分。

二表餘勾股窺定攻守圖

今有城頭禦寇，欲求寇營遠近，未知城高。計城頭垛口高三尺三寸，於中口處垛墻一尺内立表竿四尺，退行八尺，又立望竿四尺二寸，人目窺望二竿末，正與寇營斜對。另退却一十七尺[2]，

---

1 在此題中，表高 $m=3$ 高、表間距 $k=500$、望竿高 $n=0.3$、前表退行 $p=60$、後表退行 $q=62$，由歌訣公式求得海島高：

$$h = \frac{(m-n)k}{q-p} + m = \frac{(3-0.3)\times 500}{62-60} + 3 = 678 \text{ 丈}$$

前表至海島遠：

$$l' = \frac{pk}{q-p} = \frac{60\times 500}{62-60} = 15000 \text{ 丈}$$

2 另退却一十七尺，指自前表竿退行十七尺，非自望竿退行。即表間距爲十七尺。

重立表竿四尺退行八尺一寸立望竿四尺二寸人目窺望二竿末亦與恩營斜對問恩遠若干

增法置表間一十七尺以寸通之得一百七十寸以望竿餘二寸即餘勾乘之得三百四十寸以後表退行八尺一寸減前表退行八尺餘一寸為法除之仍三百四十寸以尺通之得城下至表竿如通勾三十四尺即將三十四尺為實另將前表退行八尺以寸通之得八十以乘三十四尺得二千七百二十尺以餘竿二寸除之得前表至恩營遠一千三百六十尺內除墻一尺餘得實遠一千三百五十九尺○或以表間積求亦將前退八尺以寸通之得八十以乘一十七尺得一千三百六十尺以後表減餘一寸為法除之仍故得前表至營之遠○增法再將後表退行八尺一寸以寸通之得八十一卻以餘竿二寸乘表間一十七尺得三十四尺以八十一除之得依後表窺望斜弦至營前表竿餘高四寸一分九釐有零

重立表竿四尺，退行八尺一寸，立望竿四尺二寸，人目窺望二竿末，亦與寇營斜對。問寇遠若干？增法置表間一十七尺，以寸通之，得一百七十寸，以望竿餘二寸即餘勾乘之，得三百四十寸。以後表退行八尺一寸減前表退行八尺，餘一寸爲法，除之仍三百四十寸。以尺通之，得城下至表竿如通勾三十四尺。即將三十四尺爲實，另將前表退行八尺，以寸通之得八十，以乘三十四尺，得二千七百二十尺。以餘竿二寸除之，得前表至寇營遠一千三百六十尺，内除墻一尺，餘得實遠一千三百五十九尺[1]。○或以表間積求，亦將前退八尺，以寸通之得八十，以乘一十七尺得一千三百六十尺，以後表減餘一寸爲法，除之仍故，得前表至營之遠[2]。○增法再將後表退行八尺一寸，以寸通之得八十一。却以餘竿二寸乘表間一十七尺，得三十四尺，以八十一除之，得依後表窺望斜弦至營前表竿餘高四寸一分九厘有零。

---

1 該題《算法統宗》無，爲《算海説詳》新增。如圖 3－14，O 爲敵營，$F'B'$ 爲城墻，前後立兩表竿 $CD=C'D'=m=40$，表間距 $DD'=k=170$，前表退行 $DF=p=80$，後表退行 $D'F'=q=81$，立兩望竿 $EF=E'F'=n=42$，望竿、表竿與敵營相參直。求敵營至城墻距離 BB'。由 $S_{M'}=S_{N'}$ 得：

$$b_2(k+a_1)=b_1q \quad ①$$

由 $S_M=S_N$ 得：

$$b_2a_1=b_1p \quad ②$$

則得：

$$b_1=\frac{b_2k}{q-p}=\frac{(n-m)k}{q-p}=\frac{(42-40)\times 170}{81-80}=340$$

代入②式，得：

$$a_1=\frac{b_1p}{b_2}=\frac{340\times 80}{2}=13600$$

此即前表至敵營距離，内除去墻厚，即得墻脚至敵營距離 BB'：

$$l=b-10=13590$$

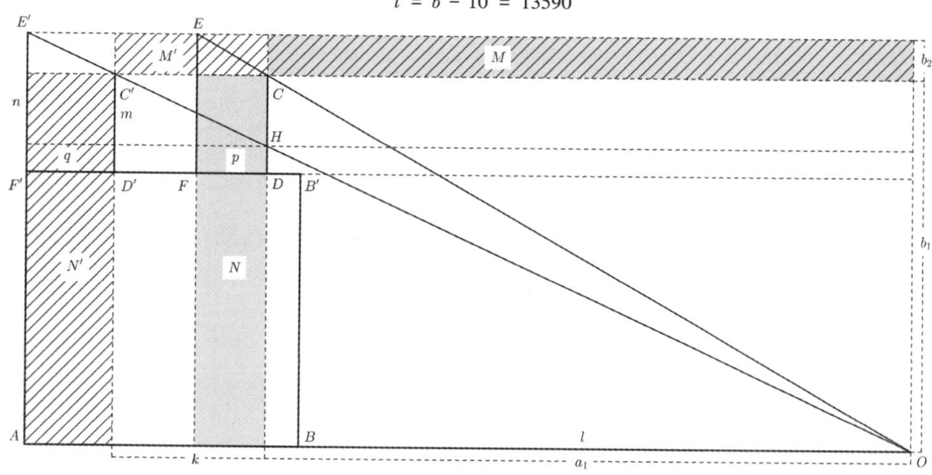

圖 3－14

2 注釋 1 中，①②式相除：

$$\frac{b_2(k+a_1)}{b_2a_1}=\frac{b_1q}{b_1p}$$

得：

$$a_1=\frac{pk}{q-p}=\frac{80\times 170}{81-80}=13600$$

原表高四尺減𥓓口高三尺三寸餘七寸上減斜弦立四寸一分九厘有零𥓓口上餘二寸八分有零照依後表斜弦安立砲位百發百中可立奏功

解義將前後退行八尺與八尺一寸俱以寸通者餘勾二寸餘股式八尺或八尺一寸是前表餘勾二分餘股八十分後表餘勾二分餘股八十一分以寸通之乃合本等分數也本此乘除表間十七尺便知後表至前表應減數若干上去退餘下去𥓓口中餘即砲位處凡此等法須斟量遠近照依𥓓口高下定立表竿廣便後表斜弦減退以合砲位乃有濟用

拙翁論曰表竿一法於攻守最為有用或恐臨城邑安營近地或恐據堡寨或恐占山頭我軍另占山頭或恐在水洋短兵難接須借火砲攻擊但或高或下徒費錢糧無濟實用立定表竿前後窺望照依望穴斜弦置列砲位遠近高下自可百發百中倘遇山隅欹側高低不平將竿先取下平隨依地勢安立自下平以上作數推筭則施之無處不宜其表

原表高四尺，減垛口高三尺三寸，餘七寸。上減斜弦上四寸一分九厘有零，垛口上餘二寸八分有零[1]。照依後表斜弦安立砲位，百發百中，可立奏功。

【解義】將前後退行八尺與八尺一寸俱以寸通者，餘勾二寸，餘股或八尺或八尺一寸，是前表餘勾二分，餘股八十分，後表餘勾二分，餘股八十一分，以寸通之，乃合本等分數也。本此乘除表間十七尺，便知後表至前表應減數若干，上去退餘，下去垛口中餘，即砲位處。凡此等法，須斟量遠近，炤依垛口高下，定立表竿，庶便後表斜弦減退，以合砲位，乃有濟用。

拙翁論曰：表竿一法，於攻守最爲有用。或寇臨城邑，安營近地；或寇據堡寨；或寇占山頭，我軍另占山頭；或寇在水洋，短兵難接，須借火砲攻擊。但或高或下，徒費錢糧，無濟實用。立定表竿，前後窺望，照依望穴斜弦，置列砲位，遠近高下，自可百發百中。倘遇山隅欹側，高低不平，將竿先取下平，随依地勢安立。自下平以上，作數推筭，則施之無處不宜。其表

---

1 如圖 3－15，係圖 3－14 城墻之上的局部圖，CD、$C'D'$爲表竿，EF、$E'F'$爲望竿，ID 爲城垛高，H 爲後表斜弦與前表交點。求斜弦出城墻垛口高 HI。由 $S_W=S_V$ 得：

$$b_2k = xq$$

解得：

$$x = \frac{b_2k}{q} = \frac{(n-m)k}{q} = \frac{(42-40)\times 170}{81} \cong 4.19$$

則求得 HI：

$$y = m - z - x \cong 40 - 33 - 4.19 \cong 2.8$$

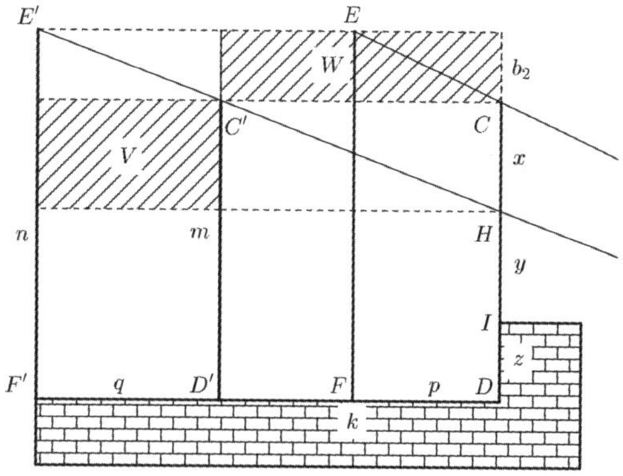

图 3－15

竿用極直木竿脩理圓直上下粗細如一以二丈為式量明尺寸數目墨畫寫界明白下用鉄尖鑽釘地中用四面四小環小繩四根鉄釘四個四面斜牽釘地妨其歪斜一樣二根再照前式製一丈二根以便臨期高下取用另製木拐二個加曲尺様直長三尺亦界明尺寸於上横拐長一尺頭用鉄環與表竿套合或竿用若干尺寸不等將曲拐套表竿上對照望竿尺寸加減止以曲拐為表其表竿逐寸鑽眼用在何處用鉄錐閂住又製二尺三尺四尺望竿各二根亦界明尺寸作人目望處用利器倫具則推驗自無差矣

和求勾股弦歌○勾股和法自乘先○弦亦自乘對減前○減餘又用減弦實○餘数開方較無疑○較減共和折半勾○加較折半股可捷○

竿用極直木竿，脩理圓直，上下粗細如一，以二丈爲式，量明尺寸數目，墨畫寫界明白。下用鉄尖鑽釘地中，用四面四小環、小繩四根、鉄釘四個，四面斜牽釘地，妨其歪斜。一様二根，再照前式製一丈二根，以便臨期高下取用。另製木拐二個，如曲尺様，直長三尺，亦界明尺寸於上，横拐長一尺。頭用鉄環與表竿套合，或竿用若干尺寸不等，將曲拐套表竿上，對照望竿，尺寸加減，止以曲拐爲表。其表竿逐寸鑽眼，用在何處，用鉄錐關住。又製二尺、三尺、四尺望竿各二根，亦界明尺寸，作人目望處用。利器備具，則推驗自無差矣。

和求勾股弦歌○勾股和法自乘先○弦亦自乘對減前○減餘又用減弦實○餘數開方較無疑○較減共和折半勾○加較折半股可搜[1]○

---

1 以上六句爲勾股和求勾股歌。已知勾股和 $a+b$ 與弦 c，求勾股。依據歌訣，先求勾股較：

$$b-a=\sqrt{c^2-[(a+b)^2-c^2]}$$

再分别求勾、股：

$$a=\frac{(a+b)-(b-a)}{2}$$

$$b=\frac{(a+b)+(b-a)}{2}$$

《算法統宗》卷十二“股别勾弦歌”下有勾股和算題，無歌訣。

勾弦股弦和法同○或勾或股先自乘○就以共和爲除法○得較增減由和察○減較折半勾股見○增較折半弦亦明

勾股和求勾股法○今有勾股止言弦六十八尺勾股共九十二尺問勾股各若干

舊法 置勾股共九十二尺自乘得八千四百六十四尺另以弦六十八尺自乘得四千六百二十四尺以減前實餘三千八百四十尺又以此爲法減弦自乘四千六百二十四尺餘七百八十四尺以開平方法除之得二十八尺即勾股較差數以減共和九十二尺餘六十四尺折半得勾闊三十二尺加入二十八尺得股長六十尺

解義 和自乘內是四個勾股相乘積數一個二十八自乘差數弦自乘內是兩個勾股相乘積數一個二十八自乘差數以此減和自不是減去了兩個積數一個差數止存兩個勾股相乘積數又以此爲法減弦自乘是咸去兩個積數止存一二十八自乘差數故開方得勾股較二十八尺

勾弦股弦和法同○或勾或股先自乘○就以共和爲除法○得較增減由和察○減較折半勾股凂○增較折半弦亦明[1]

勾股和求勾股法○今有勾股，止言弦六十八尺，勾股共九十二尺。問勾、股各若干？舊法置勾股共九十二尺，自乘得八千四百六十四尺。另以弦六十八尺自乘，得四千六百二十四尺，以減前實，餘三千八百四十尺。又以此爲法，減弦自乘四千六百二十四尺，餘七百八十四尺。以開平方法除之，得二十八尺，即勾股較差數。以減共和九十二尺，餘六十四尺，折半得勾濶三十二尺。加入二十八尺，得股長六十尺。

【解義】和自乘内，是四個勾股相乘積數、一個二十八自乘差數。弦自乘内是兩個勾股相乘積數、一個二十八自乘差數。以此減和自乘，是減去了兩個積數、一個差數，止存兩個勾股相乘積數。又以此爲法，減弦自乘，是減去兩個積數，止存一二十八自乘差數，故開方得勾股較二十八尺。

---

1 以上六句爲勾弦和求勾弦歌（股弦和同）。已知勾弦 $a+c$ 和與股 b，求勾弦。依據歌訣，先求勾股較：

$$c-a=\frac{b^2}{a+c}$$

再分别求勾、股：

$$a=\frac{(a+c)-(c-a)}{2}$$

$$c=\frac{(a+c)+(c-a)}{2}$$

《算法統宗》卷十二有“股别勾弦歌”，云：

股别勾弦股自乘，勾弦自乘減股零。
折半留爲勾實積，勾弦爲法最公平。
法除勾積爲勾數，勾别股弦依此行。

即已知股 b 與勾弦和 $a+c$，求勾弦。解法用公式表示如下：

$$a=\frac{\frac{1}{2}[(a+c)^2-b^2]}{a+c}$$

勾弦和求勾弦〇今有勾股止言股六十尺勾弦共一百尺問勾弦各若干

舊法置股六十尺自乘得三千六百尺以勾弦和共一百尺為法除之得三十六尺即勾弦較以減勾弦和一百尺餘六十四尺折半得勾三十二尺加入三十六尺得弦六十八尺

又法置勾弦共一百尺自乘得一萬尺另以股六十尺自乘得三千六百尺以少減多餘六千四百尺折半得三千二百尺為實以勾弦共一百尺為法除之得勾三十二尺以減勾弦共一百尺餘得弦六十八尺

解義　後法以股自乘減勾弦和自乘餘以勾弦和除之得勾者和自乘數內有一個勾自乘一個弦自乘兩個勾乘弦數其弦自乘數內是一個勾自乘一個股自乘數減去股自乘數止存勾自乘數合之是兩個勾自乘兩個勾弦相乘數折半止存一個勾自乘一箇勾弦相乘數勾自乘是三十二尺乘三十二尺勾弦相乘是三十二尺乘六十八尺合之共成三十二個一百尺故以勾弦共一百尺為法除之得勾三十二尺以股弦和求股亦然

勾弦和求勾弦〇今有勾股，止言股六十尺，勾弦共一百尺。問勾、弦各若干？舊法置股六十尺，自乘得三千六百尺，以勾弦和共一百尺爲法，除之得三十六尺，即勾弦較。以減勾弦和一百尺，餘六十四尺，折半得勾三十二尺。加入三十六尺，得弦六十八尺。又法置勾弦共一百尺，自乘得一萬尺，另以股六十尺自乘，得三千六百尺，以少減多，餘六千四百尺，折半得三千二百尺爲實。以勾弦共一百尺爲法，除之得勾三十二尺。以減勾弦共一百尺，餘得弦六十八尺[1]。

【解義】後法以股自乘減勾弦和自乘，餘以勾弦和除之得勾者，和自乘數内有一個勾自乘、一個弦自乘、兩個勾乘弦數，其弦自乘數内是一個勾自乘、一個股自乘數，減去股自乘數，止存勾自乘數，合之是兩個勾自乘、兩個勾弦相乘數。折半，止存一個勾自乘、一箇勾弦相乘數。勾自乘是三十二尺乘三十二尺，勾弦相乘是三十二尺乘六十八尺，合之共成三十二個一百尺，故以勾弦共一百尺爲法，除之得勾三十二尺。以股弦和求股亦然。

1“舊法”先求勾股較，即前文歌訣解法。“又法”同《算法統宗》卷十二“股別勾弦歌”：

$$a=\frac{\frac{1}{2}[(a+c)^2-b^2]}{a+c}=\frac{\frac{1}{2}\times(100^2-60^2)}{100}=32$$

股弦和求股弦法（）今有勾股止言勾三十二尺股弦共一百二十八尺問股弦各若干

舊法 置勾三十二尺自乘得一千零二十四尺以股弦共一百二十八尺為法除之得八尺即股弦較以減股弦和共一百二十八尺餘一百二十尺折半得股六十尺加入較八尺得弦六十八尺

又法 置股弦共一百二十八尺自乘得一萬六千三百八十四尺另以勾三十二尺自乘得一千零二十四尺以少減多餘一萬五千三百六十尺折半得七千六百八十尺為實以股弦共一百二十八尺為法除之得股長六十尺以減共一百二十八尺餘得弦長六十八尺

股弦和求股之圖

今有竹高一丈為風所折仆地稍尖去根三尺問折處高若干

舊法 置去根三尺為勾自乘得九尺另以竹高一丈如股弦和為法除之得九寸以減

股弦和求股弦法○今有勾股，止言勾三十二尺，股弦共一百二十八尺。問股、弦各若干？舊法置勾三十二尺，自乘得一千零二十四尺，以股弦共一百二十八尺爲法，除之得八尺，即股弦較。以減股弦和共一百二十八尺，餘一百二十尺，折半得股六十尺。加入較八尺，得弦六十八尺。又法置股弦共一百二十八尺，自乘得一萬六千三百八十四尺，另以勾三十二尺自乘，得一千零二十四尺，以少減多，餘一萬五千三百六十尺，折半得七千六百八十尺爲實。以股弦共一百二十八尺爲法，除之得股長六十尺。以減共一百二十八尺，餘得弦長六十八尺。

股弦和求股之圖

今有竹高一丈，爲風所折仆地，稍尖去根三尺。問折處高若干[1]？舊法置去根三尺爲勾，自乘得九尺，另以竹高一丈如股弦和爲法，除之得九寸。以減

1 此題爲《算法統宗》卷十二"股別勾弦歌"第一題。已知股弦和 $b+c$ 與 a，求股、弦。

股弦和一丈九尺丈餘一寸折半得折處高四尺五寸五分

勾弦和股弦和求勾股弦法○今有勾股如止言勾弦共一百尺股弦共一百二十八尺問勾股弦各若干

舊法置股弦共一百二十八尺以勾弦共一百尺乘之得一萬二千八百尺加倍得二萬五千六百尺為實以開平方除之得一百六十尺為勾股弦共數減勾弦和共一百尺餘得股長六十尺又將一百六十尺另以股弦和一百二十八尺減之餘得勾闊三十二尺又將一百六十內減勾三十二尺股六十尺共九十二尺餘得弦長六十八尺

解義數從勾股弦生將勾股弦併合自乘其中所包仍是勾股弦數如勾股弦共一百六十尺自乘以勾股弦分之內中是一個勾自乘一個股自乘一個弦自乘兩個勾股相乘兩個勾弦相乘兩個股弦相乘共九個數在內以勾弦一百尺乘股弦一百二十八尺內中是一個勾股相乘一個股弦相乘一個勾弦相乘一個弦自乘共四個數其三相乘數俱較上二分之一弦自乘數同然較上少一勾

股弦和一丈，餘九尺一寸，折半得折處高四尺五寸五分。

勾弦和、股弦和求勾股弦法[1]〇今有勾股，如止言勾弦共一百尺，股弦共一百二十八尺。問勾、股、弦各若干？舊法置股弦共一百二十八尺，以勾弦共一百尺乘之，得一萬二千八百尺，加倍得二萬五千六百尺爲實。以開平方除之，得一百六十尺，爲勾股弦共數。減勾弦和共一百尺，餘得股長六十尺。又將一百六十尺，另以股弦和一百二十八尺減之，餘得勾濶三十二尺。又將一百六十內，減勾三十二尺、股六十尺共九十二尺，餘得弦長六十八尺。

【解義】數從勾股弦生，將勾股弦併合自乘，其中所包，仍是勾股弦數。如勾股弦共一百六十尺自乘，以勾股弦分之，內中是一個勾自乘、一個股自乘、一個弦自乘、兩個勾股相乘、兩個勾弦相乘、兩個股弦相乘，共九個數在內。以勾弦一百尺乘股弦一百二十八尺，內中是一個勾股相乘、一個股弦相乘、一個勾弦相乘、一個弦自乘，共四個數。其三相乘數，俱較上二分之一，弦自乘數同，然較上少一勾

1《算法統宗》卷十二“勾弦較股弦較”第三題與此題類型相同。原題已知勾弦和七十二步、股弦和八十一步，求勾股弦。先求弦和和：

$$(a+b)+c=\sqrt{2(b+c)(a+c)}$$

再依次求勾股弦各數。

自乘股自乘却又多一弦自乘數合筭共得一半故加倍合之開方得勾股弦共數一百六十也

勾股較勾弦和求勾股弦法○今有勾股止言股多勾二十八尺勾弦共一百尺問勾股弦各若干 增法 置勾弦共一百尺加股多勾二十八尺共一百二十八尺即股弦和卻以勾弦和一百尺乘之依上法求勾股弦

勾股較股弦和求勾股弦法○今有勾股止言股多勾二十八尺股弦共一百二十八尺問勾股弦各若干 增法 置股弦共一百二十八尺減股多勾二十八尺餘一百尺即勾弦和以乘股弦和一百二十八尺依上法求勾股弦

勾弦較股弦和并積求勾股弦法○今有勾股積一千九百二十尺弦多勾三十六尺弦股共一百二十八尺問勾股弦各若干 增法 置股弦共一百二十八尺減弦多勾三十六尺餘九十二尺即勾股和自乘得八千四百六十四尺另將積

自乘、股自乘，却又多一弦自乘數，合算共得一半，故加倍合之，開方得勾股弦共數一百六十也。

勾股較、勾弦和求勾股弦法〇今有勾股，止言股多勾二十八尺，勾弦共一百尺。問勾、股、弦各若干[1]？增法置勾弦共一百尺，加股多勾二十八尺，共一百二十八尺，即股弦和。却以勾弦和一百尺乘之，依上法求勾、股、弦。

勾股較、股弦和求勾股弦法〇今有勾股，止言股多勾二十八尺，股弦共一百二十八尺，問勾、股、弦各若干[2]？增法置股弦共一百二十八尺，減股多勾二十八尺，餘一百尺，即勾弦和。以乘股弦和一百二十八尺，依上法求勾、股、弦。

勾弦較、股弦和并積求勾股弦法〇今有勾股積一千九百二十尺，弦多勾三十六尺，弦股共一百二十八尺。問勾、股、弦各若干[3]？增法置股弦共一百二十八尺，減弦多勾三十六尺，餘九十二尺，即勾股和。自乘得八千四百六十四尺，另將積

1　此題《算法統宗》無。係已知勾股較 $b-a$、勾弦和 $a+c$，求勾股弦。先求股弦和：

$$b+c=(b-a)+(a+c)$$

再依據前法，求弦和和：

$$(a+b)+c=\sqrt{2(b+c)(a+c)}$$

再依次求勾股弦各數。

2　此題《算法統宗》無。係已知勾股較 $b-a$、股弦和 $b+c$，求勾股弦。與前題類型相似，先求勾弦和 $a+c$，再求弦和和 $(a+b)+c$，則勾股弦各數依法可求。

3　此題《算法統宗》無。係已知勾股積 ab，勾弦較 $c-a$、股弦和 $b+c$，求各項。先求勾股和：

$$a+b=(b+c)-(c-a)$$

再求勾股較：

$$b-a=\sqrt{(a+b)^2-4ab}$$

則勾股弦各項依次可求。

一千九百二十尺以四因之得七千六百八十尺以少減多餘七百八十四尺以開平方法除之得二十八尺即勾股較以減九十二尺餘六十四尺折半得勾濶三十二尺加股多二十八尺得股長六十尺以減股弦共一百二十八尺餘得弦長六十八尺

股弦較勾弦和并積求勾股弦法○今有勾股積一千九百二十尺弦多股八尺勾弦共一百尺問勾股弦各若干

增法置勾弦共一百尺減弦多股八尺餘九十二尺自乘以四因積相減如上法

解義勾股共自乘用四因積相減者其自乘内係四個積幾一個二十八自乘數故對減開方得股多勾二十八尺也○若止以積與股多勾數問即置積為寔以二十八帶從開方求之即得○若以積與勾股和問亦恰相減法求之

孫子度影量竿法○今有立木不知高日影在地長五丈隨立一竿長一丈日影長一丈二尺五寸問立木高若干

舊法置立木影長五丈為實

一千九百二十尺以四因之，得七千六百八十尺，以少減多，餘七百八十四尺。以開平方法除之，得二十八尺，即勾股較。以減九十二尺，餘六十四尺，折半得勾濶三十二尺。加股多二十八尺，得股長六十尺。以減股弦共一百二十八尺，餘得弦長六十八尺。

股弦較、勾弦和并積求勾股弦法〇今有勾股積一千九百二十尺，弦多股八尺，勾弦共一百尺。問勾、股、弦各若干[1]？增法置勾弦共一百尺，減弦多股八尺，餘九十二尺。自乘，以四因積，相減如上法。

【解義】勾股共自乘、用四因積相減者，其自乘内係四個積數、一個二十八自乘數，故對減開方，得股多勾二十八尺也。〇若止以積與股多勾數問，即置積爲實，以二十八帶縱開方求之即得。〇若以積與勾股和問，亦焀相減法求之。

孫子度影量竿法〇今有立木不知高，日影在地長五丈，随立一竿長一丈，日影長一丈二尺五寸。問立木高若干[2]？舊法置立木影長五丈爲實，

---

1 此題《算法統宗》無。係已知勾股積 ab、股弦較 $c-b$、勾弦和 $a+c$，求各項。解法先求勾股和 $a+b$，次求勾股較 $b-a$。一如前題，不復贅。

2 此題爲《算法統宗》卷十二“海島算題”第一題。原出《孫子算經》卷下。

以竿影長一丈二尺五寸爲法除之得木高四丈

以竿影長一丈二尺五寸爲法，除之得木高四丈[1]。

1 如圖 3－16，$AB = a$ 爲木高，$AC = b = 5$ 爲木影長，$AB' = a' = 1$ 爲竿長，$AC' = b' = 1.25$ 爲竿影長，解得木高：

$$a = \frac{a'b}{b'} = \frac{1 \times 5}{1.25} = 4$$

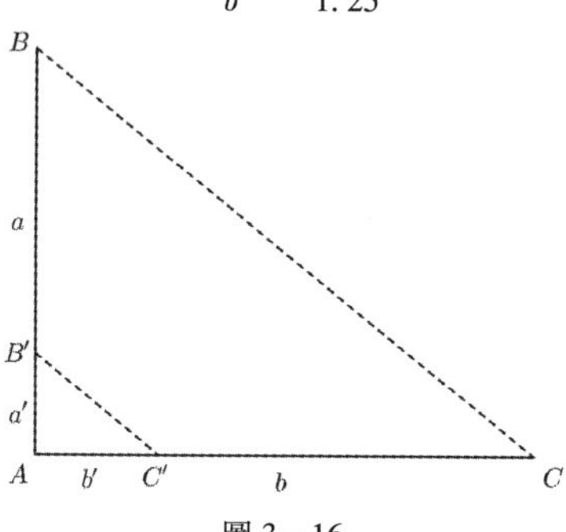

圖 3－16

筭海說詳第四卷

白下隱吏古齋陽丘暎足軒強恕居士李長茂拙翁甫輯著

開方章

此章以平方求方面以平圓求圓徑以帶縱減縱求直長濶以一乘再乘求立方立圓以一乘再乘三乘等求立方立圓之積高開方與勾股法相為表裏乃諸數借為權輿誠筭家所宜考究

開方總解〇平方即方面自乘之積還源曰開平方者開四面而成方也其法有初商再商三商四商不等以商除積盡為定商者約畧之意乃量積數多寡而約畧定方百則下十萬則下百之類是也初商是方法次商以後用廉法隅法方法者先約畧積數可以四面成方者左定一

筭海説詳第四卷

白下隐吏古齊陽丘睡足軒強恕居士李長茂拙翁甫輯著

開方章[1]

此章以平方求方面，以平圓求圓徑，以帶縱、減縱求直長濶，以一乘、再乘求立方立圓，以一乘、再乘、三乘等求立方立圓之積高。開方與勾股法相爲表裏，乃諸數借爲權輿，誠筭家所宜考究。

開方總解○平方即方面自乘之積，還源曰開平方者，開四面而成方也。其法有初商、再商、三商、四商不等。以商除積盡爲定商者，約畧之意，乃量積數多寡而約畧定方，百則下十，萬則下百之類是也。初商是方法，次商以後用廉法、隅法。方法者，先約畧積數可以四面成方者，左定一

---

1 此章内容相當於《算法統宗》卷六“少廣章”。

數右定一法相呼乘法以除積數除數不盡又用次商廉即方外所加之直謂一方帶兩邊直以助其壯取名曰廉一方不盡須從兩面加益故廉用倍法次商是方外再加之潤廉即初方兩面之長相呼除積兩邊俱與初商方齊尚缺一角故即用次商相呼成一小方以補兩廉之角所謂隅法也如商除不盡再用三商或終有不盡以法命之此為一乘方法曰乘者呼乘法而除積也再以方面自乘之積以方面乘之為二乘方又以方面乘二乘之積為三乘方二乘方即成立方上下六面俱同一方面如骰子樣是也三乘者立方之上再加高如窖深之類是也求立方其商除之數須依一乘再乘約畧定數如平方四步至八步商二步立方八步至二十六步俱商二步等是也三乘四乘以上只其

數、右定一法，相呼乘法以除積數。除數不盡，又用次商廉，即方外所加之直，謂一方帶兩邊直，以助其壯，取名曰廉[1]。一方不盡，須從兩面加益，故廉用倍法。次商是方外再加之濶廉，即初方兩面之長，相呼除積，兩邊俱與初商方齊，尚缺一角，故即用次商相呼，成一小方，以補兩廉之角，所謂隅法也。如商除不盡，再用三商。或終有不盡，以法命之，此爲一乘方法。曰乘者，呼乘法而除積也。再以方面自乘之積，以方面乘之爲二乘方，又以方面乘二乘之積爲三乘方。二乘方即成立方，上下六面俱同一方面，如骰子樣是也。三乘者，立方之上再加高，如窖深之類是也。求立方，其商除之數，須依一乘再乘約畧定數，如平方四步至八步商二步，立方八步至二十六步俱商二步等是也。三乘、四乘以上，只其

1 廉，清・段玉裁《說文解字注・廣部》："堂之邊曰廉。……今之筭法謂邊曰廉。謂角曰隅。"

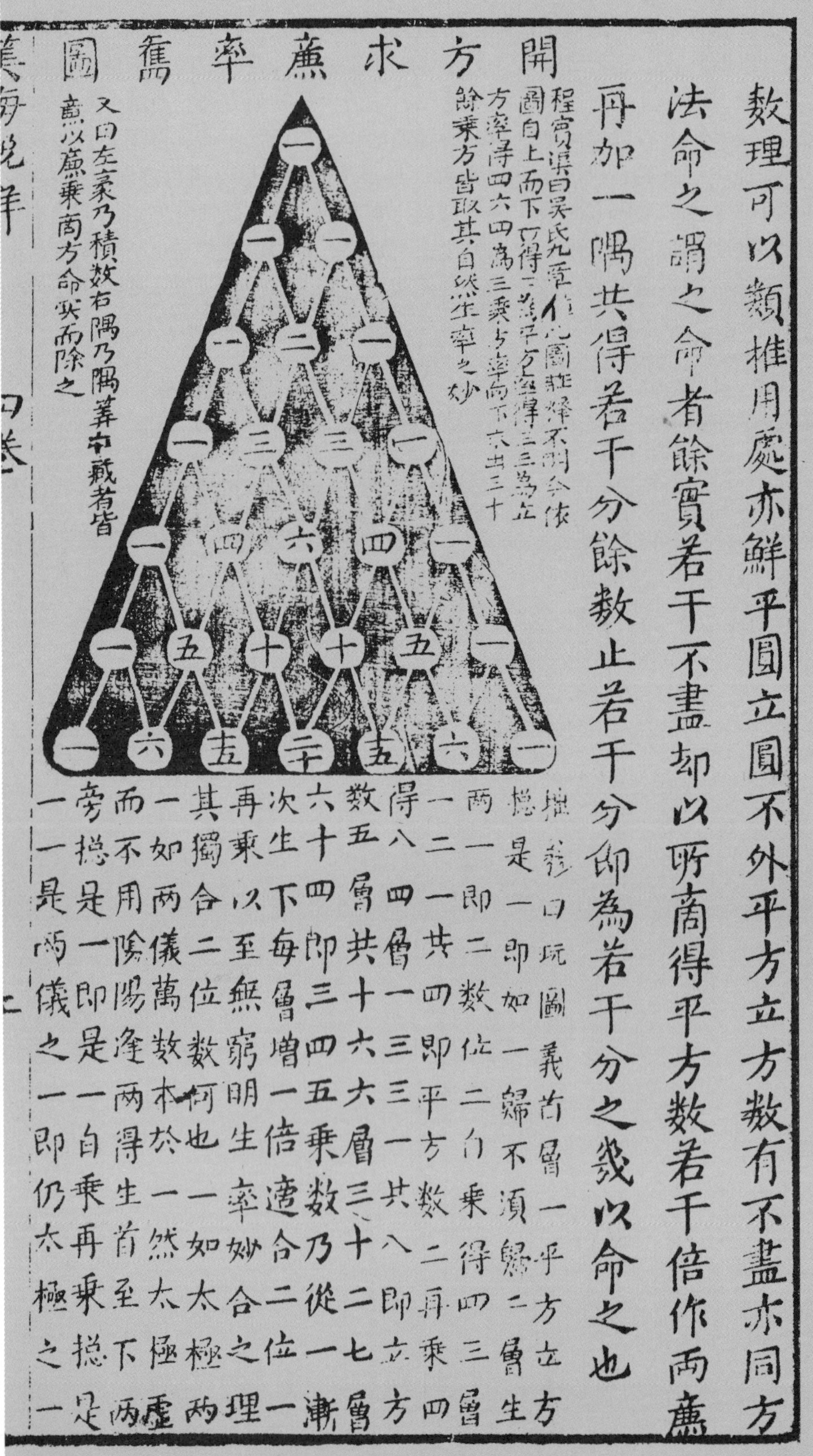

数理可以類推用處亦鮮平圓立圓不外平方立方数有不盡亦同方法命之謂之命者餘實若干不盡却以所商得平方数若干倍作兩廉再加一隅共得若干分餘数止若干分即為若干分之幾以命之也

開方求廉率舊圖

程賓渠曰吳氏九章作此圖雖繹不明今依圖自上而下乃得二為平方廉得三三為立方廉得四六四為三乘方廉向下求出三十餘乘方皆取其自然生率之妙

又曰左袤乃積数右隅乃隅算中藏者皆廉以廉乘商方命實而除之

揔彩曰玩圖義首層一平方立方揔是一即如一歸不須歸二層生兩一即二数位二自乘得四三層一二一共四即平方数二再乘四得八四層一三三一共八即立方数五層共十六六層三十二七層六十四即三四五乘数乃從一漸次生下每層增一倍適合二位一再乘以至無窮明生率妙合之理其獨合二位数何也一如太極兩一如兩儀萬数本於一然太極虛而不用陰陽逢兩得生首至下兩旁揔是一即是一自乘再乘揔是一一是兩儀之一即仍太極之一

數理可以類推，用處亦鮮。平圓立圓不外平方、立方，數有不盡，亦同方法命之。謂之命者，餘實若干不盡，却以所商得平方數若干，倍作兩廉再加一隅，共得若干分，餘數止若干分，即爲若干分之幾以命之也。

開方求廉率舊圖[1]

程賓渠曰：吴氏《九章》作此圖註釋不明，今依圖自上而下，得二爲平方率，得三三爲立方率，得四六四爲三乘方率。向下求出三十餘乘方，皆取其自然生率之妙。

又曰：左衺乃積數[2]，右隅乃隅筭[3]，中藏者皆廉。以廉乘商方，命實而除之[4]。

拙翁曰：玩圖義，首層一，平方、立方總是一，即如一歸不須歸。二層生兩一，即二數位二，自乘得四。三層一、二、一共四，即平方數二再乘四得八。四層一、三、三、一共八，即立方數。五層共十六，六層三十二，七層六十四，即三、四、五乘數。乃從一漸次生下，每層增一倍，適合二位一再乘，以至無窮。明生率妙合之理，其獨合二位數，何也？一如太極，兩一如兩儀。萬數本於一，然太極虛而不用，陰陽逢兩得生。首至下兩旁總是一，即是一自乘再乘總是一，一是兩儀之一，即仍太極之一。

---

1 圖見《算法統宗》卷六“開方求廉率作法本源圖”。此圖始見於楊輝《詳解九章算法》，今存於殘本《永樂大典》卷一六三四四（《算法統宗校釋》，第 535 頁）。

2 衺，似當作“衺”，古“邪”字（《算法統宗校釋》，第 536 頁）。

3 右隅，隅當作“衺”，《算法統宗》作“衺”，此涉下文而誤。

4 此兩段所引程大位語，見《算法統宗》卷六“開方求廉率作法本源圖”註。文字有改動。

無窮生数無不在一包羅本二生衍故獨合二位数也且二層下每二位生一位正逢两得生如三層两一生二两一皆乘二即二自乘之四四層一三各生四一三各乘四即四自乘之十六五層一四各自生五一四各乘五即五自乘之二十五三三生六三皆乘六即六自乘之三十六六七層皆然是自乘亦即包藏在内此数理生率妙合莫可思議故具圖拈出以啓參悟程解似猶未徹併存待考

開平方認商歌○一百一十定無疑○一千三十有零畸○九千九九不離十○一萬總作一百推○次除倍方作廉法○次商除廉并隅除○餘数倍廉重商起○商除不盡命其餘

開平方初商定首位數

商一步　積一步起至三步止皆商一步

商二步　積四步起至八步止

商三步　積九步起至一十五步止

無窮生數，無不在一包羅，本二生衍，故獨合二位數也。且二層下每二位生一位，正逢兩得生。如三層兩一生二，兩一皆乘二，即二自乘之四；四層一三各生四，一三各乘四，即四自乘之十六；五層一四各自生五，一四各乘五，即五自乘之二十五，三三生六，三皆乘六，即六自乘之三十六。六、七層皆然。是自乘亦即包藏在內，此數理生率妙合，莫可思議。故具圖拈出，以啓參悟。程解似猶未徹，併存待考。

開平方認商歌〇一百一十定無疑〇一千三十有零畸〇九千九九不離十〇一萬纔作一百推〇方除倍方作廉法〇次商除廉并隅除〇餘數倍廉重商起〇商除不盡命其餘[1]

開平方初商定首位數

商一步　積一步起，至三步止，皆商一步。

商二步　積四步起，至八步止。

商三步　積九步起，至一十五步止。

---

1 歌訣見《算法統宗》卷六“開平方法認商歌”，後四句《算法統宗》作：“得商方除倍作廉，次商名隅併廉除。餘數續商隅又倍，只依此法取空虛。”

商四步　積一十六步起至二十四步止

商五步　積二十五步起至三十五步止

商六步　積三十六步起至四十八步止

商七步　積四十九步起至六十三步止

商八步　積六十四步起至八十步止

商九步　積八十一步起至九十九步止

商十步　積一百步起至三百九十九步止

商二十步　積四百步起至八百九十九步止

商三十步　積九百步起至一千五百九十九步止

商四十步　積一千六百步起至二千四百九十九步止

商四步　積一十六步起，至二十四步止。
商五步　積二十五步起，至三十五步止。
商六步　積三十六步起，至四十八步止。
商七步　積四十九步起，至六十三步止。
商八步　積六十四步起，至八十步止。
商九步　積八十一步起，至九十九步止。
商十步　積一百步起，至三百九十九步止。
商二十步　積四百步起，至八百九十九步止。
商三十步　積九百步起，至一千五百九十九步止。
商四十步　積一千六百步起，至二千四百九十九步止。

商五十步　積二千五百步起至三千五百九十九步止

商六十步　積三千六百步起至四千八百九十九步止

商七十步　積四千九百步起至六千三百九十九步止

商八十步　積六千四百步起至八千零九十九步止

商九十步　積八千一百步起至九千九百九十九步止

商一百步　積一萬步起至三萬九千九百九十九步止

開方右法位
筭盤而右
定位中自左積實居
之圖左商位

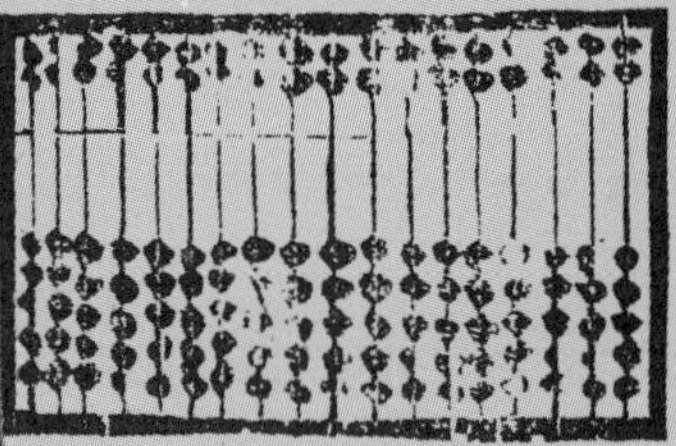

置原積實居中左置商位右照依所商別置一位於積實之下名曰下法左商置左第一位得若干下法亦置上商若干於右法之第一位與上商相呼除實名曰方法餘實若干乃將法位上加一倍

商五十步　積二千五百步起，至三千五百九十九步止。

商六十步　積三千六百步起，至四千八百九十九步止。

商七十步　積四千九百步起，至六千三百九十九步止。

商八十步　積六千四百步起，至八千零九十九步止。

商九十步　積八千一百步起，至九千九百九十九步止。

商一百步　積一萬步起，至三萬九千九百九十九步止。

開方筭盤定位之圖

置原積實居中，左置商位，右照依所商，别置一位於積實之下，名曰下法。左商置左第一位得若干，下法亦置上商若干於右法之第一位[1]，與上商相呼除實，名曰方法。餘實若干，乃將法位上加一倍，

1　右法，順治本誤作“左法”。

名為廉法又再商若干置於初商之第二位下法亦置若干於法之第二位名為隅法併廉法共得若干皆與再商相呼除實盡得平方一面之數如不盡仍前再倍次商作廉重商之或數不盡以法命之

一方二廉一隅圖

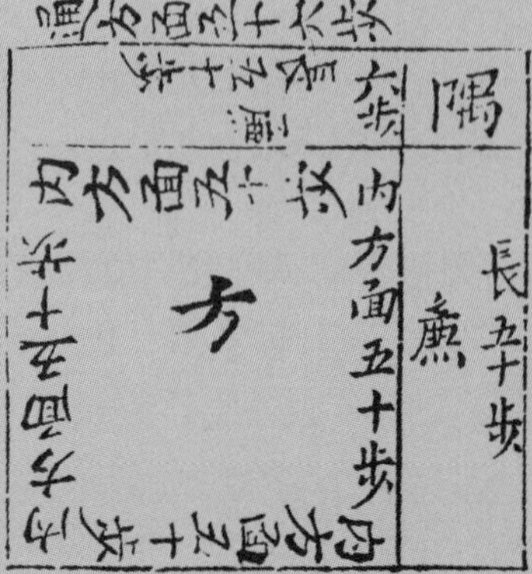

隅

長五十步

廉

內方面五十步

方

今有平方積三千一百三十六步問方面若干

（舊）（法）置積三千一百三十六步於中為實約實定初商五十步於左下法亦置五十步於右左右相呼五五除實二千五百餘積六百三十六步（）就將下法五十步倍作廉法一百步次商六步於左初商五十步之下位亦置六步於右倍廉一百步隅位之下共得一百零六步皆與次商六步相呼一六除實六百步又左六對右六相呼六六除實三十六步恰盡得（方）（面）（五）（十）（六）（步）

名爲廉法。又再商若干，置左初商之第二位[1]，下法亦置若干於法之第二位，名爲隅法。併廉法共得若干，皆與再商相呼，除實盡，得平方一面之數。如不盡，仍前再倍次商作廉重商之。或數不盡，以法命之。

一方二廉一隅圖

今有平方積三千一百三十六步，問方面若干？舊法置積三千一百三十六步於中爲實，約實定初商五十步於左，下法亦置五十步於右。左右相呼，五五除實二千五百步，餘積六百三十六步。〇就將下法五十步倍作廉法一百步，次商六步於左初商五十步之下位，亦置六步於右倍廉一百步隔位之下，共得一百零六步。皆與次商六步相呼，一六除實六百步，又左六對右六相呼，六六除實三十六步恰盡，得方面五十六步[2]。

---

1 左，順治本誤作“右”。

2 設初商爲 a、次商爲 b，如圖 4－1，原積如一方田，分作四段。初商方積爲 a^2，次商兩段廉積爲 $2ab$、隅積爲 b^2，原積：

$$S = a^2 + (2ab + b^2)$$

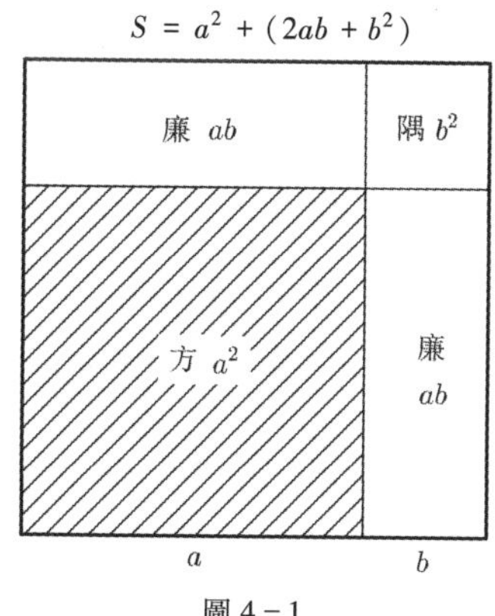

圖 4－1

解義左位約商方面之數也右位加廉隅求方面之法故除實恰盡置隅位凡商位法位積實位或千或百則次商之六步下法即十須記認明白開除庶無錯誤

一方四廉兩隅圖

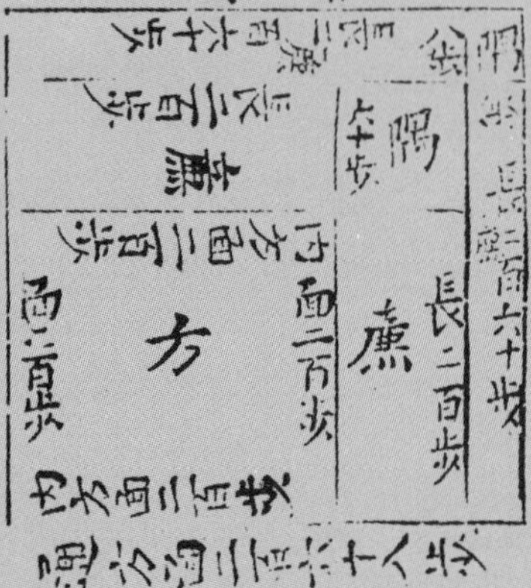

隅
六十步
廉
長二百步
方
面二百步
廉
長二百步

今有方田積七萬一千八百二十四步問平方一面若干

(舊)(法)置田積於中為實初商二百步於左位亦置二百步於右為方法以左二對右二相呼二二除實四萬餘實三萬一千八百二十四步○就以方法二百步倍作四百步為廉法次商六十於左初商二百之下亦置六十於廉法四百之下為隅法共四百六十皆與次商六十相呼先以左六對右四呼四六除積二萬四千步又左六對右六呼六六除積三千六百步餘實四千二百二十四步○又將右位次商六十倍加六十共五百二十又為廉法再商八步於左初次商二百六十之下位亦置八

【解義】左位約商，方面之數也。右位加廉隅，求方面之法。故除實恰盡，即以左位所得之數爲方面，倍廉成百，則次商之六步，下法即置隔位。凡商位、法位、積實位，或千或百或十，須記認明白，開除庶無錯誤。

一方四廉兩隅圖

今有方田積七萬一千八百二十四步，問平方一面若干？舊法置田積於中爲實，初商二百步於左位，亦置二百步於右爲方法，以左二對右二相呼，二二除實四萬步，餘實三萬一千八百二十四步。〇就以方法二百步倍作四百步爲廉法，次商六十於左初商二百之下，亦置六十於廉法四百之下爲隅法，共四百六十，皆與次商六十相呼。先以左六對右四呼四六除積二萬四千步，又左六對右六呼六六除積三千六百步，餘實四千二百二十四步。〇又將右位次商六十倍加六十[於四百之下]共五百二十[1]，又爲廉法，再商八步於左初次商二百六十之下位，亦置八

---

1 "倍加六十"後脱落"於四百之下"若干字，語義不完整，據《算法統宗》補。

於右廉法五百二十之下位皆與上商八步相呼先以左八對右五相呼五八除積四千步又以左八與右二相呼二八除一百六十步又以左八與右八相呼八八除實六十四步恰盡得方面二百六十八步

解義 此同一段方田分作七段內方二百步一段積四萬步次商六十內有濶六十步長二百步兩段故倍初商二百作四百為廉法與次商六十相呼除實二萬四千是兩段直田積隅法六六相呼除實三千六百步是二層小方田積又商八步內有濶八步長二百六十步兩段故再倍六十併先兩廉共為廉法以又商八步与五百二十遍呼共除四千一百六十步是外層二段直田積八八相呼除積六十四步是外層隅角小方田積閼圖自可了然上圖二層此圖三層萬千百十步分厘毫每一苻分一層每層皆有二廉一隅

歸除開平方法欵○歸除開方法最良○初商對呼除內方○下法加倍為廉法○歸除實位得次商○商法相呼除隅積○再商仍依前法詳

今有方田積五萬四千七百五十六步問平方每面長若干

舊法置積

於右廉法五百二十之下位，皆與上商八步相呼。先以左八對右五相呼，五八除積四千步，又以左八與右二相呼，二八除一百六十步，又以左八與右八相呼，八八除實六十四步恰盡，得方面二百六十八步[1]。

【解義】此同一段方田分作七段，内方二百步一段，積四萬步。次商六十，内有濶六十步、長二百步兩段，故倍初商二百作四百爲廉法，與次商六十相呼，除實二萬四千，是兩段直田積。隅法六六相呼，除實三千六百步，是二層小方田積。又商八步，内有濶八步、長二百六十步兩段，故再倍六十，併先兩廉共爲廉法，以又商八步与五百二十遍呼，共除四千一百六十步，是外層二段直田積。八八相呼，除積六十四步，是外層隅角小方田積。閱圖自可了然，上圖二層，此圖三層，萬千百十步分厘毫，每一等分一層，每層皆有二廉一隅。

歸除開平方法歌○歸除開方法最良○初商對呼除内方○下法加倍爲廉法○歸除實位得次商○商法相呼除隅積○再商仍依前法詳[2]

今有方田積五萬四千七百五十六步，問平方每面長若干[3]？舊法置積

---

1 設初商爲 a，次商爲 b，三商爲 c。如圖 4－2，原方田可分成七段，其中，初商方積爲 a^2，次商二廉一隅積爲 $2ab+b^2$，三商二廉一隅積爲 $2(a+b)c+c^2$，則原積：

$$S=a^2+(2ab+b^2)+[2(a+b)c+c^2]$$

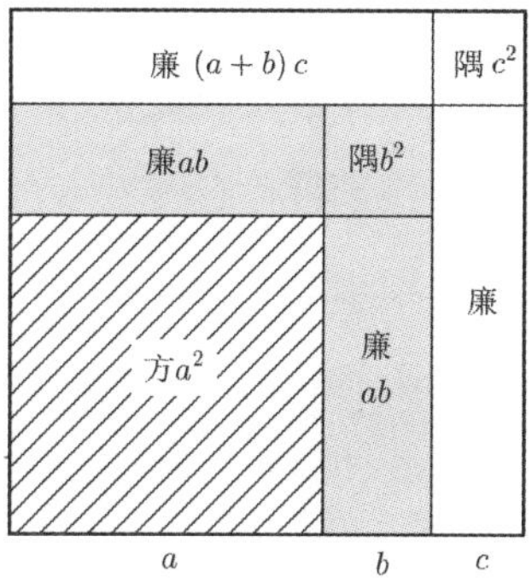

圖 4－2

2 歸除開方，見《算法統宗》卷六。原無歌訣。

3 此題爲《算法統宗》卷六“歸除開平方”第一題。

五萬四千七百五十六步於盤中為實見實五萬約商二百於左亦置二百於右為下法左右相呼二二除實四萬步餘實一萬四千七百五十六步即以右法二百步倍之得四百步為廉法歸除之呼四一二十二逢四進一十得次商三十步就置三十步於右法四百之下相呼三三除實九百步餘實一千八百五十六步又將右法三十步倍之得六十步共四百六十步為法歸除之呼四一二十二逢八進二十得三商四步亦置四步於右法六十步之下相呼四六除實二百四十步又呼四四除實一十六步恰盡以左上所商得方面二百三十六步

解義歸除開方與商除一理其用倍廉為法歸除即同以倍廉與次商呼除故歸除之後直以次商隅法相呼不用倍廉呼除也若倍有二位如四百六十四作歸除止用一位六十與次商呼除然若于歸除時將併六十除去則後止用隅法相呼除一理也

商除本位開方法歌〇商位開方法尤精〇不用雙廉一隅稍〇初商自

五萬四千七百五十六步於盤中爲實，見實五萬，約商二百於左，亦置二百於右爲下法。左右相呼，二二除實四萬步，餘實一萬四千七百五十六步。即以右法二百步倍之，得四百步爲廉法歸除之，呼“四一二十二，逢四進一十”，得次商三十步。就置三十步於右法四百之下，相呼三三除實九百步，餘實一千八百五十六步。又將右法三十步倍之得六十步，共四百六十步爲法歸除之，呼“四一二十二，逢八進二十”，得三商四步。亦置四步於右法六十步之下，相呼四六除實二百四十步，又呼四四除實一十六步恰盡。以左上所商，得方面二百三十(六)[四]步[1]。

【解義】歸除開方與商除一理，其用倍廉爲法歸除，即同以倍廉與次商呼除，故歸除之後，直以次商隅法相呼，不用倍廉呼除也。若倍有二位，如四百六十四作歸除，止用一位六十，猶與次商呼除，然若于歸除時將併六十除去，則後止用隅法相呼除，一理也。

商除本位開方法歌○商位開方法尤精○不用雙廉一隅稱○初商自

---

1 六，當作“四”，據前文改。

呼除方積○次商呼初除積行○又用次商呼初次○除究兼隅皆在中○三商四商同一理○惟此省便易為功

一方四直開方圖

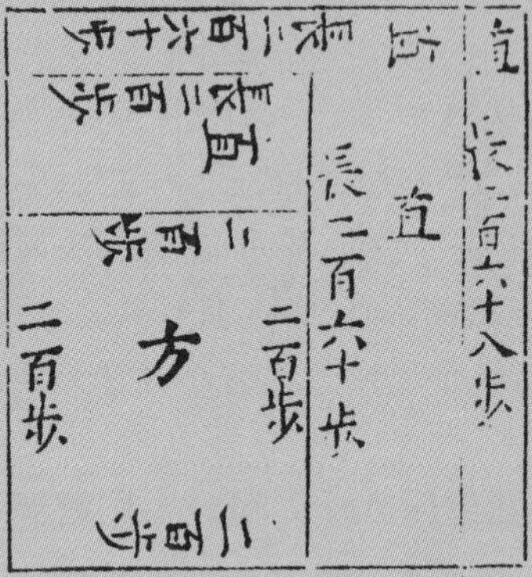

直 長二百六十步

直 長二百步

直 長二百六十八步

直 長二百六十步

方 二百步 二百步

二百步

今有方田積七萬一千八百二十四步問平方一面若干（增法）置田積七萬一千八百二十四步為實於右約商二百步於左二二自呼除實四萬餘實三萬一千八百二十四步次約商六十步於初商之下即以次商六十步與初商二百步呼除二六除一萬二千步又以次商與初次商共二百六十呼除二六除一萬二千步六六除積三千六百步餘實四千二百二十四步再約商八步於左二百六十之下即以再商八步乘初次商共二百六十步二八除積一千六百步六八除四百八十步又以再商呼初次再共二百六十八步二八除一千六百步六八除四百八十步八八除六十四步

呼除方積○次商呼初除積行○又用次商呼初次○除完廉隅皆在中○三商四商同一理○惟此省便易爲功[1]

一方四直開方圖

今有方田積七萬一千八百二十四步，問平方一面若干？增法置田積七萬一千八百二十四步爲實於右，約商二百步於左，二二自呼，除實四萬步，餘實三萬一千八百二十四步。次約商六十步於初商之下，即以次商六十步與初商二百步呼除，二六除一萬二千步；又以次商與初、次商共二百六十呼除，二六除一萬二千步，六六除積三千六百步，餘實四千二百二十四步。再約商八步於左二百六十之下，即以再商八步乘初、次商共二百六十步，二八除積一千六百步，六八除四百八十步；又以再商呼初、次、再共二百六十八步，二八除一千六百步，六八除四百八十步，八八除六十四步

1 此係不用廉隅開方法，爲《算海説詳》所創。如圖 4－3，原方田分作五段，初商方積爲 a^2，次商兩直積分別爲 ab、$(a+b)b$，三商兩直積分別爲 $(a+b)c$、$(a+b+c)c$，原積：

$$S = a^2 + [ab + (a+b)b] + [(a+b)c + (a+b+c)c]$$

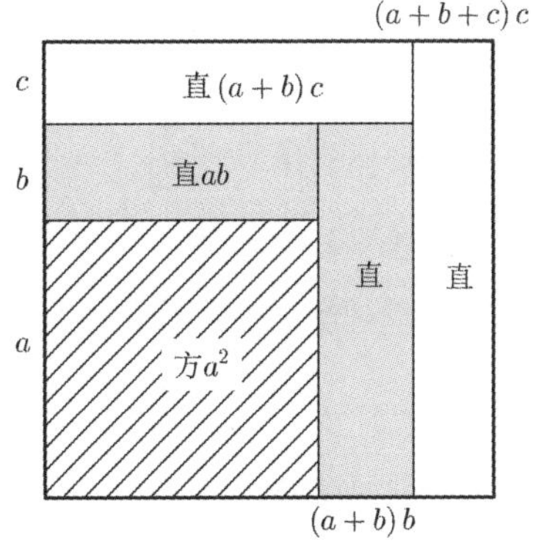

圖 4－3

恰盡得方面二百六十八步

解義（此如一段田分作五段初商自乘是方田次商呼初商是二層短直田次商呼初次共商是二層長直田三商呼初次商是三層短直田三商併呼初次三商是三層長直田兩短直各一廉之積兩長直各一廉一隅之積此法更覺捷便）

又商位開平方命法（○）今有平方積四百九十步問每面若干

舊法置積（四百九十步）於盤右見實（四百）商（二十步）於左自對呼二二除實（四百步）餘實（九十步）次商（二步）於左（二十步）之下即以（二步）與初商（二十步）相呼二二除實（四十步）又以（二步）與（二十二步）相呼除實二二除（四十步）二二除（四步）共除（四十八步）餘（六步）不盡却以所商（二十二步）倍之又添（一步）共得（四十五步）為分母命之曰方面得二十二步零四十五分步之六

解義（積四百九十步方面二十二步一分三至五毫不盡因數有难盡故以法命之其云四十五分步之六者因再得四十五步便）

恰盡，得方面二百六十八步。

【解義】此如一段田分作五段，初商自乘是方田，次商呼初商是二層短直田，次商呼初、次共商是二層長直田，三商呼初、次商是三層短直田，三商併呼初、次、三商是三層長直田。兩短直各一廉之積，兩長直各一廉一隅之積。此法更覺捷便。

又商位開平方命法[1]〇今有平方積四百九十步，問每面若干？舊法置積四百九十步於盤右，見實四百，商二十步於左，自對呼二二除實四百步，餘實九十步。次商二步於左二十步之下，即以二步與初商二十步相呼，二二除實四十步。又以二步與二十二步相呼除實，二二除四十步，二二除四步，共除八十四步，餘六步不盡。却以所商二十二步倍之，又添一步，共得四十五步爲分母，命之曰方面得二十二步零四十五分步之六。

【解義】積四百九十步，方面二十二步一分三厘五毫不盡，因數有難盡，故以法命之。其云四十五分步之六者，因再得四十五步，便

---

1 開方命法，見《算法統宗》卷六"開平方法"下。彼云："或數不及，以法命之。何謂之命？若餘實若干不盡，卻以所商得平方數若干，倍之，再添一箇，共得若干，便商得面方多一數也。因此數不及，而爲之命。"若原積開方不盡，商得 x，餘數爲 r，則用命法：

$$\sqrt{S} = \sqrt{x^2 + r} = x + \frac{r}{2x + 1}$$

其中，商 x 即平方數。此命分法始見於《九章算術·少廣章》"開方術"劉徽注文，此法所得平方根不足近似值（《算法統宗校釋》，第 535 頁）。

可究而廉一隅再商一步今止六步尚少三十九步
曰四十五分步之六乃四十五步内僅有六步也

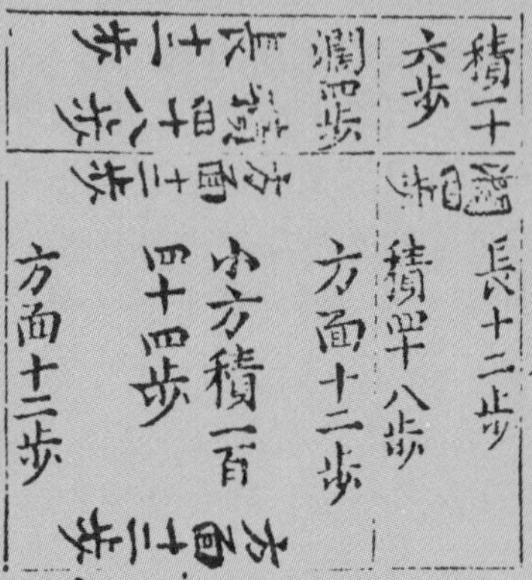

今有大小方田二段相併共積四百步只云大方面比小方面多四步問大小方面併積各若干

大小二方併積圖

積一十六步　闊四步　長十二步　積四十八步　方面十二步
長十二步　積四十八步　方面十二步
小方積一百四十四步　方面十二步　方面十二步

(舊)(法)置大方面多小方面四步自乘得一十六步以減共積四百步餘積二百八十四步折半得一百九十二步為實另置大方面多小方面四步為縱方以帶縱開平方法除之初商一十於左下法亦置一十於縱方之上共一十四步皆與上商一十相呼一一除一百一四除四十共除一百四十步餘實五十二步却以下法初商一十倍作二十倍法不倍縱併縱共二十四步次商二步於左初商一十之次下法亦置二步於右法次位縱上共二十六步皆與次商二步相呼二二除四十二六除一十二步除實恰盡得(小)(方)(面)(一)(十)(二)(步)加

可完兩廉一隅，再商一步。今止六步，尚少三十九步，曰四十五分步之六，乃四十五步内僅有六步也。

大小二方併積圖

今有大、小方田二段相併，共積四百步，只云大方面比小方面多四步。問大、小方面併積各若干[1]？舊法置大方面多小方面四步，自乘得一十六步，以減共積四百步，餘積二百八十四步，折半得一百九十二步爲實。另置大方面多小方面四步爲縱方，以帶縱開平方法除之。初商一十於左，下法亦置一十於縱方之上，共一十四步，皆與上商一十相呼，一一除一百，一四除四十，共除一百四十步，餘實五十二步。却以下法初商一十倍作二十，倍法不倍縱，併縱共二十四步，次商二步於左初商一十之次，下法亦置二步於右法次位，縱上共二十六步，皆與次商二步相呼，二二除四十，二六除一十二步，除實恰盡，得小方面一十二步，加

1 此題爲《算法統宗》卷六"減積帶縱開平方"第一題。

多四步得大方面一十六步各以方面自乘得積大方二百五十六步
小方一百四十四步

解義大方多小方四步兩面各多四步如二廉又多一隅以四步自乘減去隅積共存二廉二小方積折半止存一小方一廉如一直田故以四步為從開方得小方面就直田得濶也

大中小三方併積圖

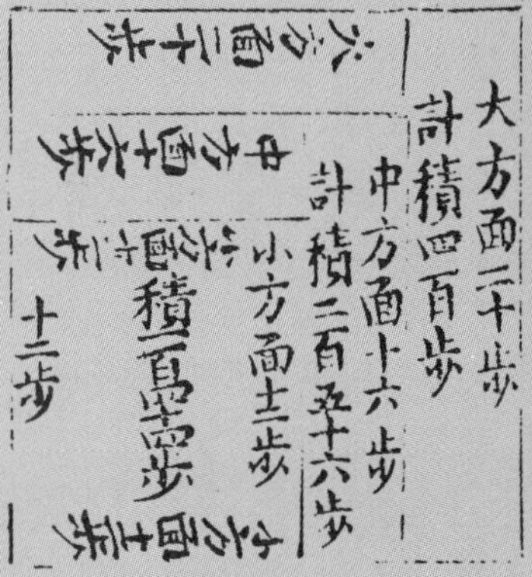

今有大中小方田三段相併共積八百步只云大方面比中方面多四步中方面比小方面多四步問大中小方面併積各若干

舊法置大方面多小方面八步自乘得六十四步又以中方面多小方面四步自乘得一十六步併二數共八十步以減共積八百步餘七百二十步以三歸之得二百四十步為實初商一十自乘得一百步以減積實餘實一百四十步次商二併初商

多四步，得大方面一十六步。各以方面自乘，得積大方二百五十六步，小方一百四十四步[1]。

【解義】大方多小方四步，兩面各多四步如二廉，又多一隅。以四步自乘，減去隅積，共存二廉、二小方積，折半止存一小方、一廉，如一直田。故以四步爲縱，開方得小方面，猶直田得濶也。

大中小三方併積圖

今有大、中、小方田三段相併，共積八百步，只云大方面比中方面多四步，中方面比小方面多四步.問大、中、小方面併積各若干[2]? 舊法 置大方面多小方面八步，自乘得六十四步，又以中方面多小方面四步自乘得一十六步，併二數共八十步，以減共積八百步，餘七百二十步，以三歸之，得二百四十步爲實。初商一十，自乘得一百步，以減積實，餘實一百四十步。次商二，併初商

1 如圖 4－4，$ABCD$ 爲大方、$AB'C'D'$ 爲小方，小方面 $AB' = a$，大方面 $AB = a+4$。二者共積：

$$S = S_{\text{I}} + (S_{\text{I}} + S_{\text{II}} + S_{\text{III}} + S_{\text{IV}})$$

因 $S_{\text{II}} = S_{\text{III}}$，故共積：

$$S = 2(S_{\text{I}} + S_{\text{II}}) + S_{\text{IV}}$$

得：

$$S_{\text{I}} + S_{\text{II}} = \frac{S - S_{\text{IV}}}{2}$$

即：

$$a(a+4) = \frac{400 - 4^2}{2} = 192$$

以 4 爲縱方，開帶縱平方，求得小方 $a = 12$。

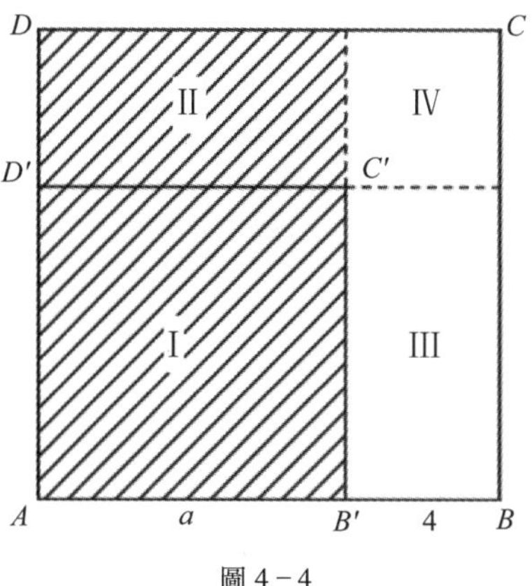

圖 4－4

2 此題爲《算法統宗》卷六“減積帶縱開平方”第二題。

共十二自乘得一百四十四步內減初商自乘一百餘四十四步以減餘實又餘實九十六步却以二因得二百八十八步另併大方多小方八步中方多小方四步共十二步倍之得二十四步與初商十步相呼一二除二一四除四又與次商二步相呼二二除四二四除八得(小方面十二步)加多四步得(中方面十六步)又加多四步得(大方面二十步)各以方面自乘得積

(增法)置大方多小方八步中方多小方四步各自乘共八十步減共積八百步餘積七百二十步以三歸之得二百四十步為實另以多四步加倍得八步為縱方初商十步即置八步於實右縱方先以左商十步自呼除一百步又與右縱八步相呼一八除八十步餘實八十步次商二步於左初商十步之下即以二與初商呼一二除二十又以二與十二呼一二除二十二二除四步又以二與縱八步二八除一十六步除實恰盡得(小方面一十二步)遞

共十二，自乘得一百四十四步，内減初商自乘一百，餘四十四步，以減餘實，又餘實九十六步，却以三因，得二百八十八步。另併大方多小方八步、中方多小方四步，共十二，倍之得二十四步，與初商十步相呼，一二除二，一四除四，又與次商二步相呼，二二除四，二四除八，得小方面十二步，加多四步，得中方面十六步，又加多四步，得大方面二十步。各以方面自乘得積。增法置大方多小方八步、中方多小方四步各自乘，共八十步，減共積八百步，餘積七百二十步，以三歸之，得二百四十步爲實。另以多四步加倍得八步爲縱方，初商十步，即置八步於實右縱方，先以左商十步自呼除一百步；又與右縱八步相呼，一八除八十步，餘實(八)[六]十步[1]。次商二步於左初商十步之下，即以二與初商呼，一二除二十；又以二與十二呼，一二除二十，二二除四步；又以二與縱八步，二八除一十六步。除實恰盡，得小方面一十二步。遞

---

1 積實二百四十，初商十自乘得一百、初商十與縱方八相乘得八十，相併得一百八十，減積實二百四十，餘實六十。八，當作“六”，據演算改。

加多步得中方大方面　增法　置大方多中方面四步自乘得一十六步又置中方多小方面四步自乘得一十六步二共三十二步以減共積八百步餘七百六十八步以三歸之得二百五十六步用開平方法除之得中方面一十六步加四步得大方面二十步減四步得小方面一十二步

解義　於共積內將大方中方隅積尽減除餘積以大方餘中方外二廉補小方便是三個小方各帶二廉三歸之止餘一小方併二廉初商一十自乘次商連初商又自乘則初商自乘之數在內故減除初商餘減積四十四步即次商倍廉法二二呼除四十二二呼除四步一理餘定九十六步又以三因之者先將積七百二十步以三歸之止餘一小方併二廉初次共商十二除去一百四十四步小方之積又將餘定三因還六廉之本數却以大方廉多小方八步中方廉多小方四步共十二加倍二十四為法者二面多數也即三小方一方二廉一廉多四步六廉共多二十四步也此皆前人婉轉立法答人思悟其寔不用三因止用本等二廉共多八步與初次相呼即除寔得从此用八步帶縱法為正也廉比小方多四步用八步者二廉也至後法以大方多中方中方多小方各四步自乘減積餘三歸

加多步，得中方、大方面[1]。增法置大方多中方面四步，自乘得一十六步；又置中方多小方面四步，自乘得一十六步。二共三十二步，以減共積八百步，餘七百六十八步。以三歸之，得二百五十六步。用開平方法除之，得中方面一十六步。加四步得大方面二十步，減四步得小方面一十二步[2]。

【解義】於共積内將大方、中方隅積盡減除，餘積以大方餘中方外二廉補小方，便是三個小方各帶二廉，三歸之，止餘一小方併二廉。初商一十自乘，次商連初商又自乘，則初商乘之數在内[3]，故減除初商，餘減積四十四步，即次商倍廉法，二二呼除四十，二二呼除四步，一理。餘實九十六步，又以三因之者，先將積七百二十步以三歸之，止餘一小方併二廉，初次共商十二，除去一百四十四步小方之積，又將餘實三因，還六廉之本數，却以大方廉多小方八步、中方廉多小方四步，共十二加倍二十四爲法者，二面多數也，即三小方，一方二廉，一廉多四步，六廉共多二十四步也。此皆前人婉轉立法，啓人思悟。其實不用三因，止用本等二廉，共多八步，與初次相呼，即除實得盡，此用八步帶縱法爲正也。廉比小方多四步，用八步者，二廉也。至後法以大方多中方、中方多小方各四步自乘，減積餘三歸，

---

1 如圖 4－5，$AB''C''D''$爲小方，方面爲 a；$AB'C'D'$爲中方，方面爲 $a+4$；$ABCD$ 爲大方，方面爲 $a+8$。三者共積爲：

$$S = S_{\text{I}} + (S_{\text{I}} + 2S_{\text{II}} + S_{\text{III}}) + (S_{\text{I}} + 4S_{\text{II}} + 4S_{\text{III}})$$
$$= 3S_{\text{I}} + 6S_{\text{II}} + (S_{\text{III}} + 4S_{\text{III}})$$

故：

$$S_{\text{I}} + 2S_{\text{II}} = \frac{S - (S_{\text{III}} + 4S_{\text{III}})}{3}$$

即：

$$a(a+8) = \frac{800 - (4^2 + 8^2)}{2} = 240$$

以 8 爲縱方，開帶縱平方，求得小方 $a=12$。“舊法”與第一種“增法”，惟開帶縱平方減積步驟略有區别。

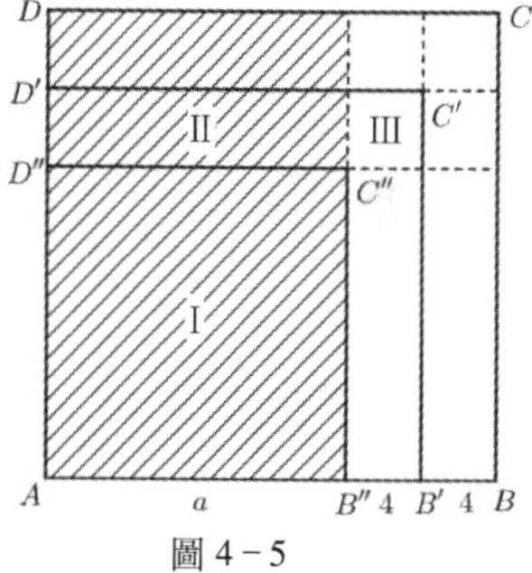

圖 4－5

2 如圖 4－5，三方田共積：

$$S = S_{\text{I}} + (S_{\text{I}} + 2S_{\text{II}} + S_{\text{III}}) + (S_{\text{I}} + 4S_{\text{II}} + 4S_{\text{III}})$$
$$= 3(S_{\text{I}} + 2S_{\text{II}} + S_{\text{III}}) + 2S_{\text{III}}$$

故：

$$S_{\text{I}} + 2S_{\text{II}} + S_{\text{III}} = \frac{S - 2S_{\text{III}}}{3} = \frac{800 - 2\times 4^2}{3} = 245$$

而 $S_{\text{I}}+2S_{\text{II}}+S_{\text{III}}$爲中方積 $(a+4)^2$，即：

$$(a+4)^2 = 245$$

故開方得中方 $a+4=16$。較前法更爲省便。

3 初商，順治本誤作“初三”。

台中方積者大方除隅積餘二廉各長十六步中存一中方中方除隅積餘二廉各長十二步中亦一小方將大中方長短四廉分配二小方各成二中方共得三中方積三歸止存一中方積故開方得中方面十六步

難題船舡均載歌○三百六十一隻舡任君分作幾舡裝不許一舡多一隻不許一舡少一舡　盡法置舡三百六十一隻為實以開平方法除之初商一十於左自呼除一百餘實二百六十一次商九於左初商之次即以九呼初商十除實九十又以呼初商十除實九十又呼次商九除實八十一恰盡得一十九舡每舡載舡一十九隻

難題糧船均載歌○今歲都要納秋糧催舡裝載去上倉五萬七千六百石河中漏濕一舡糧每舡負帶一石去舡仍剩得一石糧烌糧納米已有數不知原用幾舡裝　盡法置米五萬七千六百石為實於右用開平方法

合中方積者，大方除隅積，餘二廉各長十六步，中存一中方，中方除隅積，餘二廉各長十二步，中亦一小方，將大、中方長短四廉分配二小方，各成二中方，共得三中方積，三歸止存一中方積，故開方得中方面十六步。

難題·船缸均載歌〇三百六十一隻缸，任君分作幾舡裝。不許一舡多一隻，不許一舡少一缸[1]。舊法置缸三百六十一隻爲實，以開平方法除之，初商一十於左，自呼除一百，餘實二百六十一。次商九於左初商之次，即以九呼初商十，除實九十；又以呼初商十，除實九十，又呼次商九，除實八十一恰盡。得一十九舡，每舡載缸一十九隻。

難題·糧船均載歌〇今歲都要納秋糧，僱舡裝載去上倉。五萬七千六百石，河中漏湿一舡糧。每舡負帶一石去，舡仍剩得一石糧。秋糧納米已有數，不知原用幾舡裝[2]？舊法置米五萬七千六百石爲實於右，用開平方法。

---

1 此難題爲《算法統宗》卷十五“難題少廣四”第九題。

2 此難題爲《算法統宗》卷十五“難題少廣四”第十題。

初商二百於左自呼除實四萬餘實一萬七千六百石次商四十於左初商二百之下即以次商四十與初商二百相呼除實八千又以四十與初商二百相呼除實八千又次商四十自呼除實一千六百恰盡得(舡)(二)(百)(四)(十)(隻)每(舡)(裝)(糧)(二)(百)(四)(十)(石)

解義開方此法最省便復載此二法以見開方之法先事不可推筭不止田畝一節

直田帶縱開方圖

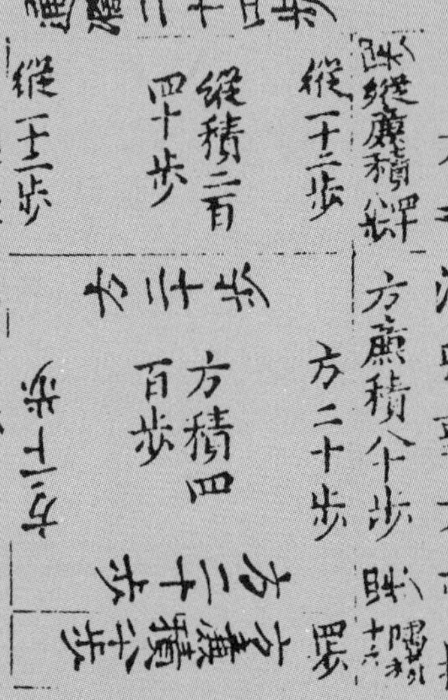

縱十二步　縱積二百四十步　方二十步　方積四百步　縱十二步　通長三十六步　縱廣積六十四步　方廣積八十步

今有直田積八百六十四步只云濶不及長一十二步問長濶各若干

(舊)(法)置積八百六十四步於盤中為實以不及一十二步列於右為縱方初商二十步於左第一位亦置二十步加於縱二十之位共三十二皆與上商二十相呼除實六百四十餘實二百二十四步却將下法初商二十倍之倍法不倍縱共五十二次商四步於初商二十之次下法亦

初商二百於左，自呼除實四萬，餘實一萬七千六百石。次商四十於左初商二百之下，即以次商四十與初商二百相呼，除實八千；又以四十與初商二百相呼，除實八千；又次商四十自呼，除實一千六百恰盡。得舡二百四十隻，每舡裝糧二百四十石。

【解義】開方此法最省便，復載此二法，以見開方之法無事不可推算，不止田畝一節。

直田帶縱開方圖[1]

今有直田積八百六十四步，只云濶不及長一十二步。問長、濶各若干？舊法置積八百六十四步於盤中爲實，以不及一十二步列於右爲縱方，初商二十步於左第一位，亦置二十步加於縱十二之位共三十二，皆與上商二十相呼，除實六百四十，餘實二百二十四步。却將下法初商二十倍之，倍法不倍縱，共五十二，次商四步於初商二十之次，下法亦

---

1 帶縱開方法，見《算法統宗》卷六。原有“帶縱開平方法歌”：

平方帶縱法爲奇，下位先安縱步基。
上商得數加縱內，縱方下法併爲題。
上下相呼除實畢，倍方不倍縱開餘。
餘數續商方再倍，何愁此術不能知。

如圖 4－6，直田 $ABCD$，直田闊爲 x，長爲 $x+t$，t 爲縱方。初商爲 a、次商爲 b，直田可分作六段，初商積爲：

$$a^2+at=(a+t)a$$

次商積爲：

$$2ab+bt+b^2=(2a+t+b)b$$

合原直田積：

$$S=(a+t)a+(2a+t+b)b$$

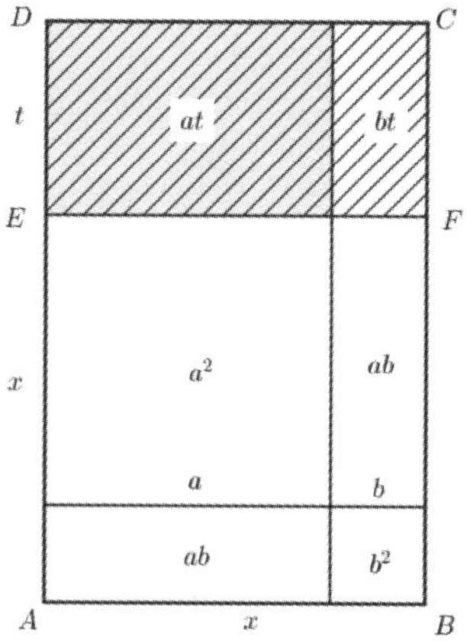

圖 4－6

置四步於法之次位共五十六皆與左次商四步相呼除實恰盡得闊二十四步加不及一十二步得長三十六步

解義 倍法不倍從者法是取方要兩廉俱加故用倍法縱是長多闊一定之數觀圖列次商方二廉從一廉槩可見矣○以闊長差闊長闊四因積併差自乘開方得長闊共步以差步加減得長闊法見直田并勾股下故不復贅

直田減積開方法○今有直田積一千七百五十步只云闊不及長一十五步問長闊各若干

舊法 置積一千七百五十步於盤中為實另置不及一十五步於右法位為減積初商三十於左位下法亦置三十於右為方法以乘減積一十五步得四百五十步以減中實餘實一千三百步却以初商三十與下法三十相呼三三減積九百餘積四百步就將下法三十倍作六十為廉法次商五步於左三十之次下法亦置五步以乘減積十五步得七十五步以減中實仍餘積三百二十五步却

置四步於法之次位，共五十六，皆與左次商四步相呼，除實恰盡，得濶二十四步，加不及一十二步，得長三十六步。

【解義】倍法不倍縱者，法是取方，要兩廉俱加，故用倍法。縱是長多濶一定之數，观圖列次商，方二廉縱一廉，槩可見矣。○以濶長差問長濶，四因積併差自乘，開方得長濶共步，以差步加減得長濶，法見直田并勾股下，故不復贅。

直田減積開方法[1]○今有直田積一千七百五十步，只云濶不及長一十五步。問長濶各若干？舊法置積一千七百五十步於盤中爲實，另置不及十五步於右法位，爲減積。初商三十於左位，下法亦置三十於右爲方法，以乘減積一十五步，得四百五十步，以減中實，餘實一千三百步；却以初商三十與下法三十相呼，三三減積九百，餘積四百步。就將下法三十倍作六十，爲廉法。次商五步於左三十之次，下法亦置五步，以乘減積十五步，得七十五步，以減中實，仍餘積三百二十五步；却

---

1 減積開方法，見《算法統宗》卷六。與帶縱開方原理相同，只是減積步驟略有差異。如前圖 4－6，減積開方的步驟，爲依次減去縱方積 at、方積 a^2、縱廉積 bt、方廉方隅積 $(2a+b)b$，即：

$$S-at-a^2-bt-(2a+b)b$$

而減縱開方步驟爲：

$$S-(a+t)a-(2a+t+b)b$$

以下位廉法十六併入次商五步共六十五步皆與上次商五步相呼五六除實三百五五除二十五步恰盡得闊三十五步加不及十五步得長五十步

解義此與上帶從之法無異又多乘減積一轉折耳只用帶從為便

直田減縱開方法○今有直田積八百六十四步只云長闊六十步問長闊各若干

舊法置積八百六十四步於盤中為實以相和六十步置下法位為縱用減縱開方法上商二十步於左就將右縱減上商二十步餘四十步與上商相呼二四除實八百步餘實六十四步又以上商二十步再減餘縱二十步仍餘縱二十步次商四步亦再減餘縱四步仍餘縱一十六步與次商四步相呼一四除四十步四六除二十四步共除六十四步除實恰盡得上商闊二十四步以減相和六十步得長三十六步

以下位廉法六十併入次商五步，共六十五步，皆與上次商五步相呼，五六除實三百，五五除二十五步恰盡。得濶三十五步，加不及十五步，得長五十步。

【解義】此與上帶縱之法無異，又多乘減積一轉折耳，只用帶縱爲便。

直田減縱開方法[1]〇今有直田積八百六十四步，只云長濶六十步。問長濶各若干？

舊法 置積八百六十四步於盤中爲實，以相和六十步置下法位爲縱。用減縱開方法，上商二十步於左，就將右縱減上商二十步，餘四十步，與上商相呼，二四除實八百步，餘實六十四步。又以上商二十步，再減餘縱二十步，仍餘縱二十步。次商四步，亦再減餘縱四步，仍餘縱一十六步，與次商四步相呼，一四除四十步，四六除二十四步，共除六十四步，除實恰盡。得上商濶二十四步，以減相和六十步，得長三十六步[2]。

---

1 減縱開方法，見《算法統宗》卷六。設直田闊爲 x，長爲 y，已知直田積 S，長闊和 $x+y=t$，求長闊。用減縱開方法求。詳細步驟見例題。

2 如圖4－7，據《算法統宗》減積開方圖繪製（原圖不準確，略作改動）。$ABCD$ 爲所求直田，AB 爲直田闊 x，BC 爲直田長 y，DE 爲長闊和 $x+y=t$。初商 a，初商積爲：

$$S_1 = a(t-a)$$

即圖中陰影部分。減去原直田積，餘積爲 S_2。次商 b，次商積爲：

$$S_2 = (t-2a-b)b$$

在此題中，直田積 $S=864$，長闊和 $t=60$，初商 $a=20$，求得初商積：

$$S_1 = a(t-a) = 20\times(60-20) = 800$$

餘積爲 $S-S_1 = 864-800 = 64$，約次商 $b=4$，求得次商積：

$$S_2 = (t-2a-b)b = (60-2\times20-4)\times4 = 64$$

除餘積恰盡，求得直田闊 $x=24$，長 $y=36$。

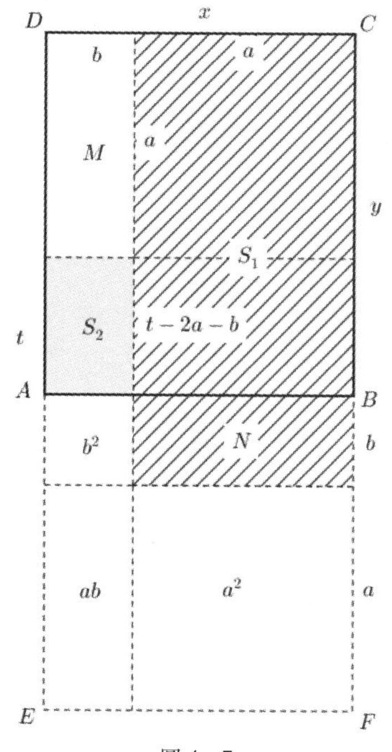

圖4－7

解義 因未言縱多若干無縱可帶故即就相和共步通作後論用減縱法除之但舊圖其理未明今另立圖解于後

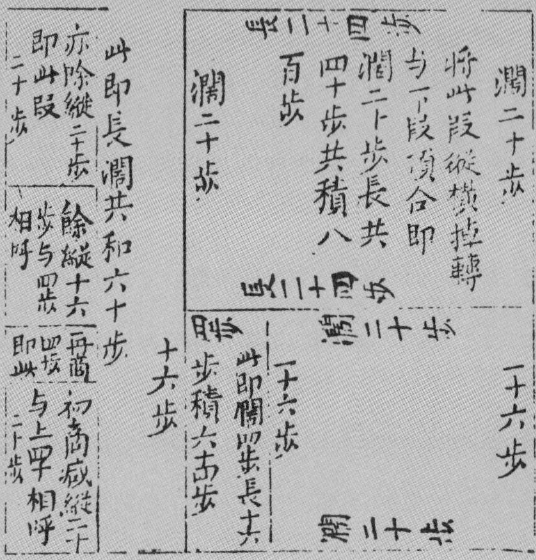

約商縱橫相乘除積開方圖 即減縱法

濶二十步　一十六步　共二十四步
將此段縱橫攄轉与下段須合即濶二十步長共四十步共積八百步
共二十四步　濶二十步　一十六步
一十六步　濶二十步
此即濶四步長十六步積六十四步
濶四步
十六步
此即長濶共和六十步
亦除縱二十步　即此段二十步
餘縱十六步与四步相呼
再商四步　即此
初商減縱二十步与上四十相呼　二十步

今有直田積八百六十四步只云長濶相和六十步問長濶各若干

增法 置積於中以左上為橫方右法為縱方將相和六十步列於法位為縱約畧積商二十步為橫於左下法除縱二十步餘四十步即以橫二十與縱四十相呼除實八百步餘實六十四步却將橫二十步亦減縱二十步餘二十步為縱與橫共步又約畧餘積商四步于左為橫縱方亦除四步餘縱一十六步與次商四步除實恰盡于左位先商二十次商四步得濶二十四步於右法餘縱一十六步加後除縱二十步得長三十六步

【解義】因未言縱多若干，無縱可帶，故即就相和共步通作縱論，用減縱法除之。但舊圖其理未明，今另立圖解于後。

約商縱横相乘除積開方圖即減縱法

今有直田積八百六十四步，只云長、濶相和六十步。問長濶各若干？增法置積於中，以左上爲横方，右法爲縱方，將相和六十步列於法位爲縱。約畧積，商二十步爲横於左，下法除縱二十步，餘四十步，即以横二十與縱四十相呼，除實八百步，餘實六十四步。却將横二十步，亦減縱二十步，餘二十步爲縱與横共步。又約畧餘積，商四步于左爲横，縱方亦除四步，餘縱一十六步，與次商四步除實恰盡。于左位先商二十，次商四步，得濶二十四步。於右法餘縱一十六步，加後除縱二十步，得長三十六步[1]。

---

1 如圖 4－8，$ABCD$ 爲所求直田，AB 爲直田闊 x，BC 爲直田長 y。已知長闊和 $x+y=t$，直田積 $S=x(t-x)$。初商 a，初商積爲：

$$S_1 = ax + a(t-x-a) = a(t-a)$$

即圖中陰影部分。減去原直田積，餘積爲 S_2。次商 b，次商積爲：

$$S_2 = (t-x-a)b = (t-2a-b)b = 64$$

在此題中，$S=864$，$t=60$，初商 $a=20$，初商積爲：

$$S_1 = a(t-a) = 20\times(60-20) = 800$$

餘積爲 $S-S_1 = 864-800 = 64$，次商 $b=4$，次商積爲：

$$S_2 = (t-2a-b)b = (60-2\times20-4)\times4 = 64$$

除積恰盡，得直田闊 $x=24$，長 $y=36$。

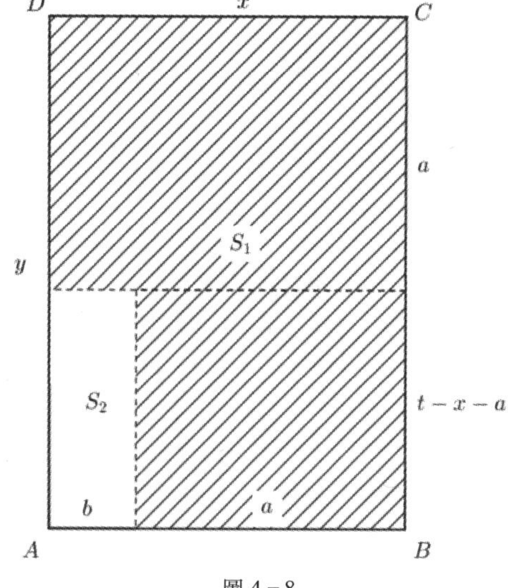

圖 4－8

解義 此即明舊法減縱之義首圖是列明初商次商所除積實二圖是將長闊共步伸直以明相除之理大抵長闊相和共六十步初商是將積實以十步約畧之闊應二十步長應四十步以闊乘長除實不尽却將縱亦減二十步是闊去二十步長亦去二十步餘二十步仍是長闊共數又以步約畧餘實六十四步將餘縱二十步以長闊分之以四步乘十六步除實恰尽便是長闊各二十步外闊加四步得二十四步長加一十六步得三十六步古人立為減從法其理在此或長加盈闊過縮或長與闊位數多寡如長几百几十几步闊止几十几步或闊几十几步長几十步或闊几十步長几十几步仍商步數皆一定难易今再圖于後

發明減縱圖

闊二十步

長二百二十三步

將上截掉轉相合即闊二十步乘長二百四十七步共積四千九百四十步

長二百二十三步

即以商闊四步長二百二十三步積八百九十二步

闊二十步

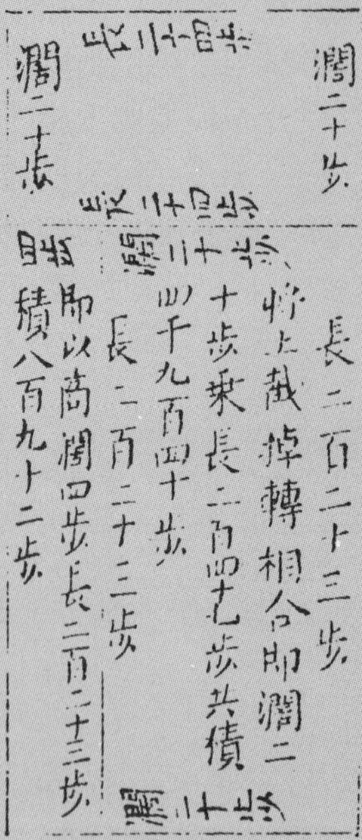

今有直田積五千八百三十二步只云長闊相和共二百六十七步問長闊各若干

增法 置積五千八百三十二步於中以左上為橫方右法為縱方將相和一百六十七步列於法位為縱約畧積實商二十步為橫闊於左下法除縱二十步餘二百四十七步與左橫二十步相呼二二除四千

【解義】此即明"舊法"減縱之義，首圖是列明初商、次商所除積實，二圖是將長濶共步伸直，以明相除之理。大抵長濶相和共六十步，初商是將積實以十步約畧之，濶應二十步，長應四十步，以濶乘長，除實不盡。却將縱亦減二十步，是濶去二十步，長亦去二十步，餘二十步，仍是長濶共數。又以步約畧，餘實六十四步，將餘縱二十步以長濶分之，以四步乘十六步，除實恰盡。便是長濶各二十步，外濶加四步，得二十四步；長加一十六步，得三十六步。古人立爲減縱法，其理在此。或長加盈、濶過縮，或長與濶位數多寡，如長几百几十几步，濶止几十几步；或濶几十几步，長几十步；或濶几十步，長几十几步，約商步數皆一定難易，今再圖于後。

發明減縱圖

今有直田積五千八百三十二步，只云長濶相和共二百六十七步。問長濶各若干？

增法置積五千八百三十二步於中，以左上爲横方，右法爲縱方，將相和二百六十七步列於法位爲縱。約畧積實，商二十步爲横濶於左，下法除縱二十步，餘二百四十七步，與左横二十步相呼，二二除四千，二四除八百二七除一百四十共除四千九百四十步餘實八百九十二步即以左横濶二十步亦除縱長二十步餘縱二百二十七步仍為長濶共步却約畧餘積將二百二十七步分別長濶次商横四步即於縱位除四步餘縱二百二十三步與次商四步相呼四二除八百四二除八十四三除一二共除八百九十二步恰盡於左位先商二十次商四步得濶二十四步於右法餘縱二百二十三步加後除縱二十步得長二百四十三步

解義長濶共二百六十七步若商横三十則積不足若商十步則積過餘所商之数皆一定难易故復圖此發明○若或長三十四步濶三十步長濶相和六十四步積一千零二十步約積定商三十共餘從三十四步除恰尽即為直濶之數矣

减縱翻積圖

三十步
三十步
二十四步
三十四步
負積三十六步

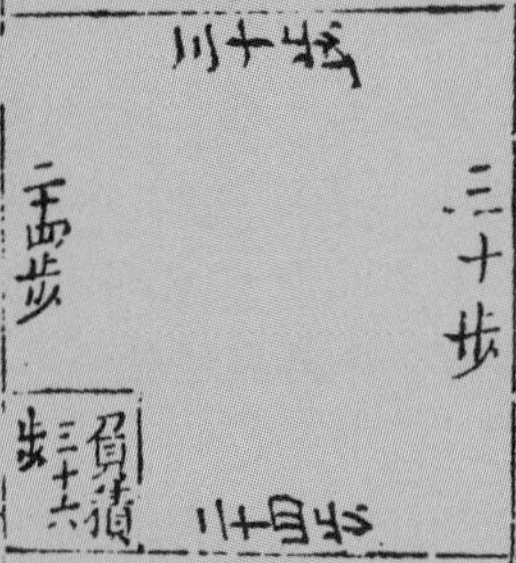

今有直田積八百六十四步長濶共六十步問長濶各若干

舊法置積八百六十四步為實以相和六十步為减縱於右先商三十步於左以减縱六十步餘縱三十步與上商三十步

二四除八百，二七除一百四十，共除四千九百四十步，餘實八百九十二步。即以左横濶二十步，亦除縱長二十步，餘縱二百二十七步，仍爲長濶共步。却約畧餘積，將二百二十七步分别長濶，次商横四步，即於縱位除四步，餘縱二百二十三步，與次商四步相呼，四二除八百，四二除八十，四三除一十二，共除八百九十二步恰盡。於左位先商二十，次商四步，得濶二十四步。於右法餘縱二百二十三步，加後除縱二十步，得長二百四十三步[1]。

【解義】長濶共二百六十七步，若商横三十，則積不足；若商十步，則積過餘。所商之數，皆一定難易，故復圖此發明。〇若或長三十四步、濶三十步，長濶相和六十四步，積一千零二十步，約積定商三十，與餘縱三十四步除恰盡，即爲直濶之數矣。

減縱翻積圖[2]

今有直田積八百六十四步，長濶共六十步。問長濶各若干？舊法置積八百六十四步爲實，以相和六十步爲減縱於右，先商三十步於左，以減縱六十步，餘縱三十步，與上商三十步

1 與前"約商縱横相乘除積開方"法同。

2 減縱翻積，見《算法統宗》卷六。已知長闊和，若先求闊，用減縱開方；若先求長，則用減縱翻積開方。詳例題注釋。

相呼合除積九百而積實不及乃命翻法除原積八百六十四步餘負積三十六步為

實再置上商三十以減餘縱三十訖次商六步下法亦置六為隅法與上商六步

相呼除實恰盡得長三十六步以減共長得闊

解義翻積法惟長闊不甚懸絕又長或四十五十無零餘纔可以翻若長步過多或長多零數則亦無可翻矣此未可立準則也（）

長闊相和自乘以四因積減之餘開方得長闊差步解見直田及勾股章不再贅

圭田斜田勾股田開方法○俱倍積用帶縱或減縱法與直田同

開平圓問徑法○今有圓田積二千三百五十二步問圓徑若干舊法

置田積四因三歸得三千一百三十六步為實於中初商五十步於左位亦置五十步

於右位為方法左右相呼五五除積二千五百步餘積六百三十六步卻以右位五十

倍作一百為廉法次商六步於左初商五十之下亦置六步於右廉法一百隔位之

相呼，合除積九百。而積實不及，乃命翻法，除原積八百六十四步，餘負積三十六步爲實。再置上商三十，以減餘縱三十訖。次商六步，下法亦置六爲隅法，與上商六步相呼，除實恰盡。得長三十六步，以減共長得濶[1]。

【解義】翻積法惟長濶不甚懸絶，又長或四十、五十無零餘，猶可以翻。若長步過多，或長多零數，則亦無可翻矣，此未可立準則也。〇長濶相和自乘，以四因積減之，餘開方得長濶差步，解見“直田”及“勾股章”，不再贅。

圭田斜田勾股田開方法〇俱倍積用帶縱或減縱法，與直田同。

開平圓問徑法〇今有圓田積二千三百五十二步，問圓徑若干？舊法置田積四因三歸，得三千一百三十六步爲實於中，初商五十步於左位，亦置五十步於右位爲方法，左右相呼，五五除積二千五百步，餘積六百三十六步。却以右位五十倍作一百爲廉法，次商六步於左初商五十之下，亦置六步於右廉法一百隔位之

1 原圖不明確，今略作改動。如圖 4－9，$ABCD$ 爲所求直田，AB 爲直田長 y，BC 爲直田闊 x，已知長闊和 $y+x=t$，用減縱翻積開方法，先求直田長 y。初商 a，初商積爲：

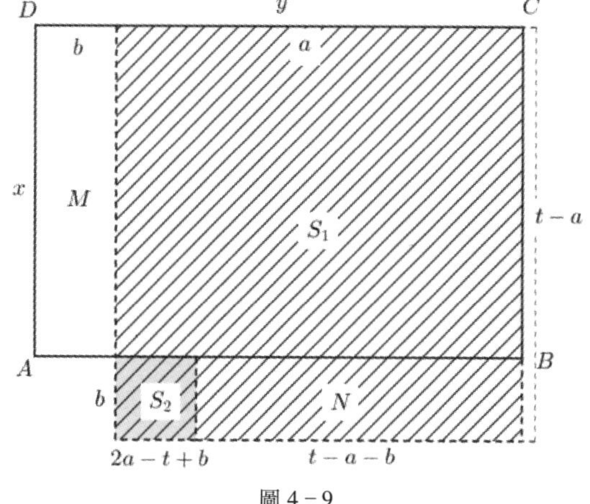

圖 4－9

$$S_1 = a(t-a)$$

即圖中斜線部分。初商積較原直田積多，減去直田積，餘積爲 S_2。次商 b，次商積爲：

$$S_2 = (2a-t+b)b$$

在此題中，直田積 $S=864$，長闊和 $t=60$。約得初商 $a=30$，初商積爲：

$$S_1 = a(t-a) = 30\times(60-30) = 900$$

内減直田積，餘積爲 $S_1 - S = 900 - 864 = 36$，約次商 $b=6$，次商積爲：

$$S_2 = (2a-t+b)b = (2\times30-60+6)\times6 = 36$$

除積恰盡，得直田長 $y=36$，直田闊 $x=24$。

下爲隅法共一百零六皆與上次商六步相呼一六除積六百六六除積三十六步恰盡得(圓徑五十六步)

解義圓田內方面自乘一因四歸得積將圓積四因三歸復合方積故開方得方面即圓徑

開平圓問周法〇今有圓田積二千三百五十二步問圓周若干（增法）

置圓積以十二乘之得二萬八千二百二十四步爲實於右初商一百於左自呼除實一萬步餘實一萬八千二百二十四步次商六十於左初商一百之次即以六十呼初商一百一六除實六千步又以六十呼一百六十一六除實六千六六除實三千六百共除一萬五千六百步餘實二千六百二十四步再商八步於左一百六十之下即以八步與初次商一百六十相呼一八除實八百六八除實四百八十又以八步與一百六十八步相呼一八除實八百六八除實四百八十八八除實六十四步共除二千六百二十四步恰盡得(圓周一百六十八步)

下爲隅法，共一百零六，皆與上次商六步相呼，一六除積六百，六六除積三十六步恰盡，得圓徑五十六步。

【解義】圓田由方面自乘三因四歸得積，將圓積四因三歸，復合方積，故開方得方面，即圓徑。

開平圓問周法○今有圓田積二千三百五十二步，問圓周若干？增法置圓積以十二乘之，得二萬八千二百二十四步爲實於右。初商一百於左，自呼除實一萬步，餘實一萬八千二百二十四步。次商六十於左初商一百之次，即以六十呼初商一百，一六除實六千步；又以六十呼一百六十，一六除實六千，六六除實三千六百，共除一萬五千六百步，餘實二千六百二十四步。再商八步於左一百六十之下，即以八步與初、次商一百六十相呼，一八除實八百，六八除實四百八十；又以八步與一百六十八步相呼，一八除實八百，六八除實四百八十，八八除實六十四步，共除二千六百二十四步恰盡，得圓周一百六十八步。

---

1 “增法”係不用廉隅開方法，詳本卷“一方四直開方”法。

解義將圓積以十二乘者周係圓徑之三倍即係三個方面圓得方四分之三四個圓積得三個方積將圓積以十二乘之得十二個圓積即九個方積係三個方面自乘之積故開方得三個方面即三個圓徑為圓田外周之數也

開平圓命法○今有圓田積五萬四千步問徑若干

增法置積四因三歸得七萬二千步為實初商二百於左自呼除積四萬餘積三萬二千步次商六十於左二百之次即以六十與二百相呼二六除積一萬二千又以六十與二百六十相呼二六除積一萬二千六六除積三千六百共除積二萬七千六百餘積四千四百步再商八步於左二百六十之下即以八與二百六十相呼二八除積一千六百六八除積四百八十又以八步與二百六十八相呼二八除積一千六百六八除積四百八十八八除積六十四步共除積四千四百二十四步餘積一百七十六步不盡却將三次所商二百六十八步倍之再加一步得五百三十七步命之曰圓徑二百六十八步零五百三十七分步之一百七十六

【解義】將圓積以十二乘者，周係圓徑之三倍，即係三個方面。圓得方四分之三，四個圓積得三個方積。將圓積以十二乘之，得十二個圓積，即九個方積，係三個方面自乘之積，故開方得三個方面，即三個圓徑，爲圓田外周之數也。

開平圓命法〇今有圓田積五萬四千步，問徑若干？增法置積四因三歸，得七萬二千步爲實。初商二百於左，自呼除積四萬，餘積三萬二千步。次商六十於左二百之次，即以六十與二百相呼，二六除積一萬二千；又以六十與二百六十相呼，二六除積一萬二千，六六除積三千六百，共除積二萬七千六百，餘積四千四百步。再商八步於左二百六十之下，即以八與二百六十相呼，二八除積一千六百，六八除積四百八十；又以八步與二百六十八相呼，二八除積一千六百，六八除積四百八十，八八除積六十四步，共除四千二百二十四步，餘積一百七十六步不盡。却將三次所商二百六十八步倍之，再加一步，得五百三十七步，命之曰圓徑二百六十八步零五百三十七分步之一百七十六[1]。

---

1 此亦不用廉隅开方法。開方命法，詳本卷"商位開平方命法"註釋。

解義本積開方圓徑應二百六十八步三分二厘八毫不盡問數前雖盡故以法命之若問積以二百六十八步自乘得七萬一千八百二十四步加入不盡一百七十六步即合原積

大小二圓田問徑圖

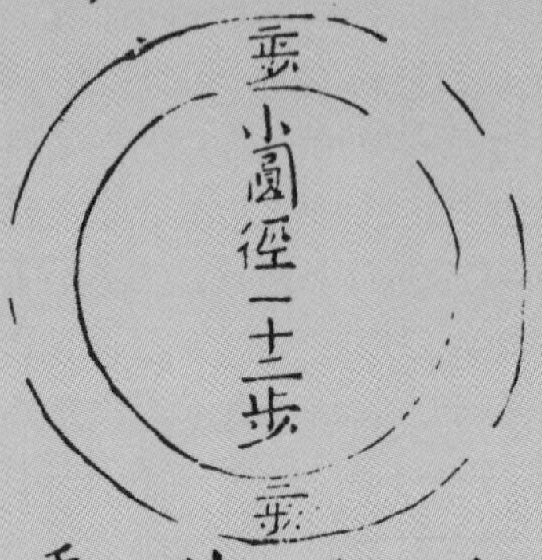

今有大小圓田二段相併共積三百步只云大圓徑比小圓徑多四步問大小徑併積各若干　舊法置共積四因三歸得四百步為實大圓徑多小圓徑四步自乘得一十六步以減積四百步餘三百八十四步折半得一百九十二步為實另置大圓徑多小圓徑四步為縱方以帶縱開方法除之得小圓徑一十二步加多四步得大圓徑一十六步各以徑自乘三因四歸得大圓積一百九十二步小圓積一百零八步

解義即是前大小二方中所容求圓不離方故帶縱與方同

【解義】本積開方，圓徑應二百六十八步三分二厘八毫不盡，因數有難盡，故以法命之。若問積，以二百六十八步自乘，得七萬一千八百二十四步，加入不盡一百七十六步，即合原積。

大小二圓田問徑圖

今有大小圓田二段相併，共積三百步，只云大圓徑比小圓徑多四步。問大小徑併積各若干[1]？舊法置共積四因三歸，得四百步爲實，大圓徑多小圓徑四步自乘，得一十六步，以減積四百步，餘三百八十四步，折半得一百九十二步爲實。另置大圓徑多小圓徑四步爲縱方，以帶縱開方法除之，得小圓徑一十二步。加多四步，得大圓徑一十六步。各以徑自乘，三因四歸，得大圓積一百九十二步，小圓積一百零八步。

【解義】即是前大小二方中所容[2]，求圓不離方，故帶縱與方同。

---

1 此題爲《算法統宗》卷六“減積帶縱開平方”第三題。解法同本卷“大小二方併積”。

2 是，順治本作“此”。

方圓相併求面徑圖

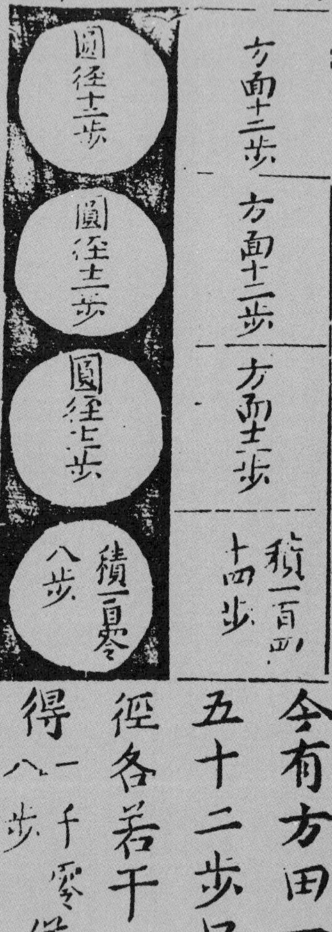

方面十二步　方面十二步　方面十二步　積一百四十四步

圓徑十二步　圓徑十二步　圓徑十二步　積一百零八步

今有方田一段圓田一段共積二百五十二步只云方面圓徑適等問面徑各若干

舊法 置共積以四因之得一千零八步併方四圓三共七為法除之得一百四十四步為實以開平方法除之得方面圓徑各一十二步

又法 置共積以四因之得一千零八步為實另併方四圓三共七置於右為隅法用帶隅開方除之初商一十於左以隅七乘得七十與上一十相呼一七除實七百餘實三百零八步另倍方法七十得一百四十為廉法次商一步以隅七乘得十四併入廉法一百四十共一百五十四步與次商二步相呼一二除實二百二五除實一百二四除實八步恰盡得方面圓徑各一十二步

方圓相併求面徑圖

今有方田一段、圓田一段，共積二百五十二步，只云方面、圓徑適等，問面、徑各若干？[1] 舊法置共積，以四因之，得一千零八步，併方四圓三共七爲法，除之得一百四十四步爲實。以開平方法除之，得方面、圓徑各一十二步。又法置共積以四因之，得一千零八步爲實。另併方四圓三共七，置於右爲隅法，用帶隅開方除之。初商一十於左，以隅七乘得七十，與上一十相呼，一七除實七百，餘實三百零八步。另倍方法七十得一百四十爲廉法，次商二步，以隅七乘得十四，併入廉法一百四十，共一百五十四步，與次商二步相呼，一二除實二百，二五除實一百，二四除實八步恰盡，得方面、圓徑各一十二步。

---

1 題見《算法統宗》卷六。設方面、圓徑爲 x，則共積爲：

$$S = x^2 + \frac{3}{4}x^2$$

解得：

$$x = \sqrt{\frac{4S}{7}} = \sqrt{\frac{4 \times 252}{7}} = 12$$

此即“舊法”。“又法”用帶隅開方法，解法如下。由題意得：

$$7x^2 = 4S = 1008$$

以 7 爲隅法，開帶隅平方。初商 $a = 10$，初商積爲：

$$S_1 = 7a^2 = 7a \cdot a = 700$$

餘積爲 $S - S_1 = 1008 - 700 - 308$。次商 $b = 2$，次商積爲：

$$S_2 = 7(2ab + b^2) = (14a + 7b)b = 308$$

除餘積恰盡，得 $x = 12$。

解義圓問方四分之三一方積一圓積共計七分四因七歸即歸或一個四分適台一方田四分之數故開方得方而即圓徑又法四圓積是四個方積四個圓積以圓積折三方積共七個方積用七為隅法以七除七方田之積止存一方田之積與上一理也

開立方法認商歌〇一千商十定無疑〇三萬總為三十餘〇九十九萬不離乎〇一百萬方為一百推

初商定首位數 此言因積定初商自乘再乘之數次商用法不同

商一步　積一步起至七步止皆商一步

商二步　積八步起至二十六步止

商三步　積二十七步起至六十三步止

商四步　積六十四步起至一百二十四步止

商五步　積一百二十五步起至二百一十五步止

【解義】圓得方四分之三，一方積、一圓積共計七分，四因七歸，即歸成一個四分，適合一方田四分之數，故開方得方面，即圓徑。“又法”四因積是四個方積、四個圓積，四圓積折三方積，共七個方積。用七爲隅法，以七除七方田之積，止存一方田之積，與上一理也。

開立方法認商歌〇一千商十定無疑〇三萬纔爲三十餘〇九十九萬不離十〇百萬方爲一百推[1]

初商定首位數此言因積定初商自乘再乘之數，次商用法不同。

商一步　積一步起至七步止，皆商一步。

商二步　積八步起，至二十六步止。

商三步　積二十七步起，至六十三步止。

商四步　積六十四步起，至一百二十四步止。

商五步　積一百二十五步起，至二百一十五步止。

1　歌訣見《算法統宗》卷六。

商六步　積二百一十六步起至三百四十二步止

商七步　積三百四十三步起至五百一十一步止

商八步　積五百一十二步起至七百二十八步止

商九步　積七百二十九步起至九百九十九步止

商十步　積一千步起至七千九百九十九步止

商二十步　積八千步起至二萬六千九百九十九步止

商三十步　積二萬七千步起至六萬三千九百九十九步止

商四十步　積六萬四千步起至一十二萬四千九百九十九步止

商五十步　積一十二萬五千步起至二十一萬五千九百九十九步止

商六十步　積二十一萬六千步起至三十四萬二千九百九十九步止

商六步　積二百一十六步起，至三百四十二步止。
商十步　積三百四十三步起，至五百一十一步止。
商八步　積五百一十二步起，至七百二十八步止。
商九步　積七百二十九步起，至九百九十九步止。
商十步　積一千步起，至七千九百九十九步止。
商二十步　積八千步起，至二萬六千九百九十九步止。
商三十步　積二萬七千步起，至六萬三千九百九十九步止。
商四十步　積六萬四千步起，至一十二萬四千九百九十九步止。
商五十步　積一十二萬五千步起，至二十一萬五千九百九十九步止。
商六十步　積二十一萬六千步起，至三十四萬二千九百九十九步止。

商七十步　積三十四萬三千步起至五十一萬一千九百九十九步止

商八十步　積五十一萬二千步起至七十二萬八千九百九十九步止

商九十步　積七十二萬九千步起至九十九萬九千九百九十九步止

商一百步　積一百萬起至七百九十九萬九千九百九十九步止

開立方法歌〇立方之法要推詳〇自乘再乘始初商〇三因自乘面方法〇三因初商三廉長〇次商又乘全廉濶〇次商自乘隅法當〇合併三法次商乘〇積餘再商依次商

立方商法

一方

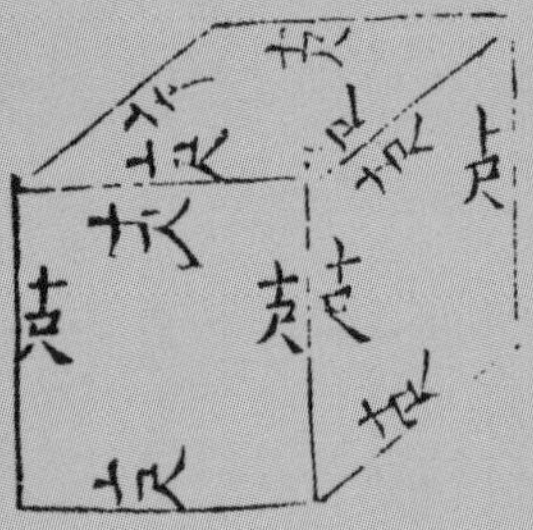

此初商方法一十尺自乘再乘成一立方積計一千尺

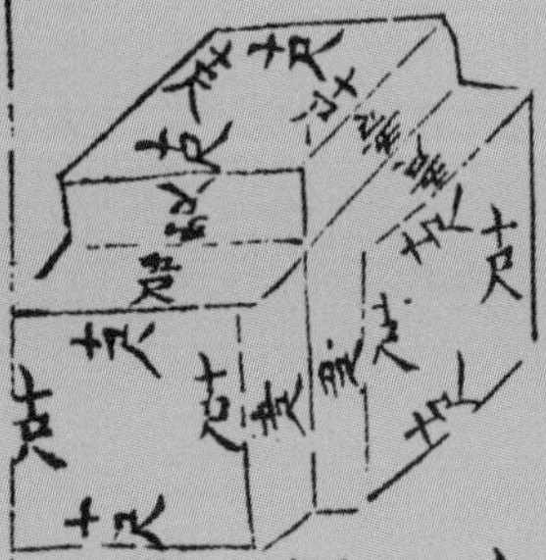

此初商成方外次商五尺三面平方各十尺立濶五尺即三面平廉也一面平廉積五百尺三面積共一千五百尺

商七十步　積三十四萬三千步起，至五十一萬一千九百九十九步止。

商八十步　積五十一萬二千步起，至七十二萬八千九百九十九步止。

商九十步　積七十二萬九千步起，至九十九萬九千九百九十九步止。

商一百步　積一百萬起，至七百九十九萬九千九百九十九步止。

開立方法歌〇立方之法要推詳〇自乘再乘始初商〇三因自乘面方法〇三因初商三廉長〇次商又乘全廉濶〇次商自乘隅法當〇合併三法次商乘〇積餘再商依次商[1]

立方商法一方三平廉長廉一隅圖[2]

●此初商方法一十尺，自乘、再乘成一立方，積計一千尺。

●此初商成方，外次商五尺，三面平方各十尺，立濶五尺，即三面平廉也。一面平廉積五百尺，三面積共一千五百尺。

---

1 開立方歌訣，見《算法統宗》卷六，略有差異。原歌云：

自乘再乘除實積，三因初商方另列。
次商遍乘名爲廉，方法乘廉除次積。
次商自再乘名隅，依數除積方了畢。
初次三因又爲方，三商偏乘做此的。

設初商爲 a，次商爲 b，《算法統宗》歌訣的開立方減積步驟如下：

$$V - a^2 - 3ab(a + b) - b^2$$

其中，a^3 爲初商之立方積，$3ab(a + b)$ 爲三平廉與三長廉共積，b^3 爲隅積。《筭海説詳》“開立方法歌”減積步驟略有差别：

$$V - a^3 - (3a^2 + 3ab + b^2)b$$

2 “三平廉長廉一隅圖”八字在下頁圖版。

三平廉長廉一隅圖

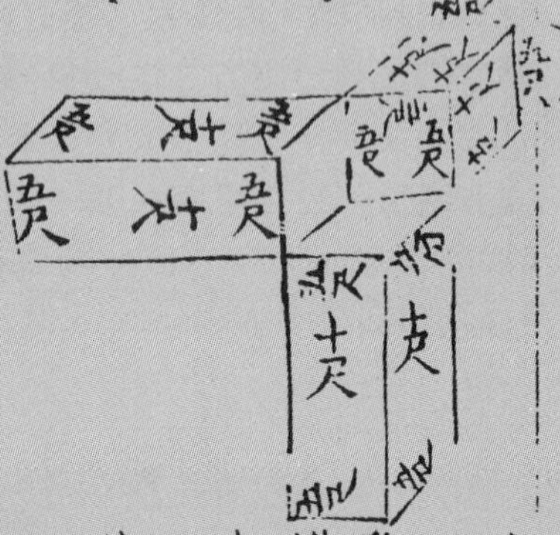

此三長廉補三面方平廉脊長十尺立橫濶皆五尺每廉積二百五十尺三廉積共七百五十尺

小隅六面皆五尺積一百二十五尺

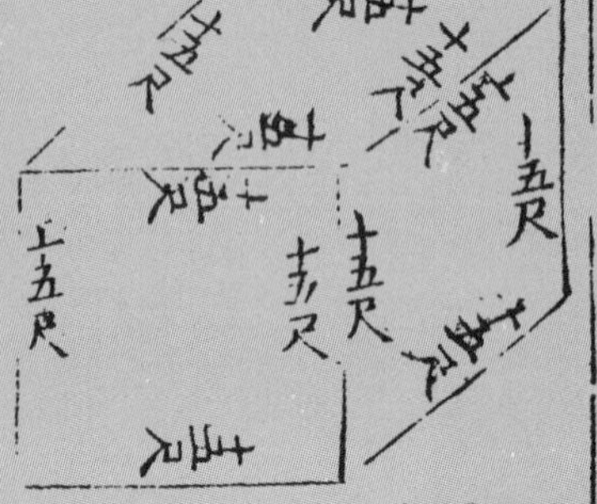

此上四圖総合為一六面皆平方一十五尺共積三千三百七十五尺為全立方

今有立方積三千三百七十五尺問面方若干

舊法置積三千三百七十五尺為實於中約實千尺定十尺初商一十於左亦置一十於右為下法自乘得一百再以十乘一百得一千尺除實訖餘實二千三百七十五尺却以三因初商自乘得三百為面方平廉法又以三因初商一十得三十為廉長次商五尺於左初商一十之次下法亦置五尺於右卽以次商五尺乘三廉長三十得一百五十為長廉法又以五尺自乘得二十五尺為隅法併平廉三百長廉一百五十隅法二十五共四百七十五尺皆與

●此三長廉補三面方平廉，脊長十尺，立横潤皆五尺。每廉積二百五十尺，三廉積共七百五十尺。

●小隅六面皆五尺，積一百二十五尺。

●此上四圖總合爲一，六面皆平，方一十五尺，共積三千三百七十五尺，爲全立方[1]。

今有立方積三千三百七十五尺，問面方若干[2]？舊法置積三千三百七十五尺爲實於中，約實千尺定十尺，初商一十於左，亦置一十於右爲下法，自乘得一百，再以十乘一百得一千尺，除實訖，餘實二千三百七十五尺。却以三因初商自乘得三百，爲面方平廉法，又以三因初商一十得三十爲廉長。次商五尺於左初商一十之次，下法亦置五尺於右，即以次商五尺乘三廉長三十，得一百五十爲長廉法，又以五尺自乘得二十五尺爲隅法。併平廉三百、長廉一百五十、隅法二十五，共四百七十五尺，皆與

---

1 如圖 4－10，設初商爲 a、次商爲 b，原立方可分割成八段。包含在内者，係初商所成之立方，體積爲：

$$V_{\mathrm{I}} = a^3 = 10^3 = 1000$$

初商立方外有三段平廉，共積爲：

$$V_{\mathrm{II}} = 3 \cdot a^2 b = 3 \times (10^2 \times 5) = 1500$$

每兩段平廉交接處有一段長廉，計三段長廉，共積爲：

$$V_{\mathrm{III}} = 3 \cdot ab^2 = 3 \times (10 \times 5^2) = 750$$

三段長廉交接處，係次商所成之隅方，體積爲：

$$V_{\mathrm{IV}} = b^3 = 5^3 = 125$$

以上各段體積相併，合原立方積：

$$\begin{aligned} V &= V_{\mathrm{I}} + V_{\mathrm{II}} + V_{\mathrm{III}} + V_{\mathrm{IV}} = a^3 + 3 \cdot a^2 b + 3 \cdot ab^2 + b^3 \\ &= 1000 + 1500 + 750 + 125 = 3375 = 15^2 \end{aligned}$$

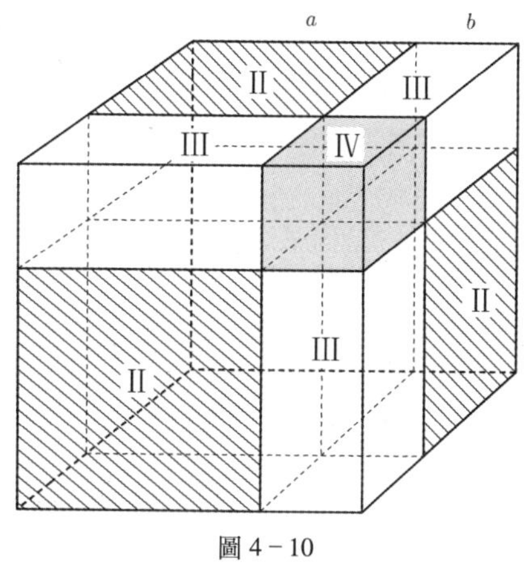

圖 4－10

2 此題爲《算法統宗》卷六“開立方法”第一題。

次商五尺相呼四五除二千尺五七除三百五十五五除二十五共除二千三百七十五尺除

實恰盡得平面立面皆一十五尺

解義　平方是四面以一面自乘即得四面數立方如骰子是六面如一面十尺自乘得一百尺是平方再乘得一千尺是一層得一百尺十層十個一百尺共一千尺乃合上下四旁六面皆十尺平方四面積有不尽須從兩面加增故用兩廉倍法立方六面積有不尽加須從三面加增故用三廉三因法平方止加兩边立方須連面併加故有平廉有長廉平方一層止用一乘立方横監皆方須用一乘再乘如平廉用初商自乘是一乘長廉以次商乘之是一乘隅法次商自乘亦是一乘合三法併以次商乘之是再乘總之不離一乘再乘之義

又立方問面法○今有立方積一百九十五萬三千一百二十五尺問面方若干

舊法　置積一百九十五萬三千一百二十五尺為實於中初商一百於左下法亦置一百於右自乘再乘得一百萬除實訖餘實九十五萬三千一百二十五尺却以三乘下

次商五尺相呼，四五除二千尺，五七除三百五十，五五除二十五，共除二千三百七十五尺，除實恰盡，得平面、立面皆一十五尺。

【解義】平方是四面，以一面自乘，即得四面數；立方如骰子，是六面。如一面十尺，自乘得一百尺，是平方；再乘得一千尺，是一層得一百尺，十層十個一百尺，共一千尺，乃合上下四旁，六面皆十尺。平方四面，積有不盡，須從兩面加增，故用兩廉倍法；立方六面，積有不盡，須從三面加增，故用三廉三因法。平方止加兩邊；立方須連面併加，故有平廉，有長廉。平方一層，止用一乘；立方橫竪皆方，須用一乘再乘。如平廉用初商自乘是一乘，長廉以次商乘之是一乘，隅法次商自乘亦是一乘，合三法併以次商乘之，是再乘，總之不離一乘、再乘之義。

又立方問面法〇今有立方積一百九十五萬三千一百二十五尺，問面方若干[1]？舊法置積一百九十五萬三千一百二十五尺爲實於中，初商一百於左，下法亦置一百於右，自乘、再乘得一百萬，除實訖，餘實九十五萬三千一百二十五尺。却以三乘下

1 此題爲《算法統宗》卷六“開立方法”第二題。

法一百得三百為方法列位次商二十於左初商一百之次下法亦置二十於初商一百之次共一百二十就以次商二十乘之得二千四百為廉法再以方法三百乘廉得七十二萬除實訖餘實二十三萬三千一百二十五尺却以次商二十自乘再乘得八千為隅法除實訖餘實二十二萬五千一百二十五尺另以三乘下法一百二十得三百六十又為方法列位所商五尺於左初次商一百二十之下共一百二十五尺就以五尺乘之得六百二十五尺又為廉法再以方法三百六十乘廉法六百二十五尺得二十二萬五千尺除實訖再以再商五尺自乘再乘得一百二十五尺又為隅法除實恰盡得立方面一百二十五尺

解義以三因初商為方法乃三面方之長也以次商二十乘初商次商共一百二十即一面通長之立闊也又以方法三百乘之即三面方之横闊也合之共成長一百二十横闊一百立闊二十之三廉止少一隅故用次商自乘再乘為隅法除之以完立方典上法通屬一理特变換其文耳

法一百得三百，爲方法列位，次商二十於左初商一百之次，下法亦置二十於初商一百之次，共一百二十，就以次商二十乘之，得二千四百爲廉法，再以方法三百乘廉得七十二萬，除實訖，餘實二十三萬三千一百二十五尺。却以次商二十自乘再乘，得八千爲隅法，除實訖，餘實二十二萬五千一百二十五尺。另以三乘下法一百二十得三百六十，又爲方法列位，再商五尺於左初次商一百二十之下，共一百二十五尺，就以五尺乘之，得六百二十五尺又爲廉法，再以方法三百六十乘廉法六百二十五尺，得二十二萬五千尺，除實訖。再以再商五尺自乘再乘得一百二十五尺，又爲隅法，除實恰盡，得立方面一百二十五尺[1]。

【解義】以三因初商爲方法，乃三面方之長也；以次商二十乘初商、次商共一百二十，即一面通長之立濶也；又以方法三百乘之，即三面方之横濶也。合之共成長一百二十、横濶一百、立濶二十之三廉，止少一隅，故用次商自乘、再乘爲隅法除之，以完立方。與上法通屬一理，特變换其文耳。

---

1 如圖 4－11，設初商 a、次商 b、三商 c，原立方積由内外三層構成，内層爲初商所成立方積：

$$V_1 = a^3 = 100^3 = 1000000$$

中層爲次商所成之三平廉、三長廉及隅積：

$$\begin{aligned} V_2 &= 3 \cdot a^2 b + 3 \cdot ab^2 + b^3 = 3a(a+b)b + b^3 \\ &= 3 \times 100 \times (100 + 20) \times 20 + 20^3 = 728000 \end{aligned}$$

外層爲三商所成之三平廉、三長廉及隅積：

$$\begin{aligned} V_3 &= 3(a+b)^2 c + 3(a+b)c^2 + c^3 = 3(a+b)(a+b+c)c + c^3 \\ &= 3 \times (100+20) \times (100+20+5) \times 5 + 5^3 = 225125 \end{aligned}$$

三者合併，即原立方積：

$$\begin{aligned} V &= V_1 + V_2 + V_3 = a^3 + [3a(a+b)b + b^3] + [3(a+b)(a+b+c)c + c^3] \\ &= 1000000 + 728000 + 225125 = 1953125 = 125^3 \end{aligned}$$

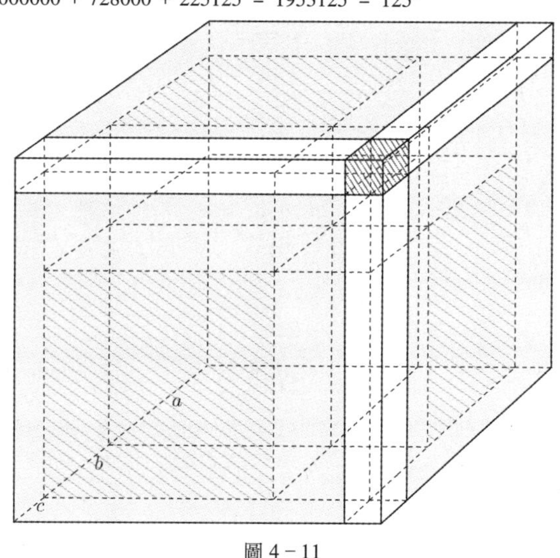

圖 4－11

又開立方捷法歌○捷法可求開立方○不用廉隅費思量○初商再乘除方積○就約餘積定次商○合併初次自乘訖○又用初乘初次商○再置初商亦自乘○三數總合次乘良○得數除積知方面○三商四商依樣詳

今有立方積一百九十五萬三千一百二十五尺問面方若干

增法置積爲實初商一百於左就於下法置初商一百自乘再乘得一百萬除實訖餘實九十五萬三千一百二十五尺次商二十於左初商一百之次位就於下法置初次商共一百二十自乘得一萬四千四百又置初次共商一百二十以初商一百乘之得一萬二千又置初商一百自乘得一萬併三次共三萬六千四百以次商二十乘之得七十二萬八千尺除實訖仍餘實二十二萬五千一百二十五尺再約商五尺於左一百二十之下位就於下法置初

又開立方捷法歌〇捷法可求開立方〇不用廉隅費思量〇初商再乘除方積〇就約餘積定次商〇合併初次自乘訖〇又用初乘初次商〇再置初商亦自乘〇三數總合次乘良〇得數除積知方面〇三商四商依樣詳[1]

今有立方積一百九十五萬三千一百二十五尺，問面方若干？增法置積爲實，初商一百於左，就於下法置初商一百，自乘、再乘得一百萬，除實訖，餘實九十五萬三千一百二十五尺。次商二十於左初商一百之次位，就於下法置初、次商共一百二十，自乘得一萬四千四百；又置初、次共商一百二十，以初商一百乘之，得一萬二千；又置初商一百自乘，得一萬。併三次共三萬六千四百，以次商二十乘之，得七十二萬八千尺，除實訖，仍餘實二十二萬五千一百二十五尺。再約商五尺於左一百二十之下位，就於下法置初、

---

1 此即不用廉隅開立方法，爲《筭海説詳》新創。舊法將立方剖爲一小立方、三平廉、三長廉及隅八個部分，此法則將立方剖分爲四部分（如圖 4 - 12）：一個小立方與三個平廉。小立方即原初商立方：

$$V_{\mathrm{I}} = a^3$$

平廉Ⅱ即原一平廉、二長廉、一隅之和：

$$V_{\mathrm{II}} = (a+b)^2 b$$

平廉Ⅲ即原一平廉、一長廉之和：

$$V_{\mathrm{III}} = ab(a+b)$$

平廉Ⅳ即原一平廉：

$$V_{\mathrm{IV}} = a^2 b$$

則原立方積爲：

$$V = a^3 + (a+b)^2 b + ab(a+b) + a^2 b$$

依據歌訣，亦可表示爲：

$$V = a^3 + [(a+b)^2 + a(a+b) + a^2]b$$

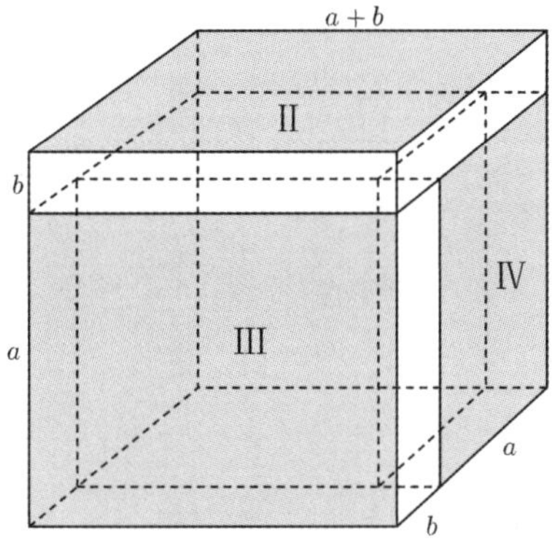

圖 4 - 12

次再共商一百二十五尺自乘得一萬五千六百二十五尺又置初次再共商一百二十五尺以初次商一百二十乘之得一萬五千又置初次商一百二十自乘得一萬四千四百併三數共四萬五千零二十五以再商五尺乘之得二十二萬五千一百二十五尺除實恰盡得立方面一百二十五尺

解義　次商法以初次商自乘再以次商二十乘之便是直横皆一百二十尺立濶二十尺内有一面方平廉二長廉一隅在内以初商乘初次商再以次商二十乘之便是直長一百二十横濶一百立濶二十内有一平廉一長廉以初商自乘再以次商二十乘之便是直横皆一百立濶二十止一平廉合之併完三平廉三長廉一隅之積故併三數總以次商二十乘之可盡積而得方面不盡再用三商

歸除開立方法　○今有立方積一億零二百五十萬零三千二百三十二尺問立方面若干　舊法　置積為實約六千四百萬以上該商四百尺即初商四百於左上亦置四百於右下法位自乘得一十六萬為下法與左上四百相呼一

次、再共商一百二十五尺，自乘得一萬五千六百二十五尺；又置初、次、再共商一百二十五尺，以初、次商一百二十乘之，得一萬五千；又置初、次、商一百二十自乘得一萬四千四百。併三數共四萬五千零二十五，以再商五尺乘之，得二十二萬五千一百二十五尺，除實恰盡，得立方面一百二十五尺。

【解義】次商法以初、次商自乘，再以次商二十乘之，便是直横皆一百二十尺、立濶二十尺，内有一面方平廉、二長廉、一隅在内。以初商乘初、次商，再以次商二十乘之，便是直長一百二十、横濶一百、立濶二十，内有一平廉、一長廉。以初商自乘，再以次商二十乘之，便是直横皆一百，立濶二十，止一平廉。合之，併完三平廉、三長廉、一隅之積。故併三數，總以次商二十乘之，可盡積，而得方面；不盡，再用三商。

歸除開立方法[1]〇今有立方積一億零二百五十萬零三千二百三十二尺，問立方面若干[2]？舊法置積爲實，約六千四百萬以上該商四百尺，即初商四百於左上，亦置四百於右下法位，自乘得一十六萬爲下法，與左上四百相呼，一

1 歸除開立方法，見《算法統宗》卷六。

2 此題爲《算法統宗》卷六“開立圓法”第四題。

四除四千萬尺四六除二千四百萬尺共除六千四百萬尺餘實三千八百五十萬零三千二百三十二尺却將右下十六萬尺以三因之得四十八萬尺為法歸除之呼四三七十二將餘三千萬改作七下位八百上添二共十猶不足除呼四歸起一下還四於七上去一餘六於下位十再添四呼六八除四十八即於六之下位除四又除一九存下位添二成七便將實首位六除去置六十尺於左初商四百之次位下法另置初商四百尺以次商六十尺乘之得二萬四千尺以三因之得七萬二千尺為長廉法又置次商六十尺自乘得三千六百尺為隅法二共七萬五千六百尺皆以次商六十相呼除之六七除四百二十萬尺五六除三十萬六六除三萬六千餘實五百一十六萬七千二百三十二尺再將方法四十八萬併入兩個七萬二千廉法得一十四萬四千三個三千六百尺隅法得一萬零八百尺三共六十三萬四千八百尺為法歸除之呼六五八十二即將實首

四除四千萬尺，四六除二千四百萬尺，共除六千四百萬尺，餘實三千八百五十萬零三千二百三十二尺。却將右下十六萬尺以三因之，得四十八萬尺爲法歸除之，呼“四三七十二”，將餘三千萬改作七，下位八百上添二共十，猶不足除，呼“四歸起一下還四”，於七上去一餘六，於下位十再添四，呼“六八除四十八”，即於六之下位除四，又除一存九[1]，下位添二成七，便將實首位六除去，置六十尺於左初商四百之次位。下法另置初商四百尺，以次商六十尺乘之，得二萬四千尺，以三因之，得七萬二千尺爲長廉法；又置次商六十尺自乘，得三千六百尺爲隅法。二共七萬五千六百尺，皆以次商六十相呼除之，六七除四百二十萬尺，五六除三十萬，六六除三萬六千，餘實五百一十六萬七千二百三十二尺，再將方法四十八萬併入兩個七萬二千廉法得一十四萬四千、三個三千六百尺隅法得一萬零八百尺，三共六十三萬四千八百尺爲法歸除之[2]，呼“六五八十二”，即將實首

---

1 除一存九，順治本“一九”爲小字，“存”爲大字，當讀作“除一九存”，誤，康熙本改。

2 三共，順治本誤作“二共”。

位五添三作八下位添二成三隨呼三八除二十四萬呼四八除三萬二千呼八八除六千四百右下之法不用將實首八除去置八尺於左初次商四百六十之下却再將初次商四百六十以再商八尺乘之得三千六百八十尺以三因之得一萬一千零四十尺併入八尺自乘得六十四尺二共一萬一千一百零四尺皆以再商八尺相呼除之一八除八萬又一八除八千又一八除八百又四八除三十二尺除實恰盡驗左上所商

得立方每面四百六十八尺

解義　以初商四百尺自乘一十六萬尺以三因之得四十八萬尺即面方三平廉也另置初商四百尺以次商六十尺乘之以三因之共七萬二千尺即三長廉也又次商六十尺自乘得三千六百尺即一隅也以之作法歸除仍以次商乘平廉長廉一隅之法也以上已完次商之法又將方法四十八萬併入兩個廉法三個隅法者方法即初商三平廉兩個廉法即六個長廉乃每平廉一面加二長廉一隅共成四百六十尺之四平廉故又為法歸除得三商若干復始前法以三商乘初次商得長廉三商自乘得隅法呼除餘積完三商

位五添三作八，下位添二成三，随呼三八除二十四萬，呼四八除三萬二千，呼八八除六千四百，右下之法不用，將實首八除去，置八尺於左初、次商四百六十之下。却再將初、次商四百六十以再商八尺乘之得三千六百八十尺，以三因之得一萬一千零四十尺，併入八尺自乘得六十四尺，二共一萬一千一百零四尺，皆以再商八尺相呼除之，一八除八萬，又一八除八千，又一八除八百，又四八除三十二尺，除實恰盡。驗左上所商，得立方每面四百六十八尺。

【解義】以初商四百尺自乘一十六萬尺，以三因之，得四十八萬尺，即面方三平廉也；另置初商四百尺，以次商六十尺乘之，以三因之，共七萬二千尺，即三長廉也；又次商六十尺自乘得三千六百尺，即一隅也。以之作法歸除，仍以次商乘平廉、長廉、一隅之法也。以上已完次商之法，又將方法四十八萬併入兩個廉法、三個隅法者，方法即初商三平廉，兩個廉法即六個長廉，乃每平廉一面加二長廉一隅，共成四百六十尺之四平廉，故又爲法歸除，得三商若干。復炤前法，以三商乘初、次商得長廉，三商自乘得隅法，呼除餘積完。三商

開立方命法之法以三次再商得立方面也〇今有立方積四千一百五十尺問立方每面若干

舊法置積為實初商一十自乘再乘得一千尺除實訖餘實三千一百五十卻以三因下法一十得三十為方法列位次商六尺於左上初商一十之次共一十六就以六尺乘之得九十六為廉法再以方法三十乘廉法九十六得二千八百八十除實訖又以次商六尺自乘再乘得二百一十六尺為隅法除實餘實五十四尺不盡卻以所商立方一十六尺自乘得二百五十六尺又以三因得七百六十八尺另將十六尺以三因之得四十八尺再加隅法一尺併三數共得八百一十七尺命之曰每方一十六尺零八百一十七分尺之五十四

立方問銀法〇今有銀一萬兩問方若干

舊法置銀一萬兩為實以銀率

之法，以三次所商，得立方面也。

開立方命法[1]○今有立方積四千一百五十尺，問立方每面若干[2]？舊法置積爲實，初商一十，自乘、再乘得一千尺，除實訖，餘實三千一百五十。却以三因下法一十得三十，爲方法列位，次商六尺於左上初商一十之次，共一十六，就以六尺乘之，得九十六爲廉法。再以方法三十乘廉法九十六，得二千八百八十，除實訖。又以次商六尺自乘、再乘得二百一十六尺爲隅法，除實，餘實五十四尺不盡。却以所商立方一十六尺自乘得二百五十六尺，又以三因得七百六十八尺，另將十六尺以三因之得四十八尺，再加隅法一尺，併三數共得八百一十七尺，命之曰每方一十六尺零八百一十七分尺之五十四。

立方問銀法○今有銀一萬兩，問方若干[3]？舊法置銀一萬兩爲實，以銀率

1 開立方命法，見《算法統宗》卷六“開立方法”下。彼云：“或有不盡數，以法命之。何謂之命？若餘實若干不盡，卻以所商得立方數若干，自乘得若干，又以三因之得若干；另以所商得立方數若干，用三因之得若干，再添一個，共得若干，便商得多一立方數也。因此不及，而爲之命。”開立方不盡，方根有零餘時，須用命法。設原立方積爲 V，商爲 x，餘數爲 r，開立方命法：

$$\sqrt[3]{V} = \sqrt[3]{x^3 + r} = x + \frac{r}{3x^2 + 3x + 1}$$

這種命分法所得立方根不足近似值。此法出現於宋元時期，朱世傑《四元玉鑒》卷中即用到此法，而南宋秦九韶《數書九章》卷六求四次方程無理根之命分法與此原理相同（《算法統宗校釋》，第548頁）。

2 此題爲《算法統宗》卷六“開立方法”第三題。

3 此題爲《算法統宗》卷六“開立方法”第四題。

每寸一十四兩為法除之得七百一十四寸二分八厘五毫不尽又為實以開立方法除之得

每面方八寸九分三厘有零不盡

解義將銀一萬兩以十四兩為法除之有不尽四寸訣七百一十四寸零十四分寸之四細分之訣七百一十四寸二分八厘五毫七系一忽四微不尽開方除之訣每面八寸九分三厘九毫零三忽不尽

帶縱開立方法〇今有立方積一千二百九十六尺只云方比高多三尺

問方高各若干　舊法置積一千二百九十六尺為實於中另置方多三尺自乘得九尺為縱方再置三尺倍之得六尺為縱廉約積一千尺商十尺今有縱方止商九尺置於左位另以九尺自乘得八十一尺加入縱方九尺共九十尺為方法另以縱方九尺以縱廉六尺乘之得五十四尺為廉法二法併共一百四十四尺置於右下與所商九尺相呼一九除實九百四九除實三百六十四九除實三十六尺共除一千二百九十六尺實盡

每寸一十四兩爲法除之，得七百一十四寸二分八厘五毫不盡。又爲實，以開立方法除之，得每面方八寸九分三厘有零不盡。

【解義】將銀一萬兩以十四兩爲法除之，有不盡四寸，該七百一十四寸零十四分寸之四，細分之，該七百一十四寸二分八厘五毫七絲一忽四微不盡。開方除之，該每面八寸九分三厘九毫零三忽不盡。

帶縱開立方法[1]○今有立方積一千二百九十六尺，只云方比高多三尺。問方、高各若干[2]？ 舊法 置積一千二百九十六尺爲實於中。另置方多三尺，自乘得九尺爲縱方；再置三尺，倍之得六尺爲縱廉。約積一千商十尺，今有縱方，止商九尺，置於左位。另以九尺自乘得八十一尺，加入縱方九尺，共九十尺爲方法；另以縱方九尺[2]以縱廉六尺乘之[3]，得五十四尺爲廉法。二法併，共一百四十四尺，置於右下，與所商九尺相呼，一九除實九百，四九除實三百六十，四九除實三十六尺，共除一千二百九十六尺，實盡。

---

1 帶縱開立方法，見《算法統宗》卷六。如圖 4－13，開帶縱立方有三種形式：

$$V = x^2(x + t) \quad ①$$
$$V = x(x + t)^2 \quad ②$$
$$V = x(x + t_1)(x + t_2) \quad ③$$

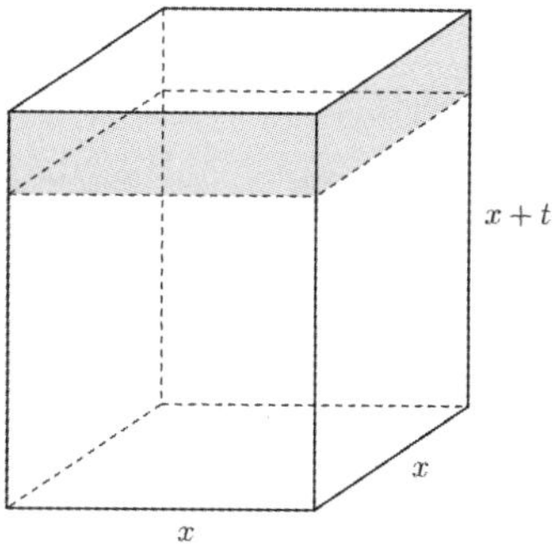

圖 4－13－1

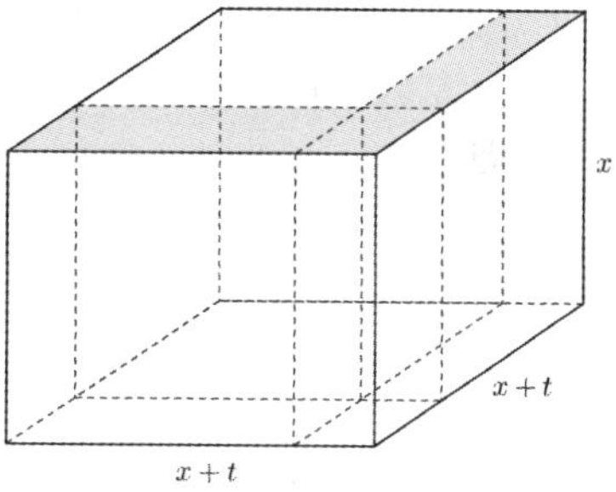

圖 4－13－2

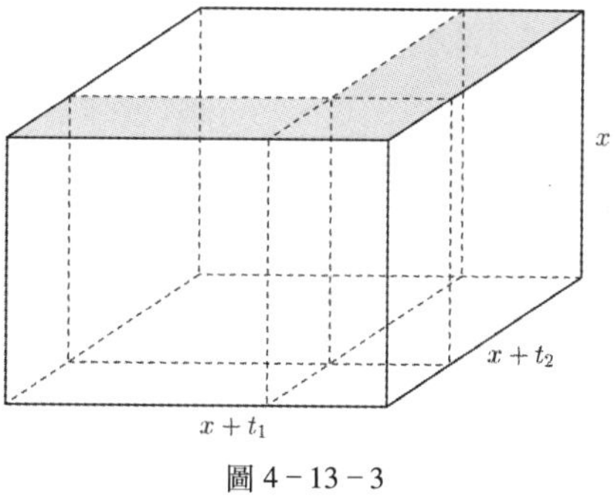

圖 4－13－3

《算法統宗》與《筭海説詳》僅給出第二種形式且只有初商的通用解法，第一種形式用約商法解，非開帶縱立方通法，而第三種形式則完全沒有涉及。

2 此題據《算法統宗》卷六“開立方帶縱法”第一題改編，原題云：“今有方倉貯米五百一十八石四斗，方比高多三尺，問方、高各若干？”解法先將貯米容量换算爲方倉體積：

$$V = 518.4 \times 2.5 = 1296$$

再用帶縱法開立方，與此題同。

3 縱方九尺，當作“初商九尺”。廉法係 $2t \cdot a$，$2t$ 爲縱廉，a 爲初商。詳後文注釋。

以所高得高九尺加方多三尺得方一丈二尺

解義　以所高九尺自乘得八十一尺平方面也縱廉六尺每廉三尺共二廉也加入縱方九尺小隅方也縱多三尺隅應三三得九尺也合之共成每面一十二尺却以所高九尺呼十二尺平方之積以除原積恰盡者蓋原積是十二尺自乘得一百四十四尺以高九尺乘之得一千二百九十六尺若以一百四十四尺除原積即得高九尺今以九尺與一百四十四尺合除是除九個一百四十四尺故除積恰盡而所商九尺即高也此乃先開平方却以高尺數乘之除積也

約縱開立方法○今有立方積二萬九千八百零八尺高比方不及一丈三尺問高方各若干

舊法置積二萬九千八百零八尺為實約實二萬七千餘商三十尺自乘得二萬七千尺尚有餘積又約商三十六尺自乘得一千二百九十六尺另置三十六尺減不及一十三尺餘二十三尺乘之得二萬九千八百零八尺除實恰盡得高二十三尺方三十六尺

以所商得高九尺，加方多三尺，得方一丈二尺[1]。

【解義】以所商九尺自乘得八十一尺，平方面也。縱廉六尺，每廉三尺，共二廉也。加入縱方九尺，小隅方也。縱多三尺，隅應三三得九尺也，合之共成每面一十二尺。却以所商九尺呼十二尺平方之積，以除原積恰盡者，蓋原積是十二尺自乘得一百四十四尺，以高九尺乘之，得一千二百九十六尺，若以一百四十四尺除原積，即得高九尺。今以九尺與一百四十四尺合除，是除九個一百四十四尺，故除積恰盡，而所商九尺即高也。此乃先開平方，却以高尺數乘之除積也。

約縱開立方法[2]〇今有立方積二萬九千八百零八尺，高比方不及一丈三尺。問高、方各若干[3]？舊法置積二萬九千八百零八尺爲實，約實二萬七千餘，商三十尺，自乘得九百，再乘得二萬七千尺，尚有餘積。又約商三十六尺，自乘得一千二百九十六尺。另置三十六尺減不及一十三尺，餘二十三尺乘之，得二萬九千八百零八尺，除實恰盡。得高二十三尺，方三十六尺。

---

1 此題係前文注釋所述開帶縱立方第二種形式：

$$V = x(x+t)^2 = x(x+3)^2$$

如圖 4－14，設立方體積爲 V，高爲 x，則底面方爲 $x+t$。此題僅有初商 a，原立方積可分成四段，各段體積爲：

$$V_{\mathrm{I}} = a^3$$
$$V_{\mathrm{II}} + V_{\mathrm{III}} = 2t \cdot a^2$$
$$V_{\mathrm{IV}} = t^2 \cdot a$$

原立方體積爲：

$$V = a^3 + 2t \cdot a^2 + t^2 \cdot a = [(a^2+t^2) + 2t \cdot a] \cdot a$$
$$= [(9^2+3^2) + 2 \times 3 \times 9] \times 9 = 1296$$

其中，t^2 爲縱方、$2t$ 爲縱廉、a^2+t^2 爲方法、$2t \cdot a$ 爲廉法。

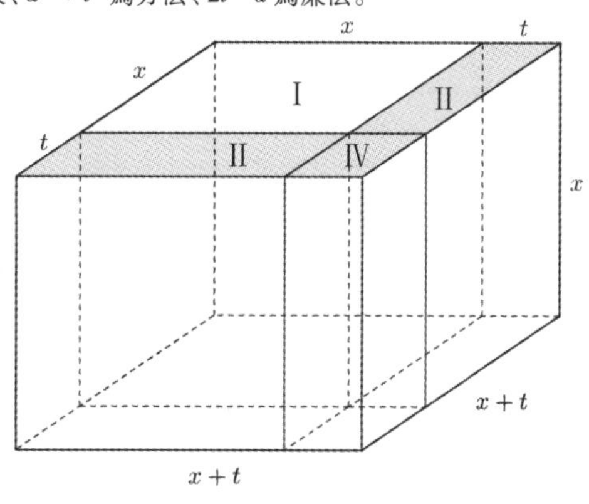

圖 4－14

2 以下兩題皆由試商方法而得，故云“約縱開立方”。非開帶縱立方通法。

3 此題爲《算法統宗》卷六“開立方帶縱法”第三題。

解義以三十六尺自乘方面也以二十三乘之以高乘方也約量積數先商三十除定不尽又改商三十六尺是從大方約商故以高比方不及十三尺減除方數以乘方積合除積尽為準也

又約縱開立方法○今有立方積一千七百八十七萬五千尺只云高濶相等長多濶三十六尺問高濶及長各若干

舊法置積為實初商約得二百尺自乘得四萬尺再乘得八百萬尺又約商二百五十尺自乘得六萬二千五百尺再以二百五十尺乘之得一千五百六十二萬五千尺除積訖餘積二百二十五萬尺為實另置所商二百五十尺自乘得六萬二千五百尺以長多三十六尺乘之得二百二十五萬尺除實恰盡得高與濶各二百五十尺加入長多三十六尺得長二百八十六尺

解義上是先取大平方面却以不及減去乘之此是先將不及一乘再乘求完小立方却將小立方面自乘得小平方面以多三十六尺乘之

【解義】以三十六尺自乘，方面也。以二十三乘之，以高乘方也。約量積數，先商三十，除實不盡，又改商三十六尺。是從大方約商，故以高比方不及十三尺減除方數，以乘方積，合除積盡爲準也。

又約縱開立方法○今有立方積一千七百八十七萬五千尺，只云高濶相等，長多濶三十六尺。問高濶及長各若干[1]？舊法置積爲實，初商約得二百尺，自乘得四萬尺，再乘得八百萬尺。又約商二百五十尺，自乘得六萬二千五百尺，再以二百五十尺乘之，得一千五百六十二萬五千尺，除積訖，餘積二百二十五萬尺爲實。另置所商二百五十尺自乘，得六萬二千五百尺，以長多三十六尺乘之，得二百二十五萬尺，除實恰盡。得高與濶各二百五十尺，加入長多三十六尺，得長二百八十六尺。

【解義】上是先取大平方面，却以不及減去乘之。此是先將不及一乘再乘，求完小立方，却將小立方面自乘得小平方面，以多三十六尺乘之。

---

1 此題爲《算法統宗》卷六“開立方帶縱法”第二題。係前文注釋所述開帶縱立方第一種形式：

$$V = x^2(x + t)$$

這裏用試商法解，非通法。

開三乘立方法〇今有三乘立方積二千零一十五萬一千一百二十一尺問方面及高各若干　舊法置積二千零一十五萬一千一百二十一尺為實於中用闢平方法除之得四千四百八十九尺又為實用開平方法除之得方六十七尺自乘得高四千四百八十九尺　又法置積為實於中初商六十於左下法亦置六十於右自乘得三千六百再乘得二十一萬六千尺為隅法與上商六十相呼二六除一千二百萬一六除六十萬六六除三十六萬共除一千二百九十六萬餘實七百一十九萬一千一百二十一尺乃以四乘隅法二十一萬六千得八十六萬四千為方法另置初商六十自乘三千六百尺又以六因之得二萬一千六百尺為上廉又以四乘初商六十得二百四十為下廉次商七尺於左六十之次下法亦置七尺自乘得四十九尺再乘得三百四十三尺為隅法又以次商七尺乘上廉二萬一千六百得一十五萬一千二百又以七尺乘下廉二百四十

開三乘立方法〇今有三乘立方積二千零一十五萬一千一百二十一尺，問方面及高各若干[1]？舊法置積二千零一十五萬一千一百二十一尺爲實於中，用開平方法除之，得四千四百八十九尺。又爲實，用開平方法除之，得方六十七尺，自乘得高四千四百八十九尺[2]。又法置積爲實於中，初商六十於左，下法亦置六十於右，自乘得三千六百，再乘得二十一萬六千尺爲隅法，與上商六十相呼，二六除一千二百萬，一六除六十萬，六六除三十六萬，共除一千二百九十六萬，餘實七百一十九萬一千一百二十一尺。乃以四乘隅法二十一萬六千，得八十六萬四千爲方法；另置初商六十自乘得三千六百尺，又以六因之，得二萬一千六百尺爲上廉；又以四乘初商六十，得二百四十爲下廉。次商七尺於左六十之次，下法亦置七尺自乘得四十九尺，再乘得三百四十三尺爲隅法；又以次商七尺乘上廉二萬一千六百，得一十五萬一千二百；又以七尺乘下廉二百四十

---

1 此題爲《算法統宗》卷六“開立方帶縱法”第四題。開三乘立方，即開四次方。

2 三乘方即兩次平方：

$$V = x^4 = (x^2)^2$$

故可兩次開平方得方根 x。

得一千六百八十再乘得一萬一千七百六十併方法八十六萬四千六上廉一十五萬一千二百下廉一萬一千七百六十隅法三百四十三尺共一百零二萬七千三百零三尺皆與次商七尺相呼一七除七百萬二七除一十四萬七七除四萬九千三七除二千一百三七除二十一尺共除七百一十九萬一千一百二十一尺除實恰盡得方面六十七尺

解義三乘之法如方面六十七尺一乘得四千四百八十九尺是一方面再乘得三十萬零七百六十三尺是六面皆六十七尺即立方三乘得二千零一十五萬一千一百二十一尺是六十七個六面皆六十七尺高計四千四百八十九尺初商以六十自乘再乘三乘得一千二百九十六萬即六十個六面皆六十尺小立方高計三千六百尺其以一乘再乘得二十一萬六千本是方法乃以為隅法者因高數過長一小方止在一隅故言隅也又四因隅法為方法即六十個小立方面方平廉也立方宜用三平廉今四因者其上係平廉其一即一小立方後皆以七因之七因三平廉為平廉之立闊七因一小方又因作七個六十尺一乘再乘之小方也又六因三千六百即六十個小立方之長廉也長廉亦宜用三廉今六因者其三係長廉其三係一個小立方每面積三千六百尺三個三千六百

得一千六百八十，再乘得一萬一千七百六十。併方法八十六萬四千、上廉一十五萬一千二百、下廉一萬一千七百六十、隅法三百四十三尺，共一百零二萬七千三百零三尺，皆與次商七尺相呼，一七除七百萬，二七除一十四萬，七七除四萬九千，三七除二千一百，三七除二十一尺，共除七百一十九萬一千一百二十一尺，除實恰盡，得方面六十七尺[1]。

【解義】三乘之法，如方面六十七尺，一乘得四千四百八十九尺，是一方面；再乘得三十萬零七百六十三尺，是六面皆六十七尺，即立方；三乘得二千零一十五萬一千一百二十一尺，是六十七個六面皆六十七尺，高計四千四百八十九尺。初商以六十自乘再乘三乘，得一千二百九十六萬，即六十個六面皆六十尺小立方，高計三千六百尺[2]。其以一乘再乘得二十一萬六千，本是方法，乃以爲隅法者，因高數過長，一小方止在一隅，故言隅也。又四因隅法爲方法，即六十個小立方面方平廉也。立方宜用三平廉，今四因者，其三係平廉，其一即一小立方。後皆以七因之，七因三平廉，爲平廉之立濶；七因一小方，又因作七個六十尺一乘、再乘之小方也[3]。又六因三千六百，即六十個小立方之長廉也。長廉亦宜用三廉，今六因者，其三係長廉，其三係一個小立方每面積三千六百尺，三個三千六百

---

1 三乘方積 x^4 即底面爲 x^2、高爲 x^2 的立方，即 x 個方面爲 x 的立方積之和。設初商爲 a、次商爲 b，則每個立方皆由一個初商小立方 a^3、三個平廉 $3a^2b$、三個長廉 $3ab^2$、一個隅方 b^3 組成，則 $x = a + b$ 個立方積爲：

$$\begin{aligned} V &= (a+b)(a^3 + 3a^2b + 3ab^2 + b^3) \\ &= a^4 + (6a^2b + 4ab^2 + 4a^3 + b^3)b \end{aligned}$$

2 以上解 a^4，即 a 個（$a = 60$）初商小立方積 a^3。

3 一乘再乘，順治本誤作“一乘再乘三乘”。以上解 $4a^3b$ 。$4a^3b = 3a^3b + a^3b$ ，$3a^3b$ 係 a 個立方之平廉積 $3a^2b$，a^3b 係 b 個（$b = 7$）初商小立方積 a^3。

尺即一小立方之三平廉也後又以七因再七因之再因三長廉爲長廉之立濶橫濶再因一小方之三平廉一因爲平廉之立濶再因即因作七個小立面之平廉也又以四因六十尺爲下廉即下七個小立方之長廉也長廉亦止用三廉又四因者其三爲一小方之三長廉其一即上六十個小立方之數也後皆以七因再以七因三以七因三次七因長廉二次爲長廉之立濶橫濶一次爲因作七個小方之長廉三次七因一個六十因上六十個小方内平廉長廉俱備名𢙣一七尺小隅將六十以七因再以七因三以七因即是以七尺自乘再乘得一七尺小立方却以六十乘之得六十個小立方以完各隅也下七個小立方平廉長廉只備止缺七隅其將七尺自乘再乘爲隅法即一個小方之隅也後又以七乘即乘作七個小隅以完七小方也此皆前人規筭成數立法高妙然令人思索推到今依闡立方正法備列于後俾覽者易了（）法前法將積兩度開方即得方面者緣兩度自乘與三乘同積故也

（增）（法）置積二千零一十五萬一千一百二十一尺爲實初商六十於左亦置六十於右法位自乘得三千六百尺爲平方再乘得二十一萬六千爲小立方三乘得一千二百九十六萬爲六十個小立方除積一千二百九十六萬訖餘積七百一十九萬一千一百二十一尺次商七尺於左初

尺，即一小立方之三平廉也。後又以七因再七因之，再因三長廉，爲長廉之立濶、横濶；再因一小方之三平廉，一因爲平廉之立濶，再因即因作七個小立面之平廉也[1]。又以四因六十尺爲下廉，即下七個小立方之長廉也。長廉亦止用三廉，又四因者，其三爲一小方之三長廉，其一即上六十個小立方之數也。後皆以七因、再以七因、三以七因，三次七因長廉，二次爲長廉之立濶、横濶，一次爲因作七個小方之長廉；三次七因一個六十，因上六十個小方内平廉、長廉俱備，各缺一七尺小隅，將六十以七因、再以七因、三以七因，即是以七尺自乘再乘得一七尺小立方，却以六十乘之，得六十個小立方，以完各隅也[2]。下七個小立方平廉長廉亦備，止缺七隅，其將七尺自乘再乘爲隅法，即一個小方之隅也，後又以七乘，即乘作七個小隅，以完七小方也[3]。此皆前人規筭成數，立法高妙，然令人思索難到。今依開立方正法，備列于後，俾覧者易了。○前法將積兩度開方，即得方面者，緣兩度自乘，與三乘同積故也。

增法 置積二千零一十五萬一千一百二十一尺爲實，初商六十於左，亦置六十於右法位，自乘得三千六百尺爲平方，再乘得二十一萬六千爲小立方，三乘得一千二百九十六萬爲六十個小立方，除積一千二百九十六萬訖，餘積七百一十九萬一千一百二十一尺。次商七尺於左初

---

1 以上解 $6a^2b^2$。$6a^2b^2 = 3a^2b^2 + 3a^2b^2$，$3a^2b^2$ 係 a 個立方之長廉積 $3ab^2$，$3a^2b^2$ 係 b 個立方之平廉積 $3a^2b$。

2 以上解 $4ab^3$。$4ab^3 = ab^3 + 3ab^3$，ab^3 係 a 個立方之隅積 b^3，$3ab^3$ 係 b 個立方之長廉積 $3ab^2$。

3 以上解 b^4，即 b 個立方之隅積 b^3。

商六十之次下法亦置七尺於六十之次却以三千六百尺為一立方面以三因之得一萬零八百尺為一小方平廉又以六十尺為一方面長以三因之得一百八十尺為一小方長廉又以次商七尺自乘再乘得三百四十三尺為一小方隅法却將平廉以次商七尺因之為平廉立濶得七萬五千六百尺又將長廉以次商七尺因之為長廉橫濶再因為長廉立濶得八千八百二十尺併平廉七萬五千六百長廉八千八百二十隅法三百四十三尺共得八萬四千七百六十三尺却以小方六十因之得五百零八萬五千七百八十尺除積訖餘積二百一十萬五千三百四十一尺另將初次商共六十七尺自乘得四千四百八十九尺再乘得三十萬零七百六十三尺以次商七尺因之得二百一十萬五千三百四十一尺除實恰盡得方面六十七尺。

又增法置積為實初商六十於左自乘再乘三乘得一千二百九十六萬次商七尺於左初商六十之次即將初次商共六十七尺自乘得四千四百八十

商六十之次，下法亦置七尺於六十之次。却以三千六百尺爲一立方面，以三因之，得一萬零八百尺爲一小方平廉；又以六十尺爲一方面長，以三因之，得一百八十尺爲一小方長廉。又以次商七尺自乘再乘得三百四十三尺爲一小方隅法；却將平廉以次商七尺因之，爲平廉立濶，得七萬五千六百尺；又將長廉以次商七尺因之，爲長廉横濶，再因爲長廉立濶，得八千八百二十尺。併平廉七萬五千六百、長廉八千八百二十、隅法三百四十三尺，共得八萬四千七百六十三尺，却以小方六十因之，得五百零八萬五千七百八十尺。除積訖，餘積二百一十萬五千三百四十一尺。另將初次商共六十七尺自乘得四千四百八十九尺，再乘得三十萬零七百六十三尺，以次商七尺因之，得二百一十萬五千三百四十一尺。除實恰盡，得方面六十七尺[1]。又增法置積爲實，初商六十於左，自乘再乘三乘得一千二百九十六萬。次商七尺於左初商六十之次，即將初次商共六十七尺自乘得四千四百八十

1“增法”減積步驟可表示爲：

$$V - a^4 - [a(3a^2b + 3b^2a + b^3)] - b(a+b)^3$$

其中，a^4 爲 a 個初商小立方積 a^3 之和，$a(3a^2b + 3b^2a + b^3)$ 爲 a 個立方之平廉 $3a^2b$、長廉 $3b^2a$ 及隅積 b^3 之和；$b(a+b)^3$ 爲 b 個立方積 $(a+b)^3$。

九尺又置初次商六十七尺以初商六十尺乘之得四千零二十尺又置初商六十尺自乘得三千六百尺併三數共一萬二千一百零九尺另置初商六十尺以次商七尺乘之得四百二十尺以乘一萬二千一百零九尺得五百零八萬五千七百八十尺併加前初商三乘一千二百九十六萬共一千八百零四萬五千七百八十尺却以初次商六十七尺乘之得一十二萬零九百零六萬七千二百六十尺以初商六十尺歸之得二千零一十五萬一千一百二十一尺除實恰盡以所商得方面六十七尺

解義前法以初商六十自乘再乘為立方三乘是乘作六十個立方即以一立方為準究其平廉長廉隅法亦以六十乘作六十個廉隅共成全六十個六十七尺方面的立方尚少七個立方却以六十七一乘再乘　得一個立方又以二因得七個立方以完六十七尺三乘之積後法以初次商自乘又以初商乘初次商又以初商自乘即前不用廉隅求立方之法其又以次商七乘初商六十為法乘三數者以七乘是完三數之立潤以六十乘是前三數亦止一立方之廉隅故因作六十個立方之廉隅也然原積是六十七個立方

九尺；又置初次商六十七尺，以初商六十尺乘之，得四千零二十尺；又置初商六十尺，自乘得三千六百尺。併三數，共一萬二千一百零九尺。另置初商六十尺，以次商七尺乘之，得四百二十尺，以乘一萬二千一百零九尺，得五百零八萬五千七百八十尺。併加前初商三乘一千二百九十六萬，共一千八百零四萬五千七百八十尺。却以初次商六十七尺乘之，得一十二萬零九百零六萬七千二百六十尺，以初商六十尺歸之，得二千零一十五萬一千一百二十一尺。除實恰盡，以所商得方面六十七尺[1]。

【解義】前法以初商六十自乘、再乘爲立方，三乘是乘作六十個立方，即以一立方爲準，完其平廉、長廉、隅法，亦以六十乘作六十個廉隅，共成全六十個六十七尺方面的立方。尚少七個立方，却以六十七一乘、再乘得一個立方[2]，又以七因，得七個立方，以完六十七尺三乘之積。後法以初、次商自乘，又以初商乘初、次商，又以初商自乘，即前不用廉隅求立方之法。其又以次商七乘、初商六十爲法乘三數者，以七乘是完三數之立濶，以六十乘是前三數亦止一立方之廉隅，故因作六十個立方之廉隅也。然原積是六十七個立方，

---

1 “又增法”即不用廉隅開立方法，詳“開立方捷法”。其減積過程可表示爲：

$$V-\{[(a+b)^2+a(a+b)+b^2]\cdot ab+a^3\}\cdot\frac{a+b}{a}$$

其中，$[(a+b)^2+a(a+b)+b^2]\cdot ab+a^3$ 爲 a 個立方之積，乘以 $\frac{a+b}{a}$，即 $a+b$ 個立方之積。

2 一乘再乘，順治本誤作“一乘再乘三乘”。

今止有六十個是比原積止有六十七分之六十故以六十七因乘以六十歸合原積而除恰盡也

立圓開方問徑周歌○立圓問徑法何如○十六乘積九歸除○立圓若問圜周數○四十八乘為則度○二數俱用開立方○問徑問周兩不誤

立圓開方問徑法○今有立圓積六萬二千二百零八尺問立圓徑若干

(通法)置積六萬二千二百零八尺以十六乘之得九十九萬五千三百二十八尺以九歸之得十一萬零五百九十二尺為實以開立方法除之初商四十於左亦置四十於右自乘得一千六百再乘得六萬四千除實餘實四萬六千五百九十二尺另將初商四十以三因之得一百二十為方法列位次商八尺於初商之次亦置八尺於下法共四十八尺就以次商八尺乘之得三百八十四尺為廉法以方乘廉得四萬六千零八十尺除實又另置次商八尺

今止有六十個，是比原積止有六十七分之六十，故以六十七因乘、以六十歸，合原積，而除恰盡也。

立圓開方問徑周歌〇立圓問徑法何如〇十六乘積九歸除〇立圓若問圍周數〇四十八乘爲則度〇二數俱用開立方〇問徑問周兩不誤[1]

立圓開方問徑法〇今有立圓積六萬二千二百零八尺，問立圓徑若干[2]？舊法置積六萬二千二百零八尺，以十六乘之，得九十九萬五千三百二十八尺；以九歸之，得一十一萬零五百九十二尺爲實。以開立方法除之，初商四十於左，亦置四十於右，自乘得一千六百，再乘得六萬四千，除實，餘實四萬六千五百九十二尺。另將初商四十以三因之得一百二十，爲方法列位。次商八尺於初商之次，亦置八尺於下法，共四十八尺，就以次商八尺乘之，得三百八十四尺爲廉法。以方乘廉，得四萬六千零八十尺，除實。又另置次商八尺

---

1 歌訣見《算法統宗》卷六“立圓法歌”，原八句：

立圓問徑法何如，十六乘積九歸除。
除此數當爲實積，立方開見更何如。
立圓若問周圍數，四十八乘積數軀。
乘爲實積用開立，即見周圍數不虛。

已知立圓積 V，求直徑 d、圓周 C，解法分别爲：

$$d = \sqrt{\frac{16}{9}S}$$

$$C = \sqrt{48S}$$

2 此題爲《算法統宗》卷六“立圓法”第一題。

自乘再乘得五百一十二尺為隅法除實恰盡得立圓徑四十八尺此問立圓如圓毬

解義平圓不離平方立圓亦不繼立方其以十六乘九除得一十一萬零五百九十二尺即立方積也以開立方法除之得立方面即立圓徑也其以十六乘九除者立圓得立方十六分中九分四隅得七分平圓得平方四分之三圓得三分四隅得一分立圓如圓毬四隅所餘如多將十六三因四歸得十二是平圓數又將十二三因四歸得九是立圓數是十六分之九分乃兩次三因四歸之數循之一乘再乘之義立方是一乘再乘而得立圓亦本立方一三因四歸再三因四歸而得將立方面四十八尺一乘再乘得立方積一十一萬零五百九十二尺將一十一萬零五百九十二尺三因四歸再三因四歸得六萬二千二百零八尺即立圓之積若因徑問積將徑四十八尺一乘再乘得積用九因十六除得立圓積

立圓開方問周法○今有立圓積六萬二千二百零八尺問立圓周若干

增法置積數以四十八尺乘之得二百九十八萬五千九百八十四尺為實以開平方除之初商一百尺於左自乘得一萬再乘得一百萬除實訖次商四十於左初商一百之

自乘再乘，得五百一十二尺爲隅法，除實恰盡，得立圓徑四十八尺。此問立圓，如圓毬。

【解義】平圓不離平方，立圓亦不離立方。其以十六乘九除，得一十一萬零五百九十二尺，即立方積也。以開立方法除之，得立方面，即立圓徑也。其以十六乘九除者，立圓得立方十六分中九分，四隅得七分；平圓得平方四分之三，圓得三分，四隅得一分。立圓如圓毬，四隅所餘加多。將十六三因四歸得十二，是平圓數；又將十二三因四歸得九，是立圓數。是十六分之九分，乃兩次三因四歸之數，猶之一乘、再乘之義。立方是一乘、再乘而得，立圓亦本立方一三因四歸、再三因四歸而得。將立方面四十八尺一乘、再乘，得立方積一十一萬零五百九十二尺；將一十一萬零五百九十二尺一三因四歸、再三因四歸，得六萬二千二百零八尺，即立圓之積。若因徑問積，將徑四十八尺一乘、再乘得積，用九因十六除，得立圓積。

立圓開方問周法〇今有立圓積六萬二千二百零八尺，問立圓周若干[1]？增法置積數以四十八尺乘之，得二百九十八萬五千九百八十四尺爲實。以開平方除之，初商一百尺於左，自乘得一萬，再乘得一百萬，除實訖。次商四十於左初商一百之

1 此題爲《算法統宗》卷六“立圓法”第二題。

次位就於下法置初次商共一百四十自乘得一萬九千六百又置初次共商一百四十以初商一百乘之得一萬四千又置初商一百自乘得一萬併三數共四萬三千六百以次商四十乘之得一百七十四萬四千除實訖餘積二十四萬一千九百八十四尺再商四尺於左初次商一百四十之下亦置四尺於下法共一百四十四尺自乘得二萬零七百三十六尺又置初次三商一百四十四尺以初次商一百四十尺乘之得二萬零一百六十尺又置初次商共一百四十尺自乘得一萬九千六百併三數共六萬零四百九十六尺以三商四尺乘之得二十四萬一千九百八十四尺除實恰盡得周一百四十四尺

解義　開周將積以四十八乘之者一個圓圓周係三個圓徑即三個方面以三個方面自乘橫豎皆三個得九個平方再以三個方面乘之高俱三個每一個平方因作三個立方共三九二十七個立方立圓得立方十六分之九將二十七以一十六因之得四百三十二以九歸之得四十八是四十八箇立圓積合二十七個立方積故以四十八乘立圓積得二百九十八萬五千九百八十四尺即二十七

次位，就於下法置初次商共一百四十，自乘得一萬九千六百；又置初次共商一百四十，以初商一百乘之，得一萬四千；又置初商一百，自乘得一萬。併三數，共四萬三千六百，以次商四十乘之，得一百七十四萬四千，除實訖，餘積二十四萬一千九百八十四尺。再商四尺於左初次商一百四十之下，亦置四尺於下法，共一百四十四尺，自乘得二萬零七百三十六尺；又置初次三商一百四十四尺，以初次商一百四十尺乘之，得二萬零一百六十尺；又置初次商共一百四十尺，自乘得一萬九千六百。併三數，共六萬零四百九十六尺，以三商四尺乘之，得二十四萬一千九百八十四尺，除實恰盡，得周一百四十四尺[1]。

【解義】問周將積以四十八乘之者，一個圓周係三個圓徑，即三個方面，以三個方面自乘，橫豎皆三個，得九個平方。再以三個方面乘之，高俱三個，每一個平方因作三個立方，共三九二十七個立方。立圓得立方十六分之九，將二十七以一十六因之，得四百三十二；以九歸之，得四十八。是四十八箇立圓積合二十七個立方積，故以四十八乘立圓積，得二百九十八萬五千九百八十四尺，即二十七

1 此解法係不用廉隅開立方捷法。

個一十一萬零五百九十二尺立方積也

金毬問徑難題駐馬聽〇不比尋常欲造金毬內外光要求高徑尺寸全有金積耀眼睛黃百二十一五分詳立圓高許如等杖折半會量折半會量金實虛積無偏向此言金毬積一百二十一寸五分問毬徑若干舊法置金積一百二十一寸五分以十六乘之得一千九百四十四寸以九歸之得二百一十六寸為實以開立方法除之初商六寸自乘得三十六寸再乘得二百一十六寸除實恰盡得毬徑高六寸

金毬以徑問積難題歌〇有個金毬裏面空毬高尺二厚三分一寸自方十六兩試問金毬多少金舊法置毬一十二寸自乘再乘得一千七百二十八寸以九因十六除得九百七十二寸為金毬積另置高一十二寸將厚三分得六分以減高一十二寸餘得毬內空徑一十一寸四分亦用自乘再乘得一千四百八十一寸五四釐四毫亦以九因十六

個一十一萬零五百九十二尺立方積也。

金毬問徑難題·駐馬聽○不比尋常，欲造金毬内外光。要求高徑尺寸，今有金積，耀眼睛黄。百二十一五分詳，立圓高許如等杖。折半曾量，折半曾量，金實虛積無偏向[1]。此言金毬積一百二十一寸五分，問毬徑若干？舊法置金積一百二十一寸五分，以十六乘之，得一千九百四十四寸；以九歸之，得二百一十六寸爲實。以開立方法除之，初商六寸，自乘得三十六寸，再乘得二百一十六寸，除實恰盡，得毬徑高六寸。

金毬以徑問積難題歌○有個金毬裹面空，毬高尺二厚三分。一寸自方十六兩，試問金毬多少金[2]？舊法置毬一十二寸自乘再乘，得一千七百二十八寸，以九因十六除，得九百七十二寸，爲金毬積。另置高一十二寸，將厚三分得六分，以減高一十二寸，餘得毬内空徑一十一寸四分，亦用自乘再乘，得一千四百八十一寸五[分]四厘四毫[3]，亦以九因十六

1 此難題爲《算法統宗》卷十五“難題少廣四”第十一題。

2 此難題爲《算法統宗》卷十四“難題衰分三”第二十一題。

3 五[分]四厘四毫，順治本據《算法統宗》，截到“厘”位，作“五分四厘”。康熙本截到“毫”位，但由於板片空間所限，省去“分”字，導致語義不完整，今據順治本補出。

除得八百三十三寸三分六厘八毫五系為毬內空積以減全金毬積餘一百三十八寸六分三厘一毫九系每方寸一斤變為一百三十八斤零数用斤兩加六法得一十兩零一錢零四厘併之得毬重一百三十八斤十兩零一錢零四厘

筭海說詳四卷終

除，得八百三十三寸三分六厘八毫五絲[1]，爲毬内空積。以減全金毬積，餘一百三十八寸六分三厘一毫五絲[2]。每方寸一斤變爲一百三十八斤，零數用斤兩加六法得一十兩零一錢零四厘[3]，併之得毬重一百三十八斤十兩零一錢零四厘[4]。

筭海説詳四卷終

1 八百三十三寸三分六厘八毫五絲，順治本作“八百三十三寸三分六厘”。
2 一百三十八寸六分三厘一毫五絲，順治本作“一百三十八寸六分四厘”。
3 一十兩零一錢零四厘，順治本作“一十兩二錢四分”。
4 一百三十八斤十兩零一錢零四厘，順治本作“一百三十八斤十兩零二錢四分”。

筭海說詳第五卷

白下隱吏古齊陽丘瞻足軒強恕居士李長茂拙翁甫輯著

測貯章

此章明倉窖囤船之分數定堆垛束排之准則方圓尖平備列長濶高下互詳約法有同印泐測貯無殊燃犀

盤量倉窖法〇古以一斛為一石今以一斛為五斗二斛為一石用今法只以石數筭積古法積方二尺五寸為一石謂長濶方一尺高二尺五寸是也然古今度量不同又各處大小互異若較今時石法可將棹四張橫頭豎地以為井字樣式內用今尺四橫各量一尺上下皆同四旁用物擠住不動將米一石傾貯於內米上以平為度却用今尺量高若

筭海説詳第五卷

白下隐吏古齊陽丘睡足軒強恕居士李長茂拙翁甫輯著

測貯章[1]

此章明倉窨囤船之分數，定堆垛束排之準則。方圓尖平備列，長濶高下互詳。約法有同印沙，測貯無殊燃犀[2]。

盤量倉窨法[3]〇古以一斛爲一石，今以一斛爲五斗，二斛爲一石。用今法，只以石數筭積。古法積方二尺五寸爲一石，謂長濶方一尺、高二尺五寸是也。然古今度量不同，又各處大小互異。若較今時石法，可將棹四張横頭竪地[4]，以爲井字樣式，内用今尺四横各量一尺，上下皆同，四旁用物擠住不動，將米一石傾貯於内，米上以平爲度，却用今尺量高若

---

1 本章收録有關貯藏的倉窨、箭束、堆垛等算題，包括《算法統宗》卷四粟布章“盤量倉窨”、“各處鹽場散堆量算引法”；卷六少廣章“米求倉窨”、“方圓三稜束法”；卷八商功章“量木梱”、“堆垛圖”等内容。

2 印沙，指飛鴻在沙面上留下爪印。燃犀，典出（南朝宋）劉敬叔《異苑》卷七：“晉温嶠至牛渚磯，聞水底有音樂之聲。水深不可測，傳言下多怪物，乃燃犀角而照之。須臾，見水族覆火，奇形異狀。”（叢書集成初編，二七二三冊）此處喻約法、測貯之術，有如飛鴻之爪印、犀照之鱗介一般，有跡可循，清晰可解。

3 盤量倉窨法，見《算法統宗》卷四粟布章。

4 棹，同“桌”，《正字通・木部》：“棹，椅棹。”（《算法統宗校釋》，第364頁）

干定為石法推筭或本地或他處斛斗大小不等俱依此法較之以今尺今斛斗為準後皆依古度量立法在臨期會通用之

方長圓倉求積求倉歌〇方倉長倉積易知〇圓周自乘十二除〇各以高数為乘法〇斛法除之米可察〇因米求倉各還源〇斛法用乘米数先〇以高求方高除積〇再用開方方可識〇以方求高方自乘〇以除原積高亦明〇長倉高長可求濶〇高長相乘除法約〇濶高間長理相同〇惟有圓積十二乘〇問周高除重開方〇問高周乘除積良

方倉求米法〇今有方倉面各一十五尺高一十二尺問盛米若干（舊）

（法）置方面一十五尺自乘得二百二十五尺以高一十二尺乘之得二千七百尺為實以斛法

干，定爲石法推筭。或本地或他處斛斗大小不等，俱依此法較之。以今尺今斛斗爲準，後皆依古度量立法，在臨期會通用之。

方長圓倉求積求倉歌[1]〇方倉長倉積易知〇圓周自乘十二除〇各以高數爲乘法〇斛法除之米可察〇因米求倉各還源〇斛法用乘米數先〇以高求方高除積〇再用開方方可識〇以方求高方自乘〇以除原積高亦明〇長倉高長可求濶〇高長相乘除法約〇問高問長理相同〇惟有圓積十二乘〇問周高除重開方〇問高周乘除積良[2]

方倉求米法〇今有方倉面各一十五尺，高一十二尺。問盛米若干[3]？舊法置方面一十五尺，自乘得二百二十五尺，以高一十二尺乘之，得二千七百尺爲實。以斛法

1《算法統宗》卷四有“盤量倉窖歌”十六句：

方倉長用濶相乘，惟有圓倉周自行。
各再以高乘見積，圍圓十二一中分。
尖堆法用三十六，倚壁須分十八停。
内角聚時如九一，外角三九甚分明。
若還方窖兼圓窖，上下周方各自乘。
乘了另將上乘下，併三爲一再乘深。
如三而一爲方積，三十六兮圓積成。
斛法却將除見數，一升一合數皆明。

包括方倉、圓倉、尖堆、方窖、圓窖求積米法；卷六少廣章又有“米求倉窖盛貯歌”十二句：

米求倉窖要知源，斛法先乘米數全。
若要圓倉乘十二，方窖三因米數然。
三十六乘圓窖米，各爲實積定無偏。
却用立方開見約，方求長濶約爲先。
圓數求周爲約數，各將約數自乘焉。
乘來爲法除實積，便見深高法更玄。

係以積米求倉窖長寬高法，即倉窖求積逆運算。《算海説詳》以倉、窖、尖堆分類，分别作“方長圓倉求積求倉歌”、“方圓長窖求積歌”和“尖堆求積米歌”三首歌訣。

2 方倉即底面爲正方形的立方體，設底面方爲 a、高爲 h，則方倉體積：

$$V = a^2h$$

長倉即底面爲矩形的立方體。設底面闊爲 a、長爲 b，高爲 h，則長倉體積：

$$V = abh$$

圓倉即圓柱，設底面周長爲 C，高爲 h，則圓倉體積：

$$V = \frac{C^2}{12} \cdot h$$

3 此題爲《算法統宗》卷四“盤量倉窖”第一題。

二尺五寸為法除之得斛米一千零八十石

因米求方倉法○今有米一千零八十石欲作方倉盛之只云方一十五尺問需高若干

舊法置米一千零八十石以斛法二尺五寸乘之得二千七百尺為實另置方一十五尺自乘得二百二十五尺為法除之得高一十二尺

又前法只云高一十二尺問方面若干

舊法置米一千零八十石以斛法乘之得二千七百尺以高一十二尺除之得二百二十五尺為實以開平方法除之得方面各一十五尺

解義以二尺五寸為一石皆以古斛法言也今斗各有參差當照前較法筭之後俱倣此

長倉求米法○今有長倉長二十八尺濶一十八尺高一十二尺問盛米若干

舊法置長二十八尺以濶一十八尺乘之再以高一十二尺乘之得六千零四十八尺

二尺五寸爲法除之，得盛米一千零八十石。

因米求方倉法〇今有米一千零八十石，欲作方倉盛之，只云方一十五尺。問需高若干？舊法置米一千零八十石，以斛法二尺五寸乘之，得二千七百尺爲實。另置方一十五尺，自乘得二百二十五尺爲法，除之得高一十二尺。

又前法只云高一十二尺，問方面若干？舊法置米一千零八十石，以斛法乘之，得二千七百尺；以高一十二尺除之，得二百二十五尺爲實。以開平方法除之，得方面各一十五尺。

【解義】以二尺五寸爲一石，皆以古斛法言也。今斗各有參差，當炤前較法筭之。後俱做此。

長倉求米法〇今有長倉長二十八尺，濶一十八尺，高一十二尺。問盛米若干[1]？舊法置長二十八尺，以濶一十八尺乘之，再以高一十二尺乘之，得六千零四十八尺

1 此題爲《算法統宗》卷四“盤量倉窖”第二題。

為實以斛法二尺五寸為法除之得盛米二千四百一十九石二斗

圓米求長倉法○今有米二千四百一十九石二斗欲作長倉盛之只云長二十八尺高一十二尺問濶若干

舊法置米二千四百一十九石二斗以斛法二尺五寸乘之得六千零四十八尺為實另置長二十八尺以高一十二尺乘之得三百三十六尺為法除實得濶一十八尺以高與濶問長以長與濶問高法皆同

圓倉求米法○今有圓倉周四十二尺高一十三尺問積尺及盛米若干

舊法置圓周四十二尺自乘得一千七百六十四尺以高一十三尺乘之得二萬二千九百三十二尺以圓法十二除之得一千九百一十一尺為實以斛法二尺五寸為法除之得盛米七百六十四石四斗

圓米求圓倉法○今有米七百六十四石四斗欲作圓倉盛之只云高一

爲實。以斛法二尺五寸爲法除之，得盛米二千四百一十九石二斗。

因米求長倉法〇今有米二千四百一十九石二斗，欲作長倉盛之，只云長二十八尺，高一十二尺。問濶若干[1]？舊法置米二千四百一十九石二斗，以斛法二尺五寸乘之，得六千零四十八尺爲實。另置長二十八尺，以高一十二尺乘之，得三百三十六尺爲法，除實得濶一十八尺。以高與濶問長，以長與濶問高，法皆同。

圓倉求米法〇今有圓倉周四十二尺，高一十三尺。問積尺及盛米若干[2]？舊法置圓周四十二尺，自乘得一千七百六十四尺，以高一十三尺乘之，得二萬二千九百三十二尺；以圓法十二除之，得一千九百一十一尺爲實。以斛法二尺五寸爲法，除之得盛米七百六十四石四斗。

因米求圓倉法〇今有米七百六十四石四斗，欲作圓倉盛之，只云高一

1 此題爲《算法統宗》卷六“米求倉窖盛貯”第一題。原題設無“長二十八尺、高一十二尺”，題設條件不足，無法求解。

2《算法統宗》卷四“盤量倉窖”第三題爲圓倉求米題，原題云：“今有圓倉周三十六尺，高八尺，問積米若干?”求得盛米三百四十五石六斗。

十三尺問圓周若干　（舊法）置米七百六十四石四斗以斛法二尺五寸乘之得一千九百一十一尺再以圓法十二乘之得二萬二千九百三十二尺為實以高一十三尺為法除之得一千七百六十四尺以開方法除之得（圓倉周四十二尺）

又前法只云圓周四十二尺問高若干　（舊法）置米以斛法乘之再以圓法十二乘之得二萬二千九百三十二尺為實另以圓周四十二尺自乘得一千七百六十四尺為法除之得（高一十三尺）

解義　圓周自乘用十二除之者即前圓田以周問積用十二歸除得積之法也解見前圓田下

方圓長窖求積歌○方窖求積法最良○上方下方自乘詳○又併上下互乘推○以高乘之用三歸○圓窖二周乘法同○三十六除法宜明惟有長窖法另商○上長倍之加下長○又用上廣相乘訖○下廣下

十三尺。問圓周若干[1]？舊法置米七百六十四石四斗，以斛法二尺五寸乘之，得一千九百一十一尺；再以圓法十二乘之，得二萬二千九百三十二尺爲實。以高一十三尺爲法，除之得一千七百六十四尺。以開方法除之，得圓倉周四十二尺。

又前法只云圓周四十二尺，問高若干？舊法置米以斛法乘之，再以圓法十二乘之，得二萬二千九百三十二尺爲實。另以圓周四十二尺自乘，得一千七百六十四尺爲法，除之得高一十三尺。

【解義】圓周自乘用十二除之者，即前圓田以周問積用十二歸除得積之法也。解見前圓田下。

方圓長窖求積歌○方窖求積法最良○上方下方自乘詳○又併上下互乘推○以高乘之用三歸[2]○圓窖二周乘法同○三十六除法宜明[3]○惟有長窖法另商○上長倍之加下長○又用上廣相乘訖○下廣下

---

1 《算法統宗》卷六"米求倉窖盛貯"第二題爲以米求圓倉題，原題云："今有米七百零五石六斗，欲作圓倉盛之，問周圍及高各若干?"題設條件不足，無法求解。

2 方窖，如圖5-1，形如方臺，上下底面皆爲正方形。設上方爲 a_1，下方爲 a_2，高爲 h，求積公式爲：

$$V = \frac{(a_1^2 + a_2^2 + a_1a_2)h}{3}$$

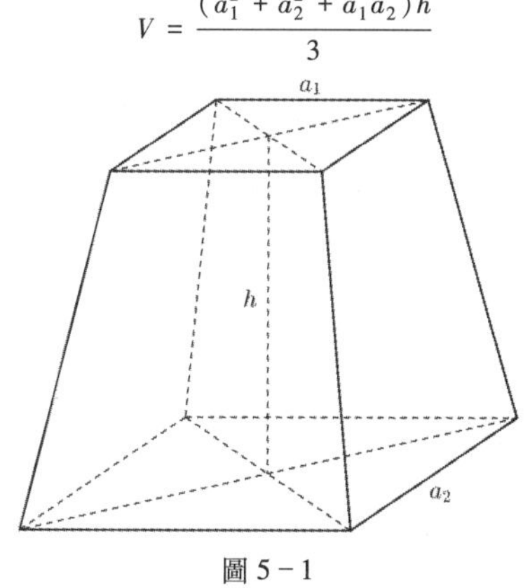

圖5-1

3 圓窖，如圖5-2，形如圓臺，上下底面皆爲圓形。上圓周爲 C_1，下圓周爲 C_2，高爲 h，求積公式爲：

$$V = \frac{(C_1^2 + C_2^2 + C_1C_2)h}{36}$$

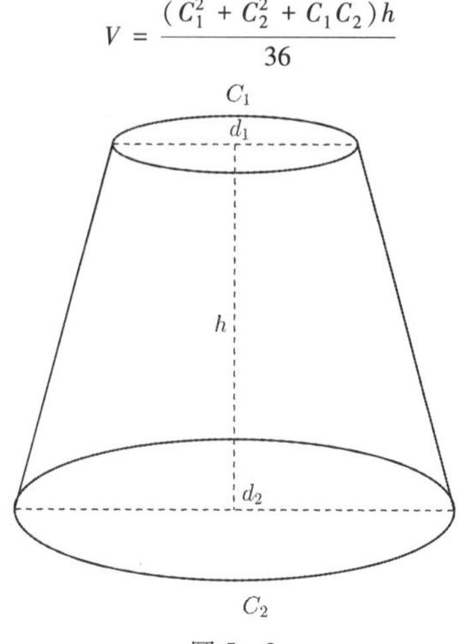

圖5-2

長法揔一〇二數合併高乘之〇六歸得積不用思〇若欲因積求原
窖〇各照原法還源妙
方窖求米法〇今有方窖上方九尺下方一十二尺深一十三尺問積尺
及米若干　舊法置上方九尺自乘得八十一尺另置下方一十二尺自乘得一百四十
四尺又置下方一十二尺以上方九尺乘之得一百零八尺併三數共三百三十三尺以深一十
三尺乘之得四千三百二十九尺為實以三歸之得積一千四百四十三尺以解法
二尺五寸除之得盛米五百七十七石二斗
解義先以上下方自乘互乘後用三歸即三廣折平之法然他皆就廣數折平此獨以乘數折者緣一面方有濶狹即同梯田故即
可以上下折平方窖是上方較下方四面俱狹試將四面角分劈箕之以上方九尺為齊下方亦四面截正方九尺自乘得八十一尺以
深十三尺乘之得積一千零五十三尺下方濶上方三尺每面各得一尺五寸將下濶亦截照上方九尺以一尺五寸乘之得一十三尺

長法總一〇二數合併高乘之〇六歸得積不用思[1]〇若欲因積求原窖〇各照原法還源妙

方窖求米法〇今有方窖上方九尺，下方一十二尺，深一十三尺。問積尺及米若干[2]？

舊法 置上方九尺，自乘得八十一尺；另置下方一十二尺，自乘得一百四十四尺；又置下方一十二尺，以上方九尺乘之，得一百零八尺。併三數，共三百三十三尺。以深一十三尺乘之，得四千三百二十九尺爲實。以三歸之，得積一千四百四十三尺。以斛法二尺五寸除之，得盛米五百七十七石二斗。

【解義】先以上下方自乘、互乘，後用三歸，即三廣折平之法。然他皆就廣數折平，此獨以乘數折者，緣一面方有濶狹，即同梯田，故即可以上下折平。方窖是上方較下方四面俱狹，試將四面角分劈筭之。以上方九尺爲齊，下方亦四面截正方九尺，自乘得八十一尺，以深十三尺乘之，得積一千零五十三尺。下方濶上方三尺，每面各得一尺五寸，將下濶亦截照上方九尺，以一尺五寸乘之，得一十三尺

---

1 長窖，如圖 5-3，形如長臺，上下底面皆爲長方形。上底寬爲 a_1，長爲 b_1，下底寬爲 a_2，長爲 b_2，高爲 h，其求積公式爲：

$$V=\frac{[(2b_1+b_2)a_1+(2b_2+b_1)a_2]h}{6}$$

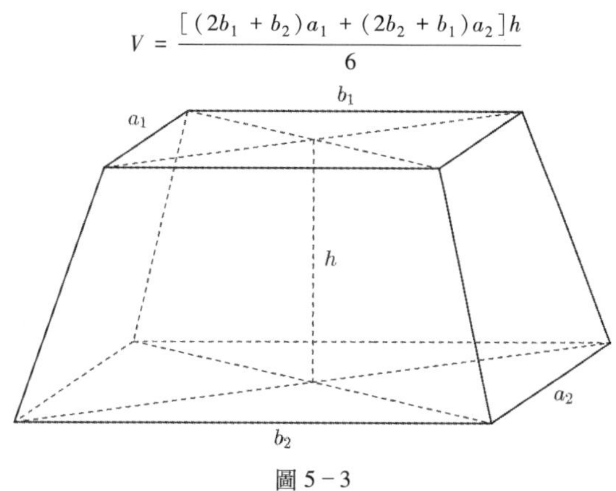

圖 5-3

《算法統宗》無長窖求積，其卷八“商功章”有直臺（即長臺）求積公式，與此同。

2《算法統宗》卷四“盤量倉窖”第八題爲方窖求積題，原題云：“今有方窖上方六尺，下方八尺，深一十二尺，問積米若干？”與此題數值不同。

五寸以深十三尺乘之得一百七十五尺五寸折半得八十七尺七寸五分四面共積三百五十一尺餘四尖角每角下方一尺五寸將四角共合成一尖錐下方計三尺自乘得九尺以深十三尺乘之得一百一十七尺用方錐法三歸得積三十九尺併三數共得一千四百四十三尺合本積若上下折半得積十尺零五寸自乘得一千一百零二尺五寸以十三尺乘之得一千四百三十三尺二寸五分較本積少九尺七寸五分故四面闊俠不等之方窖不得以此求一面兩闊可折平算也

因米求方窖法〇今有米五百七十七石二斗欲作方窖盛之只云上方九尺深一十三尺問下方若干

(舊)(法)置米五百七十七石二斗以斛法二五乘之得一千四百四十三尺以三因之得四千三百二十九尺以深一十三尺除之得三百三十三尺另置上方九尺自乘得八十一尺以減三百三十三尺餘二百五十二尺為實以上方九尺為縱方用帯縱開平方法除之得(下)(方)(一)(十)(二)(尺)

(又)(法)問上方亦將深一十三尺除三因米積得三百三十三尺內減下方自乘一百四十四尺餘一百八十九尺為實以下方一十二尺

五寸，以深十三尺乘之，得一百七十五尺五寸，折半得八十七尺七寸五分，四面共積三百五十一尺。餘四尖角，每角下方一尺五寸，將四角共合成一尖錐，下方計三尺，自乘得九尺，以深十三尺乘之，得一百一十七尺，用方錐法三歸，得積三十九尺。併三數，共得一千四百四十三尺，合本積[1]。若上下折半得十尺零五寸，自乘得一千一百零二尺五寸，以十三尺乘之，得一千四百三十三尺二寸五分，較本積少九尺七寸五分。故四面濶狭不等之方窖，不得比炤一面兩濶可折平筭也。

因米求方窖法〇今有米五百七十七石二斗，欲作方窖盛之，只云上方九尺，深一十三尺。問下方若干[2]？舊法置米五百七十七石二斗，以斛法二五乘之，得一千四百四十三尺。以三因之，得四千三百二十九尺，以深一十三尺除之，得三百三十三尺。另置上方九尺，自乘得八十一尺，以減三百三十三尺，餘二百五十二尺爲實。以上方九尺爲縱方，用帶縱開平方法除之，得下方一十二尺。又法問上方。亦將深一十三尺除三因米積，得三百三十三尺。内減下方自乘一百四十四尺，餘一百八十九尺爲實。以下方十二尺

---

1 如圖 5－4，將方窖截割爲成一個長方（A），四個塹堵（底面爲矩形、側面爲勾股的棱柱，即 B），四個鱉臑（四面爲勾股的三棱錐，即 C）。長方積爲：

$$S_A = a_1^2 h$$

四個塹堵合成兩個長方，積爲：

$$S_B = (a_2 - a_1) a_1 h$$

四個鱉臑合成一個尖錐，積爲：

$$S_C = \frac{(a_2 - a_1)^2 h}{3}$$

三者相併，合方窖積。

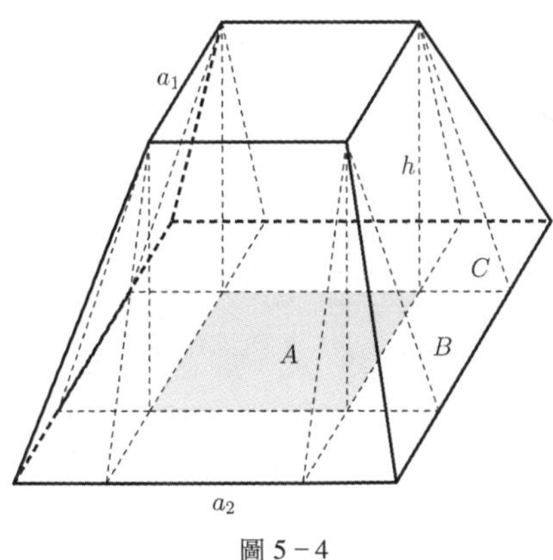

圖 5－4

2 此題爲《算法統宗》卷六“米求方窖盛貯”第三題。

為縱方用帶縱開平方法除之得(上)(方)(九)(尺)

(又)(法)以上下方問深即置米以斛法二五乘之再以三因之得四千三百二十九尺為實另置上方自乘八十一尺下方自乘一百四十四尺上方乘下方得一百零八尺三共三百三十三尺為法除實得(深)(一)(十)(三)(尺)

解義　因米求窖即以窖求積法挨次還源將三因之積以深除之合上下方自乘五乘之積內除減上方自乘止存下方自乘與下方乘上方如同濶十二尺長十二尺又加九尺又減下方自乘止存上方自乘與上方乘下方如同通濶九尺長九尺又加十二尺故用九與十二帶縱開方可得上方下方也

長窖求米法○今有長窖上長一十九尺廣一十一尺下長二十一尺廣一十三尺深一十二尺問積尺及米若干

(舊)(法)置上長一十九尺加倍得三十八尺加入下長二十一尺共五十九尺以上廣一十一尺乘之得六百四十九尺另置下長二十

爲縱方，用帶縱開平方法除之，得上方九尺。又法以上下方問深。即置米，以斛法二五乘之，再以三因之，得四千三百二十九尺爲實。另置上方自乘八十一尺[1]，下方自乘一百四十四尺，上方乘下方得一百零八尺。三共三百三十三尺，爲法除實，得深一十三尺。

【解義】因米求窖，即以窖求積法挨次還源。將三因之積以深除之，合上下方自乘互乘之積，内除減上方自乘，止存下方自乘與下方乘上方，如同濶十二尺，長十二尺又加九尺。減下方自乘，止存上方自乘與上方乘下方，如同通濶九尺，長九尺又加十二尺。故用九與十二帶縱開方，可得上方下方也。

長窖求米法○今有長窖上長一十九尺，廣一十一尺，下長二十一尺，廣一十三尺，深一十二尺。問積尺及米若干？舊法置上長一十九尺，加倍得三十八尺，加入下長二十一尺，共五十九尺，以上廣一十一尺乘之，得六百四十九尺。另置下長二十

1 八十一尺，順治本誤作“六十一尺”。

尺加倍得四十二尺併入上長一十九尺共六十一尺以下廣一十三尺乘之得七百九十三尺併二數共一千四百四十二尺以深一十二尺乘之得一萬七千三百零四尺以六歸之得積二千八百八十四尺以斛法二五除之得盛米一千一百五十三石六斗

解義　倍上長加下長又倍下長加上長共六長折平故後用六歸方窖四面上下雖不一然上止一方面下亦止一方面故用上自乘下自乘上下相乘作三廣可折其平長窖上長上廣下長下廣各不一須用交互折平其加倍合併互乘乃是以上廣乘下長下廣乘上長即同二中長故須用兩個下廣乘下長兩個上廣乘上長共中二長相均乃可徹平若倍上廣加下廣以上長乘同一理也或上長加下長之半以上廣乘下長加上長之半以下廣乘併二數以高乘之用三歸亦得本積

圓窖求米法○今有圓窖上周二十一尺下周二十四尺深一十二尺問積米若干

舊法　置上周二十一尺自乘得四百四十一尺另置下周二十四尺自乘得五百七十六尺又置下周二十四尺以上周二十一尺乘之得五百零四尺併三數共一千五百二十

一尺，加倍得四十二尺，併入上長一十九尺，共六十一尺，以下廣一十三尺乘之，得七百九十三尺。併二數，共一千四百四十二尺，以深一十二尺乘之，得一萬七千三百零四尺，以六歸之，得積二千八百八十四尺。以斛法二五除之，得盛米一千一百五十三石六斗。

【解義】倍上長加下長，又倍下長加上長，共六長折平，故後用六歸。方窖四面上下雖不一，然上止一方面，下亦止一方面，故用上自乘、下自乘、上下相乘作三廣，可折其平。長窖上長上廣、下長下廣各不一，須用交互折平。其加倍合併互乘，乃是以上廣乘下長、下廣乘上長，即同二中長，故須用兩個下廣乘下長，兩個上廣乘上長，與中二長相均，乃可徹平。若倍上廣加下廣，以上長乘，同一理也。或上長加下長之半，以上廣乘；下長加上長之半，以下廣乘，併二數，以高乘之，用三歸，亦得本積。

圓窖求米法〇今有圓窖上周二十一尺，下周二十四尺，深一十二尺。問積米若干？[1] 舊法 置上周二十一尺，自乘得四百四十一尺；另置下周二十四尺，自乘得五百七十六尺；又置下周二十四尺，以上周二十一尺乘之，得五百零四尺。併三數，共一千五百二十

1《算法統宗》卷四"盤量倉窖"第九題係圓窖求米題。原題云："今有圓窖上周一十八尺，下周二十四尺，深一十二尺，問積米若干?"與此題數值不同。

一尺以深一十二尺乘之得一萬八千二百五十二尺用圓率三十六除之得積五百零七尺以斛法二五除之得盛米二百零二石八斗增法置上周下周各以三歸之得上徑七尺自乘得四十九尺下徑八尺自乘得六十四尺上下徑相乘得五十六尺併三數共一百六十九尺以深一十二尺乘之得二千零二十八尺以四歸之得積五百零七尺以斛法二五除之得米數或即將二千零二十八尺以十歸之即得米二百零二石八斗

解義窖周求積用三十六為除法者圓周係三個圓徑即三個方面自乘得九個方面積又上下周自乘互乘又是三倍三之共得二十七個方面積以高乘之即二十七個方窖積以四因三歸得三十六個圓窖積故以三十六為法除之得積〇增法以徑自乘互乘再以高乘是三個方窖積即四個圓窖積故用四歸其問米即將深所乘之積二千零二十八尺以十歸之得米數者以四乘二五得一十故并四與二五歸除以十歸之而即合也〇若將深所乘圓周自乘互乘之積一萬八千二百五十二尺以九十為法歸之即得盛米二

一尺，以深一十二尺乘之，得一萬八千二百五十二尺，用圓率三十六除之，得積五百零七尺。以斛法二五除之，得盛米二百零二石八斗。增法置上周、下周，各以三歸之，得上徑七尺，自乘得四十九尺；下徑八尺自乘，得六十四尺；上下徑相乘，得五十六尺。併三數，共一百六十九尺，以深一十二尺乘之，得二千零二十八尺，以四歸之，得積五百零七尺。以斛法二五除之，得米數。或即將二千零二十八尺以十歸之，即得米二百零二石八斗[1]。

【解義】窖周求積，用三十六爲除法者，圓周係三個圓徑，即三個方面，自乘得九個方面積。又上下周自乘互乘，又是三倍，三九共得二十七個方面積。以高乘之，即二十七個方窖積。四因三歸，得三十六個圓窖積，故以三十六爲法除之得積。○"增法"以徑自乘互乘，再以高乘，是三個方窖積，即四個圓窖積，故用四歸。其問米，即將深所乘之積二千零二十八尺，以十歸之得米數者，以四乘二五得一十，故省四與二五歸除，以十歸之，而即合也。○若將深所乘圓周自乘互乘之積一萬八千二百五十二尺，以九十爲法歸之，即得盛米二

1 "增法"以圓徑求圓窖積，所用公式爲：

$$V = \frac{(d_1^2 + d_2^2 + d_1 d_2)h}{4}$$

其中，d_1、d_2 爲上下直徑：

$$d_1 = \frac{1}{3}C_1$$

$$d_2 = \frac{1}{3}C_2$$

百零二石八斗以解法二五乘三十六得九十故省三十六與二五兩次歸除以九十歸之得米數也

蓆囤求米法（）今有蘆蓆二領長濶相同先以蓆一領作囤較之盛米二石五斗問蓆二領為一囤盛米若干　舊法置蓆二領自乘得四領為實以較囤米二石五斗為法乘之得盛米十石　若以三領作一囤即置三領自乘得九領為實以較囤米二石五斗乘之得盛米二十二石五斗以四領作一囤即置四領自乘得一十六領為實以二石五斗乘之得盛米四十石五六七領皆倣此

米求蓆囤法（）今有米二十二石五斗欲用蓆囤盛之以一蓆較囤盛二石五斗問該用蓆若干　舊法置米二十二石五斗以較米二石五斗為法除之得九領為實以開平方法除之得該蓆三領

解義　如蓆一領作囤長四尺以四面計之每面各長一尺若二領共長八尺以四面計之每面二尺中所容二二得四若三領共長

百零二石八斗。以斛法二五乘三十六得九十，故省三十六與二五兩次歸除，以九十歸之得米數也。

蓆囤求米法〇今有蘆蓆二領，長濶相同，先以蓆一領作囤較之，盛米二石五斗。問蓆二領爲一囤，盛米若干[1]？舊法置蓆二領自乘得四領爲實，以較囤米二石五斗爲法乘之，得盛米十石。若以三領作一囤，即置三領自乘得九領爲實，以較囤米二石五斗乘之，得盛米二十二石五斗。以四領作一囤，即置四領自乘得一十六領爲實，以二石五斗乘之，得盛米四十石。五六七領皆倣此。

米求蓆囤法〇今有米二十二石五斗，欲用蓆囤盛之，以一蓆較囤，盛二石五斗。問該用蓆若干[2]？舊法置米二十二石五斗，以較米二石五斗爲法除之，得九領爲實。以開平方法除之，得該蓆三領。

【解義】如蓆一領作囤，長四尺，以四面計之，每面各長一尺。若二領，共長八尺，以四面計之，每面二尺，中所容二二得四。若三領，共長

---

1 此題爲《算法統宗》卷四“盤量倉窖”第十一題，以下三領、四領兩問，分别爲第十二、十三題。

2 此題爲《算法統宗》卷四“盤量倉窖”第十五題。

一十二尺以四面計之每面三尺中所容三三得九四尺五尺以上皆然

船倉求積米法〇今有船倉小頭面廣六尺腰廣六尺五寸底廣五尺大頭面廣七尺腰廣七尺五寸底廣六尺計長九尺深二尺四寸問積米若干

舊法置小頭腰六尺五寸倍之得一十三尺併入面廣六尺底廣五尺三共二十四尺以四歸之得六尺另置大頭腰廣七尺五寸倍之得一十五尺併入面廣七尺底廣六尺三共二十八尺以四歸之得七尺併上六尺共一十三尺折半得六尺五寸以長九尺乘之得五十八尺五寸又以深二尺四寸乘之得積一百四十尺零四寸以斛法二尺五寸為法除之得盛米五十六石一斗六升

增法置小頭腰廣七尺五寸倍之得一十二尺加入面廣六尺底廣五尺共二十四尺另置大頭腰廣七尺五寸倍之得一十五尺加入面廣七尺底廣六尺共二十八尺併二數共五十二尺以八歸之得六尺五寸以長九尺乘

一十二尺，以四面計之，每面三尺，中所容三三得九。四尺、五尺以上皆然。

船倉求積米法○今有船倉，小頭面廣六尺，腰廣六尺五寸，底廣五尺；大頭面廣七尺，腰廣七尺五寸，底廣六尺。計長九尺，深二尺四寸。問積米若干[1]？舊法置小頭腰六尺五寸，倍之得一十三尺，併入面廣六尺、底廣五尺，三共二十四尺，以四歸之，得六尺。另置大頭腰廣七尺五寸，倍之得一十五尺，併入面廣七尺、底廣六尺，三共二十八尺，以四歸之，得七尺。併上六尺，共一十三尺，折半得六尺五寸。以長九尺乘之，得五十八尺五寸。又以深二尺四寸乘之，得積一百四十尺零四寸。以斛法二尺五寸爲法除之，得盛米五十六石一斗六升。增法置小頭腰廣（七）[六]尺五寸[2]，倍之得一十三尺，加入面廣六尺、底廣五尺，共二十四尺。另置大頭腰廣七尺五寸，倍之得一十五尺，加入面廣七尺、底廣六尺，共二十八尺。併二數，共五十二尺，以八歸之，得六尺五寸。以長九尺乘

---

1 此題爲《算法統宗》卷四“盤量倉窖”第十題。船倉兩頭側面爲三廣田形，中間稍寬，上下稍窄。設小頭上廣爲 a_1、下廣爲 b_1、中廣爲 c_1，大頭上廣爲 a_2、下廣爲 b_2、中廣爲 c_2，船倉長爲 l，船倉深爲 h，則船倉積爲：

$$V = \frac{1}{2}\left(\frac{2c_1 + a_1 + b_1}{4} + \frac{2c_2 + a_2 + b_2}{4}\right) hl$$

2 “七”當作“六”，據題設改。

之得(五十八尺五寸)又以深(二尺四寸)乘之得積一百四十尺零四寸以斛法(二尺五寸)為法除之得斛米五十六石一斗六升

解義倍腰廣者即三廣田兩頭各取一廣中倍二廣之法每頭各置四廣各以四歸乃兩頭各自折平也將各四歸之數合併折半又將兩頭交互折平也○增法合併兩頭各四廣之數共五十二尺亦合併各四歸得八以除之可免四歸二次及合併再折半之煩

尖堆求積米歌○堆法下周自乘均○以高乘之除法分○平地圓尖三十六○倚壁外角念七數○直壁半堆一十八○內角歸用九為法○得數各以斛法除○因積得米理不殊

求平地圓尖堆積米法○今有平地圓尖堆米下周四十八尺高一十二尺問積米若干

盤法置下周(四十八尺)自乘得(二千三百零四尺)以高(一十二尺)乘之得(二萬七千六百四十八尺)卻以圓堆率(三十六)除之得積七百六十八尺以斛法(二尺五

之，得五十八尺五寸，又以深二尺四寸乘之，得積一百四十尺零四寸。以斛法二尺五寸爲法除之，得盛米五十六石一斗六升[1]。

【解義】倍腰廣者，即三廣田兩頭各取一廣，中倍二廣之法。每頭各置四廣，各以四歸，乃兩頭各自折平也。將各四歸之數合併折半，又將兩頭交互折平也。〇“增法”合併兩頭各四廣之數，共五十二尺，亦合併各四歸得八以除之，可免四歸二次及合併再折半之煩。

尖堆求積米歌〇堆法下周自乘均〇以高乘之除法分〇平地圓尖三十六〇倚壁外角念七數〇直壁半堆一十八〇内角歸用九爲法〇得數各以斛法除〇因積得米理不殊[2]

求平地圓尖堆積米法〇今有平地圓尖堆米，下周四十八尺，高一十二尺。問積米若干[3]？舊法 置下周四十八尺，自乘得二千三百零四尺，以高一十二尺乘之，得二萬七千六百四十八尺。却以圓堆率三十六除之，得積七百六十八尺。以斛法二五

1 “增法”同“舊法”，只是將四歸後再折半，改作以八歸一次，用公式表示爲：

$$V=\frac{(2c_1+a_1+b_1)+(2c_2+a_2+b_2)}{8}hl$$

2 尖堆求積米歌，《算法統宗》無。該歌訣包括四種堆法的求積公式，平地圓尖堆：

$$V=\frac{C^2h}{36}$$

倚壁外角堆：

$$V=\frac{C^2h}{27}$$

直壁半堆：

$$V=\frac{C^2h}{18}$$

倚壁内角堆：

$$V=\frac{C^2h}{9}$$

3 《算法統宗》卷四“盤量倉窖”第四題與此題類型同，題設數值與此不同，原題云：“今有平地堆米，下周二丈四尺，高九尺，問積米若干？”

除之得米三百零七石二斗 增法置下周四十八尺以三歸之得一十六尺為圓徑自乘得二百五十六尺以高一十二尺乘之得三千零七十二尺以四歸之得積七百六十八尺以斛法除之得米 又增捷法置下周四十八尺以高一十二尺乘之得五百七十六尺以四因之得二千三百零四尺以三歸之得積七百六十八尺

解義 圓倉得方倉四分之三圓尖堆與圓錐同又得圓倉三分之一即得方倉四分之一圓周是三個圓徑即三個方面以高乘之即九個方倉將每倉以四分計之四九得三十六分圓尖堆止三十六分中一分故用三十六除之得本積與圓窖同法○增法三歸下周即圓徑即方面也自乘再以高乘即方倉也圓堆得方倉四分之一故用四歸得本積○又法以高乘周用四因三歸得本積者原周四十八是四個十二除率三十六是三箇十二係乘原周四分之三原周自乘以三十六除之乃將四因以四箇十二乘之以三個十二除之仍是四因三歸之法故不用自乘只將四十八四因三歸得六十四尺以高乘之即得本積其先以高乘後四因三歸乃先乘後除法〻然惟周四十八比圓堆率多四分之一乃可合非此亦不合矣

除之，得米三百零七石二斗。增法置下周四十八尺，以三歸之，得一十六尺爲圓徑。自乘得二百五十六尺，以高一十二尺乘之，得三千零七十二尺。以四歸之，得積七百六十八尺。以斛法除之得米[1]。又增捷法置下周四十八尺，以高一十二尺乘之，得五百七十六尺。以四因之，得二千三百零四尺，以三歸之，得積七百六十八尺[2]。

【解義】圓倉得方倉四分之三，圓尖堆與圓錐同，又得圓倉三分之一，即得方倉四分之一。圓周是三個圓徑，即三個方面，自乘得九個方面,以高乘之，即九個方倉。將每倉以四分計之，四九得三十六分，圓尖堆止三十六分中一分，故用三十六除之得本積。[3]與圓窖同法。〇“增法”三歸下周，即圓徑，即方面也。自乘再以高乘，即方倉也。圓堆得方倉四分之一，故用四歸得本積。〇“又法”以高乘周、用四因三歸得本積者，原周四十八是四個十二，除率三十六是三箇十二，係原周四分之三。原周自乘、以三十六除之，乃將原周以四箇十二乘之，以三個十二除之，仍是四因三歸之法，故不用自乘。只將四十八四因三歸，得六十四尺，以高乘之，即得本積。其先以高乘、後四因三歸，乃先乘後除法也。然惟周四十八，比圓堆率多四分之一乃可合，非此亦不合矣。

---

1 “增法”係以徑求積：

$$V=\frac{C^2h}{36}=\frac{(3d)^2h}{36}=\frac{d^2h}{4}$$

2 “又增捷法”可用公式表示爲：

$$V=\frac{4Ch}{3}$$

此非通法，僅當 $C=48$ 時，圓尖堆積爲：

$$V=\frac{C^2h}{36}=\frac{48Ch}{36}=\frac{4Ch}{3}$$

此法方可用。

3 設方倉底面方爲 d（即圓倉直徑）、高爲 h，則方倉體積爲：

$$V_1=d^2h$$

圓倉體積爲：

$$V_2=\frac{3}{4}V_1=\frac{3}{4}d^2h$$

圓尖堆體積爲：

$$V=\frac{1}{3}V_2=\frac{1}{4}d^2h=\frac{1}{4}\left(\frac{C}{3}\right)^2h=\frac{C^2h}{36}$$

求倚壁外角尖堆積米法〇今有倚壁外角堆下周三十六尺高一十二尺問積米若干

舊法置下周三十六尺自乘得一千二百九十六尺以高一十二尺乘之得一萬五千五百五十二尺以外角率二十七除之得積五百七十六尺以斛法二五除之得米二百三十石零四斗

增法置下周三十六尺以三歸之得一十二尺為大半徑自乘得一百四十四尺以高一十二尺乘之得一千七百二十八尺以三歸之得積五百七十六尺以斛法除得米數

又法置下周三十六尺用四因三歸得四十八尺以高一十二尺乘之得積五百七十六尺

解義外角積得圓堆四分之三外角周亦圓周四分之三除率二十七又外角周四分之三圓周四十八是四分外角周三十六是三分四分自乘得十六三分自乘得九是外角得圓堆法十六分之九所以十六分之九即一三因四歸再三因四歸之數也將圓周四十八三因四歸得三十六為外角周將三十六三因四歸得二十七為除率總之圓得方四分之三不外四分之三為除法耳〇增法用

求倚壁外角尖堆積米法〇今有倚壁外角堆，下周三十六尺，高一十二尺。問積米若干？[1] 舊法 置下周三十六尺，自乘得一千二百九十六尺，以高一十二尺乘之，得一萬五千五百五十二尺。以外角率二十七除之，得積五百七十六尺。以斛法二五除之，得米二百三十石零四斗。增法 置下周三十六尺，以三歸之，得一十二尺爲大半徑，自乘得一百四十四尺。以高一十二尺乘之，得一千七百二十八尺。以三歸之，得積五百七十六尺。以斛法除得米數。又法 置下周三十六尺，用四因三歸，得四十八尺。以高一十二尺乘之，得積五百七十六尺[2]。

【解義】外角積得圓堆四分之三，外角周亦圓周四分之三，除率二十七。又外角周四分之三，圓周四十八是四分，外角周三十六是三分。四分自乘得十六，三分自乘得九，是外角得圓堆法十六分之九。所云十六分之九，即一三因四歸、再三因四歸之數也。將圓周四十八三因四歸，得三十六爲外角周，將三十六三因四歸，得二十七爲除率[3]。總之，圓得方四分之三，不外四分之三爲除法耳。〇"增法"用

---

1 《算法統宗》卷四"盤量倉窖"第七題與此題類型同，惟題設數值不同，原題下周九十尺。

2 "增法"係以徑求積法：

$$V=\frac{C^2h}{27}=\frac{(3d)^2h}{27}=\frac{d^2h}{3}$$

"又法"同前題"又增捷法"，非通法，僅在 $C=36$ 時適用：

$$V=\frac{C^2h}{27}=\frac{36Ch}{27}=\frac{4Ch}{3}$$

3 設圓尖堆周爲 C'、體積爲 V'，倚壁外角周爲 C、體積爲 V，由：

$$\begin{cases}C=\dfrac{3}{4}C'\\ V=\dfrac{3}{4}V'\end{cases}$$

得倚壁外角堆體積：

$$V=\frac{3}{4}V'=\frac{3}{4}\left(\frac{C'^2h}{36}\right)=\frac{3}{4}\cdot\frac{\left(\frac{4}{3}C\right)^2h}{36}=\frac{C^2h}{27}$$

三歸若圓堆得方倉四分之一外角堆又圓堆一分內四分之三將方倉四分各再分作四分得一十六分是外角堆積得方倉十六分之三分至外角徑十二尺止圓徑大半自乘得圓徑自乘十六分之九分以三歸之合十六分之三故得本積也○又法先得周三十六尺用四因三歸後以高乘此正法也先以高乘後四因三歸同此理

求倚直壁半堆積米法○今有倚直壁堆米下周二十四尺高一十二尺問積米若干

舊法置下周二十四尺自乘得五百七十六尺以高一十二尺乘之得六千九百一十二尺以倚壁半圓率一十八除之得積三百八十四尺以斛法二五除之得米一百五十三石六斗

增法置下周二十四尺以三歸之得八尺為半徑自乘得六十四尺以高一十二尺乘之得七百六十八尺以二歸之得積三百八十四尺以斛法除之得米數

又增法置下周二十四尺用四因三歸得三十二尺以高一十二尺乘之得積三百八十四尺

三歸者，圓堆得方倉四分之一，外角堆又圓堆一分内四分之三。將方倉四分各再分作四分，得一十六分，是外角堆積得方倉十六分之三分。至外角徑十二尺，止圓徑大半。自乘得圓徑自乘十六分之九分，以三歸之，合十六分之三，故得本積也。〇“又法”先將周三十六尺用四因三歸、後以高乘，此正法也。先以高乘、後四因三歸，同此理。

求倚直壁半堆積米法〇今有倚直壁堆米，下周二十四尺，高一十二尺。問積米若干[1]？舊法置下周二十四尺，自乘得五百七十六尺，以高一十二尺乘之，得六千九百一十二尺。以倚壁半圓率一十八除之，得積三百八十四尺。以斛法二五除之，得米一百五十三石六斗。增法置下周二十四尺，以三歸之，得八尺爲半徑，自乘得六十四尺。以高一十二尺乘之，得七百六十八尺。以二歸之，得積三百八十四尺。以斛法除之，得米數。又增法置下周二十四尺，用四因三歸，得三十二尺，以高一十二尺乘之，得積三百八十四尺[2]。

1《算法統宗》卷四“盤量倉窖”第五題與此題類型同，惟題設數值不同，原題下周六十尺。

2“增法”係以徑求周：

$$C=\frac{C^2h}{18}=\frac{(3d)^2h}{18}=\frac{dh}{2}$$

“又增法”爲：

$$V=\frac{C^2h}{18}=\frac{24Ch}{18}=\frac{4Ch}{3}$$

僅適用於 $C=24$ 的情況，非通法。

半堆周像圓周一半積亦圓堆一半故除率亦圓率半凡數

解義加一倍其自乘積數得四倍半周自乘得五百七十六尺較全周自乘止四分之一若仍以圓全率三十六除之得一百九十二尺亦即圓堆積四分之一以半周四分之二十八為法正合圓率一半以半自乘亦以半率除得積亦適一半此兵然妙合也〇增法用二歸者圓堆得方倉四分之一半徑自乘得全徑自乘四分之一全徑自乘又以高乘是四個圓堆積半徑自乘又以高乘是一個圓堆積折半乃合半堆積故用二歸得積

求倚壁內角堆積米法〇今有倚壁內角堆下周一十二尺高一十二尺問積米若干　舊法置下周一十二尺自乘得一百四十四尺以高一十二尺乘之得一千七百二十八尺以內角率九除之得積一百九十二尺以斛法二五除之得米七十六石八斗　增法置下周一十二尺以三歸之得四尺自乘得一十六尺以高一十二尺乘之得一百九十二尺以一歸之仍故得積一百九十二尺以斛法除之得米數　又增法置下周一十二尺四因三歸得一十六尺以高一十二尺乘之得積一

【解義】半堆周係圓周一半，積亦圓堆一半，故除率亦圓率一半。凡數加一倍，其自乘積數得四倍。半周自乘得五百七十六尺，較全周自乘止四分之一。若仍以圓全率三十六除之，得一百九十二尺，亦即圓堆積四分之一，以半周四分之三十八爲法，正合圓率一半。以半自乘，亦以半率除，得積亦適一半[1]。此天然妙合也。〇“增法”用二歸者，圓堆得方倉四分之一，半徑自乘得全徑自乘四分之一。全徑自乘又以高乘，是四個圓堆積；半徑自乘又以高乘，是一個圓堆積。折半乃合半堆積，故用二歸得積。

求倚壁内角堆積米法〇今有倚壁内角堆，下周一十二尺，高一十二尺。問積米若干[2]？舊法置下周一十二尺，自乘得一百四十四尺，以高一十二尺乘之，得一千七百二十八尺。以内角率九除之，得積一百九十二尺。以斛法二五除之，得米七十六石八斗。增法置下周一十二尺，以三歸之得四尺，自乘得一十六尺。以高一十二尺乘之，得一百九十二尺。以一歸之仍故，得積一百九十二尺。以斛法除之，得米數。又增法置下周一十二尺，四因三歸得一十六尺。以高一十二尺乘之，得積一

1　設圓尖堆周爲 C'、體積爲 V'，倚壁半堆周爲 C、體積爲 V，由：

$$\begin{cases} C = \dfrac{1}{2}C' \\ V = \dfrac{1}{2}V' \end{cases}$$

得倚壁半堆體積：

$$V = \frac{1}{2}V' = \frac{1}{2}\left(\frac{C'^2 h}{36}\right) = \frac{1}{2}\cdot\frac{(2C)^2 h}{36} = \frac{C^2 h}{18}$$

2《算法統宗》卷四“盤量倉窖”第六題與此題類型相同，題設數值不相同，原題下周三十尺。

（百九十二尺）末增四因三帰外周一法惟全周四十八乃合前已解明全周合故半周亦令拈出免人誤用切毋執為通法也

解義

半周自乘滘内角周自乘四倍全周自乘又滘半周自乘四倍是内角周自乘之積正全周積十六分之一將内角自乘以圓率三十六除之亦止滘圓堆積十六分之一用内角周四分之三滘九為率即圓率四分之一以除積實遼滘圓堆積四分之一合内角積故用九為率〇增法用一帰者以内角周三帰問徑滘四尺止全徑四分之一自乘之積滘半徑自乘四分之一滘全徑自乘卜六分之一全徑自乘又以高乘是四個圓堆積半徑自乘又以高乘是一個圓堆積内角徑自乘遼滘一圓堆積四分之一故用一帰合積

諸圓飛帰問米法〇如原法以周自乘又以高乘或以深乘再用圓率除之又以斛法除之得米今併圓率斛法捴作一率為法除之〇圓倉率〇以周自乘又以高乘以率十三除之得米數〇圓窖率〇以周折平自乘又以高乘以率十九除之得米數〇平地尖圓堆率〇以周自乘又以高乘以率十九除之得米數〇倚壁外角堆積〇以周自乘又以高乘以

百九十二尺[1]。末增四因三歸外周一法，惟全周四十八乃合，前已解明。全周合，故半周亦合。拈出免人誤用，切毋執爲通法也[2]。

【解義】半周自乘得内角周自乘四倍，全周自乘又得半周自乘四倍，是内角周自乘之積，正全周積十六分之一。將内角自乘以圓率三十六除之，亦止得圓堆積十六分之一，用内角周四分之三得九爲率，即圓率四分之一，以除積實，適得圓堆積四分之一，合内角積，故用九爲率[3]。〇"增法"用一歸者，以内角周三歸問徑，得四尺，止全徑四分之一。自乘之積得半徑自乘四分之一，得全徑自乘十六分之一。全徑自乘又以高乘，是四個圓堆積，半徑自乘又以高乘，是一個圓堆積。内角徑自乘，適得一圓堆積四分之一，故用一歸合積。

諸圓飛歸問米法〇如原法以周自乘，又以高乘，或以深乘；再用圓率除之，又以斛法除之，得米。今併圓率、斛法，總作一率爲法除之。〇圓倉率〇以周自乘，又以高乘，以率三十除之，得米數。〇圓窖率〇以周折平自乘，又以高乘，以率九十除之，得米數。〇平地尖圓堆率〇以周自乘，又以高乘，以率九十除之，得米數。〇倚壁外角堆積〇以周自乘，又以高乘，以

---

1 "增法"係以徑求積：

$$V=\frac{C^2h}{9}=\frac{(3d)^2h}{9}=d^2h$$

"又增法"爲：

$$V=\frac{C^2h}{9}=\frac{12Ch}{9}=\frac{4Ch}{3}$$

僅適用於 $C=12$ 的情況，非通法。

2 "末增"至"切毋執爲通法"，順治本無，係康熙本補。

3 設圓尖堆周爲 C'、體積爲 V'，倚壁内角周爲 C、體積爲 V，由：

$$\begin{cases}C=\frac{1}{4}C'\\ V=\frac{1}{4}V'\end{cases}$$

得倚壁内角堆體積：

$$V=\frac{1}{4}V'=\frac{1}{4}\left(\frac{C'^2h}{36}\right)=\frac{1}{4}\cdot\frac{(4C)^2h}{36}=\frac{C^2h}{9}$$

率六十七尺五寸除之得米○半堆率○以周自乘又以高乘以率四十五除得米○内角堆率○以周自乘又以高乘以率二十二尺五寸除之得米

各處盐場散堆量筭引法○今有盐一堆長一丈五尺濶一丈二尺高六尺五寸問該觔引各若干

舊法置長一丈五尺以濶一丈二尺乘之得一百八十尺又以高六尺五寸乘之得一千一百七十尺又以每尺四十斤乘之得盐重四萬六千八百斤為實以每引三百斤為法除之得一百五十六引若論包以包數除之

東法問積問周總歌○方東每周添八數○三稜添九圓添六○周加添數以周乘○除率三等各不同○十二圓率十六方○三稜之率十八當○各加中心得原積○以積問周減心一○各率乘之帶縱求○八六九數不相猶○無心方四圓内三○周加四三自乘叅○稜内减五

率六十七尺五寸除之，得米。○半堆率○以周自乘，又以高乘，以率四十五除，得米。○内角堆率○以周自乘，又以高乘，以率二十二尺五寸除之，得米[1]。

各處鹽場散堆量算引法[2]○今有鹽一堆，長一丈五尺，濶一丈二尺，高六尺五寸。問該觔、引各若干？舊法置長一丈五尺，以濶一丈二尺乘之，得一百八十尺。又以高六尺五寸乘之，得一千一百七十尺。又以每尺四十斤乘之，得鹽重四萬六千八百斤爲實。以每引三百斤爲法除之，得一百五十六引。若論包，以包數除之。

束法問積問周總歌○方束每周添八數○三棱添九圓添六○周加添數以周乘○除率三等各不同○十二圓率十六方○三棱之率十八當○各加中心得原積○以積問周減心一○各率乘之帶縱求○八六九數不相猶○無心方四圓内三○周加四三自乘參○棱内或三

---

1 以上各率，皆見於《算法統宗》卷四“盤量倉窖”下。即將圓率以斛法二尺五寸乘，得各率如下：

圓倉率：$12 \times 2.5 = 30$
圓窖率：$36 \times 2.5 = 90$
平地尖堆率：$36 \times 2.5 = 90$
倚壁外角堆率：$27 \times 2.5 = 67.5$
倚壁半堆率：$18 \times 2.5 = 45$
倚壁内角堆率：$9 \times 2.5 = 22.5$

2 《算法統宗》卷四有“各處鹽場散堆量算引法歌”四句：

長闊相乘共一遭，已乘之數又乘高。
每方四十乘斤總，三百斤歸即引包。

引爲鹽的計量單位。每立方尺鹽重四十斤，三百斤爲一引，裝若干包（《算法統宗校釋》，第 365 頁）。

或六零〇三六兩加周相乘〇各以率除皆得積〇問周率乘積為實〇方圓開方除所加〇三稜帶三為縱差〇開方再減三數宜〇即得外周不用疑

又增各束問積問周通法歌〇方周問積四歸周〇加一自乘得積優〇以積問周開方良〇減一四乘周可詳〇圓周三歸亦加一〇自乘三因四歸畢〇圓積四因再三歸〇開方減一三乘推〇稜周三歸加一零〇另加二數兩相乘〇得數折半合本積〇以積問周倍為實〇帶一作縱開平方〇減一三乘周亦彰

解義加減中心求積求周舊亦載分二歌而義未詳貫且方圓三稜各有〻中心者亦有無中心者舊俱遺漏未備故依法編前提歌後歌又總括簡明通法俾人易曉易記兩者皆不可廢故併著于右

或六零○三六兩加周相乘○各以率除皆得積○問周率乘積爲實○方圓開方除所加○三棱帶三爲縱差○開方再減三數宜○即得外周不用疑[1]

又增各束問積問周通法歌○方周問積四歸周○加一自乘得積優○以積問周開方良○減一四乘周可詳○圓周三歸亦加一○自乘三因四歸畢○圓積四因再三歸○開方減一三乘推○棱周三歸加一零○另加二數兩相乘○得數折半合本積○以積問周倍爲實○帶一作縱開平方○減一三乘周亦彰[2]

【解義】加減中心求積、求周，舊亦載分二歌，而義未詳貫。且方、圓、三棱各有有中心者，亦有無中心者，舊俱遺漏未備，故依法編前總歌。後歌又總括簡明通法，俾人易曉易記。兩者皆不可廢，故併著于右。

---

1 箭束問題屬於垛積術範疇，包括方束、圓束和三棱束三種形狀，又各分無中心和有中心兩種情況（圓束實際上只有有中心圓束一種，《算海説詳》將内周爲三的一種箭束看做無中心圓束，詳後文）。該歌訣分别給出三種箭束六種情況的以周求積、以積求周諸公式。其中，有中心方束、圓束、三棱束以周問積公式分别爲（a_n 爲外周）：

$$S=\frac{a_n(a_n+8)}{16}+1$$

$$S=\frac{a_n(a_n+6)}{12}+1$$

$$S=\frac{a_n(a_n+9)}{18}+1$$

無中心方束、圓束、三棱束以周問積公式分别爲：

$$S=\frac{(a_n+4)^2}{16}$$

$$S=\frac{(a_n+3)^2}{12}$$

$$S=\frac{(a_n+3)(a_n+6)}{18}$$

以積問周，即上述各公式還原。《算法統宗》卷六有“方圓三棱總歌”、“還原束法歌”各八句，前者以積問周，後者以周問積，但只涉及有中心者，沒有無中心各類箭束解法。

2 所謂“通法”，即不論有中心、無中心，每種類型的箭束只用一個公式求之。其中，方束以周問積通法爲：

$$S=\left(\frac{a_n}{4}+1\right)^2$$

圓束以周問積通法爲：

$$S=\frac{3}{4}\left(\frac{a_n}{3}+1\right)^2$$

三棱束以周問積通法爲：

$$S=\frac{1}{2}\left(\frac{a_n}{3}+1\right)\left(\frac{a_n}{3}+2\right)$$

以積問周，即以上諸式還原。

方東
問積
周圖

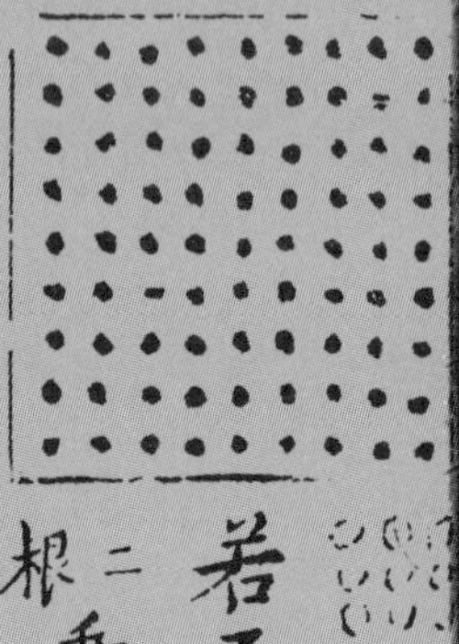

此是八箭周中包一

今有箭一方東外周三十二根問總積若干

舊法置外周三十二根加內周八根共四十根以外周三十二根乘之得一千二百八十根為實以方東率十六為法除之得八十根加入中心一根得總積八十一根

增法置外周三十二根以八歸之得四另置內周八亦以八歸得一併外周四得五以外周四乘之得二十又將八折半得四為法以乘二十得八十加入中心一得總積八十一根

又增法置外周三十二加內周八共四十另置三十以八歸得四折半得二為法乘之得八十加中心一得總積八十一根

又適通法置外周三十二根以四歸之得八再加一根得九自乘得總積八十一根

又法外周加四共三十六自乘得一千二百九十六以十六除之得總積八十一根

方束問積周圖

此是八箇周中包一。

今有箭一方束，外周三十二根。問總積若干[1]？舊法 置外周三十二根，加内周八根，共四十根。以外周三十二根乘之，得一千二百八十根爲實。以方束率十六爲法除之，得八十。加入中心一根，得總積八十一根。增法 置外周三十二根，以八歸之得四。另置内周八，亦以八歸得一，併外周四得五。以外周四乘之，得二十。又將八折半得四爲法，以乘二十，得八十。加入中心一，得總積八十一根。又增法 置外周三十二，加内周八，共四十。另置三十二，以八歸得四，折半得二，爲法乘之，得八十。加中心一，得總積八十一根[2]。

又增通法 置外周三十二根，以四歸之得八，再加一根得九。自乘，得總積八十一根[3]。又法 外周加四共三十六，自乘得一千一百九十六。以十六除之，得總積八十一根[4]。

---

1 此題爲《算法統宗》卷六“箭束”第二題。

2 如圖 5－5，此爲有中心方束，自中心至外周，每層個數依次爲 1，8，16，24，32…，除中心 1 外，其餘構成首項爲 8、公差爲 8 的等差數列。設外周爲 a_n，方束層數即等差數列項數：

$$n = \frac{a_n}{8}$$

則等差數列和爲：

$$S' = \frac{n(a_n + a_1)}{2} = \frac{a_n}{8} \cdot \frac{(a_n + 8)}{2}$$

外加中心，即束積：

$$S = \frac{a_n}{8} \cdot \frac{(a_n + 8)}{2} + 1$$

此即“又增法”。“舊法”即歌訣解法：

$$S = \frac{a_n(a_n + 8)}{16} + 1$$

“增法”可表示爲：

$$S = 4 \cdot \frac{a_n}{8}\left(\frac{a_n}{8} + \frac{8}{8}\right) + 1$$

皆由“又增法”推求而得。

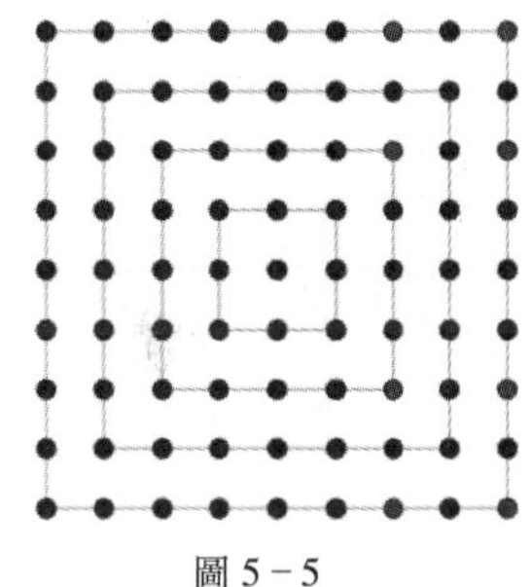

圖 5－5

3 “通法”同歌訣：

$$S = \left(\frac{a_n}{4} + 1\right)^2$$

將方束看作方田，$\frac{a_n}{4} + 1$ 爲方面，自乘即田積。

4 “又法”用公示表示爲：

$$S = \frac{(a_n + 4)^2}{16}$$

此亦本方田立法。方束積與方田積相等，而方田周較方束周多 4（詳後文“拙翁論”），即：

$$C = a_n + 4$$

故：

$$S = \left(\frac{C}{4}\right)^2 = \left(\frac{a_n + 4}{4}\right)^2 = \frac{(a_n + 4)^2}{16}$$

解義方束是八個周巾包一自内之外每層加八自外之内每層減八以八歸外周即知層數如外周三十二是四八即是四層外層内層共四十二層三層亦共四十外周加内周者折平之法也滯二層折併一層法應以四層折半得二乘之合積念以三十二乘之以八十歸之便是十六個積數故用十六除之十六者八加倍為法也外周多一八即多一層每二層折併作一即是多半層得五分以五除八得一十六故用十六為法如外周三十二是四層折半滑二層以二除三十二得一十六者減一八得外周二八二十四是三層折半得一層半以一五除二十四亦是一十六若外周四十是五層折半得二層半以二五除四十亦得一十六遞推而上遞減而下皆然此率之不同易也〇增法將外周内周俱以八歸相併得五以外周四乘之法前法一也前法以一為一併内外周以外周乘得積十六倍故以十六為率除之後法以八為併内外周八分之以外周八分之一乘得積四分之一故以四為率乘之十六為率者八加倍四為率者、折半也前法是有餘故用除法後法是不足故切乘法總一歸也又法外周以八歸得層數折半為法乘内外周相併之數此匠法也前二法皆不外并合法乘除必加中心一合積以一不在八數内也〇又通法將外周以四歸者以四面歸之也得數又加首以四歸外周每面各分一角加入一根乃合全二角得一方田全數故自乘即得總積也又法外周加四合圓田周法也解見下

【解義】方束是八個周中包一，自内之外，每層加八；自外之内，每層減八。以八歸外周，即知層數。如外周三十二，是四八，即是四層。外層、内層共四十，二層、三層亦共四十。外周加内周者，折平之法也。將二層折併一層，法應以四層折半得二乘之合積。今以三十二乘之，以八十歸之[1]，便是十六個積數，故用十六除之。十六者，八加倍爲法也。外周多一八，即多一層，每二層折併作一，即是多半層得五分。以五除八，得一十六，故用十六爲法。如外周三十二，是四層，折半得二層。以二除三十二得一十六。若減一八，得外周三八二十四，是三層，折半得一層半。以一五除二十四，亦是一十六。若外周四十，是五層，折半得二層半。以二五除四十，亦得一十六。遞推而上，遞減而下，皆然。此率之不可易也。〇“增法”將外周、内周俱以八歸，相併得五，以外周四乘之，猶前法一也。前法以一爲一，併内外周，以外周乘，得積十六倍，故以十六爲率除之。後法以八爲一，併内外周八分之一，以外周八分之一乘，得積四分之一，故以四爲率乘之。十六爲率者，八加倍；四爲率者，八折半也。前法是有餘，故用除法；後法是不足，故用乘法。總一理也。“又法”外周以八歸得層數，折半爲法，乘内外周相併之數，此正法也，前二法皆不外此。各法乘除必加中心一合積，以一不在八數内也。〇“又通法”將外周以四歸者，以四面歸之也。得數又加一者，以四歸外周，每面各分一角，加入一根，乃合全二角，得一方面全數，故自乘即得總積也。“又法”外周加四，合圓田周法也。解見下。

---

1 以八十歸之，於此語義不通，疑係衍文。

方束無中心圖

今有箭一方束外周二十八根問總積若干

增法置外周二十八根以八歸餘四即加內周四共三十二根自乘得一千零二十四根為實以十六除之得總積六十四根

又法置外周二十八根以八歸得三五加入內四以八歸亦得五共得四自乘得一十六以四乘之得總積六十四根若將外周二十八加內周四共三十二以四層折半得二乘之亦得積六十四

又增通法置外周二十八根以四歸之得七再加一根得八自乘得總積六十四根

或用外周加四自乘不必用加內周之說亦得

解義　前圖方面是單數中餘一為中心此方面是隻數內周半八四根向外每層加八俱有半八四根故以八歸二十八餘四即得內周亦四根以加外周共三十二亦內外周併合取平之法也然前外周加內周八仍以外周本數乘此外周加內周四即以內外周併數自乘者方束每層添八加作整四八相乘乃合十六率數也○又法亦同此通法无論有中心无中心皆同

方束無中心圖

今有箭一方束，外周二十八根。問總積若干？增法置外周二十八根，以八歸餘四。即加内周四共三十二根，自乘得一千零二十四根爲實。以十六除之，得總積六十四根。又法置外周二十八根，以八歸得三五。加入内四以八歸亦得五，共得四，自乘得一十六。以四乘之，得總積六十四根。若將外周二十八加内周四共三十二，以四層折半得二乘之，亦得積六十四[1]。

又增通法置外周二十八根，以四歸之得七。再加一根得八，自乘得總積六十四根。或用外周加四自乘，不必用加内周之説，亦得[2]。

【解義】前圖方面是单數，中餘一爲中心。此方面是雙數，内周半八四根，向外每層加八，俱有半八四根。故以八歸二十八餘四，即得内周亦四根。以加外周共三十二，亦内外周併合取平之法也。然前外周加内周八，仍以外周本數乘；以外周加内周四，即以内外周併數自乘者，方束每層添八，加作整四八相乘，乃合十六率數也。○“又法”亦同此。“通法”無論有中心、無中心皆同。

---

1 《算法統宗》無此題。如圖5－6，此爲無中心方束，内周爲4，自内至外，各層積數依次爲4，12，20，28…，構成首項爲4、公差爲8的等差數列。由等差數列求和公式得：

$$S=\frac{n(a_n+a_1)}{2}=\frac{(a_n+4)}{8}\cdot\frac{(a_n+4)}{2}$$

其中，等差數列項數：

$$n=\frac{(a_n+4)}{8}$$

此爲正法。“舊法”、“又法”皆由此推得。“舊法”係歌訣解法：

$$S=\frac{(a_n+4)^2}{16}$$

“又法”可表示爲：

$$S=4\cdot\left(\frac{a_n}{8}+\frac{4}{8}\right)^2$$

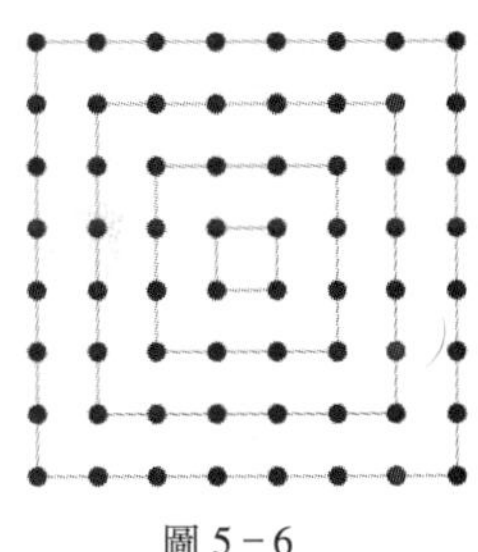

圖5－6

2 “又增通法”，與有中心方束“通法”同：

$$S=\left(\frac{a_n}{4}+1\right)^2=\frac{(a_n+4)^2}{16}$$

方束以積問周法〇今有方束箭八十一根問外周若干

(舊)(法)置積八十一根減去中心一根餘八十根以十六乘之得一千二百八十根為實另以八為縱方用帶縱開平方法除之得(外周三十二根)

(增)(法)置積去中心一根餘八十根以四歸之得二十為實另以一為縱方用帶縱開平方法除之得四以八乘之得(外周三十二根)

(又)(通)(法)置積八十一根用開平方法除之得方面九根減去一根餘八根以四面因之得(外周三十二根)

無中心方束問周法〇今有方束箭六十四根問外周若干

(增)(法)置積六十四根以十六乘之得一千零二十四根用開平方法除之得三十二另以八折半得四減之餘得(外周二十八根)

(又)(法)置積六十四根以率四除之得十六用開平方法除之得四以八因之得三十二減去半八四根得(外周二十八根)

方束以積問周法○今有方束箭八十一根，問外周若干[1]？ 舊法 置積八十一根，減去中心一根，餘八十根。以十六乘之，得一千二百八十根爲實。另以八爲縱方，用帶縱開平方法除之，得外周三十二根。 增法 置積去中心一根，餘八十根，以四歸之，得二十爲實。另以一爲縱方，用帶縱開平方法除之得四。以八乘之，得外周三十二根。 又增通法 置積八十一根，用開平方法除之，得方面九根，減去一根，餘八根。以四面因之，得外周三十二根[2]。

無中心方束問周法○今有方束箭六十四根，問外周若干[3]？ 增法 置積六十四根，以十六乘之，得一千零二十四根。用開平方法除之，得三十二。另以八折半得四減之，餘得外周二十八根。 又法 置積六十四根，以率四除之，得一十六。用開平方法除之，得四。以八因之，得三十二。減去半八四根，得外周二十八根[4]。

---

1 此題爲《算法統宗》卷六“箭束”第一題。

2 “舊法”即方束求積公式：

$$S = \frac{a_n(a_n + 8)}{16} + 1$$

還原。“增法”即：

$$S = 4 \cdot \frac{a_n}{8}\left(\frac{a_n}{8} + \frac{8}{8}\right) + 1$$

還原。“增通法”即方束求積通法公式：

$$S = \left(\frac{a_n}{4} + 1\right)^2$$

還原。

3 此題爲《算法統宗》卷六“箭束”第七題。《算法統宗》箭束歌訣中沒有涉及無中心方束，但收録了這道無中心方束算題，解法同方束求積“通法”：

$$S = \left(\frac{a_n}{4} + 1\right)^2$$

並且指出：“此法不論雙層、單層，皆可用，捷徑無差。”雙層即無中心方束，單層即有中心方束。

4 “增法”即：

$$S = \frac{(a_n + 4)^2}{16}$$

還原。“又法”即：

$$S = 4 \cdot \left(\frac{a_n}{8} + \frac{4}{8}\right)^2$$

還原。

通法有無中心皆同

解義 以積問周即以周問積之法還源問積用乘法者問周即用除法問積用除法者問周即用乘法問積用自乘問周即用開方問積用相乘問周即用帶縱皆依此互逆照法還源但觀問積之法即得問周之由

束田異周圖

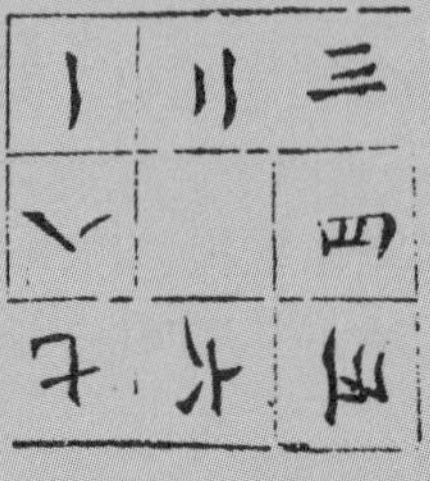

方 束

三 二 一
四 八
五 六 七

方束周論個數外周實數得八個

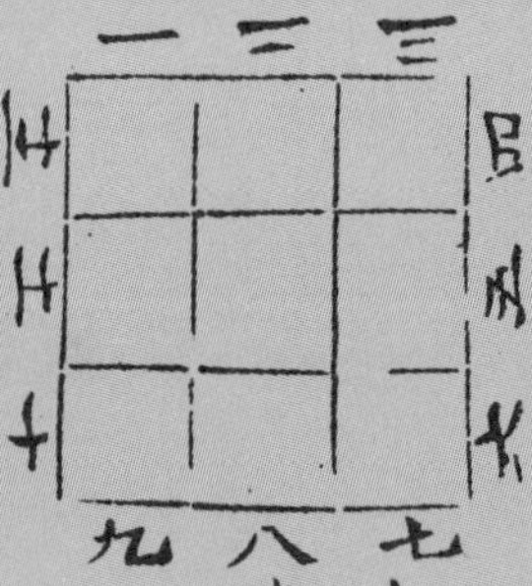

方 田

三 二 一
四 十二
五 十一
六 十
七 八 九

方田周論列圖外周數得十一四角疊多四個

拙翁論曰方束方耑每一面計之皆三數積俱三三得九以外周論則束實耑壓束從個物計數目四角皆除根田從外圍計尺數四角皆連根每角皆二面作數四角共有四處數然方田以一面自乘得本積方周係四方面自乘四四得一十六個積故用十六為除率方束亦倣方田

通法有無中心皆同。

【解義】以積問周，即以周問積之法還源。問積用乘法者，問周即用除法；問積用除法者，問周即用乘法；問積用自乘，問周即用開方；問積用相乘，問周即用帶縱。皆依次逆□[1]，照法還源。但觀問積之法，即得問周之由。

束田異周圖

方束　周論個數。外周實數得八個。

方田　周論外圍。外周數得十二，四角虚多四個。

拙翁論曰：方束方畆，每一面計之，皆三數，積俱三三得九。以外周論，則束實畆虚。束從個物計數目，四角皆除根。田從外圍計尺數，四角皆連根，每角皆二面作數，四角共有四虚數。然方田以一面自乘得本積，方周係四方面自乘，四四得一十六個積，故用十六爲除率。方束亦倣方田

1 原文模糊難辨，疑爲“進”字。

之法除率皆同而田周比束周多四數故但將束周加四個自乘即同田周之法所為移實就虛以合法也如前無中心方束將束周加內周四即與田周相同故自乘亦同有中心方束加內周八以原周乘比田周一邊多四一邊少四總不外加四以就田周之義然相乘之數以率十六除之比田周自乘之數尚待補中心一數爾未若直將束周加四無論有無中心皆可一例而求也但諸法皆以明數詳繹群法乃可洞徹數理故備列之

圓束問積周圖

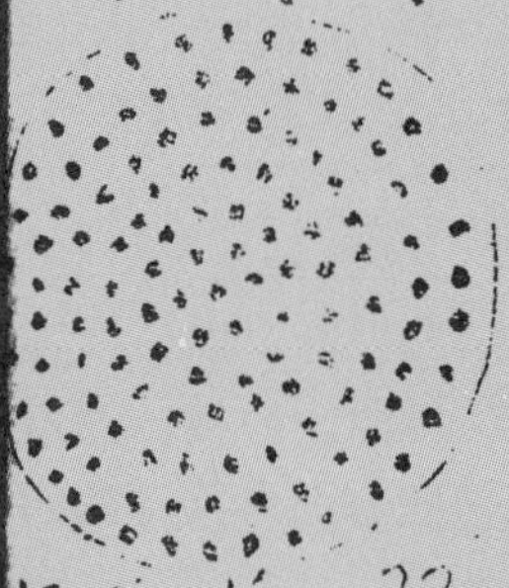

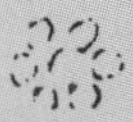

此是六個周中包一

今有箭一圓束外周三十六根問總積若干

舊法置外周三十六根加內周六根共四十二根以外周十六根乘之得一千五百一十二根為實以圓束率十二除之外加中心

之法，除率皆同。而田周比束周多四數，故但將束周加四個自乘，即同田周之法。所爲移實就虚，以合法也。如前無中心方束，將束周加内周四，即與田周相同，故自乘亦同。有中心方束加内周八，以原周乘，比田周一邊多四，一邊少四，總不外加四以就田周之義。然相乘之數以率十六除之，比田周自乘之數尚待補中心一數，固未若直將束周加四，無論有無中心，皆可一例而求也。但諸法皆以明數，詳繹群法，乃可洞徹數理，故備列之。

圓束問積周圖

此是六個周中包一。

今有箭一圓束，外周三十六根。問總積若干[1]？舊法置外周三十六根，加内周六根，共四十二根。以外周三十六根乘之，得一千五百一十二根爲實。以圓束率十二除之，外加中心

---

1 此題爲《算法統宗》卷六“箭束”第四題。

一根得總積一百二十七根　還法置外周三十六根以六歸得六內周六以六歸得一併之得七以外周六乘之得四十二以六折半得三為法乘之得一百二十六加入中心一根得總積一百二十七根　又還法置外周三十六根加內周共五十二另置三十六以六歸得六折半得三為法乘之得一百二加中心一得總積一百二十七根　又通法置外周以三歸得十二加一得十三自乘得一百六十九三因四歸得一百二十六七分五厘個物無零得總積一百二十七根　又法外周加三自乘得一千五百二十一以十二除得總積

解義　圓束是六個周中包一自內之外每層加六自外之內每層減六以六歸外周即知層數三十六是六層內外周折併宜以六層折半三層乘之得積即萬三法是也今以三十六乘是十二個三故用十二為率十二亦六加倍得十二也外周多一六即多一層每二周併一以如方束多半層以五除六得一十二外周再加一層或皆然還法與方束一理舊法以十二為率六加倍得十二此用二為

一根，得總積一百二十七根。增法置外周三十六根，以六歸得六，内周六以六歸得一，併之得七。以外周六乘之，得四十二。以六折半得三爲法乘之，得一百二十六。加入中心一根，得總積一百二十七根。又增法置外周三十六根，加内周共四十二。另置三十六，以六歸得六。折半得三爲法乘之，得一百二十六。加中心一，得總積一百二十七根[1]。又通法置外周，以三歸得十二，加一得十三，自乘得一百六十九。三因四歸，得一百二十六七分五厘。個物無零，得總積一百二十七根[2]。又法外周加三，自乘得一千五百二十一。以十二除，得總積[3]。

【解義】圓束是六個周中包一，自内之外，每層加六；自外之内，每層減六。以六歸外周，即知層數。三十六是六層，内外周折併，宜以六層折半三層乘之得積，即第三法是也。今以三十六乘，是十二個三，故用十二爲率。十二亦六加倍得十二也。外周多一六，即多一層，每二周併一，亦如方束多半層，以五除六，得一十二。外周再加再減皆然。〇"增法"與方束一理。"舊法"以十二爲率，六加倍得十二；此用三爲

1 如圖5－7，此爲有中心圓束，中心爲1，自内至外，各層積數依次爲6，12，18，24，30，36…，除中心1外，其餘構成首項爲6、公差爲6的等差數列。由等差數列求和公式得：

$$S=\frac{n(a_n+a_1)}{2}+1=\frac{a_n}{6}\cdot\frac{(a_n+6)}{2}+1$$

此即"又增法"。"舊法"係歌訣解法：

$$S=\frac{a_n(a_n+6)}{12}+1$$

"增法"可表示爲：

$$S=3\cdot\frac{a_n}{6}\left(\frac{a_n}{6}+1\right)+1$$

二者皆可由"又增法"推求。

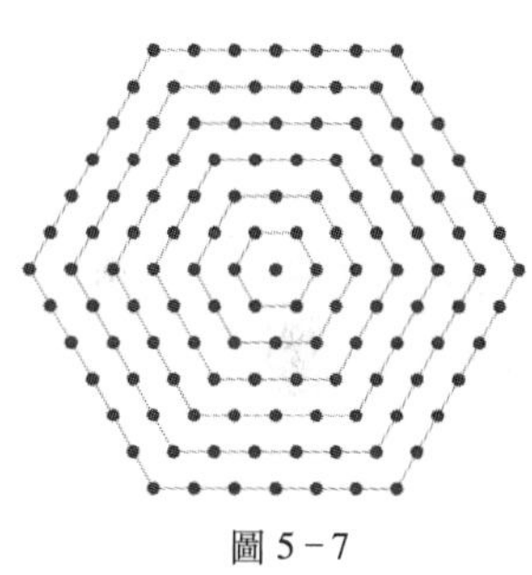

圖5－7

2 "通法"可用公式表示爲：

$$S=\frac{3}{4}\left(\frac{a_n}{3}+1\right)^2 \quad ①$$

如圖5－8，圓束除去中心，可分解爲六個小三棱束，右上、左下各補一個三棱束，成一菱形束。菱束邊長爲：

$$a=\frac{a_n}{3}+1$$

菱束積爲：

$$S'=a^2=\left(\frac{a_n}{3}+1\right)^2$$

圖5－8

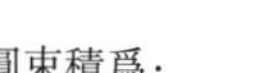

則圓束積爲：

$$S=\frac{3}{4}(S'-1)+1=\frac{3}{4}\left[\left(\frac{a_n}{3}+1\right)^2-1\right]+1=\frac{3}{4}\left(\frac{a_n}{3}+1\right)^2+\frac{1}{4} \quad ②$$

因束積整數無零，故上述①②兩式等價。此本圓田立法。

3 "又法"與無中心圓束求積公式同：

$$S=\frac{(a_n+3)^2}{12}$$

此亦本圓田立法，結果亦有零餘。因圓束周較圓田周少3（詳後文"拙翁論"），故圓周$C=a_n+3$，根據圓田求積公式得圓束積：

$$S=\frac{C^2}{12}=\frac{(a_n+3)^2}{12}$$

乘六折半得三也方每層加八故以八歸八個作一個筭圖每層加
六故以六歸六個作一個筭總與舊法互相發明○又法三歸外周
以圓三歸之也又加一者三歸外周如圓徑個數物外
周三個十二徑連中心得十三加一乃合個數徑也

圓束 今有箭一圓束外周三十三根問總積若干 通法曰

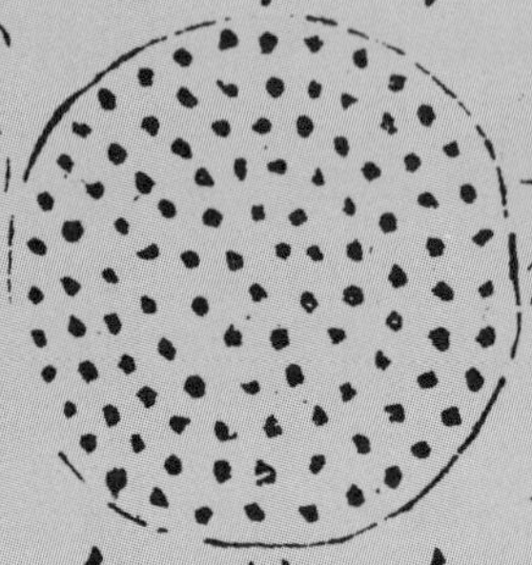

無中 外周三十三根以六歸餘三得內周亦三加入外周共三十六

心圖 自乘得一千二百九十六為實以圓束率二十除之得總積一百

零八根 又增法置外周三十三以六歸得五五亦置內周三以六歸得五

併之共得六自乘得三十六為實以六折半得三為率乘之得總積一百

零八根 又增法置外周三十三以圓三歸之得十一加一得十二自乘得一百

四十四 三因四歸得總積一百零八根

解義 前圖各層俱整六內周以六圍一有中心此內周半六外每層

俱有半六無中心有中心者除中心在外乘餘[illegible]外加之無中

率，六折半得三也。方每層加八，故以八歸，八個作一個筭；圓每層加六，故以六歸，六個作一個筭。總與“舊法”互相發明。〇“又法”三歸外周[1]，以圓三歸之也。又加一者，三歸外周，如圓徑個數。物外周三個十二，徑連中心得十三，加一乃合個數徑也。

圓束無中心圖

今有箭一圓束，外周三十三根。問總積若干？增法 置外周三十三根，以六歸餘三，得内周亦三。加入外周共三十六，自乘得一千二百九十六爲實。以圓束率十二除之，得總積一百零八根。又增法 置外周三十三，以六歸得五五。亦置内周三，以六歸得五。併之共得六，自乘得二十六爲實。以六折半得三爲率乘之，得總積一百零八根[2]。又增法 置外周三十三，以圓三歸之得十一，加一得十二。自乘得一百四十四，三因四歸，得總積一百零八根[3]。

【解義】前圖各層俱整六，内周以六圍一，有中心。此内周半六，外每層俱有半六，無中心。有中心者，除中心在外，乘除完外加之；無中

---

1 此處指“又通法”。

2《算法統宗》無此題。如圖 5 - 9，此爲無中心圓束。内周爲 3，自内至外，各層積數分别爲 3，9，15，21，27，33…，構成首項爲 3、公差爲 6 的等差數列。由等差數列求和公式得：

$$S=\frac{n(a_n+a_1)}{2}=\frac{(a_n+3)}{6}\cdot\frac{(a_n+3)}{2}$$

“增法”“又增法”皆由此推得。其中，“增法”即歌訣解法：

$$S=\frac{(a_n+3)^2}{12}$$

“又增法”可表示爲：

$$S=3\left(\frac{a_n}{6}+\frac{3}{6}\right)^2$$

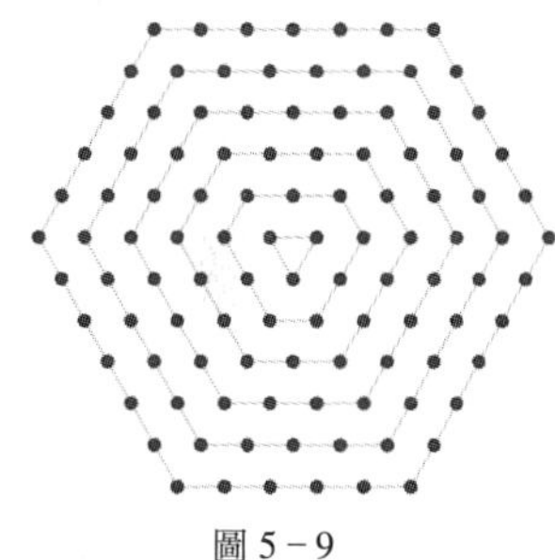

圖 5 - 9

3 此即歌訣圓束求積通法：

$$S=\frac{3}{4}\left(\frac{a_n}{3}+1\right)^2$$

有中心圓束需加減中心，結果有零餘；而無中心圓束不用加減中心，故此公式所求束積無零餘。詳前題有中心圓束求積“通法”。

心不用加然若依三歸外周加一自乘用三因四歸之法則不論有中心無中心求法皆同故以為通法可通用也

圓束以積問周法（）今有圓束箭一百二十七根問外周若干　舊法置積減中心一餘一百二十六根以率十二乘之得一千五百一十二根為實以六為縱方用帶縱開平方法除之得外周三十六根　增法置積減中心餘一百二十六根以率三歸之得四十二為實以一為縱方用帶縱開平方除之得六以六乘之得外周三十六根　又增通法置積四因三歸得一百六十九用開平方法除之得一十三減一得十二以三乘之得外周三十六根

無中心圓束問周法（）今有圓束箭一百零八根問外周若干　增法置積一百零八根以率十二乘之得一千二百九十六用開平方法除之得三十六另以六折半得三減之餘得外周三十三根　又增法置積以率三除之得三十

心不用加。然若依三歸外周、加一自乘、用三因四歸之法，則不論有中心、無中心，求法皆同。故以爲通法，可通用也。

圓束以積問周法○今有圓束箭一百二十七根，問外周若干[1]？舊法 置積減中心一，餘一百二十六根。以率十二乘之，得一千五百一十二根爲實。以六爲縱方，用帶縱開平方法除之，得外周三十六根。增法 置積減中心，餘一百二十六根，以率三歸之，得四十二爲實。以一爲縱方，用帶縱開平方除之，得六。以六乘之，得外周三十六根。又增通法 置積四因三歸，得一百六十九。用開平方法除之，得一十三，減一得十二。以三乘之，得外周三十六根[2]。

無中心圓束問周法○今有圓束箭一百零八根，問外周若干[3]？增法 置積一百零八根，以率十二乘之[4]，得一千二百九十六。用開平方法除之，得三十六。另以六折半得三減之，餘得外周三十三根。又增法 置積以率三除之，得三十

1 此題爲《算法統宗》卷六“箭束”第三題。

2 以上三種解法分别爲下述圓束求積公式還原：

$$S = \frac{a_n(a_n + 6)}{12} + 1$$

$$S = 3 \cdot \frac{a_n}{6}\left(\frac{a_n}{6} + 1\right) + 1$$

$$S = \frac{3}{4}\left(\frac{a_n}{3} + 1\right)^2$$

3 《算法統宗》無此題。

4 乘之，順治本誤作“除之”。

又用開平方法除之得六 自乘得三十六 減內周三 餘得外周三十三根

又增通法置積四因三歸得一百四十四 用開方法除之得十二 減一得十一

以三乘之得外周三十三根

解義 有中心圓束將積一百二十七根四因三歸得一百六十九 仍餘一不成個物無零故將零數不用此同圓田法解見後

圓束 𣫍異 周圓

圓 束

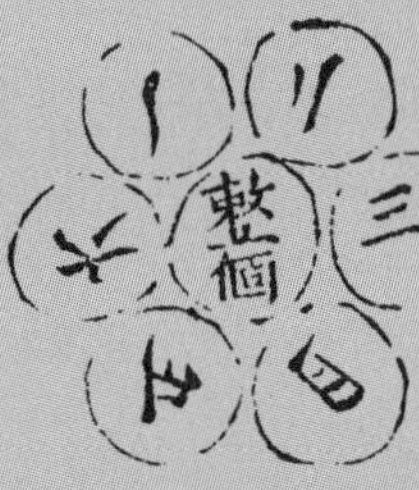

一 二 三 四 五 六 整個

圓束亦論箇數外周實數得六個中心亦一整個共積七個外剌六徑得三

圓 𣫍

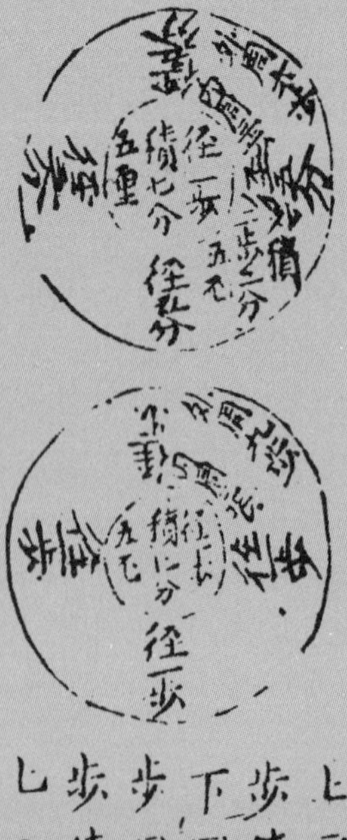

上圖周六步積三步

下圖徑三步周得九步積六步七分五厘

拙翁論曰圓束每外一層周多六根圓𣫍每外一步周亦多六步其理一也以圓束物一個抵圓田一步圓束外周六個內中心一個徑得三個積得七個圓田外周六步徑止二步除中心一步兩邊各止半步積止

六。用開平方法除之得六，自乘得三十六。減内周三，餘得外周三十三根。又增通法 置積四因三歸，得一百四十四。用開方法除之得十二，減一得十一。以三乘之，得外周三十三根[1]。

【解義】有中心圓束，將積一百二十七根四因三歸，得一百六十九，仍餘一不盡，個物無零，故將零數不用。此同圓田法，解見後。

圓束畆異周圖

圓束　圓束亦論箇數。外周實數得六個，中心亦一整個，共積七個。外周六，徑得三。

圓畆　上圖周六步，積三步。下圖徑三步，周得九步，積六步七分五厘。

拙翁論曰：圓束每外一層，周多六根；圓畆每外一步，周亦多六步，其理一也。以圓束物一個抵圓田一步，圓束外周六個，内中心一個，徑得三個，積得七個；圓田外周六步，徑止二步，除中心一步，兩邊各止半步，積止

1　以上三種解法分别爲下述三個圓束求積公式還原：

$$S = \frac{(a_n + 3)^2}{12}$$

$$S = 3\left(\frac{a_n}{6} + \frac{3}{6}\right)^2$$

$$S = \frac{3}{4}\left(\frac{a_n}{3} + 1\right)^2$$

三步如照束徑三個作田徑三步外周得九步比束周多三步積六步七分五厘共不同何也圓田論分數外周就周外盡處筭圓物論個數以物徑分數計之外周當在各物中半即合物徑分數周外各餘半物圓束每一層加六半層即應加三則筭至物外盡處束周六個實係九個分數所以與田周九步同積以周問積但將束周外加三個用自乘十二除即同圓周問積法至增法三歸束周加一者田周三歸即徑束周比田周少三以三歸加一乃合圓田徑故用自乘三因四歸亦即圓徑求積之法以此言之圓束求積揔不外圓田求積之法然有中心圓束本圓田法求之積少二分五厘何也圓田論分數將田以尺計束物亦作每徑一尺如圓田外周九尺除中心一尺四因三歸止得七寸五

三步。如照束徑三個作田徑三步，外周得九步，比束周多三步，積六步七分五厘。其不同何也？圓田論分數，外周就周外盡處筭；圓物論個數，以物徑分數計之。外周當在各物中半，即合物徑分數，周外各餘半物。圓束每一層加六，半層即應加三。則筭至物外盡處，束周六個實係九個分數，所以與田周九步同積。以周問積，但將束周外加三個，用自乘、十二除，即同圓周問積法。至“增法”三歸束周加一者，田周三歸即徑，束周比田周少三，以三歸加一，乃合圓田徑，故用自乘三因四歸。亦即圓徑求積之法。以此言之，圓束求積總不外圓田求積之法。然有中心圓束本圓田法求之，積少二分五厘，何也？圓田論分數，將田以尺計。束物亦作每徑一尺，如圓田外周九尺，除中心一尺四因三歸止得七寸五分餘外內周三尺外周九尺折平得六尺以餘徑一尺乘之得六尺是外周每積一尺內周五寸外周一尺五寸束物每徑一尺三因四歸得每物一個積亦七寸五分七個共積五尺二寸五分較田積少一寸五分則圓物外所餘之空隙也是圓束論個數外周係六個其容六個之分數亦是內周三尺外周九尺圓田論分數外周係九尺其所容積數亦是共容六尺此理之可推者也故倣圓田法以周求積遇零則作一個以積求周遇零亦加作一個以個數無零也

三稜束問積周圖

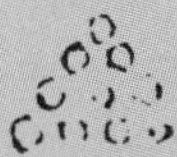

此是九個束中包一

今有物一三稜束外周三十六個問總積若干

答法 置三稜周三十六根加內周九根共四十五根以三十六根乘之得一千六百二十根為實以三稜束率十八除之得九十加入

分，餘外内周三尺、外周九尺。折平得六尺，以餘徑一尺乘之得六尺。是外周每積一尺，内周五寸，外周一尺五寸。束物每徑一尺，三因四歸，得每物一個，積亦七寸五分。七個共積五尺二寸五分，較田積少一寸五分，則圓物外所餘之空隙也。是圓束論個數，外周係六個，其容六個之分數，亦是内周三尺、外周九尺。圓田論分數，外周係九尺，其所容積數亦是共容六尺。此理之可推者也。故做圓田法以周求積，遇零則作一個；以積求周，遇零亦加作一個，以個數無零也。

三棱束問積周圖

此是九個束中包一。

今有物一三棱束，外周三十六個。問總積若干[1]？舊法 置三棱周三十六根，加内周九根，共四十五根。以三十六根乘之，得一千六百二十爲實。以三棱束率十八除之，得九十。加入

1 此題爲《算法統宗》卷六“箭束”第六題。

中心一根得總積九十一根增法置外周三十六根以九歸之得四亦以九歸內周九得一併外周四共五以外周四乘之得二十另以九折半得四五為率法乘之得九十加中心一得總積九十一根又法置外周加內周共四十五另以九歸外周得四折半得二為法乘之加中心亦得總積

又增通法置外周以三歸之得十二加一得十三另置十二加二得十四二數相乘得一百八十二根折半得總積九十一根或三歸外周得十二加二得十四另以十二加一折半得六五乘之亦得

解義三稜束是九個周中包一自內之外每層加九自外之內每層減九以九歸外周即知層數三十六是四層內外周折併宜以四層折半得二乘之得積即第三法今以三十六乘是十八個二故周十八歸除周十八首九加倍得十八增法周四五為率九折半得四五與方圓法一理丿通法三歸外周以三面歸之也三角三面通分加一合一面數加二即面加尖一二層折平法也十三折半面一

中心一根，得總積九十一根。增法置外周三十六根，以九歸之得四。亦以九歸内周九得一，併外周四共五。以外周四乘之，得二十。另以九折半得四五爲率法乘之，得九十。加中心一，得總積九十一根。又法置外周加内周，共四十五。另以九歸外周得四，折半得二爲法乘之。加中心，亦得總積[1]。又增通法置外周以三歸之，得十二，加一得十三；另置十二加二得十四。二數相乘，得一百八十二根，折半得總積九十一根。或三歸外周得十二，加二得十四。另以十二加一折半得六五乘之，亦得[2]。

【解義】三棱束是九個周中包一，自内之外，每層加九；自外之内，每層減九。以九歸外周，即知層數。三十六是四層，内外周折併，宜以四層折半得二乘之得積，即第三法。今以三十六乘，是十八個二，故用十八歸除。用十八者，九加倍得十八。"增法"周四五爲率，九折半得四五，與方、圓法一理。〇"通法"三歸外周，以三面歸之也。三角三面通分，加一合一面數，加二即面加尖，一二層折平法也。十三折半，面一

---

1 如圖 5－10，此爲有中心三棱束，中心爲 1，自内至外，每層積數依次爲 1，9，18，27，36…，除去中心 1，其餘構成首項爲 9、公差爲 9 的等差數列。由等差數列求和公式得：

$$S=\frac{n(a_n+a_1)}{2}=\frac{a_n}{9}\cdot\frac{(a_n+9)}{2}+1$$

此即"又法"。"舊法"、"增法"皆由此可推。"舊法"即歌訣解法：

$$S=\frac{a_n(a_n+9)}{18}+1$$

"增法"可表示爲：

$$S=\frac{9}{2}\cdot\frac{a_n}{9}\left(\frac{a_n}{9}+1\right)+1$$

2 "通法"即歌訣三棱束求積通法：

$$S=\frac{1}{2}\left(\frac{a_n}{3}+1\right)\left(\frac{a_n}{3}+2\right)$$

此本三角田求積立法。如圖 5－11，兩個有中心三棱束顛倒相補，構成一個平行四邊束，四邊束邊長分别爲：

$$a=\frac{a_n}{3}+1$$

$$b=\frac{a_n}{3}+2$$

則三棱束積爲：

$$S=\frac{ab}{2}=\frac{1}{2}\left(\frac{a_n}{3}+1\right)\left(\frac{a_n}{3}+2\right)$$

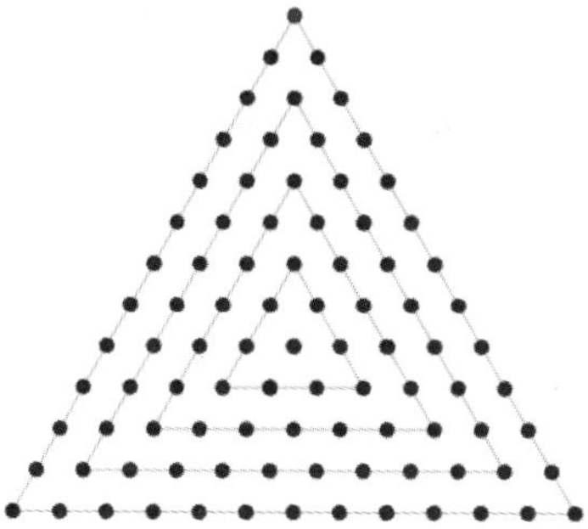

圖 5－10

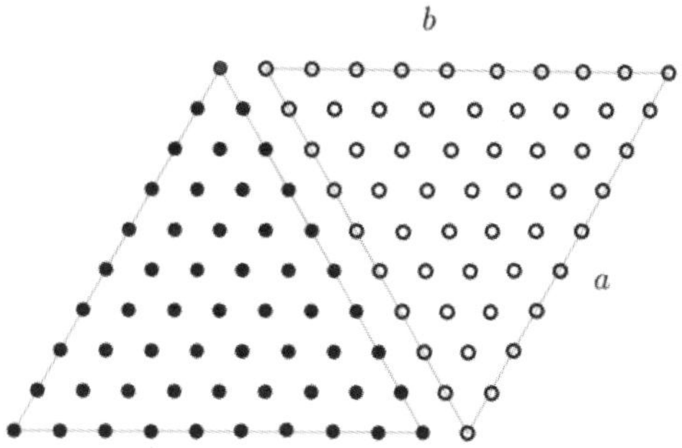

圖 5－11

個即徑一層即以層數折半乘之也此與後一面尖垜同

三稜無中心圖

上圖中心六
下圖中心三

今有物一三稜束外周三十三根問積若干

算法置外周三十三根加內周六根共三十九根以外周三十三加三得三十六乘之得一千四百零四根以十八除之得總積七十八根

如云外周三十根問積若干

算法置外周三十根加內周三根共三十三根另以外周三十根加六根共三十六根乘之得一千一百八十八根為實以十八除之得總積六十六根

或用三歸外周加一加二相乘與有中心求積俱同法

解義　方束無中心內周即四圓束無中心內周即三俱是半八半六此一等三稜無中心內周有六個三個二等外周加內周六加內周三俱是內外周折平之法另將外周加三加六乘之者三十六[illegible]四九成數三稜每層加[illegible]數必以九折分數乃加三[illegible]六成數[illegible]

個即徑一層，即以層數折半乘之也。此與後一面尖垛同。

三棱無中心圖

上圖中心六，下圖中心三。

今有物一三棱束，外周三十三根。問積若干？增法置外周三十三根，加内周六根，共三十九根。以外周三十三加三得三十六乘之，得一千四百零四根。以十八除之，得總積七十八根。如云外周三十根，問積若干？增法置外周三十根，加内周三根，共三十三根。另以外周三十根加六根共三十六根乘之，得一千一百八十八根爲實。以十八除之，得總積六十六根[1]。或用三歸外周，加一加二相乘，與有中心求積俱同法[2]。

【解義】方束無中心，内周即四；圓束無中心，内周即三。俱是半八半六，止一等。三棱無中心，内周有六個、三個二等。外周加内周六、加内周三，俱是内外周折平之法。另將外周加三、加六乘之者，三十六乃四九成數。三棱每層加九數，必以九而合，故仍加三十六成數乘

---

1 《算法統宗》没有無中心三棱束算題。無中心三棱束有兩種情況：

①内周爲六。如圖 5－12，自内至外，各層積數依次爲 6，15，24，33…，構成首項爲 6、公差爲 9 的等差數列。其求積公式爲：

$$S=\frac{n(a_n+a_1)}{2}=\frac{(a_n+3)}{2}\cdot\frac{(a_n+6)}{9}=\frac{(a_n+3)(a_n+6)}{18}$$

②内周爲三。如圖 5－13，自内至外，各層積數依次爲 3，12，21，30，39…，構成首項爲 3、公差爲 9 的等差數列。其求積公式爲：

$$S=\frac{n(a_n+a_1)}{2}=\frac{(a_n+6)}{9}\cdot\frac{(a_n+3)}{2}=\frac{(a_n+3)(a_n+6)}{18}$$

二者求積法同。

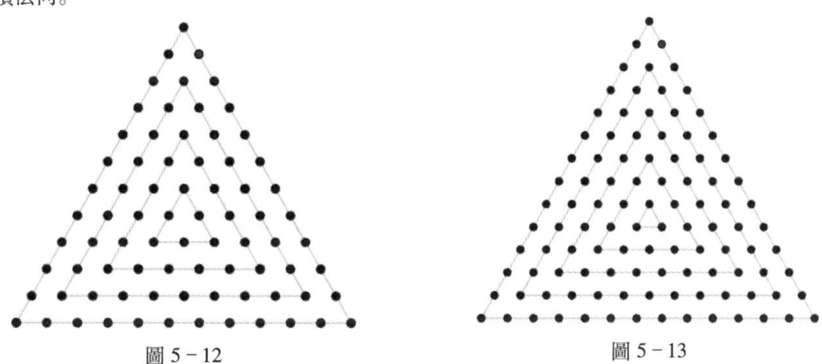

圖 5－12　　圖 5－13

2 此即三棱束求積通法：

$$S=\frac{1}{2}\left(\frac{a_n}{3}+1\right)\left(\frac{a_n}{3}+2\right)$$

解見前文有中心三棱束求積通法。

之捷法無論内周六内周三皆是將外周一边加六一边[illegible]亦是共加九根有中心者加一然无中心者加二边一理也捷法別然論有無中心皆止一法無分別異等

三稜束以積問周法〇今有物一三稜束總積九十一根問外周若干

舊法置積九十一根減去中心一根餘九十以十八乘之得一千六百二十為實以九為縱方用帶縱開平方法除之得外周三十六根

增法置積減中心一餘九十另以九折半得四五為率除之得二十為實以一為縱方用帶縱開平方法除之得四以九乘之得外周三十六根

又增通法置積加倍得一百八十二為實以一為縱方用帶縱開平方除之得十三減去一根得十二以三因之得外周三十六根加以積問面帶縱除得十三即面問層數亦同

無中心三稜束問周法〇今有三稜束總積七十八根問外周若干

增

之。總之，無論内周六、内周三，皆是將外周一邊加六，一邊加三相乘，亦是共加九根。有中心者加一處[1]，無中心者加二邊，一理也。捷法則無論有無中心，皆止一法，無分别異等。

三棱束以積問周法〇今有物一三棱束，總積九十一根。問外周若干[2]？舊法置積九十一根，減去中心一根，餘九十。以十八乘之，得一千六百二十爲實。以九爲縱方，用帶縱開平方法除之，得外周三十六根。增法置積減中心一，餘九十，另以九折半得四五爲率除之，得二十爲實。以一爲縱方，用帶縱開平方法除之，得四。以九乘之，得外周三十六根。又增通法置積加倍，得一百八十二爲實。以一爲縱方，用帶縱開平方除之，得十三。減去一根得十二，以三因之，得外周三十六根。如以積問面，帶縱除得十三即面。問層數亦同[3]。

無中心三棱束問周法〇今有三棱束，總積七十八根。問外周若干？增

1 加，順治本誤刻作“叻”。

2 此題爲《算法統宗》卷“六箭”束第五題。

3 以上三種解法分别爲下述三個三棱束求積公式還原：

$$S = \frac{a_n(a_n + 9)}{18} + 1$$

$$S = \frac{9}{2} \cdot \frac{a_n}{9}\left(\frac{a_n}{9} + 1\right) + 1$$

$$S = \frac{1}{2}\left(\frac{a_n}{3} + 1\right)\left(\frac{a_n}{3} + 2\right)$$

法置積七十八根以八乘之得一千四百零四根為實以三為縱方用帶縱開平方法除之得三十六減去三根餘得外周三十三根積六十六根外周三十根亦同

法　倍積帶縱法與有中心亦同

三稜束三角田異周徑圖

(三)(稜)(束)

面七個
面七個
徑七層
面七個

三稜束亦論個數以面計之每面七個徑亦七層以外周計之三六一十八個

(三)(角)(田)

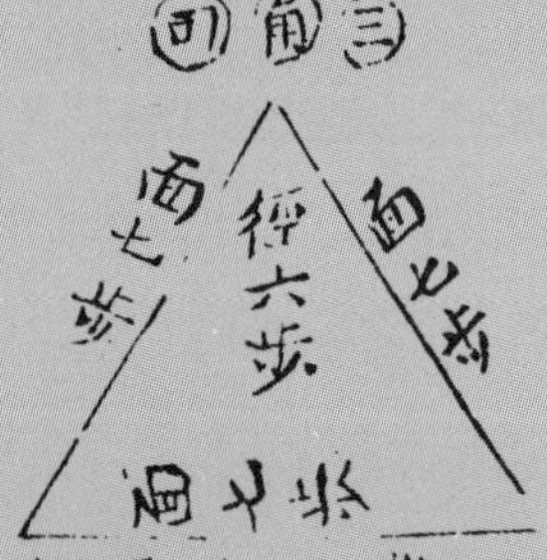

面七步
面七步
徑六步
面七步

三角田亦論分數以面角論每面七步外周三七二十一步以面徑論面七步徑止六步

拙翁論曰三稜束三角田與方束方田同束周除根計個數田周連根每一角作二數方田周比方束周多四四角多四也三角田周比三稜束周多三三角多三也方田係方面自乘得積以周求亦周自乘法故方束周加四合田周即可以田法求三角田徑面各異相乘得積若以周

法置積七十八根，以十八乘之，得一千四百零四根爲實。以三爲縱方，用帶縱開平方法除之，得三十六。減去三根，餘得外周三十三根[1]。積六十六根，外周三十根，亦同法[2]。倍積帶縱法，與有中心亦同。

三棱束三角田異周徑圖

三棱束　三棱束亦論個數。以面計之，每面七個，徑亦七層。以外周計之，三六一十八個。

三角田　三角田亦論分數。以面角論，每面七步，外周三七二十一步。以面徑論，面七步，徑止六步。

拙翁論曰：三棱束、三角田，與方束、方田同。束周除根，計個數；田周連根，每一角作二數。方田周比方束周多四，四角多四也。三角田周比三棱束周多三，三角多三也。方田係方面自乘得積，以周求亦周自乘法。故方束周加四合田周，即可以田法求。三角田徑面各異，相乘得積，若以周

---

1 《算法統宗》無此題。此係内周爲六的無中心三棱束，"增法"即無中心三棱束求積公式還原：

$$S = \frac{(a_n + 3)(a_n + 6)}{18}$$

設：

$$x = a_n + 3$$

得：

$$x(x + 3) = 18S$$

以 3 爲縱方，用帶縱開方法，求 x，結果減去三，即三棱束外周。

2 此係内周爲三的無中心三棱束，解法同前。

求積須將田周六因七歸得數與周相乘用十八除之得積束周求積將三稜周加三照角田法求之然周各長短不齊六因七歸多有畸零不盡且以勾股較角田面七則徑六有餘故從前不立田周求三角法之

木捆法西江月〇捆有封書模樣〇深濶各倍相乘〇丈五除長再乘行〇書捆加深為定〇方捆須知加濶〇荒深三折倍成〇濶長倍除與前同〇三折深加相應

解義　木捆有一封書方捆荒捆三等木以徑五寸長一丈五尺為一根三等捆長皆以一丈五尺除之一封書捆深濶皆加倍兩乘又以一丈五尺所除之長乘之後再以深為加法加之方捆與一封書同後再以濶為加法加之荒排長與濶同前法深用三歸復加倍乘之後亦用深三折為法加之

一封書捆法〇今有一封書捆深七尺五寸濶四丈七尺長九丈問木若

求積，須將田周六因七歸，得數與周相乘，用十八除之得積。束周求積，將三棱周加三，照角田法求之。然周各長短不齊，六因七歸多有畸零不盡。且以勾股較，角田面七則徑六有餘，故從前不立田周求三角之法。

木梱法·西江月〇梱有封書模樣〇深濶各倍相乘〇丈五除長再乘行〇書梱加深爲定〇方梱須知加濶〇荒深三折倍成〇濶長倍除與前同〇三折深加相應[1]

【解義】木梱有一封書、方梱、荒梱三等。木以徑五寸、長一丈五尺爲一根，三等梱長皆以一丈五尺除之。一封書梱深濶皆加倍相乘，又以一丈五尺所除之長乘之，後再以深爲加法加之。方梱與一封書同，後再以濶爲加法加之。荒排長与濶同前法，深用三歸，復加倍乘之，後亦用深三折爲法加之。

一封書梱法〇今有一封書梱，深七尺五寸，濶四丈七尺，長九丈。問木若

---

1 歌見《算法統宗》卷八，文字略有差異。這裏給出一封書、方梱和荒排等三種木梱的求積公式，三種木梱形狀，如後文"荒排法"解義所云："横直間排爲方，順排無横爲一封書，亂排爲荒"。木徑 5 寸、長 15 尺，設木梱深 h 尺、闊 a 尺、長 b 尺，則各類木梱求積公式爲：

一封書：

$$S = 2h \cdot 2a \cdot \frac{b}{15}\left(1 + \frac{h}{10}\right)$$

方梱：

$$S = 2h \cdot 2a \cdot \frac{b}{15}\left(1 + \frac{a}{100}\right)$$

荒排：

$$S = \frac{2h}{3} \cdot 2a \cdot \frac{b}{15}\left(1 + \frac{h}{30}\right)$$

干　㊟舊法　置深七尺五寸以每尺二根計之得一十五根即倍法也又以濶四丈七尺倍作九十四根梱乘得一千四百一十根為實另置長九丈以每根長一丈五尺除之得六根為法乘實得八千四百六十根又以深七尺五寸加之得木一萬四千八百零五根　㊟增法　置濶四丈七尺以深七尺五寸乘之得三百五十二尺五寸再以長九丈乘之得三萬一千七百二十五尺再以每尺四根乘之得一十二萬六千九百為實以每根長一丈五尺為法除之得八千四百六十根却以深七尺五寸為法加之得一萬四千八百零五根

解義　濶深加倍者木以方五寸為一根濶一尺深一尺俱應作二根故俱用加倍合一根之徑長一丈五尺為一根故以一丈五尺除長合木每根之長以使乘除得木根數再用加倍增法濶以深乘乘以長長乘又用四乘之即一尺乘作四根却以十五除即每十五尺除作一根一理也具先用四乘後用十五除即先乘後除法也或先用加法完後以長十五尺除之亦得

方梱法㊀今有方梱深七尺濶五丈長六丈問木若干　㊟舊法　置深七尺倍

干[1]？舊法置深七尺五寸，以每尺二根計之，得一十五根，即倍法也。又以濶四丈七尺倍作九十四根，相乘得一千四百一十根爲實。另置長九丈，以每根長一丈五尺除之，得六根爲法，乘實得八千四百六十根。又以深七尺五寸加之，得木一萬四千八百零五根。增法置濶四丈七尺，以深七尺五寸乘之，得三百五十二尺五寸。再以長九丈乘之，得三萬一千七百二十五尺。再以每尺四根乘之，得一十二萬六千九百爲實。以每根長一丈五尺爲法除之，得八千四百六十根。却以深七尺五寸爲法加之，得一萬四千八百零五根[2]。

【解義】濶深加倍者，木以方五寸爲一根，濶一尺、深一尺俱應作二根，故俱用加倍，合一根之徑。長一丈五尺爲一根，故以一丈五尺除長，合木每根之長，以便乘除。得木根數，再用加倍[3]。"增法"濶以深乘，再以長乘，又用四乘之，即一尺乘作四根。却以十五除，即每十五尺除作一根，一理也。具先用四乘，後用十五除，即先乘後除法也。或先用加法完，後以長十五尺除之，亦得。

方梱法○今有方梱，深七尺，濶五丈，長六丈。問木若干[4]？舊法置深七尺，倍

---

1 此題爲《算法統宗》卷八"量木梱"第一題。

2 "舊法"即歌訣解法：

$$S = 2h \cdot 2a \cdot \frac{b}{15}\left(1 + \frac{h}{10}\right)$$

$$= (2 \times 7.5) \times (2 \times 47) \times \frac{90}{15} \times \left(1 + \frac{7.5}{10}\right) = 14805$$

"增法"可表示爲：

$$S = \frac{4abh}{15}\left(1 + \frac{h}{10}\right)$$

3 加倍，據題意，當作"加法"。

4 此題爲《算法統宗》卷八"量木梱"第二題。

作十四根又以闊五丈亦倍作一百根相乘得一千四百根為實另置長六丈以一丈五尺除之得四根為法乘實得五千六百根又以闊五丈加之得（木八千四百根）

荒排法（一）今有荒排深二丈一尺闊四丈四尺長六丈問木若干（舊法）

置深二丈一尺以三歸之得七尺加倍作一十四根又以闊四丈四尺倍作八十八根相乘得一千二百三十二根為實另置長六丈以一丈五尺除之得四根為法乘得四千九百二十八根又以深二丈一尺亦用三歸得七尺加之得木（八千三百七十七根六入）

解義橫直間排爲方順排無攢爲一封書亂排爲荒人用加法者大小頭倒正相錯每尺二根內仍有容餘也一封書荒排皆加浮方排得加闊者橫直相間深無餘餘在闊也或先乘後加先加後乘一理然方捆倍闊加原闊以倍深乘再以長四根乘即得八千四百根一封書倍濶另將倍深以原深乘得十一尺二寸五分加入相乘再以長六根乘乃得一萬四千八百零五根止加原深七尺五寸則不合原積矣以此思之數以十爲成五爲中倍五止成十五乘十仍得五若倍七五得十五以七五乘十五加數必多五以下加數必少

作十四根。又以濶五丈亦倍作一百根，相乘得一千四百根爲實。另置長六丈，以一丈五尺除之，得四根爲法，乘實得五千六百根。又以濶五丈加之，得木八千四百根[1]。

荒排法〇今有荒排，深二丈一尺，濶四丈四尺，長六丈。問木若干[2]？舊法 置深二丈一尺，以三歸之得七尺，加倍作一十四根。又以濶四丈四尺倍作八十八根，相乘得一千二百二十二根爲實。另置長六丈，以一丈五尺除之，得四根爲法，乘得四千九百二十八根。又以深二丈一尺亦用三歸得七尺，加之得木八千三百七十七根六分[3]。

【解義】横直間排爲方，順排無横爲一封書，亂排爲荒。又用加法者，大小頭倒正相錯，每尺二根，内仍有容餘也。一封書、荒排皆加深，方排獨加濶者，横直相間，深無餘，餘在濶也。或先乘後加，先加後乘，一理。然方梱倍濶加原濶，以倍深乘，再以長四根乘，即得八千四百根。一封書倍濶，另將倍深以原深乘，得十一尺二寸五分加入相乘，再以長六根乘，乃得一萬四千八百零五根。止加原深七尺五寸，則不合原積矣。以此思之，數以十爲成，五爲中，倍五止成十，五乘十仍得五。若倍七五得十五，以七五乘十五，加數必多，五以下加數必少。

1 “舊法”即歌訣解法：

$$S = 2h \cdot 2a \cdot \frac{b}{15}\left(1 + \frac{a}{100}\right)$$
$$= (2 \times 7) \times (2 \times 50) \times \frac{60}{15} \times \left(1 + \frac{50}{100}\right) = 8400$$

2 此題爲《算法統宗》卷八“量木梱”第三題。

3 “舊法”即歌訣解法：

$$S = \frac{2h}{3} \cdot 2a \cdot \frac{b}{15}\left(1 + \frac{h}{30}\right)$$
$$= \frac{2 \times 21}{3} \times (2 \times 4) \times \frac{60}{15} \times \left(1 + \frac{21}{30}\right) = 8377.6$$

試將深七尺五寸分作深四尺、深三尺五寸二排各用前法加筭合二數少積三千一百五十八根零固知乘後用加爲數不確只宜先加本數將或深或闊一加倍一三倍無不背合又無用分加深加闊之異矣荒排止用深本數以免折加似爲直當存俟識者

各等尖垜總歌○長闊尖垜要推詳○底脚先將闊減長○餘數折半添半個○併入原長闊乘良○闊加一個又乘之○法用三歸積相當○方尖底方亦加一○原方乘之數可識○又將原方加半乘○以三歸之得本積○圓周六歸倍爲先○加一加二相乘看○另加個半復相乘○不倍加一作實添○合併二數共爲實○以四歸之積可參○三角底面一數加○底面乘之數不差○又將底面加二個○相乘六歸法爲佳○三角靠壁一面垜○底面加一面乘過○折半便爲本垜積○諸法依求總無錯

試將深七尺五寸分作深四尺、深三尺五寸二排，各用前法加筭，合二數少積三千一百五十八根零[1]。固知乘後用加，爲數不確。只宜先加本數，將或深或濶一加倍、一三倍，無不皆合，又無用分加深加濶之異矣[2]。　荒排止用深本數，以免折加，似爲直當。存俟識者。

各等尖垛總歌○長濶尖垛要推詳○底脚先將濶減長○餘數折半添半個○併入原長濶乘良○濶加一個又乘之○法用三歸積相當○方尖底方亦加一○原方乘之數可識○又將原方加半乘○以三歸之得本積○圓周六歸倍爲先○加一加二相乘看○另加個半復相乘○不倍加一作實添○合併二數共爲實○以四歸之積可參○三角底面一數加○底面乘之數不差○又將底面加二個○相乘六歸法爲佳○三角靠壁一面垛○底面加一面乘過○折半便爲本垛積○諸法依求總無錯[3]

---

1 若將深七尺五寸的一封書梱分作兩個一封書，一個深四尺，一個深三尺，由一封書求積公式，求得二梱合積爲：

$$S = S_1 + S_2 = (2 \times 4) \times (2 \times 47) \times \frac{90}{15} \times \left(1 + \frac{4}{10}\right) + (2 \times 3.5) \times (2 \times 47) \times \frac{90}{15} \times \left(1 + \frac{3.5}{10}\right)$$
$$= 11646.6$$

較原積 14805 少 3158.4。

2 根據以上論述，李長茂認爲一封書與方梱求積公式應當分别爲：

$$S = (2h + h) \cdot 2a \cdot \frac{b}{15}$$

$$S = 2h \cdot (2a + a) \cdot \frac{b}{15}$$

二者可并而爲一，即：

$$S = 6ha \cdot \frac{b}{15}$$

3 歌訣見《算法統宗》卷八“堆垛歌”，原歌十六句：“缶瓶堆垛要推詳，底脚先將濶減長。餘數折來添半箇，併入長内闊乘良。再將濶搭一乘實，以三除之數相當。一面尖堆只添一，乘來折半積如常。三角果垛亦堪知，脚底先求箇數齊。一二添來乘兩遍，六而取一不差池。要知四角盤中果，添半仍添一箇隨。乘此數來以爲實，如三而一法求之。”《筭海説詳》增爲二十四句，包括以下垛積公式：

（1）長尖垛（底面闊 a、長 b）：

$$S = \frac{a(a+1)\left[b + \left(\frac{b-a}{2} + \frac{1}{2}\right)\right]}{3}$$

（2）方尖垛（即四角果垛，底面方 a）：

$$S = \frac{a(a+1)\left(a + \frac{1}{2}\right)}{3}$$

（3）圓尖垛（圓周 C）：

$$S = \frac{\left(2 \cdot \frac{C}{6} + 1\right)\left(2 \cdot \frac{C}{6} + 2\right)\left(2 \cdot \frac{C}{6} + \frac{3}{2}\right) + \left(\frac{C}{6} + 1\right)}{4}$$

（4）三角尖垛（即三角果垛，底面 a）：

$$S = \frac{a(a+1)(a+2)}{6}$$

（5）三角一面尖垛（即一面尖堆，底面 a）：

$$S = \frac{a(a+1)}{2}$$

其中，圓尖垛求積法，《算法統宗》無。

各等半槊總歌○半平長槊法不同○倍長加下上濶乘○倍下加上乘下濶○另將上下對减明○併入二數高乘之○法用六歸積可憑○半方上下自乘推○上下相乘又繼之○上下方减餘加一○以乘併數得為實○另將减餘加一數○三因併入三歸宜○半圓六歸上下周○各倍添一自乘優○又用上下數相乘○再將高數折半留○四數合併高乘之○以四歸之積可求○三角各面自乘便○又以上面乘下面○上面再倍下面合○併上三數作實筭○上下面减餘加一○乘實六歸積亦見○一面半槊法可齊○上濶下濶併為實○對减上下餘加一○乘實折半積無疑

長尖槊物求積法○今有酒瓶一長尖槊底脚長一十三個濶八個問共

各等半垛總歌○半平長垛法不同○倍長加下上濶乘○倍下加上乘下濶○另將上下對減明○併入二數高乘之○法用六歸積可覔○半方上下自乘推○上下相乘又繼之○上下方減餘加一○以乘併數得爲實○另將減餘加一數○三因併入三歸宜○半圓六歸上下周○各倍添一自乘優○又用上下數相乘○再將高數折半留○四數合併高乘之○以四歸之積可求○三角各面自乘便○又以上面乘下面○上面再倍下面合○併上三數作實筭○上下面減餘加一○乘實六歸積亦見○一面半垛法可齊○上濶下濶併爲實○對減上下餘加一○乘實折半積無疑[1]

長尖垛物求積法○今有酒瓶一長尖垛，底脚長一十三個，濶八個。問共

1 歌訣見《算法統宗》卷八“半堆歌”，原歌十句：“半堆瓶法另推詳，上長倍之加下長。却用上濶乘見數，下長仍倍加上長。别以下濶乘見積，下長另減上頭長。餘存三位同相併，再以高乘爲實良。要知其積從何見，六而取一積該當。”僅有長半垛求積法。《筭海説詳》增爲二十八句，包括以下半垛求積公式：

（1）長半垛（上底闊 a_1、長 b_1，下底闊 a_2、長 b_2，高 h）：

$$S=\frac{[(2b_1+b_2)a_2+(2b_2+b_1)a_1+(b_2-b_1)]h}{6}$$

（2）方半垛（上底方 a_1、下底方 a_2）：

$$S=\frac{(a_1^2+a_2^2+a_1a_2)(a_2-a_1+1)+3(a_2-a_1+1)}{3}$$

按：該公式有誤，$3(a_2-a_1+1)$ 當作：

$$\left(\frac{a_1-a_2}{2}\right)(a_2-a_1+1)$$

詳後文方半垛注釋。

（3）圓半垛（上周 C_1、下周 C_2、高 h）：

$$S=\frac{\left[\left(2\cdot\frac{C_1}{6}+1\right)^2+\left(2\cdot\frac{C_2}{6}+1\right)^2+\left(2\cdot\frac{C_1}{6}+1\right)\left(2\cdot\frac{C_2}{6}+1\right)+\frac{h}{2}\right]h}{4}$$

（4）三角半垛（上底面 a_1、下底面 a_2）：

$$S=\frac{(a_1^2+a_2^2+a_1a_2+2a_1+a_2)(a_2-a_1+1)}{6}$$

（5）三角一面半垛（上底 a_1、下底 a_2）：

$$S=\frac{(a_1+a_2)(a_2-a_1+1)}{2}$$

以上諸式中，(a_2-a_1+1) 即垛高。

積若干　舊法置長一十三個減闊八個餘五個折半得二個半加半個共三個併原長得一十六個以闊八個因之得一百二十八個另以闊八個添一個共九個乘之得一千一百五十二個以三歸之得積三百八十四個　又法置長一十三個加倍得二十六個另以闊減長餘五加一得六個併倍長共三十二個以闊八個乘之得二百五十六個再以八個乘之得二千零四十八個併加初乘二百五十六個共二千三百零四個為實以六歸之得積三百八十四個

解義　長闊減餘加一共六即頂上層六個也闊八個以上遞減至第八層為尖得一個長十三個以上遞減至第八層得六個是梁底長多闊五個梁尖亦多五個連併多一個共六個故長闊減餘加一即梁頂長數也折半併長十三得十六即以頂長折半併下長為法也以八乘者闊八個高亦八層以層數乘也又加一以九乘者盈闊八加頂尖一得九也此即將盈闊八個加頂一個相折併以八層乘之又用上半長併下長再乘之也其上長用半者何也闊加尖一以闊乘八九得七十二以上長下長共十九乘之得一千三百六十

積若干[1]？舊法置長一十三個，減濶八個，餘五個，折半得二個半，加半個共三個，併原長得一十六個。以濶八個因之，得一百二十八個。另以濶八個添一個共九個乘之，得一千一百五十二個。以三歸之，得積三百八十四個。又法置長一十三個，加倍得二十六個；另以濶減長餘五加一得六個，併倍長共三十二個。以濶八個乘之，得二百五十六個；再以八個乘之，得二千零四十八個。併加初乘二百五十六個，共二千三百零四個爲實。以六歸之，得積三百八十四個[2]。

【解義】長濶減餘加一共六，即頂上層六個也。濶八個，以上遞減至第八層爲尖得一個；長十三個，以上遞減至第八層得六個。是垜底長多濶五個，垜尖亦多五個，連所多一個，共六個。故長濶減餘加一，即垜頂長數也。折半併長十三得十六，即以頂長折半併下長爲法也。以八乘者，濶八個高亦八層，以層數乘也。又加一以九乘者，底濶八加頂尖一得九也。此即將底濶八個加頂一個，相折併以八層乘之，又用上半長併下長再乘之也。其上長用半者何也？濶加尖一以濶乘，八九得七十二，以上長下長共十九乘之，得一千三百六十

1 此題爲《算法統宗》卷八“堆垜”第一題。如圖 5-14，長尖垜底面爲矩形，自下而上，每層長、闊各減一。設底層長爲 b，闊爲 a，各層積數自下而上依次爲：

$$ab,\ (a-1)(b-1)\cdots[a-(a-2)][b-(a-2)],\ [a-(a-1)][b-(a-1)]$$

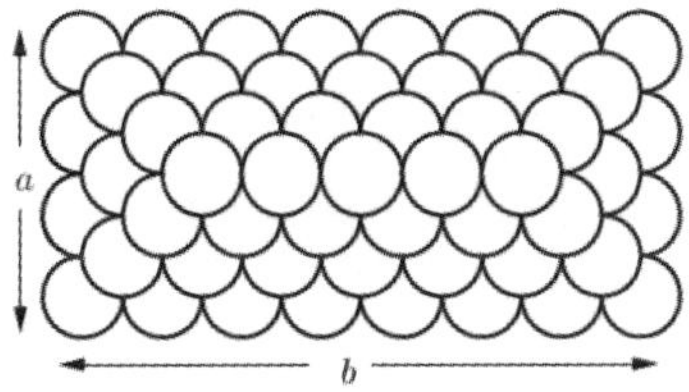

圖 5-14

2 “又法”可用公式表示如下：

$$S=\frac{[2b+(b-a+1)]a^2+[2b+(b-a+1)]a}{6}$$

與“舊法”無異。

八以本積三百八十四除之得三術餘二百一十六個以七十二除之亦得三是較末三歸之積多三個七十二個故將頂長折半以乘八九相乘之積共減退三個七十二以合三個積數以三歸之可得本積此皆各物自具天然之數不可易也後法全用上長加倍下長是加一倍法故用六歸比前法亦如倍也以丶乘再以八乘尚少頂一個一乘故將八初乘數加併若同前以八乘再以九乘即合六個積數以六歸得本積不用再加初乘數矣與前法總一理也

直長半梁物求積法〇今有直長半梁酒瓶上長二十五個濶一十二個下長三十個濶一十七個高六個問共積若干

舊法置上長倍之得五十個加下長三十個共八十個以上濶一十二個乘之得九百六十個另倍下長得六十個加上長二十五個共八十五個以下濶一十七個乘之得一千四百四十五個併二數得二千四百零五個又置上下長對減餘五個併入共二千四百一十個以高六個乘之得一萬四千四百六十個為實以六為法歸之得積二千四百一十個

八。以本積三百八十四除之得三，外餘二百一十六個，以七十二除之亦得三，是較未三歸之積多三個七十二個。故將頂長折半，以乘八九相乘之積，共減退三個七十二，以合三個積數。以三歸之，可得本積。此皆各物自具天然之數，不可易也。後法全用上長加倍下長，是加一倍法，故用六歸，比前法亦加倍也。以八乘再以八乘，尚少頂一個一乘，故將八初乘數加併。若同前以八乘再以九乘，即合六個積數，以六歸得本積，不用再加初乘數矣，與前法總一理也。

直長半垛物求積法〇今有直長半垛酒瓶，上長二十五個，濶一十二個；下長三十個，濶一十七個，高六個。問共積若干[1]？舊法置上長倍之得五十個，加下長三十個，共八十個；以上濶一十二個乘之，得九百六十個。另倍下長得六十個，加上長二十五個，共八十五個；以下濶一十七個乘之，得一千四百四十五個。併二數，得二千四百零五個。又置上下長對減，餘五個併入，共二千四百一十個。以高六個乘之，得一萬四千四百六十個爲實。以六爲法歸之，得積二千四百一十個。

1 此題爲《算法統宗》卷八“半推”第一題。

此與前長窖同法比窖法又多上下長減餘加併之數者窖法

解義 論凡數下長下濶皆從腳直边際集槩物論個數下長下濶以分數計之在各物中腰上至每個之末各減半個下至底边各寬半個上長上濶項亦各減半個故不可以窖法算再加長多濶數乃合也

四面尖垜求積法○今有物四面尖垜底方一十二個問共積若干

答 置方一十二個加一個共一十三個以一十二個乘之得一百五十六個又以十二加半個共一二個半乘之得一千九百五十個為實以三為法歸之得積六百五十個

解義 方加一個即下方加項尖一個也以方十二乘之方十二層亦十二以層數乘之也又用十二加半乘之者即下周全方上加半尖與直長垜法同也方尖垜形同方錐而求法不同亦各論分數個數之異也如方錐法下方十二自乘得一百四十四以高十二乘得一千七百二十八三歸得錐積五百七十六止垜積少七十四其少七十四何也如垜積底層方十二寔積一百四十四錐底層下边十二尺底層上边即第二層下边止十一尺用方窖法十一自乘得一百二十一十二自乘得一百四十四十一乘十二得一百三十二併之共三百九十七以高一尺乘之仍故用三歸之得積止一百三十二尺三三不尽比垜積少一十一尺六六不尽第二層方十一尺

【解義】此與前長窖同法，比窖法又多上下長減餘加併之數者，窖法論尺數，下長下濶皆從脚底邊際筭；垜物論個數，下長下濶以分數計之。在各物中腰上至每個之末，各減半個，下至底邊各寬半個，上長上濶頂亦各減半個，故不可以窖法筭，再加長多濶，數乃合也。

四面尖垜求積法○今有物四面尖垜，底方一十二個。問共積若干[1]？舊法置方一十二個，加一個共一十三個。以一十二個乘之，得一百五十六個。又以十二加半個共一十二個半乘之，得一千九百五十個爲實。以三爲法歸之，得積六百五十個。

【解義】方加一個，即下方加頂尖一個也。以方十二乘之，方十二層亦十二，以層數乘之也。又用十二加半乘之者，即下用全方，上加半尖，與直長垜法同也。方尖垜形同方錐，而求法不同，亦各論分數、個數之異也。如方錐法，下方十二自乘得一百四十四，以高十二乘，得一千七百二十八，三歸得錐積五百七十六，比垜積少七十四。其少七十四何也？如垜積底層方十二，實積一百四十四。錐底層下邊十二尺，底層上邊即第二層下邊止十一尺，用方窖法，十一自乘得一百二十一，十二自乘得一百四十四，十一乘十二得一百三十二，併之共三百九十七，以高一尺乘之仍故，用三歸之，得積止一百三十二尺三三不盡，比垜積少一十一尺六六不盡。第二層方十一尺，

1 此題爲《算法統宗》卷八“堆垜”第六題。如圖 5–15，四面尖垜底面邊長爲 a，自上而下構成如下數列：

$$1，4，9，16，\cdots，a^2$$

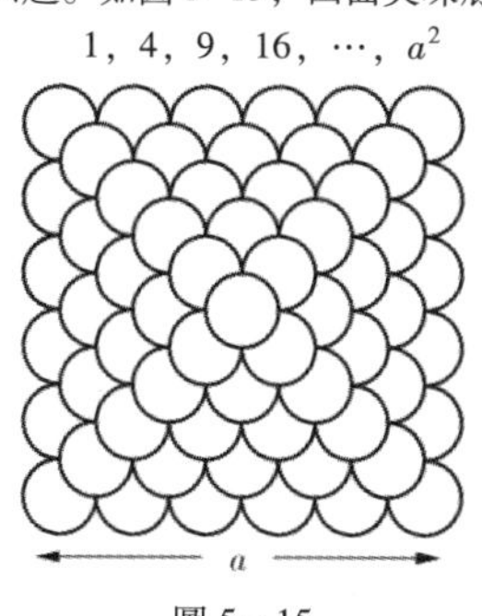

圖 5 – 15

少十尺六六不盡第三層方十尺少九尺六六不盡推而上之至藂
十層方二尺少一尺六六不盡未實一尺塜物得一個方錐止三三
不盡比塜物少六六不盡共少積七十四尺故必
加一加半遞乘合積不可與錐法例求也

四面半塜求積法(一)今有四面半塜物上方六個下方一十二個問積物若干

(增)(法)置上方六個自乘得三十六另置下方十二自乘得一百四十四又上方六乘下方十二得七十二併三數共二百五十二再以上下方相減餘六加一得七又乘之得一千七百六十四又將七以三因之得二十一併入共一千七百八十五為實以三為法歸之得(積五百九十五個)

解義舊無方半塜法增補以備考較其以上下方減餘加一乘者方塜自下而上減一個是二層減二個是三層今餘六個乃是七層故將減加一為乘法即以高乘之也因不言高故以上下方相減得高也又將七三因併入者上係方窖法求方半塜每層少積一個七層共少七個後用三歸故將七層三因併入總寔三歸合積或將前寔三歸以七加之亦得

少十尺六六不盡。第三層方十尺，少九尺六六不盡。推而上之，至第十層方二尺，少一尺六六不盡。末尖一尺，垜物得一個，方錐止三三不盡，比垜物少六六不盡。共少積七十四尺，故必加一、加半，遞乘合積，不可與錐法例求也。

四面半垜求積法○今有四面半垜物，上方六個，下方一十二個。問積物若干？增法 置上方六個，自乘得三十六；另置下方十二，自乘得一百四十四；又上方六乘下方十二，得七十二。併三數，共二百五十二。再以上下方相減餘六加一得七，又乘之得一千七百六十四。又將七以三因之，得二十一併入，共一千七百八十五爲實。以三爲法歸之，得積五百九十五個[1]。

【解義】舊無方半垜法，增補以備考較。其以上下方減餘加一乘者，方垜自下而上，減一個是二層，減二個是三層，今餘六個，乃是七層。故將減加一爲乘法，即以高乘之也，因不言高，故以上下方相減得高也。又將七三因併入者，上係方窖法，求方半垜每層少積一個，七層共少七個，後用三歸，故將七層三因併入總實，三歸合積。或將前實三歸，以七加之，亦得。

---

1 “增法”即歌訣解法：

$$S=\frac{(a_1^2+a_2^2+a_1a_2)(a_2-a_1+1)+3(a_2-a_1+1)}{3}$$

實際上，方半垜的正確求積公式爲：

$$S=\frac{(a_1^2+a_2^2+a_1a_2)(a_2-a_1+1)+\frac{a_2-a_1}{2}(a_2-a_1+1)}{3}$$

因在此題中，$\frac{a_2-a_1}{2}=3$，故歌訣以 3 入算，實非通法。《算法統宗》無四面半垜題，《算學寶鑒》稱作“四方垜”（《算學寶鑒》卷二十一），并給出其求積歌訣：

四方垜物上平平，上自乘來下自乘。
上下相乘另寄位，另將上下相減行。
餘數折來四位併，相乘高數實分明。
如三而一知其積，方窖形同法不同。

圓尖堆物求積法〇今有物一圓尖堆下周四十二個問積物若干(增)

(法)置下周四十二以六歸之得七倍之得十四加一得十五另將十四加二得十六以十五乘之得二百四十又將十五加半個共十五個半乘之得三千七百二十再將七個加一共八個加入共三千七百二十八為實以四為法歸之得(積九百三十二個)又(增)

(法)置下周加三個共四十五個另將下周加六個共四十八個以四十五個乘之得二千一百六十再將六歸外周得七倍之得十四加一個半共十五個半又乘之得三萬三千四百八十又另將七加一得八以所加三六共九乘之得七十二併二數共三萬三千五百五十二以圓錐率三十六除之得(積九百三十二個)

圓尖堆物有零下周求積法〇今有物一圓尖堆下周三十九個問積物若干

(增)(法)置外周以六歸得六個半倍之得十三再加一個得十四另將十三加

圓尖垛物求積法〇今有物一圓尖垛，下周四十二個。問積物若干[1]？增法置下周四十二，以六歸之得七，倍之得十四，加一得十五；另將十四加二得十六，以十五乘之得二百四十；又將十五加半個，共十五個半，乘之得三千七百二十。再將七個加一共八個加入，共三千七百二十八爲實。以四爲法歸之，得積九百三十二個。又增法置下周加三個，共四十五個；另將下周加六個，共四十八個，以四十五個乘之，得二千一百六十；再將六歸外周得七，倍之得十四，加一個半共十五個半，又乘之得三萬三千四百八十。又另將七加一得八，以所加三六共九乘之，得七十二。併二數，共三萬三千五百五十二。以圓錐率三十六除之，得積九百三十二個。

圓尖垛物有零下周求積法〇今有物一圓尖垛，下周三十九個。問積物若干[3]？增法置外周以六歸，得六個半，倍之得十三，再加一個得十四；另將十三加

---

1 此係下周爲整六的圓尖垛，即下周 C 能被六整除。如圖 5-16，圓尖垛底層爲有中心圓束，以上各層依次爲無中心圓束與有中心圓束交錯堆疊，奇數層爲有中心圓束，偶數層爲無中心圓束。《算法統宗》無圓尖垛算題。

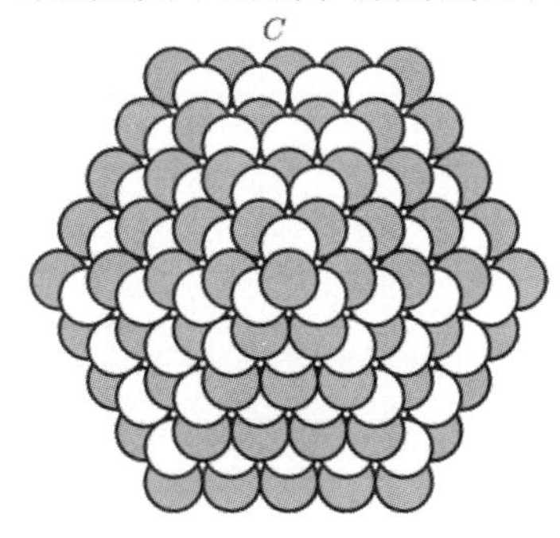

圖 5-16

2 "增法"即歌訣解法：

$$S=\frac{\left(2\cdot\frac{C}{6}+1\right)\left(2\cdot\frac{C}{6}+2\right)\left(2\cdot\frac{C}{6}+\frac{3}{2}\right)+\left(\frac{C}{6}+1\right)}{4}$$

"又增法"可用公式表示爲：

$$S=\frac{(C+3)(C+6)\left(2\cdot\frac{C}{6}+\frac{3}{2}\right)+9\left(\frac{C}{6}+1\right)}{36}$$

"增法"以圓徑求，"又增法"則以圓周求。二者實同。

3 此係下周爲半六的圓尖垛，即下周 C 不能被六整除。底層爲無中心圓束，以上各層依次爲有中心圓束與無中心圓束交錯堆疊，奇數層爲無中心圓束，偶數層爲有中心圓束。

二個得十五以十四乘之得二百一十另將十三加一個半共十四個半又乘之得二千零四十五又將六個半加半個共七個加入共得三千零五十二為實以四為法歸之得積物七百六十三個又增法置下周加三個共四十二個另置下周加六個共四十五個以四十二個乘之得一千八百九十再以六歸外周得六個半倍之得十三加一個半共一十四個半又乘之得二萬七千四百零五又另將六個半加半個共七個以所加半六整六共九乘之得六十三併二數共二萬七千四百六十八為實以立圓率三十六除之得積物七百六十三個

解義舊無圓尖梁法今增補六歸外周得七即七層也加倍者每面七層兩面即十四層也又加一者連中心共十五層也底周三十九是有零六者六歸得六個半倍之得十三加一得十四洵半六者先中心一十四層此即圓徑求積法也又將十四加二乘十五積乘係十五層十四加二即十五層加一也其加一者圓尖梁自上而下每層多三個徑係周三中之一應加一個也又將十五加半個乘

二個得十五，以十四乘之，得二百一十；另將十三加一個半共十四個半，又乘之得二千零四十五。又將六個半加半個共七個加入，共得三千零五十二爲實。以四爲法歸之，得積物七百六十三個。又增法置下周加三個，共四十二個；另置下周加六個，共四十五個，以四十二個乘之，得一千八百九十；再以六歸外周得六個半，倍之得十三，加一個半共一十四個半，又乘之得二萬七千四百零五。又另將六個半加半個共七個，以所加半六整六共九乘之得六十三。併二數，共二萬七千四百六十八爲實。以立圓率三十六除之，得積物七百六十三個[1]。

【解義】舊無圓尖垛法，今增補。六歸外周得七，即七層也。加倍者，每面七層，兩面即十四層也。又加一者，連中心共十五層也。底周三十九，是有零六者。六歸得六個半，倍之得十三，加一得十四。有半六者無中心，亦十四層，此即(圖)[圓]徑求積法也[2]。又將十四加二乘十五者，原係十五層，十四加二即十五層加一也，其加一者，圓尖垛自上而下每層多三個，徑係周三中之一，應加一個也。又將十五加半個乘

---

1 “增法”用公式表示爲：

$$S=\frac{\left(\frac{2C}{6}+1\right)\left(\frac{2C}{6}+2\right)\left(\frac{2C}{6}+\frac{3}{2}\right)+\left(\frac{C}{6}+\frac{1}{2}\right)}{4}$$

“又增法”用公式表示爲：

$$S=\frac{(C+3)(C+6)\left(2\cdot\frac{C}{6}+\frac{3}{2}\right)+9\left(\frac{C}{6}+\frac{1}{2}\right)}{36}$$

前者以圓徑求，後者以圓周求。與下周爲整六的圓尖垛求積公式大致相同。

2 圖，“圓”之訛誤，據文意改。

之即以高乘之也高止十五層又加半者圓尖梁自上向下每層多半個加入一個半個相乘乃合梁物多圓雖積數也有零六者法皆周也又將六歸周得七加一共八併入者非意加也徑十五高亦十五層共得八個小心有零六者十四層共得七個中心也加一得、六個半加半得七加入者加中心也中心不在整六半六周内故外加之而合皆數理自然莫可易也〇又法以周求積將下周加三閏者徑物十五周應四十五將個物以分數計合圓田法當加三也其〃加六個相乘若物周應加三個為率等加六個寔止外加三個前法以徑求每層多一故加一個又法以周求每層多三故加三個也前法乘徑完後加八加七以補中心此又用九乘者以徑求是以歸八典七併八總寔四歸合本積以周求是三十六除用九乘之四九得三十六乃合除率也用九者圓周一邊加三一邊加六故合整六半六共九為法凡論整六半六層數皆不越此數也然六歸四十二得七則加一成八六歸三十九得六個半止加半不加一者下周皆整六則加整一下周有半六則加半加內周三個是半層再加半共合一層故加半也須記明六歸外周無零則加一有零加半庶無誤矣

圓半梁物求積法〇今有圓半梁物上周十八個下周四十二個高九層

問積物若干（齊）（法）置上周十八個以六歸得三個倍之得六個再加一個共七個

之，即以高乘之也。高止十五層，又加半者，圓尖垛自上而下每層多半個。加入一個、半個相乘，乃合垛物多圓錐積數也。有零六者，浛皆同也。又將六歸周得七加一共八併入者，非意加也。徑十五，高亦十五層，共得八個中心；有零六者十四層，共得七個中心也。加一得八，六個半加半得七，加入者，加中心也。中心不在整六半六周内，故外加之而合。皆數理自然，莫可易也。〇又法以周求積，將下周加三個者，徑物十五，周應四十五，將個物以分數計，合圓田法，當加三也。其又加六個相乘者，物周應加三個爲本等，加六個實止外加三個。前法以徑求，每層多一，故加一個；又法以周求，每層多三，故加三個也。前法乘完後加八、加七，以補中心，此又用九乘者，以徑求是四歸，八與七併入總實，四歸合本積；以周求是三十六除，用九乘之，四九得三十六，乃合除率也。用九者，圓周一邊加三，一邊加六，故合整六半六共九爲法，無論整六半六，層數皆不越此數也。然六歸四十二得七，則加一成八；六歸三十九得六個半，止加半不加一者，下周皆整六，則加整一，下周有半六，則加半。如内周三個是半層，再加半共合一層，故加半也。須記明六歸外周，無零則加一，有零加半，庶無誤矣。

圓半垛物求積法〇今有圓半垛物，上周十八個，下周四十二個，高九層。問積物若干[1]？增法 置上周一十八個，以六歸得三個，倍之得六個，再加一個共七個，

1《算法統宗》無圓半垛算題。此係上、下周皆爲整六的圓半垛，即上下兩層皆爲有中心圓束。

自乘得四十九個另置下周四十二個以六歸得七個倍之得一十四個再加一個共一十五個自乘得二百二十五個又將上周七個乘下周一十五個得一百零五個併三數共三百七十九個再將高九層折半得四個半加入共三百八十三個半以高九層乘之得三千四百五十一個半以四歸之得八百六十二箇八分七釐五毫箇物無零得積八百六十三個

又(增)(法)置上周一十八個外加三個共二十一個自乘得四百四十一個另置下周四十二箇外加三個共四十五個得二千零二十五個又以二十一乘四十五得九百四十五個再將高九層折半得四個半以整六半六共九乘之得四十零半個併四數共三千四百五十一個半以高九層乘之得三萬一千零六十三個半為實用立圓率三十六除之得八百六十二個八分七釐五毫個物無零得積八百六十三個

圓半梁上下周一整六一半六求積法()今有圓半梁物上周二十七個

自乘得四十九個。另置下周四十二個，以六歸得七，倍之得一十四個，再加一個共一十五個，自乘得二百二十五個。又將上周七個乘下周一十五個，得一百零五個。併三數，共三百七十九個。再將高九層折半得四個半加入，共三百八十三個半，以高九層乘之，得三千四百五十一個半。以四歸之，得八百六十二箇八分七厘五毫。箇物無零，得積八百六十三個。又增法置上周一十八個，外加三個共二十一個，自乘得四百四十一個。另置下周四十二箇，外加三個共四十五個，[自乘]得二千零二十五個[1]。又以二十一乘四十五，得九百四十五個。再將高九層折半得四個半，以整六半六共九乘之，得四十零半個。併四數，共三千四百五十一個半。以高九層乘之，得三萬一千零六十三個半爲實。用立圓率三十六除之，得八百六十二個八分七厘五毫。個物無零，得積八百六十三個[2]。

圓半垛上下周一整六一半六求積法〇今有圓半垛物，上周二十七個，

1 “自乘”二字，據文意補。

2 “增法”即歌訣解法：

$$S=\frac{\left[\left(2\cdot\frac{C_1}{6}+1\right)^2+\left(2\cdot\frac{C_2}{6}+1\right)^2+\left(2\cdot\frac{C_1}{6}+1\right)\left(2\cdot\frac{C_2}{6}+1\right)+\frac{h}{2}\right]h}{4}$$

“又增法”可表示爲：

$$S=\frac{\left[(C_1+3)^2+(C_2+3)^2+(C_1+3)(C_2+3)+\frac{9h}{2}\right]h}{36}$$

前者以圓徑求，後者以圓周求。二者所求結果皆有零餘。

下周四十二個高六層問積物若干增法置上周以六歸得四個半倍之得九個加一共十個自乘得一百個另置下周以六歸倍之加一共十五個自乘得二百二十五個又以上十乘下十五得一百五十個併三數共四百七十五個再將高六層折半得三個加入共四百七十八個以高六層乘之得二千八百六十八個以四歸之得積七百一十七個

圓半垛上下周皆有半六求積法(二)今有圓半垛物上周二十七個下周三十三個高三層問積物若干增法置上周以六歸得四個半加倍再添一共十個自乘得一百個另置下周以六歸得五個半加倍添一共十二個自乘得一百四十四個又以上十乘下十二得一百二十個併三數共三百六十四個再將高三層折半得一個半加入共三百六十五個半以高三層乘之得一千零九十六個半用四歸

下周四十二個，高六層。問積物若干？增法置上周，以六歸得四個半，倍之得九個，加一共十個，自乘得一百個。另置下周，以六歸，倍之加一共十五個，自乘得二百二十五個。又以上十乘下十五，得一百五十個。併三數，共四百七十五個。再將高六層折半得三個加入，共四百七十八個。以高六層乘之，得二千八百六十八個。以四歸之，得積七百一十七個[1]。

圓半垛上下周皆有半六求積法○今有圓半垛物，上周二十七個，下周三十三個，高三層。問積物若干？增法置上周，以六歸得四個半，加倍再添一共十個，自乘得一百個。另置下周，以六歸得五個半，加倍添一共一十二個，自乘得一百四十四個。又以上十乘下十二，得一百二十個。併三數，共三百六十四個。再將高三層折半得一個半加入，共三百六十五個半。以高三層乘之，得一千零九十六個半。用四歸

---

1 此圓半垛上周爲無中心圓束，下周爲有中心圓束，解法同歌訣：

$$S=\frac{\left[\left(2\cdot\frac{C_1}{6}+1\right)^2+\left(2\cdot\frac{C_2}{6}+1\right)^2+\left(2\cdot\frac{C_1}{6}+1\right)\left(2\cdot\frac{C_2}{6}+1\right)+\frac{h}{2}\right]h}{4}$$

所求結果無零餘。

之得二百七十四個一分二厘五毫箇物無零得（積二百七十四個）

解義六層者上下周皆整六六層者上下周一整六一有半六三層者上下同皆有半六求積總同一法但一整六一有半六者積數適合無零皆整六者不足一分二厘五毫皆有半六者負餘一分二厘五毫以周求皆同故三列條考尖垛半垛俱用四歸者圓不离方方尖得立方三分之一圓尖得方尖四分之三即立方四分之一故方尖垛用三歸圓尖垛用四歸

三角尖垛物求積法（○）今有物一三角尖垛底面七個問積物若干（答）

（法）置底面七個加一個共八個以七個乘之得五十六個再將七個加二個共九個乘之得五百零四個為實以六為法歸之得（積八十四個）

解義三角尖垛與三角錐法不同三角錐面七徑六此面徑俱七錐求積論分數法立以徑乘面再以高乘以法歸之垛求積論個數面七加一即加立層尖一個合二層折平之法此應以七折半得三個半乘之即合立層之積以七乘之是二倍數統同角錐以徑乘面末折半之數角錐得立三角積一半角垛論個數以底層二十八七層皆二十八討之立三角垛積共一百九十六個除兩個垛積尚

之，得二百七十四個一分二厘五毫。箇物無零，得積二百七十四個[1]。

【解義】九層者，上下周皆整六；六層者，上下周一整六、一有半六；三層者，上下周皆有半六，求積總同一法。但一整六、一有半六者，積數適合無零；皆整六者，不足一分二厘五毫；皆有半六者，多餘一分二厘五毫。以周求皆同，故三列備考。尖垛、半垛俱用四歸者，圓不离方。方尖得立方三分之一，圓尖得方尖四分之三，即立方四分之一，故方尖垛用三歸，圓尖垛用四歸。

三角尖垛物求積法〇今有物一三角尖垛，底面七個。問積物若干[2]？舊法置底面七個，加一個共八個，以七個乘之，得五十六個。再將七個加二個共九個，乘之得五百零四個爲實。以六爲法歸之，得積八十四個[3]。

【解義】三角尖垛與三角錐法不同，三角錐面七徑六，此面徑俱七。錐求積論分數，法应以徑乘面再以高乘，以法歸之；垛求積論個數，面七加一即加底層、尖一個，合二層折平之法，此應以七折半得三個半乘之，即合底層之積。以七乘之，是二倍數，猶同角錐以徑乘面未折半之數。角錐得立三角積一半，角垛論個數，以底層二十八，七層皆二十八計之，立三角垛積共一百九十六個。除兩個垛積，尚

---

1 此圓半垛上下層皆爲無中心圓束，解法同歌訣：

$$S=\frac{\left[\left(2\cdot\frac{C_1}{6}+1\right)^2+\left(2\cdot\frac{C_2}{6}+1\right)^2+\left(2\cdot\frac{C_1}{6}+1\right)\left(2\cdot\frac{C_2}{6}+1\right)+\frac{h}{2}\right]h}{4}$$

所求結果有零餘。

2 此題爲《算法統宗》卷八“堆垛”第四題。三角尖垛，《算法統宗》稱作“三角果垛”，如圖 5-17，每層狀如三角箭束，自上而下，構成如下數列（a 爲底面）：

$$1，3，6，10，\cdots，\frac{a(a+1)}{2}$$

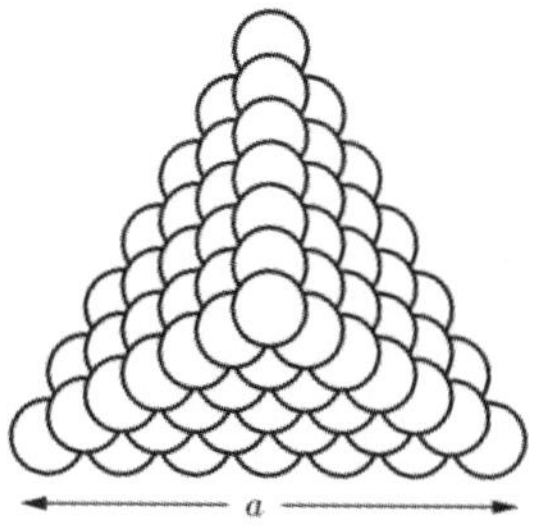

圖 5-17

3 “舊法”即歌訣解法：

$$S=\frac{a(a+1)(a+2)}{6}$$

餘二十八個七乘八是倍數以高七層乘是兩倍積外多五十六個再加兩個五十六共一百六十八又是兩個積數故將七加二共九以乘七八相乘之五十六以六歸乃合

本積此因數湊積亦法數之自然也

又三角尖垛再乘求積法〇今有物一三角尖垛底面一十五個問積物若干

舊法置底面一十五個自乘得二百二十五個再乘得三千三百七十五個另置二十五個自乘得二百二十五個以三乘之得六百七十五個又另置一十五個以二乘之得三十個併三數共四千零八十個為實以六為法歸之得積物六百八十個

難題以積求三角尖垛底面歌〇紅桃一垛積可推共該六百八十枚三角成垛上尖一底面錢何請筭之

舊法置桃積六百八十以六因之得四千零八十個為實以二為縱方三為縱廉用開立方法除之初商一十於左下法亦置一十於右自乘得一百為隅法又以上商一十乘縱廉三得三十併方二隅

餘二十八個。七乘八是倍數，以高七層乘，是四倍積，外多五十六個。再加兩個五十六，共一百六十八，又足兩個積數。故將七加二共九，以乘七八相乘之五十六，以六歸乃合本積。此因數凑積，亦法數之自然也。

又三角尖垜再乘求積法〇今有物一三角尖垜，底面一十五個。問積物若干？舊法 置底面一十五個，自乘得二百二十五個，再乘得三千三百七十五個。另置一十五個，自乘得二百二十五個，以三乘之得六百七十五個。又另置一十五個，以二乘之得三十個。併三數，共四千零八十個爲實。以六爲法歸之，得積物六百八十個[1]。

難題·以積求三角尖垜底面歌〇紅桃一垜積可推，共該六百八十枚。三角成垜上尖一，底面幾何請筭之[2]。舊法 置桃積六百八十，以六因之，得四千零八十個爲實。以二爲縱方、三爲縱廉，用開立方法除之。初商一十於左，下法亦置一十於右，自乘得一百爲隅法。又以上商一十乘縱廉三得三十，併方二、隅

1 該法用公式可表示爲：

$$S = \frac{a^3 + 3a^2 + 2a}{6}$$

2 此難題爲《算法統宗》卷十五“難題少廣四”第十五題。

一百共一百三十二皆與上商一十相呼除實一千三百二十餘實二千七百六十乃二乘縱廉
三十得六十以三乘隅法一百得三百皆併入縱方二共三百六十二為方法下法再
置上商一十以三因之得三十加入縱廉三共三十三為廉法次商五於初商
十之下下法亦置五自乘得二十五為隅法又以次商五乘廉三十三得一百
六十五併方三百六十二廉一百六十五隅二十五共五百五十二皆與上商五相呼除實
恰盡得底脚面一十五個

解義此即上法還源也觀上再乘求積之法則求周之法自明以二為方法者三角每添一周則面添二個也以三為廉法者三角係三面也（）雜題又有求直長共槩長廣一法云共積一百六十下長多下廣七個上長多下廣三個問上下長廣法用置下長多下廣七個加倍再加上長多下廣三個共一十七個為縱方再加上長三共二十個為縱廉以三為隅筭用開立方法除之上商五個下法亦置五個自乘得二十五個又以隅二乘之得七十五個為隅法又以五乘縱廉二十得一百合方廉隅三法共得一百九十二皆與上商

一百，共一百三十二，皆與上商一十相呼，除實一千三百二十，餘實二千七百六十。乃二乘縱廉三十得六十，以三乘隅法一百得三百，皆併入縱方二，共三百六十二爲方法。下法再置上商一十，以三因之得三十，加入縱廉三，共三十三爲廉法。次商五於初商十之下，下法亦置五，自乘得二十五爲隅法。又以次商五乘廉三十三，得一百六十五，併方三百六十二、廉一百六十五、隅二十五，共五百五十二，皆與上商五相呼，除實恰盡，得底脚面一十五個。

【解義】此即上法還源也。观上再乘求積之法，則求周之法自明。以二爲方法者，三角每添一周，則面添二個也。以三爲廉法者，三角係三面也。〇難題又有求直長尖垛長廣一法，云共積一百六十，下長多下廣七個，上長多下廣三個，問上下長、廣[1]。法用置下長多下廣七個加倍，再加上長多下廣三個，共一十七個爲縱方，再加上長三共二十個爲縱廉[2]，以三爲隅筭，用開立方法除之。上商五個，下法亦置五個，自乘得二十五個，又以隅三乘之，得七十五個爲隅法。又以五乘縱廉二十得一百。合方、廉、隅三法，共得一百九十二皆，與上商

---

1 即《算法統宗》卷十五“難題少廣四”第十四題：“今有酒罈一垛，共積一百六十。下長多廣整七枚，廣少上長三隻。堆積糟坊圍内，上下長廣難知。煩公仔細用心機，借問各該有幾?”設長尖垛下廣爲 a、下長爲 b，上長爲 b'，由題意得：

$$\begin{cases} b - a = m \\ b' - a = n \end{cases} \quad ①$$

又上、下長有以下關係成立：

$$b' = b - a + 1 \quad ②$$

故長尖垛積爲：

$$S = \frac{a(a+1)\left[b + \left(\frac{b-a}{2} + \frac{1}{2}\right)\right]}{3} = \frac{a(a+1)\left(b + \frac{b'}{2}\right)}{3} = \frac{a(a+1)\left[(a+m) + \frac{a+n}{2}\right]}{3}$$

整理得：

$$3a^3 + (2m+n+3)a^2 + (2m+n)a = 6S$$

因 $m = 7$、$n = 3$，故得：

$$3a^3 + 20a^2 + 17a = 6S$$

以 17 爲縱方、20 爲縱廉、3 爲隅方，開帶縱立方。或直接以①、②兩式求，更省便。

2 該句表述有誤，如前文注釋，縱廉爲 $2m+n+3$，所加之三爲固定值，與上長多下廣之三（即 n）無關。此處誤本《算法統宗》。

相呼除寔恰尽得下廣五個加多七個為下長加多三個為上長然若改作下廣六個積二百一十七個六因得一千二百零二個下長多下廣六個上長多下廣一個以前法求之不尽積七十二改作下廣四個積得一百一十六因得六百六十下長多下廣八個上長多下廣五個以前法求之不足積三十二則前法亦属偶合未可拟為定則故不列載

三角半梁求積法(一)今有物半三角梁上角面五個下角面一十二箇問積物若干

舊法置上角面五個自乘得二十五個另置下角面十二個自乘得一百四十四個又以上五乘下十二得六十個又置下角面十二加倍得二十四加上角面五共二十九箇併四數共二百五十八箇另置下角面十二減上角面五餘七加一得高八個乘之得二千零六十四個為實以六歸之得積物三百四十四個

解義上下自乘互乘又以高乘得五個積數零一百一十二加入二十九以八乘得二百三十二湊足六個積數故六歸得積

三角一面尖梁求積法(一)今有物靠壁一面尖梁底濶一十八個問積物

相呼，除實恰盡。得下廣五個，加多七個爲下長，加多三個爲上長。然若改作下廣六個，積二百一十七個，六因得一千三百零二個，下長多下廣六個，上長多下廣一個，以前法求之，不盡積七十二。改作下廣四個，積得一百一十，六因得六百六十，下長多下廣八個，上長多下廣五個，以前法求之，不足積三十二[1]。則前法亦属偶合，未可據爲定則，故不列載。

三角半垛求積法〇今有物半三角垛，上角面五個，下角面一十二箇。問積物若干[2]？舊法置上角面五個，自乘得二十五個；另置下角面十二個，自乘得一百四十四個；又以上五乘下十二，得六十個；又置下角面十二，加倍得二十四，加上角面五，共二十九箇。併四數，共二百五十八箇。另置下角面十二，減上角面五餘七加一，得高八個，乘之得二千零六十四個爲實。以六歸之，得積物三百四十四個[3]。

【解義】上下自乘互乘，又以高乘，得五個積數零一百一十二。加入二十九，以八乘，得二百三十二，凑足六個積數，故六歸得積。

三角一面尖垛求積法〇今有物靠壁一面尖垛，底濶一十八個。問積物

1 如前文注釋所述，《筭海説詳》將縱廉 $2m+n+3$ 誤解爲 $2m+2n$，故所求開立方積有誤差。原公式應爲：

$$3a^3+(2m+n+3)a^2+(2m+n)a=6S$$

而《筭海説詳》誤解爲：

$$3a^2+(2m+2n)a^2+(2m+n)a=6S$$

二者相較，差值爲 $(n-3)a^2$。若 $a=6$、$m=6$、$n=1$，則差值爲72；若 $a=4$、$m=8$、$n=5$，則差值爲32。

2 此題爲《算法統宗》卷八“堆垛”第五題。三角半垛，《算法統宗》稱作“三角半堆果垛”，設上底面爲 a_1、下底面爲 a_2，自上而下各層構成如下數列：

$$\frac{a_1(a_1+1)}{2},\ \frac{(a_1+1)(a_1+2)}{2},\ \cdots,\ \frac{(a_2-1)a_2}{2},\ \frac{a_2(a_2+1)}{2}$$

3 “舊法”同歌訣解法：

$$S=\frac{(a_1^2+a_2^2+a_1a_2+2a_1+a_2)(a_2-a_1+1)}{6}$$

若干　舊法置底濶十八個加頂尖一個共十九個以濶十八乘之得三百四十二個折

半得積一百七十一個

三角一面半垜問積法（）今有物靠壁一面尖半垜上濶四個下濶一十

八個問積物若干　舊法置底濶一十八個加上濶四個共二十二個為實另置底

濶減上濶餘一十四個加一個共一十五個為法乘之得三百三十折半得積一百六十

五個

磚垜問積法（）今有磚一垜長三丈高九尺入深四尺每塊長一尺濶五

寸厚二寸問共積若干　舊法置長三丈以每塊二寸為法歸之得一百五十塊

另置高九尺以每塊五寸歸之得一十八塊二數相乘得二千七百塊又以入深四尺乘

之得磚積一萬零八百塊　舊法置長三丈作三百寸以高九尺作九十寸乘之

若干[1]？舊法 置底濶一十八個，加頂尖一個共一十九個，以濶十八乘之，得三百四十二個，折半得積一百七十一個。

三角一面半垜問積法〇今有物靠壁一面尖半垜，上濶四個，下濶一十八個。問積物若干[2]？舊法 置底濶一十八個，加上濶四個，共二十二個爲實。另置底濶，減上濶餘一十四個，加一個共一十五個爲法，乘之得三百三十，折半得積一百六十五個。

磚垜問積法〇今有磚一垜，長三丈，高九尺，入深四尺。每塊長一尺，濶五寸，厚二寸。問共積若干[3]？舊法 置長三丈，以每塊二寸爲法歸之，得一百五十塊。另置高九尺，以每塊五寸歸之，得一十八塊。二數相乘，得二千七百塊。又以入深四尺乘之，得磚積一萬零八百塊。增法 置長三丈作三百寸，以高九尺作九十寸乘之，

---

1 此題爲《算法統宗》卷八“堆垜”第二題。三角一面尖垜，《算法統宗》稱作“一面尖堆”，如图 5-18，與三角箭束形狀相同。

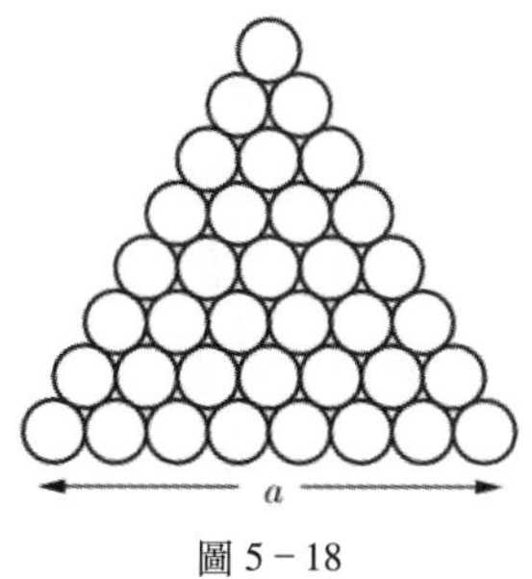

圖 5－18

2 《算法統宗》卷八“堆垜”第三題與此題類型相同，題設數值不同。三角一面半垜，《算法統宗》稱作“一面平堆”，狀如梯形。設上底爲 a_1、下底爲 a_2，則高（即層數）$h = a_2 - a_1 + 1$，用梯田求積公式得：

$$S = \frac{(a_1 + a_2)h}{2} = \frac{(a_1 + a_2)(a_2 - a_1 + 1)}{2}$$

3 此題爲《算法統宗》卷八“半堆”第二題。

得二萬七千寸再以入深四尺作四十寸乘之得一百零八萬寸為實另置每塊濶五寸以厚二寸乘之得十寸再以長一尺作十寸乘之得一百寸為法除實得磚積一萬零八百塊

解義 入深四尺即濶也增法即通乘通除法因每塊厚濶俱以寸計將長十尺亦以寸計每塊得方一百寸故將磚深長高深俱以寸計相乘以磚每塊長濶厚亦以寸計相乘為法除之得積也

算海說詳第五卷終

得二萬七千寸。再以入深四尺作四十寸乘之，得一百零八萬寸爲實。另置每塊濶五寸，以厚二寸乘之得十寸，再以長一尺作十寸乘之，得一百寸爲法，除實得磚積一萬零八百塊。

【解義】入深四尺即濶也。“增法”即通乘通除法。因每塊厚濶俱以寸計，將長十尺亦以寸計，每塊得方一百寸，故將磚垛長高深俱以寸計相乘，以磚每塊長濶厚亦以寸計相乘爲法，除之得積也。

筭海説詳第五卷終

筭海説詳第六卷

白下隐吏古齋陽丘瞻足軒強恕居士李長茂拙翁甫輯著

功程章

此章分别築濬綜核工作辨方土之實虛較途程之往返方長圓角欹亥尖斜發前章所未盡分合先後輕重疾遲要諸類所難齊

築城問積法〇今有築造城堡除四明各丈二臺門併甕城女墻城楼等另工外計城脚外周一千零八十丈墻高三丈六尺下濶一丈八尺上濶一丈四尺四隅加幇抱角敵臺四座每面敵臺二座各厚一丈下長二丈二尺上長一丈八尺今欲計積筭工問共積若干

增法置城脚外周長一萬零八百尺內减四門各三丈共一百二十尺又每角應减一丈八尺以四因之得

筭海説詳第六卷

白下隐吏古齊陽丘睡足軒強恕居士李長茂拙翁甫輯著

功程章[1]

此章分別築濬，綜核工作。辨方土之實虚，較途程之往返。方長圓角，欹亥尖斜，發前章所未盡；分合先後，輕重疾遲，要諸類所難齊。

築城問積法○今有築造城堡，除四門各三丈[2]，臺門併甕城、女墻、城楼等另工外計，城脚外周一千零八十丈，墻高三丈六尺，下澗一丈八尺，上澗一丈四尺。四隅加幇抱角敵臺四座，每面敵臺二座，各厚一丈，下長二丈二尺，上長一丈八尺。今欲計積筭工，問共積若干[3]？增法置城脚外周長一萬零八百尺，内減四門各三丈，共一百二十尺；又每角應減一丈八尺，以四因之，得

1 本章内容包括《算法統宗》卷八商功章開渠築臺、築牆築堤，及卷九均輸章有關輕重問價、因貨定程等問題。

2 各三丈，順治本原作“修建”。因題設條件不足，康熙本挖改。

3 此題係《筭海説詳》新增，《算法統宗》無。

七十二尺二共減一百九十二尺餘一萬零六百零八尺為下長再以上濶一十四尺減下濶一十八尺餘四尺減之餘一萬零六百零四尺為上長卻倍上長加入下長共三萬一千八百一十六尺以上濶一十四尺乘之得四十四萬五千四百二十四尺另倍下長加入上長共三萬一千八百二十尺以下濶一十八尺乘之得五十七萬二千七百六十尺併二數共一百零一萬八千一百八十四尺以高三十六尺乘之得三千六百六十五萬四千六百二十四尺以六歸之得六百一十萬零九千一百零四尺再另置抱角斂臺下長二十二尺每角二面共四十四尺內減折角十尺餘三十四尺以四角因之得一百三十六尺又置每面斂臺下長二十二尺以四面斂臺共八座乘之得一百七十六尺併之共三百一十二尺又置抱角斂臺四四面斂臺八共一十二以下長二十二尺內減上長一十八尺餘四尺乘之得四十八尺折半得二十四尺以減三百一十二尺餘二百八十八尺以厚十尺乘之得二千八百八十尺又以高三十六尺乘之得十萬零三千六百八十尺併上六百

七十二尺。二共減一百九十二尺，餘一萬零六百零八尺爲下長。再以上濶一十四尺減下濶一十八尺餘四尺減之，餘一萬零六百零四尺爲上長。却倍上長加入下長，共三萬一千八百一十六尺；以上濶一十四尺乘之，得四十四萬五千四百二十四尺。另倍下長加入上長，共三萬一千八百二十尺；以下濶一十八尺乘之，得五十七萬二千七百六十尺。併二數，共一百零一萬八千一百八十四尺。以高三十六尺乘之，得三千六百六十五萬四千六百二十四尺。以六歸之，得六百一十萬零九千一百零四尺[1]。再另置抱角敵臺下長二十二尺，每角二面，共四十四尺，内減折角十尺，餘三十四尺。以四角因之，得一百三十六尺。又置每面敵臺下長二十二尺，以四面敵臺共八座乘之，得一百七十六尺。併之，共三百一十二尺。又置抱角敵臺四、四面敵臺八共一十二，以下長二十二尺内減上長一十八尺餘四尺乘之，得四十八尺，折半得二十四尺，以減三百一十二尺，餘二百八十八尺。以厚十尺乘之，得二千八百八十尺，又以高三十六尺乘之，得十萬零三千六百八十尺[2]。併上六百

1　城牆形如長臺，設長臺上闊爲 a_1 、下長爲 b_1 ，下闊爲 a_2 、下長爲 b_2 ，高爲 h ，用長臺求積公式（詳後文）得城牆積爲：

$$V_1 = \frac{[(2b_1 + b_2)a_1 + (2b_2 + b_1)a_2]h}{6}$$

$$= \frac{[(2 \times 10604 + 10608) \times 14 + (2 \times 10608 + 10604) \times 18] \times 36}{6}$$

$$= 6109104$$

2　如圖 6－1，陰影部分爲敵臺剖面。設十二座敵臺共長爲 l、敵臺厚爲 d，則敵臺積爲：

$$V_2 = dhl = 10 \times 36 \times 288 = 103680$$

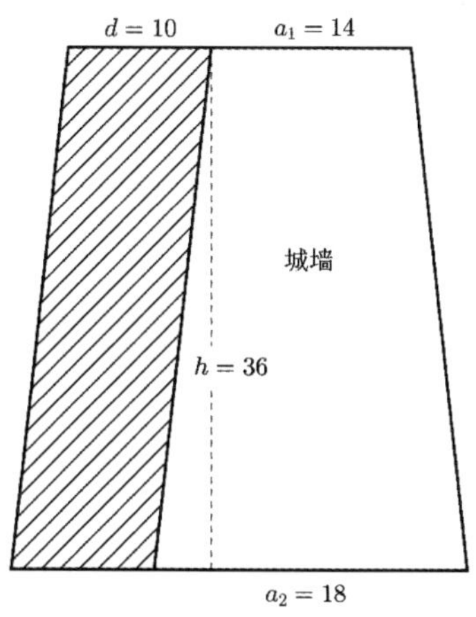

圖 6－1

一十萬零九千一百零四尺得總積六百二十一萬二千七百八十四尺

解義 法是分內墻外台各筭內墻上長止減四尺若以四圍筭上長比下長每面各短四尺四面應短一十六尺將四隅順墻分截上澗俱一十四尺則橫截之上長多餘一面二尺以補直頂之短欠二尺四面截割伸直中俱斜頂以多補少止短兩頭上澗各二尺故就下長減四尺即上長也此如將四圍截割伸直作一長臺故用長臺法筭積抱角數臺將隅截割直頂與墻隅一理故上長亦止短四尺與每面數台同將數台以上長少下長四尺乘之折半以減下長即上長下長合併折半一理也

築直長臺問積法○今築長臺一所上廣八尺長二丈下廣一丈八尺長三丈高一丈八尺問積若干 法用倍上長加下長以上澗乘又倍下長加上長以下澗乘併二數以高乘六歸得積與長窖法同

築方臺問積法○今築方臺一所上方六尺下方八尺高一十二尺問積若干 法用上方自乘下方自乘又上方乘下方併三數以高乘以三

一十萬零九千一百零四尺，得總積六百二十一萬二千七百八十四尺。

【解義】法是分内墻外台各算。内墻上長止減四尺者，以四圍算，上長比下長每面各短四尺，四面應短一十六尺。將四隅順墻分截，上濶俱一十四尺，則横截之上長多餘一面二尺，以補直頂之短欠二尺。四面截割伸直，中俱斜頂，以多補少，止短兩頭上濶各二尺，故就下長減四尺，即上長也。此如將四圍截割伸直作一長臺，故用長臺法算積。抱角敵臺將隅截割直頂，與墻隅一理，故上長亦止短四尺，與每面敵臺同。將敵臺以上長少下長四尺乘之，折半以減下長，即上長、下長合併折半一理也。

築直長臺問積法〇今築長臺一所，上廣八尺，長二丈；下廣一丈八尺，長三丈，高一丈八尺。問積若干？ 法用倍上長加下長，以上濶乘；又倍下長加上長，以下濶乘。併二數，以高乘，六歸得積[1]。與長窖法同。

築方臺問積法〇今築方臺一所，上方六尺，下方八尺，高一十二尺。問積若干？法用上方自乘，下方自乘，又上方乘下方，併三數，以高乘，以三

---

1 此題爲《算法統宗》卷八“築臺”第一題。《算法統宗》卷八有“築臺歌”，即長臺求積歌：

築臺丈尺要推詳，上長倍之加下長。
上廣乘之别列位，另倍下長加上長。
仍以下廣乘見數，二數共併積相當。
原高乘併積爲實，六歸實數積如常。

長臺形如長窖，設上廣爲 a_1、長爲 b_1，下廣爲 a_2、長爲 b_2，高爲 h，其求積公式爲：

$$V=\frac{[(2b_1+b_2)a_1+(2b_2+b_1)a_2]h}{6}$$

歸得積與方窖法同　或倍上長加下長用長臺法亦得

築方錐問積法 ○今有方錐高三十二尺下方二十四尺問積若干 舊

法 置下方二十四尺自乘得五百七十六尺以高三十二尺乘之得一萬八千四百三十二尺為實以一歸之得積六千一百四十四尺

解義 下方自乘以高乘之即立方也求方錐川三歸者方錐得立方三分之一也今將立方分析列圖考較俾人免惑

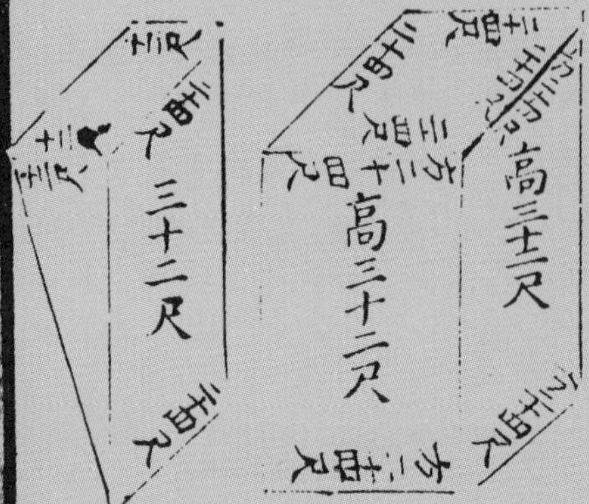

此即立方下方二十四尺自乘又以高三十二尺乘計積一萬八千四百三十二尺

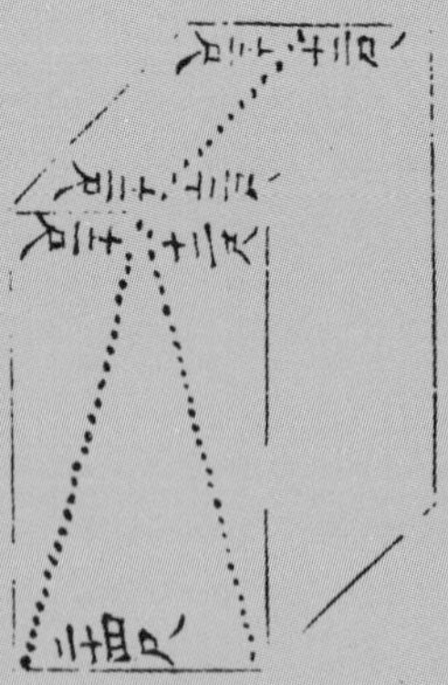

此從中心斜分外二段顛倒配合中心亦中分顛倒配合各長二十四闊十二高三十二

此即外斜分之一段

增求積法 置長二十四尺以闊一十二尺乘之得二百八十八尺以高三十二尺乘之得九千二百一十六折半得四千六百零八尺為立方積四分之一外二段共得積一半

歸得積[1]。與方窖法同。 或倍上長加下長，用長臺法亦得[2]。

築方錐問積法〇今有方錐，高三十二尺，下方二十四尺。問積若干[3]？舊法置下方二十四尺，自乘得五百七十六尺，以高三十二尺乘之，得一萬八千四百三十二尺爲實。以三歸之，得積六千一百四十四尺。

【解義】下方自乘以高乘之，即立方也。求方錐用三歸者，方錐得立方三分之一也。今將立方分析，列圖考較，俾人無惑。

此即立方。下方二十四尺自乘，又以高三十二尺乘，計積一萬八千四百三十二尺[4]。

此從中心斜分，外二段顛倒配合；中心亦中分，顛倒配合。各長二十四，濶十二，高三十二。

此即外斜分之一段。增求積法置長二十四尺，以濶一十二尺乘之，得二百八十八尺。以高三十二尺乘之，得九千二百一十六。折半得四千六百零八尺，爲立方積四分之一。外二段共得積一半[5]。

---

1 此題爲《算法統宗》卷八“築臺”第二題。方臺形如方窖，設上方爲 a，下方爲 b，高爲 h，求積公式爲：

$$V=\frac{(a^2+b^2+ab)h}{3}$$

2 用長臺求積公式解得方臺積：

$$V=\frac{[(a^2+b)a+(2b+a)b]h}{6}$$
$$=\frac{(a^2+b^2+ab)h}{3}$$

3 此題爲《算法統宗》卷八“築臺”第四題。方錐，《算法統宗》稱作“立錐”，設方錐下方爲 a、高爲 h，求積公式爲：

$$V=\frac{a^2h}{3}$$

4 設立方底面爲 a，高爲 h，立方積爲：

$$V=a^2h=24^2\times 32=18432$$

5 如圖 6－2，立方從中斜分，外兩段爲Ⅱ、Ⅲ，中段爲Ⅰ。外兩段體積爲：

$$V_{\text{Ⅱ}}+V_{\text{Ⅲ}}=\frac{1}{2}a\cdot ah=12\times 24\times 32=9216$$

爲立方積一半，每段爲立方積四分之一。

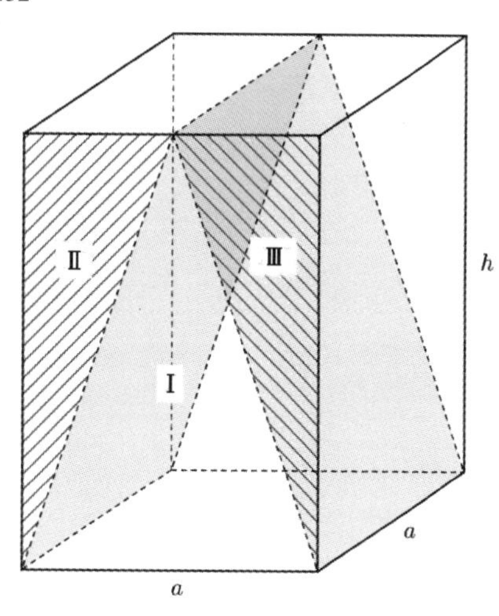

圖 6－2

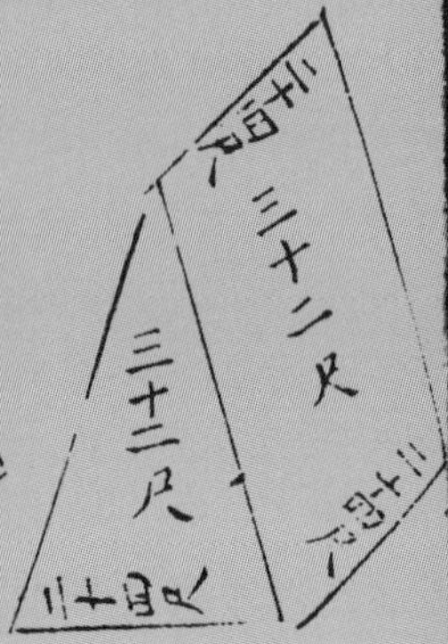

此即從中斜分之中段下方仍各二十四尺斜截至尖如刃(實)(求)(積)(法)置下方二十四尺自乘得五百七十六尺以高三十二尺乘之得一萬八千四百三十二尺折半得(積)九(千)(二)(百)(一)(十)(六)(尺)居立方積一半

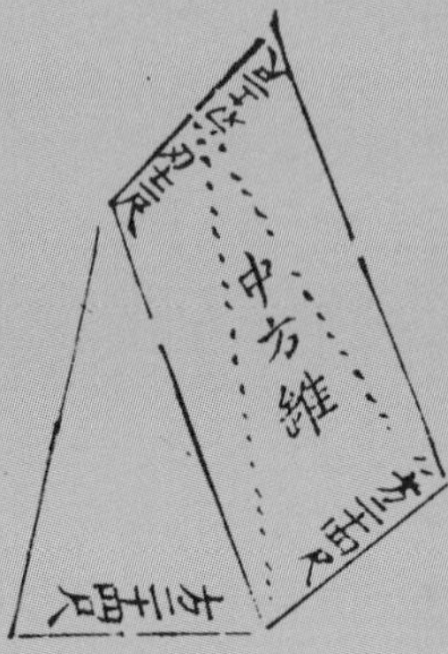

此即前中段又從頂橫斜分下中即方錐外二段上有豎廣无橫長下有橫長无豎廣俱如刃

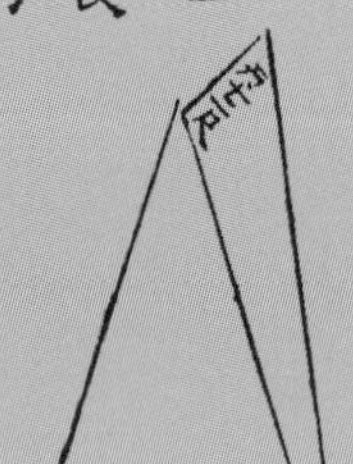

此即外斜截之一段上無橫長豎廣一十二尺下無豎廣橫長二十四尺(實)(求)(積)(法)置下橫長二十四尺以上豎廣一十二尺乘之得二百八十八尺以高三十二尺乘之得九千二百一十六尺以六帰之得(積)(一)(千)(五)(百)(三)(十)(六)(尺)居方錐四分之一二段共得四分之二合方錐一半將先斜分斧刃二整段再從中橫斜分下亦分作前形二段共四段合一方錐四隅復截作四倒方錐方皆一十二自乘得一百四十四以高三十二乘得四千六百零八尺三帰得(一)(小)(方)(錐)(積)(亦)(一)(千)(五)(百)(三)(十)(六)(尺)合大方錐四分之一四小方錐併合得一方錐故曰方錐得立方三分之一也

此即從中斜分之中段。下方仍各二十四尺，斜截至尖如刃。增求積法置下方二十四尺，自乘得五百七十六尺，以高三十二尺乘之，得一萬八千四百三十二尺。折半得積九千二百一十六尺，居立方積一半[1]。

此即前中段又從頂横斜分下。中即方錐，外二段上有豎廣無横長，下有横長無豎廣，俱如刃。

此即外斜截之一段。上無横長，豎廣一十二尺；下無豎廣，横長二十四尺。增求積法置下横長二十四尺，以上豎廣一十二尺乘之，得二百八十八尺，以高三十二尺乘之，得九千二百一十六尺。以六歸之，得積一千五百三十六尺，居方錐四分之一。二段共得四分之二，合方錐一半[2]。將先斜分斧刃二整段，再從中横斜分，下亦分作前形二段，共四段，合一方錐。四隅復截作四倒方錐，方皆一十二，自乘得一百四十四。以高三十二乘得四千六百零八尺，三歸得一小方錐積亦一千五百三十六尺，合大方錐四分之一。四小方錐併合得一方錐，故曰方錐得立方三分之一也[3]。

---

1 如前圖 6－2，中段體積爲：

$$V_{\mathrm{I}} = \frac{1}{2}a^2h = \frac{1}{2} \times 24^2 \times 32 = 9216$$

亦爲立方積一半。

2 如圖 6－3，前中段從頂斜分，割去Ⅴ、Ⅵ兩段，存方錐Ⅳ。Ⅴ、Ⅵ兩段體積爲：

$$V_{\mathrm{V}} + V_{\mathrm{VI}} = 2 \times \frac{1}{6}\left(\frac{a^2h}{2}\right) = 2 \times \frac{1}{6} \times \left(\frac{24^2 \times 32}{2}\right) = 3072$$

爲中段積三分之一、方錐積二分之一。

3 如圖 6－4，前外段Ⅲ從頂部斜分，割成一段Ⅶ與兩段小方錐Ⅷ、Ⅸ，外段Ⅱ亦可作如是分割。則前兩外段可分成四個小方錐Ⅷ及兩個Ⅶ，四個小方錐合成一個大方錐Ⅳ，兩個Ⅶ與前段Ⅴ、Ⅵ形狀相同，四段積等於一大方錐積Ⅳ。故原立方積：

$$\begin{aligned} V &= V_{\mathrm{I}} + 2V_{\mathrm{II}} = (V_{\mathrm{IV}} + 2V_{\mathrm{V}}) + (4V_{\mathrm{VIII}} + 2V_{\mathrm{V}}) \\ &= V_{\mathrm{IV}} + 4V_{\mathrm{VIII}} + 4V_{\mathrm{V}} = 3V_{\mathrm{IV}} \end{aligned}$$

故方錐體積得立方積三分之一。

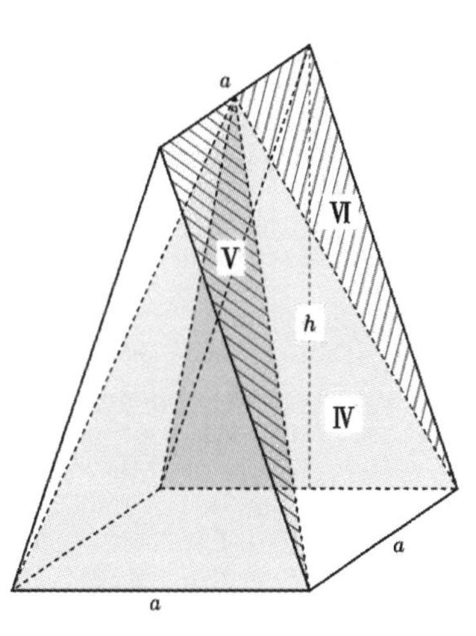

圖 6－3

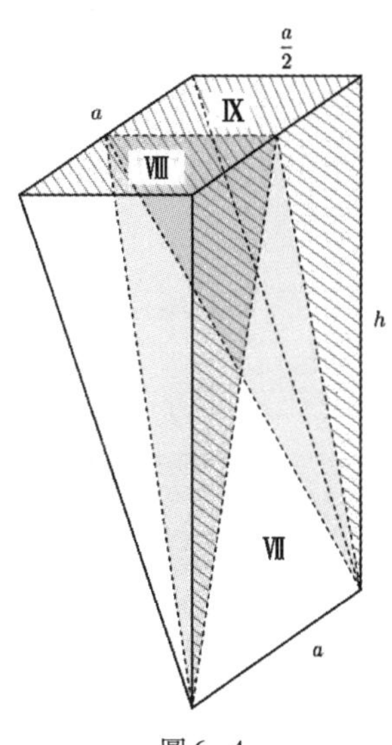

圖 6－4

方臺方錐互問歌〇方臺改錐問尖長〇法乘原高用上方〇下方又用上方減〇餘差除實尖難掩〇方錐改臺問截尖〇上方乘高下除叅〇若求截方下方問〇高減今高乘法順〇原高又用為除法〇以求截方端可察〇截高不離原高憑〇截方下方減餘乘〇即用下方除實積〇先乘後除法總一

方臺改方錐問上尖法〇今有方臺上方六尺下方二十四尺高二十四尺欲改作方錐問接高若干　舊法置原高二十四尺以原上方六尺乘之得一百四十四尺為實另以原下方二十四尺內減上方六尺餘一十八尺為法除之得接尖高八尺

解義高二十四尺上方六尺比下方減退一十八尺是每高加四尺方減三尺十八尺者乃高二十四尺內方減退之差數也理應

方臺方錐互問歌○方臺改錐問尖長○法乘原高用上方○下方又用上方減○餘差除實尖難掩○方錐改臺問截尖○上方乘高下除参○若求截方下方問○高減今高乘法順○原高又用爲除法○以求截方端可察○截高不離原高漻○截方下方減餘乘○即用下方除實積○先乘後除法總一[1]

方臺改方錐問上尖法○今有方臺，上方六尺，下方二十四尺，高二十四尺。欲改作方錐，問接高若干[2]？舊法置原高二十四尺，以原上方六尺乘之，得一百四十四尺爲實。另以原下方二十四尺内減上方六尺，餘一十八尺爲法除之，得接尖高八尺。

【解義】高二十四尺，上方六尺，比下方减退一十八尺。是每高加四尺，方減三尺，十八尺者，乃高二十四尺内方减退之差數也。理應

---

1 《算法统宗》卷八有“築方錐丈尺今改作方臺歌”與“築方臺丈尺今改作方錐問接高歌”二首，各四句，前者云：

今上方與原高乘，便爲實積數分明。
原下方數宜爲法，法除實積截高成。

後者云：

上方與高乘爲實，下方内減上方積。
餘積爲法除實數，便見接高今丈尺。

《筭海説詳》合爲一首。如圖 6－5，方臺上方爲 a_1、下方爲 a_2、高爲 h_2，方錐通高爲 h，上尖高爲 h_1。方臺改方錐問尖長：

$$h_1 = \frac{h_2 a_1}{a_2 - a_1}$$

方錐改方臺問截尖（上尖高）：

$$h_1 = \frac{ha_1}{a_2}$$

方錐改方臺問截方（上方）：

$$a_1 = \frac{(h - h_2)a_2}{h}$$

方錐改方臺問截高（方臺高）：

$$h_2 = \frac{h(a_2 - a_1)}{a_2}$$

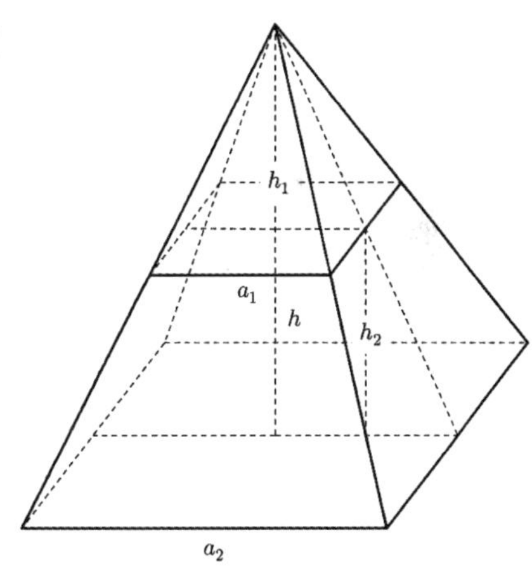

圖 6－5

2 此題爲《算法統宗》卷八“築方圓臺”第一題。用方臺改方錐求尖長公式：

$$h_1 = \frac{h_2 a_1}{a_2 - a_1} = \frac{24 \times 6}{24 - 4} = 8$$

以差數除原高得每方減一尺高加若干卻以上方乘之即得再減六尺高加若干為台上高尖之數諸法皆用先乘後除下俱類此

方錐改方臺問截尖法○今有方錐下方二十四尺高三十二尺欲改作方臺只用上方六尺問截去高若干

舊法置原高三十二尺以今截上方六尺乘之得一百九十二尺為實以下方二十四尺為法除之得截去高八尺

方錐改方臺問上方法○今有方錐下方二十四尺高三十二尺欲改作方臺只用高二十四尺問上方若干

舊法置下方二十四尺另置原高三十二尺減今截高二十四尺餘截尖八尺乘之得一百九十二尺為實以原高三十二尺為法除之得上方六尺

方錐改方臺問截高法○今有方錐下方二十四尺高三十二尺欲改作方臺只用上方六尺問今截臺高若干

舊法置原高三十二尺以下方二十

以差數除原高，得每方減一尺高加若干。却以上方乘之，即得再減六尺高加若干，爲台上高尖之數。諸法皆用先乘後除，下俱類此。

方錐改方臺問截尖法○今有方錐，下方二十四尺，高三十二尺。欲改作方臺，只用上方六尺。問截去高若干[1]？舊法置原高三十二尺，以今截上方六尺乘之，得一百九十二尺爲實。以下方二十四尺爲法除之，得截去高八尺。

方錐改方臺問上方法○今有方錐，下方二十四尺，高三十二尺。欲改作方臺，只用高二十四尺。問上方若干[2]？舊法置下方二十四尺；另置原高三十二尺，減今截高二十四尺，餘截尖八尺，乘之得一百九十二尺爲實。以原高三十二尺爲法除之，得上方六尺。

方錐改方臺問截高法○今有方錐，下方二十四尺，高三十二尺。欲改作方臺，只用上方六尺。問今截臺高若干[3]？舊法置原高三十二尺，以下方二十

1 此題爲《算法統宗》卷八"築方錐"第一題。用方錐改方臺求截尖公式：

$$h_1 = \frac{ha_1}{a_2} = \frac{32 \times 6}{24} = 8$$

2 此題爲《算法統宗》卷八"築方錐"第二題。用方錐改方臺求截方公式：

$$a_1 = \frac{(h - h_2)\ a_2}{h} = \frac{(32 - 24) \times 24}{32} = 6$$

3 此題爲《算法統宗》卷八"築方錐"第三題。用方錐改方臺求截高公式：

$$h_2 = \frac{h(a_2 - a_1)}{a_2} = \frac{32 \times (24 - 6)}{24} = 24$$

四尺今截上方六尺對減餘一十八尺乘之得五百七十六尺為實以原下方二十四尺為法除實得（今截臺高二十四尺）

解義 此與梯田圭田截積同法蓋問積則上方下方折平之法不同問方問尖問高則俱同一理

築圓臺問積法〇今築圓臺一所上周一十八尺下周二十四尺高一十二尺問積若干 法用上周自乘下周自乘又上下周相乘併三數以高乘以立圓率三十六除與圓窖法同

築圓錐問積法〇今有圓錐高三十二尺下周七十二尺問積若干（舊）

（法）置下周自乘得五千一百八十四尺又以高乘得一十六萬五千八百八十八尺以立圓率三十六除之得（積四千六百零八尺）與圓堆同法

圓臺改圓錐問上尖法〇今有圓臺上周一十八尺下周七十二尺高二

四尺、今截上方六尺對減，餘一十八尺，乘之得五百七十六尺爲實。以原下方二十四尺爲法，除實得今截臺高二十四尺。

【解義】此與梯田、圭田截積同法。蓋問積，則上方、下方折平之法不同；問方、問尖、問高，則俱同一理。

築圓臺問積法○今築圓臺一所，上周一十八尺，下周二十四尺，高一十二尺。問積若干？ 法用上周自乘，下周自乘，又上下周相乘，併三數。以高乘，以立圓率三十六除[1]。與圓窖法同。

築圓錐問積法○今有圓錐，高三十二尺，下周七十二尺。問積若干[2]？舊法置下周自乘，得五千一百八十四尺。又以高乘，得一十六萬五千八百八十八尺。以立圓率三十六除之，得積四千六百零八尺。與圓堆同法。

圓臺改圓錐問上尖法○今有圓臺，上周一十八尺，下周七十二尺，高二

---

1 此題爲《算法統宗》卷八“築臺”第三題。圓臺形如圓窖，設圓臺上周爲 C_1，下周爲 C_2，高爲 h，求積公式爲：

$$V=\frac{(C_1^2+C_2^2+C_1C_2)h}{36}$$

2 此題爲《算法統宗》卷八“築臺”第五題。圓錐形如圓堆，設圓錐下周爲 C，高爲 h，圓錐求積公式爲：

$$V=\frac{C^2h}{36}$$

十四尺欲改作圓錐問接高若干　(舊)(法)置高二十四尺以上周一十八尺乘之得四百三十二尺為實另置上周一十八尺下周七十二尺對減餘五十四尺為法除之得(接)(尖)(高)(八)(尺)

觧義　圓臺改錐圓錐改臺皆與方臺方錐同法只炤上歌求之卽得皆用先乘後除法

圓錐改圓臺問截尖法〇今有圓錐下周七十二尺高三十二尺欲改作圓臺只用上周一十八尺問截尖高若干　(舊)(法)置原高三十二尺以今截上周一十八尺乘之得五百七十六尺為實以下周七十二尺除之得(截)(上)(尖)(八)(尺)

圓錐改圓臺問上周法〇今有圓錐下周七十二尺高三十二尺欲改作圓臺只用高二十四尺問今截上周若干　(舊)(法)置下周七十二尺另置原高三十二尺減今截高二十四尺餘截尖八尺乘之得五百七十六尺為實以原高三十二尺為

十四尺。欲改作圓錐，問接高若干[1]？舊法置高二十四尺，以上周一十八尺乘之，得四百三十二尺爲實。另置上周一十八尺、下周七十二尺對減，餘五十四尺爲法除之，得接尖高八尺。

【解義】圓臺改錐，圓錐改臺，皆與方臺、方錐同法。只炤上歌求之即得，皆用先乘後除法。

圓錐改圓臺問截尖法○今有圓錐，下周七十二尺，高三十二尺。欲改作圓臺，只用上周一十八尺，問截尖高若干[2]？舊法置原高三十二尺，以今截上周一十八尺乘之，得五百七十六尺爲實。以下周七十二尺除之，得截上尖八尺。

圓錐改圓臺問上周法○今有圓錐，下周七十二尺，高三十二尺。欲改作圓臺，只用高二十四尺，問今截上周若干[3]？舊法置下周七十二尺；另置原高三十二尺，減今截高二十四尺，餘截尖八尺乘之，得五百七十六尺爲實。以原高三十二尺爲

---

1 《算法統宗》無此題。圓臺圓錐互改問題與方錐方臺互改問題解法相同。如圖 6－6，設圓臺上周爲 C_1、下周爲 C_2、高爲 h_2，圓錐通高爲 h，上尖高爲 h_1，圓臺改圓錐求尖長，用方臺改方錐公式，求得：

$$h_1 = \frac{h_2 C_1}{C_2 - C_1} = \frac{24 \times 18}{72 - 18} = 8$$

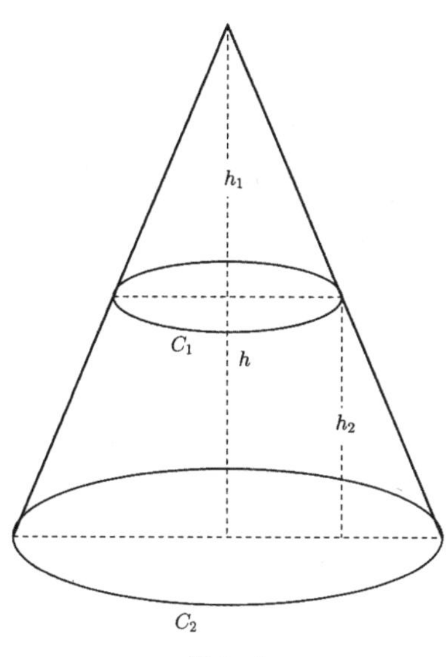

圖 6－6

2 《算法統宗》無此題。此係圓錐改圓臺求尖高，用方錐改方臺求尖高公式：

$$h_1 = \frac{hC_1}{C_2} = \frac{32 \times 18}{72} = 8$$

3 此題爲《算法統宗》卷八“築方圓臺”第三題。係圓錐改圓臺求截周，用方錐改方臺求截方公式：

$$C_1 = \frac{(h - h_2)C_2}{h} = \frac{(32 - 24) \times 72}{32} = 18$$

法除之得(今截上周一十八尺)

圓錐改圓臺問截臺高法○今有圓錐下周七十二尺高三十二尺欲改作圓臺只用上周一十八尺問今截臺高若干　(舊法)置原高三十二尺以下周上周對減餘五十四尺乘之得一千七百二十八尺為實以下周七十二尺為法除之得(今截臺高二十四尺)

難題竿上安箍問截高歌○圓了三丈一高竿稍尖底徑尺二寬今有鉄箍徑九寸試問將来何處安　(舊法)置竿高三丈以箍徑九寸乘之得二百七十尺為實以底徑一尺二寸為法除之得(安箍離下底二丈二尺五寸)

解義此同上法上是以周問此以徑問一也

三角錐求積法○今有三角錐面一十四尺徑一十二尺高二十四尺問

法除之，得今截上周一十八尺。

圓錐改圓臺問截臺高法〇今有圓錐，下周七十二尺，高三十二尺。欲改作圓臺，只用上周一十八尺，問今截臺高若干[1]？舊法置原高三十二尺，以下周、上周對減餘五十四尺乘之，得一千七百二十八尺爲實。以下周七十二尺爲法除之，得今截臺高二十四尺。

難題·竿上安箍問截高歌〇圓圓三丈一高竿，稍尖底徑尺二寬。今有鐵箍徑九寸，試問將来何處安[2]？舊法置竿高三丈，以箍徑九寸乘之，得二百七十尺爲實。以底徑一尺二寸爲法除之，得安箍離下底二丈二尺五寸。

【解義】此同上法。上是以周問，此以徑問，一也。

三角錐求積法〇今有三角錐，面一十四尺，徑一十二尺，高二十四尺。問

1 此題爲《算法統宗》卷八“築方圓臺”第二題。係圓錐改圓臺問截高，用方錐改方臺求截高公式：

$$h_2 = \frac{h(C_2 - C_1)}{C_2} = \frac{32 \times (72 - 18)}{72} = 24$$

2 此難題爲《算法統宗》卷十三“難題方田一”第六題。此猶圓錐改圓臺問截尖 h_1（竿底徑即圓臺下徑 d_2，鐵箍徑即圓臺上徑 d_1）：

$$h_1 = \frac{h\,d_1}{d_2}$$

積若干

增法　置底面一十四尺以中徑一十二尺乘之得一百六十八尺又以高二十四尺乘之得四千零三十二尺為實以四歸之得積一千零八尺

觧義　徑一十二乘面十四再以高乘即長十四濶十二高二十四一立長方計積四千零三十二尺折半得二千零一十六尺為立三角積再折半得一千零八為三角錐積立三角得立長方一半三角錐又得立三角一半故用四歸舊术三角錐法今補列併倫析分數具圖于后

立三角得立長方一半圖

此即面十四徑十二高二十四一立長方截作立三角共截斜刃二段每段各長十二濶七尺將十二尺以七尺乘再以高二十四尺乘折半得積一千零八尺二段共合立三角積是外二段得一半積二千零一十六尺立三角得一半積二千零一十六尺故曰立三角得立長方之半

三角錐得立三角一半圖

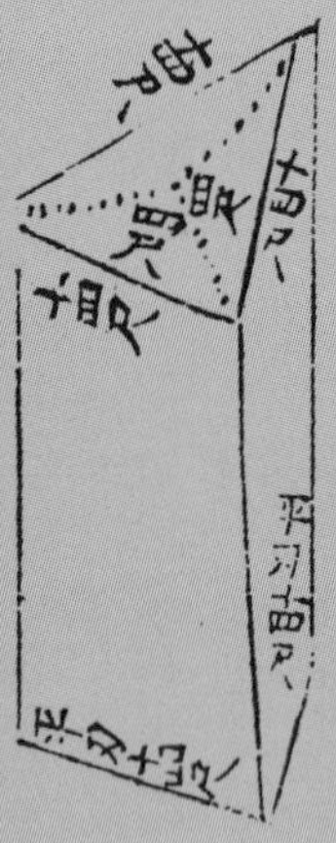

此即立三角從中心各三角斜截下俱平刃外三段共得積一半內三角錐得積一半將三角錐亦從中心截作三個小三角每一小三角与外截一段相等

積若干[1]？增法置底面一十四尺，以中徑一十二尺乘之[2]，得一百六十八尺。又以高二十四尺乘之，得四千零三十二尺爲實。以四歸之，得積一千零八尺。

【解義】徑一十二乘面十四，再以高乘，即長十四、濶十二、高二十四一立長方，計積四千零三十二尺。折半得二千零一十六尺，爲立三角積。再折半得一千零八，爲三角錐積。立三角得立長方一半，三角錐又得立三角一半，故用四歸。舊無三角錐法，今補列，併備析分數，具圖于後。

立三角得立長方一半圖　此即面十四、徑十二、高二十四一立長方[3]。截作立三角，共截斜刃二段，每段各長十二、濶七尺。將十二尺以七尺乘，再以高二十四尺乘，折半得積一千零八尺，二段共合立三角積。是外二段得一半，積二千零一十六尺；立三角得一半，積二千零一十六尺。故曰：立三角得立長方之半[4]。

三角錐得立三角一半圖　此即立三角從中心各三角斜截，下俱平刃，外三段共得積一半，内三角錐得積一半。將三角錐亦從中心截作三個小三角，每一小三角与外截一段相等。

---

1 《算法統宗》無三角錐求積法。三角錐是底面爲等邊三角形的錐體，如圖 6－7，設底面邊長爲 a，底面中徑爲 b，高爲 h，三角錐求積公式應爲：

$$V=\frac{abh}{6}$$

《算法統宗》誤作 4 除。

2 三角錐底面爲等邊三角形，由舊法"面七徑六"得中徑：

$$b = \frac{6}{7}a = 12$$

3 若三角錐底面邊長 $a=14$，則底面中徑 $b=7\sqrt{3}$。否則，所截三角錐底面非等邊三角形。

4 如圖 6－8，長方體底面長爲 a、闊爲 b，高爲 h。截去Ⅰ、Ⅱ兩段，餘立三角Ⅲ。各段體積爲：

$$V_{\text{Ⅲ}}=V_{\text{Ⅰ}}+V_{\text{Ⅱ}}=\frac{1}{2}abh$$

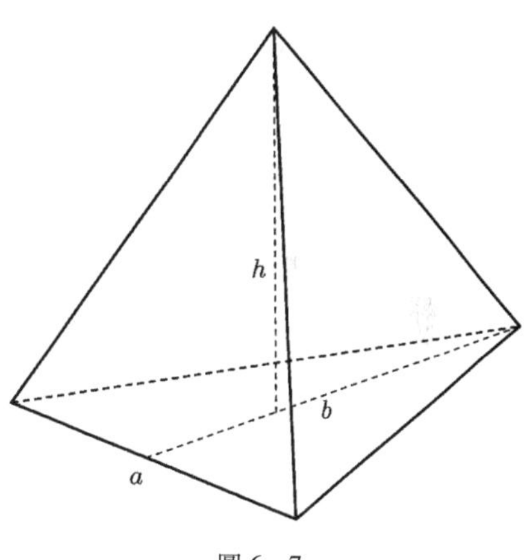

圖 6－7

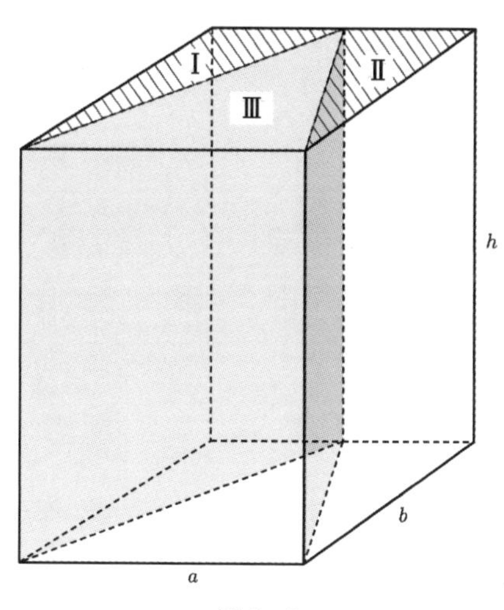

圖 6－8

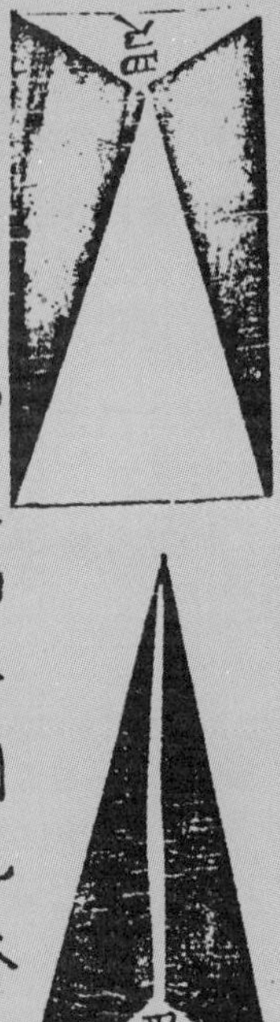

上即立三角截分三段之一下又角錐中分小三角之一徑俱四尺長一十四尺三角錐所分小三角徑尖至上尖俱有脊如三角扁錐上段下至刃仍長十四尺而平削死脊以餘補虛兩俱齊同求積法置長十四尺折半得七尺以徑四尺折半得二尺乘之得十四尺以高二十四尺乘之得積三百三十六尺三因得一千零八尺合錐積是內分三個小三角得一錐積外三段得一錐故曰三角錐得立三角一半也

築堤求積歌○築堤之法最蹊蹺○東高倍之加西高○東廣上下併乘折○西高西廣箕同說○折半二數併爲實○長乘六歸積無疑

築堤問積法○今有長堤一所東頭上廣八尺下廣一十四尺高九尺西頭上廣二十尺下廣二十二尺高二十一尺東至西長九十六尺問積尺若干

增法置東高九尺倍之得一十八尺加西高二十一尺共三十九尺却以東頭上廣八尺下廣一十四尺合併得二十二尺乘之得八百五十八尺折半得四百二十九尺次以西

上即立三角截分三段之一，下又角錐中分小三角之一，徑俱四尺，長一十四尺。三角錐所分小三角，徑尖至上尖俱有脊，如三角扁錐。上段下至刃，仍長十四尺，而平削無脊。以餘補虛，兩俱齊同。求積法：置長十四尺，折半得七尺。以徑四尺折半得二尺乘之，得十四尺。以高二十四尺乘之，得積三百三十六尺。三因得一千零八尺，合錐積。是内分三個小三角，得一錐積，外三段得一錐。故曰：三角錐得立三角一半也[1]。

築堤求積歌○築堤之法最蹊蹺○東高倍之加西高○東廣上下併乘折○西高西廣筭同説○折半二數併爲實○長乘六歸積無疑[2]

築堤問積法○今有長堤一所，東頭上廣八尺，下廣一十四尺，高九尺。西頭上廣二十尺，下廣二十二尺，高二十一尺，東至西長九十六尺。問積尺若干？增法置東高九尺，倍之得一十八尺，加西高二十一尺，共三十九尺。却以東頭上廣八尺、下廣一十四尺合併，得二十二尺乘之，得八百五十八尺，折半得四百二十九尺。次以西

1 如圖 6－9，此即長方積截去Ⅰ、Ⅱ兩段後所餘立三角。立三角截去Ⅳ、Ⅴ、Ⅵ三段，所餘即爲三角錐。三角錐又從中剖爲三段Ⅶ、Ⅷ、Ⅸ，設三角錐體積爲 V，《筭海説詳》誤認爲：

$$V_{\mathrm{IV}}+V_{\mathrm{V}}+V_{\mathrm{VI}}=V_{\mathrm{VII}}+V_{\mathrm{VIII}}+V_{\mathrm{IX}}=V$$

故得三角錐體積爲立三角積一半、長方積四分之一：

$$V=\frac{1}{2}V_{\mathrm{III}}=\frac{1}{4}abh$$

實際上，Ⅶ、Ⅷ、Ⅸ爲三角錐，各段體積爲：

$$\frac{1}{6}\cdot ah\cdot\frac{b}{3}=\frac{1}{18}abh$$

而外截三段Ⅳ、Ⅴ、Ⅵ爲方錐，各段體積爲：

$$\frac{1}{3}\cdot ah\cdot\frac{b}{3}=\frac{1}{9}abh$$

則大三角錐體積 V 應爲立三角積三分之一、長方積六分之一：

$$V=\frac{1}{3}V_{\mathrm{III}}=\frac{1}{6}abh$$

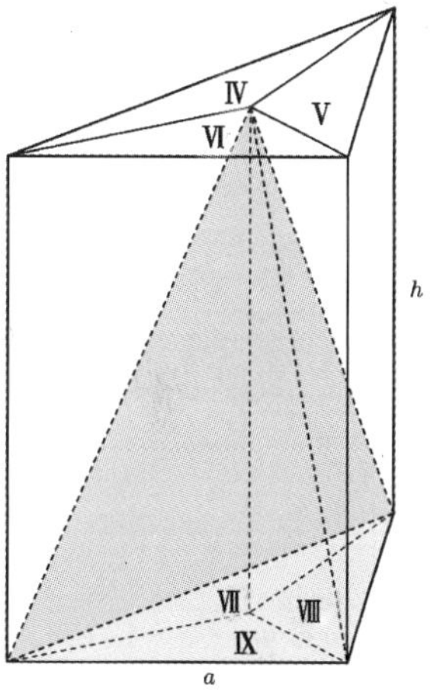

圖 6－9

2 築堤求積歌，見《算法統宗》卷八。原歌八句，此處改作六句。如圖6－10，長堤東頭上廣爲 a、下廣爲 b、高爲 h，西頭上廣爲 a'、下廣爲 b'、高爲 h'，东西長爲 l，則堤積：

$$V=\frac{l}{6}\left[\frac{(2h+h')(a+b)}{2}+\frac{(2h'+h)(a'+b')}{2}\right]$$

該公式最早見於唐王孝通《緝古算經》，元明算書如《詳明算法》、《全能算法集》、《指明算法》、《九章比類》等，皆將六歸作五歸，《算法統宗》沿訛未改。《算海説詳》予以更正。

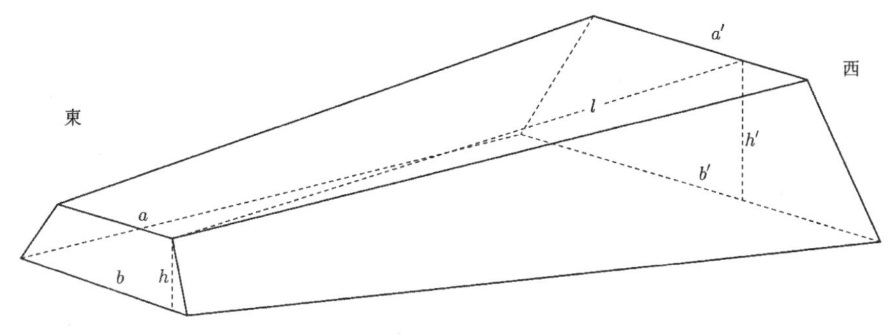

圖 6－10

高二十一尺倍之得四十二尺加東高九尺共五十一尺却以西頭上廣二十尺下廣二十二尺

合併得四十二尺乘之得二千一百四十二尺折半得一千零七十一尺二數相併共一千五百尺

再以長九十六尺乘之得一十四萬四千尺為實以六歸之得積二萬四千尺

觧義

前長窖長臺高是兩頭均平長廣不等故將長廣立法相乘取平却以高乘此堤長是上下均平高廣不等故將高廣立法相乘取平後以長乘前窖臺長廣雖不等只是上與下不等其上廣上長下廣下長兩頭俱均平通筭止二長二廣故用倍上長加下長以上廣乘倍下長加上長以下廣乘便可通融取平此東西上下共二高四廣廣故又合併二廣乘之始可通融取平其將乘數折半即將上廣下廣合併折半乘之一也然旧法用五帰得積二萬八千八百尺多積四千八百尺今考驗宜作六帰併原歎改正其宜作六帰何也帰法因乘法立所以帰其多乘之數也凡筭積只是一長一廣一高相乘為本等倍東高加西高倍西高加東高是六高矣又各合併上下廣乘又是二廣便是十二個乘法將積各減半即是二廣折作一廣仍是六個乘法自應用六帰旧用五帰殊為無據且分折筭之典積不合今併圖了後庶令覽者瞭然洞了不為前說所惑乱也

高二十一尺倍之得四十二尺，加東高九尺共五十一尺。却以西頭上廣二十尺、下廣二十二尺合併，得四十二尺乘之，得二千一百四十二尺，折半得一千零七十一尺。二數相併，共一千五百尺。再以長九十六尺乘之，得一十四萬四千尺爲實。以六歸之，得積二萬四千尺。

【解義】前長窖、長臺高是兩頭均平，長廣不等，故將長廣立法相乘取平，却以高乘。此堤長是上下均平，高廣不等，故將高廣立法相乘取平，後以長乘。前窖、臺長廣雖不等，只是上與下不等，其上廣上長、下廣下長兩頭俱均平，通筭止二長二廣，故用倍上長加下長以上廣乘，倍下長加上長以下廣乘，便可通融取平。此東西上下共二高四廣，故又合併二廣乘之，始可通融取平。其將乘數折半，即將上廣下廣合併折半乘之，一也。然舊法用五歸，得積二萬八千八百尺，多積四千八百尺。今考驗宜作六歸，併原歌改正。其宜作六歸何也？歸法因乘法立，所以歸其多乘之數也。凡筭積，只是一長一廣一高相乘爲本等。倍東高加西高，倍西高加東高，是六高矣。又各合併上下廣乘，又是二廣，便是十二個乘法。將積各減半，即是二廣折作一廣，仍是六個乘法，自應用六歸。舊用五歸，殊爲無據，且分析筭之，與積不合。今併圖于後，庶令覽者瞭然洞了，不爲前説所惑乱也。

方長堤截雙上廣圖

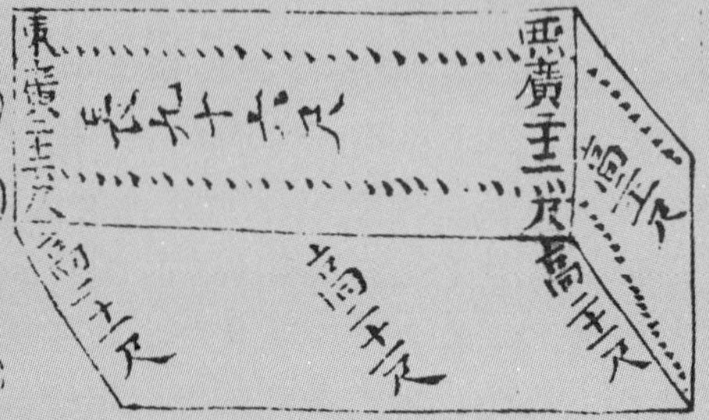

再截東上下廣圖

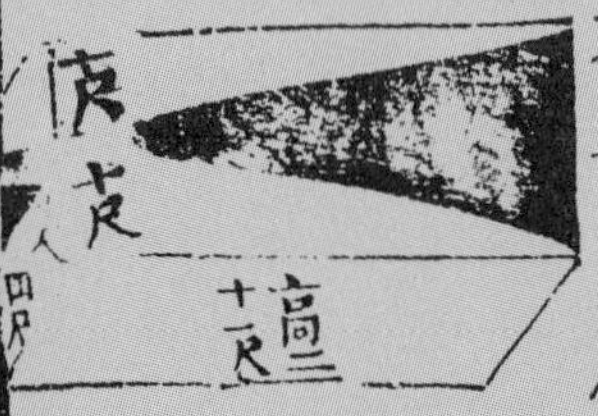

前法堤東頭下廣十四尺上廣八尺高九尺是高得九尺上廣減六尺每高一尺五寸廣減一尺將東高再加一十二尺共二十一尺與西高同則上廣八尺減俱尽此猶東西俱高二十一尺之仝堤前法西高二十一尺東高九尺猶如全堤截積之法故先從上下同廣同長同高之長堤較起逐段分析考驗廉充差外用点分界齊將上面東西各截廣一尺下廣不截以合西頭上廣二十尺下廣二十二尺之數也○乘遞因置長九十六尺以廣二十二尺乘之得二千一百一十二尺再以高二十一尺乘之得四萬四千三百五十二尺此總積也○分截兩段積兩段上廣各截一尺下斜截如斧刃將兩段顛倒配合成一高二十一尺長九十六尺廣一尺之方段置長九十六尺以高乘再以廣乘得積二千零一十六尺

此即前堤截去二段東西上廣俱二十尺下廣俱二十二尺又將西頭上廣下廣不截將東頭上廣從中心兩分斜截至下廣每面各截四尺存廣一十四尺斜截至西頭如刃無廣○又分截兩段積東頭從中心分上廣各十尺下廣各四尺西頭如刃無廣將兩段翻轉配合東頭廣各十四尺置高二十一尺以東廣一十四尺乘之得二百九十四尺又以長九十六尺乘之得二萬八千二百二十四尺

方長堤截雙上廣圖

前法堤東頭下廣十四尺，上廣八尺，高九尺，是高得九尺上廣減六尺，每高一尺五寸廣減一尺。將東高再加一十二尺，共二十一尺，與西高同，則上廣八尺減俱盡。此猶東西俱高二十一尺之全堤，前法西高二十一尺，東高九尺，猶如全堤截積之法，故先從上下同廣同長同高之長堤較起，逐段分析考驗，庶無差舛。用点分界者，將上面東西各截廣一尺，下廣不截，以合西頭上廣二十尺、下廣二十二尺之數也。〇求積法置長九十六尺，以廣二十二尺乘之，得二千一百一十二尺。再以高二十一尺乘之，得四萬四千三百五十二尺。此總積也。〇分截兩段積兩段上廣各截一尺，下斜截如斧刃，將兩段顛倒配合，成一高二十一尺、長九十六尺、廣一尺之方段。置長九十六尺，以高乘再以廣乘，得積二千零一十六尺[1]。

再截東上下廣圖[2]

此即前堤截去二段。東西上廣俱二十尺、下廣俱二十二尺。又將西頭上廣下廣不減，將東頭上廣從中心兩分，斜截至下廣，每面各截四尺，存廣一十四尺。斜截至西頭，如刃無廣。〇又分截兩段積東頭從中心分，上廣各十尺，下廣各四尺，西頭如刃無廣。將兩段翻轉配合，東頭廣各十四尺。置高二十一尺，以東廣一十四尺乘之，得二百九十四尺。又以長九十六尺乘之，得二萬八千二百二十四尺。

1 如圖 6－11，方長堤長 $l=96$，高 $h'=21$，廣 $b'=22$。求得方長堤體積爲：

$$V = lh'b' = 96 \times 21 \times 22 = 44352$$

方長堤兩頭各截廣一尺（$m=1$），斜截至底邊，截去兩段塹堵Ⅰ、Ⅱ，二者顛倒配合，成一方段，體積爲：

$$V_{\mathrm{I}} + V_{\mathrm{II}} = mlh' = 1 \times 96 \times 21 = 2016$$

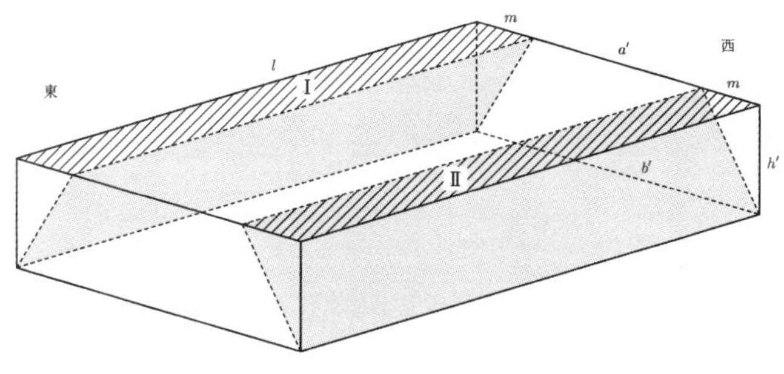

圖 6－11

2 該圖中“十尺”、“四尺”、“高二十一尺”等字樣，順治本無。

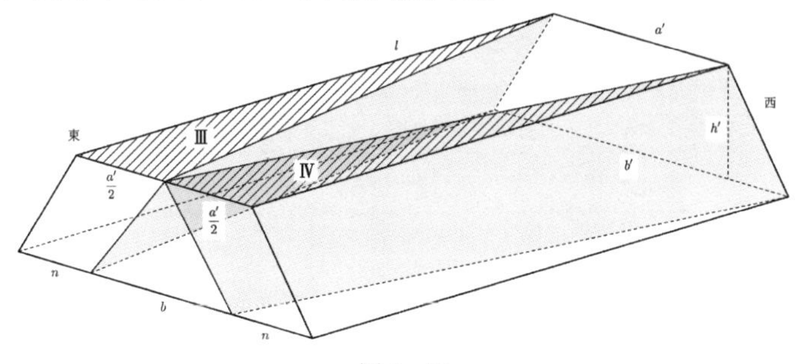

圖 6－12

斜截東高圖

折半得積一萬四千一百一十二尺乃或以二段翻轉相背雖以衬合為凝愚曰将前圖設立二堤分截各二段左衬左右对右翻轉可合成二段易也推之同理也

此即上又截去二段東西高俱二十一尺東頭下廣一十四尺無上廣西頭上廣二十尺下廣二十二尺墨点界者即東頭截高一十二尺得上廣八尺餘高九尺斜截至西頭上項合原堤之數也○分截東頭上半堤積東頭高一十二尺下廣八尺无上廣西頭廣二十尺無高求積法置東高一十二尺併西廣折半十尺共二十二尺以東下廣折半四尺乘之得八十八尺又以長折半四十八尺乘之得積四千二百二十四尺併合先截二段積二千零一十六尺又截二段積一萬四千一百一十二尺又原堤積二萬四千尺總合共積四萬四千三百五十二尺合前直長方堤全積毫忽無差且就此圖未截東頭上半全形筭之倍東高二十一加西高亦二十一共六十三尺以東下廣一十四尺折半七尺乘之得四百四十一尺倍西高加東高亦六十三併西上下廣共四十二折半得二十一乘之得一千三百二十三尺併二數共一千七百六十四尺以長九十六尺乘之得一十六萬九千三百四十四尺以六歸之止得積二萬八千二百二十四尺況又截去東頭上半為

折半得積一萬四千一百一十二尺[1]。乃或以二段翻轉相背，難以對合爲疑。愚曰：將前圖設立二堤，分截各二段，左對左，右對右，翻轉可合成二段。易地推之，同理也。

斜截東高圖[2]

此即上又截去二段。東西高俱二十一尺，東頭下廣一十四尺，無上廣；西頭上廣二十尺，下廣二十二尺。墨点界者，即東頭截高一十二尺，得上廣八尺，餘高九尺。斜截至西頭上頂，合原堤之數也。〇分截東頭上半堤積東頭高一十二尺，下廣八尺，無上廣；西頭廣二十尺，無高。求積法：置東高一十二尺，併西廣折半十尺，共二十二尺。以東下廣折半四尺乘之，得八十八尺，又以長折半四十八尺乘之，得積四千二百二十四尺[3]。併合先截二段積二千零一十六尺，又截二段積一萬四千一百一十二尺，又原堤積二萬四千尺，總合共積四萬四千三百五十二尺。合前直長方堤全積，毫忽無差。且就此圖未截東頭上半全形筭之，倍東高二十一，加西高亦二十一，共六十三尺，以東下廣一十四尺折半七尺乘之，得四百四十一尺；倍西高加東高亦六十三，併西上下廣共四十二，折半得二十一乘之，得一千三百二十三尺。併二數，共一千七百六十四尺。以長九十六尺乘之，得一十六萬九千三百四十四尺。以六歸之，止得積二萬八千二百二十四尺。況又截去東頭上半，焉

---

1 如圖 6－12，東頭上廣中分，下廣各截去四尺（$n=4$）。所截兩段Ⅲ、Ⅳ，《筭海説詳》認爲可以翻轉配合成一塹堵，其體積爲：

$$V_{\mathrm{III}}+V_{\mathrm{IV}}=lh'\frac{\left(\frac{a'}{2}+n\right)}{2}=96\times 21\times\frac{\left(\frac{20}{2}+4\right)}{2}=14112$$

實際上，該截面非平面，兩段無法合成一塹堵。

2 該圖中“濶二十尺”、“西二十一尺”、“三尺”、“廿一尺”等字様，順治本無。

3 如圖 6－13，東頭截高十二尺（$h_1=12$），求得東頭上廣爲：

$$a=\frac{h_1 b}{h'}=\frac{12\times 14}{21}=8$$

東頭餘高：

$$h=h'-h_1=21-12=9$$

合原堤東頭上廣、堤高之數。頂部截去一個方錐Ⅴ，《筭海説詳》解得方錐體積爲：

$$V_{\mathrm{V}}=\frac{a}{2}\cdot\frac{l}{2}\left(h_1+\frac{a'}{2}\right)=\frac{8}{2}\times\frac{96}{2}\times\left(12+\frac{20}{2}\right)=4224$$

該解法有誤。由：

$$\begin{cases} f=\sqrt{h_1^2+l^2} \\ e=\dfrac{l h_1}{f}=\dfrac{l h_1}{\sqrt{h_1^2+l^2}} \end{cases}$$

解得：

$$V_{\mathrm{V}}=\frac{1}{3}e\cdot\frac{f(a+a')}{2}=\frac{l h_1(a+a')}{6}=5376$$

而所餘長堤，實非所求。據題意，所求長堤頂面爲平面，與東西兩側面垂直；而此處所截得長堤底面爲平面，頂面爲斜面，與所求不符。

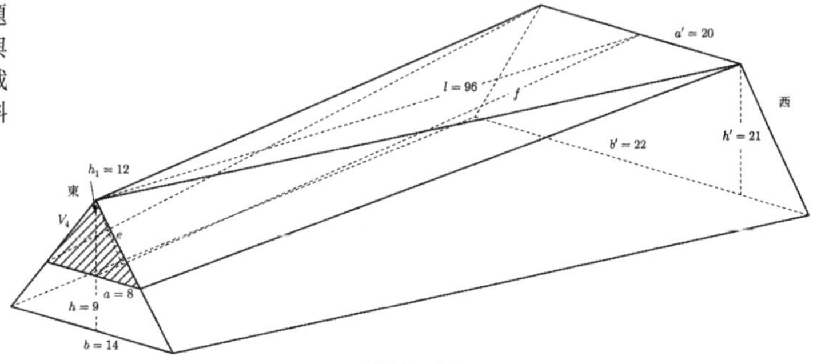

圖 6－13

有二萬八千八百之積乎固知舊法之差誤爲甚遠也東廣折半西上下廣折半乘之與乘後折半同理東無上廣將下廣折半亦即上下廣折半一理也

築墻截高問上廣法○今有原築墻上廣二尺下廣六尺高一丈八尺今築高一丈零八寸問今上廣若干　舊法置原下廣六尺内減原上廣二尺餘四尺以今高一十尺零八寸乘之得四十三尺二寸以原高一十八尺除之得二尺四寸却於原下廣六尺内減二尺四寸餘得今上廣三尺六寸　又法置原下廣六尺減原上廣二尺餘四尺另以原高一十八尺減今高一十尺零八寸餘七尺二寸以乘四尺得二十八尺八寸爲實以原高一十八尺爲法除之得一尺六寸加原上廣二尺得今上廣三尺六寸

解義亦皆係先乘後除同錐台等法然錐是原方減尽此尚有上廣二尺故置下廣減去上廣餘乃原高之差數以原高除得每尺差若干以今高乘得今高差若干以減原下廣所餘即上廣之數後法說同一理前法以今高乘是自下而上之差數故就下廣減去差

有二萬八千八百之積乎？固知舊法之差誤爲甚遠也。東廣折半，西上下廣折半乘之，與乘後折半同理。東無上廣，將下廣折半，亦即上下廣折半，一理也。

築墻截高問上廣法○今有原築墻，上廣二尺，下廣六尺，高一丈八尺。今築高一丈零八寸，問今上廣若干？舊法置原下廣六尺，内減原上廣二尺，餘四尺。以今高一十尺零八寸乘之，得四十三尺二寸。以原高一十八尺除之，得二尺四寸。却於原下廣六尺内減二尺四寸，餘得今上廣三尺六寸。又法置原下廣六尺，減原上廣二尺，餘四尺。另以原高一十八尺減今高一十尺零八寸，餘七尺二寸，以乘四尺，得二十八尺八寸爲實。以原高一十八尺爲法除之，得一尺六寸。加原上廣二尺，得今上廣三尺六寸[1]。

【解義】亦皆係先乘後除，同錐、臺等法。然錐是原方減盡，此尚有上廣二尺，故置下廣減去上廣，餘乃原高之差數。以原高除，得每尺差若干；以今高乘，得今高差若干。以減原下廣所餘，即上廣之數。後法總同一理。前法以今高乘，是自下而上之差數，故就下廣減去差

---

1 此題爲《算法統宗》卷八“築墻”第一題，原題云：“假如原築墻上廣一尺，下廣三尺，高一十二尺。今已築高九尺，問上廣若干”。原有“築墻截高問今上廣歌”四句：

上下原廣數相減，餘用今高數相乘。

原高爲法除爲積，積減下廣上廣存。

如圖 6－14，已知原墻上廣爲 a_1、下廣爲 a_2、原高爲 h，今築高 h_2，求今上廣 a_3。“舊法”如下：

$$a_3 = a_2 - \frac{(a_2 - a_1)\ h_2}{h} = 6 - \frac{(6-2)\times 10.8}{18} = 3.6$$

“又法”用公式表示爲：

$$a_3 = a_1 + \frac{(a_2 - a_1)(h - h_2)}{h} = 2 + \frac{(6-2)\times(18-10.8)}{18} = 3.6$$

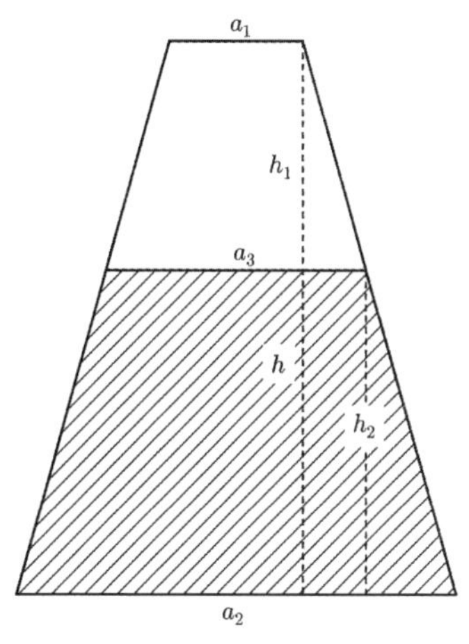

圖 6－14

數即上廣以二高減餘乘是自上而下之差數故加原上廣得今截廣此猶方窖方臺截積與錐改臺微不同

築墻以截廣問今高法〇今有原築墻上廣二尺下廣六尺高一丈八尺今已築上廣三尺六寸問今高若干

舊法置原高一十八尺以原下廣六尺內減今築上廣三尺六寸餘二尺四寸乘之得四十三尺二寸為實以原下廣六尺內減原上廣二尺餘四尺為法除之得今築高十尺零八寸

築墻加高問上廣法〇今有原築墻上廣二尺下廣六尺高一丈八尺今欲加高二丈二尺五寸問上廣若干

舊法置原下廣六尺內減原上廣二尺餘四尺另以今加高二十二尺五寸內減原高一十八尺餘四尺五寸乘之得一十八尺以原高一十八尺為法除之得一尺以減原上廣二尺餘得今上廣一尺

築墻加高以廣問高法〇今有原築墻上廣二尺下廣六尺高一丈八尺

數，即上廣；以二高減餘乘，是自上而下之差數，故加原上廣，得今截廣。此猶方窖、方臺截積，與錐改臺微不同。

築墻以截廣問今高法〇今有原築墻，上廣二尺，下廣六尺，高一丈八尺。今已築上廣三尺六寸，問今高若干？舊法置原高一十八尺，以原下廣六尺内減今築上廣三尺六寸，餘二尺四寸乘之，得四十三尺二寸爲實。以原下廣六尺内減原上廣二尺，餘四尺爲法除之，得今築高十尺零八寸[1]。

築墻加高問上廣法〇今有原築墻，上廣二尺，下廣六尺，高一丈八尺。今欲加高二丈二尺五寸，問上廣若干？舊法置原下廣六尺，内減原上廣二尺，餘四尺。另以今加高二十二尺五寸内減原高一十八尺，餘四尺五寸乘之，得一十八尺。以原高一十八尺爲法除之，得一尺。以減原上廣二尺，餘得今上廣一尺[2]。

築墻加高以廣問高法〇今有原築墻，上廣二尺，下廣六尺，高一丈八尺。

---

1 此題爲《算法統宗》卷八“築墻”第四題。高一丈八尺，《算法統宗》作“二丈”。如前圖6－14，已知原墻上廣爲a_1、下廣爲a_2、原高爲h，今已築上廣a_3，求今高h_2。解法如下：

$$h_2=\frac{(a_2-a_3)h}{a_2-a_1}=\frac{(6-3.6)\times 18}{6-2}=10.8$$

2 此題爲《算法統宗》卷八“築墻”第二題。原題云：“原築墻上廣一尺，下廣三尺，高一丈二尺。今欲築高一丈五尺，問上廣若干？”如圖6－15，已知原墻上廣a_3、下廣a_2、原高h_2、今欲築高h，求今上廣a_1。所用公式爲：

$$a_1=a_3-\frac{(a_2-a_3)(h-h_2)}{h_2}=2-\frac{(6-2)\times(22.5-18)}{18}=1$$

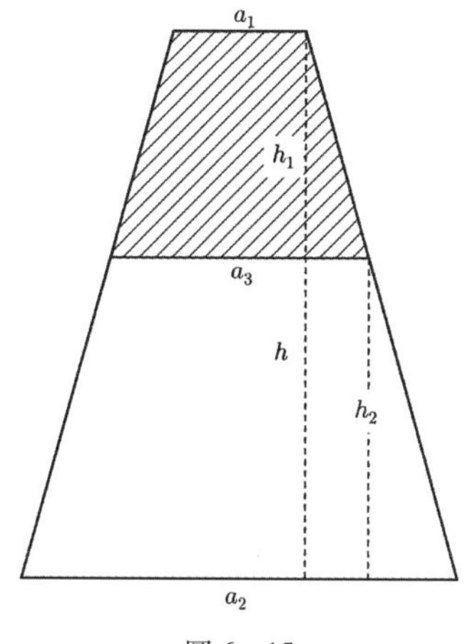

圖6－15

今欲加築至上廣一尺問接高若干 舊法 置原高一十八尺以原上廣二尺內減今上廣一尺餘一尺乘之仍一十八尺另以原下廣六尺內減原上廣二尺餘四尺為法除之得 今增高四尺五寸

築墻截下廣問今高歌○今有原築墻上廣二尺下廣六尺高一丈八尺今只築下廣三尺五寸問今高若干 增法 置原築墻高一十八尺以今下廣三尺五寸內減上廣二尺餘一尺五寸乘之得二十七尺為實另以原下廣六尺內減原上廣二尺餘四尺為法除之得 今築高六尺七寸五分

解義 原築高一十八尺廣減四尺是廣減一尺高減四尺五寸將原高十八尺以四尺為除法得四尺五寸即每廣減一尺得高之分數上廣比今下廣止減一尺五寸一尺減四尺五寸五寸減二尺二寸五分今高止應六尺七寸五分故宜以今下廣內減原上廣作乘法為得舊法以原下廣內減今下廣餘二尺五寸為乘法得今高一十一尺二寸五分誤矣蓋二尺五寸乃今下廣截去之數非今下

今欲加築至上廣一尺，問接高若干？舊法置原高一十八尺，以原上廣二尺内減今上廣一尺，餘一尺乘之，仍一十八尺。另以原下廣六尺内減原上廣二尺，餘四尺爲法除之，得今增高四尺五寸[1]。

築墻截下廣問今高歌○今有原築墻，上廣二尺，下廣六尺，高一丈八尺。今只築下廣三尺五寸，問今高若干？增法置原築墻高一十八尺，以今下廣三尺五寸内減上廣二尺，餘一尺五寸乘之，得二十七尺爲實。另以原下廣六尺内減原上廣二尺，餘四尺爲法除之，得今築高六尺七寸五分[2]。

【解義】原築高一十八尺，廣減四尺，是廣減一尺、高得四尺五寸。將原高十八尺以四尺爲(除法)[法除][3]，得四尺五寸，即每廣減一尺，得高之分數。上廣比今下廣止減一尺五寸，一尺減四尺五寸，五寸減二尺二寸五分，今高止應六尺七寸五分，故宜以今下廣内減原上廣作乘法爲得。舊法以原下廣内減今下廣，餘二尺五寸爲乘法，得今高一十一尺二寸五分，誤矣。蓋二尺五寸乃今下廣截去之數，非今下

---

1 此題爲《算法統宗》卷八“築墻”第五題。原題云：“原築墻上廣十尺，下廣三十尺，高四十尺。今欲築上廣九尺，問接高若干？”如前圖 6－15，已知原墻上廣 a_3、下廣 a_2、原高 h_2、今欲築上廣 a_1，求接高 h_1。所用公式爲：

$$h_1 = \frac{h_2(a_3 - a_1)}{a_2 - a_3} = \frac{18 \times (2 - 1)}{6 - 2} = 4.5$$

2 此題爲《算法統宗》卷八“築墻”第三題。原題云：“原築墻上廣一尺，下廣四尺，高一十二尺。今只築下廣二尺一寸，問今高若干？”原有“築墻截下廣問今高歌”四句：

原今下廣數相減，餘以原高乘爲實。
原下廣減原上廣，餘爲法除高數是。

依據歌訣所述，當繪圖如 6－16（算法統宗校釋》第 634 頁），已知原墻下廣 a_2、上廣 a_1、高 h，今墻下廣 a_3，求今築墻高 h_1。歌訣解法可表示爲：

$$h_1 = \frac{h(a_2 - a_3)}{a_2 - a_1}$$

此解法當且僅當今墻上廣爲 b 時方成立。《筭海説詳》以爲舊法舛誤，給出更正解法爲：

$$h_1 = \frac{h(a_3 - a_1)}{a_2 - a_1}$$

根據《筭海説詳》解法，繪圖如 6－17，此係已知今墻上廣與原墻上廣相等，相較《算法統宗》解法，更爲合理。

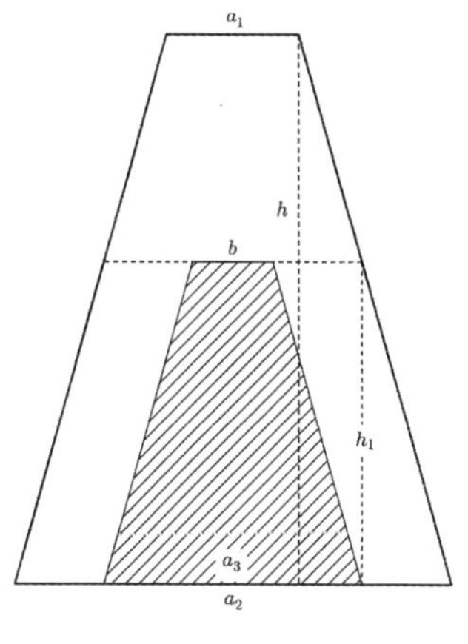

圖 6－16

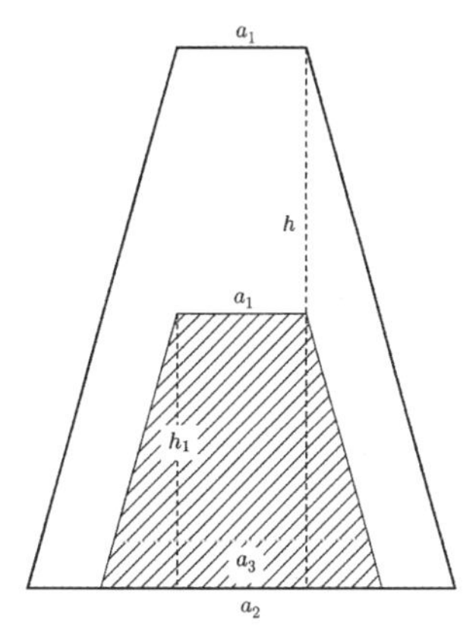

圖 6－17

3 除法，當作“法除”，據文意乙正。

廣多上廣之數截下廣三尺五寸比上廣止多一尺五寸高止六尺七寸五分即已減至二尺安有十一尺二寸五分之高乎故改正

穿地求壞土法○每穿地方四尺為壞土五尺以穿地求壞土五因四歸

壞土求穿地四因五歸

穿地求堅土法○每穿地方四尺為堅土三尺穿地求堅土三因四歸堅

土求穿地四因三歸

壞土求堅土法○每壞土方五尺為堅土三尺壞土求堅土三因五歸堅

土求壞土五因三歸壞盂土即穿所出之浮土堅實土即以穿地之土築堅實也

挑土計方法○每長濶各一丈深一尺為一方如有田内開土東六丈五

尺西七丈五尺南八丈北九丈深四尺問取土若干（舊）（法）置東西併

共一十四丈折半得七丈又置南北併共一十七丈折半得八丈五尺相乘得五十九丈五尺又

廣多上廣之數。截下廣三尺五寸[1]，比上廣止多一尺五寸。高止六尺七寸五分，即已減至二尺，安有十一尺二寸五分之高乎？故改正。

穿地求壤土法[2]〇每穿地方四尺，爲壤土五尺。以穿地求壤土，五因四歸；壤土求穿地，四因五歸。

穿地求堅土法〇每穿地方四尺，爲堅土三尺。穿地求堅土，三因四歸；堅土求穿地，四因三歸。

壤土求堅土法〇每壤土方五尺，爲堅土三尺。壤土求堅土，三因五歸；堅土求壤土，五因三歸。壤，虛土，即穿所出之浮土。堅，實土，即以穿地之土築堅實也。

挑土計方法〇每長濶各一丈、深一尺爲一方。如有田内開土，東六丈五尺，西七丈五尺，南八丈，北九丈，深四尺。問取土若干[3]？舊法置東西併，共一十四丈，折半得七丈。又置南北併，共一十七丈，折半得八丈五尺。相乘得五十九丈五尺，又

1 五寸，順治本誤作“六寸”。

2 穿地求土法，見《算法統宗》卷八“堅河渠濠”。

3 題見《算法統宗》卷八“挑土論方”，原有“挑土計方歌”云：

東西併折半，南北亦如斯。

互乘爲實位，深數再乘之。

以深四尺乘之得上二百三十八方

開渠求工法○今有開渠長七千五百五十尺上廣五十四尺下廣四十尺深一十二尺每日一工開三百尺問用工若干

舊法併上下廣折半得四十七尺以深一十二尺乘之得五百六十四尺又以長七千五百五十尺乘之得積四百二十五萬八千二百尺為實以每工三百尺為法除之得該一萬四千一百九十四工

難題筭工歌○穿渠二十九里程再加一百四步零上廣一丈二尺六下廣八尺丈八深每日一夫二百尺問該夫數僱工與

舊法置二十九里以每里三百六十步乘之得一萬零四百四十步加一百零四步共一萬零五百四十四步以每步五尺乘之得五萬二千七百二十尺為長另併上廣一丈二尺六寸下廣八尺共二丈零六寸折半得一十尺零三寸以深一十八尺乘之得一百八十五尺四寸以乘長得九百七十七萬四千二百八十八尺為實以

以深四尺乘之，得土二百三十八方。

開渠求工法〇今有開渠，長七千五百五十尺，上廣五十四尺，下廣四十尺，深一十二尺。每日一工開三百尺，問用工若干[1]？舊法併上下廣，折半得四十七尺，以深一十二尺乘之，得五百六十四尺。又以長七千五百五十尺乘之，得積四百二十五萬八千二百尺爲實。以每工三百尺爲法除之，得該一萬四千一百九十四工。

難題·筭工歌〇穿渠二十九里程，再加一百四步零。上廣一丈二尺六，下廣八尺丈八深。每日一夫二百尺，問該夫數僱工興[2]。舊法置二十九里，以每里三百六十步乘之，得一萬零四百四十步。加一百零四步，共一萬零五百四十四步。以每步五尺乘之，得五萬二千七百二十尺爲長。另併上廣一丈二尺六寸、下廣八尺，共二丈零六寸，折半得一十尺零三寸。以深一十八尺乘之，得一百八十五尺四寸。以乘長，得九百七十七萬四千二百八十八尺爲實。以

1 此題爲《算法統宗》卷八“堅河渠濠”第二題。

2 此難題爲《算法統宗》卷十五“難題商功五”第一題。“每日一夫二百尺”，《算法統宗》作“每日一夫三百尺”，解得該僱夫三萬二千五百八十人不盡二百八十尺。

該人一日開二百尺為法除之得該工四萬八千八百七十一人不盡八十八尺不足一人一日

開渠共僱求工法○今有穿渠上廣二丈四尺下廣二丈一尺深九尺長三百八十四尺每用人工一十二名開積六百尺問該人夫若干

舊法置上下廣併得四十五尺折半得二十二尺五寸以深九尺乘之得二百零二尺五寸以長三百八十四尺乘之得七十七萬七千六百尺再以人夫一十二名乘之得九百三十三萬一千二百尺為實以日開積六百尺為法除之得共用人夫一萬五千五百五十二名

開濠問日法○今有開濠上廣九尺下廣七尺深四尺長一千八百尺每人日開一百四十四尺今用人夫二百名問幾日完工

舊法置上下廣併折半得八尺以深四尺乘之得三十二尺又以長一千八百尺乘之得五萬七千六百尺

每人一日開二百尺爲法除之，得該工四萬八千八百七十一人不盡八十八尺，不足一人一日。

開渠共作求工法〇今有穿渠，上廣二丈四尺，下廣二丈一尺，深九尺，長(三百八十四尺)[三千八百四十尺][1]。每用人工一十二名，開積六百尺。問該人夫若干[2]？舊法置上下廣，併得四十五尺，折半得二十二尺五寸。以深九尺乘之，得二百零二尺五寸。又以長(三百八十四尺)[三千八百四十尺]乘之，得七十七萬七千六百尺。再以人夫一十二名乘之，得九百三十三萬一千二百尺爲實。以日開積六百尺爲法除之，得共用人夫一萬五千五百五十二名。

開濠問日法〇今有開濠，上廣九尺，下廣七尺，深四尺，長一千八百尺。每人日開一百四十四尺，今用人夫二百名，問幾日完工[3]？舊法置上下廣併，折半得八尺，以深四尺乘之，得三十二尺。又以長一千八百尺乘之，得五萬七千六百尺

---

1 三百八十四尺，《算法統宗》作“三千八百四十尺”，按：若以三百八十四尺入算，則以下結果皆誤，當以“三千八百四十尺”爲正。據《算法統宗》改。

2 此題爲《算法統宗》卷八“堅河渠濠”第三題。

3 此題爲《算法統宗》卷八“堅河渠濠”第四題。

為實另置人夫名二百以每人開一百四十四尺乘之得二萬八千八百尺為法除之得

二日開完

解義以上二法上法得積宜以六百尺除之卻用人夫十二乘之先以人夫乘亦先乘後除法也若以人夫十二名除積六百尺得五十尺為法除積亦得下法得積以每人一百四十四尺除之再以二百人除之亦得

難題計工問價歌○今有四人來做工八日工價九錢銀二十四人做半月總價錢何作何分

舊法置二十四人以一十五日乘之得三百六十又以銀九錢乘之得三千二百四十為實以四人乘八日得三十二日為法除之得該銀一十兩零一錢二分五釐以二十四人除之得每人該銀四錢二分一釐八毫七絲五忽

較日計工法○今有甲乙二人開渠甲日開積四百尺乙日開積三百五十尺甲先開過七十日後接令乙開問若干日與甲同

舊法置甲開

爲實。另置人夫二百名，以每人開一百四十四尺乘之，得二萬八千八百尺爲法除之，得二日開完。

【解義】以上二法，上法得積宜以六百尺除之，却用人夫十二乘之[1]，先以人夫乘，亦先乘後除法也。若以人夫十二名除積六百尺，得五十尺爲法除積，亦得。下法得積以每人一百四十四尺除之，再以二百人除之，亦得。

難題·計工問價歌〇今有四人来做工，八日工價九錢銀。二十四人做半月，總價幾何作何分[2]？舊法置二十四人，以一十五日乘之，得三百六十。又以銀九錢乘之，得三千二百四十爲實。以四人乘八日得三十二日爲法除之，得該銀一十兩零一錢二分五厘。以二十四人除之，得每人該銀四錢二分一厘八毫七絲五忽。

較日計工法〇今有甲乙二人開渠，甲日開積四百尺，乙日開積三百五十尺。甲先開過七十日後，接令乙開。問若干日與甲同[3]？舊法置甲開

---

1 十二，順治本誤作“十名”。

2 此難題爲《算法統宗》卷十五“難題商功五”第三題。

3 此題爲《算法統宗》卷八“開渠”第一題。

七十日以每日四百尺乘之得二萬八千尺為實却以乙日開三百五十尺為法除之

得八十日與甲同

韮工求積法○原有一夫日耕田三畝日種田七畝日耘田五畝今令一夫兼耕種耘三事俱相等問治田若干 舊法置田為分母夫為分子以母互乘子先以三畝乘七畝得二十一畝又以五畝乘之得一百零五畝為實易以三畝乘七畝得二十一畝又以三畝乘五畝得一十五畝又以七畝乘五畝得三十五畝併三數共七十一畝為法除實得並耕種耘田一畝四分七釐不盡六十三命曰零七十一分之六十三

解義 三五七遞乘得一百零五乃三數會齊之數也三數聯絡互通如以七乘五得三十五以三除一百零五正得三十五以三乘五得一十五以七除一百零五正得一十五以三乘七得二十一以五除一百零五正得二十一是耕三畝者三十五個夫耕得一百零

七十日，以每日四百尺乘之，得二萬八千尺爲實。却以乙日開三百五十尺爲法除之，得八十日與甲同。

並工求積法〇原有一夫日耕田三畝，日種田七畝，日耘田五畝。今令一夫兼耕、種、耘三事，俱相等。問治田若干[1]？舊法置田爲分母，夫爲分子。以母互乘子，先以三畝乘七畝得二十一畝，又以五畝乘之，得一百零五畝爲實。另以三畝乘七畝得二十一畝，又以三畝乘五畝得一十五畝，又以七畝乘五畝得三十五畝。併三數，共七十一畝爲法。除實得並耕、種、耘田一畝四分七厘不盡六十三，命曰零七十一分之六十三。

【解義】三五七遞乘得一百零五，乃三數會齊之數也。三數聯絡互通，如以七乘五得三十五，以三除一百零五正得三十五；以三乘五得一十五，以七除一百零五正得一十五；以三乘七得二十一，以五除一百零五正得二十一。是耕三畝者，三十五個夫耕得一百零

1 此題爲《算法統宗》卷八"開渠"第七題。

五畝田種七畝者十五個夫種得一百零五畝田耘五畝者二十一個夫耘得一百零五畝田併三十五一十五二十一共得七十一是田一百零九畝共得七十一個夫乃耕種耘俱全故以七十一為法除一百零五得一夫耕種耘俱全之畝數也一百零五者田也為毋者多為毋也七十一者夫也為子者少為子也

遲疾共工法○原有三女各繡錦一方長女五日完中女七日完小女九日完今令三女共繡錦一方問得日若干

舊法以日為分母錦為分子先以三母相乘以五日乘七日得三十五日又以九日乘之得三百一十五日為實以母互乘子法另以五日乘七日得三十五日又以五日乘九日得四十五日又以七日乘九日得六十三日併之得一百四十三日為法除實得該工二日不盡二十九命曰零一百四十三分日之二十九

解義此與上同一法互相發明上是一人兼三人工此是三女並一女工三百一十五者日也一百四十三者錦也以七乘九得六

五畝田；種七畝者，十五個夫種得一百零五畝田；耘五畝者，二十一個夫耘得一百零五畝田。併三十五、一十五、二十一，共得七十一，是田一百零五畝共得七十一個夫。乃耕、種、耘俱全，故以七十一爲法除一百零五，得一夫耕、種、耘俱全之畝數也。一百零五者田也，爲母者多爲母也；七十一者夫也，爲子者少爲子也。

遲疾共工法〇原有三女各繡錦一方，長女五日完，中女七日完，小女九日完。今令三女共繡錦一方，問得日若干[1]？舊法以日爲分母，錦爲分子。先以三母相乘，以五日乘七日得三十五日，又以九日乘之，得三百一十五日爲實。以母互乘子法，另以五日乘七日得三十五日，又以五日乘九日得四十五日，又以七日乘九日得六十三日。併之，得一百四十三日爲法，除實得該工二日不盡二十九，命曰零一百四十三分日之二十九。

【解義】此與上同一法，互相發明。上是一人兼三人工，此是三女並一女工。三百一十五者，日也。一百四十三者，錦也。以七乘九得六

1 此題爲《算法統宗》卷八“開渠”第八題。

十三即以五除三百一十五得六十三是長女三百一十五日綉六十三方錦以五乘九得四十五即以七除三百一十五得四十五是中女三百一十五日綉四十五方錦以七乘七得三十五即以九除一百三十五得三十五是小女三百一十五日綉三十五方錦一併六十三四十五三十五共一百四十三是三女速者遲者各三百一十五日共九百四十五日共綉成一百四十三方錦三女同工合三日作一日仍是三百一十五日綉成一百四十三方錦故以錦為法除日得每錦一方得日若干也

二人共工法〇今有趙錢二人繡緞趙四日繡一疋錢五日繡一疋今令趙錢共繡緞一疋問得日若干　增法置四日五日相乘得二十日以四五共九為法除之得二日不盡二命曰九分日之二

四人共工再除法〇今有甲乙丙丁四人造車甲六日造一輛乙七日造一輛丙八日造一輛丁九日造一輛令四人共造一車問幾日可完

增法置甲六日乘乙七日得四十二日以丙八日乘之得三百三十六日又以丁九日乘之得

十三，即以五除三百一十五得六十三，是長女三百一十五日綉六十三方錦。以五乘九得四十五，即以七除三百一十五得四十五，是中女三百一十五日綉四十五方錦。以五乘七得三十五，即以九除一百三十五得三十五，是小女三百一十五日綉三十五方錦。併六十三、四十五、三十五，共一百四十三，是三女速者遲者各三百一十五日共九百四十五日，共綉成一百四十三方錦。三女同工，合三日作一日，仍是三百一十五日綉成一百四十三方錦。故以錦爲法除日，得每錦一方得日若干也。

二人共工法○今有趙錢二人繡緞，趙四日繡一疋，錢五日繡一疋。今令趙錢共繡緞一疋，問得日若干[1]？增法置四日、五日相乘得二十日，以四、五共九爲法除之，得二日不盡二，命曰九分日之二。

四人共工再除法○今有甲乙丙丁四人造車，甲六日造一輛，乙七日造一輛，丙八日造一輛，丁九日造一輛。令四人共造一車，問幾日可完[2]？增法置甲六日，乘乙七日得四十二日，以丙八日乘之，得三百三十六日，又以丁九日乘之，得

1 此題係《筭海說詳》新增，《算法統宗》無。
2 此題係《筭海說詳》新增，《算法統宗》無。

三千零二十四日為實另以甲六日除三千零二十四日得五百零四輛以乙七除三千零二十四日得四百三十二輛以丙八日除三千零二十四日得三百七十八輛以丁九日除三千零二十四日得三百三十六輛併四數得一千六百五十輛為法除實三千零二十四日得一日八分零不盡一千六百五十分日之五十四

解義三人共工則每二數相乘為子二人共工則即以本數為子一理也四人共工與三人共工同法加至五人六人皆然其以甲六日除三千零二十四日得五百零四即以乙七日乘丙八日得五十六再以丁九日乘得五百零四一也着此互相發明

輕重往返計程法〇今有重車日行五十里空車日行七十里令載穀至倉五日三返問至倉路程若干　舊法置重車五十里空車七十里相乘得三千五百里又以五日乘之得一萬七千五百里為實另置重車五十里空車七十里併之共一百二十里以三返乘之得三百六十為法除實得至倉四十八里不盡二十二命

三千零二十四日爲實。另以甲六日除三千零二十四日，得五百零四輛；以乙七[日]除三千零二十四日[1]，得四百三十二輛；以丙八日除三千零二十四日，得三百七十八輛；以丁九日除三千零二十四日，得三百三十六輛。併四數，得一千六百五十輛爲法。除實三千零二十四日，得一日八分零不盡一千六百五十分日之五十四[2]。

【解義】三人共工，則每二數相乘爲子。二人共工，則即以本數爲子，一理也。四人共工與三人共工同法，加至五人、六人皆然。其以甲六日除三千零二十四日得五百零四，即以乙七日乘丙八日得五十六，再以丁九日乘得五百零四，一也。著此互相發明。

輕重往返計程法○今有重車日行五十里，空車日行七十里。令載穀至倉，五日三返。問至倉路程若干[3]？舊法置重車五十里、空車七十里相乘得三千五百里[4]，又以五日乘之，得一萬七千五百里爲實[5]。另置重車五十里、空車七十里，併之共一百二十里，以三返乘之，得三百六十爲法。除實得至倉四十八里不盡二十二，命

---

1 前“日”字遭塗抹，據順治本補。

2 設甲、乙、丙、丁各需 a、b、c、d 日造車一輛，四人合作共造一車，所需時日爲：

$$x = \frac{abcd}{bcd + acd + abd + abc}$$

3 此題爲《算法統宗》卷九“均輸”第十四題。

4 三千五百里，《算法統宗》誤作“三百五十里”。

5 一萬七千五百里，《算法統宗》誤作“一千七百五十里”。

日三十六分之二十二

解義三千五百里五十七十會齊之數也五十個七十里得三千五百里即是空車五十日行三千五百里七十個五十里亦得三千五百里即是重車七十日行三千五百里併五十七十得一百二十是合輕重車共一百二十日往返三千五百里以一百二十除三千五百得二十九一六不尽即是每一日空重車各行二十九里一六不尽以五日乘之共行空重車各一百四十五里八三三不尽以三往返除之得一往返空重車各四十八里六分一〻不尽即至倉之里數四十八里不尽三十六分之二十二即三百六十分之二百二十亦即是三分六厘之二分二厘蓋將不尽二〻再加一四合成三六便可再加一里也

輕重分程計工法〇原有人負米一石一斗二升行三十步日五十返今負米一石二斗行四十步問日應幾返

舊法置負米一石一斗二升以行三十步乘之得三百三十六又以五十返乘之得一千六百八十為實另以今負米一石二斗以行四十步乘之得四百八十為法除實得日應三十五返

曰三十六分之二十二。

【解義】三千五百里，五十、七十會齊之數也。五十個七十里得三千五百里，即是空車五十日行三千五百里；七十個五十里亦得三千五百里，即是重車七十日行三千五百里。併五十、七十得一百二十，是合輕重車共一百二十日，往返三千五百里。以一百二十除三千五百，得二十九一六不盡，即是每一日空重車各行二十九里一六不盡。以五日乘之，共行空重車各一百四十五里八三三不盡。以三往返除之，得一往返空重車各四十八里六分一一不盡，即至倉之里數四十八里不盡三十六分之二十二，即三百六十分之二百二十，亦即是三分六厘之二分二厘。蓋將不盡二二再加一四合成三六，便可再加一里也。

輕重分程計工法〇原有人負米一石一斗二升，行三十步，日五十返。今負米一石二斗，行四十步，問日應幾返[1]？舊法置負米一石一斗二升，以行三十步乘之，得三百三十六。又以五十返乘之，得(一千六百八十)[一萬六千八百]爲實[2]。另以今負米一石二斗以行四十步乘之，得四百八十爲法，除實得日應三十五返。

---

1 此題爲《算法統宗》卷九“均輸”第十五題。

2 一千六百八十，當作“一萬六千八百”，據演算改。此處誤本《算法統宗》。

解義催人負運議就石數步數往返數故將原數相乘為實今數相乘為法若以行四十步日三十五返問米即以步與往返相乘為法除實以米與日三十五返問步數亦然

催運問價法〇原議載重一千二百觔運道一千里脚銀七兩五錢今重一千五百觔運道九百五十里問該銀若干 舊法置今重一千五百斤以今運九百五十里乘之得一百四十二萬五千又以銀七兩五錢乘之得一千零六十八萬七千五百為實以原運里一千乘原重一千二百斤得一百二十萬為法除之得今該銀八兩九錢零六厘二毫五絲

解義按貨物因路程議價故乘除俱以原今貨程相乘為法此是貨加路減或貨減路加或俱加俱減皆同一法先乘後除

因貨定程法〇原議載重一千二百觔行道一千里價七兩五錢今載重一千六百觔支過銀六兩問今該行道若干 舊法置今銀大兩以原行

【解義】僱人負運，議就石數、步數、往返數，故將原數相乘爲實，今數相乘爲法。若以行四十步、日三十五返問米，即以步與往返相乘爲法除實。以米與日三十五返問步數，亦然。

僱運問價法〇原議載重一千二百觔，運道一千里，脚銀七兩五錢。今重一千五百觔，運道九百五十里。問該銀若干[1]？舊法置今重一千五百斤，以今運九百五十里乘之，得一百四十二萬五千。又以銀七兩五錢乘之，得一千零六十八萬七千五百爲實。以原運一千里乘原重一千二百斤，得一百二十萬爲法除之，得今該銀八兩九錢零六厘二毫五絲。

【解義】按貨物因路程議價，故乘除俱以原、今貨程相乘爲法。此是貨加路減，或貨減路加，或俱加俱減，皆同一法，先乘後除。

因貨定程法〇原議載重一千二百觔，行道一千里，價七兩五錢。今載重一千六百觔，支過銀六兩。問今該行道若干[2]？舊法置今銀六兩，以原行

1 此題爲《算法統宗》卷九“均輸”第十題。今行九百五十里，《算法統宗》原作“一千三百里”。

2 此題爲《算法統宗》卷九“均輸”第十一題。

一千里六百斤求之得里六千又以原重一千二百斤乘之得七百二十萬為實另以今重一三
以原價七兩五錢乘之得一萬二千為法除實得(今應行六百里)

解義法應置原重一千二百斤原行一千里相乘得一百二十萬以原議價七兩五錢除得一十六萬以今價六兩乘得九十六萬以今重一千六百斤除得今行道六百里或置今銀六兩以原議價七兩五錢除之得八乃今銀得原議價十分之八置原重原道相乘一百二十萬以今重一千六百斤除之得七百五十以八乘之將七百五十乘作八分亦得六百里皆是原重原道与今銀是乘今重与原議價是除應乘者通乘之應除者通乘除之即通乘通除法也因道定重法同

因程定重法〇原議載重一千二百觔行道一千里價七兩五錢今行道一千七百里已支銀七兩六錢五分問今該重若干

(舊)(法)置原重原道相乘得一百二十萬以今銀七兩六錢五分乘之得九百一十八萬為實另置今道一千七百里以原議價七兩五錢乘之得一萬二千七百五十為法除實得(該重七百二十觔)

一千里乘之，得六千里。又以原重一千二百斤乘之，得七百二十萬爲實。另以今重一千六百斤以原價七兩五錢乘之，得一萬一千爲法，除實得今應行六百里。

【解義】法應置原重一千二百斤、原行一千里相乘得一百二十萬，以原議價七兩五錢除，得一十六萬。以今價六兩乘，得九十六萬。以今重一千六百斤除，得今行道六百里。或置今銀六兩，以原議價七兩五錢除之得八，乃今銀得原議價十分之八。置原重、原道相乘一百二十萬，以今重一千六百斤除之，得七百五十。以八乘之，將七百五十乘作八分，亦得六百里。皆是原重、原道与今銀是乘，今重与原議價是除。應乘者通乘乘之，應除者通乘除之，即通乘通除法也。因道定重法同。

因程定重法〇原議載重一千二百觔，行道一千里，價七兩五錢。今行道一千七百里，已支銀七兩六錢五分。問今該重若干[1]？舊法置原重、原道相乘得一百二十萬，以今銀七兩六錢五分乘之，得九百一十八萬爲實。另置今道一千七百里，以原議價七兩五錢乘之，得一萬二千七百五十爲法，除實得該重七百二十觔。

---

1 此題爲《算法統宗》卷九“均輸”第十二題。

水陸較程法〇今有大京路至杭州四千二百七十五里馬從京往南日行一百二十里船從杭州往北日行七十里問船馬幾日相會各行若干里

舊法置路四千二百七十五里為實却併船馬日行共一百九十里為法除之得船馬相會二十二日半又為實各以馬行一百二十里乘得相會處行二千七百里以船行七十里乘得相會處行一千五百七十五里

難題較日會合西江月〇張家三女孝順歸家頻望勤勞東村大女隔三朝五日西村女到小女南鄉路遠依然七日一遭何朝齊至飲香醪請問英賢回報

舊法置三五相乘又以七乘得相會一百零五日

解義 舊法又有甲乙二人應役甲十二日一往乙十五日一往問何日會法用十二十五相乘得一百八十日以二數對减餘三日為法除寔得六十日一會然若改作甲十三乙十六或十七十八筭俱唯合未可為通法故不載

水陸較程法〇今有大京路至杭州四千二百七十五里，馬從京往南，日行一百二十里。船從杭州往北，日行七十里。問船馬幾日相會？各行若干里[1]？舊法置路四千二百七十五里爲實，却併船馬日行共一百九十里爲法，除之得船馬相會二十二日半。又爲實，各以馬行一百二十里乘，得相會處行二千七百里；以船行七十里乘，得相會處行一千五百七十五里。

難題·較日會合·西江月〇張家三女孝順，歸家頻望勤劳。東村大女隔三朝，五日西村女到。小女南鄉路遠，依然七日一遭。何朝齊至飲香醪，請問英賢回報[2]。舊法置三五相乘，又以七乘，得相會一百零五日。

【解義】舊法又有甲乙二人應役，甲十二日一往，乙十五日一往，問何日會。法用十二、十五相乘，得一百八十日，以二數對減餘三日爲法，除實得六十日一會[3]。然若改作甲十三，乙十六或十七、十八，筭俱難合，未可爲通法，故不載。

---

1 此題爲《算法統宗》卷八“開渠”第六題。

2 此難題爲《算法統宗》卷十五“難題商功五”第二題。

3 此題爲《算法統宗》卷九“均輸”第四題。此係求 12、15 最小公倍數，《算法統宗》解法有誤，其“以二數對減餘三日爲法”，當作“以二數更相減損餘三日爲法”，即求出二者最大公約數，以最大公約數除二者乘積，得二者最小公倍數。若甲爲 13、乙爲 16，二者更相減損餘 1，即最大公約數爲 1，二者最大公倍數即二數乘積。《筭海説詳》雖指出《算法統宗》之誤，卻仍未明其理。

遲疾問日法〇今有快行者日行九十五里慢行者先行八日問快行者幾日趕及

舊法 置慢行者日行七十五里以八日乘之得六百里為實却以慢行七十五里快行九十五里相減餘二十里為法除之得趕及該三十日

遲疾問里法〇今有甲日行八十里乙日行四十八里乙先行二百四十里甲始後行問幾里可及

舊法 置先行二百四十里以甲日行八十里乘之得一萬九千二百里為實却以甲日行八十里乙日行四十八里相減餘三十二里為法除之得趕及處六百里

解義 先以八十里乘後以行多之里除亦先乘後除法也以三十二除二百四十里得七個半三十二里即七日半可追及以甲日行八十里乘之得七日半共行六百里即趕及之處也

遲疾問日法〇今有快行者日行九十五里，慢行者日行七十五里。慢行者先行八日，問快行者幾日趕及[1]？舊法置慢行者日行七十五里，以八日乘之，得六百里爲實。却以慢行七十五里、快行九十五里相減，餘二十里爲法除之，得趕及該三十日。

遲疾問里法〇今有甲日行八十里，乙日行四十八里。乙先行二百四十里，甲始後行。問幾里可及[2]？舊法置先行二百四十里，以甲日行八十里乘之，得一萬九千二百里爲實。却以甲日行八十里、乙日行四十八里相減，餘三十二里爲法除之，得趕及處六百里。

【解義】先以八十里乘，後以行多之里除，亦先乘後除法也。以三十二除二百四十里，得七個半三十二里，即七日半可追及。以甲日行八十里乘之，得七日半共行六百里，即趕及之處也。

---

1 此題爲《算法統宗》卷八“開渠”第二題。

2 此題爲《算法統宗》卷八“開渠”第四題。

又法○今有人盜馬乘去三十七里馬主方覺騎馬追去至一百四十五里不及二十三里仍復追之問若干里可及　舊法置不及二十三里以馬主追行一百四十五里乘之得三千三百三十五里為實另置已行三十七里內減不及二十三里餘一十四里為法除之得再追二百三十八里不盡一十四分里之三

解義以不及二十三里減退三十七里餘一十四里此踶行一百四十五里比盜馬者快行一十四里故以一百四十五里乘以十四里除得趕及之里

遲疾以里問日行法○今有慢行者已行七日快行者趕行六日追及共路程已一千一百七十里問快行慢行各日行若干里　舊法置路行一千一百七十里為實以六日為法除之得快行者日行一百九十五里另將先行七日後行六日共一十三日為法除實得慢行者日行九十里

又法〇今有人盜馬乘去三十七里，馬主方覺，騎馬追去至一百四十五里，不及二十三里。仍復追之，問若干里可及[1]？舊法置不及二十三里，以馬主追行一百四十五里乘之，得三千三百三十五里爲實。另置已行三十七里，内減不及二十三里，餘一十四里爲法除之，得再追二百三十八里，不盡一十四分里之三。

【解義】以不及二十三里減退三十七里，餘一十四里，此趕行一百四十五里比盜馬者快行一十四里。故以一百四十五里乘、以十四里除，得趕及之里。

遲疾以里問日行法〇今有慢行者已行七日，快行者趕行六日追及，其路程已一千一百七十里。問快行、慢行各日行若干里[2]？舊法置路行一千一百七十里爲實，以六日爲法除之，得快行者日行一百九十五里。另將先行七日、後行六日共一十三日爲法，除實得慢行者日行九十里。

---

1 此題爲《算法統宗》卷八“開渠”第五題。

2 此題爲《算法統宗》卷八“開渠”第三題。

難題較程分乘歌○今有程途二千七十八人騎馬七匹言定十里騎輪轉各人騎行請詳題

舊法置程途二千七百里為實以一十八人為法除之得每人一百五十里以馬七匹乘之得騎馬一千零五十里以減程途二千七百里餘得人徒行一千六百五十里

增法置二千七百里為實以七匹乘之得一萬八千九百以一十八人除之得騎馬一千零五十里另以一十八人內減馬七匹餘十乘實得二萬九千七百亦以一十八人除之得步行一千六百五十里

難題車輪問里歌○二人推車忙且苦半徑輪該尺九五一日推轉二萬遭問君里數有幾許

舊法置半徑輪一尺九寸五分倍之得全徑三尺九寸以周三因之得輪轉一遭一百一十七寸以二萬遭乘之得二百三十四萬寸為實另以每里三百六十步以每步五十寸乘之得一萬八千寸為法除實得行一百三十里

難題·較程分乘歌○今有程途二千七，十八人騎馬七匹。言定十里騎輪轉，各人騎行請詳題[1]。舊法置程途二千七百里爲實，以一十八人爲法除之，得每人一百五十里。以馬七匹乘之，得騎馬一千零五十里。以減程途二千七百里，餘得人徒行一千六百五十里。增法置二千七百里爲實，以七匹乘之，得一萬八千九百。以一十八人除之，得騎馬一千零五十里。另以一十八人内減馬七匹餘十一乘實，得二萬九千七百。亦以一十八人除之，得步行一千六百五十里。

難題·車輪問里歌○二人推車忙且苦，半徑輪該尺九五。一日推轉二萬遭，問君里數有幾許[2]？舊法置半徑輪一尺九寸五分，倍之得全徑三尺九寸，以周三因之，得輪轉一遭一百一十七寸。以二萬遭乘之，得二百三十四萬寸爲實。另以每里三百六十步，以每步五十寸乘之，得一萬八千寸爲法，除實得行一百三十里。

---

1 此難題爲《算法統宗》卷十五“難題均輪六”第十一題。此題意爲：18 個人共 7 匹馬，行程 2700 里，每 10 里輪換騎馬，問每人騎行、步行各多少里？解法如下：

$$\text{騎行里數：}2700 \times \frac{7}{18}$$

$$\text{步行里數：}2700 \times \frac{11}{18}$$

或以騎行里數減總行程，即步行里數。

2 此難題爲《算法統宗》卷十五“難題均輪六”第三題，原作“推車問里歌”。

以里問車輪法〇今有車輪高六尺推行二十里問輪轉若干　舊法置二十里以里率一千八百尺乘之得三萬六千尺為實另以輪高六尺三因得周一十八尺為法除之得輪轉二千次

難題以山問黍米歌〇盧山山高八十里山峰峰上一黍米黍米一轉止三分幾轉轉到山脚底　舊法置山高八十里以每里三百六十步乘之得二萬八千八百步以每步五十寸乘之得一百四十四萬寸為實以米轉三分為法除之得四百八十萬轉

難題以里問魚歌〇三寸魚兒九里溝口尾相啣直到頭試問魚有多少數請君當面說因由　舊法置九里以每里一萬八千寸乘之得一十六萬二千寸為實以魚三寸為法除之得魚五萬四千箇

以里問車輪法〇今有車輪高六尺，推行二十里。問輪轉若干[1]？舊法置二十里，以里率一千八百尺乘之[2]，得三萬六千尺爲實。另以輪高六尺三因，得周一十八尺爲法，除之得輪轉二千次。

難題·以山問黍米歌〇廬山山高八十里，山峰峰上一黍米。黍米一轉止三分，幾轉轉到山脚底[3]？舊法置山高八十里，以每里三百六十步乘之，得二萬八千八百步。以每步五十寸乘之，得一百四十四萬寸爲實。以米轉三分爲法除之，得四百八十萬轉。

難題·以里問魚歌〇三寸魚兒九里溝，口尾相啣直到頭。試問魚有多少數，請君當面説因由[4]。舊法置九里，以每里一萬八千寸乘之，得一十六萬二千寸爲實。以魚三寸爲法除之，得魚五萬四千箇。

---

1 此題爲《算法統宗》卷九“均輸”第二十題。

2 每里 360 步，每步 5 尺，即 1 里 $= 360 \times 5 = 1800$ 尺。

3 此難題爲《算法統宗》卷十五“難題均輸六”第一題，原作“粒米求程歌”。

4 此難題爲《算法統宗》卷十五“難題均輸六”第一題，原作“排魚求數歌”。

雜題以里問金歎〇皇城内丹墀新闢圍有八里鋪金二寸深方寸重幾許秤来有一觔不知多少数特来問原因

(增)(法)置周八里以四歸之得二里自乘得四里另置每里三百六十步自乘得一十二萬九千六百步以乘四里得五十一萬八千四百步又置每步五十寸自乘得二千五百寸以乘五十一萬八千四百步得一十二萬九十六百萬寸又以深二寸因之得二十五萬九千二百萬寸以每方寸一斤因之得(金二十五萬九千二百萬斤)

解義舊法四歸八里得二里自乘得四里以每里三百六十步乘之得一千四百四十步以每步二千五百寸乘之得三百六十萬寸又以深二寸因之得七百二十萬寸即金七百二十萬斤相差懸絶已甚葢每面二里自乘得四里每一里長濶皆一里乃三百六十箇三百六十步訣一十二萬九千六百步法當以三百六十步自乘以乘四里疊归止以三百六十步乘四里是每里作一步濶三百六十步長筭矣識以每面二里訣長七百二十步自乘得五十一萬八千四百步非一千四百四十步明矣

難題·以里問金歌○皇城内，丹墀新。周圍有八里，鋪金二寸深。方寸重幾許，秤来有一觔。不知多少數，特来問原因[1]。增法置周八里，以四歸之，得二里，自乘得四里。另置每里三百六十步，自乘得一十二萬九千六百步，以乘四里，得五十一萬八千四百步。又置每步五十寸，自乘得二千五百寸，以乘五十一萬八千四百步，得一十二萬九千六百萬寸。又以深二寸因之，得二十五萬九千二百萬寸。以每方寸一斤因之，得金二十五萬九千二百萬斤[2]。

【解義】舊法四歸八里得二里，自乘得四里，以每里三百六十步乘之，得一千四百四十步。以每步二千五百寸乘之，得三百六十萬寸。又以深二寸因之，得七百二十萬寸，即金七百二十萬斤。相差懸絶已甚。葢每面二里，自乘得四里，每一里長濶皆一里，乃三百六十箇三百六十步，該一十二萬九千六百步。法當以三百六十步自乘，以乘四里。旧止以三百六十步乘四里，是每里作一步濶、三百六十步長筭矣。試以每面二里該長七百二十步，自乘得五十一萬八千四百步，非一千四百四十步明矣。

---

1 此難題爲《算法統宗》卷十三“難題粟布二”第十二題，原作“鋪金問積歌”。

2 丹墀面積爲：

$$2^2 \times 360^2 \times 50^2$$

《算法統宗》誤解爲：

$$2^2 \times 360 \times 50^2$$

混同了里與平方里的概念，以 1 平方里 = 360 步入算，最終得金 720 萬斤，相差懸遠。

筭海說詳第六卷終

筭海説詳第六卷終

算海說詳第七卷

白下隱吏古齊陽丘睡足軒強恕居士李長茂拙翁甫輯著

鏡泉章

此章以觔兩明衡法以丈尺明度法以石斗明量法粟粮帛布金銀刀錐御其出入高下貴賤分合本息定其準則公私之用在斯交易之理畢具

衡法觔秤歌〇觔如求兩身加六〇藏六留身兩見觔〇論銖三百八十四〇六十四分為一觔〇二十四銖為一兩〇三十二兩一褁真〇一秤觔該一十五〇二秤之數為一鈞〇四鈞為石亦名馱〇二百整觔

一引因

筭海説詳第七卷

白下隐吏古齊陽丘睡足軒強恕居士李長茂拙翁甫輯著

鏡泉章[1]

此章以觔兩明衡法，以丈尺明度法，以石斗明量法。粟糧帛布，金錫刀錐，御其出入。高下貴賤，分合本息，定其準則。公私之用在斯，交易之理畢具。

衡法觔秤歌[2]〇觔如求兩身加六〇減六留身兩見觔〇論銖三百八十四[3]〇六十四分爲一觔[4]〇二十四銖爲一兩〇三十二兩一褁[5]真〇一秤觔該一十五〇二秤之數爲一鈞〇四鈞爲石亦名馱〇二百整觔一引因

---

1 鏡泉章相當於傳統九章之粟布章。包括《算法統宗》卷四“粟布章”、卷九“均輸章”之“照派納糧”“分限納稅”、卷二之“傾煎論色”“差分”等内容。

2 歌見《算法統宗》卷四粟布章，文字略有差異。

3 1 觔＝16 兩，1 兩＝24 銖，故 1 觔 ＝ 16 × 24 ＝ 384 銖。

4 《九章比類》卷首云：“六銖爲一分，四分爲一兩”，即 1 兩＝4 分，故 1 觔＝64 分。與分厘毫絲之“分”不同。

5 褁，《丁巨算法》、《九章比類》作“褁”，《算法統宗》及本書後文或作“裹”。據《龍龕手鑒・衣部》，“褁”爲“裹”之俗字。裹有包裹之義，故所包之物亦可稱裹，《古今韻會舉要・過韻》：“裹，指所包之物也。”可用作量詞，《穆天子傳》卷二：“貝帶五十，朱三百裹”。1 褁＝32 兩＝2 觔，又《丁巨算法》云：“褁法，重二斤二兩，計三十四兩。”與此衡制不同。

以觔求兩法〇如有金一十二觔半問該兩若干（穩法）置原金一十二斤半

為實以六為法於次位加之得（金二百兩） 或以一十六兩為法乘之亦得

筭盤定位只認原觔位得十兩依次求之今列筭式於後

（　）呼起 先呼五六加三十 加三於前位

（串） 不動本身五加三成八兩

次呼二六一十二上位加一本位加二共成十進前位

（元） 不動本身二加一成三連下位二八成十共四十兩

又次呼一六如六就于本位加大共成十進前位

（干） 不動本身一加八下位進一共得二百兩

截兩為觔歌〇一退六二五〇二留一二五〇三留一八七五〇四留二

五〇五留三一二五〇六留三七五〇七留四三七五〇八留五〇九

留五六二五〇十留六二五〇十一留六八七五〇十二留七五〇十

以觔求兩法○如有金一十二觔半，問該兩若干[1]？舊法置原金一十二斤半爲實，以六爲法，於次位加之，得金二百兩。或以一十六兩爲法乘之，亦得。

筭盤定位，只認原觔位得十兩，依次求之。今列筭式於後[2]：

	起呼	先呼五六加三十。加三於前位。
半		不動本身五，加三成八兩。
		次呼二六一十二，上位加一，本位加二共成十，進前位。
二斤		不動本身二，加一成三，連下位二八成十，共四十兩。
		又次呼一六如六，就于本位加六共成十，進前位。
一十		不動本身一，加入下位進一，共得二百兩。

截兩爲觔歌○一退六二五○二留一二五○三留一八七五○四留二五○五留三一二五○六留三七五○七留四三七五○八留五○九留五六二五○十留六二五○十一留六八七五○十二留七五○十

1 此題爲《算法統宗》卷四“衡法”第一題。

2 運算步驟如表 7—1 所示：

表 7—1

	十位	斤位			
	1	2	5		
起呼五六三十			3	0	斤下位 5 不動，加 3 成 8
次呼二六一十二		1	2		斤下位 8 加 2 變 0，進 1 於前位； 斤位 2 加 1 成 3，加進 1 成 4
次呼一六如六		6			斤位 4 加 6 變 0，進 1 於前位；十位 1 加 1 成 2
	2	0	0	0	認斤作十兩，得 200 兩

三留八一二五〇十四留八七五〇十五留九三七五

如有銀四百三十二兩問該觔若干　舊法置銀四百三十二兩為實以截兩法通之得二十七觔或以十六除之亦得算盤定位只認十兩位上得觔像

次求之令列算式於後

鬲　手　置

先呼加五共成十進前位　空

次呼加五

先呼加二

次呼加七共九併下位進一成十進前位　空

呼起

先呼二留一二五变本身二為一更于下位加二又下位加五

次呼加八連先呼一共九併下位進一成十進前位　空

次呼三留一八七五变本身三為一更于下遍加八七五

又呼加五連次呼一共六併下位進一得七

又呼四留二五变本身為二併于下位加五成七淨金二百七十斤

解義一退六二五者將一兩以十六除之得六二五猶以十六人分銀一兩每一人應分六分二厘五毫二晋一二五者即二兩以

三留八一二五〇十四留八七五〇十五留九三七五[1]

如有銀四百三十二兩，問該觔若干[2]？舊法置銀四百三十二兩爲實，以截兩法通之，得二十七觔。或以十六除之，亦得。筭盤定位，只認十兩位上得觔，依次求之。今列筭式於後[3]：

		先呼加五，次呼加五，共成十，進前位。	空
		先呼加二，次呼加七，共九。併下位進一成十，進前位。	空
二兩	起呼	先呼二留一二五，變本身二爲一，更于下位加二，又下位加五。	空
三十		次呼加八，連先呼一共九。併下位進一成十，進前位。	
		次呼三留一八七五，變本身三爲一，更于下遞加八七五。	
四百		又呼加五，連次呼一共六。併下位進一得七。	
		又呼四留二五，變本身爲二，併于下位加五成七，得金(二百七十斤)[二十七斤][4]。	

【解義】一退六二五者，將一兩以十六除之，得六二五。猶以十六人分銀一兩，每一人應分六分二厘五毫。二留一二五者，將二兩以

1 歌訣見《算法統宗》卷四。即化兩爲斤的口訣：1兩＝0.0625斤，2兩＝0.125斤，3兩＝0.1875斤，……15兩＝0.9375斤。實際相當於將十六進制小數轉化爲十進制小數，可寫成如下形式：$(0.1)_{16}$＝0.0625，$(0.2)_{16}$＝0.125，$(0.3)_{16}$＝0.1875，…… $(1.5)_{16}$＝0.9375。（《算法統宗校釋》第366頁）

2 此題爲《算法統宗》卷四"衡法"第二題。

3 運算步驟如表7—2所示：

表7—2

	百	十	兩			
	4	3	2			
先呼二留一二五			1	2	5	兩位2變爲1，下位加2，又下位加5
次呼三留一八七五		1	8	7	5	十位3變爲1，兩位加8，下位加7，又下位加5
次呼四留二五	2	5				百位4變爲2，十位加5
	2	7	0	0	0	認十兩作斤位，得27斤

4 二百七十斤，當作"二十七斤"，據前文改。

十六除之得一二五滿十六人分銀二兩每人分一錢二分五厘皆十六分中一分也兩是十分斤是十六分將十分截作十六分乃可化兩為斤也六二五是次位下起故曰退一二五以下俱本位下起故曰歸曰退者斤下位曰歸者斤本位也

又挨位歸除截兩成斤歌〇一退十五〇二退十四〇三退十三〇四退十二〇五退十一〇六退十〇七退九〇八退八〇九退七〇十退六〇十一退五〇十二退四〇十三退三〇十四退二〇十五退一

程賓渠曰筭法遇觔下帶兩多將兩隔位置筭子觀筭盤梁之上二子為十梁之下五子為五共有十五之數論一斤該數十六即將斤下位作兩假如五斤十五兩不必以下位作十又下位作兩只於斤下一位梁之上加二子梁之下加五子即為十五兩若兼歸除為法為實如呼十五留九三七五就於本身梁之上除去一子梁之下除去一子餘九另

十六除之，得一二五。猶十六人分銀二兩，每人分一錢二分五厘。皆十六分中一分也。兩是十分，斤是十六分，將十分截作十六分，乃可化兩爲斤也。六二五是次位下起，故曰退一二五。以下俱本位下起，故曰留。曰退者，斤下位；曰留者，斤本位也。

又挨位歸除截兩成斤歌〇一退十五〇二退十四〇三退十三〇四退十二〇五退十一〇六退十〇七退九〇八退八〇九退七〇十退六〇十一退五〇十二退四〇十三退三〇十四退二〇十五退一[1]

程賓渠曰：筭法遇觔下帶兩，多將兩隔位置筭。予觀筭盤梁之上二子爲十，梁之下五子爲五，共有十五之數。論一斤該數十六，即將斤下位作兩。假如五斤十五兩，不必以下位作十，又下位作兩，只於斤下一位梁之上加二子，梁之下加五子，即爲十五兩。若兼歸除爲法爲實，如呼十五留九三七五，就於本身梁之上除去一子，梁之下除去一子，餘九，另

1 歌訣見《算法統宗》卷四。此法爲程大位所創，甚爲便捷。筭盤橫樑上二子、下五子共十五，可徑直表示 15 兩。如 5 斤 15 兩，斤下位徑作 15 兩，不必分作“十兩”與“兩”二位，作二次截兩成斤運算。若加 1 兩，則退去十五，進前位於一；加 2 兩，則退去十四，進前位於一，依此類推。

於下遞加三七五然後用法乘除即無差忒若再加一兩即退梁上十梁下五進一於前以成一斤之數故曰一退十五此法甚捷如除畢斤下有零從末用加六法逐位逆上加之至斤下止切不可加於斤上

解義截斤法一兩用退二以上用留皆就本位退下一位為退本位為留用筭盤上下子無論十兩零兩皆置挨斤一位于退留法乃合若分作二位以十置次位兩置隔位則一退六二五六便在第三位九兩以下留在第二位十兩以上留在次位與筭合

以兩求觔帶兩法○今有麝香一百兩乳香三百三十七兩四錢冰片二百五十九兩四錢八分問各觔數若干

(舊法)置麝香一百兩退作六二五六退百下乃十兩位十上得觔六即斤六不動下五二用加六法從末位逆加至斤下止成四得(麝香六斤四兩)又置乳香三百三十七兩用截兩法從末位呼七留四三七五本身七變作四下挨次加五三七次呼末二位三留一

於下遞加三七五。然後用法乘除，即無差忒。若再加一兩，即退梁上十，梁下五，進一於前，以成一斤之數，故曰一退十五。此法甚捷。如除畢斤下有零，從末用加六法，逐位逆上加之，至斤下止，切不可加於斤上[1]。

【解義】截斤法一兩用退，二以上用留，皆就本位退下一位爲退，本位爲留。用筭盤上下子，无論十兩零兩，皆置挨斤一位，于退留法乃合。若分作二位，以十置次位，兩置隔位，則一退六二五，六便在第三位，九兩以下留在第二位，十兩以上留在次位，與筭不合。

以兩求觔帶兩法〇今有麝香一百兩，乳香三百三十七兩四錢，冰片二百五十九兩四錢八分。問各觔數若干[2]？舊法置麝香一百兩，退作六二五，六退百下乃十兩位，十上得觔，六即六斤不動。下二五用加六法，從末位逆加至斤，下止成四，得麝香六斤四兩[3]。又置乳香三百三十七兩，用截兩法，從末位呼“七留四三七五”，本身七變作四，下挨次加三七五。次呼末二位“三留一

---

1 這段文字，見於《算法統宗》卷四“衡法”，原文與此文字有出入。

2 此題據《算法統宗》卷四“衡法”第三題改編。原題云：“今有麝香一百兩，乳香一千兩，芸香一萬兩，問各斤數若干?”

3 此係先截兩成觔，100 兩＝6.25 斤。次將斤小數用加六法變作兩：0.25 斤＝4 兩。得 6 斤 4 兩。

八七五本身變三作一下挨次加五八七又呼首位三留一八七五本身
變三作一下挨次加五八七共得首位二次位一隅位下挨次五六二次位
十兩上得斤即二十一斤不動下隅位六二五用加六法加成斤下位一再加零
四錢得(乳香二十一斤一兩四錢)又置氷片二百五十九兩四錢八分用通截通加法
從末八分位呼八留五變身作五逆上四變身作二下位加五九變身作
五下加六二五五變身作三下加一一五二變身作一下加八七五得一六二一七五
實首係百次位十得斤即一十六斤不動下二一七五用加六法得(氷片一十六
斤三兩四錢八分)
以兩求斤下帶兩價法〇今有黃蠟五百三十五斤七兩每兩價八厘九
毫問該銀若干　(舊)(法)置黃蠟五百三十五斤用加六法得八千五百六十兩併零七兩

八七五”，本身變三作一，下挨次加八七五。又呼首位“三留一八七五”，本身變三作一，下挨次加八七五。共得首位二、次位一，隔位下挨次六二五。次位十兩上得斤，即二十一斤不動。下隔位六二五用加六法，加成斤下位一，再加零四錢，得乳香二十一斤一兩四錢[1]。又置冰片二百五十九兩四錢八分，用通截通加法，從末八分位呼“八留五”，變身作五；逆上四變身作二，下位加五；九變身作五，下加六二五；五變身作三，下加一二五；二變身作一，下加(八七五)[二五][2]，得一六二一七五。實首係百，次位十得斤，即一十六斤不動，下二一七五，用加六法，得冰片一十六斤三兩四錢八分[3]。

以兩求斤下帶兩價法〇今有黄蠟五百三十五斤七兩，每兩價八厘九毫。問該銀若干[4]？舊法置黄蠟五百三十五斤，用加六法，得八千五百六十兩。併零七兩，

---

1 此題將 4 錢擱置不動，先將 337 兩截兩爲斤，337 兩＝21.0625 斤，次將 0.0625 斤用加六法化爲兩，得 1 兩，最後加上 4 錢，得 21 斤 1 兩 4 錢。

2 據截斤爲兩歌訣“二留一二五”，“八七五”當作“二五”，據改。後亦以“二五”入算，“八七五”係筆誤。

3 此係將 259 兩 4 錢 8 分皆化爲斤，爲 16.2175 斤，次將 0.2175 斤化爲 3 兩 4 錢 8 分，得 21 斤 3 兩 4 錢 8 分。

4 此題爲《算法統宗》卷四“衡法”第七題。

共八千五百六十七兩為實以價八釐九毫為法乘之得該銀七十六兩二錢四分六釐三毫

以觔求觔下帶兩價法○今有大青四百三十二觔一兩每觔價二兩問該銀若干 舊法置大青四百三十二斤一不動將觔下一兩用截兩為觔法通之作退位六二五併得四百三十二斤零六二五為實以觔價二兩為法乘之得該銀八百六十四兩一錢二分五釐

以觔兩求價法○原有銀二錢三分置白銅一十三兩今欲買五觔二兩問該銀若干 舊法置今買銅五斤二兩以斤求兩法加之加斤不加兩共得八十二兩以原銀二錢三分乘之得一十八兩八錢六分為實以原銅一十三兩為法除之得該銀一兩四錢五分零七毫七絲

共八千五百六十七兩爲實。以價八厘九毫爲法乘之，得該銀七十六兩二錢四分六厘三毫。

以觔求觔下帶兩價法〇今有大青四百三十二觔一兩，每觔價二兩。問該銀若干[1]？舊法置大青四百三十二斤不動，將觔下一兩用截兩爲觔法通之，作退位六二五，併得四百三十二斤零六二五爲實。以觔價二兩爲法乘之，得該銀八百六十四兩一錢二分五厘。

以觔兩求價法〇原有銀二錢三分，置白銅一十三兩。今欲買五觔二兩，問該銀若干[2]？舊法置今買銅五斤二兩，以斤求兩法加之，加斤不加兩，共得八十二兩。以原銀二錢三分乘之，得一十八兩八錢六分爲實。以原銅一十三兩爲法除之，得該銀一兩四錢五分零七毫七絲[3]。

---

1 此題爲《算法統宗》卷四“衡法”第八題。

2 此題爲《算法統宗》卷四“衡法”第十五題。

3 此不能除盡，當得一兩四錢五分零七毫六絲九忽不盡。

以銀求斤兩法〇原有銀七錢五分買墨二斤四兩今有銀二錢四分問該墨若干 (舊法)置今銀二錢四分以原買墨二斤四兩用截兩法變為二五共二斤二五為法乘之得五十四兩為實以原銀七錢五分為法除之得七二乃合斤之數用加六法加之得(今)(該)(墨)(一)(十)(一)(兩)(五)(錢)(二)(分)

解義 亦用先乘後除法若將墨二斤四兩用加斤法得三十六兩以今銀二錢四分乘之以原銀除之亦得此較省除後再用加法

觔兩較解費法〇今有官役領解顏料甲解大綠一百二十二斤一十三兩靛花八百四十觔乙解銀硃二千一百四十八觔一十二兩錫四千共百八十觔二人夥同交納共使費銀六百兩議定大綠每兩使費銀一錢七分五釐靛花每三十五觔使費銀七錢五分銀硃每觔使費銀六分錫每一十二觔使費銀二錢八分問各該銀若干 (舊法)先置甲

以銀求斤兩法〇原有銀七錢五分，買墨二斤四兩。今有銀二錢四分，問該墨若干[1]？舊法置今銀二錢四分，以原買墨二斤四兩，將四兩用截兩法變爲二五，共二斤二五爲法乘之，得五十四兩爲實[2]。以原銀七錢五分爲法除之，得七二，乃合斤之數，用加六法加之，得今該墨一十一兩五錢二分。

【解義】亦用先乘後除法，若將墨二斤四兩用加斤法得三十六兩，以今銀二錢四分乘之[3]，以原銀除之，亦得。此較省，除後再用加法。

觔兩較解費法〇今有官役領解顔料，甲解大緑一百二十二斤一十三兩、靛花八百四十觔，乙解銀硃二千一百四十八觔一十二兩、錫四千六百八十觔。二人夥同交納，共使費銀六百兩。議定大緑每兩使費銀一錢七分五厘，靛花每三十五觔使費銀七錢五分，銀硃每觔使費銀六分，錫每一十二觔使費銀二錢八分。問各該銀若干[4]？舊法先置甲

---

1 此題爲《算法統宗》卷四“衡法”第十六題。

2 五十四兩，此“兩”爲價錢之“兩”，非重量之“兩”。如題，以今銀 2 錢 4 分作 0.24 兩，乘原墨 2 斤 25 即 225，得 54 兩。再以原銀 7 錢 5 分即 0.75 兩除之，得 72，即 0.72 斤。

3 今銀，順治本訛作“今錢”。

4 《算法統宗》無此題。

大綠一百二十二斤用加六法得一千九百五十二兩併零一十三兩共一千九百六十五兩以每兩一錢七分五厘乘之得三百四十三兩八錢七分五厘又置龍花八百四十斤以七錢五分乘之得六千三百以三十五斤除之得一十八兩二共得甲該使費銀三百六十一兩八錢七分五厘另置乙銀硃二千一百四十八斤不動將零一十二兩用截兩法化作七五共二千一百四十八斤七五以每斤六分乘之得一百二十八兩九錢二分五厘又置錫四千六百八十斤以使費二錢八分乘之得一萬三千一百零四以每一十二斤除之得一百零九兩二錢二共得乙該使費銀二百三十八兩一錢二分五厘甲乙共該六百兩

以觔問引石鈞秤褱兩分銖併價法〇今有胡椒六百觔價銀七十五兩問引石鈞秤褱兩分銖及價各若干

增法置價銀七十五兩為實以六百觔為法除之得每斤價一錢二分五厘〇即置胡椒六百斤為實以每引二百

大緑一百二十二斤，用加六法得一千九百五十二兩，併零一十三兩，共一千九百六十五兩，以每兩一錢七分五厘乘之，得三百四十三兩八錢七分五厘。又置靛花八百四十斤，以七錢五分乘之，得六千三百，以三十五斤除之，得一十八兩。二共得甲該使費銀三百六十一兩八錢七分五厘。另置乙銀硃二千一百四十八斤不動，將零一十二兩用截兩法化作七五，共二千一百四十八斤七五，以每斤六分乘之，得一百二十八兩九錢二分五厘。又置錫四千六百八十斤，以使費二錢八分乘之，得一萬三千一百零四，以每一十二斤除之，得一百零九兩二錢。二共得乙該使費銀二百三十八兩一錢二分五厘。甲乙共該六百兩。

以觔問引石鈞秤絫兩分銖併價法〇今有胡椒六百觔，價銀七十五兩。問引、石、鈞、秤、絫、兩、分、銖及價各若干[1]？增法置價銀七十五兩爲實，以六百觔爲法除之，得每斤價一錢二分五厘。〇即置胡椒六百斤爲實，以每引二百

1 此題爲《算法統宗》卷四"衡法"第二十三題。

斤歸之得該三引另置價七十五兩以三引歸之得每引銀二十五兩○又置
三引為實以每石六十斤歸之得五石另置原價七十五兩以五歸之得每石銀
一十五兩○又置五石為實以每石四鈞乘之得二十鈞另置每石銀一十五兩
以四歸之得每鈞銀三兩七錢五分○又置二十鈞為實以每鈞二秤乘之
得四十秤另置每鈞銀三兩七錢五分以二歸之得每秤銀一兩八錢七分五
釐○又置四十秤為實以每秤七五裹乘之得三百裹另置每秤銀一兩八錢七分
五釐以七五歸之得每裹銀二錢五分○又置三百裹為實以每裹三十二兩乘之
得九千六百兩另置每裹銀二錢五分以三十二除之得每兩銀七釐八毫一
絲二忽五微○又置九千六百兩為實以每兩四分乘之得三萬八千四百分
另置每兩銀七釐八毫一絲二忽五微以四歸之得每分銀一釐九毫五絲三忽一

斤歸之，得該三引。另置價七十五兩，以三引歸之，得每引銀二十五兩。〇又置三引爲實[1]，以每石(六十斤)[一百二十斤]歸之[2]，得五石。另置原價七十五兩，以五歸之，得每石銀一十五兩。〇又置五石爲實，以每石四鈞乘之，得二十鈞。另置每石銀一十五兩，以四歸之，得每鈞銀三兩七錢五分。〇又置二十鈞爲實，以每鈞二秤乘之，得四十秤。另置每鈞銀三兩七錢五分，以二歸之，得每秤銀一兩八錢七分五厘。〇又置四十秤爲實，以每秤七五裹乘之，得三百裹。另置每秤銀一兩八錢七分五厘，以七五歸之，得每裹銀二錢五分。〇又置三百裹爲實，以每裹三十二兩乘之，得九千六百兩。另置每裹銀二錢五分，以三十二除之，得每兩銀七厘八毫一絲二忽五微。〇又置九千六百兩爲實，以每兩四分乘之，得三萬八千四百分。另置每兩銀七厘八毫一絲二忽五微，以四歸之，得每分銀一厘九毫五絲三忽一

1 三引即六百斤，此處作六百斤似更明確。

2 六十斤，當作“一百二十斤”。

微二纖五沙又置三萬八千四百分為實以每分六銖乘之得二十三萬零四百銖另置每分銀一厘九毫五系三忽一微二纖五沙以六歸之得每銖銀三毫二絲五忽五微二纖零八塵三三不盡

解義所云分者乃六銖為分四分為兩計每一分得二錢五分非分厘毫系之分也今法不用古分須辨之

雜題帶銖問年歌○有一公公不記年手持竹杖在門前借問公公幾年歲家中數目記周全一兩八銖泥彈子每歲盤中放一丸月久歲深經兩濕總然化作一泥團秤重八斤零八兩總算方知得幾年算法置總八半斤以每斤三百八十四銖乘之得三千二百六十四銖為實以每歲一兩作二十四銖併入八銖共三十二銖為法除之得年一百零二歲

加鍮稱物法○今有猪一口因無大秤以小秤稱之不及數計原秤錘重

微二纖五沙。〇又置三萬八千四百分爲實，以每分六銖乘之，得二十三萬零四百銖。另置每分銀一厘九毫五絲三忽一微二纖五沙，以六歸之，得每銖銀三毫二絲五忽五微二纖零八塵三三不盡[1]。

【解義】所云分者，乃六銖爲分，四分爲兩。計每一分得二錢五分，非分厘毫絲之分也。今法不用古分，須辨之。

難題·帶銖問年歌〇有一公公不記年，手持竹杖在門前。借問公公幾年歲？家中數目記周全。一兩八銖泥弹子，每歲盤中放一丸。日久歲深經（兩）[雨]濕[2]，總然化作一泥團。秤重八斤零八兩[3]，總筭方知得幾年[4]。舊法置總八斤半，以每斤三百八十四銖乘之，得三千二百六十四銖爲實。以每歲一兩作二十四銖，併入八銖共三十二銖爲法除之，得年一百零二歲。

加錘稱物法〇今有猪一口，因無大秤，以小秤稱之，不及數。計原秤錘重

---

1 《算法統宗》解法與此不同："法曰：置椒六百斤爲實，以二歸之，得三百裹；就以七五除之，得四十秤；又以二歸之，得二十鈞；復以四歸之，得五石。再以十二乘之，仍得六百斤，卻以二歸之，得三引。又以二乘之，仍得原六百斤，卻以六加之，得九千六百兩；又以二四乘之，得二十三萬零四百銖〇另以價銀七十五兩爲實，卻以各率數爲法，除之合問。"

2 兩，《算法統宗》卷十三作"雨"，據改。

3 八兩，順治本誤作"四兩"。

4 此難題爲《算法統宗》卷十三"難題粟布二"第二題，原作"老人問甲歌"。

一斤十両又加秤錘一斤四両八錢稱得六十七斤問平秤該正數若干

舊法置原錘一斤十両計二十六両又加錘一斤四両八錢計二十両零八錢共四十六両八錢以共稱猪六十七斤乘之得三千一百三十五斤六為實另以原秤錘二十六両為法除之得一二隔位六乃一百二十斤實數六乃斤下零數用加六法加得九両六錢共得猪該

一百二十斤九両六錢

解義 正法應將加錘共四十六両八錢以原錘二十六両除之得一両八錢乃帶加錘比原錘十分外多出八分卻將今稱六十九斤以一両八錢乘之每一分俱加作一分八厘便得本等正數將六十七斤以四十六両八錢乘以二十六両除亦然大抵除法难于更移乘法無論以六十七斤乘四十六両八錢與以四十六両八錢乘六十七斤一也此猶求圓求方將方三因四歸得圓將圓四因三歸即得方將帶加錘所稱物以帶加錘除以原錘乘即得原錘所稱本數先將原錘所稱數以原錘除以帶加錘乘即得後稱之數至原錘帶加錘俱以両筭而六十七斤乃以斤筭不破斤為両者因為法同是両一乘一除皆是乘除斤數故以斤筭與以両筭一也

一斤十兩，又加秤錘一斤四兩八錢，稱得六十七斤。問平秤該正數若干[1]？舊法置原錘一斤十兩計二十六兩，又加錘一斤四兩八錢計二十兩零八錢，共四十六兩八錢。以共稱猪六十七斤乘之，得三千一百三十五斤六爲實。另以原秤錘二十六兩爲法除之，得一二隔位六，乃一百二十斤實數，六乃斤下零數。用加六法加得九兩六錢，共得猪該一百二十斤九兩六錢。

【解義】正法應將加錘共四十六兩八錢，以原錘二十六兩除之，得一兩八錢，乃帶加錘比原錘十分外多出八分。却將今称六十七斤以一兩八錢乘之，每一分俱加作一分八厘，便得本等正數。將六十七斤以四十六兩八錢乘，以二十六兩除，亦然。大抵除法难于更移，乘法無論以六十七斤乘四十六兩八錢，與以四十六兩八錢乘六十七斤，一也。此猶求圓求方，將方三因四歸得圓，將圓四因三歸即得方。將帶加錘所稱物以帶加錘除、以原錘乘，即得原錘所稱本數，猶將原錘所称數以原錘除、以帶加錘乘，即得後称之數。至原錘、帶加錘俱以兩筭，而六十七斤乃以斤筭，不破斤爲兩者，因爲法同是兩，一乘一除皆是乘除斤數，故以斤筭與以兩筭一也。

1 此題爲《算法統宗》卷四“衡法”第二十題。

稱物求錘法〇今有原秤失去錘欲買錘配秤不知輕重另以別秤稱物重八斤二兩將原秤用別錘重二斤五兩稱之只得六斤問原錘重若干

舊法置後稱物六斤以加六法通之得九十六兩以後別錘二斤五兩計三十七兩乘之得三千五百五十二兩為實另以原物八斤二兩亦用加六法通之得一百三十兩為法除之得二十七兩三錢以截兩法通之得原錘重一觔一十一兩三錢零

解義此與上加錘同一法然以一百三十兩為法除三千五百五十二兩得先錘二十七兩三錢二分三釐不盡零而俱三錢止非

傾煎問色法〇今有足色紋銀三十五兩二錢欲傾八八色銀問用銅若干

舊法置紋銀三十五兩二錢為實以八八色為法除之得色銀四十兩內減原銀三十五兩二錢餘得用銅四兩八錢

傾煎問紋法〇今有銅七錢五分欲入銀傾作八八色問用紋銀若干

稱物求錘法○今有原秤失去錘，欲買錘配秤，不知輕重。另以别秤稱物重八斤二兩，將原秤用别錘重二斤五兩稱之，只得六斤。問原錘重若干[1]？舊法置後稱物六斤，以加六法通之，得九十六兩。以後别錘二斤五兩計三十七兩乘之，得三千五百五十二兩爲實。另以原物八斤二兩亦用加六法通之，得一百三十兩爲法除之，得二十七兩三錢[2]。以截兩法通之，得原錘重一觔一十一兩三錢零[3]。

【解義】此與上加錘同一法。然以一百三十兩爲法，除三千五百五十二兩，得先錘二十七兩三錢二分三厘不盡(零)一[4]。舊俱三錢止，非。

傾煎問色法[5] ○今有足色紋銀三十五兩二錢，欲傾八八色銀。問用銅若干[6]？舊法置紋銀三十五兩二錢爲實，以八八色爲法除之，得色銀四十兩。内減原銀三十五兩二錢，餘得用銅四兩八錢。

傾煎問紋法○今有銅七錢五分，欲入銀傾作八八色。問用紋銀若干[7]？

---

1 此題爲《算法統宗》卷四“衡法”第二十一題。

2 二十七兩三錢，據後文，當作“二十七兩三錢零”。

3 《算法統宗》求得原錘重一斤十一兩三錢。據題意，原錘重爲：

$$\frac{96 \times 37}{130} \cong 27.323\text{ 兩}$$

化兩爲斤，當作一斤十一兩三錢零。

4 不盡零一，順治本作“不盡一”。按，以一百三十除三千五百五十二，得二十七兩三錢二分三厘零七絲六忽九微零，截到“毫”位，當作“二十七兩三錢二分三厘一”，故以順治本爲正，康熙本誤改。據順治本删去“零”字。

5 傾，鑄也。煎，煉也。傾煎問色，即熔鑄今銀計算成色（《算法統宗校釋》，第 223 頁）。傾煎問色算題，見《算法統宗》卷二“傾煎論色”。

6 此題爲《算法統宗》卷二“傾煎論色”第五題。

7 此題爲《算法統宗》卷二“傾煎論色”第六題。

舊法置銅七錢五分為實以每兩用銅一錢二分為法除之得八八色銀六兩一錢五分內

減原銅七錢五分餘得紋銀五兩五錢

雜題分色西江月〇甲釧九成二兩乙釵七色相同李銀鋪內偶相逢各

欲改成器用其子未詳盰以誤將一處銷鎔當時悶惱李三翁又把筭

師攪動　舊法置甲九色金二兩折足色一兩八錢乙七色金二兩折足色一兩四錢

併之得足色金三兩二錢以原金甲乙共四兩歸之得八色就以八為法除甲一兩

八錢得甲應分金二兩二錢五分亦以法八除乙一兩四錢得乙應分金一兩

七錢五分

鎔鍊銅鐵礦問原觔兩法〇今有銅一經入爐每十斤得八斤今三經入

爐得七十五斤一十三兩四錢四分問原生銅若干　舊法置見銅七十

舊法置銅七錢五分爲實，以每兩用銅一錢二分爲法除之[1]，得八八色銀六兩二錢五分。内減原銅七錢五分，餘得紋銀五兩五錢。

難題·分色·西江月〇甲釧九成二兩，乙釵七色相同。李銀舖内偶相逢，各欲改成噐用。其子未詳所以，誤將一處銷鎔。當時悶惱李三翁，又把筭師擾動[2]。舊法置甲九色金二兩，折足色一兩八錢；乙七色金二兩，折足色一兩四錢。併之，得足色金三兩二錢。以原金甲乙共四兩歸之，得八色。就以八爲法，除甲一兩八錢，得甲應分金二兩二錢五分。亦以法八除乙一兩四錢，得乙應分金一兩七錢五分。

鎔鍊銅鐵礦問原觔兩法〇今有銅一經入爐，每十斤得八斤。今三經入爐，得七十五斤一十三兩四錢四分。問原生銅若干[3]？舊法置見銅七十

---

1 八八色紋銀，每兩含銀 88%，即八錢八分；含銅 12%，即一錢二分。

2 此難題爲《算法統宗》卷十三“難題粟布二”第五題。此題意爲：甲有九色金釧二兩，乙有七色金釵二兩，二人欲分別銷镕改器。銀鋪誤將二者合併銷镕，問甲乙二人各應分金若干？先求得甲有足色金 $2\times0.9=1.8$ 兩，乙有足色金 $2\times0.7=1.4$ 兩，銷镕後成色爲 $\frac{1.8+1.4}{4}=0.8$，則甲應分 $\frac{1.8}{0.8}=2.25$ 兩，乙應分 $\frac{1.4}{0.8}=1.75$ 兩。

3 此題爲《算法統宗》卷四“煉鎔銅鐵礦”第一題。

五斤加六併入零兩錢共得一千二百一十三兩四錢四分為實另置八斤自乘得六分四釐再乘得五分一釐二毫為法除之得二千三百七十兩以斤法十六除之得一百四十八斤一二五卻將一二五加六為二兩得原生銅一百四十八斤二兩　又法置斤變兩數以八歸三次亦得

解義　除法有二等有以法除總寔得零寔者是將原寔總數均作法分數分之因總測每之法也有以法除見寔得原寔者是將見寔十分數破作法分數分之因少測多之法也銅入炉每十斤得八斤是一次八炉得原銅十分之八分二次八炉又得十分中八分較原銅十分中止存六分四釐三次入炉又得十分中八分較原銅十分中止存五分一釐二毫則一乘再乘并乘則積而上降乘則減而下八自乘當得六分四釐再乘當得五分一釐二毫舊法自乘得六十四再乘得五百一十二誤矣以五百一十二為法除一千二百一十三兩四錢四分當得二兩三錢七分何由得二千三百七十兩予今俱改正

鍊鎔銅鐵礦問今斤兩法○今有鐵一經入爐每十觔得七觔今三經入

五斤，加六併入零兩錢，共得一千二百一十三兩四錢四分爲實。另置八斤，自乘得六分四厘，再乘得五分一厘二毫爲法除之，得二千三百七十兩。以斤法十六除之，得一百四十八斤一二五。却將一二五加六爲二兩，得原生銅一百四十八斤二兩。又法置斤變兩數，以八歸三次，亦得。

【解義】除法有二等：有以法除總實得零實者，是將原實總數均作法分數分之，因總測每之法也；有以法除見實得原實者，是將見實十分數破作法分數分之，因少測多之法也。銅入爐每十斤得八斤，是一次入爐得原銅十分之八分，二次入爐又得十分中八分，較原銅十分中止存六分四厘，三次入爐又得十分中八分，較原銅十分中止存五分一厘二毫。則一乘再乘，升乘則積而上，降乘則減而下。八自乘當得六分四厘，再乘當得五分一厘二毫。舊法自乘得六十四，再乘得五百一十二，誤矣。以五百一十二爲法，除一千二百一十三兩四錢四分，當得二兩三錢七分，何由得二千三百七十兩乎？今俱改正。

鍊鎔銅鐵礦問今斤兩法〇今有鐵一經入爐，每十觔得七觔。今三經入爐原鐵礦二百三十二斤五兩問今熟鐵若干舊法置原鐵礦二百三十二斤五兩將斤用加六法通之併入零五兩共三千七百一十七兩另置每入爐十分之七自乘得四分九厘再乘得三分四厘三毫為法乘之得一千二百七十四兩九錢三分一厘用截兩為斤法通之得七十九斤六八三一八七五將斤不動六八以下用加六法通之得十兩九錢三分一厘併斤共得熟鐵七十九斤一十兩九錢三分一厘又法將原鐵礦化兩數以七乘三次亦得

解義七斤自乘非以七斤為法乃以十分之七為法一次入炉十分存七分二次入炉十分止存四分九厘三次入炉十分止存三分四厘三毫每乘俱是降積只以七自乘得四十九再乘得三百四十三為法亦誤今俱改正

鎔鍊分等問原兩法(一)今有煉銀礦為銀初次入爐每三兩煉得二兩第二次入爐每七兩煉得五兩第三次入爐每五兩煉得四兩凡三次入

爐，原鐵礦二百三十二斤五兩。問今熟鐵若干[1]？舊法置原鐵礦二百三十二斤五兩，將斤用加六法通之，併入零五兩，共三千七百一十七兩。另置每入爐十分之七，自乘得四分九厘，再乘得三分四厘三毫爲法乘之，得一千二百七十四兩九錢三分一厘。用截兩爲斤法通之，得七十九斤六八三一八七五。將斤不動，六八以下用加六法通之，得十兩九錢三分一厘，併斤共得熟鐵七十九斤一十兩九錢三分一厘。又法將原鐵礦化兩數，以七乘三次，亦得。

【解義】七斤自乘，非以七斤爲法，乃以十分之七爲法。一次入爐十分存七分，二次入爐十分止存四分九厘，三次入爐十分止存三分四厘三毫，每乘俱是降積。舊以七自乘得四十九，再乘得三百四十三爲法，亦誤。今俱改正。

鎔鍊分等問原兩法〇今有煉銀礦爲銀，初次入爐每三兩煉得二兩，第二次入爐每七兩煉得五兩，第三次入爐每五兩煉得四兩。凡三次入

---

1 此題據《算法統宗》卷四“煉鎔銅鐵礦”第二題改編。原題云：“今有鐵一經入爐，每十斤得七斤，今三經入爐，得鐵七十九斤一十兩零九錢三分一厘。問原生鐵若干？”係以熟鐵問生鐵，《筭海説詳》改作以生問熟。

爐煉到足色銀一十六两問原礦若干〔舊法〕置初次入爐三两以二次入爐七两乘之得二十一两又以三次入爐五两乘之得一百零五两以乘一十六两得一千一六百八十两為實另以初次煉得二两以二次煉得五两乘之得一十两又以三次煉得四两乘之得四十两為法除實得〔原礦四十二两〕

解義　三五七相乘得一百零五此入爐會通之數也二五四相乘得四十此煉過會通之數也以煉過數除入炉數便得每煉過一两該入炉若干两却以十六两乘之得十六個入炉若干两便是初入炉數或以煉過之數除十六两以入炉之數乘亦得○或置煉足銀十六两以三次入炉五两乘之以煉過四两除之又以二次七两乘之五两除之再以初次三两乘之二两除之亦得○若以入炉四十二两問煉足若干即將煉過二五四相乘又以四十二两乘之用入炉三七五相乘為法除之

度法歌○尺數十寸丈十尺○寸下亦用分毫厘○四丈為疋五為端○今法長短難盡一○端疋求尺以尺乘○尺求端疋端疋除

爐，煉到足色銀一十六兩。問原礦若干[1]？舊法置初次入爐三兩，以二次入爐七兩乘之，得二十一兩，又以三次入爐五兩乘之，得一百零五兩。以乘一十六兩，得一千六百八十兩爲實。另以初次煉得二兩，以二次煉得五兩乘之得一十兩，又以三次煉得四兩乘之，得四十兩爲法，除實得原礦四十二兩。

【解義】三、五、七相乘得一百零五，此入爐會通之數也。二、五、四相乘得四十，此煉過會通之數也。以煉過數除入爐數，便得每煉過一兩該入爐若干兩。却以十六兩乘之，得十六個入爐若干兩，便是初入爐數。或以煉過之數除十六兩，以入爐之數乘，亦得。〇或置煉足銀十六兩，以三次入爐五兩乘之、以煉過四兩除之，又以二次七兩乘之、五兩除之，再以初次三兩乘之、二兩除之，亦得。〇若以入爐四十二兩問煉足若干，即將煉過二、五、四相乘，又以四十二兩乘之，用入爐三、七、五相乘爲法除之。

度法歌〇尺數十寸丈十尺〇寸下亦用分毫厘〇四丈爲疋五爲端〇今法長短難畫一〇端疋求尺以尺乘〇尺求端疋端疋除[2]

1　此題爲《算法統宗》卷四之“煉鎔銅鐵礦”第三題。

2　歌訣見《算法統宗》卷四“粟布章”，原作“度法端疋歌”：

四十爲疋五爲端，或減或加尺寸寬。
端疋乘來方見尺，尺求端匹法除看。

解義古以四丈為一疋五丈為一端今世俗尺度不等疋端亦長短不一從時較筭可也

以丈尺求疋價法〇原有羅二丈四尺價銀一兩二錢今羅一疋長四丈問該銀若干

舊法置原價銀一兩二錢以今羅四丈乘之得四十八為實以原羅二丈四尺為法除之得該銀二兩

以尺求尺價法〇今有紗每疋四丈二尺共一十二疋零二丈六尺共價鈔二百六十五貫問每尺該鈔若干

舊法置鈔二百六十五貫為實另置十一二疋以疋法四丈二尺乘之加入零二丈六尺共得五百三十尺為法除之得每尺鈔五百文

以長短闊狹問價法〇原有銀二十三兩議買布七十五疋每疋長四丈闊二尺今改要狹布七十五疋長四丈闊一尺六寸問應扣價若干

【解義】古以四丈爲一疋，五丈爲一端。今世俗尺度不等，疋端亦長短不一，從時較筭可也。

以丈尺求疋價法○原有羅二丈四尺，價銀一兩二錢。今羅一疋長四丈，問該銀若干[1]？舊法置原價銀一兩二錢，以今羅四丈乘之，得四十八爲實。以原羅二丈四尺爲法除之，得該銀二兩。

以疋求尺價法○今有紗每疋四丈二尺，共一十二疋零二丈六尺，共價鈔二百六十五貫。問每尺該鈔若干[2]？舊法置鈔二百六十五貫爲實。另置一十二疋，以疋法四丈二尺乘之，加入零二丈六尺，共得五百三十尺爲法除之，得每尺鈔五百文。

以長短濶狹問價法○原有銀二十三兩，議買布七十五疋，每疋長四丈、濶二尺。今改要狹布七十五疋，長四丈、濶一尺六寸。問應扣價若干[3]？

---

1 此題爲《算法統宗》卷四“度法”第三題。價銀一兩二錢，原作：“一錢八分”

2 此題爲《算法統宗》卷四“度法”第四題。

3 此題爲《算法統宗》卷四“度法”第八題。

（舊）（法）置銀二十三兩為實另置布七十五疋以每疋四丈通之得三千尺以濶二尺乘之得六千尺為法除實得尺價三釐八毫三絲三三不盡另以濶二尺減去一尺六寸餘四寸以乘三千尺得一千二百尺以尺價三釐八毫三絲三三不盡乘之得（該）（退）（銀）（四）（兩）（六）（錢）

（增）（法）置布七十五疋以每疋四丈通之得三千尺以濶二尺乘之得六千尺另以濶一尺六寸乘三千尺得四千八百尺二數對減餘一千二百尺以銀二十三兩乘之得二萬七千六百兩為實以六千尺為法除之得（該）（退）（銀）（四）（兩）（六）（錢）

（又）（法）將銀二十三兩以狹布四千八百尺乘之得一十一萬零四百以濶布六千尺除之得狹布該價銀一十八兩四錢以減銀二十三兩亦得　雜題二丈四長尺八濶一歙與此同故不載

以濶狹問加長法○原買布共長二百四十八尺濶二尺一寸今無原布以濶一尺八寸六分狹布抵之問該加長若干

（舊）（法）置原布二百四十八尺

舊法置銀二十三兩爲實。另置布七十五疋，以每疋四丈通之，得三千尺，以濶二尺乘之，得六千尺爲法除實，得尺價三厘八毫三絲三三不盡。另以濶二尺減去一尺六寸，餘四寸，以乘三千尺，得一千二百尺，以尺價三厘八毫三絲三三不盡乘之，得該退銀四兩六錢。增法置布七十五疋，以每疋四丈通之，得三千尺，以濶二尺乘之，得六千尺。另以濶一尺六寸乘三千尺，得四千八百尺。二數對減，餘一千二百尺。以銀二十三兩乘之，得二萬七千六百兩爲實。以六千尺爲法除之，得該退銀四兩六錢[1]。又法將銀二十三兩以狹布四千八百尺乘之，得一十一萬零四百。以濶布六千尺除之，得狹布該價銀一十八兩四錢。以減銀二十三兩，亦得。難題"二丈四長尺八濶"一歌[2]，與此同，故不載。

以濶狹問加長法〇原買布共長二百四十八尺，濶二尺一寸。今無原布，以濶一尺八寸六分狹布抵之。問該加長若干[3]？舊法置原布二百四十八尺，

1 此"增法"係先乘後除。

2 此難題爲《算法統宗》卷十三"難題粟布二"第八題，原題作："二丈四長尺八濶，四兩半銀休打脱。三丈六長尺六濶，該銀多少要交割。"題意爲：原布長二丈四尺、闊八丈，價銀四兩半。今有布長三丈六尺、闊六尺，問價銀若干？

3 此題據《算法統宗》卷四"度法"第九題改編。原題已知今布長二百八十尺，求今布闊；此係已知今布闊，求今布長。

以濶二尺一寸乘之得五百二十尺零八寸為實以今布濶一尺八寸六分為法除之得訣長

二百八十尺　若以今長二百八十尺問濶即以長為法除之

量法歌〇古法十斗以斛稱〇六斗四升以釜名〇一十六斗為一庚〇

一十六斛秉無疑〇今法一斛止五斗〇二斛一石行且久〇石上十

百千萬石〇斗下升合勺抄箕〇抄下更有撮圭粟〇以次相推十之

一

稲求糙米糙求熟米法〇今有稲六百五十一石四斗共礲糙米四百一

十六石八斗九升六合又舂作熟米每斗得八升二合半問稲礲糙米

每斗若干共舂熟米若干　舊法置糙米四百一十六石八斗九升六合為實以稲為

法除之得每稲一斗礲糙米六升四合另置糙米原實以八升二合五勺乘之

以濶二尺一寸乘之，得五百二十尺零八寸爲實。以今布濶一尺八寸六分爲法除之，得該長二百八十尺。若以今長二百八十尺問濶，即以長爲法除之。

量法歌〇古法十斗以斛稱〇六斗四升以釜名〇一十六斗爲一庾〇一十六斛（乘）［秉］無疑[1]〇今法一斛止五斗〇二斛一石行且久〇石上十百千萬石〇斗下升合勺抄筭〇抄下更有撮圭粟〇以次相推十之一

稻求糙米、糙求熟米法[2]〇今有稻六百五十一石四斗，共礱糙米四百一十六石八斗九升六合[3]。又舂作熟米，每斗得八升二合半。問稻礱糙米每斗若干？共舂熟米若干[4]？舊法置糙米四百一十六石八斗九升六合爲實，以稻爲法除之，得每稻一斗礱糙米六升四合。另置糙米原實，以八升二合五勺乘之，

1 乘，當作“秉”，《算法統宗》卷一“量”云：“秉，十六斛。”據改。

2 糙米，脱殼後未舂的米。熟米，精米。

3 礱，同“礱”，一種磨掉穀殼的農具。此處爲動詞，謂去掉穀殼，《玉篇·石部》：“礱，磨穀爲礱。”

4 此題據《算法統宗》卷四“穀米麥麻金”第一、二題改編。原第一題云：“今有穀八百六十八石五斗，礱爲糙米四百一十六石八斗八升。問每穀一石礱米若干？”第二題云：“今有糙米四百一十六石八斗八升，舂作白米三百三十三石五斗零四合。問糙米每石得白米若干？”《算法統宗》卷四有粟布歌八句，後列粟、稻、糲等十五種糧食率數，《筭海説詳》未收錄。

得熟米三百四十三石九斗三升九合二勺

照派納糧法○今有官派糧八百四十石令四戶照依田畝多寡納之甲田五十六畝乙田四十四畝丙田三十二畝丁田二十八畝問各該納若干

舊法置總糧八百四十石為實併四戶田共一百六十畝為法除之得五石二斗五升以各田數分乘之得甲應納二百九十四石乙應納二百三十一石丙應納一百六十八石丁應納一百四十七石　或分置各田數各以官派粮八百四十石乘之以併四戶田一百六十畝除之亦得

照例納倉法○今有粮三千六百石只云每石則例令三處倉上納東倉二斗三升四合南倉四斗二升一合西倉三斗四升五合問各倉該米若干

舊法置總糧三千六百石為實以各倉則例乘之以二斗三升四合乘得東

得熟米三百四十三石九斗三升九合二勺。

照派納糧法〇今有官派糧八百四十石，令四户照依田畝多寡納之。甲田五十六畝，乙田四十四畝，丙田三十二畝，丁田二十八畝。問各該納若干[1]？舊法置總糧八百四十石爲實，併四户田共一百六十畝爲法，除之得五石二斗五升。以各田數分乘之，得甲應納二百九十四石，乙應納二百三十一石，丙應納一百六十八石，丁應納一百四十七石。或分置各田數，各以官派糧八百四十石乘之，以併四户田一百六十畝除之，亦得。

照例納倉法〇今有糧三千六百石，只云每石則例，令三處倉上納。東倉二斗三升四合，南倉四斗二升一合，西倉三斗四升五合。問各倉該米若干[2]？舊法置總糧三千六百石爲實，以各倉則例乘之，以二斗三升四合乘得東

1 此題爲《算法統宗》卷九“均輸”第五題。四户，原題作“四縣”。

2 此題爲《算法統宗》卷九“均輸”第二十四題。

倉應納八百四十二石四斗以四斗二升一合乘得南倉應納一千五百一十五石六斗以三斗四升五合乘得西倉應納一千二百四十二石

分限納稅法○今有夏稅麥二百七十四石三限催徵初限五分中限三分半末限一分半問各限該納若干 舊法置夏麥二百七十四石爲實以五分乘得初限一百三十七石以三分半乘得中限九十五石九斗以一分半乘得末限四十一石一斗

照糧應役法○今有甲乙丙以粮多寡數充一年差役甲粮三石五斗乙糧二石五斗丙糧二石問各該值月若干 舊法置一年計三百六十日爲實併甲乙丙三人糧共八石爲法除之得每石應值役四十五日以乘各人粮數得甲該五個月零七日半乙該三個月二十二日半丙該三個月

倉應納八百四十二石四斗，以四斗二升一合乘得南倉應納一千五百一十五石六斗，以三斗四升五合乘得西倉應納一千二百四十二石。

分限納税法〇今有夏税麥二百七十四石，三限催徵。初限五分，中限三分半，末限一分半。問各限該納若干[1]？舊法置夏麥二百七十四石爲實，以五分乘得初限一百三十七石，以三分半乘得中限九十五石九斗，以一分半乘得末限四十一石一斗。

照糧應役法〇今有甲乙丙以糧多寡夥充一年差役，甲糧三石五斗，乙糧二石五斗，丙糧二石。問各該值月若干[2]？舊法置一年計三百六十日爲實，併甲乙丙三人糧共八石爲法，除之得每石應值役四十五日。以乘各人糧數，得甲該五個月零七日半，乙該三個月二十二日半，丙該三個月。

---

1 此題爲《算法統宗》卷九“均輸”第二十五題。

2 此題爲《算法統宗》卷九“均輸”第三題，原題設甲乙丙以田多寡充役，甲田三十五畝，乙田二十五畝，丙田二十畝。

官粮帶耗法○今有官粮二千七百六十五石九斗五升每正米一石帶耗米七升問正耗各若干　舊法置正耗粮二千七百六十五石九斗五升以正米一石併耗米七升共一石七升零為法除之得正米二千五百八十五石以減共米二千七百六十五石九斗五升餘得耗米一百八十石零九斗五升　若以正米鬬耗若干以耗因正米即得以耗米問正若干以耗七升除總耗米即得

買賣就物抽分法○今有客買白紬六十七丈五尺於内抽扣一丈七尺五寸買顏色作染止染得紅紬六丈二尺五寸問染成紅紬及抽扣買顏色紬各若干　舊法置總紬六十七丈五尺以染紅紬六丈二尺五寸乘之得四百二十一丈八尺七寸五分為實以染紅紬六丈二尺五寸併入買顏色紬一丈七尺五寸共八丈為法除之得共染紅紬五十二丈七尺三寸四分三厘七毫五絲以減總紬數

官糧帶耗法[1]〇今有官糧二千七百六十五石九斗五升，每正米一石帶耗米七升。問正、耗各若干[2]？舊法置正耗糧二千七百六十五石九斗五升，以正米一石併耗米七升共一石零七升爲法除之，得正米二千五百八十五石。以減共米二千七百六十五石九斗五升，餘得耗米一百八十石零九斗五升。　若以正米問耗若干，以耗因正米即得。以耗米問正若干，以耗七升除總耗米即得。

買賣就物抽分法[3]〇今有客買白紬六十七丈五尺[4]，於内抽扣一丈七尺五寸買顏色作染，止染得紅紬六丈二尺五寸。問染成紅紬及抽扣買顏色紬各若干[5]？舊法置總紬六十七丈五尺，以染紅紬六丈二尺五寸乘之，得四百二十一丈八尺七寸五分爲實。以染紅紬六丈二尺五寸，併入買顏色紬一丈七尺五寸共八丈爲法除之，得共染紅紬五十二丈七尺三寸四分三厘七毫五絲[6]。以減總紬數，

---

1 《算法統宗》卷四粟布章有“官糧帶耗歌”四句：

官糧帶耗在其中，一石例加七升同。
要見正米減去七，隔位除之法更隆。

官府征收錢糧時以彌補損耗的名義加徵的部分，稱作耗米。每石正米需額外繳納七升耗米，即每石實際繳納額數應爲 1.07 石。

2 此題爲《算法統宗》卷四“官糧帶耗”第三題。

3 《算法統宗》卷四粟布章有“就物抽分歌”八句：

抽分法就物中抽，脚價乘值都物求。
別用脚錢搭物價，以其爲法要除周。
除來便見脚之總，餘者皆爲主合留。
筭者不須求別訣，只將此法記心頭。

分，讀去聲。

4 紬，同“綢”。

5 此題爲《算法統宗》卷四有“就物抽分”第二題。

6 設染成紅紬 x，解得：

$$x=\frac{6.25}{1.75+6.25}\times 67.5=\frac{6.25\times 67.5}{1.75+6.25}=52.734375$$

係先乘後除。

餘得抽扣顏色紬一十四丈七尺六寸五分六厘二毫五絲

米抽脚價一法與此同

解義若先問顏色紬即以顏色紬來總紬以紅紬顏色紬相併為法除之

買賣問總貨總價脚價手用法○今有客出外買物每銀七錢五分買物六斤脚價三分手用每六錢內取二分共用手銀一百八十兩問共用銀及物價脚價物重各若干

增法置脚價三分以每價七錢五分除之得每錢該四厘另以每銀六錢內減手用二分餘五錢八分乘之得每銀六錢該脚銀二分三厘二毫却將手用一百八十兩以二歸之得九以價連脚手共六錢二分三厘二毫乘之得共用銀五千六百零八兩八錢內減去手用銀一百八十兩餘五千四百二十八兩八錢以脚銀三分乘之得一千六百二十八兩六錢四分以價脚共七錢八分除之得脚銀二百零

餘得抽扣顏色紬一十四丈七尺六寸五分六厘二毫五絲。難題“糴米抽脚價”一法[1]，與此同。

【解義】若先問顏色紬，即以顏色紬乘總紬，以紅紬、顏色紬相併爲法除之。

買賣問總貨總價脚價牙用法[2]〇今有客出外買物，每銀七錢五分買物六斤，脚價三分，牙用每六錢内取二分，共用牙銀一百八十兩。問共用銀及物價、脚價、物重各若干[3]？增法置脚價三分，以每價七錢五分除之，得每錢該四厘。另以每銀六錢内減牙用二分，餘五錢八分乘之，得每銀六錢該脚銀二分三厘二毫。却將牙用一百八十兩以二歸之得九，以價連脚、牙共六錢二分三厘二毫乘之[4]，得共用銀五千六百零八兩八錢[5]。内減去牙用銀一百八十兩，餘五千四百二十八兩八錢。以脚銀三分乘之，得一千六百二十八兩六錢四分。以價脚共七錢八分除之，得脚銀二百零

---

1 難題爲《算法統宗》卷十三“難題粟布二”第十三題，原題云：“客向新街糴米，共量八十四石。一千二百七十知，石價盡依鄉例。雇覓小車搬運，裝錢三百三十。脚言家内缺糧食，只據原錢要米。”此題意爲：客買米八十四石，每石價銀一千二百七十文，腳錢三百三十文。今腳夫要求以腳錢折米，問客米及腳米各若干。求得客米：

$$\frac{84\times1270}{1270+330}=66.675\text{石}$$

腳米：

$$84-66.675=17.325\text{石}$$

2 牙，即牙商，指買賣中間人。牙用即中間人在物價中抽取的佣金。

3 該題據《算法統宗》卷十三“難題粟布二”第七題改編。原題云：“爲商出外去經營，將帶白銀去販參。爲當初，不記原銀錠。只記得，七錢七分買六斤，腳錢便使用三分。總記用牙錢四錠，是六分中取二分。問先生販買數分明。”原題買物銀七錢七分用腳錢三分，此處將“七錢七分”改作“七錢五分”；原題牙錢爲四錠二百兩，此處改作“一百八十兩”，其餘不異。《算法統宗》解得共用銀：

$$x=\frac{60}{2}\times200=6000$$

誤將買物銀認作共用銀。

4 脚，順治本誤作“角”。

5 設共用銀爲 x，根據題意列：

$$\frac{x}{180}=\frac{60+\left[\frac{3}{75}\times(60-2)\right]}{2}$$

解得：

$$x=5608.8$$

八兩八錢以減價脚共銀五千四百二十八兩八錢餘得物價銀五千二百二十兩

却以每物六斤乘之以價七錢五分除之得共買物四萬一千七百六十斤

解義脚銀論物斤數在物價外牙用論銀分兩在價六錢內亦係物價外即每價五錢八分外取牙用二分也連脚銀筭則所取牙用不止于六錢內取二分舊載難題有買參一法以牙用二百兩浮共六千兩內減牙用二百餘五千八百兩以參價脚價合併除之是六錢內再用二分合脚銀作數筭矣貲有牙用脚亦存牙用手今特另為改正

均平糴買法○今有銀三十七兩八錢糴米麥豆三色各要均平每石米價八錢麥價六錢豆價四錢問各該若干　舊法置總銀三十七兩八錢為實併米麥豆價共一兩八錢為法除之得三色各糴二十一石

又法○今有銀二十二兩八錢買黃白蠟各要均平共黃蠟每三斤價銀四錢白蠟每一斤價銀五錢問黃白蠟及總價各若干　舊法置總銀

八兩八錢。以减價、脚共銀五千四百二十八兩八錢，餘得物價銀五千二百二十兩。却以每物六斤乘之，以價七錢五分除之，得共買物四萬一千七百六十斤。

【解義】脚銀論物，斤數在物價外；牙用論銀，分兩在價六錢内，亦係物價外，即每價五錢八分，外取牙用二分也。連脚銀筭，則所取牙用不止于六錢内取二分。舊載難題有買参一法，以牙用二百兩得共六千兩。内减牙用二百，餘五千八百兩，以参價、脚價合併除之，是六錢内取用二分，合脚銀作數筭矣。貨有牙用，脚亦有牙用乎？今特另爲改正。

均平糴買法〇今有銀三十七兩八錢，糴米、麥、豆三色，各要均平。每石米價八錢，麥價六錢，豆價四錢。問各該若干[1]？舊法置總銀三十七兩八錢爲實，併米、麥、豆價共一兩八錢爲法，除之得三色各糴二十一石[2]。

又法〇今有銀二十二兩八錢，買黄、白蠟各要均平。其黄蠟每三斤價銀四錢，白蠟每一斤價銀五錢。問黄、白蠟及總價各若干[3]？舊法置總銀

---

1 此題爲《算法統宗》卷九“均輸”第二題。

2 此題尚未解完，題設求各色之價，還須以二十一石分别乘每石米價八錢、麥價六錢、豆價四錢，得米價十六兩八錢、麥價十二兩六錢、豆價八兩四錢。

3 此題爲《算法統宗》卷九“均輸”第一題。

二十二兩八錢以黃鑞三斤乘之得六百八十四斤為實另置黃鑞三斤以白鑞價五錢乘之得一兩五錢併入黃鑞價四錢共一兩九錢為法除之得黃白鑞各三十六斤以白鑞價銀五錢乘之得白鑞共價一十八兩另以四錢乘之得一十四兩四錢以三斤除之得黃鑞價四兩八錢

解義　四錢是三斤之價五錢是一斤之價將一斤亦加作三斤乃可得斤數均平欲三因白鑞一斤之價與黃鑞價合併為法將原銀二十二兩八錢亦用三因折一兩九錢乃黃白鑞各三斤價以除原價得十二個一兩九錢即黃白鑞各十二個三斤將原價加作三倍則所除之數亦得三倍合各斤數或即以一兩九錢除二十二兩八錢得一十二以二因之亦得

均銀扣糧法　○今有芝蔴每石價九錢米每石價八錢豆每石價七錢三色各以齊等價均扣算問芝蔴米豆各若干

舊法　置米豆價相乘得芝蔴五斗六升另置蔴豆價相乘得米六斗三升又置蔴米價相乘得

二十二兩八錢，以黄蠟三斤乘之，得六百八十四斤爲實。另置黄蠟三斤，以白蠟價五錢乘之，得一兩五錢，併入黄蠟價四錢，共一兩九錢爲法除之，得黄、白蠟各三十六斤。以白蠟價銀五錢乘之，得白蠟共價一十八兩。另以四錢乘之，得一十四兩四錢。以三斤除之，得黄蠟價四兩八錢[1]。

【解義】四錢是三斤之價，五錢是一斤之價。將一斤亦加作三斤，乃可得斤數均平，故三因白蠟一斤之價，與黄蠟價合併爲法。將原銀二十二兩八錢亦用三因者，一兩九錢乃黄、白蠟各三斤價，以除原價，得十二個一兩九錢，即黄、白蠟各十二個三斤，將原價加作三倍，則所除之數亦得三倍，合各斤數。或即以一兩九錢除二十二兩八錢，得一十二，以二因之，亦得。

均銀扣糧法〇今有芝蔴每石價九錢，米每石價八錢，豆每石價七錢，三色各以齊等價均扣筭。問芝蔴、米、豆各若干[2]？舊法置米、豆價相乘，得芝蔴五斗六升。另置蔴、豆價相乘，得米六斗三升。又置蔴、米價相乘，得

1 設黄白蠟各爲 x 斤，此題解法如下：

$$x=\frac{22.8}{0.5+\frac{0.4}{3}}$$

即：

$$x=\frac{22.8\times 3}{0.5\times 3+0.4}$$

2 此題爲《算法統宗》卷九“均輸”第八題。

豆七斗二升各以價乘之得各該價五錢零四厘

解義此同前以子求母之法以八乘九得七十二再以七乘即得五百零四即五錢零四厘之數也

又法○原有綾每疋價四兩一錢絹每疋價二兩一錢今欲將綾換絹問各若干可均　舊法置綾絹價相乘得通平價八兩六錢一分以綾價四兩一錢除之得該二疋十分疋之一另以絹價二兩一錢除之得該四疋十分疋之一

雜題油鹽交換歌○一斤半鹽換斤油五萬斤鹽載一舟斤兩不等相交換酒數二數一般留　舊法置總鹽五萬斤為實以鹽一斤半併換油一斤共二斤半為法除之得油鹽各二萬斤

合本問利法○今有元亨利貞四人合本經營元出本銀二十兩亨出本

豆七斗二升。各以價乘之，得各該價五錢零四厘。

【解義】此同前以子求母之法，以八乘九得七十二，再以七乘即得五百零四，即五錢零四厘之數也。

又法〇原有綾每疋價四兩一錢，絹每疋價二兩一錢，今欲將綾換絹。問各若干可均[1]？舊法置綾絹價相乘，得通平價八兩六錢一分。以綾價四兩一錢除之，得該二疋十分疋之一。另以絹價二兩一錢除之，得該四疋十分疋之一。

難題·油鹽交換歌〇一斤半鹽換斤油，五萬斤鹽載一舟。斤兩不等相交換，須教二數一般留[2]。舊法置總鹽五萬斤爲實，以鹽一斤半併換油一斤共二斤半爲法除之，得油鹽各二萬斤。

合本問利法〇今有元、亨、利、貞四人合本經營，元出本銀二十兩，亨出本

1 此題爲《算法統宗》卷九“均輸”第七題。

2 此難題爲《算法統宗》卷十三“難題粟布二”第十一題。

銀三十兩利出本銀四十兩貞出本銀五十兩共本一百四十兩至年終共得利銀七十五兩六錢問各該利銀若干　舊法置利銀七十五兩六錢為實以共本一百四十兩為法除之得五錢四分為每兩之利以乘各原本得元該利銀十兩零八錢亨該利銀一十六兩二錢利該利銀二十一兩六錢貞該利銀二十七兩

合本計月日問利法○今有甲乙丙三人合夥同商本銀不齊前後付出甲於正月付出本七十兩乙於四月付出本八十兩丙於七月付出本九十兩共本二百四十兩至年終得利七十兩問各該利銀若干　舊法置利銀七十兩為實另置甲本七十兩以十二月通之得八十四又置乙本八十兩以九個月通之得七十二再置丙本九十兩以六個通之得五十四併三數共

銀三十兩，利出本銀四十兩，貞出本銀五十兩。共本一百四十兩，至年終共得利銀七十五兩六錢。問各該利銀若干[1]？舊法置利銀七十五兩六錢爲實，以共本一百四十兩爲法除之，得五錢四分，爲每兩之利。以乘各原本，得元該利銀十兩零八錢，亨該利銀一十六兩二錢，利該利銀二十一兩六錢，貞該利銀二十七兩。

合本計月日問利法○今有甲、乙、丙三人合夥同商，本銀不齊，前後付出。甲於正月付出本七十兩，乙於四月付出本八十兩，丙於七月付出本九十兩。共本二百四十兩，至年終得利七十兩。問各該利銀若干[2]？舊法置利銀七十兩爲實。另置甲本七十兩，以十二月通之得八十四；又置乙本八十兩，以九個月通之得七十二；再置丙本九十兩，以六個月通之得五十四。併三數，共

1 此題爲《算法統宗》卷二“差分”第二題，共得利銀七十兩六錢，原作“七十兩”。

2 此題爲《算法統宗》卷二“差分”第三題。

得二百一十為法除實得三錢三分三釐三毫三三不盡乃每年每兩之利也就以此為法以乘甲通八十四得甲利二十八兩又乘乙通七十二得乙利二十四兩再乘丙通五十四得丙利一十八兩

解義甲本是七數乙本是八數丙本是九數以十二月乘七十兩只以十二乘七得八十四衰以九月乘八得七十二衰以六月乘九得五十四衰乃各分法也舊本作八十四兩七十二兩五十四兩非是若作兩算如以十二乘七十當是八百四十非八十四矣

合本分年月問利法（）今有趙錢孫李四人同商本銀前後付出趙一於甲子年正月初九日付出本銀三十兩錢二於乙丑年四月十五日付出本銀五十兩孫三於丙寅年八月十八日付出本銀七十兩李四於丁卯年十月二十七日付出本銀九十兩四共本銀二百四十兩至戊辰年終共得利銀一百二十兩問各該利銀若干

舊法置利銀一百二十

得二百一十爲法，除實得三錢三分三厘三毫三三不盡，乃每年每兩之利也[1]。就以此爲法，以乘甲通八十四，得甲利二十八兩。又乘乙通七十二，得乙利二十四兩。再乘丙通五十四，得丙利一十八兩。

【解義】甲本是七數，乙本是八數，丙本是九數。以十二月乘七十兩，只以十二乘七得八十四衰，以九月乘八得七十二衰，以六月乘九得五十四衰，乃各分法也。舊本作八十四兩、七十二兩、五十四兩，非是。若作兩筭，如以十二乘七十，當是八百四十，非八十四矣。

合本分年月問利法〇今有趙、錢、孫、李四人同商，本銀前後付出。趙一於甲子年正月初九日付出本銀三十兩，錢二於乙丑年四月十五日付出本銀五十兩，孫三於丙寅年八月十八日付出本銀七十兩，李四於丁卯年十月二十七日付出本銀九十兩。四共本銀二百四十兩，至戊辰年終共得利銀一百二十兩。問各該利銀若干[2]？舊法置利銀一百二十

---

1 此説法不確切。此係每兩每十個月之利也，非每兩每年之利。

2 此題爲《算法統宗》卷二“差分”第五題，原題趙一爲癸亥年出本，此改作甲子年，相差一年。

两為實另置各年月日如两求斤法趙一計四年十一個月二十一日先將二十一日以三歸得七置十一月之次又將十一月併下七以十二除併月如年得四九七五以乘原本三十两通得一百四十九两二錢五分〇錢二計三年八個月一十五日將一十五日以三歸得五置八月之次共八五又以十二除八五得七零八三三不盡置年之次共得三七屬位八三三不盡以乘原本五十两通得一百八十五两四錢一分六釐六六不盡〇孫三計二年四個月一十二日將一十二日以三歸得四併月共四四又以十二除四四併年共得二三六六不盡以乘原本七十两通得一百六十五两六錢六分六釐六六不盡〇李四計一年二個月零三日先以三歸三日得一併入月共二一又以十二除二一併入年共得一一七五以乘原本九十两通得一百零五两七錢五分併四數共六百零六两零八分三釐三毫三三不盡為法除實一百二十两得一錢九分七釐九毫九系二忽六微不盡乃每年每两之利也就以此又為法以乘各人通得之數乘趙

兩爲實。另置各年月日如兩求斤法，趙一計四年十一個月二十一日，先將二十一日以三歸得七，置十一月之次，又將十一月併下七以十二除，併月如年，得四九七五[1]。以乘原本三十兩，通得一百四十九兩二錢五分。〇錢二計三年八個月一十五日，將一十五日以三歸得五，置八月之次，共八五。又以十二除八五得七零八三三不盡，置年之次，共得三七隔位八三三不盡。以乘原本五十兩，通得一百八十五兩四錢一分六厘六六不盡。〇孫三計二年四個月一十二日，將一十二日以三歸得四，併月共四四，又以十二除四四，併年共得二三六六不盡。以乘原本七十兩，通得一百六十五兩六錢六分六厘六六不盡。〇李四計一年二個月零三日，先以三歸三日得一，併入月共二一，又以十二除二一，併入年共得一一七五。以乘原本九十兩，通得一百零五兩七錢五分。併四數，共六百零六兩零八分三厘三毫三三不盡爲法[2]，除實一百二十兩，得一錢九分七厘九毫九絲二忽六微不盡，乃每年每兩之利也。就以此又爲法，以乘各人通得之數。乘趙

---

1 此係先將日化作月，21 日＝0.7 月；又將月化作年，11.7 月＝0.975 年。則 4 年 11 月 21 日，爲 4.975 年。下同。

2 六兩，順治本誤作“二兩”。

一通得一百四十九兩二錢五分得該利銀二十九兩五錢五分零二毫九絲零乘錢二通得一百八十五兩四錢一分六厘六六不盡得該利銀三十六兩七錢一分一厘一毫一絲零乘孫三通得一百六十五兩六錢六分六厘六六不盡得該利銀三十二兩八錢零七毫七絲零乘李四通得一百零五兩七錢五分得該利銀二十兩零九錢三分七厘七毫一絲零

放債計月扣筭本利法○今有人借本銀一十五兩每月加利二分五厘經六個月還過銀九兩言定本利除扣未還者仍照原日起利問本利各該若干仍存原本若干

舊法置還銀九兩為實另置六個月以月利二五通之得一錢五分加原本一兩一本利共一兩一錢五分為法除實得該除本銀七兩八錢二分六厘零以通得每兩利一錢五分乘之得該利銀一兩一錢七分三厘

一通得一百四十九兩二錢五分，得該利銀二十九兩五錢五分零三毫九絲零[1]；乘錢二通得一百八十五兩四錢一分六厘六六不盡，得該利銀三十六兩七錢一分一厘一毫一絲零[2]；乘孫三通得一百六十五兩六錢六分六厘六六不盡，得該利銀三十二兩八錢零七毫七絲零[3]；乘李四通得一百零五兩七錢五分，得該利銀二十兩零九錢三分七厘七毫一絲零。

放債計月扣算本利法〇今有人借本銀一十五兩，每月加利二分五厘。經六個月，還過銀九兩。言定本利除扣未還者，仍照原日起利。問本、利各該若干？仍存原本若干[4]？舊法置還銀九兩爲實。另置六個月，以月利二五通之，得一錢五分，加原本一兩，本、利共一兩一錢五分爲法，除實得該除本銀七兩八錢二分六厘零。以通得每兩利一錢五分乘之，得該利銀一兩一錢七分三厘

---

1 三毫九絲零，順治本誤作“五毫九絲零”。

2 錢二利銀爲：

$$1.979926 \times 185.41666 = 367.11126596716$$

原文“一分一厘一毫一絲零”，當作“一分一厘一毫二絲零”。

3 七毫七絲零，順治本誤作“七毫六絲零”。

4 此題爲《算法統宗》卷二“差分”第七題。

九毫零共合九兩之數另將原本一十五兩減還過本七兩八錢二分六厘得仍存原本銀七兩一錢七分四厘照原日起利

計年扣筭本利法〇今有人貸去銀每兩每年加利二錢七分計有一年零三個月二十日共還完本利銀三百六十二兩四錢七分問原本若干利銀若干

舊法置還本利共銀三百六十二兩四錢七分為實另置年月日數照依前法用三歸二十日得六六不盡於三月之下位再通以十二月除之得三零五五不盡於一年之下位共得一三零隔位五五不盡以每年每兩起利二錢七分乘之得每兩利三錢五分二厘五毫加原本一兩共一兩三錢五分二厘五毫為法除實得原本銀二百六十八兩再以每兩利三錢五分二厘五毫乘之得利銀九十四兩四錢七分

分賞問總法〇今有中式舉人一百名第一名官給銀一百兩以下挨次

九毫零，共合九兩之數。另將原本一十五兩減還過本七兩八錢二分六厘，得仍存原本銀七兩一錢七分四厘，照原日起利。

計年扣算本利法〇今有人貸去銀，每兩每年加利二錢七分。計有一年零三個月二十日，共還完本利銀三百六十二兩四錢七分。問原本若干？利銀若干[1]？舊法置還本利共銀三百六十二兩四錢七分爲實。另置年月日數，照依前法，用三歸二十日，得六六不盡於三月之下位，再通以十二月除之，得三零五五不盡於一年之下位，共得一三零隔位五五不盡。以每年每兩起利二錢七分乘之，得每兩利三錢五分二厘五毫。加原本一兩，共一兩三錢五分二厘五毫爲法，除實得原本銀二百六十八兩。再以每兩利三錢五分二厘五毫乘之，得利銀九十四兩四錢七分。

分賞問總法〇今有中式舉人一百名，第一名官給銀一百兩，以下挨次

1 此題爲《算法統宗》卷二"差分"第六題。

遞減五錢問共該銀若干　舊法置舉人一百名減去第一名餘九十九名以遞減五錢乘之得四十九兩五錢以減一百兩餘五十兩零五錢為末名之數併入第一名一百兩共一百五十兩零五錢以一百名乘之得一萬五千零五十兩折半得共該銀七千五百二十五兩

又法（）今有衆人出錢買物為首者出錢八文以下逐名遞加一文順至末位出錢六十文問人數及共錢各若干　舊法置末位六十文減首位八文餘五十二文加入首位得共數五十三人另置首八文併末六十文共六十八文以五十三人乘之得三千六百零四折半得共錢一千八百零二文

解義此將首末相併乃双捲折平之法與一面尖垛同

筭海說詳第七卷終

遞減五錢。問共該銀若干[1]？舊法置舉人一百名，減去第一名餘九十九名，以遞減五錢乘之，得四十九兩五錢。以減一百兩，餘五十兩零五錢，爲末名之數。併入第一名一百兩，共一百五十兩零五錢。以一百名乘之，得一萬五千零五十兩，折半得共該銀七千五百二十五兩[2]。

又法〇今有衆人出錢買物，爲首者出錢八文，以下逐名遞加一文，順至末位出錢六十文。問人數及共錢各若干[3]？舊法置末位六十文，減首位八文，餘五十二文，加入首位，得共數五十三人。另置首八文，併末六十文，共六十八文。以五十三人乘之，得三千六百零四，折半得共錢一千八百零二文。

【解義】此將首末相併，乃雙捲折平之法，與一面尖垛同。

筭海説詳第七卷終

1 此題爲《算法統宗》卷九“均輸”第十七題。
2 此即等差數列求和法，下題解法同。
3 此題爲《算法統宗》卷九“均輸”第十六題。

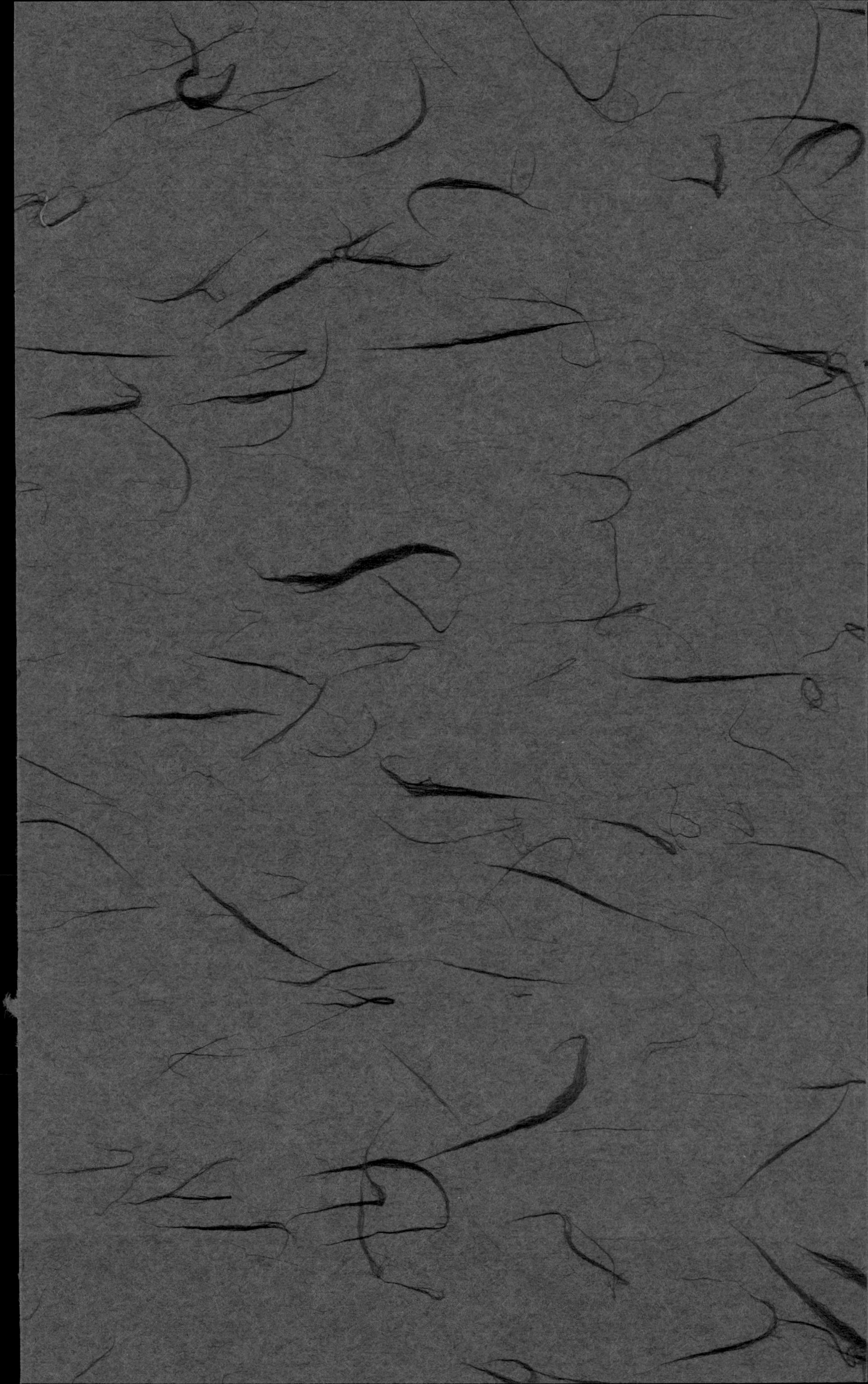

中國科技典籍選刊

叢書主編：張柏春 孫顯斌

筭海說詳

日本內閣文庫藏

清順治十八年刻康熙元年修補本

SUANHAISHUOXIANG

【下】

【清】李長茂◇撰 高峰◇校注

湖南科學技術出版社

國家重點出版物中長期規劃項目

二〇一一—二〇二〇年國家古籍整理出版規劃項目

國家古籍整理出版專項經費資助項目

二表 餘勾 餘股 求高 遠圖

中國科技典籍選刊

中國科學院自然科學史研究所組織整理

目録

筭海説詳第八卷

白下隱吏古齊陽丘滕足軒強恕居士李長茂撲翁甫輯著

衰分章

此章因類別等因等求例彙不一以歸一合不齊以爲齊凡貴賤多少輕重以至雜揉參差推義立法求其有等識筭法之權輿也

衰分歟〇衰分各數不相同〇須要分作一分明〇將此一分爲之法〇以乘各數得均平 衰者等也物之混者求其等而分之也

合率差分〇合率者合諸不等之數以爲率也諸數原多不等即合不等之數共爲一率以分原實即遞得各應有不等之數前法已經多見今分衰列明俾人易曉

筭海説詳第八卷

白下隐吏古齊陽丘睡足軒強恕居士李長茂拙翁甫輯著

衰分章[1]

此章因類別等，因等求例。彙不一以歸一，合不齊以爲齊。凡貴賤多少輕重，以至雜揉参差，推義立法，求其有等，誠筭法之權輿也。

衰分歌○衰分各數不相同○須要分作一分明○將此一分爲之法○以乘各數得均平[2]。衰者，等也。物之混者，求其等而分之也。

合率差分[3]○合率者，合諸不等之數以爲率也。諸數原多不等，即合不等之數共爲一率，以分原實，即適得各應有不等之數。前法已經多見，今分衰列明，俾人易曉。

---

1 該章包括《算法統宗》卷五“衰分章”、卷九“均輸章”之“倍積問利”、“雞兔同籠”問題、卷三“方田章”之“帶分母用約分”及卷二之“約分”、“乘分”、“課分”、“通分”諸法。

2 衰分歌，見《算法統宗》卷五“衰分章”。文字略有不同：

衰分法數不相平，須要分教一分成。
將此一分爲之實，以乘各數自均平。

3 合率差分，見《算法統宗》卷五“衰分章”。即已知總數及各衰，求各衰之數。

合二率求實法〇今有銀一千二百兩買綾絹課要絹一停綾二停其綾每疋價三兩六錢絹每疋價二兩四錢問綾絹并價各若干　舊法置銀(一千二百兩)為實另置綾價(三兩六錢)以(二停)因之為率得(綾率七兩二錢　絹率二兩四錢)合併得(九兩六錢)為法除實得絹一百二十五疋倍之得綾二百五十疋各以原價乘之得綾價九百兩絹價三百兩

合三率求實法〇今有銀一百二十一兩一錢七分五厘糴米麦豆一百九十六石五斗內係米一分麥二分豆三分米每斗九分二厘麥每斗八分五厘豆每斗三分六厘問三色併價各若干　舊法置總銀為實另置(二因)麦價(三因)豆價併米原價得(米率九分二厘　麦率一錢七分　豆率一錢八厘)合併得(三錢七分)為法除實得米三十二石七斗五升(二因)得麦六十五石五斗(三因)得豆九十八

合二率求實法〇今有銀一千二百兩買綾、絹，議要絹一停、綾二停[1]。其綾每疋價三兩六錢，絹每疋價二兩四錢。問綾、絹并價各若干[2]？[舊法]置銀一千二百兩爲實。另置綾價三兩六錢，以二停因之爲率，得：

綾率七兩二錢
絹率二兩四錢

合併得九兩六錢爲法，除實得絹一百二十五疋，倍之得綾二百五十疋。各以原價乘之，得綾價九百兩、絹價三百兩。

合三率求實法〇今有銀一百二十一兩一錢七分五厘，糴米、麥、豆一百九十六石五斗，内係米一分、麥二分、豆三分。米每斗九分二厘，麥每斗八分五厘，豆每斗三分六厘。問三色併價各若干[3]？[舊法]置總銀爲實。另置二因麥價、三因豆價，併米原價，得：

米率九分二厘
麥率一錢七分
豆率一錢八厘

合併得三錢七分爲法，除實得米三十二石七斗五升，二因得麥六十五石五斗，另三因得豆九十八

1 停，將總數均分成若干份，一份稱作一停。即成數。
2 此題爲《算法統宗》卷五“合率差分”第一題。
3 此題爲《算法統宗》卷五“合率差分”第二題。

石二斗五升各以原價求之得各共價

合率筭支法○今有鰥寡孤獨四貧民共給米二十四石共鰥者四分寡者五分孤者七分獨者九分問四民各該若干

筭法置米二十四石為實另置鰥四寡五孤七獨九合得二十五為法除實得九斗六升為一衰之數以鰥四因之得鰥該三石八斗四升以寡五因之得寡該四石八斗以孤七因之得孤該六石七斗二升以獨九因之得獨該八石六斗四升

雜題合蔴問布法歌○趙嫂自言快績蔴李宅張院催了他李宅六斤十二兩二斤四兩足張家共織七十二尺布二人分布鬧喧譁借問鄉中能美士如何筭得無爭差

筭法置布七十二尺為實以李六斤十二兩將斤加六得李率一百八兩張二斤四兩將斤加六得張率三十六兩合併得一百四十四兩為

石二斗五升。各以原價乘之，得各共價。

合率筭支法〇今有鰥、寡、孤、獨四貧民共給米二十四石，其鰥者四分，寡者五分，孤者七分，獨者九分。問四民各該若干[1]？舊法 置米二十四石爲實。另置鰥四、寡五、孤七、獨九，合得二十五爲法，除實得九斗六升，爲一衰之數。以鰥四因之，得鰥該三石八斗四升。以寡五因之，得寡該四石八斗。以孤七因之，得孤該六石七斗二升。以獨九因之，得獨該八石六斗四升。

難題·合蔴問布法歌〇趙嫂自言快績蔴，李宅張院僱了他。李宅六斤十二兩，二斤四兩是張家。共織七十二尺布，二人分布閙喧譁。借問鄉中能筭士，如何筭得無争差[2]？舊法 置布七十二尺爲實。另以李六斤十二兩，將斤加六，得李率一百零八兩；張二斤四兩，將斤加六，得張率三十六兩。合併得一百四十四兩爲

1 此題爲《算法統宗》卷五“合率差分”第三題。

2 此難題爲《算法統宗》卷十四“難題衰分三”第二題。

法除實得五五為每兩之衰以李宅蘇數乘之得李該布五丈四尺以張

院蘇數乘之得張該布一丈八尺

雞頭僧分饅頭歌〇一百饅頭一百僧大僧三個更無爭小僧三人分一個大小和尚各幾丁

舊法置僧一百名為實另置一大僧三個三小僧一個合併得四個為法除實得大僧二十五人以三因之得小僧七十五人另以三因大僧得饅頭七十五個以三歸小僧得饅頭二十五個

雞頭增錢剝淺歌〇隣家有客亂爭喧相見問其所以然二百三十六担貨程途遠近論舡錢九十五担六分筭八十五担四分完更有五十六担貨二分五厘筭為先只因剝淺爭船價二兩五錢二分添請問高明能筭士作何分派得相安

比如趙一錢二孫三共貨二百三十六石僱舡一隻各按貨物輕重經途遠近舡價不等

法，除實得五寸，爲每兩之衰。以李宅蔴數乘之，得李該布五丈四尺。以張院蔴數乘之，得張該布一丈八尺[1]。

難題·僧分饅頭歌○一百饅頭一百僧，大僧三個更無争。小僧三人分一個，大小和尚各幾丁[2]？ 舊法 置僧一百名爲實。另置一大僧三個、三小僧一個，合併得四個爲法，除實得大僧二十五人。以三因之，得小僧七十五人。另以三因大僧，得饅頭七十五個。以三歸小僧，得饅頭二十五個。

難題·增錢剥淺歌○隣家有客亂争喧，相見問其所以然。二百三十六担貨，程途遠近論舡錢。九十五担六分筭，八十五担四分完。更有五十六担貨，二分五厘筭爲先。只因剥淺争船價，二兩五錢二分添。請問高明能筭士，作何分派得相安[3]？比如趙一、錢二、孫三共貨二百三十六石，僱舡一隻，各按貨物輕重、程途遠近，舡價不等。

1《算法統宗》誤作張宅五丈四尺、李宅一丈八尺。

2 此難題爲《算法統宗》卷十四“難題衰分三”第二十六題。

3 此難題爲《算法統宗》卷十四“難題衰分三”第十九題。

如趙一貨九十五担每担舡脚銀六分錢二貨八十五担每石舡脚銀四分孫三貨五十六担每担舡脚銀二分五釐因中途剥淺貼銀二兩五錢二分將依遠近舡脚銀以分問各該若干 舊法置銀二兩五錢二分為實另置趙一貨九十五担以每担舡脚銀六分因之得趙衰五兩七錢又置錢二貨八十五担以每石舡脚銀四分因之得錢衰三兩四錢又置孫三貨五十六石以每担舡脚銀二分五釐乘之得孫衰一兩四錢合併得原船脚銀一十兩零五錢為法除實得二錢四分乃是舡脚每兩貼剥一衰之數就以此為法乘五兩七錢得趙一該貼一兩三錢六分八釐乘三兩四錢得錢二該貼銀八錢一分六釐乘一兩四錢得孫三該貼三錢三分六釐

分戶筭糧法〇今有官米七十三石二斗令三等人戶出之上等二十五戶每戶五分中等四十戶每戶三分下等六十戶每戶一分問各等戶米若干 舊法置總米七十三石二斗為實另置上等二十五戶以每戶五分因之得

内趙一貨九十五担，每担舡脚銀六分。錢二貨八十五担，每石舡脚銀四分。孫三貨五十六担，每担舡脚銀二分五厘。因中途剥淺，貼銀二兩五錢二分，照依遠近，舡脚銀派分。問各該若干？舊法 置銀二兩五錢二分爲實。另置趙一貨九十五担，以每担舡脚銀六分因之，得趙衰五兩七錢。又置錢二貨八十五担，以每石舡脚銀四分因之，得錢衰三兩四錢。又置孫三貨五十六石，以每担舡脚銀二分五厘乘之，得孫衰一兩四錢。合併得原船脚銀一十兩零五錢爲法，除實得二錢四分，乃是舡脚每兩貼剥一衰之數。就以此爲法，乘五兩七錢，得趙一該貼一兩三錢六分八厘。乘三兩四錢，得錢二該貼銀八錢一分六厘。乘一兩四錢，得孫三該貼三錢三分六厘。

分户筭糧法○今有官米七十三石二斗，令三等人户出之。上等二十五户，每户五分。中等四十户，每户三分。下等六十户，每户一分。問各等户米若干[1]？舊法 置總米七十三石二斗爲實。另置上等二十五户，以每户五分因之，得

1 此題爲《算法統宗》卷五“合率衰分”第八題。

一百二十五中等四十戶以每戶三分因之得一百二十下等六十戶得六十合併三率共三百零五為法除實得下等戶每戶該米二斗四升三因得中等戶每戶七斗二升五因得上等每戶一石二斗各以戶數乘之以二十五戶乘一石二斗得上等戶共米三十石以四十戶乘七斗二升得中等戶共米二十八石八斗以六十戶乘二斗四升得下等戶共米一十四石四斗

解義下等戶一分上等戶五分每戶得下戶五倍中等得下戶三倍即用五因三因如每戶分作五戶三戶與下等戶一例也

分縣運糧均例法〇今有五縣輸粟二萬石照人戶多少道里遠近價值上下而均輸之每車載二十五石行道一里與僦里銀一錢甲縣二萬零五百二十戶粟石價二兩乙縣一萬二千三百一十二戶粟石價一兩遠輸二百里丙縣七千一百八十二戶粟石價一兩二錢遠輸一百

一百二十五。中等四十户，以每户三分因之，得一百二十。下等六十户，得六十。合併三率，共三百零五爲法，除實得下等户每户該米二斗四升，三因得中等户每户七斗二升，五因得上等每户一石二斗。各以户數乘之，以二十五户乘一石二斗，得上等户共米三十石[1]。以四十户乘七斗二升，得中等户共米二十八石八斗。以六十户乘二斗四升，得下等户共米一十四石四斗。

【解義】下等户一分，上等户五分，每户得下户五倍，中等得下户三倍，即用五因、三因，如每户分作五户、三户，與下等户一例也。

分縣運糧均例法〇今有五縣輸粟二萬石，照人户多少、道里遠近、價值上下而均輸之。每車載二十五石行道一里，與僦里銀一錢[2]。甲縣二萬零五百二十户，粟石價二兩。乙縣一萬二千三百一十二户，粟石價一兩，遠輸二百里。丙縣七千一百八十二户，粟石價一兩二錢，遠輸一百

1 三十石，順治本誤作“三千石”。
2 僦，賃金、僱值，《商君書·墾令》：“令送糧無取僦。”

五十里丁縣一萬三千三百三十八戶粟石價一兩七錢遠輸二百五

十里戊縣五千一百三十戶粟石價一兩三錢遠輸一百五十里內甲

縣自輸本縣無僦里乙丙丁戊四縣皆有之問各輸粟若干（術）（法）置

甲縣二萬零五百二十戶以粟價二兩為法除之得一千零二十六衰另置乙縣行道二百里

以每車載二十五石除之得八錢併粟價一兩共一兩八錢為法除戶一萬二千三百一十二得

六百八十四衰又置丙縣行道一百五十里亦以二十五石除之得每石六錢併粟價一兩二錢

共一兩八錢除戶七千一百八十二得三百九十九衰又置丁縣行道二百五十里亦以二十五石除

之得每石一兩併粟價一兩七錢共二兩七錢為法除戶一萬三千三百三十八得四百九十四衰又

置戊縣行道一百五十里亦以二十五石除之得六錢併粟價一兩三錢共一兩九錢為法除

戶五千一百三十得二百七十衰併五衰共得二千八百七十三衰為法卻置輸粟二萬石為實

五十里。丁縣一萬三千三百三十八户，粟石價一兩七錢，遠輸二百五十里。戊縣五千一百三十户，粟石價一兩三錢，遠輸一百五十里。内甲縣自輸本縣，無僦里，乙、丙、丁、戊四縣皆有之。問各輸粟若干[1]？【舊法】置甲縣二萬零五百二十户，以粟價二兩爲法除之，得一千零二十六衰。另置乙縣行道二百里，以每車載二十五石除之，得八錢，併粟價一兩，共一兩八錢爲法，除户一萬二千三百一十二，得六百八十四衰。又置丙縣行道一百五十里，亦以二十五石除之，得每石六錢，併粟價一兩二錢，共一兩八錢，除户七千一百八十二，得三百九十九衰。又置丁縣行道二百五十里，亦以二十五石除之，得每石一兩，併粟價一兩七錢，共二兩七錢爲法，除户一萬三千三百三十八，得四百九十四衰。又置戊縣行道一百五十里，亦以二十五石除之，得六錢，併粟價一兩三錢，共一兩九錢爲法，除户五千一百三十，得二百七十衰。併五衰，共得二千八百七十三衰爲法。却置輸粟二萬石爲實，

---

1 此題爲《算法統宗》卷九“均輸”第六題。

以甲縣一千零二十六衰乘得二千零五十二萬以共衰二千八百七十三除之得甲縣該七千一百四十二石三斗五升九合九勺不盡另以乙縣六百八十四衰乘之得一千三百六十八萬以共衰除之得乙縣該四千七百六十一石五斗七升三合二勺六八不盡又另以丙縣三百九十九衰乘得七百九十八萬以共衰除得丙縣該二千七百七十七石五斗八升四合四勺零又另以丁縣四百九十四衰乘得九百八十八萬以共衰除得丁縣該三千四百三十八石九斗一升四合零又另以戊縣二百七十衰乘得五百四十萬以共衰除得戊縣該一千八百七十九石五斗六升八合三勺九抄不盡

解義、餉重錢即運價也每一車二十五石每二十五石行道一里運價一錢以二十五石除里數得二十五分之一故將每石之運價如乙縣輸遠二百里每二十五石該運價二十兩以二十五石分之每石得八錢是也連運腳作價各與貴賤不等以求價除户數

以甲縣一千零二十六衰乘，得二千零五十二萬，以共衰二千八百七十三除之，得甲縣該七千一百四十二石三斗五升九合九勺不盡。另以乙縣六百八十四衰乘之，得一千三百六十八萬，以共衰除之，得乙縣該四千七百六十一石五斗七升三合二勺六八不盡。又另以丙縣三百九十九衰乘，得七百九十八萬，以共衰除，得丙縣該二千七百七十七石五斗八升四合四勺零。又另以丁縣四百九十四衰乘，得九百八十八萬，以共衰除，得丁縣該三千四百三十八石九斗一升四合零。又另以戊縣二百七十衰乘，得五百四十萬，以共衰除，得戊縣該一千八百七十九石五斗六升八合三勺九抄不盡。

【解義】僦里銀即運價也。每一車二十五石，每二十五石行道一里，運價一錢。以二十五石除里數，得二十五分之一，故得每石之運價。如乙縣輸遠二百里，每二十五石該運價二十兩，以二十五石分之，每石得八錢是也。連運脚作價，各縣貴賤不等，即以米價除户數

寡者價多則除戶必多價少則除戶必少譬如甲縣米每石價三
兩乙縣連運脚每石價一兩八錢以二兩除戶數每二十戶一石以
一兩八錢除戶數每
十八戶得一石也

積率問價法○今有圓木大小二根大者根徑一尺二寸稍徑八寸長二
丈五尺小者根徑一尺稍徑七寸長二丈共價銀四十九兩零八分問
大小木各價若干　舊法　置大木根徑一尺二寸自乘得一百四十四寸又將稍徑
八寸自乘得六十四寸併之得二百零八寸以長二丈五尺乘之得積五萬二千寸另置小木
根徑一尺自乘得一百寸又將稍徑七寸自乘得四十九寸併之得一百四十九寸以長二丈乘
之得積二萬九千八百寸併大小積共八萬一千八百寸為法以除原價四十九兩零八分得
每寸該價六毫為一衰之數以大積乘之得大木該價銀三十一兩二錢
以小積乘之得小木該價銀一十七兩八錢八分

爲衰者，價多則除户必多，價少則除户必少。譬如甲縣米每石價二兩，乙縣連運脚每石價一兩八錢，以二兩除户數，每二十户一石；以一兩八錢除户數，每十八户得一石也。

積率問價法〇今有圓木大小二根，大者根徑一尺二寸，稍徑八寸，長二丈五尺。小者根徑一尺，稍徑七寸，長二丈。共價銀四十九兩零八分，問大、小木各價若干[1]？舊法置大木根徑一尺二寸，自乘得一百四十四寸。又將稍徑八寸自乘，得六十四寸。併之得二百零八寸，以長二丈五尺乘之，得積五萬二千寸。另置小木根徑一尺，自乘得一百寸。又將稍徑七寸自乘，得四十九寸。併之得一百四十九寸，以長二丈乘之，得積二萬九千八百寸。併大小積，共八萬一千八百寸爲法，以除原價四十九兩零八分，得每寸該價六毫，爲一衰之數。以大積乘之，得大木該價銀三十一兩二錢。以小積乘之，得小木該價銀一十七兩八錢八分[2]。

---

1 此題爲《算法統宗》卷五"仙人换影"第四題。

2 該題求圓木體積誤本《算法統宗》。圓木形如圓臺，圓臺求積公式（詳卷六）：

$$V = \frac{(C_1^2 + C_2^2 + C_1 C_2)h}{36}$$

求得大木體積爲 19000 立方寸，小木體積爲 10950 立方寸。原題以：

$$V = (d_1^2 + d_2^2)h$$

求圓木體積，所求結果皆誤（《算法統宗校釋》，441-442 頁）。

二八差分法〇法各以二為首用四因以求各衰〇首位二〇以四因二得衰八〇又四因八得三十二衰〇又四因三十二得一百二十八衰〇又四因一百二十八得五百一十二衰位數再多各以四因以生各衰或用二歸八因亦得不如四因捷徑〇如二位者二八併得十衰〇三位者二八三十二併三衰共四十二衰〇四位者二八三十二一百二十八併四衰共得一百七十衰〇五位者二八三十二一百二十八五百一十二併五衰共得六百八十二衰以上各以共衰為法除實得一衰之數以各衰乘之

今有金三千兩令二等人户二八納之問各該若干　舊法置總金三千兩為實分列上户八下户二為法各乘原實以八乘三千兩得上户該納二千四百兩以二乘三千兩得下户該納六百兩

二八差分法[1]○法各以二爲首，用四因，以求各衰。○首位二。○以四因二，得八衰。○又四因八，得三十二衰。○又四因三十二，得一百二十八衰。○又四因一百二十八，得五百一十二衰。位數再多，各以四因，以生各衰。或用二歸八因，亦得，不如四因捷徑。○如二位者，二八併得十衰。○三位者：二、八、三十二，併三衰共四十二衰。○四位者：二、八、三十二、一百二十八，併四衰共得一百七十衰。○五位者：二、八、三十二、一百二十八，五百一十二，併五衰共得六百八十二衰。以上各以共衰爲法，除實得一衰之數，以各衰乘之。

今有金三千兩，令二等人户二八納之。問各該若干[2]？【舊法】置總金三千兩爲實，分列上户八、下户二爲法，各乘原實。以八乘三千兩，得上户該納二千四百兩。以二乘三千兩，得下户該納六百兩。

1 二八差分，相鄰兩衰比爲 8∶2，見《算法統宗》卷五“衰分章”。

2 此題爲《算法統宗》卷五“二八差分”第一題。

雜題五商分銀歌〇三千四百十兩銀五個爲商照本分原銀提遍二八

出休將八折誤瞞人　舊法　戊[二]　丁[八]　丙[三十二]　併五數共

得十六百八十二衰爲法却置總銀三千四百一十兩爲實以法除之得五兩爲一衰之數　乙[一百二十八]　甲[五百一十二]

各以各衰乘之以甲五百一十二乘得甲該分銀二千五百六十兩以乙一百

二十八乘得乙該分銀六百四十兩以丙三十二乘得丙該分銀一百六十

兩以丁八乘得丁該分銀四十兩以戊二乘得戊該分銀十兩

解義將原銀以共衰除之以各衰乘之此先除後乘正法也若置原寔以各衰乘之以共衰除之即先乘後除法矣

三七差分法〇各以三爲首或以三因或又三因或再又三因務求得宜

爲首衰却用三歸七因以求各衰〇二位者首位三次位七〇三位者以三因

三得九爲首衰却將九用三歸七因得二十一爲中衰又將二十一用

難題·五商分銀歌〇三千四百十兩銀，五個爲商照本分。原銀挨遞二八出，休將八折誤瞞人[1]。舊法戊二、丁八、丙三十二、乙一百二十八、甲五百一十二，併五數共得六百八十二衰爲法。却置總銀三千四百一十兩爲實，以法除之，得五兩爲一衰之數。各以各衰乘之，以甲五百一十二乘，得甲該分銀二千五百六十兩。以乙一百二十八乘，得乙該分銀六百四十兩。以丙三十二乘，得丙該分銀一百六十兩。以丁八乘，得丁該分銀四十兩。以戊二乘，得戊該分銀十兩。

【解義】將原銀以共衰除之，以各衰乘之，此先除後乘正法也。若置原實，以各衰乘之，以共衰除之，即先乘後除法矣。

三七差分法[2]〇各以三爲首，或以三因，或又三因，或再又三因，務求得宜爲首衰。却用三歸七因，以求各衰。〇二位者，首位三，次位七。〇三位者，以三因三得九爲首衰。却將九用三歸七因，得二十一爲中衰。又將二十一用

---

1 此難題爲《算法統宗》卷十四“難題衰分三”第十三題。八折，相鄰兩衰比爲10∶8，與二八差分不同。

2 三七差分，相鄰兩衰比爲7∶3，見《算法統宗》卷五“衰分章”。

三歸七因得四十九為末衰三位併得七十九衰〇四位者首位三以三因得九又三因得二十七為丁衰却將二十七用三歸七因得六十三為丙衰又將六十三用三歸七因得一百四十七為乙衰又將一百四十七用三歸七因得三百四十三為甲衰併四位共得五百八十衰〇五位者將首位三以三因又以三因再又三因得八十一為戊衰却將戊衰用三歸七因得一百八十九為丁衰又將丁衰三歸七因得四百四十一為丙衰又將丙衰三歸七因得一千零二十九為乙衰又將乙衰三歸七因得二千四百零一為甲衰併五位共得四千一百四十一衰

解義　法以三為首位而用法則以多屬甲以首位三屬末注者生法自少而多先三後七生法之序宜爾也分物多者在先少者在

三歸七因，得四十九爲末衰。三位併得七十九衰。〇四位者，首位三以三因得九，又三因得二十七爲丁衰。却將二十七用三歸七因，得六十三爲丙衰。又將六十三用三歸七因，得一百四十七爲乙衰。又將一百四十七用三歸七因，得三百四十三爲甲衰。併四位，共得五百八十衰。〇五位者，將首位三以三因，又以三因，再又三因，得八十一爲戊衰。却將戊衰用三歸七因，得一百八十九爲丁衰。又將丁乘三歸七因，得四百四十一爲丙衰。又將丙衰三歸七因，得一千零二十九爲乙衰。又將乙衰三歸七因，得二千四百零一爲甲衰。併五位，共得四千一百四十一衰。

【解義】法以三爲首位，而用法則以多屬甲，以首位三屬末位者，生法自少而多，先三後七，生法之序宜尔也。分物多者在先，少者在

後城次參屬甲者分移之序也以甲置末位者從生出之序列位也

凡三位四位以上首位必用三因或又三因再又三因者因七位用
三歸七因時零雜盡不可立法故加三因以合之將首位三用一次
三因則可多得一次三歸七因故三位者首必三因四位者三因又
三因五位者三因又三因
再又三因以上推之皆然

今有銀四百九十七兩七錢令甲乙丙三人三七分之問各若干　舊法
置總銀四百九十七兩七錢為實列甲四十九乙二十一丙九併三位共得七十九衰為法除實
得六兩三錢為一衰之數以乘甲四十九衰得甲分銀三百零八兩七錢乘乙二十一
衰得乙分銀一百三十二兩三錢乘丙九衰得丙分銀五十六兩七錢
四六差分法○各以四為首用加五以求各衰首位四就身加五得六為
第二位又加五得九又加五得十三衰五分又加五得二十衰零二分
五釐再位數多者各加五以生各衰或用四歸六因亦得○二位者

後，故以多屬甲者，分物之序也。以甲置末位者，從生出之序列位也。凡三位、四位以上，首位必用三因，或又三因、再又三因者，因七位用三歸七因，畸零難盡，不可立法，故加三因以合之。將首位三用一次三因，則可多得一次三歸七因。故三位者首必三因，四位者三因又三因，五位者三因又三因再又三因。以上推之，皆然。

今有銀四百九十七兩七錢，令甲、乙、丙三人三七分之。問各若干[1]？舊法置總銀四百九十七兩七錢爲實。列丙九、乙二十一、甲四十九，併三位，共得七十九衰爲法，除實得六兩三錢爲一衰之數。以乘甲四十九衰，得甲分銀三百零八兩七錢。乘乙二十一衰，得乙分銀一百三十二兩三錢。乘丙九衰，得丙分銀五十六兩七錢。

四六差分法[2]〇各以四爲首，用加五以求各衰首位[3]。四就身加五得六爲第二位，又加五得九，又加五得十三衰五分，又加五得二十衰零二分五厘。再位數多者，各加五以生各衰。或用四歸六因，亦得。〇二位者：四、六，

1 此題爲《算法統宗》卷五“三七差分”第二題。
2 四六差分，相鄰兩衰比爲6∶4，見《算法統宗》卷五“衰分章”。
3 因6∶4=1.5，故可以加五算。

併二衰共得十衰〇三位者　併三衰共得十九衰〇四位者〇
併四衰共得三十二衰五分〇五位者　併五衰共得五十二衰七分五釐

今有米五百八十三石一斗六升令三等人戶從上四六出之甲上等十八戶乙中等二十六戶丙下等四十戶問各若干（舊法）置米五百八十三石一斗六升為實另置甲九乙六丙四三位將甲十八戶以九因之得一百六十二衰將乙二十六戶以六因之得一百五十六衰將丙四十戶以四因得一百六十衰併三數共得四百七十八衰為法除實得一石二斗二升為一衰之數以九因得甲上等每戶納十石零九斗八升即以十八戶乘之得甲共該米一百九十七石六斗四升另以六因一衰得乙中等每戶應納七石三斗二升即以二十六戶乘之得乙共

併二衰共得十衰。〇三位者：四、六、九，併三衰共得十九衰。〇四位者：四、六、九、十三半，併四衰共得三十二衰五分。〇五位者：四、六、九、十三零五、二十零二分五厘，併五衰共得五十二衰七分五厘。

今有米五百八十三石一斗六升，令三等人户從上四六出之。甲上等十八户，乙中等二十六户，丙下等四十户。問各若干[1]？舊法置米五百八十三石一斗六升爲實。另置甲九、乙六、丙四三位，將甲一十八户以九因之，得一百六十二衰；將乙二十六户以六因之，得一百五十六衰；將丙四十户以四因，得一百六十衰。併三數，共得四百七十八衰爲法，除實得一石二斗二升爲一衰之數。以九因，得甲上等每户納十石零九斗八升。即以一十八户乘之，得甲共該米一百九十七石六斗四升。另以六因一衰，得乙中等每户應納七石三斗二升。即以二十六户乘之，得乙共

1 此題據《算法統宗》卷五“四六差分”第五題改編。原題云：“今有米三百八十五石五斗二升，令二等人户從上四六出之。甲上等二十六户，乙下等四十户，問各户各若干？”原僅甲乙二等，此處改作三等。

該米一百九十石零三斗二升又另以四因一衰得丙下等每戶該納四石八斗八升即以四十戶乘之得丙共該米一百九十五石二斗

雜題四商分利歌〔〕一萬六百八兩銀六分本銀利四分四個商人四六得休將六折術瞞人

術法置總銀一萬零六百零八兩以四乘之得利銀四千二百四十三兩二錢為實另置甲十三零五分乙九六丙六四丁四併四位共得三十二衰五分為法先以甲十三衰五分乘實得五萬七千二百八十三兩二錢以共三十二衰五分除之得甲該利銀一千七百六十二兩五錢六分另以乙九衰乘實得三萬八千一百八十八兩八錢以共三十二衰五分除之得乙該分銀一千一百七十五兩零四分又另以丙六衰乘實得二萬五千四百五十九兩二錢以共三十二衰五分除之得丙該分銀七百八十三兩三錢六分又另以丁四衰乘實得一萬六千九百七十二兩八錢以共三十二衰五分除之得丁該分銀五百

該米一百九十石零三斗二升。又另以四因一衰，得丙下等每户該納四石八斗八升。即以四十户乘之，得丙共該米一百九十五石二斗。

難題·四商分利歌〇一萬六百八兩銀，六分本銀利四分。四個商人四六得，休將六折術瞞人[1]。舊法 置總銀一萬零六百零八兩，以四乘之，得利銀四千二百四十三兩二錢爲實。另置甲十三零五分、乙九、丙六、丁四，併四位，共得三十二衰五分爲法。先以甲十三衰五分乘實，得五萬七千二百八十三兩二錢，以共三十二衰五分除之，得甲該利銀一千七百六十二兩五錢六分。另以乙九衰乘實，得三萬八千一百八十八兩八錢，以共三十二衰五分除之，得乙該分銀一千一百七十五兩零四分。又另以丙六衰乘實，得二萬五千四百五十九兩二錢，以共三十二衰五分除之，得丙該分銀七百八十三兩三錢六分。又另以丁四衰乘實，得一萬六千九百七十二兩八錢，以共三十二衰五分除之，得丁該分銀五百

1 此難題爲《算法統宗》卷十四“難題衰分三”第十二題。

（二十二兩二錢四分）

解義 此即先乘後除法也與先以共衰除實後以各衰乘之同法然不若先以共衰除實得一衰之數各以分衰乘之數者便若或共衰除實有畸零雜尽則宜以各衰先乘為直

折半差分法○法俱挨次折半為衰○二位者二一併二衰共得三衰○三位者四二一併三衰共得七衰○四位者八四二一併四位共得一十五衰○五位者十六八四二一併五位共得三十一衰

今有銀六百七十二兩令三等人折半分之問各若干 （舊法）置總銀為實以甲四乙二丙一併得七衰為法除實得（丙該分銀九十六兩）以二因得（乙分銀一百九十二兩）再以二因得（甲分銀三百八十四兩）

加倍問織法○今有織絹匠初日織甚遲次日加倍第三日又加倍第四日

二十二兩二錢四分。

【解義】此即先乘後除法也，與先以共衰除實、後以各衰乘之同法。然不若先以共衰除實得一衰之數，各以分衰乘之較省便。若或共衰除實，有畸零難盡，則宜以各衰先乘爲宜。

折半差分法[1]〇法俱挨次折半爲衰。〇二位者：一、二，併二衰，共得三衰。〇三位者：一、二、四，併三衰，共得七衰。〇四位者：一、二、四、八，併四位，共得一十五衰。〇五位者：一、二、四、八、十六，併五位，共得三十一衰。

今有銀六百七十二兩，令三等人折半分之。問各若干[2]？舊法置總銀爲實，以甲四、乙二、丙一併得七衰爲法，除實得丙該分銀九十六兩。以二因，得乙分銀一百九十二兩。再以二因，得甲分銀三百八十四兩。

加倍問織法〇今有織絹匠初日織甚遲，次日加倍，第三日又倍，第四日

1　折半差分，相鄰兩衰比爲 2∶1，見《算法統宗》卷五“衰分”。

2　此題爲《算法統宗》卷五“折半差分”第二題。

又倍九四日織成絹六丈七尺五寸問各日織若干　舊法置絹六丈七尺五寸為實分列一二四八併得衰十五為法除實得初日織四尺五寸倍之得次日織九尺再倍之得第三日織一丈八尺又倍之得第四日織三丈六尺

難題折半問路歌〇三百七十八里關初行健步不為難次日腳痛減一半六朝纔得到其關要見每朝行里數請君細算莫相瞞　舊法置路程三百七十八里為實以六日列六位一二四八十六三十二併六位共六十三衰為法除實得第六日行六里倍之得第五日行十二里又倍之得第四日行二十四里再倍之得第三日行四十八里又再倍之得第二日行九十六里再倍之得第一日行一百九十二里

又倍，凡四日織成絹六丈七尺五寸。問各日織若干[1]？舊法 置絹六丈七尺五寸爲實，分列一、二、四、八，併得十五衰爲法，除實得初日織四尺五寸。倍之，得次日織九尺。再倍之，得第三日織一丈八尺。又倍之，得第四日織三丈六尺。

難題·折半問路歌○三百七十八里關，初行健步不爲難。次日脚痛減一半，六朝纔得到其間。要見每朝行里數，請君細筭莫相瞞[2]。舊法 置路程三百七十八里爲實，以六日列六位：一、二、四、八、十六、三十二，併六位共六十三衰爲法，除實得第六日行六里。倍之，得第五日行十二里。又倍之，得第四日行二十四里。再倍之，得第三日行四十八里。又再倍之，得第二日行九十六里。再倍之，得第一日行一百九十二里。

---

1 此題爲《算法統宗》卷五“折半差分”第三題。

2 此難題爲《算法統宗》卷十四“難題衰分三”第四題，原作“行程減等歌”。

難題塔項問燈歌○遠望巍巍塔七層紅光點點倍加增共燈三百八十一請問尖頭幾盞燈

舊法置共燈三百八十一盞為實以七層列七位為衰

一	二	四	八	十六	三十二	六十四
日	曰	四	下	六		

併七位共一百二十七衰為法除實得頂層燈三盞

難題三等賠償鷓鴣天○八馬九牛十四羊趕在村南牧草場吃了人家一段穀鄰家定賠他六石糧牛一隻比二羊四牛二馬均賠償若還算得無差錯姓字超群到處揚此言比如趙馬八匹錢牛九頭孫羊十四隻同也損他家稻穀議共賠粮六石每馬一匹比牛二頭每牛一隻比羊二隻問各該賠若干

舊法置賠粮六石為實另置馬八以四因得三十二衰牛九以二因得一十八衰羊一十四衰併三數共得六十四衰為法除實得九升三合七勺五抄為一羊所賠數以羊十四衰乘之得羊主該賠一石三斗一升二合五勺以牛十八衰乘得牛主該賠一石六斗八升七合五勺以馬三十二衰乘得馬

難題·塔頂問燈歌〇遠望巍巍塔七層，紅光點點倍加增。共燈三百八十一，請問尖頭幾盞燈[1]？舊法 置共燈三百八十一盞爲實，以七層列七位爲衰：一、二、四、八、十六、三十二、六十四，併七位共一百二十七衰爲法，除實得頂層燈三盞。

難題·三等賠償·鷓鴣天〇八馬九牛十四羊，趕在村南牧草場。吃了人家一段穀，議定賠他六石糧。牛一隻，比二羊，四牛二馬均賠償。若還筭得無差錯，姓字超群到處揚[2]。此言比如趙馬八匹，錢牛九頭，孫羊十四隻，同吃損他家稻穀，議共賠糧六石。每馬一匹比牛二頭，每牛一隻比羊二隻。問各該貼若干？舊法 置賠糧六石爲實。另置馬八以四因得三十二衰，牛九以二因得一十八衰，羊一十四衰。併三數，共得六十四衰爲法，除實得九升三合七勺五抄，爲一羊所賠數。以羊十四衰乘之，得羊主該賠一石三斗一升二合五勺。以牛十八衰乘，得牛主該賠一石六斗八升七合五勺。以馬三十二衰乘，得馬

---

1 此難題爲《算法統宗》卷十四“難題衰分三”第五題，原作“浮屠增級歌”。

2 此難題爲《算法統宗》卷十四“難題衰分三”第六題。

主該賠三石

雜題倍酒問原有歌〇今携一壺酒游春郊外走逢朋添一倍入店飲斗九相逢三處店飲盡壺中酒試問能筭士如何知原有此言携酒游春每飲一斗壺中添酒一倍每次飲一斗九升凡飲三次壺酒恰尽問原壺内酒及三次添酒各若干舊法置飲酒一斗九升為實以三處倍添列四二一併得衰七為法乘之得一石三斗三升折半得六斗六升五合又折半得三斗三升二合五勺又再折半得原帶壺内酒一斗六升六合二勺五抄即將原酒倍之得第一處飲酒添酒一斗六升六合二勺五抄共三斗三升二合五勺除飲去一斗九升存酒一斗四升二合五勺三處飲酒倍添一斗四升二合五勺共二斗八升五合除飲去一斗九升存酒九升五合三處飲酒倍添九升五合共一斗九升飲恰盡又法置飲酒一斗九升以衰七乘之得一石三斗三升為實另以倍酒率七加原酒率一共得八為法除之亦得

主該賠三石。

難題·倍酒問原有歌○今携一壺酒，游春郊外走。逢朋添一倍，入店飲斗九。相逢三處店，飲盡壺中酒。試問能筭士，如何知原有[1]？此言携酒游春，每飲一次，壺中添酒一倍。每次飲一斗九升，凡飲三次，壺酒恰盡。問原壺内酒及三次添酒各若干？舊法 置飲酒一斗九升爲實，以三處倍添列一、二、四，併得七衰爲法，乘之得一石三斗三升。折半得六斗六升五合，又折半得三斗三升二合五勺，又再折半得原帶壺内酒一斗六升六合二勺五抄[2]。即將原酒倍之，得第一處飲酒添酒一斗六升六合二勺五抄，共三斗三升二合五勺；除飲去一斗九升，存酒一斗四升二合五勺。(三)[二]處飲酒倍添一斗四升二合五勺[3]，共二斗八升五合；除飲去一斗九升，存酒九升五合。三處飲酒倍添九升五合，共一斗九升，飲恰盡。又法 置飲酒一斗九升，以七衰乘之，得一石三斗三升爲實。另以倍酒率七加原酒率一，共得八爲法，除之亦得

---

1 此難題爲《算法統宗》卷十六“難題盈朒七”第九題。

2 此題可設原有酒爲 x，據題意列：

$$2[2(2x-1.9)-1.9]-1.9=0$$

解得：

$$x=\frac{1}{2}\left[\frac{1}{2}\left(\frac{7\times 1.9}{2}\right)\right]=1.6625$$

3 三處，當作“二處”，據文意改。

原酒一斗六升六合二勺五抄　增法置第三次飲酒一斗九升折半得第二次添酒九升五合將九升五合再加二次飲一斗九升共二斗八升五合折半得二次添酒一斗四升二合五勺將一斗四升二合五勺再加初次飲一斗九升共三斗三升二合五勺

又折半得初次添酒及壺中原酒各一斗六升六合二勺五抄

解義　一斗六升六合二勺五抄者原帶之酒也一斗九升者三次所飲之酒也以七乘一斗九升三次折半得原酒者將飲酒一斗九升以八歸得二升三合七勺五抄將原酒一斗六升六合二勺五抄以七歸亦得二升三合七勺五抄是原帶酒得每次飲酒八分之七三折半第一次折是二分之一第二次折是四分之一第三次折是八分之一即是將一斗九升七因八歸合原帶八分之七酒數也飲酒是八分原帶酒是七分初次加倍得十四分飲去八分餘六分二次又加倍六分共十二分飲去八分餘四分三次又倍四分共成八分故飲酒恰尽

又難題歌（一）昨日沽酒會親朋路遠迢遥有四程衍過一程添一倍却被

原酒一斗六升六合二勺五抄。增法置第三次飲酒一斗九升，折半得第（二）[三] 次添酒九升五合[1]。將九升五合再加二次飲一斗九升，共二斗八升五合，折半得二次添酒一斗四升二合五勺。將一斗四升二合五勺再加初次飲一斗九升，共三斗三升二合五勺，又折半，得初次添酒及壺中原酒各一斗六升六合二勺五抄。

【解義】一斗六升六合二勺五抄者，原帶之酒也。一斗九升者，三次所飲之酒也。以七乘一斗九升，三次折半得原酒者，將飲酒一斗九升以八歸，得二升三合七勺五抄[2]；將原酒一斗六升六合二勺五抄以七歸，亦得二升三合七勺五抄[3]，是原帶酒得每次飲酒八分之七。三折半，第一次折是二分之一，第二次折是四分之一，第三次折是八分之一，即是將一斗九升七因八歸，合原帶八分之七酒數也。飲酒是八分，原帶酒是七分，初次加倍得十四分，飲去八分，餘六分。二次又加倍六分，共十二分，飲去八分，餘四分。三次又倍四分，共成八分，故飲酒恰盡。

又難題歌〇昨日沽酒會親朋，路遠迢遥有四程。行過一程添一倍，却被

---

1 第二次，當作"第三次"，據文意改。
2 二升三合七勺五抄，順治本誤作"二十三升七合五勺"。
3 二升三合七勺五抄，順治本誤作"二十三升七合五勺"。

安童冐六升行到親家門裹去半點全無在酒瓶借問高明能算士幾何原酒要分明　舊法置四經倍添列日曰四四併得一十五率為法乘冐六升得九斗折半四遭得原酒五升六合二勺五抄　又法置盜冐六升以併率十五乘之得九十為實以併率加原酒率一共十六為法除之亦得

解義　此典上同一法安童盜冐六升即每經飲盜共六升典上每次飲斗九一也盜冐酒六升以十五乘之得九斗原酒五升六合二勺五抄以十六乘之亦得九斗乃原酒得冐酒十六分之十五也上法原酒得飲酒八分之七此得十六分之十五何也上是三次論數則一次加倍得二二次加倍得四三次加倍得八論率位則列三位一二四止得七此是四次論數一次加倍得二二次加倍得四三次加倍得八四次加倍得十六論率則列四位一二四八止得十五故三位者原酒七分三次倍添以八分飲三次而遭尽四位者原酒十五分四次倍添以十六分飲四次而遭尽皆數理自然之妙也

雜題因利問本歌○本利年年倍債主催速還一年取五斗三年本利完

安童冒六升[1]。行到親家門裏去，半點全無在酒瓶。借問高明能筭士，幾何原酒要分明[2]？

舊法 置四程倍添，列一、二、四、八，併得一十五率爲法，乘冒六升，得九斗。折半四遭，得原酒五升六合二勺五抄。又法 置盜冒六升，以併率十五乘之，得九十爲實。以併率加原酒率一共十六爲法除之，亦得。

【解義】此與上同一法。安童盜冒六升，即每程飲盜共六升，與上每次飲斗九，一也。盜冒酒六升，以十五乘之，得九斗；原酒五升六合二勺五抄，以十六乘之，亦得九斗，乃原酒得冒酒十六分之十五也。上法原酒得飲酒八分之七，此得十六分之十五，何也？上是三次，論數則一次加倍得二，二次加倍得四，三次加倍得八；論率位則列三位：一、二、四，止得七。此是四次，論數一次加倍得二，二次加倍得四，三次加倍得八，四次加倍得十六；論率則列四位：一、二、四、八，止得十五。故三位者，原酒七分，三次倍添以八分，飲三次而適盡。四位者，原酒十五分，四次倍添以十六分，飲四次而適盡。皆數理自然之妙也。

難題·因利問本歌〇本利年年倍，債主催速還。一年取五斗，三年本利完[3]。

---

1 安童，侍童。冒，貪也，《算法統宗》卷十六作“盜”。

2 此難題爲《算法統宗》卷十六“難題盈朒七”第十題。

3 此難題爲《算法統宗》卷十六“難題盈朒七”第十二題。

問原本若干 舊法置三年倍利列圖曰 併三位共衰七以乘十五得三石五斗折半三遭得原本四斗三升七合五勺

又法 今有客三次出外為商俱得倍利每次歸還銀三百兩三次本利恰盡問原本若干

舊法置還銀三百兩折半得一百五十兩又加三百兩得四百五十兩又折半得二百二十五兩又加三百兩得五百二十五兩又折半得原本銀二百六十二兩五錢

解義 置銀三百兩即第三次本利還盡之三百兩也折半得一百五十將末次三百兩以本利合倍知末次拿出本銀一百五十兩也再加三百兩者二次所還之三百兩也二次所還銀三百餘三次本一百五十兩共四百五十兩以本利合倍知二次拿出本銀即四百五十折半之二百二十五兩也又加三百兩者初次所還之三百兩也初次還銀三百兩仍餘二次本銀二百二十五兩共五百二十五兩以本利合倍則一半為本一半為利故折半得原本銀二百六十二兩五錢也

十二兩五錢

問原本若干？舊法 置三年倍利，列：一、二、四，併三位共七衰，以乘五斗，得三石五斗。折半三遭，得原本四斗三升七合五勺。

又法〇今有客三次出外爲商，俱得倍利，每次歸還銀三百兩，三次本利恰盡。問原本若干[1]？舊法置還銀三百兩，折半得一百五十兩。又加三百兩，得四百五十兩，又折半得二百二十五兩。又加三百兩，得五百二十五兩，又折半得原本銀二百六十二兩五錢。

【解義】置銀三百兩，即第三次本利还盡之三百兩也。折半得一百五十，將末次三百兩以本利合倍，知末次拿出本銀一百五十兩也。再加三百者，二次所還之三百也。二次田还銀三百，餘三次本一百五十，共四百五十，以本利合倍，知二次拿出本銀即四百五十折半之二百二十五兩也。又加三百者，初次所还之三百也。初次还銀三百兩，仍餘二次本銀二百二十五兩，共五百二十五兩，以本利合倍，則一半爲本，一半爲利，故折半得原本銀二百六十二兩五錢也。

---

1 此題爲《算法統宗》卷五“仙人換影”第六題。

積倍問利法〇今有錢一文日增一倍〻至三十日問該若干　舊法置錢一文以十度八因得三十日該錢十億零七千三百七十四萬一千八百二十四文一度八因乃三次倍數十度八因即三十日倍數也又法以五度六十四乘亦得一度六十四乃六日倍數五度六十四乘即三十日倍數又法以三度三十二乘得數自乘亦得一度三十二乘乃五日倍數二度三十二乘乃十五日倍數自乘即三十日也或六度三十二乘亦得

遞減挨次差分法〇置所分物為實各挨次剗置衰〇二位者一二併二位共三衰〇三位者一二三併三位共六衰〇四位者一二三四併四位共十衰〇五位者一二三四五併五位共一十五衰

今有銀九十二兩分散四子依等挨次遞減分之問各若干　舊法置總銀九十二兩為實列長子四次子三三子二四子一併得衰十為法除實得第四子該銀九兩

積倍問利法 ○今有錢一文，日增一倍，倍至三十日。問該若干[1]？［舊法］置錢一文，以十度八因，得三十日該錢十億零七千三百七十四萬一千八百二十四文。一度八因乃三次倍數，十度八因即三十日倍數也。［又法］以五度六十四乘，亦得。一度六十四乃六日倍數，五度六十四乘即三十日倍數。［又法］以三度三十二乘得數自乘，亦得。一度三十二乘，乃五日倍數。三度三十二乘，乃十五日倍數。自乘即三十日也。或六度三十二乘，亦得。

遞減挨次差分法[2]○置所分物爲實，各挨次列置衰。○二位者：一、二，併二位共三衰。○三位者：一、二、三，併三位共六衰。○四位者：一、二、三、四，併四位共十衰。○五位者：一、二、三、四、五，併五位共一十五衰。

今有銀九十二兩，分散四子，依等挨次遞減分之。問各若干[3]？［舊法］置總銀九十二兩爲實，列長子四、次子三、三子二、四子一，併得十衰爲法，除實得第四子該銀九兩

---

1 此題爲《算法統宗》卷九“均輪”第十八題。

2 遞減挨次差分，見《算法統宗》卷五“衰分章”。

3 此題爲《算法統宗》卷五“遞減差分”第二題。

二錢再加九兩二錢得第三子該銀一十八兩四錢再加九兩二錢得次子該銀

二十七兩六錢再加九兩二錢得長子該銀三十六兩八錢

解義　挨次遞減法以併衰除寔得數為末一位數即各位遞減之數無論位數多寡皆同一理雖題公侯伯子男分金同此故不贅

挨次製器法○今有金八兩四錢欲挨次造禮樂射御書數套杯六個問各重若干

舊法　置總金八兩四錢為實列一二三四五六六衰併得二十一衰為法除實得數字杯重四錢再加四錢得書字杯八錢再加四錢得御字杯一兩二錢再加四錢得射字杯一兩六錢再加四錢得樂字杯二兩再加四錢得禮字杯二兩四錢

挨等計戶納粮法○今有粮一千一百三十四石五等人戶挨次上納一等二十四戶二等三十三戶三等四十二戶四等五十一戶五等六十

二錢。再加九兩二錢，得第三子該銀一十八兩四錢。再加九兩二錢，得次子該銀二十七兩六錢。再加九兩二錢，得長子該銀三十六兩八錢。

【解義】挨次遞減法以併衰除實，得數爲末一位數，即各位遞減之數，無論位數多寡，皆同一理。難題“公侯伯子男分金”同此[1]，故不贅。

挨次製器法○今有金八兩四錢，欲挨次造禮、樂、射、御、書、數套杯六個。問各重若干[2]？ 舊法 置總金八兩四錢爲實，列六、五、四、三、二、一六衰，併得二十一衰爲法，除實得數字杯重四錢。再加四錢，得書字杯八錢。再加四錢，得御字杯一兩二錢。再加四錢，得射字杯一兩六錢。再加四錢，得樂字杯二兩。再加四錢，得禮字杯二兩四錢。

挨等計户納糧法○今有糧一千一百三十四石，五等人户挨次上納。一等二十四户，二等三十三户，三等四十二户，四等五十一户，五等六十

---

1 此難題爲《算法統宗》卷十四“難題衰分三”第七題，原題作“五等分金歌”，云：“公侯伯子男，五四三二一。假有金五秤，依率要分訖。”

2 此題爲《算法統宗》卷五“遞減差分”第四題，“今有金八兩四錢”，原作“八兩一錢”。若以八兩一錢入算，則除積不盡，故此處改作“八兩四錢”。

戶問各等每戶及共米各若干（舊）（法）置米一千一百三十四石為實以五因一等二十四戶得一百二十戶以四因二等三十三戶得一百三十二戶以三因三等四十二戶得一百六十二戶以二因四等五十一戶得一百零二戶五等戶不動仍六十戶併五等數共得五百四十衰除實得（第）（五）（等）（每）（戶）（米）（二）（石）（一）（斗）以六十二因之得（共）（米）（一）（百）（二）（十）（六）（石）另以二因二石一斗得（四）（等）（每）（戶）（該）（米）（四）（石）（二）（斗）以五十一戶乘之得（共）（米）（二）（百）（一）（十）（四）（石）（二）（斗）又以三因二石一斗得（三）（等）（每）（戶）（該）（米）（六）（石）（三）（斗）以四十二戶乘之得（共）（米）（二）（百）（六）（十）（四）（石）（六）（斗）又以四因二石一斗得（二）（等）（每）（戶）（該）（米）（八）（石）（四）（斗）以三十三戶乘之得（共）（米）（二）（百）（七）（十）（七）（石）（二）（斗）又以五因二石一斗得（上）（等）（每）（戶）（該）（米）（十）（石）（零）（五）（斗）以二十四戶乘之得（共）（米）（二）（百）（五）（十）（二）（石）

纇例挨減支俸法○今有俸糧三百零五石令五等官依品遞減一十三

户。問各等每户及共米各若干[1]？舊法 置米一千一百三十四石爲實，以五因一等二十四户得一百二十户，以四因二等三十三户得一百三十二户，以三因三等四十二户得一百二十六户，以二因四等五十一户得一百零二户，五等户不動，仍六十户。併五等數，共得五百四十衰，除實得第五等每户米二石一斗；以六十户因之，得共米一百二十六石。另以二因二石一斗，得四等每户該米四石二斗；以五十一户乘之，得共米二百一十四石二斗。又以三因二石一斗，得三等每户該米六石三斗；以四十二户乘之，得共米二百六十四石六斗。又以四因二石一斗，得二等每户該米八石四斗；以三十三户乘之，得共米二百七十七石二斗，又以五因二石一斗，得上等每户該米十石零五斗；以二十四户乘之，得共米二百五十二石。

額例挨減支俸法○今有俸糧三百零五石，令五等官依品遞減一十三

1 此題爲《算法統宗》卷五“遞減差分”第五題。

石分之問各若干（舊法）置遞減一十二石另以五等減一餘四以乘五等得一十二折半得十為法乘之得一百三十石以減總糧三百零五石餘一百七十五石為實却以五等除之得第五等俸三十五石再加一十三石得第四等俸四十八石再加一十三石得第三等俸六十一石再加一十三石得第二等俸七十四石再加一十三石得第一等俸八十七石

解義　此亦挨次遞減但止減十三石不可以一二三四五分派求之法以十三為法衰十三為石減除二百零五石餘即五等平均之數也其十三石故以十為法三位皆加數係五位者止四位有加數將五等減一者合有四位者止為法以乘除五等者凡挨次遞即加除末後最少一位為將五等減一餘四為也即以乘五等折半者凡加數自少而多由末位逆上第二位數之多一位三位多二四位多三五位多四係四位者上等多三數係五位者多一上等多四數則五即末第二位多一上等位多四共五術一係而共梁合上併二層折半之法也二位作位止宜以二乘得木數令以四乘故一折半即所多之數也或將五等衰分則加一二三四五減除末後一

石分之。問各若干[1]？ 舊法 置遞減一十三石，另以五等減一餘四以乘五等得二十，折半得十爲法，乘之得一百三十石。以減總糧三百零五石，餘一百七十五石爲實。却以五等除之，得第五等俸三十五石。再加一十三石，得第四等俸四十八石。再加一十三石，得第三等俸六十一石。再加一十三石，得第二等俸七十四石。再加一十三石，得第一等俸八十七石[2]。

【解義】此亦挨次遞減，但止減十三石，不可以一、二、三、四、五分(乘)[衰]求之[3]。五等以上，遞多十三石，共多十個十三石，故以十爲法(衰)[乘]十三石[4]，減除三百零五石，餘即五等平均之數也。其將五等減一餘四爲法，以乘五等者，凡挨次遞加，除末後最少一位爲本數，係四位者，止三位有加數；係五位者，止四位有加數。將五減一者，合有加數之位也。即以乘五等折半者，凡加數自少而多，由末位逆上，第二位多一，三位多二，四位多三，五位多四，係四位者，上等多三數；係五位者，上等多四數。則五即末第二位多一、上等位多四，共五，猶一面尖垛合併二層折半之法也。二位作一位，止宜以二乘得本數，今以四乘，故折半，即所多之數也。或將五等衰分列如一、二、三、四、五，減除末後一

---

1 此題爲《算法統宗》第五卷“挨次差分”第九題。

2 此係已知等差數列 S_n 和與公差 d，求各項。求首項 a_1 公式爲：

$$\begin{aligned} a_1 &= \frac{1}{n}\left[S_n - \frac{n(n-1)}{2}d\right] \\ &= \frac{1}{5}\times\left[305 - \frac{5\times(5-1)}{2}\times 13\right] \\ &= 35 \end{aligned}$$

爲第五等俸，遞加公差十三石，得各等俸。

3 乘，據文意，當作“衰”，與次行“衰”相鄰而倒乙，據改。

4 衰，據文意，當作“乘”，與前行“乘”相鄰而倒乙，據改。

位五餘一二三四便淂十為法以乘十三石更省便再若六位除去六一位餘一二三四五便淂十五以乘所多之数因四位者至多三止五位者至多四止六位者至多五止除去末一数餘即所多实数也

難題八子分綿歌○九百九十六觔綿贈分八子做盤纏次第每人多十七要將第八数來言務要分明依次第筭法方堪外人傳　舊法置一二三四五六七八内减除末八餘七衰共得二十八為法以乘每多一十七斤得四百七十六斤以减總綿九百九十六斤餘五百二十斤以八子除之得第八子該六十五斤加十七斤得七子八十二斤以上遞加十七得各子數

解義　八并除去八併合以上七衰為法此即前解所列省用丶位减一相乘折半之煩

又難題九子筭年歌○一個公公九個兒若問生年總不知自長排來爭三歲共年二百零七期借問長兒多少歲各兒歲數要詳推　舊法置

位，立餘一、二、三、四，便得十爲法，以乘十三石，更省便。再若六位，除去六一位，餘一、二、三、四、五，便得十五，以乘所多之數。因四位者至多三止，五位者至多四止，六位者至多五止，除去末一數，餘即所多實數也。

難題·八子分綿歌〇九百九十六觔綿，贈分八子做盤纏。次第每人多十七，要將第八數来言。務要分明依次第，筭法方堪外人傳[1]。舊法置一、二、三、四、五、六、七、八，内減除末八，餘七衰，共得二十八爲法。以乘每多一十七斤，得四百七十六斤。以減總綿九百九十六斤，餘五百二十斤。以八子除之，得第八子該六十五斤。加十七斤，得七子八十二斤。以上遞加十七，得各子數。

【解義】八等除去八，併合以上七衰爲法，此即前解所列，省用八位減一相乘折半之煩。

又難題·九子筭年歌〇一個公公九個兒，若問生年總不知。自長排来争三歲，共年二百零七期。借問長兒多少歲，各兒歲數要詳推[2]。舊法置

---

1 此難題爲《算法統宗》卷十四“難題衰分三”第八題。

2 此難題爲《算法統宗》卷十四“難題衰分三”第九題。原作“九兒問甲歌”。

九[一][二][三][四][五]
衰[六][七][八][九]

内歲末一位九餘共得三十六為法乘多三歲得一百零八歲以歲總二百零七歲餘七十九歲以九子為法除之得(第)(九)(子)(十)(一)(歲)另置九子歲一餘八以三歲乘得二十四加小兒一十歲得(長)(子)(三)(十)(五)(歲)遞減三歲得各子數

難題依等筭銀歌〇甲乙丙丁戊己庚七人銀本不均平甲乙念三七錢鈔念六一錢戊己庚惟有丙丁無銀數要依等第數分明此言七人挨次出銀作本甲乙二人共二十三兩七錢戊己庚三人共二十六兩一錢要依次分差問連丙丁各該銀若干

(舊)(法)先用衰前測差法置戊己庚除庚為本數外己第二位多差一戊自末第三位多差二併之得三為下差率又置甲乙乙是自下六位多差五甲是自下七位多差六併之得一十一為上差率却分列人數差率數各共銀數交互乘減

列
右甲乙[二]　五　差十一得三十三　二十三兩七錢得七十一兩一錢
左戊己庚[三]　差三得六　二十六兩一錢得五十二兩二錢

九衰：一、二、三、四、五、六、七、八、九，内減末一位九，餘共得三十六爲法。乘多三歲，得一百零八歲，以減總二百零七歲，餘九十九歲。以九子爲法除之，得第九子十一歲。另置九子，減一餘八，以三歲乘得二十四，加小兒十一歲，得長子三十五歲。遞減三歲，得各子數。

難題·依等筭銀歌○甲乙丙丁戊己庚，七人銀本不均平。甲乙念三七錢鈔，念六一錢戊己庚。惟有丙丁無銀數，要依等第數分明[1]。此言七人挨次出銀作本，甲乙二人共二十三兩七錢，戊己庚三人共二十六兩一錢，要依次分筭。問連丙丁各該銀若干？舊法先用衰前測差法，置戊己庚，除庚爲本數外，己第二位多一差，戊自末第三位多二差，併之得三，爲下差率。又置甲乙，乙是自下六位多五差，甲是自下七位多六差，併之得十一，爲上差率。却分列人數、差率數、各共銀數，交互乘減，列：

右　甲　乙二差　互　十一　得三十三　二十三兩七錢　得七十一兩一錢
左　戊巳庚三差　　三　得六　二十六兩一錢[2]　得五十二兩二錢

1 此題爲《算法統宗》卷十四“難題衰分三”第十題。原作“依等筭鈔歌”。
2 二十六兩一錢，順治本誤作“二十一兩一錢”。

先以右上人二互乘左中三得六又以右上二乘左下二十六兩一錢得五十二兩二錢次以左上人三互乘右中十一得三十三與左中六對減餘二十七為法又以左上人三互乘右下二十三兩七錢得七十一兩一錢與左下對減餘一十八兩九錢為實以法二十七除之得七錢為一差之數另置甲乙共銀二十三兩七錢加入差七錢共二十四兩四錢折半得甲銀一十二兩二錢內減七錢得乙銀一十一兩五錢再減七錢得丙銀十兩零八錢再減七錢得丁銀十兩零一錢再減七錢得戊銀九兩四錢再減七錢得己銀八兩七錢再減七錢得庚銀八兩

解義　以三為下差率者己比庚多一個七錢戊比庚多二個七錢共三個差率也十一為上差率者乙比庚多五個七錢甲比庚多六個七錢共十一個差率也只炤各衰前數七位六差六位五差以次加之至為明曉舊法置戊己庚三人添一為四以三乘之得十一折半得六內減三人餘得三為下差率又另以甲乙二人乘總七人得十四內減下差率三得十一為上差率互法過煩且善改作甲乙

先以右上二人互乘左中三得六，又以右上二乘左下二十六兩一錢得五十二兩二錢。次以左上三人互乘右中十一，得三十三，與左中六對減，餘二十七爲法。又以左上三人互乘右下二十三兩七錢，得七十一兩一錢，與左下對減，餘一十八兩九錢爲實。以法二十七除之，得七錢，爲一差之數。另置甲、乙共銀二十三兩七錢，加入差七錢，共二十四兩四錢，折半得甲銀一十二兩二錢。内減七錢，得乙銀一十一兩五錢。再減七錢，得丙銀十兩零八錢。再減七錢，得丁銀十兩零一錢。再減七錢，得戊銀九兩四錢。再減七錢，得己銀八兩七錢。再減七錢，得庚銀八兩[1]。

【解義】以三爲下差率者，己比庚多一個七錢，戊比庚多二個七錢，共三個差率也。十一爲上差率者，乙比庚多五個七錢，甲比庚多六個七錢，共十一個差率也。只炤各衰前數，七位六差、六位五差，以次加之，至爲明曉。舊法置戊己庚三人，添一爲四，以三乘之得十二，折半得六，内減三人，餘得三爲下差率。又另以甲乙二人乘總七人得十四，内減下差率三，得十一爲上差率。立法過煩，且若改作甲乙

---

1 甲、乙、丙、丁、戊、己、庚七人挨次出銀作本，設庚出銀 a_2，公差爲 d，則己出銀 a_1+d，戊出銀 a_1+2d，乙出銀 a_1+5d，甲出銀 a_1+6d，根據題意列：

$$\begin{cases}(a_1+5d)+(a_2+6d)=23.7\\ a_1+(a_1+d)+(a_1+2d)=26.1\end{cases}$$

即：

$$\begin{cases}2a_1+11d=23.7\\ 3a_1+3d=26.1\end{cases}$$

解得公差 $d=0.7$，加入甲乙共出銀 23.7，折半即甲出銀 12.2，挨次減去公差 d，得每人出銀。其中，$11d$ 爲上差率，$3d$ 爲下差率。《算法統宗》求上差率、下差率如後文“解義”所述，乃算法巧合而已，非通法。詳《算法統宗校釋》第 866 頁。

丙三人已庚二人立法下差率止得一以甲乙丙三人乘總七人得二十一成下差率一則上差率應二十矣以甲乙丙宜差率計之止十五非二十也則舊法亦非通礎矣今併改正其以二人二人互乘對減除得一差之數者以二乘左三差率得六是二個三人共有六個差率又乘二十六兩一錢得五十二兩二錢是二個三人之銀共有六個每人均平之銀六個差率銀在內又以三乘右差率十一兩得三十三是三個二人共有三十三個差率又乘銀二十三兩七錢得七十一兩一錢是三個二人之銀亦共有六個每人均平之銀三十三個差率銀在內兩下對減將六個每人均平之銀減去又對減六個差率銀止存二十七個差率銀故以減餘之二十七一差為法除之得一差之數也

難題竹筒容米歌○家有七節竹一莖為因盛米不均平下頭三節三升九上稍四節貯三升惟有中間二節竹要將米數次第盛若是先生能筭法教君直筭到天明此言竹九節下三節共盛米三升九合上四節共盛三升九節俱是次第盛貯問各盛若干

舊法置上四節除首節外二節差一三節差二四節差三併之得六為上差率又置下三節係七位八位九位約前一位得差六七八併之得二十一為下

丙三人、己庚二人立法，下差率止得一；以甲乙丙三人乘總七人得二十一，減下差率一，則上差率應二十矣。以甲乙丙實差率計之，止十五，非二十也。則舊法亦非通確矣，今併改正。其以三人、二人互乘對減，除得一差之數者，以二乘左三差率得六，是二個三人共有六個差率；又乘二十六兩一錢得五十二兩二錢，是二個三人之銀，共有六個每人均平之銀、六個差率銀在內。又以三乘右差率十一得三十三，是三個二人共有三十三個差率；又乘銀二十三兩七錢得七十一兩一錢，是三個二人之銀，亦共有六個每人均平之銀、三十三個差率銀在內。兩下對減，將六個每人均平之銀減去，又對減六個差率銀，止存二十七個差率銀。故以減餘之二十七爲法除之，得一差之數也。

難題·竹筒容米歌○家有(七)[九]節竹一莖[1]，爲因盛米不均平。下頭三節三升九，上稍四節貯三升。惟有中間二節竹，要將米數次第盛。若是先生能筭法，教君直筭到天明[2]。此言竹九節，下三節共盛米三升九合，上四節共盛三升，九節俱是次第盛貯。問各盛若干？

舊法 置上四節，除首節外，二節一差，三節二差，四節三差，併之得六爲上差率。又置下三節，係七位、八位、九位，約前一位，得差六、七、八，併之得二十一爲下

1 七，《算法統宗》作“九”，據改。

2 此難題爲《算法統宗》卷十四“難題衰分三”第十一題。

差率却分列各節數各差率數各盛米數互相乘減

列右四差六得一十八三升得九分左三差二十一得八十四三升九合得一十五分六厘先以

右上四互乘左中二十一得八十四又乘三升九合得十五分六厘次以左上三互乘

右中六得一十八又乘右下三升得九分却以右中一十八減左中八十四餘六十六

為法又以右下九分減左下一十五分六厘餘六分六厘為一節之差數乃置下三節盛

米三升九合為實以法六十六乘之得二百五十七分四厘以三歸之得八十五分八厘是第二

節數加六分六厘為第一節數減六分六厘得七十九分二厘為第三節數又減去六分六厘

餘七十二分六厘為第四節數又減六分六厘得六十六分為第五節數又減六分六厘得五十

九分四厘為第六節數又減六分六厘得五十二分八厘為第七節數又減六分六厘得四十六分

二厘為第八節又減六分六厘得三十九分六厘為第九節數各以法六十六除之除三十

差率。却分列各節數、各差率數、各盛米數，互相乘減。列：

右四	互	差六	得一十八	三升	得九分
左三		差二十一	得八十四	三升九合	得一十五分六厘

先以右上四互乘左中二十一得八十四，又乘三升九合，得十五分六厘。次以左上三互乘右中六得一十八，又乘右下三升得九分。却以右中一十八減左中八十四，餘六十六爲法。又以右下九分減左下一十五分六厘，餘六分六厘爲一節之差數。乃置下三節盛米三升九合爲實，以法六十六乘之，得二百五十七分四厘。以三歸之，得八十五分八厘，是第二節數。加六分六厘，爲第一節數。減六分六厘，得七十九分二厘，爲第三節數。又減去六分六厘，餘七十二分六厘，爲第四節數。又減六分六厘，得六十六分，爲第五節數。又減六分六厘，得五十九分四厘，爲第六節數。又減六分六厘，得五十二分八厘，爲第七節數。又減六分六厘，得四十六分二里，爲第八節。又減六分六厘，得三十九分六厘，爲第九節數。各以法六十六除之，除三十

九分六厘得第九節盛米六合除四十六分二厘得八節盛七合除五十二分八厘得七節盛八合乃每節差一合遞加至下節容米一升四合

解義以左三乘右下三升得九升以右四乘左下三升九合得一斗九升六合対減餘六升ゝ合為實以左中右中対減餘六十六為法除之得一合為一差之數此正法也今即以左下減餘六ゝ不言升合而言分厘即以為一節差数合以法除之先除後除一理持又変換其法引人悟耳其將三作九合又用六十六乘之者引歸乘数以便後用除法也

五和減半挨次差分法〇以所分物為實照位併而為法除實得首尾共數再用法求中位數列〔一〕〔三〕〔五〕〔七〕〔九〕為陽位〔二〕〔四〕〔六〕〔八〕〔十〕為陰位〇三位者〔三〕〔五〕〔七〕併得十五除實得首尾共數折半得中數〇四位者〔二〕〔四〕〔六〕〔八〕併得二十為衰除實照前得首尾甲丁二人數中有丙丁湊位不可折半即置甲多用三歸之加入丁數得丙數再加丙得乙數〇五位者〔一〕〔三〕〔五〕〔七〕〔九〕併得二

九分六厘，得第九節盛米六合。除四十六分二厘，得八節盛七合。除五十二分八厘，得七節盛八合。乃每節差一合，遞加至下節，容米一升四合[1]。

【解義】以左三乘右下三升得九升，以右四乘左下三升九合得一斗五升六合，對減餘六升六合爲實；以左中、右中對減餘六十六爲法除之，得一合，爲一差之衰，此正法也。今即以左下減餘六六，不言升合，而言分厘，即以爲一節差數，后以法除之，先除後除，一理。特又變换其法，引人思悟耳。其將三升九合又用六十六乘之者，引歸乘數，以便後用除法也。

互和減半挨次差分法[2]○以所分物爲實，照位併而爲法，除實得首尾共數，再用法求中位。數列一、三、五、七、九爲陽位，二、四、六、八、十爲陰位。○三位者：三、五、七，併得十五，除實得首尾共數，折半得中數。○四位者：二、四、六、八，併得二十爲衰，除實照前，得首尾甲丁二人數。中有丙丁雙位，不可折半，即置甲多，用三歸之，加入丁數，得丙數。再加丙，得乙數。○五位者：一、三、五、七、九，併得二

---

1 設第九節（最上節）盛米爲 a_1，公差爲 d，則八、七、六節分别盛米 a_1+d、a_1+2d、a_1+3d，三、二、一節分别盛米 a_1+6d、a_1+7d、a_1+8d，依據題意列：

$$\begin{cases} 4a_1 + 6d = 3 \\ 3a_1 + 21d = 3.9 \end{cases}$$

解得 $d = 0.1$。又據題意，得第二節盛米：

$$a_1 + 7d = \frac{3a_1 + 21d}{3} = \frac{3.9}{3} = 1.3$$

加減公差 d，依次可求各節盛米。《筭海説詳》解法頗爲繁複。

2 互和減半挨次差分，中間之衰爲前後相鄰兩衰和的一半，見《算法統宗》卷五“衰分章”。

十五為衰除實得首尾甲戊二人數互和首尾數折半得中丙數又互和丙戊數折半得丁數互和甲丙數折半得乙數○如位數多者皆以空位取之併而為法除實得首尾數四位者將多數用三歸六位者用五歸之

解義　互和減半挨次差分或三位五位不等皆中一人得本數首尾二人共得二數者次位與尾次位亦共得二數就中差等自首至尾各挨次減若干也如三位不用一三五用三五七者與一三五七九皆以五居中兩頭三七成十一九亦成十也然如三位三五七衰數得十五以十五除一百八十石應得十二石非一百二十石四位二四六八衰併二十以二十除二百四十兩應得一十二兩非一百二十兩五位一三五七九併衰得二十五乃以二十五除二百三十八貫六百應得九貫五百二十非九十五貫二百則知三位為法當以一五非一十五四位為法當以二非二十五位為法當以二五非二十五乃是各從位折半三位折半得一五四位折半得二五位折半得二五也譬如五位以五除原寔是五人每人一分以折半二五除原寔是每人二分便是首尾共和之數法當用人位數折半為宜

十五爲衰，除實得首尾甲戊二人數。互和首尾數，折半得中丙數；又互和丙戊數，折半得丁數；互和甲丙數，折半得乙數。○如位數多者，皆以空位取之，併而爲法，除實得首尾數。四位者，將多數用三歸。六位者，用五歸之。

【解義】互和減半挨次差分，或三位五位不等，皆中一人得本數，首尾二人共得二數，首次位與尾次位亦共得二數，就中差等，自首至尾，各挨次減若干也。如三位，不用一、三、五，用三、五、七者，與一、三、五、七、九皆以五居中，兩頭三七成十，一九亦成十也。然如三位三、五、七，衰數得十五，以十五除一百八十石，應得十二石，非一百二十石。四位二、四、六、八，衰併二十，以二十除二百四十兩，應得一十二兩，非一百二十兩。五位一、三、五、七、九，併衰得二十五，乃以二十五除二百三十八貫（六百）[1]，應得九貫五百二十，非九十五貫二百。則知三位爲法，當以一五，非一十五；四位爲法，當以二，非二十；五位爲法，當以二五，非二十五。乃是各從位折半，三位折半得一五，四位折半得二，五位折半得二五也。譬如五位，以五除原實，是五人每人一分，以折半二五除原實，是每人二分，便是首尾共和之數。法當用位數折半爲宜，

1 六百，當係衍文。據文意及後文“五等互和折半挨減”題設刪。

陽位陰位之說俱可參也

今有白米一百八十石三人從上互和減半挨次遞減分之只云甲多丙米三十六石問各該若干　舊法置米一百八十石為實另以三五七併得一石五斗為法除之得一百二十石乃甲丙二人首尾共數於内減甲多三十六石餘八十四石折半得乙米六十石加多三十六石得甲米七十八石互和甲丙一百二十石折半得乙米六十石　續法置米為實另置三人折半得一五除之即得首尾共數或倍原實以三人歸之亦得

解義首尾甲丙共米一百二十石是互和將互和米折半得乙米是互和折半甲多乙十八石乙多丙十八石是挨次遞減

四位互和挨次差分法〇今有銀二百四十兩四人從上互和減半挨次分之只云甲多丁一十八兩問各該若干　舊法置銀為實以三四六八併

陽位、陰位之説，俱可廢也。

今有白米一百八十石，三人從上互和減半挨次遞減分之，只云甲多丙米三十六石。問各該若干[1]？舊法 置米一百八十石爲實，另以三、五、七併得一石五斗爲法，除之得一百二十石，乃甲丙二人首尾共數。於内減甲多三十六石，餘八十四石，折半得丙四十二石。加多三十六石，得甲米七十八石。互和甲丙一百二十石，折半得乙米六十石。增法 置米爲實，另置三人折半得一五除之，即得首尾共數。或倍原實，以三人歸之，亦得。

【解義】首尾甲丙共米一百二十石，是互和。將互和米折半得乙米，是互和折半。甲多乙十八石，乙多丙十八石，是挨次遞減。

四位互和挨次差分法○今有銀二百四十兩，四人從上互和減半挨次分之，只云甲多丁一十八兩。問各該若干[2]？舊法 置銀爲實，以二、四、六、八併

---

1 此題爲《算法統宗》卷五“互和減半差分”第一題。

2 此題爲《算法統宗》卷五“互和減半差分”第二題。

得二两為法除實得一百二十两乃甲丁首尾二人共數於內減多一十八两餘一百零二两折半得丁銀五十一两加多一十八两得甲銀六十九两另置甲多一十八两以三歸之得六两加入丁銀得丙銀五十七两減除甲銀得乙銀六十三两

解義只以四法折半得二為法甚捷至將甲多丁一十八两以三歸之得六两加入甲丁共和一百二十两折半即得乙銀六十三两減除甲丁共和一百二十两折半得丙銀五十七两亦猶是互和折半法也

五等互和折半挨減法○今有鈔二百三十八貫五等人從上互和減半挨次分之只云戊不及甲三十三貫六百文問各該若干

舊法置鈔二百三十八貫為實以一三五七九併得二貫五百文為法除之得九十五貫二百文乃首尾二人共數加甲多戊鈔三十三貫六百文共一百二十八貫八百文折半得甲鈔六十四貫

得二兩爲法，除實得一百二十兩，乃甲丁首尾二人共數。於内減多一十八兩，餘一百零二兩，折半得丁銀五十一兩。加多一十八兩，得甲銀六十九兩。另置甲多一十八兩，以三歸之得六兩，加入丁銀，得丙銀五十七兩。減除甲銀，得乙銀六十三兩。

【解義】只以四位折半得二爲法甚捷。至將甲多丁一十八兩，以三歸之得六兩，加入甲丁共和一百二十兩，折半即得乙銀六十三兩。減除甲丁共和一百二十兩，折半得丙銀五十七兩，亦猶是互和折半法也。

五等互和折半挨減法〇今有鈔二百三十八貫，五等人從上互和減半挨次分之，只云戊不及甲三十三貫六百文。問各該若干[1]？ 舊法 置鈔二百三十八貫爲實，以一、三、五、七、九併得二貫五百文爲法，除之得九十五貫二百文，乃首尾二人共數。加甲多戊鈔三十三貫六百文，共一百二十八貫八百文。折半得甲鈔六十四貫

---

1 此題爲《算法統宗》卷五“互和減半差分”第三題。

四百文減戊不及甲三十三貫六百文餘得戊鈔三十貫零八百文互和甲戊鈔九十五貫二百折半得丙鈔四十七貫六百文又互和甲丙鈔共一百一十二貫折半得乙鈔五十六貫又互和丙戊鈔共七十八貫四百文折半得丁鈔三十九貫二百文

解義 此五人分法亦只依上以五人折半得二個半作除法為得如一三五七九得二十五定法二貫五百乃是依提鈔定分法非定𢑴不易出天然本等也前三位四位皆然难題又有甲乙丙丁戊分銀一兩五一歟與此同不贅載

六 新差分法〇因指明等書不依古法以十分之六誤為四六十分之七誤為三七十分之八誤為二八故差等考之〇二位者【十】【六】併得十六衰三位者【一百】【六十】【三十六】併得一百九十六衰〇四位者【一千】【六百】【三百六十】【二百一十六】併得二千一百七十六衰以上位數加多皆可通融加之

四百文。減戊不及甲三十三貫六百文，餘得戊鈔三十貫零八百文。互和甲戊鈔九十五貫二百，折半得丙鈔四十七貫六百文。又互和甲丙鈔共一百一十二貫，折半得乙鈔五十六貫。又互和丙戊鈔共七十八貫四百文，折半得丁鈔三十九貫二百文。

【解義】此五人分法，亦只炤上，以五人折半得二個半作除法爲得。如一、三、五、七、九得二十五，定法二貫五百，乃是炤總鈔定分法，非定確不易，出天然本等也。前三位、四位皆然。難題又有“甲乙丙丁戊分銀一兩五”一歌[1]，與此同，不贅載。

六折差分法○因《指明》等書不依古法[2]，以十分之六誤爲四六，十分之七誤爲三七，十分之八誤爲二八，故差等考之[3]。○二位者：十、六，併得十六衰。三位者：一百、六十、三十六，併得一百九十六衰。○四位者：一千、六百、三百六十、二百一十六，併得二千一百七十六衰。以上位數加多，皆可通融加之。

---

1 此難題爲《算法統宗》卷十四“難題衰分三”第十五題。歌曰：“甲乙丙丁戊，分銀一兩五。甲多戊錢三，互和折半與。”

2 指明，即《指明算法》，詳本書卷前“算書源流本末”。

3 這段文字見《算法統宗》卷五“互和減半差分”第六題前。

今有絹四百七十丈零一尺八寸四分令三等人户作十分之六出之上等二十五户中等三十户下等四十八户問各等每户及各共絹各若干

(更)(法)置總絹四千七百零一尺八寸四分為實另置上等二十五户以一百乘之得二千五百衰中等三十户以六十乘之得一千八百衰下等四十八户以三十乘之得一千七百二十八衰併三位共六千零二十八衰為法除實得七寸八分為一衰之數以一百因之得(上)(等)每户(該)(七)(丈)(八)(尺)另以六十因之得(中)(等)每户(該)(四)(丈)(六)(尺)(八)(寸)另以三十六乘之得(下)(等)每户(該)(二)(丈)(八)(尺)(零)(八)(分)各以户因上等二十五户得(共)(該)(一)(百)(九)(十)(五)(丈)中等三十户得(共)(該)(一)(百)(四)(十)(丈)(零)(四)(尺)下等四十八户得(共)(該)(一)(百)(三)(十)(四)(丈)(七)(尺)(八)(寸)(四)(分)

解義以三等共衰數除實止得三等共數中一分以上等一百衰因乃得上等一户數以中等六十衰因乃得中等一户數以下等

今有絹四百七十丈零一尺八寸四分，令三等人户作十分之六出之。上等二十五户，中等三十户，下等四十八户。問各等每户及各共(緭)[絹][1]各若干[2]？更法 置總絹四千七百零一尺八寸四分爲實。另置上等二十五户，以一百乘之，得二千五百衰；中等三十户，以六十乘之，得一千八百衰；下等四十八户，以三十六乘之，得一千七百二十八衰。併三位，共六千零二十八衰爲法，除實得七寸八分，爲一衰之數。以一百因之，得上等每户該七丈八尺。另以六十因之，得中等每户該四丈六尺八寸。另以三十六乘之，得下等每户該二丈八尺零八分。各以户因，上等二十五户，得共該一百九十五丈。中等三十户，得共該一百四十丈零四尺。下等四十八户，得共該一百三十四丈七尺八寸四分[3]。

【解義】以三等共衰數除實，止得三等共數中一分。以上等一百衰因，乃得上等一户數；以中等六十衰因，乃得中等一户數；以下等

---

1 緭，"絹"字訛誤，據上下文改。順治本誤作"米"。

2 此題爲《算法統宗》卷五"互和減半差分"第六題。

3 此題先以共衰除共絹，求一衰之數：

$$\frac{470.184}{100 \times 25 + 60 \times 30 + 36 \times 48} = \frac{470.184}{6028} = 0.078\text{丈}$$

則上中下等每户分别出絹爲：

$$\begin{cases} 0.078 \times 100 = 7.8\text{丈} \\ 0.078 \times 60 = 4.68\text{丈} \\ 0.078 \times 36 = 2.808\text{丈} \end{cases}$$

《算法統宗》則以共衰除共絹，誤得七丈八尺，爲上等每户出絹；以六乘，得四丈六尺八寸，爲中等每户出絹；再以六乘，得二丈八尺零八分，爲下等每户出絹。顯然不確，《筭海説詳》於本題"解義"予以駁正。後文七折差分算題，《算法統宗》誤同此。

三十六衰因乃得下等一户数曰法俱以共衰除實得上等每户七丈八尺以六十零二十八除四千七百零一尺八寸四分止得七寸八分爲有七丈八尺乎分俱攺正下俱倣此

七折差分法◯俱定首位十分遞用之因以生各衰◯二位者十七併得十七衰◯三位者一百七十四十九併得二百一十九衰◯四位者一千七百四百九十三百四十三併得二千五百三十三衰位數加多再加一萬爲首位

公有粟一百六十八石四斗八升八合令四等人户作十分之七出之内第一等二十二户第二等三十六户第三等四十二户第四等四十八户問各等每户及共米各若干

(更)(法)置總粟一百六十八石四斗八升八合爲實另置一等二十二户以千一因之得二萬二千二等三十六户以百七因之得二萬五千二百三等四十二户以四百九十乘之得二萬零五百八十四等四十八户以三百四十三乘之得一萬六千四百六十四

三十六衰因，乃得下等一户數。舊法俱以共衰除實，得上等每户七丈八尺。以六十零二十八除四千七百零一尺八寸四分，止得七寸八分，焉有七丈八尺乎？今俱改正。下俱倣此。

七折差分法〇俱定首位十分，遞用七因，以生各衰。〇二位者：十、七，併得十七衰。〇三位者：一百、七十、四十九，併得二百一十九衰。〇四位者：一千、七百、四百九十、三百四十三，併得二千五百三十三衰。位數加多，再加一萬爲首位。

今有粟一百六十八石四斗八升八合，令四等人户作十分之七出之。内第一等二十二户，第二等三十六户，第三等四十二户，第四等四十八户。問各等每户及共米各若干[1]？[更法] 置總粟一百六十八石四斗八升八合爲實。另置一等二十二户，以一千因之，得二萬二千；二等三十六户，以七百因之，得二萬五千二百；三等四十二户，以四百九十乘之，得二萬零五百八十；四等四十八户，以三百四十三乘之，得一萬六千四百六十四。

1 此題爲《算法統宗》卷五“互和減半差分”第七題。

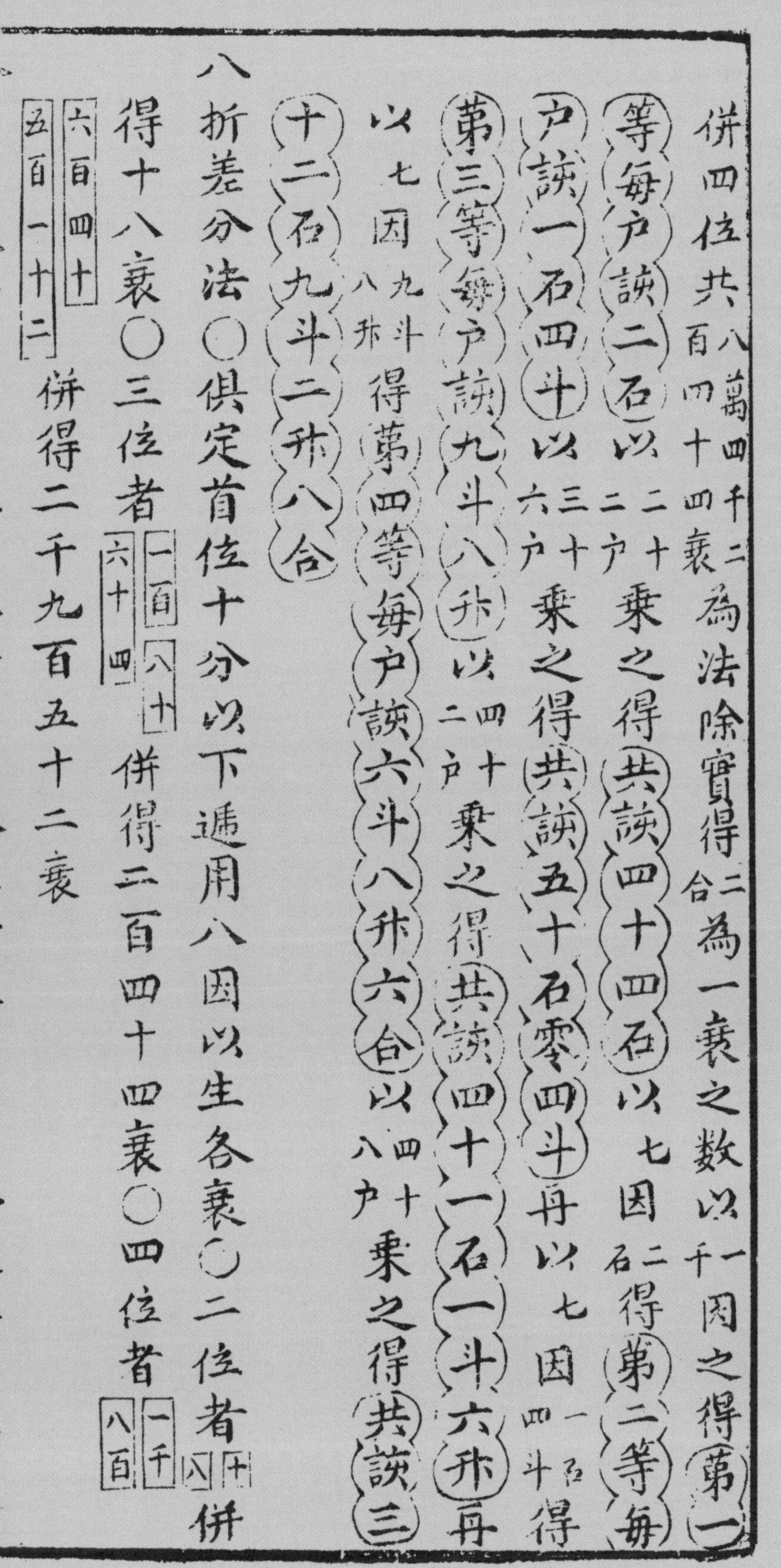
併四位共八萬四千二百四十四衰為法除實得二合為一衰之数以一千因之得第一等每戶該二石以二十二戶乘之得共該四十四石以七因二石得第二等每戶該一石四斗以三十六戶乘之得共該五十石零四斗再以七因一石四斗得第三等每戶該九斗八升以四十二戶乘之得共該四十一石一斗六升再以七因九斗八升得第四等每戶該六斗八升六合以四十八戶乘之得共該三十二石九斗二升八合

八折差分法○俱定首位十分以下遞用八因以生各衰○二位者[十][八]併得十八衰○三位者[一百][八十][六十四]併得二百四十四衰○四位者[一千][八百][六百四十][五百一十二]併得二千九百五十二衰

今有官米二百二十五石三斗六升令五等人戶作十分之八出之甲等

併四位，共八萬四千二百四十四衰爲法，除實得二合，爲一衰之數。以一千因之，得第一等每户該二石；以二十二户乘之，得共該四十四石。以七因二石，得第二等每户該一石四斗；以三十六户乘之，得共該五十石零四斗。再以七因一石四斗，得第三等每户該九斗八升；以四十二户乘之，得共該四十一石一斗六升。再以七因九斗八升，得第四等每户該六斗八升六合；以四十八户乘之，得共該三十二石九斗二升八合。

八折差分法○俱定首位十分，以下遞用八因，以生各衰。○二位者：十、八，併得十八衰。○三位者：一百、八十、六十四，併得二百四十四衰。○四位者：一千、八百、六百四十、五百一十二，併得二千九百五十二衰。

今有官米二百二十五石三斗六升，令五等人户作十分之八出之。甲等

四户乙等八户丙等十五户丁等四十一户戊等一百二十户問各若
每户及共米各若干　更法將五等各列衰甲等定衰一萬乙等定衰八千
丙等定衰六千四百丁等定衰五千一百二十戊等定衰四千零九十六却置總米二千二百五十六
三斗六升為實另置甲等四户以衰一萬因之得四萬乙等八户以衰八千因之得六萬
四千户丙等一十五户以六千四百衰乘之得九萬六千户丁等四十一户以五千一百二十衰乘之
得二十萬零九千九百二十户戊等一百二十户以四千零九十六衰乘之得四十九萬一千五百二十户併
五位共九十萬零一千四百四十衰為法除實得二勺五抄為一衰之數以甲衰一萬因之
得甲等每户該二石五斗八因得乙等每户該二石。再八因得丙等每
户該一石六斗再八因得丁等每户該一石二斗八升再八因得戊等
每户該一石零二升四合各以户數乘之得甲等四户共米一十石乙等

四户，乙等八户，丙等十五户，丁等四十一户，戊等一百二十户[1]。問各等每户及共米各若干？更法 將五等各列衰：甲等定衰一萬，乙等定衰八千，丙等定衰六千四百，丁等定衰五千一百二十，戊等定衰四千零九十六。却置總米二千二百五十三斗六升爲實。另置甲等四户，以一萬衰因之，得四萬户；乙等八户，以八千衰因之，得六萬四千户；丙等一十五户，以六千四百衰乘之，得九萬六千户；丁等四十一户，以五千一百二十衰乘之，得二十萬零九千九百二十户；戊等一百二十户，以四千零九十六衰乘之，得四十九萬一千五百二十户。併五位，共九十萬零一千四百四十衰爲法，除實得二勺五抄，爲一衰之數。以甲衰一萬因之，得甲等每户該二石五斗；八因得乙等每户該二石；再八因得丙等每户該一石六斗；再八因得丁等每户該一石二斗八升；再八因得戊等每户該一石零二升四合。各以户數乘之，得甲等四户共米一十石；乙等

1 此題爲《算法統宗》卷五“互和減半差分”第八題。《算法統宗》無各等户數，題設不明，《筭海説詳》補出。

八户共米一十六石丙等一十五户共米二十四石丁等一十四户共米五十二石
四斗八升戊等一百二十户共米一百二十二石八斗八升
難題四客分絲歌○三百六十九斤絲出錢四客要分之原本皆是八折
出莫教一客少些兒 舊法置絲三百六十九斤為實另列置甲一千乙八百丙六百四十
丁五百一十二併四位共二千九百五十二衰為法除實得五一二為一衰之數以
各衰乘之以一千衰乘得甲訣一百二十五斤以八百衰乘得乙訣一百斤
以六百四十衰乘得丙訣八十斤以五百一十二衰乘得丁訣六十四斤
解義將所除一衰之數不言斤兩錢分止云一二五者因原實是斤
斤下十六兩始為一斤故止以一二五分數約之若將原實用
加六法破斤為兩共得五千九百零四兩以共衰除之得二兩為一
衰之數一二五者即斤法二畱一二五即二兩也
難題八陣相生歌○諸葛統領八員將每將又分八個營每營裏面排八

八户共米一十六石；丙等一十五户共米二十四石；丁等四十一户共米五十二石四斗八升；戊等一百二十户共米一百二十二石八斗八升。

難題·四客分絲歌○三百六十九斤絲，出錢四客要分之。原本皆是八折出，莫教一客少些兒[1]。舊法 置絲三百六十九斤爲實。另列置甲一千、乙八百、丙六百四十、丁五百一十二，併四位共二千九百五十二衰爲法，除實得一二五，爲一衰之數。以各衰乘之，以一千衰乘，得甲該一百二十五斤；以八百衰乘，得乙該一百斤；以六百四十衰乘，得丙該八十斤；以五百一十二衰乘，得丁該六十四斤。

【解義】將所除一衰之數，不言斤兩錢分，止云一二五者，因原實是斤，斤下十六兩始爲一斤，故止以一二五分數約之。若將原實用加六法破斤爲兩，共得五千九百零四兩，以共衰除之，得二兩，爲一衰之數。一二五者，即斤法“二留一二五”，即二兩也。

難題·八陣相生歌○諸葛統領八員將，每將又分八個營。每營裏面排八

---

1 此難題爲《算法統宗》卷十四“難題衰分三”第十四題。

陣每陣先鋒有八人每人旗頭俱八個每個旗頭八隊成每隊更該八個甲每個甲頭八個兵　舊法置統領一以八因得將八員再八因得營六十四再八因得陣五百一十二再八因得先鋒四千零九十六再八因得旗頭三萬二千七百六十八人再八因得隊長二十六萬二千一百四十四人再八因得甲二百零九萬七千一百五十二人再八因得兵一千六百七十七萬七千二百一十六人除營陣不筭外再加入統領一將八先鋒四千零九十六旗頭三萬二千七百六十八隊長二十六萬二千一百四十四甲二百零九萬七千一百五十二得共一千九百一十七萬三千三百八十五人

八倍連本問利法○今有錢一文每日連本生利八文共計八日問該本利若干　舊法置初日利八文次日以八因得六十四文三日再八因得五百一十二文四日再八因得四千零九十六文五日再八因得三萬二千七百六十八文六日再八

陣，每陣先鋒有八人。每人旗頭俱八個，每個旗頭八隊成。每隊更該八個甲，每個甲頭八個兵[1]。舊法置統領一，以八因得將八員，再八因得營六十四，再八因得陣五百一十二，再八因得先鋒四千零九十六人，再八因得旗頭三萬二千七百六十八人，再八因得隊長二十六萬二千一百四十四人，再八因得甲二百零九萬七千一百五十二人，再八因得兵一千六百七十七萬七千二百一十六人。除營陣不筭外，再加入統領一、將八、先鋒四千零九十六、旗頭三萬二千七百六十八人[2]、隊長二十六萬二千一百四十四[3]、甲二百零九萬七千一百五十二，得共一千九百一十七萬三千三百八十五人。

八倍連本問利法〇今有錢一文，每日連本生利八文，共計八日。問該本利若干[4]？舊法置初日利八文，次日以八因得六十四文，三日再八因得五百一十二文，四日再八因得四千零九十六文，五日再八因得三萬二千七百六十八文，六日再八

1 此難題爲《算法統宗》卷十五“難題均輸六”第十三題。

2 “八人”二字，順治本脱落。

3 二十六萬，順治本誤作“一十六萬”。

4 此題據《算法統宗》卷十五“難題均輸六”第十三題“諸葛統領八員將歌”下面的設問改編。原題云：“比如有錢一文，每日生利八文，問八日該生利，併本一文，問共若干？”此係除本生利八文，連本生利九文，解法爲：

$$9^8 = 43046721$$

《算法統宗》給出的錯誤解法爲：

$$8^8 + 1 = 16777217$$

《筭海説詳》設置連本生利和除本生利兩道算題，予以説明。

因得二十六万二千一百四十四文七日再八因得二百零九万七千一百五十二文八日再八因得

一千六百七十七万七千二百一十六文　又法　置初日八因一得本

利八文置八自乘得六十四文又置六十四自乘得四千零九十六文又置四千零九十六自乘

得共一千六百七十七万七千二百一十六文

八倍除本問利法○今有錢一文每日除本生利八文共計八日問本利

若干　增法　置錢一文初日九因得九文二日再九因得八十一文三日九因得

七百二十九文四日九因得六千五百六十一文五日九因得五万九千零四十九文六日九因得

五十三万一千四百四十一文七日九因得四百七十八万二千九百六十九文八日九因得本利共四

千三百零四萬六千七百二十一文　又增法　置錢一文初八因得一文再

八因得六十四文三八因得五百一十二文四八因得四千零九十六文五八因得三万二千七百

因得二十六萬二千一百四十四文，七日再八因得二百零九萬七千一百五十二文，八日再八因得一千六百七十七萬七千二百一十六文。又法置初日八，因一得本利八文。置八自乘，得六十四文。又置六十四自乘，得四千零九十六文。又置四千零九十六自乘，得共一千六百七十七萬七千二百一十六文[1]。

八倍除本問利法○今有錢一文，每日除本生利八文，共計八日。問本利若干？增法置錢一文，初日九因得九文，二日再因得八十一文，三日九因得七百二十九文，四日九因得六千五百六十一文，五日九因得五萬九千零四十九文，六日九因得五十三萬一千四百四十一文，七日九因得四百七十八萬二千九百六十九文，八日九因得本利共四千三百零四萬六千七百二十一文[2]。又增法置錢一文，初八因得(一)[八]文[3]，再八因得六十四文，三八因得五百一十二文，四八因得四千零九十六文，五八因得三萬二千七百

---

1 "置初日八"至"一千六百七十七萬二千二百一十六文"，順治本作"置初日本利八文自乘，得六十四文。又置六十四自乘，得四千零九十六文。又置四千零九十六自乘，得共一千六百七十七萬七千二百一十六文。"與康熙本解法相同。按：康熙本此葉板片係重刊，另增刻兩葉板片，來闡釋後文"除本問利法"。

2 順治本無此解法。本錢一文，除本生利八文，相當於連本生利九文，解法爲：

$$9^8 = 43046721$$

3 一，當作"八"，據文意改。

六十八文六八因得二十六万二千一百四十四文七八因得二百零九万七千一百五十二文八八因得
一千六百七十七万七千二百一十六文另以八因二百零九万七千一百五十二得一千六百七十七万七千二百一十六
以二十八乘二十六万二千一百四十四得七百三十四万零三十二文以五十六乘三万二千七百六十八得
一百八十三万五千零八文以七十乘四千零九十六得二十八万六千七百二十文以五十六乘五百一十二得
二万八千六百七十二文以二十八乘六十四得一千七百九十二文以八因八得六十四文再加原本
一文共得本利四千三百零四萬六千七百二十一文

解義
八折是十中減二成八八因生利是一分倍作八分統將法除
六十四營五百一十二陣不係人數其外如諸葛統八將仍當
外加諸葛先鋒四千零九十六八因得旗頭三万二千七百六十八
仍當外加先鋒數以下皆然昔人立此難題恐人不能細明八因本
利之說故從中插八營陣二係又異帥將先鋒一等各色第八因止是
兵數無帥將先鋒旗頭隊長甲頭在內故須遂一加入馬傑改吳氏
法用八自乘六十四自乘四千零九十六自乘惟連本八分算利則
佮算統將及除本問利俱不佮蓋連本算利本一利七共成八分功

六十八文，六八因得二十六萬二千一百四十四文，七八因得二百零九萬七千一百五十二文，八八因得一千六百七十七萬七千二百一十六文。另以八因二百零九萬七千一百五十二，得一千六百七十七萬七千二百一十六；以二十八乘二十六萬二千一百四十四，得七百三十四萬零三十二文；以五十六乘三萬二千七百六十八，得一百八十三萬五千零八文；以七十乘四千零九十六，得二十八萬六千七百二十文；以五十六乘五百一十二，得二萬八千六百七十二文；以二十八乘六十四，得一千七百九十二文；以八因八，得六十四文。再加原本一文，共得本利四千三百零四萬六千七百二十一文[1]。

【解義】八折是十中減二成八，八因生利是一分倍作八分。統將法除六十四營、五百一十二陣不係人數，其外如諸葛統八將，仍當外加諸葛；先鋒四千零九十六，八因得旗頭三萬二千七百六十八，仍當外加先鋒數，以下皆然。昔人立此難題，恐人不能細明八因本利之説，故從中插入營、陣二條。又異帥將、先鋒等名色。第八因止是兵數，無帥將、先鋒、旗頭、隊長、甲頭在内，故須逐一加入。馬傑改吴氏法，用八自乘、六十四自乘、四千零九十六自乘，惟連本八分筭利則合，筭統將及除本問利俱不合。蓋連本筭利，本一利七，共成八分，初

---

1 “又增法”用公式表示爲：

$$8^8+8\times8^7+28\times8^6+56\times8^5+70\times8^4+56\times8^3+28\times8^2+8\times8+1$$

即 $(8+1)^8$ 的展開式。順治本相關解法云：“置錢一文，八因得八文，再八因得六十四文，三八因得五百一十二，四八因得四千零九十六，五八因得三萬二千七百六十八，六八因得二十六萬二千一百四十四，七八因得二百零九萬七千一百五十二，八八因得一千六百七十七萬七千二百一十六文。却再以二乘二百零九萬七千三百五十二，得四百一十九萬四千三百零四文；以三乘二十六萬二千一百四十四，得七十八萬六千四百三十二文；以四乘三萬二千七百六十八，得一十三萬一千零七十二文；以五乘四千零九十六文，得二萬零四百八十文；以六乘五百一十二，得三千零七十二文；以七乘六十四，得四百四十八文；以八乘首位八併原本一共九，得七十二文。併上七位，俱加入一千六百七十七萬七千二百一十六文，得共本利二千一百九十八萬三千零九十六文。”用公式可表示爲：

$$8^8+2\times8^7+3\times8^6+4\times8^5+5\times8^4+6\times8^3+7\times8^2+8\times8+1$$

解法有誤。

因連一俱在八内再因連八俱在六十四内以下皆然故八因到底
本利寔數俱全至除本八倍算利本一利八本利共九分故用九因
到底亦合若仍用八因與統將法又不同統將法帥將先鋒旗頭等
俱是額定人數無接適倍外生發至除本八因算利一度因本一利
八到第二因本利俱作本層叠相生如初度八因一生八加原本一
共九文是一度因内有一個八一个一俱作本二度八因八浮六十
四文尚有原本一又生一个八共两個八浮一十六文再加原本一
文共計九十一文是二度因内有一个六十四两个八一個一又俱
作本三度八因六十四浮五百一十二文尚有原本一個六十四再
两個八又生两个共三个六十四浮一百九十二文原本两個八再
一个一又生一个共三个八浮二十四文再加原本一文共計七百
二十九文是三度因内有一个五百一十二三个六十四三个八一
個一又俱作本四度八因五百一十二浮四千零九十六文尚有原
本一個五百一十二再三个六十四又生三個共四個五百一十二
浮二千零四十八文原本三个六十四再三个八又生三个共六个
六十四浮三百八十四文原本三个八再一个一又生一个共四个
八浮三十二文再加原本一文共計六千五百六十一文是四度因
内有一個四千零九十六四個五百一十二六個六十四四個八一
個一又俱作本五度八因四千零九十六得三万二千七百六十八
文尚有原本一個四千零九十六再四個五百一十二又生四個共

因連一俱在八内，再因連八俱在六十四内，以下皆然。故八因到底，本利實數俱全。至除本八倍筭利，本一利八，本利共九分，故用九因到底，亦合。若仍用八因，與統將法又不同。統將法帥將、先鋒、旗頭等俱是額定人數，無接遞倍外生發；至除本八因筭利，一度因本一利八，到第二因，本利俱作本，層叠相生。如初度八因一生八，加原本一，共九文。是一度因内有一個八、一個一。俱作本。二度八因八，得六十四文；尚有原本一，又生一個八，共兩個八，得一十六文；再加原本一文，共計九十一文。是二度因内有一個六十四、兩個八、一個一[1]。又俱作本。三度八因六十四，得五百一十二文；尚有原本一個六十四，再兩個八又生兩個，共三個六十四，得一百九十二文；原本兩個八，再一個一又生一個，共三個八，得二十四文；再加原本一文，共計七百二十九文。是三度因内有一個五百一十二、三個六十四、三個八、一個一[2]。又俱作本。四度八因五百一十二，得四千零九十六文；尚有原本一個五百一十二，再三個六十四又生三個，共四個五百一十二，得二千零四十八文；原本三個六十四，再三個八又生三個，共六個六十四，得三百八十四文；原本三個八，再一個一又生一個，共四個八，得三十二文；再加原本一文，共計六千五百六十一文。是四度因内有一個四千零九十六、四個五百一十二、六個六十四、四個八、一個一[3]。又俱作本。五度八因四千零九十六，得三萬二千七百六十八文；尚有原本一個四千零九十六，再四個五百一十二又生四個，共

---

1 二度因，即：

$$(8+1)^2 = 8^2 + 2 \times 8 + 1$$

2 三度因，即：

$$(8+1)^3 = 8^3 + 3 \times 8^2 + 3 \times 8 + 1$$

3 四度因，即：

$$(8+1)^4 = 8^4 + 4 \times 8^3 + 6 \times 8^2 + 4 \times 8 + 1$$

五個四千零九十六潯二万零四百八十文原本四个五百一十二再六个六十四又生六个共十個五百一十二潯五千一百二十文原本六个六十四再四個八又生四个共十个六十四潯六百四十文原本四個八再一个一又生一個共五个八潯四十文再加原本一文共計五万八千零四十九文是五度因内有一个三万二千七百六十八五个四千零九十六十个五百一十二十個六十四五个八一个一又俱作本六度八因三万二千七百六十八潯二十六万二千一百四十四文尚有原本一个三万二千七百六十八再五个四千零九十六又生五个共六個三万二千七百六十八潯一十九万六千六百零八文原本五个四千零九十六再十個五百一十二又生十个共十五个四千零九十六潯六万一千四百四十文原本十個五百一十二再十个六十四又生十個共二十个五百一十二潯一万零二百四十文原本十个六十四再五个八又生五个共十五個六十四潯九百六十文原本五个八再一个一又生一个共六个八潯四十八文再加原本一文共計五十三万一千四百四十一文是六度因内有一个二十六万一百四十四六个三万二千七百六十八十五个四千零九十六二十个五百一十二十五个六十四六個八一个一又俱作本七度八因二十六万二千一百四十四潯二百零九万七千一百五十二文尚有原本一个二十六万二千一百四十四再六个三万二千七百六十八又生六个共九个十十六

五個四千零九十六，得二萬零四百八十文；原本四個五百一十二，再六個六十四又生六個，共十個五百一十二，得五千一百二十文；原本六個六十四，再四個八又生四個，共十個六十四，得六百四十文；原本四個八，再一個一又生一個，共五個八，得四十文；再加原本一文，共計五萬八千零四十九文。是五度因内有一個三萬二千七百六十八、五個四千零九十六、十個五百一十二、十個六十四、五個八、一個一[1]。又俱作本。六度八因三萬二千七百六十八，得二十六萬二千一百四十四文；尚有原本一個三萬二千七百六十八，再五個四千零九十六又生五個，共六個三萬二千七百六十八，得一十九萬六千六百零八文；原本五個四千零九十六，再十個五百一十二又生十個，共十五個四千零九十六，得六萬一千四百四十文；原本十個五百一十二，再十個六十四又生十個，共二十個五百一十二，得一萬零二百四十文；原本十個六十四，再五個八又生五個，共十五個六十四，得九百六十文；原本五個八，再一個一又生一個，共六個八，得四十八文；再加原本一文，共計五十三萬一千四百四十一文。是六度因内有一個二十六萬［二千］一百四十四[2]、六個三萬二千七百六十八、十五個四千零九十六、二十個五百一十二、十五個六十四、六個八、一個一[3]。又俱作本。七度八因二十六萬二千一百四十四，得二百零九萬七千一百五十二文；尚有原本一個二十六萬二千一百四十四，再六個三萬二千七百六十八又生六個，共七個二十六

---

1 五度因，即：

$$(8+1)^5 = 8^5 + 5\times 8^4 + 10\times 8^3 + 10\times 8^2 + 5\times 8 + 1$$

2 二千，原文脱落，據文意補。

3 六度因，即：

$$(8+1)^6 = 8^6 + 6\times 8^5 + 15\times 8^4 + 20\times 8^3 + 15\times 8^2 + 6\times 8 + 1$$

万二千一百四十四得一百八十三万五千零八文原本六个三万二千七百六十八再十五個四千零九十六文生十五個共二十一個三萬二千七百六十八得六十八万八千一百二十八文原本十五个四千零九十六再二十个五百一十二又生二十个共三十五个四千零九十六得一十四万三千三百六十文原本二十個五百一十二再十五個六十四又生十五个共三十五个五百一十二得一万七千九百二十文原本十五個六十四再六个八又生六个共二十一个六十四得一千三百四十四文原本六个八再一个一又生一個共七个八得五十六文再加原本一共文計四百七十八万二千九百六卜九文是七度因内有一个二百零九万七千一百五十二七个二十六万二千一百四十四二十一个三万二千七百六十八三十五个四千零九十六三十五个五百一十二二十一个六十四七个八一个一又俱作本八度八因二百零九万七千一百五十二得一千六百七十七万七千二百一十六文尚有原本一个二百零九万七千一百五十二再七個二十六万二千一百四十四又生七个共八個二百零九万七千一百五十二得一千六百七十七万七千二百一十六文原本七个二十六万二千一百四十四再二十一个三万二千七百六十八又生二十一个共二十八个二十六万二千一百四十四得七百三十四万零三十二文原本二十一个三万二千七百六十八再三十五个四千零九十六又生三十五个

萬二千一百四十四，得一百八十三萬五千零八文；原本六個三萬二千七百六十八，再十五個四千零九十六又生十五個，共二十一個三萬二千七百六十八，得六十八萬八千一百二十八文；原本十五個四千零九十六，再二十個五百一十二又生二十個，共三十五個四千零九十六，得一十四萬三千三百六十文；原本二十個五百一十二，再十五個六十四又生十五個，共三十五個五百一十二，得一萬七千九百二十文；原本十五個六十四，再六個八又生六個，共二十一個六十四，得一千三百四十四文；原本六個八，再一個一又生一個，共七個八，得五十六文；再加原本一文，共計四百七十八萬二千九百六十九文。是七度因内有一個二百零九萬七千一百五十二、七個二十六萬二千一百四十四、二十一個三萬二千七百六十八、三十五個四千零九十六、三十五個五百一十二、二十一個六十四、七個八、一個一[1]。又俱作本。八度八因二百零九萬七千一百五十二，得一千六百七十七萬七千二百一十六文；尚有原本一個二百零九萬七千一百五十二，再七個二十六萬二千一百四十四又生七個，共八個二百零九萬七千一百五十二，得一千六百七十七萬七千二百一十六文；原本七個二十六萬二千一百四十四，再二十一個三萬二千七百六十八又生二十一個，共二十八個二十六萬二千一百四十四，得七百三十四萬零三十二文；原本二十一個三萬二千七百六十八，再三十五個四千零九十六又生三十五個，

1 七度因，即：

$$(8+1)^7 = 8^7 + 7\times 8^6 + 21\times 8^5 + 35\times 8^4 + 35\times 8^3 + 21\times 8^2 + 7\times 8 + 1$$

共五十六个三万二千七百六十八得一百八十三万五千零八文
原本三十五个四千零九十六再三十五个五百一十二又生三十
五个共七十个四千零九十六得二十八万六千七百二十文原本
三十五个五百一十二再二十一个六十四又生二十一个共五十
六个五百一十二得二万八千六百七十二文原本二十一个六十
四再七个八又生七个共二十八个六十四得一千七百九十二加二文
原本七个八冄一个一又生一个共八个八得六十四文再加原本
一文共計四千三百零四万六千七百二十一文下利與全在內是
八因到底内中積有一个一千六百七十七万七千二百一十六八
个二百零九万七千一百五十二二十八个二十六万二千一百四
十四五十六个三万二千七百六十八七十个四千零九十六五十
六個五百一十二二十八个六十四八個八一个一故推筭之法八
因到底得一千六百七十七萬七千二百一十六文仍將七度以前
所因各照分數因乘加入乃合若用九因法將九文自乘八十一自
乘六千五百六十一自乘求之與連本筭利法同或用八因法一因
一得八加本一成九冄八因九得七十二加本九得八十一八因八
十一得六百四十八加本八十一得七百二十九逐位加本冄因八
因完將七因以前之本加入與筭將法同三法參看方始無誤

貴賤輕重多寡差分歌○差分貴賤法尤精○高價先乘共物明○原價

共五十六個三萬二千七百六十八，得一百八十三萬五千零八文；原本三十五個四千零九十六，再三十五個五百一十二又生三十五個，共七十個四千零九十六，得二十八萬六千七百二十文；原本三十五個五百一十二，再二十一個六十四又生二十一個，共五十六個五百一十二，得二萬八千六百七十二文；原本二十一個六十四，再七個八又生七個，共二十八個六十四，得一千七百九十二文；原本七個八，再一個一又生一個，共八個八，得六十四文；再加原本一文，共計四千三百零四萬六千七百二十一文。本利俱全在内。是八因到底内中積有一個一千六百七十七萬七千二百一十六、八個二百零九萬七千二百五十二、二十八個二十六萬二千一百四十四、五十六個三萬二千七百六十八、七十個四千零九十六、五十六個五百一十二、二十八個六十四、八個八、一個一[1]。故推筭之法，八因到底得一千六百七十七萬七千二百一十六文，仍將七度以前所因，各照分數因乘，加入乃合。若用九因法，將九文自乘、八十一自乘、六千五百六十一自乘求之，與連本筭利法同。或用八因法，一因一得八，加本一成九；再八因九得七十二，加本九得八十一；八因八十一得六百四十八，加本八十一得七百二十九。逐位加本再因，八因完，將七因以前之本加入，與筭將法同。三法參看，方始無誤[2]。

貴賤輕重多寡差分歌○差分貴賤法尤精○高價先乘共物明○原價

1 八度因，即：

$$(8+1)^8 = 8^8 + 8\times 8^7 + 28\times 8^6 + 56\times 8^5 + 70\times 8^4 + 56\times 8^3 + 28\times 8^2 + 8\times 8 + 1$$

2 順治本“解義”云：“八折是十中減二成八，此是一分倍作八分。統將法除六十四營、五百一十二陣不係人數，其外却由統領一八因生八將，仍當外加統領一；將先鋒四千零九十六八因，生旗頭三萬二千七百六十八，仍當外加先鋒四千零九十六。以下皆然。馬傑改吴氏法，用八自乘、六十四自乘、四千零九十六自乘，止得所生八因之數。如一文錢用八度八因，連本作筭，□□已多。若一文錢用八度八因，除本作筭，則原本一，自一日至八日，皆生利八；一日利八文，自二日至八日皆生利六十四；二日利六十四，自三日至八日皆生利五百一十二。遞推至末，皆計日各有生利在内。故八度八因完，得一千六百七十七萬七千二百一十六文，須二乘七日利，三乘六日利，以次逆加，乃合額數，與統將法止應加本數無生利者不同。列此三法，互相考較，庶乎無誤。”

相減餘為實○貴賤二價亦減餘○為法除實得賤數○欲求貴數減
共物○輕重多寡有同言○以理推之類皆然
貴賤差分法○今有米麥五百石共價銀四百零五兩七錢只云每米一
石價八錢六分每麥一石價七錢二分五厘問米麥及價各若干（舊）
（法）置米麥共五百石以米價八錢六分乘之得四百三十兩內減原共價四百零五兩七錢
餘銀二十四兩三錢為實另將米價八錢六分以麥價七錢二分五厘減之餘一錢三分五厘為法
除實得（麥一百八十石）却將米麥共五百石內減麥一百八十石餘得（米數三
百二十石）各以原價乘之得（米價共二百七十五兩二錢）（麥價共一百
三十兩零五錢）（增）（法）置米麥共五百石以麥價七錢二分五厘乘之得三百六十二兩
五錢以減原共價四百零五兩七錢餘四十三兩二錢為實以米麥價相減餘一錢三分五厘為

相減餘爲實○貴賤二價亦減餘○爲法除實得賤數○欲求貴數減共物○輕重多寡有同言○以理推之類皆然[1]

貴賤差分法○今有米麥五百石，共價銀四百零五兩七錢。只云每米一石價八錢六分，每麥一石價七錢二分五厘。問米、麥及價各若干[2]？舊法 置米麥共五百石，以米價八錢六分乘之，得四百三十兩。内減原共價四百零五兩七錢，餘銀二十四兩三錢爲實。另將米價八錢六分以麥價七錢二分五厘減之，餘一錢三分五厘爲法，除實得麥一百八十石。却將米麥共五百石内減麥一百八十石，餘得米數三百二十石。各以原價乘之，得米價共二百七十五兩二錢，麥價共一百三十兩零五錢[3]。增法 置米麥共五百石，以麥價七錢二分五厘乘之，得三百六十二兩五錢。以減原共價四百零五兩七錢，餘四十三兩二錢爲實。以米、麥價相減，餘一錢三分五厘爲

---

1 歌訣見《算法統宗》卷五“衰分章”，原作“貴賤差分歌”：

差分貴賤法尤精，高價先乘共物情。
却用都錢減今數，餘留爲實甚分明。
別將二價也相減，用此餘錢爲法行。
除了先爲低物價，自餘高價物方成。

此已知甲、乙單價（a、b，設 $b > a$，即甲爲賤物，乙爲貴物），及甲乙共價(M) 買共物若干(N)，求甲、乙各若干(x，y)。據歌訣所述解法，先求賤物甲：

$$x = \frac{Nb - M}{b - a}$$

次以共物減去甲數，得貴物乙：

$$y = N - x$$

上述公式可由：

$$\begin{cases} x + y = N \\ ax + by = M \end{cases}$$

推導得出。

2 此題爲《算法統宗》卷五“貴賤差分”第一題。

3 在此題中，共價 $M = 405.7$，共物 $N = 500$，賤價 $a = 0.725$，貴價 $b = 0.86$。先求賤物麥：

$$x = \frac{Nb - M}{b - a} = \frac{500 \times 0.86 - 405.7}{0.86 - 0.725} = 180$$

則貴物米爲：

$$y = N - x = 500 - 180 = 320$$

法除之得米三百二十石以減米麥共数得麥数

解義米麥共五百石原是貴賤二等價銀所買共用銀四百零五兩七錢將共石数或用貴價賤價乘之與原共價相減以貴賤相差一錢三分五厘除之多一百八十個一錢三分五厘便是一百八十石麥少三百二十個一錢三分五厘便是三百二十石米一理也

以物数問價法○今有銀四百零五兩七錢糴米三百二十石麥一百八十石只云米每石比麥每石多價一錢三分五厘問米麥各價若干

增法置米三百二十石以米多麥價一錢三分五厘乘之得四十三兩二錢以減原銀四百零五兩七錢餘三百六十二兩五錢為實以共米麥五百石為法除之得麥價每石七錢二分五厘加多一錢三分五厘得米價每石銀八錢六分各以石数乘之得米麥各共價合原銀

又法置麥一百八十石以多價一錢三分五厘乘之得二十四兩三錢加入原共銀四百零五兩七錢共四百三十兩為實以共米麥五百石為法除之得米價

法除之，得米三百二十石。以減米麥共數，得麥數[1]。

【解義】米麥共五百石，原是貴賤二等價銀所買，共用銀四百零五兩七錢。將共石數或用貴價、賤價乘之，與原共價相減，以貴賤相差一錢三分五厘除之。多一百八十個一錢三分五厘，便是一百八十石麥；少三百二十個一錢三分五厘，便是三百二十石米，一理也。

以物數問價法〇今有銀四百零五兩七錢，糴米三百二十石，麥一百八十石，只云米每石比麥每石多價一錢三分五厘。問米、麥各價若干[2]？增法 置米三百二十石，以米多麥價一錢三分五厘乘之，得四十三兩二錢。以減原銀四百零五兩七錢，餘三百六十二兩五錢爲實。以共米、麥五百石爲法除之，得麥價每石七錢二分五厘。加多一錢三分五厘，得米價每石銀八錢六分。各以石數乘之，得米麥各共價，合原銀。又法 置麥一百八十石，以多價一錢三分五厘乘之，得二十四兩三錢。加入原共銀四百零五兩七錢，共四百三十兩爲實。以共米、麥五百石爲法除之，得米價

---

1 “增法”係先求貴物米：即：

$$y = \frac{M - Na}{b - a} = \frac{405.7 - 500 \times 0.725}{0.86 - 0.725} = 320$$

則賤物麥：

$$x = N - y = 500 - 320 = 180$$

2 此題據前題改編，《算法統宗》無。

八錢六分內減多一錢三分五厘得麥價七錢二分五厘

解義 此同上法還源將差多價以米石数減除止剩麥一則價以麥石数加入通成米一例價故或減或加因米可求麥價因麥可求米價也

輕重差分法（）今有石中有玉不知分寸輕重石方三寸高三寸共重一十二斤一十五兩只云玉方一寸重一十二兩石方一寸重三兩問玉石各重若干

舊法置石方三寸自乘得九寸再乘得二十七寸以玉率重一十二兩乘之得三百二十四兩減共重一十二斤十五兩即二百七兩餘一百一十七兩為實以玉重一十二兩內減石重三兩餘九兩為法除之得石一十三寸以三兩乘之得石重三十九兩另置原石共二十七寸內減一十三寸餘得玉一十四寸以一十二兩乘之得玉重一百六十八兩各以斤法通之得斤数

八錢六分，内減多一錢三分五厘，得麥價七錢二分五厘[1]。

【解義】此同上法還源。將差多價以米石數減除，止剩麥一則價[2]；以麥石數加入，通成麥一例價[3]，故或減或加。因米可求麥價，因麥可求米價也。

輕重差分法〇今有石中有玉，不知分寸、輕重。石方三寸高三寸，共重一十二斤一十五兩。只云玉方一寸重一十二兩，石方一寸重三兩。問玉、石各重若干[4]？舊法 置石方三寸，自乘得九寸，再乘得二十七寸。以玉率重一十二兩乘之，得三百二十四兩。減共重一十二斤十五兩即二百七兩，餘一百一十七兩爲實。以玉重一十二兩内減石重三兩，餘九兩爲法，除之得石一十三寸。以三兩乘之，得石重三十九兩。另置原石共二十七寸，内減一十三寸，餘得玉一十四寸。以一十二兩乘之，得玉重一百六十八兩。各以斤法通之，得斤數[5]。

---

1 此已知共價 $M=405.7$，賤物 $x=180$，貴物 $y=320$，賤價、貴價之差 $b-a=0.135$，求賤價 a、貴價 b。“增法”先求賤價 a，即前題“增法”還原，由 $y=\frac{M-Na}{b-a}$ 得：

$$a=\frac{M-(b-a)y}{N}=\frac{405.7-0.135\times 320}{180+320}=0.725$$

則貴價爲：

$$b=a+0.135=0.86$$

“又法”先求貴價 b，即前題“舊法”還原，由 $x=\frac{Nb-M}{b-a}$ 得：

$$b=\frac{(b-a)x+M}{N}=\frac{0.135\times 180+405.7}{500}=0.86$$

則賤價爲：

$$a=b-0.135=0.725$$

2 據後文“通成麥一例價”，“則”似當作“例”。

3 米，順治本作“麥”。

4 此題爲《算法統宗》卷五“仙人换影”第六題。

5 此題中，玉石共重一十二斤一十五兩（207兩）相當於共價 M，玉石共積方三寸高三寸（27寸）相當於共物 N，玉方一寸重一十二兩相當於貴價 b，石方一寸重三兩相當於賤價 a，與貴賤差分題同法可求。先求石積（即賤價）：

$$x=\frac{Nb-M}{b-a}=\frac{27\times 12-207}{12-3}=13$$

則玉積（即貴價）爲：

$$y=N-x=27-13=14$$

解義玉石共重斤數猶上米麦共價玉重十二兩得一方寸石重三兩得一方寸猶米八錢六分一石麦七錢二分五至一石也以玉重乘共寸以差數除得石十三寸即以米價乘以差数除得玉石數也若以石重三兩乘即可先得玉十四寸一理也

難題輕重差分西江月（）群羊一百四十剪毛不憚勤劳群中有母有羊羔先剪二羊比較大羊剪毛斤二一十二兩羔毛百五十斤是總毫子母各該多少

舊法置羊一百四十隻以大羊剪毛一斤二兩即一十八兩乘之得二千五百二十內以減共剪毛一百五十斤即二千四百兩餘一百二十兩為實另置大羊毛一十八兩內減小羊毛一十二兩餘六兩為法除實得（小羊二十隻）以減總羊一百四十隻餘得（大羊一百二十隻）

多少差分法（）今有米四百七十六石用大小車共運一百車大車每車載五石六斗小車每車載三石二斗問大小車及運米各若干舊法

【解義】玉、石共重斤數，猶上米、麥共價。玉重十二兩得一方寸、石重三兩得一方寸，猶米八錢六分一石、麥七錢二分五厘一石也。以玉重乘共寸，以差數除，得石十三寸，即以米價乘、以差數除，得玉、石數也。若以石重三兩乘，即可先得玉十四寸，一理也。

難題·輕重差分·西江月〇群羊一百四十，剪毛不憚勤劳。群中有母有羊羔，先剪二羊比較。大羊剪毛斤二，一十二兩羔毛。百五十斤是總毫，子母各該多少[1]？舊法 置羊一百四十隻，以大羊剪毛一斤二兩即一十八兩乘之，得二千五百二十（内）[兩][2]。以減共剪毛一百五十斤即二千四百兩，餘一百二十兩爲實。另置大羊毛一十八兩，内減小羊毛一十二兩，餘六兩爲法，除實得小羊二十隻。以減總羊一百四十隻，餘得大羊一百二十隻。

多少差分法〇今有米四百七十六石，用大小車共運一百車。大車每車載五石六斗，小車每車載三石二斗。問大、小車及運米各若干[3]？舊法

---

1 此難題爲《算法統宗》卷十四“難題衰分三”第十六題。此題中，群羊一百四十爲共物 N，總毫一百五十斤爲共價 M，大羊每隻剪毛一斤二兩爲貴價 b，小羊每隻剪毛十二兩爲賤價 a，亦用貴賤差分法求。

2 内，當作“兩”，據文意改。

3 《算法統宗》無此題。

置共車一百輛以大車載五石六斗乘之得五百六十石減共米四百七十六石餘八十四石為實另置大車載五石六斗內減小車三石二斗餘二石四斗為法除實得(小車三十五輛)以減總車一百輛餘得(大車六十五輛)

解義若將共車以小車載三石二斗乘之即可先得大車數與貴賤差分同

又多少差分法○今有鷄兎同籠上有三十五頭下有九十四足問鷄兎各若干

(舊)(法)置頭三十五個以兎足四隻因之得一百四十足減原九十四足餘四十六足為實却將兎足四足以鷄足二足減之餘二足為法除實得(鷄二十三隻)以減三十五頭餘得(兎一十二隻)

又法○今有狐狸一頭九尾鵰鳥一尾九頭只云前有七十二頭後有八十八尾問狸鵰各若干

(增)(法)置總頭七十二併合總尾八十八共一百六十以

置共車一百輛，以大車載五石六斗乘之，得五百六十石。減共米四百七十六石，餘八十四石爲實。另置大車載五石六斗，内減小車三石二斗，餘二石四斗爲法，除實得小車三十五輛。以減總車一百輛，餘得大車六十五輛。

【解義】若將共車以小車載三石二斗乘之，即可先得大車數，與貴賤差分同。

又多少差分法○今有鷄、兔同籠，上有三十五頭，下有九十四足。問鷄、兔各若干[1]？舊法 置頭三十五個，以兔足四隻因之，得一百四十足。減原九十四足，餘四十六足爲實。却將兔四足以鷄二足減之，餘二足爲法。除實得鷄二十三隻，以減三十五頭，餘得兔一十二隻。

又法○今有狐狸一頭九尾，鵰鳥一尾九頭。只云前有七十二頭，後有八十八尾。問狸、鵰各若干[2]？增法 置總頭七十二，併合總尾八十八，共一百六十。以

---

1 此題爲《算法統宗》卷九“均輸”第二十六題，原出《孫子算經》卷下。此題解法同貴賤差分，雞兔共足相當于共價 M，雞兔共頭相當於共物 N，雞二足相當於賤價 a、兔四足相當於貴價 b。以貴價差分法，求得雞數：

$$x = \frac{Nb - M}{b - a} = \frac{35 \times 4 - 94}{4 - 2} = 23$$

兔數：

$$y = N - x = 35 - 23 = 12$$

或先求兔數：

$$y = \frac{M - Na}{b - a} = \frac{94 - 35 \times 4}{4 - 2} = 12$$

再減總頭數，得雞數：

$$x = N - y = 35 - 12 = 23$$

2 此題爲《算法統宗》卷九“均輸”第二十七題。

狐鵰各頭尾共十除之得狐鵰共一十六個卻以狐尾九因之得一百四十四内減總尾八十餘五十六為實另以尾九内減頭一餘八為法除實得鵰鳥七隻以減共数十六餘得狐狸九個　或以九因一十六得一百四十四内減總頭七十二餘七十二為實以頭九内減一尾餘八為法除實即先得狐狸九個以減共数餘得鵰鳥数　又增法併總頭總尾共一百六十以狐鵰頭尾各十歸之得狐鵰共一十六個另置總頭總尾相減餘尾一十六以頭尾九一相減餘八為法除之得二以減狐鵰共一十六個餘一十四折半得鵰七隻加入二隻得狐狸九隻

解義一歲九尾九頭一尾各頭尾俱是十数將頭尾共数用十歸之得狐鵰共数為正旧以頭尾相減餘一十六為狐鵰共数此偶合不可為准若改九狐八鵰立法前有八十一頭後有八十九尾以頭減尾止餘八何以合共数乎

狐、鵬各頭尾共十除之，得狐、鵬共一十六個。却以狐尾九因之，得一百四十四，内減總尾八十八，餘五十六爲實。另以尾九内減一頭餘八爲法[1]，除實得鵬鳥七隻。以減共數十六，餘得狐狸九個。或以九因一十六得一百四十四，内減總頭七十二，餘七十二爲實。以頭九内減一尾餘八爲法[2]，除實即先得狐狸九個。以減共數，餘得鵬鳥數。[3]

又增法 併總頭、總尾共一百六十，以狐、鵬頭尾各十歸之，得狐、鵬共一十六個。另置總頭、總尾相減，餘尾一十六。以頭尾一、九相減餘八爲法，除之得二。以減狐鵬共一十六個，餘一十四，折半得鵬七隻。加入二隻，得狐狸九隻[4]。

【解義】一頭九尾、九頭一尾，各頭尾俱足十數，將頭尾共數用十歸之，得狐鵬共數爲正。舊以頭尾相減餘一十六爲狐、鵬共數，此偶合，不可爲准。若改九狐八鵬立法，前有八十一頭，後有八十九尾，以頭減尾，止餘八，何以合共數乎？

---

1 一頭，當作“一尾”，即鵬尾一，相當於賤價。詳後文注釋。

2 一尾，當作“一頭”，即狐頭一，相當於賤價。詳後文注釋。

3 此題解法同貴賤差分。先求得狐、鵬共數：

$$N = \frac{72 + 88}{9 + 1} = 16$$

此即貴賤差分之共物，以狐、鵬總尾八十八爲共價 M 、狐尾九爲貴價 b 、鵬尾一爲賤價 a，以貴賤差分法，求得鵬數：

$$x = \frac{Nb - M}{b - a} = \frac{16 \times 9 - 88}{9 - 1} = 7$$

減去共數 N，得狐數：

$$y = N - x = 16 - 7 = 9$$

或以狐、鵬總頭七十二爲共價 M 、鵬頭九爲貴價 b 、狐頭一爲賤價 a，以貴賤差分法，求得狐數：

$$x = \frac{Nb - M}{b - a} = \frac{16 \times 9 - 72}{9 - 1} = 9$$

減去共數 N，得鵬數：

$$y = N - x = 16 - 9 = 7$$

4 狐一頭九尾，鵬九頭一尾，總尾比總頭多，故狐比鵬多。每多一狐，尾數多八，故以總頭總尾之差十六除以八，得二即狐比鵬所多之數。減共數十六，折半，即鵬數。

難題遲疾差分西江月○甲乙同時起步其中甲快乙遲甲行巳與百步齊六十步上得乙使乙先行百步甲後追步方起不知幾步方追及筭得揚名說你

舊法置先行百步以甲行百步乘之得一萬步為實另以甲行百步內減乙行六十步餘四十步為法除實得二百五十步追及

增法置先行步一百為實另置甲行步一百乙行步六十相減餘步四十以除先行步百得二五為法以乘甲行步一百得三百五十步追及

解義 增法即解舊法一理也貴賤輕重多少遲疾皆同一法前後倫列俾人觸類旁通耳

貴賤相和差分 又名仙人換影歌○貴賤相和換影仙○賤物互乘貴價錢○貴物互乘賤價訖○相減餘為實減法然○卻用貴價乘總物○又用貴物乘總錢○二數相減餘為實○總法除之平法言○賤物賤價各乘之

難題·遲疾差分·西江月○甲乙同時起步，其中甲快乙遲。甲行已與百步齊，六十步上得乙。使乙先行百步，甲後追步方起。不知幾步方追及，筭得揚名説你[1]。舊法 置先行百步，以甲行百步乘之，得一萬步爲實。另以甲行百步内減乙行六十步，餘四十步爲法，除實得二百五十步追及[2]。增法 置先行一百步爲實，另置甲行一百步、乙行六十步，相減餘四十步，以除先行百步，得二五爲法。以乘甲行一百步，得二百五十步追及。

【解義】增法即解舊法，一理也。貴賤、輕重、多少、遲疾，皆同一法。前後備列，俾人觸類旁通耳。

貴賤相和差分又名仙人换影。**歌**○貴賤相和换影仙○賤物互乘貴價錢○貴物互乘賤價訖○相減餘爲總法然○却用貴價乘總物○又用貴物乘總錢○二數相減餘爲實○總法除之平法言○賤物賤價各乘之

---

1 此難題爲《算法統宗》卷十五“難題均輸六”第四題，原作“疾遲求平”。

2 設甲行 x，根據題意列：

$$\frac{x}{100} = \frac{x + 100}{60}$$

解得：

$$x = \frac{100 \times 100}{100 - 60} = 250$$

○價物分明皆得全○總內減賤餘為貴○如先求貴賤乘先○依法求之貴先見○總內減貴賤亦傳

今有錢四千九百九十五文共買梨桃五千個只云每錢一十一文買梨九個每錢四文買桃七個問梨桃及價各若干　(舊法)將價物左右分列右梨九個左錢十一　互桃七個得七十七互錢四文得三十六　共梨桃五千個得五萬五千共錢四千九百九十五得四萬四千九百五十五　先以右上梨九互乘左中錢四得三十六次以左上錢一十一互乘右中桃七得七十七二數對減餘四十一為總法又以右上貴物梨九互乘左下總價四千九百九十五文得四萬四千九百五十五次以左上貴價一十一互乘右下總梨桃物五千個得五萬五千二數相減餘一萬零四十五為實以總法四十一除之得二百四十五為賤物賤價平法以桃七箇乘之得(桃一千七百一十五個)以錢

○價物分明皆得全○總内減賤餘爲貴○如先求貴賤乘先○依法求之貴先見○總内減貴賤亦傳[1]

今有錢四千九百九十五文，共買梨、桃五千個。只云每錢一十一文買梨九個，每錢四文買桃七個。問梨、桃及價各若干[2]？ 舊法 將價、物左右分列：

右梨九個	互	桃七個	得七十七	共梨桃五千個	得五萬五千
左錢十一		錢四文	得三十六	共錢四千九百九十五	得四萬四千九百五十五

先以右上梨九互乘左中錢四，得三十六；次以左上錢十一互乘右中桃七，得七十七。二數對減，餘四十一爲總法。又以右上貴物梨九互乘左下總價四千九百九十五文，得四萬四千九百五十五；次以左上貴價十一互乘右下總梨桃物五千個，得五萬五千。二數相減，餘一萬零四十五爲實。以總法四十一除之，得二百四十五，爲賤物賤價平法。以桃七箇乘之，得桃一千七百一十五個；以錢

---

1 歌訣見《算法統宗》卷五“衰分章”，原十二句，文字略有不同。已知共價 M 、共物 n' ，賤物每 m 個價 m' 、貴物每 n 個價 n' ，求賤物 x 、賤物總價 x' ，貴物 y 、貴物總價 y' 。解法如下：

$$x = m \cdot \frac{Nn' - Mn}{mn' - nm'}$$

$$x' = m' \cdot \frac{Nn' - Mn}{mn' - nm'}$$

$$y = n \cdot \frac{Nm' - Mm}{mn' - nm'}$$

$$y' = n' \cdot \frac{Nm' - Mm}{mn' - nm'}$$

其中，$mn' - nm'$ 爲總法，《算法統宗》稱作“長法”；$\frac{Nn' - Mn}{mn' - nm'}$ 與 $\frac{Mm' - Nm}{mn' - nm'}$ 爲平法，《算法統宗》稱作“短法”。此即貴賤差分的一般形式，其中：

$$\frac{m'}{m} = a, \quad \frac{n'}{n} = b$$

由貴賤差分公式，求得賤物：

$$x = \frac{Nb - M}{b - a} = \frac{N \cdot \frac{n'}{n} - M}{\frac{n'}{n} - \frac{m'}{m}} = m \cdot \frac{Nn' - Mn}{mn' - nm'}$$

則賤物總價爲：

$$x' = x \cdot \frac{m'}{m} = m \cdot \frac{Nn' - Mn}{mn' - nm'} \cdot \frac{m'}{m} = m' \cdot \frac{Nn' - Mn}{mn' - nm'}$$

貴物 y 及貴物總價 y' 可同法而求，不再贅述。

2 此題爲《算法統宗》卷五“仙人换影”第一題。

四文乘之得桃價九百八十文於總菓內減桃數得梨三千二百八十五個於總價內減桃價得梨價四千零一十五文　或先求梨與梨價即以右中桃七五乘左下總價四千九百九十五文得三萬四千九百六十五文次以左中桃價四文五乘右下總梨桃五千個得二萬二數相減餘一萬四千九百六十五為實以總法四十一除之得三百六十五為貴物貴價平法以梨九個乘之得梨三千二百八十五個以梨價一十一乘之得梨價四千零一十五文於總菓內減梨數得桃數於總價內減梨價得桃價　增法置錢一十一文與梨九個對減餘錢二文又置錢四文與桃七個對減餘物三個照前分列左右以二乘桃七得一十四以三乘梨九得二十七併之得四十一以二乘錢四文得八以三乘錢十一文得三十三併之亦得四十一即以四十一為總平法另以多錢二文五乘總梨桃五千

四文乘之，得桃價九百八十文。於總菓内減桃數，得梨三千二百八十五個；於總價内減桃價，得梨價四千零一十五文[1]。或先求梨與梨價，即以右中桃七互乘左下總價四千九百九十五文，得三萬四千九百六十五；次以左中桃價四文互乘右下總梨、桃五千個，得二萬。二數相減，餘一萬四千九百六十五爲實。以總法四十一除之，得三百六十五，爲貴物貴價平法。以梨九個乘之，得梨三千二百八十五個；以梨價十一文乘之，得梨價四千零一十五文。於總菓内減梨數得桃數，於總價内減梨價得桃價[2]。增法 置錢十一文，與梨九個對減，餘錢二文。又置錢四文，與桃七個對減，餘物三個。照前分列左右，以二乘桃七得一十四，以三乘梨九得二十七，併之得四十一。以二乘錢四文得八，以三乘錢十一文得三十三，併之亦得四十一。即以四十一爲總平法。另以多錢二文互乘總梨、桃五千

---

1 在此題中，$N = 5000$、$M = 4995$、$m = 7$、$m' = 4$、$n = 9$、$n' = 11$，代入仙人换影公式，解得賤物：

$$x = m \cdot \frac{Nn' - Mn}{mn' - nm'} = 7 \times 245 = 1715$$

賤物總價：

$$x' = m' \cdot \frac{Nn' - Mn}{mn' - nm'} = 4 \times 245 = 980$$

分别減去總物 N、總價 M，得貴物 y、貴物總價 y'。

2 此先求貴物 y、貴物總價 y'：

$$y = n \cdot \frac{Nm' - Mm}{mn' - nm'} = 9 \times 365 = 3285$$

$$y' = n' \cdot \frac{Nm' - Mm}{mn' - nm'} = 11 \times 365 = 4015$$

個得一萬卻置總物總價對減餘物五個以梨九乘之得四十五併入共一萬零四
十五以總平法四十一除之得二百四十五為賤物桃與價平法以桃七乘得桃
數以桃價四文乘得桃價又以多桃三個五乘總價四千九百九十五文得一萬四千九百八十
五卻以總物總價對減不及價五文以桃價四文乘之得二十以減一萬四千九百八十
五餘一萬四千九百六十五為實以總平法四十一除之得三百六十五為貴物貴價平
法以梨九乘得梨數以梨價十一乘得梨價

解義貴賤差分設如錢十一文買梨一個錢四文買桃一個貴賤價
之數不等物數卻相等只用上差分法或貴物或賤物乘總價求
之易得此是貴賤價數不等物數又不等須將不齊物數價數等量
平法求之其將價物互乘对減餘四十一為法者何也錢十一文買
梨九個是多錢二文錢四文買桃七個是多物三個即以二三為法
乘價以二乘四文得八文以三乘十一文得三十三文併之共得四
十一以二三為法乘物二乘桃七得一十四三乘梨九得二十七併
之亦得四十一乃三倍錢十一文買三倍梨九個二倍錢四文買二

個，得一萬。却置總物總價對減，餘物五個，以梨九乘之得四十五，併入，共一萬零四十五。以總平法四十一除之，得二百四十五，爲賤物桃與價平法。以桃七乘得桃數，以桃價四文乘得桃價。又以多桃三個互乘總價四千九百九十五文，得一萬四千九百八十五。却以總物總價對減，不及價五文，以桃價四文乘之得二十，以減一萬四千九百八十五，餘一萬四千九百六十五爲實，以總平法四十一除之，得三百六十五，爲貴物貴價平法。以梨九乘得梨數，以梨價十一乘得梨價。

【解義】貴賤差分，設如錢十一文買梨一個，錢四文買桃一個，貴賤價數不等，物數却相等，只用上差分法。或貴物或賤物乘總價，求之易得。此是貴賤價數不等，物數又不等，須將不齊物數、價數等量平法求之。其將價物互乘對減餘四十一爲法者，何也？錢十一文買梨九個，是多錢二文；錢四文買桃七個，是多物三個。即以二、三爲法乘價，以二乘四文得八文，以三乘十一文得三十三文，併之共得四十一；以二、三爲法乘物，二乘桃七得一十四，三乘梨九得二十七，併之亦得四十一。乃三倍錢十一文買三倍梨九個，二倍錢四文買二

1 “增法”可用公式表示爲：

$$x = m \cdot \frac{N(n' - n) + (N - M)n}{(n' - n)m + (m - m')n}$$

$$x' = m' \cdot \frac{N(n' - n) + (N - M)n}{(n' - n)m + (m - m')n}$$

$$y = n \cdot \frac{M(m - m') - (N - M)m'}{(n' - n)m + (m - m')n}$$

$$y' = n' \cdot \frac{M(m - m') - (N - M)m'}{(n' - n)m + (m - m')n}$$

與“貴賤相和差分”公式等價。其中，$(n' - n)m + (m - m')n$ 即所謂總平法；$\frac{N(n' - n) + (N - M)n}{(n' - n)m + (m - m')n}$ 爲賤物與價平法，$\frac{M(m - m') - (N - M)m}{(n' - n)m + (m - m')n}$ 爲貴物與價平法。

倍桃七個共四十一錢買四十一物是四十一者物與價之擬平法也兎應二倍徹平以梨價十一五共物梨九五共價對減九倍物餘二倍即桃應二倍法也二倍數內有二倍梨數二倍桃數又有價比物少五數九五共價對減內多餘九乘五共四十五數併三數在內以四十一除合桃與價平法梨應三倍徹平以桃價四五共物桃數七五共價對減去四倍價餘三倍即梨應三倍法也三倍數內有三倍桃價三倍梨價內有價四乘多物五个共減去二十餘存倍桃梨共價數以四十一除合梨共價平法增法以二三為法用加四十五減二十首此也惟共物共價有多少不等故二倍三倍為法亦有参差不齐須用加減法合之若共物共價齐同則以二三為法不用再有加增減退今復列法于後若兩边俱係價少物多或俱係價多物少先可互乘取平則惟以差數約量立法求之

貴賤共物共價齊同差分法（）今有錢四千九百六十一文買梨桃四千九百六十一個只云每錢十一文買梨九個每錢四文買桃七個問梨桃及各共價若干

增法 置梨價十一文梨九个相減餘二文桃價四文桃七个相減餘

三列右梨十一餘二 錢四文 个列左梨九个 五 兎七个餘三

共價四千九百六十一文 共梨兎四千九百六十一個 以

倍桃七個，共四十一錢買四十一物。是四十一者，物與價之總平法也。桃應二倍徹平，以梨價十一互共物，梨九互共價，對減九倍[1]，物餘二倍，即桃應二倍法也。二倍數内，有二倍梨數、二倍桃數；又有價比物少五數，九互共價對減，内多餘九乘五共四十五數。併三數在内，以四十一除，合桃与價平法。梨應三倍徹平，以桃價四互共物，桃數七互共價，對減去四倍，價餘三倍，即梨應三倍法也。三倍數内，有三倍桃價、三倍梨價；内有價四乘多物五個，共減去二十，餘存倍桃梨共價數，以四十一除，合梨與價平法。"增法"以二、三爲法，用加四十五、減二十者，此也。惟共物共價有多少不等，故二倍、三倍爲法，亦有參差不齊，須用加減法合之；若共物共價齊同，則以二、三爲法，不用再有加增減退。今復列法于後，若兩邊俱係價少物多，或俱係價多物少，無可互乘取平，則惟以差數約量立法求之。

貴賤共物共價齊同差分法○今有錢四千九百六十一文，買梨桃四千九百六十一個。只云每錢十一文買梨九個，每錢四文買桃七個。問梨、桃及各共價若干[2]？增法 置梨價十一、梨九個，相減餘二文；桃價四文、桃七個，相減餘三個。列：

右梨十一　餘二　互　錢四文　共價四千九百六十一文
左梨九個　桃七個　餘三　共梨桃四千九百六十一個

以

1 "對減"後或脱一"去"字。
2 此題據前題改編，《算法統宗》無。

二乘桃價四得八以三乘梨價十一得三十三併之共四十一以二乘桃七個得一十四以三乘梨九個得二十七併之亦共四十一即以四十一為總平法爲以後錢之二乘梨桃共四千九百六十一個得九千九百二十二以總平法四十一除之得桃與價平法二百四十二以價四文乘之得（桃價九百六十八文）以桃七個乘之得（桃一千六百九十四個）又以多桃三個乘梨桃共價四千九百六十一文得一萬四千八百八十三以總平法四十一除之得梨與價平法三百六十三以價十一文乘之得（梨價三千九百九十三文）以梨九個乘之得（梨三千二百六十七個）

解義　二倍兆典價三倍梨典價；物各得四十一是二三互乘乃價物取平之法也共物共價合一故以二三互乘不用再有增減

又法〇今有牛羊一百隻共價一百六十八兩只云牛三隻價銀一十二兩羊四隻價銀一兩五錢問牛羊併價各若干（舊法）列置右牛三隻左十二兩

二乘桃價四得八，以三乘梨價十一得三十三，併之共四十一；以二乘桃七個得一十四，以三乘梨九個得二十七，併之亦共四十一。即以四十一爲總平法。另以多錢二文乘梨桃共四千九百六十一個，得九千九百二十二，以總平法四十一除之，得桃與價平法二百四十二。以價四文乘之，得桃價九百六十八文；以桃七個乘之，得桃一千六百九十四個。又以多桃三個乘梨桃共價四千九百六十一文，得一萬四千八百八十三，以總平法四十一除之，得梨與價平法三百六十三。以價十一文乘之，得梨價三千九百九十三文；以梨九個乘之，得梨三千二百六十七個[1]。

【解義】二倍桃與價，三倍梨與價，價、物各得四十一，是二三互乘，乃價、物取平之法也。共物、共價合一，故以二三互乘，不用再有增減。

又法〇今有牛羊一百隻，共價一百六十八兩。只云牛三隻價銀一十二兩，羊四隻價銀一兩五錢。問牛、羊併價各若干[2]？ 舊法 列置：

---

1 此題解法同前題“增法”。因 $M = N$，故 $N - M = 0$，則前題“增法”公式可省作：

$$x = m \cdot \frac{N(n' - n)}{(n' - n)m + (m - m')n}$$

$$x' = m' \cdot \frac{N(n' - n)}{(n' - n)m + (m - m')n}$$

$$y = n \cdot \frac{M(m - m')}{(n' - n)m + (m - m')n}$$

$$y' = n' \cdot \frac{M((m - m')}{(n' - n)m + (m - m')n}$$

2 此題爲《算法統宗》卷五“仙人換影”第二題。

互羊四隻一兩五錢共一百隻共一百六十八兩先以貴物牛三隻乘羊賤價一兩五錢得四兩

五錢次以貴價一十二兩乘羊賤物四隻得四十八兩二數相減餘四十三兩五錢為總平法

又以中羊四隻互乘總價一百六十八兩得六百七十二另以賤價一兩五錢互乘總物一百

隻得一百五十二數相減餘五百二十二為實以總法四十三兩五錢除之得一兩二錢為牛

與價平法以貴物牛三乘之得牛三十六隻以牛貴價一十二兩乘之得牛

價一百四十四兩於總物一百隻內減牛三十六隻餘得羊六十四隻於總銀

一百六十八兩內減牛價一百四十四兩餘得羊價二十四兩

解義此係先以賤物賤價乘得貴物貴價與前梨棗法同牛價多數九揔價多揔物六十八多數懸絕故再列中明前法

難題貴賤三位相和差分歌○今有千錢買百鷄五十雄鷄不差池草鷄

每個三十足小者十文三個知增法置雄鷄價十五雄鷄一隻以每十文一

右牛三隻	互	羊四隻	共一百隻
左十二兩		一兩五錢	共一百六十八兩

先以貴物牛三隻乘羊賤價一兩五錢，得四兩五錢；次以貴價一十二兩乘羊賤物四隻，得四十八兩。二數相減，餘四十三兩五錢爲總平法。又以中羊四隻互乘總價一百六十八兩[1]，得六百七十二；另以賤價一兩五錢互乘總物一百隻，得一百五十。二數相減，餘五百二十二爲實。以總法四十三兩五錢除之，得一兩二錢爲牛與價平法。以貴物牛三乘之，得牛三十六隻；以牛貴價一十二兩乘之，得牛價一百四十四兩。於總物一百隻内減牛三十六隻，餘得羊六十四隻；於總銀一百六十八兩内減牛價一百四十四兩，餘得羊價二十四兩。

【解義】此係先以賤物賤價乘，得貴物貴價，與前梨桃法同。牛價多數九，總價多總物六十八，多數懸絶，故再列申明前法。

難題·貴賤三位相和差分歌〇今有千錢買百鷄，五十雄鷄不差池。草鷄每個三十足，小者十文三個知[2]。增法 置雄鷄價五十、雄鷄一隻，以每十文一

1 一百六十八兩，順治本誤作“一百四十八兩”。

2 此難題爲《算法統宗》卷十四“難題衰分三”第二十八題。原解法云：“置錢千文爲實。另置公雞一、母雞一，各以小雞三因之，得公雞三、母雞三，小雞三，共得九爲法，除實得十一，爲母雞數，不盡一。反減下法九餘八，爲公雞數。另列總雞一百隻，減去公雞八隻、母雞一十一隻，爲小雞數。”此解法本《張邱建算經》所載謝察微法，數理不明，立法耦合而已（《算法統宗校釋》，第 869 頁）。正確解法詳後文。

鷄較之多鷄價四个又置小鷄三隻價十文以每十文一鷄較之多鷄二隻就將四二各折半以小鷄一五乘雄鷄一得一隻以雄鷄價二五乘小鷄三得六隻併之得鷄七隻又以小鷄一五乘雄鷄價十五得十五以雄鷄價二五乘小鷄價十一得十二併之共得鷄價七个為半平法另置母鷄價十三母鷄一隻以每十文一鷄較之多鷄價二個與小鷄多鷄二隻亦折半五乘以母鷄價一個乘小鷄三隻得三隻以小鷄一乘草鷄一得一隻併之共得鷄四隻以母價一五乘小鷄價十一仍得一以小鷄一五乘母鷄價十三得十三併之亦得鷄價四个為半平法併二法共得十一為總法以除共價一千文得九十不盡一十即以法約退一個七十加二個十四恰盡就於九十內減一餘八十得(雄)(鷄)(八)(隻)加二得(母)(鷄)(十)(一)(隻)另將雄鷄八十以二因之得十六加母鷄十一共二七十以小鷄三隻因之得(小)

鷄較之，多鷄價四個；又置小鷄三隻、價十文，以每十文一鷄較之，多鷄二隻。就將四、二各折半，以小鷄一互乘雄鷄一得一隻，以雄鷄價二互乘小鷄三得六隻，併之得鷄七隻。又以小鷄一互乘雄鷄價五十得五十，以雄鷄價二互乘小鷄價一十得二十，併之共得鷄價七個，爲半平法。另置母鷄價三十、母鷄一隻，以每十文一鷄較之，多鷄價二個，與小鷄多鷄二隻，亦折半互乘。以母鷄價一個乘小鷄三隻得三隻，以小鷄一乘草鷄一得一隻，併之共得鷄四隻。以母價一互乘小鷄價一十仍得一，以小鷄一互乘母鷄價三十得三十，併之亦得鷄價四個，爲半平法。併二法，共得十一爲總法。以除共價一千文，得九，不盡一十。即以法約退一個七十，加二個四十，恰盡。就於九内減一餘八，得雄鷄八隻，加二得母鷄十一隻。另將雄鷄八以二因之得十六，加母鷄十一共二十七。以小鷄三隻因之，得小

鷄八十一隻

解義
貴賤相和差分二位者可以互来对咸得数三位則不能如干
文買百鷄每十文訣鷄一隻雄鷄五十文母鷄三十文俱是價
多于物小鷄十文三隻是物多于價應以小鷄共雄鷄母鷄各數取
平併合為法用除原共價不尽則以法約之用各分平法減加合數
乃為正則舊法以小鷄三隻因雄數母鷄共九為法除共價浮十一
為母鷄數以不尽一反減法九浮八為雄鷄數杜撰偶合不可為准
若毀作雄鷄五十母鷄四十小鷄十文三隻則以母鷄一隻錢四十
对較多鷄價三个小鷄十文三鷄多鷄二隻以多鷄二五乘母鷄一
浮二隻以多價三五乘小鷄三隻浮九併之浮鷄十一隻以多鷄二
五乘母鷄價四十浮八以多價三互乘小鷄價一十浮三併之浮價
一百一十應以十一為母小鷄分平法併雄鷄小鷄平法七共十八
為法除共價浮五不尽一百即以法約退一百一十加三个七十恰
尽就于五内加三浮雄鷄八隻于五内退一作四以二因之浮母鷄
六八隻另將公鷄八以二因浮十六母鷄八以一五乘浮十二併之
浮二十八以小鷄三隻因之浮八十四隻若抛舊則仍應用小鷄三
隻因雄母鷄各一共九為法除共價母鷄十一則不合矣前法因雄
母鷄求小鷄將公鷄以二因者雄鷄小鷄取平原銖鷄一小鷄二也
併雄鷄母鷄又以三因者小鷄三隻也後將公鷄八以二因母鷄八

鷄八十一隻[1]。

【解義】貴賤相和差分，二位者可以互乘對減得數，三位則不能。如千文買百鷄，每十文該鷄一隻，雄鷄五十文、母鷄三十文，俱是價多于物；小鷄十文三隻，是物多于價。應以小鷄與雄鷄、母鷄各較取平，併合爲法，用除原共價，不盡則以法約之。用各分平法減加合數，乃爲正則。舊法以小鷄三隻因雄鷄、母鷄共九爲法，除共價得十一，爲母鷄數，以不盡一反減法九得八，爲雄鷄數。杜撰偶合，不可爲准。若改作雄鷄五十、母鷄四十、小鷄十文三隻，則以母鷄一隻、錢四十對較，多鷄價三個；小鷄十文三鷄，多鷄二隻。以多鷄二互乘母鷄一得二隻，以多價三互乘小鷄三隻得九，併之得鷄十一隻。以多鷄二互乘母鷄價四十得八，以多價三互乘小鷄價一十得三，併之得價一百一十。應以十一爲母、小鷄分平法，併雄鷄、小鷄平法七，共十八爲法，除共價，得五不盡一百。即以法約退一百一十、加三個七十，恰盡[2]。就于五内加三，得雄鷄八隻。于五内退一作四，以二因之，得母鷄亦八隻。另將公鷄八以二因得十六，母鷄八以一五乘得十二，併之得二十八，以小鷄三隻因之得八十四隻。若據舊，則仍應用小鷄三隻因雄、母鷄各一，共九爲法，除共價，母鷄十一，則不合矣。前法因雄、母鷄求小鷄，將公鷄以二因者，雄鷄、小鷄取平，原雄鷄二、小鷄二也。併雄鷄母鷄、又以三因者，小鷄三隻也。後將公鷄八以二因，母鷄八

---

1 該題求雄雞、雌雞與小雞三物總平法與前買梨桃題“增法”同。惟前題二物求平，此題則三物求平，須分別求得兩個半平法，合之爲總平法。爲敘述方便，將該題轉化爲等價的百文買百雞題，即雄雞五文一隻、雌雞三文一隻、小雞一文三隻，求各若干。設雄雞 m' 文買 m 隻、雌雞 n' 文買 n 隻、小雞 p' 文買 p 隻，將雄雞、小雞價物取平，得：

$$\frac{(m'-m)p+(p-p')m}{2}=\frac{(m'-m)k+(p-p')m'}{2}=7$$

爲雄雞、小雞半平法 A。即 7 文買雄雞、小雞共 7 隻，内含雄雞 1 隻、小雞 6 隻。同理將雌雞、小雞價物取平，得：

$$\frac{(n'-n)p+(p-p')n}{2}=\frac{(n'-n)p'+(p-k)n'}{2}=4$$

爲雌雞、小雞半平法 B。即 4 文買雌雞、小雞共 4 隻，内含雌雞 1 隻、小雞 3 隻。二者相加，得：

$$\frac{(m'+n')p-(m+n)p'}{2}=11$$

爲總平法 $A+B$，即 11 文買 11 雞，内含雄雞 1 隻、雌雞 1 隻、小雞 9 隻。100 文内減去 9 個總平法，尚餘 1 文，以半平法 A、B 加減約之，有以下三種情況：

① $100=9(A+B)-A+2B=8A+11B$

② $100=9(A+B)+3A-5B=12A-4B$

③ $100=9(A+B)-5A+9B=4A+18B$

①得雄雞 8、雌雞 11、小雞 81；②得雄雞 12、雌雞 4、小雞 84；③得雄雞 4、雌雞 18、小雞 78。其中，②③結果見本題“解義”。

2 即：

$$1000=5(A+B)+3A-B=8A+4B$$

此 A 内含雄雞 1 隻、小雞 6 隻；B 内有雌雞 2 隻、小雞 9 隻，故得雄雞 8、雌雞 8、小雞 84。

以一五乘亦然千文百鷄辨價十倍于物然千文百個數與前同与百文買百物同故不另贅〇又按雄鷄十二隻母鷄四隻小鷄八十四隻亦千文百鷄〇又雄隻四隻母鷄一十八隻小鷄七十八隻亦千文百鷄

三位價物不等相和差分法〇今有上菓每九個錢一十一文中菓每六個錢五文下菓每七個錢四文共用錢一千三百五十文買上中下菓一千四百三十八個只云下菓價得上中菓共價四分之一多錢一十二文半下菓比中菓二倍仍多三十四菓問上中下菓及價各若干

䆁法置共價一千三百五十文另列上中價四分下菓價之一共五為法除之得二百七十又置多錢十二文半以四分因之得十五以共五分歸之得十一併入二百七十得下菓價二百八十文以下菓七个因之以價四文歸之得下菓四百九十個即將四百九十以一倍歸之得二百四十五另將多菓三十四亦以二倍歸之得一十七以減二百四十五得

以一五乘，亦然。千文百鷄，雖價十倍于物，然千文百個，數俱齊同，与百文買百物同，故不另贅。〇又按：雄鷄十二隻、母鷄四隻、小鷄八十四隻，亦千文百鷄。〇又雄(隻)[雞]四隻[1]、母鷄一十八隻、小鷄七十八隻，亦千文百鷄。

三位價物不等相和差分法〇今有上菓每九個錢一十一文，中菓每六個錢五文，下菓每七個錢四文。共用錢一千三百五十文，買上、中、下菓一千四百三十八個。只云下菓得價上、中菓共價四分之一，多錢一十二文半；下菓比中菓二倍仍多三十四菓。問上、中、下菓及價各若干[2]？增法 置共價一千三百五十文，另列上中價四分、下菓價之一，共五爲法除之，得二百七十。又置多錢十二文半，以四分因之得五十，以共五分歸之得一十，併入二百七十，得下菓價二百八十文；以下菓七個因之，以價四文歸之，得下菓四百九十個。即將四百九十以二倍歸之，得二百四十五。另將多菓三十四亦以二倍歸之，得一十七，以減二百四十五，得

1 雄隻，“隻”當作“雞”，據文意改。
2 此題係《筭海説詳》新增，《算法統宗》無。

中菓二百二十八個以每錢五文因之每菓六個歸之得中菓價一百九十文却將共價一千三百五十文減中下菓價共四百七十文得上菓價八百八十文

將共菓一千四百三十八個減中下菓共七百一十八个得上菓七百二十個

解義上梨桃是二等法此是三等法上雄母小鷄亦是三等雖價比三價物多然一十文一个擬是一循同五文買一三文買一一文買物斉等此又是共物共價不等其將多錢十二文半用四因五歸者下菓價一分多錢十二文半上中菓四分以四个十二文半共少五十以五分之每分該十二文一分中添多十文四分便各少二文半又加多十文共各少十二文半故以四因五歸得十文加入下菓價合數也下菓比中菓一倍外多三十四將三十四二歸得一半一十七下菓二倍各加十七中菓一倍便少三十四也若不言下菓價比上中價若干下菓比中菓若干即仍用求鷄并價法約求之法併列後

又三位價物不等約求差分法〇今有上菓每九個錢十一文中菓每六個錢五文下菓每七個錢四文共用錢一千三百五十文買上中下菓

中菓二百二十八個；以每錢五文因之，每菓六個歸之，得中菓價一百九十文。却將共價一千三百五十文減中、下菓價共四百七十文，得上菓價八百八十文；將共菓一千四百三十八個減中、下菓共七百一十八個，得上菓七百二十個[1]。

【解義】上梨桃是二等法，此是三等法。上雄母小鷄亦是三等，雖價比物多，然一十文一個總是一，猶同五文買一、三文買一、一文買三，價物齊等。此又是共物共價不等。其將多錢十二文半用四因五歸者，下菓價一分，多錢十二文半；上中菓四分，少四個十二文半，共少五十。以五分之，每分該十文，一分中添多十文，四分便各少二文半，又加多十文，共各少十二文半。故以四因五歸得十文，加入下菓價合數也。下菓比中菓一倍外多三十四，將三十四二歸，得一半一十七，下菓二倍各加十七，中菓一倍便少三十四也。若不言下菓價比上中價若干、下菓比中菓若干，即仍用求鷄并價法約求之。法併列後。

又三位價物不等約求差分法○今有上菓每九個錢十一文，中菓每六個錢五文，下菓每七個錢四文。共用錢一千三百五十文，買上中下菓

---

1 此題解法與“貴賤相和差分”無關。先據“下菓得價上、中菓共價四分之一，多錢十二文半”求下菓價，設下菓價爲 x'，根據題意列：

$$x' = \frac{(1350 - x)}{4} + 12.5$$

得：

$$x' = \frac{1350}{5} + \frac{4 \times 12.5}{5} = 280$$

則下菓數爲：

$$x = \frac{7}{4}x' = \frac{7}{4} \times 280 = 490$$

又據“下菓比中菓二倍仍多三十四菓”，求得中菓數爲：

$$y = \frac{x - 34}{2} = \frac{490 - 34}{2} = 228$$

則中菓價爲：

$$y' = \frac{5}{6}y = \frac{5}{6} \times 228 = 190$$

一千四百三十八個間三色菓併價各若干（增）（法）置共菓一千四百三十八個以共價一千三百五十文減之餘多菓八十八個另置中菓六個價五文相減餘多菓一個又置下菓七個價四文相減餘多菓三個併之得四個為法以除多菓八十八個得二十二為中下平法以中菓價五文因之得一百一十文以下菓四文因之得八十八文併之共得一百九十八文以減總價餘一千一百五十二文又將平法二十二以中菓六個因之得一百三十二個以下菓七個因之得一百五十四個併之共得二百八十六個以減總菓亦餘一千一百五十二個各為實另置上菓多錢二文中菓多菓一個以二乘中菓六個得十二以一乘上菓九個得九個併之得二十一菓以二乘中菓價五文得一十以一乘上菓價十一文得十一併之亦得二十一文即以二十一為上中菓平法又置上菓多錢二文下菓多菓三個以二乘下菓七個得一十四個以三乘上菓九個得二十七個

一千四百三十八個。問三色菓併價各若干[1]？增法置共菓一千四百三十八個，以共價一千三百五十文減之，餘多菓八十八個。另置中菓六個、價五文相減，餘多菓一個；又置下菓七個、價四文相減，餘多菓三個。併之得四個爲法，以除多菓八十八個，得二十二爲中下平法。以中菓價五文因之，得一百一十文；以下菓四文因之，得八十八文。併之共得一百九十八文，以減總價，餘一千一百五十二文。又將平法二十二以中菓六個因之，得一百三十二個；以下菓七個因之，得一百五十四個。併之共得二百八十六個，以減總菓，亦餘一千一百五十二個。各爲實。另置上菓多錢二文、中菓多菓一個，以二乘中菓六個得一十二，以一乘上菓九個得九個，併之得二十一菓；以二乘中菓價五文得一十文，以一乘上菓價十一文得十一文，併之亦得二十一文。即以二十一爲上中菓平法。又置上菓多錢二文、下菓多菓三個，以二乘下菓七個得一十四個，以三乘上菓九個得二十七個，

1 此題係《筭海說詳》新增，《算法統宗》無。

併之共四十一菓以二乘下菓價四文得八文以三乘上菓價十一文得三十三文併之
亦共四十一文即以四十一為上下菓平法併二法共六十二為合法除實一千一百
五十二个得一十八不盡三十六以分平法較之不足四十一即再除二十一仍餘
不盡一十五即將四十一以二十一加倍對減餘一以除十五得十五便將十八個
四十一退一十五个餘三個四十一十八個二十一加二倍十五共三十個又加後再
除一個共四十九个却分列三位一條置四十九以二因之得九十八再加先二十二
共一百二十為中菓併價平法以價五文因之得(中菓價錢六百文)以中菓六個
因之得(中菓七百二十個)一位置三个以二因之得六再加先二十二共二十
八為下菓與價平法以價四文因之得(下菓價一百一十二文)以菓七個因
之得(下菓一百九十六個)一位置中菓共數四十九又置下菓共數三以

併之共四十一菓；以二乘下菓價四文得八文，以三乘上菓價十一文得三十三文，併之亦共四十一文。即以四十一爲上下菓平法。併二法，共六十二爲合法。除實一千一百五十二個，得一十八，不盡三十六。以分平法較之，不足四十一，即再除一二十一，仍餘不盡一十五。即將四十一以二十一加倍對減餘一，以除十五，得十五。便將十八個四十一退一十五個，餘三個四十一；十八個二十一，加二倍十五共三十個，又加後再除一個，共四十九個。却分列三位：一位置四十九，以二因之得九十八，再加先二十二，共一百二十，爲中菓併價平法。以價五文因之，得中菓價錢六百文；以中菓六個因之[1]，得中菓七百二十個。一位置三個，以二因之得六，再加先二十二共二十八，爲下菓與價平法。以價四文因之，得下菓價一百一十二文；以菓七個因之，得下菓一百九十六個。一位置中菓共數四十九；又置下菓共數三，以

1 六個，順治本誤作“七個”。

三因之得九併之共五十八為上菓與價平法以價文十一因之得上菓價六百三十八文以菓九个因之得上菓五百二十二個

解義共物多于共價須先將二位內價少物多之位較量分數平除多物餘共物共價齊平之數以價多與價少折平合法以除之不盡則以分平法進退加減約之或分或合或加或減又有應一倍二倍三倍之不同頭緒多端須辨記清楚至上中下菓數菓價俱與上法不符者共價共物比買物數目積倍過多中間多寡互減湊合自多如雄鷄十二母鷄四小鷄八十四雄鷄四母鷄一十八小鷄七十八皆可得千文百鷄是也

五位貴賤相和差分法○今有銀二百五十三兩買藥材二百九十八斤內麝香每八分銀九錢人參每五錢銀一兩七錢黄連每九兩銀二兩八錢貝母每三斤銀二兩五錢甘草每十一斤銀四錢只云參草價比麝連貝三等價四分之多一錢二分五厘連價比麝貝共價得二十

三因之得九，併之共五十八，爲上菓與價平法。以價十一文因之，得上菓價六百三十八文；以菓九個因之，得上菓五百二十二個[1]。

【解義】共物多于共價，須先將三位内價少物多之位，較量分數，平除多物，餘共物共價齊平之數。以價多与價少折平，合法以除之，不盡則以分平法進退加減約之，或分或合，或加或減。又有應一倍二倍三倍之不同，頭緒多端，須辨記清楚。至上中下菓數菓價俱與上法不符者，共價共物比買物數目積倍過多，中間多寡互徹，凑合自多[2]。如雄鷄十二、母鷄四、小鷄八十四，雄鷄四、母鷄一十八、小鷄七十八，皆可得千文百鷄是也。

五位貴賤相和差分法〇今有銀二百五十三兩，買藥材二百九十八斤。内麝香每八分銀九錢，人参每五錢銀一兩七錢，黄連每九兩銀二兩八錢，貝母每三斤銀二兩五錢，甘草每十一斤銀四錢。只云参、草價比麝、連、貝三等價四分之一多一錢二分五厘，連價比麝、貝共價得二十

---

1 此題與千文百雞問題不同，後者價物相等（可轉化爲百文百雞），此題價物不等，須首先徹平價物，方可入算。設共價 M 、共物 N ，上菓每 m 個價 m' 文、中菓每 n 個價 n' 文、下菓每 p 個價 p' 文。共物大於共價 $M > N$ ，上菓價大於物，中菓、下菓物大於價，則用中、下菓徹平共價、共物。以：

$$\frac{N - M}{(n - n') + (p - p')} = 22$$

爲中、下菓平法 C，分别以中、下菓併物、併價乘之，減共價共物：

$$M = \frac{(n' + p')(N - M)}{(n - n') + (p - p')} = N - \frac{(n + p)(N - M)}{(n - n') + (p - p')} = 1152$$

得共物、共價徹平之數，即 1152 文買上中下菓共 1152 個，爲總實 S 。再以“三物價物相等相和差分”法算之，即百文百雞問題。先求上、中菓平法 A ：

$$(m' - m)n + (n - n')m = 21$$

即 21 文買上、中菓共 21 個，内有上菓 9 個、中菓 12 個。次求上、下菓平法 B ：

$$(m' - m)p + (p - p')m = 41$$

即 41 文買上、下菓共 41 個，内有上菓 27 個、下菓 14 個。以 $A + B$ 總法約除總實：

$$S = 18(A + B) + 36$$

餘數以分平法 A、B 加減約之：

$$S = 18(A + B) + [15(2A - B) + A] = 49A + 3B$$

以：

$$49(m' - m) + C = 120$$

爲中菓平法，以中菓價 n' 、物 n 乘之，得中菓總價總物。以：

$$3(m' - m) + C = 28$$

爲下菓平法，以下菓價 p'、物 p 乘之，得下菓總價總物。又以：

$$49(n - n') + 3(p - p') = 58$$

爲上菓平法，以上菓價 m' 、物 m 乘之，得上菓總價總物。按：此解法不誤，但徹平共物共價一步，僅以中菓即可，不必加入下菓。中菓 5 文買 6 個，則 440 文買 528 個，分别以共價、共物減之，得徹平之數 910。以分平法 A、B 約除：

$$910 = 16A + 14B$$

亦得上菓 522 個、價 638 文，中菓 720 個、價 600 文，下菓 196、價 112 文。

2 如：$S = 18(A + B) + (6B - 10A) = 8A + 24B$ ，得上菓 720 個、價 880 文，中菓 228 個、價 190 文，下菓 490、價 280 文，亦合。

分之一多銀一錢七分五釐麝貝共數比黃連併價共數得二十八分
之二十七多藥材九錢問各藥材併價各若干　(增)(法)置共價二百五十三兩
另置多銀一錢二分五釐以麝連貝共四分因之得五錢加入共二百五十三兩五錢爲實以
麝連貝共四分參草共一分併之得五分爲法除實得參草共價五十兩零七錢以減
共價二百五十三兩餘得麝連貝共價二百零二兩三錢　又置多銀一錢七分五釐以麝連貝
共二十分因之得三兩五錢加入麝連貝共價得二百零五兩八錢　爲實以麝貝價十二
分連價一分併之得二十一分爲法除實得(黃連價九兩八錢)卻以九兩因之以
二兩八錢歸之得(黃連三十一兩五錢)又併連與價共四十一兩三錢以二十七分乘之
得一千一百一十五兩一錢加入多藥材九錢得麝香貝母共一千一百一十六兩卻將共藥材
二百九十八斤以化斤爲兩法加之得共四千七百六十八兩內減黃連三十一兩五錢麝貝一千

分之一多銀一錢七分五厘，麝、貝共數比黃連併價共數得二十八分之二十七多藥材九錢。問各藥材併價各若干[1]？ 增法 置共價二百五十三兩；另置多銀一錢二分五厘，以麝、連、貝共四分因之得五錢加入，共二百五十三兩五錢爲實。以麝、連、貝共四分，参、草共一分，併之得五分爲法，除實得参、草共價五十兩零七錢。以減共價二百五十三兩[2]，餘得麝、連、貝共價二百零二兩三錢[3]。又置多銀一錢七分五厘，以麝、連、貝共二十分因之得三兩五錢，加入麝、連、貝共價，得二百零五兩八錢爲實。以麝、貝價二十分，連價一分，併之得二十一分爲法，除實得黃連價九兩八錢。却以九兩因之，以二兩八錢歸之，得黃連三十一兩五錢[4]。又併連與價，共四十一兩三錢，以二十七分乘之，得一千一百一十五兩一錢。加入多藥材九錢，得麝香、貝母共一千一百一十六兩[5]。却將共藥材二百九十八斤[6]，以化斤爲兩法加之，得共四千七百六十八兩。内減黃連三十一兩五錢、麝貝一千

---

1 此題係《筭海説詳》新增，《算法統宗》無。此題實爲二物貴賤相和差分，詳後文注釋。

2 二百五十三兩，順治本誤作“二百五十五兩”。

3 設麝香、人參、黃連、貝母、甘草價各爲 a'、b'、c'、d'、e'，各重爲 a、b、c、d、e，據題意列：

$$b' + e' = \frac{a' + c' + d'}{4} + 0.125 = \frac{253 - (b' + e')}{4} + 0.125$$

得參草共價 $b' + c' = 50.7$ 兩，麝連貝共價 $a' + c' + d' = 202.3$ 兩。

4 據題意列：

$$c' = \frac{a' + d'}{20} + 0.175$$

又麝連貝 $a' + c' + d' = 202.3$ 兩，故得黃連價 $c' = 9.8$ 兩，重 $c = 31.5$ 兩。

5 據題意列：

$$a + b = \frac{27}{28}(c' + c) + 0.9$$

得麝香、貝母共重 $a + b = 40.725$ 兩。“以二十七分乘之”後，少“以二十八除”一步，故所算皆誤。若依原解，題設“二十八分之二十七”當作“二十七倍”。今姑且以“二十七倍”算之。

6 二百九十八斤，順治本誤作“二百九斤”。

一百一十六兩餘得參草共三千六百二十兩零五錢另將人參五錢廿草十一斤以兩法齊同
人參每五錢加倍得一兩亦將價一兩七錢倍之得三兩四錢又將廿草每十一斤以斤
兩法加之得一百七十六兩亦倍之作三百五十二兩價四錢倍之得八錢參草共價五十兩零
七錢倍之得一百零一兩四錢參草共三千六百二十兩零五錢倍之得七千二百四十一兩却用分住
列右八參一兩左銀三兩四錢草廿草三百五十二兩銀八錢共參少七千二百四十一兩共價一百零一兩四錢
先以右上人參一兩互乘左中價八錢得八錢又以左上銀三兩四錢互乘右中廿
草三百五十二兩得一千一百九十六兩八錢以少減多餘一千一百九十六兩為法次以右上參一兩
互乘左下共價銀一百零一兩四錢仍故又以左上銀三兩四錢互乘右下參草七千
二百四十一兩得一萬四千六百一十九兩四錢以少減多餘二萬四千五百一十八兩為實以法除之得
廿草併價平法二十零五以十一斤乘之得廿草二百二十五斤半以四錢乘之

一百一十六兩，餘得參、草共三千六百二十兩零五錢。另將人參五錢、甘草十一斤，以兩法齊同。人參每五錢加倍得一兩，亦將價一兩七錢倍之得三兩四錢；又將甘草每十一斤以斤兩法加之得一百七十六兩，亦倍之作三百五十二兩，價四錢倍之得八錢。參、草共價五十兩零七錢，倍之得一百零一兩四錢；參、草共三千六百二十兩零五錢，倍之得七千二百四十一兩。却用分位列：

右人參一兩	互	甘草三百五十二兩	共參、草七千二百四十一兩
左銀三兩四錢		銀八錢	共價一百零一兩四錢

先以右上人參一兩互乘左中價八錢，得八錢；又以左上銀三兩四錢互乘右中甘草三百五十二兩，得一千一百九十六兩八錢。以少減多，餘一千一百九十六兩爲法。次以右上參一兩互乘左下共價銀一百零一兩四錢，仍故；又以左上銀三兩四錢互乘右下參、草七千二百四十一兩，得二萬四千六百一十九兩四錢。以少減多，餘二萬四千五百一十八兩爲實。以法除之，得甘草併價平法二十零五。以十一斤乘之，得甘草二百二十五斤半；以四錢乘之，

得甘草價銀八兩二錢再以右中甘草三百五十二兩互乘左下一百零一兩四錢得三萬五千六百九十二兩八錢以左中銀八錢互乘右下七千二百四十一兩得五千七百九十二兩八錢以少減多餘二萬九千九百為實亦以法一千一百九十六除之得參併價平法二十五錢以五乘之得人參一十二兩五錢以銀一兩七錢乘之得參價四十二兩五錢又將麝香每八分貝母每三斤以錢法齊同置麝八分以五因之得四錢亦將價九錢以五因之得四十五錢又將貝母每三斤以每斤一百六十錢通之得四百八十錢再以五因之得二千四百錢價二兩五錢亦以五因之得一百二十五錢另置麝貝連共價二百零二兩三錢內減連價九兩八錢得麝貝共價一百九十二兩五錢亦以五因之得九千六百二十五錢共麝貝一千一百一十六兩亦以五因之得五萬五千八百錢却又照前分左右列位

右射香四錢　左價四十五錢

貝母二千四百錢　互價一百二十五錢

共射貝五萬五千八百錢　共價九千六百二十五錢

先以

得甘草價銀八兩二錢。再以右中甘草三百五十二兩互乘左下一百零一兩四錢，得三萬五千六百九十二兩八錢；以左中銀八錢互乘右下七千二百四十一兩，得五千七百九十二兩八錢。以少減多，餘二萬九千九百爲實。亦以法一千一百九十六除之，得參併價平法二十五。以五錢乘之[1]，得人參一十二兩五錢；以銀一兩七錢乘之，得參價四十二兩五錢[2]。又將麝香每八分、貝母每三斤，以錢法齊同。置麝八分，以五因之得四錢；亦將價九錢以五因之，得四十五錢。又將貝母每三斤，以每斤一百六十錢通之，得四百八十錢，再以五因之得二千四百錢；價二兩五錢亦以五因之，得一百二十五錢。另置麝、貝、連共價二百零二兩三錢，内減連價九兩八錢，得麝、貝共價一百九十二兩五錢[3]，亦以五因之，得九千六百二十五錢；共麝、貝一千一百一十六兩亦以五因之，得五萬五千八百錢。却又照前分左右列位：

右射香四錢	互	貝母二千四百錢	共射、貝五萬五千八百錢
左價四十五錢		價一百二十五錢	共價九千六百二十五錢

先以

1 五錢，順治本誤作“三錢”。
2 以上求甘草、人參法，即“二物貴賤相和差分”法。以下求麝香、貝母亦同。
3 一百九十二兩五錢，“一”順治本誤作“四”。

右上麝四錢互乘左中貝價一百二十五錢得五百錢以左上四十五錢互乘右中貝母二千四百錢得十萬零八千以少減多餘十萬零七千五百為法次以右上四錢互乘左下共價九千六百二十五錢得三萬八千五百以左上四十五錢互乘右下共五萬五千八百錢得二百五十一萬一千以少減多餘二百四十七萬二千五百為實以法除之得貝母併價平法二十三以三斤乘之得貝母六十九斤以價二兩五錢乘之得貝母價五十七兩五錢另以右中二千四百互乘左下得一千三百一十萬以左中一百二十五互乘右下得六百九十七萬五千以少減多餘一千六百一十二萬九千為實亦以法十萬零七千五百除之得麝併價平法一百五十以八分乘之得麝十二兩以九錢乘之得麝價一百三十五兩

解義上是三位此是五位各物斤兩錢分各不并故加錢退斤各成兩或加分退斤各成錢各求得本數也然立法或用加倍或用互倍互相乘除求得價物平法則仍以本并或斤或錢或分乘之者立法加則與加相合乘差分任有加增仍遞得本并分數也

右上麝四錢互乘左中貝價一百二十五錢，得五百錢；以左上四十五錢互乘右中貝母二千四百錢，得十萬零八千。以少減多，餘十萬零七千五百爲法。次以右上四錢互乘左下共價九千六百二十五錢，得三萬八千五百；以左上四十五錢互乘右下共五萬五千八百錢，得二百五十一萬一千。以少減多，餘二百四十七萬二千五百爲實。以法除之，得貝母併價平法二十三。以三斤乘之，得貝母六十九斤；以價二兩五錢乘之，得貝母價五十七兩五錢。另以右中二千四百互乘左下，得二千三百一十萬；以左中一百二十五互乘右下得六百九十七萬五千[1]。以少減多，餘一千六百一十二萬五千爲實。亦以法十萬零七千五百除之，得麝併價平法一百五十。以八分乘之，得麝十二兩；以九錢乘之，得麝價一百三十五兩。

【解義】上是三位，此是五位。各物斤、兩、錢、分各不等，故加錢退斤各成兩，或加分退斤各成錢，各求得本數也。然立法或用加倍，或用五倍，互相乘除，求得價物平法，則仍以本等或斤或錢或分乘之者，立法加則俱加。如合率差分，任有加增，仍適得本等分數也。

---

1 六百九十七萬五千，顺治本誤作“六百九十五萬七千”。

難題多少相和差分歌（）肆中聽得語吟吟薄酒名醨厚酒醇厚酒一瓶醉三客薄酒三瓶醉一人共同飲瓶一十九三十三客醉醺醺試問高明能算士幾多醨酒幾多醇

（舊法）置列右一瓶三人五三瓶一人共十九瓶三十三人先以右上一瓶五左中一人得一以左上三人五右中二瓶得九對減餘八為法次以右上一五左下三十三人仍故以左上三五右下十九瓶得五十七瓶對減餘二十四瓶以法八除之得三瓶以薄酒三瓶因之得（薄酒九瓶）另以右中三五左下三十三人得九十九人以左中一五右下十九瓶仍故對減餘八十瓶以法八除之得（好酒）（十瓶）

解義一瓶三人优貴價貴物三瓶一人优賤價賤物同法也舊更前法以左上三人五左中三瓶得九即以乘右下十九瓶得一百七十七人又以右中三瓶五乘左下三十三人得九十九人対減餘七十七七十一人為实以法八除之得薄酒九瓶以減總酒得好酒此杜撰

難題·多少相和差分歌○肆中聽得語吟吟，薄酒名醨厚酒醇。厚酒一瓶醉三客，薄酒三瓶醉一人。共同飲瓶一十九，三十三客醉醺醺。試問高明能筭士，幾多醨酒幾多醇[1]？ 舊法 置列：

右一瓶　互　三瓶　　共十九瓶
左三人　　　一人　　共三十三人

先以右上一瓶互左中一人得一，以左上三人互右中三瓶得九，對減餘八爲法。次以右上一互左下三十三人仍故，以左上三互右下十九瓶得五十七瓶，對減餘二十四瓶。以法八除之，得三瓶，以薄酒三瓶因之，得薄酒九瓶。另以右中三互左下三十三人得九十九人，以左中一互右下一十九瓶仍故，對減餘八十瓶。以法八除之，得好酒十瓶[2]。

【解義】一瓶三人猶貴價貴物，三瓶一人猶賤價賤物，同法也。舊更前法，以左上三人互左中三瓶得九，即以乘右下十九瓶得一百七十七人；又以右中三瓶互乘左下三十三人得九十九人，對減餘七十一人爲實。以法八除之，得薄酒九瓶，以減總酒得好酒。此杜撰

---

1 此難題爲《算法統宗》卷十三“難題粟布二”第六題。

2 此題以酒爲物、以人爲價，厚酒一瓶三人，猶貴物 n、貴價 n'；薄酒三瓶一人，猶賤物 m、賤價 m'。酒十九瓶爲總物 N，客三十三爲總價 M。以貴賤差分法求之，薄酒爲：

$$x = m \cdot \frac{Nn' - Mn}{mn' - nm'} = 9$$

厚酒爲：

$$y = n \cdot \frac{Mm - Nm'}{mn' - nm'} = 10$$

此爲正法。《算法統宗》求薄酒數爲：

$$x = \frac{Nn'm - Mm}{mn' - nm'} = 9$$

與正法相比，少乘一個貴物 n，雖不影響結果（$n=1$），但數理不明。

偶会不可為准若改作好酒毎二瓶醉三人薄酒毎四瓶醉一人共三十三人共酒三十二瓶此系好酒二十瓶薄酒十二瓶以右上二瓶互左中一人得二左上三人互右中四瓶得一十二对減餘十為法以右中四互乘左下三十三人得一百三十二以左上三互右中四得一十二以乘三十二瓶得三百八十四兵左对減餘二百五十二以法十除之不合矣

又難題鵪鴿天〇三足團魚六眼亀共同山下一深池九十三足亂浮水一百二眼将人窺或出没或東西倚攔觀看不能知有人筭得無差錯好酒重斟贈数杯此乃托物比興以團魚三足二眼亀四足六眼問團魚亀各若干

舊法分位置列右魚三足左魚二眼互亀四足六眼共九十三足共一百二眼先以右上團魚足互乘左中亀六眼得一十八眼以左上團魚眼二互乘右中亀足四得八足對減餘十為法又以右中四足互乘左下一百零二眼得四百零八眼以左中眼六互乘右下九十三足得五百五十八足相減餘一百五十以法十除之得團魚一十九個以三足乘之得五十七足以減總足

偶合，不可爲准。若改作好酒每二瓶醉三人，薄酒每四瓶醉一人，共三十三人共酒三十二瓶。此係好酒二十瓶、薄酒十二瓶，以右上二瓶互左中一人得二，左上三人互右中四瓶得一十二，對減餘十爲法。以右中四互乘左下三十三人得一百三十二，以左上三互右中四得一十二，以乘三十二瓶，得三百八十四。與左對減，餘二百五十二，以法十除之，不合矣[1]。

又難題·鶶鴣天〇三足團魚六眼龜，共同山下一深池。九十三足亂浮水，一百二眼將人窺。或出沒或東西，倚欄觀看不能知。有人筭得無差錯，好酒重斟贈數杯[2]。此乃托物比興，以團魚三足二眼、龜四足六眼，問團魚、龜各若干[3]？舊法分位置列：

右魚三足	互	龜四足	共九十三足
左　二眼		六眼	共一百二眼

先以右上團魚三足互乘左中龜六眼得一十八眼，以左上團魚二眼互乘右中龜四足得八足，對減餘十爲法。又以右中四足互乘左下一百零二眼得四百零八眼，以左中六眼互乘右下九十三足得五百五十八足，相減餘一百五十。以法十除之，得團魚一十五個。以三足乘之，得四十五足，以減總足，

---

1 在此例中，$m=4$，$m'=1$，$n=2$，$n'=3$，$M=33$，$N=32$，若以《算法統宗》法解之，得薄酒數爲：

$$x = \frac{Nn'm - Mm}{mn' - nm'} = \frac{32 \times 3 \times 4 - 33 \times 4}{4 \times 3 - 2 \times 1} = 25.2$$

而正確結果當爲：

$$x = m \cdot \frac{Nn' - Mn}{mn' - nm'} = 4 \times \frac{19 \times 3 - 33 \times 2}{4 \times 3 - 2 \times 1} = 12$$

2 此難題爲《算法統宗》卷十五“難題均輸六”第八題。

3 此題以足爲物，以眼爲價，魚三足二眼爲賤物 m、賤價 m'，龜四足六眼爲貴物 n、貴價 n'，以共足九十三爲共物 N、共眼一百二爲共價 M，亦可用貴賤相和差分求。解法同前題，不再贅述。

餘四十八足以龜四足歸之得龜一十二個

解義此即上法上一瓶三人三瓶一人是二与一交五之數此三足一眼四足六眼又各參差不齊

帶分子母差分法◯今有齋僧初日每五人米八斗次日每九人米七斗凡二日共用米三十二石一斗問每日僧併米各若干

舊法置共米三十二石一斗以母五人九人相乘得四十五乘之得一千四百四十四石五斗為實却用母子互乘置列右左母五人九人互子八斗七斗先以右上五人乘左下七斗得三石五斗又以左上九人乘右下八斗得七石二斗併之共十石零七斗為法除實得僧一百三十五人却以八斗因之得一百零八石以五人歸之得初日米二十一石六斗另以七斗因之得九十四石五斗以九人歸之得次日米十石零五斗

解義初日每五人次日每九人則共人必五九會合之數如共僧一百三十五人乃三個五九四十五人之數也故須用五九相乘

餘四十八足，以亀四足歸之，得亀一十二個。

【解義】此即上法。上一瓶三人、三瓶一人，是三与一交互之數；此三足二眼、四足六眼，又各参差不齊。

帶分子母差分法[1]〇今有齋僧初日每五人米八斗[2]，次日每九人米七斗[3]，凡二日共用米三十二石一斗。問每日僧併米各若干[4]？舊法 置共米三十二石一斗，以母五人、九人相乘得四十五乘之，得一千四百四十四石五斗爲實。却用母子互乘，置列：

右	母	五人	互子	八斗
左		九人		七斗

先以右上五人乘左下七斗得三石五斗，又以左上九人乘右下八斗得七石二斗。併之，共十石零七斗爲法，除實得僧一百三十五人。却以八斗因之，得一百零八石，以五人歸之，得初日米二十一石六斗。另以七斗因之，得九十四石五斗，以九人歸之，得次日米十石零五斗[5]。

【解義】初日每五人，次日每九人，則共人必五九會合之數。如共僧一百三十五人，乃三個五九四十五人之數也，故須用五九相乘

---

1 帶分母子差分法，見《算法統宗》卷五“衰分章”。

2 斗，順治本誤作“升”。

3 斗，順治本誤作“升”。

4 此題爲《算法統宗》卷九“均輸”第二十二題。

5 設初日每 m 人用米 m'升，次日每 n 人用米 n'升，二日共用米 M 升，則共僧：

$$N = \frac{mnM}{mn' + nm'} = \frac{5 \times 9 \times 3210}{5 \times 7 + 9 \times 8} = 1350$$

其中，$mn'+nm'$爲 mn 人兩日共用米。

法求之八斗七斗者五人九人所支之米也以五人乘七斗得三石五斗即是乘為五个九人計四十五人所支次日之米以九人乘八斗得七石二斗即是乘為九个五人共四十五人所支初日之米倂之共十石零七斗即是乘為四十五人所支二日之米共米三十二石一斗是三个四十五人所支二日之米將共米以四十五乘之得四十五个一百三十五人之米以一个四十五人所支之米為法即是以四十五个一人所支之米為法故除實可得僧數一百三十五也法乘法除總是因米數以求人數以五人乘七斗得三十五九人乘八斗得七十二倂之得一百零七為法以除一千四百四十四石五斗止應得一十三人半不應得一百三十五人矣今俱改正作十石零七斗于法方合

又法〇今有馬軍六人給襖布九十二尺步軍七人給褲布四十八尺共給布一十二萬五千八百二十尺問馬步軍及襖布褲布各若干（舊）

（法）置共布一十二万五千八百二十尺以六人七人相乘得四十二乘之得五百二十八万四千四百四十尺為實却用母子互乘列右六人九十二尺左七人四十八尺母互子先以右六乘左四十

法求之。八斗、七斗者，五人九人所支之米也。以五人乘七斗得三石五斗，即是乘爲五個九人，計四十五人所支次日之米；以九人乘八斗得七石二斗，即是乘爲九個五人，亦四十五人所支初日之米。併之共十石零七斗，即是四十五人所支二日之米。共米三十二石一斗，是三個四十五人所支二日之米。將共米以四十五乘之，得四十五個一百三十五人之米，以一個四十五人所支之米爲法，即是以四十五個一人所支之米爲法，故除實可得僧數一百三十五也。法乘法除，總是因米數以求人數。舊以五人乘七斗得三十五，九人乘八斗得七十二，併之得一百零七爲法，以除一千四百四十四石五斗，止應得一十三人半，不應得一百三十五人矣。今俱改正作十石零七斗，于法方合。

又法〇今有馬軍六人給襖布九十二尺，步軍七人給褲布四十八尺。共給布一十二萬五千八百二十尺，問馬、步軍及襖布褲布各若干[1]？舊法置共布一十二萬五千八百二十尺，以六人、七人相乘得四十二乘之，得五百二十八萬四千四百四十尺爲實[2]。却用母子互乘，列：

右	母	六人	互子	九十二尺
左		七人		四十八尺

先以右六人乘左四十

1 此題爲《算法統宗》卷五“帶分母子差分”第一題。
2 四千四百四十尺，“尺”順治本誤作“四”。

八尺得二百八十八尺又以左七八乘右九十二尺得六百四十四尺併之得九百三十二尺為法除實
得(馬步軍各五千六百七十人)以九十二尺乘之得五十二万一千六百四十尺以六人歸
之得(襖布共八萬六千九百四十尺)另將軍數以四十八尺乘之得二十七萬二千
一百六十尺以七人歸之得(褌布共三萬八千八百八十尺)

解義

此與上同法上是每一人須二等米此是二等八同數領二等
布以六人七人互乘四十八尺九十二尺一边六百四十四尺
是馬軍四十二人之布一边二百八十八尺是步軍四十二人之布
本是八十四人共分布九百三十二尺今却以四十二乘共布是二
人合作一人故以九百三十二除之得馬步軍各一半若以八十四
乘共實以九百三十二除之得馬步軍共數一萬一千三百四十
矣再若馬步軍不等或馬軍多步軍多又當隨多寡
分數立法求之并列后．雜題均并載盤即此法

子母不齊差分法〇今有馬軍六人給襖布九十二尺步軍七人給褌布
四十八尺馬軍比步軍四分之三共給布三萬七千零八尺問馬步軍

八尺得二百八十八尺，又以左七人乘右九十二尺得六百四十四尺。併之，得九百三十二尺爲法，除實得馬、步軍各五千六百七十人。以九十二尺乘之，得五十二萬一千六百四十尺；以六人歸之，得襖布共八萬六千九百四十尺。另將軍數以四十八尺乘之，得二十七萬二千一百六十尺；以七人歸之，得褲布共三萬八千八百八十尺[1]。

【解義】此與上同法，上是每一人領二等米，此是二等人同數領二等布。以六人、七人互乘四十八尺、九十二尺，一邊六百四十四尺，是馬軍四十二人之布；一邊二百八十八尺，是步軍四十二人之布，本是八十四人共分布九百三十二尺。今却以四十二乘共布，是二人合作一人，故以九百三十二除之，得馬、步軍各一半。若以八十四乘共實，以九百三十二除之，即得馬、步軍共數一萬一千三百四十矣。再若馬步軍不等，或馬軍多，步軍多，又當照多寡分數，立法求之。并列後。○難題"均舟載鹽"即此法[2]。

子母不齊差分法○今有馬軍六人給襖布九十二尺，步軍七人給褲布四十八尺。馬軍比步軍四分之三，共給布三萬七千零八尺。問馬、步軍

---

1 此題解法同前題。先求共人：

$$N = \frac{mnN}{mn' + nm'} = \frac{6 \times 7 \times 125820}{6 \times 48 + 7 \times 92} = 9045$$

襖布、褲布依法易求。

2 此難題爲《算法統宗》卷十四"難題衰分三"第十八題，原題云："四千三百五十鹽，大小船隻要齊肩。五百鹽裝三大隻，三百鹽裝四小船。請問船隻多少數，每隻船載幾引鹽。"今有鹽四千三百五十斤，用等數大船和小船來裝，三隻大船裝五百斤，四隻小船裝三百斤，問船若干？每船裝鹽若干？求得船隻數：

$$N = \frac{mnN}{mn' + nm'} = \frac{3 \times 4 \times 4350}{3 \times 300 + 4 \times 500} = 18$$

大小船每船裝鹽數依法易求。

及襖褲布各若干增法置列馬軍六人步軍七人相乘得四十二人却以三因四十二得馬軍一百二十六衰另以四因四十二得步軍一百六十八衰併之共得二百九十四衰以乘共給布三萬七千零八尺得一千零八十八萬零三百五十二尺為實另列右六人左七人互九十二尺四十八尺先以左七人乘右九十二尺得六百四十四尺亦以三因之得一千九百三十二又以右六人乘左四十八尺得二百八十八尺亦以四因之得一千一百五十二尺併之共得三千零八十四尺為法除實得馬步軍共三千五百二十八人却以二百九十四衰為法除之得一十二為馬步軍平法以一百二十六衰乘之得馬軍一千五百一十二人以九十二尺乘之得一十三萬九千一百零四尺以六人歸之得給襖布二萬三千一百八十四尺另以一百六十八衰乘平法一十二得步軍二千零一十六人以四十八尺乘之得九萬六千七百六十八尺以七人歸之得褲布一萬三千八百二十四尺

及襖褲布各若干[1]？ 增法 置列馬軍六人、步軍七人，相乘得四十二人。却以三因四十二，得馬軍一百二十六衰；另以四因四十二，得步軍一百六十八衰。併之共得二百九十四衰，以乘共給布三萬七千零八尺，得一千零八十八萬零三百五十二尺爲實。另列：

右六人　　　九十二尺
　　　　互
左七人　　　四十八尺

先以左七人乘右九十二尺，得六百四十四尺，亦以三因之，得一千九百三十二；又以右六人乘左四十八尺，得二百八十八尺，亦以四因之，得一千一百五十二尺。併之共得三千零八十四尺爲法，除實得馬、步軍共三千五百二十八人。却以二百九十四衰爲法除之，得一十二爲馬、步軍平法。以一百二十六衰乘之，得馬軍一千五百一十二人；以九十二尺乘之，得一十三萬九千一百零四尺，以六人歸之，得給襖布二萬三千一百八十四尺。另以一百六十八乘平法一十二，得步軍二千零一十六人；以四十八尺乘之，得九萬六千七百六十八尺，以七人歸之，得褲布一萬三千八百二十四尺[2]。

---

1 此題係《筭海説詳》新增，《算法統宗》無。

2 馬軍每 m 人給襖布 m'，步軍每 n 人給褲布 n'，設馬步軍共 N 人，馬軍 x 人、步軍 y 人，$\frac{x}{y}=\frac{3}{4}$。本題解法可表示如下：

$$N = \frac{(3mn + 4mn)M}{3nm' + 4mn'}$$

$$x = \frac{3mnM}{3mn + 4mn} = \frac{3}{7}M$$

$$y = \frac{4mnM}{3mn + 4mn} = \frac{4}{7}M$$

其中，$3mn$ 爲馬軍之衰，$4mn$ 爲步軍之衰。

解義上題馬歩軍均平此題多寡不等欲求馬歩共數須先以二百七十四乘共布後以三千零八十四除之若徑求馬歩各數只以三千零八十四除共布便得馬歩平一十二以各衰乘之各得馬歩軍數

子母差分以人問物法◯今有兵士三千四百七十四名每三人支襖布七十尺每四人支褌布五十尺問該總布若干

舊法置列右三人七十尺左四人五十尺先以右三人互乘左五十尺得一百五十尺又以左四人互乘右七十尺得二百八十尺併之共四百三十尺以乘兵士共數三千四百七十四名得一百四十九万三千八百二十尺為實另以三人四人相乘得一十二為法除實得總布一十二萬四千四百八十五尺

或以兵士三千四百七十四名為實用七因三歸得襖布八萬一千零六十尺另用五因四歸得褌布四萬三千四百二十五尺併二數得總布數亦

解義上以布問軍士數用母相乘以乘共布却以母互乘子併之為除法此以軍士問布數用母互乘子併之以乘共人却以母相

【解義】上是馬、步軍均平，此是多寡不等。欲求馬、步共數，須先以二百九十四乘共布，後以三千零八十四除之。若徑求馬、步各數，只以三千零八十四除共布，便得馬、步平一十二。以各衰乘之，各得馬、步軍數。

子母差分以人問物法〇今有兵士三千四百七十四名，每三人支襖布七十尺，每四人支褌布五十尺。問該總布若干？[1] 舊法 置列：

右三人　互　七十尺
左四人　　　五十尺

先以右三人互乘左五十尺，得一百五十尺；又以左四人互乘右七十尺，得二百八十尺。併之共四百三十尺，以乘兵士共數三千四百七十四名，得一百四十九萬三千八百二十尺爲實。另以三人、四人相乘得十二爲法，除實得總布一十二萬四千四百八十五尺[2]。或以兵士三千四百七十四名爲實，用七因三歸[3]，得襖布八萬一千零六十尺；另用五因四歸[4]，得褌布四萬三千四百二十五尺。併二數得總布數，亦得[5]。

【解義】上以布問軍士數，用母相乘以乘共布；却以母互乘子，併之爲除法。此以軍士問布數，用母互乘子，併之以乘共人；却以母相

---

1 此題爲《算法統宗》卷五“帶分母子差分”第四題。

2 設總兵爲 N，每 m 人支襖布 m'，每 n 人支褌布 n'，求總布：

$$M = \frac{(mn' + nm')N}{mn} = \frac{(3 \times 50 + 4 \times 70) \times 3474}{3 \times 4} = 124485$$

3 七因三歸，《算法統宗》同。按：“七”當作“七十”。

4 五因四歸，《算法統宗》同。按：“五”當作“五十”。

5 “或法”用公式表示爲：

$$M = N \cdot \frac{m'}{m} + N \cdot \frac{n'}{n}$$

乘為除法與上相反即上法泝源也

難題以碗知僧歌 西江月 古寺在山中不知寺內幾多僧三百六十四隻碗恰合用盡不差爭三人共飡一碗飯四人共嚐一碗羹請問先生能算者寺內共有幾多僧 舊法置三人四人相乘得一十二人以乘總碗三百六十四隻得四千三百六十八為實另以三人四人併之得七為法除之得僧六百二十四人以三歸得飯碗二百零八隻以四歸得羹碗一百五十六隻

解義 三四相乘取平之數也三個四人得一十二人即用三個羹碗四個三人得一十二人即用四個飯碗是十二個僧計用飯碗四個羹碗三個共七個乃碗數得僧數十二分之七故以人數十二乘總碗以七歸得僧數乃將七分碗數乘除作十二分人數也

難題以碗知客三位歌 ○ 婦人洗碗在河濱試問家中客幾人答曰不知人數目六十五碗自分明二人共飡一碗飯三人共吃一碗羹四人共

乘爲除法。與上相反，即上法还源也。

難題·以碗知僧歌○巍巍古寺在山中，不知寺内幾多僧。三百六十四隻碗，恰合用盡不差争。三人共湌一碗飯，四人共嚐一碗羹。請問先生能筭者，寺内共有幾多僧[1]？

舊法 置三人、四人相乘得一十二人，以乘總碗三百六十四隻，得四千三百六十八爲實。另以三人、四人併之得七爲法，除之得僧六百二十四人。以三歸，得飯碗二百零八隻；以四歸，得羹碗一百五十六隻[2]。

【解義】三四相乘，取平之數也。三個四人得一十二人，即用三個羹碗；四個三人得一十二人，即用四個飯碗。是十二個僧計用飯碗四個、羹碗三個，共七個，乃碗數得僧數十二分之七。故以人數十二乘總碗，以七歸得僧數，乃將七分碗數乘除作十二分人數也。

難題·以碗知客三位歌○婦人洗碗在河濵，試問家中客幾人。荅曰不知人數目，六十五碗自分明。二人共湌一碗飯，三人共吃一碗羹。四人共

---

1 此題爲《算法統宗》卷十四"難題衰分三"第二十三題。

2 解法同"帶分子母差分"，求得共僧爲：

$$N = \frac{mnM}{mn' + nm'} = \frac{3 \times 4 \times 364}{3 \times 1 + 4 \times 1} = 624$$

因 $n' = m' = 1$，故"舊法"將 $mn' + nm'$ 簡化爲 $m + n$。

肉無餘碗請君布筭莫差爭　舊法以二人乘三人得六人又以四人乘之得二十四人以乘總碗六十五隻得一千五百六十為實另列三數維乘以二人乘四人得八又以二人乘四人得一十二併之得二十六為法除實得共客六十人各以二人歸得飯碗三十隻三人歸得羹碗二十隻四人歸得肉碗十五隻

解義　上二位此三位二位者以二位相乘為平數三位者以三位互乘為平數如二三四遍乘得二十四為三數合一之數將二十四以四歸得肉碗六个三歸得羹碗八个二歸得飯碗十二个是二十四人只用飯羹肉碗二十六个人得碗二十六分之二十四故令總碗二十四乘二十六除得人數總將總人數二十六乘二十四除得碗數也

難題會套取齊歌　◯　八萬三千短竹竿將來要把筆頭安管三套五為期定問君多少配成完　此言共有短竹八万三千竿每一竿截作筆管三套五個問各該用竹若干截配若干

舊法置竹八萬三千竿為實以管三套五併作八為法除之得一万零三百七十五另

肉無餘碗，請君布筭莫差争[1]。舊法 以二人乘三人得六人，又以四人乘之得二十四人，以乘總碗六十五隻，得一千五百六十爲實。另列三數維乘，以二人乘三人得六，以二人乘四人得八，又以三人乘四人得一十二。併之得二十六爲法，除實得共客六十人。各以二歸得飯碗三十隻，三歸得羹碗二十隻，四歸得肉碗十五隻[2]。

【解義】上二位，此三位。二位者，以二位相乘爲平數；三位者，以三位互乘爲平數。如二三四遞乘得二十四，爲三數合一之數。將二十四以四歸得肉碗六個，三歸得羹碗八個，二歸得飯碗十二個，是二十四人只用飯羹肉碗二十六個，人得碗二十六分之二十四。故將總碗二十四乘、二十六除得人數，猶將總人數二十六乘、二十四除得碗數也。

難題·管套取齊歌○八萬三千短竹竿，將来要把筆頭安。管三套五爲期定，問君多少配成完[3]？此言共有短竹八萬三千竿，每一竿截作筆管三個，每一竿截作筆套五個。問各該用竹若干？截配若干？舊法 置竹八萬三千竿爲實，以管三、套五併作八爲法，除之得一萬零三百七十五。另

---

1 此難題爲《算法統宗》卷十四“難題衰分三”第二十四題。設 m 人共飯碗 m'，n 人共羹碗 n'，p 人共肉碗 p'，共碗爲 M，則共人：

$$N = \frac{mnpM}{mnp' + mpn' + npm'}$$

因 $m'=n'=p'=1$，故：

$$N = \frac{2 \times 3 \times 4 \times 65}{2 \times 3 + 2 \times 4 + 3 \times 4} = 60$$

2 十五隻，順治本誤作“十隻”。

3 此難題爲《算法統宗》卷十四“難題衰分三”第二十題。

以管三乘套五得一十五為法乘之得(錯)各一十五萬五千六百二十五(個)以三歸得(用)管竹(五)萬(一)千(八)百(七)十(五)竿以五歸得(用)套竹三萬(一)千(一)百(二)十(五)竿

解義此即上二位以統知倍之法後截以以餘觔悟先以八除後以三五相乘之數先乘后除一理每竹一竿截管三個五竿截二十五個每竹一竿截套五個三竿亦截十五個是用竹、竿截管套各十五個故將共竹以八竿除以十五乘即得管套配數也

難題分書知人歌(一)毛詩春秋周易書九十四冊共無餘毛詩二冊三人共春秋一本四人呼周易五人讀一本要分每樣幾多書就見學生多少數請君布筭莫躊躕　(舊)法置共書九十四本以詩三乘之得二百八十二再以春秋四乘之得一千一百二十八又以周易五乘之得五千六百四十本為實另列三、四、五人維乘三人四人相乘得一十二又四人五人相乘得二十又五人三人相乘得一十五

以管三乘套五得一十五爲法乘之，得管、套各一十五萬五千六百二十五個。以三歸得用管竹五萬一千八百七十五竿，以五歸得用套竹三萬一千一百二十五竿。

【解義】此即上二位“以碗知僧”之法，復載此以備觸悟。先以八除，後以三五相乘乘之，與先乘后除一理。每竹一竿截管三個，五竿截十五個；每竹一竿截套五個，三竿亦截十五個。是用竹八竿截管、套各十五個，故將共竹以八竿除、以十五乘，即得管、套配數也。

難題·分書知人歌〇毛詩春秋周易書，九十四冊共無餘。毛詩二冊三人共[1]，春秋一本四人呼。周易五人讀一本，要分每樣幾多書。就見學生多少數，請君布筭莫躊躕[2]。

舊法 置共書九十四本，以詩三乘之，得二百八十二；再以春秋四人乘之，得一千一百二十八；又以周易五人乘之，得五千六百四十本爲實。另列三人、四人、五人維乘，三人四人相乘得一十二，又四人五人相乘得二十，又五人三人相乘得一十五。

---

1 根據該題解法，“二冊”當作“一冊”，此處本《算法統宗》而誤。

2 此難題爲《算法統宗》卷十四“難題衰分三”第二十五題。與“以碗知客三位歌”解法完全一致。

併之得四十七為法除實得各經學生一百二十名列三位以三人歸之得

詩經四十本以四人歸之得春秋三十本以五人歸之得周易二十四本又

以三因各經學生得共三百六十人

解義此與三位以碗知客者死與將共書以二乘又以三乘又以五乘即以二三五互乘之數乘之也

帶分子母問年法○今有昆仲三人小弟謂長兄曰我年紀比兄四分之

三次兄年紀比兄六分之五多我八歲問三人歲數各若干　舊法置

列右六分之五左四分之三以左母四互乘右子五之得二十為次兄之差又以右母

六互乘左子三之得十八為小弟之差又以母四六相乘得二十四為長兄之差

另以二十減去十八餘二為法置長兄差二十四以八歲因之得一百九十二為實

以法二除之得長兄年九十六歲又置次兄差二十以八歲因之得一百六十

併之得四十七爲法，除實得各經學生一百二十名。列三位，以三人歸之，得詩經四十本。以四人歸之，得春秋三十本。以五人歸之，得周易二十四本。又以三因各經學生，得共三百六十人。

【解義】此與三位“以碗知客”者無異，將共書以二乘，又以三乘，又以五乘，即以二、三、五互乘之數乘之也。

帶分子母問年法○今有昆仲三人，小弟謂長兄曰：“我年紀比兄四分之三，次兄年紀比兄六分之五，多我八歲。”問三人歲數各若干[1]？舊法置列：

右六分　之五

左四分　之三

以左母四互乘右子之五得二十，爲次兄之差；又以右母六互乘左子之三得十八，爲小弟之差；又以母四六相乘得二十四，爲長兄之差。另以二十減去十八餘二爲法，置長兄差二十四，以八歲因之，得一百九十二爲實，以法二除之，得長兄年九十六歲。又置次兄差二十，以八歲因之，得一百六十

1 此題爲《算法統宗》卷五“帶分母子差分”第二題。

為實亦以法二除之得次兄年八十歲再以小弟差八十亦以八歲乘之

得一百四十四為實亦以法二除之得小弟年七十二歲 增法 置列四分六分

之三之五先以六分之五乘八歲得四十以四之三乘八歲得二十四各為實却以長兄次

兄共二為法各乘之以二乘四十八得長兄九十六歲以二乘四十得次兄

八十歲又以四分乘八歲得三十二以三之乘八歲得二十四各為實却以長兄

次兄小弟共三為法各乘之以三乘三十二得長兄九十六歲以三乘二十

四得小弟年七十二歲

解義 以二十四為長兄差者長兄比次兄是六分比小弟是四分二十四乃四六之成數也以四分乘五得二十為次兄差者長兄二十四是六个四次兄二十是五个四正六分之五也以十八為小弟差者長兄二十四是四个六小弟十八是三个六正四分之三也皆以乘八歲者次兄比小弟多八歲則六分五分四分三分俱合八歲為衰實也則次將各分數互乘以乘八歲數復用除法增法直以

爲實，亦以法二除之，得次兄年八十歲。再以小弟差十八亦以八歲乘之，得一百四十四爲實，亦以法二除之，得小弟年七十二歲[1]。增法置列：

六分　之五

四分　之三

先以六分乘八歲得四十八，以之五乘八歲得四十，各爲實。却以長兄、次兄共二爲法各乘之，以二乘四十八，得長兄九十六歲；以二乘四十，得次兄八十歲[2]。又以四分乘八歲得三十二，以之三乘八歲得二十四，各爲實。却以長兄、次兄、小弟共三爲法各乘之，以三乘三十二，得長兄九十六歲；以三乘二十四，得小弟年七十二歲[3]。

【解義】以二十四爲長兄差者，長兄比次兄是六分，比小弟是四分，二十四乃四六之成數也。以四分乘五得二十爲次兄差者，長兄二十四是六個四，次兄二十是五個四，正六分之五也。以十八爲小弟差者，長兄二十四是四個六，小弟十八是三個六，正四分之三也。皆以乘八歲者，次兄比小弟多八歲，則六分、五分、四分、三分俱合八歲爲多寡也。“舊法”將各分數互乘，以乘八歲，故復用除法。“增法”直以

---

1 設長兄、次兄、小弟年歲依次爲 x、y、z，其中，$\frac{x}{y}=\frac{m}{n}=\frac{5}{6}$、$\frac{x}{z}=\frac{p}{q}=\frac{3}{4}$，則：

$$x:y:z=mp:np:mq=24:20:18$$

又 $y-z=8$，求得長兄：

$$x=mp\cdot\frac{y-z}{np-mq}=24\times\frac{8}{20-18}=96$$

次兄：

$$y=np\cdot\frac{y-z}{np-mq}=20\times\frac{8}{20-18}=80$$

小弟：

$$z=mp\cdot\frac{y-z}{np-mq}=18\times\frac{8}{20-18}=72$$

2 由題意可知：

$$x:y:z=24:20:18=6:5:\frac{9}{2}$$

次兄、小弟相差 $\frac{1}{2}$ 衰，又次兄、小弟相差八歲，則一衰爲 2×8。長兄爲六衰，則長兄年歲爲：$x=6\times8\times2=96$；次兄五衰，次兄年歲爲：$y=5\times8\times2=80$。此處所乘之二，乃二分之一衰之“二”，非“長兄次兄共二（人）”之“二”。“舊法”數理不明。

3 由題意可知：

$$x:y:z=24:20:18=4:\frac{10}{3}:3$$

次兄、小弟相差 $\frac{1}{3}$ 衰，又次兄、小弟相差八歲，則一衰爲 3×8。長兄四衰，則長兄年歲爲：$x=4\times8\times3=96$；小弟三衰，小弟年歲爲：$z=3\times8\times3=72$。此處所乘之三，乃三分之一衰之“三”，非“長兄、次兄、小弟共三（人）”之“三”。

答分數本等乘故仍用乘法

難題子母求燈西江月（一）帝城三五元宵節山兩樣燈毬總來一秤三斤油七兩又來添湊三兩分為四盞四兩分作三甌三停盞子二停甌請問先生知否此言大小燈不等每盞四個用油三兩每甌三个用油四兩盞三停甌二停共用油二百九十五兩問盞甌并油各若干

（舊法）置油一秤為一十五斤又添三斤共一十八斤用加六法併入零七兩共二百九十五兩以每兩二十四銖乘之得七千零八十銖為實另置油三兩以二十四銖乘得七十二銖以四盞歸之每盞得一十八銖又以三停乘之得五十四銖為盞之法另又置油四兩以二十四銖乘之得九十六銖以三甌歸之每甌得三十二銖又以二停乘之得六十四銖為甌之法併盞甌二法共一百一十八銖為總法除實七千零八十銖得六十為則以二停因得（甌）（一）百（二十）（隻）以每甌油三十二銖乘之得三千八百四十銖以每斤三百八十四銖除之得（甌）（油）

各分數本等乘，故仍用乘法。

難題·子母求燈西江月〇帝城三五元霄，鰲山兩樣燈毬。總来一秤三斤油，七兩又来添湊。三兩分爲四盞，四兩分作三甌。三停盞子二停甌，請問先生知否[1]？此言大小燈不等，每盞四個用油三兩，每甌三個用油四兩，盞三停、甌二停共用油二百九十五兩。問盞、甌并油各若干[2]？ 舊法 置油一秤爲一十五斤，又添三斤共一十八斤，用加六法，併入零七兩，共二百九十五兩。以每兩二十四銖乘之，得七千零八十銖爲實。另置油三兩，以二十四銖乘得七十二銖，以四盞歸之，每盞得一十八銖，又以三停乘之得五十四銖，爲盞之法。另又置油四兩，以二十四銖乘之得九十六銖，以三甌歸之，每甌得三十二銖，又以二停乘之得六十四銖，爲甌之法。併盞、甌二法，共一百一十八銖爲總法。除實七千零八十銖，得六十爲則。以二停因，得甌一百二十隻。以每甌油三十二銖乘之，得三千八百四十銖。以每斤三百八十四銖除之，得甌油

1 此難題爲《算法統宗》卷十四“難題衰分三”第二十二題。

2 停，成數。盞三停、甌二停，相當於盞三成、甌二成，即盞、甌比爲 3∶2。

共用十斤另將則十六以三停因之得盞一百八十個以每盞油一十八銖乘之得三千二百四十銖以每兩二十四銖除之得一百三十五兩以截兩為斤法求之得盞油共八斤七兩

增法置四盞三甌相乘得一十二以甌二停乘之得二十四以盞二停乘之得三十六併之共得六十為實另將甌二十四隻以四兩三甌用四因三歸得三十二兩又將盞三十六個以三兩四盞用三因四歸得二十七兩併之共五十九兩為法以除共油二百九十五兩得五又為法乘實六十得盞甌共三百隻再將三停二停共五為法除之得六十為盞甌平法以二停因之得甌一百二十隻以三停因之得盞一百八十隻各將盞甌因歸得各油數

解義舊法將兩以銖分之因甌油四兩以三歸之多畸零不盡也增法以五十九為法除共油得五以乘六十即置共油為實以六十乘之五十九除之也甌盞共六十隻油止五十九兩是油比甌盞數少一以五十九除共油得五個五十九兩即以五乘六十併五个

共用十斤。另將則六十以三停因之，得盞一百八十個。以每盞油一十八銖乘之，得三千二百四十銖。以每兩二十四銖除之，得一百三十五兩，以截兩爲斤法求之，得盞油共八斤七兩[1]。增法 置四盞、三甌相乘得一十二，以甌二停乘之得二十四，以盞三停乘之得三十六，併之共得六十爲實。另將甌二十四隻以四兩三甌用四因三歸得三十二兩，又將盞三十六個以三兩四盞用三因四歸得二十七兩。併之，共五十九兩爲法，以除共油二百九十五兩得五。又爲法，乘實六十，得盞甌共三百隻。再將三停二停共五爲法除之，得六十爲盞甌平法。以二停因之，得甌一百二十隻。以三停因之，得盞一百八十隻。各將盞、甌因歸，得各油數[2]。

【解義】"舊法"將兩以銖分之，因甌油四兩，以三歸之，多畸零不盡也。"增法"以五十九爲法，除共油得五，以乘六十。即置共油爲實，以六十乘之、五十九除之也。甌盞共六十隻，油止五十九兩，是油比甌盞數少一。以五十九除共油，得五個五十九兩，即以五乘六十，得五個

1 設盞、甌共油 M 兩，盞 m 個用油 m' 兩，甌 n 個用油 n' 兩，盞爲 x 個，甌爲 y 個，已知 $x:y=3:2$，解法如下：

$$x = 3 \times \frac{M}{\frac{3m'}{m} + \frac{2n'}{n}}$$

$$y = 2 \times \frac{M}{\frac{3m'}{m} + \frac{2n'}{n}}$$

2 "增法"首先求盞、甌共數、次求盞、甌各數：

$$N = \frac{(2mn + 3mn)M}{2mn \cdot \frac{n'}{n} + 3mn \cdot \frac{m'}{m}} = \frac{(2mn + 3mn)M}{2mn' + 3nm'}$$

$$x = \frac{3}{5}N, \ y = \frac{2}{5}N$$

同前文"子母不齊差分"法。

六十隻共三百隻

三位分子母求燈併油法〇今有燈三等大燈每四盞油七兩中燈每五盞油六兩小燈每三盞油二兩共用油七百零六兩只云中燈比大燈六分之五小燈比大燈九分之七問大中小燈及油各若干 增法置列六分之五九分之七先以母六分九分相乘得五十四分為大燈之衰次以母九分乘子五分得四十五分為中燈之衰又以母六分乘子七分得四十二分為小燈之衰卻將大燈五十四以四盞歸之得一十三盞半以七兩因之得九十四兩五錢又將中燈四十五以五盞歸之得九以六兩因之得五十四兩又將小燈四十二以三盞歸之得一十四以二兩因之得二十八兩併三數共一百七十六兩五錢為法以除共油七百零六兩得四為平法各以衰乘之以五十四乘得大燈二百一十六盞以四十五乘得中燈一百

六十隻，共三百隻。

三位分子母求燈併油法〇今有燈三等，大燈每四盞油七兩，中燈每五盞油六兩，小燈每三盞油二兩，共用油七百零六兩。只云中燈比大燈六分之五，小燈比大燈九分之七。問大、中、小燈及油各若干[1]？增法置列：

六分　之五

九分　之七

先以母六分、九分相乘得五十四，爲大燈之衰；次以母九分乘子五分得四十五，爲中燈之衰；又以母六分互乘子之七得四十二，爲小燈之衰。却將大燈五十四以四盞歸之得一十三盞半，以七兩因之得九十四兩五錢；又將中燈四十五以五盞歸之得九，以六兩因之得五十四兩；又將小燈四十二以三盞歸之得一十四，以二兩因之得二十八兩。併三數，共一百七十六兩五錢爲法，以除共油七百零六兩，得四爲平法。各以衰乘之，以五十四乘得大燈二百一十六盞，以四十五乘得中燈一百

1 此題據難題“子母求燈”改編，《算法統宗》無。

八十盞以四十二乘得小燈一百六十八盞將大燈數七因四歸得共油三百七十八兩將中燈數六因五歸得共油二百一十六兩將小燈數二因三歸得共油一百一十二兩　若問共燈數置共油為實以併三等衰共一百四十一乘之以併三數一百七十六兩五錢除之即得大中小燈共五百六十四盞

四位分子母法○今有大小燈四等第一等每五盞油九兩第二等每六盞油七兩第三等每七盞油五兩第四等每八盞油三兩内三等燈比四等燈少六分之一二等燈比四等燈少七分之三一等燈比四等燈少八分之五共用油三百八十八兩四錢問各等燈及油各若干

增法一等燈少八分之五即係八分之三二等燈少七分之三即係七分之四三等燈少六分之一

八十盞，以四十二乘得小燈一百六十八盞。將大燈數七因四歸，得共油三百七十八兩；將中燈數六因五歸，得共油二百一十六兩；將小燈數二因三歸，得共油一百一十二兩。 若問共燈數，置共油爲實，以併三等衰共一百四十一乘之，以併三數一百七十六兩五錢除之，即得大中小燈共五百六十四盞[1]。

四位分子母法○今有大小燈四等，第一等每五盞油九兩，第二等每六盞油七兩，第三等每七盞油五兩，第四等每八盞油三兩。内三等燈比四等燈少六分之一，二等燈比四等燈少七分之三，一等燈比四等燈少八分之五，共用油三百八十八兩四錢。問各等燈及油各若干[2]？ 增法 一等燈少八分之五，即係八分之三；二等燈少七分之三，即係七分之四；三等燈少六分之一，

---

1 設三等燈共油 M 兩，大燈每 m 用油 m'，中燈每 n 用油 n'，小燈每 p 用油 p'，大燈 x 個，中燈 y 個，小燈 z 個，據題意得 $x:y:z=54:45:42$。解法如下：

$$x = 54 \times \frac{M}{\frac{54m'}{m} + \frac{45n'}{n} + \frac{42p'}{p}}$$

$$y = 45 \times \frac{M}{\frac{54m'}{m} + \frac{45n'}{n} + \frac{42p'}{p}}$$

$$z = 42 \times \frac{M}{\frac{54m'}{m} + \frac{45n'}{n} + \frac{42p'}{p}}$$

三等燈共數爲：

$$N = x + y + z = \frac{(54 + 45 + 42)M}{\frac{54m'}{m} + \frac{45n'}{n} + \frac{42p'}{p}}$$

2 此題據難題“子母求燈”改編，《算法統宗》無。

即係六分之五。置列四等：六分之五，七分之四，八分之三，一等。先以六分七分相乘得四十二，又以八分乘之得三百三十六，為第四等燈之衰。又以七分五乘五之得三十五，再以八分乘之得二百八十，為三等燈之衰。又以六分五乘四之得二十四，再以八分乘之得一百九十二，為二等燈之衰。又以七分五乘三之得二十一，再以六分乘之得一百二十六，為一等燈之衰。併四等衰共得九百三十四，為共衰。另將一等衰一百二十六用九因五歸得二百二十六兩八錢，為一等燈油之衰。又將一百九十二用七因六歸得二百二十四兩，為二等燈油之衰。又將二百八十用五因七歸得二百兩，為三等燈油之衰。又將三百三十六用三因八歸得一百二十六兩，為四等燈油之衰。併四衰共油七百七十六兩八錢，為共衰。卻置共油三百八十八兩四錢，以燈油共衰為法除之得五分，以乘總燈衰九百三十四得總共燈四百六十七盞。另以五分乘一百二十六得一等燈六

即係六分之五。置列：

	六分	之五	三等
四等	七分 互	之四	二等
	八分	之三	一等

先以六分、七分相乘得四十二，又以八分乘之得三百三十六，爲第四等燈之衰；又以七分互乘之五得三十五，再以八分乘之得二百八十，爲三等燈之衰；又以六分互乘之四得二十四，再以八分乘之得一百九十二，爲二等燈之衰；又以七分互乘之三得二十一，再以六分乘之得一百二十六，爲一等燈之衰。併四等衰，共得九百三十四爲共衰。另將一等衰一百二十六用九因五歸，得二百二十六兩八錢，爲一等燈油之衰；又將一百九十二用七因六歸，得二百二十四兩，爲二等燈油之衰；又將二百八十用五因七歸，得二百兩，爲三等燈油之衰；又將三百三十六用三因八歸，得一百二十六兩，爲四等燈油之衰。併四衰，共油七百七十六兩八錢爲共衰。却置共油三百八十八兩四錢，以燈油共衰爲法除之，得五分，以乘總燈衰九百三十四，得總共燈四百六十七盞。另以五分乘一百二十六，得一等燈六

十三盞以五分乘一百九十二得二等燈九十六盞以五分乘二百八十得三等燈一

百四十盞以五分乘三百三十六得第四等燈一百六十八盞各照等以盞數

歸之油數因之得一等燈共油一百一十三兩四錢二等燈共油一百

一十二兩三等燈共油一百兩四等燈共油六十三兩

解義第四等灯比上三等或六分足或七分足或八分足故將三數

互乘滿數為四等之衰第三等以七互乘五又以八乘為衰者

四等六个七八五十六三等五个七八五十六也第二等以六互乘

四又以八乘為衰者第四等七个六八四十八第一等四个六八四

十八也第一等以七乘三又以六乘為衰者第四等八个六七四十

二第一等三个六七四十二也共三位皆同一理加至五百六位亦

然大抵各等以六分七分八分轉分數則各等之數皆不外六七八

互乘之數或多或少皆可類推加以灯油衰除共油得五分乃止得

六七八互乘之數一半上以油衰除共油得

四乃得六分五九分七互乘之數四倍也

通分子母是分法〇通分者通以分母約以分子也數之有盡者不必通

十三盞；以五分乘一百九十二，得二等燈九十六盞；以五分乘二百八十，得三等燈一百四十盞；以五分乘三百三十六，得第四等燈一百六十八盞。各照等以盞數歸之、油數因之，得一等燈共油一百一十三兩四錢；二等燈共油一百一十二兩；三等燈共油一百兩；四等燈共油六十三兩[1]。

【解義】第四等灯比上三等，或六分足，或七分足，或八分足，故將三數互乘滿數爲四等之衰。第三等以七互乘五又以八乘爲衰者，四等六個七八五十六，三等五個七八五十六也。第二等以六互乘四又以八乘爲衰者，第四等七個六八四十八，第二等四個六八四十八也。第一等以七乘三又以六乘爲衰者，第四等八個六七四十二，第一等三個六七四十二也。與三位皆同一理，加至五位、六位亦然。大抵各等以六分、七分、八分較分數，則各等之數皆不外六、七、八互乘之數，或多或少，皆可類推。如以灯油衰除共油得五分，乃止得六、七、八互乘之數一半。上以油衰除共油得四，乃得六分五、九分七互乘之數四倍也。

通分子母差分法○通分者，通以分母，約以分子也。數之有盡者，不必通

---

1 與前題同法可解。設共用油 M，一等每 m 用油 m'，二等每 n 用油 n'，三等每 p 用油 p'，四等每 q 用油 q'。據題意得四等燈比例爲：

$$x : y : z : u = 126 : 192 : 280 : 336$$

則四等燈共數爲：

$$N = \frac{(126 + 192 + 280 + 336)M}{\frac{126m'}{m} + \frac{192n'}{n} + \frac{280p'}{p} + \frac{336q'}{q}}$$

各等燈數分別爲：

$$x = 126 \cdot \frac{M}{\frac{126m'}{m} + \frac{192n'}{n} + \frac{280p'}{p} + \frac{336q'}{q}}$$

$$y = 192 \cdot \frac{M}{\frac{126m'}{m} + \frac{192n'}{n} + \frac{280p'}{p} + \frac{336q'}{q}}$$

$$z = 280 \cdot \frac{M}{\frac{126m'}{m} + \frac{192n'}{n} + \frac{280p'}{p} + \frac{336q'}{q}}$$

$$u = 336 \cdot \frac{M}{\frac{126m'}{m} + \frac{192n'}{n} + \frac{280p'}{p} + \frac{336q'}{q}}$$

分段如四分兩之一則二錢五分也若三分兩之一則三錢三分三厘以至三三之無窮必須以分子通之不然則畸零不盡終無可置位矣

今有布四十五尺每尺價三分兩之二問共該銀若干

舊法置布四十五尺以分子二因之得九十兩為實却以分母三為法歸之得共銀三十兩

解義 三分兩之二即每尺六錢六分六厘六ゝゝ不尽故用通分法以分子二因之以分母三歸之即二因三歸將三分之二也

又法○今有段四十五尺每尺價四兩零三分兩之二問共銀若干

舊法置每尺價四兩以分母三通之得一十二兩加入分子二共得一十四兩以乘總段四十五尺得六百三十兩為實以分母三為法除之得共銀二百一十兩

解義 零是三分中二分故將每兩俱作三分加入零二併三分共一十四分以乘共布却仍以三分歸之便將零二分并通融歸作本數矣

分，假如四分兩之一，則二錢五分也。若三分兩之一，則三錢三分三厘以至三三之無窮，必須以分子通之。不然則畸零不盡，終無可置位矣[1]。

今有布四十五疋，每疋價三分兩之二。問共該銀若干[2]？舊法 置布四十五疋，以分子之二因之，得九十兩爲實。却以分母三爲法歸之，得共銀三十兩。

【解義】三分兩之二，即每疋六錢六分六厘六六不盡，故用通分法。以分子二因之，以分母三歸之，即二因三歸，得三分之二也。

又法〇今有段四十五疋，每疋價四兩零三分兩之二。問共銀若干[3]？舊法 置每疋價四兩，以分母三通之，得一十二兩。加入分子二，共得一十四兩。以乘總段四十五疋，得六百三十兩爲實。以分母三爲法除之，得共銀二百一十兩。

【解義】零是三分中二分，故將每兩俱作三分，加入零二，併三分共一十四分。以乘共布，却仍以三分歸之，便將零二分亦通融歸作本數矣。

---

1 通分子母差分法，即通分法，見《算法統宗》卷二。

2 此題爲《算法統宗》卷二“通分”第一題。

3 此題爲《算法統宗》卷二“通分”第六題。

價物俱通分法〇今有米六分石之二每斗價四分錢之三問該銀若干
舊法置分子石之二錢之三相乘得六兩為實却以分母六分四分相乘得二十四兩為法
除之得詇銀二錢五分
觧義六分石之二即三分石之一乃三斗三升三合三〻不盡也法
應置米一石以六除之得一六〻不盡以二乘之得三〻不盡
又置銀一錢以四除之得二分五厘以三乘之得每斗七分五厘却
以乘三斗三升三〻不盡得銀二錢五分原應之二之三是乘六分
四分是除今以分子之二之三相乘却以六分四分相乘除之猶通
乘通除法也以二乘錢之三當得六錢法云六兩者實以斗分米亦
應以斗分石者十斗以石之二乘
錢之三即二十個三錢得六兩也
又法〇今有豆九石六斗六分斗之四每石價銀二錢三分錢之一問該
銀若干 舊法先置豆九石六斗以分母六因之得五十七石六斗加子四之共五十八石
另置每石價二錢以分母三因之得六錢加子一之共得七錢以乘五十八石得四十兩零

價物俱通分法〇今有米六分石之二，每斗價四分錢之三。問該銀若干[1]？舊法置分子石之二、錢之三相乘，得六兩爲實。却以分母六分、四分相乘，得二十四兩爲法，除之得該銀二錢五分。

【解義】六分石之二即三分石之一，乃三斗三升三合三三不盡也。法應置米一石，以六除之得一六六不盡，以二乘之得三三不盡。又置銀一錢，以四除之得二分五厘，以三乘之得每斗七分五厘。却以乘三斗三升三三不盡，得銀二錢五分。原應之二、之三是乘，六分、四分是除，今以分子之二、之三相乘，却以六分、四分相乘除之，猶通乘通除法也。以二乘錢之三，當得六錢，法云六兩者，價以斗分，米亦應以斗分。石者十斗，以石之二乘錢之三，即二十個三錢，得六兩也。

又法〇今有豆九石六斗六分斗之四，每石價銀二錢三分錢之一。問該銀若干[2]？舊法先置豆九石六斗，以分母六因之得五十七石六斗，加子之四共五十八石；另置每石價二錢，以分母三因之得六錢，加子之一共得七錢。以乘五十八石，得四十兩零

---

1 此題爲《算法統宗》卷二“通分”第五題。
2 此題爲《算法統宗》卷二“通分”第七題。

六錢為實以分母(六分三分)相乘得(一十八)為法除實得共該銀二兩二錢五分

不盡一法實皆折半而命曰不盡九分錢之五

解義 蓋是六分通之銀是三分通之又以通數相乘三分數內又以六分相乘得十八為法除之也不盡之數法实皆折半命之者十八法也不尽一实也以折半約法得九以折半約实得五故為九分錢之五共折半者何也一錢止十分故將十八分以十分約之得九分也

廣縱俱通分問畝法（一）今有直田縱九十七步四十九分步之四十七廣二步二十分步之九問共積若干 舊法 置縱(九十七步)以分母(四十九)乘之得(四千七百五十三)加入分子(四十七)共(四千八百)另置廣(二步)以分母(二十)乘之得(四十)加分子九共(四十九)以乘縱(四千八百)得(二十三万五千二百)為實却以分母(二十)乘分母(四十九)得(九百八十)為法除之得積二百四十步

六錢爲實。以分母六分、三分相乘，得一十八爲法，除實得共該銀二兩二錢五分不盡一。法實皆折半，而命曰不盡九分錢之五。

【解義】豆是六分通之，銀是三分通之，又以通數相乘，三分數内又以六分通數通之，每錢通作三六一十八分，故即以分母三分、六分相乘得十八爲法除之也。不盡之數法實皆折半命之者，十八法也，不盡一實也，以折半約法得九，以折半約實得五，故爲九分錢之五。其折半者，何也？一錢止十分，故將十八分以十分約之，得九分也。

廣縱俱通分問畝法○今有直田，縱九十七步四十九分步之四十七，廣二步二十分步之九。問共積若干[1]？舊法 置縱九十七步，以分母四十九乘之得四千七百五十三，加入分子四十七共四千八百；另置廣二步，以分母二十乘之得四十，加分子九共四十九。以乘縱四千八百，得二十三萬五千二百爲實。却以分母二十乘分母四十九，得九百八十爲法，除之得積二百四十步。

---

1 此題爲《算法統宗》卷三“帶分母用約分法”第一題。

通分求圓積法〇今有圓田徑六步十三分步之十二周二十步四十一分步之三十二問該積若干　舊法徑求積置徑步六以分母十三通之得七十八加分子十二共九十自乘得八千一百又置分母十三內減分子十二餘一以乘分子十二仍得十二併入前自乘數共得八千一百一十二以三因四歸之得六千零八十四為實以分母十三自乘得一百六十九為法除之得積三十六步〇周求積置周步二十以分母四十一通之得八百二十加分子三十二共八百五十二自乘得七十二萬五千九百零四又置分母四十一內減分子三十二餘九以乘分子三十二得二百八十八併入前數共七十二萬六千一百九十二以圓法十二除之得六萬零五百一十六為實以分母四十一自乘得一千六百八十一為法除之得積三十六步

解義　徑積四十八步六步開方外九十三步合方七步弦止十二步每步缺十三分之一以補隅缺各步止存十二分故為十三分

通分求圓積法○今有圓田，徑六步十三分步之十二，周二十步四十一分步之三十二。問該積若干[1]？[舊法]徑求積：置徑六步，以分母十三通之得七十八，加分子十二共九十，自乘得八千一百。又置分母十三，内減分子十二餘一，以乘分子十二仍得十二。併入前自乘數，共得八千一百一十二。以三因四歸之，得六千零八十四爲實。以分母十三自乘得一百六十九爲法，除之得積三十六步[2]。○周求積：置周二十步，以分母四十一通之得八百二十，加分子三十二共八百五十二，自乘得七十二萬五千九百零四。又置分母四十一，内減分子三十二餘九，以乘分子三十二得二百八十八。併入前數，共七十二萬六千一百九十二。以圓法十二除之，得六萬零五百一十六爲實。以分母四十一自乘得一千六百八十一爲法，除之得積三十六步[3]。

【解義】徑積四十八步，六步開方，外加十三步，合方七步。今止十二步，每步減十三分之一，以補隅缺。各步止存十二分，故爲十三分

---

1 此題爲《算法統宗》卷三“帶分母用約分法”第三題。

2 以徑求積正法如下：

$$S = \frac{3}{4}d^2$$

而本題解法爲：

$$S = \frac{3}{4} \times \left[\left(6\frac{12}{13}\right)^2 + \frac{(13 - 12) \times 12}{13^2}\right] = 36$$

與正法相比，多一個改正值：

$$\frac{(13 - 12) \times 12}{13^2}$$

此來自開方命法。若開方不盡，則用開方命分法（詳本書卷四“開平方命法”注釋）：

$$\sqrt{S} = \sqrt{x^2 + r} = x + \frac{1}{2x + 1}$$

則：

$$x^2 + r = \left(x + \frac{r}{2x + 1}\right)^2$$

此方根係近似值，即：

$$x^2 + r = \left(x + \frac{r}{2x + 1}\right)^2 + a$$

則修正值：

$$a = (x^2 + r) - \left(x + \frac{r}{2x + 1}\right)^2 = \frac{[(2x + 1) - r]r}{(2x + 1)^2}$$

在本題中，$x=6$，$r=12$，故修正值：

$$a = \frac{(13 - 12) \times 12}{13^2}$$

而實際上，該題與開方命法無關，無需加入修正值（《算法統宗校釋》，第307–308頁）。

3 以徑求積法如下：

$$S = \frac{1}{12}C^2$$

本題解法爲：

$$S = \frac{1}{12} \times \left[\left(20\frac{32}{41}\right)^2 + \frac{(41 - 32) \times 32}{41^2}\right] = 36$$

與“以徑求積”同，加入了一個修正值，於理難通。

步之十二然所减之十二分合成濶十二長仍十三隅止十二自乘
每分仍有零餘十三分之一以一乘十二得十二即十二自乘數干
二乘十三所差之十二加入乃合本數也周得徑九箇積法與徑同
除法用分母自乘數者每步分作母數母自乘乃廣縱皆一步也
求環積法〇今有環田內周六十二步四分步之三外周一百一十
三步二分步之一徑一十二步三分步之二問該積若干　(舊)(法)置內
外周併共一百七十五步另以內周之三乘外周分母二得六又以外周之一乘內
周分母四分得四分併之得十却以分母二分四分相乘得八為法除十得一步二分
五釐併前步共得一百七十六步二分五釐折半得八十八步一為實却置徑十二以
分母三通之得三十六加分子二共三十八為法乘之得三千三百四十八步七分五釐以
分母三除之得積(一)百(一)十(一)步(六)分(二)釐(五)毫
解義以外周之一乘內周四分得四即以內周四分乘外周之一得
四乃將零二分之一併以四分之也以內周之三乘外周二分

步之十二。然所減之十二分，合成濶十二長仍十三。隅止十二，自乘每分仍有零餘十三分之一。以一乘十二得十二，即十二自乘較十二乘十三所差之十二加入，乃合本數也。周得徑九箇，積法與徑同。除法用分母自乘數者，每步分作母數，母自乘乃廣、縱皆一步也。

通分求環積法○今有環田，内周六十二步四分步之三，外周一百一十三步二分步之一，徑一十二步三分步之二。問該積若干[1]？舊法置内外周併共一百七十五步，另以内周之三乘外周分母二分得六分，又以外周之一乘内周分母四分得四分，併之得十。却以分母二分、四分相乘得八爲法，除十得一步二分五厘。併前步共得一百七十六步二分五厘，折半得八十八步一分二厘五毫爲實。却置徑十二步，以分母三通之得三十六，加分子二共三十八爲法，乘之得三千三百四十八步七分五厘，以分母三除之，得積一百一十一步六分二厘五毫[2]。

【解義】以外周之一乘内周四分得四，即以内周四分乘外周之一得四，乃將零二分之一俱以四分之也。以内周之三乘外周二分

---

1 此題爲《算法統宗》卷三“帶分母用約分法”第四題。

2 環田求積公式爲：

$$S = \frac{C_1 + C_2}{2} \cdot r = \frac{62\frac{3}{4} + 113\frac{1}{2}}{2} \times 12\frac{2}{3} = 1116.25$$

該題結果作 111.625，誤本《算法統宗》。

得六即以外周二分乘內周之三得六乃將零四分之三俱以二分之也如外周零二分步之一乃每一步作二分以內周四分互乘二分得八分是每步分作八分互乘之一得四分是八分步之四分內周零四分步之三乃每一步作四分以外周二分步之六分得八分亦每步分作八分互乘之三得六分是八分步之六分是合內外俱以八通之故以分母二四相乘得八為法除之其不言以二分乘之三四分乘之一者乘法顛倒可用隐含其義待人索悟耳

通分求銀積法〇今有一百九十人每人支銀一兩零十九分兩之一問共銀若干　舊法　置銀一兩以分母十九通之加分子一共得二十以人一百九十乘之得三千八百為實却以分母十九為法除之得　共銀二百兩　一兩零十九分兩之一即每人一兩零五分二釐六毫不盡

通分求零餘法〇今有布二疋九分疋之五用過一疋零六分疋之一問尚餘若干　舊法　置原布二疋以分母九通之得十八加分子五共得二十三

得六，即以外周二分乘内周之三得六，乃將零四分之三俱以二分之也。如外周零二分步之一，乃每一步作二分，以内周四分互乘二分得八分，是每步分作八分；互乘之一得四分，是八分步之四分。内周零四分步之三，乃每一步作四分，以外周二分互乘四分得八分，亦每步分作八分；互乘之三得六分，是八分步之六分。是合内外俱以八通之，故以分母二四相乘得八爲法除之。其不言以二分乘之三、四分乘之一者，乘法顛倒可用，隐含其義，待人索悟耳。

通分求銀積法○今有一百九十人，每人支銀一兩零十九分兩之一。問共銀若干[1]？舊法置銀一兩，以分母十九通之，加分子一共得二十。以人一百九十乘之，得三千八百爲實。却以分母十九爲法除之，得共銀二百兩。一兩零十九分兩之一，即每人一兩零五分二厘六毫不盡。

通分求零餘法○今有布二疋九分疋之五，用過一疋零六分疋之一。問尚餘若干[2]？舊法置原布二疋，以分母九通之得十八，加分子五共得二十三，

---

1 此題見《算法統宗》卷二“乘分”下。乘分，即分數相乘。

2 此題見《算法統宗》卷二“課分”下。課分，即分數相減。

再以用過布分母六通之得一百三十八另置用過布一之以分母六通之得六加分子一共七又以原布分母九通之得六十三以減原布一百三十八餘七十五為實却以二分母九分六分相乘得五十四為法除之得一尺餘不盡實二十一法實皆以三約之得餘布一尺零十八分尺之七

解義上豆九石六斗六分斗之四價銀二錢三分錢之一兩边分母各不同求法止將價豆各用分母分子通之豆与價原各不同也此用過布與原布是一物故各用母子通之又以分母互通之不尽实二十一法实皆以三約者即法实对減至同得三就以三約法五十四得十八三約实二十一得七為十八分尺之七即下云約分法也

約分子母差分法〔〕約分者如數之不能盡或物之不可分用除法多畸零不盡必以法而約之數多為母數少為子子母之數兩列可半者半之不可半者互相減損至盡得子母數有等齊同就以此為法各以法

再以用過布分母六通之得一百三十八。另置用過布一疋，以分母六通之得六，加分子一共七，又以原布分母九通之得六十三。以減原布一百三十八，餘七十五爲實。却以二分母九分、六分相乘得五十四爲法，除之得一疋，餘不盡實二十一。法實皆以三約之，得餘布一疋零十八分疋之七。

【解義】上豆九石六斗六分斗之四，價銀二錢三分錢之一，兩邊分母各不同，求法止將價、豆各用分母分子通之，豆与價原各不同也。此用過布與原布是一物，故各用母子通之，又以分母互通之。不盡實二十一，法實皆以三約者，即法實對減至同得三，就以三約法五十四得十八，三約實二十一得七，爲十八分疋之七，即下云約分法也。

約分子母差分法〇約分者，如數之不能盡，或物之不可分，用除法多畸零不盡，必以法而約之。數多爲母，數少爲子，子母之數兩列，可半者半之，不可半者互相減損至盡，得子母數有等齊同。就以此爲法，各以法

除子母原数却無畸零所謂齊不齊而致其齊也

今有絲二百五十二斤賣過一百四十四斤問分数若干（舊法）置母二百五十二減去子一百四十四餘母一百零八反減原子一百四十四餘子三十六又用減餘母一百零八減去二個三十六餘母亦三十六就以母子同数三十六為法除原母二百五十二得七除原子一百四十四得四約曰（賣過七分斤之四）

又法（　）今有鴨七十二隻生子六十三個問分数若干（舊法）置母七十二減去子六十三餘母九即以減原子六十三減去六個九餘子亦九就以九為法除原母得八個除原子得七個約曰（八分之七）

算海説詳第八卷終

除子母原數，却無畸零，所謂齊不齊而致其齊也[1]。

今有絲二百五十二斤，賣過一百四十四斤。問分數若干[2]？舊法置母二百五十二，減去子一百四十四，餘母一百零八；反減原子一百四十四，餘子三十六；又用減餘母一百零八減去二個三十六，餘母亦三十六。就以母子同數三十六爲法，除原母二百五十二得七，除原子一百四十四得四，約曰賣過七分斤之四。

又法〇今有鴨七十二隻，生子六十三個。問分數若干[3]？舊法置母七十二，減去子六十三，餘母九；即以減原子六十三，減去六個九，餘子亦九。就以九爲法，除原母得八個九，除原子得七個九，約曰八分之七。

筭海説詳第八卷終

---

1 約分子母差分法，即約分法，見《算法統宗》卷二。原有歌訣二首，一云：

數有參差不可齊，須憑約法命分之。
法爲分母實爲子，不與差分一例推。

一云：

約分須分子母名，更相減損至同成。
就把其同爲法則，除來各數自無零。

2 此題爲《算法統宗》卷二“约分”第三題。

3 此題爲《算法統宗》卷二“约分”第四題。

筭海說詳第九卷

白下隱吏古齊暘丘睢足軒強恕居士李長茂拙翁甫輯著

匿覆章

此章備齊一零襍之法推隱微難測之數闡幽探賾盡乎變通極深研幾達於神明誠數理之玄關為筭家之上術也

貴賤匿價差分歌○匿價差分法更奇○差乘貴物減總宜○另合貴賤除餘價○得賤加差貴亦知

今有銀一萬七千六百九十兩買馬騾一千匹頭內馬七百匹騾三百頭其馬價多騾價七兩七錢問價若干

（舊法）置馬七百匹以多價七兩七錢因之得五千三百九十兩以減總銀一萬七千六百九十兩餘一萬二千三百兩以馬騾一千為法除

筭海説詳第九卷

白下隐吏古齊陽丘睡足軒強恕居士李長茂拙翁甫輯著

匿覆章[1]

此章備齊一零褋之法，推隐微難測之數。闡幽探賾，盡乎變通；極深研幾，達於神明。誠數理之玄關[2]，爲筭家之上術也。

貴賤匿價差分歌○匿價差分法更奇○差乘貴物減總宜○另合貴賤除餘價○得賤加差貴亦知[3]。

今有銀一萬七千六百九十兩，買馬、騾一千匹頭。内馬七百匹，騾三百頭，其馬價多騾價七兩七錢。問價若干[4]？舊法 置馬七百匹，以多價七兩七錢因之，得五千三百九十兩，以減總銀一萬七千六百九十兩，餘一萬二千三百兩。以馬、騾一千爲法，除

---

1 本章篇名取自射覆遊戲，即用甌、盂等器皿覆蓋一物，眾人根據卦象競猜。《漢書・東方朔傳》："上嘗使諸數家射覆，置守宮盂下，射之，皆不能中。"顏師古注："數家，術數之家也。於覆器之下而置諸物，令闇射之，故云射覆。"本章包括《算法統宗》卷十"盈朒"、卷十一"方程"及卷五"衰分"之"匿價差分"、"物不知總"等内容。

2 玄關，佛教稱入道之法門。

3 歌訣見《算法統宗》卷五"衰分章"，原作"匿價差分歌"，凡八句：

匿價分身法更奇，多乘高物以爲實。
得價減總餘又列，共物除餘低價知。
低價添多爲高價，各乘各物不差池。
學者能知此般筭，三四物價也相宜。

設賤價爲 x、貴價爲 y，已知 $y - x = t$，賤物 m、貴物 n，求 x、y。解法如下：

$$x = \frac{M - nt}{m + n}$$

$$y = x + t$$

4 此題爲《算法統宗》卷五"匿價差分"第一題。

之得騾每頭價一十二兩三錢加多七兩七錢得馬每匹價二十兩

又法○今有銀二千九百二十八兩共買綾一百五十疋羅三百疋絹四百五十疋只云綾疋價比羅疋價多四錢七分羅疋價比絹疋價多一兩三錢五分問三色疋價各若干

舊法置羅三百疋以多絹價一兩三錢五分乘之得四百零五兩又置綾一百五十疋以二項多價共一兩八錢二分乘之得一百七十三兩併之得六百七十八兩以減總銀二千九百二十八兩餘二千二百五十兩爲實併綾羅絹共九百疋爲法除之得絹價每疋銀二兩五錢加多一兩三錢五分得羅價每疋銀三兩八錢五分又加多四錢七分得綾價每疋銀四兩三錢二分

又法○今有綾七尺羅九尺共價適等只云羅每尺價比綾每尺價少錢三十六文問各每尺價若干

舊法置羅九尺以少價三十六文乘之得三百二十

之得騾每頭價一十二兩三錢。加多七兩七錢，得馬每匹價二十兩。

又法○今有銀二千九百二十八兩，共買綾一百五十疋、羅三百疋、絹四百五十疋。只云綾疋價比羅疋價多四錢七分，羅疋價比絹疋價多一兩三錢五分。問三色疋價各若干[1]？舊法置羅三百疋，以多絹價一兩三錢五分乘之，得四百零五兩：又置綾一百五十疋，以二項多價共一兩八錢二分乘之，得(一)[二]百七十三兩[2]。併之得六百七十八兩，以減總銀二千九百二十八兩，餘二千二百五十兩爲實。併綾、羅、絹共九百疋，爲法除之，得絹價每疋銀二兩五錢；加多一兩三錢五分，得羅價每疋銀三兩八錢五分；又加多四錢七分，得綾價每疋銀四兩三錢二分[3]。

又法○今有綾七尺、羅九尺共價適等，只云羅每尺價比綾每尺價少錢三十六文。問各每尺價若干[4]？舊法置羅九尺，以少價三十六文乘之，得三百二十

---

1 此題爲《算法統宗》卷五“匿價差分”第二題。

2 一百七十三，“一”當作“二”，據演算改。

3 此係三色匿價差分。設賤價（絹）爲 x、中價（羅）爲 y、貴價（綾）爲 z，已知 $z-y=t_1$、$y-x=t_2$，又總價 M，賤物（絹）m、中物（羅）n、賤物（綾）p。求得絹價爲：

$$x=\frac{M-[nt_2+p(t_1+t_2)]}{m+n+p}=\frac{2928-[300\times1.35+150\times(0.47+1.35)]}{450+300+150}=2.5$$

依次加差價，可得羅價、綾價。

4 此題爲《算法統宗》卷五“匿價差分”第三題。

四文為實另以綾七尺羅九尺相減餘二尺為法除實得綾每尺價一百六十二文另置綾七尺以三十六文乘之得二百五十二文為實仍將二尺為法除之得羅每尺價一百二十六文

解義綾價每尺多羅價三十六文綾七尺羅多二尺適等是七个三十六文為二尺羅價故以綾七尺乘三十六文以二尺除得每尺羅價九尺比七尺多二七个三十六文為二尺羅價再加二個三十六文即每尺各加一三十六文為二尺綾價故以羅九尺乘三十六文以二尺除即每尺綾價此是綾羅價相等若或綾羅數增減不一價有餘歟不等又當合餘歟數為法求之併列后

貴價不足差分法○今有綾每尺價比羅每尺多錢三十六文用價買綾六尺買羅八尺綾價比羅共價少三十六文問各每尺價若干

增法 置多錢三十六文以賤價羅八尺乘之得二百八十八文加入綾少價三十六文共三百二十四文為實另以六尺八尺相減餘二尺為法除實得綾價每尺錢一百六十二文另

四文爲實。另以綾七尺、羅九尺相減，餘二尺爲法，除實得綾每尺價一百六十二文。另置綾七尺，以三十六文乘之，得二百五十二文爲實。仍將二尺爲法除之，得羅每尺價一百二十六文[1]。

【解義】綾價每尺多羅價三十六文，綾七尺、羅多二尺適等，是七个三十六文爲二尺羅價。故以綾七尺乘三十六文，以二尺除，得每尺羅價。九尺比七尺多二，七个三十六文爲二尺羅價，再加二個三十六文，即每尺各加一三十六文，爲二尺綾價。故以羅九尺乘三十六文，以二尺除，即每尺綾價。此是綾、罗價相等，若或綾、羅數增減不一，價有餘歉不等，又當合餘歉數爲法求之，併列后。

貴價不足差分法○今有綾每尺價比羅每尺多錢三十六文，用價買綾六尺，買羅八尺，綾價比羅共價少三十六文。問各每尺價若干[2]？增法 置多錢三十六文，以賤價羅八尺乘之，得二百八十八文，加入綾少價三十六文，共三百二十四文爲實。另以六尺、八尺相減餘二尺爲法，除實得綾價每尺錢一百六十二文。另

---

1 該題與前兩題類型不同。設羅價爲 x、綾價爲 y，已知 $y - x = t$、$mx = ny$，求 x、y。解法如下：

$$x = \frac{nt}{m-n} = \frac{7 \times 36}{9-7} = 126$$

$$y = \frac{mt}{m-n} = \frac{9 \times 36}{9-7} = 162$$

2 該題及以下二題係《筭海説詳》新增。

置多錢三十六文以綾六尺乘之得二百一十六文加入綾少價三十六文共二百五十二文亦以二尺為法除之得羅每尺錢一百二十六文

又法○今有綾每尺價比羅每尺多錢三十六文原借羅一丈二尺還綾七尺外補錢三百七十八文遙等問各每尺價若干　增法置多錢三十六文以借羅一丈二尺乘之得四百三十二文加外補錢三百七十八文共八百一十文為實以綾七尺羅一丈二尺對減餘五尺為法除實得綾每尺錢一百六十二文另置三十六文以綾七尺乘之得二百五十二文加外補錢三百七十八文共六百三十文亦以五尺為法除之得羅價每尺錢一百二十六文

貴價有餘差分法○今有綾每尺價比羅每尺多三十六文原借綾六尺還羅七尺仍欠錢九十文問各每尺價若干　增法置多錢三十六文以羅

置多錢三十六文，以綾六尺乘之得二百一十六文，加入綾少價三十六文，共二百五十二文。亦以二尺爲法除之，得羅每尺錢一百二十六文[1]。

又法○今有綾每尺價比羅每尺多錢三十六文，原借羅一丈二尺，還綾七尺外，補錢三百七十八文適等。問各每尺價若干？ 增法 置多錢三十六文，以借羅一丈二尺乘之得四百三十二文，加外補錢三百七十八文，共八百一十文爲實。以綾七尺、羅一丈二尺對減，餘五尺爲法，除實得綾每尺錢一百六十二文。另置三十六文，以綾七尺乘之得二百五十二文，加外補錢三百七十八文，共六百三十六。亦以五尺爲法除之，得羅價每尺錢一百二十六文[2]。

貴價有餘差分法○今有綾每尺價比羅每尺多三十六文，原借綾六尺，還羅七尺，仍欠錢九十文。問各每尺價若干？ 增法 置多錢三十六文，以羅

---

1 設羅價爲 x、綾價爲 y，已知 $y-x=t$、$mx-ny=k$，解法如下：

$$x=\frac{nt+k}{m-n}=\frac{6\times 36+36}{8-6}=126$$

$$y=\frac{mt+k}{m-n}=\frac{8\times 36+36}{8-6}=162$$

2 該題解法同前題。補錢三百七十八文，即七尺綾比一丈二尺羅所少之價 k。

七尺乘之得二百五十二文减去欠價九十文餘一百六十二文為實以六尺七尺對减餘一尺為法除之仍故得綾每尺錢一百六十二文另置三十六文以綾六尺因之得二百一十六文减去欠價九十文餘得一百二十六文為實亦以法一尺除之仍故得羅每尺錢一百二十六文

解義 三法互相發明貴價不足則加入貴價有餘則减去其以貴價為主者何也賤以尺数補貴以價數較不足者補入乃合賤物所多尺数之價有餘者减去亦然

輕重匿数差分法〇今有金九錠銀十一錠稱数適等交换二錠則銀比金多一十三兩問金銀各重共重若干

舊法置銀重一十三兩折半得六兩五錢乘金九錠得五十八兩五錢為實却置金九錠銀十一錠對减餘二為法除實得銀每錠重二十九兩二錢五分加入重六兩五錢得金每錠重三十五兩七錢五

七尺乘之得二百五十二文[1]，減去欠價九十文，餘一百六十二文爲實。以六尺、七尺對減餘一尺爲法，除之仍故，得綾每尺錢一百六十二文。另置三十六文，以綾六尺因之得二百一十六文，減去欠價九十文，餘得一百二十六文爲實。亦以法一尺除之，仍故，得羅每尺錢一百二十六文[2]。

【解義】三法互相發明，貴價不足則加入，貴價有餘則減去。其以貴價爲主者何也？賤以尺數補，貴以價數較，不足者補入，乃合賤物所多尺數之價。有餘者減去，亦然。

輕重匿數差分法○今有金九錠、銀十一錠，稱數適等。交換二錠，則銀比金多一十三兩。問金銀各重、共重若干[3]？舊法 置銀重一十三兩，折半得六兩五錢。乘金九錠，得五十八兩五錢爲實。却置金九錠、銀十一錠對減，餘二爲法，除實得銀每錠重二十九兩二錢五分。加入重六兩五錢，得金每錠重三十五兩七錢五

1　二百五十二文，順治本誤作“二百五十三文”。

2　設羅價爲 x、綾價爲 y，已知 $y - x = t$、$ny - mx = k$，解法如下：

$$x = \frac{nt - k}{m - n} = \frac{6 \times 36 - 90}{7 - 6} = 126$$

$$y = \frac{mt - k}{m - n} = \frac{7 \times 36 - 90}{7 - 6} = 162$$

3　此題爲《算法統宗》卷五“匿價差分”第四題。

(分)若先求金重即置重八兩五錢以銀錠十一乘之得七十一兩五錢為實仍以前法二除實得(金)(每)(錠)(重)(三)(十)(五)(兩)(七)(錢)(五)(分)內減六兩五錢得銀每錠數各將重數以錠數乘之以錠九乘三十五兩七錢五分以錠十一乘二十九兩二錢五分得(金)(銀)(各)(共)(重)(三)(百)(二)(十)(一)(兩)(七)(錢)(五)(分)

解義 銀內換入金二錠則重一十三兩是金每錠比銀重六兩五錢法應以交換二錠除十三兩得六兩五錢為一錠重數將十三兩折半即以二除得一錠重數也銀多二錠與金重相等是金多九個六兩五錢即二錠銀數故以九乘二除得每錠銀數以十一錠乘六兩五錢又多二个六兩五錢以二除之各多一個六兩五錢故得金每錠數此与後七尺羅九尺同一法也

雖題匿輕重西江月〇七釧九釵成器釧子分兩重多九兩四錢是相和仔細與公說過二物相交一隻秤之遠等無那不能蓋得是喽囉二人却來問我 此言七釧九釵共重九兩四錢交易其一秤之遠等乃六釧一釵重四兩七錢八釵一釧重四兩七錢問各每隻重若干

分。若先求金重，即置重六兩五錢，以銀十一錠乘之，得七十一兩五錢爲實。仍以前法二除實，得金每錠重三十五兩七錢五分。内減六兩五錢，得銀每錠數。各將重數以錠數乘之，以九錠乘三十五兩七錢五分，以十一錠乘二十九兩二錢五分，得金銀各共重三百二十一兩七錢五分[1]。

【解義】銀内换入金二錠，則重一十三兩，是金每錠比銀重六兩五錢。法應以交换二錠除十三兩，得六兩五錢爲一錠重數。將十三兩折半，即以二除得一錠重數也。銀多二錠與金重相等，是金多九個六兩五錢，即二錠銀數，故以九乘、二除，得每錠銀數。以十一錠乘六兩五錢，又多二个六兩五錢，以二除之，各多一個六兩五錢，故得金每錠數。此与綾七尺、羅九尺同一法也。

難題·匿輕重·西江月〇七釧九釵成器，釧子分兩重多。九兩四錢是相和，仔細與公説過。二物相交一隻，秤之適等無那。不能筭得是嘍囉，二人却来問我[2]。此言七釧九釵共重九兩四錢，交易其一，秤之適等。乃六釧一釵重四兩七錢，八釵一釧重四兩七錢。問各每隻重若干?

---

1 設銀每錠重 x、金每錠重 y，已知 $mx = ny$，又交换二錠（據解法，當理解爲銀一錠與金一錠相交换），銀比金重 13 兩。交换後，銀重 $(m-1)x+y$，金重 $(n-1)y+x$，據題意列：

$$[(m-1)x+y]-[(n-1)y+x] = 13$$

整理得：

$$(mx-ny)+(2y-2x) = 13$$

又 $mx = ny$，則得：

$$y-x = \frac{13}{2} = 6.5$$

即一錠金比一錠銀重 6.5 兩，解法同前“綾七尺羅九尺共價適等”題，先求一錠銀重：

$$x = \frac{nt}{m-n} = \frac{9\times6.5}{11-9} = 29.25$$

加入 6.5 兩，得一錠金重。若先求一錠金重，則用公式：

$$y = \frac{mt}{m-n} = \frac{11\times6.5}{11-9} = 35.75$$

減去 6.5 兩，得一錠銀重。

2 此難題爲《算法統宗》卷十六“難題方程八”第三題。

舊法置列右六釧一鈒重四兩七錢左一釧互八鈒重四兩七錢先以右上六釧互乘左中八鈒得四十八鈒以左上一釧互乘右中一鈒得一鈒減左行四十八鈒餘四十七鈒為法次以右上六釧互乘左下重四兩七錢得二十八兩二錢以左上一釧互乘右下重四兩七錢得四兩七錢相減餘二十三兩五錢為實以法四十七鈒除之得鈒每股重五錢却將右行重四兩七錢內減一鈒重五錢餘四兩二錢以釧六隻除之得釧每隻重七錢若先求釧重以左中一鈒互乘左下四兩七錢得四兩七錢以左中八鈒互乘右下四兩七錢得三十七兩六錢對減餘三十二兩九錢為實以法四十七除之得釧每隻重七錢將左行重四兩七錢內減一釧重七錢餘四兩以八鈒除之得每鈒重五錢

解義用互乘減除者因兩等分數互和用交互取平法減退一位乃可单得一位之數也如左行一釧八鈒共重四兩七錢以右行六釧遍乘之乘左上一釧得六釧乘左中八鈒得四十八鈒又乘左下重四兩七錢得二十八兩二錢即六釧四十八鈒之共重也又以左

舊法 置列：

右六釧　互　一釵　重四兩七錢
左一釧　　　八釵　重四兩七錢

先以右上六釧互乘左中八釵得四十八釵，以左上一釧互乘右中一釵得一釵，減左行四十八釵，餘四十七釵爲法。次以右上六釧互乘左下重四兩七錢得二十八兩二錢，以左上一釧互乘右下重四兩七錢得四兩七錢，相減餘二十三兩五錢爲實。以法四十七釵除之，得釵每股重五錢。却將右行重四兩七錢内減一釵重五錢，餘四兩二錢，以釧六隻除之，得釧每隻重七錢。若先求釧重，以左中一釵互乘左下四兩七錢得四兩七錢，以左中八釵互乘右下四兩七錢得三十七兩六錢，對減餘三十二兩九錢爲實。以法四十七除之，得釧每隻重七錢。將左行重四兩七錢内減一釧重七錢，餘四兩，以八釵除之，得每釵重五錢[1]。

【解義】用互乘減除者，因兩等分數互和，用交互取平法減退一位，乃可单得一位之數也。如左行一釧八釵共重四兩七錢，以右行六釧遍乘之，乘左上一釧得六釧，乘左中八釵得四十八釵，乘左下重四兩七錢得二十八兩二錢，即六釧四十八釵之共重也。又以左

1　該題用方程術解。設釵重 x、釧重 y，據題意列：

$$\begin{cases}6x + y = 4.7 & ①\\ x + 8y = 4.7 & ②\end{cases}$$

先求釧重 y，以釵六爲法，遍乘②式各項，得：

$$6x + 48y = 28.2 \quad ③$$

①③兩式對減，得：

$$47y = 23.5$$

解得釧重：

$$y = 0.5$$

代入①式，解得釵重：

$$x = \frac{4.7 - 0.5}{6} = 0.7$$

若先求釵重 x，以釧八爲法，遍乘①式各項，得：

$$48x + 8y = 37.6 \quad ④$$

②④兩式對減，得：

$$47x = 32.9$$

解得釵重：

$$x = 0.7$$

代入②式，解得釵重：

$$y = \frac{4.7 - 0.7}{8} = 0.5$$

上一釧遍乘右行，乘右上六釧亦得六釧，乘右中一釵得一釵，乘右下重四兩七錢仍四兩七錢，即仍是六釧一釵之重也。兩下対減，皆是六釧，左中四十八釵減退一釵，左下六釧四十八釵之重減退六釧一釵之重，止餘四十七釵之重，故將四十八対減餘四十七為法，除得一釵重。乃是以釧為法乘挖重，將兩邊釧重俱減平減尽，止餘釵重，故以法求之得釵。若以釵為法乘挖重，便將兩邊釵重亦減平減尽，止餘釧重，以法求之，即可得釧，一理也。

雜題多少匿數差分歌（　）甲乙二人沽酒，不知誰少誰多。乙鈔少半甲相和，二百無零堪可。乙得甲錢中半，亦然二百無那。英賢算得的無訛，將甚法兒方可。此言酒價二百文，甲乙二人共出，甲借乙三分之一遣足，乙借甲二分之一遣足，問甲乙各錢若干。（舊法）

置列右甲二分之一錢二百，左乙三分之一錢二百。先以右二分互乘左下二百得四百，又以左三分互乘右下二百得六百，對減餘二百為實。以二分三分併之得五為法，除實得四十，以乙三分乘之得（乙錢一百二十文），以減原錢二百，餘八十，以甲二分乘之得

上一釧遍乘右行，乘右上六釧亦得六釧，乘右中一釵得一釵，乘右下重四兩七錢仍四兩七錢，即仍是六釧一釵之重也。兩下對減，皆是六釧；左中四十八釵減退一釵；左下六釧四十八釵之重減退六釧一釵之重，止餘四十七釵之重。故將四十八對減餘四十七爲法，除得釵重。乃是以釧爲法乘總重，將兩邊釧重俱徹平減盡，止餘釵重，故以法求之得釵。若以釵爲法乘總重，便將兩边釵重亦徹平減盡，止餘釧重，以法求之即可得釧，一理也。

難題·多少匿數差分歌〇甲乙二人沽酒，不知誰少誰多。乙鈔少半甲相和，二百無零堪可。乙得甲錢中半，亦然二百無那。英賢筭得的無訛，將甚法兒方可[1]？此言酒價二百文，甲乙二人共出，甲借乙三分之一適足，乙借甲二分之一適足。問甲乙各錢若干？舊法置列：

右甲二分	互	之一	錢二百
左乙三分		之一	錢二百

先以右二分互乘左下二百得四百，又以左三分互乘右下二百得六百，對減餘二百爲實。以二分、三分併之得五爲法，除實得四十。以乙三分乘之，得乙錢一百二十文。以減原錢二百文，餘八十，以甲二分乘之，得

---

1 此難題爲《算法統宗》卷十六“難題方程八”第四題。

甲錢一百六十文

解義 以上法求原錢亦合然甲借乙三分之一是以四十為一分乙借甲二分之一是以八十為一分矣立此等法須要分法一例當云乙借甲四分之二俱以四十為一分却用母互乘子為法乃可額定分數或原錢各有增減以法求之無往不合今併列釋于后

前法○今有甲乙二人沽酒共應酒價二百文只云甲借乙錢三分之一乙借甲錢四分之二俱適足問甲乙各原錢若干 增法 置酒價二百文為實却以借乙三分合併借甲二分之二得五以借甲四分合併借乙一分之一亦得五就以五為法除實二百得四十為分法以四分乘之得甲錢一百六十文以三分乘之得乙錢一百二十文

又法○今有甲乙二人沽酒共應酒價二百文只云甲借乙錢二分之一乙借甲錢四分之三俱適足問甲乙各原錢若干 增法 置酒價二百文

甲錢一百六十文[1]。

【解義】以上法求原錢亦合。然甲借乙三分之一，是以四十爲一分；乙借甲二分之一，是以八十爲一分矣。立此等法，須要分法一例，當云乙借甲四分之二，俱以四十爲一分，却用母互乘子爲法，乃可額定分數。或原錢各有增減，以法求之，無往不合，今併列釋于后。

前法〇今有甲乙二人沽酒，共應酒價二百文。只云甲借乙錢三分之一，乙借甲錢四分之二，俱適足。問甲乙各原錢若干[2]？ 增法 置酒價二百文爲實，却以借乙三分合併借甲之二得五，以借甲四分合併借乙之一亦得五。就以五爲法，除實二百得四十爲分法。以四分乘之，得甲錢一百六十文；以三分乘之，得乙錢一百二十文[3]。

又法〇今有甲乙二人沽酒，共應酒價二百文。只云甲借乙錢二分之一，乙借甲錢四分之三，俱適足。問甲乙各原錢若干？ 增法 置酒價二百文

---

1 該題可設甲原錢爲 $x = 2m$，乙原錢爲 $y = 3n$，據題意列：

$$\begin{cases} 2m + n = 200 \\ m + 3n = 200 \end{cases}$$

解得：

$$\begin{cases} m = 80 \\ n = 40 \end{cases}$$

則：

$$\begin{cases} x = 2m = 160 \\ y = 3n = 120 \end{cases}$$

“舊法”義理不明。

2 此題及後題，係據前難題改編，《算法統宗》無。

3 該題可設甲原錢爲 $x = 4m$，乙原錢爲 $y = 3n$，據題意列：

$$\begin{cases} 4m + n = 200 \\ 2m + 3n = 200 \end{cases}$$

解得：

$$m = n = \frac{200}{5} = 40$$

則：

$$\begin{cases} x = 4m = 160 \\ y = 3n = 120 \end{cases}$$

為實却以借乙二分互併借甲二之得五以借甲四分互併借乙一之亦得五就
以五為法除實二百文得四十為分法以借甲四分乘之得甲原錢一百六十
文以借乙二分乘之得乙原錢八十文
解義酒錢二百即用為实不必又用分乘对减一番除法宜用母互
併子若以二毋為法後法二分之一四分之三以四分併二分
一則六矣又将作何减合乎因知舊法僅
一節偶合恐後人誤用故併舊法列載
雜題因税知價歌○昨日街頭幹事畢悶來税局門前立見一客持三百
布每疋必須税二尺貼回銅錢六百文収布十五又半疋不知每疋價
幾何只言每疋長四十尺此言各布三百疋每疋長四十尺内扣税錢二尺每過税布一十五疋半貼回錢六百文問每
疋價若干舊法置布三百疋以税二尺乘之得六百尺另置與過税布一十五疋半以
每疋四十尺因之得六百二十尺减該税六百尺餘得多税二十尺為法以除貼回

爲實，却以借乙二分互併借甲之三得五，以借甲四分互併借乙之一亦得五。就以五爲法，除實二百文得四十爲分法。以借甲四分乘之，得甲原錢一百六十文；以借乙二分乘之，得乙原錢八十文[1]。

【解義】酒錢二百即用爲實，不必又用分乘對減一番。除法宜用母互併子，若以二母爲法，後法二分之一、四分之三，以四分併二分則六矣，又將作何減合乎？固知“舊法”僅一節偶合，恐後人誤用，故併“舊法”列載。

難題·因税知價歌○昨日街頭幹事畢，閑来税局門前立。見一客持三百布，每疋必須税二尺。貼回銅錢六百文，收布十五又半疋。不知每疋價幾何，只言每疋長四十[2]。此言客布三百疋，每疋長四十尺，内扣税錢二尺。与過税布一十五疋半，貼回錢六百文。問每疋價若干？舊法 置布三百疋，以税二尺乘之得六百尺；另置與過税布一十五疋半，以每疋四十尺因之得六百二十尺。減該税六百尺，餘得多税二十尺爲法。以除貼回

---

1 該題可設甲原錢爲 $x = 4m$，乙錢原爲 $y = 2n$，據題意列：

$$\begin{cases}4m + n = 200\\3m + 2n = 200\end{cases}$$

解得：

$$m = n = \frac{200}{5} = 40$$

則：

$$\begin{cases}x = 4m = 160\\y = 2n = 80\end{cases}$$

2 此難題爲《算法統宗》卷十五“難題均輸六”第七題。

錢六百文得每尺價三十文以每疋長四十尺乘之得(每)(疋)(價)(一)(千)(二)(百)(文)

雜題　圖借知原西江月○甲乙隔講牧放二人暗裡參詳甲云得乙九個羊多你一倍之上乙說得甲九隻兩家之數相當二邊閑坐細商量書地算了半晌　此言甲乙二人各牧羊甲借乙羊九隻得乙二倍乙借甲羊九隻適等問甲乙各羊若干

(舊)(法)置甲添乙羊九個多乙羊一倍為二十分却減借乙羊九個為一分得十九分另以乙羊添甲羊九個兩家相當為十分內減借甲九個為一分得九分俱以借羊九隻乘之以九乘十九分得一百七十一以九乘九分得八十一二數對減餘九十折半得(乙)(羊)(四)(十)(五)(隻)另置甲一百七十一內減乙羊四十五隻餘一百二十六折半得(甲)(羊)(六)(十)(三)(隻)

(增)(法)置甲借乙羊九個多乙羊一倍甲二分乙一分共得三分另置乙借甲羊九隻相當甲一分乙一分共得二分二數相乘得六以借羊九隻乘之得五十四隻加入九隻

錢六百文，得每尺價三十文。以每疋長四十尺乘之，得每疋價一千二百文[1]。

難題·因借知原·西江月〇甲乙隔(講)[溝]牧放[2]，二人暗裡参詳。甲云得乙九個，羊多你一倍之上。乙説得甲九隻，兩家之數相當。二邊閒坐細商量，畫地筭了半晌[3]。此言甲乙二人各牧羊，甲借乙羊九隻，得乙二倍；乙借甲羊九隻，適等。問甲乙各羊若干？ 舊法 置甲添乙羊九个多乙羊一倍爲二十分，却減借乙羊九个爲一分，得十九分。另以乙羊添甲羊九个兩家相當爲十分，内減借甲九个爲一分，得九分。俱以借羊九隻乘之，以九乘十九分得一百七十一，以九乘九分得八十一。二數對減餘九十，折半得乙羊四十五隻。另置甲一百七十一，内減乙羊四十五隻餘一百二十六，折半得甲羊六十三隻。增法 置甲借乙羊九个多乙羊一倍，甲二分、乙一分，共得三分；另置乙借甲羊九隻相當，甲一分、乙一分，共得二分。二數相乘得六，以借羊九隻乘之得五十四隻，加入九隻，

---

1 設每尺布價爲 x，根據題意：

$$(15.5 \times 40)x = 600 + (300 \times 2)x$$

得：

$$x = \frac{600}{15.5 \times 40 - 300 \times 2} = 30$$

則每尺布價為：

$$40 \times 30 = 1200$$

2 講，《算法統宗》卷十五作“溝”，據改。

3 此難題爲《算法統宗》卷十五“難題均輸六”第九題。

得甲羊六十三隻減退九隻得乙羊四十五隻

又因借知原法〇今有甲乙二人銀不知数甲借乙銀六錢五分比乙一倍有半乙借甲銀六錢五分相等問甲乙各銀若干　增法置甲一倍有半甲三分乙二分共得五分又置乙相當甲一分乙一分共得二分以二乘五得十一以借銀六錢五分乘之得六兩五錢加入六錢五分得甲原銀七兩一錢五分減退六錢五分得乙原銀五兩八錢五分

解義　凡両数不斉少者借多者一個相平必係多二個故借一可平若多者又借少者一個原多二個少者再減一多者又增一必共多四個借一淂二借必係二四八個減借一個原数必一一边七個一边少二個淂五個借一淂一借半必借一多出一四还有両下相平之二四共三四一十二個減借一個必一边十一個一边少二得九個今將錢十二文一边列七個一边五個借多一個両边皆六借少一個一边是四個一边是両個四文甲羊六十三隻七個九淂六十三也乙羊四十五隻五個九淂四十五也將錢二十文一边列十

得甲羊六十三隻；減退九隻，得乙羊四十五隻[1]。

又因借知原法〇今有甲乙二人銀不知數，甲借乙銀六錢五分，比乙一倍有半；乙借甲銀六錢五分，相等。問甲乙各銀若干[2]？ 增法 置甲一倍有半，甲三分、乙二分，共得五分；又置乙相當，甲一分、乙一分，共得二分。以二乘五得一十，以借銀六錢五分乘之得六兩五錢，加入六錢五分，得甲原銀七兩一錢五分；減退六錢五分，得乙原銀五兩八錢五分[3]。

【解義】凡兩數不齊，少者借多者一個相平，必係多二個，故借一可平。若多者反借少者一個，原多二個，少者再減一，多者又增一，必共多四個。借一得二倍，必係二、四、八個，減借一個，原數必一边七個[4]，一边少二個得五個。借一得一倍半，必借一多出一四，还有兩下相平之二四，共三四一十二個。減借一個，必一边十一個，一边少二得九個。今將錢十二文，一邊列七個，一邊五個，借多一個，兩邊皆六；借少一個，一邊是四個，一邊是兩個四文。甲羊六十三隻，七個九得六十三也；乙羊四十五隻，五個九得四十五也。將錢二十文，一邊列十

---

1 “增法”可作如下理解：設甲羊 x、乙羊 y，以九隻爲 a，甲得乙九隻，得乙 $\frac{m}{n}$ 倍（$m = 2$，$n = 1$），根據題意列：

$$\begin{cases} n(x + a) = m(y - a) & ① \\ x - a = y + a & ② \end{cases}$$

以 $x - a = y + a$ 爲 k，則①式可表示爲：

$$n(k + 2a) = m(k - 2a)$$

解得：

$$k = \frac{2(m + n)}{m - n}a = 6a = 54$$

解得甲、乙羊分別爲：

$$\begin{cases} x = k + a = 63 \\ y = k - a = 45 \end{cases}$$

“增法”求 k 方法爲：

$$k = 2(m + n)a$$

僅當 $m - n = 1$ 時，方成立。下題同。“舊法”殊難理解。

2 此題係《筭海説詳》新增，《算法統宗》無。

3 此題解法同前題“增法”。設甲銀爲 x，乙銀爲 y，以六錢五分爲 a，甲得乙六錢五分，得乙 $\frac{m}{n}$ 倍（$m = 3$，$n = 2$），根據題意列：

$$\begin{cases} n(x + a) = m(y - a) \\ x - a = y + a \end{cases}$$

以 $x - a = y + a = k$，解得：

$$k = \frac{2(m + n)}{m - n}a = 10a = 6.5$$

則甲、乙銀分別爲：

$$\begin{cases} x = k + a = 7.15 \\ y = k - a = 5.85 \end{cases}$$

4 一邊七個，順治本誤作“七個七個”。

一文一边刘九文少借多一文两边各十文多借少一文一边两個四共八文一边三個四共十二文甲银七两一钱五分十一個六钱五分也乙银五两八钱五分九個六钱五分也前法是以九隻作一個後法是以六钱五分作一個二分三分相乘得六二分五分柄乘得十即二數之平法也俱當以此為正旧以加倍為二十分相當為十分各減借一分立法亦合然合後法推筭則一倍有半應作十乃分内藏借一分作十四分以前法求之併死合処図知舊法亦未當也

雞題說雞鳳樓梧〇甲赶群羊逐草茂乙拽单羊一隻随其後戲問甲及一百丢甲云脟説無差謬若将這般一群凑再添半群小半群得你一隻凑方勾玄機奥妙誰参透此言甲原羊一群再添一群又添半群又添小半群併羊一隻始足一百問原羊若干

舊法置羊一百隻減乙羊一隻餘九十九隻為實併原群一又群一再添半群即五分小半群即二分半共二群七分半為法除之得甲原羊三十六隻

雞題竿索較長歌〇一條竿子一條索索比竿子長一托摺折索子却量

一文，一邊列九文，少借多一文，兩邊各十文；多借少一文，一邊兩個四共八文，一邊三個四共十二文。甲銀七兩一錢五分，十一個六錢五分也；乙銀五兩八錢五分，九個六錢五分也。前法是以九隻作一個，後法是以六錢五分作一個。二分、三分相乘得六，二分、五分相乘得十，即二數之平法也。俱當以此爲正。舊以加倍爲二十分，相當爲十分，各減所借一分，立法亦合。然合後法推算，則一倍有半應作十五分，內減借一分作十四分，以前法求之，併無合處，固知“舊法”亦未當也。

難題·設難·鳳棲梧〇甲趕群羊逐草茂，乙拽单羊一隻随其後。戲問甲及一百否，甲云所説無差謬。若將這般一群湊，再添半群小半群。得你一隻湊方勾，玄機奥妙誰參透[1]。此言甲原羊一群，再添一群，又添半群，又添小半群，併羊一隻，始足一百。問原羊若干？

舊法 置羊一百隻，減乙羊一隻，餘九十九隻爲實。併原一群又一群，再添半群即五分、小半群即二分半，共二群七分半爲法，除之得甲原羊三十六隻[2]。

難題·竿索較長歌〇一條竿子一條索，索比竿子長一托。準折索子却量

1 此難題爲《算法統宗》卷十五“難題均輸六”第十題。

2 設甲原羊 x 隻，據題意得：

$$x + x + \frac{x}{2} + \frac{x}{4} + 1 = 100$$

解得：

$$x = 36$$

竿却比竿子短一托每一托計五尺　舊法置短一托加倍得二托併長一托得竿十三托加長一托得索長四托各以每托五尺乘之得竿長一丈五尺索長二丈

孫子物不知總歌〇三人同行七十稀五樹梅花廿一枝七子團圓正半月除百零五便得知　今有物不知數只云三數剩二個五數剩三個七數剩二個問共數若干　舊法置列三五七維乘以三乘五得一十五又以七乘得一百零五為滿法數另以三乘五得一十五為七數剩一之衰又以三乘七得二十一為五數剩一之衰又以五乘七得三十五倍之得七十為三數剩一之衰將三數剩二下二個七十共一百四十五數剩三下三個二十一共六十三七數剩二下二個十五共三十併之得二百三十三內減一百零五再減一百零五餘得物二十三個

竿，却比竿子短一托[1]。每一托計五尺。 舊法 置短一托，加倍得二托，併長一托，得竿三托。加長一托，得索長四托。各以每托五尺乘之，得竿長一丈五尺、索長二丈[2]。

孫子物不知總歌○三人同行七十稀，五樹梅花廿一枝。七子團圓正半月，除百零五便得知。 今有物不知數，只云三數剩二個，五數剩三個，七數剩二個。問共數若干[3]？ 舊法 置列三、五、七維乘，以三乘五得一十五，又以七乘，得一百零五爲滿法數。另以三乘五得一十五，爲七數剩一之衰；又以三乘七得二十一，爲五數剩一之衰；又以五乘七得三十五，倍之得七十，爲三數剩一之衰。將三數剩二，下二個七十，共一百四十；五數剩三，下三個二十一，共六十三；七數剩二，下二個十五，共三十。併之得二百三十三，内減一百零五，再減一百零五，餘得物二十三個[4]。

---

1 此難題爲《算法統宗》卷十五“難題均輸六”第十四題。

2 設竿長爲 x 、索長爲 y ，據題意得：

$$\begin{cases} y - x = 1 \\ x - \dfrac{y}{2} = 1 \end{cases}$$

求得：

$$\begin{cases} x = 3 \\ y = 4 \end{cases}$$

3 此題爲《算法統宗》卷五“物不知總”第一題。原出自《孫子算經》卷下。

4 此題相當於求解如下一次同余式組：

$$\begin{cases} x \equiv a(mod3) \\ x \equiv b(mod5) \\ x \equiv c(mod7) \end{cases}$$

先求得：

$$\begin{cases} S_1 = m_1(5 \times 7) \equiv 1(mod3) \\ S_2 = m_2(3 \times 7) \equiv 1(mod5) \\ S_3 = m_3(3 \times 5) \equiv 1(mod7) \end{cases}$$

則：

$$x = aS_1 + bS_2 + cS_3 - p(3 \times 5 \times 7)$$

該解法僅適用於模數爲兩兩互素的情況，如本題“解義”所列。以下三題，皆此類型。

解義　一百零五者三五七会齐之數故以為三數滿法七剩一下十五者十五乃三五会齐之数三数五数俱死剩以七数之剩一個故以十五為七数剩一之衰五数剩一下二十一者二十一乃三七会齊之数三数七数俱死剩以五数之剩一個故以二十一為五数剩一之衰三剩一下七十者五七三十五乃五七会齐之数以三数之餘二再加一个三十五淂七十以三数之餘一七五数七数俱無剩故以七十為三数剩一之衰然此数不特三数五数七数可推又有二数三数五数或三四五三四七五七八四七九七八九皆可焰前法推筭会更列三法于后五相發明

如云有物二数剩一個三数剩一個五数剩一個問共数若干

（答）（法）置

二　三　五　維乘二三相乘得六又以五乘得三十為滿法数另以三乘五得一十五為二数剩一之衰又以五乘二得一十為三数剩一之衰又以二乘三得六為五数剩一之衰卻將二数三数五数各剩一各下一衰十五加十再加六共三十一內減滿法数三十餘（得共物一個）

【解義】一百零五者，三五七會齊之數，故以爲三數滿法。七剩一下十五者，十五乃三五會齊之數，三數五數俱無剩，以七數之剩一個，故以十五爲七數剩一之衰。五數剩一下二十一者，二十一乃三七會齊之數，三數七數俱無剩，以五數之剩一個，故以二十一爲五數剩一之衰。三剩一下七十者，五七三十五乃五七會齊之數，以三數之餘二，再加一个三十五得七十，以三數之餘一，五數七數俱無剩，故以七十爲三數剩一之衰。然此數不特三數五數七數可推，又有二數三數五數，或三四五，三四七，五七八，四七九，七八九，皆可炤前法推算。今更列三法于后，互相發明。

如云有物二數剩一個，三數剩一個，五數剩一個。問共數若干[1]？增法 置二、五、三維乘，二三相乘得六，又以五乘，得三十爲滿法數。另以三乘五得一十五，爲二數剩一之衰；又以五乘二得一十，爲三數剩一之衰；又以二乘三得六，爲五數剩一之衰。却將二數三數五數各剩一，各下一衰，十五加十再加六，共三十一。内減滿法數三十，餘得共物一個[2]。

---

1 此題係《筭海説詳》新增，《算法統宗》無。

2 該題結果明顯有誤，結果當爲三十一，不應再減去滿法數。

上法三數五數七數下衰有加倍不加倍之不同此无加倍者以二三相乘得六以五數餘一二五相乘得一十以三數餘一三五相乘得一十五以二數餘一各皆餘一故各以相乘本數為衰也

解義

如云有物七數剩六個八數剩七個九數剩八個問共物若干

增法　置七八九維乘以七乘八得五十六再以九乘得五百零四為滿法數另以七乘八得五十六以九數之餘二加五個五十六共二百八十以九數之餘一即以二百八十為九數剩一之衰又以七乘九得六十三以八數之剩七加七個六十三共四百四十一以八數之餘一即以四百四十一為八數剩一之衰又以八乘九得七十二以七數之餘二加倍四個七十二共二百八十八以七數之餘一即以二百八十八為七數剩一之衰却將七數剩六下六個二百八十八共一千七百二十八又將八數剩七下七個四百四十一共三千零八十七又將九數剩八下八個二百八十

【解義】上法三數五數七數，下衰有加倍、不加倍之不同，此無加倍者。以二三相乘得六，以五數餘一；二五相乘得一十，以三數餘一；三五相乘得一十五，以二數餘一。各皆餘一，故各以相乘本數爲衰也。

如云有物七數剩六個，八數剩七個，九數剩八個。問共物若干[1]？ 增法 置七、九、八維乘，以七乘八得五十六，再以九乘，得五百零四爲滿法數。另以七乘八得五十六，以九數之餘二，加五個五十六共二百八十，以九數之餘一，即以二百八十爲九數剩一之衰；又以七乘九得六十三，以八數之剩七，加七個六十三共四百四十一，以八數之餘一，即以四百四十一爲八數剩一之衰；又以八乘九得七十二，以七數之餘二，加倍四個七十二共二百八十八，以七數之餘一，即以二百八十八爲七數剩一之衰。却將七數剩六，下六個二百八十八，共一千七百二十八；又將八數剩七，下七個四百四十一，共三千零八十七；又將九數剩八，下八個二百八十，

1　此題係《筭海說詳》新增，《算法統宗》無。

共二千二百四十併三數共七千零五十五以滿法數減之除去一十三個五百零四共去六千五百五十二餘得(共)(物)(五)(百)(零)(三)(個)

解義首法有本數為衰有加倍為衰二法全以本數為衰此法全以加倍為衰且或四倍或五倍或七倍者如以七乘八得五十六以九數之餘二五倍餘出十个乃又湊一九止餘一個以七乘九得六十三以八數之餘七加一倍則二七湊成一八止餘六乃加一倍餘則損一個六倍減去六個乃止多一個以八乘九得七十二七數餘二四倍餘八乃再湊一七餘一个不論若干倍必至多一為準也

(增)(法)又如云有物三數餘一個四數餘一個五數餘三個問共物若干

置三四五維乘三四相乘得一十二再以五乘得六十為滿法數另以三乘四得一十二以五數之餘二加倍三個一十二共三十六以五數之餘一即以三十六為五數剩一之衰又以三乘五得一十五以四數之餘三加倍三個一十五共四十五以四數之餘一即以四十五為四數剩一之衰又以四乘五得

共二千二百四十。併三數共七千零五十五，以滿法數減之，除去一十三個五百零四，共去六千五百五十二，餘得共物五百零三個。

【解義】首法有本數爲衰，有加倍爲衰；二法全以本數爲衰；此法全以加倍爲衰，且或四倍或五倍或七倍者。如以七乘八得五十六，以九數之餘二，五倍餘出十個，乃又湊一九，止餘一個。以七乘九得六十三，以八數之餘七，加一倍則二七，湊成一八，止餘六，乃加一倍，則損一個，六倍減去六個，乃止多一個。以八乘九得七十二，七數餘二，四倍餘八，乃再湊一七，餘一個。不論若干倍，必至多一爲準也。

又如云有物三數餘一個，四數餘一個，五數餘三個。問共物若干[1]？增法置三、五、四維乘，三四相乘得一十二，再以五乘，得六十爲滿法數。另以三乘四得一十二，以五數之餘二，加倍三個一十二共三十六，以五數之餘一，即以三十六爲五數剩一之衰；又以三乘五得一十五，以四數之餘三，加倍三個一十五共四十五，以四數之餘一，即以四十五爲四數剩一之衰；又以四乘五得

1　此題係《筭海説詳》新增，《算法統宗》無。

二十以三數之餘二加倍四十得四十以四十為三數剩一之衰却將三數剩一下一個又將四數剩一下一個四十五又將五數剩三下三個三十六共一百零八併三數共一百九十三減去三個滿法數共一百八十餘得共物一十三個此即上法無異若以三乘四得一十二加倍得二十四以五數之少一即以二十四為五數剩一之衰以三乘五得一十五以四數之少一即以十五為四數剩一之衰又以四乘五得二十以三數之少一即以二十為三數剩一之衰却將三數剩一下一個二十將四數剩一下一個一十五將五數剩三下三個二十四共七十二併三數共一百零七減去一個滿法數六十餘四十七與滿法數六十對減餘得共物一十三個

解義一數而備二法足見數之可推多端各法俱以滿法餘數為物數此又將滿法餘數與滿法數對減所餘為共物者各法之衰

二十，以三數之餘二，加倍二十得四十，以三數之餘一，即以四十爲三數剩一之衰。却將三數剩一，下一個四十；又將四數剩一，下一個四十五；又將五數剩三，下三個三十六共一百零八。併三數共一百九十三，減去三個滿法數共一百八十，餘得共物一十三個。此即上法無異。若以三乘四得一十二，加倍得二十四，以五數之少一，即以二十四爲五數剩一之衰；以三乘五得一十五，以四數之少一，即以十五爲四數剩一之衰；又以四乘五得二十，以三數之少一，即以二十爲三數剩一之衰。却將三數剩一，下一個二十；將四數剩一，下一個一十五；將五數剩三，下三個二十四共七十二。併三數共一百零七，減去一個滿法數六十餘四十七，與滿法數六十對減，餘得共物一十三個。

【解義】一數而備二法，足見數之可推多端。各法俱以滿法餘數爲物數，此又將滿法餘數与滿法數對減所餘爲共物者，各法之衰

俱係多一故以滿法外多數為物此係少一故以滿法內少數為物也滿法者三數会齊之數或以三十為滿或六十或一百零五或五百零四為滿皆是三數至此俱会齊死剩推筭各至滿法數而止滿法以上皆不能筭也

盈不足匿價差分法歌○筭家欲推盈不足○分率互乘物實數○併盈不足為人實○為法分率相減餘○法除物實為物價○法除人實人數目

今有人買物每人出銀五兩盈六兩每人出銀三兩不足四兩問人與物價各若干

舊法置列右出五兩左出三兩互盈六兩不足四兩先以右出五兩互乘左下不足四兩得二十兩又以左出三兩互乘右下盈六兩得一十八兩併二位共三十八兩為物價實另併盈六兩不足四兩共十兩為人實卻以出五兩出三兩對減餘二兩為法除人實十兩得五人除物價實三十八兩得物價一十九兩又法併盈六兩不足四兩為

俱係多一，故以滿法外多數爲物。此係少一，故以滿法内少數爲物也。滿法者，三數會齊之數。或以三十爲滿，或六十，或一百零五，或五百零四爲滿，皆是三數至此俱會齊無剩，推算各至滿法數而止。滿法以上，皆不能算也。

盈不足匿價差分法歌○筭家欲推盈不足○分率互乘物實數○併盈不足爲人實○爲法分率相減餘○法除物實爲物價○法除人實人數目[1]

今有人買物，每人出銀五兩，盈六兩；每人出銀三兩，不足四兩。問人與物價各若干[2]？ 舊法 置列：

右出五兩	互	盈六兩
左出三兩		不足四兩

先以右出五兩互乘左下不足四兩得二十兩，又以左出三兩互乘右下盈六兩得一十八兩，併二位共三十八兩，爲物價實。另併盈六兩、不足四兩共十兩，爲人實。却以出五兩、出三兩對減，餘二兩爲法。除人實十兩，得五人；除物價實三十八兩，得物價一十九兩[3]。 又法 併盈六兩、不足四兩爲

---

1 歌訣見《算法統宗》卷十“盈朒章”。盈不足，亦作“盈朒”，朒即不足義。原歌云：

筭家欲知盈不足，兩家互乘併爲物。
併盈不足爲人實，分率相減餘爲法。
法除物實爲物價，法除人實人數目。

盈不足術用於解決如下問題：人共買物，若每人出錢 m_1，盈 p_1；每人出錢 m_2，不足 p_2。求物價 M、人數 N。由題意可列（$m_1 > m_2$）：

$$\begin{cases} N \cdot m_1 = M + p_1 \\ N \cdot m_2 = M - p_2 \end{cases}$$

解得：

$$M = \frac{m_2 p_1 + m_1 p_2}{m_1 - m_2}$$

$$N = \frac{p_1 + p_2}{m_1 - m_2}$$

其中，m_1、m_2 爲分率，$m_2 p_1 + m_1 p_2$ 爲物實，$p_1 + p_2$ 爲人實。

2 此題爲《算法統宗》卷十“盈不足”第一題。

3 “舊法”同歌訣解法，解得人數：

$$N = \frac{p_1 + p_2}{m_1 - m_2} = \frac{6 + 4}{5 - 3} = 5$$

物價：

$$M = \frac{m_2 p_1 + m_1 p_2}{m_1 - m_2} = \frac{3 \times 6 + 5 \times 4}{5 - 3} = 19$$

人實以出率五兩三兩對減餘二兩為法除之得五人都以出五兩乘之得三十五兩

內減盈六兩餘得物價一十九兩或以出三兩乘之得五十兩加不足四兩亦得

物價一十九兩

解義　併盈不足為人實者出五兩出三兩多少相差二兩盈六兩不足四兩上下相差共十兩以每人二兩計之便是五個人共差十兩故以出銀數對減以除盈不足共數得人數以出率互乘盈不足併為物價實者出五兩出三兩所出相差二兩各有多六兩少四兩之不同將兩下互乘徹平則積出所差數目亦是每原價一兩差二兩共成二倍物價數出率相差一兩將兩下互乘徹平則積出所差數目便是每原價一兩差一兩適合一個物價差三差四皆然此數理天合之妙故亦以出率相減為法除之得物價也

分物盈不足匿數法○今有人分物每人分一十二個盈一十二個每人分一十四個不足六個問人數物數各若干　答曰　置盈十二個不足六個併得十八為人實以分十二十四對減餘二為法除實得九人都以每人分十四乘之

人實，以出率五兩、三兩對減，餘二兩爲法除之，得五人。却以出五兩乘之得二十五兩，内減盈六兩，餘得物價一十九兩。或以出三兩乘之得[一]十五兩[1]，加不足四兩，亦得物價一十九兩[2]。

【解義】併盈不足爲人實者，出五兩、出三兩，多少相差二兩；盈六兩、不足四兩，上下相差共十兩。以每人二兩計之，便是五個人共差十兩。故以出銀數對減，以除盈不足共數，得人數[3]。以出率互乘盈不足，併爲物價實者，出五兩、出三兩，所出相差二兩，各有多六兩、少四兩之不同。將兩下互乘徹平，則積出所差數目，亦是每原價一兩差二兩，共成二倍物價數。出率相差一兩，將兩下互乘徹平，則積出所差數目，便是每原價一兩差一兩，適合一個物價。差三差四皆然，此數理天合之妙。故亦以出率相減爲法除之，得物價也[4]。

分物盈不足匿數法〇今有人分物，每人分一十二個，盈一十二個；每人分一十四個，不足六個。問人數、物數各若干[5]？舊法 置盈十二個、不足六個，併得十八爲人實。以分十二、十四對減，餘二爲法，除實得九人。却以每人分十四乘之，

---

1 一，原文脱落，據文意補。

2 “又法”先求共人 $N = 5$，復求物價 M：

$$M = Nm_1 - p_1 = Nm_2 + p_2 = 19$$

3 以上解釋公式：

$$N = \frac{p_1 + p_2}{m_1 - m_2}$$

$p_1 + p_2$ 爲共人兩次出錢盈朒差，$m_1 - m_2$ 爲每人兩次出錢之差，相除得共人。

4 以上闡釋公式：

$$M = \frac{m_2p_1 + m_1p_2}{m_1 - m_2}$$

似未得其法。該式應由：

$$\frac{m_2p_1 + m_1p_2}{p_1 + p_2} \cdot \frac{p_1 + p_2}{m_1 - m_2}$$

推得。其中，$\frac{m_2p_1 + m_1p_2}{p_1 + p_2}$ 爲人均出錢數，$\frac{p_1 + p_2}{m_1 - m_2}$ 爲共人，相乘即物價。詳《算法統宗校釋》，第 702－703 頁。

5 此題爲《算法統宗》卷十“盈不足”第二題。

得一百二十六兩減不足六個餘得物一百二十個或以每人分二十一乘之得一百零八加入盈十二個亦得物一百二十個

解義出銀買物與分物分銀皆同法可求然以出率乘人數求價物皆同乃買一物則減盈增不足始合物價分物則增盈減不足始合物數如分物一百二十個即出物價一百二十文以九人每人分一十二個共分一百零八個尚多餘一十二個若九人買物每人出錢一十二文九人共出一百零八文仍少一十二文九人每人分十四個應訣一百二十六個尚少物六個九人每人出錢一十四文共出錢一百二十六文便是多六文是分物之盈乃買物之不足分物之不足乃買物之盈故盈減各異也准題分爪分銀與此同

雜題買肉問原錢肉價歌○啞子來買肉難言錢數目一斤少四十九兩多十六試問能筭者合與多少肉此言買肉一斤不足錢四十文買肉九兩盈錢一十六文問原錢若干每肉一兩錢若干原錢應買肉若干

舊法置不足四十盈十六併之得五十六為實以一斤九兩相減餘七兩為法除之得肉每一兩錢八文却以九兩因之得七十二加多十六共

得一百二十六。内減不足六個，餘得物一百二十個。或以每人分一十二乘之，得一百零八，加入盈十二個，亦得物一百二十個[1]。

【解義】出銀買物與分物分銀，皆同法可求。然以出率乘人數求價物皆同，乃買物則減盈增不足，始合物價；分物則增盈減不足，始合物數。如分物一百二十個，即出物價一百二十文，以九人每人分一十二個，共分一百零八個，尚多餘一十二個；若九人買物，每人出錢一十二文，九人共出一百零八文，仍少一十二文。九人每人分十四個，應該一百二十六個，尚少物六個；九人每人出錢一十四文，共出錢一百二十六文，便是多六文。是分物之盈乃買物之不足，分物之不足乃買物之盈，故盈減各異也。難題"分瓜"、"分銀"與此同[2]。

難題·買肉問原錢肉價歌〇啞子来買肉，難言錢數目。一斤少四十，九兩多十六。試問能筭者，合與多少肉[3]？此言買肉一斤，不足錢四十文；買肉九兩，盈錢一十六文。問原錢若干？每肉一兩錢若干？原錢應買肉若干？ 舊法 置不足四十、盈十六，併之得五十六爲實。以一斤、九兩相減餘七兩爲法除之，得肉每一兩錢八文。却以九兩因之得七十二，加多十六，共

1 上述解法同前題"又法"。

2 難題"分瓜"、"分銀"，分别爲《算法統宗》卷十六"難題盈朒七"第二題和第一題。"分瓜"題云："昨日獨看瓜，因事來家。牧童盜去眼昏花。信步廟東墻外過，聽得爭差。十三俱分咱，十五增加。每人十六少十八。借問人瓜各有［幾］，已會先答。"題意爲：牧童分瓜，每人十三個，盈十五；每人十六個，不足十八，問人、瓜各若干？"分銀"題云："隔墻聽得客分銀，不知人數不知銀。七兩分之［多］四兩，九兩分之少半斤。"

3 此難題爲《算法統宗》卷十三"難題粟布二"第一題。

得(原)(錢)(八)(十)(八)(文)以每兩文八歸之得(該)(肉)(一)(十)(一)(兩)

解義此同上法一理上併盈不足為人寔此併盈不足為物價寔得每兩錢八文統同問人得九人也若以一斤作十六兩互乘十六文得二百五十六以九兩互乘四十文得三百六十併之共六百一十六以買一斤買九兩相減餘七兩為法除之即得原錢八十八統問物得共物也買九兩多錢十六買十六兩少錢四十合多少共差五十六即十六兩比九兩多七兩之價數以二買數对減餘七為法統上以出率分率对減為法舊以多錢十六文与買肉九兩对減非是今改正

帳幅增摺問盈不足法○今有絹一疋欲作帳幅先摺作六幅比舊帳長六寸後摺作七幅比舊帳短四寸問絹及舊帳幅長各若干(舊)(法)置絹幅六以長六寸乘之得三尺六寸另置幅七以短四寸乘之得二尺八寸如盈不足分列右六幅長三尺六寸左七幅短二尺八寸先以右幅六互乘左短二尺八寸得一丈六尺八寸又以左幅七互乘右長三尺六寸得二丈五尺二寸併二数得四丈二尺為絹寔另併長三尺六寸短二尺八寸共

得原錢八十八文。以每兩八文歸之，得該肉一十一兩。

【解義】此同上法一理。上併盈不足爲人實，此併盈不足爲物價實，得每兩錢八文，猶同問人得九人也。若以一斤作十六兩，互乘十六文得二百五十六，以九兩互乘四十文得三百六十，併之共六百一十六。以買一斤、買九兩相減餘七兩爲法除之，即得原錢八十八，犹問物得共物也。買九兩多錢十六，買十六兩少錢四十，合多少共差五十六，即十六兩比九兩多七兩之價數，以二買數對減餘七爲法，犹上以出率分率對減爲法。舊以多錢十六文与買肉九兩對減，非是，今改正。

帳幅增摺問盈不足法〇今有絹一疋，欲作帳幅。先摺作六幅，比舊帳長六寸；後摺作七幅，比舊帳短四寸。問絹及舊帳幅長各若干[1]？舊法置絹六幅，以長六寸乘之得三尺六寸。另置七幅，以短四寸乘之得二尺八寸。如盈不足分列：

右六幅　　互　　長三尺六寸

左七幅　　　　　短二尺八寸

先以右六幅互乘左短二尺八寸，得一丈六尺八寸；又以左七幅互乘右長三尺六寸，得二丈五尺二寸。併二數，得四丈二尺爲絹實。另併長三尺六寸、短二尺八寸，共

1 此題爲《算法統宗》卷十“盈不足”第五題。

六尺四寸為舊帳幅實卻以六幅七幅相減餘一幅為法除絹實四丈二尺仍故得絹長四丈二尺除舊帳實六尺四寸亦仍故得舊帳幅長六尺四寸增法置盈六寸不足四寸併之共一尺以先揩六幅因之得六尺以六幅七幅對減餘一幅為法除之仍故得後七揩每幅長六尺加入不足四寸得舊帳幅長六尺四寸以七幅因六尺得絹共長四丈二尺

解義 前法以出率或分率互乘盈不足併之得價物寔此又將盈不足各以幅數因之乃用互乘者如上出五兩出三兩不足四兩是每人出五兩共盈六兩每人出三兩共不足四兩此揩六幅盈六寸六幅該盈三尺六寸七揩短四寸七幅共短二尺八寸故各以幅通之後用互乘也六揩長六寸七揩短四寸是七揩每幅比六幅短一尺六幅共餘六尺即多揩一幅之數故以六乘盈不足共一尺得六尺即六幅七揩每幅尺數也

截田盈不足問截長原長法○今有直田一段欲截一頭賣之只云截長

六尺四寸爲舊帳幅實。却以六幅、七幅相減餘一幅爲法，除絹實四丈二尺仍故，得絹長四丈二尺。除舊帳實六尺四寸，亦仍故，得舊帳幅長六尺四寸[1]。增法 置盈六寸、不足四寸，併之共一尺。以先摺六幅因之得六尺，以六幅、七幅對減，餘一幅爲法，除之仍故。得後七摺每幅長六尺，加入不足四寸，得舊帳幅長六尺四寸。以七幅因六尺，得絹共長四丈二尺[2]。

【解義】前法以出率或分率互乘盈不足，併之得價物實。此又將盈不足各以幅數因之，乃用互乘者，如上出五兩盈六兩、出三兩不足四兩，是每人出五兩共盈六兩，每人出三兩共不足四兩。此摺六幅盈六寸，六幅該盈三尺六寸；七摺短四寸，七幅共短二尺八寸。故各以幅通之，後用互乘也。六摺長六寸，七摺短四寸，是七摺每幅比六幅短一尺，六幅共餘六尺，即多摺一幅之數。故以六乘盈不足共一尺，得六尺，即七摺每幅尺數也。

截田盈不足問截長原長法○今有直田一段，欲截一頭賣之。只云截長

---

1 摺作六幅，比舊帳長六寸，係每幅長六寸，共長三尺六寸；摺作七幅，比舊帳短四寸，係每幅短四寸，共短二尺八寸。以舊帳長爲 N、絹長爲 M，由盈不足公式，解得絹長：

$$M = \frac{m_2p_1 + m_2p_2}{m_1 - m_2} = \frac{7 \times 3.6 + 6 \times 2.8}{7 - 6} = 42$$

舊帳長爲：

$$N = \frac{p_1 + p_2}{m_1 - m_2} = \frac{3.6 + 2.8}{7 - 6} = 6.4$$

2 設摺作六幅，每幅長 x，摺作七幅，每幅長 y，據題意得：

$$x - 6 = y + 4$$

又：

$$7y = 6x$$

解得：

$$y = 60$$

即摺作七幅，每幅長六尺。依法求得舊帳、絹長。

六步不足七步截長八步盈九步問截積併原濶各若干（舊）（法）置列右截六步不足七步左截七步互多盈九步先以右截六步互乘左盈九步得五十四步又以左截八步互乘右不足七步得五十六步併二位共得一百一十步為截積實另以不足七步盈九步併之共一十六步為田原濶實却以截六步八步相減餘二步為法除一十六步得（田）（濶）（八）（步）除一百一十步得（截）（積）（五）（十）（五）（步）

解義以上数條皆同一法因有買物分物及長短測物測田之不等皆可以類推求故併列以備叅悟

盈一不足問人車法〇今有人車不知数凡三人共車二車空二人共車九人步行問人車各若干（舊）（法）置二人三人相乘得六人加九人得（車）（一）（十）（五）（輛）另以二人乘車十五輛得三十加步行九人得（共）（三）（十）（九）（人）

解義此應置二車空以每車三人乘之得六人加步行九人共十五以二人三人对減餘一為法除之得車十五輛以三人互乘步

六步，不足七步；截長八步，盈九步。問截積併原濶各若干[1]？舊法置列：

右截六步　　互　　不足七步

左截(七)[八]步[2]　　　　多盈九步

先以右截六步互乘左盈九步，得五十四步；又以左截八步互乘右不足七步，得五十六步。併二位，共得一百一十步爲截積實。另以不足七步、盈九步併之，共一十六步爲田原濶實。却以截六步、八步相減餘二步爲法，除一十六步，得田濶八步；除一百一十步，得截積五十五步。

【解義】以上數條皆同一法，因有買物分物及長短測物測田之不等，皆可以類推求，故併列以備參悟。

盈不足問人車法○今有人車不知數，凡三人共車二車空，二人共車九人步行。問人車各若干[3]？舊法置二人、三人相乘得六，加九人，得車一十五輛。另以二人乘車十五輛得三十，加步行九人，得共三十九人[4]。

【解義】此應置二車空，以每車三人乘之得六人，加步行九人共十五。以二人、三人對減餘一爲法除之，得車十五輛。以三人互乘步

---

1 此題爲《算法統宗》卷十“盈不足”第六題。

2 七步，當作“八步”，據題設改。

3 此題爲《算法統宗》卷九“均輸”第二十一題。

4 本題可表述爲：每車三人，則不足六人；每車二人，則多九人，問人、車各若干。以共車爲 N，共人爲 M，以盈不足術，解得共車：

$$N = \frac{p_1 + p_2}{m_1 - m_2} = \frac{6 + 9}{3 - 2} = 15$$

共人：

$$M = \frac{m_2 p_1 + m_1 p_2}{m_1 - m_2} = \frac{3 \times 9 + 2 \times 6}{3 - 2} = 39$$

“舊法”本《算法統宗》，以二人、三人相乘得六，於理不通，“二人”當作“二車”。

行九人得二十七以二人互乘空車六人得一十二併共三十九以法一除之即人數盈空車二輛即是不足六人以二人步行九人即是盈九人此等處須認定前法求之方免差誤若以二人三人相乘得六加步行九人得十五爲法設改作車十四輛二人共車十一人步行三人共車空車一輛仍照原法將空車一輛以三人乘之得三加十一共十四以法一除之得車十四輛无不皆合以二人三人相乘得六加步行十一人則十七矣又何以爲求法乎

難題盈不足問店客歌○我問開店李三公衆客都來到店中一房七客多七客一房九客一房空

(舊法)置盈七客以一房空九人乘之得六十三以九客衆多七客亦得六十三併之得一百二十六爲實以盈七不足九相減餘二爲法除之得(客六十三人)內減去多七客餘五十六人以每房七客除之得(房八眼)

兩盈兩不足匿數差分歌○出率兩盈互相乘○多少減餘是物情○兩盈相減餘人實○出率相減法之名○法除物情是物價○法除人實

行九人得二十七，以二人互乘空車六人得一十二，併之共三十九，以法一除之即人數。蓋空車二輛即是不足六人，步行九人即是盈九人。此等處須認定前法求之，方無差誤。若以二人、三人相乘得六，加步行九人得十五爲法。設改作車十四輛，二人共車十一人步行，三人共車空車一輛，仍照原法，將空車一輛以三人乘之得三，加十一共十四，以法一除之得車十四輛，無不皆合。以二人、三人相乘得六，加步行十一人則十七矣，又何以爲求法乎？

難題·盈不足問店客歌〇我問開店李三公，衆客都來到店中。一房七客多七客，一房九客一房空[1]。舊法置盈七客[2]，以一房空九人乘之得六十三；以九客乘多七客，亦得六十三。併之得一百二十六爲實，以盈七、不足九相減餘二爲法除之，得客六十三人。內減去多七客，餘五十六人。以每房七客除之，得房八眼。

兩盈兩不足匿數差分歌〇出率兩盈互相乘〇多少減餘是物情〇兩盈相減餘人實〇出率相減法之名〇法除物情是物價〇法除人實

---

1 此難題爲《算法統宗》卷十六“難題盈朒七”第三題。題意爲：每房七客，多七客；每房九客，不足九客（即多出一房）。解法同前題，不復贅。

2 盈七客，當作“房七客”，即每間客七人。參《算法統宗校釋》，第937頁。

人數明◯若問筭中兩不足◯與盈法例一般行

兩盈問銀問里法◯今有里長攤貼應差每里科出銀五錢多銀三兩五錢每里科出銀四錢五分多銀二兩問合用銀併里數各若干

(舊法)置列右出五錢左四錢五分五多三兩五錢多二兩先以右出五錢五乘左多二兩得一十兩又以左出四錢五分五乘右多三兩五錢得一十五兩七錢五分二數對減餘五兩七錢五分為用銀實另以多三兩五錢二兩相減餘一兩五錢為里實却以出五錢四錢五分相減餘五錢為法除里實一兩五錢得(三十里)除用銀五兩七錢五分得(一十一兩五錢)

解義以二盈相減餘五錢為法五錢即半也每一倍除作二倍故除一兩五即除一十五每五作一十得三十里除五兩七錢五分每五錢除作一兩得十五零半佰五錢即一十一兩五錢也

兩不足問井深及繩長法◯今有井不知深先將繩折作四摺量水不及

人數明○若問筭中兩不足○與盈法例一般行[1]。

兩盈問銀問里法○今有里長攤貼應差，每里科出銀五錢，多銀三兩五錢；每里科出銀四錢五分，多銀二兩。問合用銀併里數各若干[2]？ 舊法 置列：

右出五錢	互	多三兩五錢
左四錢五分		多二兩

先以右出五錢互乘左多二兩，得一十兩；又以左出四錢五分互乘右多三兩五錢，得一十五兩七錢五分。二數對減，餘五兩七錢五分，爲用銀實。另以多三兩五錢、二兩相減，餘一兩五錢爲里實。却以出五錢、四錢五分相減，餘五錢爲法，除里實一兩五錢，得三十里；除用銀五兩七錢五分，得一十一兩五錢。

【解義】以二盈相減餘五錢爲法，五錢即半也。每一倍除作二倍，故除一兩五，即除一十五，每五作一十，得三十里。除五兩七錢五分，每五錢除作一兩，得十(五)[一]零半個五錢[3]，即一十一兩五錢也。

兩不足問井深及繩長法○今有井不知深，先將繩折作四摺至水，不及

---

1 歌訣見《算法統宗》卷十，原作“兩盈兩不足歌”，人共買物，若每人出錢 m_1，盈 p_1；每人出錢 m_2，盈 p_2。求物價 M 、共人 N 。此係兩盈，由題意列（$m_1 > m_2$）：

$$\begin{cases} Nm_1 = M + p_1 \\ Nm_2 = M + p_2 \end{cases}$$

解得：

$$M = \frac{m_2p_1 - m_1p_2}{m_1 - m_2}$$

$$N = \frac{p_1 - p_2}{m_1 - m_2}$$

若每人出錢 m_1，不足 p_1；每人出錢 m_2，不足 p_2。此係兩不足，由題意列（$m_1 > m_2$）：

$$\begin{cases} Nm_1 = M - p_1 \\ Nm_2 = M - p_2 \end{cases}$$

解得：

$$M = \frac{m_1p_2 - m_2p_1}{m_1 - m_2}$$

$$N = \frac{p_2 - p_1}{m_1 - m_2}$$

因法與實皆以少減多，無負數，故兩盈與兩不足公式相通。

2 此題爲《算法統宗》卷十“兩盈兩不足”第三題。題設數值略有不同，出銀四錢五分、多銀二兩，《算法統宗》作出銀四錢、多五錢。此係兩盈題。

3 十五，“五”當作“一”，據題意改。

四尺又將繩折作三摺至水亦不及一尺問井深及繩各若干（舊法）

置不及四尺以四摺通之得一十六尺又置不及一尺以三摺通之得三尺各列位分置

右四摺不及十六尺
左三摺互不及三尺先以右摺四互乘左不及三尺得一十二尺又以左摺三互

乘右不及一十六尺得四十八尺二數相減餘三十六尺為繩實再以前通兩不及數

一十六尺三尺相減餘一十二尺為井實卻以四摺三摺相減餘一為法除井實得（井）

（深一十三尺）除繩實得（繩長三丈六尺）

解義 一盈一不足盈不足皆差數故合併為人實出數互乘盈不足亦合併為物實兩盈兩不足二數相減多出者乃差數相同之數不為差故俱用對減以四摺通不及四尺以三摺通不及一尺亦猶帳幅法也若將不及四尺減不及一尺餘三尺以四摺乘之得一十二尺以三摺四摺對減餘一為法除之仍故即三摺之尺數與帳幅法亦同理也

盈適足不足適足匿數差分歌○適足出數與盈乘○得數便為物實憑

四尺；又將繩折作三摺至水，亦不及一尺。問井深及繩各若干[1]？ 舊法 置不及四尺，以四摺通之得一十六尺；又置不及一尺，以三摺通之得三尺。各列位分置：

右四摺　互　不及十六尺
左三摺　　　不及三尺

先以右四摺互乘左不及三尺，得一十二尺；又以左三摺互乘右不及一十六尺，得四十八尺。二數相减，餘三十六尺爲繩實。再以前通兩不及數一十六尺、三尺相減，餘一十三尺爲井實。却以四摺、三摺相減餘一爲法，除井實得井深一十三尺；除繩實得繩長三丈六尺。

【解義】一盈一不足，盈、不足皆差數，故合併爲人實；出數互乘盈、不足，亦合併爲物實。兩盈兩不足，二數相減，多出者乃差數，相同之數不爲差，故俱用對減。以四摺通不及四尺，以三摺通不及一尺，亦猶帳幅法也。若將不及四尺減不及一尺餘三尺，以四摺乘之得一十二尺，以三摺、四摺對減餘一爲法，除之仍故，即三摺之尺數，与帳幅法亦同理也。

盈適足、不足適足匿數差分歌○適足出數與盈乘○得數便爲物實滉

1 此題據《算法統宗》卷十“兩盈兩不足”第四題改編。原題作：“今有井不知深，先將繩摺作三條入井汲水，繩長四尺；後將繩摺作四條入井，亦長一尺。問井深及繩長各若干？”係兩盈題，《筭海說詳》改成兩不足題。與前帳幅題相似，用兩不足公式前，先用摺數通每摺不足尺數，得總不足尺數。

○盈数若干即人實○出率相減除法明○物数人数除實取○不足
適足法相同
盈適足問價問人法○今有人買物每人出銀二兩五錢盈十両零二錢
五分每人出銀二兩二錢五分適足問物價人数各若干　舊法置位
列右出二兩五錢左出二兩二錢五分互盈十兩零二錢五分適足只以左出銀二兩二錢五分互
乘右盈十兩零二錢五分得二十三兩零六分二釐五毫為物價實以右盈十兩零二錢五分為人
實却以出銀二兩五錢二兩二錢五分對減餘二錢五分為法除人實十兩零二錢五分得四
十一人除物實二十三兩零六分二釐五毫得價銀九十二兩二錢五分
不足適足問布價米数法○今有米換布一十二疋不足米六斗六升換
布九疋適足問布每疋米及共米各若干　舊法置位分列右換布十左換布九

〇盈數若干即人實〇出率相減除法明〇物數人數除實取〇不足適足法相同[1]

盈適足問價問人法〇今有人買物，每人出銀二兩五錢，盈十兩零二錢五分；每人出銀二兩二錢五分，適足。問物價人數各若干[2]？ 舊法 置位列：

右出二兩五錢	互	盈十兩零二錢五分
左出二兩二錢五分		適足

只以左出銀二兩二錢五分互乘右盈十兩零二錢五分，得二十三兩零六分二厘五毫，爲物價實。以右盈十兩零二錢五分爲人實。却以出銀二兩五錢、出銀二兩二錢五分對減，餘二錢五分爲法，除人實十兩零二錢五分，得四十一人；除物實二十三兩零六分二厘五毫，得價銀九十二兩二錢五分。

不足適足問布價米數法〇今有米換布一十二疋，不足米六斗六升；換布九疋，適足。問布每疋米及共米各若干[3]？ 舊法 置位分列：

---

1 歌訣見《算法統宗》卷十"盈朒章"，原作"盈適足不足適足歌"。人共買物，若每人出錢 m_1，盈 p_1；每人出錢 m_2，適足（$p_2 = 0$）。求物價 M、共人 N。此係盈適足，據題意列（$m_1 > m_2$）：

$$\begin{cases} Nm_1 = M + p_1 \\ Nm_2 = M \end{cases}$$

解得：

$$M = \frac{m_2 p_1}{m_1 - m_2}$$

$$N = \frac{p_1}{m_1 - m_2}$$

每人出錢 m_1，不足 p_1；每人出錢 m_2，適足。此係不足適足，據題意列（$m_2 > m_1$）：

$$\begin{cases} Nm_1 = M - p_1 \\ Nm_2 = M \end{cases}$$

解得：

$$M = \frac{m_2 p_1}{m_2 - m_1}$$

$$N = \frac{p_1}{m_2 - m_1}$$

2 此題爲《算法統宗》卷十"盈適足不足適足"第一題。題設數值略有不同，盈十兩零二錢五分，《算法統宗》作盈六兩；出銀二兩二錢五分，《算法統宗》作出銀二兩三錢。

3 此題據《算法統宗》卷十"盈適足不足適足"第三題改編，原題云："今有米換布，七疋多四斗，換九疋適足。問米布價各若干？"係盈適足題，《筭海説詳》改作不足適足。

[二尺足　不足六斗六升互適足]只以換布[九尺]互乘右不足米[六斗六升]得[五石九斗四升]為米實以不足[六斗六升六斗六升]為布價實卻以[九尺十二尺]對減餘[三尺]為法除[六斗六升]得(布)(每)(疋)(價)(米)(二)(斗)(二)(升)除[五石九斗四升]得(共)(用)(米)(一)(石)(九)(斗)(八)(升)

解義[以米換布每疋米若干統人數也共用米若干統物價也可以融類旁通一盈一不足合併盈不足求之兩盈兩不足对減求之一盈一適足一不足適足盈不足本數即差數故單以盈不足求之記明勿誤可也]

匿價變套盈不足適足總歌○盈與不足變套精○人率出率互乘憑○乘數再互盈不足●兩數相併物實出○另將人率相乘明○併盈不足再相乘○得數人實即在斯○另取為法各除之○人率出率互乘減○除人除物兩雜攙○盈與不足兩同情○適足不足適足盈○乘除之法皆同理○惟有一般相異取○盈與不足取合併○兩盈不足

右換布十二疋　　　　不足六斗六升
　　　　　　　　互
左換布九疋　　　　　適足

只以換布九疋互乘右不足米六斗六升，得五石九斗四升，爲米實。以不足六斗六升爲布價實。却以十二疋、九疋對減，餘三疋爲法，除六斗六升，得布每疋價米二斗二升；除五石九斗四升，得共用米一石九斗八升。

【解義】以米換布，每疋米若干，猶人數也；共用米若干，猶物價也，可以觸類旁通。一盈一不足，合併盈、不足求之。兩盈兩不足，對減求之。一盈一適足、一不足適足，盈不足本數即差數，故单以盈不足求之，記明勿誤可也。

匿價雙套盈不足適足總歌○盈與不足雙套精○人率出率互乘覔○乘數再互盈不足○兩數相併物實出○另將人率相乘明○併盈不足再相乘○得數人實即在斯○另取爲法各除之○人率出率互乘減○除人除物兩難掩○盈與不足兩同情○適足不足適足盈○乘除之法皆同理○惟有一般相異取○盈與不足取合併○兩盈不足

對減用○盈與適足單用盈○不足適足一様行○單套雙套總同筭
○觀明單套思過半

雙套捷法歌○雙套之法有捷方○人率出率互乘商○二數對減餘為
法○併盈不足法除察○得數又為乘法宜○人率相乘即人實○以
法乘實人數得○欲問物實出率索○人率出率互乘明○以法乘之
數兩行○多者減之得本物○少者加之亦同數○兩俱不足兩盈同
○適足不足適足盈○用減用單循前法○以類推之不用訴

雙套盈不足匿價法○今有人買物每八人出銀七兩盈四兩五錢每九
人出銀六兩不足三兩問人數物價各若干　舊法右左兩行置位分
列
右上八人　中出七兩得六十三兩　下盈四兩五錢得二百一十六兩
互　互
左上九人　中出六兩得四十八兩　下不足三兩得一百八十九兩

對減用○盈與適足单用盈○不足適足一様行○单套雙套總同筭○觀明单套思過半[1]

雙套捷法歌○雙套之法有捷方○人率出率互乘商○二數對減餘爲法○併盈不足法除察○得數又爲乘法宜○人率相乘即人實○以法乘實人數得○欲問物實出率索○人率出率互乘明○以法乘之數兩行○多者減之得本物○少者加之亦同數○兩俱不足兩盈同○適足不足適足盈○用減用单猶前法○以類推之不用訝[2]

雙套盈不足匿價法○今有人買物，每八人出銀七兩，盈四兩五錢；每九人出銀六兩，不足三兩。問人數、物價各若干[3]？舊法右左兩行置位分列：

右上八人	互	中出七兩	得六十三兩	互	下盈四兩五錢	得二百一十六兩
左上九人		中出六兩	得四十八兩		不足三兩	得一百八十九兩

---

1 雙套盈不足，見《算法統宗》卷十“盈朒章”，原無歌訣。此歌係《筭海説詳》新增，包括雙套盈不足、雙套兩盈兩不足、雙套盈適足不足適足三種情況的求解公式。雙套盈不足用於解決如下問題：今有人共買物，每 n_1 人出錢 m_1，盈 p_1；每 n_2 人出錢 m_2，不足 p_2。求共人 N、共價 M。由題意可列：

$$\begin{cases} N \cdot \frac{m_1}{n_1} = M + p_1 \\ N \cdot \frac{m_2}{n_2} = M - p_2 \end{cases}$$

解得：

$$M = \frac{n_1 m_2 p_1 + n_2 m_1 p_2}{n_2 m_1 - n_1 m_2}$$

$$N = \frac{n_1 n_2 (p_1 + p_2)}{n_2 m_1 - n_1 m_2}$$

此係雙套一盈一不足。若爲雙套兩盈兩不足，則可表示爲：

$$M = \frac{n_1 m_2 p_1 - n_2 m_1 p_2}{n_2 m_1 - n_1 m_2}$$

$$N = \frac{n_1 n_2 (p_1 - p_2)}{n_2 m_1 - n_1 m_2}$$

若爲雙套盈適足、不足適足，以 $p_2 = 0$ 代入一盈一不足公式，得：

$$M = \frac{n_1 m_2 p_1}{n_2 m_1 - n_1 m_2}$$

$$N = \frac{n_1 n_2 p_1}{n_2 m_1 - n_1 m_2}$$

上述公式中，n_1、n_2 爲人率，m_1、m_2 爲出銀率，當 $n_1 = n_2 = 1$ 時，即單套盈不足。

2 此捷法用公式表示爲：

$$N = n_1 n_2 \left(\frac{p_1 + p_2}{n_2 m_1 - n_1 m_2} \right)$$

$$M = n_2 m_1 \left(\frac{p_1 + p_2}{n_2 m_1 - n_1 m_2} \right) - p_1$$

$$= n_1 m_2 \left(\frac{p_1 + p_2}{m_1 n_2 - m_2 n_1} \right) + p_2$$

此係雙套一盈一不足捷法。雙套兩盈兩不足，雙套盈適足、不足適足皆易推求，不復贅述。

3 此題爲《算法統宗》卷十“雙套盈不足”第一題。此係雙套一盈一不足題。

先以右上八人互左上九人得七十一人以右下盈四兩五錢左下不足三兩共七兩五錢乘之得五百四十為人實次以右上八人互乘左中出六兩得四十八兩即互乘右下盈四兩五錢得二百一十六又以左上九人互乘右中出七兩得六十三兩即又互乘左下不足三兩得一百八十九二數相併共四百零五為物實却以右上乘左中四十八兩左上乘右中六十三兩二數對減餘一十五為法除人實五百四十得三十六人除物實四百零五得物價銀二十七兩增捷法置八人九人相乘得七十二人又以右八人互乘左中出六兩得四十八兩以左九人互乘右中七兩得六十三兩對減餘一十五兩為法另併盈四兩五錢不足三兩共七兩五錢以法十五兩除之得五即以五乘七十二人得三十六人以五乘六十三兩得三百一十五兩內減多四兩五錢得物價二十七兩以五乘四十八兩得二百四十兩加入不足三兩亦得物價銀二十七兩

先以右上八人互左上九人得七十二人，以右下盈四兩五錢、左下不足三兩共七兩五錢乘之，得五百四十爲人實。次以右上八人互乘左中出六兩得四十八兩，即互乘右下盈四兩五錢得二百一十六；又以左上九人互乘右中出七兩得六十三兩，即又互乘左下不足三兩得一百八十九。二數相併，共四百零五爲物實。却以右上乘左中四十八兩，左上乘右中六十三，兩二數對減，餘一十五爲法。除人實五百四十，得三十六人；除物實四百零五，得物價銀二十七兩[1]。增捷法 置八人、九人相乘得七十二人。又以右八人互乘左中出六兩得四十八兩，以左九人互乘右中七兩得六十三兩，對減餘一十五兩爲法。另併盈四兩五錢、不足三兩共七兩五錢，以法十五兩除之得五。即以五乘七十二人，得三十六人。以五乘六十三兩得三十一兩五錢，内減多四兩五錢，得物價二十七兩；以五乘四十八兩得二十四兩，加入不足三兩，亦得物價銀二十七兩[2]。

---

1 根據歌訣雙套一盈一不足公式，求得物價：

$$M = \frac{n_1 m_2 p_1 + n_2 m_1 p_2}{n_2 m_1 - n_1 m_2} = \frac{8 \times 6 \times 4.5 + 9 \times 7 \times 3}{9 \times 7 - 8 \times 6} = 27$$

人數：

$$N = \frac{n_1 n_2 (p_1 + p_2)}{n_2 m_1 - n_1 m_2} = \frac{8 \times 9 \times (4.5 + 3)}{9 \times 7 - 8 \times 6} = 36$$

2 根據捷法公式，先解得人數：

$$N = n_1 n_2 \left(\frac{p_1 + p_2}{n_2 m_1 - n_1 m_2} \right) = (8 \times 9) \times \left(\frac{4.5 + 3}{9 \times 7 - 8 \times 6} \right) = 72 \times 0.5 = 36$$

再解得物價：

$$M = n_2 m_1 \left(\frac{p_1 + p_2}{n_2 m_1 - n_1 m_2} \right) - p_1 = 63 \times 0.5 - 4.5 = 27$$

或：

$$M = n_1 m_2 \left(\frac{p_1 + p_2}{m_1 n_2 - m_2 n_1} \right) + p_2 = 48 \times 0.5 + 3 = 27$$

解義

因此上每人出銀若干多八人九人之不并須又多法一層故前人劉氏通明吳氏此類增法名曰双套人率云每八人每九人則人數必在八九会通數內故用八九相乘得七十二人以合会通之數郤又以八乘出六兩得四十八是八個九人共七十二人出八個六兩共四十八兩以九乘出七兩浮六十二是九個八人共七十二人出九個七兩共六十三兩く數对減差十五兩原盈不足共七兩五錢止十五兩一半人必是七十二人一半銀亦必是六十三兩一半內多四兩五錢四十八兩一半內少三兩故增法以十五兩為法除合併盈不足得數以乘人數銀數無不皆合其以六十三四十八对減為法犹以出率相減為法也旧法以四十八六十二互乘盈四兩五錢不足三兩仍是出率互乘盈不足本法也但因多八人九人互乘出率一層將出率乘作四十八兩六卜三兩又即用互乘盈不足是盈不足俱乘作八九七十二分為物寔用四十八六十三对減為法亦是八九乘出七十二分对減為实故將盈不足共七兩五錢亦用七十二乘之法实俱是七十○增[illegible][illegible][illegible][illegible]兩五錢除一十五兩[illegible]二作余去亦得

雙套兩盈兩不足匿價法○今有人買物每六人出銀九兩多銀三兩每四人出銀七兩多銀六兩問人數物價各若干

(問)(法)左右置位分列

【解義】因比上每人出銀若干多八人、九人之不等，須又多法一層，故前人劉氏《通明》、吴氏《比類》增法名曰“雙套”[1]。人率云每八人、每九人，則人數必在八、九會通數内，故用八九相乘得七十二人，以合會通之數。却又以八乘出六兩得四十八，是八個九人共七十二人，出八個六兩共四十八兩；以九乘出七兩得六十三，是九個八人共七十二人，出九個七兩共六十三兩。兩數對減，差十五兩，原盈不足共七兩五錢，止十五兩一半，人必是七十二人一半；銀亦必是六十三兩一半、内多四兩五錢，四十八兩一半、内少三兩。故“增法”以十五兩爲法，除合併盈不足得數，以乘人數、銀數，無不皆合。其以六十三、四十八對減爲法，猶以出率相減爲法也。“舊法”以四十八、六十三互乘盈四兩五錢、不足三兩，仍是出率互乘盈不足本法也。但因多八人、九人互乘出率一層，將出率乘作四十八兩、六十三兩，又即用互乘盈不足，是盈不足俱乘作八九七十二分爲物實；用四十八、六十三對減爲法，亦是八九乘出七十二分對減爲法。故將盈不足共七兩五錢亦用七十二乘之，法實俱是七十二分相乘相除，與单套法總一理也。〇“增法”或以七兩五錢除一十五兩，得二作除法，亦得[2]。

雙套兩盈兩不足匿價法〇今有人買物每六人出銀九兩，多銀三兩；每四人出銀七兩，多銀六兩。問人數、物價各若干[3]？ 舊法 左右置位分列：

---

1 劉氏《通明》、吴氏《比類》，即劉仕隆《九章通明算法》與吴敬《九章詳注比類算法大全》。詳本書卷首“算書源流本末”。

2 “增法”至“亦得”，順治本無，係康熙本增補。底本模糊處，據故宫藏康熙本補。

3 此題爲《算法統宗》卷十“雙套盈不足”第二題。此係雙套兩盈題。

右上六人　互　中出九兩淨三十六兩　互　下盈三兩淨一百二十六兩
左上四人　　　中出七兩淨四十二兩　　　下盈六兩淨二百一十六兩

先以右上六人左上四人相乘得二十四人以右下盈三兩減左盈六兩餘三兩乘之得七十二為人實次以右上六人互乘左中出七兩得四十二兩即用互乘右下盈三兩得一百二十六兩又以左上四人互乘右中出九兩得三十六兩即用互乘左下盈六兩得二百一十六兩二數對減餘九十兩為物實卻以右上乘左中四十二兩左上乘右中三十六兩對減餘六為法除人實七十二得一十二人除物實九十兩得物價銀一十五兩

增法置六人四人相乘得二十四人又以右六人互乘左中出七兩得四十二兩以左四人互乘右中出九兩得三十六兩對減餘六兩為法另將盈三兩盈六兩對減餘三兩以法六兩除之得五即以五乘二十四人得一十二人以五乘右三十六兩得一十八兩內減多三兩淨物價銀一十五兩以五乘左四十二兩得二十一兩內減多六兩亦得

右上六人　互　中出九兩　得三十六兩　互　下盈三兩　得一百二十六兩

左上四人　　　中出七兩　得四十二兩　　　下盈六兩　得二百一十六兩

先以右上六人、左上四人相乘得二十四人，以右下盈三兩減左盈六兩餘三兩乘之[1]，得七十二爲人實。次以右上六人互乘左中出七兩得四十二兩，即用互乘右下盈三兩，得一百二十六兩；又以左上四人互乘右中出九兩得三十六兩，即用互乘左下盈六兩，得二百一十六兩。二數對減，餘九十兩爲物實。却以右上乘左中四十二兩，左上乘右中三十六兩，對減餘六爲法。除人實七十二，得一十二人；除物實九十兩，得物價銀一十五兩[2]。增法 置六人、四人，相乘得二十四人。又以右六人互乘左中出七兩得四十二兩，以左四人互乘右中出九兩得三十六兩，對減餘六兩爲法。另將盈三兩、盈六兩對減餘三兩，以法六兩除之得五。即以五乘二十四人，得一十二人。以五乘右三十六兩得一十八兩，内減多三兩，得物價銀一十五兩。以五乘左四十二兩得二十一兩，内減多六兩，亦得

---

1 減左盈六兩餘三兩，順治本誤作“左下盈六兩共九兩”。

2 根據雙套兩盈公式，求得物價：

$$M = \frac{n_1 m_2 p_1 - n_2 m_1 p_2}{n_2 m_1 - n_1 m_2} = \frac{4 \times 9 \times 6 - 6 \times 7 \times 3}{6 \times 7 - 4 \times 9} = 15$$

人數：

$$N = \frac{n_1 n_2 (p_1 - p_2)}{n_2 m_1 - n_1 m_2} = \frac{6 \times 4 \times (6 - 3)}{6 \times 7 - 4 \times 9} = 12$$

物價銀一十五兩或以餘三兩除六兩得二為法除之亦得与盈不足法同其不用除法用乘法者變換以啓思悟也

難題分杏歌〇牧童分杏各爭競不知人數不知杏三人五個少五枚四人八個十三空

舊法置右三人五五个得二十个五不足五个 左四人八个得二十四不足十三个 舊法三人乘八個得二十四個又五乘不足五個得一百二十又以四人乘五個得二十個又五乘不足十三個得二百六十二數對減餘四百四十為物實另以三人四人相乘得一十二將不足五個十三個對減餘八個乘之得九十六為人實却以三人乘八個得二十四又四人乘五個得二十對減餘四為法除人實九十六得二十四人除物實一百四十得原共杏三十五個

僕發不足適足匿價法〇今有買物每三人出銀五兩不足十兩每五人出銀九兩適足問人數物價各若干 舊法置列右上三人五兩 左上五人九兩

物價銀一十五兩[1]。或以餘三兩除六兩，得二爲法，除之亦得，与盈不足法同。其不用除法用乘法者，变换以啟思悟也[2]。

難題·分杏歌〇牧童分杏各争競，不知人數不知杏。三人五個少五枚，四人八個十三空[3]。舊法置：

右三人	互	五個	得二十個	互	不足五個
左四人		八個	得二十四		不足十三個

(舊法)[4]三人乘八個得二十四個，又互乘不足五個，得一百二十；又以四人乘五個得二十個，又互乘不足十三個，得二百六十。二數對減，餘一百四十爲物實。另以三人、四人相乘得一十二，將不足五個、十三個對減，餘八個乘之，得九十六爲人實。却以三人乘八個得二十四，又四人乘五個得二十，對減餘四爲法。除人實九十六，得二十四人。除物實一百四十，得原共杏三十五個[5]。

雙套不足適足匿價法〇今有買物，每三人出銀五兩，不足十兩；每五人出銀九兩，適足。問人數、物價各若干[6]？舊法置列：

---

1 據雙套兩盈捷法公式，解得人數：

$$\begin{aligned} N &= n_1 n_2\left(\frac{p_1 - p_2}{n_2 m_1 - n_1 m_2}\right) \\ &= (6 \times 4) \times \left(\frac{6 - 3}{6 \times 7 - 4 \times 9}\right) \\ &= 24 \times 0.5 \\ &= 12 \end{aligned}$$

物價：

$$\begin{aligned} M &= n_2 m_1\left(\frac{p_1 - p_2}{n_2 m_1 - n_1 m_2}\right) - p_1 \\ &= 42 \times 0.5 - 6 \\ &= 15 \end{aligned}$$

或：

$$\begin{aligned} M &= n_1 m_2\left(\frac{p_1 - p_2}{m_1 n_2 - m_2 n_1}\right) - p_2 \\ &= 36 \times 0.5 - 3 \\ &= 15 \end{aligned}$$

2 “或以”至“思悟也”，順治本無，係康熙本增補。

3 此難題據《算法統宗》卷十六“難題盈朒七”第五題改編。原歌末兩句作：“三人五箇多十枚，四人八枚兩箇剩”，係兩盈題。因上一題爲雙套兩盈題，故《筭海説詳》將此題改作雙套兩不足題。

4 前已有“舊法”字樣，根據體例，當係衍文，據刪。似當作“先以”。

5 得原共杏三十五個，順治本誤作“得物價銀三十五兩”。

6 此題爲《算法統宗》卷十“雙套盈不足”第三題。此爲雙套不足適足題。

得二十五兩得二十七兩五下不足十兩遼足先以右上三人左上五人相乘得一十五人為乘人
率通法次以右上三人五乘左中九兩得二十七兩以左上五人乘右中出五兩得二十
五兩對減餘二為除人實物實法另除左下遼足與五乘外以左中得數
二十七兩五乘右下不足十兩得二百七十兩為物實又將右下不足十兩以前通法
十五乘之得一百五十為人實卻以法二除人實一百五十得(七)(十)(五)(人)除物實二百
七十得(物)(價)(銀)(一)(百)(三)(十)(五)(兩)

解義一边三人出五兩是不足一边五人出九兩是遼足三五相乘
得十五人三乘九得二十七是三个五人得一个十五人共出
二十七兩是遼足五乘五得二十五是五个三人得一个十五人共
出銀二十五兩比二十七是不足二兩就以二兩除不足十兩是五
個二兩即是五个十五人共七十五人若用增法即將二十七二十
五對減餘二以除不足十兩得五即以五乘十五人得七十三人以
五乘二十七兩得一百三十五兩遼足以五乘二十五兩
得一百二十五兩加不足十兩亦遼足一盈一遼足同

右上三人	互中	五兩	得二十五兩	互下	不足十兩
左上五人		九兩	得二十七兩		適足

先以右上三人、左上五人相乘得一十五人，爲乘人率通法。次以右上三人互乘左中九兩得二十七兩，以左上五人乘右中出五兩得二十五兩，對減餘二，爲除人實、物實法。另除左下適足無互乘外，以左中得數二十七兩互乘右下不足十兩，得二百七十兩爲物實。又將右下不足十兩，以前通法十五乘之，得一百五十爲人實。却以法二除人實一百五十，得七十五人。除物實二百七十，得物價銀一百三十五兩。

【解義】一邊三人出五兩，是不足；一邊五人出九兩，是適足。三五相乘得十五人，三乘九得二十七，是三個五人得一個十五人，共出二十七兩，是適足；五乘五得二十五，是五個三人得一個十五人，共出銀二十五兩，比二十七是不足二兩。就以二兩除不足十兩，是五個二兩，即是五個十五人，共七十五人。若用“增法”，即將二十七、二十五對減餘二，以除不足十兩得五。即以五乘十五人得七十（三）[二] 人[1]，以五乘二十七兩得一百三十五兩，適足。以五乘二十五兩得一百二十五兩，加不足十兩，亦適足。一盈一適足同。

---

1 七十三人，“三”當作“二”，據文意改。

匿價盈不足雙套帶分子母法○今有銀不知其數欲買田取銀三分之二買之盈三兩取銀五分之三買之不足一兩問總銀田價各若干

舊法置列（右之二三分得九通盈三兩得二十七兩）（左之三五分得十通不足一兩得十兩）却又將互乘數分列（右九）（左十）互（多二十七兩）（少一十兩）以右九互乘少（十兩）得（九十兩）以左十互乘多（二十七兩）得（二百七十兩）併二位得（三百六十兩）却以分子（之二）（之三）相乘得六以除（三百六十兩）得（六十兩）為銀實却以子母互乘得九得十對減餘一為法除之得總銀六十兩次以多（二十七兩）少（十兩）為田價實亦以法一除之得田價三十七兩

解義 以分子互乘分母各以盈不足各以分母通之以分子互乘之知盈三兩乃三分之二多餘之數也以三分通之得九即是將所盈三兩亦通作三分又以左分子之三互乘得二十七即是將所通九分又再通作三分不足一兩乃五分之二不足數也以五分通之得五即是將不足一兩亦通作五分又以右分子之二互乘得十兩即是將所通五分又再通作二分却又將所通

匿價盈不足雙套帶分子母法[1]〇今有銀不知其數，欲買田。取銀三分之二買之，盈三兩；取銀五分之三買之，不足一兩。問總銀、田價各若干[2]？舊法置列：

右之二　互　三分　得九　通盈三兩　得二十七兩
左之三　　　五分　得十　通不足一兩　得十兩

却又將互乘數分列：

右九　互　多二十七兩
左十　　　少一十兩

以右九互乘少十兩得九十兩，以左十互乘多二十七兩得二百七十兩，併二位得三百六十兩。却以分子之二、之三相乘得六，以除三百六十兩得六十兩，爲銀實。却以子母互乘得九、得十對減，餘一爲法，除之得總銀六十兩。次以多二十七兩、少十兩爲田價實，亦以法一除之，得田價三十七兩。

【解義】以分子互乘分母，各以盈不足通之，即是將盈不足各以分母通之、以分子互乘之。如盈三兩，乃三分之二多餘數也，以三分通之得九，即是將所盈三兩亦通作三分；又以左分子之三互乘得二十七，即是將所通九分又再通作三分。不足一兩，乃五分之三不足數也，以五分通之得五，即是將不足一兩亦通作五分；又以右分子之二互乘得十兩，即是將所通五分又再通作二分。却又將所通

1　雙套帶分子母法，見《算法統宗》卷十“盈朒章”。原有“取錢買物歌”三首，分别爲帶分子母盈朒、兩盈兩不足、盈適足不足適足法。此係雙套盈不足帶分子母，《算法統宗》“取錢買物盈朒歌”云：

取錢買物求盈朒，分子互將分母乘。
乘訖將來通物價，以錢併作物之情。
互乘物價亦相併，乘子除爲錢實名。
買率減除爲法則，除來錢物自分明。

用於解決如下問題：今取銀買物，取銀$\frac{m_1}{n_1}$，盈錢p_1；取銀$\frac{m_2}{n_2}$，不足錢p_2，求共銀N、共價M各若干。

歌訣所述公式如下：

$$N=\frac{n_2m_1p_2\cdot n_1m_2+n_1m_2p_1\cdot n_2m_1}{m_1m_2(n_2m_1-n_1m_2)}$$

$$M=\frac{n_1m_2p_1+n_2m_1p_2}{n_2m_1-n_1m_2}$$

此公式推求方法如下，據題意列：

$$\begin{cases}N\cdot\frac{m_1}{n_1}=M+p_1 & ①\\ N\cdot\frac{m_2}{n_2}=M-p_2 & ②\end{cases}$$

①式用n_1m_2、②式用n_2m_1通之，得：

$$\begin{cases}m_1m_2N=n_1m_2M+n_1m_2p_1\\ m_1m_2N=n_2m_1M-n_2m_1p_2\end{cases}$$

從而轉化爲單套盈不足算題：以原共價M爲今共人，以m_1m_2N爲今共價，每人出錢n_1m_2，不足$n_1m_2p_1$；每人出錢n_2m_1，盈$n_2m_1p_2$，代入單套盈不足公式，即可得上述雙套帶分子母盈不足公式。

2　此題見《算法統宗》卷十“取錢買物盈朒”第一題。

之數再與九十互乘乃將五分三分之二之三交互通織之法也雖前法多一次互乘多分子一除少分母一乘所以然者總銀數從前法共人數也共人不越人率一會通之數共銀亦不越二母會通之數如將盈三兩以三分通之得九却以五分互乘之得四十五將不足一兩以五分通之得五兩却以三分交乘之得一十五兩併之共得六十兩以母子互乘得九得十對減餘一為法除之得共銀六十兩蓋將盈三兩以三通又以五乘即以三互一十五乘也將不足一兩以五通又以三乘亦即以五三一十五乘也合併言之仍是三互相乘得十五以乘盈不足共四得六十為總銀即同人矣死以貝也今以分子之二互乘二母得九得十以為通法多加之二之三一乘故亦多加之二之三一除以帶合本等也然着仍用前法求之亦可免疊乘疊除之煩并列于后

又法○置列右二分左五分互中之二得十兩中之三得九兩互下盈三兩下不足一兩先以右上三分互乘左上五分得一十五以盈三兩不足一兩共四兩乘之得六十兩為總銀實次以右上三分互乘左中之三得九即又互乘右下盈三兩得二十七兩以左上五分互乘右中之二得一十即又互乘左下不足一兩仍得十兩併二數共三十七兩為田價實却以右

之數再與九、十互乘，乃將五分三分之二之三交互通徹之法也。比前法多一次互乘，多分子一除，少分母一乘。所以然者，總銀數猶前法共人數也，共人不越人率會通之數，共銀亦不越二母會通之數。如將盈三兩以三分通之得九，却以五分互乘之得四十五；將不足一兩以五分通之得五兩，却以三分交乘之得一十五兩，併之共得六十兩。以母子互乘得九、得十對減餘一爲法除之，得共銀六十兩。蓋將盈三兩以三通，又以五乘，即以三五一十五乘也；將不足一兩以五通，又以三乘，亦即以五三一十五乘也。合併言之，仍是三五相乘得十五，以乘盈不足共四，得六十爲總銀，即同人實，無以異也。今以分子之二互乘二母得九、得十以爲通法，多加之二、之三一乘，故亦多加之二、之三一除，以歸合本等也。然若仍用前法求之，亦可免疊乘疊除之煩，并列于后。

又法〇置列：

右二分　互　中之二　得十兩　互　下盈三兩
左五分　　　中之三　得九兩　　　下不足一兩

先以本上三分互乘左上五分得一十五，以盈三兩、不足一兩共四兩乘之得六十兩，爲總銀實。次以右上三分互乘左中之三得九，即又互乘右下盈三兩得二十七兩；以左上五分互乘右中之二得一十，即又互乘左下不足一兩仍得十兩。併二數共三十七兩，爲田價實。却以右

中得十左中得九對減餘一為法除銀實六十兩得總銀六十兩除價實三十七兩得田價三十七兩

解義以之二之三互乘三分五分各以通盈三兩得二十七兩通不足一兩得十兩即以三分五分互乘之二之三下盈不足得二十七兩一十兩前八人[illegible]七兩九人出三兩即同八分之七九分之三此三分之二五分之三猶同三八出一兩五人出二兩無以異也故淺照依前法排列俾人易解

又法〇置三分五分相乘得一十五另以二分五分互乘之三得九以五分二之互乘得十二數對減餘一為法却併盈不足共四兩以法一除之得四兩又為法乘一十五兩得總銀六十兩來十兩得四十兩減盈三兩得田價三十七兩乘九兩得三十六兩加不足一兩亦得田價三十七兩

解義上即原双套法此即前增捷法用双套法求可不立分子分母之說用捷法求并可免加套疊乘之煩然數論之妙既推行合

中得十、左中得九對減餘一爲法，除銀實六十兩，得總銀六十兩。除價實三十七兩，得田價三十七兩[1]。

【解義】以之二之三互乘三分五分，各以通盈三兩得二十七兩，通不足一兩得十兩。即以三分五分互乘之二之三，又互乘下盈不足，得二十七兩、一十兩。前八人出七兩、九人出三兩即同八分之七、九分之三，此三分之二、五分之三猶同三人出二兩、五人出三兩，無以異也。故復照依前法推列，俾人易解。

又法〇置三分、五分相乘得一十五。另以三分互乘之三得九，以五分互乘之二得十，二數對減餘一爲法。却併盈不足共四兩，以法一除之得四兩，又爲法。乘一十五兩，得總銀六十兩。乘十兩得四十兩，減盈三兩，得田價三十七兩。乘九兩得三十六兩，加不足一兩，亦得田價三十七兩[2]。

【解義】上即原雙套法，此即前增捷法。用雙套法求，可不立分子、分母之説。用捷法求，并可免加套疊乘之煩。然數法之妙，無往不合。

---

1 “又法”即雙套盈不足術。帶分子母盈不足與雙套盈不足等價，該題中，共銀相當於共人，取共銀 $\frac{m_1}{n_1}$、$\frac{m_2}{n_2}$，即相當於每 n_1 人出錢 m_1、n_2 人出錢 m_2，算法上並無不同。實際上，帶分子母盈不足公式：

$$N = \frac{n_2m_1p_2 \cdot n_1m_2 + n_1m_2p_1 \cdot n_2m_1}{m_1m_2(n_2m_1 - n_1m_2)}$$

$$= \frac{n_1n_2(p_1 + p_2)}{n_2m_1 - n_1m_2}$$

$$M = \frac{n_1m_2p_1 + n_2m_1p_2}{n_2m_1 - n_1m_2}$$

求共價 M 公式與雙套盈不足同，求共銀 N 公式簡化後與雙套盈不足亦同。

2 此“又法”即雙套盈不足捷法。詳前文。

者八分子一乘亦多用分子一除惟合者數此隱理鮮人通曉故子母互乘之法殊不可廢特為拈著分明庶悟者旁通有得

匿價婁套帶分子母兩盈兩不足法〇今有官派銀不知數依例令上等八戶下等五戶納之不足五兩復令上等六戶下等八戶納之亦不足二兩只云下戶例如上戶例十分之八問派銀數及各戶出銀若干

舊法置上等八戶以十分因之得八十戶下等五戶以八分因之得四十戶併之得一百二十戶又置上等六戶以十分因之得六十戶下等八戶以八分因之得六十四戶併之得一百二十四戶卻列位右一百二十戶左一百二十四戶、互不足五兩不足三兩先以右一百二十戶互乘左不足三兩得三百六十兩又以左一百二十四戶互乘右不足五兩得六百二十兩二位相減餘二百六十兩為銀實卻以戶數一百二十一百二十四相減餘四為法除之得官派銀六十五兩另以兩不足五兩三兩對減餘二兩為則例實仍以前法四除

多入分子一乘，亦多用分子一除，恰合本數。此思理啟人通悟，故子母互乘之法，所不可廢。特爲拈着分明，庶悟者旁通有得。

匿價雙套帶分子母兩盈兩不足法[1]○今有官派銀不知數，依例令上等八户、下等五户納之，不足五兩；復令上等六户、下等八户納之，亦不足三兩，只云下户例如上户例十分之八。問派銀數及各户出銀若干[2]？舊法 置上等八户，以十分因之得八十户；下等五户，以之八因之得四十户，併之得一百二十户。又置上等六户，以十分因之得六十户；下等八户，以之八因之得六十四户，併之得一百二十四户。却列位：

右一百二十户	互	不足五兩
左一百二十四户		不足三兩

先以右一百二十户互乘左不足三兩得三百六十兩，又以左一百二十四户互乘右不足五兩得六百二十兩，二位相減，餘二百六十兩爲銀實。却以户數一百二十、一百二十四相減，餘四爲法，除之得官派銀六十五兩。另以兩不足五兩、三兩對減，餘二兩爲則例實，仍以前法四除

---

1 雙套帶分子母兩盈兩不足，見《算法統宗》卷十“盈朒章”。原有“取錢買物兩盈歌（附兩朒）”云：

取錢買物兩皆盈，分子互乘分母訖。
以母通乘物價周，對減盈錢爲物實。
物價互乘少減多，乘子除爲錢實積。
率減零餘爲法行，法實相除盡可識。

所述公式如下所示：

$$N = \frac{n_1m_2p_1 \cdot n_2m_1 - n_2m_1p_2 \cdot n_1m_2}{m_1m_2(n_2m_1 - n_1m_2)} = \frac{n_1n_2(p_1 - p_2)}{n_2m_1 - n_1m_2}$$

$$M = \frac{n_1m_2p_1 - n_2m_1p_2}{n_2m_1 - n_1m_2}$$

法同雙套兩盈兩不足，亦可轉化爲單套兩盈兩不足解之。

2 此題爲《算法統宗》卷十“取錢買物兩盈”第二題。

之得五錢以十因之得上等每戶則例銀五兩另置五錢以八因之得下等每戶則例銀四兩

解義將上下戶各以十映八因之乃每戶分作十分算也將一百二十戶一百二十四戶對減餘四戶卽一戶之四分也將兩不足對減餘二兩只八戶相差一戶之四分銀上下差二兩以四除二兩得五錢乃八戶每戶十分之一得五錢故以十分乘之得上戶例以八分因之得下戶例

又法〇今有二甲里戶派貼差銀兩趙甲上十一戶下八戶派銀出五分之四多銀四兩六錢錢甲上七戶下一十六戶派銀出九分之七多一十二兩只云下戶比上戶十分之八問應差銀數若干及各甲出銀若干各戶派銀及各共派銀若干

增法置趙甲上戶十一以十因之得一百一十下戶八以八因之得六十四戶併之共一百七十四戶置錢甲上戶七以十因之

之，得五錢，以十因之，得上等每户則例銀五兩。另置五錢，以八因之，得下等每户則例銀四兩[1]。

【解義】將上下户各以十與八因之，乃每户分作十分筭也。將一百二十户、一百二十四户對減餘四户，即一户之四分也。將兩不足對減餘二兩，是人户相差一户之四分，銀上下差二兩。以四除二兩得五錢，乃人户每户十分之一得五錢，故以十分乘之得上户例，以八分因之得下户例。

又法〇今有二甲里户派貼差銀兩，趙甲上十一户、下八户派銀出五分之四，多銀四兩六錢；錢甲上七户、下一十六户派銀出九分之七，多一十二兩，只云下户比上户十分之八。問應差銀數若干？及各甲出銀若干？各户派銀及各共派銀若干[2]？增法 置趙甲上十一户，以十因之得一百一十户；下户八户，以八因之得六十四户，併之共一百七十四户。置錢甲上七户，以十因之

---

1 設上户則例爲 $10N$、下户則例爲 $8N$，官派銀數爲 M，據題意列：

$$\begin{cases} 8 \times 10N + 5 \times 8N = M - 5 \\ 6 \times 10N + 8 \times 8N = M - 3 \end{cases}$$

整理得：

$$\begin{cases} 120N = M - 5 \\ 124N = M - 3 \end{cases}$$

以單套兩不足術，解得：

$$\begin{aligned} M &= \frac{m_2p_1 - m_1p_2}{m_1 - m_2} \\ &= \frac{124 \times 5 - 120 \times 3}{124 - 120} \\ &= 65 \end{aligned}$$

$$\begin{aligned} N &= \frac{p_1 - p_2}{m_1 - m_2} \\ &= \frac{5 - 3}{124 - 120} \\ &= 0.5 \end{aligned}$$

2 此題爲雙套帶分子母兩盈題，係《算海説詳》新增，《算法統宗》無。解法如下：設上户則例爲 $10N$、下户則例爲 $8N$，官派銀數爲 M，據題意列：

$$\begin{cases} \frac{4}{5} \times (11 \times 10N + 8 \times 8N) = M + 4.6 \\ \frac{7}{9} \times (7 \times 10N + 16 \times 8N) = M + 12 \end{cases}$$

整理得：

$$\begin{cases} 139.2N = M + 4.6 \\ 154N = M + 12 \end{cases}$$

與前題同法，以單套兩盈術求之。若保留分數，可用雙套兩盈帶分子母公式解。

得七十戶下十六戶以八因之得一百二十八戶併之共一百九十八戶却置列左右二位
右一百七十四戶五分之四得一百三十九兩二錢左一百九十八戶九分之七得一百五十四兩互多四兩六錢多一十二兩先
將右上一百七十四戶以右中之四因之以五分歸之得一百三十九兩二錢互乘左下多一十
二兩得一千六百七十兩零四錢又將左上一百九十八戶以左中之七因之以九分歸之得一百五十
四兩互乘右下多四兩六錢得七百零八兩四錢二數對減餘九百六十二兩為貼差銀實却
以一百三十九兩二錢一百五十四兩對減餘一十四兩八錢為法除之得應貼差銀六十五
兩又將多四兩六錢一十二兩對減餘七兩四錢為實以前法一十四兩八錢除之得五錢為平
法以因上戶十分得上戶每戶派銀五兩以因下戶八分得下戶每戶派銀
四兩以因趙甲一百七十四戶得共派銀八十七兩以因右一百三十九兩二錢得五分之四
共出銀六十九兩六錢減多銀四兩六錢合應差銀以因錢甲左一百九十八戶得

得七十户；下十六户，以八因之得一百二十八户，併之共一百九十八户。却置列左右二位：

右	一百七十四户五分之四	得一百三十九兩二錢	互	多四兩六錢
左	一百九十八户九分之七	得一百五十四兩		多一十二兩

先將右上一百七十四户，以右中之四因之、以五分歸之，得一百三十九兩二錢；互乘左下多一十二兩，得一千六百七十兩零四錢。又將左上一百九十八户，以左中之七因之、以九分歸之，得一百五十四兩；互乘右下多四兩六錢，得七百零八兩四錢。二數對減，餘九百六十二兩，爲貼差銀實。却以一百三十九兩二錢、一百五十四兩對減，餘一十四兩八錢爲法，除之得應貼差銀六十五兩。又將多四兩六錢、一十二兩對減，餘七兩四錢爲實，以前法一十四兩八錢除之，得五錢爲平法。以因上户十分，得上户每户派銀五兩；以因下户八分，得下户每户派銀四兩。以因趙甲一百七十四户，得共派銀八十七兩；以因右一百三十九兩二錢，得五分之四共出銀六十九兩六錢，減多銀四兩六錢，合應差銀。以因錢甲左一百九十八户，得

共派銀九十九兩以囲左一百五十四兩得九分之七共出銀七十七兩減多一十二兩

合應差銀

匿價變套帯分子毋盈適足不足適足法○今有芝蔴不知数只云取蔴八分之三糶銀十兩不足二石取蔴三分之一糶銀八兩適足問蔴數及每兩該蔴若干

舊法置列右之三左之一互八分得八通糶十兩得八十兩八通不足二石得一十六石三分得九通糶八兩得七十二兩適足又置列右八十兩七十二兩互不足十六石得一千一百五十二適足先以右上之三互左中三分得九以通糶八兩得七十二兩次以左上之一互右中八分得八以通糶十兩得八十兩又以八通不足二石得一十六石卻又將左七十二兩再互右一十六石得一千一百五十二卻以之三之一相乘得三除之得三百八十四石為蔴實另以八十兩七十二兩對減餘八兩為法除之得總芝蔴四十八石又

共派銀九十九兩，以因左一百五十四兩，得九分之七共出銀七十七兩，減多一十二兩，合應差銀。

匿價雙套帶分子母盈適足不足適足法[1]〇今有芝蔴不知數，只云取蔴八分之三，糶銀十兩，不足二石；取蔴三分之一，糶銀八兩，適足。問蔴數及每兩該蔴若干[2]？

舊法 置列：

右　之三　互　八分　得八　通糶十兩　得八十兩　八通不足二石得一十六石
左　之一　　　三分　得九　通糶八兩　得七十二兩　適足

又置列：

右　八十兩　互　不足十六石　得一千一百五十二
左　七十二兩　　適足

先以右上之三互左中三分得九，以通糶八兩得七十二兩；次以左上之一互右中八分得八，以通糶十兩得八十兩，又以八通不足二石得一十六石。却又將左七十二兩再互右一十六石得一千一百五十二，却以之三之一相乘得三除之，得三百八十四石爲蔴實。另以八十兩、七十二兩對減餘八兩爲法，除之得總芝蔴四十八石。又

1　雙套帶分子母盈適足、不足適足，見《算法統宗》卷十“盈朒章”，原有“取錢買物（仍）[盈]適足歌”云：

取錢買物（仍）[盈]適足，子互乘母自相通。
却以盈錢爲物實，減率留餘作法宗。
取錢適足乘盈數，乘子除爲錢實宮。
如法除之錢可見，不足適足術相同。

所述公式如下所示：

$$N = \frac{n_1 m_2 p_1 \cdot n_2 m_1}{m_1 m_2 (n_2 m_1 - n_1 m_2)} = \frac{n_1 n_2 p_1}{n_2 m_1 - n_1 m_2}$$

$$M = \frac{n_1 m_2 p_1}{n_2 m_1 - n_1 m_2}$$

推算見“雙套帶分子母盈不足”。亦可用雙套盈適足、不足適足解之。

2　此題爲《算法統宗》卷十“取錢買物盈適足”第二題。

以不足一十六石為銀該蔴之實亦以前法八除之得每銀一兩該芝蔴二

(石)

解義　取蔴八分之三糴銀十兩不足二石猶取銀八分之三糴蔴一十石不足銀二兩特又翻轉立法使人易地通悟耳然前取銀一買物或一盈一適足一不足一適足俱就所買物成數言之此又添一賣銀十兩賣銀八兩之異差數及立法當在十兩八兩求之一盈一不足合併十兩八兩求一不足一適足八兩是適足當在十兩求之

前法(增法)置列右八分之三得九石先以八分三分相乘得二十四次以右八分互乘左一之一得八石又以左三分之三互乘右三之九得九石各列位却另置不足二石為實以右中得九石左中得八石對減餘一為法除之得每銀一兩該芝蔴二石就以二為通法以二乘左互出八石得一十六石糴銀八兩適足以二乘右互出九石得十一八石糴銀十兩不足二石以二乘二十四石得(總芝蔴四十八石)

以不足一十六石爲銀該蔴之實，亦以前法八除之，得每銀一兩該芝蔴二石[1]。

【解義】取麻八分之三，糶銀十兩，不足二石，猶取銀八分之三，糴蔴一十石，不足銀二兩。特又翻轉立法，使人易地通悟耳。然前取銀買物，或一盈一適足、一不足一適足，俱就所買物成數言之。此又添賣銀十兩、賣銀八兩之異，差數及立法當在十兩八兩求之。一盈一不足，合併十兩八兩求；一不足一適足，八兩是適足，當在十兩求之。

前法○[增法]置列：

右	八分	互	之三	得九石
左	三分		之一	得八石

先以八分三分相乘得二十四，次以右八分互乘左之一得八石，又以左三分互乘右之三得九石，各列位。却另置不足二石爲實，以右中得九、左中得八對減，餘一爲法除之得每銀一兩該芝蔴二石。就以二爲通法，以二乘左互出八石得一十六石，糶銀八兩適足；以二乘右互出九石得一十八石，糶銀十兩，不足二石。以二乘二十四石，得總芝蔴四十八石[2]。

---

1 “舊法”如下：設共蔴爲 N、每兩該蔴爲 M，據題意列：

$$\begin{cases}\frac{3}{8}N = 10M - 2 & ① \\ \frac{1}{3}N = 8M & ②\end{cases}$$

①式以（8 × 1）乘之、②式以 3 × 3 乘之，得：

$$\begin{cases}3N = 80M - 16 \\ 3N = 72M\end{cases}$$

即以 M 爲共人，$3N$ 爲共物價，用單套盈適足術求之。

2 “增法”如下：設共蔴爲 $24m$，每兩該蔴爲 M，據題意列：

$$\begin{cases}\frac{3}{8} \times 24m = 10M - 2 \\ \frac{1}{3} \times 24m = 8M\end{cases}$$

即：

$$\begin{cases}9m = 10M - 2 \\ 8m = 8M\end{cases}$$

解得：

$$m = M = 2$$

求得每兩該蔴 2 石，共蔴 48 石。

解義以三八相乘為蕪實者或三分或八分總之蕪必三八會齊數
內也以八分五之一得八石以三分五之三得九石即將三八
二十四以一因三歸得八
石以三因八歸得九石也

匿價方程法○方正也程數也諸價錯𥟖法求正數必須布置行列同異
虛實遞互遍乘求其有等法實相除得一價以推其餘繁𥟖多倍者次
第求之

二色方程歌○二色方程算法真○各物共價左右分○上物為法互乘
完○對減得數法實全○中餘為法除下實○中物價值了無疑○先
求上物中為法○依法求之上可察

今有馬三匹牛二頭共價銀一百一十四兩又馬四匹牛五頭共價一百
六十二兩五錢問馬牛價各若干○舊法將二等各物數各價分位

【解義】以三八相乘爲蔴實者，或三分或八分，總芝蔴必三八會齊數内也。以八分互之一得八石，以三分互之三得九石，即將三八二十四以一因三歸得八石，以三因八歸得九石也。

匿價方程法○方，正也。程，數也。諸價錯襍，法求正數，必須布置行列，同異虚實，遞互遍乘，求其有等。法實相除，得一價以推其餘。繁襍多倍者，次第求之。

二色方程歌○二色方程筭法真○各物共價左右分○上物爲法互乘完○對減得數法實全○中餘爲法除下實○中物價值了無疑○先求上物中爲法○依法求之上可察[1]

今有馬三匹、牛二頭，共價銀一百一十四兩；又馬四匹、牛五頭，共價一百六十二兩五錢。問馬、牛價各若干[2]？ 舊法 將二等各物數、各價分位

---

1 二色方程，相當於二元一次“方程組”。歌訣見《算法統宗》卷十一方程章，原歌十二句：

世人欲要識方程，物價俱將左右陳。
右上法乘左中下，次將左上右行乘。
中間相減餘爲法，下位相減餘實情。
法除實爲右中價，得價須將右中乘。
右下價内減去積，餘爲實數甚分明。
右上爲法除下實，便爲上價細推尋。

2 此題爲《算法統宗》卷十一“二色方程”第一題。

置列右上馬三匹左上馬四五中牛二頭得八中牛五頭得十五下價一百一十四兩得四百五十六兩下價一百六十二兩五錢得四百八十七兩五錢先以右上馬三為法遍乘左行中牛五頭得一十五乘左下價一百六十二兩五錢得四百八十七兩五錢却以左行馬四匹為法遍乘右行中牛二得八減左行乘得牛十五餘七為法又以馬四乘右下價一百一十四兩得四百五十六兩減左行乘價四百八十七兩五錢餘三十一兩五錢為實以法七除得牛每隻價四兩五錢却以右行中牛二乘之得九兩以減右行下價一百一十四兩餘一百零五兩為實以右行馬三匹除之得馬每匹價三十五兩

解義左右互乘者微平之法也以馬數為法互乘則馬數馬價微平牛數牛價便有多寡不平即將多寡对減餘出之數為法為实淂牛價若以牛為法互乘則牛數牛價微平馬數馬價有多寡不平对減餘出之數為法為实得馬價一也如右下價一百一十四兩是三匹馬二隻牛價以左行馬四遍乘右行則馬淂四三十二牛淂四二八隻價淂四百五十六兩乃十二匹馬八隻牛之價左下價一百

置列：

右　上馬三匹　互　中牛二頭　得八　　下價一百一十四兩　　　得四百五十六兩

左　上馬四　　　　中牛五頭　得十五　下價一百六十二兩五錢　得四百八十七兩五錢

先以右上馬三爲法，遍乘左行中牛五頭得一十五，乘左下價一百六十二兩五錢得四百八十七兩五錢。却以左行馬四匹爲法，遍乘右行中牛二得八，減左行乘得牛十五，餘七爲法。又以馬四乘右下價一百一十四兩得四百五十六兩，減左行乘價四百八十七兩五錢，餘三十一兩五錢爲實。以法七除，得牛每隻價四兩五錢。却以右行中牛二乘之得九兩，以減右行下價一百一十四兩，餘一百零五兩爲實，以右行馬三匹除之，得馬每匹價三十五兩。

【解義】左右互乘者，徹平之法也。以馬數爲法互乘，則馬數、馬價徹平，牛數、牛價便有多寡不平。即將多寡對減，餘出之數爲法、爲實，得牛價。若以牛爲法互乘，則牛數、牛價徹平，馬數、馬價有多寡不平。對減餘出之數爲法、爲實，得馬價，一也。如右下價一百一十四兩是三匹馬、二隻牛價，以左行馬四遍乘右行，則馬得四三十二，牛得四二八隻，價得四百五十六兩，乃十二匹馬、八隻牛之價。左下價一百

1　設馬價 x，牛價 y，根據題意列：

$$\begin{cases}3x + 2y = 114 & 右\\ 4x + 5y = 162 & 左\end{cases}$$

以 4 遍乘右行、3 遍乘左行，對減消去馬價 x，得：

$$7y = 31.5$$

解得牛價：

$$y = 4.5$$

代入原式，可求馬價。若先求馬價，則以 5 遍乘右行、以 2 遍乘左行，對減消去牛價 y，依法可求馬價。

六十二兩五錢是四匹馬五隻牛價以右行馬三遍乘左行則馬得三四十二四牛得三五一十五隻價得四百八十七兩五錢乃十二匹馬十五隻牛之價兩下对減馬都是一十二隻牛对減餘七隻價对減餘三十一兩五錢即七隻牛之價故以七為法除之得每隻牛價以牛為法五乘亦然

雜題借硯西江月〇甲借乙家七硯還他三管毛錐貼錢四百整八十恰好齊同了畢丙却借乙九筆還他三箇端溪一百八十貼乙齊二色價該各幾

舊法置列右硯正七五筆負三得九下價正四百八十左硯正三五筆負九得六十三下價負一百八十先以右行硯七為法遍乘左筆九得六十三價一百八十得一千二百六十又以左行硯三為法遍乘右行筆三得九用減左行筆六十三餘筆五十四為法又乘右下價正四百八十得一千四百四十異加左行價負一千二百六十共得二千七百為實以法除之得筆每枝錢五十文將右行價正四百八十加右筆三價一百五十共得六百

六十二兩五錢，是四匹馬、五隻牛價，以右行馬三遍乘左行，則馬得三四十二匹，牛得三五一十五隻，價得四百八十七兩五錢，乃十二匹馬、十五隻牛之價。兩下對減，馬都是一十二隻，牛對減餘七隻，價對減餘三十一兩五錢，即七隻牛之價。故以七爲法除之，得每隻牛價。以牛爲法互乘，亦然。

難題·借硯·西江月〇甲借乙家七硯，還他三管毛錐。貼錢四百整八十，恰好齊同了畢。丙却借乙九筆，還他三箇端溪。一百八十貼乙齊，二色價該各幾[1]？ 舊法 置列

右	硯正七	互	筆負三	得九	下價正四百八十
左	硯正三		筆負九	得六十三	下價負一百八十

先以右行硯七爲法，遍乘左筆九得六十三，價一百八十得一千二百六十。又以左行硯三爲法，遍乘右行筆三得九，用減左行筆六十三，餘筆五十四爲法；又乘右下價正四百八十得一千四百四十，異加左行價負一千二百六十，共得二千七百爲實。以法除之，得筆每枝錢五十文。將右行價正四百八十加右筆三價一百五十[2]，共得六百

---

1 此難題爲《算法統宗》卷十六“難題方程八”第二題。

2 加右筆三價一百五十，順治本作“異加筆負三一百五十”。

二十以硯七除之得（硯每箇價九十文）

解義一边是以七硯換三筆多錢四百八十文一边是以三硯換九筆少錢一百八十文用七硯三硯為法互乘两边都成二十一硯乃硯取平之法也一边是二十一硯換九筆多錢一千四百四十文一边是二十一硯換六十三筆少錢一千二百八十文合多價少價皆是不齊之數故将互乘筆三筆九之數对減餘五十四筆正是两下不齊之物即合两下不齊之價此數理天然之妙也若以筆三筆九為法互乘即将乘出二硯之數对減亦合两下互乘之價一理也舊有絹三疋添價六錢買布十疋之法同此不贅

又今有硯七個換筆九枝餘錢一百八十文硯四個換筆三枝餘錢二百一十文問硯價筆價各若干

（增）（法）置列右硯七互中筆九得三十六下一百八十文得七百二十文左硯四互中筆三得二十一下二百一十文得一千四百七十文先以右行硯七為法遍乘左筆三得二十一餘錢二百一十得一千四百七十文又以左行硯四遍乘右行筆九得三十六與左行二十一對減餘一十五為法又乘餘錢一百八十得七百二十文與左行一千四百

二十，以硯七除之，得硯每箇價九十文[1]。

【解義】一邊是以七硯換三筆，多錢四百八十文；一邊是以三硯換九筆，少錢一百八十文。用七硯、三硯爲法，互乘兩邊，都成二十一硯，乃硯取平之法也。一邊是二十一硯換九筆，多錢一千四百四十文；一邊是二十一硯換六十三筆，少錢一千二百八十文。合多價少價，皆是不齊之數。故將互乘筆三、筆九之數對減，餘五十四筆，正是兩下不齊之物，即合兩下不齊之價，此數理天然之妙也。若以筆三、筆九爲法互乘，即將乘出二硯之數對減，亦合兩下互乘之價，一理也。舊有絹三疋添價六錢買布十疋之法[2]，同此不贅。

又今有硯七個換筆九枝，餘錢一百八十文；硯四個換筆三枝，餘錢二百一十文。問硯價、筆價各若干[3]？〔增法〕置列：

右硯七　互　中筆九　得三十六　下一百八十文　得七百二十文
左硯四　　　中筆三　得二十一　下二百一十文　得一千四百七十文

先以右行硯七爲法，遍乘左筆三得二十一，餘錢二百一十得一千四百七十文。又以左行硯四，遍乘右行筆九得三十六，與左行二十一對減，餘一十五爲法。又乘餘錢一百八十得七百二十文，與左行一千四百

1　設硯價爲 x，筆價爲 y，據題意列：

$$\begin{cases}7x - 3y = 480 & \text{右} \\ 3x - 9y = -180 & \text{左}\end{cases}$$

以 3 遍乘右行、7 遍乘左行，對減消去硯價 x，得：

$$54y = 2700$$

解得筆價：

$$y = 50$$

代入右行，解得硯價：

$$x = 90$$

2　即《算法統宗》卷十一“四色方程”第二題：“今有絹三疋，添價六錢，買布十疋；又布五疋，添價一錢，買絹二疋。問絹、布價各若干？”設絹價爲 x，布價爲 y，根據題意列：

$$\begin{cases}3x - 10y = -6 \\ 2x - 5y = 1\end{cases}$$

解法同筆硯題。

3　此題係《筭海説詳》據前筆硯題改編，《算法統宗》無。

七十文對減餘七百五十文為實以法五十除之得（筆每枝錢五十文）將右行原

餘錢一百八十文加原筆九枝以筆價五十文乘之得四百五十文并二數共六百三十

文為實以硯七除之得（硯每個錢九十文）

解義　此即上法也上以硯換筆是一边少價一边多價故兩边乘出之價合併為实此兩边都是多故兩價相減餘存為寔

三色方程歌○三色方程各不同○物價三行右左中○右與中左各乘

遍○對減再分左右乘○又減餘物即為法○餘價為實法可通

今有硯三個墨五錠筆九枝共價八錢一分又硯四個墨六錠筆七枝共

價八錢九分又硯五個墨七錠筆八枝共價一兩零六分問硯墨筆價

各若干

（右）硯三中左乘墨五得墨二十墨二十五筆九得三十六四十五價八錢一分得三兩二錢四分四兩零五分

七十文對減，餘七百五十文爲實。以法十五除之，得筆每枝錢五十文。將右行原餘錢一百八十文，加原筆九枝，以筆價五十文乘之得四百五十文。併二數，共六百三十文爲實。以硯七除之，得硯每個錢九十文[1]。

【解義】此即上法也。上以硯换筆，是一邊少價，一邊多價，故兩邊乘出之價合併爲實。此兩邊都是多，故兩價相減，餘存爲實。

三色方程歌〇三色方程各不同〇物價三行右左中〇右與中左各乘遍〇對減再分左右乘〇又減餘物即爲法〇餘價爲實法可通[2]

今有硯三個、墨五錠、筆九枝，共價八錢一分；又硯四個、墨六錠、筆七枝，共價八錢九分；又硯五個、墨七錠、筆八枝，共價一兩零六分。問硯、墨、筆價各若干[3]？

右硯三	中 左	乘墨五得	墨二十 墨二十五	筆九得	三十六 四十五	價八錢一分得	三兩二錢四分 四兩零五分

1 設硯價爲 x、筆價爲 y，依據題意列：

$$\begin{cases} 7x - 9y = 180 & 右 \\ 4x - 3y = 210 & 左 \end{cases}$$

以 4 遍乘右行、7 遍乘左行，對減消去硯價 x，解得：

$$y = 50$$

代入右行，解得：

$$x = 90$$

2 三色方程，相當於三元一次方程組。歌訣見《算法統宗》卷十一“方程章”，原歌八句：

三色方程法更奇，物價三行左作基。
左右互乘須減盡，中下價餘左位宜。
又列二行仍乘減，中中左中減無餘。
下餘爲法價餘實，法實相除下價知。

三色方程分列三行，每行三色，以右行分別與中行、左行相乘對減，皆消去首項，得到一個二色方程，即以二色方程法解之。

3 此題爲《算法統宗》卷十一“三色方程”第一題。

㊥硯四右乘墨六得墨一十八筆七得二十一價八錢九分得二兩六錢七分
㊧硯五右乘墨七得墨二十一筆八得二十四價一兩六分得三兩一錢八分
㊨先以右上硯三為法遍乘中行墨六得十八筆七得二十一價八錢九分得二兩六錢七分即以中上硯四遍乘右行墨五得二十筆九得三十六價八錢一分得三兩二錢四分對減右墨餘二筆餘十五價餘五錢七分次復以右上硯三為法遍乘左行墨七得二十一筆八得二十四價一兩零六分得三兩一錢八分即以左上硯五遍乘右行墨五得二十五筆九得四十五價八錢一分得四兩零五分對減右墨餘四筆餘二十一價餘八錢七分另將減過餘數分置右左墨二四筆十五二十一價五錢七分八錢七分先以右行墨二遍乘左行筆二十一得四十二價八錢七分得一兩七錢四分次以左行墨四為法遍乘右行筆十五得六十價五錢七分得二兩二錢八分又對減右行筆餘一十八枝

中 硯四　右乘墨六　得墨一十八　筆七　得二十一　價八錢九分　得二兩六錢七分

左 硯五　右乘墨七　得墨二十一　筆八　得二十四　價一兩六分　得三兩一錢八分

舊法 先以右上硯三爲法，遍乘中行，墨六得十八，筆七得二十一，價八錢九分得二兩六錢七分；即以中上硯四遍乘右行，墨五得二十，筆九得三十六，價八錢一分得三兩二錢四分。對減，右墨餘二，筆餘十五，價餘五錢七分。次復以右上硯三爲法，遍乘左行，墨七得二十一，筆八得二十四，價一兩零六分得三兩一錢八分；即以左上硯五遍乘右行，墨五得二十五，筆九得四十五，價八錢一分得四兩零五分。對減，右墨餘四，筆餘二十一，價餘八錢七分。另將減過餘數分置：

	墨	筆	價
右	二	十五	五錢七分
左	四	二十一	八錢七分

先以右行墨二遍乘左行，筆二十一得四十二，價八錢七分得一兩七錢四分。次以左行墨四爲法，遍乘右行，筆十五得六十，價五錢七分得二兩二錢八分。又對減，右行筆餘一十八枝

為法價餘五錢四分為實以法除實得筆每枝價銀三分就將筆價三分以右餘筆十五乘之得四錢五分以減右行餘價五錢七分餘一錢二分以右行餘二為法除之得墨每錠價銀六分却於原右行價八錢一分內減原墨五錠價三錢原筆九枝價二錢七分共減去五錢七分餘價二錢四分以原硯三為法除之得硯每箇價銀八分

解義　法用疊乘疊除者因硯墨筆係三等一次乘減止減除一等故疊乘疊減求之先以右硯共中左二行各互乘对減將硯價都減尽重分左右二行右行所餘價五錢七分乃所餘墨二定筆十五枝之價左行所餘價八錢七分乃所餘墨四錠筆二十一枝之價又以墨為法互乘对減將墨價都減尽止餘價五錢四分即所餘筆一十八枝之價故以十八為法除之得筆價也然須三行各有參差不齊如硯三四五墨五六七筆則九七八共上顛倒錯落互乘中間有不齊之数乃可疊次对減餘出一宗之数若將筆亦泆右行挨次順作七八九則右行硯三墨五筆七共價七錢五分中行硯四墨六筆八共價九錢二分左行硯五墨七筆九共價一兩零九分以左與中

爲法，價餘五錢四分爲實。以法除實，得筆每枝價銀三分。就將筆價三分以右餘筆十五乘之，得四錢五分，以減右行餘價五錢七分，餘一錢二分，以右行餘二爲法除之，得墨每錠價銀六分。却於原右行價八錢一分内，減原墨五錠價三錢、原筆九枝價二錢七分，共減去五錢七分，餘價二錢四分，以原硯三爲法除之，得硯每箇價銀八分[1]。

【解義】法用疊乘疊除者，因硯、墨、筆係三等，一次乘減，止減除一等，故疊乘疊減求之。先以右硯與中、左二行各互乘對減，將硯價都減盡，重分左、右二行。右行所餘價五錢七分，乃所餘墨二(定)[錠][2]、筆十五枝之價；左行所餘價八錢七分，乃所餘墨四錠、筆二十一枝之價。又以墨爲法互乘對減，將墨價都減盡，止餘價五錢四分，即所餘筆一十八枝之價，故以十八爲法除之，得筆價也。然須三行各有參差不齊，如硯三、四、五，墨五、六、七，筆則九、七、八，與上顛倒錯落，互乘中(問)[間]有不齊之數[3]，乃可疊次對減，餘出一宗之數。若將筆亦從右行挨次順作七、八、九，則右行硯三、墨五、筆七，共價七錢五分；中行硯四、墨六、筆八，共價九錢二分；左行硯五、墨七、筆九，共價一兩零九分。以左與中

---

1 設硯價爲 x、墨價爲 y、筆價爲 z，依據題意列：

$$\begin{cases}3x+5y+9z=81 & 右\\4x+6y+7z=89 & 中\\5x+6y+8z=106 & 左\end{cases}$$

先以 3 遍乘中行、4 遍乘右行，對減消去硯價 x，得：

$$2y+15z=57 \qquad ①$$

又以 3 遍乘左行、5 遍乘右行，對減消去硯價 x，得：

$$4y+21z=87 \qquad ②$$

①②兩式構成一個二色方程：

$$\begin{cases}2y+15z=57 & 右\\4y+21z=87 & 左\end{cases}$$

以 2 遍乘左行、4 遍乘右行，對減消去墨價 y，僅餘筆價：

$$18z=54$$

求得筆價：

$$z=3$$

進而求得墨價硯價。

2 定，當作“錠”，據文意改。

3 問，當作“間”，據文意改。

亦乘对減右行墨餘二華餘四價餘二錢四分以右與左互乘对減

右行墨餘四華餘八價餘四錢八分舟將餘數分右左二行以右餘

墨二互乘左餘華八得一十六以左餘墨四互乘右餘華四亦得一

十六以右墨二乘左餘價四錢八分得九錢六分以左墨四乘右餘

價二錢四分亦得九錢六分將異墨價值終無可分析

矣另將墨先為法或華先為法皆然此又不可不知

又法〇今有硃二斤粉三斤價二两零四分又粉五斤丹六斤價六錢四

分又硃三斤丹七斤價二两九錢八分問三色各價若干

(右)硃二為法起先乘左行粉三得九　空　價二两零四分得六两一錢二分

(甲)空　粉五得四十五　丹六得五十四　價六錢四分得五两七錢六分

(左)硃三　空負九得負四十五　丹七得十四得七十　價二两九錢八分得五两九錢六分

(舊)(法)先以右行硃二為法遍乘左行丹七得一十四價二两九錢八分得五两九錢六分

即以左行硃三為法遍乘右行粉三得九左亦置負九價二两零四分得六两

互乘對減，右行墨餘二、筆餘四、價餘二錢四分；以右與左互乘對減，右行墨餘四、筆餘八、價餘四錢八分。再將餘數分右左二行，以右餘墨二互乘左餘筆八得一十六，以左餘墨四互乘右餘筆四亦得一十六；以右墨二乘左餘價四錢八分得九錢六分，以左墨四乘右餘價二錢四分亦得九錢六分。將筆墨價值，終無可分析矣。另將墨先爲法，或筆先爲法，皆然。此又不可不知[1]。

又法〇今有硃二斤、粉三斤，價二兩零四分；又粉五斤、丹六斤，價六錢四分；又硃三斤、丹七斤，價二兩九錢八分。問三色各價若干[2]？

右	硃二	爲法起先乘左行	粉三	得九	空		價二兩零四分	得六兩一錢二分
中	空		粉五	得四十五	丹六	得四十五	價六錢四分	得五兩七錢六分
左	硃三		空	負九得負四十五	丹七	得十四；得七十	價二兩九錢八分	得五兩九錢六分

舊法 先以右行硃二爲法，遍乘左行，丹七得一十四，價二兩九錢八分得五兩九錢六分。即以左行硃三爲法，遍乘右行，粉三得九，左亦置負九；價二兩零四分得六兩

---

1 這裏探討了三色方程不可解的情況。以下三色方程：

$$\begin{cases}3x+5y+7z=75\\4x+6y+8z=92\\5x+7y+9z=109\end{cases}$$

消去硯價 x，得二色方程：

$$\begin{cases}2x+4z=24\\4x+8y=48\end{cases}$$

二式等價，解不唯一。

2 此題爲《算法統宗》卷十一“三色方程”第三題。

一錢二分與左行得數五兩九錢六分對減餘一錢六分次以中行粉五為法遍乘左行粉負九得負四十五丹十四得七十餘價一錢六分得八錢即以左行負粉九為法遍乘中行粉五得四十五與左行負粉對減盡乘丹六得五十四異加左丹七十共一百二十四為法乘中下原價六錢四分得五兩七錢六分減左餘價八錢餘四兩九錢六分為寔以法除之得丹每斤價四分於中行價六錢四分內減原丹六斤共價二錢四分餘價四錢為實以粉五斤除之得粉每斤價八分又於右行原價二兩零四分內減原粉三斤共減價二錢四分餘價一兩八錢為寔以原硃二斤除之得硃每斤價九

錢

解義上硯墨筆三色共價此亦三色止二色共價右行有硃粉无丹

中行有粉丹无硃左行有硃丹无粉先將右左硃為法互乘徹

平兩边都是硃六斤右边乘出粉二斤乘出硃六斤粉九斤之價卻

有粉價无丹價左边乘出丹一十四斤乘出硃六斤丹一十四斤之

一錢二分，與左行得數五兩九錢六分對減，餘一錢六分[1]。次以中行粉五爲法，遍乘左行，粉負九得負四十五，丹十四得七十，餘價一錢六分得八錢[2]。即以左行負粉九爲法，遍乘中行，粉五得四十五，與左行負粉對減盡；乘丹六得五十四，異加左丹七十，共一百二十四爲法；乘中下原價六錢四分得五兩七錢六分，減左餘價八錢，餘四兩九錢六分爲實。以法除之，得丹每斤價四分。於中行價六錢四分内，減原丹六斤共價二錢四分，餘價四錢爲實，以粉五斤除之，得粉每斤價八分。又於右行原價二兩零四分内，減原粉三斤，共減價二錢四分，餘價一兩八錢爲實，以原硃二斤除之，得硃每斤價九錢[3]。

【解義】上硯、墨、筆三色共價，此亦三色，止二色共價。右行有硃、粉，無丹；中行有粉、丹，無硃；左行有硃、丹，無粉。先將右、左硃爲法，互乘徹平，兩邊都是硃六斤。右邊乘出粉九斤，乘出硃六斤、粉九斤之價，却有粉價無丹價；左邊乘出丹一十四斤，乘出硃六斤、丹一十四斤之

---

1 一錢六分，當爲負值。

2 八錢，當爲負值。

3 設硃價爲 x、粉價爲 y、丹價爲 z，根據題意列：

$$\begin{cases} 2x + 3y = 204 & 右 \\ 5y + 6z = 64 & 中 \\ 3x + 7z = 298 & 左 \end{cases}$$

先以 3 遍乘右行、2 遍乘左行，對減消去硃價 x，得：

$$-9y + 14z = -16 \quad ①$$

與中行構成一個二色方程：

$$\begin{cases} 5y + 6z = 64 & 中 \\ -9y + 14z = -16 & 左 \end{cases}$$

以 5 遍乘左行、9 遍乘中行，相加消去粉價 y，得：

$$124z = 496$$

解得丹價：

$$z = 4$$

代入原中行，得粉價：

$$y = 8$$

將粉價代入原右行，得硃價：

$$x = 90$$

本題计算结果不误，但互乘相消过程中，對于各項係數正負的認識，不夠明確。

價却有丹價先粉價兩價对減將硃價尽減去右边餘出價一錢六分乃九斤粉價内對減去一十四斤丹價尚餘銀一錢六分也却又以中行粉五與粉負九為法互乘兩边微平俱是四十五斤粉中行乘出五十四斤丹乘出四十五斤粉五十四斤丹之價左边乘出七十斤丹其價却是每九斤粉價内除去一十四斤丹價共四十五斤粉内除去七十斤丹之價就以此與中行对減是將中行價内四十五斤粉減去除七十斤丹所餘之價淨餘七十斤丹價併原乘出五十四斤丹價共計一百二十四斤丹價故以五十四併七十得一百二十四為法除之得丹價也其云負九者即虛九也因丹在中行左行粉却在右行中行左行却是空位故將右行乘出粉九移入左行空位與中行粉五為法互乘故云負也實則以中行之粉丹與價得與先乘得粉丹之數并对減餘價作一行互乘耳此是右左二行互乘后以粉丹為法故先得丹價者以丹丹為法即先得粉價但法有減除合併之不同并列以備參考

(增)(法)先以右左二行硃為法互乘右粉得九價得六兩一錢二分左丹得一十四價得五兩九錢六分兩價對減右餘一錢六分却以中行丹六與左行丹一十四為法互乘兩邊俱得八十四丹六乘粉負九得五十四乘餘價一錢六分得九錢六分丹一十四

價，却有丹價無粉價。兩價對減，將硃價盡減去，右邊餘出價一錢六分，乃九斤粉價内對減去一十四斤丹價，尚餘銀一錢六分也。却又以中行粉五與粉負九爲法互乘，兩邊徹平，俱是四十五斤粉。中行乘出五十四斤丹，乘出四十五斤粉、五十四斤丹之價；左邊乘出七十斤丹，其價却是每九斤粉價内除去一十四斤丹價，共四十五斤粉内除去七十斤丹之價。就以此與中行對減，是將中行價内四十五斤粉減去，除七十斤丹所餘之價，净餘七十斤丹價，併原乘出五十四斤丹價，共計一百二十四斤丹價。故以五十四併七十得一百二十四爲法，除之得丹價也。其云負九者，即虚九也，因丹在中行、左行，粉却在右行、中行，左行却是空位。故將右行乘出粉九移入左行空位，與中行粉五爲法互乘，故云負也。實則以中行之粉、丹與價，再與先乘得粉、丹之數，并對減餘價作一行互乘耳。此是右、左二行互乘后，以粉再爲法，故先得丹價；若以丹再爲法，即先得粉價。但法有減除合併之不同，并列以備參考。

增法 先以右、左二行硃爲法互乘，右粉得九，價得六兩一錢二分；左丹得一十四，價得五兩九錢六分。兩價對減，右餘一錢六分。却以中行丹六與左行丹一十四爲法互乘，兩邊俱得八十四。丹六乘粉負九得五十四，乘餘價一錢六分得九錢六分；丹一十四

乘粉五十七得十七乘原價六錢四分得八兩九錢六分併入左九錢六分共得九兩九錢二分爲實併

七十五卜以共一百二十四爲法除之得粉價每斤八分照前法於中原價除粉

價得丹價於左原價除丹價得硃價

解義此即上法也但上將中行價乘得之數減除初次左右对減餘

價再乘之八錢此乃加併餘價再乘之九錢六分者以左行丹

十四兩乘中行丹六得八十四斤乘粉五得七十斤乘價六錢四分得

八兩九錢六分乃七十斤粉八十四斤丹之價只中行丹六乘左行

丹十四亦得八十四乘粉九得五十四乘餘價一錢六分得九錢六

分乃六九五十四斤粉內除六个此四斤共除八十四斤丹之價將

此併入乃將中行價內八十四斤丹價共加成五十四斤粉價并一原

乘出七十斤粉價共一百二十四斤粉價故以七十併五十四共一

百二十四爲法除之得粉價上是問丹價故須除去餘價

乃止餘丹價此是問粉價故必合入餘價乃并成粉價也

又法（）今有鷄四隻鴨三隻共價七錢五分又鵝三隻鷄四隻共價六錢

又鴨五隻鷄六隻共價八錢一分問三色各價若干

乘粉五得七十，乘原價六錢四分得八兩九錢六分，併入左九錢六分，共得九兩九錢二分爲實。併七十、五十四共一百二十四爲法，除之得粉價每斤八分。照前法，於中原價除粉價得丹價，於左原價除丹價得硃價[1]。

【解義】此即上法也。但上將中行價乘得之數，減除初次左、右對減餘價，再乘之八錢；此乃加併餘價，再乘之九錢六分者。以左行丹十四乘中行丹六得八十四斤，乘粉五得七十斤，乘價六錢四分得八兩九錢六分，乃七十斤粉、八十四斤丹之價。以中行丹六乘左行丹十四亦得八十四，乘粉九得五十四，乘餘價一錢六分得九錢六分，乃六九五十四斤粉內除六個十四斤，共除八十四斤丹之價。將此併入，乃將中行價內八十四斤丹價，共加成五十四斤粉價并原乘出七十斤粉價共一百二十四斤粉價，故以七十併五十四共一百二十四爲法，除之得粉價。上是問丹價，故須除去餘價，乃止餘丹價；此是問粉價，故必合入餘價，乃并成粉價也。

又法〇今有鵝四隻、鴨三隻，共價七錢五分；又鵝三隻、鷄四隻，共價六錢；又鴨五隻、鷄六隻，共價八錢一分。問三色各價若干[2]？

---

1 三色方程消去硃價 x，構成二色方程：

$$\begin{cases} 5y + 6z = 64 & 中 \\ -9y + 14z = -16 & 左 \end{cases}$$

前法係以 5、9 爲法互乘兩行，相加消去粉價，先求丹價。“增法”則以 6、14 爲法互乘兩行，對減消去丹價 z，得：

$$124y = 992$$

解得粉價：

$$y = 8$$

2 此題爲《算法統宗》卷十一“三色方程”第四題。

(左)鵝四乘中行鴨三中乘得九空七錢五分得二兩二錢五分
(中)鴨三乘右行空照左負九得四十五鷄四得十六得八十六錢右法乘得二兩四錢減右餘一錢五分左法再乘得七錢五分
(右)空鴨五得四十五鷄六負九乘得五十四八錢一分負九乘得七兩二錢九分
(法)先以右行鵝四為法遍乘中行鷄四得一十六價六錢得二兩四錢即以中
鵝三為法遍乘右行鴨三得九價七錢五分得二兩二錢五分兩下對減餘鷄十一
價一錢五分又列中鴨負九為法遍乘左行鴨五得四十五鷄六得五十四價
八錢一分得七兩二錢九分即以左鴨五為法遍乘中負九得四十五鷄十六得八十餘價
一錢五分得七錢五分中左對減鴨盡鷄中行八十左行五十四共一百三十四為法以價中七錢
五分左七兩二錢九分併二數共八兩四分零為實以法除之得(鷄每隻價六分)另以
左行原價八錢一分內減鷄六隻共價三錢六分餘四錢五分以鴨五隻除之得(鴨每隻價

右	鵝四	乘中行	鴨三	中乘得九	空		七錢五分	得二兩二錢五分
中	鵝三	乘右行	空	照左負九，得四十五	鷄四	得十六；得八十	六錢	右法乘得二兩四錢，減右餘一錢五分。左法再乘得七錢五分
左	空		鴨五	得四十五	鷄六	負九乘得五十四	八錢一分	負九乘得七兩二錢九分

舊法 先以右行鵝四爲法遍乘中行，鷄四得一十六，價六錢得二兩四錢；即以中行鵝三爲法遍乘右行，鴨三得九，價七錢五分得二兩二錢五分。兩下對減，餘鷄一十六隻、價一錢五分[1]。又列中鴨負九爲法，遍乘左行，鴨五得四十五，鷄六得五十四，價八錢一分得七兩二錢九分；即以左鴨五爲法遍乘中，負九得四十五，鷄十六得八十，餘價一錢五分得七錢五分。中、左對減鴨盡，鷄中行八十、左行五十四，共一百三十四爲法；以價中七錢五分、左七兩二錢九分[2]，併二數共八兩零四分爲實。以法除之，得鷄每隻價六分。另以左行原價八錢一分内減鷄六隻共價三錢六分，餘四錢五分，以鴨五隻除之，得鴨每隻價

1 兩下對減，尚有鴨負九隻。此處誤本《算法統宗》遺漏。

2 九分，順治本誤作“五分”。

(九分) 再以右行原價七錢五分減鴨隻三共減二錢七分餘價四錢八分以鵝隻四除之得

(鵝每隻價一錢二分)

解義 上珠粉冉一法先以珠互乘兩價对減多餘在右行此先以帅互乘兩價对減多餘在中行乃十六隻鷄價内除九隻鴨價尚餘價一錢五分也冉以鴨為法互乘各價得數併合為实皆以負九乘左行鴨得四十五鷄得五十四價得七兩二錢九分乃四十五鴨五十四鷄之價以左鴨五乘負九得四十五鷄十六得八十價得七錢五分乃是五个十六隻共八十隻鷄内除五个九隻共四十五隻鴨之價以此併加合入左行四十五隻鴨價共成八十隻鷄價此即上冉以丹為法同例也若此處以鷄為法求之互乘價數又當以少減多如上以粉為法同因方程法实隐互雑測故反覆發明使人通曉

又法〇今有馬一匹騾二匹驢三匹議各載粮四石二斗皆不能勝内馬借騾一匹騾借驢一匹驢借馬一匹始能承載問三等力各若干

(右)正馬一為法 先與左借馬乘 借騾一得二 空 四石二斗得四石二斗

九分。再以右行原價七錢五分減鴨三隻，共減二錢七分，餘價四錢八分[1]，以鵝四隻除之，得鵝每隻價一錢二分[2]。

【解義】上硃粉丹一法，先以硃互乘，兩價對減，多餘在右行。此先以鵝互乘，兩價對減，多餘在中行，乃十六隻鷄價内除九隻鴨價，尚餘價一錢五分也。再以鴨爲法互乘各價，得數併合爲實者，以負九乘左行，鴨得四十五，鷄得五十四，價得七兩二錢九分，乃四十五鴨、五十四鷄之價。以左鴨五乘負九得四十五，鷄十六得八十，價得七錢五分，乃是五個十六隻共八十隻鷄内，除五個九隻共四十五隻鴨之價。以此併加合入左行四十五隻鴨價，共成八十隻鷄價，此即上再以丹爲法同例也。若此處以鷄爲法求之，互乘價數又當以少減多，如上以粉爲法同。因方程法實隐互難測，故反覆發明，使人通曉。

又法〇今有馬一匹、騾二匹、驢三匹，議各載粮四石二斗，皆不能勝。内馬借騾一匹，騾借驢一匹，驢借馬一匹，始能承載。問三等力各若干[3]？

右 正馬一　爲法先與左借馬乘　借騾一　得二　空　四石二斗　得四石二斗

---

1 八分，順治本誤作“六分”。

2 設鵝價爲 x、鴨價爲 y、雞價爲 z，根據題意列：

$$\begin{cases} 4x + 3y = 75 & \text{右} \\ 3x + 4z = 60 & \text{中} \\ 5y + 6z = 81 & \text{左} \end{cases}$$

以 3 遍乘右行、4 遍乘中行，對減消去鵝價 x，得：

$$-9y + 16z = 15 \quad ①$$

①式與左行構成二色方程：

$$\begin{cases} -9y + 16z = 15 & \text{中} \\ 5y + 6z = 81 & \text{左} \end{cases}$$

以 5 遍乘中行、9 遍乘左行，相加消去鴨價 y，得：

$$134z = 804$$

解得雞價：

$$z = 6$$

3 此題爲《算法統宗》卷十一“三色方程”第二題。

中 空 正騾二 借驢一 四石二斗得四石二斗

左 借馬一 空一負 正驢三 四石二斗 右得四石二斗 中得八石四斗

舊法 先以右馬一為法遍乘左行正驢三得三載四石二斗得四石二斗即以左

借馬一為法遍乘右借騾一得一載四石二斗得四石二斗將載對減俱盡又以

中行正騾二遍乘左一負得二正驢三得六載四石二斗得八石四斗即以左行一負

遍乘正騾二得二與左行減盡借驢一得一併左行六共七為法載四石

二斗得四石二斗與左行八石四斗對減餘四石二斗為實以法除之得驢每匹載六斗

却於中行原載四石二斗內除借驢一匹減去六斗餘三石六斗以原騾二匹除之得騾

每匹載一石八斗又將右行四石二斗內除借騾一匹減去一石八斗餘得馬每匹

載二石四斗

中	空	正騾二		借驢一	四石二斗	得四石二斗
左	借馬一	空	負一	正驢三	四石二斗	右得四石二斗 中得八石四斗

舊法 先以右馬一爲法遍乘左行，正驢三得三，載四石二斗得四石二斗；即以左借馬一爲法遍乘右，借騾一得一，載四石二斗得四石二斗。將載對減俱盡。又以中行正騾二遍乘左，負一得二，正驢三得六，載四石二斗得八石四斗[1]。即以左行負一遍乘，正騾二得二，與左行減盡；借驢一得一，併左行六共七爲法；載四石二斗得四石二斗，與左行八石四斗對減[2]，餘四石二斗爲實。以法除之，得驢每匹載六斗。却於中行原載四石二斗内除借驢一匹，減去六斗，餘三石六斗，以原騾二匹除之，得騾每匹載一石八斗。又將右行四石二斗内除借騾一匹，減去一石八斗，餘得馬每匹載二石四斗[3]。

---

1 載重已經減盡，此處當爲零。此處誤本《算法統宗》，後文同。

2 左行載重爲零，此處當係四石二斗與左行載重零相加，仍爲四石二斗。

3 設馬、騾、驢承重各爲 x、y、z，依據題意列：

$$\begin{cases} x + y = 42 & \text{右} \\ 2y + z = 42 & \text{中} \\ x + 3z = 42 & \text{左} \end{cases}$$

以 1 爲法，分別遍乘右行、左行，對減消去馬載重 x，得：

$$-y + 3z = 0 \qquad ①$$

①式與中行構成二色方程：

$$\begin{cases} 2y + z = 42 & \text{中} \\ -y + 3z = 0 & \text{左} \end{cases}$$

以 1 遍乘中行、2 遍乘左行，相加消去騾載重 y，得：

$$7z = 42$$

解得驢載重：

$$z = 6$$

解義　此與上亦同法先以正馬一互左行借馬一得馬一正驢三得驢三載四石二斗仍四石二斗以借馬一互乘右行正馬一亦得馬一借騾一得騾一載四石二斗仍四石二斗一边是一馬一騾共載四石二斗一边是一馬三驢共載四石二斗兩下对減无餘乃是除一馬徵平外三匹驢所載边合一匹騾所載兩平无剩也再以騾為法以正騾二乘負騾一得騾二乘驢三得驢六乘四石二斗得八石四斗以負騾一乘正騾二得騾二乘借驢一得驢一乘四石二斗仍四石二斗一边是二騾一驢共載四石二斗一边是二馬六驢共載八石四斗对減去二騾一驢所載共四石二斗尚餘四石二斗乃六驢所載对減去一驢二馬所載对減去二騾仍餘二驢合減餘五驢共成七驢所載故以六驢一驢合併得七驢為法除之得驢每匹載六斗然此惟再以騾為法可得驢力若以驢為法別不可得騾力與上法可互求者不同所以然者因驢三匹與騾一匹所載相當无零餘可以減除故也

又法○今有賣二牛五羊買十三猪剩銀五兩賣一牛一猪買三羊還足賣六羊八猪買五牛少銀三兩問牛羊猪各價若干

㊨正牛二　正羊五　負猪十三　正五兩

【解義】此與上亦同法。先以正馬一互左行，借馬一得馬一，正驢三得驢三，載四石二斗仍四石二斗。以借馬一互乘右行，正馬一亦得馬一，借騾一得騾一，載四石二斗仍四石二斗。一邊是一馬一騾共載四石二斗，一邊是一馬三驢共載四石二斗。兩下對減無餘，乃是除一馬徹平外，三匹驢所載適合一匹騾所載，兩平無剩也。再以騾爲法，以正騾二乘負騾一得騾二，乘驢三得驢六，乘四石二斗得八石四斗。以負騾一乘正騾二得騾二，乘借驢一得驢一，乘四石二斗仍四石二斗。一邊是二騾一驢共載四石二斗，一邊是二(馬)[騾]六驢共載八石四斗[1]。對減去二騾一驢所載共四石二斗，尚餘四石二斗，乃六驢所載對減去一驢二(馬)[騾]所載，對減去二騾，仍餘二驢，合減餘五驢，共成七驢所載。故以六驢、一驢合併得七驢爲法除之，得驢每匹載六斗[2]。然此惟再以騾爲法可得驢力，若以驢爲法，則不可得騾力。与上法可互求者不同。所以然者，因驢三匹与騾一匹所載相當，無零餘可以減除故也。

又法〇今有賣二牛、五羊，買十三猪，剩銀五兩；賣一牛、一猪，買三羊，適足；賣六羊、八猪，買五牛，少銀三兩。問牛、羊、猪各價若干[3]?

右 正牛二　正羊五　負猪十三　正五兩

1 馬，當作“騾”，據題意改。下文同。

2 自“一邊是二騾一驢共載四石二斗”以下，詞不達意，不知所云。其正確表述應爲：一邊是二騾一驢共載四石二斗，一邊是二騾所載適合六驢所載，兩下對減，除去二騾，餘七驢共載四石二斗，得驢每匹載六斗。

3 此題爲《算法統宗》卷十一“三色方程”第五題。

（中）正牛一　負羊三淂負六　正猪一淂正二　空適足
（左）負牛五　正羊六淂正十二　正猪八淂正十六　負三兩淂六兩
（舊法）以賣為正以買為負以多剩為正以少為負先以右行牛正二為法
遍乘中行羊負三得負六猪正一得正二適足空即以中行牛正一為
法遍乘右行羊正五得正五異加中行羊負六共得羊負一十乘猪負三十
得負三十異加中行猪正二共得猪正五十乘價正五兩得五兩次以右行牛正
二為法遍乘左行羊正六得正二十猪正八得正六十負三兩得負六兩即以左
行牛負五為法遍乘右行羊正五得羊正二十五同名加左羊正二十共得
三十七乘猪負三十得猪負五六十異減左行猪正六十六餘得猪負九四十乘剩五兩
得五兩二十異減左行負六兩餘得九兩一十再將乘得之數分列二位左右羊三十一三十七

中 正牛一　負羊三　得負六　　正猪一　得正二　　空　　　適足

左 負牛五　正羊六　得正十二　正猪八　得正十六　負三兩　得六兩

舊法 以賣爲正，以買爲負；以多剩爲正，以少爲負。先以右行牛正二爲法遍乘中行，羊負三得負六，猪正一得正二，適足空。即以中行牛正一爲法遍乘右行，羊正五得正五，異加中行羊負六，共得羊負十一；乘猪負十三得負十三，異加中行猪正二，共得猪正十五；乘價正五兩得五兩[1]。次以右行牛正二爲法遍乘左行，羊正六得正十二，猪正八得正十六，負三兩得負六兩。即以左行牛負五爲法遍乘右行，羊正五得羊正二十五，同名加左羊正十二共得三十七；乘猪負十三得猪負六十五，異減左行猪正十六，餘得猪負四十九；乘剩五兩得二十五兩，異減左行負六兩，餘得一十九兩。再將乘得之數分列二位[2]：

左	羊	十一	猪	十五	剩五兩
右		三十七		四十九	負十九兩

1 乘價正五兩得五兩，當作“乘價正五兩得負五兩”。

2 以下所列與前文所得二色方程不符，左羊當爲負十一、左猪十五、左錢爲負五兩；右羊三十七、右猪爲負四十九、右錢爲十九兩。

猪十五四十九剩五兩負十九兩復以羊為法右羊一十遍乘左行羊三十七得羊正四百零七乘猪負四十九得猪負五百三十九乘以負一十九兩得負二百零九兩却以左行羊正三十七為法遍乘右行羊負一十得羊負四百零七與左行羊正四百零七異名對減盡乘猪正十五得猪正五百五十五異減左行猪負五百三十九餘得猪正十六為法乘價正五兩得正一百八十五兩異減左行負二百零九兩餘得正二十四兩為實以法十六除之得（猪每口價一兩五錢）將右行猪正十五以價一兩五錢乘之得二十二兩五錢加剩五兩共二十七兩五錢以右行羊一十除之得（羊每隻價二兩五錢）却將原右行猪負十三以價一兩五錢乘之得價一十九兩五錢加入剩五兩共得二十四兩五錢内減五羊價共一十二兩五錢餘得一十二兩以原賣牛二除之得（牛每隻價六兩）

解義凡互乘對減是就物減除一宗價亦減除一宗止餘一宗故可以物除價得一宗之價然上[illegible]俱言共價若干此是多銀少銀

復以羊爲法，右羊十一遍乘左行，羊三十七得羊正四百零七，乘猪負四十九得猪負五百三十九，乘少負一十九兩得負二百零九兩[1]。却以左行羊正三十七爲法遍乘右行，羊負十一得羊負四百零七，與左行羊正四百零七異名對減盡；乘猪正十五得猪正五百五十五，異減左行猪負五百三十九，餘得猪正十六爲法；乘價正五兩得正一百八十五兩[2]，異減左行負二百零九兩[3]，餘得正二十四兩爲實。以法十六除之，得猪每口價一兩五錢。將右行猪正十五以價一兩五錢乘之，得二十二兩五錢，加剩五兩共二十七兩五錢，以右行羊十一除之，得羊每隻價二兩五錢。却將原右行猪負十三以價一兩五錢乘之，得價一十九兩五錢，加入剩五兩，共得二十四兩五錢，内減五羊價共一十二兩五錢，餘得一十二兩，以原賣牛二除之，得牛每隻價六兩[4]。

【解義】凡互乘對減，是就物減除一宗，價亦減除一宗，止餘一宗，故可以物除價，得一宗之價。然上法俱言共價若干，此是多銀少銀

---

1 該句當作：乘十九兩得二百零九兩。

2 該句當作：乘價負五兩得負一百八十五兩。

3 負二百零九兩，當作“正二百零九兩”。

4 設牛價爲 x、羊價爲 y、猪價錢爲 z，根據題意列：

$$\begin{cases} 2x + 5y - 13z = 5 & \text{右} \\ x - 3y + z = 0 & \text{中} \\ -5x + 6y + 8z = -3 & \text{左} \end{cases}$$

以 2 遍乘中行、1 遍乘右行，對減消去牛價 x，得：

$$-11y + 15z = -5 \quad ①$$

以 2 遍乘左行、5 遍乘右行，相加消去牛價 x，得：

$$37y - 49z = 19 \quad ②$$

①②兩式構成二色方程：

$$\begin{cases} -11y + 15z = -5 & \text{右} \\ 37y - 49z = 19 & \text{左} \end{cases}$$

以 11 遍乘左行、37 遍乘右行，相加消去羊價 y，得：

$$16z = 24$$

解得猪價：

$$z = 1.5$$

若干乃以五乘而合者物價各有一定共價同従各價合出多價出
價亦従各價合出一理也如右行中行牛二牛一五乘兩边各二牛
減尺乘出二數須併共十一羊十五猪剩價五兩以羊猪價計之十
一羊該價二十七兩五錢十五猪該價二十二兩五錢羊比猪正多
價五兩以右行左行牛二牛五五乘兩边各十牛減尽乘出二數相
併共三十七羊二數对減餘四十九猪二價相減餘銀一十九兩以
羊猪價計之三十七羊該價九十二兩五錢四十九猪該價七十三
兩五錢羊比猪正多價一十九兩是多少價原従一買一賣合出乃
將牛对減去其多少價即在羊猪價内此數理天然之妙也至將餘
數又分左右五乘則不論執為正負正就物價之多寡五乘对減以
得猪價然他処对減餘物餘價俱在一边此則一边餘猪十六一边
餘價二十四兩邊合一十六猪之價者餘價原従多價少價五出一
边餘價即多價一边餘物即少價若俱在一边則非多少矣此數之
自然也末將中行猪十五以猪價乘加多五兩以羊十一除之者正
以羊十一隻比猪十五隻多價五兩也至尋以羊為法五乘後物与
價俱用对減先以牛為法五乘後或用对減或用合併之不同者大
抵數分買賣有出有入賣出者即我所論之價故以為正買入者為
價所買之物故以為負凡係二正為法所乘物係一正一負背用合
併係二正皆用減除價除一餘一適足一不足一適足無可合減如
係一餘一不足亦用合併二餘二不足亦用減除若係一正一須為

若干，乃以互乘而合者，物價各有一定，共價固從各價合出，多價少價亦從各價合出，一理也。如右行中行牛二、牛一互乘，兩邊各二牛減盡，乘出二數相併，共十一羊、十五猪，剩價五兩。以羊、猪價計之，十一羊該價二十七兩五錢，十五猪該價二十二兩五錢，羊比猪正多價五兩。以右行左行牛二、牛五互乘，兩邊各十牛減盡，乘出二數相併，共三十七羊；二數對減，餘四十九猪；二價相減，餘銀一十九兩。以羊猪價計之，三十七羊該價九十二兩五錢，四十九猪該價七十三兩五錢，羊比猪正多價一十九兩。是多少價原從一買一賣合出，乃將牛對減去，其多少價即在羊猪價内，此數理天然之妙也。至將餘數又分左右互乘，則不論孰爲正負，止就物價之多寡互乘對減，以得猪價。然他処對減，餘物餘價俱在一邊；此則一邊餘猪十六，一邊餘價二十四兩，適合一十六猪之價者，餘價原從多價少價互出，一邊餘價即多價，一邊餘物即少價，若俱在一邊，則非多少矣。此數之自然也。末將中行猪十五以猪價乘，加多五兩，以羊十一除之者，正以羊十一隻比猪十五隻多價五兩也。至再以羊爲法互乘後物与價，俱用對減；先以牛爲法互乘，後或用對減，或用合併之不同者。大抵數分買賣，有出有入，賣出者即我所備之價，故以爲正；買入者爲價所買之物，故以爲負。凡係二正爲法，所乘物係一正一負，皆用合併；係二正，皆用減除。價(除)[係]一餘一適足[1]、一不足一適足，無可合減；如係一餘一不足，亦用合併；二餘二不足，亦用減除。若係一正一負爲

1 除，當作“係”，據文意改。

法所乘物二正皆用合併一正一負皆用减除價係二餘二不足亦用合併一餘一不足亦用减除如前法右中牛二牛一為法係二正互乘正羊負羊正猪負猪俱用合併價係一餘一遣足無可合减一右左牛二牛五為法係一正一負互乘羊是二正用合併猪是一正一負用对减價係一餘一不足亦用对减今將前法更對置算俾人曉暢

(前)(法)先以中牛正一右牛正二為法互乘此是二正為法中牛一乘右羊正五得五右牛二乘中羊負三得六合併得十一又為法此是一正一負用合併又中牛一乘右猪負三十得三十右牛二乘中猪正一得二合併得五十此是一正一負亦用合併中牛一乘右剩兩五得兩五右牛二乘中空此是一餘一遣足無合亦無减又以中牛正一左牛負五為法互乘此是一正一負互法中牛一乘左羊正六得六左牛五乘中羊負三得十五對减羊六餘九又為法此是一正一負用对减一中牛一乘左猪正八得八左牛五乘中猪正一得五合左八共十三此是二正用合併中牛一

法，所乘物二正，皆用合併；一正一負，皆用減除。價係二餘、二不足，亦用合併；一餘一不足，亦用減除。如前法右中牛二、牛一爲法，係二正，互乘正羊負羊、正猪負猪，俱用合併；價係一餘一適足，無可合減。右左牛二、牛五爲法，係一正一負，互乘羊是二正，用合併，猪是一正一負，用對減；價係一餘一不足，亦用對減。今將前法更翻置筭，俾人曉暢。

前法 先以中牛正一、右牛正二爲法互乘，此是二正爲法。中牛一乘右羊正五得五，右牛二乘中羊負三得六，合併得十一，又爲法。此是一正一負，用合併。又中牛一乘右猪負十三得十三，右牛二乘中猪正一得二，合併得十五。此是一正一負，亦用合併。中牛一乘右剩五兩得五兩，右牛二乘中空。此是一餘一適足，無合亦無減。又以中牛正一、左牛負五爲法互乘，此是一正一負爲法。中牛一乘左羊正六得六，左牛五乘中羊負三得一十五，對減羊六餘九，又爲法。此是一正一負，用對減。中牛一乘左猪正八得八，左牛五乘中猪正一得五，合左八共十三。○此是二正，用合併。中牛一

乘左少銀三兩得三兩左牛九乘中空此是一不足一適足無合亦無減○再又變作羊為

法三行各有多少置列左中右正羊五 正牛二 負猪十三 剩銀五兩 負羊四 正牛一 正猪三 剩銀五錢 正羊六 負牛五 正猪八 少銀三兩

先以右正羊五中負羊四為法互乘此是一正一負為法右正羊五乘中正牛一

得五中負羊四乘右正牛二得八合併五與八得十三○此是二正凡一正一負為法遇二正合併

又右正羊五乘中正猪三得一十五中負羊四乘右負猪十三得五十二兩下

對減去中一十五得右餘二十七○此是一正一負凡一正一負為法遇一正一負則對減又右正羊

五乘中剩銀五錢得二兩五錢中負羊四乘右剩銀五兩得二十兩合併得二十三兩五錢

○此是兩边俱餘剩凡一正一負為法遇兩边俱餘用合併兩不足亦同以牛合併得十三計之該價銀七十八兩以猪对減餘三十七計

之價銀五十五兩五錢牛價比猪價正多二十二兩五錢次以右正羊五左正羊六為法互乘此是二正

為法右正羊五乘左負牛五得二十五左正羊六乘右正牛二得一十二合併

乘左少銀三兩得三兩，左牛五乘中空。此是一不足一適足，無合亦無減。〇再又變作羊爲法，三行各有多少，置列：

(左)[右][1]　正羊五　正牛二　負猪十三　剩銀五兩
中　負羊四　正牛一　正猪三　剩銀五錢
(右)[左][2]　正羊六　負牛五　正猪八　少銀三兩

先以右正羊五、中負羊四爲法互乘，此是一正一負爲法。右正羊五乘中正牛一得五，中負羊四乘右正牛二得八，合併五與八得十三。〇此是二正。凡一正一負爲法，遇二正合併。又右正羊五乘中正猪三得一十五，中負羊四乘右負猪十三得五十二，兩下對減，去中一十五，得右餘三十七。〇此是一正一負。凡一正一負爲法，遇一正一負則對減。又右正羊五乘中剩銀五錢得二兩五錢，中負羊四乘右剩銀五兩得二十兩，合併得二十二兩五錢。〇此是兩邊俱餘剩。凡一正一負爲法，遇兩邊俱餘，用合併，兩不足亦同。以牛合併得十三計之，該價銀七十八兩；以猪對減餘三十七計之，價銀五十五兩五錢。牛價比猪價正多二十二兩五錢。次以右正羊五、左正羊六爲法互乘，此是二正爲法。右正羊五乘左負牛五得二十五，左正羊六乘右正牛一得一十二，合併

1 左，當作“右”，據文意改。
2 右，當作“左”，據文意改。

二十五一十二得三十七○此是一正一負凡二正為法遇一三一負則用合併又右正羊五乘左正豬八得四十左正羊六乘右負豬十三得七十八併四十七十八得一百一十八○此亦一正一負故用合併又右正羊五乘少價三兩得一十五左正羊六乘右剩銀五兩得三十兩合併共得四十五兩○此亦一餘一不足用合併牛二十七該價銀二百二十二兩豬一百一十八該價銀一百七十七兩牛價比豬價正多四十五兩

解義二段仍是上法但因有或併或減之不同恐用者臨期有誤故為分別詳言之

四色方程歌○四色方程法更奇○三次迭乘問因依○初乘三乘皆對減○惟有次乘莫差池○或減或併須早辨○初乘乘首末定根基○末位餘價次須併○首位餘價次減除○五色六色皆同理○憑斯推廣更無疑舊止載次乘合併一法歌亦未該今改作

二十五、一十二，得三十七。○此是一正一負。凡二正爲法，遇一正一負則用合併。又右正羊五乘左正猪八得四十，左正羊六乘右負猪十三得七十八，併四十、七十八，得一百一十八。○此亦一正一負，故用合併。又右正羊五乘少價三兩得一十五，左正羊六乘右剩銀五兩得三十兩，合併共得四十五兩。○此亦一餘一不足，用合併。牛三十七該價銀二百二十二兩，猪一百一十八該價銀一百七十七兩，牛價比猪價正多四十五兩。

【解義】二段仍是上法，但因有或併或減之不同，恐用者臨期有誤，故爲分别詳言之。

四色方程歌○四色方程法更奇○三次迭乘問因依○初乘三乘皆對減○惟有次乘莫差池○或減或併須早辨○初乘首末定根基○末位餘價次須併○首位餘價次減除○五色六色皆同理○焭斯推廣更無疑[1]。舊止載次乘合併一法，歌亦未該，今改作。

---

1 四色方程，相當於四元一次方程組。歌訣見《算法統宗》卷十一“方程章”，原歌作：

四色方程法可誇，須存末位作根牙。
諸行乘減同前例，偶與奇行認莫差。
若遇奇行須減價，偶行之價要相加。
加減作實須加法，減法亦須減法佳。
隨問幾多繁雜色，憑斯推廣更無他。

這裏提到的四色方程，每行僅有兩色之價，其歌訣也僅僅是該特殊形式的四色方程解法。

今有瓜二個梨四個共價四分梨二個榴七個共價四分榴四個桃七個共價三分瓜一個桃八個共價二分四厘問四色各價若干

㈠瓜二　梨四得四　空　空　價四分得四分

㈡空　梨二　榴七得二十八　空　價四分

㈢空　空　榴四　桃七　價三分

㈣瓜一　空負四　空負二十八　桃八得十六　價二分四厘得四分八厘減餘八厘

覆置先以瓜二為法遍乘四行桃八得一十六乘價二分四厘得四分八厘即以四行瓜一為法遍乘一行梨四得四乘價四分得四分與四行四分八厘對減餘八厘就將一行梨四移置四行二位作負四次以二行梨二為法遍乘四行梨負四得八桃十六得三十二餘價八厘得一分六厘却以四行梨負四為法遍乘

今有瓜二個、梨四個，共價四分；梨二個、榴七個，共價四分；榴四個、桃七個，共價三分；瓜一個、桃八個，共價二分四厘。問四色各價若干[1]？

一	瓜二	梨四	得四	空		空		價四分	得四分
二	空	梨二		榴七	得二十八	空		價四分	
三	空	空		榴四		桃七		價三分	
四	瓜一	空	負四	空	負二十八	桃八	得十六	價二分四厘	得四分八厘，減餘八厘

舊法 先以瓜二爲法遍乘四行，桃八得一十六，乘價二分四厘得四分八厘。即以四行瓜一爲法遍乘一行，梨四得四，乘價四分仍四分，與四行四分八厘對減，餘八厘。就將一行梨四移置四行，二位作負四。次以二行梨二爲法遍乘四行，梨負四得八，桃十六得三十二，餘價八厘得一分六厘。却以四行梨負四爲法遍乘

1 此題爲《算法統宗》卷十一“四色方程”第一題。

二行梨二得八與四行梨八對減盡乘榴七得八二十乘價四分得一錢六分加四行一分六厘共一錢七分六厘就將二行榴八二十移置四行三位作負八二十又以三行榴四為法遍乘四行榴負八二十得一百十二乘桃二三十得一百十八二乘價一錢七分六厘得七錢四分四厘零却以四行榴負八二十遍乘三行榴四得一百十二與四行榴一百一十二對減盡乘桃七得一百九十六減四行桃一百十八二餘六十八為法乘價三分得八錢四分減四行價七錢四分四厘零餘一錢三分六厘為實以法除之得（桃每個銀二厘）於三行價三分內減桃七共價一分四厘餘一分六厘以榴四除之得（榴每個銀四厘）於二行價四分內減榴七共價二分八厘餘一分二厘以梨二除之得（梨每個銀六厘）於一行價四分內減梨四共價二分四厘餘一分六厘以瓜二除之得（瓜每個銀八厘）

二行，梨二得八，與四行梨八對減盡；乘榴七得二十八；乘價四分得一錢六分，加四行一分六厘，共一錢七分六厘。就將二行榴二十八移置四行，三位作負二十八[1]。又以三行榴四爲法遍乘四行，榴負二十八得一百一十二，乘桃三十二得一百二十八，乘價一錢七分六厘得七錢零四厘。却以四行榴負二十八遍乘三行，榴四得一百一十二，與四行榴一百一十二對減盡；乘桃七得一百九十六，減四行桃一百二十八，餘六十八爲法；乘價三分得八錢四分，減四行價七錢零四厘，餘一錢三分六厘爲實。以法除之，得桃每個銀二厘。於三行價三分内減桃七共價一分四厘，餘一分六厘，以榴四除之，得榴每個銀四厘。於二行價四分内減榴七共價二分八厘，餘一分二厘，以梨二除之，得梨每個銀六厘。於一行價四分内減梨四共價二分四厘，餘一分六厘，以瓜二除之，得瓜每個銀八厘[2]。

---

1 負二十八，當作正二十八，下同。

2 設瓜、梨、榴、桃各價分别爲 x、y、z、u，根據題意列：

	x	y	z	u	價
一	2	4			40
二		2	7		40
三			4	7	30
四	1			8	24

以 2 遍乘四行、1 遍乘一行，對減消去瓜 x，一行移至四行：

	x	y	z	u	價
二		2	7		40
三			4	7	30
四		−4		16	8

以 2 遍乘四行、4 遍乘二行，相加消去梨 y，二行移至四行：

	x	y	z	u	價
三			4	7	30
四			28	32	176

以 4 遍乘四行、28 遍乘三行，對減消去榴 z，三行移至四行：

	x	y	z	u	價
四				68	136

解得桃價：

$$u = 2$$

代入原式，依次解得各色之價。一行、四行互乘用減，二行、四行互乘用加，三行、四行互乘用減，故《算法統宗》歌云："若遇奇行須減價，偶行之價要相加"。又三次互乘消元，餘價皆在四行，故《算法統宗》歌云："須存末位作根牙"。

解義

此與三色同理先以瓜二瓜一爲法將瓜價取平減去但一行
有梨無桃四行有桃無梨一行四分是二瓜四梨之價四行四
分八厘是二瓜十六桃之價对減去四分内除減書瓜價又將十六
桃对減去四个梨價尚餘銀八厘却又以梨二與梨貞四為法五乘
以貞四乘梨二得八乘檑七得二十八乘價四分得一錢六分是全
扮全價以梨二乘貞四得八乘貞一十六得三十二乘餘價八厘得
一分六厘共價乃是一十六尭内減除四梨之餘價共三十二尭内
減八梨價得一分六厘將兩數合併得一錢七分六厘即將三行乘
出八梨價合入三十二尭内完全三十尭之本價便是將梨價亦
都減尽了止存二十八檑三十二尭共價一錢七分六厘却又以檑
四與貞檑二十八為法五乘一边得價八錢四分是一百一十二檑
一百九十六尭之價一边得七錢零四厘是一百一十二檑一百二
十八尭之價兩下对減檑俱減尽尭餘六十八个價餘一錢三分六
厘即六十八桃之價故以六十八為法除之得尭價也頭一次五乘
对減是要減除瓜價二次五乘不对減必合併係數是肉桃十六内
減去四梨之價故仍用四梨為法五乘晋四梨價合入十六尭凑成
尭本價亦即是減梨價三次又对減是因五乘内止有檑与尭故用
檑為法五乘对減除去檑價止存尭價也然次乘以合併為实是因
尭價有餘于梨須合入梨價乃全尭價故用合併若梨價有餘于尭
又須除去梨餘價乃止存尭價又須用对減舊法以奇行用合併偶

【解義】此與三色同理。先以瓜二、瓜一爲法，將瓜價取平減去，但一行有梨無桃，四行有桃無梨；一行四分是二瓜四梨之價，四行四分八厘是二瓜十六桃之價。對減去四分，内除減盡瓜價，又將十六桃對減去四個梨價，尚餘銀八厘。却又以梨二與梨負四爲法互乘，以負四乘梨二得八，乘榴七得二十八，乘價四分得一錢六分，是全物全價。以梨二乘負四得八，乘負一十六得三十二，乘餘價八厘得一分六厘，其價乃是一十六桃内減除四梨之餘價，共三十二桃内減八梨價[1]，得一分六厘。將兩數合併，得一錢七分六厘。即將三行乘出八梨價，合入三十二桃内，完全三十二桃之本價。便是將梨價亦都減盡了，止存二十八榴、三十二桃共價一錢七分六厘。却又以榴四與負榴二十八爲法互乘，一邊得價八錢四分，是一百一十二榴、一百九十六桃之價；一邊得七錢零四厘，是一百一十二榴、一百二十八桃之價。兩下對減，榴俱減盡，桃餘六十八個，價餘一錢三分六厘，即六十八桃之價。故以六十八爲法除之，得桃價也。頭一次互乘對減，是要減除瓜價。二次互乘不對減，必合併作數，是因桃十六内減去四梨之價，故仍用四梨爲法互乘，留四梨價，合入十六桃，凑成桃本價，亦即是減梨價。三次又對減，是因互乘内止有榴与桃，故用榴爲法互乘對減，除去榴價，止存桃價也。然次乘以合併爲實，是因桃價有餘于梨，須合入梨價，乃全桃價，故用合併。若梨價有餘于桃，又須除去梨餘價，乃止存桃價，又須用對減。“舊法”以奇行用合併，偶

1　梨，順治本誤作“厘”。

行用对減非是今倫列于後以備參覧

今有瓜二個梨四個價銀四分梨二個榴七個價銀四分榴四個桃七個價銀三分瓜三個桃九個價銀四分二厘問四色各價若干

（增）（法）先以一行瓜二乘四行桃九得一十八乘價四分二厘得八分四厘却以四行瓜三乘一行梨四得一十二乘價四分得一錢二分與八分四厘對減餘價三分六厘就將四行桃一八移置一行四位立負十八次以二行梨二乘一行梨十二得二十四卜乘桃十八得三十六乘餘價三分六厘得七分二厘却以梨十二乘二行梨二得二十四兩對減盡乘榴七得八十四乘價四分得四錢八分與七分二厘對減餘四錢八厘零就將一行桃三十六移置二行四位立負三十六又以三行榴四乘二行榴八十四得三百三十六乘桃三十六得一百四十四乘價四錢八厘得一兩六錢三分二厘却以榴八十四乘三行榴

行用對減，非是。今備列于後，以備參覽。

今有瓜二個、梨四個，價銀四分；梨二個、榴七個，價銀四分；榴四個、桃七個，價銀三分；瓜三個、桃九個，價銀四分二厘。問四色各價若干[1]？增法 先以一行瓜二乘四行桃九得一十八，乘價四分二厘得八分四厘。却以四行瓜三乘一行梨四得一十二，乘價四分得一錢二分，與八分四厘對減，餘價三分六厘。就將四行一十八桃移置一行四位，立負十八。次以二行梨二乘一行梨十二得二十四，乘桃十八得三十六，乘餘價三分六厘得七分二厘。却以梨十二乘二行梨二得二十四，兩對減盡；乘榴七得八十四；乘價四分得四錢八分，與七分二厘對減，餘四錢零八厘。就將一行桃三十六移置二行四位，立負三十六[2]。又以三行榴四乘二行榴八十四得三百三十六，乘桃三十六得一百四十四，乘價四錢零八厘得一兩六錢三分二厘。却以榴八十四乘三行榴

1 此題係《筭海説詳》據前題改編，《算法統宗》無。

2 負三十六，當作“正三十六”。

四得三百三十六兩邊對減盡乘桃七得五百八十八與一百四十四對減餘四百四十四

為法乘價三分得二兩五錢二分與一兩六錢三分二釐對減餘八錢八分八釐為實以法四百四十四

除之得（桃）（每）（個）（銀）（二）（釐）照前法求榴梨瓜價

解義此與上同法唯次乘对減与上異正初乘首行餘價用对減也初乘首行餘價三分六釐是十二个梨價內減除十八个瓜價仍餘三分六釐次乘以負梨十二乘梨二得二十四乘榴七得八十四乘價四分得四錢八分其價乃二十四梨八十四榴之全價以梨二乘負梨十二得二十四乘瓜十八得三十六乘價三分六釐得七分二釐其價乃是二十四个梨價三十六個瓜價的餘價兩下对減將此餘價減去其梨二行全價內首二十四梨之全價亦对減去除三十六瓜所存之餘價止存三十六瓜八十四榴價即是將梨價都減去了與上法用合併一理也上法以梨十二并為負主四行餘價在四行也此將乘出桃數為負遞移隨餘價移也

五色方程法（）今有氷糖二斤白糖四斤價銀四錢又白糖二斤葡萄五斤價銀三錢三分葡萄六斤榛仁八斤價銀五錢五分六釐榛仁四斤

四得三百三十六，兩邊對減盡；乘桃七得五百八十八，與一百四十四對減，餘四百四十四爲法；乘價三分得二兩五錢二分，與一兩六錢三分二厘對減，餘八錢八分八厘爲實。以法四百四十四除之，得桃每個銀二厘。照前法求榴、梨、瓜價[1]。

【解義】此與上同法，唯次乘對減与上異。正初乘首行，餘價用對減也。初乘首行，餘價三分六厘，是十二個梨價内減除十八個桃價，仍餘三分六厘。次乘以負梨十二乘梨二得二十四[2]，乘榴七得八十四，乘價四分得四錢八分，其價乃二十四梨、八十四榴之全價。以梨二乘負梨十二得二十四，乘桃十八得三十六[3]，乘價三分六厘得七分二厘，其價乃是二十四個梨價内除三十六個桃價的餘價。兩下對減，將此餘價減去其梨，二行全價内有二十四梨之全價，亦對減去除三十六桃所存之餘價，止净存三十六桃、八十四榴價，即是將梨價都減去了，與上法用合併一理也。上法以梨十二等爲負立四行，餘價在四行也；此將乘出桃數爲負遞移，随餘價移也。

五色方程法〇今有冰糖二斤、白糖四斤[4]，價銀四錢；又白糖二斤、葡萄五斤，價銀三錢三分；葡萄六斤、榛仁八斤，價銀五錢五分六厘；榛仁四斤、

---

1 設瓜、梨、榴、桃各價分别爲 x、y、z、u，根據題意列：

	x	y	z	u	價
一	2	4			40
二		2	7		40
三			4	7	30
四	3			9	42

以 2 遍乘四行、3 遍乘一行，對減消去瓜 x，四行移至一行：

	x	y	z	u	價
一		12		−18	36
二		2	7		40
三			4	7	30

以 2 遍乘一行、12 遍乘二行，對減消去梨 y，一行移至二行：

	x	y	z	u	價
二			84	36	408
三			4	7	30

以 4 遍乘二行、84 遍乘三行，對減消去榴 z，二行移至三行：

	x	y	z	u	價
三				444	888

解得桃價：

$$u = 2$$

代入原式，依次可求各色價。《筭海説詳》設置此題，在於説明《算法統宗》四色方程歌訣之局限性。在此題中，三次互乘皆用對減，且減除餘價或在一行、或在二行、或在三行，與《算法統宗》歌訣所云奇減偶加、末位作根牙相悖，可知《算法統宗》原歌訣係針對具體算題而論，不可作爲通法。

2 負梨十二，當爲“正梨十二”，後文同。

3 桃十八，當爲“負桃十八”。

4 四斤，順治本誤作“一斤”。

松子七斤價銀三錢二分七厘氷糖三斤松子九斤價銀四錢六分五
厘問各色價若干

氷糖二　白糖四得十二　空　空　空得三十六 負十八　價 四錢糖三乘得一两二錢与末行減餘二錢七分白糖十二 乘得五錢四分

初次五乘為法

空　白糖二（二次減）　葡萄五得六十　空　空得二百一十六 負三十六　價 三錢三分白糖十二乘得三两九錢六分与首行減餘三两 四錢二分桃六乘得二十两五錢二分

空　空　葡萄六（三次減）　榛仁八得四百八十　空得八百六十四 負二百一十六　價 五錢五分六厘桃六十乘得三十三两三錢六分与二行減得二十 二两八錢四分榛四乘得五十一两二 分六分

空　空　榛仁四（四次減）　松子七得三千三百六十　價 三錢二分七厘榛四百八十乘得一百五十六两九錢六分与三行減 余一百五十六两六錢為實

合併得四千二百二十四為法

氷糖三　空　空　空　松子九得十八　價 四錢六分五厘氷二乘得九錢三分

增法 先以一行氷糖二遍乘五行松子九得一十八乘價四錢六分五厘得九錢三分

松子七斤，價銀三錢二分七厘；冰糖三斤、松子九斤，價銀四錢六分五厘。問各色價若干[1]？

冰糖二	白糖四 得一十二	空	空	空	負十八得三十六(六)[2]		價四錢	糖三乘得一兩二錢，与末行減，餘二錢七分。白糖二乘得五錢四分
空	白糖二	葡萄五 得十六	空	空	負三十六得二百一十六		價三錢三分	白糖十二乘得三兩九錢六分，与首行減，餘三兩四錢二分，桃六乘得二十兩五錢二分
空	空	葡萄六	榛仁八 得四百八十	空	負二百一十六得八百六十四	合併，得四千二百二十四爲法	價五錢五分六厘	桃六十乘得二十三兩三錢六分，与二行減，得一十二兩八錢四分。榛四乘得五十一兩三錢六分
空	空	空	榛仁四	松子七	得三千三百六十		價三錢二分七厘	榛四百八十乘得一百五十六兩九錢六分，与三行減，余一百五兩六錢爲實
冰糖三	空	空	空	松子九	得十八		價四錢六分五厘	冰二乘得九錢三分

增法 先以一行冰糖二遍乘五行，松子九得一十八，乘價四錢六分五厘得九錢三分[3]；

1 此題係《筭海説詳》新增，《算法統宗》無。

2 三十六六，後“六”係衍文，據題意删。

3 九，順治本脱落。

却以五行氷糖三遍乘一行白糖四得一十二乘價四錢得一兩二錢與五行九錢
三分對減一行餘二錢七分就將五行松子一十八移置一行第五位立員松子
一十八次以一行白糖一十二遍乘二行蔔五得六十乘價三錢三分得三兩九錢六分却
以二行白糖二遍乘一行松子員十八得三十六乘餘價二錢七分得五錢四分兩相
對減二行餘價三兩四錢二分就將一行員松子三十六移置二行五位立員三十
六又次以二行葡萄六十遍乘三行榛仁八得四百八十乘價五錢五分六釐得三十三兩
三錢六分却以三行葡萄六遍乘二行員松子三十六得二百一十六乘餘價三兩四錢
二分得二十兩零五錢二分兩相對減三行餘價一十二兩八錢四分就將二行員松子二百一十
六移置三行五位立員二百一十六又次以三行榛仁四百八十遍乘四行松子
七得三千三百六十乘價三錢二分七釐得一百五十六兩九錢六分却以四行榛仁四遍乘三行

却以五行冰糖三遍乘一行，白糖四得一十二，乘價四錢得一兩二錢，與五行九錢三分對減，一行餘二錢七分。就將五行松子一十八移置一行第五位，立負松子一十八。次以一行白糖一十二遍乘二行，萄五得六十，乘價三錢三分得三兩九錢六分；却以二行白糖二遍乘一行，松子負十八得三十六，乘餘價二錢七分得五錢四分。兩相對減，二行餘價三兩四錢二分。就將一行負松子三十六移置二行五位，立負三十六[1]。又次以二行葡萄六十遍乘三行，榛仁八得四百八十，乘價五錢五分六厘得三十三兩三錢六分；却以三行葡萄六遍乘二行，負松子三十六得二百一十六，乘餘價三兩四錢二分得二十兩零五錢二分。兩相對減，三行餘價一十二兩八錢四分。就將二行負松子二百一十六移置三行五位，立負二百一十六。又次以三行榛仁四百八十遍乘四行，松子七得三千三百六十，乘價三錢二分七厘得一百五十六兩九錢六分；却以四行榛仁四遍乘三行，

1 負三十六，當作“正三十六”。下同。

負松子二百一十六得八百六十四併加四行三千三百六十共四千二百二十四為法乘餘價一十二兩八錢四分得五十一兩三錢六分以減四行價一百五十六兩九錢六分餘一百零五兩六為實以法四千二百二十四除之得松子每斤銀二分五厘即於五行價四錢六分五厘內除松子九斤減價二錢二分五厘餘銀二錢四分以冰糖三斤除之得冰糖每斤銀八分於一行價四錢內除冰糖二斤減銀一錢六分餘銀二錢四分以白糖四斤除之得白糖每斤銀六分於二行價三錢三分內除白糖二斤減銀一錢二分餘銀二錢一分以葡萄五斤除之得葡萄每斤銀四分二厘於三行價五錢五分六厘內除葡萄六斤減銀二錢五分二厘餘銀三錢四厘零以榛仁八斤除之得榛仁每斤銀三分八厘

解義五色共四色同理然二色四色末後為法皆係对減三色五色為法皆係合併若六色又係用对減矣并列后

六色方程法○今有冰糖二斤白糖四斤價銀四錢又白糖二斤葡萄五

負松子二百一十六得八百六十四，併加四行三千三百六十，共四千二百二十四爲法；乘餘價一十二兩八錢四分，得五十一兩三錢六分，以減四行價一百五十六兩九錢六分，餘一百零五兩六爲實。以法四千二百二十四除之，得松子每斤銀二分五厘。即於五行價四錢六分五厘内除松子九斤，減價二錢二分五厘，餘銀二錢四分，以冰糖三斤除之，得冰糖每斤銀八分。於一行價四錢内除冰糖二斤，減銀一錢六分，餘銀二錢四分，以白糖四斤除之，得白糖每斤銀六分。於二行價三錢三分内除白糖二斤，減銀一錢二分，餘銀二錢一分，以葡萄五斤除之，得葡萄每斤銀四分二厘。於三行價五錢五分六厘内除葡萄六斤，減銀二錢五分二厘，餘銀三錢零四厘，以榛仁八斤除之，得榛仁每斤銀三分八厘。

【解義】五色共四色同理，然二色、四色末後爲法，皆係對減。三色、五色爲法，皆係合併。若六色，又係用對減矣，并列后。

六色方程法〇今有冰糖二斤、白糖四斤，價銀四錢；又白糖二斤、葡萄五

---

1 設冰糖、白糖、葡萄、榛仁、松子各價分别爲 x、y、z、u、v，根據題意列：

	x	y	z	u	v	價
一	2	4				400
二		2	5			330
三			6	8		556
四				4	7	327
五	3				9	465

以 2 遍乘五行、3 遍乘一行，對減消去冰糖 x，五行移至一行：

	x	y	z	u	v	價
一		12			−18	270
二		2	5			330
三			6	8		556
四				4	7	327

以 2 遍乘一行、12 遍乘二行，對減消去白糖 y，一行移至二行：

	x	y	z	u	v	價
二			60		36	3420
三			6	8		556
四				4	7	327

以 60 遍乘三行、6 遍乘二行，對減消去葡萄 z，二行移至三行：

	x	y	z	u	v	價
三				480	−216	12840
四				4	7	327

以 480 遍乘四行、4 遍乘三行，對減消去榛仁 u，三行移至四行：

	x	y	z	u	v	價
四					4224	105600

解得松子價：

$$v = 25$$

代入原式，依次可求各色價。

斤價銀三錢三分又葡萄六斤榛仁八斤價銀五錢五分六厘又榛仁
四斤松子七斤價銀三錢二分七厘又松子九斤杏仁三斤價銀二錢
八分五厘又冰糖三斤杏仁八斤價銀四錢問各色價若干

冰糖二　白糖四得一十二（二澄法）　空　空　空　空 負十六 白三 乘得三十二　價 四分 冰三 乘得一兩二分 共八 行減餘四分

（冰次五乘為法）

空　白糖二　葡桃五得六十（三澄法）　空　空　空 負三十二 葡六 乘得一百九十二　價 三分三分一 行十二 乘得三兩 九分六分與一行減餘三兩一分六分 蒲六 乘得十八兩九分六分

空　空　葡桃六　榛仁八得四百八十（四澄法）　空　空 負一百九十二 榛 四 乘得七百六十八　價 五分五分六厘 蒲六十 乘得三十三分五分六分與二行減余十四兩四分 榛四 乘得五十七兩六分

空　法空　空　榛仁四　松子七得三千三百六十（五澄法）　空 負七百六十八 乘得六千九百一十二　價 三分二分七厘 榛四百八十 乘得一百五十六兩九分六分與三行減余九十九兩三分六分 榛九 乘得八百九十四兩

空　空　空　空　松子九　杏仁三 八十 二三 松三千三百六十 乘得一萬八十　價 二分八分五厘三千三百六十 乘得九百五十七兩六分與四行減得六十三兩三分六分 對減餘三千一百六十八為法 二分四分

斤，價銀三錢三分；又葡萄六斤、榛仁八斤，價銀五錢五分六厘；又榛仁四、斤松子七斤，價銀三錢二分七厘；又松子九斤、杏仁三斤，價銀二錢八分五厘；又冰糖三斤、杏仁八斤，價銀四錢。問各色價若干？[1]

冰糖二	白糖四	得一十二	空		空		空		空	負十六，白二乘得三十二		價四錢	冰三乘得一兩二錢，與六行減，餘四錢
空	白糖二		葡桃五	得十	空		空		空	負三十二，葡六乘得一百九十二		價三錢三分	一行十二乘得三兩九錢六分，与一行減，餘三兩一錢六分。蒲六乘得十八兩九錢六分
空	空		葡桃六		榛仁八	得四百八十	空		空	負一百九十二。榛四乘得七百六十八		價五錢五分六厘	蒲六十乘得三十三兩三錢六分，与二行減，餘十四兩四錢。榛四乘得五十七兩六錢
空	空		空		榛仁四		松子七	得三千三百六十	空	負七百六十八，［松］九乘得六千九百一十二[2]	對減餘三千一百六十八爲法	價三錢二分七厘	榛四百八十乘得一百五十六兩九錢六分，与三行減，餘九十九兩三錢六分。榛九乘得八百九十四兩二錢四分
空	空		空		空		松子九		杏仁三	松三千三百六十乘得一萬〇八十		價二錢八分五厘	三千三百六十乘得九百五十七兩六錢，与四行減，得六十三兩三錢六分爲實
冰糖三	空		空		空		空		杏仁八	得十六		價四錢	冰二乘得八錢

1 此題係《筭海説詳》新增，《算法統宗》無。

2 松，原文脱落，據文意補。

冰糖三 空 空 空 空 空 壹仁八 得十六 價四錢 冰二 乘 得八

增法 先以一行冰糖二遍乘六行杏仁八得十六乘價四錢得八錢 却以六行冰糖三遍乘一行白糖四得一十二乘價四錢得一兩二錢 兩價對減一行餘四錢 就將一行六位立員杏仁一十六次以一位白糖一十二乘二行蔔五得六十乘價三錢得三兩九錢 却以二行白糖二乘一行員杏仁一十六得三十二乘餘價四錢得八兩價對減二行餘三兩一錢六分 就將一行乘出杏仁三十二移置二行六位立員杏仁三十二 次以二行葡萄六十乘三行榛仁八得四百八十乘價五錢五分六厘得三十三兩三錢六分 却以三行葡萄六乘二行員杏仁三十二得一百九十二乘餘價三兩一錢六分得一十八兩九錢六分 兩價對減三行餘價一十四兩四錢 就將二行乘出杏仁一百九十二移置三行立員杏仁一百九十二 次以三行榛仁四百八十乘

增法 先以一行冰糖二遍乘六行杏仁八得十六，乘價四錢得八錢；却以六行冰糖三遍乘一行，白糖四得一十二，乘價四錢得一兩二錢。兩價對減，一行餘四錢，就將一行六位立負杏仁一十六。次以一(位)[行]白糖一十二乘二行萄五得六十[1]，乘價三錢三分得三兩九錢六分；却以二行白糖二乘一行，負杏仁一十六得三十二，乘餘價四錢得八錢。兩價對減，二行餘三兩一錢六分，就將一行乘出杏仁三十二移置二行六位，立負杏仁三十二[2]。次以二行葡萄六十乘三行榛仁八得四百八十，乘價五錢五分六厘得三十三兩三錢六分；却以三行葡萄六乘二行負杏仁三十二得一百九十二，乘餘價三兩一錢六分得一十八兩九錢六分。兩價對減，三行餘價一十四兩四錢，就將二行乘出杏仁一百九十二移置三行，立負杏仁一百九十二。次以三行榛仁四百八十乘

---

1 位，當作“行”，據文意改。

2 負杏仁三十二，“負”當作“正”。下同。

四行松子(七)得(三千三百六十)乘價(三錢二分七厘)得(一百五十六兩九錢六分)却以四行榛(四)乘三行負杏仁(一百九十二)得(七百六十八)乘餘價(一十四兩四錢)得(五十七兩六錢)兩價對減四行價餘(九十九兩三錢六分)就將三行乘出杏仁(七百六十八)移置四行立負杏仁(七百六十八)次以四行松子(三千三百六十)乘五行杏仁(三)得(一萬零八十)乘價(二錢八分五厘)得(九百五十七兩六錢)却以五行松子(九)乘四行負杏仁(七百六十八)得(六千九百一十二)與五行(一萬零八十)對減餘(三千一百六十八)為法又乘餘價(九十九兩三錢六分)得(八百九十四兩二錢四分)兩價對減餘價(六十三兩三錢六分)為實以法除之得杏仁每斤銀二分於五行價內除杏仁價得松子價每斤二分五厘逆上挨次求之如前

解義(六色係共二色四色同俱對減為法)

四行松子七得三千三百六十，乘價三錢二分七厘得一百五十六兩九錢六分；却以四行榛四乘三行負杏仁一百九十二得七百六十八，乘餘價一十四兩四錢得五十七兩六錢。兩價對減，四行價餘九十九兩三錢六分，就將三行乘出杏仁七百六十八移置四行，立負杏仁七百六十八[1]。次以四行松子三千三百六十乘五行杏仁三得一萬零八十，乘價二錢八分五厘得九百五十七兩六錢；却以五行松子九乘四行負杏仁七百六十八得六千九百一十二，與五行一萬零八十對減，餘三千一百六十八爲法，又乘餘價九十九兩三錢六分得八百九十四兩二錢四分。兩價對減，餘價六十三兩三錢六分爲實。以法除之，得杏仁每斤銀二分。於五行價内除杏仁價，得松子價每斤二分五厘。逆上挨次求之如前[2]。

【解義】六色係與二色、四色同，俱對減爲法。

---

1 負杏仁七百六十八，“負”當作“正”。

2 設冰糖、白糖、葡萄、榛仁、松子、杏仁各價分别爲 x、y、z、u、v、w，根據題意列：

	x	y	z	u	v	w	價
一	2	4					400
二		2	5				330
三			6	8			556
四				4	7		327
五					9	3	285
六	3					8	400

以 2 遍乘六行、3 遍乘一行，對減消去冰糖 x，六行移至一行：

	x	y	z	u	v	w	價
一		12				−16	400
二		2	5				330
三			6	8			556
四				4	7		327
五					9	3	285

以 12 遍乘二行、2 遍乘一行，對減消去白糖 y，一行移至二行：

	x	y	z	u	v	w	價
二			60			32	3160
三			6	8			556
四				4	7		327
五					9	3	285

以 60 遍乘三行、6 遍乘二行，對減消去葡萄 z，二行移至三行：

	x	y	z	u	v	w	價
三				480		−192	14400
四				4	7		327
五					9	3	285

以 480 遍乘四行、4 遍乘三行，對減消去榛仁 u，三行移至四行：

	x	y	z	u	v	w	價
四					3360	768	99360
五					9	3	285

以 3360 遍乘五行、9 遍乘四行，對減消去松子 v，四行移至五行：

	x	y	z	u	v	w	價
五						3168	63360

解得杏仁價：$w = 20$。代入原式，各色價依次可求。

附洛書衍數圖

洛書圖

四	九	二
三	五	七
八	一	六

易換三三圖

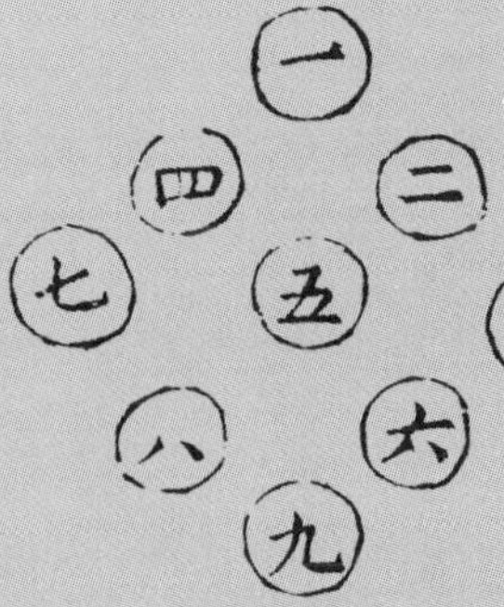

		一		
	四		二	
七		五		三
	八		六	
		九		

洛書之數戴九履一左三右七二四爲肩六八爲足縱橫斜角皆十五數因衍爲四四五五六六以至百子各縱橫斜角皆同一數圖各列後

易換術曰九子斜排上下對易左右相換四維挺出先以上一對換下九次以左七對換右三換畢將四維二四六八挺出平直列三行即前圖縱橫斜角皆積十五數○求積法併上下數一九共十以九乘之得九十折半得共積四十五數以三行爲法除之得縱橫斜角皆十

附洛書衍數圖[1]

洛書圖[2]

洛書之數，戴九履一，左三右七，二四爲肩，六八爲足，縱橫斜角皆十五數。因衍爲四四、五五、六六，以至百子，各縱橫斜角皆同一數。圖各列後。

易換三三圖[3]

易換術曰：九子斜排，上下對易，左右相換，四維挺出。先以上一對換下九，次以左七對換右三。換畢，將四維二、四、六、八挺出，平直列三行，即前圖，縱橫斜角皆積十五數。○求積法：併上下數一、九共十，以九乘之得九十，折半得共積四十五數。以三行爲法除之，得縱橫斜角皆十

---

1 即縱橫圖，又稱幻方。最早見於楊輝《續古摘奇算法》卷上。洛書圖，實際是一個三階縱橫圖，四四、五五、六六乃至百子圖，皆由洛書圖推衍而來，故稱“洛書衍數圖”。

2 洛書圖，見《算法統宗》卷首。縱橫斜角相加，皆爲十五。如圖 9-1：

4	9	2
3	5	7
8	1	6

圖 9－1

3 易換三三圖，見《算法統宗》卷首。如圖 9-2：

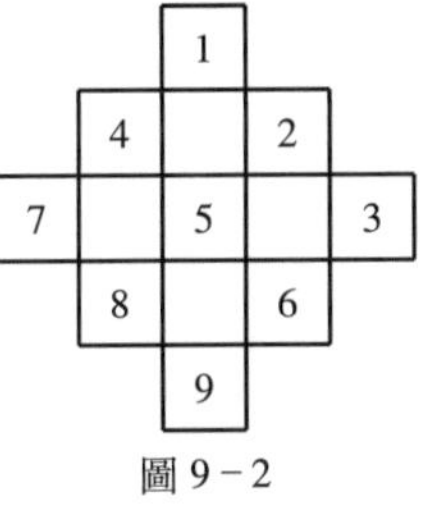

圖 9－2

子數

四四圖

十三	九	五	一
十四	十	六	二
十五	十一	七	三
十六	十二	八	四

易換四四圖

四	九	五	十六
十四	七	十一	二
十五	六	十	三
一	十二	八	十三

易換術曰十六子作四行排列先將外四角對換一換十六四換十三次將内四角對換六換十一七換十換畢縱横斜角皆積三十四數即下圖是也〇求積法以始數一終數十六併之得十七以十六乘之得二百七十二折半得共積一百三十六以四行為法除之得縱横斜角皆三十四數若内外四角不動換易四面八位亦合

五數。

四四圖[1]

易换四四圖[2]

易换術曰：十六子作四行排列，先將外四角對换，一换十六，四换十三；次將内四角對换，六换十一，七换十。换畢，縱横斜角皆積三十四數，即下圖是也。〇求積法：以始數一、終數十六，併之得十七，以十六乘之得二百七十二，折半得共積一百三十六。以四行爲法除之，得縱横斜角皆三十四數。若内外四角不動，换易四面八位，亦合。

---

1 以下縱横圖，見《算法統宗》卷十七。四四圖，《算法統宗》作“花十六圖”，分陰數、陽數兩圖，陰數即四四圖，陽數爲易换四四圖。四四圖，如圖 9-3：

13	9	5	1
14	10	6	2
15	11	7	3
16	12	8	4

圖 9－3

2 易换四四圖，縱横斜角相加，皆得三十四，如圖 9-4：

4	9	5	16
14	7	11	2
15	6	10	12
1	12	8	13

圖 9－4

大易換四四圖

一	十二	八	十三
十五	六	十	三
十四	七	十一	二
四	九	五	十六

此內外四角不動將四面八位亦交互對換與上對換內外四角皆縱橫三十四數

五五圖

二十五	二十二	十	三	五
十一	十八	七	十四	十五
二	九	十三	十七	二十四
六	十二	十九	八	二十
二十一	四	十六	二十三	一

自五五以至百子圖皆以始数一與末尾数相對首二数與末二数首三数與末三数挨次或正或斜相對五七九单数者則中心一单位居中餘皆互對○求積法以首数一末数二十五併之得二十六以二十五乘之得六百五十折

又易换四四圖[1]

此内外四角不動，將四面八位亦交互對换，與上對换内外四角，皆縱横三十四數。

五五圖[2]

自五五以至百子圖，皆以始數一與末尾數相對，首二數與末二數，首三數與末三數，挨次或正或斜相對。五、七、九单數者，則中心一单位居中，餘皆互對。○求積法：以首數一、末數二十五，併之得二十六，以二十五乘之得六百五十，折

1《算法統宗》無此圖。縱横斜角相加，皆得三十四，如圖 9–5：

13	8	12	1
3	10	6	15
2	11	7	14
16	5	9	4

圖 9－5

2 五五圖，縱横斜角相加，皆得六十五。如圖 9–6：

5	3	10	22	25
15	14	7	18	11
24	17	13	9	2
20	8	19	12	6
1	23	16	4	21

圖 9－6

《算法統宗》五五圖與此不同，如圖 9–7：

5	23	16	4	25
15	14	7	18	11
24	17	13	9	2
20	8	19	12	6
1	3	10	22	21

圖 9－7

首行相加等於七十三，末行相加等於五十七，皆非六十五之數。

半得共積三百二十五以五行為法除之得縱横斜角皆合六十五數

六六圖

二十七	二十九	二	四	十三	三十六
九	十一	二十	二十二	三十一	十八
三十二	二十五	七	三	二十一	二十三
十四	十六	三十四	三十	十二	五
二十八	六	十五	十七	二十六	十九
一	二十四	三十三	三十五	八	十

求積法以首數一末數三十六併之共三十七以三十六乘之得一千三百三十二折半得共積六百六十六以六行為法除之得縱横斜角皆得一百一十一數

半得共積三百二十五[1]。以五行爲法除之，得縱橫斜角皆合六十五數。

六六圖[2]

求積法：以首數一、末數三十六，併之共三十七，以三十六乘之得一千三百三十二，折半得共積六百六十六。以六行爲法除之，得縱橫斜角皆得一百一十[一]數[3]。

---

1 三百二十五，“三”順治本誤作“二”。

2 六六圖，縱橫斜角相加，皆爲一百一十一。如圖 9–8：

27	29	2	4	13	36
9	11	20	22	31	18
32	25	7	3	21	23
14	16	34	30	12	5
28	6	15	17	26	19
1	24	33	35	8	10

圖 9－8

3 一百一十，當作“一百一十一”，“一”脱落，據文意補。

七七圖

四九	七	二九	二十	十六	八	四六
二	四一	十八	三六	三五	四十	三
六	三八	十九	二三	三三	十二	四四
二二	二四	三九	二五	十一	二六	二八
四五	十三	十七	二七	三一	三七	五
四七	十	三二	十四	十五	九	四八
四	四二	二一	三十	三四	四三	一

求積法以首一併末四十九共五十以四十九乘之得二千四百五十折半得共積一千二百二十五以七行為法除之得縱橫斜角皆一百七十五

七七圖[1]

求積法：以首一併末四十九共五十，以四十九乘之得二千四百五十，折半得共積一千二百二十五。以七行爲法除之，得縱横斜角皆一百七十五。

1 七七圖，縱横斜角相加，皆爲一百七十五。如圖 9-9：

46	8	16	20	29	7	49
3	40	35	36	18	41	2
44	12	33	23	19	38	6
28	26	11	25	39	24	2
5	37	31	27	17	13	45
48	9	15	14	32	10	47
1	43	34	30	21	42	4

圖 9－9

八八圖

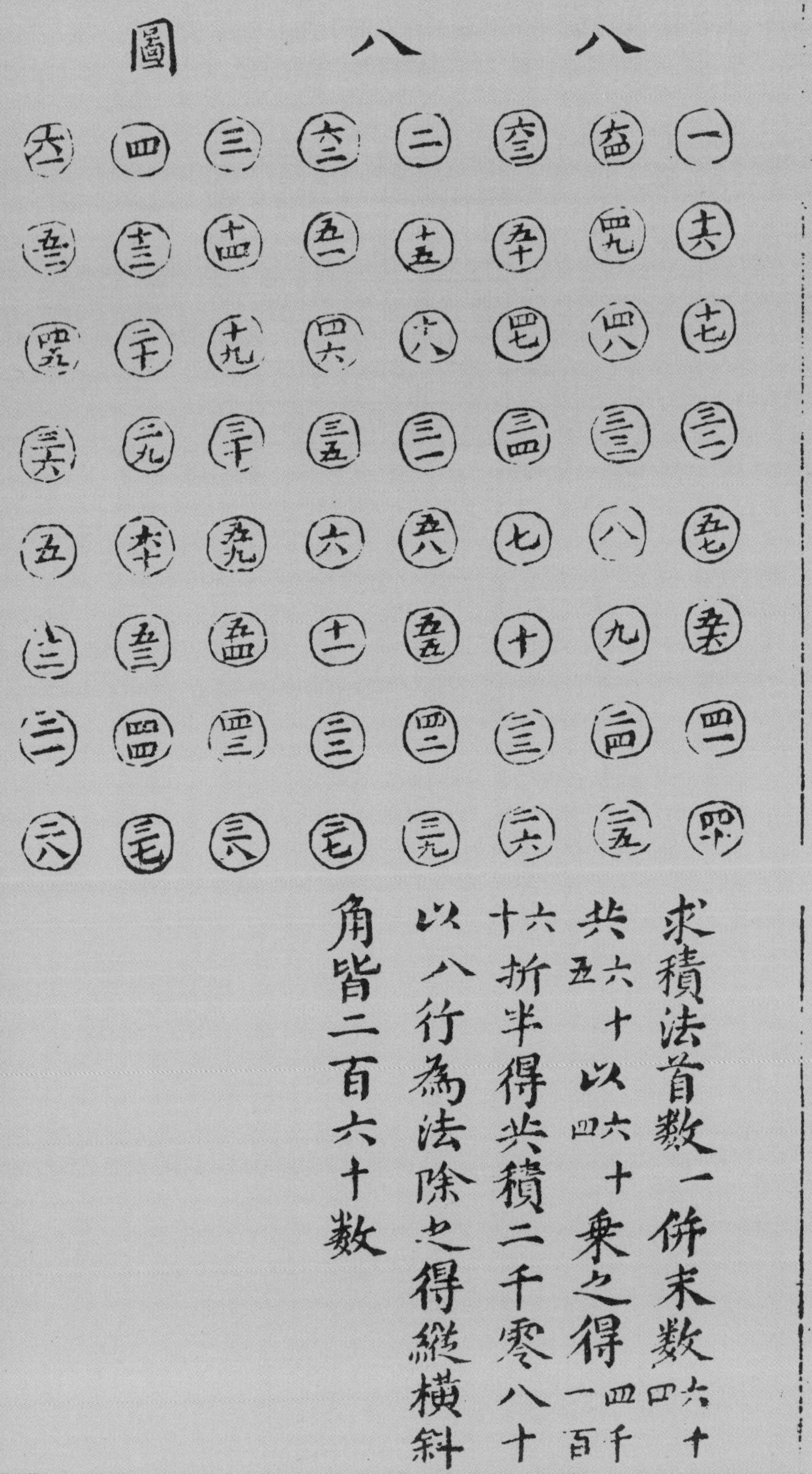

求積法首數一併末數六十四共六十五以六十四乘之得四千一百六十折半得共積二千零八十以八行為法除之得縱橫斜角皆二百六十數

八八圖[1]

求積法：首數一併末數六十四共六十五，以六十四乘之得四千一百六十，折半得共積二千零八十。以八行爲法除之，得縱横斜角皆二百六十數。

---

1 八八圖，縱横斜角相加，皆爲二百六十。如圖 9-10：

61	4	3	62	2	63	64	1
52	13	14	51	15	50	49	16
45	20	19	46	18	47	48	17
36	29	30	35	31	34	33	32
5	60	59	6	58	7	8	57
12	53	54	11	55	10	9	56
21	44	43	22	42	23	24	41
28	37	38	27	39	26	25	40

圖 9 - 10

九九圖

三一	七六	十三	三六	八一	十八	二九	七四	十一
二二	四十	五八	二七	四五	六三	二十	三八	五六
六七	四	四九	七二	九	五四	六五	二	四七
三十	七五	十二	三二	七七	十四	三四	七九	十六
二一	三九	五七	二三	四一	五九	二五	四三	六一
六六	三	四八	六八	五	五十	七十	七	五二
三五	八十	十七	二八	七三	十	三三	七八	十五
二六	四四	六二	十九	三七	五五	二四	四二	六十
七一	八	五三	六四	一	四六	六九	六	五一

求積法首數一併末數八十一共八十二以八十一乘之得六千六百四十二折半得共積三千三百二十一以九行為法除之得縱橫斜角皆三百六十九數

九九圖[1]

求積法：首數一併末數八十一共八十二，以八十一乘之得六千六百四十二，折半得共積三千三百二十一。以九行爲法除之，得縱横斜角皆三百六十九數。

---

1 九九圖，縱横斜角相加，皆爲三百六十九。如圖 9-11：

31	76	13	36	81	18	29	74	11
22	40	58	27	45	63	20	38	56
67	4	49	72	9	54	65	2	47
30	75	12	32	77	14	34	79	16
21	39	57	23	41	59	25	43	61
66	3	48	68	5	50	70	7	52
35	80	17	28	73	10	33	78	15
26	44	62	19	37	55	24	42	60
71	8	53	64	1	46	69	6	51

圖 9－11

十十百子圖

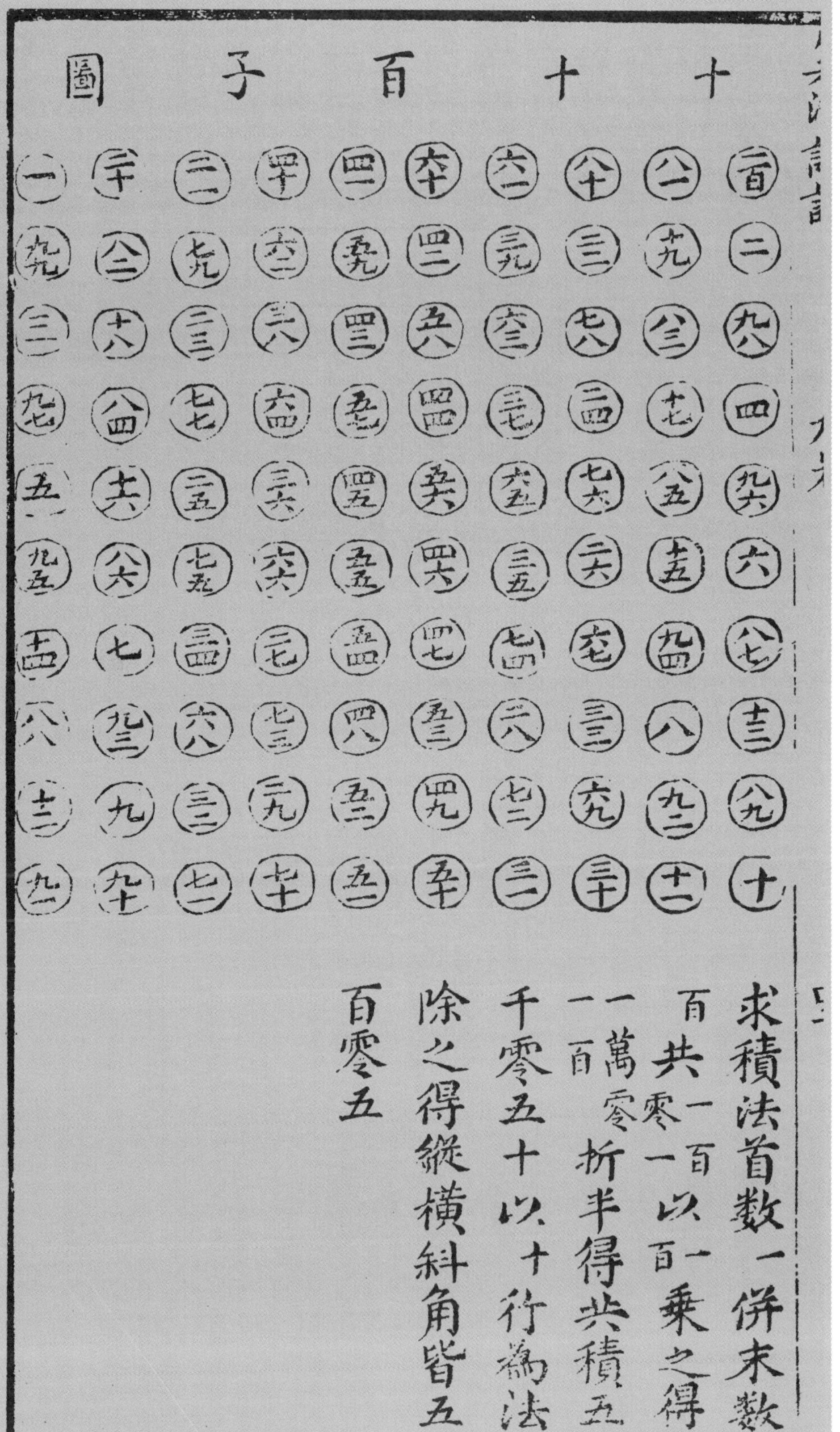

求積法首數一併末數百共一百零一以一百乘之得一萬零一百折半得共積五千零五十以十行爲法除之得縱橫斜角皆五百零五

十十百子圖[1]

求積法：首數一併末數百共一百零一，以一百乘之得一萬零一百，折半得共積五千零五十。以十行爲法除之，得縱橫斜角皆五百零五。

---

1 十十百子圖，如圖 9-12：

1	20	21	40	41	60	61	80	81	100
99	82	79	62	59	42	39	22	19	2
3	18	23	38	43	58	63	78	83	98
97	84	77	64	57	44	37	24	17	4
5	16	25	36	45	56	65	76	85	96
95	86	75	66	55	46	35	26	15	6
14	7	34	27	54	47	74	67	94	87
88	93	68	73	48	53	28	33	8	13
12	9	32	29	52	49	72	69	92	89
91	90	71	70	51	50	31	30	11	10

圖 9－12

縱橫各數相加，皆五百零五，而兩斜角分别為四百七十、五百四十。康熙間張潮有更定百子圖（《心齋雜俎》卷下“算法圖補”），如圖 9-13，縱橫斜角皆得五百零五：

60	5	96	70	82	19	30	97	4	42
66	43	1	74	11	90	54	89	69	8
46	18	56	29	87	68	21	34	62	84
32	75	100	47	63	14	53	27	77	17
22	61	38	39	52	51	57	15	91	79
31	95	13	64	50	49	67	86	10	40
83	35	44	45	2	36	71	24	72	93
16	99	59	23	33	85	9	28	55	98
73	26	6	94	88	12	65	80	58	3
76	48	92	20	37	81	78	25	7	41

圖 9－13

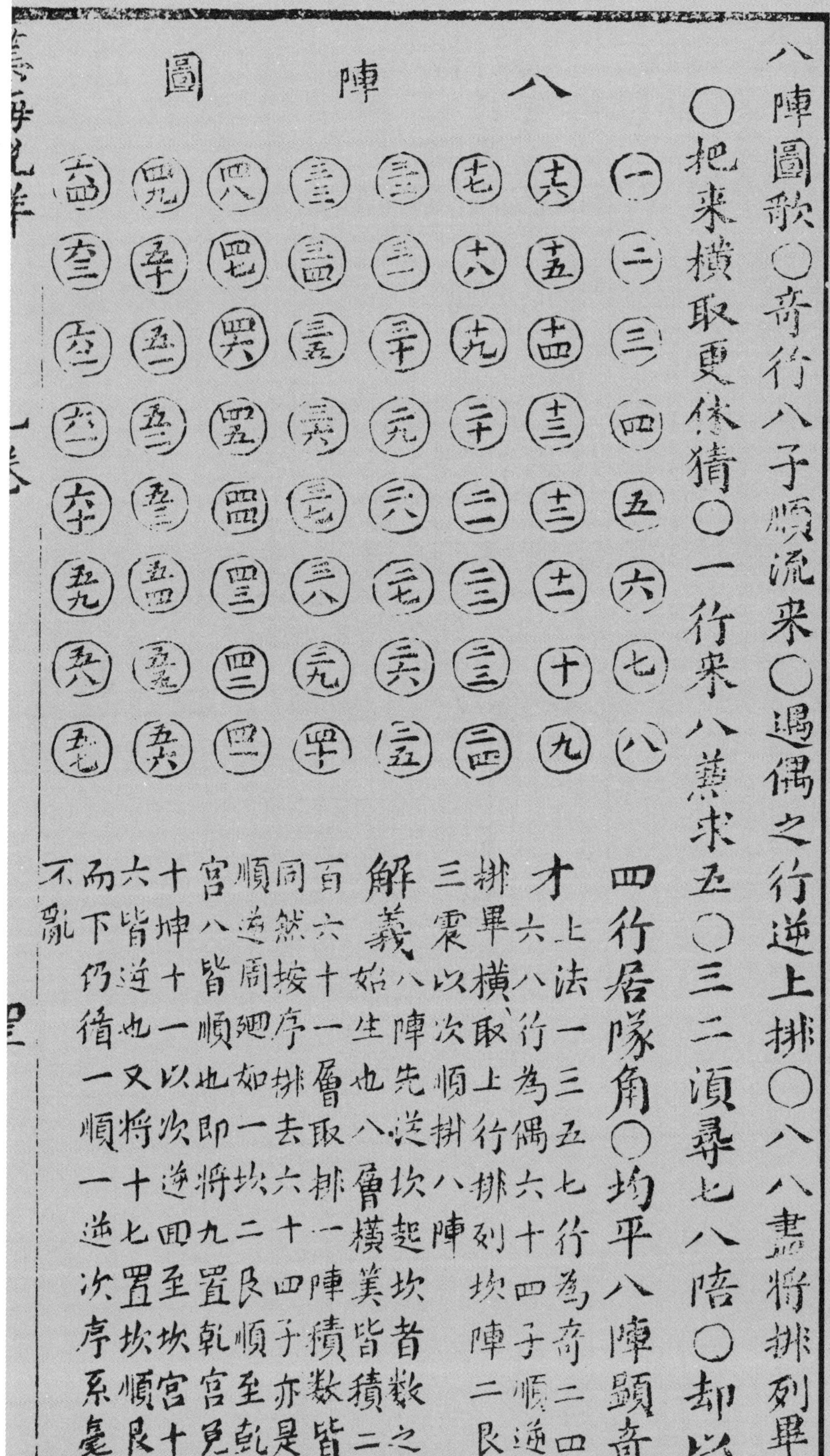

八陣圖歌○奇行八子順流来○遇偶之行逆上排○八八盡將排列畢○把来横取更休猜○一行來八蕪求五○三二須尋七八陪○却以四行居隊角○均平八陣顯奇

才上法一三五七行為奇二四六八行為偶六十四子順逆排畢横取上行排列坎陣二艮三震以次順掛八陣

解義 八陣先從坎起坎者數之始生也八層横美皆積二百六十一層取排一陣積數皆同然按序排去六十四子亦是順逆周廻如一坎二艮順至乾宮八皆順也即將九置乾宮十十坤十一以次逆將四至坎宮十六皆逆也又將十七置坎順艮而下仍循一順一逆次序系毫不亂

八陣圖

八陣圖歌〇奇行八子順流来〇遇偶之行逆上排〇八八盡將排列畢〇把来横取更休猜〇一行来八兼求五〇三二須尋七八陪〇却以四行居隊角〇均平八陣顯奇才。上法一三五七行爲奇，二四六八行爲偶，六十四子順逆排畢。横取上行排列坎陣，二艮三震，以次順排八陣。

【解義】八陣先從坎起，坎者，數之始生也。八層横筭，皆積二百六十，一層取排一陣，積數皆同。然按序排去，六十四子亦是順逆周廻，如一坎二艮，順至乹宫八，皆順也。即將九置乾宫，兑十坤十一，以次逆回，至坎宫十六，皆逆也。又將十七置坎，順艮而下，仍循一順一逆，次序絲毫不亂。

八陣圖

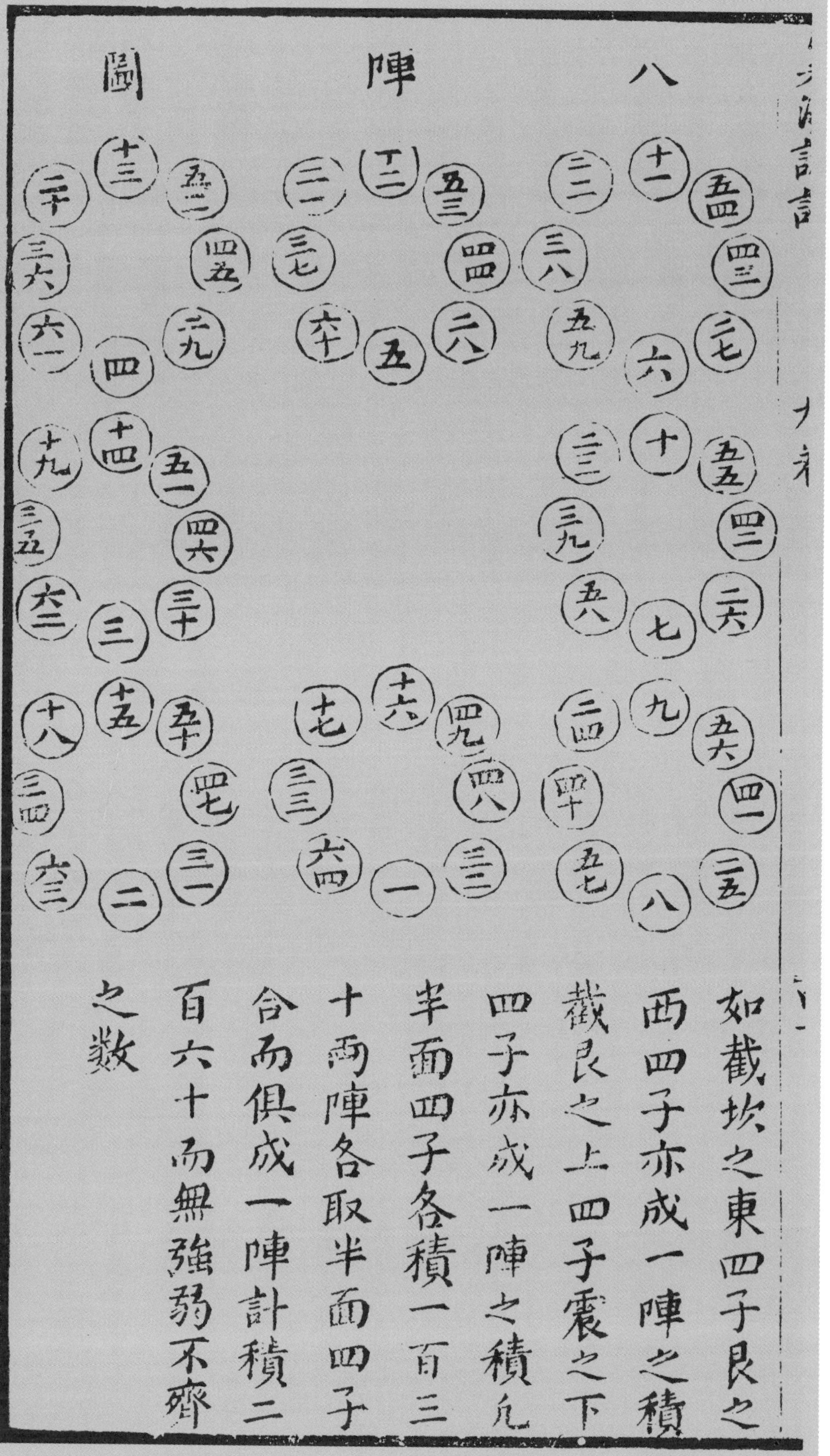

如截坎之東四子艮之西四子亦成一陣之積截艮之上四子震之下四子亦成一陣之積凡半面四子各積一百三十兩陣各取半面四子合而俱成一陣計積二百六十而無強弱不齊之數

八陣圖[1]

如截坎之東四子、艮之西四子，亦成一陣之積。截艮之上四子、震之下四子，亦成一陣之積。凡半面四子各積一百三十，兩陣各取半面四子，合而俱成一陣，計積二百六十，而無強弱不齊之數。

---

1 八陣圖，《筭海説詳》頗不規範，據《算法統宗》，當如圖 9-14 所示：

	13	52			12	53			11	54	
20	巽		45	21	離		44	22	坤		43
36			29	37			28	38			27
	61	4			60	5			59	6	
	14	51							10	55	
19	震		46					23	兌		42
35			30					39			26
	62	3							58	7	
	15	50			16	49			9	56	
18	艮		47	17	坎		48	24	乾		41
34			31	33			32	4			25
	63	2			64	1			57	8	

圖 9－14

從坎宫起，順時針至乾宫，排列一至八；再從乾宫起，逆時針至坎宫，排列九至十六；再從坎宫起，順時針至乾宫，排列十七至二十四。依此類推，循環往復。每宫八數相加，皆得二百六十；半宫四數爲一百三十，如坎左側四數與艮右側四數相加，亦得二百六十。

九宮連環陣

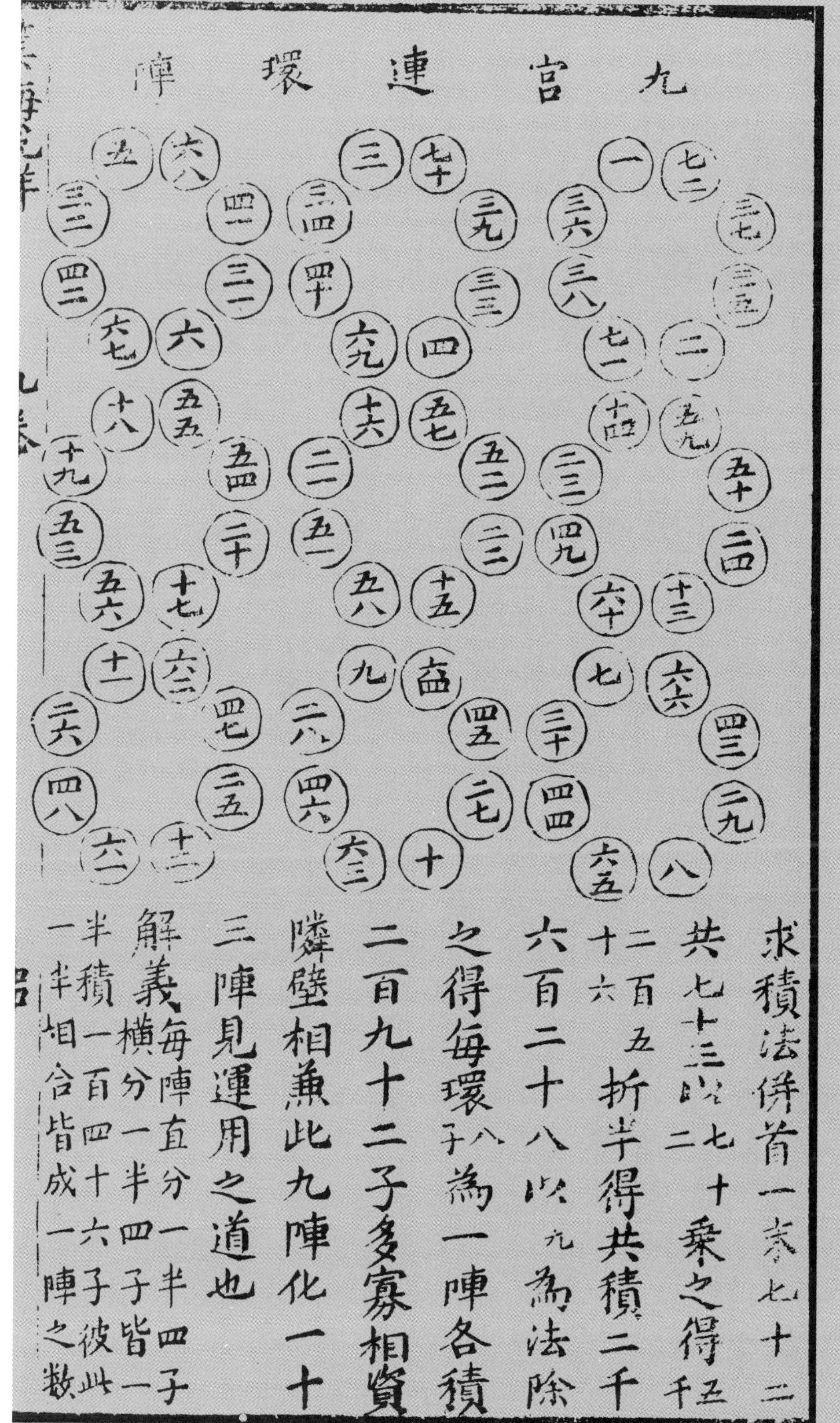

求積法併首一尾七十二共七十三以七十二乘之得五千二百五十六折半得共積二千六百二十八以九為法除之得每環八子為一陣各積二百九十二子多寡相資隣壁相兼此九陣化一十三陣見運用之道也

解義每陣直分一半四子橫分一半四子皆一半積一百四十六子彼此一半相合皆成一陣之數

九宫連環陣[1]

求積法：併首一、末七十二共七十三，以七十二乘之得五千二百五十六，折半得共積二千六百二十八。以九爲法除之，得每環八子爲一陣，各積二百九十二子。多寡相資，隣壁相兼，此九陣化一十三陣，見運用之道也。

【解義】每陣直分一半四子，横分一半四子，皆一半積一百四十六子。彼此一半相合，皆成一陣之數。

---

1 九宫連環陣，如圖 9-15：

	5	68			3	70			1	72	
32	巽		41	34	離		39	36	坤		37
42			31	40			33	38			35
	67	6			69	4			71	2	
	18	55			16	57			14	59	
19	震		54	21	中		52	23	兑		50
53			20	51			22	49			24
	56	17			58	15			60	13	
	11	62			9	64			7	66	
26	艮		47	28	坎		45	30	乾		43
48			25	46			27	44			29
	61	12			63	10			65	8	

圖 9－15

每環八數，相加得二百九十二。排列方法，詳“解義”。

故曰連環九陣化十三陣九宮計九陣内中四空相合包藏四陣共十三陣也九排法始坤次离次巽次乾次坎次艮次兑次中次震又逆一數起毎宮二子挨次排去至震又挨次逆回至坤再順回至震又逆回至坤完畢毎排二子俱相对安下首离坎位次巽乾次兑震次坤艮逆上層自右而左排完即接排下層次排中層上下層一倒中層一倒如上下排二子先上后下中層即先下后上相反是也

聚五圖

二十一子作二十五子用

五圖各皆得積六十五數

聚六圖

六環各積一百一十一數

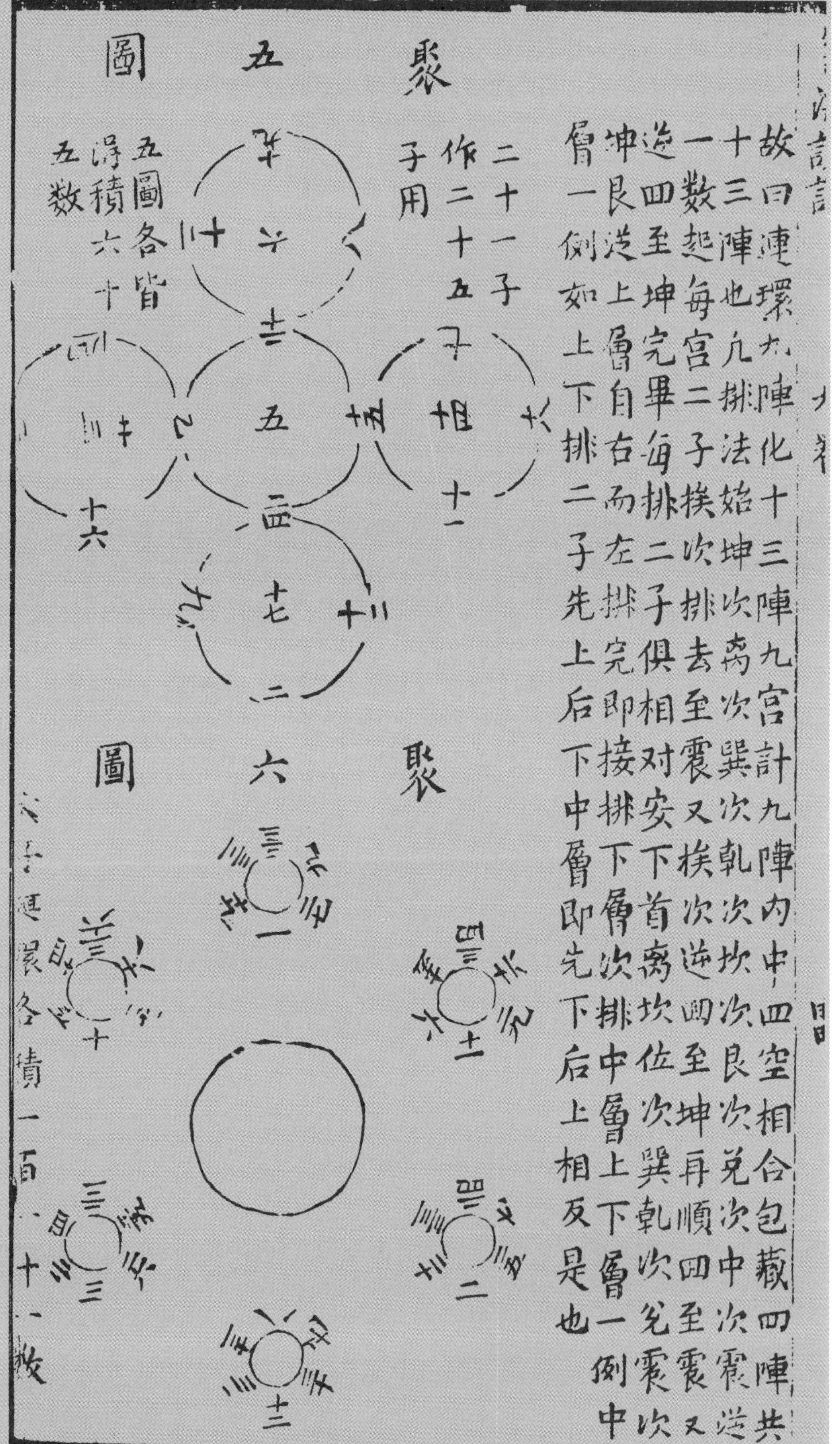

故曰“連環九陣化十三陣”，九宫計九陣，内中四空相合，包藏四陣，共十三陣也。凡排法，始坤，次离，次巽，次乾，次坎，次艮，次兑，次中，次震。從一數起，每宫二子，挨次排去，至震又挨次逆回，至坤再順回，至震又逆回，至坤完畢。每排二子，俱相對安下，首离坎位，次巽乾，次兑震，次坤艮，從上層自右而左排完，即接排下層，次排中層。上下層一例，中層一例，如上下排二子，先上后下，中層即先下后上，相反是也。

聚五圖[1]

二十一子作二十五子用。

五圖各皆得積六十五數。

聚六圖[2]

六子廻環，各積一百一十一數。

---

1 聚五圖，各位置數字如圖 9–16 所示：

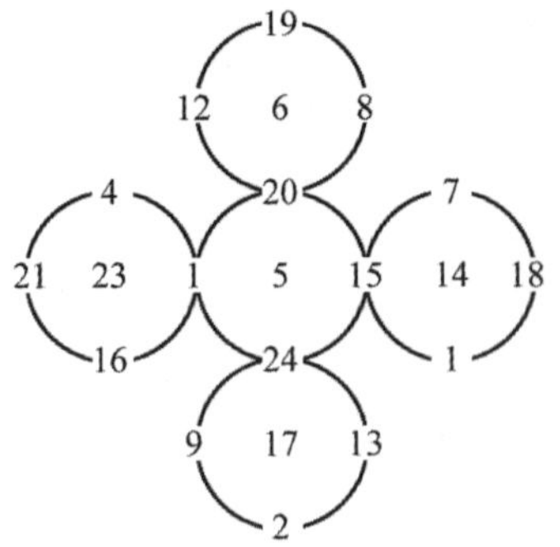

圖 9 – 16

每圈五數之和爲六十五。

2 聚六圖，各位置數字如圖 9–17 所示：

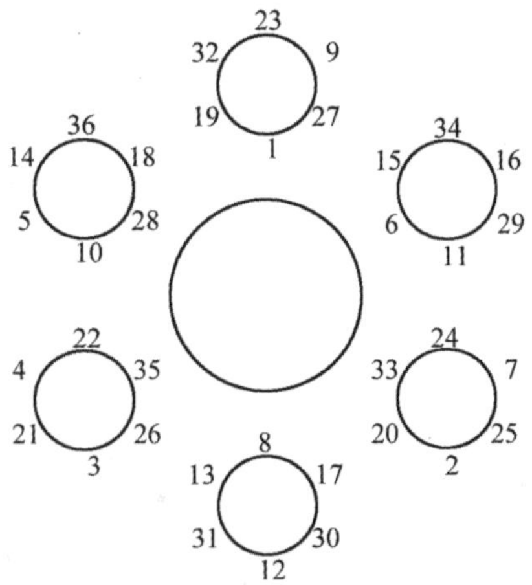

圖 9 – 17

每圈六數之和爲一百一十一。

聚八圖

右二十四子作三十二子用各積一百數

攢九圖

斜直周圓併中九各積一百四十七数

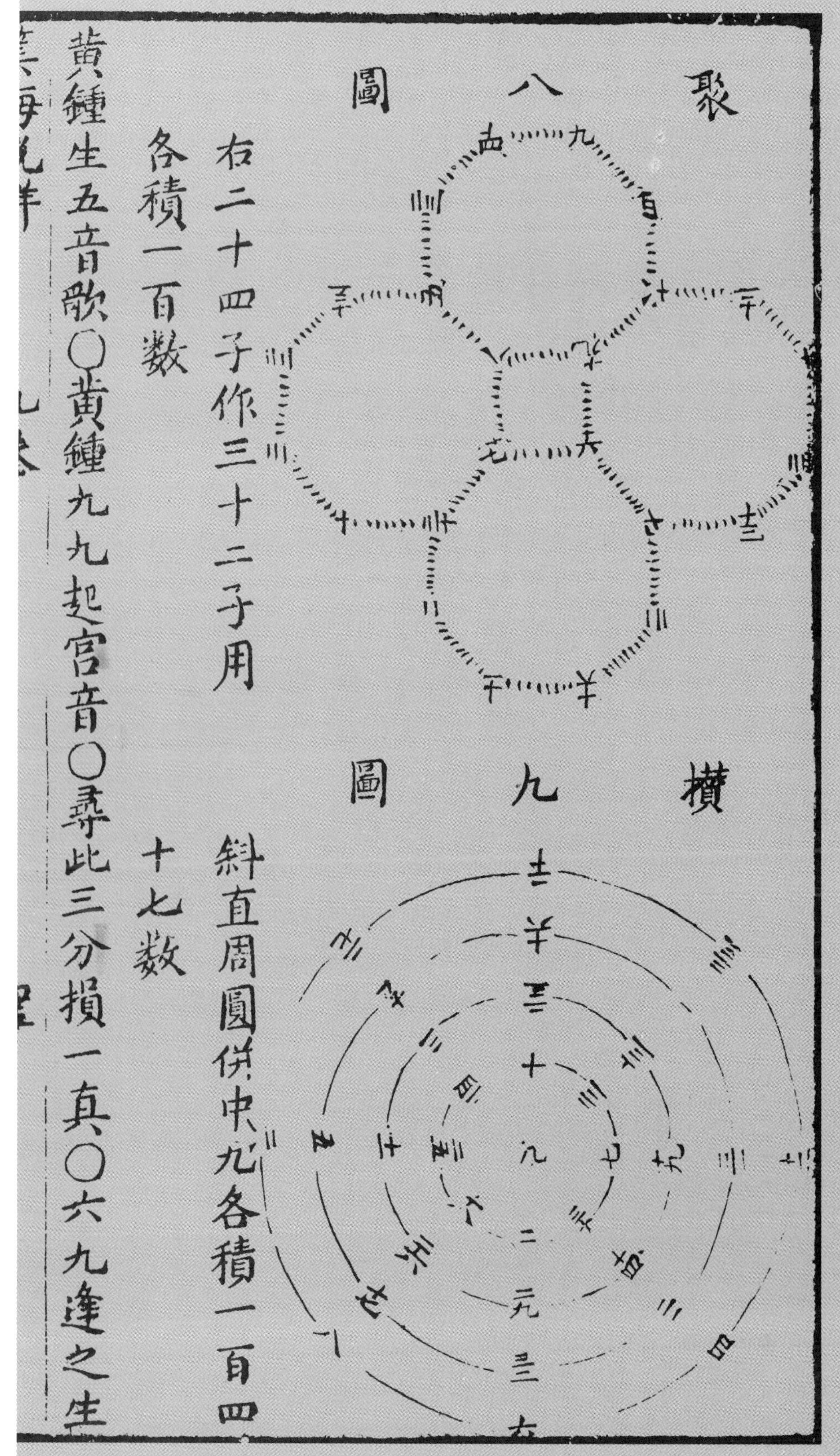

黄鍾生五音歌〇黄鍾九九起宫音〇尋此三分損一真〇六九逢之生

聚八圖[1]

右二十四子作三十二子用，各積一百數。

攢九圖[2]

斜直周圓併中九，各積一百四十七數。

黄鍾生五音歌[3]○黄鍾九九起宫音○尋此三分損一真○六九逢之生

1 聚八圖，各位置數字如圖 9-18 所示：

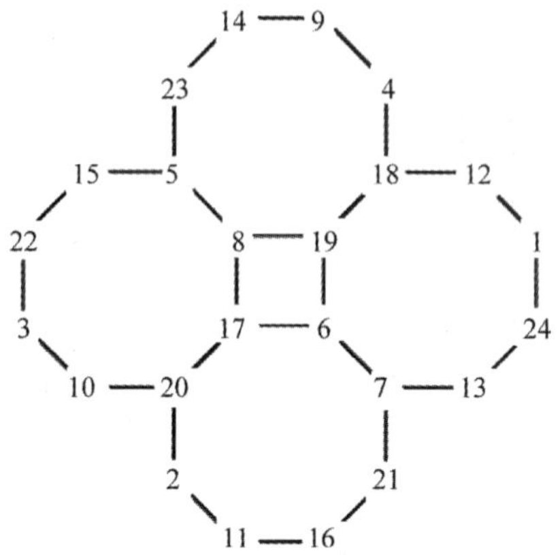

14 9
23 4
15 5 18 12
22 8 19 1
3 17 6 24
10 20 7 13
2 21
11 16

圖 9－18

每圈八數之和爲一百。

2 攢，《集韻・换韻》：“攢，聚也。”攢九圖，各位置數字如圖 9-19 所示：

20
27 16 33
15 23 1
3 10 1
24 22
28 5 11 25 9 7 19 31 12
18 30
26 2 14
17 29 21
8 32 4
6

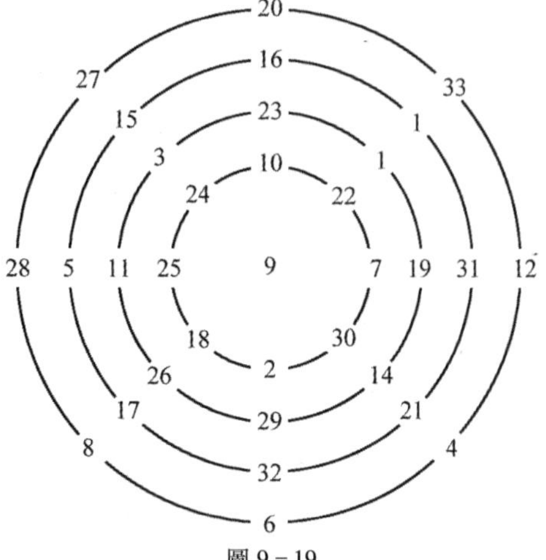

圖 9－19

斜直、圓周併中心九，九數共和一百四十七。

3 黄鐘生五音歌，《算法統宗》卷十七作“五音相生歌”。

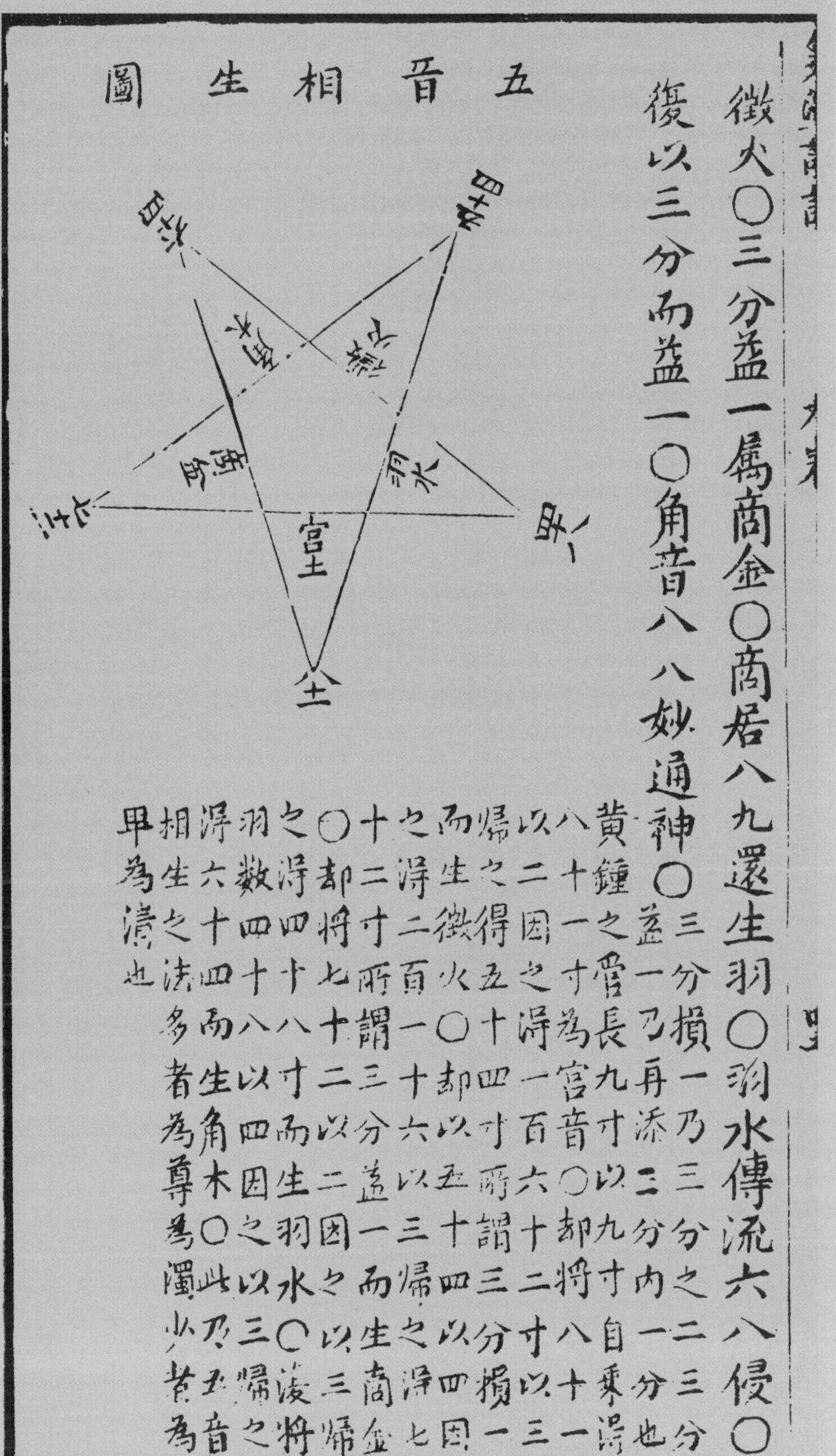

五音相生圖

徵火〇三分益一屬商金〇商居八九還生羽〇羽水傳流六八侵〇

復以三分而益一〇角音八八妙通神〇

三分損一乃三分之二三分益一乃再添二分内一分也黄鍾之管長九寸以九寸自乘得八十一寸為宮音〇却将八十一以二因之得一百六十二寸以三帰之得五十四寸所謂三分損一而生徵火〇却以五十四以四因之得二百一十六以三帰之得七十二寸所謂三分益一而生商金〇却将七十二以二因之以三帰之得四十八寸而生羽水〇後将羽數四十八以四因之以三帰之得六十四而生木角〇此乃五音相生之法多者為尊為濁少者為畢為瀆也

徵火〇三分益一屬商金〇商居八九還生羽〇羽水傳流六八侵〇復以三分而益一〇角音八八妙通神〇三分損一，乃三分之二；三分益一，乃再添三分内一分也[1]。

五音相生圖

黄鍾之管長九寸，以九寸自乘得八十一寸，爲宫音。〇却將八十一以二因之得一百六十二寸，以三歸之得五十四寸，所謂三分損一，而生徵火。〇却以五十四以四因之得二百一十六，以三歸之得七十二寸，所謂三分益一，而生商金。〇却將七十二以二因之，以三歸之，得四十八寸，而生羽水。〇復將羽數四十八以四因之，以三歸之，得六十四，而生角木[2]。〇此乃五音相生之法。多者爲尊爲濁，少者爲卑爲清也。

---

1 三分損一，即三分之二；三分益一，即三分之四。

2 三分損益法，最早見於《管子・地員篇》："凡將起五音，凡首，先主一而三之，四開以合九九，以是生黄鐘小素之首以成宫。三分而益之以一，爲百有八，爲徵。不無有，三分而去其乘，適足以是生商。有三分而復於其所，以是成羽。有三分去其乘，適足以是成角。"（管子校注，中華書局，2004）定宫音爲八十一，三分益一生徵，爲一百零八；徵三分損一生商，爲七十二；商三分益一生羽，爲九十六；羽三分損一生角，爲六十四。損益與此不同。

律呂相生圖

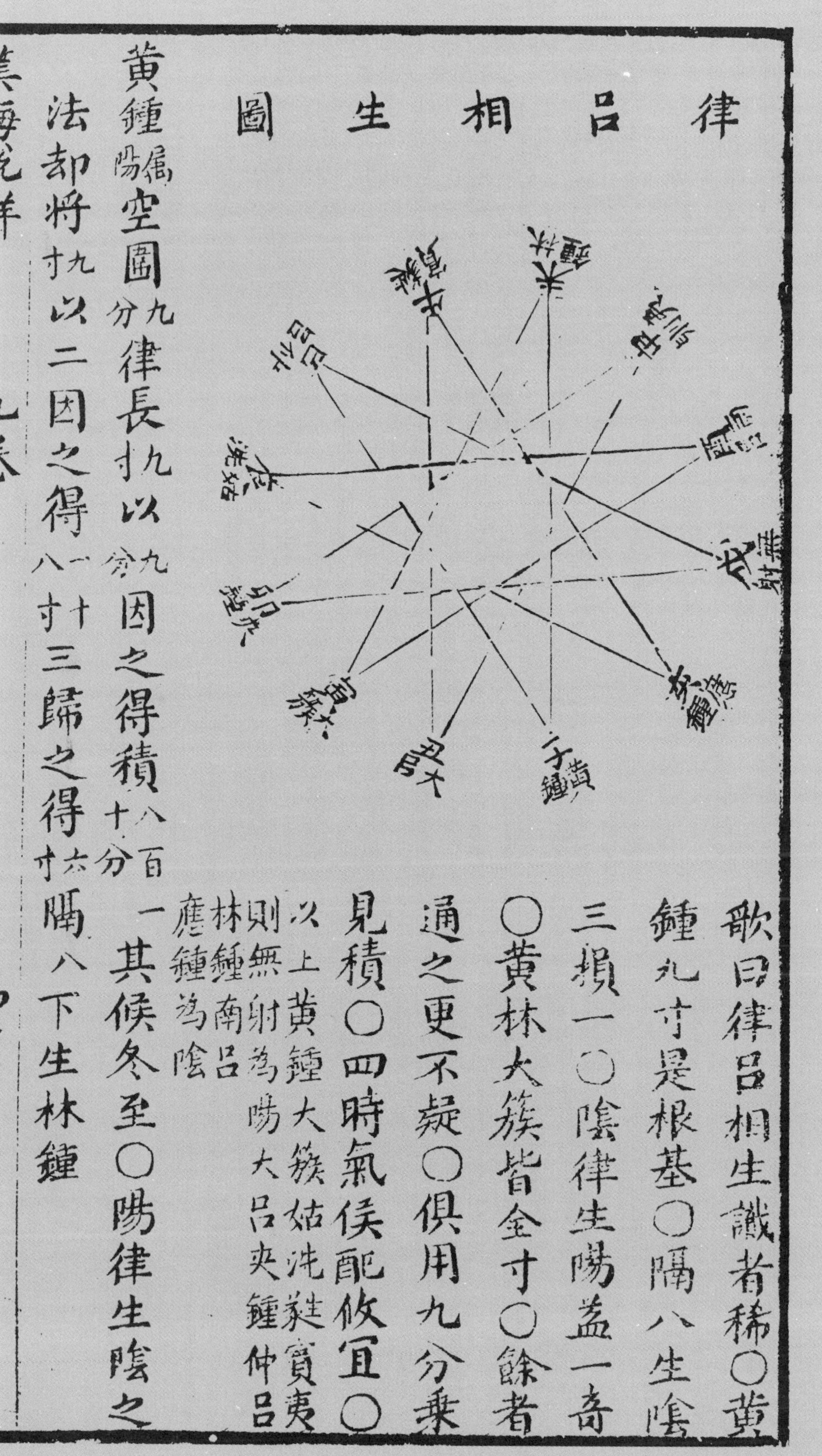

歌曰律呂相生識者稀○黃鍾九寸是根基○隔八生陰三損一○陰律生陽益一奇○黃林太簇皆全寸○餘者通之更不疑○俱用九分乘見積○四時氣候配攸宜○以上黃鍾大簇姑洗蕤賓夷則無射為陽大呂夾鍾仲呂林鍾南呂應鍾為陰

黃鍾屬陽空圓九分律長九寸以九分因之得積八百一十分其候冬至○陽律生陰之法卻將九寸以二因之得一十八寸三歸之得六寸隔八下生林鍾

律呂相生圖

歌曰：律呂相生識者稀○黄鍾九寸是根基○隔八生陰三損一○陰律生陽益一奇○黄林大簇皆全寸○餘者通之更不疑○俱用九分乘見積○四時氣侯配攸宜[1]○以上黄鍾、大簇、姑洗、蕤賔、夷則、無射爲陽，大吕、夾鍾、仲吕、林鍾、南吕、應鍾爲陰。

黄鍾，属陽。空圍九分，律長九寸。以九分因之，得積八百一十分[2]。其候冬至。○陽律生陰之法，却將九寸以二因之得一十八寸，三歸之得六寸，隔八下生林鍾[3]。

---

1 律呂相生歌，見《算法統宗》卷十七。律呂相生法，《淮南子・天文訓》云："黄鐘爲宫，……其數八十一，主十一月，下生林鐘。林鐘之數五十四，主六月，上生太蔟。太蔟之數七十二，主正月，下生南呂。南呂之數四十八，主八月，上生姑洗。故洗之數六十四，主三月，下生應鐘。應鐘之數四十二，主十月，上生蕤賓。蕤賓之數五十七，主五月，上生大呂。大呂之數七十六，主十二月，下生夷則。夷則之數五十一，主七月，上生夾鐘。夾鐘之數六十八，主二月，下生無射。無射之數四十五，主九月，上生仲呂。仲呂之數六十，主四月，極不生。"（淮南鴻烈集解，中華書局，1997）而《漢書・律曆志上》云："如法爲一寸，則黄鐘之長也。參分損一，下生林鐘。參分林鐘益一，上生太族。參分太族損一，下生南呂。參分南呂益一，上生姑洗。參分姑洗損一，下生應鐘。參分應鐘益一，上生蕤賓。參分蕤賓損一，下生大呂。參分大呂益一，上生夷則。參分夷則損一，下生夾鐘。參分夾鐘益一，上生亡射。參分亡射損一，下生中呂。"二者自"蕤賓"而後，損益不同。《筭海説詳》與《算法統宗》本《淮南子》。

2 空圍，一般指律管内周，或以為律管面冪，即内截面積，此似指後者。黄鐘律管容積 V 等於内截面積 S 乘律管長 l，即：

$$V = Sl = 9 \times 90 = 810\text{分}$$

3 下生，《漢書・律曆志上》"三分損一，下生林鐘"晉灼注引蔡邕《律曆記》云："凡陽生陰曰下，陰生陽曰上。"《呂氏春秋・季夏紀・音律》："三分所生，益之一分以上生；三分所生，去其一分以下生。"（呂氏春秋集釋，中華書局，2009）《筭海説詳》無論損益，皆作"下"。黄鐘三分損一生林鐘，則林鐘律管長爲：

$$l = 9 \times \frac{2}{3} = 6\text{寸}$$

林鐘陰屬空圍九分律長六寸以九分因之得積五百四十分其候大暑○陰律生陽之法將六寸以四因之得二十四寸三歸之得長八寸隔八下生大簇

大簇陽屬空圍九分律長八寸以九分因之得積七百二十分其候雨水○陽律生陰之法將八寸以二因之得一十六寸三歸之得五寸三分寸之一隔八下生南呂

以上三律皆滿全寸自此以下九律不盡之寸俱用通之

南呂陰屬律長五寸三分寸之一却以分母三通五寸加分子之一共得一十六寸以九分因之以三歸之得積四百八十分其候秋分○却以通十六寸以四因之得六十四寸另以三因分母三得九為法歸得七寸九分寸之一隔八下生姑洗

姑洗陽屬律長七寸九分寸之一却以分母九通七寸加分子之一共得六十四寸以空圍九分因之得五千七百六十分以分母九歸之得積六百四十分其候穀雨○却以通

林鍾，属陰。空圍九分，律長六寸。以九分因之，得積五百四十分[1]。其候大暑。○陰律生陽之法，將六寸以四因之得二十四寸，三歸之得長八寸，隔八下生大簇[2]。

大簇，属陽。空圍九分，律長八寸。以九分因之，得積七百二十分[3]。其候雨水。○陽律生陰之法，將八十以二因之得一十六寸，三歸之得五寸三分之一，隔八下生南吕[4]。

以上三律，皆得全寸。自此以下九律，不盡之寸，俱用通之。

南吕，属陰。律長五寸三分之一。却以分母三通五寸，加分子之一，共得一十六寸。以九分因之，以三歸之，得積四百八十分[5]。其候秋分。○却以通寸一十六以四因之，得六十四寸；另以三因分母三得九爲法，歸得七寸九分寸之一，隔八下生姑洗[6]。

姑洗，属陽。律長七寸九分寸之一。却以分母九通七寸，加分子之一，共得六十四寸。以空圍九分因之，得五千七百六十分；以分母九歸之，得積六百四十分[7]。其候穀雨。○却以通

---

1 林鐘律積爲：

$$V = Sl = 9 \times 60 = 540\text{分}$$

2 大簇，又作“太蔟”。陰律生陽，三分益一，則大簇律管長爲：

$$l = 6 \times \frac{4}{3} = 8\text{寸}$$

3 大簇律積爲：

$$V = Sl = 9 \times 80 = 720\text{分}$$

4 大簇三分損一生南吕，南吕律管長爲：

$$l = 8 \times \frac{2}{3} = 5\frac{1}{3}\text{寸}$$

5 南吕律積爲：

$$V = Sl = 9 \times \frac{160}{3} = 480\text{分}$$

6 洗，讀如冼。南吕三分益一生姑洗，姑洗律管長爲：

$$l = 5\frac{1}{3} \times \frac{4}{3} = \frac{64}{9} = 7\frac{1}{9}\text{寸}$$

7 姑洗律積爲：

$$V = Sl = 9 \times \frac{640}{9} = 640\text{分}$$

寸六十四以二因之得一百二十八寸另以三因分母九得二十七為法除之得四寸
二十七分寸之二十隔八下生應鍾
應鍾爲陰律長四寸二十七分寸之二十卻以分母二十七通四寸加分子二十共得一百二十八寸以
空圜九分因之得一萬一千五百二十分以分母二十七除之不盡一十八分法實皆九約
之得積四百二十分三分寸之二其候小雪○卻以通寸一百二十八以四因之得五百一十
二寸另以三因二十七得八十一為法除之得六寸八十一分寸之二十六隔八下生蕤賓
蕤賓爲陽律長六寸八十一分寸之二十六卻以分母八十一通六寸加分子二十六共得五百一十
二寸以空圜九分因之得四萬六千零八十分以分母八十一為法除之不盡七十二分法實
皆以九約之得積五百六十分九分寸之八其候夏至○卻以通寸五百一十二以四因
之得二千零四十八寸另以三因八十一得二百四十三為法除之得八寸二百四十三分寸之一百

寸六十四以二因之，得一百二十八寸；另以三因分母九得二十七爲法，除之得四寸二十七分寸之二十，隔八下生應鍾[1]。

應鍾，属陰。律長四寸二十七分寸之二十。却以分母二十七通四寸，加分子二十，共得一百二十八寸。以空圍九分因之，得一萬一千五百二十分；以分母二十七除之[2]，不盡一十八分。法實皆九約之，得積四百二十[六]分三分寸之二[3]。其候小雪。〇却以通寸一百二十八以四因之，得五百一十二寸；另以三因二十七得八十一爲法，除之得六寸八十一分寸之二十六，隔八下生蕤賓[4]。

蕤賓，属陽。律長六寸八十一分寸之二十六。却以分母八十一通六寸，加分子二十六，共得五百一十二寸。以空圍九分因之，得四萬六千零八十分；以分母八十一爲法除之，不盡七十二分。法實皆以九約之，得積五百六十[八]分九分(寸)之八[5]。其候夏至。〇却以通寸五百一十二以四因之，得二千零四十八寸；另以三因八十一得二百四十三爲法，除之得八寸二百四十三分寸之一百

---

1 姑洗三分損一生應鐘，應鐘律管長爲：

$$l = 7\frac{1}{9} \times \frac{2}{3} = \frac{128}{27} = 4\frac{20}{27}\text{寸}$$

2 二十七，順治本誤作“一十七”。

3 應鐘律積爲：

$$V = Sl = 9 \times \frac{1280}{27} = \frac{11520}{27} = 426\frac{18}{27} = 426\frac{2}{3}\text{分}$$

四百二十分三分寸之二，當作“四百二十六分三分之二”，此處誤本《算法統宗》。

4 應鐘三分益一生蕤賓，蕤賓律管長爲：

$$l = 4\frac{20}{27} \times \frac{4}{3} = \frac{512}{81} = 6\frac{26}{81}\text{寸}$$

5 蕤賓律積爲：

$$V = Sl = 9 \times \frac{5120}{81} = \frac{46080}{81} = 568\frac{72}{81} = 568\frac{8}{9}\text{分}$$

五百六十分九分寸之八，當作“五百六十八分九分之八”，此處誤本《算法統宗》。

零四隔八下生大呂

大呂屬陰律長八寸二百四十三分寸之一百零四却以分母通八寸加分子共得二千零四十八寸以空圍九分因之以分母二百四十三為法除之不盡一百二十六分法實皆三約之得積七百五十八分八十一分寸之四十二共候大寒○却以通寸二千零四十八寸以二因之得四千零九十六寸為實另以三因二百四十三得七百二十九為法除之得五寸七百二十九分寸之四百五十一隔八下生夷則

夷則屬陽律長五寸七百二十九分寸之四百五十一却以分母通五寸加分子共得四千零九十六寸以空圍九分因之得三十六萬八千六百四十分為實以七百二十九為法除之不盡四百一十四分法實皆九約之得積五百八十一分寸之四十六其候處暑○却以通寸四千零九十六以四因之得一万六千三百八十四寸另以三因七百二十九得二千一百八十七為法除之得

零四，隔八下生大吕[1]。

大吕，屬陰。律長八寸二百四十三分寸之一百零四。却以分母通八寸，加分子共得二千零四十八寸。以空圍九分因之，以分母二百四十三爲法除之，不盡一百二十六分。法實皆三約之，得積七百五十八分八十一分(寸)之四十二[2]。其候大寒。○却以通寸二千零四十八寸以二因之，得四千零九十六寸爲實。另以三因二百四十三得七百二十九爲法，除之得五寸七百二十九分寸之四百五十一，隔八下生夷則[3]。

夷則，屬陽。律長五寸七百二十九分寸之四百五十一。却以分母通五寸，加分子共得四千零九十六寸。以空圍九分因之，得三十六萬八千六百四十分爲實；以七百二十九爲法除之，不盡(四百一十四)[四百九十五]分。法實皆九約之，得積(五百八十一分寸之四十六)[五百零五分八十一分寸之五十五][4]。其候處暑。○却以通寸四千零九十六以四因之，得一萬六千三百八十四寸；另以三因七百二十九得二千一百八十七爲法，除之得

---

1 《算法統宗》云："按蕤賓陽律生陰之法，當用三分損一，如上所云。乃三分益一之法，此又不可曉者。抑夏至一陰始生之故歟？自此以後，陰律生陽，三分損一；陽律生陰，三分益一。"蕤賓三分損一生大吕，係《漢書·律曆志》之法，《淮南子》用三分益一，詳前文注釋。按照三分益一，解得大吕律管長爲：

$$l = 6\frac{26}{81} \times \frac{4}{3} = \frac{2048}{243} = 8\frac{104}{243}\text{寸}$$

大吕律積爲：

$$V = Sl = 9 \times \frac{20480}{243} = 758\frac{126}{243} = 758\frac{42}{81}\text{分}$$

2 八十一分寸之四十二，"寸"係衍文，當刪。又，順治本沿《算法統宗》之誤，作"八十一寸寸之四十二"。

3 大吕三分損一生夷則，夷則律管長爲：

$$l = 8\frac{104}{243} \times \frac{2}{3} = \frac{4096}{729} = 5\frac{451}{729}\text{寸}$$

4 夷則律積爲：

$$V = Sl = 9 \times \frac{40960}{729} = 505\frac{495}{729} = 505\frac{55}{81}\text{分}$$

不盡四百一十四分，當作"不盡四百九十五分"；得積五百八十一分寸之四十六，當作"五百零五分八十一分之五十五"。兩處訛誤，皆本《算法統宗》。

七寸二千一百八十七分寸之一千零七十五隔八下生夾鐘

夾鐘陰屬律長七寸二千一百八十七分寸之一千零七十五却以分母通寸七加分子共得一万六千三百八十四寸以空圍九分因之得一百四十七万四千五百六十分以分母二千一百八十七除之不盡五百二十二分法實皆九約之得積六百七十四分二百四十三分寸之五十八其候春分○却以通寸一万六千三百八十四寸以二因之得三万二千七百六十八寸為實另以三因二千一百八十七得六千五百六十一為法除之得四寸六千五百六十一分寸之六千五百二十四隔八下生無射

無射陽屬律長四寸六千五百六十一分寸之六千五百二十四却以分母通寸四加分子共得三万二千七百六十八寸以空圍九分因之得二百九十四万九千一百二十分却以分母六千五百六十一分為法除之不盡三千二百三十一分以法命之得積四百四十九分六千五百六十一分寸之三千二百三十一其候霜降○却以通寸三万二千七百六十八寸以四因之得一十三万一千零七十二寸另以三

七寸二千一百八十七分寸之一千零七十五，隔八下生夾鍾[1]。

夾鍾，屬陰。律長七寸二千一百八十七分寸之一千零七十五。却以分母通七寸，加分子共得一萬六千三百八十四寸。以空圍九分因之，得一百四十七萬四千五百六十分；以分母二千一百八十七除之，不盡五百二十二分。法實皆九約之，得積六百七十四分二百四十三分(寸)之五十八[2]。其候春分。〇却以通寸一萬六千三百八十四寸以二因之，得三萬二千七百六十八寸爲實。另以三因二千一百八十七得六千五百六十一爲法，除之得四寸六千五百六十一分寸之六千五百二十四，隔八下生無射[3]。

無射，屬陽。律長四寸六千五百六十一分寸之六千五百二十四。却以分母通四寸，加分子共得三萬二千七百六十八寸。以空圍九分因之，得二百九十四萬九千一百二十分；却以分母六千五百六十一分爲法除之，不盡三千二百三十一分。以法命之，得積四百四十九分六千五百六十一分(寸)之三千二百三十一[4]。其候霜降。〇却以通寸三萬二千七百六十八寸以四因之，得一十三萬一千零七十二寸；另以三

---

1 夷則三分益一生夾鍾，夾鍾律管長爲：

$$l = 5\frac{451}{729} \times \frac{4}{3} = \frac{16384}{2187} = 7\frac{1075}{218}\text{寸}$$

2 夾鍾律積爲：

$$V = Sl = 9 \times \frac{163840}{2187} = 674\frac{522}{2187} = 674\frac{58}{243}\text{分}$$

二百四十三分寸之五十八，“寸”係衍文，當刪。

3 射，音“抑”。夾鍾三分損一生無射，無射律管長爲：

$$l = 7\frac{1075}{2187} \times \frac{2}{3} = \frac{32768}{6561} = 4\frac{6524}{6561}\text{寸}$$

4 無射律積爲：

$$V = Sl = 9 \times \frac{327680}{6561} = \frac{2949120}{6561} = 449\frac{3231}{6561}\text{分}$$

六千五百六十一分寸之三千二百三十一，“寸”係衍文，當刪。

因分母六千五百六十一得一万九千六百八十三為法除之得六寸一萬九千六百八十三分寸之一萬二千九百七十四隔八下生仲呂

仲呂陰呂律長六寸一萬九千六百八十三分寸之一萬二千九百七十四却以分母通六寸加分子共得一十三万一千零七十二寸以空圍九分因之得一千一百七十九万六千四百八十分以分母一萬九千六百八十三為法除之得積五百九十九分一萬九千六百八十三分寸之六千三百六十三其候小滿

統紀歷年度分地里

今有一元統十二會一會統三十運一運統十二世一世積三十年問一元該年若干○置十二會以乘三十運得三百六十又以十二世乘之得四千三百二十世再以每世三十年為法乘之得一元共該一十二萬九千六百年

今有周天三百六十五度四分度之一每度經地二千九百二十里零二

因分母六千五百六十一得一萬九千六百八十三爲法[1]，除之得六寸一萬九千六百八十三[分]寸之一萬二千九百七十四[2]，隔八下生仲吕[3]。

仲吕，屬陰。律長六寸一萬九千六百八十三分寸之一萬二千九百七十四。却以分母通六寸，加分子共得一十三萬一千零七十二寸。以空圍九分因之，得一千一百七十九萬六千四百八十分；以分母一萬九千六百八十三爲法除之，得積五百九十九分一萬九千六百八十三分(寸)之六千三百六十三[4]。其候小滿。

統紀歷年度分地里[5]

今有一元統十二會，一會統三十運，一運統十二世，一世積三十年。問一元該年若干？○置十二會，以乘三十運，得三百六十。又以十二世乘之，得四千三百二十。再以每世三十年爲法乘之，得一元共該一十二萬九千六百年。

今有周天三百六十五度四分度之一，每度經地二千九百二十里零二

---

1 六千五百六十一，順治本誤作“六千五百六十二”。

2 該句脱落一“分”字，據文意補。誤本《算法統宗》。

3 無射三分益一生仲吕，仲吕律管長爲：

$$l = 4\frac{6524}{6561} \times \frac{4}{3} = \frac{131072}{19683} = 6\frac{12974}{19683}\text{寸}$$

4 仲吕律積爲：

$$V = Sl = 9 \times \frac{1310720}{19683} = \frac{11796480}{19683} = 599\frac{6363}{19683}\text{分}$$

一萬九千六百八十三分寸之六千三百六十三，“寸”係衍文，當删。

5 見《算法統宗》卷十七。歷，當做“曆”，《算法統宗》作“曆”。
“元、會、運、世”説，出自宋邵雍《皇極經世》。

十步問該里若干○置二千九百二十里以田法三百六十步乘之加零二十步共得一百零五万一千二百二十步以四而一得二十六万二千八百零五步為法另置三百六十五度以四通之加入分子之一共得一千四百六十一度為實以法乘之得三億八千三百九十五万八千一百零五步却以里法三百六十步除之得周天該一百零六萬六千五百五十里

每度里數出皇斗真經註

零一百零五步

解義 二千九百二十里零二十步一度經地之里數也一百零五万一千二百二十步一度經地之步數也三億八千三百九十五萬八千一百零五步三百六十五度四分度之一之步數也二十六萬一千八百零五步四分度之一經地之步數也因有零度四分度之一故將三百六十五度都以四通之每一度分作四度故尓將一度經地之步數以四歸之止存四分中一分以乘通出度數得周天之全步數也

附孕推男女法歌○四十九數加孕月○減行年歲定無疑○一除至九

十步。問該里若干？〇置二千九百二十里，以里法三百六十步通之，加零二十步，共得一百零五萬一千二百二十步。以四而一，得二十六萬二千八百零五步爲法。另置三百六十五度，以四通之，加入分子之一，共得一千四百六十一度爲實。以法乘之，得三億八千三百九十五萬八千一百零五步。却以里法三百六十步除之，得周天該一百零六萬六千五百五十里零一百零五步。每度里數出《皇斗真經註》。

【解義】二千九百二十里零二十步，一度經地之里數也。一百零五萬一千二百二十步，一度經地之步數也。三億八千三百九十五萬八千一百零五步[1]，三百六十五度四分度之一之步數也。二十六萬二千八百零五步，四分度之一經地之步數也。因有零度四分度之一，故將三百六十五度都以四通之，每一度分作四度。故亦將一度經地之步數以四歸之，止存四分中一分，以乘通出度數，得周天之全步數也。

附孕推男女法歌〇四十九數加孕月〇減行年歲定無疑〇一除至九

---

1 三億，順治本誤作“三萬”。

多餘数○逢雙是女隻生兒

今有孕婦行年二十八歲八月有孕問所生男女○置四十九加孕月八共五十七減年二十八餘二十九減天除一地除二人除三四時除四五行除五六律除六七星除七不盡奇為男偶為女也如數多再以八風除八凡一三五七九皆奇二四六八十皆偶

筭海說詳第九卷終

多餘數〇逢雙是女隻生兒[1]

今有孕婦行年二十八歲，八月有孕。問所生男女？〇置四十九，加孕月八共五十七，減年二十八餘二十九，減天除一、地除二、人除三、四時除四、五行除五、六律除六、七星除七。不盡，奇爲男，偶爲女也。如數多，再以八風除八。凡一、三、五、七、九皆奇，二、四、六、八、十皆偶[2]。

算海説詳第九卷終

1 此歌見《算法統宗》卷十七。
2 該題最早見於《孫子算經》卷下。

附録

清·蕭維樞《筭瀍説詳序》順治本《筭海説詳》卷首

筭有海乎？曰有。或曰海之爲海也，吞羣流，涵萬嶼。極珎貝之怪奇，備異靈之繁浩。探之莫可底，放之靡所際。筭，眇術爾。立爲法，讀者能習，略爲研習者能記。烏乎！海曰唯唯否否。今夫年紀□□□，歲有分月，月有分日分時分刻，不知幾百千萬億也。二大之間，虛空之里十萬餘，里有積步，步有積尺積寸積分，亦不知幾百千萬億也。而且天圓有度，每度經地二千九百二十里零步二十；地方有形，形周共一百零六萬六千五百五十里零一百五步，合天包之，三百六十五度四分度之一。莫高匪山，山不可量，而高可至山；莫深匪淵，淵不可測，而深可至淵。以至尖欹角曲、多寡輕重、萬有不齊之零襍，莫不有一物即具一形，有一形即具一數，又不知幾百千萬億也。而皆可支分脈絡，納爲汪渤之一稊。烏乎不海。雖然，更有説。數之不盡于百千萬億，而不外一至九，十爲之紀，則河洛爲之祖也。河圖具自一至十之文，大衍而上，百者十之十，千者百之十，萬、億者，千之十、萬之十。洛書去十存九，而一九二八三七四六，正隅互對，十未常不存。乃筭則去十用九者，十者百之一，百者千之一，千、萬者，萬、億之一，位以十進，斯法以九止，此祖河圖，以效洛書，九筭之所由作也。是故不觀于百千萬億之無窮，則不知筭之大無外，細無內，猶未歷蛟鼉之宫，烏識筭之有藏海乎？不觀于百千萬億之皆本九、十爲宗，則不知數有約綱，法有大源，猶逐溯瀏而迷天上之来，又有識筭之有星宿海乎？雖然，尤有説。數有同異，不外度量權衡；法有益減，不外因歸乘除。然而測遠測高，望形度影，闡幽射覆，極变盡神。不詳其説，則守株嗅粕，徒爾望洋，所謂筭之有弱水海，非歟？是説也，非余之説，拙翁先生之説也。

歲庚子春仲，余承乏徒邑長，时时以困錢穀爲苦。月壬午[一]，拙翁来自白門，得朝夕相從事，每聆麈頭屑玉汩汩若倒海。久之，出筭书一編示余，額曰筭海。静几三覆，不禁喟然作曰：觀海者難水，读拙翁筭书者難爲筭，其在斯欤？爰爲付之災木，蘄与有心者共詳之。雖然，拙翁之于书，無所不读，文章言行，事事堪爲百谷海。今僅以其筭书一編問世。殆猶拙翁稗海之一爾，遂足尽拙翁

[一] 月壬午，即五月。

哉！故序。

順治十有八年小春月三山長三韓社學弟蕭維樞共辰甫拜撰并書〔一〕

【印章】：蕭維樞印；字共辰

〔一〕小春月，十月。三山長，即丹徒知縣。三韓，指遼東，蕭維樞籍遼東鐵嶺衛。

後記

二〇一〇年八月初，時在清華大學科技史暨古文獻研究所攻讀碩士學位的我，隨導師馮立昇教授赴内蒙古呼和浩特，參加了第七屆漢字文化圈及近鄰地區數學史與數學教育國際學術研討會。會議上所作報告的題目爲《笄海説詳初探》，這是此前兩周導師交給我的任務。由於時間倉促，僅粗略讀了《續修四庫全書》影印的順治本《笄海説詳》，未能深有體會，甚至未入門徑，連版本情況都没有摸清楚。會後，天津師範大學數學學院高紅成老師告訴我，《故宫珍本叢刊》曾影印了一種《笄海説詳》，建議我找來看看。回京後，利用閒暇，我到自然科學史研究所圖書館，看到了《故宫珍本叢刊》本《笄海説詳》，此時方知道該版本不同於《續修四庫全書》所影印的順治本。用相機將《故宫珍本叢刊》本悉數拍回後，通過對兩種版本的仔細比對，對二者的關係有了較爲清楚的了解。

書非抄不能讀，尤其對於尚未步入古算門徑的我而言，面對《笄海説詳》這樣一部算書時，對這句話更深有體會。於是，一有閒暇，我便一個字一個字地將各章輸入電腦，同時加以新式標點，方便閲讀。不知不覺地，整整九卷二十餘萬字便録完了。録入的過程，也是仔細研讀的過程。這便成了我校注該書的基礎。

在導師的鼓勵下，我又試著寫了一篇《笄海説詳初探》，考證作者生平、論述該書價值和影響。經導師修改，二〇一一年底投給《自然科學史研究》，發表在該雜誌二〇一三年第二期上。期間，我在二〇一二年九月份清華大學舉辦的第五届中國科技典籍國際會議上，又作了有關該書的報告，得到了與會專家學者的諸多指點。

該書序跋多草書，我對書法不甚了解，雖用力查考諸多書法字典，亦未能完全識讀。在學校期間，常與粗通草書的室友連俊成相互討論，頗多恍然之悟。又蒙陳殿師兄、本科同學王學强指點，更正了若干錯讀的文字。在此致以謝意。此外，尚有二三字未能識别，冀望大方之家賜教。

本書校釋，參考數學史前輩梅榮照、李兆華二老所著《算法統宗校釋》頗多。該《校釋》詳繹算法源流，通俗準確，是數學典籍注釋的經典之作。本書在校釋時，凡採用彼大作者，皆出注説明，不敢掠人之美，以爲己功也。

本書所用底本，係自然科學史研究所圖書館孫顯斌館長申請自日本國立公文書館和早稻田大學，頗多辛勞。師弟王孫涵之亦有力焉，感激！感激！

感謝湖南科學技術出版社楊林編輯。本書注釋有圖有表有公式，且每頁注釋篇幅長短有差，較之前所校釋《勿庵曆算書目》更爲難以排版、校勘。反復修改，方才敲定排版方案，其中勞苦，難以言表。

本書校釋工作，雖屬小術，然頗爲不易，極爲消耗精力。常常加班晚歸，每逢周末，又鎮日兀坐電腦前，置家室於罔顧之地。妻子料理家務，照顧我飲食起居，殊無抱怨之色。每念及此，深爲愧疚。

這本小作成稿，非我一人之功，實賴衆人之力。然其中錯訛，皆因我學識淺陋所致，由我一人承擔。望各位方家批評指正。

高　峰

二〇一六年三月五日

於北京昌平區沙河寓所

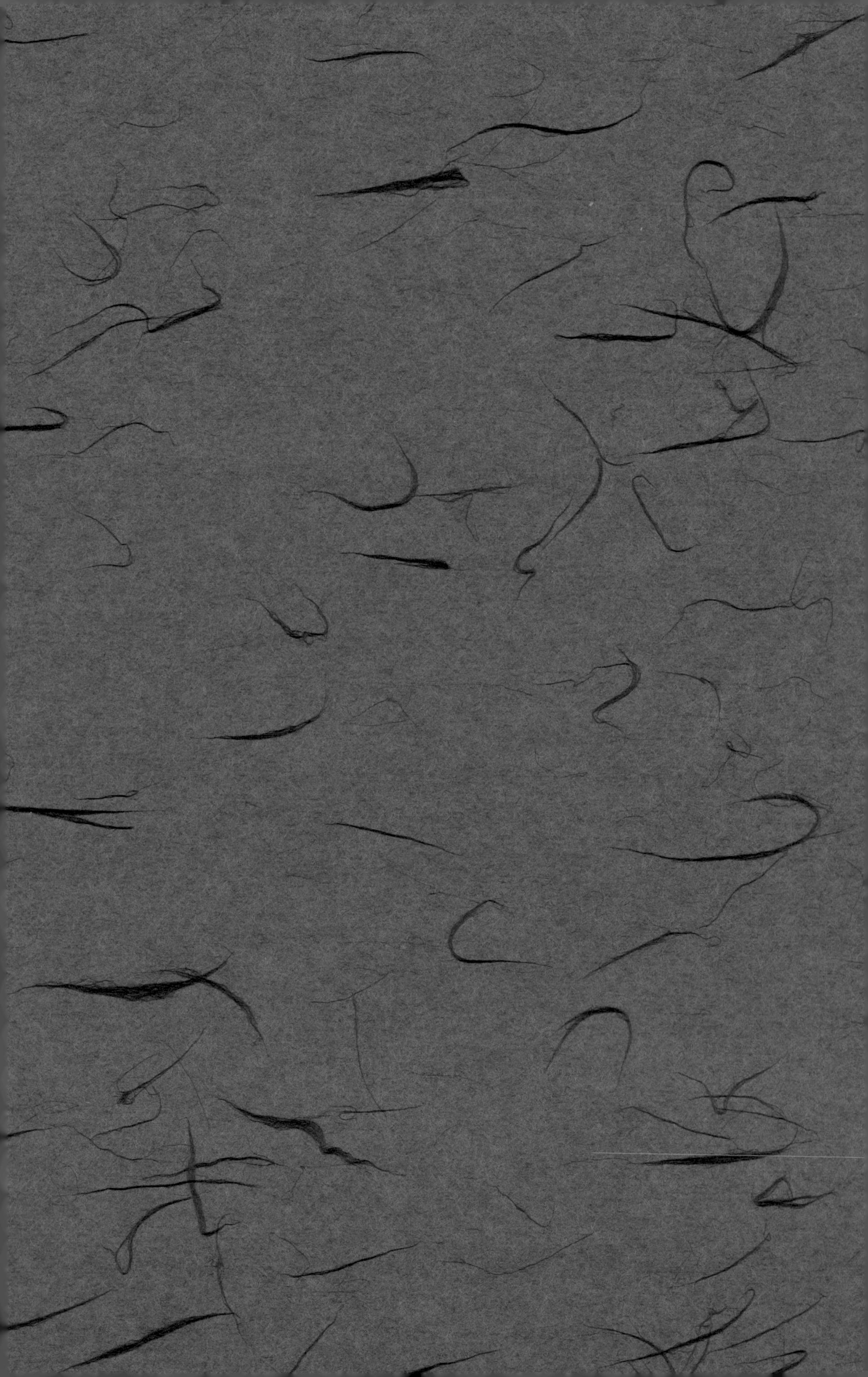

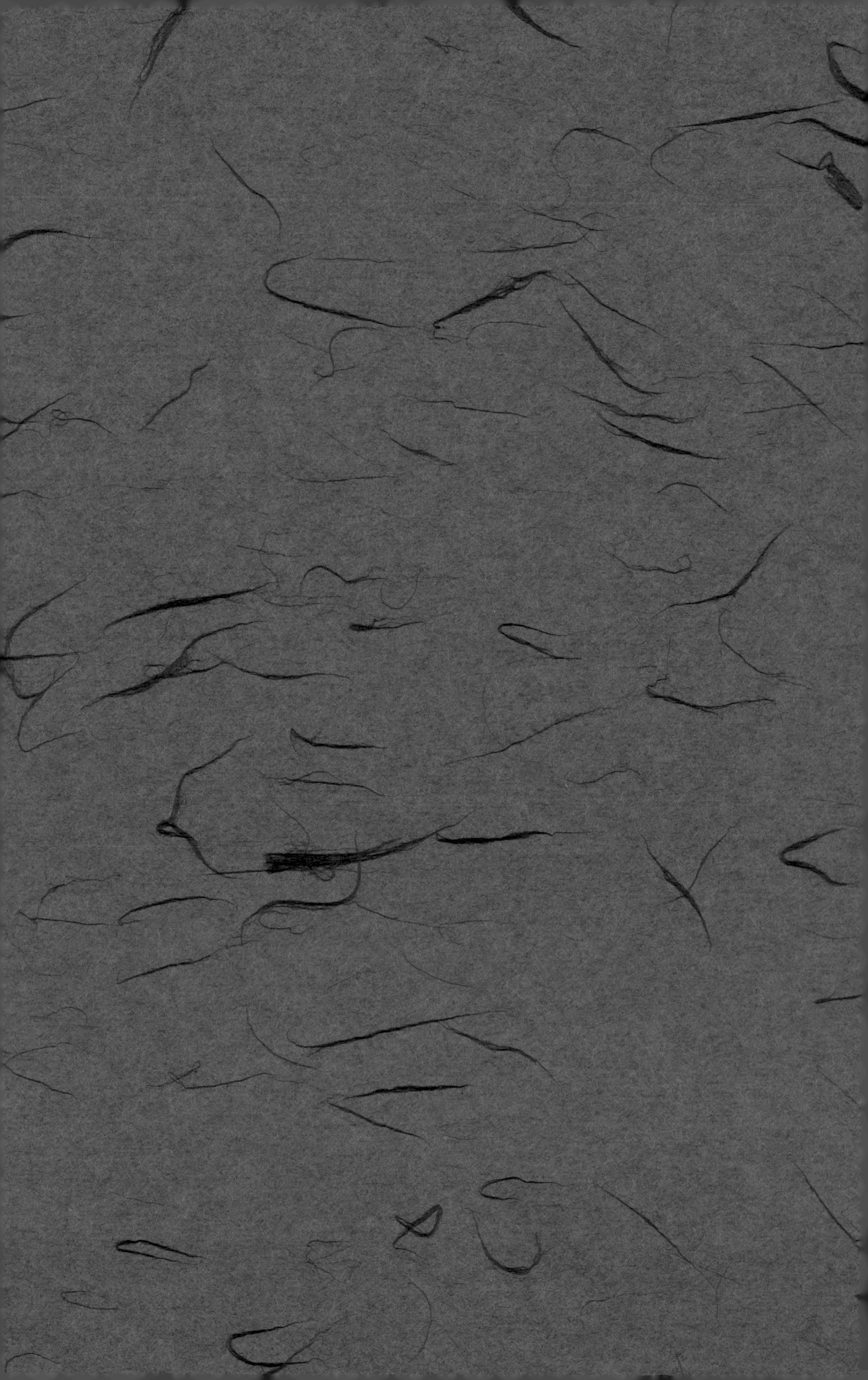